任阵海文集

《任阵海文集》编辑组 编

科学出版社
北　京

内 容 简 介

任阵海院士是我国杰出的大气物理学家,是我国大气环境科学研究事业的开拓者和奠基人之一。半个多世纪以来,任阵海院士学术成就卓著,为我国大气科学和生态环境保护事业的开创和发展做出了不可磨灭的贡献。任阵海院士最早提出了大气环境容量、大气污染物输送、大气环境的区域性污染和边界层污染等系统理论。这些理论的应用和发展,为丰富我国大气环境科学的基础理论,对控制和治理大气环境污染问题,具有十分重要的意义。本书梳理了任阵海院士从事科学研究六十余年在大气环境容量、大气输送、大气颗粒物、大气臭氧、沙尘天气、酸雨、大气探测和气候变化等领域的重要科研论文,同时还收录了多个重要项目报告,是任院士在大气环境和气候变化领域科研成果的集中体现。

本书可供大气环境、气候变化和大气科学领域的科研人员,高等院校相关专业的师生阅读参考。

审图号:GS 京(2022)1271 号

图书在版编目(CIP)数据

任阵海文集/《任阵海文集》编辑组编. —北京:科学出版社,2022.12
ISBN 978-7-03-073986-5

Ⅰ. ①任… Ⅱ. ①任… Ⅲ. ①大气环境–文集 Ⅳ. ①X16-53

中国版本图书馆 CIP 数据核字(2022)第 222613 号

责任编辑:朱 丽 郭允允 / 责任校对:郝甜甜
责任印制:肖 兴 / 封面设计:图阅盛世

科 学 出 版 社 出版
北京东黄城根北街 16 号
邮政编码:100717
http://www.sciencep.com
中国科学院印刷厂 印刷
科学出版社发行 各地新华书店经销
*
2022 年 12 月第 一 版 开本:889×1194 1/16
2022 年 12 月第一次印刷 印张:55 3/4
字数:1 346 000
定价:800.00 元
(如有印装质量问题,我社负责调换)

任阵海院士

老驥
伏櫪
志在
千里

任陳海院士庵臺六年份
尚開心大氣汙染防治研究
工作開心環保人才培養
實乃吾輩之楷模也
壬寅十二月
吳豐昌涇星
萬業軒許承敬書

民心宵李為民盛
皓省窮經助熟清

任津波院士

壬寅春劉文清呈 偉林於寫葉軒

1 新中国学之骄子

● 北京六中毕业后进入北京大学物理学系学习

1951年9月至1955年10月于北京大学物理系学习　　1951年，与高中同学合影

● 四十多年后再聚首——师恩难忘！

1998年，北京大学百年校庆，与王永生、董保群、苏福庆等人合影　　1999年，中国大气和气象科学奠基人李宪之先生九十五寿辰

2 青春奉献者

　　1955年任阵海先生从北京大学毕业后先后在中国科学院地球物理研究所、中国科学院大气物理研究所从事大气环境科学研究，为祖国"两弹一星"提供气象保障服务，从事战略作物防害工程研究、催化工程研究和大气环境研究。曾赴苏联地球物理观象总台学习。

1959年1月至1961年5月，赴苏联地球物理观象总台学习大气物理并从事相关研究

留苏期间的任先生

1967年春节刚过，受中国科学院军工办和研究所委派，任阵海同志带队经过长途跋涉，来到新疆马兰基地执行污染物扩散输送规律的研究，为制定防护应急对策提供科学依据。为了掌握地面流场实际情况，针对场区地形，任阵海同志与大家讨论后，选择了几个重要点位，安排队员在茫茫戈壁滩手持风速风向仪，进行昼夜24小时加强观测。

在基地工作的后期，任阵海同志领导开展大气扩散试验，包括平衡气球扩散试验和烟雾弹释放扩散试验等。

1973年3月，王遵级先生、任阵海先生倡议组建大气环境监测铁塔，并亲自参与设计研究。1976年在北京德胜门外土城开始建设中国科学院大气物理研究所325米高的气象观测塔，1979年8月建成正式投入使用。

观测塔可为研究城市大气污染和大气边界层物理提供高质量的观测资料，为北京市乃至全国提供服务，为城市大气环境研究发挥了重要作用。

3 默默贡献者

　　任阵海先生是中国环境科学研究院的首批建院者之一，曾任大气环境研究所所长，领导和组织开展了酸雨研究、气候变化影响研究、沙尘暴影响及减缓研究、大气污染物中远距离传输研究等。在任阵海的领导和规划下，大气环境研究所先后建立了大气环境探测技术研究室、大气风洞研究室、大气化学研究室、大气物理研究室等六个研究室。

　　任先生在国内最早建立了开展大气环境科学研究的大型实验平台，主要包括大气环境研究风洞、光化学烟雾箱、M2000多普勒声雷达、100立方米大型系留探空气艇等。形成老中青专家学者结合的研究团队，人才济济。

　　任先生积极开展野外观测实验和研究工作，先后在太原（1982年）、沈阳（1983年）、兰州（1983年）、昆明（1984年）、秦皇岛（1985年）、承德（1985年）、澳门（1986年）、广州（1988年）、东莞（1990年）等地开展城市大气污染控制方面的研究，为开展区域大气污染模型构建、规划制定、控制对策以及总量控制等奠定了基础。

◎ 1984年，任阵海先生率团赴日本考察，为中国环境科学研究院建立风洞实验室和烟雾箱实验室获取经验，引进大气环境研究新技术

◎ 任先生访日期间参观风洞实验室　　　　　◎ 任先生访日期间关注采样设备

1987年，在日本参加第一届太平洋环境会议

中国环境科学研究院大气风洞实验室

"春三月，毋敢伐材木山林及雍堤水。不夏月，毋敢夜草为灰，取生荔麛卵鷇，毋……毒鱼鳖，置阱罔，到七月而纵之。"這是秦墓出土竹简上写的《秦律·田律》。有学者研究認為，它是世界上最早的自然资源与环境保护法律之一。

先秦各家的著作都明确提出对自然资源的保护並使之永续利用的光辉思想，如《荀子·地教》"为人君而不能謹守其山林泽湜草莱，不可以為天下王。"

我国历代皇朝都設有負责与保护自然资源的官位；舜命益为虞是負责山林湖泽的行政，秦設少府，漢設大司农，唐宋設虞部，明清由工部負责。

明清以前，人口相对稀少，生产开发范围不广，自然界提供人们的自然资源和环境质量可谓"取之不尽，用之不竭"。然而在那个漫长的历史时期，对自然资源的开发与保护，也受到国家行政的那样关注。

范阵海

1983年，与王文兴、唐孝炎院士一起在兰州开展光化学烟雾监测

1984年，采用声雷达网进行大气观测研究，"六五"攻关期间开展大气容量项目沈阳观测时留影（参加者：任阵海、范锡安、柴发合、陈桦、王振奎、何从容、段宁等）

1984年，云南昆明滇池系留探空气艇风温场观测

1985年12月，沈阳声雷达与梯度观测的校验

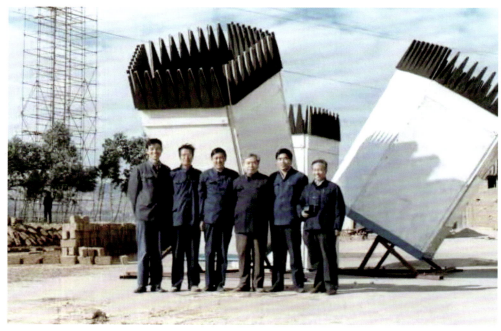

1984 年,在云南昆明开展多普勒 2000 声雷达风温场观测(参加者:洪钟祥、范锡安、董保群等)

"七五"攻关期间在广州燕子岗体育场进行大气环境容量检验观测(参加者:祝鸿儒、范锡安、叶汝求等)

1987年,承德观测

1988年,讲解承德市大气污染传输

◎ 1988年，在香港环境科学研究所考察

◎ 1990年，"七五"科技攻关项目"珠江三角洲地区大气环境特征和典型环境问题研究"项目验收

◎ "八五"科技攻关项目"酸沉降及其影响和控制技术研究"项目论证会（1993年）

◎ 任先生与原国家环境保护局局长曲格平在"全国环境保护系统先进工作者表彰大会"上合影（1993年）

◎ 1993年，荣获"全国环境保护系统先进工作者"称号

◎ 1995年，当选为中国工程院院士

◎ 1996年，组建国家环境保护局气候变化影响研究中心
（前排：右一杨新兴，右三任阵海；后排：左一刘舒生，左二高庆先）

代表环保系统积极参与气候变化国际谈判

1994 年,中美合作气候变化国家研究项目协议签字仪式

◈ 1997年11月，参加中－挪酸雨研究国际研讨会

◈ 1998年，参加气候变化与区域可持续发展中加研讨会

◈ 1999年6月，任先生参观中国科学院粉煤灰综合利用项目后与国家发展和改革委员会气候司同志交流

◈ 1999年，任院士和刘鸿亮院士、金鉴明院士、魏复盛院士参观中国科学院粉煤灰综合利用项目合影留念

任先生携学生在人民大会堂参加2000年国际工程与技术科学院理事会大会

2003年,时任国务院副总理曾培炎来中国环境科学研究院视察,任院士汇报工作

2006年,接待外国专家 Gregory R. Carmichael

2011年6月,参加中国湖泊富营养化控制学术报告会并发言

2008年，参加第14届大气分会理事长会议

2013年7月19日，作为特约专家参加国家环境保护大气物理模拟与污染控制重点实验室论证

2015年1月，作为学术委员会名誉主任参加北京市区域大气复合污染防治北京市重点实验室学术委员会年会

2015年1月，作为学术委员会名誉主任在北京市区域大气复合污染防治北京市重点实验室学术委员会年会上发言

2017年，研发的石墨烯光催化氧化技术在江阴通过国家级鉴定

2018年10月25日，山西省运城市委书记刘志宏与任阵海院士座谈

△ 2018年，参加"居民燃煤污染控制技术及应用示范"国家重点专项2018年工作总结会暨农村地区燃煤清洁取暖研讨会

△ 2019年1月，任阵海院士一行在巢湖进行考察　　　△ 2019年，参加中国环境科学学会大气环境分会学术年会并做特邀报告

△ 2020年6月，参加中国环境科学研究院新一届学术委员会会议

● 2020年12月，参加中国环境科学研究院2020年度学术交流会议（1）

● 2020年12月，参加中国环境科学研究院2020年度学术交流会议（2）

指导学生毕业答辩

任先生参加中国科学院自然资源综合考察委员会（现中国科学院地理科学与资源研究所）博士生答辩

◎ 参加学术交流

◎ 2016年2月,原环境保护部部长陈吉宁春节看望任先生

◎ 2021年12月,任先生在"十四五"科技支撑碧水蓝天保卫战学术研讨会上发言

◎ 2021年12月,任先生参加"十四五"科技支撑碧水蓝天保卫战学术研讨会

坚持·低调·无私

2013年7月19日,作为特约专家参加国家环境保护大气物理模拟与污染控制重点实验室论证(1)

2013年7月19日,作为特约专家参加国家环境保护大气物理模拟与污染控制重点实验室论证(2)

"七五"科技攻关突出贡献奖（1991年）

获"国务院政府特殊津贴"（1991年）

获"全国环境保护系统先进工作者"荣誉称号（1993年）

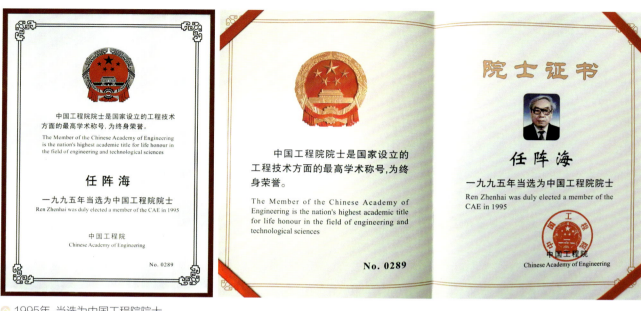

● 1995年，当选为中国工程院院士

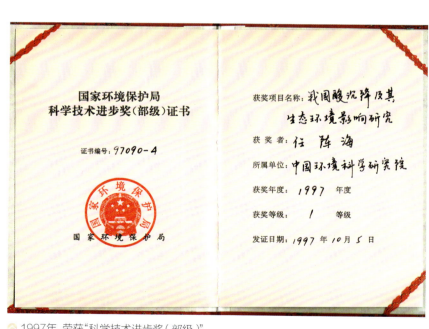

● 1997年，荣获"科学技术进步奖（部级）"

科技进步奖

证书

为表彰在促进科学技术进步工作中做出重大贡献者，特颁发国家科技进步奖证书，以资鼓励。

获奖项目：　中国酸沉降及其生态环境影响研究

获 奖 者：　任阵海

奖励等级：　一等奖

奖励日期：　一九九八年十二月

证 书 号：　16-1-001-03

◆ 国家科技进步奖一等奖（1998年）

◆ 中国环境科学学会三十周年纪念奖（2008年）

◆ 中国环境科学学会大气分会"终身成就奖"（2011年）

从事环保工作三十年纪念章（2016年）

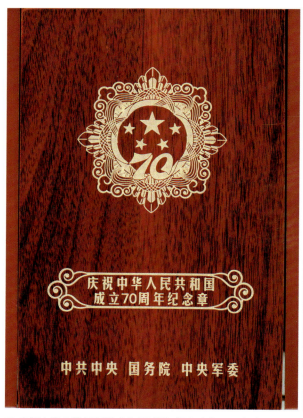

庆祝中华人民共和国成立 70 周年纪念章（2019年）

任阵海院士简介

　　任阵海，1932 年出生于河北省大名县，祖籍河南省新乡市，中国共产党党员，中国工程院院士，我国大气环境科学家，中国环境科学研究院研究员、博士生导师。曾任国家环境咨询委员会委员，原国家环境保护总局科学技术委员会顾问，原国家环境保护局气候影响研究中心总工程师，中国环境科学研究院（以下简称环科院）大气环境研究所首任所长，中国环境科学研究院学术委员会顾问等学术要职；并曾兼任中国气象局国家气象中心学术委员会副主任，中国科学院大气边界层物理和大气化学国家重点实验室学术委员会主任，北京工业大学教授、博士生导师。

　　1955 年毕业于北京大学地球物理系。1959 年赴苏联留学，在苏联地球物理观象总台学习，并从事研究工作。早期，从事战略作物防寒害、云雾催化、军事工程项目的设计等工作。20 世纪 60 年代初，在我国西部地区，参与并负责"两弹一星"基地的大气边界层观测与研究。先后参加我国山区军事工程选址、军事工程污染预防的研究工作。20 世纪 70 年代开始，研究重点转向大气环境、气候变化及其环境影响等领域。

　　任阵海院士是我国大气环境科学的主要开拓者和奠基人之一。在大气环境科学的理论研究和科学实验活动方面，都做出了重要的贡献。他提出"环境"是独立发展的学科；提出了大气环境容量、大气环境资源背景场、大气污染物过程、大气环境区域性污染、边界层污染等概念及理论，揭示我国大气污染汇聚带和传输通道等规律，建立三律（累积、输送、清除）等，对于丰富和发展我国的大气环境科学的基础理论，对于我国的环境保护事业发展，都具有重要的意义。

　　任阵海院士是中国环境科学研究院大气环境研究所的主要创建者和首任所长。在环科院领导的支持下，大气环境研究所先后建立了大气环境探测技术研究室、大气风洞研究室、大气化学研究室、大气物理研究室等六个研究室。建立了开展大气环境科学研究的大型实验平台：大气环境研究风洞、光化学烟雾箱、M2000 多普勒声雷达、100 立方米大型系留探空气艇等。形成老、中、青结合的研究团队。曾在太原、沈阳、兰州等多个城市开展城市大气环境野外观测实验和研究，取得丰硕的科研成果，为后来我国大气环境研究奠定了基础。

　　他先后主持完成了国家"六五"至"九五"科技攻关的多项重大研究项目。如"沈阳地区大气环境容量研究"（国家"六五"科技攻关项目）、"大气环境容量研究"（国家"七五"科技攻关项目）、"珠江三角洲地区大气环境特征和典型环境问题研究"（国家"七五"科技攻关项目）、"广州市大气环境容量规划及主要大气污染物防治对策研究"（国家"七五"科技攻关项目）、"我国酸性物质的大气输送研究"（国家"八五"科技攻关项目）等。

20世纪80年代初期，他主持并参与实施国家"七五"科技攻关项目——大气环境容量研究。他是我国最早提出并应用大气环境容量理论的科学家，他参与组织了多项与大气环境容量有关的研究课题，并研究了大气容量的各种计算方法，为我国大气环境容量理论的研究和发展，为控制大气污染物的排放和污染，做出了重要的贡献，得到国内外专家学者们的高度赞赏和评价。

20世纪90年代初期，任阵海院士主持并组织实施国家"八五"科技攻关项目——我国酸性物质的大气输送研究。该专题重点研究酸性物质的大气输送，迁移规律；研究建立具有我国特色的大气污染物的输送模式，研究我国酸沉降的分布和季节变化的基本规律，研究跨国界酸性物质的输送通量、输送特点和输送规律。我国社会经济的高速发展，需要开发中部、西部和西南、西北部的丰富资源。这些地区，通常地形复杂，自然因素多变。国内还没有复杂地形条件下的大气输送的完整理论和实用方法。该专题成功地研究出了变网格距三维非静力一体化的输送流场的计算模式，提出大气环境自然资源、污染辐合带、辐合区、汇聚带、传输通道等概念。该模式及其理论框架，在国际上尚未见报道。该专题的研究成果，丰富和发展了大气污染物的输送理论和实验实践，为我国政府制定酸雨和酸性物质的控制对策，为协调酸性物质的国际争端，提供了技术支持和帮助。

1996年6月，为了履行《联合国气候变化框架公约》，加强气候变化影响研究，为环境管理和政策制定提供理论和技术支持，在生态环境部（原国家环境保护局）领导同志的大力支持和帮助下，任阵海院士倡议并创建了"国家环境保护局气候变化影响研究中心"，开展了全球气候变化及其环境影响的研究工作。中心的主要任务是：

（1）对气候变化可能造成有关经济领域和自然生态的影响进行综合研究，建立我国气候变化影响综合评估系统；

（2）对我国温室气体状况及其排放控制对策、污染物排放对气候变化的反馈作用进行研究；

（3）承担气候变化对我国区域环境影响的动态预测研究；

（4）开展减缓和适应气候变化的环境管理对策研究；

（5）开展国际气候变化影响技术交流与合作，建立相关的信息数据库。

任院士主持编写的《气候变化对我国环境影响研究评估报告》，是我国政府向联合国相关机构提交的一份重要的科学技术文件。他还为我国政府参与国际气候谈判，提出了许多有益的建议和意见。他的出色工作，得到外交部领导同志的高度评价。此外，他还组织和领导气候变化影响研究中心的专家们，开展了我国北方地区沙尘暴和沙尘天气的探索研究工作。对我国北方地区沙尘暴的发源地、沙尘暴传播路径及其环境影响问题，对我国北方地区的沙尘天气的发生和变化规律进行了系统的研究，编写和发表了相关的研究报告和学术论文。沙尘暴的研究成果，得到国务院主要领导同志的热情赞扬和高度评价。

进入21世纪，任阵海院士提出区域大气环境污染影响的问题。他指出各个地区大气污染物的产生、排放和输送，对邻近地区或者周围地区的环境影响至关重要。他组织中国环境科学研究院、北京工业大学、山西省生态环境厅、北京市环境监测站等单位，联合开展了山西省大气污染物排放和输送及其对北京地区大气环境的影响研究。这项研究成果，为北京地区和山西省联合治理大气污染，解决北京地区和山西省的大气环境污染问题，提供了重要的理论依据和技术支持。

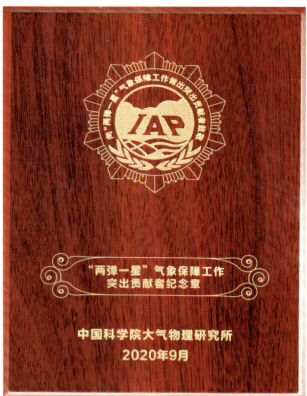

"两弹一星"气象保障工作突出贡献者纪念章（2020年）

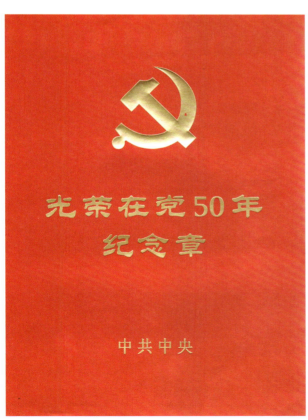

光荣在党50年纪念章（2021年）

5 任先生与家人们

蓝天守护者任阵海先生

任阵海先生和夫人

与女儿在天安门前合影

在大气环境研究基础设施的建设和探测技术的研究及应用方面，任阵海院士也做了大量工作。在他的精心组织和领导下，总体设计建立我国首座大气环境监测专用铁塔（中国科学院大气物理研究所 325 米气象观测塔），迄今仍为国内高度最高并装配探测技术的设备，培养了研究骨干并指引了重要的学科方向；在中国环境科学研究院建成了亚洲最大的大气环境科学研究实验风洞，引进了 M2000 多普勒声雷达，100 立方米系留探空气艇等大型探测仪器和设备，研制了单天线声雷达、HK11 多普勒声雷达、三向风标数据采集及处理系统、超声波风速采集及数据处理系统等大气环境探测仪器和设备。这些仪器和设备，是开展大气环境的理论研究和实验工作非常重要的基础条件，在我国大气观测工作中发挥了重要作用。中国环境科学研究院的科学家们对于大气环境风洞的基建设计、建设，仪器设备的购置、安装和调试工作，曾经付出了十分辛苦的劳动和汗水。他认为 $PM_{2.5}$ 还是偏大了，PM_1 控制不住，雾霾也难控制，PM_1 里还有 $PM_{0.3}$，可以通过呼吸进入血液而引发疾病。

任阵海院士是国内外著名的大气物理和大气环境科学家。在大气环境科学研究领域里，学术成就卓著，著作丰富。他亲自主持和参与多项重大的国家大气环境科学研究课题，获得过多项国家级和省部级科学技术进步成果奖，其中包括：国家科学技术进步奖一等奖 1 项、二等奖 2 项，省部级奖多项。于 2011 年在第 18 届中国大气环境科学与技术大会上获得终身成就奖。他（含与他人合作）撰写了 100 多篇学术论文，编辑出版了多部学术专著，完成多部国家攻关项目报告。

任阵海院士治学作风严谨，求真务实，广听博收。对科学界里曾经出现的学术造假、学术不端、学术腐败、学术迷信、学术崇拜等现象深恶痛绝。他理解公众对改善大气环境质量的关注，热心于面向公众的科普宣传和教育工作。

任阵海院士"虚怀千秋功过，笑傲严冬霜雪；一生宁静淡泊，一世高风亮节"。淡泊名利，无私奉献。他在科学园地里，孜孜不倦，辛勤耕耘，数十年如一日，始终不渝，舍弃与家人团聚，在本应安享天伦之乐、颐养天年的美好时光，依旧奋战在办公室和实验室里。

任阵海院士光明磊落、高风亮节。在六十多年的科研岁月里，他襟怀坦白、廉洁自律、不畏艰难、不谋私利，倾其全部精力，投身于大气物理学、大气环境科学的研究和人才培养工作。他作风朴实、生活节俭、严于律己、宽厚待人、平易近人、任劳任怨。

任阵海院士十分关心我国环境科学教育事业的进步和发展，关心青年科技人才的培养工作。他先后指导和培养了多名博士和硕士研究生。他关注青年学子们的思想和学业进步。他是青年学子的良师，是老中青专家学者们的益友，赢得了人们的普遍尊敬和广泛爱戴。

任阵海院士热爱祖国，对党和人民无限忠诚。他德高望重、身体力行、以身作则，为广大青年科技工作者树立了光辉的典范。他以自己的高尚品德和真挚情怀，丰厚学识和高深造诣，用自己的辛勤奉献，谱写着光辉精彩的人生华章，赢得了广大科技工作者的尊敬和爱戴。

任阵海院士德高望重，学术成就卓著，为我国环境科学和环境保护事业开创和发展，做出了重大贡献。

《任阵海文集》编辑组

2021 年 11 月于北京北苑

中国环境科学研究院

序　一

　　值此中国工程院院士任阵海先生九十华诞、科学出版社出版《任阵海文集》之际，我谨借此机会对任先生取得的学术成就表示敬佩，更希望该文集能成为广大读者认识和学习任先生的窗口。

　　现年九十高龄的任阵海院士，和我生于同一个时代，亲历了中国生态环境保护事业从无到有、从小到大、从一项基本国策到"五位一体"总体布局，同是我国生态环境保护事业历史的见证者、推动者和践行者。任阵海院士是我国生态环境保护事业的开拓者，对祖国一腔赤诚，对事业无限执着，在保护碧水蓝天的伟大事业中奋斗了七十年，在耄耋之年仍然坚持奋斗在科研一线，用实际行动诠释了家国情怀和科学家精神。由于贡献卓越，获得了多个国家级和省部级奖章及称号，如"两弹一星"气象保障工作突出贡献者纪念章、2011 年在第 18 届中国大气环境科学与技术大会上获得终身成就奖、"全国环境保护系统先进工作者"称号等。部分研究成果也荣获多项国家级和省部级科学技术进步成果奖，其中包括：国家科学技术进步奖一等奖 1 项、二等奖 2 项，省部级奖多项。他（含与他人合作）撰写了 100 多篇学术论文，编辑出版了多部学术专著，完成多个有重要学术价值的国家攻关项目报告。

　　70 年来，任阵海院士服从国家需要，不断跨学科开拓新的研究领域。20 世纪 50 年代末，任阵海院士参加战略作物防害工程发现致害诱因，此后从事云雾催化工程，筛选催化剂，实施最早云中催化研究工作；60 年代初期，受命进行军事环境科学研究，在当时国民经济基础薄弱、工作和生活条件十分艰苦的环境下，听从组织的安排，怀着满腔的爱国热情，投身"两弹一星"试验基地大气保障、军事工程污染预防研究工作；70 年代研究重点转向大气环境、气候变化及其环境影响等领域，尤其是在中国三线建设时期，负责十余座山区及临海基地的选址及环境规划研究，与团队撰写了最早的山区空气污染专著。在长期研究实践及调研基础上，他和团队认识到中国大气污染研究应紧迫地提上日程，并认为"环境研究"是独立发展的学科；虽然研究领域跨度大，但他都出色地完成了研究任务。

　　任阵海先生 1995 年当选中国工程院院士，作为我国最早一批最杰出的工程技术人才之一，是我国大气环境保护学科的奠基者和重要的开拓者，负责组织我国首次中尺度区域性大气环境综合立体观测，参加总体设计建立我国首座大气环境监测专用铁塔。除了丰富的大气科研实践和实际调研工作，他还致力于大气环境科学理论研究，最早提出并应用大气环境容量理论与方法，解决了环境规划、控制的难点，应用于多个区域性经济与环境的调控对策。他首次揭示我国与跨国大气输送宏观规律，创立大气环境资源背景场。为了更好地服务国家战略需求，他在"六五"至"十一五"期间亲自主持和参与多项国家重大大气环境科学研究课题，取得了诸多创新性研究成果。

我与任阵海院士的熟识，还是在我任职原国家环境保护局局长的时候，当时任院士担任中国环境科学研究院大气环境研究所所长，我们在工作中多次接触，每次见面我们讨论最多的两个词就是国家战略需求和绿色生态发展。每次讨论任院士都能给予我许多启发和共鸣，使我对这两个词以及国家环境保护方针规划有了更深入的感悟。我们的科研必须面向国家重大需求，把论文写在祖国的大地上，就像任院士所说："我的一生都是在'补漏洞'，国家需要我去哪里，我就去哪里。"这个自称一生都在"补漏洞"的院士可真没闲着。我们的生态环境保护工作，不能停留在一个点上，必须牢记绿色发展理念，以解决共性关键科技难题为核心，形成绿色系统技术和管理平台，方可支撑一个行业、一个领域的可持续发展。

在多年的工作接触和私人交往中，我从点点滴滴中了解了任院士的为人和工作作风。他学风正派、知识渊博、学术造诣深，善于跟踪、研究国际科技发展前沿，更善于创造性地实践，有丰富的工程实践经验和很强的解决问题的能力；他治学严谨、待人诚恳、团结协作、淡泊名利、谦虚低调，重视人才培养，深得领导同事、合作者和学生们的尊敬与爱戴。70年来，他把自己毕生的精力奉献给了他所热爱的大气环境科学事业，并做出了突出贡献，他是无私奉献的楷模。每每跟他谈起自己的成就时，任阵海总是紧张且含蓄，"我一生所做不足以记录，反观那些做出巨大成就的院士、科学家们，我所做的微不足道，更不足以挂齿"。如今，任院士已步履蹒跚、头发花白，但他以国家发展为追求、以国家需求为己任的情怀和精神，依然深深地感染着我们。

历史因铭记而永恒，精神因传承而不朽。今天，当我们翻开任院士的文集，是学习他"以身许国、终身为党"的家国情怀，是学习他"想国家之所想、急国家之所急、研国家之所需"的责任感、使命感，是学习他"为人民牺牲自我"的崇高精神。今天，立足新时代生态文明实践，我们在这里重新研读任先生学术思想，目的之一就是以任先生为楷模，把他的爱国之情和报国之志，加以传承、发扬和光大。

文集收集了任阵海院士部分公开发表过的研究报告、论文及其他文章等。编辑出版《任阵海文集》是一件有意义的事，从一个侧面反映了他为我国大气环境科学理论和技术发展做出的贡献，同时将对促进我国大气环境科学理论和技术的发展产生重要影响。

曲格平

中华人民共和国
原国家环境保护局局长
2022 年 9 月

序　二

　　20 世纪 70 年代初期国际上保护环境的呼声越来越高，我国把环境保护也提到了很高的位置。中国环境科学研究院于 1978 年成立，新建的环科院急需专业研究人才，任阵海院士与我先后从院外调入环科院充实科研队伍。自 1981 年开始，任院士担任环科院大气环境研究所所长，次年我入院担任环科院副院长和院长。自此，我和任院士一道在环科院学习、工作、生活四十多年，亲历了环科院的创建、成长、科技体制改革和科技创新的全过程，成为环科院的首批创建者和见证者。

　　80 年代末，随着我国经济的高速发展，我国大气环境污染也越来越严重。在世界大气污染最严重的 10 个大城市中，我国就占了其中的 5 个。特别是我国是产煤和耗煤大国，燃煤对大气的污染长期困扰着我国的大气环境。任院士作为环科院大气环境研究所所长，深切感受到解决燃煤问题对治理大气污染任务的重要作用，这涉及我国的能源战略，涉及经济上的两个根本性转变，更涉及如何坚持走可持续发展道路的问题。那时刚成立不久的环科院并没有现在的高楼大厦，环科院前身实则就是一个劳动干校，到处都是树林、虫蚁，根本没有多少房子，成立初期只能几位同事挤在一起办公，远不及现在。在当时十分艰苦的生活和工作条件下，任院士主动请命带领一批青年骨干和学生攻坚克难，积极投入到这方面的研究中，推动了我国大气环境容量理论的历史性发展，取得了一系列具有国际影响力的重要学术成果。

　　90 年代，特别是 1992 年联合国环境与发展大会上提出了全球性环境问题，其中包含臭氧层耗损问题、温室气体增加导致气候变化问题、酸雨的局地污染及中远距离输送问题等，都必须制定相应的国家方案，以保护我们国家的环境持续性发展。任院士作为环科院大气环境研究所的一线领导，深知他所肩负的使命，多次主动找我探讨国家战略需求和绿色生态发展。每次讨论任院士都能给予我许多启发，使我对国家环境保护方针规划有了更深刻的感悟。

　　勤奋创新，奋斗终身，任院士是兢兢业业的学者。任院士作为一名科学家，为大气环境学科的发展倾注了大量的心血。一方面投入繁忙的国家任务，他受命组织军事环境研究，负责开展边界层污染实验及三线基地防止环境污染研究；另一方面始终抽出时间坚持基础科学研究，任院士先后在太原、沈阳、兰州等十多个城市，开展城市大气环境野外观测实验和大气污染控制方面的深入研究。因成果卓著，1995 年任阵海成功当选中国工程院院士，当选院士之后他并没有停留在原有的成绩上驻足不前，而是在不断地深化原有研究和开拓新的研究领域。从大气环境容量研究，到中国酸沉降及其生态环境影响研究，再到沙尘天气及沙尘暴发生机制和防治等。随着研究的深入，他把目光转向区域大气环境污染联合治理研究。他的科研思路不局限于概念及理论（大气输送宏观规律、大气环境资源背景场、大气污染物过程、大气环境区域性污染、边界层污染等）研究，而是兼顾新的科技手段把基础设施建设和探测技术开发应用结合起来，最终达到大气污染物的理论和实验实践的结合。如今，任院士全然不顾年事已高，凭借着对科学的执着，积极创新，现在仍坚持每天工作和学习。任院士还是一名生态环保时代先锋，他时刻关心国家时事，心系生态环保工作发展。"苍龙日暮还行雨，老树春深更著花。"年逾九旬的任院士不知老之将至，仍不懈地忙碌着、思索着，宛如一匹永远不知疲倦的老马，在生态环境保护的广阔天地奋蹄驰骋，永远向前。任院士这种为科学事业奉献的学者精神值得每一位教育和科研工作者学习践行并传承发扬。

敏锐前瞻，培养人才。任院士是德高望重的师者，作为"土生土长"的环科院人，他对环科院充满了感情，为环科院的建设和发展倾注了大量心血，他多次谈到教学科研如何结合，科研成果如何转化落地，用实际行动诠释了家国情怀和科学家精神。他总能结合当前生态环保形势和自己的工作领域给院里学科发展和国家生态环保绿色发展建言献策。90岁高龄的任院士，依然非常忙碌，在环科院几乎每天都能看到他熟悉的身影，耐心指导环科院青年学者如何进行科研选题、撰写项目申请书。他平易近人，对年轻人倾囊而授，毫无保留。与任院士相识的四十多年中，他像良师益友一样关心着我、影响着我。他的学术成果和成就让我敬佩，他渊博的知识、严谨的治学态度和儒雅厚重的学者风范更让我深受教益。

求真务实，淡泊名利。任院士是默默无闻的智者。虽然在大气环境科学领域取得了辉煌成就，但他谦虚低调的性格这么多年来一直让我感触颇深。每每面对荣誉与赞许，任院士总会若有所思地沉默良久，发自肺腑地说："我们就是应充分发挥科学家的作用，建设高水平的国家科学思想库，同时科学家更应该负有社会责任感，为国家宏观决策提供科学思想和系统建议！"任院士为我国生态环保事业历史性变化孜孜付出，却始终功成弗居，习近平总书记对两院院士的寄语——"干惊天动地事，做隐姓埋名人"正是他丰富又精彩的人生经历的真实写照。

胸怀祖国、开疆拓土，攻坚克难助推环境科学发展；老当益壮、无私奉献，不坠青云志在科技创新；追求真理、团结协作，奖掖后学。投入环保事业五十余载，成为共产党员六十余年，任院士用实际行动向我们诠释着"爱国、敬业、诚信、友善"的价值观和"三严、三敢、三求"的科学精神。"莫道桑榆晚，为霞尚满天。"如今耄耋之年的任院士依然默默耕耘在环保这片热土上，指引着一批又一批的环保铁军接续奋斗！

任院士一生致力于科学研究事业，他把自己的一生都奉献给了大气环境科学事业。他为环科院奋斗了大半个世纪，他的一生留给我们太多的"财富"：敢为人先、攻坚克难的创新精神；胸怀家园、淡泊名利的人生态度；甘为人梯、无私奉献的优秀品格。坚守真知，经世致用，上下求索，任院士几十年如一日，为我们展示了时代的浪潮中个人的执着与奉献，将个人价值融入国家发展，默默奉献。其学识、品德和境界值得我们敬仰和学习。

《任阵海文集》收录了任院士100余篇论文和重要项目成果，浓缩了他在科研方面，尤其是大气环境科学领域几十年的心血和成就。该文集也收录了任院士生活和工作的珍贵照片，见证了任阵海院士的成长历程，体现了他坚持真理、开拓创新的学术风格，是任院士教书育人、献身大气环境科学事业的生动记录，同时也是一份值得人们学习和参考的珍贵资料。

　　"十四五"时期，我国生态文明建设进入了以降碳为重点战略方向、推动减污降碳协同增效、促进经济社会发展全面绿色转型、实现生态环境质量改善由量变到质变的关键时期，污染防治触及的矛盾问题层次更深、领域更广，要求也更高。生态环境保护仍然任重道远，比以往任何时候都需要依靠科技创新，比以往任何时候都需要向科学技术寻答案、要方法、找出路。希望读者能够在该文集中汲取丰富信息，感受任院士的人格魅力，继承和发扬任院士的科学家精神，为建设美丽中国和科技强国继续奋斗。

　　值此《任阵海文集》出版之际，作为与任院士长年共事的朋友，能够为文集作序深感荣幸，谨此表达对他从事大气环境科学科研工作取得丰硕成果的敬意。

刘鸿亮

中国工程院院士

2022 年 11 月

前　　言

时光荏苒，岁月如梭。2021 年，是一个注定被载入史册的特殊年份。

这一年，我们喜迎中国共产党建党 100 周年，举国上下同欢庆。2021 年，对于任阵海院士也有着特殊的意义，这一年，时值老先生八十九华诞，这一年，他从事环境科学研究 70 周年。

任阵海先生是我国杰出的大气物理学家，是我国大气环境科学研究事业的开拓者和奠基人之一。半个多世纪以来，任阵海先生高风亮节、廉洁自律、不谋私利、任劳任怨、求真务实、开拓进取、锐意创新，学术成就卓著，为我国环境科学和环境保护事业的开创和发展，做出了不可磨灭的贡献。在我国大气环境科学的创建和发展过程中，任阵海先生最早提出大气环境容量、大气污染物的输送、大气环境的区域性污染、边界层污染等理论。这些理论的提出和应用，对丰富和发展我国大气环境科学的基础理论，对控制和治理大气环境污染问题，具有十分重要的意义。

当前，我国生态文明建设和生态环境保护工作进入一个新的发展阶段，任重道远。在任阵海先生九十华诞之际，我们受生态环境部和中国环境科学研究院领导同志的委托，编辑这本《任阵海文集》（以下简称《文集》），旨在系统梳理和总结任先生的学术成就和贡献，展现任先生高尚的道德情操，传承科学家精神，激励后学，为新时代生态文明建设和生态环境保护工作做出更大贡献。

《文集》所涵盖的内容主要包括任阵海先生"文化大革命"以后撰写、发表的学术论文、主持或参与编写的重要报告，以及任先生指导中青年专家和学者开展科学研究发表的文章，反映了任先生及其合作者在各个不同的时期和阶段，所完成的大量的观测和实验研究工作，以及所取得的重要研究成果，同时在某种程度上反映了我国大气环境科学研究的进展历程。《文集》对上述重要研究成果进行了认真梳理、总结和归纳，形成了以下几部分内容，分别是第一篇大气环境容量；第二篇大气输送；第三篇大气颗粒物及臭氧；第四篇沙尘天气和沙尘暴；第五篇酸雨；第六篇大气探测；第七篇飞机航测；第八篇数值模拟；第九篇气候变化及第十篇其他。

《文集》的编辑出版，得到了生态环境部和中国环境科学研究院各位领导的殷切关怀和大力支持，原国家环境保护局局长曲格平、中国环境科学研究院原院长刘鸿亮院士为《文集》作序，中国环境科学研究院吴丰昌院士为《文集》撰写编后记，并对《文集》编辑出版给予了悉心指导和帮助。在此，我们谨向所有支持和关心《文集》的各位领导和同事表示衷心的感谢！

　　"老骥伏枥 志在千里"。在任先生九十华诞之际，《文集》正式出版，我们衷心祝愿他身体健康，龟年鹤寿，生命之树常青，为国家生态环境保护事业做出更大贡献。

　　由于时间仓促，《文集》难免存在疏漏和不妥之处，恳请各位专家、学者和读者批评指正。

《任阵海文集》编辑组

2021 年 12 月于北京北苑

中国环境科学研究院

目 录

第一篇 大气环境容量

第二篇 大 气 输 送

第五篇　酸　雨

第六篇　大　气　探　测

第七篇　飞　机　航　测

第八篇　数　值　模　拟

第九篇　气　候　变　化

第十篇　其　　他

第一篇
大气环境容量

大气环境容量研究^①

（节选）

1 大气环境容量规划方法和总量控制问题

大气环境容量问题，是国家环保局从大气环境的管理要求提出的课题，"六五"期间，已经研究得到了基本概念、表达方式和计算方法。其后有所推广。"七五"期间在理论研究和具体的规划方法及程序都得到了较完善的结果。结合珠江三角洲地区和广州城市地区做了具体的运用得到了较实用的成果。关于大气环境容量，简而言之，包括地区大气环境的开发和地区大气环境的控制两部分。前者指尚有大气环境容量可开发的地区，后者指已造成污染损失的地区。近年来，根据大气环境管理的要求，发展了关于总量控制的理论和规划方法以具体解决大气污染损失地区的综合整治的规划问题。本章将一并叙述。

1.1　大气环境容量

大气环境容量系指：在一特定区域内，一定的气象条件、一定的自然边界条件及一定的排放源结构条件下，在满足该区域大气环境质量目标的前提下，区域内各类污染源向大气中排放污染物的总和（即总量），其单位应是质量单位/时间单位。

1.1.1　大气环境容量的属性的特点与表达式

区域大气环境容量具有自然属性、社会属性和资源共享属性。

所谓自然属性，就是说大气环境系统是一个开放系统，没有明显的边界，各种大气过程及区域下垫面边界条件决定着大气污染物的时空分布和输送、扩散、沉降、转化等。当其他条件一定时，不同的大气过程和下垫面条件决定了不同的大气环境容量，而这些过程和条件是非可控制的或控制需付出巨大代价的。自然属性也说明了不同地区（或区域）大气环境容量是不相等的，同一地区（或区域）大气环境容量在不同时段也是不相等的。

所谓社会属性，就是指人们的社会活动、经济活动以及特定区域内人们对大气环境质量的要求，决定着不同区域、不同时期的大气质量目标，也就决定着不同的大气环境容量，同时，对于排放源的调整也会对容量的大小产生影响，而以上是人为能控的，因而亦称为容量的社会属性。

大气环境系统具有接纳并稀释污染物的能力，因而它是一种资源，但这种资源是不能像其他资源一样被分配给"个人"享用的，因而大气环境容量具有共享属性。

"六五"期间建立的大气环境容量的概念及表达式：

---

① 内容摘自国家"七五"科技攻关项目报告——《大气环境容量研究》，1990 年。

$$Z = f\left[\alpha_1, \ \alpha_2, \cdots, \ \alpha_m; \ \beta_1, \ \beta_2, \cdots, \ \beta_n\right] \qquad (1.1)$$

限制性条件：$\delta_1 = 0$，　$\delta_2 = 0$，$F \rightarrow \min$

式中，α_i（$i=1$，2，$\cdots$，m）为社会属性的规划变量；β_j（$j=1$，2，$\cdots$，n）为地区自然参数即自然属性；δ_1 为容量开发函数，近年来发展了总量控制概念的方法可以解决；δ_2 为开发容量函数；F 为投资费用。

能够证明：

（1）当 α_i，$i=1$，2，$\cdots$，m，完全满足 β_j，$j=1$，$\cdots$，n 条件下规划求得 $Z=Z^*$。

（2）当 α_i，$i=1$，2，$\cdots$，k，$k<m$

可在 β_j，$j=1$，$\cdots$，n 条件下规划求得 $Z=Z'$。

（3）已证明 $Z^*>Z'$，Z^* 即地区 β_j，$j=1$，$\cdots$，n 条件下的大气环境容量。

1.1.2　大气环境容量的模型

尽管大气环境容量是随时空尺度变化的，没有一个简单的确定值，但在确定的地区自然属性与社会属性在一定的时间尺度内却具有统计平均的特征，大气环境系统也就具有统计平均意义上的稳态容量。

一个地区的理论大气容量可以用以下模型求出：

$$\max Z = \sum_{i=1}^{n} Q_i$$

$$\mathrm{St} \ \sum_{i=1}^{n} A_{ij} Q_t = C_{oj}^{K} \qquad (1.2)$$

$$(j = 1, 2, \cdots, m; K = 1, 2, \cdots, l)$$

$$Q_i \geqslant 0$$

式中，Q_i 为第 i 个源的排放量；C_{oj}^{K} 为第 j 个控制点所处第 K 个功能区的大气环境质量保护目标值；A_{ij} 为第 i 个源和第 j 个控制点之间的传递函数值。

$$A_{ij} = \sum_{P=1}^{p} P^P(S) A_{ij}^{P} \qquad (1.3)$$

式中，$P^P(S)$ 为状态概率函数，一般而言，它是风向、风速、大气温度的函数。

1.1.3　传递函数

大气环境容量中的传递函数，反映了大气环境系统中自然子系统的内部特征，其参数为系统的内部变量。在实际应用中，传递函数的形式不能过于复杂，在充分反映地区特点的前提下，应允许做某些简化。

对于气态污染物，在大气中输送、扩散的行为可用下式表述：

$$\frac{\partial C}{\partial t} + u\frac{\partial C}{\partial x} + v\frac{\partial C}{\partial y} + w\frac{\partial C}{\partial z}$$

$$= \frac{\partial}{\partial x}\left[K_x \frac{\partial C}{\partial x}\right] + \frac{\partial}{\partial y}\left[K_y \frac{\partial C}{\partial y}\right] + \frac{\partial}{\partial z}\left[K_z \frac{\partial C}{\partial z}\right] + \alpha C \qquad (1.4)$$

式中，u、v、w、K_x、K_y、K_z 都是空间和时间的函数，α 为转化速率。

假定平均风向沿 x 方向，且 x 方向的输送项远比扩散项大，即

$$u(z)\frac{\partial C}{\partial x} \gg \frac{\partial}{\partial x}\left[K_x \frac{\partial C}{\partial x}\right]$$

则上式变为

$$\frac{\partial C}{\partial t} + v\frac{\partial C}{\partial x} + w\frac{\partial C}{\partial z} = \frac{\partial}{\partial y}\left[K_y \frac{\partial C}{\partial y}\right] + \frac{\partial}{\partial z}\left[K_y \frac{\partial C}{\partial z}\right] - \alpha C \tag{1.5}$$

对颗粒物，当重力沉降作用不能忽略时，在式（1.4）假定基础上，再假设 K_y 为常量，则

$$\frac{\partial C}{\partial t} + u\frac{\partial C}{\partial x} + w\frac{\partial C}{\partial z} = K_y \frac{\partial^2 C}{\partial y^2} + \frac{\partial}{\partial z}\left[K_z \frac{\partial K}{\partial z}\right] + V_g \frac{\partial C}{\partial z} \tag{1.6}$$

当污染物在 y 方向的分布接近正态分布，可认为 y 方向上的浓度分布是高斯分布，则：$\partial y^2 = 2K_y t$。

这样式（1.4）与式（1.6）的解可取形式为

$$C(x,y,z,t) = \frac{1}{\sqrt{2\pi}\sigma_y}\exp\left[-\frac{1}{2}\left(\frac{y}{\sigma_y}\right)^2\right]\cdot S(x,z,t) \tag{1.7}$$

可以证明 S（x，z，t）满足

$$\begin{aligned}&\frac{\partial S}{\partial t} + \frac{\partial uS}{\partial x} + \frac{\partial wS}{\partial z} = \frac{\partial}{\partial z}\left[K_z(z)\frac{\partial S}{\partial z}\right] - \alpha S\\&\frac{\partial S}{\partial t} + u\frac{\partial S}{\partial x} + w\frac{\partial S}{\partial z} = \frac{\partial}{\partial}\left[K_z(z)\frac{\partial S}{\partial z}\right] + V_g \frac{\partial S}{\partial z}\end{aligned} \tag{1.8}$$

上式 S 的解是极其繁难的，将 S 偏微分方程在 z 方向离散化变为常微分方程组来求解。

$$u_j\frac{\mathrm{d}S}{\mathrm{d}x} + w\frac{S_{j+1}-S_{j-1}}{z_{j+1}-z_{i-1}} = \frac{2}{z_{j+1}-z_{j-1}}\left[\frac{K_{j+\frac{1}{2}}}{z_{j+1}-z_j}(S_{j+1}-S_j) - \frac{K_{j-\frac{1}{2}}}{z_j-z_{j-1}}(S_j-S_{j-1})\right] + V_g\frac{S_{j+1}-S_{j-1}}{z_{j+1}-z_{j-1}}$$

$$令\, a_j = \left[\frac{2K_{j-\frac{1}{2}}}{z_j-z_{j-1}} + (V_g - W_j)\right]\frac{1}{z_{j+1}-z_{j-1}}$$

$$b_j = \frac{2}{z_{j+1}-z_{j-1}}\left[\frac{K_{j-\frac{1}{2}}}{z_{j+1}-z_j} + \frac{K_{j-\frac{1}{2}}}{z_j-z_{j-1}}\right] \tag{1.9}$$

$$d_j = \frac{1}{z_{j+1}-z_{j-1}}\left[\frac{2K_{j+\frac{1}{2}}}{z_{j+1}-z_{j-1}} - (V_g - W_j)\right]$$

则式（1.9）变为

$$u_i\frac{\mathrm{d}s_i}{\mathrm{d}x} = -a_i S_{j-1} - b_i S_j + d_i S_{i+1} \qquad j = 1,2,\cdots,N$$

$$\hat{u}\frac{\mathrm{d}\hat{S}}{\mathrm{d}x}=\hat{A}\hat{S} \tag{1.10}$$

其中，

$$\hat{u}=\begin{bmatrix} u_1 & & & 0 \\ & u_2 & \ddots & \\ 0 & & & u_N \end{bmatrix}$$

$$\hat{A}=\begin{bmatrix} -b_1 & d_1 & & & 0 \\ -a_2 & -b_2 & d_2 & \ddots & \\ \vdots & & \vdots & \ddots & d_{N-1} \\ 0 & & -a_N & -b_N & 0 \end{bmatrix}$$

$$\hat{S}=(S_1,S_2,\cdots,S_N)^T$$

假定 $\hat{u}$ 的逆矩阵存在，则式（1.10）又可写为

$$\frac{\mathrm{d}}{\mathrm{d}x}\hat{S}=\hat{u}^{-1}\cdot\hat{A}\cdot\hat{S}$$

$$令：\hat{B}=\hat{u}^{-1}\cdot\hat{A} \tag{1.11}$$

$$则：\frac{\mathrm{d}}{\mathrm{d}x}\hat{S}=\hat{B}\cdot\hat{S}$$

上式实际上是一个常微分方程组，矩阵 $\hat{B}$ 的特征方程为

$$\hat{B}\cdot\hat{S}=\lambda\hat{S} \tag{1.12}$$

利用高次方程 $\mathrm{del}[\hat{B}-I\lambda]=0$ ，我们可求得特征值 λ，其中 I 为单位矩阵。于是，式（1.7）的解可以表示为

$$C(x,y,z)=\sum_t \mathrm{e}^{-\lambda x}\cdot\frac{1}{2\pi\sigma_y}$$

$$=\sum_t\left[2\pi\sigma_y\,\mathrm{e}^{\lambda x}\right]^{-1} \tag{1.13}$$

式中，$\left[2\pi\sigma_y\,\mathrm{e}^{\lambda x}\right]^{-1}$ 即为原点到下风距离 x 处的容量传递函数。λ 是传递函数的特征值，它集中地反映着输送、稀释、沉降和转化等诸自然参数。

大气环境容量理论与核算方法演变历程与展望[①]

许艳玲[1,2]，薛文博[2]，王金南[2]，雷　宇[2]，叶枝兰[1]，任阵海[3]

1. 北京工业大学环境与能源工程学院，北京 100124
2. 环境保护部环境规划院区域空气质量模拟与管控研究中心，北京 100012
3. 中国环境科学研究院，北京 100012

摘要： 大气环境容量在我国一直被作为环境管控措施制订和空气质量精细化管理的重要依据，相关研究是当前的热点。通过研究大气环境容量的相关文献，结合国家、区域及城市的相关实践工作，对国内外环境容量理论和核算方法的发展特征进行了系统的总结和评述。在综述大气环境容量概念的基础上，分析了其具备的自然属性、社会属性及资源属性三重特征。结合我国大气环境问题和大气污染管理模式的演变历程，分析了大气环境容量理论和实践在引入与探索期、发展与实践期、停滞期和快速发展期等 4 个不同阶段的发展特点。针对我国先后出现的以煤烟型污染、酸雨型污染和复合型污染为主要特征的 3 种大气环境问题，分析了大气环境容量的内涵及核定思路。以 A 值法、线性优化法、模型模拟法为重点，总结了不同核算方法的优点和不足，发现了模型模拟法可以兼顾气象、地形等自然因素和污染源等人为因素对于大气环境容量的影响，并可以反映复杂的大气物理化学过程，更适合以 $PM_{2.5}$、O_3 等复合污染为约束的环境容量的核算。最后，结合环境管理的要求，建议在以下三方面加强研究：①以多种污染指标达标为约束的大气环境容量核算方法；②典型重污染时段的大气环境容量核算方法；③改进模型模拟和多目标优化耦合技术，探讨在空气质量、健康损害、生态破坏、气候变化等多种因素约束下的大气环境容量核算方法。

关键词： 大气环境容量；A 值法；空气质量模型；核算方法

随着社会经济快速发展以及能源消费量、机动车保有量的迅速增长，人类的生存环境日益受到破坏，尤其是大气环境的破坏备受关注[1-2]。大气环境容量对社会经济的可持续发展具有重大影响[3-4]，是国家及地方环保部门制订污染物削减方案及空气质量管理政策的科学依据，相关研究成为当前的热点之一。环境容量的概念最初是日本根据环境管理需要而提出的[5]，国外对于大气环境容量概念以及评估理论和方法的研究较少，尚没有统一的认识和评估方法，然而，在大气污染防治计划或措施的制订、空气质量目标的可达性分析中，运用了大量类似的分析方法。在我国，随着环境管理模式、环境问题特征的演变，环境容量的理论不断丰富，形成了系统化的理论和方

① 原载于《环境科学研究》，2018 年，第 31 卷，第 11 期，1835~1840 页。

法体系，并在实践中有着广泛的应用，特别是在区域和城市大气环境规划和管理领域[6-12]。该研究结合我国大气环境问题和大气污染管理模式的演变历程，系统地梳理了不同阶段大气环境容量理论、内涵及核算方法的特点，深入分析了存在的问题与不足，以期为进一步改进环境容量理论和核算方法提供参考。

1　大气环境容量概念与特征

1.1　概念

从广义来讲，环境容量是指自然环境在维持其相对稳定的状态并保持其功能不受破坏的前提下所能承受的人类社会和经济发展规模的大小，如自然环境对人口规模、生产总量、产业规模、土地开发水平等要素的承载量；从狭义来讲，环境容量特指在一定时期内一定空间范围的水、气、土壤等自然环境在维持其自然状态和功能不受损害、人类健康不受损害的前提下所能容纳的由自然和人类活动所产生的污染物排放量。

我国自"六五"期间开始组织大气环境容量研究工作，逐步提出了"大气环境容量是包含大气环境的自然规律和社会效益两类参数的多变量函数，是一个多值函数"的观点，这为我国建立大气环境容量理论体系奠定了基础。经过"七五"和"十五"期间有关区域大气污染物总量控制技术的一系列科技攻关项目研究，大气环境容量的理论得以完善。大气环境容量即是某一环境在污染物累积浓度不超过环境标准规定或人类健康不受损害的前提下一定时期内所能容纳的污染物最大负荷量[7, 13]。

1.2　三性特征

大气环境容量是随着自然和社会条件变化而改变的变量，属于有科学规律可循的客观存在，作为环境承载力是一种有限的自然资源[3, 13-15]，并在时间和空间分布上存在很大差异。总体来看，大气环境容量具有客观性（自然属性）、主观性（社会属性）及资源性"三性"特征（见表 1）。客观性是指大气环境容量受气象条件、地形地貌、污染物背景浓度值等自然因素的影响；主观性是指大气环境容量受空气质量标准、污染源排放特征、外来源输送等人为因素的影响；资源性是指环境容量属非实物态、有限的自然资源，超负荷使用环境容量将导致资源的稀缺性日益突出。

表 1　大气环境容量的"三性"特征

特征	影响因素	影响方式
客观性	气象条件	风速、风向、混合层高度、降水等
	地形地貌	扩散条件与地形地貌直接相关
	背景浓度	受沙尘等背景值影响越大，容量空间越小
主观性	空气质量标准	环境容量随空气质量标准变化
	污染源排放特征	污染源排放时空间分布、污染源类别、污染物种类
	外来源输送	区域传输影响环境容量大小
资源性	稀缺性	稀缺资源

2 大气环境容量发展和演变

随着大气环境问题从传统的煤烟型污染向区域性复合型污染的转变，我国大气污染管理模式大致经历了"排放浓度控制—排放总量控制—环境质量控制"3个阶段，伴随着大气环境问题和管理模式的演变，大气环境容量的核定思路不断完善。总体而言，我国大气环境容量经历了以下4个发展阶段。

第一阶段（1980~2000年）为环境容量概念引入与探索期。从20世纪80年代开始，随着经济的快速发展，能源消耗量急剧增加，我国城市煤烟型污染越来越严重。大气污染防治工作重点集中在工业点源的烟粉尘和SO_2治理，实施了以大气污染物排放标准为主要载体的排放浓度控制，但无法解决排放浓度达标而环境空气质量继续恶化的矛盾。这一时期，相关学者开始探索基于大气环境容量的总量控制，环境容量概念引入我国。针对SO_2浓度超标问题，我国开展了大量SO_2环境容量研究工作，代表性的成果是任阵海等[16]以GB 3095—1996《环境空气质量标准》的SO_2标准限值为约束条件，考虑总量控制及大气输送，计算了全国城市SO_2年均浓度达标下SO_2最大允许排放量约为$1200×10^4$t。

第二阶段（2001~2005年）为环境容量理论的发展与实践期。从20世纪90年代开始，燃煤引发的酸雨污染问题引起了公众的关注，环境问题从局地煤烟型向区域性污染转变，污染控制思路从排放浓度控制向总量控制过渡，酸性污染物总量控制成为酸雨污染防治的重点。这一时期，有关学者围绕酸雨污染开展了以酸沉降临界负荷为约束的SO_2等酸性污染物环境容量研究。在全国层面：段雷等[11]研究了不同保证率下的全国及各省网格化的酸沉降临界负荷；柴发合等[6]以95%保证率下硫沉降临界负荷为约束条件，计算了全国SO_2环境容量约为$1700×10^4$t。在区域层面，基于空气质量模型和线性优化模型，计算了辽中城市群的SO_2环境容量[6]。在城市层面，基于空气质量模型或线性优化模型计算了兰州等城市大气环境容量[12-14]。原国家环境保护总局于2003年组织核算了我国113个环保重点城市大气环境容量。

第三阶段（2006~2012年）为大气环境容量研究的停滞期。"十一五"以来，我国污染控制全面进入总量控制阶段，SO_2纳入国家"十一五"规划约束性指标体系，SO_2、NO_x双指标同时纳入了国家"十二五"约束性指标体系。实施总量控制以来，全国SO_2、NO_x排放总量出现大幅下降，SO_2、NO_2年均浓度均有所降低，但$PM_{2.5}$等区域污染问题日益严重，其主要原因是目标总量控制在一定程度上淡化了对区域、城市空气质量达标的要求，没有建立有效的污染减排与空气质量改善之间的关系。这一时期目标总量控制成为我国大气污染控制的重要制度，而容量总量控制及相关研究基本处于停滞期。

第四阶段（2013年至今）是以环境质量为核心的控制思路促进环境容量研究快速发展期。为控制日益突出的以$PM_{2.5}$、O_3为特征的区域复合型大气污染，2012年国务院批复了《重点区域大气污染防治"十二五"规划》，标志着大气污染防治工作思路由"排放总量目标导向"向"环境质量目标导向"的转变。2013年国务院印发的《大气污染防治行动计划》，正式确立了以环境质量为核心的大气污染防治模式。在此背景下，相关学者开始研究"污染排放"与"质量改善"间的定量关系，探索基于$PM_{2.5}$浓度达标约束下的多污染物环境容量计算方法。以王金南、薛文博等为代表的研究团队，基于第三代空气质量模型 WRF-CAMx，开发了大气环境容量三维迭代优化算法，并以我国 333 个地级城市 $PM_{2.5}$ 年均浓度达标为约束条件，计算了 31 个省、直辖市、自治区 SO_2、NO_x、一次 $PM_{2.5}$ 及 NH_3 的最大允许排放量[17-18]。

针对先后出现的煤烟型、酸雨型、复合型污染问题，大气环境容量核算思路如表 2 所示。预计 $PM_{2.5}$、PM_{10}、O_3 等污染问题将在未来一段时间内同时存在，因此大气环境容量研究的难点是如何核算多环境指标同时达标时，SO_2、NO_x、PM、VOCs 及 NH_3 等多污染物环境容量。大气中多种污染物引起的多种环境问题的复杂性对大气环境容量核算提出了更大的挑战。$PM_{2.5}$ 和 O_3 等复合型污染是由排放至大气中的 NO_x 和 VOCs 等多种大气污染物经过一系列复杂的物理、化学、光化学等反应而生成的，污染特征受到气象条件、污染源时空分布、污染源类别、污染源种类等多种因素的综合影响，因此亟需突破的关键是在空气质量达标约束下多种污染物排放量在时间、空间和行业的多目标最优化技术。由于不同年份、季节的气象条件差异性大，造成了空气质量的变化[19-22]，导致大气所能容纳的大气污染物排放量的差异。此外，重大赛会及重污染天气等短期空气质量保障是大气污染管理的一项重要工作。因此，计算特定时段内大气污染物的允许排放量，提高大气环境容量时间分辨率，是一个技术难题。

表 2 大气环境容量的核定思路

环境问题	大气环境指标	核定思路	实践问题
煤烟型污染	SO_2、PM_{10}	基于单一环境问题约束的单一污染物环境容量	SO_2 及 PM_{10} 达标对应的各污染物环境容量
酸雨型污染	酸沉降负荷	基于单一环境问题约束的多污染物环境容量	酸沉降临界负荷约束下的 SO_2、NO_x 等环境容量
复合型污染	$PM_{2.5}$、O_3、PM_{10} 等指标同时达标	基于多重环境问题同时约束的多污染物环境容量	多指标同时达标下，SO_2、NO_x、PM、VOCs 及 NH_3 等多污染物环境容量

3 核算技术与方法

3.1 国外研究现状

国外虽然没有统一的环境容量概念，但在大气污染防治目标与措施的制订过程中运用了大量类似的分析方法。欧洲的温室气体和 GAINS（the Greenhouse Gas and Air Pollution Interactions and Synergies，大气污染物协同控制）模型自 2000 年以来已经成为欧盟（欧洲联盟）制订大气环境目标和法规的重要技术工具[23]。GAINS 模型考虑了 $PM_{2.5}$、PM_{10}、SO_2、NO_x、VOCs、NH_3 等 6 种空气污染物和《京都议定书》规定的 HFCs、CO_2、CH_4、N_2O、PFCs、SF_6 等 6 种温室气体，以减少健康损害、生态破坏、气候变化等终端环境影响为约束，以成本最低为目标，通过线性优化得到排放控制技术的组合方案，从而制订空气质量目标或污染物排放目标。作为空气质量政策支撑的重要工具，GAINS 模型先后被用于多项政策制定，包括欧盟清洁空气和大气污染专项战略[24]，以及此后的一揽子清洁空气政策[25]等。日本的 AIM/Enduse（亚太地区综合模型），采用优化方法对能源技术和污控技术进行选择，进而进行技术路径的分析[26-28]。AIM/Enduse 以寻求费用最少的混合技术为目标，满足特定的能源服务需求和污染物排放量限值。美国在空气质量改善政策的制订过程中，通过多个模型的组合，实现对空气质量改善策略的研究和优化。如通过将空气质量模型（如 CMAQ、CMAx 等）与空气污染控制的健康和经济效益评估模型（如 BenMAP 等）进行衔接，为深化高架源 SO_2 和 NO_x 排放控制等联邦层面空气质量改善政策提供依据[29]。以上模型工具还被用于美国各州空气质量达标实施计划的制订过程中，从而提出不达标地区的污染物允许排放量。

3.2　国内研究现状

我国大气环境容量的核算方法是伴随环境问题的演变以及环境理论认知水平的提高而不断改进和提升的，常见的核算方法包括 A 值法、线性优化方法、模型模拟法等。

3.2.1　A 值法

A 值法是最早被应用于环境容量核算的方法之一。它是基于箱式模型原理，假设环境容量与大气环境自净能力、地区面积成正比，仅考虑自然因素，未反映排放源特征、化学转化过程，其优点是简单、方便。 1992 年，国家发布 GB/T 3840—1991《制定地方大气污染物排放标准的技术方法》推荐采用 A 值法估算大气环境容量[30]。该标准将我国分为 7 个地区，并给出了各地区 A 值范围，但缺少各范围内的取值依据，取值的随意性导致环境核算结果的误差很大[31-33]。通过引入混合层厚度、大气稳定度等参数对 A 值进行修正，一定程度上提高了 A 值法的合理性[34-35]。近期，Xu 等[36]引入统计特征量改进 A 值法，该方法是根据我国 378 个气象站 40 a 逐日的小时观测数据，计算大气环境容量系数 A 值序列，并使用 Pearson III 型曲线拟合出了不同重现期的 A 值。总体来看，A 值法更适用于核定理想状态下的大气环境容量，但不适合 $PM_{2.5}$、O_3 等达标约束下的环境容量核算。

3.2.2　线性优化方法

线性优化方法是基于线性优化理论计算大气环境容量，将污染源及其扩散过程与控制点联系起来，以目标控制点的浓度达标作为约束，通过多源模型与数学规划法等确定源的最大允许排放量。线性优化方法在以 SO_2、NO_2 浓度达标为约束的 SO_2、NO_x 等污染物环境容量核算中得到应用。随着模型的应用和发展，通过引入大气扩散模型，首先建立了排放量与环境质量之间的响应关系。在此基础上，根据浓度与排放之间的关系，以环境质量目标为约束条件，构建大气环境容量线性优化模型，提高了结果的合理性[37-39]。总体来看，线性优化方法主要适用于尺度较小的区域，能够反映"排放-受体"的响应关系，可以对大气环境容量进行优化配置，但该方法受到线性假设的制约，不能处理具有非线性特征的二次大气污染问题。

3.2.3　模型模拟法

模型模拟法是采用空气质量模型对污染源削减方案进行模拟，满足空气质量达标所对应的污染源排放量即为区域大气环境容量。该方法可以兼顾气象、地形等自然因素和污染源等人为因素对于大气环境容量的影响，有效克服了传统方法的不足，可以反映复杂的大气物理化学过程。早期，多采用 CALPUFF、ADMS、CAMQ 等空气质量模型进行核算，多与 A 值或线性优化等方法相结合，但一般是建立在污染源排放的空间与行业分布特征等不发生显著变化的理想假设基础上，不能对大气环境容量进行优化配置。2010 年后，多位学者基于第三代空气质量模型（如 CMAQ 等）与迭代算法等相结合，提出环境容量新算法，弥补了模型模拟法的缺陷。如王自发等[40]开发了一种运用区域空气质量模式核算大气环境容量的算法，该方法将大气环境作为一个开放的、动态的空间，充分考虑气象条件的复杂性，从大气污染物的生成、转化、消亡过程量化大气对污染物的容纳能力，计算出目标区域具有时空动态特征的大气环境容量。薛文博等[18]建立了大气环境容量三维迭代优化计算模型，基于动态的空间传输矩阵、行业贡献矩阵、前体物贡献矩阵，建立多目标非线性优化模型，计算出各地区、分行业的 SO_2、NO_x、颗粒物、NH_3、VOCs 等大气污染物环境容量。大气环境容量三维迭代优化方法统筹考虑了 $PM_{2.5}$ 的区域传输、行业耦合以及前体物非线性协同等作用，所核算出的环境容量本质是"空气质量达标约束下的各地区、各行业、各污染物的最大允许排放量或最佳削减方案"。目前该方法已在京津冀地区及部分城市大气环境容量核算工作中得到广泛应用，并成为《大气环境容量核算技术指南（初稿）》的推荐方法之一，但该方法存在技术复杂、计算量大等缺点，环境容量核算技术有待进一步改进。

4　结论与展望

我国对大气环境容量的研究已长达 30 多年，随着大气环境问题和大气污染管理模式的变化，环境容量的理论和核算方法不断得到改善和丰富。目前，大气环境容量核算方法大多针对的是年际环境容量，无法满足重大赛会空气质量保障及重污染季节等特殊时段环境容量核算和出台精细化管控措施的需求。但是，由于冬季重污染过程中硫酸盐、硝酸盐和铵盐的爆发式增长效应导致 $PM_{2.5}$ 浓度快速上升，其相关化学反应机制还处于研究阶段，此外 O_3 形成机理也有待深入探索，因此在以消除冬季 $PM_{2.5}$ 重污染为约束的大气环境容量和以 O_3 达标为约束的大气环境容量核算等方面还比较薄弱。结合这些问题，未来大气环境容量研究将重点关注以下 3 个方面：

（1）基于"一个大气"的环境容量核定理念，考虑大气环境中多污染物的协同效应及跨界输送特征，利用空气质量模型建立"多污染物排放"与"多环境质量指标"之间的响应关系。攻克区域性 O_3 形成机理与控制路径等薄弱领域，探索以 O_3 为约束的多污染物协同减排技术。在此基础上，研究以 $PM_{2.5}$、O_3、NO_2 等污染物浓度达标、多指标约束下的多种大气污染物环境容量核定技术方法。

（2）考虑重污染过程与环境容量之间的对应关系。目前大气环境容量核算多以年度允许排放量居多。不利气象条件是发生重污染过程的重要原因之一，研究重污染季节/过程的污染物允许排放量对降低/消除重污染天数、有效改善空气质量的意义更大。因此，建议通过分析多年气象条件变化对 $PM_{2.5}$ 浓度和重污染强度、频率的影响，分析影响环境容量的关键因子的变化趋势，筛选出区域/城市"典型重污染时段"，核算基于消除重污染原则下在重污染季节的区域/城市大气环境容量。

（3）进一步扩展环境容量内涵，借鉴国内 GAINS、CMAQ、CMAx、BenMAP 等模型在大气环境容量方面的应用经验，并与中国实际情况相结合，改进模型模拟和多目标优化耦合技术，探讨在空气质量和环境影响（如健康损害、生态破坏、气候变化等）等多种因素约束下的大气环境容量核算方法。

参 考 文 献

[1] Liu M, Bi J, Ma Z. Visibility-based PM$_{2.5}$ concentrations in China: 1957—1964 and 1973—2014[J]. Environmental Science & Technology, 2017, 51(22): 13161-13169.

[2] Liu T, Gong S, He J, et al. Attributions of meteorological and emission factors to the 2015 winter severe haze pollution episodes in China's Jing-Jin-Ji area[J]. Atmospheric Chemistry & Physics, 2017, 17(4): 2971-2980.

[3] Shi L, Sun J. An analysis of the natural resources and environmental carrying capacity of the western Taiwan strait economic zone[J].Fresenius Environmental Bulletin, 2017, 26(3): 1890-1901.

[4] Zhou Y, Zhou J. Urban atmospheric environmental capacity and atmospheric environmental carrying capacity constrained by GDP-PM$_{2.5}$[J]. Ecological Indicators, 2017, 73: 637-652.

[5] 刘鸿亮, 缪天成, 杨本津, 等. 环境容量、背景值赴日考察团考察报告[J]. 环境科学动态, 1983(S2): 1-8.

[6] 柴发合, 陈义珍, 文毅, 等. 区域大气污染物总量控制技术与示范研究[J]. 环境科学研究, 2006, 19(4): 163-171.

[7] 薛文博. PM$_{2.5}$ 输送特征与环境容量模拟研究[M]. 北京: 中国环境出版社, 2017: 150-160.

[8] 李云生. 城市区域大气环境容量总量控制技术指南[M]. 北京: 中国环境科学出版社, 2005: 291-308.

[9] 司瑞瑞, 樊旭, 李佳芸, 等. 基于 A 值法的庆阳地区大气环境容量研究[J]. 甘肃科技, 2016, 32(24): 66-69.

[10] 黄志兴, 刘嘉玲, 范绍佳. 珠江三角洲中小城市大气环境规划初探[J]. 热带海洋, 1994, 13(3): 77-83.

[11] 段雷, 郝吉明, 周中平, 等. 确定不同保证率下的中国酸沉降临界负荷[J]. 环境科学, 2002, 23(5): 25-28.

[12] 安兴琴, 陈玉春, 吕世华. 兰州市城区冬季 TSP 容许排放总量的估算[J]. 中国环境科学, 2003, 23(1): 60-63.

[13] Wang W, Chen N, Ma X. Research on atmospheric environmental capacity model of urban agglomeration[J]. Advanced Materials Research，2012，518: 1311-1320.

[14] 王金南, 潘向忠. 线性规划方法在环境容量资源分配中的应用[J]. 环境科学, 2005, 26(6): 195-198.

[15] Li L J, Li Y L, Li X Y. On coordinated development of BTH urban agglomeration subjected to atmospheric environmental capacity[J]. Bulgarian Chemical Communications, 2017, 49: 95-100.

[16] 任阵海, 俞学曾, 杨新兴, 等. 我国大气污染物总量控制方法研究[C]//第八届全国大气环境学术会议. 昆明: 第八届全国大气环境学术会议集, 2004: 167-172.

[17] 薛文博, 付飞, 王金南. 中国 PM$_{2.5}$ 跨区域传输特征[J]. 中国环境科学, 2014, 34(6): 1361-1368.

[18] 薛文博, 付飞, 王金南, 等. 基于全国城市 PM$_{2.5}$ 达标约束的大气环境容量模拟[J]. 中国环境科学, 2014, 34(10): 2490-2496.

[19] Cheng Y, Li Y. Influences of traffic emissions and meteorological conditions on ambient PM$_{10}$ and PM$_{2.5}$ levels at a highway toll station[J]. Aerosol & Air Quality Research, 2010, 10: 456-462.

[20] Guo J, He J, Liu H, et al. Impact of various emission control schemes on air quality using WRF-Chem during APEC China[J]. Atmospheric Environment, 2016, 140: 311-319.

[21] Wang H, Xu J, Zhang M, et al. A study of the meteorological causes of a prolonged and severe haze episode in January 2013 over central-eastern China[J]. Atmospheric Environment, 2014, 98: 146-157.

[22] Wang M, Cao C, Li G, et al. Analysis of a severe prolonged regional haze episode in the Yangtze River Delta, China[J]. Atmospheric Environment, 2015, 102: 112-121.

[23] Amann M, Bertok I, Borken-Kleefeld J, et al. Cost-effective control of air quality and greenhouse gases in Europe: modeling and policy applications[J]. Environmental Modelling and Software, 2011, 26(12): 1489-1501.

[24] EC. The CAFE programme & the thematic strategy on air pollution [EB/OL]. (2005-09-21) [2005-09-21]. http://ec.europa.eu/environment/archives/cafe/index.htm.

[25] EC. The clean air policy package [EB/OL]. (2013-12-18) [2013-09-18]. http://europa.eu/rapid/press-release_MEMO-13-1169_en.htm.

[26] Kainuma M, Matsuoka Y, Morita T. The AIM/end-use model and its application to forecast Japanese carbon dioxide emissions[J]. European Journal of Operational Research, 2000, 122(2): 416-425.

[27] Oshiro K, Kainuma M, Masui T. Implications of Japan's 2030 target for long-term low emission pathways[J]. Energy

Policy, 2017, 110: 581-587.

[28] Oshiro K, Masui T. Diffusion of low emission vehicles and their impact on CO_2 emission reduction in Japan research article[J]. Energy Policy, 2015, 81: 215-225.

[29] US EPA. Cross-state air pollution rule(CSAPR)[EB/OL]. Washington DC: US EPA (2011-08-06) [2011-08-06]. https://www.epa.gov/csapr.

[30] 国家环境保护总局. GB/T 3840—1991 制定地方大气污染物排放标准的技术方法[S]. 北京: 中国标准出版社, 1992.

[31] Wang W, Ma X, Ke B. Study on sulfur dioxide atmospheric environmental capacity of Chengdu urban agglomeration [J]. Advanced Materials Research, 2012, 599: 488-495.

[32] Wang G, Gao X, Wang Y. Research on spatial differences of atmospheric environmental capacity under main-functional zones planning of Dalian City[C]//LI S, NIU P, WANG W, AN Y. Dongguan: Proceedings of the 2011 International Symposium on Environmental Science and Technology, 2011: 462-466.

[33] 徐大海, 朱蓉, 潘在桃. 城市扩散模式和二氧化硫排放总量控制方法的研究[J]. 中国环境科学, 1990, 10(4): 309-313.

[34] 欧阳晓光. 大气环境容量 A-P 值法中 A 值的修正算法[J]. 环境科学研究, 2008, 21(1): 37-40.

[35] 王涵瑾, 王源程, 倪长健. 基于修正 A 值法核算成都市季节大气环境容量[J]. 环境与可持续发展, 2015, 40(3): 71-74.

[36] Xu D, Wang Y, Zhu R. Atmospheric environmental capacity and urban atmospheric load in China[J]. Science China Earth Sciences, 2018, 61(1): 33-46.

[37] An X, Zuo H, Chen L. Atmospheric environmental capacity of SO_2 in winter over Lanzhou in China: a case study[J]. Advances in Atmospheric Sciences, 2007, 24(4): 688-699.

[38] 肖杨, 毛显强, 马根慧, 等. 基于 ADMS 和线性规划的区域大气环境容量测算[J]. 环境科学研究, 2008, 21(3): 13-16.

[39] 钱跃东, 王勤耕. 针对大尺度区域的大气环境容量综合估算方法[J]. 中国环境科学, 2011, 31(3): 504-509.

[40] 王自发, 向伟玲. 一种运用区域空气质量模式的大气环境容量新算法: 201210210323.4[P]. 2012-12-12.

Development and Prospect of Atmospheric Environment Capacity Theory and Accounting Method

XU Yanling[1,2], XUE Wenbo[2], WANG Jinnan[2], LEI Yu[2], YE Zhilan[1], REN Zhenhai[3]

1. College of Environmental and Energy Engineering, Beijing University of Technology, Beijing 100124, China
2. Center for Regional Air Quality Simulation and Control, Chinese Academy for Environmental Planning, Beijing 100012, China
3. Chinese Research Academy of Environmental Sciences, Beijing 100012, China

Abstract: The atmospheric environmental capacity has become a hot topic in air quality management studies in China, since it plays an important role in supporting the design and implementation of air pollution control measures. By studying the literature and summarizing the relevant practical work in this field at country, region and city levels, we systematically reviewed the development of atmospheric environment capacity theory and the methods used to quantify the capacity. The concept of atmospheric environment capacity and its natural, social and resource characteristics were analyzed. The pattern of development of the theoretical research as well as the practices of measuring atmospheric environmental capacity are summarized in four stages with consideration of the major air pollution challenges and atmospheric pollution management modes. The theory of the atmospheric environmental capacity as well as the advantages and disadvantages of different quantification methods, including the A value method, linear optimization method and model simulation method, were analyzed considering the major air pollution challenges to address, including coal-burning pollution, acid rain pollution and complex air pollution. The conclusion is drawn that the model simulation method is able to take account of the influence of natural factors and human factors and is a better choice for quantifying atmospheric environmental capacity when $PM_{2.5}$ and O_3 pollution control is the target.It is suggested that research should be strengthened in the following aspects: ① Methods for quantifying the atmospheric environmental capacity constrained by multi-pollutant targets; ② Methods for quantifying the atmospheric environmental capacity for typical heavy pollution episodes; ③ Methods for quantifying the coupling of the atmospheric environmental capacity with various factors such as air quality, health damage, ecological damage, and climate change.

Key words: atmospheric environmental capacity; a value method; air quality model; quantifying methods

唐山市区大气环境容量研究[①]

李　韧，程水源，郭秀锐，王海燕，金毓荃，任阵海

北京工业大学环境与能源工程学院，北京 100022

摘要： 为确定唐山市区的大气环境容量，根据唐山市自然环境、污染气象特征、大气环境过程、区域污染源分布等现有信息，利用飞机场探空气象资料研究了唐山市大气混合层高度，并建立了用于大气环境质量预测的多维多箱与高斯复合模型，结合大气环境质量标准计算了不同达标率下唐山市的大气环境容量。研究结果表明，复合模型能够综合考虑各类影响因素，对污染物浓度具有较高的预测准确度，能有效地应用于大气环境容量计算中。

关键词： 环境工程；大气环境容量；高斯模型；多维多箱模型；大气混合层高度；唐山市

0　引　　言

　　唐山市是我国北方著名的重工业城市，长期以来，其大气环境污染问题一直较为严重。尤其是近年来，随着城市经济建设的快速发展和钢铁等重污染企业的不断增多，环境问题日益突出。因此，确定唐山市区的大气环境容量，为今后制定达标规划方案提供科学依据，就是当前较为紧迫的任务。

　　大气环境容量是在城市生态和大气环境不受污染时各污染源的最大允许排放量。大气环境容量的确定是有效控制大气环境污染、改善环境质量的基础，是政府制定大气污染控制决策、进行环境管理及环境规划的主要依据。因此，大气环境容量的研究越来越得到国内外环境专家的高度重视，并相继开展了一些研究，取得了一些进展。但由于大气环境具有复杂性和多变性，在污染源调查、监测、数据采集、环境测试、边界条件确定以及模型匹配等方面仍需进一步深入研究。

　　本文应用多维多箱与高斯复合模型，在充分考虑唐山市自然环境、污染气象特征、大气混合层高度、复杂的大气环境过程及区域污染源分布等现有信息基础上，确定市区大气环境容量。利用唐山市飞机场用于飞行的探空及地面常规气象资料，并应用干绝热法[1, 2]确定大气混合层高度。

1　研　究　方　法

1.1　研究区域特征

　　唐山市位于华北平原东部，南临渤海，北依燕山，东以滦河、青龙河为界，与秦皇岛相接，

① 原载于《安全与环境学报》，2005 年，第 5 卷，第 3 期，46~50 页。

西与天津毗邻。地理坐标为东经 117 度 31 分至 119 度 19 分，北纬 38 度 55 分至 40 度 28 分。全市总面积 13472km²，市区面积 3874km²，由市中心（包括路南区、路北区和开平区）、丰润区、古冶区及丰南区组成。全市总人口 702.7 万人，市区 293 万人。

唐山市为北方地区规模较大的重工业城市，能源以煤炭、煤气天然气及各种油类为主。该市以煤电为主导，陶瓷、钢铁、食品、建材、机械等生产制造为辅。唐山市区污染源分布较广，本文根据实际情况划分研究区域，包括市中心、丰润区、古冶区及丰南城区，区域总控制面积约444.5km²。结合唐山市震后重建的规划布局状况，根据各工业企业、污染源分布、居民住宅、商业网点分布以及市区外形几何特征，将研究区域划分为工业、商业、居住及混合等 17 个不同的功能区，各功能区的长宽及面积见表 1（中心区有 7 个功能区，丰南区有 5 个，丰润区有 3 个，古冶区有 2 个）。

表 1 唐山市区各主要城区功能区长宽及面积

项目		功能区编号							
		1	2	3	4	5	6	7	合计
中心区	长/km	2.70	3.00	2.60	2.60	11.50	11.50	7.50	—
	宽/km	3.80	6.10	4.00	7.00	3.50	7.50	3.60	—
	面积/km²	10.30	18.30	10.40	18.20	40.30	86.30	27.00	210.8
丰南区	长/km	3.65	3.65	3.65	3.65	2.0	—	—	—
	宽/km	1.3	2.65	1.8	3.3	4.45	—	—	—
	面积/km²	4.75	9.67	6.57	12.05	8.90	—	—	41.9
丰润区	长/km	9.23	7.13	7.13	—	—	—	—	—
	宽/km	7.13	3.75	3.38	—	—	—	—	—
	面积/km²	65.81	26.74	24.10	—	—	—	—	116.7
古冶区	长/km	9.10	5.70	—	—	—	—	—	—
	宽/km	5.50	4.40	—	—	—	—	—	—
	面积/km²	50.05	25.08	—	—	—	—	—	75.1

注：功能区的长指南北向距离，宽指东西向距离。

1.2 污染气象分析

大气混合层高度是大气环境质量预测的主要因子之一。本文利用唐山市飞机场近 3a 探空观测温度-高度资料，采用干绝热法计算唐山市区采暖季及非采暖季大气混合层高度[1, 2]（见表 2）。干绝热法是考虑在典型的大气条件下，大气平均混合层高度由清晨探空温度廓线和地面最高、最低气温而定。在绝热图上，将每日地面最高气温及最低气温所在的点分别沿干绝热线在坐标系中延长，与清晨温度廓线相交，交点距地面的高度即为日最大及最小混合层高度（见图 1），取其平均值作为该日的平均混合层高度。

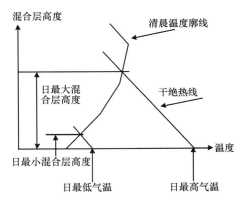

图 1　干绝热法确定混合层高度

表 2　唐山市区近 3a 大气混合层高度统计结果

时间段	大气混合层高度/m	
采暖季	变化范围	400~680
	平均值	540
非采暖季	变化范围	400~920
	平均值	660

本文选取 2 个大气环境容量研究的代表时段，分别为 2002 年 10 月 24~30 日（非采暖季）和 2003 年 2 月 19~25 日（采暖季）。对两个代表时段各日的 24h 气象数据进行收集与监测，其中每日 7~8 时、11~12 时、15~16 时及 20~21 时每 5min 监测一次，其他时段每 0.5h 观测一次。为使计算浓度符合实际情况并具有代表性，将 16 个风向分为 4 个风向组，每个风向组的频率代表着相邻 4 个风向频率之和，根据实际观测结果，分别确定 4 个主风向组的风向频率及平均风速。表 3 给出采暖季典型日（2003 年 2 月 23 日）的统计结果。

表 3　采暖季典型日各主风向组风频及不同高度平均风速

主风向组		N	W	S	E
风频/%		4.2	52.1	21.5	22.2
风速/（m/s）	0~180	1.0	1.3	1.5	1.0
	180~360	2.1	2.7	3.2	2.1
	360~540	2.1	2.7	3.2	2.1

在这两个代表时段，监测每日由唐山市郊区流入市区 SO_2、TSP 及 PM_{10} 的边界浓度，并结合各日的主导风向统计得出各主风向组边界流入市区大气污染物浓度。空中流入污染物浓度参考石家庄市飞机航测结果。

1.3　大气质量预测模型的建立

对市区内近 800 家工业企业、采暖锅炉、建筑工地、料堆及各主干道的交通流量等污染源进行拉网式调查，并在调查基础上对各有组织及无组织排放源强进行计算与统计，见表 4。

表 4　唐山市区 2002 年点源、面源污染物排放源强统计表　　（单位：t/a）

污染源类型			中心区	丰南区	丰润区	古冶区	合计
工业企业	点源	SO₂	44558.3	21506.5	7117	11674	84855.8
		TSP	19551.7	11229.1	3805.3	5508	40094.1
		PM₁₀	13943.5	7548.9	2460.8	3582	27535.2
	面源	SO₂	12229.9	1605.1	476.9	510.9	14822.8
		TSP	38830.4	6218.1	4426.1	2197	51671.6
		PM₁₀	21103.1	4228.3	2851	1437	29619.4
	工业企业合计	SO₂	56788.2	23111.6	75939	12185	99678.7
		TSP	58382.1	17447.2	8231.4	7705	91765.7
		PM₁₀	35046.6	11777.2	5311.8	5019	57154.6
采暖锅炉	点源	SO₂	367.6	47.6	0	192	607.2
		TSP	66.2	129.2	0	108.7	304.1
		PM₁₀	49.8	90.4	0	81.7	221.9
	面源	SO₂	667.5	571.2	400	0	1638.7
		TSP	174.1	354.3	360	0	888.4
		PM₁₀	126.3	226.5	261	0	613.8
	采暖锅炉合计	SO₂	1035.1	618.8	400	192	2245.9
		TSP	240.3	483.4	360	108.7	1192.4
		PM₁₀	176.1	316.9	261	81.7	835.7
无组织	料堆扬尘	TSP	1420.4	816.4	37.9	51.6	2326.3
		PM₁₀	325.3	181.9	8	9.8	525
	建筑施工扬尘	TSP	2884.7	1919.1	511.8	619.5	5935.1
		PM₁₀	634.6	439	112.5	136.3	1322.4
	交通扬尘	TSP	6910.8	4867	5618.3	5266.3	22662.4
		PM₁₀	2349.7	1448.3	1762	1651.6	7211.6
	裸露地面扬尘	TSP	23323.5	5525.8	21708	13152.1	63709.4
		PM₁₀	5457.7	1243.9	5079.5	3077.5	14858.6
	其他无组织源	SO₂	526.6	5313	3339	140.3	15321
		TSP	5198.1	662	3296	1390.8	10546.9
		PM₁₀	4657.5	462.9	2953.1	1246.1	9319.6
	无组织合计	SO₂	526.6	531.3	333.9	140.3	1532.1
		TSP	39737.5	13790.3	31172	20480	105179.8
		PM₁₀	13424.8	3776	9915.1	6121	33236.9
流动源		TSP	849.8	339.9	469.9	303.1	1962.7
		PM₁₀	809.3	323.7	447.5	288.6	1869.1
总计		SO₂	58349.9	24261.7	8328	12517	103456.6
		TSP	99209.8	32060.8	40233	28597	200100.6
		PM₁₀	49456.8	16193.8	15935	11511	93096.6

　　根据市区各城区地面粗糙度等情况，确定点源面源分界源高分别为：市中心区 45m、丰南区 35m、丰润区及古冶区均为 30m。

　　复合模型由高斯模型与多维多箱模型组合而成。高斯模型较适合点源浓度预测。多维多箱模型建立在质量平衡的基础上,综合考虑了垂直方向和横风向污染物的扩散、风场随高度的变化、干沉积、湿沉积和化学变化等影响因素[3, 4]。在建立多维多箱模型时,水平面上的一个功能区占据一组子箱体,垂直方向上将大气混合层高度三等分。在每一个主风向组下,对每一个子箱体建立一个方程,可得到一个由 $3m$(设功能区数为 m 个)个方程构成的方程组。按此方法分别对 4 个主风向组建立方程组。对于每一个方程组,未知量为各子箱体的污染物预测浓度 C_i(i=1,2,…,$3m$),在其他参数均已知的前提下,该方程有唯一解。以唐山市中心区 S 风向组下 1 号子箱体 SO_2 为例。

$$W_1 \cdot U_{s_1} \cdot h \cdot C_{01} - W_1 \cdot h \cdot U_{s_1} \cdot C_1 + W_1 \cdot L_1 \cdot Q_1 - E \cdot L_1 \cdot W_1(C_1 - C_8)/h - 2E'(L_1 - L_3) \cdot h(C_1 - C_5)/(W_1 + W_5) - 2E' \cdot L_3 \cdot h(C_1 - C_3)/(W_1 + W_3) - Vg \cdot L_1 \cdot W_1(C_1 - C_8) - L_1 \cdot W_1 \cdot wj \cdot p \cdot C_1 /4 - W_1 \cdot h \cdot U_{s_1} \cdot C_1(1 - EXP(-k \cdot L_1 / U_{s_1})) = 0$$

式中,C_{01} 为 S 风向组下进入多箱系统中第 1 层的 SO_2 平均背景质量浓度,mg/m^3;C_1 为 S 风向组下第 1 个子箱体的 SO_2 平均质量浓度,mg/m^3;E 为垂直方向的扩散系数,m^2/s,E=1.5m^2/s;E' 为横风向的扩散系数,m^2/s,E'=100m^2/s;h 为子箱体的高度,m,非采暖季为 180m,采暖季为 220m;L_1、L_3 为 1 号及 3 号子箱体的长度,m;Q_1 为 1 号子箱体中单位面积 SO_2 的排放源强,$mg/s\cdot m^2$;U_{s_1} 为 S 风向组第 1 层的平均风速,m/s;W_1、W_3 为 1 号及 3 号子箱体的宽度,m;V_g 为干沉积速度,m/s,V_g=0.002m/s;k 为 SO_2 化学转化速率常数,h^{-1},采暖季取 0.023h^{-1},非采暖季为 0.068h^{-1};wj 为湿沉积系数,采暖季取值为 1500,非采暖季为 30000;p 为唐山市年降水量,取 1.9×10^{-8}m/s。

在建立 TSP 及 PM_{10} 多维多箱预测模型时,除一些参数取值不同外,还应考虑 SO_2 在大气中转化为硫酸盐胶体的贡献。将方程组转化为矩阵相乘的形式,即

$$A \times C = D$$

式中,C=[C_1 C_2 C_3 C_4 C_5 C_6 C_7 C_8 C_9 C_{10} C_{11} C_{12} C_{13} C_{14} C_{15} C_{16} C_{17} C_{18} C_{19} C_{20} C_{21}]^T,为各子箱体预测质量浓度;A 为 C_i 的系数组成的 21×21 矩阵;D 为方程中的常数项组成的列向量。转化为

$$C = A - 1 \times D$$

运用 MATLAB 软件进行编程计算,计算结果为 21×1 的矩阵 C,其中的每一个未知量 C_i 为第 i 号子箱体的预测质量浓度。

运用以上方法对 4 个主风向组分别进行预测计算。由此可以得到 4 个主风向组各子箱体的污染物预测质量浓度 C_{Ni}、C_{Wi}、C_{Ei}、C_{Si}(i=1,2,…,$3m$),利用下式计算各子箱体污染物平均预测质量浓度。

$$C_{平均} = C_{Ni}f_N + C_{Wi}f_W + C_{Ei}f_E + C_{Si}f_S$$

式中,f 为各风向组的平均风向频率,%。

验证复合模型时,分别应用高斯模型及多维多箱模型预测计算点源及面源对各监测点的贡献浓度,其加和为复合模型的浓度预测值,将预测值与监测值进行误差分析,当误差较大时,可在一定范围内对模型进行合理的调整,直至将平均误差控制在15%以内时为止,即认为确立了复合模型。

根据预测结果,采暖季典型日大气污染物预测的误差绝对值位于 1.2%~26.74%,平均误差绝对值为 10.64%;非采暖季典型日预测误差绝对值位于 0.24%~21.37%,平均误差绝对值为 10.52%。总平均误差为 10.58%。

1.4 大气环境容量的确定

1.4.1 各功能区环境质量标准及环境容量计算方法

根据唐山市实际情况,确定除工业区(分别为市中心 6 号、丰润区 3 号及古冶区 2 号功能区)应执行《环境空气质量标准》(GB 3095—1996)3 级标准外,其他功能区全部执行 2 级标准。

浓度贡献分析表明,相对于面源,点源对市区浓度贡献值较小,且点源处多为设备及工艺技术较先进的大型企业,其进一步减排余地不大,因此在计算各功能区大气环境容量时,保留点源排放源强不变,以各功能区面源排放源强为主要削减对象,反复试削减并代入多维多箱模型进行预测计算,当点、面源对各功能区预测贡献浓度之和达标时,认为此时点、面源的排放源强之和为唐山市大气环境容量。

1.4.2 大气环境质量达标率与大气环境容量

本文首先研究了采暖季与非采暖季唐山市大气环境容量与平均风速的关系,之后利用唐山市区近年来的风向风速大气稳定度联合频率表,分析了气象条件与大气环境质量达标率(即每年大气环境质量达标天数占当年统计总天数的百分率)的定量关系(一般地,平均风速越大、大气越不稳定,大气环境质量达标率越高),进而间接地确定了大气环境容量与达标率间的关系。研究表明,前者将随后者的提高而减小,图 2 给出了唐山市中心区采暖季 SO_2 的情况。

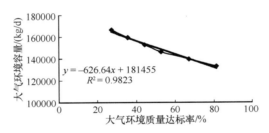

图 2 唐山市中心区采暖季 SO_2 大气环境容量与达标率的关系

在此基础上,分别计算不同达标率条件下唐山市区的大气环境容量,表 5 为达标率为 85%时的结果。

表 5 达标率为 85%时唐山市区大气环境容量 （单位：t/a）

	项目	市中心	丰润区	古冶区	丰南区	合计
采暖季	SO_2 大气环境总容量	15382.9	3297.8	4807.5	6198.2	29686.4
	TSP大气环境总容量	22729.9	8070.0	5680.2	7154.7	43634.8
	PM_{10}大气环境总容量	8156.3	2769.1	2157.6	3816.4	16899.4
非采暖季	SO_2大气环境总容量	36489.3	10441.9	10620.1	16720.2	74271.5
	TSP大气环境总容量	45137.7	17003.2	12077.7	16751.3	90969.9
	PM_{10}大气环境总容量	15439.6	5196.6	4009.3	8778.4	33423.9
全年	SO_2大气环境总容量	51872.2	13739.7	15427.6	22918.4	103957.9
	TSP大气环境总容量	67867.6	25073.2	17757.9	23905.9	134604.6
	PM_{10}大气环境总容量	23595.9	7965.7	6166.9	12594.9	50323.4

结合表 4 和表 5 可见，2002 年唐山市区 SO_2 排放量略小于其大气环境容量，而 TSP 与 PM_{10} 的排放量均已超过相应的大气环境容量，该结果与近年来唐山市区的大气污染物浓度监测结果基本相符。在制定下一步达标规划方案时，应以烟粉尘作为削减治理的重点，同时也不能忽视对 SO_2 排放的削减规划。

2　结　　论

本文根据唐山市自然环境与污染气象特征、大气混合层高度、大气环境过程及区域污染源分布等现有信息，建立了适合唐山市区大气环境预测的多维多箱与高斯复合模型，在参照不同功能区大气环境质量标准基础上，应用试差法确定了唐山市区的大气环境容量，并根据气象条件与大气环境容量的关系，最终确定出年达标率为 85% 时的大气环境容量。该方法相对简单，应用方便，计算准确度较高，能广泛应用于大气环境容量的研究。该研究成果将为下一步制定唐山市区的大气环境质量达标削减规划方案提供科学依据。

致谢： 本研究是北京市自然科学基金资助项目"多维多箱模型预测大气环境的研究"的重要组成部分，在此对北京市自然科学基金委表示衷心的感谢。

参 考 文 献

[1] Cheng S Y, Jing Y Q, Liu L, et al. Estimation of atmospheric mixing height over large area using data from airport meteorological stations [J]. Journal of Environmental Science and Health-Part A, 2002, 37(6): 991-1007.

[2] Cheng S Y, Huang G H, Chakma A, et al. Estimation of atmospheric mixing height using data from airport meteorological stations [J]. Journal of Environmental Science and Health-Part A, 2001, 36(4): 521-536.

[3] Cheng S Y, Jin Y Q, Huang G H, et al. A three dimensional multi-box model for air prediction//International Urban Climate Conference Proceeding [C]. 2002, Beijing, 54.

[4] Cheng S Y. Multi-Dimensional Multi-Box Model for Air Quality Prediction [D]: [PhD Thesis]. Regina: University of Regina, 2000.

Atmospheric Environmental Capacity of Tangshan City

LI Ren, CHENG Shuiyuan, GUO Xiurui, WANG Haiyan, JIN Yuquan, REN Zhenhai

College of Environmental and Energy Engineering, Beijing University of Technology, Beijing 100022, China

Abstract: This paper intends to evaluate the atmospheric environmental capacity of the urban area of Tangshan City. The atmospheric environmental capacity refers to the maximum amount of emission on the condition that the ecological system and the atmospheric environment of a city are not polluted. In this study, the authors have gathered primary data on the natural environment, the meteorological characteristics, the process of atmospheric environment as well as the distribution of local pollution sources of the city. As an indispensable factor for evaluation of atmospheric quality, measurement has been done with the atmospheric mixing height by using the dry adiabatic method, based on the data provided by the airport meteorological stations of Tangshan. Therefore, it is necessary to establish the atmospheric environment quality by using the composite model of multi-dimensional and multi-box model and/or Gaussian model. The essential principle of building such a model is to take into account the balance of quality in any sub-box established, and the effect of physical sediment, chemical transformation, vertical and horizontal diffusion of air pollutants. To establish such a model for predicting the air pollutant diffusion from surface sources, it is necessary to divide the whole Tangshan urban area into 21 sub-boxes, including the upper space. The equation groups can be defined by taking the four major directions as chief parameters respectively. Gauss model is also established to predict the air pollutant diffusion from the given point pollution sources. As a result, the composite model of multidimensional and multi-box model and/or Gauss model is expected to evaluate the air quality rather accurately on the chosen days according to the surveillance data of air quality, with the average expected error at about 10%. Thus, the atmospheric environmental quality of Tangshan City under the different atmospheric environment factors has been calculated on the basis of the above model. Therefore, it can be said that the accuracy of the evaluation by using the above model is comparatively reliable. Hence, it can be effectively used to assess the atmospheric environmental capacity.

Key words: environmental engineering; atmospheric environmental capacity; gauss model; multi-dimension and multi-box model; atmospheric mixing height; Tangshan City

沈阳地区大气环境容量研究[①]

前　言

  沈阳地区大气环境容量研究是我国第六个五年计划中科学技术攻关项目第 37 项中的一个部分，由国家经济委员会主管，合同序号为 65-37-（3-1）。

  大气环境容量作为一种资源，日益受到重视。日本从 1974 年始，依据环境容量对大气中的 SO_2 污染实施总量控制，使一些地区环境质量迅速改善，美国曾多次进行大规模野外实验，特别是圣路易斯城的综合观测，获得了城市和工业地区包括大气环境容量在内的一系列研究成果。西欧亦有 13 个国家联合进行燃煤污染物的远距离输送、迁移、转化研究，其中含有大气环境容量的研究内容，但是，以大气环境容量为主题，开展多学科的综合研究，系统地开发环境容量的概念、定义和模拟方法，国内外还没有先例可循。

  1982 年，国家计委、经委、科委和国务院环境保护领导小组等组织著名专家学者对本课题进行了多次论证、评议和审查。国家环保局、中国科学院、大专院校、环境保护研究所等有关单位，多次研究了本课题的目的意义及社会和环境效益，并对本课题的技术路线、实验方案、经费等提供了大量的建议和意见。综合评审意见认为，选定沈阳作为我国北方工业城市的代表进行大气环境容量研究，在自然环境和社会环境方面都有典型意义。在大气环境质量和污染综合防治方面有相当基础，本课题的研究成果，对我国大气环境质量控制和管理方面有使用价值。

  1984 年经多方面磋商确定了本课题的构成，签订了攻关合同，组建了攻关队伍。下半年开展了国内外调研和考察，进行了仪器和实验条件的筹备。

  1984 年 2 月、8 月、12 月进行综合观测，每次 10~15 天，均为昼夜连续观测。第一次是探索性观测，考查仪器设备在严寒条件下的适应能力，验证技术方案的可行性。第二次，是在本地区全年污染最轻的时段观测。第三次是大气环境容量研究性观测，从技术、装备、人员方面都是最大的一次综合观测。对观测得到的信息除进行数据处理外，还按本课题的技术大纲要求，分成 25 个分课题，选配各参加单位的研究人员，组成研究小组，进行专题研究。主要有污染源调查和排放系数测定，大气扩散参数测定，城市热岛观测，综合观测所得样品的物理化学分析，大气污染物数值模拟，城市环境容量和规划研究等。

  1985 年上半年采用临时铁塔，在城市和郊区进行沉降速度观测和三维梯度风观测，为期 50 天。下半年对 25 个子课题的研究成果逐一进行审查；形成 20 份分报告。接着集中主要技术骨干完成总报告的编写工作。

  本课题的研究工作的重点是进行大规模的现场观测和实验，以取得我国自己的大气环境参数。以第三次综合观测为例：地面常规气象固定观测站 7 处；空中风测站 5 处；低空探空仪测温 4 处；

---

①内容摘自国家"六五"科技攻关课题报告——《沈阳地区大气环境容量研究》，1985 年。

测温声雷达 3 处；地面浓度监测点 15 个（部分时段加密观测到 30 个点），测定 TSP、SO_2、NO_x 的浓度；系留探空仪 1 处。上述观测项目连续观测 15 天，每两小时取样一次。在此期间配合航测，用运五飞机作剖面和螺旋拔柱飞行航测，测定 SO_2 浓度及转化，气溶胶图谱和浓度分布等参数。在市中心铁塔上设三层超声风速仪测定湍流结构；在市区施放等容气球用双经纬仪测扩散参数 35 次。参加综合观测的人员近 500 人，除课题参加单位外，来自各地环境保护和气象部门的院校师生，基层工作人员和空军干部战士也参加了观测。这次综合观测与我们考查的日本札幌市类似工作相比，仪器水平大致接近，但我们的观测时间长、取样频率密、布点多、范围广。

在污染源的调查和测试方面，沈阳市有相当长的工作历史。这次污染源方面的研究工作，首先是汇集环保、能源、城建等单位的调研材料和研究成果。在综合分析的基础上，把大气污染物扩散模拟和容量计算需要的各种污染源参数，逐一落实在一平方公里的网格图上，然后分类统计汇总，并绘制成能提供多种信息的各类分布图和数据表。研究人员依据燃料分布图、炉窑分布图、采暖面积分布图，首次绘制了采暖和非采暖地面人工热量分布图。这次研究炉窑排放烟尘的规律时，着重现场实测，把各种炉窑按类型、规模大小分成 35 类，对各类炉窑排放污染物进行现场测定，获得了各类炉窑的颗粒物和气溶胶的谱分布和各种参数。这次污染源研究工作的特色是：在工作深度上作了 TSP 的图谱实测工作并获得宝贵的谱图资料；在精度上基本按炉窑逐个落实；在国内首次绘制了特大工业城市人工热量分布图，为城市大气环境容量计算和热力总体规划提供了宝贵的资料。

为了测定颗粒状大气污染物的沉降速度，在工业区下风向建一座 35 米高的铁塔布设三层超声风速仪测湍流结构，在升降台上用粒子计数器和大容量采样器测定各级粒子的垂直分布谱和采集样品，在市内利用 60 米高铁塔，作了类似实验，整个实验进行 50 天，取得可用的实测资料 300 多份，分析整理得出了沈阳城、郊的气溶胶沉路速度，这是国内第一次在城郊取得的气溶胶粒子的沉降资料，研究人员用资料提供的信息，首次给出了以城市为下垫面的气溶胶救子的沉降速度。

遥测技术在大气环境研究中发展很快，本课题在综合观测中采用声雷达布阵方法获取温度层结变化连续性资料，每台声雷达探测温度的间隔为 7 秒。在第二次综合观测中布设了 9 台声雷达，取得了城市温度的空间分布结构和时间序列演变规律，声雷达布阵技术和方法在国内是首次，国际上同等规模也是很少的。

航测方面的特点是：运五飞机作超低空飞行，在城市建筑群中最低剖面飞行为 50 米，是技术和胆略的创新；在作垂直参数航测时，采用螺旋拔柱方法，最小半径为 350 米，当增大半径时，利用飞机速度快的优点，一次螺旋升降可同时获得多条垂直参数。这次航测是成功的，获得的资料和污染气象观测资料，进一步揭示了本地区污染的特征。另外，这次航测选用运五飞机省油省钱，航线设计适应城市的特点，使这种航测方法有推广应用价值。

综合观测中还有一些特点，如气溶胶粒谱图发现了本地区的特征，气溶胶有机成分鉴定出 85 种多环芳烃成分：二氧化硫转化的观测和实验测出冬季转化率为 3% 时，夏季转化率为 13% 时；采用等容球和超声风速仪测定的垂直和水平扩散参数等在国内都是先进的技术和有水平的成果。

通过分析研究风场、温度场和浓度场的综合观测资料，运用大气边界层理论，结合城市人为释放热量的分市特征，提出了城市环境边界层的概念，并具体地提出沈阳市城市环境边界层的特征。其主要内容是：调查了沈阳市城市人工释热强度分布状况，综合低空风、温探测、污染物航测及近地层大气满流测试等资料，剖析了城市三维风场和温度场的结构特征。研究了沈阳市固有污染态势，给出了风、温及污染物输送通量及污染物垂直扩散率随高度变化规律。提出了城市污染泡状结构模型。

在大气污染物数值模拟方面，在国内现有研究工作基础上，我们移植和开发了在国内有所创新的三个模式。运用烟羽模式计算 TSP 污染浓度时，考虑了逆温层的反射影响，考虑了 SO_2 的转化对 TSP 的影响，各点 TSP 的日平均浓度计算值与实际监测值符合相关检验，相关水平接近同时期 SO_2 模拟计算的相关水平。

对适应于小风条件积分烟团模式，我们同样考虑了逆温层的反射，沉降和转化，为了适应计算机的要求，用余误差函数值使被积函数大大简化，得到了表达清晰，便于使用的模式。

大量的空间观测参数使空间三维浓度模拟在国内第一次有实现的可能性。我们采用多重网格法调整风场和垂直速度，得出了本地区的三维风场，然后从扩散的基本理论出发，导出了模拟 SO_2 浓度的三级空间模型，并得出计算结果。

本课题的研究中心是环境容量和规划模型，在国内外调研和考查基础上，我们尚未看到有以大气环境容量为主题的研究报告，所以着重研究了大气环境容量的概念和表达方式，用以指导研究工作的进程。用系统控制论的观点，把大气环境作为一个系统，用运筹学中线性规划的方法，建立了本地区的环境容量和规划模型。规划变元 317 个，规划目标为一次投资最小或允许排放量最大，约束条件有环境目标、能源构成、最佳适用技术三种约束，优化方案 24 种。得出两种污染物的现状容量，最大容量和单源控制容量，对 1990 年的大气环境，计算出最大可能容量和规划容量。

历时三年的沈阳市大气环境容量研究工作，证明了国家经委"六五"期间安排的这项研究工作是完全必要的，我国的科学工作者也能够达到预期的目标。研究工作本身和研究成果证明：某些单项观测技术可以达到国际当代水平，大规模大气环境综合观测的方案设计、组织实施、计算机数据处理，可以达到国外同类工作的水平，首次获得一批城市大气环境方面的宝贵数据，是一次难得的大气环境理论和应用基础研究的实践活动。由于研究工作在我国一个有代表性的工业城市中进行，获得的单项资料为今后进行城市规划布局调查、热电站烟囱设计、锅炉除尘设计等方面提供了设计参数。提出的环境容量和 TSP、SO_2 规划容量对城市总体规划，热力总体规划、环境目标等都有一定的指导意义。在规划计算中验证了沈阳市煤气化、热力总体规划方案，对修改规划方案提供了宝贵的意见，因此，又是一次结合沈阳市具体情况的应用性研究。

参加工作的同志们认为，国家经委"六五"期间安排的这一课题，将对我国大气环境质量的改善起到推动作用。

边界层内大气排放物形成重污染背景解析[①]

任阵海[1]，苏福庆[1]，高庆先[1]，卢士庆[3]，洪钟祥[2]，胡　非[2]，张美根[2]，雷　霆[2]

1. 国家环境保护局气候变化影响研究中心，北京 100012
2. 中国科学院大气物理研究所，北京 100029
3. 南京信息工程大学电子工程系，南京 210044

摘要：我国大气中的粒子浓度普遍较高，特别是可吸入颗粒物 PM_{10}。在区域特定的大气环境过程的影响下，能形成大范围的严重污染情景。利用大气环境过程的概念，分析引起大气重污染的中尺度天气系统、近地层小尺度局地系统和稳定的大气边界层结构，发现大范围均压场条件下易出现近地层小尺度局地环流群体，大范围均压场持续演变和移动常形成大气污染汇聚带，从而形成局地严重污染的重要大气条件。

关键词：大气环境过程；空气污染级别；可吸入颗粒物（PM_{10}）

1　引　言

叶笃正院士和陶诗言院士十分关心我国的环境问题，我们衷心祝贺叶笃正老师九十华诞！祝愿叶笃正老师健康长寿，继续指导我们工作！

2002 年 12 月，我国各大区都出现相似的大气污染形势，持续时段较长。其中以北方区域较严重，北方大气污染区覆盖山西、陕西、甘肃、内蒙古、河北、河南以及北京市等地区，且持续时段近 20 天，而在这一时段内没有出现任何沙尘现象，完全属于大气环境污染过程。本文主要分析该区域中的可吸入颗粒物 PM_{10}，即大气中粒径 10μm 以下粒子的日均值浓度的分布及其演变过程。

2　空气污染级别、浓度及对人体影响

空气污染指数（Air Pollution Index，简称 API）是一种反映和评价空气质量的方法，就是将常规监测的几种空气污染物的浓度简化为单一的概念性数值形式，并分级表征空气质量状况与空气污染的程度，其结果简明直观，使用方便，适用于表示城市的短期空气质量状况和变化趋势。

空气污染指数的确定原则：空气质量的好坏取决于各种污染物中危害最大的污染物的污染程度。空气污染指数是根据环境空气质量标准和各种污染物对人体健康和生态环境的影响，来确定污染指数的分级及相应的污染物浓度限值。目前，我国所用的空气指数分级标准是：①空气污

① 原载于《大气科学》，2005 年，第 29 卷，第 1 期，57~63 页。

染指数 API 50 对应的污染物浓度为国家空气质量日均值一级标准；②API 100 对应的污染物浓度为国家空气质量日均值二级标准；③API 200 对应的污染物浓度为国家空气质量日均值三级标准；④API 更高值段的分级对应于各种污染物对人体健康产生不同影响时的浓度限值，API 500 对应于对人体产生严重危害时各项污染物的浓度。空气污染指数的污染物浓度限值如表 1 所示，而相应的空气质量级别及对人体健康的影响见表 2。

表 1　空气污染指数对应的污染物浓度限值

污染指数（API）	污染物浓度（mg/m³）			
	二氧化硫 SO_2（日均值）	二氧化氮 NO_2（日均值）	可吸入颗粒物 PM_{10}（日均值）	颗粒物 TSP（日均值）
50	0.050	0.080	0.050	0.120
100	0.150	0.120	0.150	0.300
200	0.800	0.280	0.350	0.500
300	1.600	0.565	0.420	0.625
400	2.100	0.750	0.500	0.875
500	2.620	0.940	0.600	1.000

表 2　空气污染指数范围及相应的空气质量级别

空气污染指数	空气质量级别	空气质量状况	对健康的影响	建议采取的措施
0 ~ 50	I	优	可正常活动	
51 ~ 100	II	良		
101 ~ 150	III 1	轻微污染	易感人群症状有轻度加剧，健康人群出现刺激症状	心脏病和呼吸系统疾病患者应减少体力消耗和户外活动
151 ~ 200	III 2	轻度污染		
201 ~ 250	IV 1	中度污染	心脏病和肺病患者症状显著加剧，运动耐受力降低，健康人群普遍出现症状	老年人和心脏病、肺病患者应停留在室内，并减少体力活动
251 ~ 300	IV 2	中度重污染		
301 ~ 500	V	重污染	健康人运动耐受力降低，有明显强烈症状，提前出现某些疾病	老年人和病人应停留在室内，避免体力消耗，一般人群应尽量减少户外活动

根据我国空气污染的特点和污染防治工作的重点，目前计入空气污染指数的污染物项目暂定为：二氧化硫、氮氧化物和总悬浮颗粒物。随着环境保护工作的深入和监测技术水平的提高，再调整增加其他污染项目，以便更为客观地反映污染状况。

空气污染指数的计算与报告：污染指数与各项污染物浓度的关系是分段线性函数，用内插法计算各污染物的分指数 I_i，$i=1, 2, \cdots, n$，取各项污染物分指数中最大者代表该区域或城市的污染指数。即

$$I_{AP} = \max(I_1, I_2, \cdots, I_i, \cdots, I_n)$$

该指数所对应的污染物即为该区域或城市的首要污染物。

3　区域大气环境过程

区域大气边界层内的空气质量要受到近地层向大气中释放的排放物的影响，当前主要关注的

排放物来自火电能源、冶金化工、建材等工业。大城市的汽车尾气，中小城市的生活排放物，大面积裸露土地和道路的扬尘，林火，我国西部、北部和东北地区在春季发生的沙尘都是污染大气边界层的主要污染源。至于陆面生态系统排放的挥发性有机化合物也是影响大气环境质量的污染源。这些排放物在大气边界层内都具有自身的运动形态，主要是扩散、输送、沉降和转化。

区域大气边界层的大气从受到污染到污染物从大气中清除的过程，具有明显的发生、加重、缓解、结束的阶段演变特点。区域大气环境经常以优或劣的质量并持续不同天数而叠次呈现，这是大气环境具有的普遍特点。研究发现，对区域大气环境质量优劣的控制，主要是边界层内不同天气尺度的气压系统相互作用的结果，其中，大尺度的气压系统相互作用与天气过程相联系，具有过程的特点。在稳定的大尺度气压系统区域内，容易形成近地层局地性中小尺度气压系统，它也具有发生、加重、缓解、结束的过程特点。环境监测表明，环境质量尽管会受到边界层内各种尺度系统的影响，以及不同系统间相互作用的影响，但其变化具有如上所述的过程的特点，因此，利用过程的概念分析环境问题更为适宜。从大气环境过程出发，地区中尺度天气系统或边界层内中尺度气压系统，近地层局地环流系统，边界层结构，污染物的转化、迁移性质，地形等是构成地区大气环境潜势的集合，每一个集合单元都包含着不同的自然参数。这类参数是客观的，不以人的意志为转移。对上述集合叠加地区大气污染物的排放，构成大气环境过程。大气环境过程不仅仅提供严重污染时段和优良环境质量时段，同时也提供大气污染物的浓度分布及汇聚带的出现、移动和消失，污染背景区域范围的变化和污染物输送通道的变异。

如果根据规定的地区环境质量分布以及不能危害其他地区的环境质量作为约束条件，进行排污源的优化规划，以适应地区社会需求的环境质量目标，即能获知地区大气环境容量。由于地区社会经济技术水平的适应能力要兼顾未来经济与环境的可持续发展，社会需求的优化规划，具有非常多的可供选择的方案，这些规划方案构成一系列社会优化变量。这类变量由人类的愿望设置。由此可知，环境容量不是某个固定的容许地区总体排放量，而是一种概率分布。大气环境过程是管理和控制地区大气环境质量重要的客观自然基础。

将全国（不考虑西藏、新疆、台湾、香港和澳门）分为 5 个区（表 3）。分析 2002 年 12 月份的 PM_{10}（可吸入颗粒物，以下同）日均值，得到上述 5 大区域内的 PM_{10} 均值随时间变化图（图 1）。2002 年 12 月 9 日到 25 日除西藏、新疆以外的我国几个大区域都出现了相似的大气污染过程。其中尤以北方区域大气污染严重。从 PM_{10} 日均浓度的时间序列显示，在 12 月 16 日出现 PM_{10} 日均值的一个相对较低浓度节点，然后其浓度又迅速升高，直到 12 月 25 日。但在 25 日以后又出现了另外一个大气污染过程。从同时段的沙尘暴监测数据来看，此时段内全国未发生任何沙尘暴、扬沙事件。可以断定此次全国性的大气污染事件，均系人为排放污染物造成。

表 3　分区表

分区名称	分区代码	所包含的省、自治区、直辖市
中国北方	AREA1	青海、甘肃、陕西、宁夏、内蒙古西部、山西、河南、北京、河北、天津、山东
东北	AREA2	内蒙古东部、黑龙江、吉林、辽宁
华东	AREA3	安徽、江苏、上海、江西、浙江
西南	AREA4	四川、重庆、云南、贵州、湖北
华南	AREA5	湖南、广西、广东、福建、海南

注：此次研究未考虑西藏、新疆和港澳台地区。

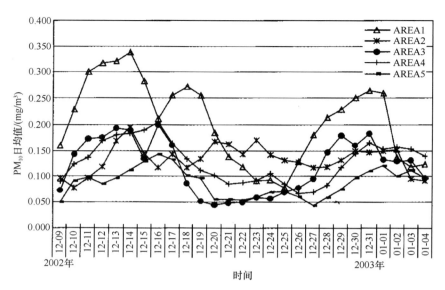

图1　2002年12月9日至2003年1月4日5大区域PM₁₀日均值随时间演变图

4　对2002年12月9日至16日重污染过程PM₁₀日均浓度的分布
范围及变化的描述

2002年12月9~25日，在我国北方区域出现大气污染过程。由于12月16日显示PM₁₀日均浓度相对较低的节点，因此本文仅对12月9~16日这一时段的环境污染过程研究分析。图2是12月9~16日PM₁₀日均浓度值及其分布范围。

12月9日，出现初始污染的情景。该日小图上最外层PM₁₀日均值浓度线是200μg/m³，等值线的间隔为100μg/m³，从该日图中可见200μg/m³浓度线，即大气轻度污染范围覆盖到宝鸡、西安、延安、洛阳、石家庄、保定、北京、天津，直到赤峰。在此范围内的晋南盆地污染较重，接近中度污染。

12月10日，以PM₁₀衡量的大气环境质量的各地分布进入重污染时段。该日小图上最外层PM₁₀日均值的等浓度线升至300μg/m³，其覆盖范围增加较大，包括阴山南麓的呼和浩特盆地，黄河河谷边的包头，关中盆地的西安、宝鸡，以及大同盆地，而赤峰已经不在此范围之内。此日属于严重污染过程的开始，晋南盆地的大气环境质量已超过重污染的限值。

12月11日，PM₁₀日均值的污染范围，由于非常严重的局地污染超出重污染的限值，已无法画出间隔100μg/m³的等值线。因而，只在污染浓度最严重的局地标出污染数值。此日，300μg/m³等值线的覆盖范围和浓度值都出现大变化，它已经覆盖了兰州、河北大部、河南北部、山东西南部、江苏西北部、内蒙古包头。晋南盆地的浓度值已达882μg/m³，并通过渭河河谷与西安（408μg/m³）相连，进而与兰州相连。另外，太行山、燕山汇聚带的浓度达484μg/m³，并与天津、北京相连。

12月12~14日，出现地区大气污染达到峰值，且持续稳定的特点。晋中盆地与晋南盆地大气污染物浓度值最高，又通过渭河河谷与西安相连接。晋北盆地亦为严重污染，而300μg/m³等值线范围比11日稍大。这个持续稳定的污染物峰值时段的严重污染区都处于盆地和河谷地区。

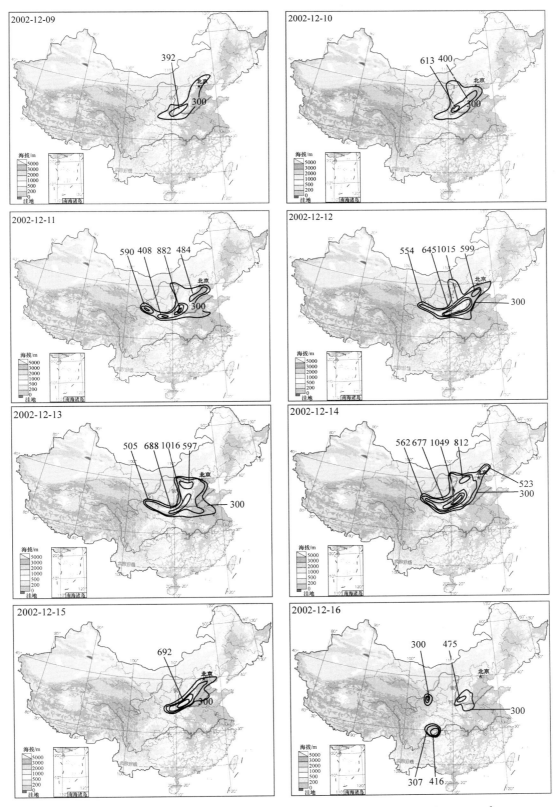

图2　2002年12月9~16日PM₁₀日均值的污染范围与浓度值的分布（单位：μg/m³）

12月15日，300μg/m³的污染范围已经缩小，但是晋中、晋南和关中盆地大气污染依然很重。

12月16日，300μg/m³污染范围缩小，我国北方区域大气环境质量明显转好，达到优良质量。但是晋南盆地受地形影响，污染仍较重。此次重污染过程持续8天之后转为另一个重污染环境过程。

5　2002年12月9~16日重污染过程的解析研究

5.1　大气污染最重盆地的PM₁₀日均浓度的时间序列

如图3所示，12月9~12日晋南盆地PM₁₀日均浓度逐日增量很大，其日增量分别为113μg/m³，221μg/m³，269μg/m³，233μg/m³，总增量为1015μg/m³，是我国大气污染较为少见的情景，只有严重沙尘天气可达到这种污染增量。在12~14日，三天的大气污染物浓度增量很小，13日和14日分别为1μg/m³和33μg/m³，处于高浓度持续稳定阶段。而15日、16日，其日均浓度值的日减量为357μg/m³和217μg/m³，降到过程的低值475μg/m³。

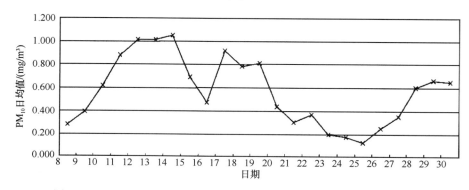

图3　晋南盆地2002年12月8日至30日PM₁₀日均值随时间演变曲线

5.2　边界层中尺度气压系统

图4为此次污染过程的区域边界层的地面气压系统。以12月9日为例，中国地区皆为高压系统外缘的均压场，高压中心在贝加尔湖西部。在我国东部海上有很强的低气压，稳定少动。我国西南部为海上低气压，使我国大陆持续处于均压状态。分析925hPa气压系统，从贝加尔湖到我国南海都处于非常均匀的均压场控制，厚度约800m。

5.3　近地层小尺度局地环流系统

在持续稳定的均压场控制下，近地层出现各种类型的小尺度环流群体。如图5，2002年12月9日和10日重污染的初始阶段，出现很多近地面小尺度系统群体。这类群体使当地大气排放物不易输送。在重污染过程的初始阶段，均压场和小尺度系统群体是形成地区重污染的主要因子，造成地区污染浓度逐日迅速增长，如9日、10日、11日。随后，小尺度环流衰减或消失，这是由于重污染层形成后使辐射影响衰减的结果。

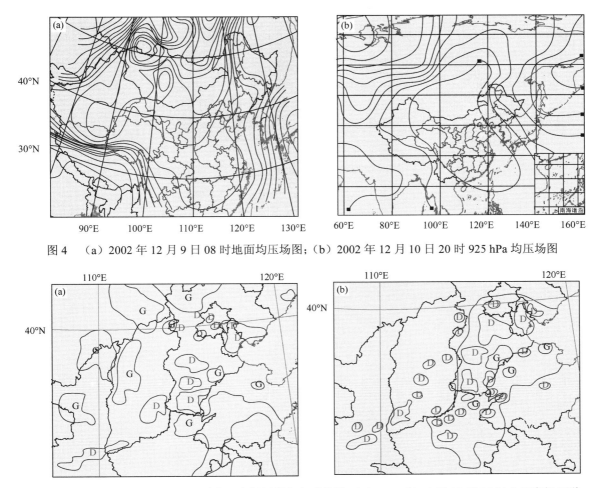

图4　（a）2002 年 12 月 9 日 08 时地面均压场图；（b）2002 年 12 月 10 日 20 时 925 hPa 均压场图

图5　（a）2002 年 12 月 9 日 08 时小尺度低压群分布示意图；（b）2002 年 12 月 10 日 08 时小尺度低压群分布示意图

5.4　汇聚带

当稳定的均压场出现明显的移动，在近地层常形成中尺度系统间的风场汇聚现象，形成污染物汇聚带。根据以往资料分析，汇聚带有局地常驻型和移动型两类。汇聚带常伴有小尺度低压群，它的生成可能是边界层大气中的适应现象，往往出现污染物的汇聚和移动。如图6，12 月 12 日、13 日、14 日、15 日皆为汇聚带型污染。

5.5　边界层结构

根据重污染地区——太原的探空曲线分析（图 7），暖空气中心侵入时形成的深厚逆温，空气温度和露点温度的垂直分布在 12 月 12 日、13 日、14 日是很稳定的层结，而 16 日过程后期稳定层结偏低。这类边界层结构是由于均压系统缓慢东移，其后部西南暖湿平流影响晋南盆地，于 12 日至 14 日在边界层上层形成暖中心（见图8），由图8可知，西南风暖空气形成的暖空气盖，对华北地区重污染过程的形成有明显影响，使区域边界层稳定度增强，并造成持续三天的高浓度时段。

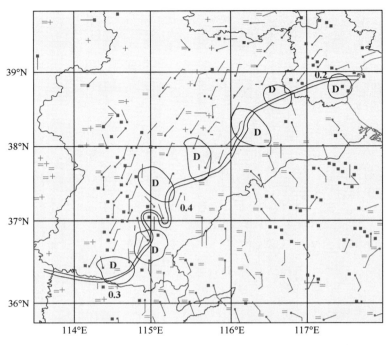

图 6　2002 年 12 月 14 日 08 时重污染阶段华北平原汇聚带示意图

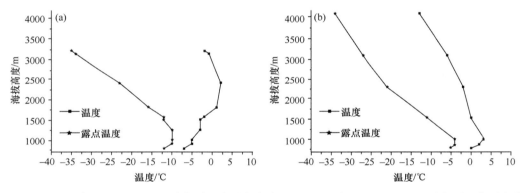

图 7　（a）2002 年 12 月 13 日 08 时太原温度露点廓线；（b）2002 年 12 月 16 日 20 时太原温度露点廓线

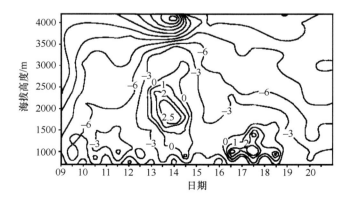

图 8　2002 年 12 月 9~20 日重污染区太原逐日 08 和 20 时温度廓线（单位：℃）时间演变图

6 结果与讨论

大气污染主要出现在大气边界层内，对边界层的研究往往着眼其要素的垂直分布，除此之外，从大气污染方面，又非常关注边界层内不同尺度的气压系统，特别是弱的气压系统的影响。实际上，这些多尺度气压系统不仅有着自身的变化，相互激发、削弱，以至消失。这些气压系统还构成变化着的污染物的输送通道和汇聚带，它确定污染物浓度的空间分布和污染区域，而且不同的污染阶段其不同尺度的气压系统起着不同的作用。因此，大气污染问题不能完全依赖少数气象台站的资料或由其制作的联合频率等，当然，考虑大气污染问题还应当涉及污染物化学性质变化方面的内容。

本文分析的北方地区从 2002 年 12 月 9~16 日的严重污染过程，其初始阶段为持续的晴天和高压均压场，在其控制下，近地层产生很多小尺度局地环流群体，形成相应的大气污染区，随后，由于重污染浓度覆盖层致使小尺度局地环流群体减弱乃至消失。此时的大气污染由均压场控制，然后均压场逐渐移动，由于均压场前部与后部的气流结构又产生污染汇聚带。同时，均压场后部的西南气流使重污染区上空暖空气盖增强，边界层逆温厚度增大，是 12 月 12~14 日污染峰值持续稳定的主要背景，这就是这次重污染环境过程的主要特征。大气边界层内稳定的高压均压场和稳定的低压均压场是形成我国中尺度乃至大尺度重污染的主要气压系统。

参 考 文 献

[1] Ren Z, Su F, Gao Q, et al. Territorial features of atmospheric environment in Beijing and impact of dust-storm. Engineering Science, 2004, 2(1): 65-72.

[2] 张志刚, 高庆先, 韩雪琴, 等. 中国华北区域城市间污染物输送研究. 环境科学研究, 2004, 17(1): 14-20.

[3] 苏福庆, 任阵海, 高庆先, 等. 北京及华北平原边界层大气中污染物的汇聚系统——边界层输送汇. 环境科学研究, 2004, 17(1): 21-25.

[4] 苏福庆, 高庆先, 张志刚, 等. 北京边界层外来污染物输送通道. 环境科学研究, 2004, 17(1): 26-29.

[5] 郝吉明, 马广大. 大气污染控制工程. 第二版. 北京: 高等教育出版社, 2002, 第一章.

[6] Holum J R. Topic Terms in Environmental Problems. New York: John Wiley&Sons, Inc, 1977: 25.

Analysis of the Serious Atmospheric Pollution Event Caused by Emissions in Boundary Layer

REN Zhenhai[1], SU Fuqing[1], GAO Qingxian[1], LU Shiqing[3], HONG Zhongxiang[2], HU Fei[2], ZHANG Meigen[2], LEI Ting[2]

1. Research Center of Climate Change of State Environmental Protection Administration, Beijing 100012
2. Institute of Atmospheric Physics, Chinese Academy of Sciences, Beijing 100029
3. Department of Electronic Engineering, Nanjing University of Information Science and Technology, Nanjing 210044

Abstract: The particle concentration is high in China, especially the concentration of particle matter $10(PM_{10})$. Controlled by special atmospheric environment process, the serious large-scale pollution may come into being. Directed by the atmospheric environment process notion, the surface mesoscale system which can cause severe air pollution and the ground layer microscale circulation system, as well as the steady boundary layer, are analyzed. Two mechanisms that can trigger fearful air pollution should be paid more attention to. One is the ground layer microscale circulation cells coming forth in the homogeneous pressure field. The other is the pollution transmission and convergence belt which may appear when the homogeneous pressure field tends to move.

Key words: atmospheric environment process; air pollution index; PM_{10} (particle matter 10)

大气污染物含量分布与环境气象条件的关系[①]

梁汉明[1]，董保群[1]，任阵海[2]，吴中勇[3]，陈隆勋[4]

1. 南京气象学院，南京 210035
2. 中国环境科学研究院，北京 100012
3. 国家环境监测中心，北京 100012
4. 中国气象科学研究院，北京 100081

摘要：将 1981~1986 年我国大气降尘量、SO_2、NO_x 及降水物 pH 平均值的分布特征与同期的平均雨量、雨日、相对湿度和地面风场等的分布作了对照，发现其间存在一定关系，当上述环境气象场发生变动或出现反常时，这些大气污染物的分布也将发生变化。

关键词：大气污染物；环境；气候变化

1 概　　述

近年来我国大气污染对环境和气候变化的影响已愈来愈受到重视和研究[1-3]。污染物在大气中随气流迁移、扩散、流动和转化。其全国性的平均分布特征与气象因子的关系过去很少进行系统的研究。本文试图从近几年来我国大气污染物的平均分布特征与某些环境气象条件、地面流场的分布关系进行分析比较，以便弄清我国大气污染物的分布特点与环境气象条件的关系，为制定环境治理对策、减轻大气污染提供依据。

2 资料及分析方法

（1）污染物资料为 1981~1986 年逐年 1，4，7，10 各月我国一些城市的大气污染物的日（月）均值（范围限于 100°E 以东地区）。主要污染指标有降尘量、二氧化硫（SO_2）含量、氮氧化物（NO_x）含量及降水物酸度（pH）等，并同时统计累年日（月）均值，绘出含量等值线。由于监测站点不很密，等值线分析可能不够严格，具有一定的主观性，但大体上能反映出浓度分布的一般状况。

（2）气象资料为相应各年（以 1，4，7，10 月平均表示）的雨量、雨日、相对湿度以及地面月、年平均风向、风速和累年平均值，并分析其等值线、流线（范围同前）。分别讨论、比较分析逐年及累年各种污染物含量和气象因子的全国分布特点，对照每种污染物含量与各个气象因子，找出其间关系。

---

① 原载于《气象》，第 18 卷，第 10 期，10~16 页。

3　各种污染物年日（月）均值的分布特征

3.1　城市降尘量年月均值分布

从 1981~1986 年各年及累年月均值分布（图1）看出，35°N 以北的我国西北地区东部、黄土高原、华北、东北地区为高值区，而包头、太原附近及唐山、鞍山一带累年月平均在 60t/（km²·月）以上，是最大降尘区，另外在武汉、郑州、长沙附近也是一相对大值区；而 35°N 以南为相对低值区；沿海城市（除上海外）降尘值最小，只有北方的 1/5 到 1/7。

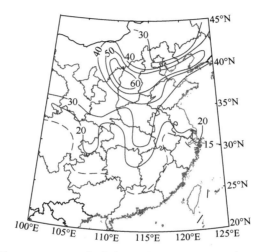

图 1　1981~1986 年降尘量累年月均值/[t/（km²·月）]

各年之间数值略有差别，高、低值区位置稍有变动。

3.2　SO₂年日均值分布

总的说 SO₂ 浓度历年分布特点为 35°N 以北、河套以东直到东北为一高值区，同时我国西南的重庆、贵阳附近为另一高值区，而且数值达最大，是北方高值中心的近 2 倍。在长江下游的沪、宁、杭地带亦有一相对高值区，其余地区为相对低值，其中江淮流域的中游地区有一低值中心；另外渤海湾附近及辽东半岛也是一相对低值区（图2）。年际之间也大同小异，只是数值和范围略有差别。

3.3　NOₓ年日均值分布

从历年平均值分布图看出（图3），主要有 2 个高值区，一在东北、华北和兰州以东的河套地区；一在西南的重庆、贵阳附近。此外在长江下游的沪、宁、杭一带及广州附近也是相对高值区，其余为低值区。各年之间只是位置、强度及范围略有变化。

另外，1985 年冬季的季日均值大于年日均值（少数站除外），但 25°N 以南地区两者数值相近。而 SO₂ 浓度冬季的季日均值几乎所有城市都远高于年日均值，少数城市高出 2 倍以上（图略），这可能与冬季燃煤用量增加有关。

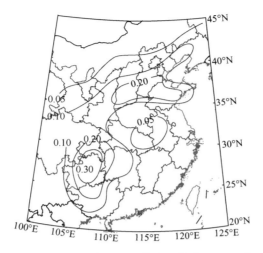

图 2　1981~1986 年 SO₂ 平均年日均值/（mg/m³）

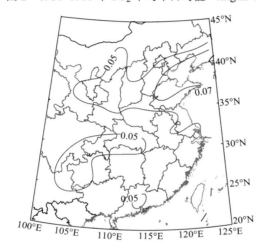

图 3　1981~1986 年 NOₓ 平均年日均值/（mg/m³）

3.4　降水物酸度（pH）的分布

从逐年平均分布图看出：根据有关规定，降水物的 pH≤5.6 定义为酸雨。则我国 pH≤5.6 的范围是 105°E 以东地区，包括从山东半岛、经江苏东北、湖北北部、大巴山南、四川盆地、贵州、广西东部到雷州半岛；pH≤5 的地区包括长江流域以南，重庆、贵阳和南宁以东，均为酸雨严重地区；而 pH≥7 值的地区为西北、河套以北、内蒙古及东北北部（图 4）。这说明我国 32°N 以南、105°E 以东各大中城市均属酸雨范围，其中西南地区及长江下游为两个酸度较大中心区。年际间虽略有差别，但基本特征是相似的。

4　某些环境气象因子平均值分布特点

4.1　平均雨量、雨日分布

从历年平均雨量图看到（图 5）：在 33°N 以南为大值区，以北为相对小值区，我国东南沿海及华南沿海雨量较大，年际间大值中心变化较大。同时从历年平均雨日分布图（图 5）中亦同样看到 33°N 以南地区雨日较多，以北则较少，最少是河套西北部，最多是我国西南地区，这与雨量最多在南方沿海地区不同，而且年际间变化不如雨量大。

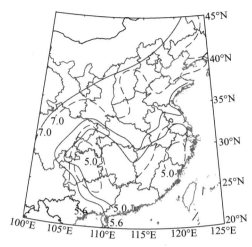

图 4　pH 分布图

实线为 1988 年，虚线为 1986 年

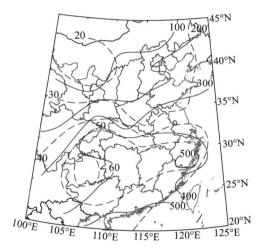

图 5　1981~1986 年平均雨量（实线）、雨日（虚线）分布

从上看出雨量最大不一定雨日最多，反之亦然。但基本特征是明显的，即 33°N 以北地区雨量少，雨日也少，以南雨量大，雨日也相对多，但年际间的数值、范围、高低值中心位置则略有差异。

4.2　平均相对湿度分布

由历年平均相对湿度图得出（图 6）：大体上 33°N 以北为低值区，以南为高值区，而且北方一些城市相对湿度仅是南方高值区的 50%~60%。南方高值中心一个位于大巴山以南的西南及中南地区，另一个在东南和华南沿海地区。年际间除数值及大值区范围稍有差别外，其余特点是相似的（图略）。

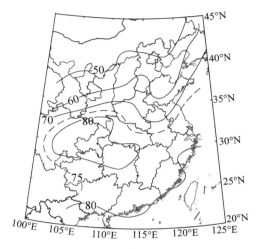

图 6　1981~1986 年平均相对湿度（%）分布

4.3　地面平均流场的分布特征

由逐年及历年的地面平均流场图（图 7）知：与日本地面风场分布有很大差异[4]。各年共同特点为：

（1）淮河以南 115°E 以东地区基本上吹偏东风，平均风速在 0.5~1.0m/s 之间。

（2）东北及华北北部为两支气流的辐合区，它是由内蒙古的西—西北风与华北的偏南风交汇而形成，这使东北平原气流交汇处风速也增大，平均为 1~2m/s，而且年际间变化不大。

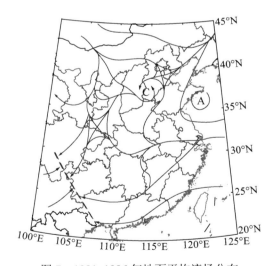

图 7　1981~1986 年地面平均流场分布

（3）京、津、唐、石家庄附近为一鞍形场，只是各年位置稍有差别。

（4）河套附近及其东侧常维持一个气旋性环流区，有时还出现环流中心。只是各年出现位置不一，最东位于太原、石家庄附近，最西在延安西侧。在河套西侧地区则为反气旋性环流所控制，各年均如此。

（5）西南地区为风场的辐合区，它是由昆明附近的西南风与从西北地区南下的东北风和贵阳附近的偏东风辐合而成，而且年际间均相似，这就是气象上所说的昆明准静止锋的平均位置。

（6）在 108°E 以东、30~35°N 附近为东西向反气旋性环流所控制，黄海北部并出现反气旋中心，108°E 以西也是反气旋性环流。因此在 30~35°N，105~110°E 范围内经常出现一鞍形场，各年间位置稍有差别罢了。另外在长沙和南昌附近有一风向辐合处，而且呈气旋性弯曲，各年均较明显，只是风速略有差异而已，这可能是气象上两湖盆地多气旋形成的原因之一。

在上述气旋环流中心及鞍形场附近，往往因各种污染气体的汇聚而产生化学反应。

5　各种污染物分布与气象因子的关系

5.1　城市降尘量与气象因子的关系

5.1.1　降尘量与雨量及雨日关系

比较图 1 与图 5，可以看出它们有较好的对应关系。即雨量、雨日少的地区降尘量多，反之就少。因此可以认为我国 100°E 以东、35°N 以北地区降尘量多于以南地区。从年际变化看，1982 年和 1985 年华北的太原、石家庄附近降尘量比其他年份几乎高出 1 倍，而同期太原雨日分别为 19 天和 14 天，其余年份超过 20 天（图略）。另外，1984 年石家庄东西两侧为降尘量大值区，同期雨日为 15~18 天，亦比多年平均少（图略）。

降尘量与雨量也有类似关系。在我国的东北地区上述各年的雨量变化不显著，因而降尘量变化亦不大。只是 1986 年东北沈阳、长春地区雨量、雨日增加较多，使该年两地降尘量相对减少（图略）。在我国南方也有类似现象。

从上述分析对照中可以看到，降水对大气含尘量的冲刷净化作用是明显的。

5.1.2　降尘量与年平均相对湿度的关系

比较图 1 与图 6 可以看到：35°N 以北我国低湿地区对应高降尘区，反之则对应低降尘区。但也有个别年份和地区关系不理想，这表明一些地区降尘量月均值还取决于其他因素。

5.1.3　用雨量、雨日、相对湿度估计降尘量

为了定量计算降尘量与雨量、雨日、相对湿度的相关，采用各站累年降尘量月均值与累年雨量、雨日、相对湿度平均值计算相关，得相关系数分别为 $r_1=-0.702$，$r_2=-0.689$，$r_3=-0.680$，若取置信度 $\alpha=0.05$，经统计检验均大于临界值（样本数 55）。取回归数学模型为

$$Y = a_0 + a_1 x_1 + a_2 x_2 + a_3 x_3$$

式中，x_1、x_2、x_3 分别为测站降水量、雨日、相对湿度平均值；a_0、a_1、a_2、a_3 为相应系数。经计算方程为

$$Y = 89.23 - 0.021 x_1 - 0.19 x_2 - 0.71 x_3$$

用上述方程计算降尘量年月均值与实测值相比，大（小）值分布对应较好，只是最大（小）值略有差异（图略）。因此在资料缺测和稀少地区，采用上述方法估算降尘量年月均值可作为参考。

5.1.4　降尘量与地面平均流场关系

比较图 1 与图 7 后看到：华北、东北两支气流的辐合区正好与该地区降尘量带状大值区走向一致；河套以东的太原、石家庄附近降尘量大值区正好处于从蒙古高原南下的西北到西风与来自 35°N 以南地区的偏南风交汇处，前已指出该地区是气旋性环流辐合区，并不时有气旋性环流中心出现，配合蒙古高原和黄土高原沙尘的影响，加上城市本身排放源的叠加作用，从而形成该地区的降尘量大值区，年际间只是数值及范围稍有变化而已。

5.1.5　其他因素对降尘量的影响

（1）排放源作用。这是主要的和决定性的。在沪、宁、杭地区中，宁、沪两地的降尘量比附近城市（如南通、苏州、合肥）高得多，但雨量（日）、湿度条件、流场等气象条件近似相同（个别年除外）。

（2）地形影响。从累年及逐年降尘量分布知，由于秦岭、大巴山的阻挡作用，其南北两侧城市的差异达一倍以上，同样使两侧雨量（日）、湿度等环境气象因子相差较大。另外沿海城市均比内陆降尘量小。

从以上分析知，城市降尘量除与本身排放量有关外，它与雨量（日）、湿度、地面流场有较好的对应关系。一旦各年环境气象条件有差别或出现反常时，也使降尘量的大值区（北方）和小值区（南方）产生波动或异常。如 1983 年由于 35°N 以南出现较大降水，使该年长江流域及其以南多数城市降尘量偏小，而华北及河套北侧的部分城市雨量偏少，造成部分城市降尘量出现高值。

5.2　SO$_2$ 浓度与气象因子关系

5.2.1　SO$_2$ 浓度与雨量、雨日、相对湿度关系

比较 4 种图表后可知，大致说雨量（日）大和相对湿度大值区，SO$_2$ 浓度低，反之是高值区。但沪、宁、杭附近以及重庆、贵阳等西南地区例外，这可能与城市排放源及地形特点有关。1983 年 105°E 以东的长江流域以南、25°N 以北地区的雨量（日）都比其他年份多，同期 35°N 以南地区相对湿度比历年平均值高，因而当年 SO$_2$ 浓度在该地区相对降低。

5.2.2　SO$_2$ 浓度与地面风场关系

分析对比两种图表后得到：在华北、东北的 SO$_2$ 高浓度地带与偏南及西北气流的交汇地区相一致，高浓度轴线走向与两支气流辐合带走向相同。在西南地区 SO$_2$ 高浓度区与重庆、贵阳附近的东北风及昆明附近的偏西风形成的辐合线有一定关系，而且这一风场的辐合带位置比较稳定，年际变化不大。

河套东侧的太原、石家庄附近维持气旋性环流辐合中心正是北方 SO$_2$ 浓度值较大中心之处。1984 年该辐合中心西移，使当年该地区 SO$_2$ 浓度较低，其西侧 SO$_2$ 浓度则有所增高。另外 105°E 以东 30~35°N 附近 SO$_2$ 浓度相对低值区则与地面风场呈反气旋性环流有联系。

从以上分析知，一般高浓度区与地面两支气流汇合（辐合）区相联系，低浓度区和气流辐散

区有关。若这些气流辐合、辐散区位置发生变化，则浓度值也产生变化。

5.2.3 SO_2 浓度与其他因子关系

西南地区的重庆、贵阳 SO_2 高浓度区为全国之冠，除与当地燃煤的含硫量高有关外，加上城市的集中排放源的影响而形成高浓度值。另外我国西南地区地形复杂、多山、风速小、低空常形成一稳定浅层，从而使 SO_2 等污染物在局地积聚而不易扩散稀释。另外冬半年我国北方许多地方无降水时经常在近地面层形成辐射逆温，早晚尤为严重，使工矿区附近及城市上空排放的 SO_2 被这一浅层滞留不易很快扩散，从而出现高浓度值。

5.3 NO_x 浓度与气象因子关系

5.3.1 NO_x 浓度与雨量、雨日及相对湿度关系

对照几种分布图可以看到，一般说雨量小、雨日少、湿度低的 35°N 以北地区对应 NO_x 浓度高值区，反之 35°N 以南对应低值区。但西南地区及长江下游附近对应关系不理想，可能其他因素起作用。但是 1983 年江南及云贵地区雨量（日）、相对湿度比其他年份多和大，出现异常，使当年该两地区 NO_x 浓度比累年平均值低；1981 年重庆、成都、贵阳雨日特别多，该年这三处 NO_x 浓度也出现相对低值区。

5.3.2 NO_x 浓度与地面平均风场关系

分析两种分布图后知，NO_x 浓度的 3 个高值区和地面风场两支气流汇合区、风场辐合区、气旋性环流区对应。与前述几个污染物分布相同，南通、苏州和营口均比附近城市的 NO_x 浓度值略小，这是城市排放源差异造成的。广州附近各年 NO_x 浓度均高于附近城市是和城市车辆排放废气有关，而气象条件的反常情况不足以改变其浓度大值区；只是数值上略有变动罢了。

由以上分析可见西南地区若雨水偏少，则大气中的 SO_2 及 NO_x 浓度会更高，从 1985 年冬季两种气体季日均值高于当年平均值便可证明（图略）。

5.4 降水物酸度（pH）与气象因子的关系

5.4.1 pH 与雨量、雨日、相对湿度关系

比较上述几种平均图后看到：一般雨量小、雨日少、湿度低对应 pH 大值区，反之为小值区。而且看出 pH=5.6 的等值线与平均雨量为 300mm、平均雨日为 40 天、相对湿度为 75% 的等值线走向及包括的地区范围较为相似，这是酸雨的影响范围。年际间略有变化，少数地区有些差异。

5.4.2 pH 与地面风场关系

沿长江流域偏东风的流线走向与 pH=5.6 的等值线走向近似，而且江南呈气旋性弯曲的偏东风与西南地区二支气流的辐合区和 pH 的小值区相接近。

通常认为酸雨主要是大气中 SO_2 及 NO 分别转化成硫酸和硝酸所形成[1]，而西南地区 SO_2 和 NO_x 均为大值。有人指出重庆酸雨由雨滴降落酸化而成[5]，加上降水多，流场辐合使 pH 值在西南

地区为小值中心，沪、宁、杭亦有类似情形。

6 问题与讨论

（1）上述几种污染物的累年或逐年变化，其最大与最小值之差都较大，只有 NO_x 浓度值例外，这可能与 NO_x 气体在空气中转换快有关[6]。

（2）不同气象因子对同一种污染物分布影响和同一种气象因子对不同污染物影响可能有差异，但内在机制还有待深入研究。从 SO_2、NO_x 及降尘量部分有代表性的城市 1981~1986 年日（月）平均值曲线逐年演变（图略）可知：各城市的逐年污染物浓度值都是呈锯齿状变化，只有个别城市呈现稳定升高或下降，这表明除污染源作用外，环境条件变化起着重要作用。1981 年全国很多城市 SO_2、NO_x 及降尘量浓度值都较高或出现正距平，是污染明显年份；而 1983 年我国不少城市上述 3 种污染物浓度较低或负距平，属较轻污染年份之一，与这两年一些气象因子出现异常现象有关。

（3）目前污染物浓度监测站点仅限于少数大中城市，一些地区还是空白，故增加监测网点，统一监测手段和方法，积累资料并近一步弄清某些大气污染物浓度分布是重要的。

另外，综合治理是根本方法。但充分利用某些环境气象条件对我国大气污染物分布所起的作用及影响的规律，为大气环境规划、管理、污染物防治及城市建设规模、工业布局、制定合理的能源政策提供参考依据是可行的。

7 主要结论

（1）我国大气中污染物的分布有一定特征，平均说降尘量北方多、南方少，沿海是小值区；SO_2 及 NO_x 浓度除华北、东北、西南为高值区外，长江下游附近也常有大值区出现；长江流域以南属酸雨范围，其中西南及长江下游以南为两个较重酸雨区。年际之间上述污染物浓度值及范围略有变化。

（2）污染物的浓度分布除排放源是重要因素外，还与环境气象条件有一定关系。当一些气象因子发生变化或出现异常时，能使浓度值产生相应的变化或波动。

（3）降尘量与降水、湿度、地面流场形式有较好的对应关系，得出一个估算降尘量年月均值的回归方程，可作为资料缺乏地区参考。SO_2、NO_x 浓度分布与流场关系比与降水、湿度关系更明显。酸雨的北界范围分别与一定数值的雨量（日）、湿度范围有关，与地面平均偏东气流的北界近似。

参 考 文 献

[1] 莫天麟. 酸雨研究进展. 南京气象学院学报. 1984 年 1 期.
[2] 曹文俊，等. 微风时局地大气扩散及 SO_2 浓度分布的初步研究. 南京气象学院学报. 1988 年 3 期.
[3] 桑建国. 空气污染的长距离输送模式. 气象学报. 1987 年; 45(3).
[4] 河村武. 全国地上风分布图. 气象厅技术报告第 91 号. 气象厅. 1977.
[5] 黄美元，等. 重庆地区云水和雨水酸度及其化学组分的观测分析. 大气科学, 1988.12(4).
[6] Kley D, McFarland M. Chemiluminescence detector for NO and NO_2. Atmospheric Technology, 12: 63-69. 1980.

Relationship between the Distribution of Air Pollutants and Meteorological Elements in China

LIANG Hanming[1], DONG Baoqun[1], REN Zhenhai[2], WU Zhongyong[3], CHEN Longxun[4]

1. Nanjing Institute of Meteorology, Nanjing 210035
2. Chinese Research Academy of Environment Science, Beijing 100012
3. State Environmental Monitoring Centre, Beijing 100012
4. Chinese Academy of Meteorological Science, Beijing 100081

Abstract: The mean distributions of dustfall amount, SO_2 and NO_x contents in air, and the pH values of precipitation from 1981 to 1986 in China are compared with the meteorological elements, such as precipitation, humidity and surface wind field at the same time. The results show the relations between them. The distributions of these pollutants change depending on the change or the abnormal states of the meteorological elements.

Key words: air pollutants; environment; climatic variation

北京地区一次重污染过程的大尺度天气型分析[①]

陈朝晖[1]，程水源[1]，苏福庆[2]，高庆先[2]，虞　统[3]，任阵海[2]

1. 北京工业大学环境与能源工程学院，北京 100022
2. 中国环境科学研究院，北京 100012
3. 北京市环境监测中心，北京 100089

摘要：对北京 2000 年 11 月的一次 PM_{10} 重污染过程进行分析，以期进行造成 PM_{10} 质量浓度增量的天气型诊断。结果表明：最不利于污染扩散的气象形势对应着 PM_{10} 质量浓度增量最大，而不一定是 PM_{10} 质量浓度达到最高的环境背景场；PM_{10} 质量浓度的峰值是逐步累积而成的。提出定义 PM_{10} 质量浓度从谷值逐日累积到峰值而后重新下降到谷值的状态为一次环境污染过程。根据环境过程与天气型的诊断分析结果认为，PM_{10} 质量浓度变化与天气形势演变有较好的对应关系。PM_{10} 质量浓度在上升、达到峰值和下降阶段对应的天气形势分别为持续数日的大陆高压均压场、相继出现的低压均压场及锋后的高气压梯度场，其中持续存在的大陆高压均压场是造成重污染浓度累积的主要背景场。

关键词：PM_{10}；重污染过程；质量浓度增量；大尺度天气型

目前已有一些研究对大气污染从不同的角度进行分析。程从兰等[1]分析了大雾天气时重污染日不利扩散的环境物理量特征。王淑英等[2]对北京地区 PM_{10} 浓度与气象特征的关系进行了研究。王耀庭等[3]将重污染日分为雾型和沙尘型污染阶段，并指出先雾型污染后沙尘污染特征。任阵海等[4]提出，大范围均压场的持续演变是形成区域重污染的重要大气条件。在确定的污染源分布条件下，PM_{10} 的扩散能力主要取决于气象条件。各种气象要素特征及相应的中小尺度系统又由大尺度天气形势所决定。笔者以北京地区 2000 年 11 月的一次重污染过程为例，对环境污染过程的不同阶段和大尺度天气型进行相关性诊断分析。

1　资　料　来　源

污染数据采用了北京市环境监测站提供的 2000 年 11 月 1~8 日的 ρ（PM_{10}）日均值和空气污染指数（API）。气象资料采用同期（2000 年 11 月 1~8 日）中国气象局天气形势分析图资料，单位均为 hPa。

2　环境污染过程及典型案例分析

定义该日首要污染物质量浓度从最低值逐日累积到峰值重新下降到谷值的状态称为一次环境

① 原载于《环境科学研究》，2007 年，第 20 卷，第 2 期，99~105。

污染过程。峰值有时形成重污染（API＞300），有时形成中度重污染（API＞250）。根据北京的情况，在空气污染指数连续 2d 达到或超过四级（API＞200），而且预测第 3 天的空气污染指数仍将为四级或四级以上时即可称为连续性重污染。

由图 1 可知，2000 年 11 月 1~8 日是一次明显的重污染过程，首要污染物均为 PM_{10}。11 月 2~3 日 API 的增量为 91，3 日达到 207，为中度污染；3~4 日 API 增量高达 99，使得 $\rho（PM_{10}）$ 在 4 日累积达到最高，而 API 也达到 306，属于重度污染；5 日 API 下降至 283，为中度重污染；5~6 日 API 减量为 83，7 日减量为 107，8 日减量为 44，API 为 49，同时 $\rho（PM_{10}）$ 达到最低，空气质量状况为良。

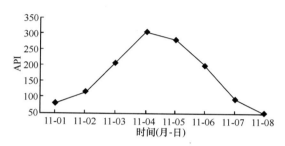

图 1　2000 年 11 月 1~8 日 API 值

根据该次 PM_{10} 质量浓度变化特征，将这次污染过程分为 3 个阶段：第 1 个阶段为 PM_{10} 质量浓度上升阶段，增量持续 3d（11 月 1~3 日），并不断增大，3 日 $\rho(PM_{10})$ 增量最大；第 2 个阶段为 PM_{10} 质量浓度峰值阶段，重污染峰值持续时间为 2d，其中 11 月 4 日属于重度污染，5 日为中度重污染，峰值有较小的波动特征；第 3 个阶段为 PM_{10} 质量浓度下降阶段，为 11 月 6~7 日，其中 $\rho(PM_{10})$ 在 7 日减量最多，8 日达到最低。PM_{10} 质量浓度演变曲线接近正态分布。

2.1　PM_{10} 质量浓度上升阶段

2000 年 11 月 1~2 日，高空为持续的西风气流。由海平面气压形势图图 2、图 3[图 2~图 9 的底图均由国家测绘局网站（http://map.sbsm.gov.cn：8088/mcp/lindex.asp）下载]可知，1~2 日在 40°N 附近，由渤海经我国西北部至巴尔喀什湖为高压均压带，华北地区为高气压，高压中心位于陕西省南部，我国台湾经东海至日本为台风倒槽控制，大陆高压受其阻挡，停滞时间较长。北京位于大陆高压前部，在高压脊线附近，气压梯度很小。高压均压出现时，地面和低空风速较小，有时地面出现静风，伴有较强的辐射逆温和下沉逆温，逆温层厚度大，强度高，低层大气层结稳定，不利于空气中 PM_{10} 的扩散和稀释，造成较高的空气污染浓度累积。由于这次高压带控制时间长，均压范围大，造成 PM_{10} 严重累积。$\rho(PM_{10})$ 在这 2d 之内，日均值从 0.109 增至 0.355mg/m³。3 日高空转为西南气流，地面受低压均压场影响（图 4、图 5），在边界层低层引起弱上升气流，形成 PM_{10} 在低空汇聚，同时边界层上层的西南暖湿气流增强了平流逆温和外来 PM_{10} 的输入，形成 PM_{10} 在低空急剧汇聚及上层输入的特征，使北京地区低空 $\rho(PM_{10})$ 增量明显增大，从约 0.355mg/m³ 增至 0.424mg/m³，3 日 API 约增加 99，增量达到最大。PM_{10} 增加累积过程约为 3d，造成 4 日 API 达到 306，达到重度污染。

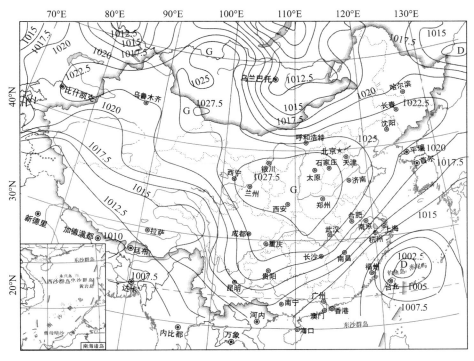

图2 2000-11-01T08:00 海平面气压

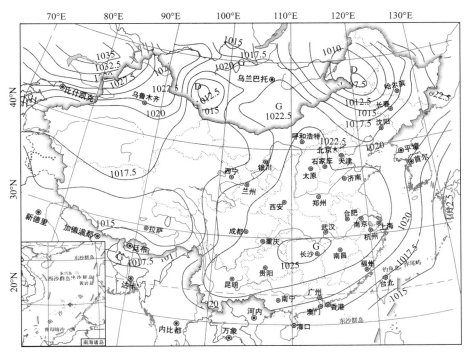

图3 2000-11-02T08:00 海平面气压

在该次污染过程的 PM_{10} 质量浓度上升阶段中，在 1~2 日高压均压影响下，其增量约为 0.246mg/m³。3 日低压均压的影响使 $\rho(PM_{10})$ 增量约为 0.069mg/m³，显然，高压带形成的 PM_{10} 质量浓度增量更为明显。因此，在各类污染过程中，大陆高压持续的时间、所在的位置、高压中心

的强度都明显影响 PM_{10} 累积的程度。随后相继出现的低压均压场对 PM_{10} 累积也有很大作用，低压位置及其强度也影响 PM_{10} 的累积量。

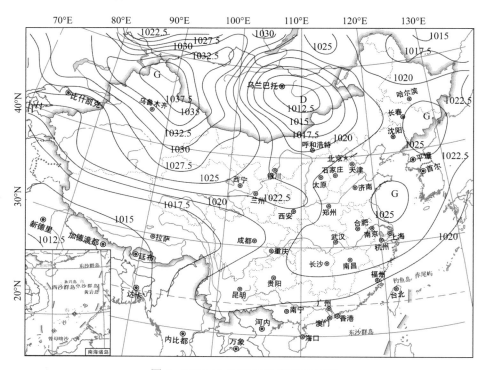

图 4　2000-11-03T08:00 海平面气压

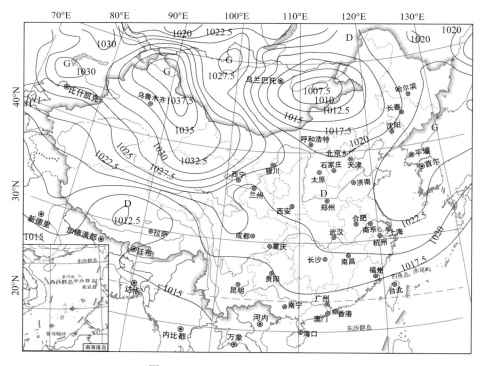

图 5　2000-11-03T14:00 海平面气压

2.2 PM₁₀质量浓度峰值阶段

11月4日8:00，500hPa高度有槽线经过北京，高空有弱的西北冷平流，对应地面北京受高压和低压之间的西北气流控制。由于北京上游有沙尘天气，沙尘经北京西北方向的内蒙古、河北张家口等地输入，加上北京低空边界层风速很小（为静风或弱风），使得4日北京有浮尘现象，PM_{10}质量浓度上升。由海平面气压（图6）可知，北京地面西北气流较弱，不利于上一阶段累积的PM_{10}扩散，使$\rho(PM_{10})$峰值产生波动。5日8:00（图7）东北气旋向偏北方向移动，地面转为低压均压控制，受其影响北京$\rho(PM_{10})$。达到峰值后持续维持，日均值为0.392mg/m³，API为283，较4日略有下降，但仍属于中度重污染。该次峰值持续时间约为2d，并有一定的波动。在峰值阶段，天气形势不是最有利于PM_{10}增长的形势，但由于上升阶段有一定的PM_{10}形成并持续存在，同时天气形势尚未转到有利于PM_{10}扩散的形势，因此PM_{10}质量浓度存在峰值期并有波动。

2.3 PM₁₀质量浓度下降阶段

由11月6~7日的海平面气压（图8、图9）可知，北京处于锋后高压的前部，气压梯度明显增强。由于后部高压强气压梯度区范围非常宽广，持续时间长，地面强风速持续约为2d，极其有利于PM_{10}扩散，6日API下降最为明显，约减少107，8日API降到49；$\rho(PM_{10})$从6日的0.349降到0.135mg/m³，8日降到谷值，空气质量转为优。

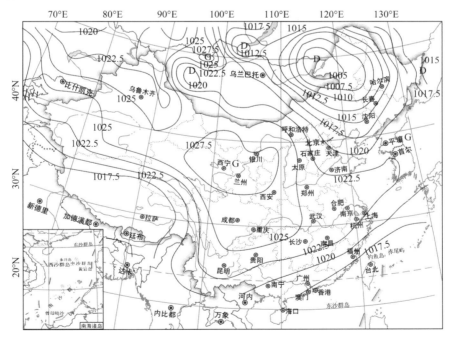

图6   2000-11-04T08:00 海平面气压

2.4 天气型和环境过程的相关性综合分析

根据分析可知，环境污染过程和大尺度天气型的结构及持续时间有十分明显的相关关系。根据二者的相关关系，提出环境污染过程形成的大尺度天气型的概念模型。

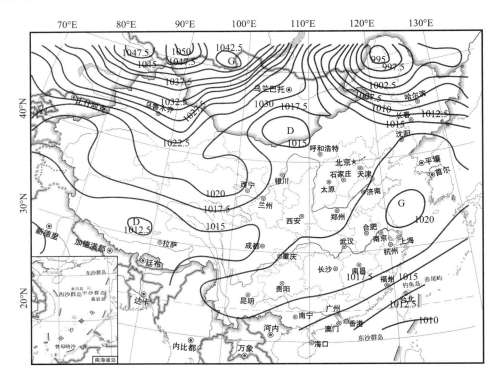

图 7　2000-11-05T08:00 海平面气压

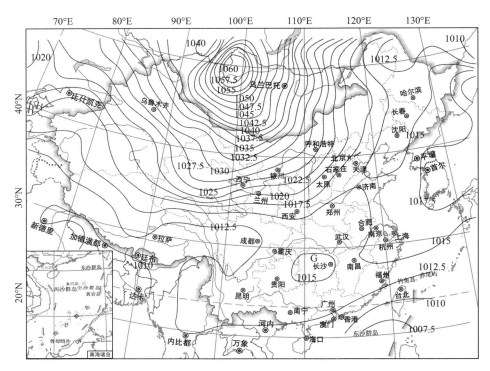

图 8　2000-11-06T08:00 海平面气压

　　在环境污染过程的 PM_{10} 质量浓度上升阶段，大尺度天气型的特征是 40°N 附近有持续数日的宽广高压带，其前沿受台风阻挡，增强高压带持续滞留，形成数日的质量浓度增量，然后相继出现低空低压均压带，使 PM_{10} 质量浓度增量继续增加达到峰值。在 PM_{10} 质量浓度峰值阶段，高空为西北气流，地面锋前低压，使 PM_{10} 质量浓度在峰值期伴有波动；在 PM_{10} 质量浓度下降阶段，锋后大范围持续的高气压梯度结构造成 PM_{10} 质量浓度的迅速下降。天气型与污染过程各阶段的相关性和配置见图 10。

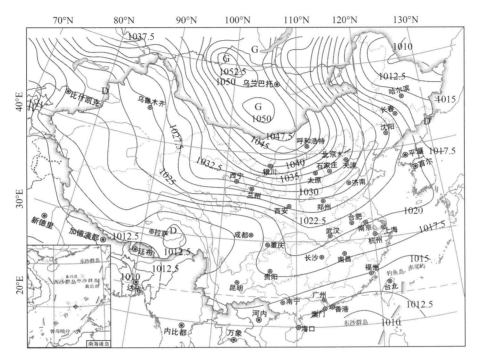

图 9 2000-11-07T08:00 海平面气压

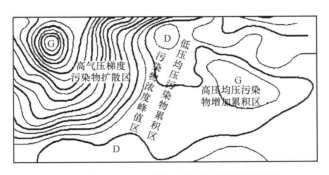

图 10 大尺度天气型与环境重污染过程配置

3 结 论

（1）对北京 2000 年 11 月的一次 PM_{10} 重污染过程分析可知，环境重污染过程和大尺度天气型演变有较好的相关性。

（2）分析发现：最不利于污染扩散的大尺度天气型不是 PM_{10} 质量浓度最高的背景场，而是造成 PM_{10} 质量浓度增量的主要背景场；在污染最严重，PM_{10} 最高质量浓度出现时增量并不是很大，没有对应着最不利于污染的天气型。

（3）在该次环境污染过程中，高压均压、低压均压是 PM_{10} 质量浓度增加累积的主要天气形势，高气压梯度是 PM_{10} 扩散的主要天气形势。因此，关注大尺度天气型的演变和结构对预报重污染过程有重要意义。

参 考 文 献

[1] 程从兰, 李青春, 刘伟东, 等. 北京地区一次典型大雾天气的空气污染过程物理量分布特征[J]. 气象科技, 2003, 31(6): 345-350.

[2] 王淑英, 张小玲. 北京地区 PM_{10} 污染的气象特征[J]. 应用气象学报, 2002, 13(特刊): 177-184.

[3] 王耀庭, 缪启龙, 高庆先, 等. 北京秋季一次先污染后沙尘现象成因分析[J]. 环境科学研究, 2003, 16(2): 1-5.

[4] 任阵海, 苏福庆, 高庆先, 等. 边界层内大气排放物形成重污染背景解析[J]. 大气科学, 2005, 29(1): 57-63.

Analysis of Large-Scale Weather Pattern during Heavy Air Pollution Process in Beijing

CHEN Zhaohui[1], CHENG Shuiyuan[1], SU Fuqing[2], GAO Qingxian[2], YU Tong[3], REN Zhenhai[2]

1. College of Environmental and Energy Engineering, Beijing University of Technology, Beijing 100022, China
2. Chinese Research Academy of Environmental Sciences, Beijing 100012, China
3. Beijing Municipal Environmental Monitoring Center, Beijing 100089, China

Abstract: An analysis of a PM_{10} heavy pollution process in Beijing in November in 2000 was carried out to diagnose the weather pattern that creates the mass concentration of PM_{10}. The result indicated the most meteorological situation to the PM_{10} diffusion corresponds to the largest increment of mass concentration of PM_{10}, but not necessarily the highest mass concentration of PM_{10}. The mass concentration of PM_{10} peak value is formed by gradually accumulating. It is proposed that the process that PM_{10} accumulates day after day from the valley value to the peak value and drops again to the valley value is called an environmental pollution process. According to the diagnostic analysis result of environment process with weather pattern, the mass concentration of PM_{10} change and the synoptic situation evolution have good relationship. The mass concentration of PM_{10} rise stage, the peak value stage, the drop stage respectively correspond to the mainland high pressure that continues for days, the low pressure that appears one after the other, and the high pressure gradient field after the front, in which the mainland high pressure is the main background field that creates the heavy mass concentration of PM_{10}.

Key words: PM_{10}; heavy air pollution process; concentration increment; large-scale weather pattern

大气三维风场的确定与污染物浓度分布的计算[①]

王厘尔[1]，邬华谟[2]，任阵海[3]，柴发合[3]

1. 中国科学院数学所，北京 100190
2. 中国科学院计算中心，北京 100083
3. 中国环境科学研究院大气环境所，北京 100012

1 引 言

随着经济的发展，工业化程度越来越高，环境保护问题正日益受到人们的关注。建立数学模型，利用计算机数值确定大气中二氧化硫等有害气体的浓度分布也愈来愈引起人们的兴趣。

本文以我国某地区为例，解决了浓度分布预测问题，求出了污染场浓度分布的演变史。首先在该地区几个观察站，测出上空少数测点上某时水平风速，并测定该地区主要污染源的分布。通过计算确定该地区三维风速场，并求出该地区在这一时段污染物浓度的分布。计算表明结果是符合实际的。对该地区污染物浓度分布有明确、详细、定性、定量的了解，对于该地区重工业的布局，环境污染的防治都提供了令人满意的参考数据。同时，这样的数学模型和数值方法对其他地区也同样适用，具有普遍的意义。目前已成为预测地区大气污染程度的一个重要手段。

本文三维风场的计算参考了文献[1]，通过变分原理建立了拉格朗日乘子满足的泊桑方程。由此可以确定相应的三维风场。在数值求解泊桑方程时，我们利用了多重网格法[5]加快了迭代求解的收敛速度。应当指出，利用变分途径算出的风场对连续性方程满足得并不好，我们对此作了改进，使风场满足离散的连续性方程。

在浓度方程的计算中，对扩散项与迁移项的处理是需要仔细对待的。试算表明，对一维问题很有效的逆风格式求解本文三维浓度方程会算出负的浓度值，在物理上是不合理的。扩散项中的混合导数项是引起出现负浓度的一个因素。

我们在求解浓度方程时对扩散项采用了九点格式，对迁移项采用了修正逆风格式，格式中引入了自由参数 α，β，δ，保证了浓度的计算结果总是非负的。数值分析表明，为了计算的稳定性和保证浓度的非负性，引入这些参数是有充分理由的。这一格式的精度虽然只有一阶，因在建立数学模型中用到观察点上的水平风速实测值误差很大，所以一阶精度格式已能满足实际要求。当然，高精度的指数拟合法[2]，有限解析法[3]和 TVD 格式[4]等算法的应用亦是可能的，但如何保证浓度非负还需进一步工作。

本文第二节叙述利用极少数几个观察点提供的少量水平风速 u，v，近似地定出全地区满足连续方程的三维风场。在第三节给出模拟污染物传播过程的浓度方程及其定解条件。在第四节给出

① 原载于《数据计算与计算机应用》，1990 年，第 4 期，224~235 页。

求解浓度方程的差分格式和边界处理。第五节给出一个数值求解例子。

2 三维大气风场的计算

为了计算某地某时的污染浓度整体分布，必须知道该地该时的三维风场。在当前条件下仅仅能在很少的一些观测点上空若干高度处获得水平风速 $\tilde{u}$，$\tilde{v}$。认为垂直风速 $\tilde{w}$ 为零。通过插值得到大致水平风场。由于测量误差及插值方式等原因，这样得到的风场对连续性方程满足得不好。因此，需要对得到的风场进行适当的调整，使其满足连续性方程。

设我们的计算区域为一长方体 $\Omega = \{(x, y, z) | 0 \leq x \leq X, 0 \leq y \leq Y, 0 \leq z \leq Z\}$，坐标平面 $z=0$ 为地平面。u，v，w 为 x，y，z 方向的风速分量。

假设 $(x_i, y_i, 0)$ 为地面实测点（$i=1, 2, \cdots, I$）。在这些点上高度为 z_k（$k=1, 2, \cdots, K$）处测得的水平风速分别为 $\tilde{u}_i^k$，$\tilde{v}_i^k$，认为 $\tilde{w}_i^k \equiv 0$。那么，在 $z=z^k$ 平面上任意点 (x, y, z_k) 处的风速 $\tilde{u}$，$\tilde{v}$，用以下插值公式计算：

$$
\begin{cases}
\tilde{u}(x, y, z_k) = \sum_{i=1}^{l} \frac{1}{r_i^2} \tilde{u}_i^k / \sum_{i=1}^{l} \frac{1}{r_i^2} \\[2mm]
\tilde{v}(x, y, z_k) = \sum_{i=1}^{l} \frac{1}{r_i^2} \tilde{v}_i^k / \sum_{i=1}^{l} \frac{1}{r_i^2} \\[2mm]
\tilde{w}(x, y, z_k) = 0
\end{cases}
$$

其中 $r_i^2 = (x - x_i)^2 + (y - y_i)^2, i = 1, \cdots, I$。

在任意高度 Z 处 $\tilde{u}(x, y, z)$ 的值用 z 方向最邻近的三层 z^k 的已知值二次内插得到。

下面我们将插值结果（$\tilde{u}$，$\tilde{v}$，$\tilde{w}$）作为风场初始分布，用变分方法（参见[1]）进行修正。考虑以下变分问题：求满足连续性方程

$$
\frac{\partial u}{\partial x} + \frac{\partial v}{\partial y} + \frac{\partial w}{\partial z} = 0 \tag{2.1}
$$

及边界条件 $w|_{z=0}=0$ 的风场（u，v，w），使泛函

$$
\tilde{J}[u, v, w] = \iiint_{\Omega} [\alpha_1^2 (u - \tilde{u})^2 + \alpha_1^2 (v - \tilde{v})^2 + \alpha_2^2 (w - \tilde{w})^2] dV
$$

为极小，其中 α_1，α_2 为常数，$2\alpha_1^2 + \alpha_2^2 = 1$，$\alpha_1 \cdot \alpha_2 \neq 0$。引入拉格朗日乘子 $\lambda = \lambda(x, y, z)$ 后，上述条件极值问题可以变为以下极值问题：求 u，v，w，使泛函

$$
J[u, v, w, \lambda] = \iiint_{\Omega} \left[\alpha_1^2 (u - \tilde{u})^2 + \alpha_1^2 (v - \tilde{v})^2 + \alpha_2^2 (w - \tilde{w})^2 + \lambda \left(\frac{\partial u}{\partial x} + \frac{\partial v}{\partial y} + \frac{\partial w}{\partial z} \right) \right] dV \tag{2.2}
$$

达到极小。在 Ω 的边界上 λ 满足以下边界条件：

$$
\lambda|_{x=0, X} = \lambda|_{y=0, Y} = \lambda|_{z=Z} = \frac{\partial \lambda}{\partial z}\Big|_{z=0} = 0 \tag{2.3}
$$

引入泛函式（2.2）的目的是求一个与插值风场（$\tilde{u}$，$\tilde{v}$，$\tilde{w} \equiv 0$）尽量接近，但要满足连续性

程方的三维风场（u，v，$w \neq 0$）。由式（2.2）的变分 $\delta J = 0$ 导出的欧拉-拉格朗日方程可推出使 J 达到极值的（u，v，w）满足连续性方程式（2.1）及

$$\begin{cases} 2\alpha_1^2\left(u - \tilde{u}\right) = \dfrac{\partial \lambda}{\partial x} \\[2mm] 2\alpha_1^2\left(v - \tilde{v}\right) = \dfrac{\partial \lambda}{\partial y} \\[2mm] 2\alpha_2^2\left(w - \tilde{w}\right) = \dfrac{\partial \lambda}{\partial z} \end{cases} \tag{2.4}$$

将式（2.4）分别对 x，y，z 求导，相加得

$$\frac{\partial^2 \lambda}{\partial x^2} + \frac{\partial^2 \lambda}{\partial y^2} + \frac{\alpha_1^2}{\alpha_2^2}\frac{\partial^2 \lambda}{\partial z^2} = -2\alpha_1^2\left(\frac{\partial \tilde{u}}{\partial x} + \frac{\partial \tilde{v}}{\partial y} + \frac{\partial \tilde{w}}{\partial z}\right) \tag{2.5}$$

边界条件为

$$\lambda\,|_{x=0,X} = \lambda\,|_{y=0,Y} = \lambda\,|_{x=z} = 0 \qquad \frac{\partial \lambda}{\partial z}\,|_{z=0} = 0 \tag{2.6}$$

将式（2.5）和式（2.6）的精确解代入式（2.4）得到的风场 u，v，w 满足连续性方程式（2.1）。

为了确定风场，我们采用通常的七点格式求解式（2.5），式（2.6）。λ 的差分方程组用多重网格法[5]进行迭代求解。我们指出，在应用多重网格法时，从网格 I_i（步长 Δx_i，Δy_i，Δz_i）进入网格 I_{i+1}（步长 Δx_{i+1}，Δy_{i+1}，Δz_{i+1}）时，网格步长比 $\dfrac{\Delta x_{i+1}}{\Delta x_i}$，$\dfrac{\Delta y_{i+1}}{\Delta y_i}$，$\dfrac{\Delta z_{i+1}}{\Delta z_i}$ 不一定总是 2.在计算中，比值对不同的 I 可以不同，取 2 或 3.这样，网格点数的安排可以自由一些。

数值微分 λ，利用式（2.4）就可得到风场。与微分方程的情形不同，这样得到的风场近似值不满足离散的守恒型连续性方程。为了使最终得到的风场满足离散的连续性方程，我们取上述近似解 u，v（w 已不恒等于零）作为最终水平风场，而 w 则通过求解如下离散的连续性方程的初值问题得到。

令 L，M，N 为自然数，记 $\Delta x = X/L$，$\Delta y = Y/M$，$\Delta z = Z/N$.在 Ω 中的网格点（x_i，y_j，z_k）上，函数 f 的值记为 $f_{i,j}^k$，其中 $x_i = i\Delta x$，$y_j = j\Delta y$，$z_k = k\Delta z$。连续性方程式（2.1）的差分近似为

$$w_{i,j}^{k+1} = w_{i,j}^k - \frac{\Delta z}{2\Delta x}\left(\frac{u_{i+1,j}^{k+1} + u_{i+1,j}^k}{2} - \frac{u_{i-1,j}^{k+1} + u_{i-1,j}^k}{2}\right) - \frac{\Delta z}{2\Delta y}\left(\frac{u_{i,j+1}^{k+1} + v_{i,j+1}^k}{2} - \frac{u_{i-,j}^{k+1} + v_{i,j-1}^k}{2}\right) \tag{2.7}$$

$$w_{ij}^1 = 0\left(1 \leqslant i \leqslant L-1, 1 \leqslant j \leqslant M-1, k = 1,2\cdots N-1\right)$$

顺便指出，若式（2.7）的右端直接取初始插值场（$\tilde{u}$，$\tilde{v}$，$\tilde{w} = 0$），则得到的垂直风速 w_{ij}^k 水平分布经常不合理。实践表明，用变分方法调整一下 $\tilde{u}$，$\tilde{v}$ 的分布是有效的。

3　浓度方程及定解条件

污染物的传播满足以下迁移扩散方程

$$\frac{\partial c}{\partial t} + u\frac{\partial c}{\partial x} + v\frac{\partial c}{\partial y} + w\frac{\partial c}{\partial z} = \frac{\partial}{\partial x}K_x\frac{\partial c}{\partial x} + \frac{\partial}{\partial y}K_y\frac{\partial c}{\partial y} + \frac{\partial}{\partial z}K_z\frac{\partial c}{\partial z} + Q \tag{3.1}$$

其中，c 为污染物的浓度，一阶导数项和二阶导数项分别表示物理上污染物随风迁移和在大气中扩散效应，u，v，w 为前面确定的已知风速的三个分量，k_x，k_y，k_z 为 x，y，z 三个方向的扩散系数，Q 是当地若干污染源在单位时间里污染物排放量的总和。

将浓度方程作进一步简化。扩散系数是在特殊的顺水平风向坐标下实测的。取 x' 轴为顺风方向（图1），$u'^2 = u^2 + v^2$，$v' = 0$，$w' = w$，$\tan\theta = v/u$，沿 x' 方向迁移效应占优，扩散可以忽略，并认为水平扩散系数是常数 $k_x' = k_y'$。因此在 x'，y'，$z' = z$ 坐标下浓度方程具有形式

$$\frac{\partial c}{\partial t} + u'\frac{\partial c}{\partial x'} + w'\frac{\partial c}{\partial z'} = K_{y'}\frac{\partial^2 c}{\partial y'^2} + \frac{\partial}{\partial z'}K_{z'}\frac{\partial c}{\partial z'}Q \quad (3.2)$$

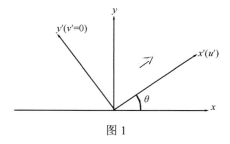

图1

利用关系式

$$\begin{cases} x = x'\cos\theta - y'\sin\theta \\ y = x'\sin\theta + y'\cos\theta \\ z = z' \end{cases} \quad \begin{cases} u = u'\cos\theta \\ v = u'\sin\theta \\ v' = 0 \\ w = w' \end{cases} \quad (3.3)$$

将式（3.2）回到原坐标系 x，y，z。记 $K_y = K_z' = K_{y'}$，$K_z = K_{z'}$ 得到以下浓度方程：

$$\frac{\partial c}{\partial t} + u\frac{\partial c}{\partial x} + v\frac{\partial c}{\partial y} + w\frac{\partial c}{\partial z} = K_y\left(\sin^2\theta\frac{\partial^2 c}{\partial x^2} + \cos^2\theta\frac{\partial^2 c}{\partial y^2} - 2\sin\theta\cos\theta\frac{\partial^2 c}{\partial x\partial y}\right) + \frac{\partial}{\partial z}K_z\frac{\partial c}{\partial z} + Q \quad (3.4)$$

通常接近地面的低空测试数据较丰富，人们对低空的污染程度最感兴趣。为了对低空的污染物浓度分布刻画得更细一些，在 z 方向引入伸缩变换 $\tilde{z} = \varphi(z)$，φ 是 z 的增函数（图2）。由相切的抛物线与直线段组成。引进上述伸缩变换的目的是使接近地面处 z 方向网格取得密一些。

这样式（3.4）变为（仍用 z 记 $\tilde{z}$

$$\frac{\partial c}{\partial t} + u\frac{\partial c}{\partial x} + v\frac{\partial c}{\partial y} + Ew\frac{\partial c}{\partial z} = K_y\left(\sin^2\theta\frac{\partial^2 c}{\partial x^2} + \cos^2\theta\frac{\partial^2 c}{\partial y^2}\right) - 2\sin\theta\cos\theta\frac{\partial^2 c}{\partial x\partial y} + E\frac{\partial}{\partial z}F\frac{\partial c}{\partial z} + Q \quad (3.5)$$

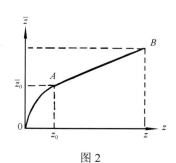

图2

其中，$E=\varphi'(z)$，$F=\varphi'(z)K_z$。对式（3.5）需要给出浓度 c 的边界条件与初始条件。认为在求解区域 Ω 外 $c(x,y,z)$ 恒为零，地面 $z=0$ 上，$\dfrac{\partial c}{\partial z}=-V_\alpha c$，$V_\alpha$ 为沉降系数。在各平面 $x=0$，X，$y=0$，Y，$z=Z$ 的任一点 p 上，若风从 Ω 外吹向 Ω 内部，则认为在这点的 $\dfrac{\partial c}{\partial n}$ 为零，其中 n 为区域 Ω 边界的外法线。例如，

$$当 x=0，若 u\geqslant 0，则 \frac{\partial c}{\partial x}(x=0)=0，$$

$$当 y=Y，若 v\leqslant 0，则 \frac{\partial c}{\partial y}(y=Y)=0。$$

在地面上及空中，某些高度（烟囱口）给定污染物排放浓度。在这些污染源之外，初始时刻 c 为零。

4　污染浓度分布的计算

4.1　污染点源的近似表示

先考虑只有一个污染点源 (x_i,y_i,z_i) 的情形。Q_i 表示单位时间里在 (x_i,y_i,z_i) 污染物的排放量。假设点 (x_i,y_i,z_i) 包含在体积为 $\Delta x\Delta y\Delta z$ 的体元 V_i 内

$$Q_i(x,y,z)=\begin{cases}\tilde{Q}_i/\Delta x\Delta y\Delta z, & 当(x,y,z)\in V_i\\ 0, & 当(x,y,z)\notin V_i\end{cases}$$

显然

$$\iiint Q_i(x,y,z)dxdydz=\tilde{Q}_i$$

如果有 I 个点源 (x_i,y_i,z_i) 则相应地有 I 个体元 V_i（$i=1,\cdots,I$）。定义污染源函数为

$$Q(x,y,z)=\begin{cases}Q_i=\tilde{Q}_i/\Delta x\Delta y\Delta z, & 当(x,y,z)\in V_i,i=1,2,\cdots,I\\ 0, & 当(x,y,z)\notin\bigcup\limits_{i=1}^{I}V_i\end{cases}$$

4.2　浓度方程的离散化

区域 Ω 用平面族 $x=i\Delta x$，$y=j\Delta y$，$z=k\Delta z$，$0\leqslant i\leqslant L$，$0\leqslant j\leqslant M$，$0\leqslant k\leqslant N$ 进行剖分。平面的交点称为网格点。记相邻的十一点的标号分别为 0，1，$\cdots$，9，10（图 3）。在 Ω 的内部（$0<i<L$，$0<j<M$，$0<k<N$）对扩散项的逼近如下：

$$\frac{\partial^2 c}{\partial x^2}\Big|_0\approx\alpha\frac{c_5-2c_2+c_6}{\Delta x^2}+\alpha\frac{c_7-2c_4+c_8}{\Delta x^2}+\beta\frac{c_1-2c_0+c_3}{\Delta x^2} \tag{4.1}$$

$$\frac{\partial^2 c}{\partial y^2}\Big|_0\approx\alpha\frac{c_5-2c_1+c_8}{\Delta y^2}+\alpha\frac{c_6-2c_3+c_7}{\Delta y^2}+\beta\frac{c_2-2c_0+c_4}{\Delta y^2} \tag{4.2}$$

$$\frac{\partial^2 c}{\partial x \partial y}\big|_0 \approx \frac{c_5 - c_6 + c_7 - c_8}{4\Delta x \Delta y} \tag{4.3}$$

$$\frac{\partial}{\partial z} F \frac{\partial c}{\partial z} \approx \frac{1}{\Delta z^2}\left[\frac{F_9 + F_0}{2}(c_9 - c_0) - \frac{F_0 + F_{10}}{2}(c_0 - c_{10})\right] \tag{4.4}$$

其中 α，β 为非负常数，$2\alpha + \beta = 1$。

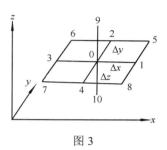

图 3

对 $\frac{\partial c}{\partial t} + u\frac{\partial c}{\partial x} + \cdots$ 的差分处理可以有多种办法，但必须保证浓度 c 非负。由于方程的右端函数 Q 具有 δ 函数的奇性，给一阶导数的差分化带来困难。不合适的差分化会引起近似解 e 的局部振荡而出现负值。一种简单可靠的办法是采用保证单调性的迎风格式：

$$u\frac{\partial c}{\partial x}\big|_0 \approx \frac{u_0}{2\Delta x}(c_1 - c_3) - \frac{|u_0|}{2\Delta x}(c_1 - 2c_0 + c_3) = \begin{cases} u_0 \dfrac{c_0 - c_3}{\Delta x}, \text{当} u_0 \geq 0 \\ u_0 \dfrac{c_1 - c_0}{\Delta x}, \text{当} u_0 < 0 \end{cases} \tag{4.5}$$

$$v\frac{\partial c}{\partial y}\big|_0 \approx \frac{v_0}{2\Delta y}(c_2 - c_4) - \frac{|v_0|}{2\Delta y}(c_2 - 2c_0 + c_4) = \begin{cases} v_0 \dfrac{c_0 - c_4}{\Delta y}, \text{当} v_0 \geq 0 \\ v_0 \dfrac{c_2 - c_0}{\Delta y}, \text{当} v_0 < 0 \end{cases} \tag{4.6}$$

$$w\frac{\partial c}{\partial z}\big|_0 \approx \frac{w_0}{2\Delta z}(c_9 - c_{10}) - \frac{|w_0|}{2\Delta z}(c_9 - 2c_0 + c_{10}) = \begin{cases} w_0 \dfrac{c_0 - c_{10}}{\Delta z}, \text{当} w \geq 0 \\ w_0 \dfrac{c_9 - c_0}{\Delta z}, \text{当} w < 0 \end{cases} \tag{4.7}$$

时间导数采用以下逼近形式：

$$\frac{\partial c(t)}{\partial t}\big|_0 \approx \frac{1}{\Delta t}\left(c^{1+\Delta t} - \bar{c}^t\right)$$
$$\bar{c}^t = (1 - 4\delta)c_0^t + \delta\left(c_1^t + c_2^t + c_3^t + c_4^t\right) \tag{4.8}$$

这样我们得到从 c^t 计算 $c^{t+\Delta t}$ 的差分格式：

$$c_0^{t+\Delta t} = \sum_{i=0}^{10} \alpha_i c_i^t + \Delta t Q_0 \tag{4.9}$$

为了对一切非负分布 c^t，差分解 $c^{t+\Delta t}$ 也非负，系数 a_i 必需非负。分析表明，在格式中引入参数 α，β，δ 是有道理的，这些参数及时间步长应满足以下条件：

$$\frac{1}{4}\leqslant\alpha\leqslant\frac{1}{2}, 0<\delta\leqslant\frac{1}{4}, 2\alpha+\beta=1$$

$$\Delta t\leqslant\min\left(\frac{\delta}{2\alpha}\min\left(\Delta x^2,\Delta y^2\right),(1-4\delta)/d\right)$$

$$d=\frac{|u_0|}{\Delta x}+\frac{|v_0|}{\Delta y}+\frac{|w_0|E}{\Delta z}+2(1+2\alpha)\max\left(\frac{1}{\Delta x^2}-\frac{1}{\Delta y^2}\right)+\frac{2E\cdot F}{\Delta z^2}$$

在实际计算中，取 $\alpha=\frac{1}{4}$，$\beta=\frac{1}{2}$，$\delta=\frac{1}{12}$。求解式（3.5）的内点计算公式为

$$
\begin{aligned}
c_0\left(t+\Delta t\right)=&\ \overline{c}_0+\left[\frac{-\Delta t}{2\Delta x}u_0(c_1-c_3)+\frac{\Delta t}{2\Delta x}|u_0|(c_1-2c_0+c_3)\right]\\
&+\left[-\frac{\Delta t}{2\Delta y}v_0(c_2-c_4)+\frac{\Delta t}{2\Delta y}|v_0|(c_2-2c_0+c_4)\right]\\
&+\left[-E_0\frac{\Delta t}{2\Delta z}w_0(c_9-c_{10})+E_0\frac{\Delta t}{2\Delta z}|w_0|(c_9-2c_0+c_{10})\right]\\
&+K_y\sin^2\theta_0\frac{\Delta t}{4\Delta x^2}\left[(c_5-2c_2+c_6)+(c_7-2c_4+c_8)+2(c_1-2c_0+c_3)\right]\\
&+K_y\cos^2\theta_0\frac{\Delta t}{4\Delta y^2}\left[(c_5-2c_1+c_8)+(c_6-2c_3+c_7)+2(c_2-2c_0+c_4)\right]\quad(4.10)\\
&-K_y\sin\theta_0\cos\theta_0\frac{\Delta t}{2\Delta x\Delta y}\left[c_5-c_6+c_7-c_8\right]\\
&+E_0\frac{\Delta t}{\Delta z^2}\left[\frac{F_9+F_{10}}{2}(c_9-c_0)-\frac{F_0+F_{10}}{2}(c_0-c_{10})\right]+\Delta tQ_0\\
\equiv&\ \overline{c}_0+A_1+A_2+A_3+B_1+B_2+B_3+B_4+\Delta tQ_0
\end{aligned}
$$

其中，A_iB_i 依次记式（4.10）的右端项，

$$\overline{c}_0=\frac{2}{3}c_0+\frac{1}{12}(c_1+c_2+c_3+c_4)。$$

4.3 边界处理

在边界点上，式（4.10）的右端项 A_i，B_i 作以下处理：
（1）界面 $x=0$ 的内点（图4），其他界面类似。

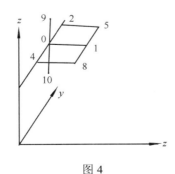

图4

令 $\bar{u} = \dfrac{u_0 + u_1}{2}$,

当 $\bar{u} \geqslant 0, A_1 = 0$,

$\bar{u} < 0, A_1 = -\dfrac{\Delta t}{\Delta x} \bar{u}(c_1 - c_0)$,

$B_1 = 0$,

$B_3 = -K_y \sin\theta_0 \cos\theta_0 \dfrac{\Delta t}{\Delta x \Delta y}[c_5 - c_2 + c_4 - c_8]$。

（2）地面 $z=0$（图 5）。$A_3=0$，因为 $w_0=0$，由

$$E \frac{\partial}{\partial z} F \frac{\partial c}{\partial z} = E\left(F \frac{\partial^2 c}{\partial z^2} + F' \frac{\partial c}{\partial z}\right)$$

及地面条件 $\dfrac{\partial c}{\partial z} = -\tilde{V}_\alpha c$，$\tilde{V}_\alpha = V_\alpha / E$，得到 B_4 的计算公式为

$$B_4 = E_0\left(F_0 \frac{\left(\dfrac{c_9 - c_0}{\Delta z} + \tilde{V}_\alpha c_0\right)1}{\Delta z / 2} - F'\tilde{V}_\alpha c_0\right)。$$

亦可采用公式

$$B_4 = E_0\left(\frac{\left(\dfrac{F_9 + F_0}{2} \dfrac{c_9 - c_0}{\Delta z} + F_0 \tilde{V}_\alpha c_0\right)}{\Delta z / 2}\right)。$$

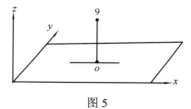

图 5

（3）角点（$x=y=z=0$）（图 6），其他角点类似。取 $B_1=B_2=B_3=B_4=0$　A_1、A_2、A_3 的处理同（1）和（2）。

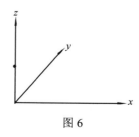

图 6

（4）棱内点（$x=0$，$y=0$）（图 6）其他棱内点类似。取 $B_1=B_2=B_3=0$　A_1、A_2、A_3 的处理同（1）和（2）。

5　数　值　例　子

　　应用本文算法，计算了我国某工业地区上空某时段二氧化硫浓度分布的演变。计算区域取为 30km×20km×1.5km，共分布 19×19×13 个网格点，x，y 方向等距，z 方向不等距，在靠近地面处较密。计算区域内五个观察点 A、B、C、D、E（图 7）的上空若干截面上提供了水平风向风速（图 8），我们应用第二节的办法计算，得到了计算区域内三维风速风向场（图 9、图 10）。根据该地区提供的污染源分布及排放量，用第三，第四节算法得到了不同高度的污染浓度分布。图 11 是上空若干高度的二氧化硫浓度分布立体图。计算结果与实测情况较符合，这表明本文确定大气污染与浓度的数学模型和计算方法是成功的。目前，这一方法已成为我国测定地区大气污染的一个重要手段。

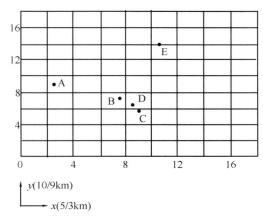

图 7　5 个观察点的位置

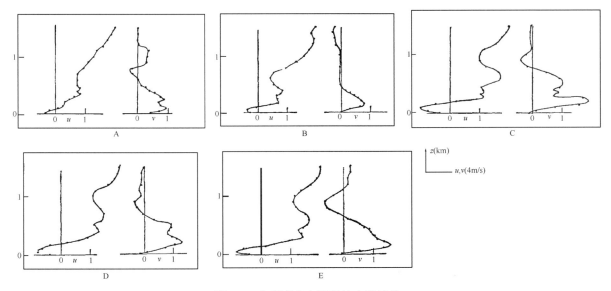

图 8　5 个观察点上测得的水平风场

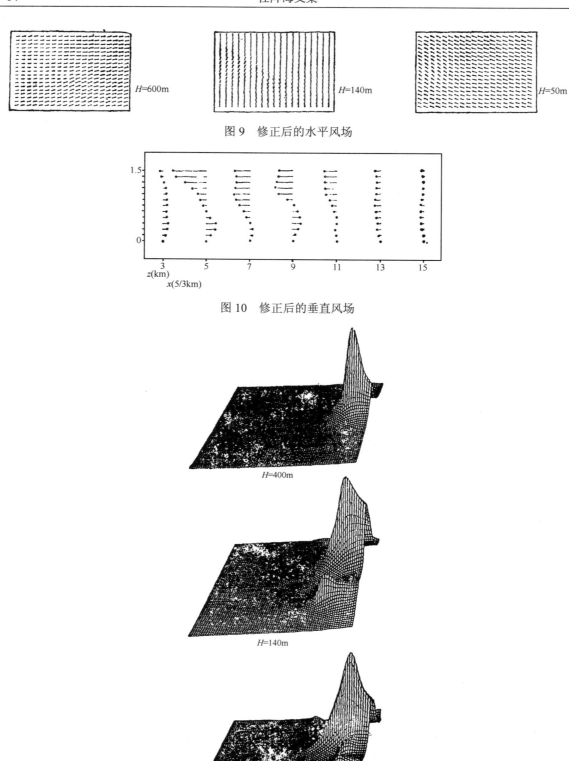

图 9　修正后的水平风场

图 10　修正后的垂直风场

图 11　3 个高度上空浓度分布立体图（纵坐标为浓度值）

参 考 文 献

[1] Kitada T, Kaki A, Ueda H, et al. Estimation of vertical air motion from limited horizontal wind data——a numerical experiment. Atmospheric Environment, 1983, 17: 2181-2192.

[2] Doolan E P, Miller J J H, Shilders W H A. Uniform numerical methods for problems with initial and boundary Layers. Boole Press, Dublin, 1980.

[3] 陈景仁(Ching-Jen Chen). The finite analytic methods in flows and heat transfer. Department of Mechanical Engineering. The University of Iowa, 1987.

[4] Harten A. High resolution schemes for hyperbolic conservation laws. J. Comput. Phys., 1983, 49: 357-393.

[5] 王厘尔, 郝景洲. 胶片涂布计算. 中国科学院数学所工作报告, 1976.

Numerical Determination of Three-Dimensional Wind Field and Computation of Pollutant Concentration Distributions

Wang Lier[1], Wu Huamo[2], Ren Zhenhai[3], Chai Fahe[3]

1. Institute of Mathematics Academia Sinica, Beijing 100190, China
2. Computing Center Academia Sinica, Beijing 100083, China
3. Institute of Atmospheric Environment Chinese, Research Academy of Environmental Sciences, Beijing 100012, China

Abstract: In this paper a numerical method of predicting the pollutant concentration in the atmosphere is suggested. Method of variational approach to determinate the three dimensional wind field from the measured data at the irregularly located observation stations, is improved. Numerical algorithm for obtaining the physically relevant distribution of the pollutant concentrations by solving a convection-diffusion equation is presented and an example of analysed data is presented. Numerical results of the wind fields and the pollutant concentrations are given.

我国大气污染物总量控制方法研究[①]

任阵海[1]，俞学曾[2]，杨新兴[1]，高庆先[1]，苏福庆[3]，李令军[4]

1. 国家环境保护总局气候变化影响研究中心，北京 100012
2. 中国环境科学研究院，北京 100012
3. 北京气象局，北京 100081
4. 北京师范大学资源与环境科学系，北京 100875

摘要：本文介绍大气污染物排放总量控制的方法，大气环境容量，大气网络输送理论，以及它们在总量控制研究中的应用方法与前景；对我国 2010 年 SO_2 的排放控制目标和排放总量进行了预测和估算。地球的大气层，特别是近地层大气，是人类生存活动的主要空间，同时也是一类重要的自然资源。

关键词：总量控制；大气环境容量；大气网络；输送背景场

1   我国大气污染物总量控制的实施及发展

为改善大气环境质量，我国在国家"六五"科技攻关项目中，开始了大气环境容量研究。经过"六五"和"七五"期间的科技攻关研究，确立了大气环境容量理论的基本概念、计算方法以及它的实际应用方法，依据系统控制的基础理论和运筹学的线性规划方法，建立了地区的环境容量与规划模型，通过合理安排工业布局和城市建设规模，基本实现了对大气环境进行综合整治和管理的目标。

1989 年 4 月，在全国第三次环境保护工作会议上，正式提出"以功能区划分和总量控制方法，为环境规划的技术路线，积极推行排污许可证制度"。通过近 20 年的实践过程，我国已经形成了大气污染物总量控制的实施体系。但是，仍然存在一些问题，需要进一步研究，这些问题主要包括城市能源结构的调整问题，污染源的布局问题，污染物的跨地区输送问题，等等。

高质量的大气环境不仅是人类生产和生活的物质条件，同时还对人类活动排放的污染物有一定的净化功能。因此，大气环境质量，不仅与人类的身体健康有密切关系，同时还与人类的长远经济利益有直接关系。大气相当于一种可以开采的资源，因此，大气环境质量的概念应当属于环境资源的范畴。大气环境质量，比较准确地说，它既包括被视为资源的大气物质成分，也还应该

① 原载于《第八届全国大气环境学术会议论文集》，2000 年，167~172 页。

包括这类资源的客观分布状况。这一个概念的提出，主要是为了解决日益严重的大气污染问题，而与气候变化和温室气体没有直接关系。

大气环境质量问题，涉及各类尺度大气的迁移、输送规律和特征，与空间和时间有密切关系。此外，还包括这类资源的使用价值的确定与评估。1992 年，国家环境保护局作为政府的环境管理部门，制定了环境与发展的十大对策，其中明确规定产品价格应包含物质生产过程和经济活动过程中损害自然资源应付出的经济代价。考虑到经济开发区的实际承受能力，对于这种经济代价的确定，既要关注控制大气环境质量的需要，又要兼顾地区经济建设起步过程中的可能性。在 80 年代，我国的环境管理人员和科技工作者提出环境容量与环境背景值的理论，进而开发了总量控制的管理方法，在此基础上形成了一系列相关的条例和法规，实践证明已取得较好的效果。还有一些重要研究成果，已经被地区政府纳入自己的总体规划中。不过，这些理论和方法的局限性，在于它们只是较好地解决了地区范围内的经济与环境协同发展方案的优化问题，而对于各个地区之间的环境影响问题，却无能为力。随后，大气输送网络模型的提出，对于解决各个地区之间的环境影响以及污染物跨界输送问题，提供了新的理论和方法。

2　大气环境容量

根据多年实际经验和论证分析证明，大气环境容量是一个由两类自然参数和一类规划变量构成的概率性质目标函数 f，并伴随几类约束条件[1]。

$$Q = f_\alpha \lfloor \alpha_1, \alpha_2, \cdots, \alpha_m; \beta_1, \beta_2, \cdots, \beta_n; \gamma_1, \gamma_2, \cdots, \gamma_p \rfloor_b \tag{2.1}$$

伴随约束条件：投资费用 $F \to$ 最小；地区损失函数 $\delta_1 = 0$；地区开发函数 $\delta_2 = 0$；

式中，Q 为所研究地区大气污染物排放总量；α 为某一种大气污染物（SO_2、NO_x、TSP 等）；b 为表示不同地区；α_m 为该地区自然规律参数，包括自然输送、稀释等作用，可用野外探测获取；β_n 为该地区另一类的自然参数，包括污染物本身的化学和物理性质导致的转化和清除作用，可在野外和实验室获取，α_m 和 β_n 属于客观的自然规律性质；γ_p 为地区的规划变量，属于人的社会活动性质，即人的意愿可以改变地区属性的功能、规划、环境质量标准、治理工程、投资等。此外地区最佳的各类变量还应满足该地区的污染损失最小化和地区可开发空间亦最小化的条件。

对式（2.1）从理论上可以证明，地区规划变量 γ_p 若能完全适应给定地区的自然规律参数 α_m，污染物的物理化学特性参数 β_n 和受 F 最小约束的条件下，求得地区大气污染的总排放量 $Q=Q^*$。可以实现地区经济社会发展与环境保护的最佳效益。Q^* 是给定地区效益最大的大气环境容量，是概率分布特征值。

控制方程的基本形式为

$$\frac{\partial C}{\partial t} + u\frac{\partial C}{\partial x} + v\frac{\partial C}{\partial y} + \left(w - V_g\right)\frac{\partial C}{\partial z} - K_x\frac{\partial^2 C}{\partial x^2} - K_y\frac{\partial^2 C}{\partial y^2} - K_z\frac{\partial^2 C}{\partial z^2} - EC = q \tag{2.2}$$

式中，C 为某一种污染源的排放浓度；t 为大气污染物扩散时间；u 为主风向风速；v 为横切风向风速；w 为垂直风向风速；x 为主风向污染物移动距离；y 为横切风向污染物移动距离；z 为垂直风向污染物移动距离；V_g 为污染物沉降末速度；K_x 为污染物在主风向的扩散系数；K_y 为污染物在横切向的扩散系数；K_z 为污染物在垂直向的扩散系数；q 为某一个污染源的释放量；E 为化学转化项。

在过去，由于没有建立大气环境容量的概念和方法，在城市发展过程中忽略了大气环境对排放污染物的承受能力，所以有许多大型城市和工业基地在其建成以后，几乎都出现了大气环境质量被破坏的问题。如果要重新恢复良好的大气环境质量，需要付出很高的城市改建费用，但是，目前仍然有许多城市，根据大气环境容量方法，已经制定了恢复大气环境质量的长期改建计划。对于未来的开发区建设，大气环境容量方法更是很有用的规划工具。

一个地区向大气排放的各种污染物的数量之和，被称为该地区污染物排放总量。因此，一个地区的污染物排放总量，可以表示为如下的形式：

$$Q = \sum_{i=1}^{n} q_i \tag{2.3}$$

式中，Q 为该地区污染物排放总量；q_i 为第 i 个污染源的排污量。大气环境容量理论要求地区内污染源类型的配置和污染源分布位置必须合理，以期达到最优的环境效果。

设算子为

$$L = \frac{\partial}{\partial t} + u\frac{\partial}{\partial x} + v\frac{\partial}{\partial y}\left(w - v_g\right)\frac{\partial}{\partial z} = K_x\frac{\partial^2}{\partial x^2} - K_y\frac{\partial^2}{\partial y^2} - K_z\frac{\partial^2}{\partial z^2} - E \tag{2.4}$$

将 L 代入基本控制方程，可以得到：

$$LC = q \tag{2.5}$$

由此，第 i 个污染源的控制方程为

$$LC_i = q_i \tag{2.6}$$

式中，C_i 为大气中第 i 个污染源排放形成的浓度。对上式求和：

$$L\sum_{i=1}^{n} C_i = \sum_{i=1}^{n} q_i\left(\delta x \delta y \delta z\right) \tag{2.7}$$

此式的物理意义，表示该地区内各个排放源 $\sum q_i\left(\delta x \delta y \delta z\right)$ 对地区内形成的总浓度 ΣC_i 的贡献。在大气环境容量研究中，控制方程通常采用下面的形式：

$$L\sum_{i=1}^{n} C_i = L^{-1}\sum_{i=1}^{n} q_i\left(\delta x \delta y \delta z\right) \tag{2.8}$$

根据规划约束的地面浓度分布值求取 q_i 的分布。该方程的解不确定，即有解但不是唯一的，因此很适合解决环境问题。因为如果一个方程有多个解，则相当于存在多个环境控制规划方案。根据给定地区的实际承受能力及其约束条件，可以从中选择一个最佳方案。"六五"期间选择沈阳、太原、珠江三角洲，随后在上海、天津、青岛、包头、吉林、承德等数十个地区陆续应用大气环境容量进行规划。但是这些规划只限于局地的、地区性的。

当前在保护大气质量环境资源问题上，需要在国家一级找到一种地区间实行协调统一的工具，这个工具能把全国性的资源保护问题集中起来，既符合科学原理，又具有长时效，并易于达到管理目标。例如，在哪些地方开发环境资源最有可能收到最大最长远的效果，在哪些地方的环境保护应更有效地与开发利用过程结合起来，要解决这样的一些问题，采取环境背景场的研究是一种比较适宜的途径。

3 大气输送的网络模型

由于下垫面特性及地貌的动力和热力作用使我国边界层大气输送十分复杂，通常的流线分析和向量合成风方法，不能适应环境污染诊断分析的特点。因此，按照环境工作的需要，我们根据多次试验结果表明，自然条件下的大气输送是由多种通道组成的网络状输送，由此建立了网络模型[2]。而网络分析是把各气象站和探空曲线给出数值的高度点作为网络的空间点集，根据点集上的风向，求出链，即得到大气输送通道。这种方法已经在实际工作中被应用[3]。

取有向网络为

$$G_D = G_D\left(S, \overrightarrow{L}, \overrightarrow{W}\right) \tag{3.1}$$

式中，$S = [S(s_1, s_2, \cdots, s_q)]$ 为 q 个元素，可把气象站点和各高度上有数据的探空站点近似看作不同高度上的平面点集。每个元素 S_i 的构成是 $S_i(\overrightarrow{W}, t)$，$t$ 为时间。

弧集：$\overrightarrow{L} = [L(l_1, l_2, \cdots, l_q)]$ 含有 q 个弧集元素。因为是有向，存在顺序映射关系 $\Gamma : S_i \to S_j$ 且有 $(S_i S_j \neq S_j S_i$，可把弧集元素视为两站点间的大气输送通道，但有 Γ 制约。$\overrightarrow{W}[W(w_1, w_{22}, \cdots, w_q)]$ 为弧集元素上对应的全集，可视为风速值。把不同高度上提供数据的气象站点和探空站点看作空间点集，这些空间点集也可看作非正常矩阵点。

$$\begin{cases} S_{11}, S_{122}, \cdots, S_{1m} & (3.2) \\ S_{21}, S_{222}, \cdots, S_{2m} & (3.3) \\ \cdots\cdots \\ S_{n1}, S_{n22}, \cdots, S_{nm} & (3.4) \end{cases}$$

在里 S_i 和 S_j 在矩阵中表示成 S_{ij} 或 S_{uv}，把每个点集元素 $S_{ij} = S_{ij}(\overrightarrow{W}, t)$，分成 N 个象限来分析。经过变换即可得到计算大气输送背景场，用以协调全国性的涉及各个地区的大气环境质量的利用和保护。

4 全国未来近地层大气中SO₂总量控制的估算

调查 2010 年全国能源消费，将排放源分为地面源及高架源，资料来自参考文献[4]~[6]中对于青海、西藏、新疆和甘肃，除西宁、拉萨、乌鲁木齐和兰州以外的其他地区，由于能源消耗的地区分布和数量等约束条件不清，在总量控制的计算中，暂时未考虑[3]。

4.1 基本控制方案

考虑到研究和控制区域是我国的全部范围，因此选择球面坐标下的大气污染物输送方程：

$$\frac{\partial}{\partial t}(\Delta H \cdot C) + \frac{\partial}{R\cos\kappa\partial\theta}(u \cdot \Delta H \cdot C) + \frac{\partial}{R\cos\varphi\partial\theta}(v \cdot \Delta H \cdot C) + \frac{\partial}{\partial\sigma}(W \cdot C) =$$
$$\frac{\partial}{(R\cos\varphi)^2\partial\theta}\left(K_H \cdot \Delta H \cdot \frac{\partial C}{\partial\theta}\right) + \frac{\partial}{R\cos\varphi\partial\varphi}\left(K_H \cdot \Delta H \cdot \cos\varphi \cdot \frac{\partial C}{\partial\theta}\right) + \frac{\partial}{\partial\sigma}\left(K_V\frac{\partial C}{\partial\sigma}\right) + \qquad(4.1)$$
$$+ S \cdot \Delta H + E \cdot \Delta H + D \cdot \Delta H$$

式中，R 为地球半径；θ 为地球经度；φ 为地球纬度；K_H 为水平扩散系数；K_V 为垂直扩散系数；D 为沉降项；σ 为地形追随坐标；W 为地形追随坐标下的垂直速度。地形追随坐标和地形追随坐标下的垂直速度表达式分别为

$$\sigma = \frac{z - h(\theta,\varphi)}{H(\theta,\varphi) - h(\theta,\varphi)} \qquad(4.2)$$

即

$$\sigma = \frac{z - h(\theta,\varphi)}{\Delta H} \qquad(4.3)$$

以及

$$W = w - \frac{u}{R\cos\varphi}\left(\frac{\partial h}{\partial\theta} + \sigma\frac{\partial\Delta H}{\partial\theta}\right) - \frac{v}{R}\left(\frac{\partial h}{\partial\varphi} + \sigma\frac{\partial\Delta H}{\partial\varphi}\right) \qquad(4.4)$$

式中，h 为地形高度函数；H 为对流层高度。

模式分辨率：水平计算范围为 73°~135°E，18°~55°N；网络距 0.2°×0.2°；垂直计算范围从地面至对流层顶，网格不等距的分为 11 层，即：σ = 0、0.012、0.04、0.06、0.1、0.2、0.3、0.4、0.6、0.8、1.0，距地面的高度大约为 200m、600m、900m、1600m、3000m 等。

4.2 约束条件、计算方法及估算结果

SO_2 的总量控制的约束条件取国家规定的 SO_2 空气浓度二级标准，即年平均值取 0.060mg/m³。根据 0.2°×0.2° 网格上的计算得到的 SO_2 浓度数值，以及总量控制的约束条件，按照大气输送的网络模型中大气输送通道，采用容量计算法，导出各个区域内的已有的 SO_2 排放源的必须减排数量以及该区域内的个别地区尚可增排的数量；然后进一步估算得到全国 SO_2 排放的总控制数量（表1）。

表1　2010年各省（市、区）SO_2（混合源）预测排放量、减排量及控制量　　（单位：万吨）

序号	省（市、区）	预测排放量	减排量	控制量	说明
1	北京	42.41	3.84	38.57	
2	天津	28.30	4.57	23.73	
3	河北	191.36	164.81	26.55	
4	山西	227.09	172.54	54.55	
5	内蒙古	202.70	114.04	88.66	
6	辽宁	207.88	138.10	69.78	
7	吉林	77.05	58.02	19.03	
8	黑龙江	120.75	80.99	39.76	
9	江苏	258.01	213.78	54.23	
10	上海	45.60	−17.12	62.72	
11	浙江	144.33	112.16	22.17	

续表

序号	省（市、区）	预测排放量	减排量	控制量	说明
12	安徽	209.05	177.89	31.16	
13	福建	68.95	53.72	15.23	
14	江西	110.59	90.11	20.48	
15	山东	323.18	206.74	116.44	
16	河南	169.27	150.18	19.09	
17	湖北	114.58	88.42	26.16	
18	湖南	141.78	91.88	49.90	
19	广东	154.42	112.29	42.13	
20	广西	132.02	77.30	54.72	
21	海南	5.11	3.68	1.43	
22	香港	13.34	0.00	13.34	
23	陕西	204.57	158.54	46.03	
24	甘肃	66.49	38.80	27.69	只计算兰州
25	宁夏	15.50	−6.41	21.91	
26	新疆	34.78	−17.35	52.13	只计算乌鲁木齐
27	青海	22.66	18.69	3.97	只计算西宁
28	四川	331.03	257.27	73.76	
29	贵州	118.37	42.91	75.46	
30	云南	49.48	41.92	7.56	
31	西藏	0.15	−49.97	50.12	只计算拉萨
32	台湾				目前未统计
	合计	3830.80	2582.34	1248.46	

注：负数表示可允许增加的排放量。

5 减少污染物排放工程技术的开发与管理法规

我国社会经济的快速发展对能源的需求非常突出，根据国情，我国的能源建设在今后相当长时间是以煤炭为主要能源，排放大量 SO_2，在我国已形成大面积的酸雨区。因此除了应用上述大气容量和网络等规划方法外，还需大力开发减少废气排放的工程技术。最有效的控制全国大气环境质量是建立国家有关法规如：《国务院关于环境保护若干问题的决定》规定：到 2000 年全国所有工业污染源排放污染物要达到国家或地方规定的标准；1996 年 9 月国务院批准了《"九五"期间主要污染物排放总量控制计划》；《大气排污交易制度》的制定等。目前我国的污染物排放质量控制已形成按三个层次和三个关系。三个层次是指国家、省（市）和地市；三个关系是指国家总体方案对地方政府和行业的宏观指导，地方与行业再制定污染物的达标排放标准，然后再对国家总体方案做补充和修正。总之，我国大气环境资源的保护和利用问题，是一个长期而艰巨的研究课题。我们应从多方面进行工作。

参 考 文 献

[1] 任阵海, 柴发合, 何从容, 等. 大气环境容量研究//国家"七五"科技攻关课题研究报告(75-60-02-02)1990. 北

京: 中国环境科学研究院.

[2]　任阵海, 苏福庆. 大气输送的环境背景场. 大气科学, 1998, 22(9): 454-459.

[3]　任阵海, 黄美元, 董保群. 我国酸性物质的大气输送研究//国家"八五"科技攻关课题研究报告(85-912-01-03). 北京: 中国环境科学研究院, 1995: 139-162.

[4]　杨新兴, 姜振远, 任阵海, 等. 我国硫酸输送和沉降规律的研究. 环境科学研究, 1998, 11(4): 27-34.

[5]　杨新兴, 高庆先, 任阵海, 等. 我国 SO_2 减排构想与经济分析. 环境科学研究, 1998, 11(6): 13-15.

[6]　杨新兴, 王文兴. 大气环境问题概述. 世界经济文化年鉴 1998/1999. 人民出版社, 2000, 303-316.

台风影响期间石家庄秋季典型空气污染过程研究[①]

张永林[1]，尉　鹏[2]，程水源[1]，苏福庆[2]，任阵海[2]

1. 北京工业大学区域大气复合污染防治北京市重点实验室，北京 100124
2. 中国环境科学研究院，北京 100012

摘要：利用 $PM_{2.5}$ 污染监测数据、气象资料和 WRF 模式，研究了 2013 年 10 月 2 日至 10 日石家庄地区秋季一次典型的空气污染过程，结果表明，$PM_{2.5}$ 质量浓度的上升和下降阶段与相继出现的台风"菲特"和"丹娜丝"输送气流及其背景场有关，本次污染过程同时受台风系统背景场、副热带高压系统和大陆高压系统协同控制。石家庄 $PM_{2.5}$ 质量浓度演变分为上升、下降、再上升和下降 4 个阶段，浓度曲线呈现双峰特征，分别对应台风"菲特"加强、减弱、台风"丹娜丝"加强和减弱阶段。污染过程中，$PM_{2.5}$ 日均质量浓度最高值是 $425\mu g/m^3$，导致这一现象的原因是台风"菲特"和"丹娜丝"系统外围东南暖湿气流进入石家庄地区，高空 1000、1800 和 2600m 处出现逆温层，下沉气流最大风速是 0.2m/s，覆盖并影响石家庄地区，形成稳定的大气条件，利于 $PM_{2.5}$ 污染物持续积累，造成石家庄地区 $PM_{2.5}$ 浓度达到峰值并出现重污染事件。

关键词：$PM_{2.5}$；重污染；台风系统

1　引　言

2013 年 10 月 2 日至 10 日石家庄地区发生了一次典型的重污染过程，由中国监测站发布的数据显示，污染过程中石家庄小时 $PM_{2.5}$ 浓度值高达 $644\mu g/m^3$。污染过程期间，台风"菲特"和"丹娜丝"相继登陆我国，台风生成及入侵我国大陆后，大陆环境背景场中添加了一个台风系统，改变了我国大气环境中气压场及流场的分布特征，进而影响我国大气环境质量。石家庄位于太行山前和华北平原两大地貌的交接位置，这种半山半平原的特殊地理特征形成了该地区的气候特点如地方性山谷风明显、冬季大气层结稳定等，进而影响石家庄的大气环境质量（李国翠等，2006；杜吴鹏等，2010；白鹤鸣，2013）。任阵海等通过研究发现，大气环境质量常常显示过程性特征（任阵海等，2004a）；稳定的大陆高压脊影响的、持续的背风坡下沉气流，持续的逆温层和干洁的暖

---

① 原载于《环境科学学报》，2015 年，第 35 卷，第 7 期，2000~2007 页。

空气盖是造成重污染过程的大型尺度风环境背景场（任阵海等，2004b）；大气边界层内稳定的高压均压场和稳定的低压均压场是形成我国中尺度乃至大尺度重污染的主要气压系统（任阵海等，2005）。苏福庆（2004b）提出在特殊地形及中纬度天气形势背景条件下形成的太行山、燕山山前平原低压汇聚带是华北地区边界层输送汇流场的重要污染气候特征，它对这一地区的环境质量有显著影响。陈朝晖和程水源（2009）的研究表明台风系统是夏秋季节重要天气型，其外层下沉气流区，常出现污染物高质量浓度。

Chang 等（2011）分析了台湾南部台风过程中一次空气污染事件，Cheng 等（2014）研究了台湾中部臭氧浓度与台风外围气流的关系。研究指出，台风系统北上转向过程中，台风低压仍有大范围的来自高气压系统的气流汇入补偿，并在大陆范围出现高压均压场，具有明显的下沉气流特征，有利于出现大范围污染物的累积，造成重污染天气（陈朝晖等，2010，Chen et al.，2008；Wei et al.，2011）。吴兑等分析了珠江三角洲灰霾天气的成因，研究发现，2003 年 10 月底至 11 月初，珠江三角洲空气质量恶劣事件的成因主要与台风在周边地区活动，形成该地区持续性下沉气流，使得混合层被明显挤压变薄有关（吴兑等，2006）；珠江三角洲 2004~2005 年严重霾天气过程出现在每年 12 月至次年 4 月，清洁对照过程出现在台风直接影响或冷空气活动频繁的季节（吴兑等，2008）。吴蒙等（2013）研究台风过程的珠江三角洲边界层特征及其对空气质量的影响，重点分析了台风下沉气流影响导致灰霾天气期间的边界层结构，结果表明，台风外围的下沉气流会对珠江三角洲地区的空气质量产生强烈影响。王喜全等（2009）利用北京地区空气质量监测资料和 NCEP 再分析资料，分析了北京地区 PM_{10} 污染过程与天气形势和天气系统的关系。特别是通过对海平面气压场和西太平洋热带气旋路径的分析，发现西太平洋热带气旋路径对北京地区 PM_{10} 污染的发生具有预示作用。

石家庄地区重污染不仅受太行山中部山坳特殊地形影响，而且还与太行山汇聚带系统、多尺度汇聚系统和远距离污染源有关（苏福庆等，2004a）。石家庄地区地形复杂，三面环山，有利于污染物积累，是重污染多发区。然而目前对石家庄重污染过程研究尚少，特别是缺少台风、大陆高压以及副热带高压系统综合影响的重污染研究。本研究拟采用 WRF（Weather Research and Forecast）模式模拟污染过程中的气象背景场，结合污染过程中 $PM_{2.5}$ 资料和气象资料对一次重污染过程的积累、形成和消散过程进行分析，为石家庄等山坳地区的污染防控提供一定的参考。

2　数据来源和污染过程介绍

2.1　资料来源

石家庄 2013 年 10 月 2 日至 10 日的 $PM_{2.5}$ 污染数据来自中国环境监测站；WRF 模拟采用的气象数据来自美国国家预报中心网站的全球 NCEP 数据，分辨率为 1°×1°，每 6h 1 次；气象要素实测数据来自中国气象局观测数据。

2.2　污染过程

图 1 显示了本次石家庄污染过程的 $PM_{2.5}$ 浓度演变曲线，由图可知，石家庄连续 8 天 $PM_{2.5}$

日均质量浓度超过 $75\mu g/m^3$，10 月 2 日至 5 日 PM$_{2.5}$ 日均浓度呈现上升趋势，3 日、4 日和 5 日 PM$_{2.5}$ 增量分别是 151、35、131$\mu g/m^3$，5 日 PM$_{2.5}$ 日均浓度达到最高值 $425\mu g/m^3$。6 日和 7 日 PM$_{2.5}$ 质量浓度呈现下降趋势，日减量分别是 165 和 $77\mu g/m^3$，但 8 日和 9 日 PM$_{2.5}$ 质量浓度呈现再上升趋势，日增量分别是 20 和 $146\mu g/m^3$，9 日 PM$_{2.5}$ 日均浓度达到高值 $349\mu g/m^3$。10 日 PM$_{2.5}$ 浓度日减量是 $293\mu g/m^3$，PM$_{2.5}$ 日均质量浓度达到最低值 $56\mu g/m^3$。根据污染过程中 PM$_{2.5}$ 浓度变化特征，将此空气污染过程分为 4 个阶段：第 1 个阶段是 PM$_{2.5}$ 质量浓度上升阶段，持续时间为 3d（10 月 2~5 日），5 日 PM$_{2.5}$ 日均浓度达到最高值；第 2 个阶段是 PM$_{2.5}$ 质量浓度下降阶段，持续时间为 2d（10 月 6~7 日）；第 3 个阶段是 PM$_{2.5}$ 质量浓度再上升阶段，持续时间为 2d（10 月 8~9 日）；第 4 个阶段是 PM$_{2.5}$ 质量浓度下降阶段，持续时间仅为 1d（10 月 10 日），PM$_{2.5}$ 质量浓度日减量最多的 1d，10 日 PM$_{2.5}$ 日均质量浓度达到最低值。

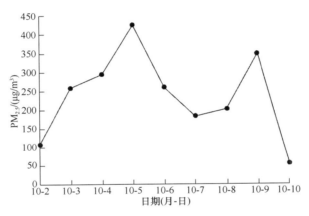

图 1　2013 年 10 月 2 日至 10 日石家庄 PM$_{2.5}$ 浓度日均值

2.3　污染过程中台风背景场

夏秋季节台风及其气象背景场是影响我国环境质量背景的主要天气类型（陈朝晖和程水源，2009），台风"菲特"是 2013 年太平洋台风季节中第 23 个被命名的热带气旋，热带气旋是形成在热带或副热带洋面上，具有有组织的对流和确定的气旋性地面风环流的非锋面性的天气尺度系统。图 2 是台风"菲特"和"丹娜丝"路径图，"菲特"于 9 月 30 日 20 时在菲律宾以东洋面生成，10 月 4 日 17 时加强为强台风，7 日凌晨 1 时 15 分在福建省福鼎市登陆，登陆时中心最大风速达 42m/s（如图 2a 路径图中红色所示）。台风"丹娜丝"是 2013 年第 24 号热带风暴，于 10 月 4 日 14 时在西北太平洋洋面上生成，7 日 8 时加强为超强台风，9 日 2 时减弱为热带风暴，风速减弱为 20m/s 以下（如图 2b 路径图中蓝色所示）。

台风"菲特"属于登陆填塞类台风，此类台风以 9 月和 6 月出现较多，台风起始场 500 百帕高空图上，东欧和亚洲东岸分别为长波脊或阻高，两脊之间有两个低槽，分别在巴尔喀什湖和蒙古高原东部，两槽之间有一浅脊，位于新疆地区；由于亚洲东岸阻高的存在，使其南部洋面上的一环副高稳定，势力较强；此时台风处于副高东南方，向西北方向移动。当台风登陆闽粤后，蒙古高原东部低槽已移到华东沿海，使台风处于该低槽后部和自新疆东移的高脊前部而趋于填塞。台风北上期间增长了大陆边界层均压系统的滞留日数，有利污染物的累积，增大污染过程的峰值和增多超标污染日数，在台风外层区域常出现区域性重污染现象（曹钢锋，1988）。台风"丹娜丝"属于近海北上转向台风，在台风起始场 500 百帕高空图上，西太平洋副高在日本南部，台风在副高操纵下，向西北方向移动，西风带为明显的径向环流。亚欧大陆为三脊两槽，长坡脊分别位于西欧、西西伯利亚、库页岛，长波槽在乌拉尔山和我国东部。由于西风带上游径向环流加强，我国东部低槽加深并缓慢东移，促使鄂霍次克海高压脊和副高东移，台风便在副高西侧及低槽前部偏南气流操纵下，自华东沿海海面北上转向，经对马海峡进入日本海（曹钢锋，1988）。由图 2 知，这是两个前后衔接的台风系统，对我国大气环境质量有持续性影响，使大陆污染物浓度累积，污染加重。

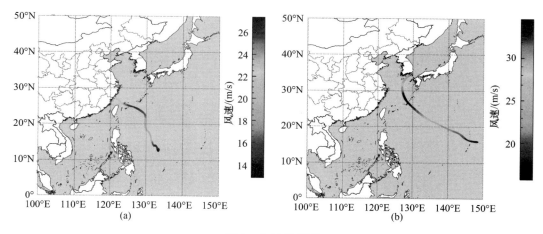

图2　台风路径图

3　结果和讨论

3.1　模型设置和验证

采用 WRF（Weather Research and Forecast）模式对该次空气污染过程的气象背景场进行数值模拟，为分析污染过程提供详细的气象资料，弥补气象观测资料的不足，有助于污染过程的诊断分析。模拟区域采用 Lambert 投影坐标系，中心经纬度是北纬38.03°和东经114.48°。采用两层网格嵌套，第一层覆盖台风影响的中国地区，分辨率是27km，网格是105×124；第二层覆盖石家庄地区，分辨率是9km，网格为 61 × 61。WRF 模式物理过程采用 Lin 等。微物理方案，Kain-Fritisch（new Eta）积分方案，Dudhia 云辐射方案和 4 层土壤方案。模式的初始条件、侧边界条件及海表面温度均采用 NCEP 再分析资料，整个模拟是持续模拟，积分时间 2013 年 10 月 1 日 00 时~11 日 00 时（世界时），共积分 10d，每 1h 输出 1 次模式结果，污染过程选取的气象要素时间是 10 月 2 日 00 时~11 日 00 时（北京时）。

WRF 气象模式模拟结果与实际监测值的吻合程度采用标准化平均偏差（NMB）、标准化平均误差（NME）以及均方根误差（RMSE）评估（EPA，2007），定义如下：

$$NMB = \frac{\sum_1^N (C_m - C_0)}{\sum_1^N C_0} \times 100\% \tag{3.1}$$

$$NME = \frac{\sum_1^N |C_m - C_0|}{\sum_1^N C_0} \times 100\% \qquad (3.2)$$

$$RMSE = \sqrt{\frac{\sum_1^N (C_m - C_0)^2}{N}} \qquad (3.3)$$

式中，C_m 为模拟值，C_0 为观测值。以上统计量中，NMB 反映模拟值与监测值的平均偏离程度，NME 反应模拟值与监测的平均绝对误差，RMSE 反应模拟值与监测值的偏离程度，3 个统计量越接近 0 表明模拟效果越好。本文选取地面 2m 温度（$T2$）和 10m 风速（WSP10）来评估 WRF 对气象要素的模拟效果，结果如图 3 所示，其中选取时间是 2013 年 10 月 2 至 10 日，每天取 8 个时刻的数值，总共选取 72 个数值，表 1 为相关统计量指标。从总体上而言，WRF 模式对气象要素的模拟效果较好，可较为准确地模拟出 $T2$ 和地面 10m 风速随时间的变化趋势以及峰值分布。WRF 模式对温度和风速的模拟中以温度最为准确，NMB、NME 和 RMSE 均在较小的范围内，对风速模拟存在一定的不准确性，误差控制在可接受范围内。

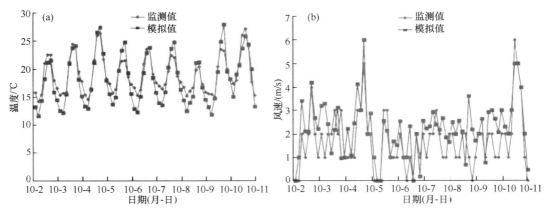

图 3   2013 年 10 月 2~10 日石家庄监测数据与 WRF 模拟结果时间序列比较

（a）2m 气温模拟值与监测值对比；（b）10m 风速模拟值与监测值对比

表 1   **2m气温（$T2$）和 10m 风速（WSP10）模拟与观测的比较**

变量	NMB	NME	RMSE
$T2$	−4.66%	8.40%	1.92
WSP10	30%	45.25%	0.98

3.2   结果分析

3.2.1   第 1 个阶段是 $PM_{2.5}$ 质量浓度上升阶段（10 月 2~5 日）

图 4 是 $PM_{2.5}$ 质量浓度上升阶段（10 月 2~5 日）对应的海平面气压场图，气压值是实测值。此期间内海平面气压场为"菲特"台风系统背景场，沿副热带高压系统南侧向西移动，大陆高压受阻挡。由图 4a 和 4b 知，10 月 2 日和 3 日石家庄位于大陆高压均压场控制区，是造成污染物日累积量增大的主要天气型（陈朝晖等，2007）。由于台风"菲特"和"丹娜丝"向大陆靠近（图 2），

大陆高压均压系统持续存在，石家庄地区风速显著减小（图3），从5m/s减小至0m/s，导致石家庄地区这两天PM$_{2.5}$浓度呈现明显增加趋势。由图4c知，10月4日石家庄地区受副热带高压均压场控制，不利于空气中PM$_{2.5}$的稀释和扩散，造成较高浓度的PM$_{2.5}$积累。如图4d所示，10月5日"菲特"台风移进台湾东部（图2a），"菲特"台风系统位于副热带高压系统南部，阻挡其南下，石家庄地区位于副热带高压后部，图3显示10月5至9日台风登陆过程中（图2），石家庄地区出现显著的静稳天气，3h最大风速在3m/s以下，利于污染物浓度上升。显然，10月2至5日污染物浓度的持续增大，是台风背景场大陆高压与副高相继影响的结果。

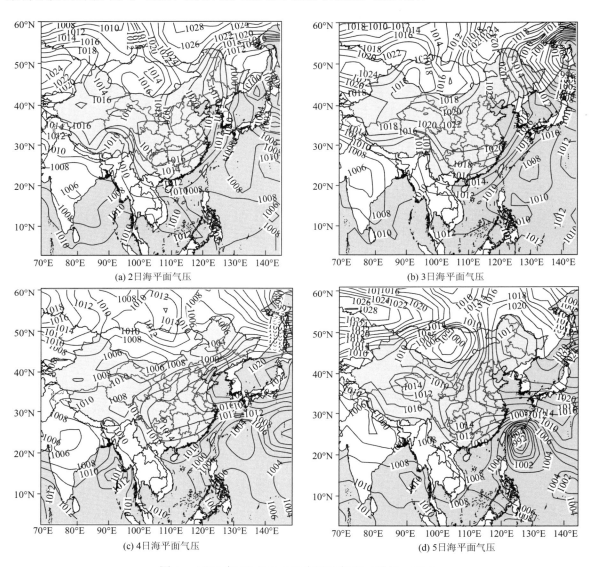

(a) 2日海平面气压

(b) 3日海平面气压

(c) 4日海平面气压

(d) 5日海平面气压

图4 2013年10月2~5日海平面气压（单位：hPa）

图5是WRF模拟的10月5日21时（北京时间）的海平面气压场、风场和800hPa垂直速度。由图知，台风北部是偏东气流，太行山地区是偏南气流，有明显下沉气流，受副热带高压系统偏东南暖湿气流输送、积聚影响，石家庄地区PM$_{2.5}$污染物浓度徒增，上升到峰值。

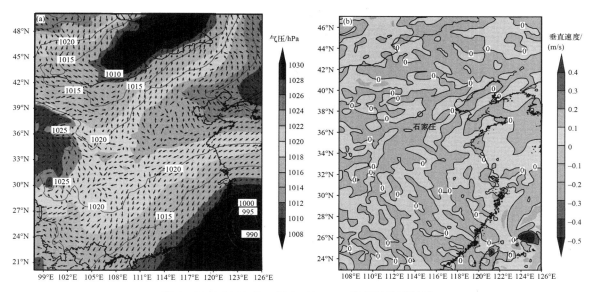

图5　2013年10月5日21:00 WRF模拟气象背景场
（a）海平面气压场和风场；（b）800hPa垂直速度分布

由于石家庄没有气象探空站，故选取此污染过程中北京的气象探空数据为参考。通过温度和露点温度可以计算出相对湿度，2013年10月6日0时（世界时间）温度露点和相对湿度垂直廓线图如图6所示。结果显示，此时刻气温和露点温度随高度变化曲线呈现喇叭口状分布，在1000、1800和2600m左右是逆温层结，逆温层下的污染物储存能力较强，抑制污染物的扩散，有利于$PM_{2.5}$的累积（王跃等，2014）；0～500m处相对湿度值是95%左右，为高湿度边界层，有利于大气中的气态前体物通过均相或非均相等湿驱动反应形成二次无机气溶胶，促进二氧化硫和二氧化氮在空气中转化成硫酸盐和硝酸盐，有利于$PM_{2.5}$颗粒物的二次转化生成，这是污染物持续积累的重要原因（Tai et al.，2012；Sun et al.，2013；郭利等，2011；郭勇涛等，2011）。综上，10月5日，太行山地区出现污染物输送汇，形成以石家庄重污染为中心的区域污染区，5日22时石家庄$PM_{2.5}$浓度值达最高值644μg/m³。

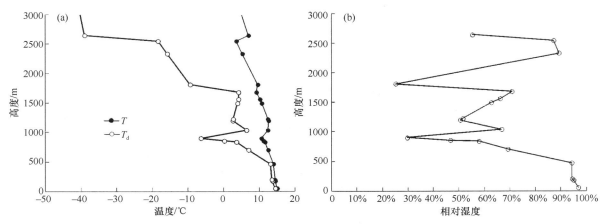

图6　2013年10月6日00:00温度露点和相对湿度垂直廓线图
（a）温度露点垂直廓线图；（b）相对湿度垂直廓线图

3.2.2　第 2 个阶段是 PM$_{2.5}$ 质量浓度下降阶段（10 月 6~7 日）

10 月 6~7 日，"菲特"台风逐渐减弱为热带低压，台风系统和副热带高压系统逐渐减弱，大陆高压系统前部锋区从贝加尔湖地区向南移动至我国华北地区，覆盖并影响石家庄地区，形成清除型大气环境背景场。因此，石家庄地区 PM$_{2.5}$ 质量浓度呈现下降趋势，这两天日减量是 242μg/m^3。

3.2.3　第 3 个阶段是 PM$_{2.5}$ 质量浓度上升阶段（10 月 8~9 日）

10 月 7 日 8 时，台风"丹娜丝"加强为超强台风。8 至 9 日，台风北上转向活动期间，对大陆高压有明显阻滞作用，大陆背景场为稳定高压控制；在台风的近周边和远周边的大陆高压系统都有明显的下沉气流，形成明显的大范围污染物的增量区；图 7 是 10 月 9 日 23 时（北京时间）海平面气压场、风场和 800hPa 垂直速度。由图可知，此时石家庄地区存在明显的下沉气流，不利于污染物的垂直输送，造成边界层污染物累积和滞留。台风外围东南气流进入石家庄地区，形成 PM$_{2.5}$ 污染物湿累积，PM$_{2.5}$ 浓度再次上升至峰值。

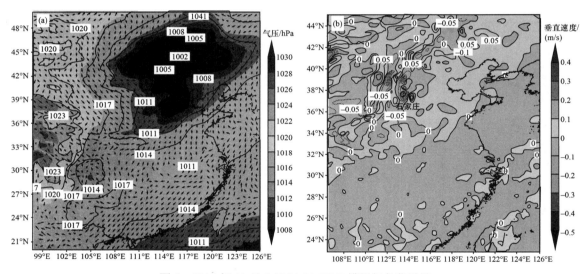

图 7　2013 年 10 月 9 日 23:00 WRF 模拟气象背景场
（a）海平面气压场和风场；（b）800 hPa 垂直速度分布

3.2.4　第 4 个阶段是 PM$_{2.5}$ 质量浓度下降阶段（10 月 10 日）

10 月 10 日台风"菲特"和台风"丹娜丝"系统逐渐消退，北方大陆高压向南移动。图 8 是 WRF 模拟 10 月 10 日平均地面风场，石家庄区域气压梯度明显，在锋区控制背景下形成区域强偏北风传输，有利于 PM$_{2.5}$ 污染物扩散。10 日，石家庄地区 PM$_{2.5}$ 浓度降低，日减量达到 293μg/m^3，PM$_{2.5}$ 浓度低至 56μg/m^3，本次重污染过程得到有效缓解。

显然，双台风"菲特"和台风"丹娜丝"及副高的进退，对西风带背景场系统东移南下滞留、台风外围偏东暖湿气流形成的二次湿驱动，及石家庄地区 PM$_{2.5}$ 相邻两次高污染浓度峰值的形成有明显影响。

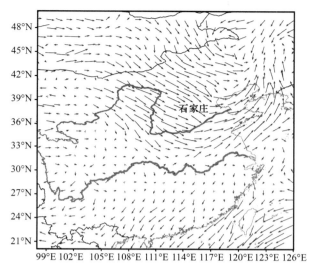

图8　2013年10月10日WRF模拟地面风场（单位：m/s）

4　结　　论

（1）石家庄 $PM_{2.5}$ 质量浓度的上升和下降，相邻两次重污染过程的形成，与相继出现的台风"菲特"和"丹娜丝"移动、发展、登陆过程有关。

（2）台风"菲特"和"丹娜丝"系统外围东南暖湿气流进入石家庄地区，且石家庄受逆温层和下沉气流影响，太行山地区利于形成二次湿驱动污染物积累带，导致石家庄地区 $PM_{2.5}$ 浓度达到峰值并出现重污染事件。

（3）台风"菲特"和"丹娜丝"系统与副热带高压系统同时向西移动，受台风系统的西进阻挡作用，副热带高压系统和大陆高压系统滞留，且西风带系统和移动路径偏北，是造成石家庄地区重污染过程的主要原因。

参 考 文 献

[1] 白鹤鸣. 京津冀地区空气污染时空分布研究[D]. 南京: 南京信息工程大学, 2013: 1-68.

[2] 曹钢锋. 山东天气分析与预报[M]. 北京: 气象出版社, 1988: 73-74.

[3] Chang L T C, Tsai J H, Lin J M, et al. Particulate matter and gaseous pollutants during a tropical storm and air pollution episode in Southern Taiwan[J]. Atmospheric Research, 2011, 99(1): 67-79.

[4] Cheng W L, Lai L W, Den W, et al. The relationship between typhoons' peripheral circulation and ground-level ozone concentrations in central Taiwan[J]. Environmental Monitoring and Assessment, 2014, 186(2): 791-804.

[5] 陈朝晖, 程水源, 苏福庆, 等. 北京地区一次重污染过程的大尺度天气型分析[J]. 环境科学研究, 2007, 20(2): 99-105.

[6] 陈朝晖, 程水源. 台风系统对我国区域性大气环境质量的影响[J]. 北京工业大学学报, 2009, 35(3): 365-368.

[7] 陈朝晖, 程水源, 苏福庆, 等. 一次区域性大气重污染过程的诊断分析及数值模拟[J]. 北京工业大学学报, 2010, 36(2): 240-244.

[8] Chen Z H, Cheng S Y, Li J B, et al. Relationship between atmospheric pollution processes and synoptic pressure patterns in northern China[J]. Atmospheric Environment, 2008, 42(24): 6078-6087.

[9] 杜吴鹏, 王跃思, 宋涛, 等. 夏秋季石家庄大气污染变化特征观测研究[J]. 环境科学, 2010, 31(7): 1409-1416.

[10] 郭利, 张艳昆, 刘树华, 等. 北京地区 PM_{10} 质量浓度与边界层气象要素相关性分析[J]. 北京大学学报(自然科学版), 2011, 47(4): 607-612.

[11] 郭勇涛, 佘峰, 王式功, 等. 兰州市空气质量状况及与常规气象条件的关系[J]. 干旱区资源与环境, 2011, 25(11): 100-105.

[12] 李国翠, 连志鸾, 郭卫红, 等. 石家庄市污染日特征及其天气背景分析[J]. 气象科技, 2006, 34(6): 674-678.

[13] 任阵海, 苏福庆, 高庆先, 等. 边界层内大气排放物形成重污染背景解析[J]. 大气科学, 2005, 29(1): 57-63.

[14] 苏福庆, 高庆先, 张志刚, 等. 北京边界层外来污染物输送通道[J]. 环境科学研究, 2004a, 17(1): 26-29.

[15] 苏福庆, 任阵海, 高庆先, 等. 北京及华北平原边界层大气中污染物的汇聚系统——边界层输送汇[J]. 环境科学研究, 2004b, 17(1): 21-25.

[16] Sun Y, Song T, Tang G Q, et al. The vertical distribution of $PM_{2.5}$ and boundary-layer structure during summer haze in Beijing [J]. Atmospheric Environment, 2013, 74: 413-421.

[17] Tai A P K, Mickley L J, Jacob D J, et al. Meteorological modes of variability for fine particulate matter ($PM_{2.5}$) air quality in the United States: implications for $PM_{2.5}$ sensitivity to climate change[J]. Atmospheric Chemistry and Physics, 2012, 12(6): 3131-3145.

[18] U. S. Environment Protection Agency. Guidance on the use of models and other analyses for demonstrating attainment of air quality goals for ozone, $PM_{2.5}$, and regional haze[R]. EPA-454. Washington, DC: US Environmental Protection Agency, 2007: 199-207.

[19] 王喜全, 王自发, 虞统, 等. 西太平洋热带气旋路径对北京 PM_{10} 污染的预示作用[J]. 科学通报, 2009, 54(1): 93-97.

[20] 王跃, 王莉莉, 赵广娜, 等. 北京冬季 $PM_{2.5}$ 重污染时段不同尺度环流形势及边界层结构分析[J]. 气候与环境研究, 2014, 19(2): 173-184.

[21] Wei P, Cheng S Y, Li J B, et al. Impact of boundary-layer anticyclonic weather system on regional air quality[J]. Atmospheric Environment, 2011, 45(14): 2453-2463.

[22] 吴兑, 毕雪岩, 邓雪娇, 等. 珠江三角洲气溶胶云造成的严重灰霾天气[J]. 自然灾害学报, 2006, 15(6): 77-83.

[23] 吴兑, 廖国莲, 邓雪娇, 等. 珠江三角洲霾天气的近地层输送条件研究[J]. 应用气象学报, 2008, 19(1): 1-9.

[24] 吴蒙, 范绍佳, 吴兑. 台风过程珠江三角洲边界层特征及其对空气质量的影响[J]. 中国环境科学, 2013, 33(9): 1569-1576.

Analysis of a Typical Autumn Air Pollution Process in Shijiazhuang during Typhoon

ZHANG Yonglin[1], WEI Peng[2], CHENG Shuiyuan[1], SU Fuqing[2], REN Zhenhai[2]

1. Key Laboratory of Beijing on Regional Air Pollution Control, Beijing University of Technology, Beijing 100124
2. Chinese Research Academy of Environmental Sciences, Beijing 100012

Abstract: A typical autumn air pollution process in Shijiazhuang from October 2nd to 10th, 2013 was investigated based on the WRF simulation, $PM_{2.5}$ monitoring data and the meteorological data. The results indicated that the rising and falling of $PM_{2.5}$ mass concentrations were related to the airflow and the background field during the typhoon "Fitow" and "Danas". The pollution process was affected by the background field of typhoon, subtropical anticyclone and the continental high pressure system at the same time. The $PM_{2.5}$ concentration curve showed the characteristics of twin peaks. The evolution of $PM_{2.5}$ mass concentration in Shijiazhuang could be divided into four stages: rising, falling, re-rising and re-falling, corresponding to the strengthening and weakening of the typhoon "Fitow" and "Danas", respectively. The peak daily average $PM_{2.5}$ mass concentration during the air pollution process was $425\mu g/m^3$. The reason was that the peripheral southeast warm and the wet airflow of the typhoon "Fitow" and "Danas" transported into Shijiazhuang, causing the occurrence of the temperature inversion in the altitude of 1000, 1800 and 2600 meters, with a maximum downdraft wind speed of 0.2m/s. The temperature inversion covered Shijiazhuang and led to a stable atmospheric condition, which favored $PM_{2.5}$ accumulation. This resulted in the high $PM_{2.5}$ concentration and the heavy air pollution event.

Key words: $PM_{2.5}$; heavy pollution; typhoon system

热带中尺度海岛地区典型环境污染过程研究[①]

唐晓兰[1,2]，程水源[1]，苏福庆[3]，任阵海[3]

1. 北京工业大学环境与能源工程学院，北京 100124
2. 海南大学环境与植物保护学院，海口 570228
3. 中国环境科学研究院，北京 100012

摘要：使用气象及环境监测资料，对 2008 年 9 月 12 日~19 日海南岛海口市一次典型环境污染过程的大气中污染物浓度时空变化、大气背景场和物理量场及其相关因素进行了诊断分析。结果表明：大陆高压前部滞留的高压脊、印缅低压槽是影响海口市环境空气质量的主要天气型，空气污染物浓度的谷峰变化形成的环境污染过程与这 2 个系统的相继影响有较好的对应关系；高压脊上空持续的下沉气流及边界层低层流场辐合形成污染物汇聚带，导致污染物逐日积累并达到峰值；热带地区发展的热带气旋外围常形成深厚的下沉气流，有利于高压脊区日均污染物浓度增大；印缅低压槽及其偏南风、明显降水有利于污染物的清除。因此，热带地区大型高压脊天气系统及其控制下的海口市地方性流场汇聚是造成地区 API（air pollution index）积累及峰值形成的主要原因。

关键词：大陆高压脊；环境污染过程；热带辐合带；印缅低压槽

夏秋季节热带辐合带北抬，西太平洋热带气旋活跃，带来的强降水有利于污染物的清除，但是热带气旋边缘的外围周边地区是气流下沉区域，容易导致污染物积累造成大气污染。陈朝晖等[1]研究表明，台风系统外层区大气环境背景场非常有利于污染物的累积，是该区域内城市形成重污染现象的主要原因；杨柳等[2]研究表明，当西北太平洋有热带气旋活动时，香港地区地面 O_3 浓度均有不同程度增大，且半数以上造成香港地区 O_3 高污染；热带气旋对香港地区 O_3 污染的影响程度与气旋强度相关，且有显著的季节变化特征；魏晓玲、王明洁等[3-4]研究表明，热带气旋有利于珠三角地区高浓度臭氧、重度灰霾天气等大气污染过程的生成；任阵海等[5]研究表明，夏秋季节台风近周边和远周边的影响区，经常是 PM_{10} 峰值或较重污染物浓度出现区域。

根据相关研究，中纬度地区污染物质量浓度与天气形势演变有较好的对应关系，污染物质量浓度峰值是逐步累积形成的[6]。不利于污染扩散的天气形势，对应着日浓度值的增量，环境污染过程中每天的增量累积形成污染物浓度峰值；而有利于污染物清除的天气形势，对应着 API 日值的减量，促使污染物质量浓度降低，空气质量变好。陈朝晖等[7]采用天气型演变规律对华北地区的重污染过程进行了诊断分析，表明区域大气环境质量随时间具有过程性演变的特点，包括质量浓度上升阶段、峰值阶段和质量浓度下降阶段。

① 原载于《北京工业大学学报》，2013 年，第 39 卷，第 9 期，1384~1391 页。

由于受不同纬度的热力和动力环境背景的影响及地球风带间的相互作用，不同纬度带环境污染过程的天气型形成特定的天气型背景[8]，低纬度（23.5°N~23.5°S）的大气环境背景场与中高纬度有明显不同，中高纬度有极锋、锋面气旋、反气旋等大型天气型系统，热带地区有热带辐合带、热带气旋、副热带高压、东风波、热带云团等大型天气型系统。由于低纬度主要为东风带环流，这些地区形成的系统都向西和向北移动。热带天气型作为夏秋季影响我国大气环境质量的主要天气型，其导致的环境污染过程，尤其是热带辐合带及相继影响的各类大型天气型对于海南岛各城市空气质量演变的影响，尚缺乏研究。

海口市是中国重要的热带中尺度海岛省份的主要城市，位于热带辐合带天气系统影响地区，属于热带季风和热带季风海洋性气候，夏秋多雨，多热带气旋。海口市位于北纬 19°32′~20°05′，东经 110°10′~110°41′；地处海南岛北部，北濒琼州海峡，隔 18 海里与广东省海安镇相望。根据海南省环境质量公报，海口市是海南省污染物浓度最高的地区，因此研究海口市环境污染过程的谷峰演变与热带大型天气系统相关特征，具有代表性。本文选取海口市 20080912~20080919 一次典型环境污染过程进行分析，发现热带中尺度海岛地区环境污染过程与热带大型天气组合系统形成的大气背景场有明显的对应关系，对热带辐合带地区发展中的城市大气污染治理和预测有重要意义。

1　典型环境污染过程分析

环境污染过程是指日均污染物质量浓度从谷值逐日升高到峰值而后重新下降到谷值的状态。为研究污染物积累、清除与气象背景场的相关关系，通过对 2007~2010 年海口市 API 指数大于 50 的峰值日污染过程与热带大型天气系统进行的统计分析表明：低纬度地区形成环境污染过程的背景场与大陆高压脊天气系统有明显相关关系，其中与大陆高压前沿冷空气活动及其变性的关系最紧密；热带气旋、热带辐合带及滞留变性大陆高压的配置是形成该地区环境污染过程的主要大型天气系统。根据历史统计数据[9]，9 月份大陆高压前沿冷空气南下（如图 1 所示），同时热带气旋活动逐渐频繁，海口市受高压滞留变性及气旋外围下沉气流影响，环境污染物高浓度日逐渐增多。本文选取了典型热带辐合带背景场（20080912~20080919）与环境污染过程进行分析，这次过程的首要污染物为 PM_{10}，API 值日变化如图 2 所示。9 月 12 日到 13 日 API 增量为 12，13 日到 14 日增量为 16，14 日 API 值达到 56，空气环境质量由优转为良；15 日继续增加，但增量减缓，14 日到 15 日增量为 6，15 日到 16 日增量为 8，16 日 API 达到最大值为 74；17 日开始下降，17 日到 18 日减量为 17，18 日 API 降到 40，空气质量重新恢复到优等级；18 日至 19 日减量为 18，19 日到达谷值。此次环境污染过程可分为 3 个阶段，第 1 个阶段为 API 日均值上升阶段，持续 4d；第 2 个阶段为 API 日均值的峰值阶段，持续 1d；第 3 个阶段为 API 日均值下降阶段，持续 3d，API 值分布呈明显的准正态分布。

2　环境污染过程与天气型相关分析

为了研究环境污染过程与大尺度天气系统相关性特征，本文根据气象站每日 8 次海平面气压场数据和 NCAR/NCEP 每日 4 次的再分析资料（2.5°× 2.5°），沿 20°N 画纬向垂直速度剖面

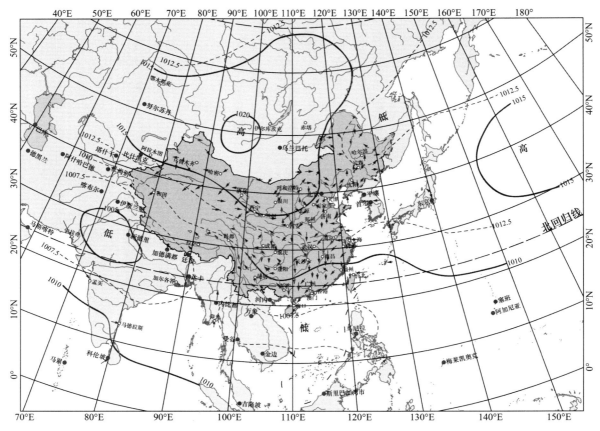

图1 9月份海平面气压图（单位：hPa）

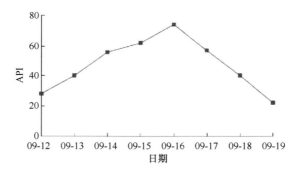

图2 2008年9月12日~19日API日均值演变曲线

（图3~图10），对2008年9月12日~19日逐日大气背景场变化进行了分析。

由图3及降水资料分析，12日大陆冷高压脊由110°E以西入侵，造成海南岛强降水，形成该日API日均值谷值。12日08时热带辐合带东部水平切变较大的地区出现了气旋性涡旋环流，台湾东部气旋发展，使海口及其周边的低空边界层广大地区（东经95°~120°）形成的辐合场加强。海口位于南部大陆高压脊前部反气旋流场前沿区，受其影响，海口及周边地区为下沉气流控制，有利于污染物的汇聚，形成区域边界层污染物的汇聚带，海口地区开始进入API日均值的上升阶段。

由图4可知，13日海口位于热带辐合带中的高压脊区域；台湾东部热带气旋持续加强，受大陆高压脊南部东风带引导气流影响，热带气旋向西移动逐渐向海南岛靠近，强上升气流区西移至

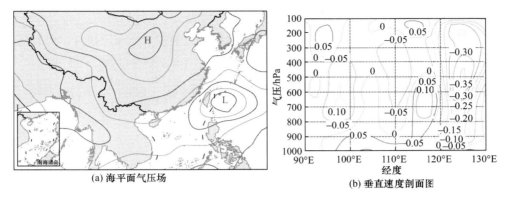

(a) 海平面气压场　　　　(b) 垂直速度剖面图

图 3　2008-09-12:08 海平面气压场和沿 20°N 的纬向垂直速度剖面图

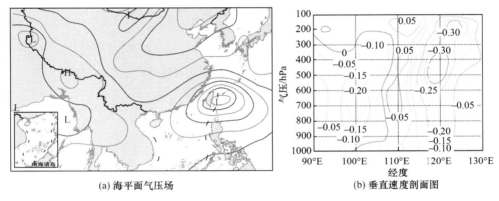

(a) 海平面气压场　　　　(b) 垂直速度剖面图

图 4　2008-09-13:08 海平面气压场和沿 20°N 的纬向垂直速度剖面

120°E，高空下沉气流与边界层下沉气流合并，海口位于深厚下沉气流控制区，增强了污染物的汇聚特征，使污染物 API 日均值持续上升。

由图 5 可知，14 日热带辐合带南移，海口仍位于深厚下沉气流控制的高压脊区，下沉气流明显增强，受其影响，API 日均值增量为 16，是 API 日均值增量最大的一天。

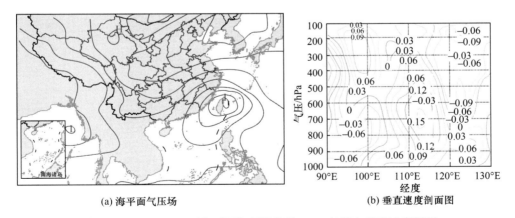

(a) 海平面气压场　　　　(b) 垂直速度剖面图

图 5　2008-09-14:08 时海平面气压场和沿 20°N 的纬向垂直速度剖面

由图 6 可知，15 日热带辐合带南移，台湾热带气旋减弱，印缅低压槽增强，海口仍位于高压脊控制区，1000m 以下的边界层 100~115m 的广大地区为下沉气流区，高空为弱下沉气流，受其影响，API 日均值持续上升，日增量为 8。

由图 7 可知，16 日大陆高压减弱，海口位于热带辐合带中弱的高压区场区，仍有明显东北气流输送，由地面到高空位于下沉气流控制区，达到 API 日均值的峰值阶段。

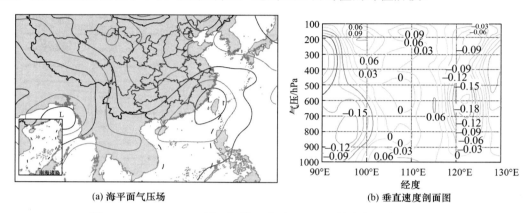

(a) 海平面气压场　　　　　　(b) 垂直速度剖面图

图 6　2008-09-15:08 时海平面气压场和沿 20°N 的纬向垂直速度剖面

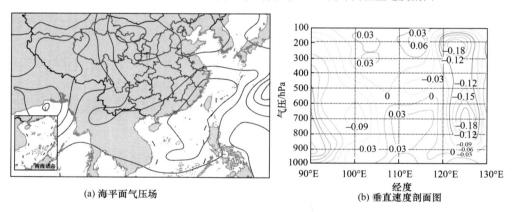

(a) 海平面气压场　　　　　　(b) 垂直速度剖面图

图 7　2008-09-16:05 时海平面气压场和 08 时沿 20°N 的纬向垂直速度剖面

由图 8 可知，17 日海口为印缅低压槽东伸的低槽控制，从 14 时开始低空为上升气流控制，20 时高低空上升气流贯穿，有利于污染物的清除，受其影响，API 日均值下降，开始进入 API 日均值的下降阶段。

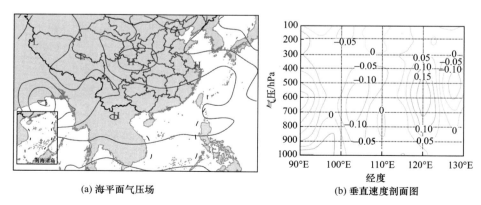

(a) 海平面气压场　　　　　　(b) 垂直速度剖面图

图 8　2008-09-17:08 时海平面气压场和 20 时沿 20°N 的纬向垂直速度剖面

　　由图 9 可知，18 日海口仍为印缅低压槽东伸的低槽控制，海口上空为弱上升气流控制，有利于污染物的清除。

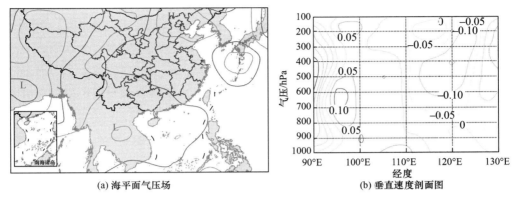

(a) 海平面气压场　　　　　　　　　　　(b) 垂直速度剖面图

图 9　2008-09-18:08 时海平面气压场和沿 20°N 的纬向垂直速度剖面

　　由图 10 可知，19 日海口仍为印缅低压槽东伸的低槽控制，海口为明显上升气流控制，有利于污染物的清除。

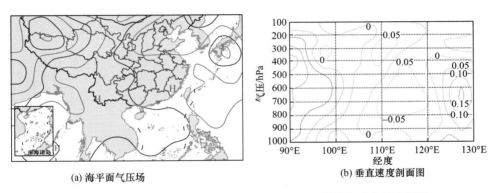

(a) 海平面气压场　　　　　　　　　　　(b) 垂直速度剖面图

图 10　2008-09-19:08 时海平面气压场和沿 20°N 的纬向垂直速度剖面

　　由上述分析，这次环境污染过程中北纬 17°~22°、东经 95°~125°区，有持续稳定滞留的热带低压带，污染物浓度上升阶段海口位于低压带中 2 个低压中心之间的相对高压区的下沉气流区，滞留 5d 使污染物浓度连续积累，API 日均值达到峰值阶段；17 日后随着台湾附近的低压减弱，海口热带辐合带中相对高压区消失，受印缅低压槽影响，形成明显稳定持续 3d 的上升气流及降水清除区，污染物浓度则下降。

　　显然，相邻 2 个低压系统的发展，其间形成的相对高压区属污染物的积累系统；而印缅低压槽作为低压系统，属污染物的清除系统，因此，热带地区由下沉和上升气流交替形成的环境污染过程与热带辐合带中热带低压的发展和消失相关。总之，热带辐合带明显的低高低的气压场分布和持续是环境污染过程形成的主要原因，而造成这类气压分布的主要原因是大陆高压脊前部移近海口时，使低压系统发展以及低压辐合带断裂造成的结果。

　　污染物浓度上升阶段初期和下降阶段对应的 API 日均值增量和减量都较大，这主要是由于初期大陆高压脊上空长时间持续的下沉气流及边界层低层流场辐合形成污染物汇聚带，导致污染物逐日持续积累；而随后海南岛东部产生的热带气旋加强，受其外围增强的下沉气流影响，空气扩散条件受到抑制，污染物进一步累积，导致 API 增量迅速增加；但是海南岛工业及区域污染源少，API 即使逐日积累增加但峰值不会太大，后期 API 增量减少是由于海口东部辐合带中的气旋减弱，增强了外层圈的扩散条件。由于受印缅低压槽向东伸展的低槽前偏南风、降水系统东移及上升气流和降水增强影响，加大了对污染物的清除作用，使得下降阶段 API 减量较大。因此空气污染物浓度的谷峰变化形成的环境污染过程与这些系统的相继影响有较好的对应关系。而热带地区大型高压脊天气系统控制下的海口市地方性流场汇聚是造成地区 API 增高及峰值形成的主要原因。

3　逐日要素演变分析

根据中国气象局发布的每日 8 次观测的观测资料和 NCAR/NCEP 每日 4 次的再分析资料（2.5° × 2.5°），沿 20°N 制作 2008 年 9 月 12 日至 19 日 08 时纬向垂直速度剖面（图 3~图 10），本文对逐日 API 值增量与该日风场、风速及气流垂直运动的大气要素背景场进行相关性分析。

由表 1 可知，受天气系统演变影响，上升与下降阶段 08 时地方性风向有明显转变。偏南风对应污染物下降阶段，偏西风对应污染物上升阶段。14 日下沉气流的最强中心值为 0.15m/s，污染物日增量最大，显然，下沉气流的持续是污染物上升的主要背景场。热带辐合带中有明显的上升及下沉气流相间性分布的特征，在热带辐合带活跃期间，上升及下沉气流速度明显增强，在持续数日强下沉气流滞留区形成了明显的污染物上升阶段；在上升气流滞留区形成了明显的污染物下降阶段。因此，热带地区滞留的上升及下沉气流相继影响是环境污染过程形成的主要原因，各类要素场的演变是大型天气系统转换综合影响的结果。而海口市地方性风场的变化对外源污染物的输送起着重要作用。这是由于偏西风有利于华南和越南污染物向海口地区的输入与汇聚，而偏南风则减少了外源污染物的输入。外源污染物的输入与否也对应着环境污染过程的 API 日均值上升阶段和下降阶段。因此大型天气系统背景下的海口市地方性流场的变化是造成 API 谷峰变化的主要原因。

表 1　2008 年 9 月 12 日~19 日 API 变化与 08 时大气背景场

时间	API	增量	风向/（°）	风速	气流运动	降水
2008-09-12	28	—	70	1	900hp 以下为下沉气流	无
2008-09-13	40	12	250	1	低高空下沉，两侧强上升	无
2008-09-14	56	16	250	3	低高空强下沉，两侧弱上升	无
2008-09-15	62	8	270	2	下沉气流	无
2008-09-16	74	6	0	0	600hp 以下为下沉气流	无
2008-09-17	57	−17	180	1	08时下沉气流；14时上升气流	无
2008-09-18	40	−17	140	2	850hp 以上为上升气流	14时后雷阵雨
2008-09-19	22	−18	140	1	900hp 以上为上升气流	14时后雷阵雨

4　概　念　模　型

环境污染过程与大尺度天气型的结构及持续时间密切相关，概念模型是描述环境污染过程中污染物上升阶段和下降阶段与大尺度天气型的对应关系和配置并绘成示意简图，运用天气学原理分析污染物积累和消除机理。

热带辐合带是热带地区持久的大型天气型，北半球夏季位置偏北，冬季偏南。9月份位于20°N左右的海口地区，当活跃型热带辐合带出现时，水平切变较大地区出现明显的气旋涡旋系统，辐合带中沿辐合线的辐合是不连续的，辐合上升最强的地区位于气旋涡旋系统控制区；在辐合带狭长地带晴雨天气、上升与下沉气流区交替分布，是形成环境污染过程的主要背景场。热带辐合带有各类复杂的结构和天气分布，辐合带中有的地方宽而强、伸展高度高，有强烈的上升气流，有利于降水及污染物的清除；有的地方窄而弱、辐合层伸展高度限于边界层属地方性环流，上空有强烈的下沉气流，有利于污染物的汇聚。

由图3~图10的天气型演变及表1气象要素分析可知，活跃热带辐合带中台湾东部海上的低压发展、大陆高压前鞍场的持续滞留是污染物上升阶段形成的主要背景场，活跃热带辐合带的形成与大陆高压南侵明显相关；大陆高压减弱东移，形成不活跃热带低压带，随后印缅低压槽及西风槽的相继影响是污染物下降阶段形成的主要背景场。显然活跃型与不活跃型热带低压带转换形成的鞍场演变，及其对应的下沉与上升气流的交替影响是热带地区环境污染过程形成的主要原因。

海口地区环境污染过程与大尺度天气型概念模型如图11所示。在环境污染过程的污染物浓度上升阶段，高压脊上空持续的下沉气流会导致污染物逐日积累并达到峰值；同时热带地区活跃辐合带发展的热带气旋外围常形成深厚的下沉气流，有利于高压脊区日均污染物浓度增大。而在环境污染过程的污染物浓度下降阶段，由于大型天气系统的转变，不活跃热带辐合带减少了污染物积累的不利因素，同时印缅低压槽所导致的上升气流有利于污染物的清除扩散，使得污染物浓度逐步降低并达到谷值。因此热带地区滞留稳定的热带辐合带中的高压脊和发展的印缅低压槽（热带低压），以及持续的上升气流与下沉气流交替影响，是污染物浓度起伏和环境污染过程形成的主要背景场。这与中纬度明显的高低压天气型过程有显著不同。中纬度地区的环境污染过程一般是在大尺度高压、低压的弱气压场控制背景下，污染物经过长时间的积累达到重污染；低气压后部连接另一个大陆高压前部锋区背景下污染物消散，区域空气质量好转[7]。

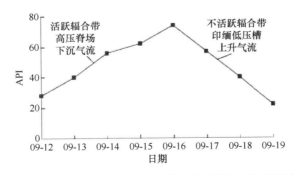

图11　2008年9月12日~19日API日均值演变曲线与天气型相关概念模型

5　结　论

（1）热带辐合带中持久稳定的大陆高压脊是热带地区重要的高压系统，并与印缅低压槽、活跃热带辐合带中的热带气旋成为影响海口市环境空气质量的主要天气型；空气污染物浓度的谷峰变化形成的环境污染过程与这些系统的相继影响有较好的对应关系。

（2）20080912~20080919 这次污染物浓度谷峰演变过程中，高压脊上空长时间持续的下沉气流及边界层低层流场辐合形成的污染物汇聚带有利于滞留的高压脊区日均 API 值增大，而活跃的热带辐合带中发展的热带气旋外层圈及大陆高压脊共同作用形成深厚的下沉气流导致污染物逐日的持续积累并使 API 日均值达到峰值；而印缅低压槽前偏南风及降水有利于污染物的清除。

（3）热带地区滞留稳定的热带辐合带中的高压场和发展的热带低压，以及持续的上升气流与下沉气流交替影响，是污染物浓度起伏和环境过程形成的主要背景场，与中纬度明显的高低压天气型过程有显著不同。

（4）大型天气系统背景下的海口市地方性流场的变化也是造成 API 谷峰变化的主要原因。偏西风有利于华南和越南大量污染物的输入和汇聚，而偏南风则有利于污染物的清除。

参 考 文 献

[1] 陈朝晖，程水源. 台风系统对我国区域性大气环境质量的影响[J]. 北京工业大学学报，2009, 35(3): 365-368.

[2] 杨柳，王体健，吴蔚，等. 热带气旋对香港地区臭氧污染影响的初步研究[J]. 热带气象学报，2011, 27(1): 109-117.

[3] 魏晓琳，贺佳佳，王安宇. 热带气旋影响下高臭氧污染的调控机理[J]. 广东气象，2010, 32(3): 32-34.

[4] 王明洁，张蕾，陈元昭，等. 大运会期间深圳重度灰霾天气特征及环流形势[J]. 广东气象，2010, 32(3): 5-8.

[5] 任阵海，苏福庆，陈朝晖，等. 夏秋季节天气系统对边界层内大气中 PM_{10} 浓度分布和演变过程的影响[J]. 大气科学，2008, 32(4): 741-751.

[6] 苏福庆，任阵海，高庆先，等. 北京及华北平原边界层大气污染中污染物的汇聚系统——边界层输送汇[J]. 环境科学研究，2004, 17(1): 21-33.

[7] 陈朝晖，程水源，苏福庆，等. 一次区域性大气重污染过程的诊断分析及数值模拟[J]. 北京工业大学学报，2010, 36(2): 240-244.

[8] 苏福庆，杨明珍，钟继红，等. 华北地区天气型对区域大气污染的影响[J]. 环境科学研究，2004, 17(3): 16-20.

[9] 中央气象局. 中国气候图集[M]. 北京：地图出版社，1966: 33.

Research of a Typical Environmental Pollution Process About the Tropical Mesoscale Island

TANG Xiaolan[1, 2], CHENG Shuiyuan[1], SU Fuqing[3], REN Zhenhai[3]

1. College of Environmental and Energy Engineering, Beijing University of Technology, Beijing 100124, China
2. College of Environmental and Plant Protection, Hainan University, Haikou 570228, China
3. Chinese Research Academy of Environmental Sciences, Beijing 100012, China

Abstract: Using meteorological and environmental monitoring data, a typical environmental pollution process was diagnostic analyzed from viewpoints of temporal and spatial variation of pollutant concentration, atmospheric background field, physical field and other relevant factors from September 12 to 19 in 2008 in Haikou, Hainan. Results show that the continental anticyclone ridge and Indian trough are the main synoptic situation which affects the atmospheric environmental quality in Haikou; its alternating evolution corresponds to environment process caused by pollutant concentration change from the peak and trough. Continuous downdraft caused by continental anticyclone ridge and pollutants convergence zone in boundary layer lead to pollutant accumulating to the peak; at the same time, deep downdraft caused by tropical cyclone periphery contributes to the pollutant concentration accumulating. Moreover, Indian and Burma trough, southerly winds and significant rain are conductive to clear the atmosphere pollutants. Therefore, a high pressure ridge in tropical region and the local flow convergence in Haikou are the main reasons for the pollutant accumulation to peak.

Key words: continental anticyclone ridge field; environmental process; inter-tropical convergence zone; India and Burma trough

当前我国大气环境质量的几个特征[①]

任阵海[1]，苏福庆[1]，高庆先[1]，张志刚[1]，洪钟祥[2]，胡　非[2]，程水源[3]

1. 国家环保总局气候变化影响研究中心，北京 100012
2. 中国科学院大气物理研究所，北京 100029
3. 北京工业大学，北京 100022

摘要：通过分析我国大气环境监测资料可知，我国大气污染物已从 SO_2 转变为 PM_{10}，而且大气环境质量呈现大区域特征。以年日均 API 分布为例，出现 2 个大污染区域和几个小区域，一个大区域处于华北、东北和西北的部分地区，另一个大区域处于长江中下游地区。这些区域的形成，除该区域中煤耗总量较大以外，还与大气输送网络和盆地地形有密切关系。研究地区的大气环境质量常常出现过程特征，由不同月份的大气环境质量优良的过程和污染的过程发现这类过程的出现与移动缓慢的弱天气形势下的大气边界层底层结构有关。提出了温度、露点的垂直分布特征与大气污染物浓度将出现增量或减量的相关性。

关键词：大气环境；区域性特征；大气输送网络；API（空气污染指数）；PM_{10}（可吸入颗粒物）

近年来笔者研究了一些地区性的大气环境问题，如大气中的酸性物质排放源区与沉降量地区之间出现大范围跨区域现象，以华北地区而言，沉降在北京地区土壤表面的大气酸性物质可来自河北省、天津市、山东省、山西省、河南省和内蒙古等地的排放源，同时北京地区的排放物也可沉降到外省区域的地表上。又如华北地区性短期的大气污染趋势常出现同步性相当一致的现象，如北京、天津、石家庄、太原、郑州、济南乃至呼和浩特城市群等。这些事实促使笔者对我国大气环境质量特点进行进一步的研究。

1　大气环境质量显示出区域性特征

通过收集的大气环境监测资料发现，1998-09-29 华北地区出现较重的大气污染，其污染出现区域性特征，如图1~图3。

为研究北京周边外来污染物对北京大气环境质量的影响，建立了河北省、天津市、北京市区域性诊断风场，收集该区域内除北京以外主要大气排污源，利用大气污染模式计算各月的平均 PM_{10} 质量浓度分布。众所周知，夏季排放量最少，大气环境质量相对优良。由 2002 年 7 月 PM_{10} 的月平均分布（图 4）可见，各主要城市近地层空气中 PM_{10} 质量浓度相对较大，为局地性污染；同时各

---

① 原载于《环境科学研究》，2004 年，第 17 卷，第 1 期，1~6 页。

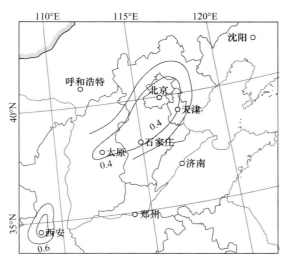

图1 1998-09-29 TSP（单位：mg/m³）分布范围

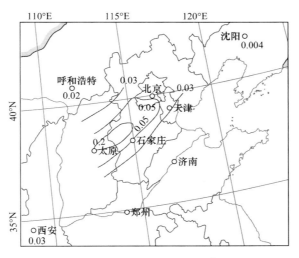

图2 1998-09-29 SO₂（单位：mg/m³）分布范围

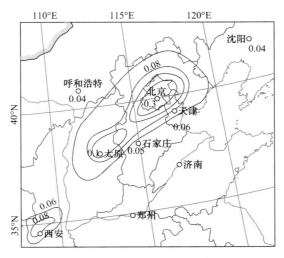

图3 1998-09-29 NOₓ（单位：mg/m³）分布范围

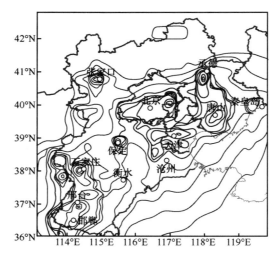

图 4　河北省各主要城市及天津市 2002 年 7 月 PM_{10}（单位：$\mu g/m^3$）分布范围

城市间的局地污染相互影响，从而形成较大区域性污染的大气环境质量特征。如果能收集到全部乡镇企业的排放量，输入模式计算，必然出现大区域性 PM_{10} 质量浓度相对均匀的大气环境质量特征。

根据 2000 年 6 月到 2001 年 6 月近一年的全国主要城市公布的每天 API 数值，做出全国范围 API 年日均值的分布图（图 5），由图 5 可以看出全国首要大气污染已是 PM_{10}，且有 2 个大污染区：一个出现在华北、东北地区以及西北部分地区；另一个出现在长江中下游及两湖盆地。此外，四川盆地、乌鲁木齐地区亦为 PM_{10} 污染区。夏季的污染地区与全年相似，但 API 值较小，范围亦较小。图 5 还显示 SO_2 的污染区范围（虚线区域）比 PM_{10} 小，并且都处在 PM_{10} 的范围内。

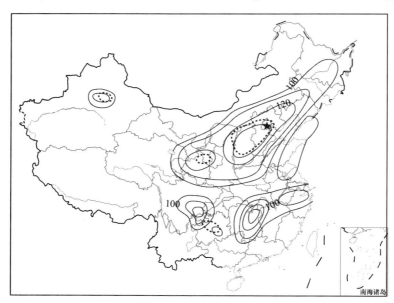

图 5　2000 年 6 月到 2001 年 6 月全国 PM_{10} 的 API 年日均值分布

PM_{10} 和 SO_2 的污染范围及程度应与地区煤耗总量直接相关，根据 1999 年各省煤炭消耗总量并考虑各省内主要煤耗城市，绘制了地区煤耗总量范围图（图 6）。其中煤耗最大的省份山西、河北、山东、辽宁等形成煤耗中心，它同 PM_{10} 污染程度较重的中心大体相对应，但还有相当地区不能对应。由大气污染地面 1 月[1]、4 月（图 7），10 月[1]网络输送图可以看出，北方污染区内有长短不一的汇聚带，其位置与走向和北方污染区的位置、范围相当，可见大气汇聚带是形成该大范围污染区的重要因素之一。至于两湖盆地亦存在小的大气汇聚带和静风汇，而且盆地地形不易使大气污染物输出盆地，因而亦呈现污染区。四川盆地亦同此性质，呈现大气污染且酸雨也较重。在长江下游至长江口，其大气污染输送方向主要由海岸向内陆输送，出现内陆输送汇，因而也形成了一个大气污染区。乌鲁木齐地区常年各月都出现大气汇聚带，因而有大气污染区。对于夏季，北方地区仍然出现汇聚带，只是较短较少，而长江中下游及盆地地形仍为污染区（图略）。

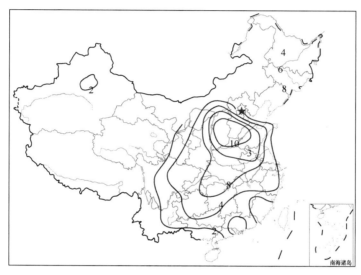

图 6　1999 年部分地区总煤炭消耗量（单位：10^7t）

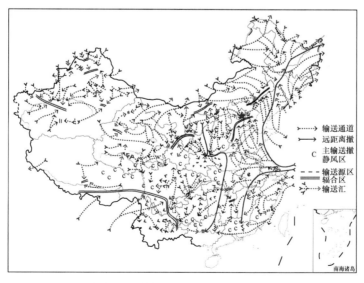

图 7　正常年 4 月地面网络输送图

由以上分析可知，我国大气环境质量显示的区域特征，除煤耗总量因素外，大气污染的输送网络和盆地地形也属重要因素。

今后我国大气环境将更加显现区域性特征。因为我国政府提出的城市发展战略是限制大城市的发展，鼓励中小城市特别是小城镇的发展：截至 2000 年我国新设市 660 个，建制镇 20600 个，其中 50 万人口以上的大城市 113 个[2]，50 万人口以下中小城市已到 588 个[3]。而且西北地区的内蒙古、新疆的城市化水平发展很快，这样城镇化遍布全国，必然会快速发展生产，尽管排放量受到控制，但大气污染物的污染特点将遍呈区域性分布。随着经济技术发展，重大点源污染将得到加强治理，乡镇企业密布区域出现的大气污染物浓度将以相对均匀的区域性大气环境质量突现出来。

2　大气环境质量显示着过程性特征

根据全国环境监测数据，区域性的大气环境质量往往显示着过程性。出现优良的大气环境质量可以持续几天，如图 8 该环境过程持续 7d，如图 9 该环境过程持续 13d。出现污染的环境质量也可以持续几天，图 10 为出现污染环境过程的城市群，该过程持续 11d。如图 11，2001-02-18~23，

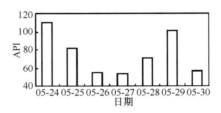

图 8　2001-05-24~30 北京出现优良大气环境质量的环境过程

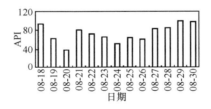

图 9　2001-08-18~30 北京出现优良大气环境质量的环境过程

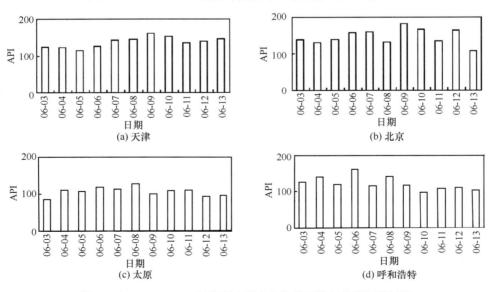

图 10　2001-06-03~13 城市群出现大气污染环境质量的环境过程

也是一个大气环境持续污染的过程，包括华北六城市，西北三城市和长江中、下游三城市。在这个过程期间，污染源没有变化，却出现持续污染的环境过程，对于大气环境是需要探索的问题。进一步研究发现，在此期间我国地面是一个移动很慢的弱天气形势，上述城市群都处在地面气流的汇聚区，经过仔细研究看到，河北省、湖南省在800m以下都呈现汇聚带（图略），可见区域性大气重污染主要发生在低层，即大气边界层的中下层，对此问题将以专文讨论。

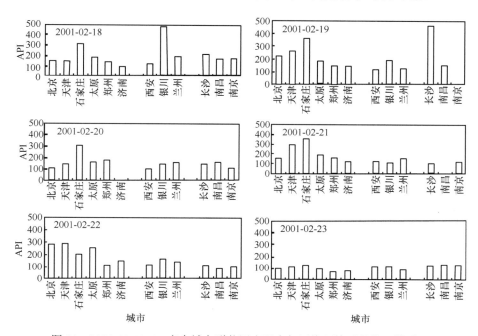

图11 2001-02-18~23 多个城市群共同出现大气污染环境质量的环境过程

3 大气环境质量显示着一定的垂直结构特征

通过对很多大气环境过程的诊断分析，认识到一个较适用的规律，即只通过温度（T）和露点（T_d）的垂直结构就能给出大气污染浓度将出现增量或减量的变化。

仍然以 2001-02-17~23 的环境过程为例，图12给出每天8:00 T 与 T_d 的垂直分布。在500m以上，T 与 T_d 的数值相差较大，即大气相对干燥；而在500m以下 T 与 T_d 的数值相近或相重。这类上干下湿的垂直分布，将预示次日大气污染浓度出现增量；否则，将出现减量。因为这类 T 与 T_d 垂直结构属于大气的稳定结构，图12中 T 与 T_d 的垂直结构与API的对比即显示上述关系。

再以 1998-09-26~10-01 的严重污染过程为例（图13）。此时期，尚没有环境监测日报，为表示污染状况，取城区能见度的倒数表示。由图13可见，上述分析的情景亦有很好的相关显示。

4 小 结

根据全国大气环境质量的监测分析，我国首要大气污染物，已从 SO_2 污染转变为颗粒物，主要是 PM_{10} 污染。对我国大气环境质量多次的诊断分析结果显示，我国大气环境质量呈现区域性特征。因为近年来对重要污染物的强排放点源都采取有效的控制措施，又由于我国推行发展中小城

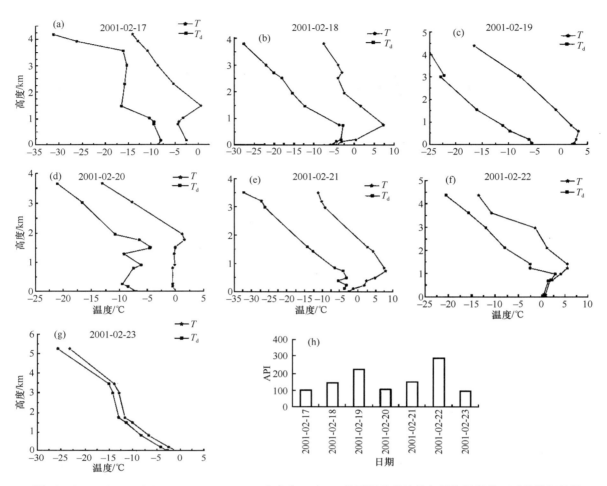

图 12　2001-02-17T08:00~2001-02-23T08:00 北京市 T 与 T_d 的不同垂直结构与污染的增量、减量的相关性

（a）~（g）为气温垂直分布图；（h）为 API 的变化情况

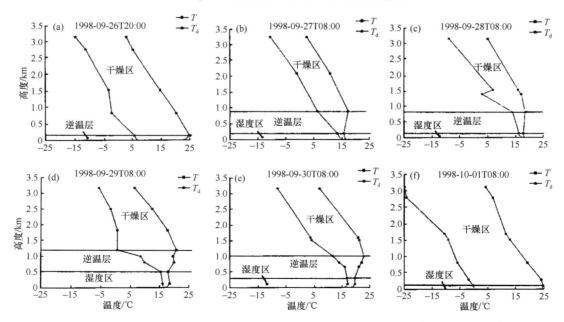

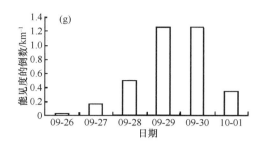

图 13　1998-09-26~10-01 北京市 T 与 T_d 的不同垂直结构与污染的增量与减量的相关性

（a）~（f）为气温垂直分布图；（g）为污染量变化情况图（污染量以城市能见度倒数表示）

镇计划，遍布全国的乡镇企业蓬勃兴起，无论其污染物排放量或多或少，其形成的大气环境质量更将显示区域性特征，其分布范围也受着大气输送网络与地形的影响。

诊断分析研究大气环境质量常常显示过程性特征，出现优良的或污染的大气环境质量都能够持续 2d 或多天。在移动缓慢的弱天气形势下，大气边界层的中下层可以维持此类过程性。

研究大气温度（T）、露点（T_d）垂直结构，给出了大气污染浓度将发生增量或减量的对应关系。

参 考 文 献

[1]　任阵海, 苏福庆. 大气输送的环境背景场[J]. 大气科学, 1998, 22(9): 454-459.

[2]　吴良镛, 周干峙, 李道增, 等. 对于当前城镇化问题的几点认识和建议[R]. 北京: 中国工程院研究室, 2003.

[3]　刘剑英. 推进城市化三大问题不容忽视[N]. 经济日报, 2003-05-28(16).

Several Characteristics of Atmospheric Environmental Quality in China at Present

REN Zhenhai[1], SU Fuqing[1], GAO Qingxian[1], ZHANG Zhigang[1],
HONG Zhongxiang[2], HU Fei[2], CHENG Shuiyuan[3]

1. Center for Climate Impact Research, SEPA, Beijing 100012, China
2. The Institute for Atmosphere Physics, CAS, Beijing 100029, China
3. Beijing University of Technology, Beijing 100022, China

Abstract: Based on an analysis of monitoring data on atmospheric environment in China, the air pollutant of the first importance in China is PM_{10} at present instead of SO_2 in the past, and the quality of the atmospheric environment has appeared to be of the territorial feature. For an example, there appeared two large pollution areas by annual average daily API, with one situated in the northern, northeast and part of northwest China, and another in the middle and lower reach of the Yangtze River. In addition, there were a few small areas. The formation of these areas is closely related to consumption of large quantities of coal within the areas as well as the atmospheric transport network and the topography of the basins. Frequent progress feature was also found for the atmospheric environmental quality in the areas under research. Both the excellent progress and pollution progress of the atmospheric environmental quality were described, which were related to the lower storey structure of the atmosphere boundary layer. The correlation of the vertical distribution feature of both the temperature and dew point with the increase or decrease of the atmosphere pollutant quantity was reported.

Key words: atmospheric environment; territorial feature; atmospheric transport network; API(air pollutant index); PM$_{10}$

"煤净化燃烧的同时生成物产品化"
创新技术的应用对环境的改善[①]

高庆先[1,2]，刘鸿亮[1,2]，任阵海[1,2]

1. 国家环境保护总局气候变化影响研究中心，北京 100080
2. 中国环境科学研究院，北京 100080

摘要： 本文从我国能源结构和节能潜力分析以及大气污染现状等方面出发，对"煤净化燃烧的同时生成物产品化"技术应用对环境的改善作了系统分析。研究结果表明，"煤净化燃烧的同时生成物产品化"技术是解决大气污染和改善环境的一项十分现实和有效的高新技术，是配合实施我国两控区的控制目标的最好技术支持，是一项集节约能源、改善环境、提高效益和造福人类的新工艺和新技术。特别是它解决了长期困扰我国环境保护部门的大气污染和固体废弃物污染环境的问题，具有很好的推广前景和应用价值。推广范围越大，宏观环境效益越显著。

关键词： 大气污染；煤净化燃烧；两控区；节能

0 引 言

我国的环境污染是由工业、农业、生活和交通等污染排放造成的。其中工业污染占全部环境污染份额的 70%，因此，消除和控制工业污染的排放是解决环境污染，保护人民生活的首要环节。

电力工业和水泥工业是我国两个主要的污染大户。由于燃煤的使用量大，向大气排放出大量的污染物，同时还生成很多难以处理的固体废弃物，由于技术上缺少根治污染的先进技术，国家和企业为了解决大气污染和废弃物的处理与处置，每年要投入大量的资金和人力，成了一个长期难以摆脱的沉重负担。多年来，燃煤电厂对我国国民经济做出了巨大的贡献，但同时也向大气排放大量污染物给环境造成严重的污染。

煤净化燃烧的同时生成物产品化是根治大气污染，改善环境的新工艺、新技术和新途径。"煤净化燃烧的同时生成物产品化"可以充分利用再生资源和再生能源，尤其降低残碳和煤耗，该技术不仅将煤的可燃部分充分燃尽提供能源，而且还将不可燃的煤灰作为资源直接转化为产品。为减少气体污染和固体废弃物的污染开辟了一条新途径。为电力和水泥两大工业企业减轻污染，提高企业经济效益做出了贡献。

---

①原载于《世界科技研究与发展》，第 22 卷，第 3 期，4~8 页。

1　我国的能源利用现状与节能潜力分析

能源是国民经济发展的重要物质基础，也是一种战略资源，它直接关系到国民经济的发展速度和人民生活水平的提高。解决好能源、经济和环境的协调发展是实现中国现代化和可持续发展的重要前提。

中国目前的能源工业主要以煤炭为主。目前全国一次能源生产和消耗的 75%左右为煤炭，而且这种比例今后相当时期内难以改变。以煤炭为主的能源工业体系是造成环境问题的最主要的原因。大量的煤炭燃烧造成大气污染。从长期情况来看，我国的煤炭资源占一次能源总消耗量的比例呈下降趋势，但下降的幅度有限，目前仍大于 75%。据统计，中国煤炭的灰分含量普遍较高，随区域变化剧烈。灰分小于 10%的特低灰煤仅有 1600 亿吨，占探明储量的 7%左右；煤炭的灰分大多为 10%~30%，特低灰和高灰煤都较少。中国煤炭的含硫量大多在 0.4~2.0，低硫煤极少。

国内一些专家和单位采用不同的方法对我国 2000 年到 2050 年的能源和煤炭需求量做过大量的分析工作。采用不同的方法长期预测的结果差异较大。对中国 2000 年煤炭需求量预测比较一致，大约为 14 亿~15 亿吨标准煤，而 2020 年和 2050 年的预测差异较大。2020 年最低值为 21 亿吨，最高值为 35 亿吨；2050 年的最低值为 28 亿吨，最高值为 67 亿吨标准煤。

目前，我国能源的利用率较低。经济发达国家的能源利用率一般超过 50%，而我国一直维持在 30%左右，其中煤炭资源的利用效率只有 6%。在能源生产过程中，资源损失和浪费严重。单位产值能耗约占中等国家的 2.5 倍，发达国家的 4 倍。从主要产品的单位能耗来看，中国能耗比国外先进水平高出 30%~40%。如发电煤耗要高三分之一；水泥能耗高 50%。

从能源利用总效率即从能源生产、加工、转换、运输、储存到最终使用的全过程效率来看，目前日本是 57%，美国是 51%，西欧是 42%，中国平均是 30%~33%。从能源经济效益分析，与发达国家相比，中国国民生产总值能耗是法国的 4.97 倍，日本的 4.43 倍，美国的 2.97 倍，印度的 1.65 倍。从主要工业产品单位能耗水平来看，中国与国际先进水平差距也较大。显然，中国节能的潜力很大。

从我国的能源结构和发展趋势分析来看，我国的能源在今后的一段时间内以煤炭为主的结构不会改变，大量的煤炭仍将被用来直接燃烧，因此开展煤净化燃烧是节约能源，降低能耗和提高能源效率是一项紧迫的任务。据测算，如果将能源利用率提高 40%，相当于直接节能 2.5 亿吨标准煤，节能潜力很大。因此，我们必须大力推广节能降耗，把节约能源放在突出地位。

2　我国的大气污染现状与发展趋势

由于每年有大量的煤炭直接用于燃烧，不仅向大气排放二氧化硫等污染气体，形成大面积的酸雨污染，而且，还排放大量的固体废弃物，直接影响生态环境系统。我国酸雨污染的现状及其发展趋势是极为严重的，急需开展煤净化燃烧技术的研究和设备的研制。

酸雨污染是中国大气污染的最主要的问题之一。酸雨是由于工业排放大量的二氧化硫等大量的致酸物质引起的。随着煤炭消耗量的增加，燃煤排放的二氧化硫也将继续增长。如果不采取有效的控制措施，由二氧化硫排放造成的酸雨污染将会越来越严重。我国大气中 87%的二氧化硫来自煤的燃烧，城市大气中氮氧化物的 67%也来自煤的燃烧。二氧化硫的排放使城市的大气污染不断加重，在 1996 年统计的 317 个城市中，有一半城市大气中二氧化硫浓度年日均值超过国家二级标准，日均浓度超过国家三级标准，给人民的生活造成了严重的危害。由此可见，研制和开发新的燃煤脱硫技术是解决向大气排放二氧化硫的关键和紧迫的任务之一。

目前全球人为源气溶胶及其前体物的排放已明显高于工业革命前的水平。目前全球每年硫排放总量为 96.3Tg S，其中人为排放的硫为 69.3Tg S，大约是年硫排放总量的 72%。主要的气溶胶人为源是矿物燃料燃烧过程。由于我国的能源消费以燃煤为主，硫酸盐气溶胶的前体物 SO_2 是我国燃煤过程中排放的主要气体成分之一，若我国燃煤平均含硫量以 1.12%计算，在煤的燃烧过程中，SO_2 的生产量要比 NO_x 的生产量高一倍多。

工业革命以来，由于化石燃料的燃烧排放到大气中的温室气体急剧增加，已引起全球气候发生明显的变化，能源活动是温室气体的主要人为排放源，工业生产过程也是重要的温室气体排放源。

1992 年 6 月，约有 150 个国家在巴西里约热内卢共同签署了"联合国关于气候变化的框架公约"（UNFCCC），表明各国在气候变化对于世界环境和经济发展产生较大潜在危险方面取得广泛的共识。我国是公约的签字国，承担了履约的义务，最终将完成我国国家温室气体清单的编写，弄清我国温室气体的排放现状，为制定温室气体排放控制对策提供科学依据。

排放到大气中的二氧化碳主要来自矿物燃料中碳的氧化，约占人类活动排放二氧化碳总量的 70%以上（中国约占 80%以上）。这是因为在中国的化石燃料中，煤炭的碳排放系数最大，为 25.28kg C/GJ，其次是石油和天然气，分别为 20.3kg C/GJ 和 14.08kg C/GJ。我国碳氧化份额只有 89%，低于石油（92%）和天然气（98%），而 IPCC/OECD 推荐的碳氧化份额分别是 98%，99% 和 99.5%。中国的电力构成是以火电和水电为主，每年有大量的煤炭用于发电、供热、炼焦等中间消费。由于我国煤炭燃烧效率低，大量的二氧化碳排放到大气中。按单位有效能所排放的大气污染物计算煤炭是对环境危害最严重的一种化石燃料。若将电厂燃煤的燃烧效率提高，同时开展节能措施，必将减少二氧化碳的排放。

有许多非能源性的工业生产过程也释放二氧化碳等温室气体。水泥生产就是二氧化碳最大的排放源。水泥熟料的生产过程中产生和排放二氧化碳的排放量，其排放量与 CaO 含量成正比。

从大气污染控制及其影响方面考虑，开展煤净化燃烧技术的理论研究和煤净化燃烧工艺及设备的研制是一项紧迫的任务。"煤净化燃烧的同时生成物产品化"创新技术不仅开辟了能源、资源、再生能源和再生资源综合利用的新途径，而且还大大地减少了二氧化硫等污染物大排放量，是减排二氧化硫控制酸雨污染和大气污染的新技术。对改善我国大气环境质量，减轻大气污染程度提高人民生活水准起着积极的作用。

3　我国的工业废弃物的污染与处理现状及趋势

煤炭在燃烧过程中，不仅向大气排放出大量的二氧化碳和二氧化硫等污染气体，而且还产生大量的副产品（如粉煤灰和炉渣），造成工业固体废弃物污染。工业固体废弃物的处置与处理是工业企业面临的一大难题。目前，我国固体废弃物的利用水平还很低，大部分采取填埋或堆放进行处理，这种处理不仅污染了环境，而且还占了大量的土地，对生态环境造成严重的破坏。有的固体废弃物还会影响到地下水的水质，对人体健康产生长期的危害。1985 年全国部分省为处理工业生产产生的锅炉渣、粉煤灰和高炉渣就占地 18188.25 万平方米（23 个省市）。由此可见，减少工业固体废弃物的生产量不仅可以减少对环境的污染，而且还可以节省大量的土地资源，这对耕地资源相对贫乏的我国有十分重要的意义。我们开发的"煤净化燃烧"新技术将净化燃烧后的生成物产品化不仅减少了对环境的污染，提高了经济效益，而且还减少了用于堆放或填埋的土地资源，是一举数得的新创举。

4　"煤净化燃烧的同时生成物产品化"创新技术对环境改善分析

"煤净化燃烧的同时生成物产品化"是中国科学院朱雪芳教授发明的一项专利技术，其中《"一炉两用"同时出热和生产水泥熟料的方法、产品、设备及应用》在国际上申请了 PCT，国内外（包括美国在内）的 25 个国家和地区的发明专利。该项技术是边缘交叉学科的最新科研成果，它把燃煤电力工业和水泥工业以及环境保护工程有机地结合起来。在电厂燃煤锅炉无须任何改动、耗煤量不需增加，并在保证锅炉安全运行、正常供热发电的前提下，在燃煤中加入"AMC"掺烧剂，将全部煤灰及煤中大部分硫于炉内直接转化为优质贝利特硅酸盐水泥熟料，并可降低 NO_x 和 CO_2 的排放量。可以同时根治燃煤电力工业和水泥工业两大工业污染源，将污染物全部直接转化为高附加值产品，是可持续发展的高科技项目，是我国环境保护工作需要开发和推广的最新科研成果。

该技术的特点可归纳为以下几点：

（1）提高热效率，一般水泥窑炉的热效率仅为 28%~55%，使用该技术的锅炉的热效率达 90%以上。

（2）降低残碳，残碳量由现在的 3%~15%降至 2%以下，燃无烟煤的可由 20%~35%降至 3%以下。产品含碳量降低 70%~90%。缩短了燃烧时间，提高了煤灰活性，微珠富集和细化，促进粉煤灰的全部高效利用。可节煤 6%~10%。

（3）降低炉温，炉膛出口烟气温度可降低 100~500℃，从而减少了 NO_x 的排放量。该技术还消除了水泥窑炉的烟气排放量，仅水泥熟料生产就减少三分之一 CO_2 的排放。

（4）固结增湿脱硫效率高，无二次污染，脱硫效率可达 90%以上。

（5）投资低，可在 1~3 年（包括建设期）内收回成本。

（6）保证燃煤锅炉正常发电的同时生产优质水泥熟料。

该技术已在吉林和河南两省开展试点工程，取得了很好的社会、经济和环境效益。为了配合北京市的大气污染控制工程，在北京市委、市政府和华北电力集团公司以及首钢集团公司领导的大力支持下，将在北京一家电厂和首钢建材化工厂建设"煤净化燃烧的同时生成物产品化"的生产项目。"煤净化燃烧的同时生成物产品化"技术是一项新型的固结脱硫技术，是根治大气污染与改善环境的新技术，有很高的推广价值，必将对我国环境保护事业做出积极的贡献。

若将"煤净化同时生成物产品化"技术在我国或世界普遍推广，将会产生非常好的环境效益和社会效益。以利用该技术全国每年生产 4.5 亿 t 水泥、全世界年产 15 亿 t 水泥为基准，与传统的窑炉外分解窑工艺相比较，"煤净化同时生成物产品化"技术工艺对环境保护的贡献是巨大的。它可以根治电厂全部粉煤灰渣污染，就全国而论每年可以根治粉煤灰污染物 2.4t 吨，全世界将根治 8 亿吨粉煤灰渣。掺烧"AMC"不仅使电厂锅炉的燃煤燃烧后残碳降低 70%~90%，提高了燃烧效率，而且还可以脱去烟气中的大部分硫（70%~90%），从而大大减少了二氧化硫的排放量，减轻了对大气的污染和酸雨污染现象。由于煅烧温度显著降低，同时也将大大减少了氮氧化物的排放量。利用燃煤净化技术替代传统的水泥生产工艺，可以停建或改建传统工艺的水泥厂，从而可根治水泥厂烟气和粉尘的污染，尤其是氮氧化物的污染。

我国已公布了酸雨控制区和二氧化硫控制区（简称两控区），如何实现两控区的控制指标是各地方政府面临的一项紧迫和棘手的任务，"燃煤净化同时生成物产品化"无疑为他们提供了实用经济的控制手段。

我们曾就我国两控区进行了深入的研究，利用我们建立的酸性污染物传输扩散模式，对利用该技术（脱硫效率大于 85%）前和利用该技术后的我国二氧化硫浓度和硫酸盐气溶胶的分布做过情景分析计算，图 1 给出 1993 年采用"煤净化燃烧的同时生成物产品化"技术前（图 1a）后（图 1b）硫酸盐粒子浓度分布。由图可见，在没有采用"煤净化燃烧的同时生成物产品化"新技术时，1993 年我国地面硫酸盐浓度相当高，最高值出现在四川盆地及其周边地区（大于 20μg/m³），我国东部地区硫酸盐粒子浓度普遍高于 1.5μg/m³。如果采用了"煤净化燃烧的同时生成物产品化"新技术，我国大气环境质量将会有较大的改善。硫酸盐气溶胶粒子浓度的高值区虽然仍然位于四川盆地及其周边地区，但最高值却低于 4μg/m³。全国的硫酸盐气溶胶粒子浓度普遍低于 0.2μg/m³。

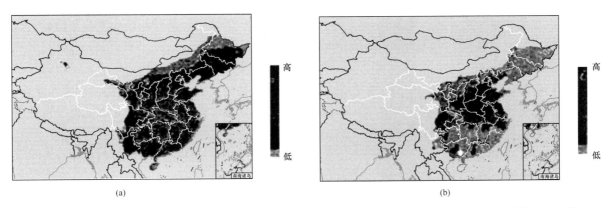

(a) (b)

图 1 1993 年采用"煤净化燃烧的同时生成物产品化"技术前后地面硫酸盐粒子浓度分布（单位：μg/m³）

图 2 给出了 1993 年冬季硫酸盐气溶胶粒子产生的辐射强迫。可以看出，在未使用该技术的情况下，辐射强迫可达 –6.7W/m²，最高值位于四川盆地及其周边地区和山东半岛一带。如果普遍推广该技术，辐射强迫将明显降低（最大为 –3.7W/m²），全国其他地区的辐射强迫也有较明显的降低。从而减轻了硫酸盐气溶胶对气候的影响。

图 3 给出了 1993 年夏季硫酸盐气溶胶粒子产生的辐射强迫。夏季的辐射强迫明显小于冬季。在未使用该技术的情况下，辐射强迫的最高值可达 –3.7W/m²，最高值位于四川盆地及其周边地区和山东半岛一带。普遍推广该技术，辐射强迫将明显降低（最大为 –2.4W/m²）。全国其他地区的辐射强迫也有较明显的降低。

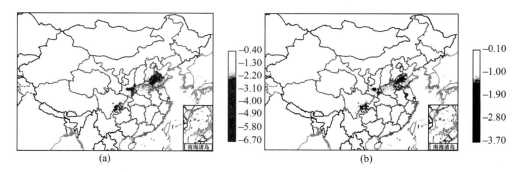

图 2　1993 年冬季采用该技术前（a）后（b）硫酸盐气溶胶引起的辐射强迫分布（单位：μg/m³）

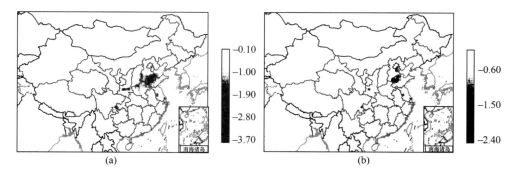

图 3　1993 年夏季采用该技术前（a）后（b）硫酸盐气溶胶引起的辐射强迫分布（单位：μg/m³）

　　通过以上分析，可以认为"煤净化燃烧的同时生成物产品化"新技术不仅可以减少二氧化硫的排放，改善大气环境质量，而且还可以减少硫酸盐气溶胶的浓度，从而减轻硫酸盐气溶胶对气候的影响。是一项有利于实现我国两控区控制指标的使用技术。

　　对未来 2020 年和 2050 年的预测研究表明，在我国的燃煤电厂和水泥制造厂普遍采用该技术之后，未来 2020 年和 2050 年大气环境质量，酸雨发展情况和二氧化硫排放状况将得到普遍改善，对于现在污染比较严重的地区有望达到国家空气质量二级标准。同时由于脱硫效率的提高，硫酸盐气溶胶的浓度大大减少，对气候的辐射强迫影响随之而有所减少。图 4 给出了 2020 年能源规划的二氧化硫排放量的浓度分布，可以看出，在没有采用"煤净化燃烧的同时生成物产品化"技术的情况下，硫酸盐粒子浓度最大可达 10μg/m³ 以上，硫酸盐主要分布在我国东部工业比较发达的地区。如果普遍推广"燃煤净化同时生成物产品化"技术，硫酸盐粒子的浓度将大大降低，两控区硫酸盐粒子的浓度最高值不超过 3μg/m³。图 5 给出"煤净化燃烧的同时生成物产品化"技术推

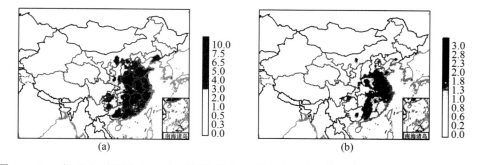

图 4　（a）和（b）分别为 2020 年采用该技术前后地面硫酸盐粒子浓度分布（单位：μg/m³）

广前后 2050 年由于硫酸盐气溶胶产生的对太阳辐射的强迫，同样说明"煤净化燃烧的同时生成物产品化"技术是实现我国两控区控制管理目标的最实用经济有效的技术手段，有很好的推广价值和很高的经济效益。

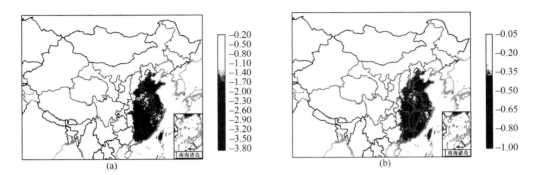

图5　（a）和（b）分别为 2050 年采用该技术前后硫酸盐气溶胶的辐射强迫（单位：W/m²）

　　通过研究可以看出，"煤净化燃烧的同时生成物产品化"技术是解决大气污染和改善环境的一项高新技术，是配合实施我国两控区控制目标最好的技术支持。是一项集节约能源、改善环境、提高效益和造福人类的新工艺和新技术。它创造性地解决了长期困扰我国环境保护部门的大气污染和固体废弃物污染环境的一个重大问题，不仅在技术上处于国际领先地位，而且特别适合我国的实际国情的需要，具有很好的推广前景和应用价值。

参 考 文 献

[1] 朱雪芳. 煤净化燃烧的同时生成物产品化. 中国工程学报, 1999.
[2] 国家统计局编. 1997 中国统计年鉴, 北京: 中国统计出版社, 1997.
[3] 国家环境保护局等. 中国跨世纪绿色工程规划. 第一期(1996—2000 年), 北京: 中国环境科学出版社, 1996.
[4] 国家工业污染源调查办公室编. 全国工业污染源调查评价与研究(分论). 北京: 中国环境科学出版社, 1991.
[5] 中国高等科学技术中心. 中国酸雨及其控制, 北京, 1997.
[6] 高庆先等. 辐射强迫与气候变化研究. 环境科学与技术, 中国环境科学研究院论文集 1997, 34-40.
[7] 高庆先等. 人为排放气溶胶引起的辐射强迫研究, 环境科学研究, 1998, 11(1): 5-9.

The Application of New Technique of "Clean Combustions of Coal and Its Production" and The Enhancement of Environment

GAO Qingxian[1,2], LIU Hongliang[1,2], REN Zhenhai[1,2]

1. Center for Climate Impact Research of SEPA, Beijing 100080
2. Chinese Research Academy of Environmental Science, Beijing 100080

Abstract: Based on the analysis of energy structure and energy conservation as well as air pollution status of China, we studied and analysed the improvement environment of the application of the new technique of "clean combustions of coal and its production". The results indicated that the new technique of "clean combustions of coal and its production" is a practical and effective high technique of solving air pollution and improving environment. It is also the best technique support for implementation of "two control region" control targets. It is a new-aggregated technique of energy conservation, improving environment and increasing effective as well as benefiting humankinds. Especially, it figures out the air pollution problems and solid waste pollution and environmental problems, which is a puzzle problem of Chinese environmental department. This new technique has all-right extending foreground and applicable value. The more extended of this technique, the more distinct of its macroscopical environment benefit.

Key words: air pollution; clean combustion of coal; two-control region; energy conservation

Environmental Process and Convergence Belt of Atmospheric NO₂ Pollution in North China[①]

WEI Peng[1] (尉鹏), REN Zhenhai[2] (任阵海), SU Fuqing[2] (苏福庆), CHENG Shuiyuan[1] (程水源), ZHANG Peng[3] (张鹏), GAO Qingxian[2] (高庆先)

1. College of Environmental & Energy Engineering, Beijing University of Technology, Beijing 100022
2. Chinese Research Academy of Environmental Sciences, Beijing 100012
3. National Satellite Meteorological Center, China Meteorological Administration, Beijing 100081

Abstract: Both surface environmental monitoring and satellite remote sensing show that North China is one of the regions that are heavily polluted by NO_2. Using the NO_2 monitoring data from 18 major cities in the region, the tropospheric NO_2 column density data from the Ozone Monitoring Instrument (OMI) on the Aura satellite, and the observations from the China Meteorological Administration network, this paper analyzes a regional NO_2 pollution event in February 2007 over North China, examines the convergence of the pollutant, and identifies its correlation with the atmospheric background conditions. The results show that daily mean NO_2 concentrations derived from surface observations are consistent with the mean values of the OMI measurements, with their correlation coefficient reaching 0.81. The correlations of NO_2 concentration with general weather patterns and sequential changes of temperature structure from 925 hPa down to the surface indicate that the weather fronts, high pressure and low pressure systems in the atmosphere play a role in changing the temporal and spatial evolutions of NO_2 through removing, accumulating or converging of the pollutant, respectively. It is also found that the eastern Taihang Mountains is most heavily polluted by NO_2 in North China. Based on a model that correlates NO_2 column density with surface wind vector, the relation of the NO_2 concentrations in six major cities in North China to the surrounding wind field is analyzed. The results show that the maximum wind field is associated with the highest frequency of pollution events, and under certain large-scale atmospheric conditions together with the topographic effect, small-and meso-scale wind fields often act to transport and converge pollutants, and become a major factor in forming the heaviest NO_2 pollution event in North China. Analysis of the causes for the severe NO_2 pollution event in this study may shed light on understanding, forecasting, and mitigating occurrences of heavy NO_2 pollution.

Key words: atmospheric pollution; environmental process; convergence belt; satellite remote sensing

---

① 原载于 *Acta Meteorologica Sinica*, 2011 年, 第 25 卷, 第 6 期, 797~811 页。

1 INTRODUCTION

Nitrogen dioxide (NO_2) is a major atmospheric pollutant and a main precursor of acid rain and photochemical smog, which has serious effects on atmospheric environment quality. High NO_2 concentration may lead to a higher mortality of lung cancer, so it is detrimental to human health. Also as a precursor of ozone, higher NO_2 concentration often leads to peak-valued ozone concentration.

Previous studies show that during 1996-2006, a decreasing trend in NO_2 concentration appeared globally, especially along the eastern coast of the United States (Kim et al., 2006) and Europe (Richter et al., 2005). In contrast, as a result of the rapid economic development in recent years, China now becomes a region with the highest NO_2 concentration and the fastest NO_2 increase rate; especially, the eastern China has witnessed a rapid NO_2 increase since 2000 (Sachin et al., 2009). Therefore, studies on the characteristics and mechanisms of severe NO_2 pollution events are of particular interest and urgency to the environmental science community.

The concentration changes of pollutants in a regional air pollution process are subject to impacts of atmospheric conditions, as the removal, accumulation, and convergence of air pollutants are closely related to the changes in weather patterns (Ren et al., 2005; Ding, 2005). A convergence belt usually represents a zone with the highest concentration of a given pollutant within a certain region, and its genesis and removal with time and its spatial variation determine the occurrence probability of severe pollution events in China (Su et al., 2004a).

In recent years, with advances in space-based remote sensing technologies, the sensors like SCIAMACHY (Scanning Imaging Absorption Spectrometer for Atmospheric CHartographY) and OMI (Ozone Monitoring Instrument), among others, have been used to obtain the distributions of large-scale NO_2 column density in a continuously updated manner such as in the GOME (Global Ozone Monitoring Experiment) and GOME-2. Relative to traditional methods, satellite-based remote sensing provides higher resolution, wider coverage and simultaneous measurements, and makes reliable observations available for the atmospheric environmental studies. Therefore, scientists worldwide have carried out a range of investigations on NO_2 pollution based on satellite data. Some compared NO_2 column density observations from space with surface NO_2 concentration measurements (Petritoli et al., 2004; Ordónez et al., 2006; Lamsal et al., 2008). Using GOME and SCIAMACHY data, Richter et al. (2005) analyzed the global distribution of monthly mean values of NO_2 column density in the troposphere in 1996~2004. They suggested a significant NO_2 increase in eastern China. Using GOME data in a three-dimensional model, Van der et al. (2006) also presented a global picture of the total NO_2 distribution in the troposphere. Focusing on NO_2 pollution events in China, many similar studies were carried out by Chinese scientists. Using SCIAMACHY data, Zhang X Y et al. (2007) showed both temporal and spatial NO_2 distributions over China in 1997~2006, and they also analyzed the pollution sources. They suggested that human activities may affect the spatial distribution of NO_2 concentration (Zhang X Y, et al., 2007). Later on, using GOME and SCIAMACHY data, and with an atmospheric chemistry transport model, Yue et al. (2009) investigated the seasonal NO_2 variations and drew similar conclusions. Wang et al. (2009) confirmed the impacts of human activities on NO_2 column density in the troposphere in several geographic zones of China.

In the next five years (2011~2015), the China environmental protection authority will make greater efforts to control the NO_2 pollution. But so far, neither comprehensive investigations on the spatial distribution and temporal evolution of pollutants in China nor studies on the seasonal NO_2 variations have been carried out at home and abroad. Using high resolution and large coverage satellite remote sensing observations, this paper focuses on the pending issues about air pollution control in China and investigates environmental processes and convergence belts of regional NO_2 pollution in China based on the previously proposed concepts of atmospheric environmental processes (Ren et al., 2005) and pollution convergence belts (Su et al., 2004b). The study aims to provide useful scientific reference for the control of air pollution and planning of pollution reduction in China.

Using the ground NO_2 measurements in China and the remote sensing products of global tropospheric NO_2 column density from the US National Aeronautics and Space Administration (NASA), and selecting NO_2 concentration evolution sequence in February 2007 in North China, this study ventures to investigate the distribution characteristics and causes of atmospheric environment processes and convergence belts of NO_2 pollution, and illustrates the seasonal variation and influential factors of NO_2 in China. The study combines ground NO_2 concentration measurements and sea level pressure field data with a correlation vector model.

2 DATA

The remote sensing data used in this paper are OMI global products (daily NO_2 column density) from NASA (http://www.nasa.gov/) in 2007. The OMI overpass time is normally around 1330 local time (LT). Latitude, longitude, time, tropospheric NO_2 column concentration and other information are extracted and interpolated onto $0.1°×0.1°$ grid points.

The meteorological data are from the China Meteorological Administration observation network at 3h intervals. The Asian pollution source data during the Intercontinental Chemical Transport Experiment Phase B (INTEX-B) with a resolution of $0.5°×0.5°$ in 2006 and 2007 are used. Surface NO_2 data are from daily ground observations (mean values from 1200 LT of the previous day to 1200 LT of the current day) of the environment monitoring network of China.

3 NO₂ CONCENTRATION DISTRIBUTION AND ITS SEASONAL EVOLUTION IN CHINA

Fig. 1 shows the distribution of annual mean NO_2 column density in China in 2007 observed by the OMI on the Aura satellite. It can be seen that the region with NO_2 column density above $3×10^{16}$ molec/cm² lies mainly in North China, Yangtze River, and Pearl River deltas, in which the highest value of NO_2 column density is $3.5×10^{16}~4×10^{16}$ molec/cm² over the eastern Taihang Mountains. The regions with NO_2 column density ranging from $0.5×10^{16}$ to $1.5×10^{16}$ molec/cm² are found in the Sichuan basin, Fenhe River valley, Two-Lake Plain, Liaohe River Plain, and Junggar basin, in which the NO_2 column density is higher than that of the surrounding areas. Therefore, North China is the region with the most severe and largest extent of the NO_2 pollution in China.

Fig. 2 gives monthly tropospheric NO_2 column density and monthly precipitation distribution in China in February and July 2007 from OMI. It is visible that significant differences exist in monthly distributions of NO_2 concentration. In February 2007 (Fig. 2a), NO_2 column density in China was

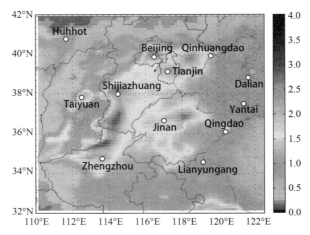

Fig. 1　NO$_2$ column density (unit: 10^{16} molec/cm^2) averaged from January to December 2007 in China

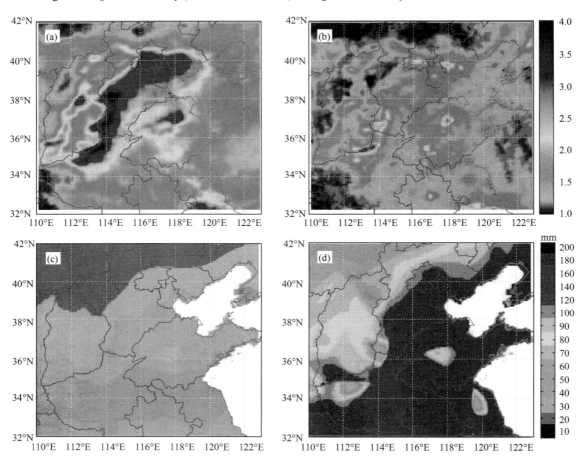

Fig. 2　Monthly NO$_2$ column density (unit: 10^{16} molec/cm^2) (a, b) and precipitation evolution (c, d) in North China
(32°~43°N, 110°~122.5°E) in February(a, c)and July(b, d)2007

generally higher, and higher values ($>2\times10^{16}$ molec/cm^2) appear in most parts of North China. Precipitation was less than 50 mm in most parts of the country, gradually decreasing from southeast to northwest, and it was 30~40 mm over North China (Fig. 2c). In July, NO$_2$ pollution over the whole country was somewhat reduced (Fig. 2b). The area with tropospheric NO_2 column density above 2.5×10^{16} molec/cm^2 was significantly reduced in size compared with that in February, but the heaviest polluted region was still in North China. NO_2 pollution reduced and precipitation increased month by month (Figs. 2b and 2d). Till August, NO_2 column density was generally less than 1.5×10^{16} molec/cm^2, down to the lowest value; while precipitation increased to 90~140 mm, 3 times of the rainfall amount in January (figure omitted). Thus, it seems that precipitation change is negatively related to the variation of NO_2 concentration in China.

Apart from precipitation, the monthly evolution of sea level pressure (SLP) field is another major factor for the seasonal variation of NO_2 column density distribution in China. The SLP tends to play a role in accumulating pollutants continuously. As shown in Fig. 3a, Chinese mainland was largely controlled by a high pressure system dominating over a broad area for a long time in February 2007. Therefore, the accumulation of pollution lasted quite long, with NO_2 pollution being the most severe in wintertime and with the largest extent. However, more low-pressure precipitation systems were found in the summer season (Fig. 3b). The time for pollutant accumulation under such weather systems was rather short. Correspondingly, the monthly NO_2 column density was low. The seasonal variations of SLP and precipitation are deemed as major factors for uneven seasonal distributions of NO_2.

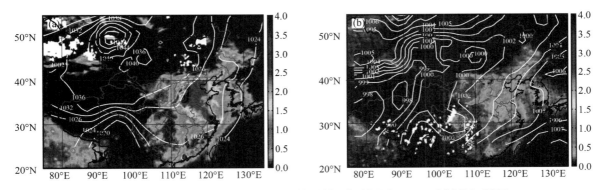

Fig. 3   The mean sea level pressure field in China in (a) February and (b) July 2007

4   ANALYSIS OF EVOLVING WEATHER PATTERNS IN NORTH CHINA ASSOCIATED WITH THE NO₂ POLLUTION

According to previous studies (Ren et al., 2005), evolution of regional atmospheric pollution is significantly correlated to weather patterns, under which regional pollutants appear or disappear in an evident process. From the prospective of concentration variation of regional pollutants, this process is called an environmental process of atmospheric pollution, namely, a valley-peak sequence showing concentration variations. The pollutants may be removed by a frontal zone, get accumulated by a stable high pressure synoptic weather system, or get trapped and converged in a certain region by a low pressure system, exhibiting distinctive evolution features associated with weather and climate.

Based on satellite observations and analysis of weather patterns in February 2007, surface NO_2 concentration measurements will be examined in this section. Its regional distribution and temporal variation characteristics during the severe pollution-prone winter season over North China will be discussed.

4.1   Surface NO₂ measurements in northern China

Fig. 4 shows variations of surface NO_2 concentration in 18 cities of northern China in February 2007, based on the surface NO_2 measurements from the urban atmospheric environmental monitoring network. It is discernible that during 1~12 February, NO_2 concentration in all the cities generally underwent a valley-peak-valley process, or a regional atmospheric environmental process. On 1 February, NO_2 concentration in all these cities varied from $0.02mg/m^3$ to $0.10mg/m^3$, mostly below the atmospheric environmental criteria II level ($0.08mg/m^3$). After small fluctuations and accumulation in a few days, on 5 February, the heaviest pollution occurred in Beijing, Tianjin, Tangshan, Zhengzhou, and Taiyuan. The daily average concentration in Beijing was $0.144mg/m^3$, exceeding the Criteria III level ($0.12mg/m^3$). The peak values in Tangshan, Zhengzhou, and Pingdingshan were 0.075, 0.072, and $0.073mg/m^3$, respectively. On 6 February, all the other cities reached their respective peak values. The daily average NO_2 concentration in Tianjin and Xuzhou both registered $0.106mg/m^3$. On 7 February, NO_2 concentration in all the cities began to fluctuate and decline. On 9 February, a moderate fluctuation of NO_2 concentration took place once again till the day when NO_2 concentration was falling down to the valley, ending with all cities below the Criteria II level. This first process in February lasted for 10 days, during which NO_2 concentration in all the cities was in the range of 67%~92% relative to the Criteria II level.

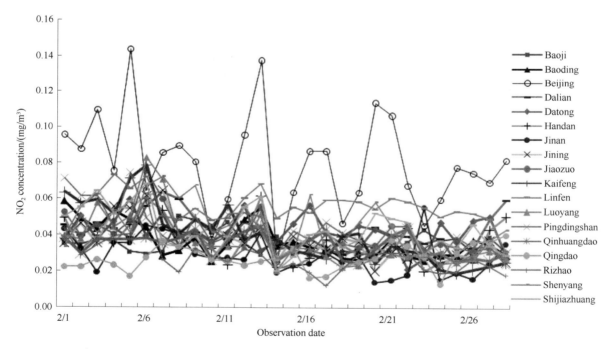

Fig. 4   Variations of NO_2 concentration in 18 cities in northern China during February 2007

During the first process in 4~5 February, the single-day NO_2 concentration over Tianjin rose by $0.04mg/m^3$, an increase of 66%. The NO_2 concentration over Beijing on 4 February was $0.076mg/m^3$ and went up to $0.144mg/m^3$ next day (5 February), an increase of 94%, went down to $0.065mg/m^3$ on 6 February by a decrease of 55%. Therefore, this environmental process can be characterized as: in 1~2 days, NO_2 concentration in all the cities rose rapidly and reached the peaks; subsequently, each city experienced 4 environmental processes in 11~14, 14~18, 18~23, and 23~27 February, respectively.

4.2　Satellite observations

Fig. 5 gives average values of NO_2 column density in northern China derived from OMI data in February 2007 and a variation sequence of average daily NO_2 concentration measurements in 18 cities of northern China from the urban atmospheric environmental monitoring network. Because the OMI observation is performed around 1330 LT each day, the time to calculate the daily surface NO_2 concentration measurements starts from 1200LT of the previous day to 1200 of the current day. Therefore, the OMI curve differs from the surface observed curve of NO_2 concentration by one day sometimes. As shown in Fig. 5, on 1, 10, 14, and 24 February, the average NO_2 concentration from the monitoring network in China (32°~43°N, 110°~122.5°E) reached the lowest level. The average concentrations were 0.045, 0.035, 0.029, and 0.031mg/m³, respectively. The tropospheric NO_2 column densities were 0.97×10^{16}, 0.64×10^{16}, 0.60×10^{16}, and 0.12×10^{16}molec/cm², respectively. From the measurements made in the 18 cities in northern China, the regional average NO_2 concentration peaked on 6, 13, 17, 21, and 27 February, respectively. The average concentrations were 0.059, 0.049, 0.037, and 0.036mg/m³. The corresponding NO_2 column densities were 2.50×10^{16}, 2.12×10^{16}, 1.63×10^{16}, and 1.46×10^{16}molec/cm², respectively. It is quite clear that the average tropospheric NO_2 column densities from OMI are in general consistent with the trend of average daily NO_2 concentration variations in these cities from the ground measurements. Fig. 6 shows a good consistency between the two with a

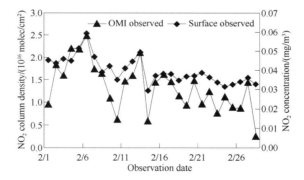

Fig. 5　The OMI observed average NO_2 column density and the surface observed average daily NO_2 concentration in 18 cities of northern China in February 2007

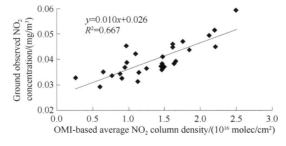

Fig. 6　Correlation between OMI-based average NO_2 column density and ground measured average daily NO_2 concentration over the 18 cities of northern China in February 2007

correlation coefficient of 0.81. Therefore, OMI observations can also reflect the temporal variation trend in the process of a severe NO_2 pollution event.

4.3 Association between environmental processes of NO_2 pollution and weather patterns in North China

The evolution of regional air pollutant concentration is subject to the impacts of large-scale weather patterns (Chen et al., 2008; Su et al., 2004a; Kang et al., 2009a, b). When the concentration rises and reaches a peak, the corresponding weather pattern may be a stable continental high pressure system that has lasted for several days. When the pollutants drop and reach a valley, this may correspond to a front.

From Fig. 7, it is seen that the lowest values were found in the atmospheric environmental process on 10 and 13 February 2007. The corresponding SLP fields and NO_2 column density distributions on 10 and 13 February are given in Figs. 7a and 7b. As shown in Fig. 7b, when NO_2 concentration in North China was declining, the area was controlled by northerly flow in front of the continental high, which helped to remove the pollutants, allowing the NO_2 concentration in the region to drop to the lowest.

The ground measurements suggest that the NO_2 concentration in North China was still rising on 2, 11, and 18 February, but not yet reaching the peak value. Fig. 7c~7e give the satellite-observed NO_2 column densities on 2, 11, and 18 February and the corresponding synoptic weather patterns. It is clear that under control of a large-scale continental high pressure system, an inversion layer was shaped over North China (Fig. 8), creating conditions for pollutant accumulation, and pollutant concentrations were rising in all the cities.

On 5, 12, and 17 February 2007, three peak values were detected respectively. The corresponding SLP fields and NO_2 column density distributions are given in Figs. 7f~7h. These figures show that high NO_2 concentration zone was located in the trough of the near-surface low pressure system, suggesting that under the low-pressure convergent flow field, atmospheric NO_2 converged in the trough, forming a high NO_2 concentration belt.

The boundary layer temperature structure under an influential synoptic situation is another important factor for surface NO_2 concentration variations. In Fig. 8, the red curve represents temperature difference between 925 and 1000hPa over Beijing at 0800 Beijing Time (BT) in February 2007 and the blue curve shows the measured surface NO_2 concentration in Beijing in February 2007. Good consistency is visible between the two curves. On 10, 14, and 21 February, the 925~1000hPa temperature difference turned from positive to negative values, showing an unstable stratification, with the corresponding surface NO_2 concentration rapidly declining from peak to valley. Evident stable stratification was observed at 925hPa on 5, 12, 16, and 20 February, corresponding to the surface NO_2 concentration peaks, so a positive correlation was found between the temperature difference and the peak value of NO_2 concentration.

Under the influence of the synoptic system, a stable temperature structure was found in the layer from the surface to 925hPa, which blocked vertical dispersion of pollutants in the boundary layer, but was conductive to local accumulation of pollutants, suggesting that NO_2 concentration peak was clearly related to the persistent stable boundary layer. When the synoptic pattern changed, the stable structure below 925hPa was destroyed, and consequently the surface NO_2 concentration declined to the lowest value. Obviously, changes of boundary layer temperature structure under an influential synoptic pattern are significantly correlated to evolution of the ground measured NO_2 concentrations.

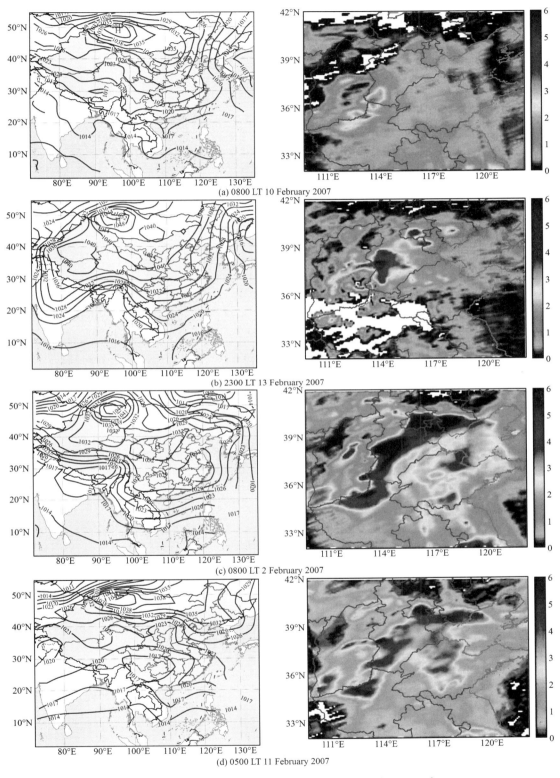

(a) 0800 LT 10 February 2007

(b) 2300 LT 13 February 2007

(c) 0800 LT 2 February 2007

(d) 0500 LT 11 February 2007

Fig. 7　Relationship between satellite-observed NO$_2$ column densities (unit: 10^{16}molec/cm^2) (right panels) and evolution of synoptic weather patterns (SLP in hPa; left panels)(sequence: frontal zone, high pressure system, and low pressure system)

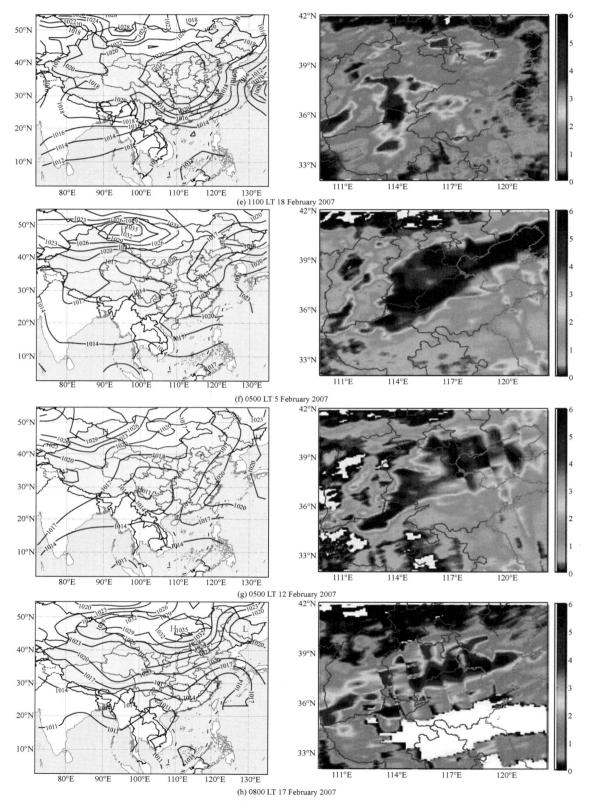

(e) 1100 LT 18 February 2007

(f) 0500 LT 5 February 2007

(g) 0500 LT 12 February 2007

(h) 0800 LT 17 February 2007

Fig. 7　(Continued.)

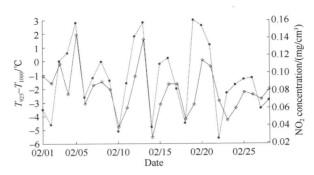

Fig. 8　Vertical temperature difference (red) between 925 and 1000hPa and the daily surface NO₂ concentration (blue) variations in February 2007

In summary, the high pressure system, the low pressure trough, and the northerly winds in front of the high pressure within a large-scale synoptic situation act to accumulate, converge, and remove NO₂ pollutant, respectively. Therefore, large-scale background field is the major reason for NO₂ concentration fluctuations with time.

5　NO₂ CONVERGENCE BELT

To understand how a convergence belt is created, Su et al. (2004a, 2004b) addressed the convergence of air pollutants over the eastern Taihang Mountains, stating that the interaction of topography with near surface wind fields tends to lead to high local pollutant concentrations. Such a zone where multiple pollutant transport channels meet showing a higher probability of convergence is referred to as a pollutant convergence belt. The convergence belt over the eastern Taihang Mountains is one of the most evident examples.

5.1　Target area and the topographic features

This study targets on North China, aiming to better understand the regional atmospheric and environmental processes of NO₂ pollution in China and the characteristics of the pollutant convergence belt. The study covers the area 32°~42°N and 110°~122.5°E. Eighteen cities in the region were selected for collecting ground measurements (Fig.9). Correlation vector fields from the cities marked in red square in Fig.9 are calculated.

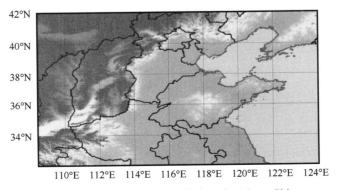

Fig. 9　Topographic characteristics of northern China

Fig. 9 shows that there are complex and diverse terrains in North China, including high lands, mountains, plains, and basins. The topography of the North China Plain is generally flat, mostly below 50m above sea level. To the north of the Plain, stands the east-west Yanshan Mountains with elevation of 500~1500m. To the west, erects the north-south Taihang Mountains with elevation mostly above 1200 m. Several basins and river valleys with different sizes spread to the west of the Taihang Mountains. Both Tai and Yimeng Mountains rise in the central part of Shandong Province, the highest elevations of the two are 1545m and 1032m, respectively. Apparently, the study area is at the junctions of the river valleys, plains and mountains in northern China, and it is prone to forming a regional pollution convergence belt. Urban pollution sources mainly scatter over the plains.

We now re-examine Fig. 2a with a focus on the association between NO_2 concentration and terrains. Fig. 2a shows OMI-based NO_2 column density distribution in North China in February 2007. It is found that NO_2 heavily polluted areas are mainly concentrated over the eastern Taihang Mountains, Fenhe River valley, southern Yanshan Mountains, and northern Yimeng Mountains. The highly concentrated pollutants spread out along the mountains and river basins, with NO_2 column density being above 2×10^{16}molec/cm^2. The most severely polluted areas in North China are the Beijing-Tianjin- Tangshan region south of the Yanshan Mountains and the Zhengzhou-Shijiazhuang region facing the Taihang Mountains. In this study, NO_2 concentration in Beijing registered 4.8×10^{16}molec/cm^2, and that in Shijiazhuang was 4.54×10^{16}molec/cm^2, 3 times higher than the average of North China $(1.34 \times 10^{16}$molec/cm$^2)$. The second most severely polluted areas are the Fenhe River valley from Linfen to Taiyuan and the northern foothills of Yimeng Mountains in Shandong Peninsula, with the NO_2 column density up to 2.5×10^{16}molec/cm^2, 2 times higher than the regional average. It is clear that there is a good correlation between NO_2 column density distribution and the characteristics of terrain-induced pollutant convergence.

Fig. 10 displays the distribution of NO_2 pollution sources in North China based on the INTEX-B experiment (Zhang Q., et al., 2007a, 2007b, 2009). It is seen that pollution sources are relatively uniformly distributed but heavy pollution is mainly concentrated in several particular areas. There is no significant matching between the two. Fig. 11 gives the Lorenz curves of NO_2 pollution sources (Fig. 11a) and satellite observed NO_2 column density in areal percentage (Fig. 11b), in which the straight diagonal line

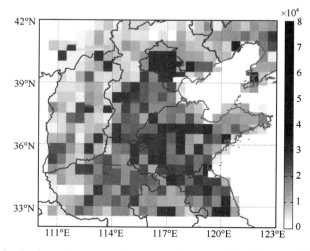

Fig. 10　Distribution of NO_2 pollution sources (unit: ton/a) in Northern China in 2006

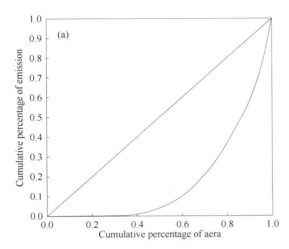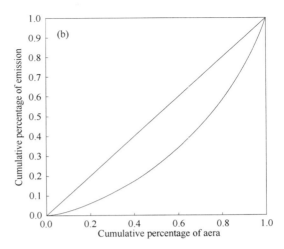

Fig. 11   Lorenz curves of NO₂ pollution sources (a) and OMI observations of column density area percentage (b)

Pollution source: 2006; NO₂ column density: February 2007

shows homogenous spatial distribution of pollution sources or NO₂ column density while the curve denotes the real distribution, with the Gini coefficients being 0.36 and 0.67, respectively, indicating that the spatial distribution of pollutants and pollution sources are not consistent, and both the transport and convergence of pollutants in the atmosphere are important for the spatial distribution of the pollutants.

5.2   Distribution of NO₂ concentration and the surface wind field

To demonstrate the regional NO₂ convergence characteristics in North China, this paper uses a vector-correlation model to analyze the correlation of distribution of NO₂ concentrations with surface wind fields (Xu et al., 2005). Fig. 12 shows the surface vector winds from the Meteorological Information Comprehensive Analysis and Process System (MICAPS). Fig. 13 shows the vector-correlation field derived from OMI-based tropospheric NO₂ column density data and the surface winds, in which vector length represents the quantity of the correlation coefficient, and vector direction represents the pollutant convergence channels. The equations are as follows (Xu et al., 2004, 2005) :

$$R_u = \frac{1}{N}\sum_{n=1}^{N}\frac{\Delta P_n(X_0,Y_0)\Delta u_n(X_i,Y_i) - N\Delta P_n(X_0,Y_0)^N \Delta u_n(X_i,Y_i)^N}{\sqrt{\sum_{n=1}^{N}(\Delta P_n(X_0,Y_0))^2 - N((X_0,Y_0)^N)^2 \sum_{n=1}^{N}((\Delta u_n(X_0,Y_0))^2) - N((\Delta u_n(X_i,Y_i)^N)^2)}} \tag{5.1}$$

$$R_v = \frac{1}{N}\sum_{n=1}^{N}\frac{\Delta P_n(X_0,Y_0)\Delta v_n(X_i,Y_i) - N\Delta P_n(X_0,Y_0)^N \Delta v_n(X_i,Y_i)^N}{\sqrt{\sum_{n=1}^{N}(\Delta P_n(X_0,Y_0))^2 - N((X_0,Y_0)^N)^2 \sum_{n=1}^{N}((\Delta v_n(X_0,Y_0))^2) - N((\Delta u_n(X_i,Y_i)^N)^2)}}$$

$$\begin{pmatrix}\Delta P_n(X_0,Y_0)\\ \Delta u_n(X_0,Y_0)\\ \Delta v_n(X_0,Y_0)\end{pmatrix} = \begin{pmatrix}P_n(X_0,Y_0) - P_n'(X_0,Y_0)^N\\ u_n(X_0,Y_0) - u_n'(X_0,Y_0)^N\\ v_n(X_0,Y_0) - v_n'(X_0,Y_0)^N\end{pmatrix} \tag{5.2}$$

where (X_0, Y_0) is the correlation coefficient between the evolution of a single-point pollution process and the u, v components of a wind field around the observation point. $P_n(X_0, Y_0)$ is the average concentration values at (X_0, Y_0), and $u_n(X_0, Y_0)$ and $v_n(X_0, Y_0)$ are u, v components of the wind filed.

From Eqs. (5.1) and (5.2), the following expression can be obtained:

$$R = R_v i + R_u j \tag{5.3}$$

R is the synthetic correlation vector, and i and j are the vector unit.

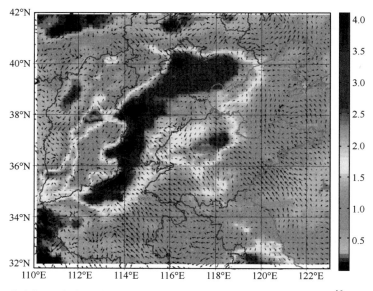

Fig. 12　Distributions of surface winds and the monthly mean NO_2 column density(unit: 10^{16}molec/cm^2)in February 2007

Fig. 13 shows that the convergence of correlation vectors took place in the eastern Taihang Mountains, southern Yanshan Mountains, Fenhe River valley, and the north side of Yimeng Mountains. Comparison of Fig. 13 with Fig. 2a shows that the pollutant convergence is significantly related to the vector-correlation field. Obviously, topography and the interaction of pollutants with surface wind field are the major causes for the vector convergence. In Fig. 13, it is shown that NO_2 pollutants over the eastern Taihang Mountains are mainly from the southeast. Fig. 12 shows the surface wind fields

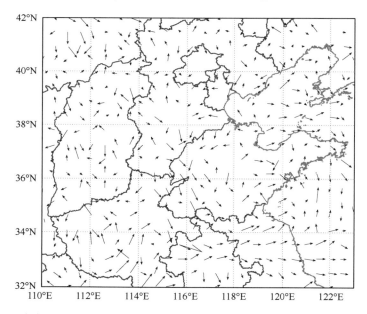

Fig. 13　The correlation vector fields for NO_2 mean column density and surface winds in February 2007

accompanying the highest frequency of monthly mean NO$_2$ column density in February 2007 in North China. It is seen that the winds were mainly converged in Shijiazhuang, Beijing, Jinan, the northwest of Zhengzhou, Taiyuan and other areas that are all against mountains, and the NO$_2$ column density in the convergence zones is significantly higher than that of the surrounding areas. These findings are consistent with the outputs from the vector-correlation model.

To further investigate the vector correlation between NO$_2$ concentration and surrounding wind fields in major cities of North China, using sequence vector methods (Ding, 2005), namely taking NO$_2$ column density sequence in the cities and wind direction and wind velocity from the surrounding areas as correlation vector to determine the scope and the main paths of pollutant convergence in these cities, the authors of this paper simulated the processes with the vector-correlation model for six cities (Beijing, Tianjin, Shijiazhuang, Taiyuan, Zhengzhou, and Jinan). Fig. 14a presents the correlation field in Beijing. It is found that the convergence of southwesterly and northerly flows is the main feature of the vector-correlation field in Beijing. It is this feature that often leads to NO$_2$ pollutant convergence in this area. Fig. 14b shows the correlation of NO$_2$ column density with wind fields in Tianjin. It is clearly seen that there is no obvious correlation between the pollution and the wind over Tianjin and its surrounding areas. Fig. 14c shows that the pollutants emitted from Jinzhong basin converge in the Taiyuan area under the impacts of the basin convergence, leading to a higher NO$_2$ concentration in Taiyuan than in its surrounding areas (note: Taiyuan is located in northern Jinzhong basin). Fig. 14d shows that there exists a convergence zone between the southeasterly wind from the North China Plain and the local wind of the Taihang Mountains under the influence of a large-scale southeasterly wind field (thus forming southwesterly winds from Shijiazhuang to Beijing along the Taihang Mountains), so NO$_2$ from the North China Plain and that from the Xinzhou basin meet in Shijiazhuang, the most heavily NO$_2$ polluted area in North China (note: Shijiazhuang is located to the east of the Taihang Mountains). Fig. 14e describes the correlation of NO$_2$ column density with wind fields in Zhengzhou. It shows no evident pollutants around Zhengzhou. Fig. 14f shows weak vector convergence zones existing around Jinan and the north part of the Yimeng Mountains. In summary, NO$_2$ concentration in the convergence zone under small- and meso-scale wind fields induced by terrain and near surface flow fields of the large-scale synoptic system is evidently higher than that in its surrounding areas. Apparently, the vector-correlation field model can be used to capture the regional distribution of NO$_2$ concentrations.

6 CONCLUSIONS

Using OMI-based NO$_2$ data, MICAPS data and surface NO$_2$ concentration measurements from 18 cities in northern China, the authors investigated and analyzed the environmental process of regional NO$_2$ pollution, pollutant convergence zones, and correlations of the atmospheric background with regional NO$_2$ pollution over this region in February 2007. The conclusions are as follows.

Synchronous evolutions were found in temporal and spatial sequences of satellite-based NO$_2$ column density and ground-based NO$_2$ measurements, with their correlation coefficient reaching 0.81. OMI-based observations not only reveal heavy pollution events over North China but also have the advantage of wider coverage and higher resolution, so regional distributions of small-and meso-scale NO$_2$ concentrations can be captured by using the OMI-based observation data.

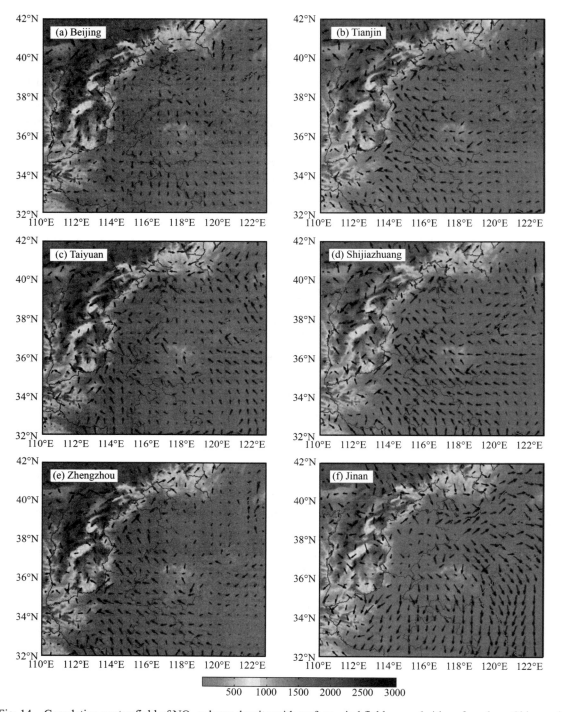

Fig. 14 Correlation vector field of NO$_2$ column density with surface wind fields over 6 cities of northern China and surface winds in February 2007. Shadings indicate topography in meters

North China is the most heavily NO$_2$ polluted region in terms of severity and extent across the country. China features evident seasonal NO$_2$ patterns, i.e., the heaviest pollution in winter (January) and the lightest in summer (August). Seasonal difference of air pressure fields and that of precipitation distributions are the main factors for seasonal NO$_2$ variations.

Based on analysis of synoptic weather patterns, taking into account satellite observations and the concept of atmospheric environmental pollution process, it is found that the evolution of large-scale synoptic patterns in the pressure field and vertical temperature structure of the boundary layer are the main factors for NO_2 concentration variations in North China. Their roles are different in an atmospheric environmental process: fronts remove pollutants while high pressure systems accumulate them, but low pressure systems tend to make them converge.

Satellite data show that heavy NO_2 pollution in North China often concentrates over the eastern Taihang Mountains, southern Yanshan Mountains, Fenhe River valley, and northern Yimeng Mountains. Using the Lorentz curves and through the Gini coefficient calculations, it is found that no overlapped correlations exist between distributions of heavy pollution areas and those of pollution sources. Using the vector correlation field model, the authors calculated the NO_2 column density and the surrounding wind fields for six cities in North China, showed the convergence ranges and channels of pollutants, and concluded that the convergence of small- and meso-scale wind fields generated by terrains and surface wind fields of largescale synoptic systems is the major factor for shaping up a heavy NO_2 pollution belt.

The combined use of synoptic process analysis and the vector correlation model is a useful approach to infer a heavy pollution region, which can be used for environment prediction of heavy pollution events.

REFERENCES

[1] Chen Z H, Cheng S Y, Li J B, et al. 2008. Relationship between atmospheric pollution processes and synoptic pressure patterns in northern China. Atmos. Environ., 24(42): 6078-6087.

[2] Ding Y H. 2005. Advanced Synoptic Meteorology (Second Edition). China Meteorological Press, 83 pp. (in Chinese)

[3] Kang N, Gao Q X, Wang Y S, et al. 2009b. Analysis of regional pollution process and application of system cluster method. Res. Environ. Sci., 22(10): 1120-1127. (in Chinese)

[4] Kang N, Xin J, Lin Y, et al. 2009a. Meteorological condition analysis of a typical fine particle pollution event in the piedmont region of Beijing. Res. Environ. Sci., 22(9): 1014-1020. (in Chinese)

[5] Kim S W, Heckel A, McKeen S A, et al. 2006. Satellite-observed US power plant NO_x emission reductions and their impact on air quality. Geophys. Res. Lett., 33(L22): 812-817.

[6] Lamsal L N, Martin R V, van Donkelaar A, et al. 2008. Ground-level nitrogen dioxide concentrations inferred from the satellite-borne ozone monitoring instrument. J. Geophys. Res., 113(D16): 308-323.

[7] Ordónez C. Richter A, Steinbacher M, et al. 2006. Comparison of 7 years of satellite-borne and groundbased tropospheric NO_2 measurements around Milan, Italy. J. Geophys. Res., 111(D05): 310-322.

[8] Petritoli A, Bonasoni P, Giovanelli G, et al. 2004. First comparison between ground-based and satellite-borne measurements of tropospheric nitrogen dioxide in the Po basin. J. Geophys. Res., 109(D15): 307-324.

[9] Van der A, Peters D H M U, Eskes H, et al. 2006. Detection of the trend and seasonal variation in tropospheric NO_2 over China. J. Geophys. Res., 111(D12317), doi: 10.1029P2005D006594.

[10] Ren Z, Su F, Gao Q, et al. 2005. Analysis of the serious atmospheric pollution event caused by emissions in boundary layer. J. Atmos. Sci., 29(1): 57-63. (in Chinese)

[11] Richter A, Burrows J P, Nü H, et al. 2005. Increase in tropospheric nitrogen dioxide over China observed from Space. Nature, 7055(437): 129-132.

[12] Sachin D G, Van der A R J, Beig G, et al. 2009. Satellite derived trends in NO_2 over the major global hotspot regions during the past decade and their inter-comparison. Environ. Poll., 157(6): 1873-1878.

[13] Su F, Yang M, Zhong J, et al. 2004a. The effects of synoptic type on regional atmospheric contamination in North China. Res. Environ. Sci., 17(1): 16-20. (in Chinese)

[14] Su F, Ren Z, Gao Q, et al. 2004b. Convergence system of air contamination in boundary layer above Beijing and North China: transportation convergence in boundary layer. Res. Environ. Sci., 17(1): 22-25. (in Chinese)

[15] Wang Y, Jiang H, Zhang X, et al. 2009. Temporal-spatial distribution of tropospheric NO_2 in China using OMI satellite remote sensing data. Res. Environ. Sci., 22(8): 932-937. (in Chinese)

[16] Xu X, Zhou L, Zhou X, et al. 2004. Influence domain of the surrounding pollution sources in heavy urban air pollution process. Sci. China (Ser. D), 34(10): 958-966.

[17] Xu X, Zhou X, Han X, et al. 2005. Spatial structure and scale of air pollution sources influencing an urban cluster. Sci. China (Ser. D), 35(1): 1-19.

[18] Yue J, Lin Y, Deng Z, et al. 2009. Seasonal variations of tropospheric NO_2 over megalopolis in eastern China using satellite remote-sensing data and chemistry-transport model. Acta Scientiarum Naturalium Universitatis Pekinensis, 45(3): 431-438. (in Chinese)

[19] Zhang Q, Streets D G, He K, et al. 2007a. Major components of China's anthropogenic primary particulate emissions. Environ. Res. Lett., 2(2007): 045027-045034.

[20] Zhang Q, David G S, He K, et al. 2007b. NO_x emission trends for China, 1995—2004: the view from the ground and the view from space. J. Geophys. Res., 112(D22): 1-18.

[21] Zhang Q, Streets D G, Carmichael G R, et al. 2009. Asian emissions in 2006 for the NASA INTEX-B mission. Atmos. Chem. Phys., 14(9): 5131-5153.

[22] Zhang X Y, Zhang P, Zhang Y, et al. 2007. The trend, seasonal cycle, and sources of tropospheric NO_2 over China during 1997—2006 based on satellite measurement. Science China (Ser. D), 37(10): 1409-1416.

中距离垂直扩散参数的一个估算方法[①]

雷孝恩，任阵海

中国科学院大气物理研究所

摘要： 本文按照行星边界层（PBL）内局地湍流特性相似的假设和因此分析原理，应用合适的垂直涡旋扩散系数 K 的统计形式以及埃克曼螺线的风速廓线，通过数值分析，导出了 100km 范围内既适用于平坦均匀地形又适用于复杂地形的垂直扩散型。其结果与实测资料有较好的一致性。

1　引　言

近 10 年来，由于城市和超高烟囱造成的远距离污染越来越明显，迫使空气污染气象学家们不得不对中距离（10~100km）输送扩散规律的研究发生兴趣，但由于受到观测手段和对中尺度过程缺乏了解的限制，不论是在中距离输送扩散理论还是野外观测试验方面，都仅仅是开始，还远远满足不了各类环境问题的需要。

本文试图应用行星边界层的局地湍流特性相似的假设和因次分析原理，通过数值分析，提出一个适合 100km 范围的垂直扩散参数 σ_z 的估算方法。

2　公式的导出

按照 Pasquill[1]提出的 PBL 内局地湍流特性相似的假设：$\bar{z}$（扩散质点的垂直平均位移）的平均增长率唯一由两个局地参数 σ_w（垂直脉动速度的标准差）和 λ_m（垂直方向湍流尺度）决定，这两个量本身是高度的函数，因而也与热力层结有关。由因次分析可得到

$$\frac{\mathrm{d}}{\mathrm{d}t}\bar{z} = \sigma_w\left(\bar{z}\right) f\left[\frac{\lambda_m\left(\bar{z}\right)}{\bar{z}}\right] \tag{2.1}$$

f 为待定函数。相应的质点在顺风方向的平均水平位移 $\bar{x}$ 的变化率给成

$$\frac{\mathrm{d}}{\mathrm{d}t}\bar{x} = u\left(\bar{z}\right) \tag{2.2}$$

由式（2.1）和式（2.2）消去 $\mathrm{d}t$，便得到

---

① 原载于《环境科学学报》，1981 年，第 1 卷，第 4 期，304~312 页。

$$\frac{\mathrm{d}\bar{z}}{\mathrm{d}x} = \frac{\sigma_w}{u} f\left(\frac{\lambda_m}{\bar{z}}\right) \tag{2.3}$$

由式（2.3）看出，如果 σ_w、λ_m、u（平均风速）随高度分布和 f 的函数形式已知，则通过数值积分就可导出 $\bar{z}$ 随 $\bar{x}$ 的变化关系来。

2.1　垂直涡旋扩散系数 K 的统计形式

由泰勒统计理论和菲克扩散方程相结合，可知 $K = \sigma_w^2 t_L$，经过简单的经验变换，可得到

$$K = \sigma_w \lambda_m /10 \tag{2.4}$$

式中，t_L 为拉氏时间尺度，由广泛的实际测量[2]（包括不同地方和不同热力层结）得到

$$\sigma_w^3 = 0.32 \varepsilon \lambda_m \tag{2.5}$$

将式（2.5）代入式（2.4），则

$$K = \lambda_m^{4/3} \varepsilon^{1/3} /15 \tag{2.6}$$

以上三个表达式中，一共包含四个基本量：ε（湍流能量耗散率）、K、σ_w 和 λ_m，已知其中两个方可导出另外的两个量，σ_w、λ_m 和 ε 又比较容易测量，这样就可以使用能实际测量的湍流特征量来表示 K，而不是靠引入假想的混合长来实现；另外，K 的上述表达式更能反映大气湍流的本质。

2.2　函数 f 的确定

由于 σ_z 与 K 相似[3]，可方便地导出

$$\frac{\mathrm{d}\bar{z}}{\mathrm{d}x} = \frac{K}{u\bar{z}} \tag{2.7}$$

将式（2.4）代入式（2.7），则

$$\frac{\mathrm{d}\bar{z}}{\mathrm{d}x} = \frac{1}{10} \frac{\sigma_w}{u} \frac{\lambda_m}{\bar{z}} \tag{2.8}$$

式（2.8）和式（2.3）比较表明，

$$f\left(\frac{\lambda_m}{\bar{z}}\right) = \frac{\lambda_m}{\bar{z}}$$

Ito（1970）[4]也曾给出

$$K = \sigma_w \lambda_m = u\bar{z} \frac{\mathrm{d}\bar{z}}{\mathrm{d}x} \tag{2.9}$$

式（2.9）与式（2.8）除了系数外，完全相同。因此，将 f 选成 $\dfrac{\lambda_m}{\bar{z}}$ 是合适的。为了使式（2.8）更具有一般性，将 $\dfrac{1}{10}$ 改写成一个待定的参数 α，同时还将 α 看成是稳定度的函数，则将式（2.8）最后写成如下形式：

$$\frac{\mathrm{d}\bar{z}}{\mathrm{d}x} = \alpha \frac{\sigma_w}{u}\left(\frac{\lambda_m}{\bar{z}}\right) \tag{2.10}$$

2.3 u、σ_w 和 λ_m 表达式的选择

由于不同的稳定度，σ_w 和 λ_m 随高度分布的规律不一样，因此，下面使用的表达式按稳定、中性和不稳定分成三大类。

对中性情况，本文使用 Yohoyama[5]在地面以上 700~1000m 范围内观测得到的如下关系：

$$\sigma_w = 1.3u_*(1-\frac{\bar{z}}{h}) \tag{2.11}$$

$$\varepsilon = \frac{u_*^3}{k\bar{z}}(1-\frac{\bar{z}}{h})^3 \tag{2.12}$$

式中，k 为卡门常数，文中均取成 0.35，h 为 PBL 的厚度，u_*为近地面层速度尺度。由式（2.11），式（2.12）及式（2.5）可导出

$$\lambda_m = 2.4\bar{z} \tag{2.13}$$

稳定情况，我们选择 Wamser[2]使用 300m 塔上观测资料得到的如下公式：

$$\sigma_w = u_*(1-\frac{\bar{z}}{h})(1.36 + 0.08\frac{\bar{z}}{h}\mu) \tag{2.14}$$

$$\lambda_m = \bar{z}/(0.36 + 1.37\mu\bar{z}/h) \tag{2.15}$$

式（2.14）和式（2.15）中 $\mu = \dfrac{h}{L}$ 为稳定度参数，L 为近地面层长度尺度。

不稳定情况，根据文献[1]和[5]~[7]所得到的结果，选用以下适合于整个 PBL 的关系：

$$\sigma_w = 1.9u_*(1-\frac{\bar{z}}{h})(-\mu\frac{\bar{z}}{h})^{\frac{1}{3}} \tag{2.16}$$

$$\lambda_m = 5\bar{z} \tag{2.17}$$

PBL 的上半部分，由于受到实测资料和理论认识上的限制，σ_w 和 λ_m 还没有一个为大家所公认的表达式，比如 Pasquill[1]将式（2.13）中的系数给成 3.2，并指出只在常应力层（通常为 100m 厚）适用，在常应力层以上先是随高度增加而减小，以后变成常数。Wamser[2]应月塔的观测资料，认为在 250m 处该系数为 1.33；而本文所取的系数 2.4，则是按照更高高度（垂直扩散所能达到的高度——600m）上观测资料导出的，比 1.33 大，但比 3.2 小，作为这一层的平均值 2.4 是有一定代表性的。其他的关系虽然有待进一步分析验证，但它们都是建立在一定的实测资料和理论分析基础上的，对不同稳定度类使用不同的表达式还是有较好代表性的。

平均风速 $u(\bar{z})$ 在近地面层已经有很好的公式描述[8]，但还没有一个既能满足近地面层又满足 PBL 上半部分的好的风速分布形式。近来，在中距离扩散研究中，一些作者[9]主张用以下形式的风廓线

$$u(\bar{z}) = G(1 - \varepsilon^{-l\bar{z}}\cos(l\bar{z})) \tag{2.18}$$

式中，G 为地转风速；$l = \sqrt{\dfrac{P}{2K_0}}$；$P$ 为科氏参数，其值取成 10^{-4}s^{-1}；K_0 为常涡旋扩散系数。最近我们[10]在分析 320m 塔上平均风速廓线时，发现在 320m 范围内式（2.18）比幂指数规律更符合实际。为了讨论 $u(\bar{z})$ 与下垫面粗糙度及稳定度的关系，对地转风速 G 我们采用 Tennekes[11]给出的联系内参数 u_* 和外参数 G，P 和 z_0 的如下关系：

$$\ln z_0 = Q(\mu) + \ln \frac{G}{u_*} + \left[\frac{k^2 G^2}{u_*^2} - A_0^2(\mu) \right]^{1/2} \tag{2.19}$$

式中，z_0 为有效粗糙长度[8]；Q 为与稳定度有关的参数；$R_0 \equiv \dfrac{G}{Pz_0}$ 是地面罗斯贝数；$A_0 = \dfrac{kG}{u_*}\sin\alpha_0$，$\alpha_0$ 为地转风与地面风之间夹角。

将 R_0 和 A_0 的表达式代入式（2.19），经过运算整理得到

$$G = \frac{u_*}{k\_\cos\alpha_0}\left[\ln\frac{h}{z_0} - Q(\mu) \right] \tag{2.20}$$

式中，$h \approx \dfrac{u_*}{P}$ 为边界层厚度；α_0 值的大小一般在 13°~35°之间[12]变化，为计算方便而又不失一般性，令 $\cos\alpha_0 \approx 1$，则式（2.20）变成

$$G = \frac{u_*}{k}\left[\ln\frac{h}{z_0} - Q(\mu) \right] \tag{2.21}$$

3　平坦均匀地形条件下 σ_z 的表达式

所谓平坦均匀地形系指有效粗糙度长 $z_0 = 0.01\text{m}$ 的理想情况。为了和已有的标准垂直扩散型[13]（适用于 10km 范围）比较以及日常使用高斯模式的方便，本文采用 Pasquill 稳定度分类，并将 $\bar{z}$ 与 $\bar{x}$ 的关系通过 $\sigma_z = \alpha\bar{z}$ 换算成 σ_z 与 $\bar{x}$ 的关系。其系数 α 取决于污染物浓度的垂直分布形式。关于 α 值的大小，Pasquill 早期[14]利用近距离的大气扩散试验资料，得到平均值为 1.3；近来他[1]在研究中距离垂直扩散时，指出 α 取成 1.25（相当浓度在垂直方向满足正态分布）；同时指出，当分布指数 γ 为 1.5（正态分布时为 2）时，α 近似为 1.28，当浓度处在正态和简单的指数分布之间时，α 在 1.26~1.42 范围内变化。由此看来，虽然污染物浓度在 PBL 中不会完全满足正态分布，但在我们计算中将 α 取成 1.25，不会造成太大的误差。

在作数值计算之前，还必须将计算中所碰到的参数作合理的选择，其最后选用的参数给在表 1 中。

表中 PBL 的厚度 h 选取的主要依据是文献[15]~[17]、Klug（1969）[18]的混合层高度分类以及 320m 塔上平均风速和温度梯度实测结果[19]。L 选自文献[8]和[13]的结果。参数 l 由关系式 $l = \sqrt{\dfrac{5\times10^{-5}}{K_0}}$ 算出。不同稳定度类 K_0 值选自 Draxler[20]在中距离扩散研究中给出的值，该值也给在

表 1 中。后来，他[21]还给出了 K_0 的各个季节和年平均值。其 Q 值主要是根据 Yordanov[22]给出的公式：

$$Q(\mu) = 5.3 + \frac{1}{5.8 \times 10^{-3} \mu - 0.23} \tag{3.1}$$

并参考了文献[23]、[12]、[24]而给出的。

表 1 计算所用参数

稳定度类	h/m	L/m	μ	Q	$K_0/$（m/s）	l/m^{-1}	$\overline{x_1}/m$	$\overline{z_1}/m$	α
A	3000	−2.5	−1200	5.3	50	10^{-3}	2573	480	0.084
B	1500	−4.5	−333	4.5	30	1.29×10^{-3}	2755	288	0.063
C	1000	−20	−50	3.5	15	1.83×10^{-3}	2830	152	0.050
D	600	>1000	0	1.57	7	2.67×10^{-3}	2864	61	0.045
E	300	75	4	0.55	3	4.08×10^{-3}	3224	32	0.024
F	200	35	6	0.12	1	7.07×10^{-3}	3830	20	0.011

表中 $\overline{x_1}$ 和 $\overline{z_1}$ 是数值积分的初始位置，由文献[8]给出的公式计算得到。其 α 是在其他参数选定后，采取逐渐逼近方法，使最后选定的 α 值所计算出的 α_z 与文献[8]给出的 3km 以内曲线有最佳的匹配，结果表明，大气愈稳定，α 值愈小。3~100km 范围的值就由式（2.11）~式（2.21）和表 1 的参数代入式（2.10），应用辛普森公式作数值积分导出。

将数值计算得到的 α_z 与 $\overline{x}$ 所对应的数组，经过非线性的统计回归分析，最后得到适用于 0.1~100km 范围的 $\sigma_z(\overline{x}) = G(\overline{x})$ 如下表达式

$$G(\overline{x}) = a\overline{x}^{-b} / (1 + c^{(d + e \ln \overline{x})}) \tag{3.2}$$

式中，a、b、c、d、e 是与稳定度有关的常数，其各稳定度类的值给在表 2 中。

表 2 式（3.2）中的常数

稳定度类	A	B	C	D	E	F
a	0.086	0.073	0.054	0.070	0.156	0.233
b	1.12	1.07	1.04	0.876	0.691	0.583
c	1.53	1.23	1.2	1.19	1.12	1.05
d	−29	−56	−57	−59	−68	−96
e	2.95	5.75	5.85	5.4	6.1	8.2

4 均匀粗糙地形条件下 σ_z 的表达式

为了分析复杂地形条件下 σ_z 的表达式，本文采用有效粗糙度长的概念[8]，把非均匀性不太大的粗糙地形用一均匀粗糙地形的 σ_z 来代表。并将 σ_z（$\overline{x}$, z_0）写成如下形式

$$\sigma_z(\overline{x}, z_0) = G(\overline{x}) \cdot F(\overline{x}, z_0) \tag{4.1}$$

式（4.1）中的 $G\left(\overline{x}\right)$ 已在上节里给出，除了 z_0 不同外，其他参数保持不变，重复上节的计算程序，将得到的 σ_z 值以 $G\left(\overline{x}\right)$ 除之，就得到不同稳定度类、不同 z_0（0.01~5m）及不同 $\overline{x}$ 的 $F\left(\overline{x}, z_0\right)$ 值，经过非线性回归分析，最后得到如下表达式

$$F\left(\overline{x}, z_0\right) = 1 - \alpha_1 e^{-b_1 \overline{x}} + c_1 \overline{x}^{-d_1} z_0^{e_1} \tag{4.2}$$

式（4.2）中不同稳定度的常数列于表 3。

从式（4.2）可看出，z_0 的作用只在近距离明显，当 $\overline{x}$ 很大时，式（4.2）$\to 1$，于是远离粗糙度源的区域地形影响可以忽略，这与 Hanna[25] 的结论一致，但他只用 $z_0 P_0$ 的指数形式来表达 σ_z 中的 z_0 影响，其 P_0 在 0.1~0.25 之间变化，而本文的结果不是一简单的幂指数关系，更符合实际。

表 3　式（4.2）中的常数

稳定度类	A	B	C	D	E	F
a_1	0	0	0.33	1.08	0.65	0.35
b_1	0	0	2.8×10^{-3}	1.5×10^{-2}	3.45×10^{-3}	4.3×10^{-3}
c_1	115	27	30	46	26	16
d_1	1.25	0.8	0.65	0.65	0.5	0.47
e_1	0.900	0.677	0.496	0.552	0.412	0.414

为了进一步看出不同稳定度情况下 z_0 对 σ_z 影响的大小，我们将 z_0=0.1、1 和 5m 以及 $\overline{x}$ = 0.1、1、10 和 100km 处的 F 值列在表 4 中。从中可看出以下几点：①地形粗糙度的影响随稳定性增加（A→E）而增加，这一点已得到大量的实验资料所证实[26]，因在不稳定条件下，σ_z 主要受对流控制，而不是机械湍流[25]；②若 $z_0 \leqslant 1\text{m}$，则在 10~100km 范围内，如果不考虑 z_0 的影响，只造成 25% 左右的误差；③平坦均匀条件下 A~F 类的 σ_z 曲线族与粗糙均匀的曲线族两者比较表明，粗糙地形的 σ_z 曲线族比平坦均匀地形要窄，这一点文献[27]有过明确的结论，并表明，P~G 曲线的 A 类随 $\overline{x}$ 迅速增加不能应用到复杂地形。

表 4　$F\left(\overline{x}, z_0\right)$ 随稳定度变化

稳定度类 z_0/m $\overline{x}/\text{km}$	0.01				1				5			
	0.1	1	10	100	0.1	1	10	100	0.1	1	10	100
A	1.006	1.00	1.00	1.00	1.36	1.02	1.001	1.00	2.55	1.09	1.005	1.00
B	1.03	1.005	1.001	1.00	1.68	1.11	1.02	1.00	3.02	1.32	1.05	1.01
C	—	1.01	1.01	1.00	2.25	1.32	1.08	1.02	4.09	1.73	1.17	1.04
D	—	1.04	1.01	1.00	3.06	1.52	1.12	1.03	6.36	2.25	1.28	1.06
E	—	1.09	1.03	1.01	3.14	1.80	1.26	1.08	5.59	2.58	1.50	1.16
F	—	1.09	1.04	1.01	2.61	1.62	1.21	1.07	4.35	2.21	1.41	1.14

5　结果的检验和比较分析

上两节已经完成了 σ_z 的全部计算，其完整的表达式已由式（3.2）、式（4.1）、式（4.2）和表 2、3 给出。这些表达式以及与此有关的参数选择是否合理，是否能反映大气中的实际情况，这正是本节要回答的问题。

为了对得到的结果做检验，下面将在有关文献中收集到的 10~100km 范围内野外实测资料以及 Smith[28]、Wendell[29] 用不同方法导出的结果进行比较分析。

平坦均匀条件下 Smith 的结果为

$$G\left(\bar{x}\right) = a_1\bar{x}^{-b_1}/(1+a_2\bar{x}^{-b_2}) \tag{5.1}$$

式（5.1）是根据不同稳定度实测的风速和涡旋扩散系数廓线对二维扩散方程作数值解得到的。 Wendell 在一区域性模式中使用的 σ_z 表达式为

$$G\left(\bar{x}\right) = a_1\bar{x}^{-b_1}/(1+a_2\bar{x}+a_3\bar{x}^{-2})^c \tag{5.2}$$

它是 Briggs[13] 内插公式的进一步修正和延伸。虽然式（3.2）、式（5.1）和式（5.2）形式上不完全一样，但就远距离与近距离处对扩散率表现出不同，并且远距离扩散率减小这一点是一致的，这个结果得到大气实验结果[30]的支持，表明通常使用的幂指数形式 $a_1\bar{x}^{-b_1}$ 不能用于中距离。为比较，将式（3.2）去除式（5.1）和式（5.2）的比值给在表 5 中。

表 5　不同模型σ_z的比值

稳定度类		A		B		C		D		E		F	
距离/km	z_0/m	(27)/(23)	(26)/(23)	(27)/(23)	(26)/(23)	(27)/(23)	(26)/(23)	(27)/(23)	(26)/(23)	(27)/(23)	(26)/(23)	(27)/(23)	(26)/(23)
10	0.1	0.94	0.56	1.11	0.56	0.89	0.63	0.7	0.94	0.88	1.32	1.14	1.18
	1	—	070	—	0.64	—	0.71	—	1.04	—	1.32	—	1.24
50	0.1	1.43	0.66	1.92	0.75	1.12	0.75	0.76	0.99	0.59	1.45	0.80	1.30
	1	—	0.73	—	0.83	—	0.81	—	1.06	—	1.45	—	1.30
100	0.1	2.0	0.93	2.26	0.90	1.42	0.85	0.83	1.00	0.49	1.49	0.65	1.27
	1	—	1.03	—	1.00	—	0.93	—	1.08	—	1.46	—	1.27

从表 5 看出，10~100km 范围内，三个模型有较好的一致性。中性情况本文的结果与 Smith 的一致性最好，两者相差在 10% 以内。稳定情况本文结果比 Smith 的小，其比值约在 1.5 之内，但比 Wendell 的结果偏大。在不稳定一侧，本模型比 Smith 的略大，其比值在 0.56~1.03 之间，比 Wendell 的小。这三种从不同角度导出的模型有这样好的一致性是相当可观的。

我们从有关文献中一共收集了 10 处中距离实测和由地面浓度估算的 σ_z 资料，共有例子 72 次，其资料来源和地形情况是相当复杂的，比较多的是稳定一边，E~F 类有 48 次例子，不稳定一边最少，A~C 类只有 12 次，而且测量的距离也短（多为 20km 以内的值）。其计算值和实测值之比的分析表明：比值小于 2 的为 72%，小于 3 的为 96%，只有 3% 的资料大于 3，总体平均为 0.93±0.505。同时，Smith 的模型与实测资料比较表明：比值小于 2 的为 72%，小于 3 的为 81%，大于 3 的为

19%，总体平均为 0.90±0.743。由此可得出，本模型的结果与实际有较好的一致性，而且比 Smith 的模型更接近实际。

6　结　　论

从以上几节的数值分析，可得如下的结果：

（1）利用 PBL 中局地湍流相似的假设，提出的估算中距离垂直扩散参数的方法，虽然受到目前我们对边界层风速和湍流特征随高度变化规律认识程度的限制，文中使用的有些关系仍是经验性的，但计算结果和实测资料对比分析表明，两者有相当好的一致性，其计算值与实测值之比平均为 0.93±0.505；中性情况本方法导出的结果与 Smith 方法导出的结果相当；稳定和不稳定情况比 Smith 的结果更接近实际。

（2）中距离 σ_z 随 $\bar{x}$ 的变化规律与 10km 以内的相比，一个明显特点是 σ_z 随 $\bar{x}$ 的变化不再是一个简单的幂指数关系，而是 $\bar{x}$ 的一个复杂函数形式。尽管本文引作比较的三个模型所得的具体表达式有所不同，但它们都有一个共同的趋势，即距离越远，σ_z 随 $\bar{x}$ 的变化率越小，这一点得到了实验资料的证实。

（3）z_0 的影响随稳定度的加大而增加，随距离的增加而很快地减小。对 z_0=1m 以内的粗糙地形，在 10~100km 范围内，如果不考虑 z_0 的影响，只造成 25%左右的偏差，但在 10km 以内 z_0 的重要性就突出了。

总之，虽然本文使用的有些关系仍属经验性的，而且结果的进一步检验还受到合适的观测资料缺乏的限制，特别是不稳定情况。但从和已有的观测资料对比以及表现出来的与其他模型给出结果的一致性来看是可喜的，尤其是随着 PBL 中 σ_w、λ_m、ε 和 u 随高度分布资料的增加，用此方法可方便地预报垂直扩散参数，以避免作解扩散方程那样繁重的数值计算。

参 考 文 献

[1]　Pasquill F. Lectures on Air Pollution and Environmental Impact Analyses, 1-34(1975).
[2]　Wamser C. Quart. J. Roy. Meeteor. Soc., 103, 721(1977).
[3]　Lin M K. Joint Conf. on Applications of Air Pollution Meteorology, Nov. 29-Dec. 2, 172-175(1997).
[4]　Ito S. Paper in Meteorology and Geophysics, 21, 142(1970).
[5]　Yohogama O. J. Meteorology Society of Japan, No. 3, 312(1977).
[6]　Panofsky H A. Boundary-layer Meteorology, 4, 251(1973).
[7]　Hanna S R. W MO, No. 510, 75-183(1978).
[8]　雷孝恩, 等. 10 公里范围垂直扩散参数的一个估算方法. 大气科学, 5(4), 1981.
[9]　Peagle J N. Atmos. Environ., 11, 95(1977).
[10]　袁素珍, 等. 320 米塔上测定的大气稳定度类和风速廓线. 中国环境科学(待发表).
[11]　Tennekes H. Workshop-on Micrometeorology, pp 177-216(1973).
[12]　Monin A S. Annual Review of Fluid Mechanics, 2, 225(1970).
[13]　Gifford F A. Nuclear Safety, 17, 68(1976).
[14]　Pasquill F. Quart. J. Roy. Meteor. Soc., 92, 185(1966).
[15]　Yu T W. J. Appl. Meteor., 17, 28(1978).
[16]　Counihan J. Atmos. Environ., 9, 871(1975).

[17] Stampfer J F. Atmos. Environ., 9, 301(1975).

[18] Klug W. Staub J., 29, 143(1969).

[19] 雷孝恩, 等. 非均匀性和风速切变对中距离垂直扩散影响的一个数值分析, 环境科学学报(待发表).

[20] Draxler R R. Joint Conf. on Applications of Air Pollution Meteorology, Nov. 29-Dec. 2, 380-385(1977).

[21] Draxler R R. Atmos. Environ., 33, 1559(1979).

[22] Yoydanov D. Boundary-layer Meteorology, 11, 27(1977).

[23] Wyngaard J C. J. Atmos. Sci., 35, 1427(1978).

[24] Dobbins R A. Boundary-layer Meteorology, 11, 39(1977).

[25] Hanna S R. Bull. AMS., 58, 1305(1977).

[26] Egan B A. Lectures on Air Pollution and Environmental Impact Analyses, 112-135(1975).

[27] Shearer D L. Joint Conf. on Applications of Air Pollution Meteorology, Nov. 29-Dec. 2, 160-167(1977).

[28] Hosker R P. Physical Behaviour of Radioactive Contaminants in the Atmosphere, Proc. of a Symposium, 291-309 (1973).

[29] Wendell L L. 3rd Symposium on Atmos. Turbulence Diffusion and Air Quality, 318-324(1976).

[30] 大气试验技术小组. 大气科学, 1(1977).

An Estimation Method of Vertical Dispersion Parameters in the Mesoscale Range

Lei Xiao'en, Ren Zhenhai

Institute of Atmospheric Physics, Academia Sinica

Abstract: Based on the hypothesis of similarity for local turbulent characteristics in planetary boundary layers and the principle of dimensional analysis, and using statistical form of the vertical vortex diffusion coefficient K as well as Ekman spiral wind profile, at vertical dispersion pattern in the 100km range is derived by numerical analysis method. It is applicable to both flat uniform land and complex terrain. The results so far obtained agree fairly with experimental data.

我国主要城市的大气质量的反演、重建与分析[①]

任阵海[1]，吕黄生[1]，吕位秀[2]，王振奎[1]，陆树平[3]，张忆晋[3]

1. 中国环境科学研究院，北京 100012
2. 中国科学院大气所，北京 100029
3. 山西省环保局，太原 030012

摘要：该文收集有关城市的 1959~1979 年逐年的晴天太阳辐射资料，根据辐射传输方程扣除水汽和 CO_2 的吸收效应，利用各地区污染物浓度垂直分布和混合层高度规律，再同已有的 TSP 监测资料分区分析，可得到有关地区的大气 TSP 质量的逐年反演值。

关键词：反演；辐射；总悬浮颗粒物；空气质量

我国是大气尘严重污染的国家之一。污染的来源主要有以下 3 个方面：工业生产过程（如能源及各类生产窑炉、冶炼、建材、运输等），城市生活方面（如北方冬季采暖，交通，扬尘等），以及自然的污染过程（如尘暴、林火、火灾、海浪等）。它们使得构成大气环境的大气排污层在人的生活空间出现大气尘污染现象。火山爆发也向大气喷射大量火山灰，它直接影响高层大气，形成平流层严重的尘污染后逐渐沉降到大气排污层中。

最近时期的研究发现，大气中尘污染，以及硫酸盐、硝酸盐等气溶胶粒子是导致气候变化的重要因子之一。据初步研究，长时期遭受大气中尘和其他粒子污染的大气环境质量将严重影响环境生态系统，肯定危及经济生产。解决好这一问题是我国能否顺利贯彻"可持续发展战略"的关键因素之一。为了建立尘与其他粒子长期污染对环境生态的影响模型，需要尽可能长时期的总悬浮颗粒物（TSP）的资料。

为了获取尽可能长时段的人为排放尘形成的大气环境质量，一方面调查整理国家未来发展规划中不同时期可能的尘排放量；另一方面研究反演、重建大气环境监测以前主要城市（图 1）的大气 TSP 质量。我国主要城市大气环境监测开始于 1980 年，本工作反演、重建 1959~1979 年共 21 个年份的主要城市的大气 TSP 质量状况。若再往前推演，则因日射资料不够而遇到困难。

1　反演的依据与条件

太阳辐射能从大气上界进入大气到达地面，辐射在大气中的传输过程受到大气中某些成分的

----

① 原载于《环境科学研究》，1998 年，第 11 卷，第 2 期，1~7 页。

吸收效应和散射效应，从而使辐射能发生强度、方向、频率和偏振状态的变化。

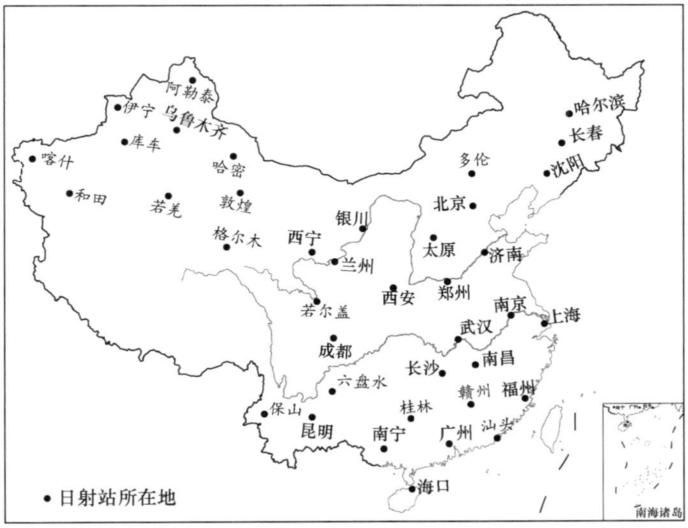

图 1　我国的主要日射站分布

（1）大气中的 CO_2，H_2O，O_3 和 O_2 等气体分子对太阳辐射能的相应波长有吸收效应。根据太阳辐射能的被吸收谱的实验研究，大气中吸收太阳辐射的气体主要是水汽、臭氧，其次是二氧化碳和氧分子。表 1 给出它们在不同波段内的吸收带和强吸收带。紫外和可见光波段的太阳辐射能主要被 O_3 和 O_2 所吸收，其他气体分子（如 CO，N_2O，CH_4 等）都在红外波长段有吸收带。

表 1　主要吸收气体的吸收带　　　　　　　　　　　　　（单位：μm）

吸收气体	吸收带	强吸收带
CO_2	红外：1.4，1.6，2.0，2.7，4.3，4.8，5.2，9.4，10.4，15.0	15，0，2.7，4.3
H_2O	可见：0.7，0.81，0.94，1.10，1.38，1.87，2.70，3.20 红外：6.27，12~200	6.27~12 1.38，1.87，2.70
O_3	紫外：0.22，0.30，0.31~0.34 可见光区：0.44~0.74 红外：3.3，3.6，4.7，5.7，9.0，9.6，14.1 紫外：0.175~0.195，0.242~0.260	0.22~0.30，0.31~0.34 0.44~0.74 4.7，9.6，14.1
O_2	可见光区：0.69，0.76 红外：1.47，1.27	

臭氧在大气中的含量在中纬度地区变化很小，可看作常量，其数值可从国内基准观测站获得。二氧化碳在大气中的含量由于经济和化石燃料的发展而增加很快。其历年的全球平均值可使用全球本底站公布的数据。大气中水汽含量随空间和季节的变化都很大，可以从全国的气象探空站网的观测资料中计算取得。

（2）大气中的 TSP（或称气溶胶）对太阳辐射能具有散射和吸收效应。能使太阳辐射减弱，其减弱效应的强弱与 TSP 的成分、粒径谱及其浓度随高度的分布以及地区天气状况等有直接的关系。

国家环保局组织的"六五""七五""八五"攻关课题和其他重点任务已对我国城市的 TSP 做过谱浓度观测和化学成分分析，乃至使用飞机进行过三维空间的谱分布测量和取样分析，因此已具备了反演计算的条件。

根据气溶胶对太阳辐射的作用的研究，一般而言是散射效应大于吸收效应。

2　反演的理论框架

2.1　透明系数与光学厚度

使用有直接辐射观测的地面气象台站的资料，为了排除云量对太阳直接辐射的吸收和散射作用，筛选出无云天的直接辐射资料。根据实际观测经验，降水对城市大气气溶胶的清除作用，即便在降水停止后，仍需持续数日才能恢复到该城市有代表性的气溶胶浓度水平，这是由该城市所在地区的排放水平与大气输送特征所决定的。因此必需筛选至少连续 3d 以上的无降水的无云日，并且风速较小日的直接辐射数值作为反演的基本资料。

一般选取 9:30 或 13:00 的地面太阳直接辐射数值和取 8:00 的探空资料以计算大气水汽含量和风速。

从辐射传输方程式（2.1）出发，即

$$I(\lambda) = DI_0(\lambda)\exp\left\{-M\left[h_{CO_2}(\lambda) + h_{O_3}(\lambda) + h_{H_2O}(\lambda) + h_{TSP}(\lambda)\right]\right\} \tag{2.1}$$

其中，
$$h_{CO_2}(\lambda) = K_{CO_2}(\lambda)\int_0^\infty \rho_{n1}\,\mathrm{d}l$$

$$h_{O_3}(\lambda) = K_{O_3}(\lambda)\int_0^\infty \rho_{n2}\,\mathrm{d}l$$

$$h_{H_2O}(\lambda) = K_{H_2O}(\lambda)\int_0^\infty \rho_3\,\mathrm{d}l$$

$$h_{TSP}(\lambda) = K_{TSP}(\lambda)\int_0^\infty \rho_4\,\mathrm{d}l$$

式中，K_i 为物质 i 的吸收和散射系数；D 为日地距离订正因子；M 为相对大气质量；$I_0(\lambda)$ 为大气上界，λ 波长的太阳辐射能；$I(\lambda)$ 为地面接收到的太阳辐射能；ρ_{n1} 为标准状态下 CO_2 的密度；ρ_{n2} 为标准状态下 O_3 的密度；ρ_3 为单位截面积以上的水汽的密度；ρ_4 为 TSP 的浓度，mg/m^3。

设想大气中不存在 TSP，对所有波长进行积分，则应有

$$\int_0^\infty I(\lambda)\mathrm{d}\lambda = D\int_0^\infty I_0(\lambda)\exp\left\{-M\left[h_{CO_2}(\lambda) + h_{O_3}(\lambda) + h_{H_2O}(\lambda)\right]\right\}\mathrm{d}\lambda \tag{2.2}$$

便可以得到

$$I = DI_0\int_0^\infty \exp\left\{-M\left[h_{CO_2}(\lambda) + h_{O_3}(\lambda) + h_{H_2O}(\lambda)\right]\right\}\mathrm{d}\lambda \tag{2.3}$$

$$I/I_0D = (H)^M$$

$$H = \exp\left[-\left(H_{CO_2} + H_{O_3} + H_{H_2O}\right)\right]$$

式中，I_0 为太阳常数；I/I_0 为无 TSP 条件下大气的透明系数。

由于大气中存在 TSP，地面测到的太阳辐射 I_T 小于 I，因而其平均光学厚度比无 TSP 时的大，假设大 τ 倍，则有

$$I_T / I_0 D = H^{M\tau}$$

即
$$\tau = \frac{\ln\left(I_T / I_0 D\right)}{M \ln H} \qquad (2.4)$$

2.2 根据观测值 I_T 求取 τ

I_T 与 M 可由地面的太阳辐射观测值和观测时段取得。H 中包含的有关光学厚度的参数皆可从有关文献和专著中查算到（见参考文献[1~4]）。D 可从天文年历表中查到。因而对有日射观测资料的各个城市都可计算出其相应的 τ 值。

2.3 求 τ 值与 TSP 监测数据的相关

在对 τ 值的计算与对 TSP 监测数据的分析过程中发现，τ 与纬度有很好的相关性，在我国范围以分成 5 个纬度带为宜，即 40°N 以北，40°N~35°N，35°N~30°N，30°N~25°N，25°N 以南，相关回归关系与检验效果都很明显。

2.4 城市污染层厚度与平均光学厚度

城市污染层厚度随城市所在地域的地形、纬度、下垫面特征等而异，但都远远小于平均光学厚度。城市的 TSP 质量主要发生在污染层厚度内。根据对全国混合层的探测研究结果和对我国 6 类城市（即重庆、上海、沈阳、北京、广州、包头等）计算的区域平均 SO_4^{2-} 与 SO_2 的垂直浓度分布特征，我们选择出不同区域城市的典型污染层厚度，再从平均光学厚度中截取到反映城市 TSP 质量的光学厚度，即得到城市大气 TSP 质量的反演值（图 2~图 4）。

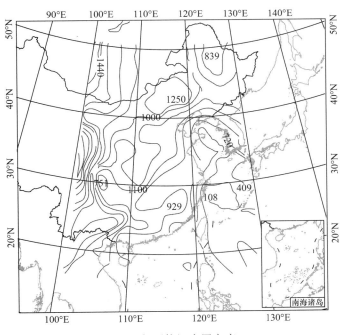

图 2　年平均混合层高度

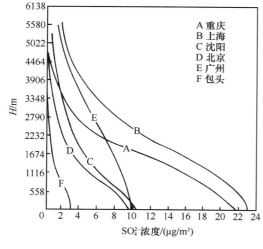

图3　区域平均 SO_4^{2-} 垂直浓度

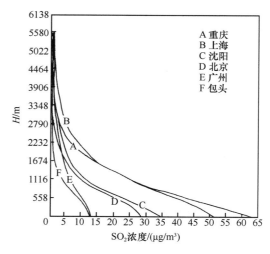

图4　区域平均 SO_2 垂直浓度分布

3　结果分析

　　以上反演导出的38个城市的从1959~1979年共21个年份的大气 TSP 质量数值,其误差分析可由直接辐射观测误差,气象探空的水汽测量误差和确定大气污染层(即相当大气混合层)使用的气压、温度观测误差以及计算光学厚度的误差等综合估算。总体估计不会超过30%,即所得 TSP 值有70%的可靠性。因此,对所获结果能够进行一定程度的分析探讨。

　　为了分析比较,表2给出1958~1979年我国煤、石油、天然气逐年产量表。

表2　1958~1979年我国煤、石油、天然气的产量

年份	原煤产量/万 t	原油产量/万 t	天然气产量/10^6 m³
1958	27000	226	110
1959	36879	373	290
1960	39721	520	1040
1961	27762	531	1470
1962	21955	573	1210
1963	21707	648	1020
1964	21457	848	1060
1965	23180	1131	1100
1966	25147	1455	1340
1967	20570	1388	1460
1968	21959	1599	1400
1969	26595	2174	1960
1970	35339	3065	2870
1971	39230	3941	3740
1972	41407	4567	4840
1973	41467	5361	5980

续表

年份	原煤产量/万 t	原油产量/万 t	天然气产量/$10^6 m^3$
1974	41317	6485	2530
1975	48345	7706	8850
1976	55068	8716	10100
1977	61786	9364	12120
1978	63554	10405	13730
1979	63554	10615	14510

注：原煤年产量除 2000 万 t 出口外，主要用于国内。

大气 TSP 质量水平分布特点。虽然只有 21 个年份的大气 TSP 分布图，但也可寻找出一点共同特点。相对 TSP 污染较重地区为：四川盆地、兰州谷地、西安铜川地区，湖南中部湘江流域工业区，东北的哈尔滨、长春沈阳工业区和山西晋中、晋南与郑州相接的能源工业区。而新疆地区的 TSP 值在一定程度上反映了沙漠的沙、尘影响。青藏高原是相对较好的 TSP 环境质量的地区，四川北部若尔盖，西南版纳地区都是较好质量地区。海南岛与东南沿海也可以看作相对较好质量区。

大气 TSP 质量的年际变化比较。从大气中 TSP 的逐年变化分析可以得到以下几个特点：

（1）与国家经济开发有相应关系。

其变化最显著地区为华北地区。50 年代末的 $300\mu g/m^3$ 的等范围线仅限于郑州地区，到 70 年代末已扩大到整个华北地区，包括山西、河北、河南、山东等省。其次为华中、华东地区。50 年代末仅在汉口、长沙城市的 TSP 污染水平，到 70 年代末已扩大到湖南、江西、福建区域。东部沿海地带也从低于 $200\mu g/m^3$ 变为高于 $200\mu g/m^3$。在 70 年代末 $200\mu g/m^3$ 的等范围线可把东北、内蒙古、新疆地区圈在一起，而不是以前孤立点形势。

（2）与生产形势有相应关系。

从 1959 年的 TSP 分布图可见，郑州、汉口、兰州、成都等地都出现高于 $300\mu g/m^3$ 的数值。这些城市都是生产的重要城市，而东北的哈尔滨、长春、沈阳等地也接近 $300\mu g/m^3$ 的数值。到 1960 年在东北地区的哈尔滨、长春、沈阳等地都已出现 $300\mu g/m^3$ 的数值，而四川、兰州 地区则分别出现 500 和 $400\mu g/m^3$ 的数值。至于哈密地区和南疆大面积超过 $300\mu g/m^3$ 则应是沙暴所致。

1962 年我国煤产量比 1960 年减少 45%，该年东北 3 个工业城市与兰州、成都尚表现大于 $300\mu g/m^3$ 外，全国的 TSP 质量值都已下降而环境相对变好，在新疆的乌鲁木齐到库车一带的较高浓度也应是局地沙暴所致。

1964 年，1965 年，1966 年我国经济已调整恢复，煤产量开始上升，相应的大气 TSP 质量亦有所加重。

又例如，1966~1968 年煤产量下降，大气 TSP 质量值也下降，大气环境的水平分布比 1963 年还要好。

从 1972 年以后我国生产形势逐步发展，只在 1973 年，1974 年生产略有下降，而大气 TSP 质量亦有相应的逐年反映，而在 1975 年以后，TSP 污染逐年加重，一方面反映着生产恢复并发展兴旺的形势，另一方面预示着大气环境在逐渐变坏。

给出 1979 年大气 TSP 质量值减去 1969 年值的比较图，可见东北、华北直到西北、新疆以及湘、鄂的湘江、赣江流域，再有昆明地区都属大气 TSP 质量加重区，只在上海、四川地区为大气 TSP 质量的减轻区。

（3）大气 TSP 质量变化稍滞后于生产形势。

仔细分析逐年大气 TSP 质量水平范围图，并与生产形势和年煤产量比较，也可以看出大气 TSP 质量稍滞后于生产形势的变化。

如 1958 年、1959 年，当时大炼钢铁较为普遍，但在 1959 年的大气 TSP 质量等范围图上除几个城市地区外就全国范围并没有反映出相应的变化，一直拖后到 1960 年才出现全国范围的全面的 TSP 值的加重，实际上在 1960 年下半年，生产已逐渐缓下来，而这种 TSP 值加重的形势在 1961 年仍有反映。对于东北地区几个重工业城市的 TSP 值的加重现象也是在 1960 年和 1961 年才反映出来。

又例如 1962 年的生产下降引致的大气 TSP 质量值的减小，一直拖后到 1963，1964 年才反映出来。

再例如 1965，1966 年的生产下降引致的大气 TSP 质量值在 1968，1969 年乃至 1970 年也有反映，且 1969，1970 年煤产量高于 1966 年。但 1968，1969，1970 年大气 TSP 范围明显小于 1965，1966 年。

还有如 1972 年以后亦出现类似的滞后现象。出现上述现象的原因可能与地区大气扩散特性有关。

（4）TSP 浓度的城市区域的年际变化特点。

分析 1979 年与 1959 年的变化数值：济南增高 226μg/m³；长春增高 165μg/m³；兰州增高 162μg/m³；西安增高 160μg/m³；乌鲁木齐增高 158μg/m³；哈尔滨增高 149μg/m³；福州增高 113μg/m³；南京增高 102μg/m³；上海增高 25μg/m³；其他地区，尤其在广东、广西、云南西南地区变化不大。

但相对的特征是燃煤量增加了，首先反映的是 TSP 浓度增高的地域范围变大了。而众多城市本地的 TSP 数值相对增高并不十分显著。这主要是大气输送规律造成的。

附上 1959~1961 年，1963 年，1965 年，1966 年，1968 年，1972 年，1973 年，1978 年，1979 年大气 TSP 质量等范围图（图 5~图 15）和 1979 年减去 1969 年的 TSP 差值图（图 16）。

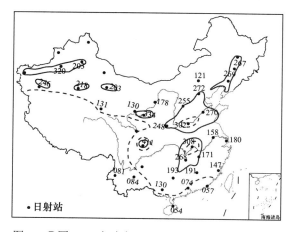

图 5　我国 1959 年大气 TSP 质量反演的等范围图

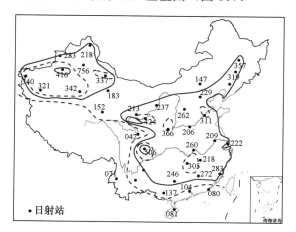

图 6　我国 1960 年大气 TSP 质量反演的等范围图

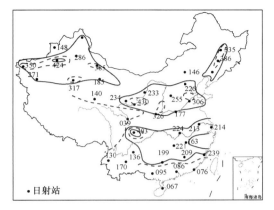

图 7　我国 1961 年大气 TSP 质量反演的等范围图

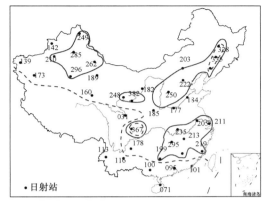

图 8　我国 1963 年大气 TSP 质量反演的等范围图

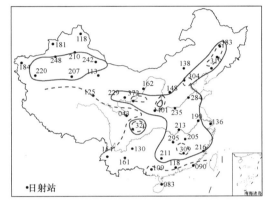

图 9　我国 1965 年大气 TSP 质量反演的等范围图

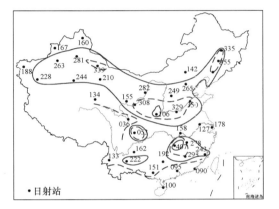

图 10　我国 1966 年大气 TSP 质量反演的等范围图

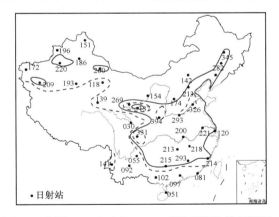

图 11　我国 1968 年大气 TSP 质量反演的等范围图

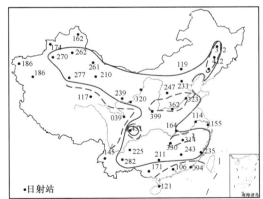

图 12　我国 1972 年大气 TSP 质量反演的等范围图

参 考 文 献

[1]　尹宏. 大气辐射学基础. 北京: 气象出版社, 1993.

[2]　王永生, 等. 大气物理学. 北京: 气象出版社, 1987.

[3]　刘长盛, 刘文保. 大气辐射学. 南京: 南京大学出版社, 1987.

[4]　Lacis A A, Harsen J E. A parameterization for the absorption of solor radiation in the earth's atmosphere. J Atmos Sci, 1974, 31: 118.

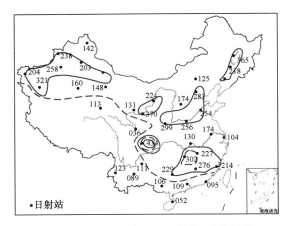

图 13　我国 1973 年大气 TSP 质量反演的等范围图

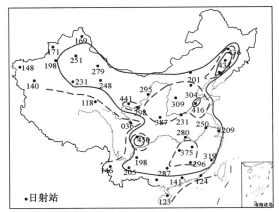

图 14　我国 1978 年大气 TSP 质量反演的等范围图

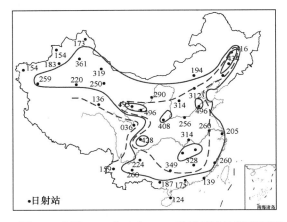

图 15　我国 1979 年大气 TSP 质量反演的等范围图

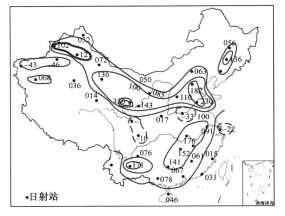

图 16　我国 1979 年减去 1969 年的 TSP 差值图

The Analysis of Retrieval Data of Air Quality in Chinese Important Cities

REN Zhenhai[1], LV Huangsheng[1], LV Weixiu[2], WANG Zhenkui[1], LU Shuping[3], ZHANG Yijin[3]

1. Chinese Research Academy of Environmental Sciences, Beijing 100012
2. Institute of Atmospheric Physics of Chinese Academy of Sciences, Beijing 100029
3. Shanxi Environmental Protection Bureau, Taiyuan 030012

Abstract: The radiation data in clear sky of 38 radiation stations over China from 1959 to 1979 were collected, by using the radiative transfer equation and the characteristics of mixing height and vertical profile of air pollutants, then the retrieval data of TSP air quality were obtained.

Key words: retrieval; radiation; total suspended particulates (TSP); air quality

区域大气污染数值模拟方法研究①

康　娜[1]，高庆先[2]，周锁铨[1]，雷　霆[3]，陈东升[4]，李金环[5]，孟　伟[1]，任阵海[2]

1. 南京信息工程大学，江苏省气象灾害重点实验室，江苏 南京 210044
2. 中国环境科学研究院，北京 100012
3. 中国科学院大气物理研究所，北京 100029
4. 北京工业大学环境与能源工程学院，北京 100022
5. 山西省环境信息中心，山西 太原 030012

摘要： 大气污染是一个区域性的环境污染问题，北京大气环境的质量与周边地区污染源的排放有密切关系。将气象模型高级区域预报系统（ARPS）与空气污染模型 Models-3 耦合进行模拟计算，从检验结果可以看出，模拟值与实测值有较好的一致性，表明该模式系统可以用来研究区域大气污染物传输及相互影响。模拟计算了 2002 年北京地区各季 ρ（PM_{10}）以及山西污染源对北京的贡献，结果表明，在特殊的天气条件下的典型时段，尤其是在西南风气流场控制下，山西污染源对北京空气质量有较大的影响。比较而言，夏季（8 月）山西污染源的平均贡献率最大，约为 15.44%；冬季（1 月）最小，约为 2.25%，表明控制北京大气污染不容忽视周边污染源的影响。

关键词： 大气污染；数值模拟；贡献率；区域

　　大气环境污染是一个区域性的环境污染问题。某一地区的大气污染，在特定的地理环境条件和一定的大气环流背景影响下，可以通过中远距离输送影响其他地区[1-5]。因此，关注一个城市的大气环境，不仅要考虑局地的影响，还要考虑周边区域的影响。任阵海等[2]利用网络点集确定出大气输送通道，提出汇聚带的概念，分析北京地区大气污染特征，认为北京大气环境质量与周边地区的污染源有密切的关系，只有进行同步治理才能有效地改善其大气环境质量。徐祥德等[3]认为，北京城市周边污染源影响问题是北京环境污染治理决策亟待解决的关键环节之一，他们通过统计分析北京及周边地区 TOMS 与 MODIS 卫星遥感气溶胶区域性特征发现，北京城市重污染过程与南部周边城市群落排放源影响相关显著。张志刚等[4]使用二维欧拉统计模式，以 SO_2，PM_{10} 为模拟对象，模拟污染物远距离输送和沉降过程，认为北京大气环境中 20%的 PM_{10} 都是来自其周边地区。

　　笔者所建立的大气污染物中距离输送模式系统包括高级区域预报系统（ARPS）[6]和第 3 代空气质量模式系统（Models-3）[7]。ARPS 为 Models-3 提供目标区域高分辨率的大气流场，而 Models-3 又包含了多种污染物之间及污染物与云、雨间的相互作用，为模拟质量提供保障。利用该模式系

---
① 原载于《环境科学研究》，2006 年，第 19 卷，第 6 期，20~26 页。

统分析了 2002 年 1 月（冬）、4 月（春）、8 月（夏）、10 月（秋）北京地区 ρ（PM_{10}）以及山西污染源对北京的影响。

1　区域大气污染模式系统

1.1　气象模式——高级区域预报系统（ARPS）

ARPS 是美国俄克拉荷马（Oklahoma）大学的风暴分析及预报中心（CAPS）发展的一个高级区域预报系统[6]，是建立在可压的 Navier-Stokes 方程上的非静力大气预报模式。

ARPS 主要进行中尺度到对流精细尺度系统的预报，它的预报对象及相应的模拟精度目标分为中尺度（格距为 5～15km）、风暴尺度（格距为 1～3km）和微尺度（格距为 100～500m）3 类。中尺度最快可提前 12h 预报，事件空间定位误差不超过 50km，时间定位误差不超过 1h，风速预报精度在 5m/s 以内，温度预报精度在 3K 以内，降水速率预报精度在 5mm/h 以内。

ARPS 应用了广义地形跟随坐标系统，以及非静力、完全可压的大气控制方程，对湍流交换、大气辐射、积云降水过程、云微物理过程及陆面过程等多种物理过程均有不同复杂程度的参数化方案，可为污染模式提供研究区域内复杂地形上的大气流场[8]。

在湍流参数化中，笔者采用修正的一阶 Smagorinsky 闭合方案。在积云降水物理方面，在次网格尺度降水中采用 Kain and Fritsch 积云对流参数化方案，在典型个例的加强模拟中，网格尺度上降水中采用了包含冰相过程的 Schultz NEM 冰微物理参数化方案。在陆面土壤植被模型中，陆面能量收支方面考虑了净辐射、感热通量、表层入地热通量；而湿度收支方面考虑了降水和露水的形成、蒸发和植被的蒸腾、径流和表面湍流湿度通量。在大气辐射方面，ARPS 应用了源自美国大气海洋局（NASA）的 Goddard 空间飞行中心的长波、短波辐射方案。在太阳短波辐射过程中，模型考虑了水汽、氧气、二氧化碳、云及气溶胶导致的短波辐射吸收及散射；在长波辐射中，考虑了水汽、二氧化碳及臭氧的贡献。

1.2　污染传输模式 Models-3

污染传输模式为美国环境保护局（USEPA）于 1998 年 6 月发布的第 3 代空气质量模式系统（Models-3）[7]。它是 USEPA 将各种模拟复杂大气物理、化学过程的模式系统化，以应用于环境影响评价及决策分析而发展的系统。该模式系统可用于多尺度、多污染物的空气质量预报、评估和决策研究[8]。

Models-3 的主要特点是用途的多选择性、结构严谨、体系完整，但该系统也十分灵活，可根据需要选择适合的模型并加入其模式体系，而且与应用软件结合良好。该模式既适应研究的需要，也比较能满足环境管理部门的应用需要，是一种进行大气空气质量预测的良好选择。

Models-3 的核心称为公共多尺度空气质量模式，又称多尺度空气质量模拟系统[community multiscale air quality（CMAQ）modeling system]。CMAQ 设计为多层次网格模式，即在实际的模拟区域之外，首先以较粗的网格进行模拟，以取得细网格模拟的边界条件，进而提高细网格模拟的准确度。

CMAQ 核心是化学输送模块（CMAQ chemical transport model，CCTM）。CCTM 包括 3 类过程：

①完全与化学有关的各种反应物的化学反应过程。化学过程可选用 CB4 或 RADM2 机制，也可以修改这些已有机制或使用新化学机制。与辐射有关的光分解过程可通过先进的光分解模块（JPROC）来计算。②完全与气象有关的扩散和平流过程。平流与水平风场有关，扩散则包括次网格尺度的湍流扩散。③与化学和气象均有关的一些过程，主要是与云有关的化学过程。云在液相化学反应、垂直混合、气溶胶的湿清除方面都起着重要作用，它还可通过改变太阳辐射影响污染物的光化学过程。

除 CCTM 模块外，CMAQ 模式中还包含许多其他模块：MCIP 模块是气象模式系统与化学输送模式系统之间的连接处理界面，它用于转换处理气象模式系统的输出结果；ECIP 模块是排放模式系统与化学输送模式系统之间的连接处理界面，它将排放模式系统中的输出结果进行转换以供 CCTM 使用；ICON 和 BCON 分别为初始条件和边界条件模块，为模式初始化或为格点边界提供化学反应物的浓度场；光分解模块（JPROC）用于计算不同时间不同地点的光分解率；烟羽动力模块（PDM）主要处理烟羽的上升、烟羽的水平、垂直方向的增长以及次网格尺度范围内每段烟羽的输送过程。

1.3　污染源处理

在研究区域中，山西省的污染源数据是由山西省环境信息中心通过调查得到的[9]。调查的主要内容分为八大类：大型工业点源、中小型工业点源、大型营事团体点源、小型"三产"排放源、居民生活源、无组织排放源、扬尘和流动源。在应用具体模式时，将其归纳为电厂源、点源和面源 3 类来进行网格化。其他省、自治区、直辖市的污染源数据，来自统计年鉴或者相关课题的研究结果[10-12]。

大气污染源的排放是随时间变化的，通常应用不均匀系数表示污染源随时间排放的波动。为此笔者考虑了污染源的年不均匀性和日不均匀性，将污染源分为采暖季与非采暖季，对应不同的强度，给出不同的权重。

2　研究区域及模式检验

2.1　研究区域

2.1.1　ARPS 气象模型区域设置

气象模式的模拟区域为 2 层嵌套，外层模拟区域水平格距 24km，垂直方向格距随高度上升而增大，平均垂直格距为 620m，东西和南北方向各 63 个格点，垂直方向 35 个格点。美国环境预报中心（NCEP）的再分析资料（final 版）为外层区域模拟提供初始条件及边界条件。内层模拟区域水平格距为 8km，垂直方向格距随高度上升而增大，平均垂直格距为 600m，垂直模拟范围约 19km，比外层略小，东西方向 103 个格点，南北方向 123 个格点，垂直方向 35 个格点。外层区域为内层模拟区域提供边界条件，从而提高模拟质量。

2.1.2　Models-3 污染物传输模式区域设置

大气扩散模式模拟研究区域及地形高度如图 1 所示，水平格距 8km，模拟区域东西方向 97 个格点，南北方向 117 个格点，垂直方向 12 层，为不等距分层，层间距随高度上升而增大，垂直模拟范围约 15km。

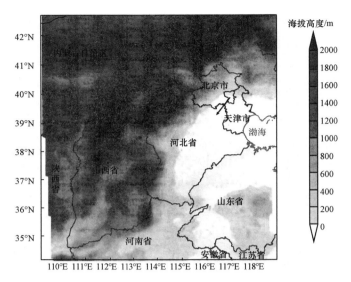

图 1 Models-3 模拟区域及地形海拔高度

模式选用的化学机制为 CB4+气溶胶+液化学扩展机制，水平及垂直对流机制采用分段抛物线方法，考虑了涡度垂直扩散及光解作用，不考虑次网格尺度的烟羽抬升；应用为 CB4 机制特定设置的 EBI 化学解法，采用第 3 代气溶胶模型及第 2 代气溶胶沉降模型，并应用 RADM 云模式[7]。

2.2 模式检验

2.2.1 气象模式性能评估

气象模式能否较好地模拟区域复杂地形对大尺度平均风场的作用是性能评估的关键。从模拟结果看，该模式比较灵敏地反映了地形的影响，如流场在山脊处的形变等。为评估复杂地形对模拟流场真实性的影响，挑选几种典型流场情况，将模拟结果与基于实际观测的流场比较可以看出，模拟结果较真实地反映了天气系统与复杂地形的作用，但与观测结果的一致性受到大尺度资料的影响。从污染输送模拟的要求看，大尺度场误差导致的高分辨率模拟在时间上的错位对最终结果的影响较小。

在 2002-01-08T20:00 的模拟结果中（图 2），由山西东部海河流域山间各尺度河谷出发的流线沿河谷通道流向太行山前，宽幅近 100km 的流线覆盖了石家庄等地到达北京。与实际观测分析结果比较，该流场能反映山西至北京及出北京后流线几乎直接向北的基本特征，模拟结果与实际地面风场的主要不同在于：与流经石家庄的流线比较，流经保定的流线来自于山西南部。

由 2002 年 10 月 23 日的模拟结果（图 3）可知，模拟基本反映了由太原盆地经石家庄、保定等地至北京的流线路径，以及由晋北西南偏西进入北京的通道。而该时刻地面风场实测分析中，发自于山西省南端，沿太行山经洛阳、安阳、太行山东部平原进入北京的流场特征则未体现出来。这可能与大尺度资料提供的基本风场在时间上的错位而导致的模拟上的时间误差有关。与该时刻的实测资料比较发现：39°N 以北的山西至北京流线在模拟中存在；但往南，由于 NCEP 大尺度资料的基本风向是西北风，因此，相应观测分析中的流经山西南部至北京的流线未被模拟出来。这说明大尺度资料中的基本风向对模拟存在影响。

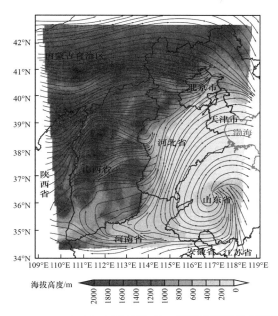

图 2 2002-01-08T20:00 离地约 40m 高度处流场的模拟结果

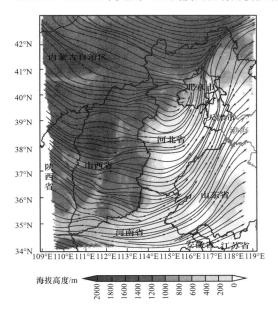

图 3 2002-10-23T08:00 离地约 40m 高度处流场的模拟结果

综上所述，高分辨率气象模式能较好地模拟研究区域内复杂地形对风场的影响. 因此，当大尺度资料提供的基本平均风比较准确时，气象模式能够基本反映山西至北京区域的流场特征. 从长期而言，由于大尺度资料对天气形势的模拟有较高的准确性，因此与实际过程相比，虽然模拟过程可能会提前或滞后，造成模拟结果与观测结果的误差，但这种差别对较长期污染预报的影响较小. 因此，基于气象模式在高分辨率复杂地形上的模拟能力，可为污染模式提供较高质量的驱动流场.

2.2.2 污染传输模式检验

在对气象模型模拟结果与相应时段气象数据、激光雷达监测数据和环境监测数据系统分析的基础上，选取典型过程，利用 Models-3 空气质量模式进行模拟计算。图 4 为太原市 2002-08-19T12:00~2002-08-28T11:00ρ（PM$_{10}$）监测值与模拟值的比较。由图 4 可以看出，模拟值与实测值有较好的一致性，模式可以用来研究区域大气污染物传输及相互影响。

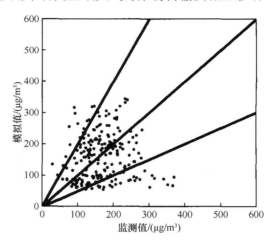

图 4 2002-08-19T12:00~2002-08-28T11:00 太原市 ρ（PM$_{10}$）监测值与模拟值比较

表 1 给出了典型时段（即 2002-08-17~28）PM$_{10}$ 日均质量浓度的检验，包括北京、太原、石家庄、长治、大同和天津。由表 1 可以看出，北京相对误差绝对值平均为 56.62%，太原为 32.18%，石家庄为 49.35%，长治为 24.95%，大同为 51.14%，天津为 49.99%，模拟结果可以接受。

表 1 2002-08-17-28PM$_{10}$ 日均质量浓度检验 （单位：μg/m^3）

城市	ρ（PM$_{10}$）	时间												整个时段ρ（PM$_{10}$）平均值
		17日	18日	19日	20日	21日	22日	23日	24日	25日	26日	27日	28日	
北京	监测值	200	210	81	131	177	173	154	94	101	104	122	134	140.08
	模拟值	38.80	42.15	33.94	78.62	84.99	41.04	27.24	36.69	64.74	143.22	63.95	96.40	62.65
	相对误差/%	80.60	79.93	58.10	39.99	51.98	76.28	82.31	60.97	35.90	37.71	47.58	28.06	56.62
太原	监测值	131	156	142	135	134	211	142	191	171	141	194	179	160.58
	模拟值	287.93	235.93	215.87	163.95	112.02	158.05	222.18	194.27	188.85	158.64	157.93	179.84	189.62
	相对误差/%	−119.81	−51.24	−52.02	−21.44	16.4	25.09	−56.46	−1.71	−10.44	−12.51	18.59	−0.47	32.18
石家庄	监测值	154	143	103	102	127	174	184	114	114	107	165	190	139.75
	模拟值	21.14	20.54	45.22	95.01	64.04	50.45	31.89	77.7	81.52	73.36	107.74	137.48	67.17
	相对误差/%	86.27	85.64	56.09	6.85	49.58	71.01	82.67	31.84	28.49	31.44	34.7	27.64	49.35
长治	监测值	198	150	136	127	101	108	181	269	204	131	184	134	160.25
	模拟值	109.13	130.75	155.5	98.15	149.22	111.9	170.88	159.49	137.9	179.66	155.48	163.43	143.46
	相对误差/%	44.88	12.83	−14.34	22.71	−47.75	−3.61	5.59	40.71	32.4	−37.14	15.5	−21.97	24.95
大同	监测值	215	207	123	125	220	158	165	248	134	135	225	219	181.17
	模拟值	111.14	78.43	94.61	94.6	45.87	74.8	89.79	149.25	49.06	81.1	66.53	76.8	84.33
	相对误差%	48.31	62.11	23.08	24.32	79.15	52.66	45.58	39.82	63.39	39.92	70.43	64.93	51.14
天津	监测值	124	124	66	95	114	122	171	74	60	105	114	87	104.67
	模拟值	32.74	49.53	40.94	53.66	53.72	52.11	22.65	25.57	65.35	116.48	46.51	49.34	50.72
	相对误差/%	73.6	60.06	37.96	43.52	52.88	57.29	86.75	65.44	−8.91	−10.93	59.21	43.29	49.99

注：整个时段的相对误差平均值计算时取各相对误差绝对值。

以上分析表明，区域污染模式系统能够较好地模拟研究区域污染物的传输及转化特征，可以用于区域大气污染的模拟研究。

3　模式的应用

模拟了 2 种情景下北京地区的 ρ（PM_{10}）：①基本情景，考虑整个研究区域所有污染源排放，包括北京、天津、山西、河北全部以及山东、河南、内蒙古的部分地区；②仅有山西污染源排放。并对 2 种情景下的结果进行对比分析，以便得到山西污染源的排放对北京的影响。

对 2002 年 1，4，8 和 10 月进行了数值模拟（图 5），模拟结果显示，2002 年 1 月基本情景下北京的 ρ（PM_{10}）均值为 110.31μg/m³，仅有山西污染源时北京的 ρ（PM_{10}）均值为 2.60μg/m³，山西污染源的平均贡献率为 2.25%；2002 年 4 月，基本情景下北京 ρ（PM_{10}）均值为 30.69μg/m³，仅有山西污染源时北京 ρ（PM_{10}）均值为 3.38μg/m³，山西污染源的平均贡献率为 11.01%；2002 年 8 月，基本情景下北京 ρ（PM_{10}）均值为 60.22μg/m³，仅有山西污染源时北京的 ρ（PM_{10}）均值为 9.71μg/m³，山西污染源的平均贡献率为 15.44%；2002 年 10 月，基本情景下北京的 ρ（PM_{10}）均值为 57.08μg/m³，仅有山西污染源时北京的 ρ（PM_{10}）均值为 8.64μg/m³，山西污染源的平均贡

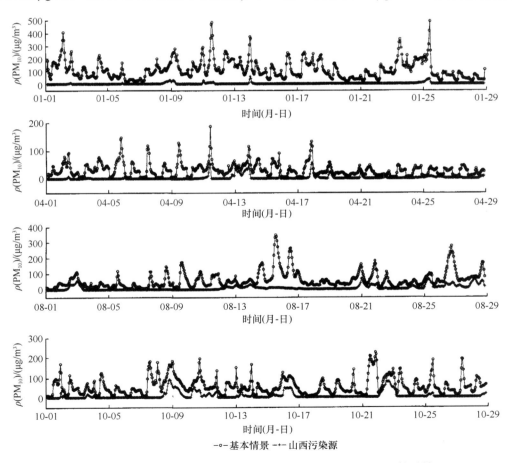

图 5　2002 年 1，4，8 和 10 月山西污染源对北京 ρ（PM_{10}）的贡献

献率为 12.36%。表 2 给出了每个月 4 个典型污染过程山西污染源对北京 ρ（PM$_{10}$）的影响及贡献。表 2 中典型时段的选择原则是研究区域均为受西南风气流场所控制，但由于每个过程的流场有差异，平均贡献率有所不同。

表 2　2002 年 1，4，8 和 10 月典型时段山西污染物输送对北京 ρ（PM$_{10}$）的影响　　　　（单位：$\mu g/m^3$）

模拟时段	山西污染源			基本情景	
	ρ（PM$_{10}$）平均值	ρ（PM$_{10}$）最大值	平均贡献率/%	ρ（PM$_{10}$）平均值	ρ（PM$_{10}$）最大值
2002-01-08T21:00~09T13:00	21.20	29.07	13.52	163.46	253.28
2002-01-11T09:00~19:00	12.30	27.25	8.86	138.65	292.61
2002-01-14T07:00~14:00	22.15	57.97	8.50	217.63	373.63
2002-01-25T12:00~21:00	26.82	36.58	10.35	271.19	493.79
2002-04-13T03:00~14T08:00	24.88	53.43	50.11	52.58	115.58
2002-04-19T08:00~17:00	11.77	23.12	31.34	33.24	58.60
2002-04-21T09:00~15:00	10.16	21.91	43.42	20.34	32.47
2002-04-25T08:00~26T18:00	5.31	8.14	32.60	20.03	41.54
2002-08-02T12:00~03T15:00	28.24	60.32	43.29	61.62	113.32
2002-08-12T09:00~14T20:00	16.49	31.77	38.12	44.97	103.31
2002-08-21T03:00~22T11:00	26.83	68.19	31.45	94.75	183.32
2002-08-24T10:00~29T08:00	23.98	64.62	31.69	79.68	277.10
2002-10-08T17:00~10T01:00	44.24	90.58	37.61	109.59	183.42
2002-10-10T13:00~12T04:00	23.26	54.33	31.32	77.06	195.99
2002-10-15T12:00~17T03:00	22.53	48.95	30.90	68.50	125.95
2002-10-22T12:00~23T14:00	48.01	81.98	53.41	87.55	140.90

4　结　　论

（1）针对研究区域的地形特征及大气环流特征，提出将气象模型 ARPS 与空气污染模型 Models-3 耦合进行区域大气污染数值模拟。

（2）分别对气象模型和空气污染模型进行检验，结果显示：模型能够发挥优势完成小尺度的模拟，能够反映复杂地形下各污染物的传输与转化状况。

（3）对比 2002 年 1，4，8 和 10 月北京 ρ（PM$_{10}$）在研究区域均有污染物排放和研究区域只有山西污染物排放 2 种情景下的结果，夏季（8 月）山西污染源的平均贡献率最大，约 15.44%；冬季（1 月）山西污染源的平均贡献率最小，约 2.25%。

（4）在特定的大气环流下，如西南风气流场控制下，山西污染物中距离输送对北京影响较大，每月分别选取了 4 个典型过程，其中山西污染源的平均贡献率最大值分别为 13.52%，50.11%，43.29% 和 53.41%，可见，北京大气环境质量与周边地区污染源排放有密切关系。

参 考 文 献

[1]　王明星. 大气化学[M]. 第 2 版. 北京: 气象出版社, 1999.51.

[2] 任阵海, 高庆先, 苏福庆, 等. 北京大气环境的区域特征与沙尘影响[J]. 中国工程科学, 2003, 5(2): 49-56.

[3] 徐祥德, 周丽, 周秀骥, 等. 城市环境大气重污染过程周边源影响域[J]. 中国科学(D辑), 2004, 34(10): 958-966.

[4] 张志刚, 高庆先, 韩雪琴, 等. 中国华北区域城市间污染物输送研究[J]. 环境科学研究, 2004, 17(1): 14-20.

[5] 徐祥德. 城市化环境大气污染模型动力学问题[J]. 应用气象学报, 2002, 13(特刊): 1-12.

[6] Xue M, Droegemeier K K, Wong V, et al. Advanced regional prediction system, user's guide, Version 4.0[Z]. Oklahoma: University Oklahoma, CAPS, 1995.

[7] Byun D W, Ching J K S. Science algorithms of the EPA Models-3 community multiscale air quality (CMAQ) modeling system [Z]. Research Triangle Park, NC: NERL, 1999.

[8] 孟伟, 高庆先, 张志刚, 等. 北京及周边地区大气污染数值模拟研究[J]. 环境科学研究, 2006, 19(5): 11-18.

[9] 李金环, 张宝会, 张志明, 等. 山西省大气污染源排放及分析报告[R]. 太原: 山西省环境信息中心, 2005.

[10] 河北省统计局. 河北统计年鉴 2002[Z]. 石家庄: 河北统计出版社, 2002.

[11] 天津统计局. 天津统计年鉴 2002[Z]. 北京: 中国统计出版社, 2002.

[12] 北京统计局. 北京统计年鉴 2002[Z]. 北京: 中国统计出版社, 2002.

Study on the Method of Regional Air Quality Numerical Simulation

KANG Na[1], GAO Qingxian[2], ZHOU Suoquan[1], LEI Ting[3], CHEN Dongsheng[4], LI Jinhuan[5], MENG Wei[1], REN Zhenhai[2]

1. Jiangsu Key Laboratory of Meterological Disaster, Nanjing University of Information Science & Technology, Nanjing 210044, China
2. Chinese Research Academy of Environmental Sciences, Beijing 100012, China
3. Institute of Atmospheric Physics, Chinese Academy of Sciences, Beijing 100029, China
4. College of Environmental and Energy Engineering, Beijing University of Technology, Beijing 100022, China
5. Shanxi Environmental Information Center, Taiyuan 030012, China

Abstract: As air pollution is a regional environmental problem, the pollutants of surrounding region play a crucial role in the air quality of Beijing. The advanced regional prediction system (ARPS) and the air quality model Models-3 were combined to simulate the concentration, and the test shows that the modeling results are consistent with the monitoring results and the coupled models system can be used to study the transportation and the impact of pollutants from surrounding regions. The seasonal concentrations of PM_{10} during 2002 were simulated, and the influences of pollutants from Shanxi Province on Beijing were studied. It shows that pollutants from Shanxi can impact on Beijing's air quality in special meteorological conditions during typical period. In summer (August) the average contribution ratio of Shanxi Province is relatively high at about 15.44%, and it is low in winter (January) at about 2.25%. It is concluded that to control the emission sources of surrounding region of Beijing can not be ignored when enhancing the air quality of Beijing.

Key words: air pollution; numerical simulation; contribution ratio; region

第二篇

大 气 输 送

大气输送的环境背景场[①]

任阵海[1]，苏福庆[2]

1. 中国环境科学研究院，北京 100012
2. 北京市气象局，北京 100081

摘要：根据环境管理和控制观点提出大气环境质量属于资源。欲解决在哪些地方开发环境资源有可能得到最大和最长久的持续发展，以及哪些地方是开发利用和环境保护相结合的地区，采用环境背景场研究是比较适宜的途径。为此，提出大气环境背景场的网络矩阵输送模型并利用我国大量历史资料制作出全年各季我国大气输送的环境背景场图。根据这些成果对我国各类输送型输送计算方法及各地区大气输送的环境资源背景场的影响进行了分析。

关键词：大气输送环境背景场；网络输送模型；输送汇（源）；输送通道；输送通道辐合（辐散）带

1 大气环境质量属于资源范畴

大气是人类赖以生存的基本要素之一，因而把它作为一类自然资源。自工业化以来，由于经济生产的快速发展，开发自然资源的活动也急剧扩大。由于经济利益的驱使，一些缺乏社会责任的人在生产过程采取只顾眼前利益的生产方式，把大量废弃物向大气中排放，使大气原来的性质发生变化，因之出现了大气环境质量问题。优良的大气环境质量不仅是生产原料，也能容纳一定的大气排污量，因此大气环境质量代表着相应的经济利益。大气环境质量是有用的，相当于可开采的资源，优良的大气环境质量也是良好的生活环境条件的重要因素之一。因此，大气环境质量也属于环境资源的范畴。

2 大气环境质量的管理途径

所谓大气环境质量，概略地说，它包括这类资源的客观分布，但是，这个命题的重点在环境（大气污染），而不是强调气候和温室气体。因而它涉及各类尺度的迁移特征与规律，又随空间、时间而异；此外，还包括这类资源的使用价值的划定。1992 年，国家环境保护局作为政府的环境管理部门，制定了环境与发展的十大对策，其中明确规定产品价格应包含经济生产过程中损害自然资源的代价，这是我国第一次以政府文件公布"环境质量就是资源"，不过，这种经济代价又直接同地区经济发展程度相关，需要考虑到经济开发区的实际承受能力，既要关注控制大气环境质

---

① 原载于《大气科学》，1998 年，第 22 卷，第 4 期，454~459 页。

量的需要，又要兼顾地区经济起步建设过程的可能。

近年来，我国的国民经济建设坚持走可持续发展的道路。就大气环境而言，研究利用环境本身的资源性质以进行调控经济建设途径与开发，特别是自然资源的开发与环境保护的同步发展是具有我国特色的大气环境管理的基点。在 80 年代，我国的环境管理人员和科技工作者提出环境容量与环境背景值的应用理论，进而开发了总量控制的管理应用方法，在此基础上形成条例、法规，并广为执行，已收到较好的效果。不过，该理论方法只较好地解决了局地性范围的优化问题，许多具体工作都纳入了地区政府的总体规划中。

当前在保护大气环境资源问题上，需要在国家一级找到一种地区间实行协商统一的工具，这个工具能把全国性的资源保护问题集中起来，既符合科学原理，又具有长时效，并能容易地达到管理目标。例如，在哪些地方开发环境资源最有可能收到最大最长远的效果，在哪些地方的环境保护应更有效地与开发利用过程结合起来，要解决这样的一些问题，采取环境背景场的研究是一种比较适宜的途径①②。

3　大气输送环境背景场的网络模型

由于下垫面特性及地貌的动力和热力作用使我国边界层大气输送十分复杂，通常的流线分析和向量合成风方法，不能适应环境污染诊断分析的特点。因此，按照环境工作的需要，我们参考多种文献[1-7]，并根据多次试验，结果表明，自然条件下的大气输送是由多种通道组成的网络状输送，由此建立了网络模型。而网络分析是把各气象站和探空曲线给出数值的高度点作为网络的空间点集，根据点集上的风向，求出链，即得到大气输送通道。这种方法已在实际中应用。本文图 1~图 3 给出的只是地面输送通道，而不是空间结构。

取有向网络为

$$G_D = G_D(S, \vec{L}, \vec{W}) \qquad (3.1)$$

式中，$S = \{S(S_1, S_2, \cdots, S_p)\}$ 为 P 个元素，可把气象站点和各高度上有数据的探空站点近似看作不同高度上的平面点集。每个元素 S_i 的构成是 $S_i(\vec{W}, t)$，t 为时间。$\vec{L}$ 为弧集：$\vec{L} = \{L(l_1, l_2, \cdots, l_q)\}$ 为 q 个弧集元素。因为是有向，存在顺序映射关系 $\Gamma: S_i \to S_j$，且有 $(S_i S_j \neq S_j S_i)$，可把弧集元素视为两站点间的大气输送通道，但有 Γ 制约。$\vec{W} = \{W(W_1, W_2, \cdots, W_q)\}$ 为弧集元素上对应的全集，可视为风速值。

把不同高度上提供数据的气象站点和探空站点看作空间点集，这些空间点集也可看作非正常矩阵点：

$$\begin{cases} S_{11}, S_{12}, \cdots, S_{1m} \\ S_{21}, S_{22}, \cdots, S_{2m} \\ \cdots\cdots \\ S_{n1}, S_{n2}, \cdots, S_{nm} \end{cases} \qquad (3.2)$$

---

① 我国酸性物质的大气输送研究，1995，研究报告。
② 我国酸沉降及其生态环境影响研究，1996，研究报告。

在这里 S_i 和 S_j 在矩阵中表示成 S_{ij} 或 S_{uv}，把每个点集元素 $S_{ij} = S_{ij}(\vec{W}, t)$ 分成 N 个象限来分析。

$$S_{ij} = \left\{ \begin{matrix} t_1 t_2 \cdots t_\alpha, & t_1 t_2 \cdots t_\beta \\ \vec{W}_1 \vec{W}_2 \cdots \vec{W}\alpha, \vec{W}_1 \vec{W}_2 \cdots \vec{W}_\beta \\ N_1 N_2 \cdots N, & N_1 N_2 \cdots N \end{matrix} \right\} \tag{3.3}$$

建议 N 取 8，并分别进行子块分析，即在 45° 方位对 $S_{ij}(\vec{W}, t)$ 的风向量在某一定的 Δt 时段内进行向量分解再归并。进行子块分析，即归并 S_{ij} 的元素使其个数尽可能少，同时给出相应的 Δt 时段。

$$\left\{ \begin{matrix} t_1 t_2 \cdots t_\alpha, & t_1 t_2 \cdots t_\beta \cdots \\ \vec{W}_1 \vec{W}_2 \cdots \vec{W}_\alpha, \vec{W}_1 \vec{W}_2 \cdots \vec{W}_\beta \cdots \\ N_1 N_2 \cdots N \end{matrix} \right\} \rightarrow \left\{ \begin{matrix} \Delta t_1 \Delta t_2 \cdots \Delta t_\alpha, \Delta t_1 \Delta t_2 \cdots \Delta t_\beta \cdots \\ \vec{W}_1 \vec{W}_2 \cdots \vec{W}_\alpha, \vec{W}_1 \vec{W}_2 \cdots \vec{W}_\beta \cdots \\ N_1 S(a \ll \alpha), N_2(b \ll \beta) \cdots N \end{matrix} \right\} \tag{3.4}$$

设定：做出一条弧，要求弧起点所使用的风数据的相应观测时间段必须早于弧止点的风数据的相应观测时间段，把在此条件下做出的弧都连接起来，即 Δt_x 时间段包含 Δt_y 时间段内，$\Delta t_x \in \Delta t_y$。在条件：$S_{ij} \cup S_{uv} l \Delta t_x \in \Delta t_y, N_1 N_2 \ldots N$，求链：按网络输送规则求得。

由上述条件制图，即给出大气输送的环境背景场。它从相当长时段内的大量气象观测资料中提取出代表相当长时段的大气输送的信息，又不损失每一个气象数据。

4　各类网络输送型控制地区的输送

根据网络输送模型和规则，使用正常输送年气象站、探空站网和低空探测资料，以一个月为时段，制作出冬季（1 月）、春季（4 月）、夏季（7 月）和秋季（10 月）的地面、300m、600m、900m、1500m 和 3000m 高度我国网络输送图（大气输送的环境背景场），由此图就能发现季节性输送通道、常驻性输送通道、地方性输送通道和各类网络输送型，如果相邻月份的季节性输送通道相似，也能把相邻月份的气象资料一起建成为两个月份时段的背景场。

大气输送的环境背景场，可用于确定输送型控制地区大气中所含物质的输送，例如排放源可能影响的地区、地区污染物的输入、输出和滞留、各类可传变物质的输送及输送网络系统的输送，它避免了流线方法的杂乱及向量叠加方法形成污染浓度分布的畸变。现以输送汇系统为例，阐明计算方法。

图 1 为夏季 7 月份陕西省关中盆地输送汇系统（摘自 7 月份地面环境背景场，见图 2），其中 P_0、$P_1 \ldots P_6$ 为输送通道。任何输送系统由若干个输送通道组成，每个通道应赋予一个实数权重 W_i，它确定该通道对汇的影响程度，在某时段各通道对汇区的输入为

$$I = \sum_{i=0}^{N-1} W_i P_i \tag{4.1}$$

该式决定于每个通道中的各个排放源、污染物在通道中的转化、沉降、浓度变化、与通道周围的扩散交换，通道中的风速和通道长度等因素。

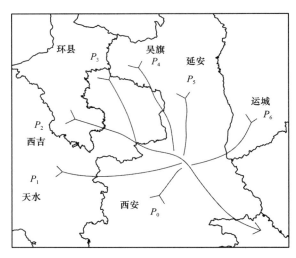

图 1　陕西省关中盆地汇

由于地形、下垫面特征和高度的影响，汇区的污染物汇聚，只有超出阈值 S 后，才能形成汇区输出（y）：

$$y = f(b) \qquad (4.2)$$

其中，

$$b = \sum_{i=0}^{N=1} W_i P_i - S \qquad (4.3)$$

$$f(b) = \begin{cases} 1, & b>0 \quad \text{输出} \\ -1, & b \leqslant 0 \quad \text{滞留} \end{cases} \qquad (4.4)$$

$f(b)$的函数形式，需用实测资料或统计资料确定。

5　我国大气输送的环境质量分析

图2、图3分别给出7月份和1月份的地面大气输送的环境背景场。全年各月份大气输送的环境背景场图，关中盆地是常驻性汇，4月份最明显，10月份较弱。

根据大气输送的环境背景场图中我国各地网络输送类型（本文仅提供1月份和7月份地面图），可以给出各种输送型控制地区污染物排放控制和分配分析。

我国一些地区（特别是西南地区）有多种常驻性静风区，全年各季静风日数平均可达20天左右。静风区的输送很弱，局地大气污染严重，主要是局地排放源造成。由于不具备排放输出条件，应根据地区情况，控制本地区排放，在严重污染区应做出本地区长期削减措施和控制规划。

在常驻性输送通道汇区（如四川盆地、两湖盆地、鄱阳湖盆地、关中盆地等，见图2、图3）为污染物汇集区，汇区上游各类网络输送通道网，特别是常驻性输送通道（如四川达县和梁平输送通道，浙江杭州经金华、衢州、玉山、黄溪至南昌的常驻性东风输送通道，江西景德镇、波阳的东北风输送道等，见图2、图3）上的地区，为了减轻污染物汇聚区的堆积，应控制排放。我国各地区常驻性输送通道汇区，目前多数已形成严重污染，应采取措施，控制和停止汇区及通道网络通过地区的排放。

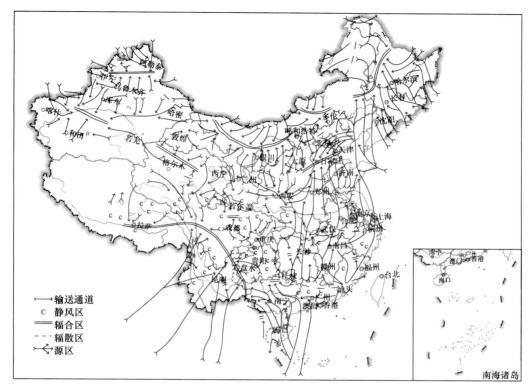

图2　7月份大气输送的环境背景场（地面）

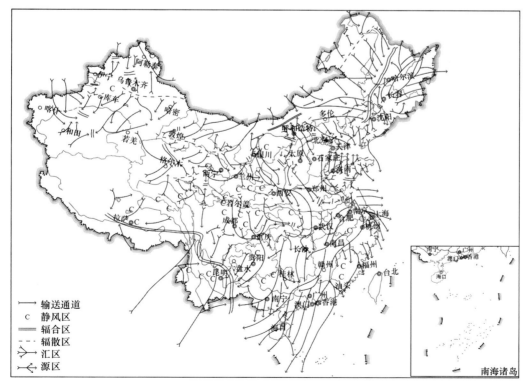

图3　1月份大气输送的环境背景场（地面）

　　我国各地区有多类通道网相交绥形成辐合带区，有些辐合带对应的 1500m 或 3000m 高空多有相对高浓度污染物输送带，在有适宜输送系统影响时，造成低空污染物汇聚及高空污染物输出，并为华北地区冬季航测资料证实。因此，在常驻性辐合带控制地区（如京津冀常驻性辐合带、西南地区辐合带等）及辐合带两侧的输送通道网络区，应抑制排放。

　　在我国网络输送背景场中，有许多区域性网状输送通道辐散区（源），由各枝状通道向四周呈辐散型输出（如冬季 1 月份吉林省输送源区，辽东半岛辐散源区，江苏省北部辐散源区；夏季 7 月份陕、宁、甘辐散源区等，见图 2、图 3），有利于局地污染物的疏散。这些地区大气污染物的排放，难以形成大气严重污染区。

　　综上所述，根据我国大气输送的环境背景场，可对我国各地区大气污染物排放的控制和分配提供科学分析和计算。若能利用我国 1 千多个县地面站的气象资料，制作各种尺度组合的网络模型，可提供更为翔实的污染物排放、控制和分配的分析。

　　大气输送的环境背景场还为各种地貌地区的输送及酸雨形成机理以及合理的环境资源利用提供科学基础。

　　致谢：在本文的写作过程中曾得到陶诗言院士的指导，谨表谢意。

参 考 文 献

[1] 卢开澄. 1991. 组合数字. 2 版. 北京: 清华大学出版社, 189-237.

[2] 秋山仁. 1991. 现代组合论. 济南: 山东教育出版社, 91-137.

[3] 刘彦佩. 1994. 图的可嵌入性理论. 北京: 科学出版社, 361-375.

[4] 李乔. 1993. 组合数学基础. 北京: 高等教育出版社, 225-257.

[5] Lu S, Taibleson M H, Weiss G. 1989. Spaces Generated by Blocks, Publishing House of Beijing Normal University, 36-45.

[6] Promel H J, Voigt B. 1991. Aspects of Ramsey Theory. Springer-Verlag, 7-15.

[7] Tomescu I. 1985. Problems in Combinatorics and Graph Theory. John Wiley, 45-68.

Environment Background Field of Atmospheric Transportation

REN Zhenhai[1], SU Fuqing[2]

1. Chinese Research Academy of Environment Sciences, Beijing 100012
2. Beijing Meteorological Bureau, Beijing 100081

Abstract: According to the view point of environmental management and control, it is suggested that air quality belongs to the category of resources.Based on the resource character of air quality, the coordination problem of resource development and utilization and environment protection, it is necessary and suitable to establish the environmental background field with network theory and meteorological data.

Key words: environmental background field of atmospheric transportation; network model of transportation; sink (source) of transportation; pathway of transportation; convergence (divergence) belt of transportation pathway

不同尺度大气系统对污染边界层的影响及其水平流场输送[①]

任阵海[1]，虞　统[2]，苏福庆[1]，张志刚[1]，高庆先[1]，杨新兴[1]，

胡欢陵[3]，吴永华[3]，胡　非[4]，洪钟祥[4]

1. 国家环保总局气候变化影响研究中心，北京 100012
2. 北京市环境监测中心，北京 100089
3. 中国科学院安徽光学精密机械研究所，安徽　合肥 230031
4. 中国科学院大气物理研究所，北京 100029

摘要：大气边界层不仅受地面的影响，也受不同尺度大气系统的直接影响。根据在北京市沿南北方向分布的 3 台激光雷达阵和地面同步的粒子观测数据，选择一次重污染过程进行情景分析，研究不同尺度大气系统对该过程粒子边界层的影响，分析边界层内粒子浓度输送的动态变化。提出北京地区重污染形势的形成原因。对区域性大气污染边界层研究，将有助于对区域及城市污染形成机制的进一步认识。

关键词：污染粒子边界层；输送汇；消光系数

　　北京的大气质量主要取决于北京及相邻区域的大气边界层的环境质量。大气边界层是直接受地球表面影响的大气层，其风速、湍流、热量、水汽等参量的垂直分布都直接受地球表面的影响，其垂直厚度变化很大，一般从夜间几十米到午后约 2km[1]。大气边界层受大尺度、中小尺度天气系统以及局地系统的直接影响。由于生产活动向大气边界层排放的污染物，如颗粒物，就是以大气边界层为载体而出现以污染粒子的浓度空间分布为特征的污染粒子边界层结构。这一类边界层，由于水平方向的交换或输送作用，在相当的水平范围或区域内显示出特殊的规律，即区域性特征。研究大气污染边界层的区域特征，对当前国家建设具有重要的意义[2]，很多地区的建设，其实际任务都密切涉及区域空间性质的大气边界层，并依赖于多种区域空间性质以及大气污染边界层中污染物的累积和输送。北京周边的大气边界层直接受着太行山、燕山地形及地表现象的影响，同时也被局部地区性的和中尺度地区性的以及大尺度大气过程所左右。因此，大气边界层是受着不同性质的多重因素的作用，而具有区域性动态特征并载有各类参量的大气层。

　　北京及周边地区排放的气溶胶粒子，是当前影响地区大气环境质量最重要的污染物，它以这一地区的区域性大气边界层结构为载体而形成气溶胶粒子浓度的空间变化。这是环境污染的重点

---
① 原载于《环境科学研究》，2004 年，第 17 卷，第 1 期，7~13 页。

研究课题之一。过去由于监测手段的不足，对北京地区边界层中的气溶胶粒子的垂直空间分布结构和演变特征知之甚少，近期使用激光雷达探测技术有助于弥补这一缺憾。

1 观 测 研 究

使用安徽光机所研制的多台激光雷达，对北京市及周边地区的大气污染物，包括气溶胶粒子和相应的环境条件，进行同步观测。

选择 2002-01-08~13 出现的一个 PM_{10} 严重污染过程，使用激光雷达观测到 PM_{10} 粒子边界层，进一步分析不同尺度大气系统对其影响。

图 1 是在北京最南界榆垡镇为配合激光雷达探测而在地面设置的大气粒子计数器所监测到的大气粒子严重污染过程。由图 1 可以明显看出，这是一次持续 5d 的重污染过程，其演变特征是：重污染过程初期，PM_{10} 质量浓度逐时增加为快增加阶段，由 1 月 8 日 13:00~1 月 9 日 2:00，经 13h PM_{10} 已增至 300μg/m³ 以上；第 2 阶段为 PM_{10} 质量浓度稳定摆动阶段，主要是受城市输送汇在市区摆动作用；第 3 阶段为重污染过程结束，PM_{10} 质量浓度迅速下降阶段，经过半日时间 PM_{10} 质量浓度下降了 300μg/m³，PM_{10} 质量浓度的演变呈现明显的准正弦振动特征。

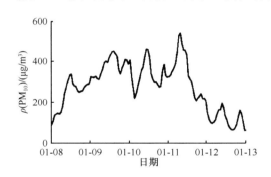

图 1 北京 2002-01-08~13 PM_{10} 逐时质量浓度变化

2 大尺度大气系统对污染粒子边界层的影响

上述 PM_{10} 严重污染的过程，是受我国大范围大陆高压边缘下沉气流影响而形成的边界层污染系统，图 2、图 3 分别为 1 月 9 日和 11 日的天气形势及利用模式计算得到的北京上空下沉气流情况。由图 2、图 3 可知，大陆高压移动很慢，持续的较强的下沉气流，使污染粒子边界层的上界被拖下来，最低高度 200m 左右。由于大陆高压边缘的下沉气流而形成的增温过程，出现连续持续数日的逆温层。在这个高度很低的粒子边界层的顶上压着稳定的暖空气盖，抑制了污染粒子向上空的垂直输送，而只能在暖空气盖下面水平输送和汇聚（图 4），形成明显的污染粒子边界层中的烟羽状污染气团型的分布特征。

3 区域性大气输送通道（输送汇）对污染粒子边界层的影响

华北地区有太行山山脉和燕山山脉，大气污染物的输送通道在山麓附近，往往以输送汇的形

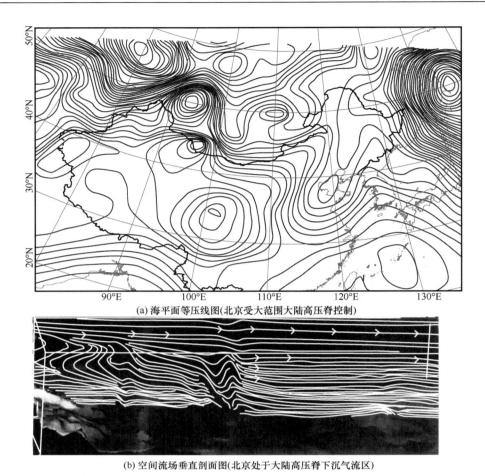

(a) 海平面等压线图(北京受大范围大陆高压脊控制)

(b) 空间流场垂直剖面图(北京处于大陆高压脊下沉气流区)

图 2　　2002-01-09T23:00 海平面等压线图及空间流场垂直剖面图

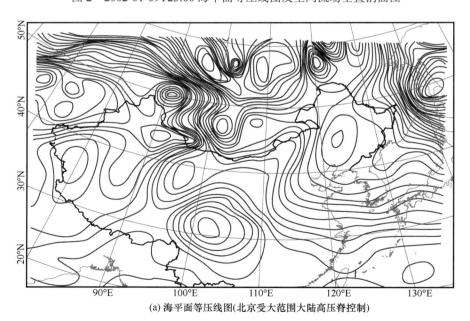

(a) 海平面等压线图(北京受大范围大陆高压脊控制)

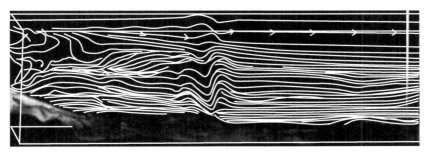

(b) 空间流场垂直剖面图(北京处于大陆高压脊下沉气流区)

图 3　2002-01-11T14:00 海平面等压线图及空间流场垂直剖面图

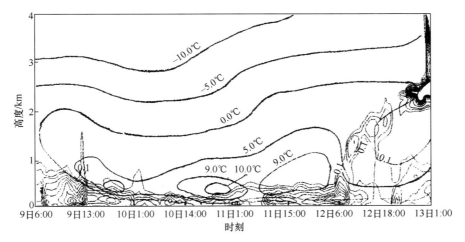

图 4　2002-01-09 T 06:00~2002-01-13 T 01:00 逐时消光系数及气温垂直剖面图

细等值线为消光系数（km^{-1}），粗等值线为气温

态出现[1]。输送汇可以汇集其周边的大气污染物，向下游输送；输送汇中的污染物浓度较汇外空气中污染物的浓度高；输送汇的形成，是由于汇聚带部分受背风坡地形、山风及热岛等的作用，常伴随有较低的大气压力。图 5 为 2002-01-08~09 在河北省太行山东麓出现的输送汇，它带着较高质量浓度的 PM$_{10}$ 粒子输送到北京。图 4 中 1 月 9 日上午的污染粒子边界层内消光系数等值线中心值很高，表明 PM$_{10}$ 质量浓度较大，消光系数上界等值线伸展较高，边界层顶较高，达到 1km 左右，就是由该日输送汇经过所致。图 6 为 2002-01-12 在燕山南麓形成的输送汇，受其影响，污染粒子边界层区，粒子浓度明显较高，边界层顶亦较高（图 4）。该日消光系数中心值较高，上界等值线伸展高度较高，高中心值出现时间与该日燕山南麓输送汇同步。

　　由于北京处于太行山和燕山交汇处，可以推断北京的大气环境质量的控制改善，必须治理 2 条输送汇涉及地区的排放量。

4　局地性流场对污染粒子边界层的影响

　　北京为三面环山半盆地地形，山区多为干冷清洁空气控制区，平原多为暖湿污染气团停滞区，平原与山区之间属于干冷清洁空气与暖湿污染气团之间的过渡区，属山前地形、冷暖空气扰动区。

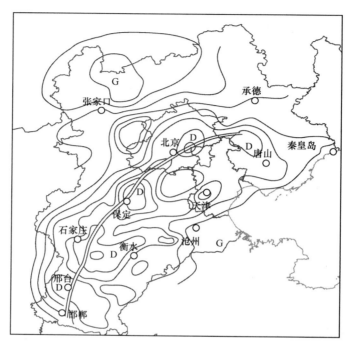

图 5　2002-01-08T20:00 海平面气压等值线及流场输送汇

双实线为太行山山麓的大气输送汇

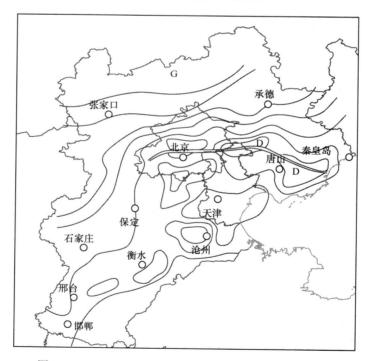

图 6　2002-01-12T20:00 海平面气压等值线及流场输送汇

双实线为燕山山麓的大气输送汇

盆地内与盆地外的平原地区，不仅决定大气污染物相互交换，也决定盆地内及山区的局部地区性流场[3]。受稳定的大陆高压控制时，大气层结稳定，这种情况下，近地层或边界层下层必然出现局地流场系统，而受上空流场的影响很小。因此，盆地内的大气污染边界层，其浓度变化主要受制于局地山区和平原流场影响，局地城市尺度和山风尺度系统为主导风环境场。2002 年 1 月 10日和 11 日的每日 8:00，14:00，20:00 的地面流场、温度场和粒子浓度场的变化，见图 7。图 7 显示在稳定的大陆强高压控制下，其局地流场日变化有很好的相似性。早晨 8:00 有山风从密云山谷、十三陵山谷和平谷山谷吹向市区，市区显示热岛阻缓山风，且多出现静风，粒子污染在城区南部形成高浓度值。在 14:00 盆地流场出现由盆地外平原形成的偏南风进入盆地，也加强盆地谷风，因而粒子污染向山区边缘山麓输送，又由于稳定的大陆强高压形成大气温度层结稳定，污染物不能垂直输送，因而盆地内粒子污染浓度很高。在 20:00 盆地内往往出现偏南风与山风相交而形成污染汇。仔细分析盆地中粒子污染浓度随时间的变化，同图 4 的边界层的浓度随时间的变化完全相符，显然北京山麓局地流场也影响这些地区的污染粒子边界层的高度和浓度垂直结构。

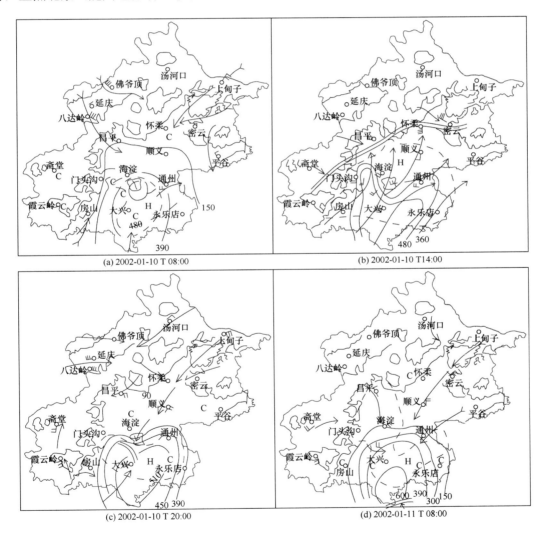

(a) 2002-01-10 T 08:00　　　　　　(b) 2002-01-10 T14:00

(c) 2002-01-10 T 20:00　　　　　　(d) 2002-01-11 T 08:00

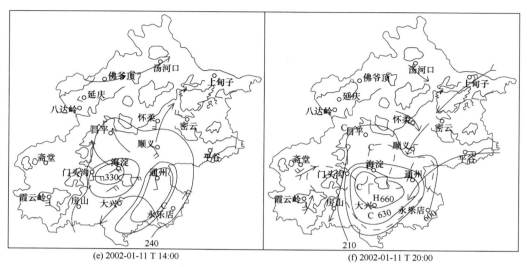

(e) 2002-01-11 T 14:00　　　　　　　　　(f) 2002-01-11 T 20:00

↘表示气流方向 ↙1 m/s ↙5 m/s C表示静风 H表示暖区

图7　北京流场，气温及 PM$_{10}$ 质量浓度（单位：μg/m^3）等值线图

5　北京北部低山山壁间长峡谷山风风带对污染粒子边界层的影响

对比北京最南界平坦地形地区大兴区榆垡镇激光雷达的消光系数随时间的垂直变化，及十三陵山前激光雷达的消光系数的同步时间的垂直变化，显示榆垡地区，即平坦地区的污染边界层顶随时间变化偏低平，而十三陵山前由于离山地较近，地表不平坦，同时山区地面植被差别变化较大，属清洁山风与市区污染气团交绥区，低层大气流场发生不同程度涡旋扰动，因而边界层顶常相对较高，粒子浓度垂直分布也相对较乱，见图 8。根据历史资料分析，定陵周边地区受延庆到昌平一带山壁间较长的低山河谷、峡谷及山口山风风带冲击扰动影响，山风冷空气从底部插入形成的热力扰动和抬升作用都很明显，造成部分边界层污染物向上输送，使污染粒子边界层顶升高，低空污染物浓度减小。此外，在风向转变时，增强热力和动力扰动，污染粒子边界层也有更显著的变化，见图 9。当阴天或天气尺度系统影响明显，由天气尺度主导的风环境控制时，十三陵和榆垡镇低空边界层结构同步性更为明显，由图 8 中 2002-01-12 昌平和大兴消光系数演变图可知，该日 6:00~10:00 昌平地区有明显更强的边界层沙尘气团侵入。上述现象表明，北京市各类风环境尺度对各地区污染边界层垂直结构、空气质量和气候特征有显著影响。

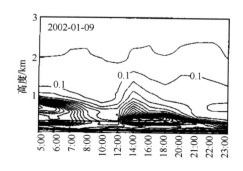
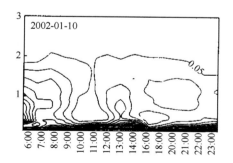

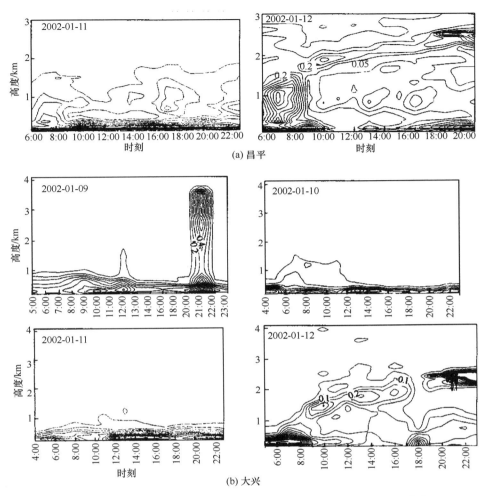

图 8　北京大兴和昌平 2002-01-09~12 逐时消光系数时间-高度剖面图

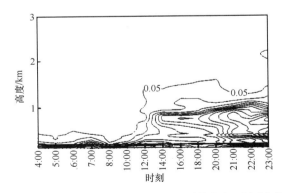

图 9　北京昌平 2002-01-08 逐时消光系数高度-时间演变图

6　讨论和结论

（1）受北京市地形，热岛和排放源结构的影响，按照该地区的气象要素、风环境、空气质量场及污染边界层特征可分为 3 个区域：①平原暖湿及污染气团控制区；②山区干冷及清洁空气控制区；③山区或平原之间清洁空气和污染气团过渡区。

（2）局地尺度主导的风环境控制时，边界层结构及环境质量同步污染不明显；天气尺度主导的风环境控制时，同步性特征更为显著。

（3）北京市 2002-01-08~13 PM_{10} 水平分布特征表明，地区尺度主导风环境场中的静风汇和输送汇的城市尺度摆动是影响浓度分布的主要原因。

（4）稳定的大陆高压脊影响的、持续的背风坡下沉气流，持续的逆温层和干洁的暖空气盖是造成这次重污染过程的大型尺度风环境背景场。

（5）燕山和太行山前局地风场辐合和局地气压场适应结构是华北平原山前特有的中小尺度气压场向风场适应的重污染汇聚系统。

（6）北京 2002-01-08T13:00~13T17:00 PM_{10} 的逐时质量浓度变化表明，重污染期间浓度值在不同时刻有明显的涨落，持续时间有明显差别，这种现象与各类尺度天气过程影响的静风汇、输送汇及清洁山风的持续和摆动时间有关。

参 考 文 献

[1] 斯塔尔 R B. 边界层气象学导论[M]. 徐静琦, 杨殿荣译. 青岛: 青岛海洋大学出版社, 1991.

[2] 任阵海. 我国大气酸性物质的输送研究[R]. 北京: 国家环保总局, 1995.

[3] 张玉玲. 中尺度大气动力学引论[M]. 北京: 气象出版社, 1999.

Influence of Weather System of Different Scales on Pollution Boundary Layer and the Transport in Horizontal Current Field

REN Zhenhai[1], YU Tong[2], SU Fuqing[1], ZHANG Zhigang[1],
GAO Qingxian[1], YANG Xinxing[1], HU Huanling[3], WU Yonghua[3], HU Fei[4],
HONG Zhongxiang[4]

1. Center for Climate Impact Research, SEPA, Beijing 100012, China
2. Beijing Municipal Environmental Monitoring Center, Beijing 100089, China
3. Anhui Institute of Optics and Fine Mechanics, CAS, Hefei 230031, China
4. The Institute for Atmosphere Physics, CAS, Beijing 100029, China

Abstract: Atmospheric boundary layer is influenced not only by the ground surface but also directly by the weather system of different scales. Based on both the data from the three sites of the laser radars which all were situated along the south-north direction of Beijing city, and that from the ground surface particle monitors, a severe pollution progress was selected for scenario analysis, to study the influence of weather system of different scales on the particle boundary layer and analyze the dynamic (kinetic) change of the transport of the particle concentration in the boundary layer. The formation causes of severe pollution in Beijing area were given. The boundary layer research of the territorial atmospheric pollution would help to further understand the mechanism of the formation of the terrritorial and urban environment pollution.

Key words: pollution particle boundary layer; transportation coverage; extinct coefficient

北京及华北平原边界层大气中污染物的汇聚系统——边界层输送汇[①]

苏福庆，任阵海，高庆先，张志刚

国家环保总局气候变化影响研究中心，北京 100012

摘要： 由地面、3 个大气压风带（1000hPa、925hPa、850hPa）、气压场、温湿廓线、能见度、暖湿平流以及激光雷达，航测分析，提出太行山山前、燕山山前输送汇。输送汇及其摆动常造成华北平原及北京地区区域大气污染物汇聚，是形成重污染区的主要形式。输送汇配置各类风向风带区，秋冬季节多为区域性短而浅的边界层输送风带，夏季多为天气尺度型的、远而厚的边界层输送风带。弱气压场或均压场背景下地方性山风及山前串状城市热岛群形成的热力性、动力性低压环流，是输送汇形成的主要原因。

关键词： 输送汇；边界层；边界层输送风带

大气中污染物输送和汇聚是一个受环境科学家关注的复杂的大气物理和大气化学过程[1]，除了受气象背景场、地形、排放源结构、大气化学演变等因子影响外，汇聚系统的形成是污染物输送汇聚的必要条件。风场对外来污染物的输送可分为穿越型和汇聚型。穿越型输送是指，在华北平原边界层上层，有明显的持续性的干暖空气控制，在山前或平原地区有弱风速风向输送带，形成无风向辐合的稳定的输送风带。实际上，风的辐合是山前经常发生的现象，常导致污染物的汇聚，使污染物浓度迅速增大，其影响程度与各类尺度天气型的配置有关。一个地区在汇聚型辐合风场控制下，外来污染物输入并形成污染物汇聚的辐合流场型称输入流场汇聚型污染系统，简称输送汇。边界层中的输送汇是造成大气中污染物汇聚的重要背景场。近地面边界层大气中污染物的汇聚系统按其形成原因分为：①外来污染物输送汇；②热岛和地形环流形成的区域尺度输送汇；③静风天气型控制的排放源区污染物堆积现象形成的静风汇。喇叭口形温湿层结控制下的热岛型静风汇聚常形成局地严重污染现象。

1 华北平原山前大气污染物输送汇的结构特征

华北平原山前大气污染物输送汇的结构示意图见图 1。

太行山和燕山山风与华北平原风带在山前交汇常形成辐合流场，受高层西风带天气型及地形

---

① 原载于《环境科学研究》，2004 年，第 17 卷，第 1 期，21~25 页和 33 页。

动力和热力背景影响，常出现各类常驻性沿山前分布的低压带等（图2）。均是输送汇的主要结构特征（图1）。

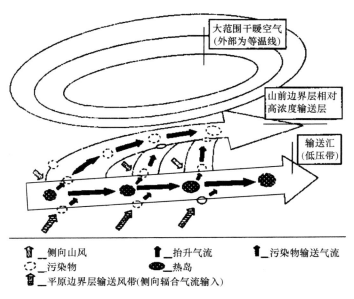

图1 华北平原山前大气污染物输送汇结构示意图

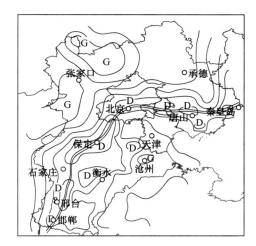

图2 华北地区输送汇配置的常驻性沿山前分布的低压带

注：双实线表示输送汇区；单实线表示等压线；点画线表示辐散区

图3是2002-01-19T08:00地面风分布图。太行山和燕山山前有一条沿山脉走向分布的2种风向交绥的汇聚带，太行山输送汇东侧的平原地区是大范围东南风带，具有携载大气污染物及我国东南部暖湿空气的作用，前锋入侵山前平原及北京半盆地地形区，由于受山体及山风影响，以及边界层上层稳定的逆温层结的阻挡，造成污染物汇聚，形成山前区域性汇聚带。

这次输送汇过程对应的地面气压场分布为：输送汇东部是浅层高压区，是暖湿污染气团停滞区；输送汇北部和西部山区是高气压和空气质量较好的干、冷气团控制区。输送汇区是一条沿山

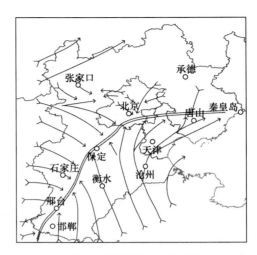

图 3　2002-01-19T08:00 华北地区地面风分布图及燕山太行山山前输送汇

注：双实线表示输送汇区；带箭头箭尾的实线表示输送通道；点画线表示辐散区

脉走向分布的低压带，低压带中有弱的上升气流，造成汇聚带两侧污染物汇聚及弱的抬升。对应的能见度分布是，低值区位于石家庄、邯郸、邢台、保定、乐亭等地区。受山前各地排放源的影响，上述城市的最低能见度值为 0.7～1.2km。输送汇东部高压区能见度为 12～22km。输送汇的北侧和西侧山区高压区能见度达 30km。因此，输送汇的结构特征是，稳定天气型控制下，在山前输送汇边界层区是串状低压及风向辐合带，能见度低，污染物浓度值高，形成华北平原山前特有的外来污染物输送汇聚风场系统。

2　华北平原大气污染物输送汇的季节特征

太行山、燕山山前平原低压汇聚带是华北地区边界层输送汇流场的重要污染气候特征，它对这一地区的多年环境质量有显著影响，是在特殊地形及中纬度天气形势背景条件下形成的。这类全年各季均经常出现的边界层风场辐合污染系统，在冬季受大陆强大冷高压影响，持续时间可达 6～7d，边界层辐合风场垂直伸展高度较低。夏季出现频率少，持续时间短，输送汇层厚度较高，受海上高压边缘影响，输送通道长；海上暖湿平流输送影响更为明显，主要出现在燕山山麓，根据华北平原输送汇的流场结构统计，全年大多数是由偏南和偏东南方向输入风带形成的输送汇。

图 4 是 1 月和 7 月份输送汇及配置的流场图[2]，冬季是由燕山南侧和太行山东侧输送汇连接的长度约 1000km 的汇聚带。燕山山前输送汇，主要来自山东半岛，鲁中山地北部，经河北平原的广大地区的偏南风带与燕山山风交汇区。太行山前输送汇主要来自鲁西、安徽、河南经河北平原东部的东南风带及太行山风交汇区。风向辐合伸展高度多数为 600m，污染物的输送初始和加强源地，多为山东、安徽、河南、河北等广大平原地区。

由全年各月流场图得到输送汇的季节特征是：春季持续时间短，伸展高度厚，1500m 上空仍有明显的风向辐合现象，污染物初始源地可来自日本、韩国经江苏南部、安徽、河南、山东、河北平原等，形成宽阔的外来污染物及加强源地污染物的远距离输入流场。在太行山东部和燕山南麓与山风交汇形成长度约 700km 的山前输送汇系统。

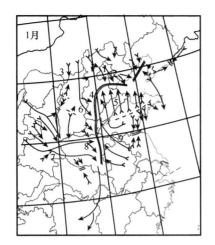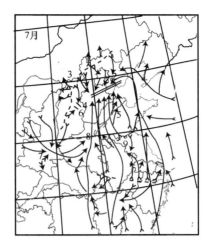

图 4　华北平原输送汇及配置的流场图

1—北京；2—天津；3—呼和浩特；4—石家庄；5—济南；6—太原；7—西安；8—郑州；9—徐州

注：双实线表示输送汇区；带箭头和箭尾的实线表示输送通道，虚线表示辐散区

　　夏季输送风带初始源区，主要来自广东、两湖盆地、长江中游、安徽、沂蒙山区西侧、华北大平原等，形成东经 114° 以东远距离偏南风输送通道，形成燕山输送汇，平均位置是自渤海湾西侧黄骅向西伸展至石家庄北部地区，高度约 900m，污染物初始源位于南海、广东、两湖平原和鄱阳湖平原酸雨区，伴有暖湿水汽输送，是主要的远距离输送汇及山前湿沉降明显的季节[3]。

　　秋季输送风带多数位于大别山以北、太行山以东华北平原区，属区域尺度型输送汇，太行山前及燕山山前输送汇都十分明显，输送汇伸展高度约 900m，是华北平原山前边界层输送汇盛行的季节。

3　输送汇中的外来污染物相对高浓度输送层高度

　　由卫星云图、天气图及飞机观测的污染物浓度垂直分布及地面激光雷达消光系数反演的粒子浓度垂直分布看出，边界层和自由大气中常有污染物相对高浓度层，并形成稳定的相对高浓度输送层。与输送层同步配置的稳定的、持久的强逆温层中间高度层，经常是污染物输送的通道层，位于逆温层中温度最高层的下部及逆温层中温度最低层上部之间。自由大气中的污染物或酸云输送通道进入低压系统多形成湿沉降。由激光雷达粒子浓度垂直分布时间剖面图可以看出边界层大气中污染物的输送特征。外来污染物输送汇形成重污染输送时，贴地面层多有一个区域性粒子相对高浓度边界层顶部，浓度垂直递减率很大，边界顶以上浓度很小，小于 50mg/m³，由于该层以上污染物输送量极小，可以认为污染边界层中的输送量，能够代表外来污染物的输入量。污染边界层中污染物呈气团型输送，北京地区冬季输送层高度多数为 500m 左右，高浓度边界层顶多为持续的最暖空气层，贴地层为边界层最低温度层。在最暖层高度和最冷层高度上，由激光雷达观测资料发现逐时垂直浓度廓线群随时间不变的高度，为逐时廓线群的交汇点，这 2 个高度之间为边界层污染气团输送层，高度为 200～500m，因此冬季平原区边界层外来污染物层输送及汇聚高度，应是 300m 左右，是边界层外来污染物影响环境质量的主要输送层（见图 5）。

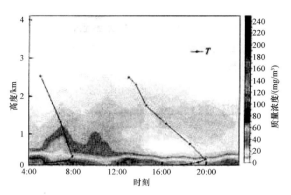

图5　大兴 2002-01-10 污染图像及逆温曲线

4　输送汇中相对高浓度污染现象解析

太行山和燕山山麓平原边界层输送汇系统是一个相对高浓度污染区，由大兴榆垡激光雷达观测的消光系数反演的粒子浓度高度时间演变图表明，当汇聚带经过时，粒子浓度值突然增大，汇聚带移出时，粒子浓度减小。1994 年冬季航测结果，在 800m 高度同样观测到汇聚带区是相对高浓度污染区。

华北平原输送汇中高浓度污染物来源是山前高烟囱排放源、城市热岛群及低压辐合输送汇两侧的侧向流场携带附近污染物的侧向汇聚。由于低压弱辐合作用，形成污染气团抬升至 150~200m 高度中，这里是山前边界层中层输送层。多种污染源群的同步排放汇聚，在稳定天气条件下，形成污染物大范围的持久累积，是输送汇相对高浓度带形成的物质基础。由华北平原 TSP 分布图看出北京发生重污染天气时，周边地区空气质量具有同步增减的趋势。同步排放源的存在，初始源排放群的气团经过大范围加强源的多次增强和输送汇的堆积是造成区域污染及重污染中心形成的主要原因。

5　输送汇形成的原因

在稳定的高空西风控制下，各类边界层上层的天气尺度干暖气团盖结构，常形成持续数日的区域尺度逆温层结。太行山及燕山山前是华北平原主要城市群分布区，城市热岛在逆温层盖控制下，热岛低压非常明显。晴天无云时山前地形山风有空气入侵，冷空气从下面插入，增强山前热岛城市的暖盖效应，这种山前城市群在强大稳定天气条件下，形成沿山脉分布的串状热岛群，是山前低压输送汇形成的主要原因，也是华北平原常驻性的输送汇系统，具有将华北平原同步排放的污染物及远距离外来污染物汇聚并形成重污染区的特征。

与输送汇配置的天气系统，有山风环流、热岛环流及天气尺度环流。天气尺度流型主要有大陆高压南部的偏东气流，东北地形低压与华北地形槽相连接的槽前偏南气流，入海高压后部的东南气流，河套倒槽前部的偏南和偏东气流，高压边缘的偏南、偏东气流等，形成区域性的和远输送型的流场汇聚。

6　边界层输送汇的滞留摆动、演变及对空气质量的影响

最适宜形成持续输送汇的天气形势多发生于秋冬季节 2 次强冷空气之间长达数日，甚至 6～7d 的各类边界层浅层低压系统。在各类天气型控制下，输送汇的演变、移动及相继的或交替的移入特征，对空气质量的分布有明显的影响。例如 2001-01-17~23 一次区域性的污染过程中，17 日最大污染中心位于石家庄，18 日北移至天津，19~20 日南移至石家庄，22 日北移至北京，23 日移至天津和石家庄，显然，与边界层天气型演变，移动引起的输送汇的摆动有关。

6.1　输送汇局地摆动型[4]

由于华北地区输送汇是大范围同步排放污染物在流场中的汇聚区，因此其在北京市平原区停滞并南北摆动时，使市区污染物日增量速度增大。2000-01-08~12 是一次华北平原汇聚带，由于在北京地区局地摆动，形成了一次北京重污染天气过程。由外来污染物输入通道组成的输送汇，8 日开始形成，位于北京市区，TSP 质量浓度明显增大，由 160 增至 360mg/m^3，造成该日市区严重污染。11 日输送汇南移至武安一线，北京市区受北部山风相对清洁源区空气净化影响，TSP 由 350 减至 190mg/m^3，12 日输送汇再次北移，TSP 持续维持为 180mg/m^3，13 日输送汇系统衰减，污染物迅速扩散，市区平均 TSP 降为 100mg/m^3。在输送汇摆动过程中两侧的风向在市区形成南转北或北转南风向的转换，改变了市区污染物浓度分布，对污染物浓度逐时分布有明显影响，在这次重污染过程中，1 月 9 日 14:00 东南风北伸，使外来污染物输送汇伸入北京平原北部山麓，由于东南风直冲定陵监测站，通道中的 PM$_{10}$ 质量浓度（单位为 μg/m^3）分别为：通州 272，奥体中心 290，定陵 298。1 月 10 日 8:00 北风区南移，使输送汇南移，定陵受西北风相对清洁山风影响，迅速降为 106，输送汇控制区的奥体中心 PM$_{10}$ 增加为 331。显然，北京平原地区高浓度中心的移动和变化，与输送汇的摆动，及其伴随的北京地区南北风向的转换和演变有关。输送汇向北移入地区为偏南风控制区，这种南北推移有使北京排放的部分污染物返回的作用。因此，北京地区南北风向转换对污染物浓度分布的影响，可用输送汇系统的特征、强度和持续范围描述。另外，风场流线的弯曲程度、静风分布、能源结构，对污染物浓度分布有明显的影响。

6.2　输送汇区域摆动型

在高空稳定西风带天气型控制下，山前输送汇形成后，受边界层天气系统演变和移动的影响，常形成输送汇及其伴随的风向在河北平原的区域性摆动及风向转换现象，造成各类重污染中心的同步转移。2001-10-01T20:00~2001-10-03T08:00 为一次北京外来污染物输送汇南移，形成区域摆动型的污染过程，见图 6。10 月 1 日 20:00，华北平原受大陆高压脊中的均压场影响，北京市区北部边界层为持续偏北风，海上为入海高压，高压后部为稳定的东南风输送通道，在 2 种风向输送通道之间，在市区形成输送汇区，属外来污染物输送汇。受大陆冷高前部边界层偏北风推移影响，2 日 8:00 南移至天津中部至石家庄一线。2 日 14:00 受河北南部新生弱低压影响，南风区及输送汇略有北移，2 日 20:00 受东南风带北移影响，输送汇北移至北京南部。3 日 2:00 冷高压前沿偏北风区南移，输送汇南移至河北平原南部，3 日 8:00 冷高压偏北风增强，将输送汇南推到河北南部地区。显然，这次输送汇区域性摆动，与高压脊均压场、弱气压场的风向演变和大陆冷高压偏北风

的推移有关，属区域摆动型输送汇。这次外来污染物输送汇演变过程，由于在北京市区停滞时间短，偏北风持续时间很长，偏南风控制的时间很短，对北京环境质量影响很小。

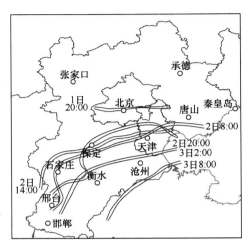

图 6　2001-10-01T20:00~2001-10-03T08:00 华北平原输送汇区域摆动型污染过程图

双实线表示输送汇区

　　总之，边界层输送汇是在太行山、燕山地形影响的地方性气流及平原风带控制下，华北平原特有的边界层系统。垂直厚度低于 1500m，多数情况为 600m 左右。初始形成位置位于太行山、燕山山麓，形成原因与山前串状城市热岛群效应、山坡地形性风效应及持久稳定的天气型有关。输送汇厚度、通道输送风带尺度和厚度有明显的季节特征：冬季厚度小、夏季和春季汇聚厚度最高时可达 1500m；秋冬季节多区域性输送汇，夏季多远距离输送汇；有明显的局地和区域性摆动特征。形成的天气背景场，是持久稳定的边界层上层暖气团盖控制下，区域性边界层逆温、弱风场及浅薄的风场系统。输送汇停滞、摆动尺度和持续时间，对华北平原城市群排放物，及周边输入的污染物的区域性累积，对高污染中心分布都有重要影响。平原地区污染物输送高度，主要发生于逆温层高温与低温之间，是华北平原特有的输送汇系统。激光雷达及配套设备目前仍是监测污染物输送量、输送层、输送汇及其影响的有效的方法。

7　结论和讨论

　　（1）由多年历史资料及地面气压场和风场特征分析，华北平原大气污染物输送汇可分为太行山前输送汇、燕山山前输送汇、城市尺度间输送汇及静风汇，山前输送汇是形成山前大范围重污染区之主要原因。

　　（2）污染边界层输送汇的主要层结结构是，温度和湿度垂直廓线多呈喇叭口形分布[5]。

　　（3）华北平原地区的主要输送层高度多数位于贴地逆温层的中间层即逆温层最高温度层和地面最低温度层中间的高度，约 300m。

　　（4）输送汇及其摆动是造成平原地区污染物汇聚，形成重污染区的主要背景场。持续的静风及其汇聚是形成排放源区局部重污染的主要原因。

　　（5）太行山及燕山山前低压输送汇的形成，是由于山风及沿山前分布的串状城市热岛群、热力性环流形成的低压辐合带。输送汇中的弱低压上升气流，使污染气团抬升于逆温层中间层，形成相对高浓度平原尺度输送层。

（6）北京平原地区输送汇是城市热岛之间与三面山风地方性热力环流综合作用的结果，常与外来污染物输送通道相继配置，形成市区重污染。根据多年历史资料分析，北京及华北平原多数地区，地方性和系统性的风向日变化非常明显，一般下午至上半夜为偏南风，下半夜至上午为偏北风，这种风向的转换区通常就是输送汇区。因此这种弱风速风向的逐时变化及其伴随的同步的输送汇演变和摆动，对北京环境质量有明显的影响。高浓度污染物输送汇移动时，其两侧伴随的风向在某一固定地区，也有北转南或南转北的风向转换，当在市区停滞或南北摆动时，将使市区污染物日增量迅速增大，对北京环境质量的影响程度与输送汇在市区连续停滞和摆动的时间及外来污染物的通道风的输入量等有关。

（7）由激光雷达及探空资料分析，污染边界层输送汇形成的主要天气背景，是持续的高空干暖盖下部，污染物输送系统和辐合系统相配置的边界层复合型天气系统。

参 考 文 献

[1] 任阵海. 浅谈我国的生存环境问题[J]. 气候与环境研究, 1999, 4(1): 1-4.

[2] 任阵海, 苏福庆. 大气输送的背景场[J]. 大气科学, 1998, 22(9): 454-459.

[3] 任阵海, 苏福庆, 董保群, 等. 我国近地大气层中污染物含量的控制研究[A]//寒潮、台风、灾害[C]. 北京: 气象出版社, 2001; 612-619.

[4] 任阵海, 高庆先, 苏福庆, 等. 北京大气环境的区域特征与沙尘影响[J]. 中国工程科学, 2003, (52): 49-56.

[5] 王耀庭, 缪启龙, 高庆先, 等. 北京秋季一次先污染后沙尘现象成因分析[J]. 环境科学研究, 2003, 1(62): 1-5.

Convergence System of Air Contamination in Boundary Layer above Beijing and North China: Transportation Convergence in Boundary Layer

SU Fuqing, REN Zhenhai, GAO Qingxian, ZHANG Zhigang

Center for Climate Impact Research, SEPA, Beijing 100012, China

Abstract: The transportation convergence in front of Taihang Mountain and Yan Mountain was proposed according to the ground, 1000, 925 and 850 hPa wind belt and the field of pressure, the wet-warm profile, Lidar data, visibility, warm-wet advection air and airborne analysis. Transportation convergence, which formed the pollution of North China and Beijing region, was a major model that formed a severe pollution area. The transportation convergence was disposed on various wind belts, which were short and shallow transport wind belts of the boundary layer in the autumn and winter, and long and deep transport wind belts of the boundary layer of weather scales in the summer. The local valley wind and the group of the thermal series islands, and thermal and dynamical circulation of the low pressure under the background of the weak pressure and average pressure fields were the major causes of forming the transportation convergence.

Key words: transportation convergence; boundary layer; transport wind belts of boundary layer

北京重污染事件中污染物输送轨迹模拟与分析[①]

尉　鹏[1]，程水源[1]，苏福庆[2]，任阵海[2]，陈东升[1]

1. 北京工业大学环境与能源工程学院，北京　100124
2. 中国环境科学研究院，北京　100012

摘要：应用天气研究与预报（weather research and forecasting，WRF）模式以及三维拉格朗日轨迹模式，以北京 2003 年 10 月 18~22 日出现一次重污染过程为例，研究反气旋系统控制下污染物的输送规律和移动路径，并分析环境和气象观测数据，阐述其成因。结果表明，当反气旋均压控制北京地区时，由于地方性环流起主导作用，污染物在反气旋控制区内徘徊，形成地方性风输送积累；当反气旋后部偏南风经过北京地区时，本地区累积的污染物向东北输送，最终在低压区汇聚垂直抬升，进入自由大气。

关键词：污染物输送轨迹；天气研究与预报；反气旋

重污染天气是指表征空气质量的当天空气污染指数（air pollution index，API）大于 200，即空气质量达 4 级及 4 级以上污染程度的统称。北京市环保局发布数据表明，北京重污染主要为 PM_{10} 污染，多发生在秋冬季节，在重污染日前后，3 级以上的空气污染日超过污染总天数 1/3。为了解决重污染的环境预警问题，阐明重污染的形成机制，Cheng 等[1-3]充分研究了重污染的形成条件及其与天气系统之间的关系，指出反气旋均压是造成区域重污染的一种典型天气形势。王喜全等[4]对反气旋均压天气型进行了研究，指出了造成北京重污染的 2 类天气型。研究表明，反气旋是造成重污染的主要天气型之一[1-4]，而反气旋均压下累积的污染物去向的问题，关系到北京空气重污染的形成以及污染物的输送机制，但相关研究尚不多见。为研究北京地区在反气旋均压控制下污染物随气象条件的变化规律，解释反气旋系统造成北京重污染天气的成因，本文以 2003 年 10 月 18~22 日环境过程[5]中一次反气旋均压造成的重污染过程为例，应用三维拉格朗日粒子扩散模式 FLEXPART-WRF 模拟了污染物在反气旋内积累继而进入自由大气的过程，并结合气象观测资料阐述了污染物输送的形成机制和主要天气型。

1　实验方法与模拟系统设计

1.1　数据来源

PM_{10} 日均值来自中国环境保护部公布的 API 值；海平面气压采用中国气象局每 3h 一次的

---

① 原载于《北京工业大学学报》，2012 年，第 38 卷，第 8 期，1264~1268 页。

micaps 资料。

1.2 模式设计参数

1.2.1 气象模式

选用中尺度气象模式 WRF3.1 的模拟结果，以弥补 NCEP 观测资料时间和空间分辨率的不足。垂直坐标设置为地形追随坐标，投影方式为 Lambert，嵌套方案为 Two-way feed back，2 条真纬度分别为 30°N 和 60°N，边界条件为 1°×1°NCEP 资料，微物理过程为 WSM6，短波辐射方案为 MM5，长波辐射方案为 GFDL，PBL 方案为 Yonsei University 边界层方案，地形方案为 4 层 Noah 地表模型。

1.2.2 拉格朗日轨迹模式

选用拉格朗日粒子扩散模式 FLEXPART 研究污染物的扩散机制。该模式不是计算单点的轨迹，而是投放大量空气粒子，分类计算大量粒子的轨迹来模拟物质的输送轨迹与扩散过程[6]。该模式考虑了小尺度湍流效应、干湿沉降、辐射衰减过程及多项轨迹检验数据；试验证明 FLEXPART 模式是目前最优秀的扩散模式之一[7-8]。FLEXPART 模式运行所需要的风速、风向、气压等气象场数据由 ECMWF 或 NCEP 的再分析资料作为输入。为提高网格分辨率及应用于区域环境空气质量研究，本文使用 WRF3.1 模拟结果作为气象场输入数据。Fast 等[9]对 FLEXPART 进行修改并同 WRF 耦合，试验表明，FLEXPART-WRF 可准确模拟区域污染物的输送[10]。本文在 Jerome D. Fast 等研究的基础上，对 FLEXPART-WRF 模式接口程序进行了部分改动以耦合 WRF3.1.模拟方式设置为前向扩散，释放高度为距离地面 200m，释放位置为 39.47°~41.17°N，115.42°~117.58°E，模拟时间为 120h，释放粒子 2 万个，污染物为颗粒物。

2 结果与分析

2.1 PM_{10}浓度与海平面气压系统

图 1、图 2 分别为北京地区的 PM_{10} 日均浓度监测结果和中国海平面气压分布图。研究表明，气压系统演变是日均浓度变化的主要原因[1]，PM_{10} 观测结果（图 1）显示，2003 年 10 月 18~22

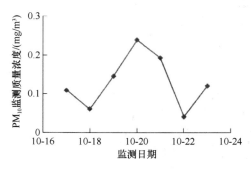

图 1 2003 年 10 月 17~23 日北京地区 PM_{10} 监测浓度

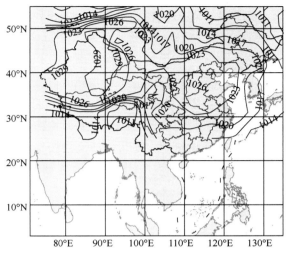

图 2 2003 年 10 月 18 日 14:00 海平面气压

日北京地区 PM$_{10}$ 浓度有明显的波动并经过了一次完整的浓度谷峰环境过程。图 2 为 10 月 18 日 14 时海平面气压观测结果，该时段华北大部分地区受到大陆反气旋的控制，中心位于山西省北部。由于北京地区受到大陆反气旋均压的控制，配合该日 PM$_{10}$ 观测资料，从 18 日 14 时开始进入环境过程的积累阶段，在反气旋系统作用下，PM$_{10}$ 浓度逐渐上升，该日积累率为 0.085mg/m^3。

2.2 气象场模拟结果

图 3 为 WRF 计算的 2003 年 10 月 18 日 17 时和 19 日 02 时在 39.9°N、110°~122°E 处风场及气温垂直剖面图。由图可知，10 月 18 日 17 时高气压均压系统造成的下沉气流及 19 日 02 时北京上空出现的下沉逆温，是一次稳定的均压系统，在其控制区有利于形成地方性的积累系统，污染物的浓度逐日上升。

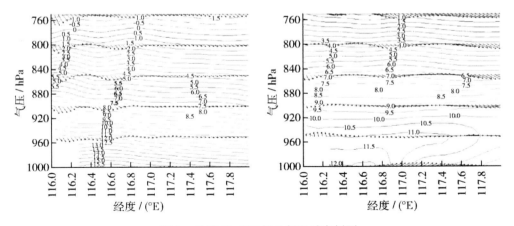

图 3 北纬 39.9° 风场及气温垂直剖面

2.3 拉格朗日粒子扩散模式模拟结果

本文应用 Stohl 等[11]提出的聚类分析方法对 2003 年 10 月 18 日 14~20 时的 6h 内释放的 2 万

个粒子根据其位置特征分为 5 类粒子群，用 5 种颜色表示。图 4 显示了各类粒子群质量中心坐标的前向扩散轨迹，时间间隔为 1h。各类粒子首先在北京地区徘徊 6～10h，然后向东北方向移动。由图 4 可知，在反气旋均压区控制之下，由于地方区域环流的作用，污染物进行区域性小尺度滞留性往返运动，而反气旋均压系统移过北京地区后，北京地区处于反气旋后部，受西南风输送通道影响，反气旋均压系统内累积的污染物向东北方向输送，气团轨迹呈稳定型特征，粒子释放 46 h后移出稳定层，形成滞留积累型轨迹。因此北京地区排放的污染物，有 2 个滞留区——反气旋均压区及低压滞留区，两者之间西南风输送轨迹，是实现污染物转移的主要通道。

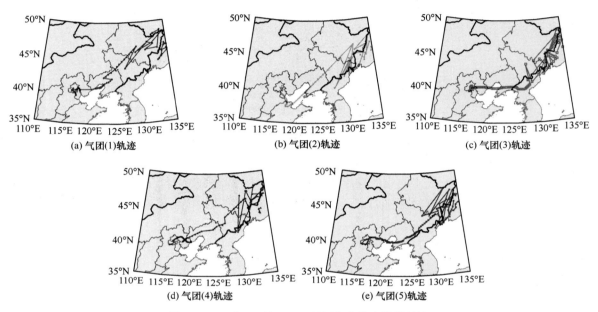

(a) 气团(1)轨迹 (b) 气团(2)轨迹 (c) 气团(3)轨迹

(d) 气团(4)轨迹 (e) 气团(5)轨迹

图 4 2003 年 10 月 18~23 日污染物前向扩散轨迹

图 5 反映了污染物输送的水平高度变化。粒子释放后 14～20h，6h 内释放 2 万个质点，有明显高度振动，污染物停止释放之后，46h 内持续在逆温层下 500～1000m 处；在 15h 处出现 1 次下沉，这是反气旋下沉气流控制的结果；随后逐渐扰动抬升，约 80h 后突破边界层抬升至自由大气，于 23 日 8 时升至 5000m 上空。

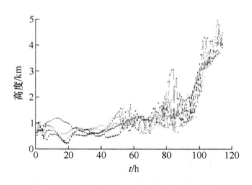

图 5 污染气团轨迹高度随时间变化

根据上述分析及 18 日 14 时~23 日 08 时 PM₁₀ 变化对应的天气型演变及污染气团轨迹图可知，

18日14时~19日24时北京位于反气旋均压区（图6），形成地方性污染物质点徘徊型的积累；20日受后部稳定的边界层偏南风影响，污染物输送至冷锋前汇聚区被抬升至自由大气。

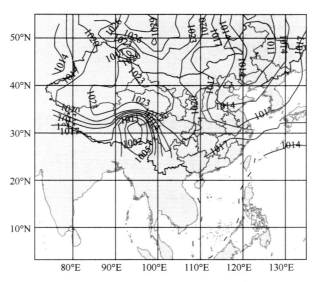

图6　2003年10月20日20:00海平面气压场

3　结　　论

（1）通过气象观测资料和 WRF 模拟结果分析，指出在反气旋控制下，大气结构稳定，污染物在排放地徘徊，造成本地区污染物积累，形成重污染事件；

（2）应用 FLEXPART-WRF 三维拉格朗日轨迹模式，研究了反气旋控制下污染物的输送规律，结果表明，反气旋均压控制下污染物内部徘徊，在反气旋后部系统性偏南风作用下，污染物通过偏南风输送通道进入自由大气。

参 考 文 献

[1] Chen Z H. Cheng S Y, Li J B, et al. Relationship between atmospheric pollution processes and synoptic pressure patterns in northern China[J]. Atmospheric Environment, 2008, 42(24): 6078-6087.

[2] Cheng S Y, Chen D S, Li J B, et al. An ARPS-CMAQ modeling approach for assessing the atmospheric assimilative capacity of the Beijing metropolitan region[J].Water, Air and Soil Pollution, 2007, 181(4): 211-224.

[3] Wei P, Cheng S H, Li J B, et al. Impact of boundary layer anticyclonic weather system on regional air quality[J]. Atmospheric Environment, 2011, 45(14): 2453-2463.

[4] 王喜全, 齐彦斌, 王自发, 等. 造成北京 PM$_{10}$ 重污染的二类典型天气形势[J]. 气候与环境研究, 2007, 12(1): 81-86.

[5] 任阵海, 苏福庆, 高庆先, 等. 边界层内大气排放物形成重污染背景解析[J]. 大气科学, 2005, 29(1): 57-64.

[6] Stohl A, Forster C, Frank A. Technical note: the Lagrangian particle dispersion model FLEXPART version 6.2[J]. Atmospheric Chemistry and Physics, 2005, 5(4): 4739-4799.

[7] Stohl A. Computation, accuracy and applications of trajectories a review and bibliography[J]. Atmospheric Environment, 1998, 32(6): 947-966.

[8] Stohl A, Hittenberger M, Wotawa G. Validation of the Lagrangian particle dispersion model FLEXPART against large scale tracer experiment data[J].Atmospheric Environment, 1998, 32(24): 4245-4264.

[9]　Fast D J, Easter C R. Development of a lagrangian particle dispersion model compatible with the weather research and forecasting(WRF)model[R]. Washington DC: Pacific Northwest National Laboratory, 2006.

[10]　Foy B, Zavala M, Bei N, et al. Evaluation of WRF mesoscale simulations and particle trajectory[J]. Atmospheric Chemistry and Physics, 2009, 32(9): 4419-4438.

[11]　Stohl A, Eckhardt S, Forster C, et al. A replacement for simple back trajectory calculations in the interpretation of atmospheric trace substance measurements[J]. Atmospheric Environment, 2002 , 36(29): 4635-4648.

Simulation and Analysis of Pollutant Transport During the Heavy Pollution Event in Beijing

WEI Peng[1], CHENG Shuiyuan[1], SU Fuqing[2], REN Zhenhai[2], CHEN Dongsheng[1]

1. College of Environmental & Energy Engineering, Beijing University of Technology, Beijing 100124, China
2. Chinese Research Academy of Environmental Sciences, Beijing 100012, China

Abstract: Based on a Lagrangian particle dispersion model FLEXPART 3-D in conjunction with a weather research and forecasting (WRF) model, this study investigates the mechanism and trajectory of pollutants under the anti-cyclonic weather system that took place during October 18~22, 2003 in Beijing.The reasons for this heavy air pollution episode were also analyzed by using the environmental and meteorological observational data. The findings indicate that pollutants hovered in Beijing by local wind under the control of anticyclone, the accumulated pollutants was transported to the northeast during the back of anticyclone, and the pollutants finally converged to the low-pressure area and elevated to free atmosphere.

Key words: air pollutants transport; weather research and forecasting (WRF); anticyclone

我国硫输送和沉降量规律的研究①

杨新兴，高庆先，姜振远，任阵海，陈　复，柴发合，薛志刚

中国环境科学研究院，北京　100012

摘要：介绍了我国排放的硫污染物在大气中的输送规律，给出我国各省（区）1992，1993和1995年高架源和低架源平均硫沉降量、总沉降量及其来源省的贡献率。研究结果证明，由于我国疆域辽阔，排放的大气酸性污染物有90%以上沉降在本国大陆地区和领海海域内。在日本和周边国家的沉降量不超过其本国沉降量的10%。

关键词：酸性污染物；大气输送；硫沉降

酸雨危害是当代世界上最严重的环境污染问题之一。自从80年代以来，我国的经济以很高的速度持续发展，但是由于某些生产部门的设备陈旧、工艺水平落后，能源的消耗数量过大，致使污染物的排放量增加，特别是燃煤排放的二氧化硫数量过高，导致大气酸性物质数量急剧增加，在我国西南、华南、华中以及东部沿海地区产生了严重的酸雨问题。"七五"国家科技攻关期间的研究证实，上述地区的酸雨危害已经在迅速发展和蔓延[1]。为了控制酸雨的危害，在"八五"国家科技攻关项目（85-912-01-03）中，进行了"我国酸性物质的大气输送研究"[2]。在此基础上，我们对我国的硫污染物的沉降问题做了进一步的研究。文中介绍的主要内容是"八五"国家科技攻关项目（85-912-01-03）中的部分研究成果及其后续工作的研究结果。

1　研究内容及方法

在"八五"国家科技攻关项目（85-912-01-03）"我国酸性物质的大气输送研究"中，主要探讨了我国硫污染物在大气中的输送规律，在其后续工作中，探讨了硫污染物的沉降规律。研究的基本方法是首先调查最近十年内我国地面排污、低空排污数据以及地面至高空的全部气象资料，对大量数据资料进行分析，导出硫污染物在大气中的输送规律[2]；根据在"八五"国家科技攻关课题研究中建立的沉降模式，利用1992，1993和1995年的气象资料，采用三年逐日叠加平均的方法，计算了全国各省份高架源、低架源硫沉降量、总沉降量以及各来源省份的贡献率[3]，在此基础上，为了给使用者提供方便，又对数据做了进一步的加工和处理，其结果可参见表1。

大气酸性物质的输送和沉降研究属于气候性的研究课题[4-6]。在文献[2]中，我们还探讨了输送规律与气候稳定性的关系问题，其中包括各种尺度输送系统的流场在偏离正常年状态

---

① 原载于《环境科学研究》，1998年，第11卷，第4期，27~34页。

时的摆动特征问题。在综合研究大气输送的自然特征以及地区间的相互输送和相互影响的基础上，把全国范围的输送场划分为 15 个区，并将跨国界输送分为入境、出境、境内、干湿等输送类别。

2 我国酸性污染物大气输送和沉降的特征

在文献[2]中发现，我国正常年酸性物质的大气输送具有以下特征：

东部地区 40°N 以北，为偏西或偏西北的输送气流；华北北部和东北地区是以输出偏西气流为主。随着距离地面高度的增加，偏西输出气流逐渐南移，在 1500m 高度移到 30°N 在 2000m 高度，东部及东部沿海地区则全部为偏西的输送气流。另外，还有来自蒙古国和俄罗斯的入境输送气流。

西南地区在 1500m 高度以下，均为偏南输送气流，并且主要是在国境内输送；西部及西北部广大地区则全是国境内的输送气流。在我国内陆地区，则以国内地区之间的输送气流为主，包括各个省份之间和省份内的输送气流，其中还出现过一些涡旋状输送气流。

从宏观上观察，在 40°N 以北地区和东部沿海以及国内各省份之间，输入、输出气流均存在，但一般以输出气流为主。在山东半岛附近，国内输送和输出气流并存；在 35°N 以南地区，以国内各省份间的输送气流为主，其中 40°N 以南的输出气流中还有部分气流沿海回流。此外，日本向我国大陆地区输送气流[5]。

从上述输送特征可知，我国酸性污染物的大气输送过程主要是在国内进行，污染物的沉降地区也主要在国内。各省份高架源、低架源硫沉降量、总沉降数量以及各来源省份的贡献率的数据资料可参见表1。

表 1　我国各省份高架源、低架源和总沉降量及其来源省份的贡献率

接受沉降省份	沉降来源省份及其贡献率/%						沉降量/(t/a)	沉降率/%
河北	70~60	50~40	20~10	10~5	5~1	1~0		
（高+低）源	河北		天津	山西	内蒙古、山东、河南、北京	辽宁、江苏、安徽、湖北、四川、陕西、甘肃、宁夏	418079	100
高架源			河北		山西、河南、北京、天津	内蒙古、辽宁、江苏、安徽、山东、陕西、宁夏	98843	23.6
低架源		河北	天津	北京	山西、山东、河南	内蒙古、辽宁、江苏、安徽、湖北、四川、陕西	319236	76.4
山西	80~70	70~60	20~10	10~5	5~1	1~0		
（高+低）源	山西			河南	河北、内蒙古、山东、陕西	辽宁、江苏、安徽、湖北、湖南、四川、贵州、甘肃、宁夏、新疆、北京、天津	362051	100
高架源			山西		内蒙古、河北、河南、陕西	江苏、安徽、山东、湖北、甘肃、宁夏、北京	93313	25.8
低架源		山西		河南	河北、内蒙古、陕西	江苏、安徽、山东、湖北、湖南、四川、贵州、甘肃、宁夏、北京、天津	268738	74.2

接受沉降省份	沉降来源省份及其贡献率/%							沉降量/(t/a)	沉降率/%
内蒙古	60~50	40~30	30~20	20~10	10~5	5~1	1~0		
（高+低）源	内蒙古			山西	河北、黑龙江、山东、河南、辽宁、陕西、甘肃、北京、天津	宁夏	吉林、江苏、浙江、安徽、湖北、湖南、四川、贵州、新疆、上海	273695	100
高架源			内蒙古		宁夏	河北、山西、辽宁、黑龙江	吉林、江苏、安徽、山东、河南、四川、陕西、甘肃、新疆、北京、天津	104695	61.7
低架源			内蒙古		河北、辽宁、山东、陕西、甘肃、山西	宁夏、北京、天津	吉林、黑龙江、江苏、安徽、河南、湖北、四川、贵州、新疆	169000	76.4
辽宁		80~70	50~40	30~20	10~5	5~1	1~0		
（高+低）源		辽宁			河北	山西、内蒙古、吉林、山东、北京、天津	黑龙江、江苏、浙江、安徽、江西、河南、湖北、湖南、四川、陕西、甘肃、宁夏、新疆、上海	254491	100
高架源			辽宁			河北、内蒙古、山东	山西、吉林、黑龙江、江苏、安徽、河南、陕西、宁夏、北京、天津、上海	86517	34.0
低架源			辽宁		河北	内蒙古、吉林、山东、北京、天津	山西、黑龙江、江苏、浙江、安徽、河南、湖北、四川、陕西、上海	167974	66.0
吉林	50~40	40~30	30~20	20~10	10~5	5~1	1~0		
（高+低）源	吉林		辽宁		黑龙江	河北、山西、内蒙古、山东、河南、北京、天津	江苏、浙江、安徽、江西、湖北、湖南、四川、贵州、陕西、甘肃、宁夏、新疆、上海	96254	100
高架源				吉林	辽宁	河北、内蒙古、黑龙江、山东、河北	山西、江苏、浙江、安徽、河南、湖北、四川、陕西、宁夏、北京、天津、上海	36013	37.4
低架源			吉林		辽宁	山西、内蒙古、黑龙江、山东、天津	江苏、浙江、安徽、江西、河南、湖北、湖南、四川、贵州、陕西、甘肃、新疆、北京、上海	60241	62.6
黑龙江		80~70	50~40	30~20	10~5	5~1	1~0		
（高+低）源		黑龙江			辽宁、河北、山西、内蒙古、吉林	山东、天津	江苏、浙江、安徽、江西、河南、湖北、湖南、广东、广西、四川、贵州、陕西、甘肃、宁夏、新疆、北京、上海	116140	100
高架源			黑龙江			河北、山西、内蒙古、辽宁、吉林	江苏、浙江、安徽、江西、山东、河南、陕西、宁夏、北京、天津、上海	66213	57.0
低架源				黑龙江	山东	河北、山西、辽宁、吉林	内蒙古、江苏、浙江、安徽、江西、河南、湖北、湖南、四川、贵州、陕西、甘肃、新疆、北京、天津、上海	49927	43.0

接受沉降省份		沉降来源省份及其贡献率/%						沉降量/(t/a)	沉降率/%
江苏	70~60	50~40	30~20	20~10	10~5	5~1	1~0		
（高+低）源		江苏		山东	上海	河北、山西、浙江、安徽、河南	内蒙古、辽宁、福建、江西、湖北、湖南、广东、广西、四川、贵州、陕西、甘肃、宁夏、北京、天津	282519	100
高架源			江苏			安徽、山东、上海	河北、山西、内蒙古、辽宁、浙江、江西、河南、湖北、湖南、四川、陕西、北京、天津	96477	34.1
低架源			江苏	山东		河北、浙江、安徽、河南、上海	山西、内蒙古、辽宁、江西、湖北、湖南、广东、广西、四川、贵州、陕西、甘肃、北京、天津	186042	65.9
浙江	70~60	50~40	20~10	10~5	5~1	1~0			
（高+低）源		浙江	江苏	上海	河北、山西、安徽、福建、江西、山东、河南	内蒙古、辽宁、湖北、湖南、广东、广西、四川、贵州、云南、陕西、甘肃、宁夏、北京、天津、香港		193283	100
高架源			浙江	江苏	江西、山东、上海	河北、山西、内蒙古、辽宁、安徽、福建、河南、湖北、湖南、广东、广西、四川、贵州、陕西、宁夏、北京、天津		58776	30.4
低架源			浙江	江苏	安徽、江西、山东、上海	河北、山西、内蒙古、辽宁、福建、河南、湖北、湖南、广东、广西、四川、贵州、云南、陕西、甘肃、北京、天津、香港		134507	69.6
安徽	40~30	30~20	20~10	10~5	5~1	1~0			
（高+低）源	江苏、安徽		山东、河南	河北、山西、浙江、江西、湖北、陕西、上海	内蒙古、辽宁、福建、湖南、广东、广西、四川、贵州、云南、甘肃、宁夏、北京、天津			246568	100
高架源		江苏、安徽		山东	河北、山西、内蒙古、辽宁、浙江、江西、河南、湖北、湖南、广东、广西、四川、贵州、陕西、甘肃、宁夏、北京、天津、上海			83166	33.7
低架源		江苏、安徽		山东	河北、山西、浙江、江西、河南、湖北、上海	内蒙古、辽宁、福建、湖南、广东、广西、四川、贵州、陕西、甘肃、北京、天津		163402	66.3
福建	60~50	50~40	20~10	10~5	5~1	1~0			
（高+低）源	福建		浙江、江西	江苏、河北、安徽、山东、广东	河南、湖南、四川、上海	山西、内蒙古、辽宁、湖北、广西、贵州、云南、陕西、甘肃、宁夏、北京、天津、香港		94643	100
高架源			福建		江苏、浙江、江西、广东	河北、山西、内蒙古、辽宁、安徽、山东、河南、湖北、湖南、广西、四川、贵州、云南、陕西、甘肃、天津、上海		25774	27.2

接受沉降省份	沉降来源省份及其贡献率/%						沉降量/(t/a)	沉降率/%
低架源		福建	浙江	江苏、安徽、山东、江西、河南、广东、四川、上海	河北、山西、内蒙古、辽宁、湖北、湖南、广西、贵州、云南、陕西、甘肃、北京、天津、香港		68869	72.8
江西	70~60	50~40	20~10	10~5	5~1	1~0		
（高+低）源	江西			江苏	河北、山西、浙江、安徽、福建、山东、河南、湖北、湖南、广东、四川、上海	内蒙古、辽宁、广西、贵州、云南、陕西、甘肃、宁夏、北京、天津、香港	215932	100
高架源			江西		江苏、安徽、山东、湖北、广东	河北、山西、内蒙古、辽宁、浙江、福建、河南、湖南、广西、四川、贵州、陕西、甘肃、宁夏、北京、天津、上海	63003	29.2
低架源			江西		江苏、浙江、安徽、山东、河南、湖北、广东	河北、山西、内蒙古、辽宁、福建、广西、四川、贵州、云南、陕西、甘肃、北京、天津、上海、香港	152929	70.8
山东	80~70	60~50	30~20	10~5	5~1	1~0		
（高+低）源	山东			河北	山西、辽宁、江苏、河南、北京、天津	内蒙古、浙江、安徽、江西、湖北、湖南、四川、贵州、陕西、甘肃、宁夏、上海	466617	100
高架源			山东	河北、江苏		山西、内蒙古、辽宁、浙江、安徽、河南、湖北、陕西、宁夏、北京、天津、上海	127192	27.3
低架源			山东		河北、山西、江苏、浙江、河南、天津	内蒙古、辽宁、浙江、安徽、江西、湖北、湖南、四川、贵州、陕西、甘肃、北京、上海	339425	72.7
河南	70~60	60~50	20~10	10~5	5~1	1~0		
（高+低）源	河南			山西、山东	河北、江苏、安徽、湖北、陕西	内蒙古、辽宁、浙江、江西、湖南、广东、广西、四川、贵州、甘肃、宁夏、北京、天津、上海	405340	100
高架源			河南		河北、山西、江苏、安徽、山东、陕西	内蒙古、辽宁、浙江、湖北、湖南、四川、甘肃、宁夏、北京、天津、上海	86060	21.2
低架源		河南		山东	河北、山西、江苏、安徽、湖北、陕西	内蒙古、辽宁、浙江、江西、湖南、广东、广西、四川、贵州、甘肃、宁夏、北京、天津、上海	319280	78.8
湖北	60~50	40~30	20~10	10~5	5~1	1~0		
（高+低）源	湖北		河南	湖南	河北、山西、江苏、安徽、江西、山东、四川、陕西	内蒙古、辽宁、浙江、广东、广西、云南、甘肃、宁夏、北京、天津、上海	264360	100

续表

接受沉降省份		沉降来源省份及其贡献率/%					沉降量/(t/a)	沉降率/%
高架源			湖北			江苏、安徽、山东、河南、湖南、陕西	河北、山西、内蒙古、辽宁、浙江、江西、广东、广西、四川、贵州、甘肃、宁夏、北京、天津、上海	68500	25.9
低架源	湖北		河南			河北、山西、江苏、安徽、江西、山东、湖南、四川	内蒙古、辽宁、浙江、广东、广西、贵州、云南、陕西、甘肃、宁夏、北京、天津、上海	195860	74.1
湖南	70～60	60～50	20～10	10～5	5～1		1～0		
（高+低）源	湖南			湖北		山西、江苏、江西、山东、河南、广东、广西、四川、贵州、陕西	河北、内蒙古、辽宁、浙江、安徽、福建、云南、甘肃、宁夏、北京、天津、上海、香港	322634	100
高架源			湖南			江西、湖北、广东	河北、山西、内蒙古、辽宁、江苏、浙江、安徽、山东、河南、广西、四川、贵州、云南、陕西、甘肃、宁夏、上海	68726	21.3
低架源	湖南			湖北		山西、江西、山东、河南、广东、广西、四川、贵州	河北、内蒙古、辽宁、江苏、浙江、安徽、福建、云南、陕西、甘肃、北京、天津、上海、香港	253908	78.7
广东	80～70	60～50	20～10	10～5	5～1		1～0		
（高+低）源	广东			香港		福建、江西、湖南、广西	河北、山西、江苏、浙江、安徽、山东、河南、湖北、海南、四川、贵州、云南、陕西、上海	252340	100
高架源			广东			广西	河北、山西、江苏、浙江、安徽、福建、江西、山东、河南、湖北、湖南、四川、贵州、陕西、上海	58525	23.2
低架源		广东		香港		福建、江西、湖南、广西	河北、山西、江苏、浙江、安徽、山东、河南、湖北、海南、四川、贵州、云南、陕西、上海	193815	76.8
广西	80～70	60～50	20～10	10～5	5～1		1～0		
（高+低）源	广西			广东		湖南、四川、贵州	河北、陕西、江苏、浙江、安徽、福建、江西、山东、河南、湖北、海南、云南、陕西、甘肃、上海、香港	293698	100
高架源			广西			广东	山西、江苏、安徽、江西、山东、河南、湖北、湖南、四川、贵州、云南、陕西	69204	23.6
低架源		广西		广东		湖南、四川、贵州	河北、山西、江苏、浙江、安徽、福建、江西、山东、河南、湖北、海南、云南、陕西、香港	224494	76.4

接受沉降省份	沉降来源省份及其贡献率/%							沉降量/(t/a)	沉降率/%
海南		60～50	50～40	20～10	10～5	5～1	1～0		
（高+低）源		海南		广东	广西	浙江、福建、江西、河南、湖南、湖北、四川、贵州、香港	河北、山西、内蒙古、江苏、安徽、山东、云南、陕西、甘肃、上海	9250	100
高架源						广东、广西、海南	河北、山西、江苏、浙江、安徽、福建、江西、山东、河南、湖北、湖南、四川、贵州、云南、陕西、上海	1320	14.3
低架源			海南	广东	广西	福建、江西、湖北、湖南、四川、贵州、香港	河北、山西、江苏、浙江、安徽、山东、河南、云南、陕西、甘肃、上海	7930	85.7
四川	100～90	90～80	80～70	20～10	10～5	5～1	1～0		
（高+低）源	四川					贵州、陕西	河北、山西、内蒙古、江苏、安徽、山东、河南、河北、湖南、广西、云南、甘肃、宁夏	662247	100
高架源				四川			山西、江苏、山东、河南、湖北、湖南、广西、贵州、云南、陕西、甘肃	111208	16.8
低架源			四川			贵州、陕西	河北、山西、江苏、山东、河南、湖北、湖南、广西、云南、甘肃	551039	83.2
贵州	100～90	80～70	70～60	20～10	10～5	5～1	1～0		
（高+低）源		贵州		四川	广西	湖南、云南	河北、山西、江苏、江西、安徽、山东、河南、湖北、广东、陕西、甘肃	373375	100
高架源			贵州			广西、四川	江苏、江西、山东、河南、湖北、湖南、广东、云南、陕西	62105	16.6
低架源		贵州		广西、四川	湖南		山西、江苏、江西、山东、河南、湖北、广东、云南、陕西、甘肃	311270	83.4
云南		70～60	50～40	20～10	10～5	5～1	1～0		
（高+低）源		云南		四川、贵州		广西	江苏、江西、河南、湖北、湖南、广东、陕西、甘肃	158487	100
高架源				云南		四川、贵州	湖南、广东、广西	34150	21.5
低架源			云南	四川、贵州	广西		江西、河南、湖北、湖南、广东、陕西、甘肃	124337	78.5
陕西		80～70	70～60	20～10	10～5	5～1	1～0		
（高+低）源		陕西			山西	内蒙古、山东、河南、四川、甘肃、宁夏	河北、辽宁、江苏、安徽、江西、湖北、湖南、广西、贵州、新疆、北京、天津、上海	290320	100
高架源				陕西		山西	河北、内蒙古、江苏、安徽、山东、河南、湖北、四川、贵州、甘肃、宁夏	63601	21.9
低架源				陕西		山西、内蒙古、河南、四川	河北、江苏、安徽、山东、湖北、湖南、广西、贵州、甘肃、宁夏、新疆、北京、天津	226719	78.1

续表

接受沉降省份 / 沉降来源省份及其贡献率/%

甘肃

接受沉降省份	80~70	60~50	20~10	10~5	5~1	1~0	沉降量/(t/a)	沉降率/%
甘肃								
（高+低）源	甘肃		陕西		山西、河南、四川、宁夏、新疆	河北、内蒙古、江苏、安徽、山东、湖北、湖南、广西、贵州、青海、天津	118411	100
高架源			甘肃		陕西、宁夏	河北、山西、内蒙古、江苏、山东、河南、四川、贵州、青海、新疆	32778	27.7
低架源		甘肃	陕西		四川、宁夏、新疆	河北、山西、内蒙古、江苏、山东、河南、湖北、湖南、贵州、青海、天津	85633	72.3

青海

接受沉降省份	50~40	40~30	30~20	20~10	10~5	5~1	1~0	沉降量/(t/a)	沉降率/%
青海									
（高+低）源	青海	甘肃			新疆	陕西、宁夏	河北、山西、内蒙古、山东、河南、四川、贵州	18669	100
高架源			甘肃	青海			山西、内蒙古、河南、四川、陕西、宁夏	5063	27.1
低架源	青海	甘肃				陕西	河北、山西、内蒙古、山东、河南、四川、贵州、宁夏、新疆	13606	72.9

宁夏

接受沉降省份	60~50	40~30	30~20	20~10	10~5	5~1	1~0	沉降量/(t/a)	沉降率/%
宁夏									
（高+低）源	宁夏		甘肃	陕西		山西、内蒙古、河南、四川	河北、江苏、安徽、山东、湖北、湖南、广西、贵州、青海、新疆、北京、天津	34313	100
高架源		宁夏		甘肃	陕西		河北、山西、内蒙古、江苏、山东、河南、四川、青海	11368	33.1
低架源		宁夏		甘肃	陕西	山西、内蒙古	河北、江苏、山东、湖北、湖南、河南、四川、贵州、青海、新疆、北京、天津	22945	66.9

新疆

接受沉降省份	100~90	90~80	30~20	20~10	10~5	5~1	1~0	沉降量/(t/a)	沉降率/%
新疆									
（高+低）源	新疆						甘肃、青海	79234	100
高架源			新疆				甘肃	11601	14.6
低架源		新疆					甘肃	67633	85.4

西藏

接受沉降省份	50~40	20~10	10~5	5~1	1~0	沉降量/(t/a)	沉降率/%
西藏							
（高+低）源	新疆	西藏、云南	四川、青海	贵州、甘肃	山西、内蒙古、江苏、浙江、江西、山东、河南、湖北、湖南、广东、广西、陕西、宁夏	1560	100
高架源				四川、新疆	河南、湖南、广西、贵州、云南、陕西、甘肃、青海、宁夏	73	4.7
低架源	新疆	西藏、云南	四川、青海	贵州、甘肃	山西、内蒙古、江苏、浙江、江西、山东、河南、湖北、湖南、广东、广西、陕西	1487	95.3

北京

接受沉降省份	60~50	50~40	30~20	20~10	10~5	5~1	1~0	沉降量/(t/a)	沉降率/%
北京									
（高+低）源	北京	河北	天津			山西、山东、	内蒙古、辽宁、江苏、安徽、河南、陕西、宁夏	68454	100

续表

接受沉降省份	沉降来源省份及其贡献率/%				沉降量/(t/a)	沉降率/%
高架源	北京	河北、天津		山西、内蒙古、辽宁、江苏、山东、河南、陕西	12309	18.0
低架源　北京	河北、天津	山西、山东	内蒙古、辽宁、江苏、河南、陕西		56145	82.0

天津	70~60	60~50	20~10	10~5	5~1	1~0	沉降量/(t/a)	沉降率/%
（高+低）源	天津	河北	北京		山西、山东	内蒙古、辽宁、江苏、安徽、河南、湖北、陕西	67407	100
高架源	天津		河北、天津	北京		山西、内蒙古、辽宁、江苏、安徽、河南、陕西	12169	18.1
低架源	天津	河北		山东、北京		山西、内蒙古、辽宁、江苏、安徽、河南、陕西	55238	81.9

上海	90~80	60~50	30~20	20~10	10~5	5~1	1~0	沉降量/(t/a)	沉降率/%
（高+低）源	上海			江苏		浙江、山东	河北、山西、内蒙古、辽宁、安徽、江西、河南、湖北、湖南、广东、四川、贵州、陕西、北京、天津	63362	100
高架源			上海	江苏			河北、山西、内蒙古、辽宁、浙江、安徽、江西、山东、河南、陕西	24035	37.9
低架源		上海		江苏	浙江		河北、山西、内蒙古、辽宁、安徽、江西、山东、河南、湖南、湖北、四川、贵州、陕西、北京、天津	39327	62.1

香港	80~70	70~60	20~10	10~5	5~1	1~0	沉降量/(t/a)	沉降率/%
（高+低）源	香港	广东			江西	河北、山西、江苏、浙江、安徽、福建、山东、河南、湖北、湖南、广西、四川、贵州、陕西、上海	6861	100
高架源	广东					吉林、浙江、安徽、福建、江西、湖北、湖南、广西	389	5.7
低架源		香港	广东			山西、江苏、浙江、安徽、福建、江西、山东、河南、湖北、湖南、广西、四川、贵州、陕西、上海	6472	94.3

	沉降量/(t/a)	沉降率/%
高架源合计	1673163	25.7
低架源合计	4837429	74.3
（高+低）源合计	6510592	100

3　结　　语

　　结果证明，我国大气输送和沉降呈现下述规律：排放的大气硫污染物基本上都在自己的陆地和海域上输送和沉降。由于我国疆域辽阔，排放的大气硫污染物的90%以上沉降在本国大陆地区和领海海域内，在周边国家的沉降量不超过其本国沉降量的10%。我国硫沉降对周边国家的影响很小。

　　据计算,全国高架源沉降量是 1673163t/a,占总沉降量的 25.7%;低架源沉降量是 4837429t/a,占总沉降量的 74.3%。高架源和低架源总沉降量是 6510592t/a。关于我国各省份内高架源、低架源硫沉降量和总沉降量以及来源省份的输送沉降贡献率的详细数据资料,见表 1。从表 1 的数据,可以观察到各省份内部以及各省份之间相互输送和相互影响的情况。这些数据资料对我国政府进行环境管理、环境规划和环境控制以及制定环境外交政策都具有重要的使用价值。

参 考 文 献

[1] 王文兴, 等. 我国酸雨的来源和影响及其控制对策. 见:"七五"国家科技攻关项目(75-58-05-02)研究报告. 北京: 中国环境科学研究院, 1987, 29-40.
[2] 任阵海, 黄美元, 等. 我国酸性物质的大气输送研究. 见:"八五"国家科技攻关项目(85-912-01-03)研究报告. 北京: 中国环境科学研究院, 1995, 1-162.
[3] 李政道. 中国酸雨控制研讨会论文集. 北京: 中国高等科学技术中心, 1997, 75-86.
[4] Likens G E, Wright R F, Galloway J N, et al. Acid rain. Scientific American, 1979, 241(4): 43.
[5] Whelpdale D M. Large scale atmospheric sulfur studies. Atmos Environ, 1978, 13(2): 661.
[6] Bubennick V D. Acidrain information book. Second edition. New Jersey USA: Noyes Publications, 1984, 7-8.

Research on the Transportation and Precipitation Regular Pattern of Sulphur pollutants in China

YANG Xinxing, GAO Qingxian, JIANG Zhenyuan, REN Zhenhai, CHEN Fu, CHAI Fahe, XUE Zhigang

Chinese Research Academy of Environmental Sciences, Beijing 100012

Abstract: The transportation regulars of acidic pollutants of anthropogenic emissions in China was described. The amount of average sulphur precipitation of both high and low stacks, the sum of both and the contribution rate of the source provinces in China in 1992, 1993 and 1995 were provided. It is concluded that, due to China's wide territory, 90 percent up of acidic pollutants of its anthropogenic emissions had deposited on its own land and territorial sea. The deposit on Japan and other surrounding countries was less than 10% of that on China itself.
Key words: acid pollutants; atmosphere transport; sulphur precipitation

稳定条件下盆地上空大气边界层湍谱特征[①]

杨礼荣，任阵海

中国环境科学研究院

摘要：本文利用 $100m^3$ 系留气艇携带超声风温仪在复杂的盆地地形上空对 1000m 以下大气进行观测所获得的资料，研究小风稳定条件下大气边界层湍流结构特征。结果表明，在双对数坐标中，纵向速度 u 谱，垂直速度 w 谱，温度 T 谱在惯性区均遵循 Kolmogorov 的 $-2/3$ 次律；横向速度 v 谱有其特殊的情形；协谱 uw，wT 及近地层的 uT 协谱在惯性区服从 $-4/3$ 次律。和平坦、均一、开阔下垫面不同的是谱的峰值频率向高频移动，且没有发现近地层具有的谱峰随高度的明显变化关系。

关键词：谱；协谱；湍流；峰值频率；峰值波长

1 引 言

自从 20 世纪 40 年代苏联学者提出常通量层湍流相似理论以来，科学家们对大气湍流的结构特征进行了许多研究[1]。随着记录设备和计算技术的发展，大量资料表明在很大频域内平坦、均一、开阔下垫面下的风速和温度谱服从相似理论。70 年代引进的局地 Monin-Obukhov 相似假设，把相似理论从均一下垫面推广到非均一近地层。

对大气边界层谱及协谱的分析和研究，特别是对近地层湍谱的研究，已经获得一系列结论[2-4]。近地层的研究表明，湍谱的高频区和各向同性假设一致，惯性区遵循 $n^{-5/3}$，协谱 uw，$w\theta$ 服从 $n^{-7/3}$，而对 $u\theta$ 平均来说遵循 $n^{-5/2}$，横向和纵向速度谱的比值是 $4/3$。当然，协谱在高频区按怎样的指数律下降还存在分歧[②]。

迄今为止，有关近地层湍流特征的研究已比较成熟，而对整个大气边界层湍流结构的研究还处于探索阶段，特别是稳定边界层中发生的许多现象，诸如非定常、波动等，用现有的理论无法获得完满的解释。本文利用系留大气艇对整个大气边界层进行观测所获取的资料，着重比较现有的近地层结论与实测结果，并对高频区和低频区性质、峰值波长等进行分析讨论。

2 资料获取及处理方法

本文资料来自 1986 年冬季承德大气野外观测试验。数据是由 $100m^3$ 系留气艇携带超声风温仪，

---

① 原载于《高原气象》，1990 年，第 9 卷，第 4 期，382~387 页。

② n 是周数频率，θ 是位温。

通过光导纤维传输，记入磁带而得。图 1 是气艇及其超声风温仪系统简图。表 1 列出了超声风温仪探头性能情况。采样频率定为 18Hz，采样时间是 20min，气艇观测高度从地面到 1000m（谱观测中气艇停留高度是 50，100，300，450，600，800 及 800m 以上）。运用快速 Fourier 变换（FFT），计算湍流谱。在频域内分两个区域进行处理，即高频和低频区域。高频段从 0.0088Hz 到 9Hz，把样本分成 10 段，计算每段 2048 个数据点的谱，然后将各段谱的对应频率谱值进行平均，获得高频谱。低频段从 0.00088Hz 到 0.9Hz，由对样本每 10 个数进行平均所得 2048 个数据点计算得到。在分别对高低频谱进行 Hamming 窗平滑后，把高低频谱点于双对数坐标纸上，结果显示高低频谱交界处吻合得很好，进行直观平滑后，得到真实的谱曲线。

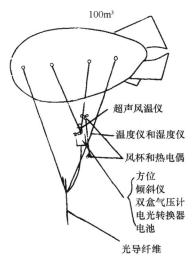

图 1　气艇及其超声风温仪简图

表 1　超声风温仪探头性能

测量量	测量仪	范围	灵敏度	精度
纵向风速	超声风温仪	±20m/s	0.005m/s	0.01m/s
横向风速	超声风温仪	±20m/s	0.005m/s	0.01m/s
垂直风速	超声风温仪	±20m/s	0.005m/s	0.01m/s
瞬时温度	超声风温仪	−10~40℃	0.025℃	0.05℃
风向	光电磁测偏码仪	0°~360°	360°/256°	5°
平均温度	晶体管温度计	±50℃	0.05℃	0.3℃
湿度	高分子聚合物探头	0~100%RH	0.10%RH	4%RH
倾角（偏航、前倾）	摆动倾斜仪	±40°	0.1°	0.5°
气压	双盒气压计	650~1050hPa	0.5hPa	1.2hPa
速度梯度	光脉冲风杯仪（2 套）	±2.5S^{-1}	0.0025S^{-1}	0.005S^{-1}
温度梯度	热电偶	±2.5℃/m	0.0025℃/m	0.005℃/m

谱图中进行了如下归一化：

$$S_X(n) = G_x(n) / \overline{\sigma_x^2}$$
$$C_{xy}(n) = R_e(G_{xy}(n)) / \overline{\sigma}_{xy}$$

式中，$G_x(n)$和$G_{xy}(n)$分别是谱和互谱密度估计（互谱密度的实部即为协谱），$\overline{\sigma_x^2}$ 和$\overline{\sigma}_{xy}$分别是对高频谱和协谱值积分而得的方差和协方差。

3 观测所得湍谱特征

在 5 天的湍谱观测中，共获得 17 个稳定条件下的样本资料。本文的典型实例是根据在夜间经常出现小风（小于 4.5m/s）的稳定条件下，若干个时次该高度的湍谱具有同一规律性的条件下选取的。为检验采样时段内大气的平稳性，我们计算了概率密度分布函数。结果表明，脉动风速 u'，v'，w'和脉动温度 T'均呈正态分布，从而可以认为 20min 采样时段内的时间序列是一随机平稳过程。

3.1 谱

3.1.1 w 谱

从观测结果看，各高度 w 谱在惯性区均存在–2/3 次律，且有明显峰值，图 2 给出了典型小风夜间 453m 处获得的谱。图中 f 是简化频率，z 是高度，U 是平均风速，n 为采样频率（下同）。该高度处风速是 0.94m/s（11 月 27 日 02：50）。随高度增加峰值区的变化无明显规律。在平坦、均一、开阔的下垫面，达拉斯气象塔[4]上所得的 w 谱随高度向简化频率（无量纲频率）f 的大值区移动的这一特性，在这里不明显。

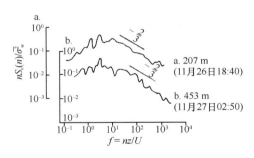

图 2 两个高度处的 w 谱

3.1.2 v 谱

横向速度谱谱形呈高低频端上翘，中间区域下凹，见图 3。横向风速是从瞬时风速与风向的脉动角相乘而得，小风稳定的晚间测得的风向偏差 σ_θ 可达 80°，这种风向的缓慢变化可使低频端和高频端相互分离，与 O'Neill 及 Brookhaven 获得的情形[1]相似。

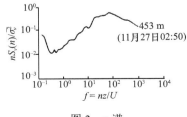

图 3 v 谱

3.1.3　u 谱

纵向速度谱在各个高度基本存在惯性区–2/3 次律，见图 4。在某些情形，低频区出现谱谷（spectral gap）。

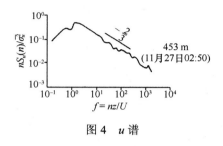

图 4　u 谱

3.1.4　T 谱

各高度的温度谱普遍存在–2/3 次律，见图 5。夜间稳定情形中，T 谱平展或下降很快，这可能是由于大气中存在间歇湍流或湍流微弱，使得谱估计受噪声影响变得不很规则，同时也可能预示着谱的双峰结构[5]。

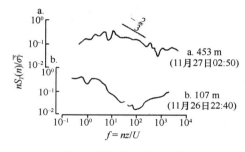

图 5　两个高度处的 T 谱

3.2　协谱

协谱反映了不同频率或不同波数对两个变量协方差或有关输送通量的贡献。大气中对流的产生是受温度和垂直速度之间的协谱控制的，而机械湍流的产生则受风速的垂直和水平分量之间的协谱控制。由图 6 可见，各高度 uw，wT 协谱在惯性区存在–4/3 次律，服从 Kolmogorov 相似性。同图中，在近地层 52m 处 uT 协谱亦有类似特征。

不稳定的白天，湍流量输送主要受热力因子控制，因而协谱的峰值波长 $(\lambda_m)_{wT}$ 略大于 $(\lambda_m)_{uw}$，但在小风稳定的晚间，如图所示两者峰值波长趋于相同。uw 和 wT 协谱分别表示了动量和热量的输送特征，与湍流交换系数有关。不稳定条件下两个交换系数是不相等的，而稳定条件下，两者应更为接近。此外，和已有的从平坦、均一、开阔下垫面下获得的谱和协谱相比，在小尺度盆地上空大气边界层中谱和协谱的峰值频率要高些，主要能量向较高频移动。

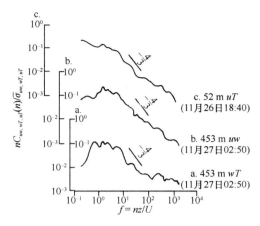

图 6 *uw*，*wT*，*uT* 协谱

4 讨 论

夜间稳定大气中，由于浮力作用的抑制，湍流强度弱，存在间歇性，加上大气中波动的影响和地形的机械作用，使资料的分析更为复杂化。

从上面获知，由于地形下边界的影响，盆地上空的谱有其特殊的性质。从物理意义上说，大气中是存在纵向大涡旋的，在海洋和地形平坦的区域，这些大涡旋缓慢地通过某一观测点，主要对低频能量做出贡献，但在起伏不平的区域，这些大涡旋会受下垫面作用破碎成小涡旋，从而产生较高能量的小湍涡，使得实测到的谱峰位于更高的频域内。并且由于地形的影响，使各高度谱的峰值频率几乎不变，掩盖了能谱密度随高度的迁移变化。

在谱的低频段，常在湍流能量的谱区域和来自长周期振荡（波动）能谱区域之间存在低谷，从 Caughey[2] 研究结果看，在稳定条件下，近地层有明显谱谷，而随高度增加谱谷由其两边谱区域相向移动而逐渐消失。但在我们的观测中近地层以上还出现谱谷，可能是由于地形作用产生高能小湍涡的湍流区和受大尺度波动（如重力内波）影响的低频区相分离的结果。

对温度 T 谱，谱形平展或高频区下降很快，与 Okamoto 和 Webb[6] 指出的在稳定情形下某些资料的谱下降率近于 0，而另一些则大于|−1.0|成很好的对应。可以认为，这是由于测量时段内大气中存在间歇湍流（0.5~4min）或者湍流微弱以及稳定边界层中重力内波的反映。

v 谱小风稳定情形和其他已有资料结果相似，是风向缓慢变化造成高低频端上翘，中间区域下凹。由于能谱大小在一定程度上反映了大气的湍流扩散能力，所以，从这里我们知道，在晚间小风（特别是微风）稳定型天气条件下，侧向扩散并不如人们预料的那样小。

参 考 文 献

[1] Lumley J L, Panofsky H A. The structure of atmospheric turbulence. New York: John Wily and Sons, 1964.

[2] Caughey S J. Boundary layer turbulence spectra in stable conditions. Boundary-Layer Meteorology, 1977, 11: 3-14.

[3] Caughey S J, Palmer S G. Some aspects of turbulence structure through the depth of the convective boundary layer. Quart. J. R. Met. Soc., 1979, 105: 811-827.

[4] D. A. 豪根. 微气象学. 李兴生等译. 北京: 气象出版社, 1984.

[5] Claussen M. A model of turbulence spectra in the atmospheric surface layer. Boundary-Layer Meteorology, 1985, 33: 151-172.

[6] Okamoto M, Webb E K. The temperature fluctuations in stable stratification. Quart. J. R. Met. Soc., 1970, 46, 591.

Turbulent Spectral Characteristics of the Stable Atmospheric Boundary Layer over a Basin Terrain

YANG Lirong, REN Zhenhai

Chinese Research Academy of Environmental Sciences

Abstract: To investigate the influence of the terrain on the turbulent structure, the turbulent characteristics under light wind and stable atmospheric boundary layer conditions over a basin terrain has been examined using wind and temperature fluctuation data obtained with a kytoon-mounted ultrasonic anemometer-thermometer system in the winter of 1986 at Chengde Atmospheric Observatory in North China. The result shows that in the inertial subrange, the logarithmic spectra of velocity components u, w and temperature T fall as $f^{-2/3}$, which agree with Kolmogorov's local isotropy theory. The logarithmic spectrum of lateral velocity component v has an exceptional case. The logarithmic cospectra uw and wT fall as $f^{-4/3}$ The behavior of the reduced peak frequency f_m shows that the turbulence range moves toward high frequency due to the terrain influence. The heavily dependence of spectra or cospectra on height, which exists in flat, uniform, and open underlying surface, disappears in the complex terrains.

Key words: spectra; cospectra; turbulence; peak frequency; peak wavelength

北京边界层外来污染物输送通道[①]

苏福庆，高庆先，张志刚，任阵海，杨新兴

国家环保总局气候变化影响研究中心，北京 100012

摘要： 由京、津、冀气候站历史资料及激光雷达资料分析，在稳定天气条件下，北京市外来污染物各类尺度的输入通道流场分为边界层西南气流、东南气流和东风气流风带型，其中对形成北京输送汇风带的统计表明，西南风带汇发生频率占 45%，东南风带汇占 36%，东风风带汇占 19%。输送通道是指空间和时间稳定性风带，是区域尺度、局地尺度的范围内相继出现的欧拉风场，且有多频率发生的特征。按城市间尺度流型可分为城市间东风、西南风、东南风输送通道。具有一定空间尺度和时间尺度的相继性、接续性输送特征，按配置的天气系统可分为大陆高压南部偏东风输送通道系统、海上高压后部东南风输送通道系统、河套倒槽前西南风输送通道系统、东北低槽前部偏南风输送通道系统等。3 个风带流经地区恰好位于华北平原 3 个主要排放源群地区。

关键词： 外来污染物；输送通道；风带

北京外来污染物输送通道是指影响北京的空间和时间稳定的风带。它包括局地尺度、区域尺度和天气尺度风带相继和持续的欧拉风场，且具有多频率发生的特征，按照弱风场流场特征分为东风型、西南风型和东南风型输送通道。

污染物输送通道描述污染物输送穿越性影响特征，如果存在局地风带向下游流出，成为过路性、穿越性输送通道，在华北平原区域性同步性污染背景下，对环境质量通常不会有明显污染物增量影响。输送通道系统，按照尺度特征可以分为[1]：①局地性输送通道，如城市间及山风等局地环流；②区域性输送通道，如太行山前西南风，燕山山前东风等区域环流系统；③天气尺度通道，如大范围暖湿气流北上，入侵华北平原。这些输送系统携带的污染物受大范围同步加强源的补充，向北京集中汇聚，可形成强的通道型重污染天气。由于大范围、区域性，或局地性污染同步排放，有充足的初始源，加强源持续不断的污染物补充，形成大范围高浓度低空污染边界层；及输送通道系统形成污染物的聚汇，是造成重污染的主要过程。这是在特殊的有利地形和环境背景条件下，各种尺度天气型相互作用的结果，在华北平原地区与太行山、燕山影响下的边界层流场独有的特征有关。特征之一是四季弱气压控制下，都有一支干冷的山风下沉气流通道与山前平原畅行无阻的平原边界层持续的风带通道，两支边界层气流在山前会合，形成山前平原切变线性输送汇，并有摆动和南北移动的现象。

---

① 原载于《环境科学研究》，2004 年，第 17 卷，第 1 期，26~29 页和 40 页。

1 北京边界层偏东气流输送通道——燕山山前东风带

燕山山前平原受稳定的高压系统南部、低压系统北部或同步影响形成的持续均匀分布的东风气流,是偏东风带形成的主要天气型,通常燕山平原受东部海上暖湿气流影响多有阴雾天气伴随。偏东气流输送型-燕山山前东风带,这支污染物输送风带,主要位于廊坊北部的三河、大厂、香河、天津北部、唐山地区、秦皇岛地区等,这里是燕山山麓主要污染源群排放区。常常从海洋上输送大量水汽,形成北京偏东风外来污染物输入风带。由于区域性同步持续排放常形成山前水平起伏污染边界层,受东风带影响,向北京漂浮、汇聚。由能见度、排放源及路径上的 TSP 监测值及激光雷达消光系数逐时监测资料分析可知,输送通量最强高度主要位于污染边界层中部。2002-02-09T14:00 形成一次由唐山地区,经过天津市北郊,廊坊地区的香河、大厂、三河输入的东风气流输送带(图 1)。由天气型分析,东亚地区为大陆高压控制,华北平原为大陆冷高压控制下的边界层地形低压区,河北北部至内蒙古为区域高气压,北京位于高压和低压之间的偏东气流控制区,低压北侧有一支暖湿东风气流,边界层中部输送层有明显暖湿平流,有利于燕山山前稳定的和逆温层结的加强,另外边界层上层的大陆高压下沉气流的持续,有利于山前同步排放源在边界层累积,形成区域性燕山山麓面源状污染层,该例中东风带宽度约 60km,长 200km,它的持续存在,是北京输送汇的主要污染源。这次过程中北高南低型气压场中间的偏东风带是这类风带形成的主要天气型。

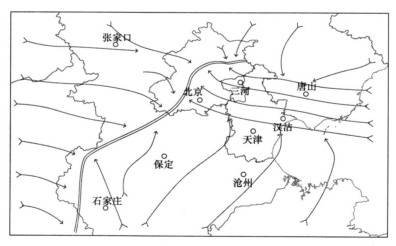

图 1 2002-02-09T14:00 华北平原地面流场图偏东风输送通道
双实线表示输送汇区,带箭头和箭尾的实线表示输送通道

根据统计,北京偏东气流型形成的外来污染物输送汇约占 19%,不包括过路型东风带。输送风带边界层垂直温度层结结构的特征是温度和露点廓线多数呈现喇叭口状,特别是当喇叭口状层结愈厚、地面愈湿、上层愈干、逆温层上下温差愈大时,风带存储和输送污染物的能力就愈强,由于低空潮湿,易于被粒子吸附,减少了粒子扩散能力,均有利于形成相对高浓度边界层输送风带。由 1998-09-26~10-01 一次重污染过程配置的喇叭口形温湿廓线演变过程,可以看出 9 月 29日喇叭口形结构最明显,污染监测资料显示该日污染物增量最大。

2　北京边界层西南路径输送通道——太行山山前西南风带

这条路径上的污染物质沿西南或南南西风风带输送,主要源地是停滞在太行山前及平原地区边界层同步排放在大气中停滞和缓慢移动的污染气团,包括邢台、邯郸、石家庄、保定等排放源区。在大陆高压边缘及均压场弱风场控制下,形成边界层低层反气旋环流,即西南路径的边界层输送层。携带太行山山麓排放源群的高浓度污染物,形成一个西南路径高浓度输送带。若在北京仅仅形成过路通道,而无输送汇或明显的通量辐合,由于华北地区多数为区域性污染天气,在北京地区不会形成污染物明显增量的重污染天气。北京地区有各类西南通道汇聚型天气,例如,在有稳定槽前天气型配置时,常常先有污染物同步排放型重污染,相继出现区域型或局地型沙尘污染现象,形成两类不同性质的污染的重污染天气型,例如 2000-11-03T08:00综合天气图,属于低槽前西南气流输送通道汇聚型天气。另外,华北平原区域边界层反气旋西南气流型是最常见的区域型环流型,常位于大陆高压边缘均压场,或弱风场区域内,天气尺度系统流场被淹没,地形影响的局地性反气旋西南风通道非常明显,例如,2002-01-01T14:00(图2a)为西南气流在北京形成的城市尺度输送汇型。2002-01-19T20:00(图2b)为西南气流形成的区域尺度输送汇型。例如由 2002-01-19T08:00 天气型,我国东北地区为低压区域,我国大陆为大陆冷高压,边界层以上皆为深厚的西北风。但是低层太行山前平原区为 300m 厚的一条西南风通道。2001-10-04T08:00 为东北低、西南高气压分布的天气型。华北平原位于大陆高压东北部均压区,天气尺度流场为西北气流控制,但是低空 800m 以下为太行山前西南风反气旋输送通道,800m 以上的流场,仍然是深厚的西北气流。2002-01-19T20:00 东亚呈现东北低、西南高的气压分布天气配置,北京多数地区为天气尺度西北气流,但 800m 以下边界层,太行山前平原为反气旋西南流场控制。这些例子说明,西南气流输送通道,多发生于大陆高压前东

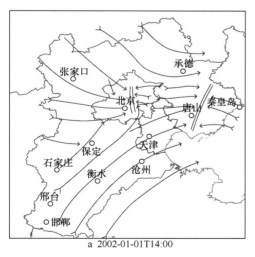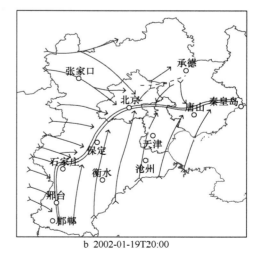

a 2002-01-01T14:00　　　　　　　　　　　　b 2002-01-19T20:00

图 2　2002-01-01T14:00 和 2002-01-19T20:00 华北平原地面流场图西南风输送通道
双实线表示输送汇区,带箭头和箭尾的实线表示输送通道,点画虚线表示辐散区,下同

北部与低气压之间的天气尺度西北气流控制区，但是边界层 300~800m 高度以下为反气旋西南风通道控制。

根据统计太行山前西南风带汇出现频率最多，约占 45%，不包括过路型西南风带。区域型输送层高度多数位于 300m 高度层，输送带中污染气团的垂直温度湿度层结多为喇叭口状，对山前排放污染物在弱风、静风及各类尺度环流控制下的污染物垂直扩散有显著的阻挡作用。

总之，高风偏西风带影响下的西南风带天气型，是影响北京重污染的主要天气过程。华北地区边界层西南风对北京的输送环流的特征，主要是 2 次强冷空气间的 2~7d 左右的弱风。西南风输送通道演变及相继影响及其他风带输送汇系统的交替和相继影响。各类尺度天气型风带，各类尺度天气型配置，对于西南风区域性外来污染物输送及对北京环境质量有极其明显的影响。

3　北京边界层东南路径输送通道——华北平原东南风带

华北平原东南风带是发生于东南海区，日本、韩国，华东及华北平原地区的持续性的东南风。通道中主要排放源群分别位于山东中北部、河北沧州、天津南部及廊坊南部等地区。形成的天气型有多种类型：气压分布呈现东北高、西南低的天气型，在高压及低压系统之间存在弱东南风带。沿强大高压边缘，如入海高压后部，形成稳定少动的东南风通道，河套倒槽前东南风带等。有些东南风通道是"过路型输送风带"（图 3）。多数情况东南风带受山体阻挡，形成太行山和燕山山前区域尺度输送汇。东南风输送通道特征是时间尺度和空间尺度都很大，控制全部华北平原，大范围暖湿空气平流输入，增强平原逆温层结，对区域性污染的形成有极其重要的作用。根据统计，东南路径发生频率为 36%，不包括过路型通道。2002-02-02T20:00 是一次北京市区东南风带输送汇。华北平原区域性东南风通道，高度为 300m，北京位于弱的入海高压后部及弱的内蒙古高压之间的地区。2002-02-09T08:00 北京位于北低、南高之间的均压场区，区域性南南东风输送通道，形成北京平原输送汇，厚度很薄，只有 200~300m。2001-10-21T20:00 天气型为北低南高型的均压场，区域性东南风通道输送汇，厚度很薄，只有 200~300m。2001-10-20T20:00 是一次北京外来污染物南南东输送汇，为南高北低气压分布型，输送厚度很薄，只有 200~300m。2001-10-01T20:00 为持续大陆高压脊边缘均压场，入海高压北部形成北京区域性南南东通道输送汇，厚度 300m。显然，高压边缘控制下的南南东输送汇，厚度都很薄，只有 300m，是北京冬季常见的一种浅层边界层污染物通道输送汇。在有明显的高压和低压系统影响时，多数有持续的辐合系统和输送系统配置，输送通道多为深厚型及远距离东南风输送风带，如 2001-02-22T08:00 为一次北高南低气压分布河套倒槽天气型，边界层中有明显东南风带，输送厚度约 800m，形成区域重污染。图 4 为 1989-10-09T20:00 东南风带形成的区域尺度输送汇。

4　讨论和结论

（1）根据多年华北平原风带及其对北京的影响[2]，可将影响北京外来污染物输入的风带分为 3

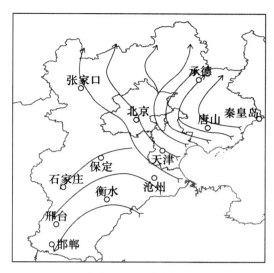

图3 2002-01-05T14:00 华北平原地面流场图东南风过路型输送通道

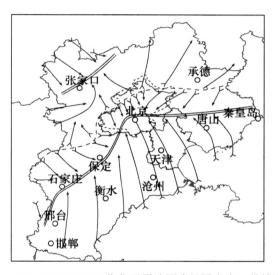

图4 1989-10-09T20:00 华北平原地面流场图东南风带输送汇

种类型，即东风带、西南风带及东南风带输送通道汇，其中西南风带汇频率占 45%，东南风带汇频率占 36%，东风风带汇占 19%。3 个风带经过的地区是北京周边的 3 个主要污染物排放源群区，分别是：①燕山山前，秦皇岛，唐山，天津北部，廊坊北部的三河、大厂、香河等东风带控制区；②太行山前，邯郸、邢台、石家庄、保定等西南风带控制区；③华北平原区，山东中北部、天津南部、廊坊南部等东南风控制区。总之，华北平原的 3 个排放源群区同步排放。3 个输送风带的输入，山前输送汇系统对大范围污染物的汇聚，是造成北京外来污染物输入的主要原因。

（2）华北平原相对高浓度污染区有 2 种类型：一类是沿太行山前，燕山山前分布的边界层输送汇中的高浓度污染区，其形成特征，受制于边界层大气中的汇聚带。另一类是华北平原区域性污染边界层输送风带控制区中的相对高浓度污染区，按其形成特征可分为 2 种类型：①均压场、弱风场、静风场背景下同步连续排放，形成大范围水平浓度分布起伏的污染气团覆盖型；②平原地区暖湿污染空气平流入侵，形成大范围污染物相对高浓度区、低空大范围能见度恶劣天气区、雾及零星小雨雪区。

（3）北京外来污染物边界层输送风带中，区域性污染物输送层，位于逆温层边界层的中间高度，属相对高浓度气团性输送层。

（4）影响北京地区边界层输送风带的尺度，可分为静风尺度、城市间尺度、平原尺度及远输送尺度。均压场背景多数是城市间尺度和静风尺度；弱气压场时多数是平原尺度；明显天气尺度系统影响时，多数是远输送尺度。冬季多数是短而浅的边界层风带，夏季多远而厚的边界层风带[3]。

（5）污染边界层输送风带区，主要温湿层结结构是，温度和湿度垂直廓线配置呈喇叭口形分布。

参 考 文 献

[1] 中国环境科学研究院. 我国酸性物质的大气输送研究[M]. 北京: 国家环保总局, 1995, 414-524.

[2] 河北省气象局. 河北省天气预报手册[M]. 北京: 气象出版社, 1987, 116-118.

[3] 任阵海, 苏福庆. 大气输送的环境背景场[J]. 大气科学, 1998, 22(4): 454-459.

Transport Pathways of Pollutants from Outside in Atmosphere Boundary Layer

SU Fuqing, GAO Qingxian, ZHANG Zhigang,
REN Zhenhai, YANG Xinxing

Center for Climate Impact Research, SEPA, Beijing 100012, China

Abstract: By analyzing the historic data of Beijing, Tianjin and Hebei climatology stations, it was found that under stable weather conditions, the transport pathways of outside pollutants were divided into the southwest current, southeast current and east current, and the statistic data of the wind belts of the transport convergence (TC) showed that the TC of the southwest wind belt took 45 percent of all belts, the rate of the southeast wind belt was 36 percent, and that of the east wind belt 19 percent. The transport pathways (TPs) referred to the stable wind belts in the space and time scale, and the Euler wind field which appeared in secession in the territorial scales and local scales, being characterized by high frequency. On the intercity scales the current types could be divided into the TPs of the east wind, southwest wind and southeast wind, which were characterized by succession and continuance. On the dispose of the weather system, the current types could be divided into the TP system of the near east wind in the south wind of the territorial high pressure, the TP system of the southeast wind on the back of the high pressure on the sea, the TP system of the southwest wind in front of the inverse trough of the Great Bend of the Yellow River, and the TP system of the south wind in front of the low trough of the northeast, etc. All the three wind belt areas were right situated in the regions of three major emission sources of the plain of North China.

Key words: outside pollutants; transport pathway; wind belt

我国中西部地区低空输送流场特征的初步分析①

江燕如[1]，高庆先[1]，梁汉明[1]，任阵海[2]

1. 南京气象学院，南京 210044
2. 中国环境科学研究院，北京 100012

摘要：本文分析了我国东经 105 度以西地区 1986 年的低空风场资料，得到低空环境输送流场的平均分布特征、日变化与季节变化。指出我国西北地区与青藏高原的输送流场分布有较大差别，在北纬 30 度以南的高原南部地区存在一支稳定而强大的低空偏南气流输送带。这就为进一步合理开发、利用并保护好我国中西部地区的环境资源提供了依据。

关键词：中西部；输送流场

我国中西部地区（这里指东经 105 度以西地区）约占国土面积的一半多。西北除北疆和南疆盆地外，平均海拔 1500 米以上，四川盆地以西的广大高原地区平均海拔高达 4000 米及以上。由于历史、交通、气候等原因，地广人稀，开发滞后，经济也暂时落后于东部平原地区，但大气环境质量相对较好。

随着整个国家经济的发展，开发中西部，使这一地区尽快摆脱贫困落后的面貌已成为人们关心的问题。我们所关注的则是那里的环境资源状况。过去笔者曾对我国东部地区的低空输送流场作过研究[1]，而中西部广大地区的低空大气环境状况因资料等原因很少有人讨论。本文选用我国中西部地区 90 多个测站的实测低空风场资料，分析以上地区平均大气输送环境场特征。

1 资料处理及分析方法

风场资料：取自 1986 年 1~12 月逐日两个时次（08 时、20 时）我国东经 105 度以西 90 多个测站的地面、300 米、600 米、900 米、1500 米、2000 米、3000 米实测风场记录。

分析方法：首先将各测站逐日两个时次的风矢量分解为 U（纬向风分量）、V（经向风分量）分量（分解公式略），而后求取各测站相应时次各高度上的年平均风速分量值 $\overline{U}$、$\overline{V}$，再合成便得到测站的年平均风向风速值（合成公式略）。将上述结果绘制成相应的平面输送流场图。以下着重讨论 900 米以下各高度层上的流场情况。

① 原载于《第七届全国大气环境学术会议论文集/大气环境科学技术进展》，1998 年，1~6 页。

2 中西部年平均平面流场特征（以 08 时为主）

2.1 地面流场特征

北纬 35 度以北地区为反气旋、气旋及辐合区控制。分别有兰州-西宁反气旋中心、柴达木盆地的气旋辐合中心、北疆准噶尔盆地的反气旋环流区及南疆塔里木盆地的气流辐合区。

兰州-西宁反气旋中心，与青藏高原大地形作用（气流绕高原北侧，反气旋性涡度加强）及贺兰山脉的迎风坡地形作用两者的共同影响有关。因而这一系统在 20 时同样清楚，日变化小，且直至海拔 3000 米高度仍存在。控制柴达木盆地的气旋辐合中心，是这里的特殊地形影响所致。其日变化明显，20 时即消失。由于盆地西端为开口状，早上山风明显，盆地西侧的测站吹偏西风，东侧的德令哈（52737）和都兰（52836）测站分别吹东风与南风，盆地东西两侧风向不同产生气流辐合；而在下午，盆地内测站吹一致西-西北风，谷风清楚，气流辐合区消失。在北疆准噶尔盆地主要为反气旋性环流区控制，其原因主要与盆地北部西北-东南走向的阿尔泰山及盆地南侧近东西走向的天山地形影响有关，这一系统日变化不明显。位于天山南侧的塔里木盆地是气流汇合区，但 20 时消失，日变化清楚。主要因盆地南北两侧测站风向早晨与下午不同引起，其原因可能与柴达木盆地的地形（山谷风）影响有类似之处。另外，南疆盆地向东开口的马蹄形特殊地形也易使南下气流除一支向东进入柴达木外，另一支从盆地东侧向西灌，因此南疆盆地早晨常是东西两支气流汇合区（图 1）。但在 20 时，汇合区不清楚，经分析山谷风因素的作用是�明显的。因此，20 时南北疆形成一完整的反气旋性环流区（图略）。

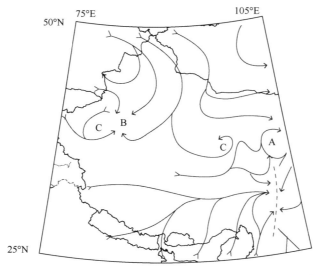

图 1 1986 年地面输送流场

北纬 30~35 度的高原地区主要为西-西北气流影响，但北纬 30 度以南、东经 85 度以东则为宽广的西南气流控制，因此西南与偏西两支输送气流在北纬 30~32 度附近汇合，这里也是高原气旋性涡旋多发区。

这支西南气流是孟加拉湾暖湿气流进入高原的重要水汽通道,它携带南方热带温暖潮湿的气流沿雅鲁藏布江流域输送到高原。经分析还发现,这支西南气流输送带早、晚都稳定,无明显日变化。显然,这支西南气流的输送通道对我国高原地区的环境、气候具有重要贡献。

2.2　300米流场特征

总的流场系统分布及特点与地面相似。柴达木气旋性辐合区、南疆盆地的气流汇合区与地面相同,日变化大;不同的是西北地区极少数测站风向略有改变,例如:哈密由地面的东北风顺转为东南风;盆地范围内测站的风速普遍比地面略大;高原地区有极少数测站风向发生顺转;高原上两支输送气流汇合区位于东经 90 度以东,其西界较地面上(东经 85~90 度)偏东,但汇合区纬度基本不变,且汇合区日变化极小。

2.3　600米流场特征

600 米高度上的流场与地面及 300 米流场不同之处是,柴达木气旋性涡旋中心消失(早晚均如此),代之是一致西-西北气流,表明柴达木盆地地形对气流的影响在 600 米以下显著;高原上两支气流汇合区偏东移至东经 94 度以东,但汇合区纬度位置仍与地面、300 米相同,日变化不明显;另一明显特点是除盆地外大多数测站的风速较 300 米增大(图 2)。

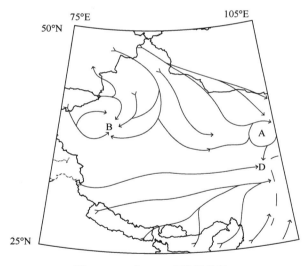

图 2　1986 年 600 米输送流场

2.4　900米流场特征

明显特点是,南疆盆地气流汇合区消失、代之是反气旋性环流、整个新疆上空为反气旋性环流控制,直至海拔 3000 米高度均如此,而且南北疆盆地分别出现反气旋涡旋中心。

西宁-兰州反气旋中心仍维持,直至海拔 3000 米,说明该流场系统较为稳定强大。

高原地区的北支西-西北西气流转为西南西气流,它与北纬 30 度以南的南支西南气流汇合区所在纬度和经度位置与 600 米近似(图 3)。

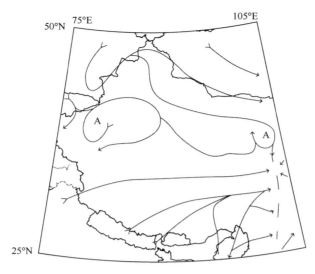

图 3　1986 年 900 米输送流场

另一特征是，高原北纬 30 度以南，除四川、云南的少数测站外，多数测站的西南风速随高度增大，这就形成了我国中西部高原地区强大的低空水汽与能量的西南气流输送带。

综上可知，我国西北地区的低空输送流场分布特征与地形作用关系密切，流场系统具有明显的局地性特征。因地形作用形成的柴达木盆地气旋（出现在 300 米以下）与南疆盆地的气流辐合区（出现于 600 米以下）日变化显著；而兰州-西宁反气旋系统稳定强大，无明显日变化；青藏高原上无明显涡旋中心，偏西与西南两支气流汇合区位置较稳定，仅汇合区西界有随高度东移的现象，汇合区日变化不清楚。这种环境输送流场特征与我国东部地区有许多不同[1]。

2.5　我国中西部流场的季节变化特点

这里仅讨论中西部流场的冬夏特征。以 1 月（表冬季）与 7 月（表夏季）为代表说明。

冬季，我国西北地区各流场系统情况如下：兰州-西宁反气旋系统稳定维持，与年平均情况基本相同；柴达木盆地地面、300 米、600 米为气流辐合区控制，与年平均情况不同的是没有明显的日变化，可能是由于强大的冬季风掩盖了因地形作用引起的局地气流日变化，至 900 米高度上这一流场系统为一致西北气流取代；南北疆盆地分别为一反气旋性环流控制（各层均如此），仅地面层日变化清楚。在青藏高原上，北纬 30 度以南地区，各层西南输送气流清楚；西南与偏西输送气流的汇合带明显存在，其特征与年平均基本相同。冬季大部分测站风速较年平均加大，表明冬季风影响明显（图略）。

夏季，除柴达木盆地气流辐合区与年平均状况相似外，西北地区其他流场系统均有所变化。西宁-兰州的反气旋系统消失，这一地区的地面至 900 米高度上为单一的呈气旋性弯曲的气流控制，日变化不突出。经分析发现 6、7、8 月的流场均具类似特点，这可能与我国盛行强大的夏季风有关。塔里木盆地西部为一气流辐合中心（区），新疆的其他地区都为一反气旋性环流控制，至 900 米高度上，气流辐合中心（区）消失，新疆地区出现一完整的反气旋性环流，20 时情况类似。在青藏高原地区，夏季的输送流场与冬季完全不同。北纬 30 度以南地区风向出现逆转，各层基本由东南、偏南输送气流控制，30 度以北则是东北、偏北气流，以上两支输送气流汇合带稳定在北纬

30~31 度附近，且汇合带较冬季略西伸；汇合带附近的拉萨、林芝之间和昌都东侧 900 米以下分别有气流辐合中心（区）出现，这正是夏季高原地区常形成气流切变与低值涡旋的重要源地[2]；这些系统均没有明显日变化（图 4）。

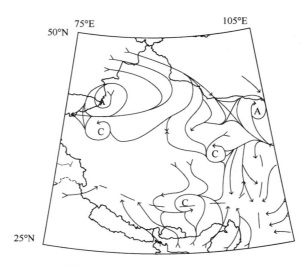

图 4　1986 年 7 月地面输送流场

由上可见，我国中西部地区输送流场季节变化清楚，尤其青藏高原地区冬夏输送流场存在显著差异。这与我国是典型的季风区有关。

3　结　语

（1）我国西北地区输送流场分布与地形作用密切相关，300 米以下多涡旋中心和气流辐合区。兰州-西宁反气旋中心势力强大，可伸展至较高高度；柴达木气旋中心只在 300 米以下出现；南疆气流辐合区只出现在 600 米以下。各流场系统的日变化在 600 米以下表现清楚。

（2）北纬 30 度以南的青藏高原地区低空各层均存在一支强盛而稳定的偏南暖湿气流输送通道，其日变化不明显；高原地区有偏西与西南两支输送气流汇合带，稳定在北纬 30~32 度地区，汇合带的西界随高度略东移。

（3）我国中西部地区流场存在明显的季节变化，青藏高原地区冬夏流场更是差异显著。

参 考 文 献

[1] 江燕如，梁汉明等. 我国东部年平均流场的分布特征与污染物输送分析. 环境科学研究, 1997, 10(2): 9-12.
[2] 吕君宁，郑昌圣. 雨季前的青藏高原西部初生涡的分析. 青藏高原气象科学实验文集(一). 北京，科学出版社, 1984: 218-228.

Preliminary Study of Feature for Low-Level Environmental Flow Field in the Mid-West Region of China

JIANG Yanru[1], GAO Qingxian[1], LIANG Hanming[1], REN Zhenhai[2]

1. Nanjing Meteorology College, Nanjing 210044
2. Chinese Research Academy of Environmental Sciences, Beijing 100012

Abstract: The low-level wind data in 105°E by west in China in 1986 are analysed. The mean distribution, day-to -day changes and seasonal varieties of low-level transport flow field are obtained. This paper indicates that there are great differences in the distribution of environmental flow field between the Tibetan Plateau and the north -west part in China, on the other hand, a south transport belt of air-stream, strong and stable, exists in 30°N by south in the Tibetan Plateau. The paper will further offers the reliable findings in order to reasonably develop, use and protect the environmental source in the mid-west region of China.

Key words: the mid-west region; transport flow field

第三篇
大气颗粒物及臭氧

夏秋季节天气系统对边界层内大气中PM₁₀ 浓度分布和演变过程的影响①

任阵海[1]，苏福庆[1]，陈朝晖[1, 2]，洪钟祥[3]，程水源[2]，高庆先[1]，冯丽华[1]

1. 中国环境科学研究院，北京 100012
2. 北京工业大学环境与能源工程学院，北京 100022
3. 中国科学院大气物理研究所，北京 100029

摘要： 边界层内的气压场直接影响区域性的大气环境质量，天气系统的变化与边界层气压场形势直接相关。根据 2000~2006 年大气环境监测资料的日均值和日增（减）量分布图，同时对夏秋季节主要的天气系统，副热带高压和台风进行耦合诊断分析，得出西太平洋高压和台风的时空演变对我国环境质量有十分重要的影响，这种影响主要是形成的高压均压场对污染物有累积效应，也出现污染物的汇聚，而其周边流场对区域污染物有输送作用。此外，天气系统的降水分布又对大气污染物有清除的作用。而且天气形势演变的空间和周期性形成了大气环境的区域性和过程性等复杂的特征。本文选择典型个例，进行剖析研究。在地面高压或 500hPa 高度上 5880gpm 等高线控制区内，造成大范围的静稳型区域性污染物的增量过程。在副高周边地区的雨区内经常是 PM₁₀ 的谷值期。夏秋季节台风近周边和远周边的影响区，经常是 PM₁₀峰值或较重污染物浓度出现区域。

关键词： 环境过程；副高；台风

1 引 言

夏秋季节我国的主要天气系统"副热带高压和台风"常引起气象灾害已广为关注，同时也对大气环境质量造成某种危害。叶笃正等[1, 2]和陶诗言等[3]对我国夏秋季节的主要天气系统进行了奠基性研究。嗣后，吴国雄等[4]和陈联寿等[5]给出深入基础性的研究成果。夏季青藏高压东出与西太平洋高压西进并合，形成高压带西伸，经常稳定出现在我国广大地区，也影响我国大气环境质量。西风带高压与西太平洋副高并合，使副热带高压产生西进或北跳，在我国北方包括北京地区常形成严重的大气污染过程。

夏秋季节的天气过程影响边界层气压场的时空演变，受其影响，污染物浓度出现谷值和峰值波动性交替，致使大气环境质量出现过程性和区域性特征。在副高和台风的下沉气流区常出现污

---

① 原载于《大气科学》，2008 年，第 32 卷，第 4 期，741~751 页。

染物浓度逐日增加的日增量区,它是当日浓度与昨日浓度差值,再减去输送扩散量仍然表现逐日浓度增加的累积现象。在一个环境污染过程中,污染物浓度多日的增量,形成区域性的污染物增值区,出现过程中污染物浓度最重日,就是峰值日;反之污染物浓度逐日减小,出现逐日减量区,在一个环境污染过程中,污染物浓度多日的减量,形成最低浓度日就是谷值日。

西太平洋高压经常以高压脊的形势伸向大陆,高压中心常位于海上,高压范围内盛行大范围的下沉气流,脊线附近为强下沉气流区,以晴朗、少云、微风、炎热为主,低层普遍形成逆温层,尤其高压东部逆温层较厚、较低、空气潮湿。逆温层以上空气干燥,出现滞留型的高压时,有利于区域污染物的增量累积,易形成浓度峰值。

在地面西太平洋高压西部常为区域性偏南夏季风气流,受系统性输送气流作用,污染物向北输送,在华北地区形成区域污染增量区和峰值区;在偏南气流输送区常为区域污染减量区。大气环境质量背景具有区域性调整特征。

台风在海上向北移动期间,大陆上配置着相应的气压形势,受台风近周边及大陆上高压下沉气流影响,由于副热带高压和台风天气系统都是动态的演变特征,受其影响边界层气压系统也具有动态演变特征。因此,形成的区域性的大气环境质量背景也具有区域调整的动态演变特征。总之,大气环境质量具有过程性、区域性以及浓度的累积和消散等特点,这些特点都具有动态调整演变的特征。

目前,关于天气系统与城市大气环境质量的关系[6-14]已有少量研究,区域性大气环境质量与各类天气系统的演变规律,仍不多见。本文使用2000~2006年我国气象站的资料以及大气环境监测资料,采用天气学的诊断方法和环境数据的统计方法及数值模拟,给出区域性环境质量的过程分析。区域性大气环境质量受排放源结构和环境背景场影响,但在近期内 PM_{10} 浓度的相对变化,较敏感因素可以认为是环境背景场影响的结果。

2　夏秋季节副热带高压对我国区域性大气环境质量的影响

夏秋季节地面西太平洋高压以及高空 500hPa 5880gpm 等高线控制区的不同配置,其结构、强度及演变对边界层大气环境质量演变过程有非常明显的影响。为此,节选以下几种类型进行分析,根据副热带高压与区域大气环境质量演变过程统计分析,副热带高压类型分为:①西进北移型,其强度和位置有明显季节性和年际变化特征;②断裂型,受背景场影响副高常出现断裂,从而改变晴雨分布,形成特有的大气环境质量演变过程;③并合型,副高与青藏高压和大陆高压之间常有并合特征,使副高加强和扩展,改变地面高压和副高的垂直配置。

2.1　选例1

选取 2005 年 8 月 26 日~9 月 1 日(北京时,下同)的副热带高压 500hPa 5880gpm 等高线以及地面西太平洋高压对大陆的控制范围及变化(图 1),显示地面西太平洋高压出现在 5880gpm 等高线的北部,两个高压脊线不重合,从图 1b 上看,相距 7 个纬距,根据副热带高压结构的研究,高空和地面脊线不一定重合。对应副高的变化再分析 PM_{10} 浓度增量的演变过程(图 2),查明高空 5880gpm 等高线控制范围对地面污染物浓度的增量有间接影响,地面西太平洋高压控制区对地

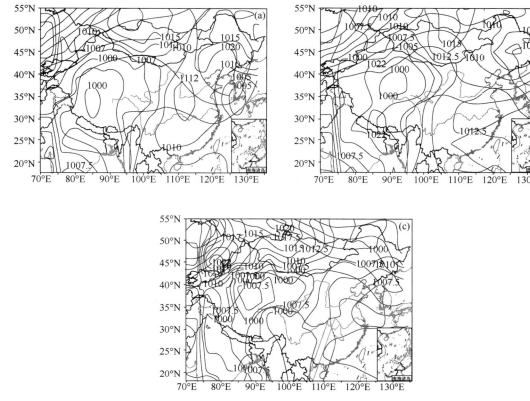

图 1 2005 年 8 月海平面气压场（实线）和 500hPa 高度（虚线）
(a) 25 日 08:00；(b) 26 日 08:00；(c) 28 日 08:00

面污染物增量有直接影响。这次环境过程是副高西进东退伴生降水与晴日交替影响的结果；西进北移过程中与西风带高压并合加强，属副高进退及大陆高压并合型。数值模拟结果显示，5880gpm 等高线控制区有微弱的下沉气流，地面高压控制区有明显的下沉气流（见第 4 节图 23），由于持续多天的增量，使污染物浓度出现累积增高的峰值特征（图 3）。

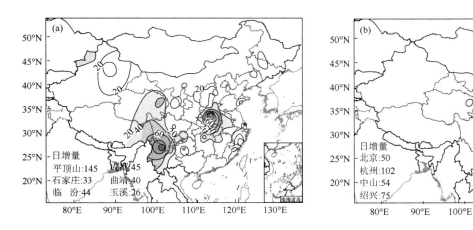

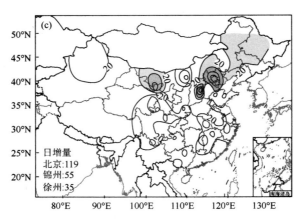

图 2　2005 年 8 月 PM$_{10}$ 的日增量（减量）图

（a）25 日；（b）26 日；（c）28 日

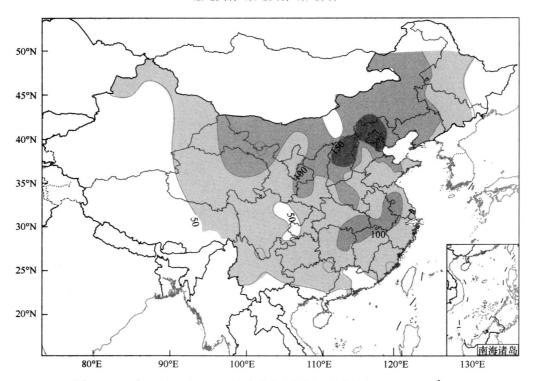

图 3　2005 年 8 月 28 日 PM$_{10}$ 浓度分布范围图（等值线间隔：50μg/m^3）

　　根据过去研究，太行山和燕山山前平原地区常出现污染物的汇聚带[15]，因此，在此地区出现了重污染中心（图 3，2005 年 8 月 28 日是该过程中区域污染最重日），例如，北京 PM$_{10}$ 污染物浓度峰值达到 257μg/m^3，阳泉达到 239μg/m^3。此外，根据 28 日 5880gpm 等高线的西边缘出现偏南季风，使南方污染物向北输送，也是上述峰值产生的一个原因，而南方地区污染物则出现减量特征。

　　选取北京代表北方地区，株洲、杭州代表南方地区，研究其污染物浓度的演变过程，图 4 明显反映区域性大气环境质量背景由于相互输送、累积而出现的调整特征。

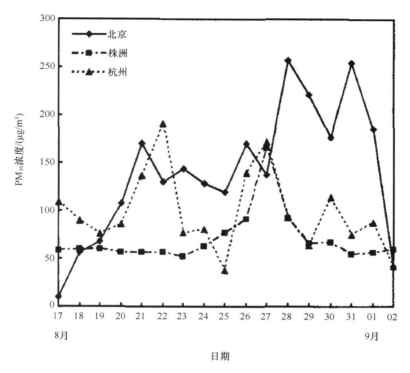

图 4   2005 年 8 月 17 日至 9 月 2 日典型城市 PM_{10} 浓度演变图

2.2   选例2

分析 2002 年 7 月 29 日~8 月 6 日，这次副热带高压的结构特点是地面副高与 700hPa、500hPa 的脊线和范围基本重合，高空和地面的高压控制区在大陆东部地区。而青藏高原西部为大低压控制，高压和低压之间出现较强的偏南季风，把长江以南的污染物向北输送（图 5）。北京的环境质量受这次副高进退移动的影响，出现一次较重的环境污染过程，属副高西进北移型污染过程。如 29 日受副热带高压前沿降水影响时，北京的环境质量出现谷值，随后 7 月 30 日副高和地面高压西伸，北京受其下沉气流区影响，PM_{10} 逐日持续增量（图 6），于 8 月 1 日达到峰值 $270\mu g/m^3$。这次 5880gpm 等高线西脊点西伸到 90°E 至青海省的西部，受 5880gpm 等高线控制区的影响（图 5），我国北方很多地区出现污染物的累积发生明显的重污染现象（图 7）。图 8 反映了北方城市北京和南方城市株洲、杭州 PM_{10} 污染物的背景浓度出现区域性的调整过程。

2.3   选例3

陶诗言最早发现副热带高压与青藏高压"相向而行"出现并合的规律[16]，同时西风带高压与西伸的副高又出现并合北抬，这种形势是影响我国区域大气环境质量的重要类型。本文选取上述规律的一次典型个例 2004 年 8 月 4~13 日。图 9a 是副高与青藏高压并合形势气压场图，图 9b 是西风带高压与南部副高并合形势气压场图。图 10（a、b）为相应形势的 PM_{10} 区域增量图，除中国中部降水造成副高边缘 PM_{10} 浓度为负值外，其他区域均为浓度增值区。

图 11 是副高与青藏高压并合出现高压西伸形势，随后又与西风带高压并合出现高压北抬过程，相应 PM_{10} 浓度累积分布图。以北京为例（图12），8 日达到峰值为 $240\mu g/m^3$，主要是受西风带高压和副高并合的形势造成。

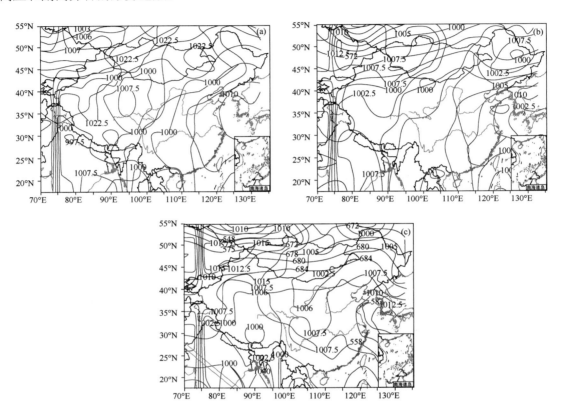

图 5　2002 年海平面气压场（实线）和 500hPa 高度（虚线）

（a）7 月 30 日 08:00；（b）7 月 31 日 08:00；（c）8 月 1 日 08:00

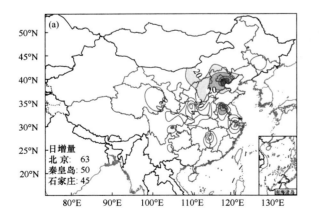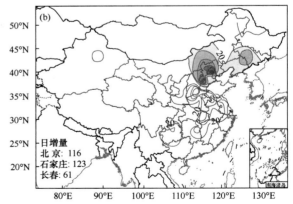

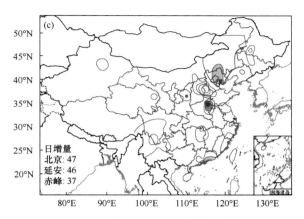

图 6 2002 年 PM$_{10}$ 的日增量（减量）图

（a）7 月 30 日；（b）7 月 31 日；（c）8 月 1 日

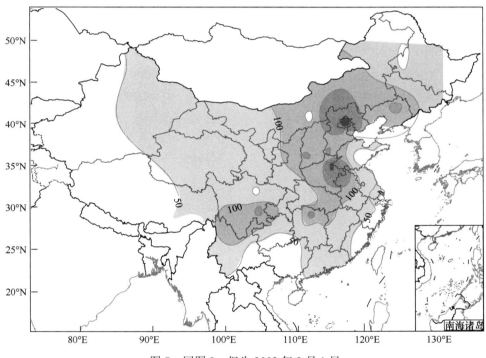

图 7 同图 3，但为 2002 年 8 月 1 日

2.4 选例4

陶诗言等[17]最早提出，由吴国雄[18]进一步研究了副热带高压的断裂并形成高压闭合单体，这类天气形势对我国大气环境质量，尤其是对北方地区有显著影响。

选取 2005 年 7 月 11～24 日一次环境过程，图 13 为副热带高压的断裂过程，其相应的环境质量 PM$_{10}$ 增值区的演变见图 14。

图 15 为 PM$_{10}$ 逐日累积至 17 日浓度分布图。以北京为例（图 16）从 11 日到 16 日逐日增量较小，17 日增量最大，18 日有明显减量，19、20 日又有正的增量，造成这种结构的原因与副热带天气系统的断裂演变有关。

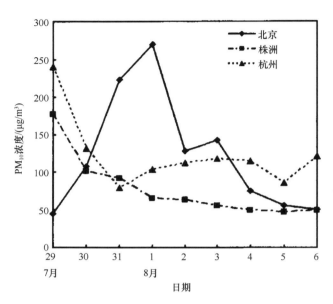

图8 2002年7月29日至8月6日典型城市PM₁₀浓度演变图

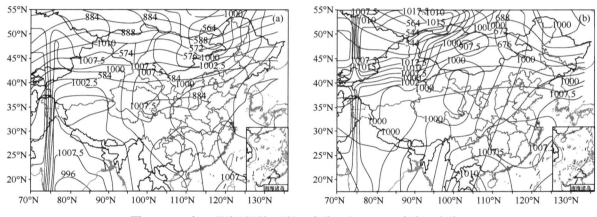

图9 2004年8月海平面气压场（实线）和500hPa高度（虚线）

（a）6日 08:00；（b）8日 08:00

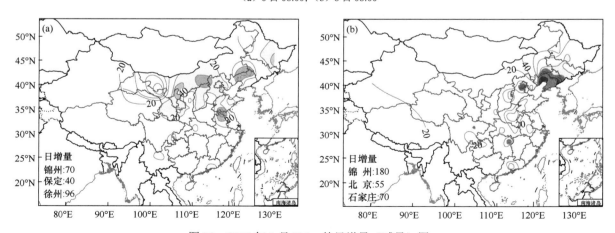

图10 2004年8月PM₁₀的日增量（减量）图

（a）6日；（b）8日

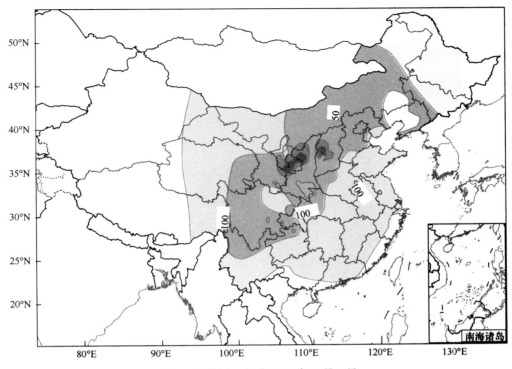

图 11　同图 3，但为 2004 年 8 月 8 日

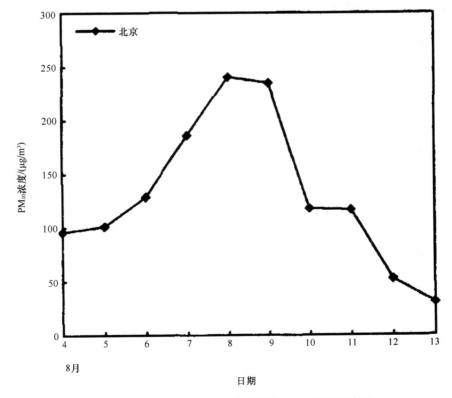

图 12　2004 年 8 月 4~13 日典型城市 PM$_{10}$ 浓度演变图

2.5　选例5

2006 年 8 月 9～31 日四川、重庆地区出现百年不遇的高温干旱，引起全国关注。图 17 给出
两张典型天气形势，也是青藏高压和副高合并的特征，副高西脊点伸至 95°E 青藏高原地区。图
18 给出相应的 PM_{10} 污染浓度背景分布，该时期大气污染物浓度也明显加重。由图 18a 8 月 9～15
日 PM_{10} 平均值分布图显示，从四川、湖南、湖北、安徽的各省市都出现较重污染情景，以四川最
重。北方也有三个较重程度的污染区。8 月 25～31 日 PM_{10} 污染浓度背景分布图（图 18b）显示，
仅在四川出现 PM_{10} 平均浓度值 100μg/m³ 以上的污染区。

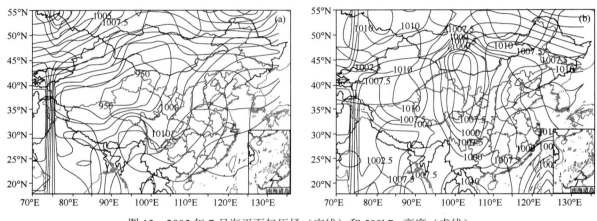

图 13　2005 年 7 月海平面气压场（实线）和 500hPa 高度（虚线）

（a）15 日 08:00；（b）17 日 08:00

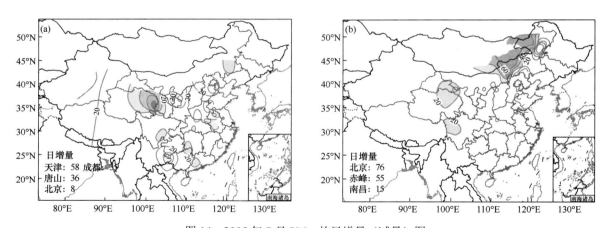

图 14　2005 年 7 月 PM_{10} 的日增量（减量）图

（a）15 日；（b）17 日

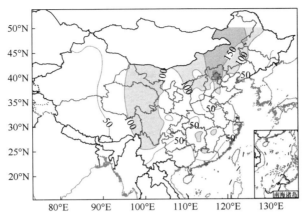

图 15　同图 3，但为 2005 年 7 月 17 日

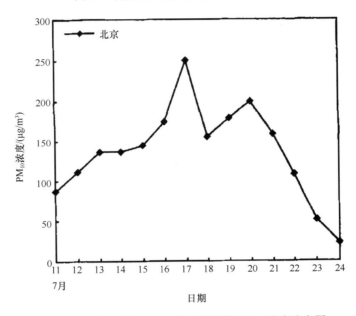

图 16　2005 年 7 月 11～24 日典型城市 PM$_{10}$ 浓度演变图

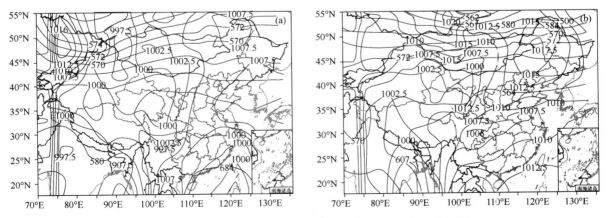

图 17　2006 年 8 月海平面气压场（实线）和 500hPa 高度（虚线）

（a）10 日 20:00；（b）29 日 20:00

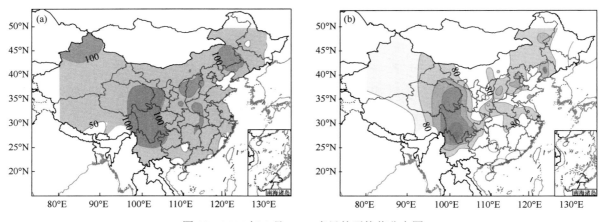

图 18　2006 年 8 月 PM$_{10}$ 多日的平均值分布图

（a）9～15 日；（b）25～31 日

3　夏秋季节台风路径及结构对我国大气环境质量的影响

　　夏秋季节台风及其气象背景场是影响我国环境质量背景的主要天气类型，特别是台风北上转向活动期间，在台风的近周边和远周边的大陆高压系统都有明显的下沉气流，常形成明显的大范围污染物的增量区。为了说明台风及其气象背景场对我国环境质量的影响，选取一次造成我国大范围环境污染现象的个例。2002 年 8 月 28 日～9 月 8 日 0216 号台风森拉克（Sinlaku），在海上北上期间，图 19 是台风在 29、30 日的位置图，台风西部覆盖着我国大部分地区出现明显的高压均压场。受其影响，相应的 PM$_{10}$ 增量图（图 20）显示 29 日南部有增量，30 日增量区向北扩展，范围增大。

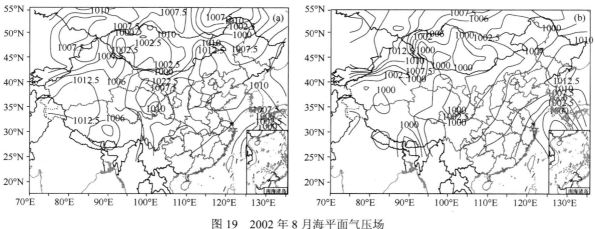

图 19　2002 年 8 月海平面气压场

（a）29 日 20:00；（b）30 日 20:00

　　在台风北上期间，受台风近周边及远周边下沉气流区增量累积的影响，形成明显的全国性的污染现象（图 21）。以下仍取上述引用的三个城市显示污染物浓度演变过程，9 月 1 日北京、杭州、株洲 PM$_{10}$ 浓度分别为 277μg/m^3、147μg/m^3、204μg/m^3（图 22）。

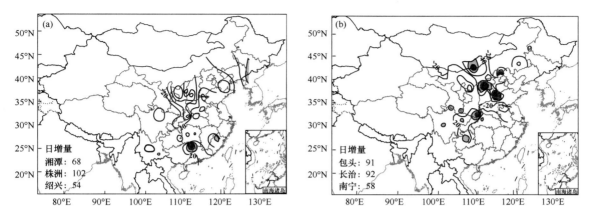

图 20   2002 年 8 月 PM$_{10}$ 的日增量（减量）图

（a）29 日；（b）30 日。单位：µg/m^3

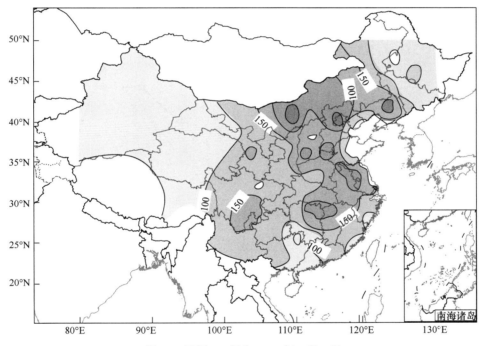

图 21   同图 3，但为 2002 年 9 月 1 日

4   数值模拟

为了深入研究夏秋季节天气系统对大气环境过程影响机理，引用三维非静力气象模式进行模拟。WRF（Weather Research and Forecast）模式是在 MM5 模式基础上发展起来的，动力框架及模拟能力较为优越。WRF 模式给理想化的动力学研究、全物理过程的天气预报、空气质量大气背景场预报以及区域气候模拟提供一个公用的模式框架。

本文设置研究区域分辨率为 45km，水平 101 格点，垂直方向 71 个格点，中心经纬度为（34.38°N，114.94°E），在垂直方向采用地形追随 σ-坐标系统，垂直 31 层，数值积分采用 60s，物理过程采用 Lin 等微物理[19]和 Kain-Fritcsh（new Eta）积分方案[20]。WRF 模拟采用的气象数据主要有美国国家环境预报中心的全球 NCEP 数据，分辨率为 1°× 1°，每 6 小时一次。

图 23a 是模拟本文的选例 1，2005 年 8 月 28 日 08 时垂直气流模拟图。地面高压控制区有明显的下沉气流，全国大范围地区为重污染现象（图 3）。

图 23b 是模拟本文的选例 3，蒙古高压和副热带高压并合后的垂直气流模拟图。由图可知除山东半岛为上升气流，我国其他地区均为大范围的弱下沉气流区。由于下沉气流的作用，使大范围地区出现 PM_10 浓度增量（图 10）。

图 23c 是模拟本文的台风选例，为 2002 年 8 月 30 日（29°N，112.15°E）点与（36.1°N，129°E）点之间的垂直气流剖面图。在朝鲜半岛南部为台风森拉克，我国大陆地区为大范围的下沉气流，

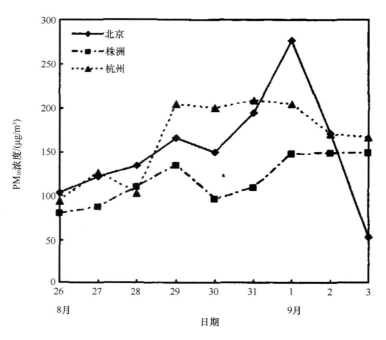

图 22   2002 年 8 月 26 日至 9 月 3 日典型城市 PM_10 浓度演变图

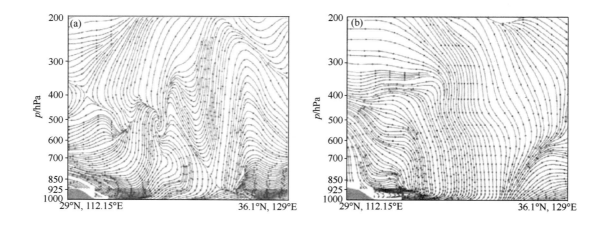

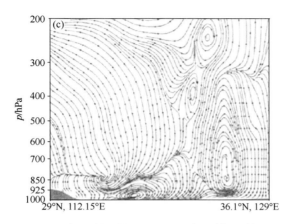

图23 2005年8月28日（a）、2004年8月8日（b）、2002年8月30日（c）08:00（29°N，112.15°E）
和（36.1°N，129°E）之间的垂直气流模拟图

受其影响，我国大部分地区都形成明显的PM$_{10}$增量区（图20），由模拟图23c可知，在朝鲜半岛有明显的上升气流，在我国西部的其他地区为强的下沉气流，有些地区下沉气流高度达200hPa。台风西边缘有明显的下沉气流，其高度为350hPa左右。在台风和高压之间有一个过渡区，较好地显示了台风在海上活动期间近周边及远周边下沉气流的结构及配置特征。此外，对其他北上类型的台风结构模拟也有相似结果（已投相关刊物）。

5 结　论

夏秋季节副热带高压和台风是影响我国大气环境质量背景的主要天气型。副高的进退能形成我国相关地区大气污染物浓度的谷、峰交替的环境过程。副热带高压和青藏高原高压的并合的形势能造成我国大范围的污染过程。副热带高压和西风带高压并合对我国北方造成相当严重的污染情景。

台风在我国海上由南向北移动，对我国也造成大范围的污染过程。因为副热带高压或台风系统的出现常持续多日，并有一定的时间和空间尺度，受其影响，大气边界层气压场也具有相似特征。因此，我国的大气环境质量也出现明显的过程性、区域性和累积性。

参 考 文 献

[1] 叶笃正, 杨广基, 王兴东. 东亚和太平洋上空平均垂直环流(一)夏季. 大气科学, 1979, 3(1): 1-11.

[2] 叶笃正, 高由禧. 青藏高原气象学. 北京: 科学出版社, 1979: 278.

[3] 陶诗言, 卫捷. 再论夏季西太平洋副热带高压的西伸北跳. 应用气象学报, 2006, 17(5): 513-524.

[4] 吴国雄, 丑纪范, 刘屹岷, 等. 副热带高压形成和变异的动力学问题. 北京: 气象出版社, 2002: 314.

[5] 陈联寿, 徐祥德, 罗哲贤, 等. 热带气旋动力学引论. 北京: 气象出版社, 2002: 316.

[6] Davis R E, Kalkstein L S. Using a spatial synoptic climatological classification to assess changes in atmospheric pollution concentration. Phys. Geogr., 1990, 11: 320-342.

[7] Leighton R M, Spark E. Relationship between synoptic climatology and pollution events in Sydney. Int. J. Biometeorol., 1997, 41: 76-89.

[8] Shahgedanova M, Burt T P, Davies T D. Synoptic climatology of air pollution in Moscow. Theoretical and Applied Climatology, 1998, 61: 85-102.

[9] Greene J S, Kalkstein L S, Ye H, et al. Relationships between synoptic climatology and atmospheric pollution at 4 US cities. Theor. Appl. Climatol., 1999, 62: 163-174.

[10] Cheng W L, Pai J L, Tsuang B J, et al. Synoptic patterns in relation to ozone concentrations in west-central Taiwan. Meteor. Atmos. Phys., 2001, 78: 11-21.

[11] Tanner P A, Law P T. Effects of synoptic weather systems upon the air quality in an Asian megacity. Water, Air, and Soil Pollution, 2002, 136: 105-124.

[12] 邓雪娇, 黄健, 吴兑, 等. 深圳地区典型大气污染过程分析. 中国环境科学, 2006, 26(增刊): 7-11.

[13] 范清, 程水源, 苏福庆, 等. 北京夏季典型环境污染过程个例分析. 环境科学研究, 2007, 20(5): 12-19.

[14] 陈朝晖, 程水源. 台风系统对我国区域性大气环境质量的影响. 北京工业大学学报(已投稿).

[15] 苏福庆, 任阵海, 高庆先, 等. 北京及华北平原边界层大气中污染物的汇聚系统——边界层输送汇. 环境科学研究, 2004, 17(1): 21-25.

[16] 陶诗言, 朱福康. 夏季亚洲南部 100 毫巴流型的变化及其与西太平洋副热带高压进退的关系. 气象学报, 1964, 34(4): 385-395.

[17] 吴国雄. 气候系统研究中的几个问题. 现代大气科学前沿及展望. 北京: 气象出版社, 1996: 88.

[18] 陶诗言, 朱福康, 吴天祺. 夏季中国大陆及其临近海面副热带高压活动的天气学研究. 见: 陶诗言编. 中国夏季副热带高压天气系统若干问题的研究. 北京: 科学出版社, 1963: 106-123.

[19] Lin Y L, Farley R D, Orville H D. Bulk parameterization of the snow field in a cloud model. J. Climate Appl. Meteor., 1983, 22: 1065-1092.

[20] Kain J S, Fritcsh J M. Convective parameterization for mesoscale models: The Kain-Fritcsh scheme// Emanuel K A, Raymond D J. The Representation of Cumulus Convection in Numerical Models. Amer. Meteor. Soc., 1993: 246.

Influence of Synoptic Systems on the Distribution and Evolution Process of PM$_{10}$ Concentration in the Boundary Layer in Summer and Autumn

REN Zhenhai[1], SU Fuqing[1], CHEN Zhaohui[1, 2], HONG Zhongxiang[3], CHENG Shuiyuan[2], GAO Qingxian[1], FENG Lihua[1]

1. Chinese Research Academy of Environmental Sciences, Beijing 100012
2. College of Environmental & Energy Engineering, Beijing University of Technology, Beijing 100022
3. Institute of Atmospheric Physics, Chinese Academy of Sciences, Beijing 100029

Abstract: The pressure field in the boundary layer affect regional atmospheric environmental quality directly, the changes of synoptic systems are related to the pressure field in the boundary layer. Based on the daily mean and increment figures of atmospheric environmental monitoring data during 2000~2006, the subtropical high and the typhoon are analyzed, which are important synoptic patterns in summer and autumn, results show that the temporal and spatial evolutions of these systems have important influence on the environmental qualities in China because high pressures and transports of wind field lead to pollutant accumulating. Moreover, rain can clear the atmosphere pollutant. The periodic evolvements of synoptic systems form the regional characteristic and periodic evolvements of atmospheric environment.

　　Typical examples are chosen and analyzed in this paper. In the region of isohypse 5880gpm at 500hPa and high pressure at the sea surface, there are large-scale stable and regional pollution processes. PM$_{10}$ concentration is low in the marginal area of subtropical high. PM$_{10}$ concentration is high in the near and far influenced areas of typhoon.

Key words: environmental process; subtropical high; typhoon

珠江三角洲地区大气中的粒子污染[①]

任阵海[1]，杨礼荣[1]，林子瑜[1]，黄新民[2]，娄晓军[2]，朱　雷[3]

1. 中国环境科学研究院，北京
2. 广州监测中心站，广州
3. 华南环科所，广州

摘要： 从珠江三角洲地区航测发现，直径小于 1μm 的气溶胶粒子每毫升可达几万到几十万个，这类小粒子能沉积在肺泡中，对人的健康危害较大，而它们对能见度影响较小。这类细粒子的来源，除排放源以外，气态污染物的转化也是细粒子二次污染的重要来源。野外烟雾箱模拟实验表明，珠江三角洲二氧化硫转化率最高达 12.7%/h，影响 SO_2 转化的因素是 SO_2 起始浓度、相对湿度和光照强度。经估算，珠江三角洲地区现有火电站与拟建火电站所排放的 SO_2 经转化，单是形成的硫酸盐细粒子（≤1μm）污染浓度，约为每毫升几万个，这是一个不容忽视的问题。对广州城市大气污染物有机无机成分的分析表明，就对人体健康而言，广州市气溶胶中有机成分的污染占主导地位。

珠江三角洲地区大气中的粒子污染，特别是直径小于 2μm 的粒子污染是三角洲地区突出的大气环境问题。由于大气环境常规监测没有粒子监测项目，所以本文使用的资料都是专门的气溶胶测量仪器所测得的数据。

1　珠江三角洲城市的粒子污染特征

珠江三角洲地区的广州市是典型的亚热带高层建筑城市，目前还不是以重工业为主。

广州市大气颗粒物污染既含有直径大于 2μm 的粗粒子污染，如荔湾工业区的空气颗粒物，但主要是直径小于 2μm 的细粒子的污染，它包含有直径小于 0.1μm 的爱根核模态粒子和直径在 0.1~2μm 的积聚模态粒子。广州市粗粒子（2~10μm）的污染主要来自工业排放源，它是原生粒子或称初始粒子，是体积浓度和质量浓度的主要贡献者。广州市颗粒物平均体积浓度为 122.4μm³/cm³ 粗粒子占 53.1%，工业区（荔湾区）中粗粒子占的比例更大一些（约占 56.5%）。冬季广州市粗粒子污染（以体积浓度表征）比太原和沈阳轻（见图 1 平均体积谱）。就大气颗粒物重量浓度而言，广州冬季大气颗粒物浓度为 247.5μg/m³，夏季为 172.7μg/m³。比北京轻（北京冬季为 324.3μg/m³，夏季为 191.4μg/m³）。粗粒子可通过沉积和雨清除。广州地区雨水多，空

---

① 原载于《环境科学研究》，1991 年，第 4 卷，第 1 期，21~36 页和 43 页。

气潮湿，雨冲洗清除粗粒子作用大。因此广州市大气颗粒物中粗粒子污染轻。直径小于 2μm 的细粒子污染是广州大气污染的主要问题。其主要来源是来自气态污染物的化学转化产生直径小于 0.1μm 的爱根核模态粒子和由它碰并凝聚成 0.1~2μm 的积聚模态粒子，通称这部分粒子为二次气溶胶。在积聚模态粒子中，也有相当一部分来自于人为活动排放和自然界直接产生的初始粒子。这些细粒子是表面积浓度和数浓度的贡献者。在大气中清除这些细粒子比较困难，因此在大气中可以输送到比较远的地方，而致污染范围大。而且大部分均为可吸入粒子，并在其中含有多种有机多环芳烃致癌物，对人体危害较大。广州市细粒子污染地区主要是繁华市中心商业区和交通要道。全市平均粒子（小于 10μm）数浓度为 104710 个/cm³，平均表面积浓度为 1144 μm²/cm³。爱根核模态粒子污染较重地区是位于市中心的广州市环境监测中心站所在地。其浓度值为 314869 个/cm³，表面积浓度为 867μm²/cm³。广州市爱根核粒子污染比北京、沈阳和南宁都要重（见图 2 平均粒子谱图）。其主要来源是气态污染物（SO₂ 和氮氧化物）转化产生的气溶胶细粒子，约占 10μm 以下粒子的 46% 左右（以体积浓度计）。从 SO₂ 转化实验结果来看，SO₂ 转化速率越大，生成凝结核（简称 CNC）气溶胶粒子数浓度愈高，转化产生的最高 CNC 浓度值为 2.3×10^5 个/cm³。与广州大气实际监测结果数量级相同。从转化实验生成粒子的粒径谱可以看出，粒径大于 1.0μm 的粒子很少。转化所产生的粒子主要是小于 0.1μm 的细粒子。SO₂ 转化速率与大气湿度和太阳光强度成正相关。高湿度大气和强的太阳光可加速气态污染物（SO₂ 和 NO₂）的转化。广州地区大气潮湿，太阳光强，有利于气态污染物的转化，因此气态污染转化成为该地区的细粒子二次污染的重要来源。

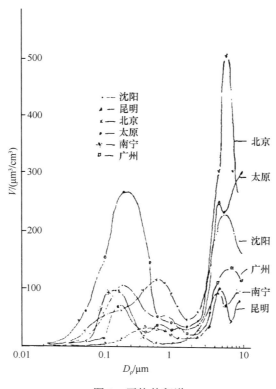

图 1　平均体积谱

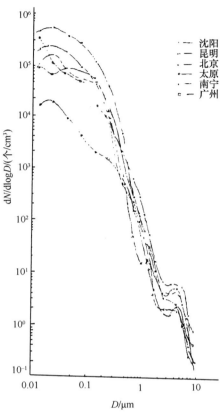

图2　平均粒子谱分布

2　珠江三角洲区域上的大气粒子污染特征

在研究气溶胶粒子污染问题时,将粒子分成粗粒子即粒径在 0.3 到 10μm 区间的粒子和细粒子即粒径在 1μm 以下至 0.003μm 区间的粒子。这种将粒子分成两类的原因主要是使用两种仪器,而不具有大气环境意义。因为珠江三角洲地区尚缺乏重工业结构,因此粗粒子相对较少。这里所指的粒子浓度是个数/mL。由于常规监测没有粒子监测,因此研究面上的粒子污染主要靠飞机航测。

2.1　气溶胶粗粒子污染

从夏天上午航测的资料分析,珠江三角洲地区粗粒子的污染在 200 米高度。有一个从顺德、番禺、黄埔、广州、佛山直到花县的南窄北宽的一个污染带状区存在,最高浓度中心在花县,为每毫升 60 个粒子。东莞到增城联成一带,江门、新会和中山联成一带。值得重视的又是青山电站对珠江西岸的污染,最高浓度为 30 个/mL。这个污染类型除电厂排放外,还与乡镇企业的污染物排放有密切关系,见图 3。下午航测的污染形势是上午的污染带顺着风向连成更大的带状区域。从青山电站向北连接越过增城呈一长带。其中有三个最大浓度中心,其浓度皆为 35 个/mL。在珠江西岸已连成一个大片,其中也有三个浓度中心,为中山、江门和番禺,其粒子浓度分别为 35 个/mL、40 个/mL 和 50 个/mL。广州西北到花县也有一片粒子最大浓度为 40 个/mL,见图 4。在

800 米高度上，上午航测的粒子浓度形势为珠江东、西岸各有南北向的大污染带。青山电站污染十分明显，见图 5。

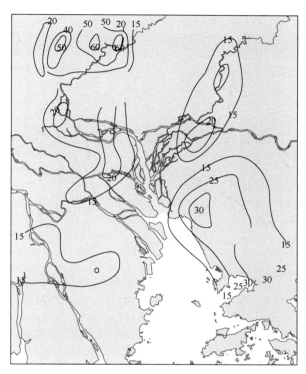

图 3　夏上午 H=200m CP（单位：个/mL）平面图

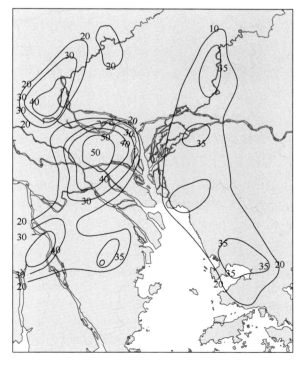

图 4　夏下午 H=200m CP（单位：个/mL）平面图

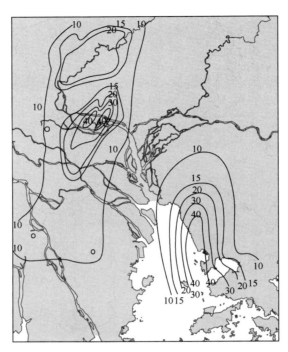

图 5　夏上午 H=800m CP（单位：个/mL）平面图

粗粒子的浓度垂直分布没有明显的衰减，上、下午粒子浓度也没有明显变化。

2.2　气溶胶细粒子污染

冬季上午 200 米高空航测结果表明在几个主要污染区气溶胶细粒子同粗粒子相似，只是每个污染区的大小有差别，它是受流场、排放源位置和排出的污染物浓度所影响。但细粒子的浓度相当高。广州地区气溶胶细粒子最高浓度约 5 万个/mL。其次为中山，细粒子浓度是 4 万个/mL，再次是江门和沙角以南其粒子浓度皆是 3 万个/mL，见图 6。

夏季上午 200 米高度细粒子污染区，成为三大片。从佛山、广州到增城是一片，其细粒子最大浓度中心在广州和黄埔，为 10 个/mL，江门、中山和顺德连成一片，但粒子浓度最高只有 4 万个/mL。青山电站的污染向北延伸到东莞与沙角电厂排放污染相并，形成第三粒子污染片，最大粒子浓度区为 10 万个/mL，见图 7。下午的粒子浓度显著地高于上午。在 800 米高空层上午的粒子污染形势共有三个较高浓度区即广州地区，粒子浓度为 3 万个/mL，中山地区，浓度 1 万个/mL，青山排放物影响深圳以北的地区，粒子浓度 2 万个/mL，见图 8。

珠江三角洲地区，过去没有气溶胶细粒子的观测，但从这次取得资料表明，气溶胶细粒子浓度是相当高的。与太原地区相比较，可看到 1μm 以下粒子浓度并不比太原少，而 2μm 以上粒子很少，因此在珠江三角洲地区细粒子的污染是该地区的重要问题。

2.3　气溶胶细粒子谱分析

三角洲地区细粒子谱分析，也有其特点，选择冬季和夏季分别讨论，无论冬、夏在上午和下午也表现差异。

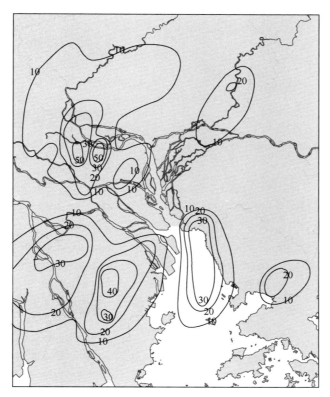

图 6　冬上午 H=200m FP（单位：千个/mL）平面图

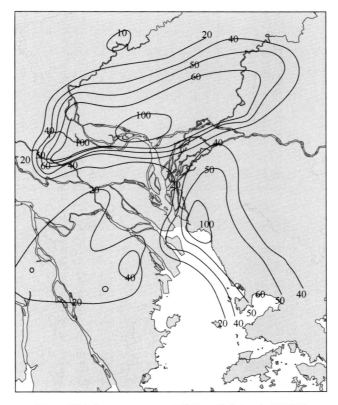

图 7　夏上午 H=200m FP（单位：千个/mL）平面图

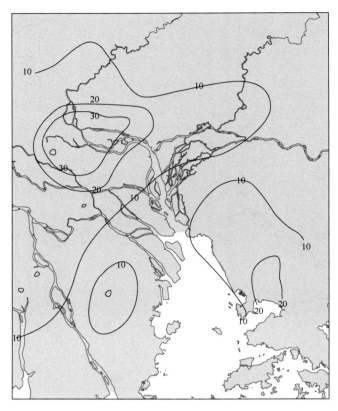

图 8　夏上午 H=800m FP（单位：千个/mL）平面图

从冬、夏粒子谱所表现的共同现象是，1μm 以下的粒子，各粒径的粒子浓度，都是低空大于高空。从航测的不同高度上测量的数据看，200 米高度上的浓度最大，1000 米或 800 米高度上的浓度最小。虽然各粒径的粒子浓度随高度减少，但从 200 米到 1000 米垂直厚度内，粒子浓度的衰减约在一个数量级。其次，粒径愈小的粒子其浓度愈大。1μm 粒径粒子的浓度约在 10^0 量级，而在 0.01μm 粒径的粒子的浓度约在 10^5 到 10^6 个/mL。再有突出的特征是夏季的午后，小于 0.3μm 粒径的粒子的浓度急剧上升，达到 10^6 个/mL，见表 1。

表 1　部分细粒子浓度随高度和时间的变化

高度/m	1μm				0.1μm				0.01μm			
	冬季浓度/（个/mL）		夏季浓度/（个/mL）		冬季浓度/（个/mL）		夏季浓度/（个/mL）		冬季浓度/（个/mL）		夏季浓度/（个/mL）	
	上午	下午	上午	下午	上午	下午	上午	下午	上午	下午	上午	下午
1000	$2×10^1$	$5×10^0$			$3×10^3$	$7×10^2$			$1×10^4$	$1×10^4$		
800	$3×10^1$		$4×10^0$	$5×10^0$	$4×10^3$		$2×10^3$	$3×10^3$	$2×10^4$		$7×10^3$	$5×10^4$
600	$4×10^1$	$1×10^1$			$9×10^3$	$2×10^3$			$3×10^4$	$3×10^4$		
500			$1×10^2$	$8×10^0$			$5×10^3$	$1×10^4$			$2×10^4$	$9×10^5$
400	$1×10^2$	$4×10^1$			$1×10^4$	$2×10^3$			$4×10^4$	$5×10^4$		
300			$4×10^2$	$3×10^1$			$7×10^3$	$2×10^4$			$3×10^4$	$1×10^6$
200	$2×10^2$	$1×10^2$	$5×10^2$	$8×10^1$	$3×10^4$	$3×10^3$	$1×10^4$	$4×10^4$	$1×10^5$	$8×10^4$	$5×10^4$	$2×10^6$

冬季上午，从 1μm 粒径到 0.1μm 粒径的粒子浓度增加率很快，然后 0.1μm 到 0.01μm 粒径的粒子浓度的增加率比前一段稍小。在下午，1μm 到 0.1μm 粒子浓度增加率同上午。但出现 0.1 到

0.05μm粒径粒子浓度的增加率变缓。而后面的小粒子浓度的增加率又剧烈增加的三段增加率。夏季上午，粒子的粒径愈小其浓度愈增加的增加率情况同冬季下午的三段增加率的情况相似。但夏季下午，粒子浓度增加率随粒径愈小而愈增大的情况异常显著。而200米到500米各高度上的浓度也很相近。细粒子谱的情况大体如上述。从高度愈低，浓度愈大的特点，可以分析到，地区有细粒子排放源。从夏季下午浓度异常的高值，可以分析到存在污染气体转化的作用。因此，地区的细粒子污染，既有排放，同时也存在转化的两种来源，见图9、图10、图11和图12。

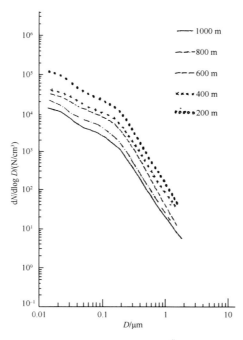

图9 1988-01-09 晨 11#线

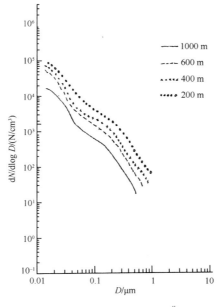

图10 1988-01-09 下午 11#线

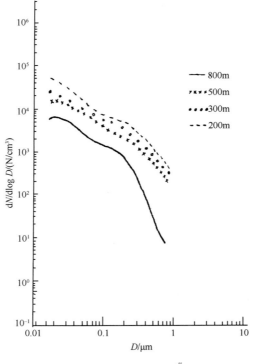

图 11　1988-07-08 晨 6#线

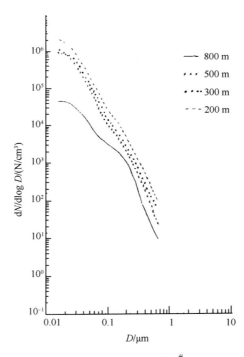

图 12　1988-07-08 下午 8#线

2.4　青山电站群对珠江三角洲的大气污染

夏季，偏南风，每年从 5 月份到 10 月中间，都是持续的 SSE 和 SS 风。香港的青山电站群对珠江三角洲特别是对珠江东岸的大气污染相当严重，它可以一直影响到沙角，并与沙角电厂的大气排放物相连接。以下仅通过航测的剖面资料再予以说明。

距青山电站约 12 公里，航测取得细粒子的浓度剖面资料，显示出完整的烟道形状。中心的细粒子浓度达 50 万个/mL，见图 13。

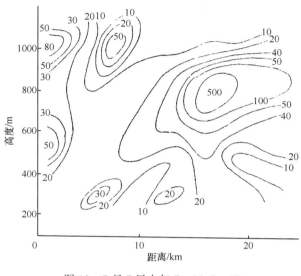

图 13　7 月 7 日上午 7：14~8：17

蛇口—南头—深圳 FP（4 个/mL）

青山电站的高烟囱排放量很大，不仅直接排放粒子，而且排出的 SO_2 也转化为细粒子。在一年中近半年时间，青山电站造成珠江三角地区的细粒子污染，这是值得重视的问题。

3　广州城市地区大气中粒子的有机和无机成分

在广州城市的不同功能区，采集大气粒子样品。在实验室内进行粒子的有机和无机组分的分析，并与北京的情况做对比，主要结果如下：

（1）从 C_{19} 到 C_{34}16 种正构烷烃的含量冬季为 0.67μg/m³，夏季为 0.44μg/m³。与其他城市比较，冬季略低于北京（0.68μg/m³），夏季高于北京（0.25μg/m³）广州冬夏两季正构烷烃的浓度差别不大。而北京则相差悬殊，冬季低于沈阳的 1.84μg/m³（1984.12），略低于承德的 0.84μg/m³（1986.12），高于太原的 0.32μg/m³（1983.12）可见广州正构烷烃的污染比较严重。

（2）正构烷烃在粒径＜1.1μm 级上的含量明显高于其他各级。粒径＜1.1μm 级上正构烷烃的百分比含量，冬季广州（49.4%）低于北京（59%），夏季广州（31%）高于北京（25%）；粒径＜7μm 级上冬季广州（87%）高于北京（82%），夏季广州（88%）高于北京（86%）。

（3）不同碳数正构烷烃的分布随碳数增加呈现对数正态分布规律。

（4）市区正构烷烃的 CPI（碳优先指数）值约为 1.2，郊区的 CPI 值约为 1.3。各粒径级上正构烷烃的 CPI 值随粒径的减小呈下降趋势。

（5）多环芳烃的污染：检出的 PAH 中，强致癌物有苯并(k+b+j)荧蒽、苯并(a)芘等四种，致癌物有甲基苯并(a)蒽、甲基䓛、苯并(ghi)花等八种。10 种主要多环芳烃的总量冬季达 148.4ng/m^3，为北京冬季含量（568.6ng/m^3）的 0.26 倍。夏季含量为 33.2ng/m^3，是北京夏季含量（85.4ng/m^3）的 0.4 倍。BaP 的含量为 18.2ng/m^3 约为北京同期（41.9ng/m^3）的一半，不过北京冬季为采暖期。从含量看，广州轻于北京。

（6）有 50%~70% 的 PAH 附着在粒径 ≤1.1μm 级上，约有 95%~98% 的 PAH 附着在粒径 <7.0μm 级上，这两个百分数都略高于北京。各级上 PAH 的含量北京是广州的 3~4 倍。

（7）大气颗粒物、正构烷烃、多环芳烃的粒径分布均符合对数正态分布规律，与北京相似。

（8）正构烷烃的 CPI 值在 1.05~1.35 之间，可以认为广州正构烷烃的来源属燃煤型的。

（9）根据各种 PAH 的比值关系判断，广州冬季属燃煤型污染，夏季兼有燃煤型和交通污染型的特征。

（10）广州市区冬季样品正构烷烃的质量中值直径 MMD 为 1.10μm，多环芳烃的 MMD 为 0.51μm，它们与颗粒物的 MMD（2.03μm）之比值分别约为 1/2 和 1/4。颗粒物的 MMD 比所吸附的有机物的 MMD 大，反映了有机物被吸附到颗粒物上的浓缩机理。

（11）从总体上看，广州大气有机污染状况在国内来说尚属较轻之列，但与发达地区相比，还是相当严重的。

（12）形貌观察结果表明：小于 2μm 的气溶胶细颗粒近似球形，大于 2μm、小于 10μm 的气溶胶粗颗粒呈不规则形状。

（13）在细颗粒（<2μm）中，绝大多数气溶胶颗粒以氧化硫为主要成分，含少量氧化硅，其他成分很少。细颗粒的组成近似，属于同一类型。根据它们的成分和形貌可以认为，这些细颗粒是二氧化硫转化和反应生成的气态硫酸在细微的氧化硅酸盐上凝聚而成的。

（14）少数细颗粒以除硫以外的其他污染元素，如铝、银等为主要成分。污染元素铝、银的存在是广州气溶胶的又一重要特征，它们主要以卤化物形式存在于细颗粒中。

（15）在粗颗粒中，以硅为主要成分，同时普遍含有铝、镁、钙、钾、钛等地壳元素。其中 Si、Al、Ca、Fe 四种主要元素质量浓度占元素总质量浓度的 60%~80%，且基本存在于粗粒子中，表明土壤和烟尘污染占很大比重。

（16）S、Cl、Pb、As、Br、Cu、Zn 是广州气溶胶颗粒中普遍存在的人为污染元素，主要来自燃煤、汽车尾气和工业污染。

（17）冬夏两季颗粒物样品经聚类处理各得到 10 个不同类型组别。其中以土壤扬尘、煤飞灰、建筑材料扬尘为气溶胶颗粒的主要存在类型。

（18）从广州气溶胶中 20 多种元素质量浓度按粒径分布的数据可见，一般情况下，元素质量浓度分布随粒径的减小呈递减趋势。与有机物在不同粒径气溶胶中的含量分布趋势相反。

（19）由燃煤引起的 S 等元素的污染及由尘土引起的土壤元素的污染都较严重。这是我国一般大城市的共有特点。广州与我国一些城市相比，汽车尾气污染比较严重，但与西方一些城市相比还要低些。

（20）无机元素成分偏重于粗颗粒上，在粒径 ≤1.2μm 颗粒（进入肺泡）上的元素质量浓度占总浓度的 4.7%~35.5%，在粒径 ≤5.0μm 颗粒（进入呼吸道）上的元素质量浓度占总浓度的 17.8%~60.8%，气溶胶中有机成分则偏重于细颗粒上；元素质量浓度低于苏联和东欧一些国家的标准，有机物的浓度大大高于国外一些城市。所以就对人体健康的影响而言，广州气溶胶中有机成分的污染占主导地位。

4　大气中气态SO₂转化为大气中细粒子效应

珠江三角洲是我国沿海经济开发地区，也是对外开放的重要窗口，近几年城市建设、工农业生产发展迅速，随之而来的是由燃煤等排放 SO₂ 引起的污染日趋加重，从前面叙述可知细粒子气溶胶污染问题尤为突出。有鉴于此，我们在现场使用野外烟雾箱实验，找出 SO₂ 污染及其转化为大气粒子的规律，只有揭示 SO₂ 浓度及气溶胶粒子的分布，才能对珠江三角洲地区大气污染状况进行切实地分析，并对未来发展可能带来的污染情况进行可靠的预测。

4.1　二氧化硫转化机制

二氧化硫从排放源排入大气后，从源到汇在大气中将经历扩散、转化和迁移等一系列演变过程。大气固体颗粒物中的某些成分（如过渡金属、炭黑等）以及空气中水分等都是促使二氧化硫转化的重要因素。基于复杂的大气成分，使转化过程也变得复杂，其中包括均相化学反应和非均相化学反应。广州地区天气潮湿，太阳光强均有利于二氧化硫的转化。据国外 Delbert J.Eatough 等人观测，SO₂ 烟羽通过一个雾峰（fog bank），使转化速率大大加快，平均高达 30%/h，这说明大气水分对 SO₂ 转化具有明显的加速作用。

为了探明该地区的细粒子气溶胶污染，在广州市区研究 SO₂ 在实际大气条件下的转化速率，影响转化速率的因素以及形成气溶胶粒子谱特征，根据现场观测和烟雾箱实验，我们可获得了基本情况。

4.2　室外烟雾箱现场实验结果

从室外烟雾箱的实验我们可得到箱内 SO₂ 浓度、NO$_x$、NO、N₂O 浓度、O₃、CNC（凝结核）浓度随时间的变化，从图14看出，SO₂ 浓度在太阳光照射后随时间一直下降。根据其下降速度可计算 SO₂ 转化速率。随着 SO₂ 的转化，将不断产生硫酸盐凝结核气溶胶，使箱内 CNC 浓度逐渐升

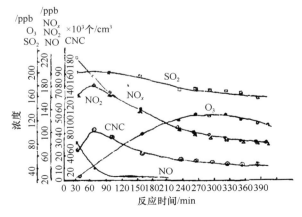

图 14　箱内 SO₂、NO$_x$、NO₂、NO、O₃ 和 CNC 浓度随光照时间变化（1988 年 3 月 12 日）

高，很快达到最大值。由于凝结核粒子之间的碰并和在箱壁上的附着，CNC 在到达最大浓度值后随即开始下降。

4.2.1　SO_2 转化率计算

在光照开始反应后取前三小时箱内 SO_2 浓度的衰减速率，得到其最大转化速率，以 $\left(-\dfrac{d[SO_2]}{dt}\right)_{max}$ 表示，用 $\left(-\dfrac{d[SO_2]}{dt}\right)_{max}$ 与 SO_2 起始浓度之比 $\left(-\dfrac{d[SO_2]}{[SO_2]dt}\right)_{max}$ 来表示单位初始浓度 SO_2 的转化速率。二氧化硫转化的速率常数 R 是在假定二氧化硫衰减反应为准一级反应，根据公式 $-\ln[SO_2]=Rl$ 作图，从线性斜率得到。图 15 给出了各组实验的 SO_2 转化速率与起始浓度的关系。

4.2.2　影响 SO_2 转化速率的因素

实验结果表明，影响 SO_2 转化速率的因素有 SO_2 起始浓度、相对湿度、太阳光强和环境空气中颗粒物等。其中前三种因素是影响 SO_2 转化速率的重要因素。我们从图 15 中看出，SO_2 浓度的衰减速率随二氧化硫的起始浓度增加而增加，在本实验浓度范围内呈线性关系。此结果与研究太原火电厂烟羽中的 SO_2 转化速率相符，在烟羽中二氧化硫浓度高，转化速率大。

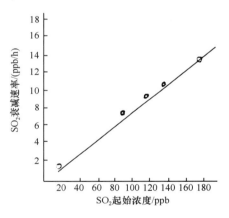

图 15　SO_2 起始浓度对其衰减速率影响

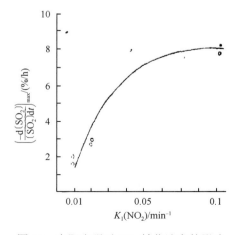

图 16　太阳光强对 SO_2 转化速率的影响

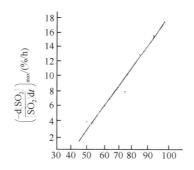

图 17　相对湿度（RH）对 SO_2 转化速率的影响

为了研究太阳光强对二氧化硫转化速率影响，我们在相对湿度近似相同的情况下进行了不同太阳光强的一组实验。每次实验用平行的另一个小箱测定二氧化硫的光解常数 K_1 值，用 K_1（NO_2）表示太阳光强。二氧化硫转化速率用单位起始浓度的衰减速率表示。图 16 给出了太阳光强对二氧化硫转化速率影响。

从图中可以看出，太阳光越强，二氧化硫转化速率越快。因太阳光强有利于光化学氧化剂的产生，从而促进 SO_2 的均相氧化反应。

湿度对二氧化硫的转化起着重要作用。图 17 给出了湿度对二氧化硫转化速率（以 $-\dfrac{d[SO_2]}{[SO_2]dt}$ 表示）的影响。

从图中看出，二氧化硫的转化速率随环境空气湿度增加而增加，并呈线性相关。大气湿度增加，有利于空气中 SO_2 在液滴表面上的吸收，产生多相反应。此结果与 Wilson 等人的研究工作相一致，珠江三角洲地区气候潮湿，太阳光强，有利于二氧化硫的转化，这对于三角洲地区在雨季出现酸沉降起着重要作用，也是该地区细粒子气溶胶污染的一个重要来源。

4.2.3　二氧化硫转化成硫酸盐气溶胶

从烟雾箱实验可以观测到，在太阳光的照射下，箱内的二氧化硫浓度随时间递减而凝结核气溶胶不断增加，硫酸根的浓度也同时增加。图 18 给出 SO_2 的衰减速率与 CNC 最大浓度值的关系。可看出两者呈线性相关。SO_2 衰减速率越大，转化产生 CNC 的最大浓度值也越大。根据以上的实验结果可以看出，大气中的二氧化硫在一定条件下向生成硫酸或硫酸盐气溶胶的方向转化。

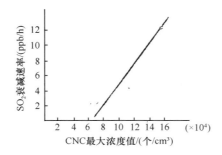

图 18　SO_2 的衰减速率与 CNC 最大浓度值的关系

为了观测箱内二氧化硫转化形成不同大小粒子气溶胶的粒子谱分布，我们用凝结核分析仪、静电气溶胶分析仪和多道粒子分析仪追踪测定不同大小粒子气溶胶浓度随时间的变化。图 19 给出箱内凝结核（粒径小于 1 μm）气溶胶浓度随时间的变化情况。从图 19 可看出，在转化的初期过程，由气态污染物转化生成大量凝结核气溶胶，使 CNC 浓度迅速上升，很快达最高值。因此，我们可以利用转化初期过程凝结核粒子数浓度的增长速率计算粒子最大生成速率（即 $\dfrac{\Delta(\mathrm{CNC})}{(\mathrm{CNC})_0 \Delta t}$）。

随着反应的进行，SO_2 浓度逐渐下降，转化速率降低，凝结核粒子生成速率下降，箱内粒子碰并凝聚起主要作用。CNC 浓度随反应时间的增加而逐渐降低，表 2 给出转化初期过程 CNC 粒子最大生成速率。从表中可看出，CNC 粒子最大生成速率随二氧化硫的浓度、转化速率增加而相应增加。

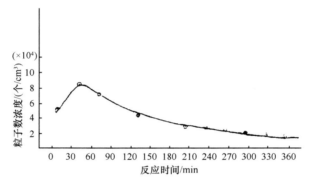

图 19　箱内凝结核（CNC）粒子数浓度随反应时间变化

表 2　转化初期过程凝结核粒子最大生成速率

实验编号	〔SO_2〕/ppb	〔NO_x〕/ppb	RH /%	$\left(-\dfrac{d〔SO_2〕}{dt}\right)_{max}$ / (ppb/h)	$\Delta〔CNC〕=〔CNC〕_t-〔CNC〕_0$	Δt/ min	$\dfrac{\Delta N}{\Delta t}$ (cm^3/s)	CNC粒子最大生成速率 (%/h)
9	28	58	75	/	2.6×10^4	50	8.6	62.6
4	90	56	75	7.2	3.4×10^4	27	21	62.9
6	134	20	75	10.5	2.03×10^4	15	22.5	81.4

图 20 给出了 EAA 分析仪测得的箱内转化形成不同大小粒子气溶胶谱分布随时间的变化。

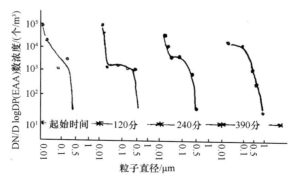

图 20　箱内粒子谱分布随反应时间的变化

从图中可以看出：①箱内粒子谱分布随反应时间增加逐渐变宽，小粒子碰并凝聚成大粒子；

②小于 0.013μm 的粒子随反应时间逐渐降低，0.02~0.2μm 的粒子随反应时间增加逐渐升高，从反应后用滤膜采集下来的颗粒物，用离子色谱分析其成分，主要是 SO_4^{2-}（SO_4^{2-} : NO_3^- 约为 8 : 1）。可见，小粒子气溶胶的成分是以 SO_4^{2-} 为主。

箱内转化形成的粒径大于 0.3μm 的气溶胶粒子数浓度随时间的变化可从 730 型多道粒子计数仪测得。图 21 给出箱内不同粒径粒子数浓度和 0.3~10μm 总粒子数浓度随反应时间的变化。从图中可以看出，由于箱内 SO_2 转化和产生的粒子碰并凝聚，使大于 0.3μm 的气溶胶粒子数浓度随反应时间逐渐升高。其中 0.3μm 的粒子约占 0.3~10μm 粒子总数的 50%。表 3 给出箱内大于 0.3μm 的不同直径粒子数浓度随反应时间的变化。根据 0.3~10μm 粒子总数浓度随时间的增长速率，可计算出其增长速率为 16%/h。此值与凝结核粒子的增长速率相比，大于 0.3μm 粒径粒子增长速率比凝结核粒子增长速率要慢。可见，由气态 SO_2 转化生成的凝结核粒子速度快，而凝结核粒子碰并凝聚速率要小。

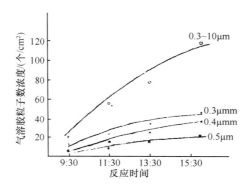

图 21　箱内 0.3~10μm 粒子数浓度和不同粒径粒子数浓度随反应时间变化

综上所述，从气态 SO_2 转化成粒子气溶胶的过程，首先由气态物质转变成凝结核粒子，其增长速率快。随后通过碰并，凝聚成大小不同粒径的粒子，其粒子谱分布随反应时间逐渐变宽。这种由转化产生的二次气溶胶粒子大部分是属于细粒子，其成分以 SO_4^{2-} 为主。此结论与广州地区大气气溶胶的粒子谱分布实测结果相一致。

表 3　箱内大于 0.3μm 的不同粒径粒子数浓度随反应时间的变化

反应时间/h	箱内不同粒径的粒子数浓度/（个/cm³）						
	0.3μm	0.4μm	0.5μm	0.6μm	0.8μm	1.0μm	0.3~10 μm总数
0	20.4	12.6	6.2	2.0	0.7	0.4	42
2	22.5	14.8	7.6	2.7	1.1	0.4	55.4
4	33.0	24.4	14.0	5.5	2.1	0.8	76.9
6.5	45.4	35.9	21.2	8.8	4.0	1.6	116.9

上述结果表明，在本实验条件下，三角洲地区二氧化硫转化速率快，其转化速率常数为 4.1%/h~12.7%/h。影响转化速率的主要因素是二氧化硫起始浓度、相对湿度和太阳光强度。

5　大气中气态 SO_2 转化成大气中细粒子污染浓度的空间分布估算

现今使用的 SO_2 污染的空气质量模式，只考虑 SO_2 的转化率，且把转化率取为常数值并没有研究气态 SO_2 转化生成物（即小于 1μm 的粒子）的浓度的空间分布。从珠江三角洲区域的大气污染特征看大气中细粒子污染问题不能忽视。另外，SO_2 的转化率并非常数。

这里给出区域性的 SO_2 转化及其生成物（细粒子）浓度的空间分布的计算方法。针对三角洲现有和在建的火电站的 SO_2 及其转化的大气粒子的浓度分布给出计算结果并预测未来规划建设的火电站的污染情况。

5.1　烟团模型

区域性、中尺度范围大气环境质量模型，以烟团模型较实用并做了混合层顶穿透效应的修正。

根据 S 点（X_s、y_s）的污染源释放出来的所有烟团在第 j 个时刻所处的位置，可获得 S 点的污染源在第 j 个时刻在地面某接受点 R（x，y，0）处造成的浓度，也就是所有 i 个烟团的浓度贡献之和，考虑中心位于（x_{ij}，y_{ij}，z_{ij}）的烟团对 R 点的浓度贡献，则有

$$C_i = \frac{Q_s}{(2\pi)^{3/2}\sigma_x\sigma_y\sigma_z} C_x C_y C_z C_d$$

$$C_x = \exp\left[-\frac{(x-x_{ij})^2}{2\sigma_x{}^2}\right]$$

$$C_y = \exp\left[-\frac{(y-y_{ij})^2}{2\sigma_y{}^2}\right]$$

$$C_d = \exp\left[-\frac{(\upsilon d - j\Delta t)^2}{2\sigma_z{}^2}\right]$$

其中 C_x，C_y，C_z 分别为 x、y、z 方向扩散项，C_z 在后面给出算式；

C_d 为污染物沉降项，V_d 为沉降速率。

考虑到烟团对混合层的穿透作用及混合层对烟团的反射作用，设烟气抬升高度为 Δh，我们可定义烟气穿透率：$P = 1.5 - \dfrac{Z_i}{\Delta h}$ 按不同的 P 值，分别计算 C_z。

根据珠江三角洲大气环境容量研究大气综合观测资料，通过拟合得到了适用于烟团模式的相对扩散参数，形式如下：

$$\sigma_H = ax^p$$

$$\sigma_z = bx^q$$

σ_H、σ_z 分别为水平、垂直方向扩散参数，a、p、b、q 按不同稳定度给出，见表 4。

5.2　二氧化硫浓度及其转化成大气细粒子浓度估算

上面分析了不同条件下光强、湿度、SO_2 初始浓度等因素对 SO_2 转化速度的影响，若综合地

考虑包括这几个因素在内的所有可能对 SO_2 转化产生影响的因素作用，那么可通过多元逐步线性回归，拟合大气 SO_2 气相转化表达式。

表4　珠江三角洲大气扩散参数

稳定度	$\sigma_H=ax^p$		$\sigma_z=bx^q$	
	a	p	b	q
不稳定	0.75	0.85	0.90	0.82
中性	0.63	0.81	0.55	0.78
稳定	0.44	0.75	0.42	0.65

取 SO_2 平均转化速度 R（ppb/h），相对湿度 RH（%），光强 I_0（kW/m^2），光强对数 $\ln I_0$，SO_2 浓度〔SO_2〕为 ppb，进行回归分析，当回归因子 $F=5$ 时，有回归方程如下：

$$R = 0.175RH + 2.03\ln I_0 + 0.0704〔SO_2〕- 2.35 \tag{5.1}$$

相关系数 $r=0.95$，标准方差 $S=2.22$。

由于影响二氧化硫转化的主要因子是 SO_2 起始浓度、光强、相对湿度，由前面知道，随时间增加，SO_2 浓度递减而凝结核气溶胶粒子数不断增加，因此可认为气溶胶粒子生成速率亦主要与 SO_2 浓度、相对湿度和光强有关。采用上面的方法，可获得气溶胶生成率的回归方程：

$$R_s = 0.161RH + 1.865\ln I_0 + 0.0403〔SO_2〕- 2.477 \tag{5.2}$$

R_s 单位是%/h，其他符号意义同前。

为了定量地计算实际大气中 SO_2 转化浓度及气溶胶生成浓度。我们利用所建立的模型对三角洲地区火电厂的污染现状及规划源对当地的污染影响进行分析。

由于二氧化硫在一定条件下发生转化，所以从火电厂排放 SO_2，对某一固定点来说，随着时间增加，SO_2 浓度越来越小，相反气溶胶粒子浓度增加，这就是为什么许多地区实测 SO_2 浓度值不超标，但病发率上升的原因之一。而气溶胶粒子特别是细粒子对人体健康危害极大。

根据 SO_2 转化速率的分析，我们建立如下方程：

$$\frac{d〔SO_2〕}{dt} = -R$$

如果 R' 的单位是%/h，则上式可改写为

$$\frac{d〔SO_2〕}{dt} = -R〔SO_2〕 \tag{5.3}$$

通常实验给出的是 R。把式（5.1）代入式（5.3），由常微分方程的理论可获得上述方程的解析解。

对气溶胶而言

$$\frac{dC_{spm}}{dt} = R_s C_{spm} \tag{5.4}$$

如果用 $R=A\cdot RH+B\cdot\ln I(t)+D\cdot〔SO_2〕+E$ 代表 SO_2 转化速率，$R_s=a\cdot RH+b\cdot\ln I(t)+e\cdot〔SO_2〕+h$ 代表气溶胶粒子的生成率，则式（5.3）、式（5.4）成为

$$
\begin{cases}
\dfrac{\mathrm{d}\,[SO_2]}{\mathrm{d}t} = -(A\cdot RH + B\cdot \ln I(t) + D[SO_2] + E)\,[SO_2] \\[3mm]
\dfrac{\mathrm{d}C_{spm}}{\mathrm{d}t} = (a\cdot RH + b\ln I(t) + e[SO_2] + h)C_{spm}
\end{cases}
\tag{5.5}
$$

从第 1 个方程算出 SO_2 浓度代入第 2 个方程就可算出某一时刻 SO_2 浓度及气溶胶生成数,我们由此并根据烟雾箱的实验结果建立模型,与用于计算三角洲地区研究火电厂环境影响的烟团模型相结合,分别计算出三角洲地区火力发电厂造成的大气污染现状以及 1μm 以下气溶胶细粒子数浓度。

我们利用冬、夏两季的实测风场、光强、相对湿度以及现有的和规划的火力发电源分别计算冬、夏的现状浓度日平均值,并根据三角洲地区未来发展,计算加入规划源以后,三角洲地区的大气环境状况。我们计算了二氧化硫没有转化和转化后的浓度与气溶胶分布,下面仅给出冬季状况。图 22~图 24 表示冬季现状。总的结果是 SO_2 浓度转化后明显低于未转化前,SO_2 污染浓度最高值分别为 0.1654mg/m³(转化前)和 0.0994mg/m³(转化后)。另一方面,气溶胶粒子数增加,其高值区与未转化时的 SO_2 浓度高值区相对应。气溶胶浓度高值区位于珠江海面淇澳岛附近,次高值区在中山市附近。

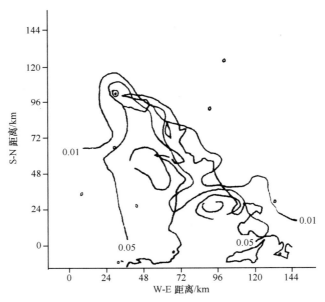

图 22　冬季二氧化硫未转化情形(现状)(单位: mg/m³)

图 25~图 27 是预测情况(考虑新建 11 个源),显示了三角洲地区未来大气 SO_2 浓度污染和气溶胶污染的可能趋势,由于点源位置不同,造成在中山市往东 16km 左右处有一个 SO_2 浓度高值区,在顺德南 16km 左右处有一个高值区,气溶胶浓度高值区在中山市,次高值区在珠江的淇澳岛附近。

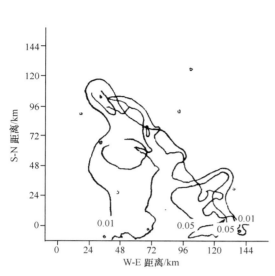

图 23　冬季二氧化硫已转化情形（现状）
（单位：mg/m³）

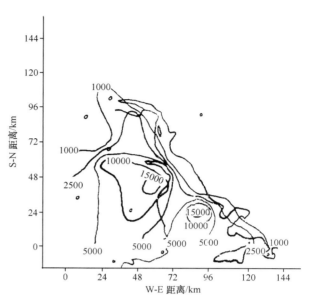

图 24　冬季气溶胶（≤1μm）粒子数浓度分布
（现状）（单位：个/cm³）

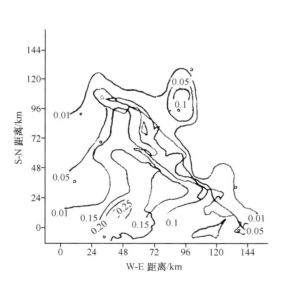

图 25　冬季二氧化硫未转化情形（预测）
（单位：mg/m³）

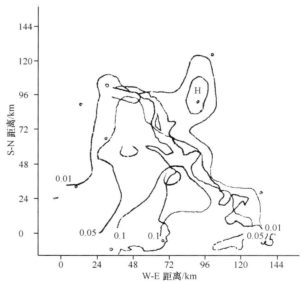

图 26　冬季二氧化硫已转化情形
（预测）（单位：mg/m³）

从冬季看，由于吹北偏东风，所以污染区在下风向的西南部，从已转化的 SO_2 浓度看，现状最高值为 0.0928mg/m³，预测值为 0.1544mg/m³。

由上面看到，SO_2 浓度在转化前要大于转化后，而气溶胶高值区都对应未转化前的 SO_2 浓度的高值区，和航测相比，由航测得到 200m 处细粒子粒度（图 26）要高于现状条件下气溶胶浓度，这是很显然的，因为这里只考虑了硫酸盐粒子 1μm 以下的生成，且是在地面处，而实际大气有许多粒子源，并且航测测得的包括了所有成分的气溶胶粒子。

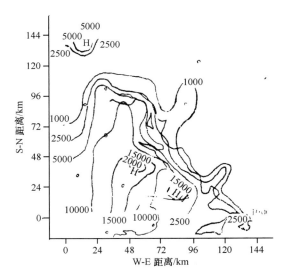

图 27　冬季气溶胶（≤1μm）粒子数浓度分布（预测）（单位：个/cm³）

6　小　　结

　　珠江三角洲地区的细粒子污染已成为突出的问题，除了有排放源、大气 SO₂ 的转化的原因以外，海洋也带来细粒子污染，这个方面尚未进行研究。

　　大气中小于 1μm 的细粒子所引起的环境效应，对人体危害严重。大气环境中气溶胶颗粒是多种有毒有害物质的载体，悬浮于空气中，并在大气环境中广泛扩散，它与二氧化硫、氮氧化物一样，是造成大气污染的主要污染物。但气溶胶的组成十分复杂，它更能表征大气污染程度、大气污染特征和对人体健康的危害。由于气溶胶颗粒物在人体呼吸器官中的穿透作用和沉积作用是其粒径大小的函数，其卫生学意义见表 5，图 28 是相应的各粒径粒子在人体内的沉积部位示意图。

　　至于大气中粒子的化学组成对人体的危害，不在本文讨论。

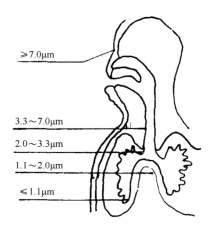

图 28　各粒径粒子在人体内的沉积部位示意图

表5　各粒径颗粒物的卫生学意义

粒径范围/μm	卫生学意义
≥7	绝大部分被人体阻留在体外，只产与间接危害
3.3~7	穿透滞留在上呼吸气管
2.0~3.3	穿透、滞留在支气管
1.1~2.0	穿透滞留在支气管末梢
≤1.1	穿透滞留在肺泡

从大气光学的角度，大气中小于 0.2μm 直径的粒子对能见度的影响很小，往往给人们以良好的大气环境的错觉，忽视了细粒子对人体健康的严重危害。

因此，建议我国在对大型工程建设的大气环境影响预评价的工作中，应当增加粒子浓度的计算和影响评价的内容。

The Particle Pollution in the Atmosphere Over the Region of Zhujiang Delta

REN Zhenhei et al

Chinese Research Academy of Environmental Sciences, Beijing

Abstract: It has been found that the density of the atmospheric aerosol particle (≤1μm) over the region of Zhujiang Delta. Ranged from ten thousands to hundred thousands a milliliter with airplane monitoring. This kind of small particles could deposit to the pulmonary alveoli and there for is harmful to health. The particles were mainly from the transformation of gaseous pollutants besides from emission sources. The simulated experiment of photochemical smog chamber. Showed that the maximum rate of sulphur dioxide transformation was 12.7%/h. The factors influenced the transformation rate of SO_2 are initial SO_2 concentration, relative humidity of air and light intensity. It also has been estimated that the density of small sulphate particles (≤1μm) transformed from the sulphur dioxide released by present and planned thermal power stations would be up to ten thousands a milliliter. Concerning the influence of pollutant on health in Guangzhou city, the organic composition in aerosol played a leading role other than the inorganic composition.

北京地区夏冬季颗粒物污染边界层的
激光雷达观测[①]

胡欢陵[1]，吴永华[1]，谢晨波[1]，阎逢棋[1]，翁宁泉[1]，范爱媛[1]，

徐赤东[1]，纪玉峰[1]，虞 统[2]，任阵海[3]

1. 中国科学院安徽光机所大气光学研究室，安徽 合肥 230031
2. 北京市环境监测中心，北京 100044
3. 国家环保总局气候变化影响研究中心，北京 100012

摘要： 在对激光雷达测量数据处理方法讨论的基础上，根据"北京空气污染物垂直结构测量试验"（BAPIE）冬季和夏季测量的数据，对北京地区气溶胶高度分布及近地面气溶胶污染边界层指标、气溶胶污染边界层统计特征、气溶胶输送南北通量高度分布、API-Ⅰ级优质大气和Ⅴ级重度污染个例等，进行了讨论。

关键词： 气溶胶；边界层；激光雷达

颗粒物是北京目前最重要的一种空气污染成分。这种固体颗粒物构成的大气气溶胶，主要集中在近地面的大气层中，常形成边界明显的近地面气溶胶层，简称污染边界层（pollutant boundary layer，PBL）。污染边界层的变化特征，不仅对于低层大气中气溶胶的垂直输送、光化学反应等大气物理和环境化学过程是重要的，它对于大气环境质量预报乃至采取改善城市大气环境质量的措施都有重要意义。激光雷达是实时监测大气气溶胶空间分布特别是其垂直分布的一种十分有效的手段。

根据北京"外来污染物研究"项目的安排，为了揭示北京市上空大气污染形成的气溶胶污染边界层的变化特征，对北京地区大气污染物的垂直分布变化进行了监测。在 2000 年冬季、2001年的夏季和冬季，先后进行了 3 次"北京空气污染物垂直结构测量试验"（BAPIE）。第 1 次综合测量试验于 2000-12-20~2001-01-19 进行，测量地点开始在北京市沙滩五四广场后移至北京市大兴区榆垡镇。第 2 次综合测量试验于 2001-07-19~08-20 进行，测量地点在大兴区榆垡镇。第 3 次综合测量试验于 2001-12-27~2002-01-27 进行，测量地点在大兴区北臧村，北臧村在榆垡镇附近。第 2，3 次测量期间，先后在市区四道口和昌平区崔村进行了对比测量。测量试验中，大气气溶胶消光系数垂直分布测量，使用 MPL 微脉冲激光雷达 2 台，其中 MPL-A1 由安徽光机所研制，另一台 MPL-SESI 从美国引进。爱尔达（Airda）风廓线仪提供实时的风速风向垂直分布，与激光雷达探测结果结合起来，可以分析气溶胶的水平输送。为了给激光雷达回波分析计算提供实时的气溶胶消光后向散射比参数，测量试验中同时使用的仪器还有：多道光学粒子计数器（OPC，型号

① 原载于《环境科学研究》，2004 年，第 17 卷，第 1 期，59~66 页和 73 页。

DLJ92，安徽光机所研制）、能见度仪（VM，型号 FD12，Vaisala 公司产品），颗粒物质量监测仪 3 台（PM_{10} 和 $PM_{2.5}$，型号 TEOM 1400 系列，R&P Co.产品）。

在对激光雷达数据处理方法讨论的基础上，根据"北京空气污染物垂直结构测量试验"（BAPIE）第 2，3 次测量的数据，对北京地区气溶胶高度分布及近地面气溶胶污染边界层指标、气溶胶污染边界层统计特征、气溶胶南北通量高度分布、API-Ⅰ级优质空气和Ⅴ级重度污染个例等，进行了讨论。

1 微脉冲激光雷达和测量数据计算

1.1 微脉冲激光雷达和激光雷达方程

微脉冲激光雷达[1]采用二极管泵浦的固体激光器（如 Nd：YLF，Nd：YAG），获得微焦耳脉冲能量的高重复率激光脉冲输出，采用光子计数技术高灵敏度探测回波信号。根据大气气溶胶对激光雷达垂直发射激光的 MIE 后向散射信号即回波的时间变化，通过激光雷达方程，在一定的假定条件下，可以得到气溶胶消光系数的垂直廓线。

利用 Fernald 方法[2]，得到气溶胶消光系数 α_a 解的递推公式为：

$$\alpha_a(I+1) = X(I+1)\exp[-A(I,I+1)]/\{X(I)/[\alpha_a(I)+\alpha_m(I)\,S_1/S_2]$$
$$-[X(I)+X(I+1)\exp(-A(I,I+1))]\Delta Z\} - \alpha_m(I+1)\,S_1/S_2 \tag{1.1}$$

$$\alpha_a(I-1) = X(I-1)\exp[+A(I-1,I)]/\{X(I)/[\alpha_a(I)+\alpha_m(I)\,S_1/S_2]$$
$$+[X(I)+X(I-1)\exp(+A(I-1,I))]\Delta Z\} - \alpha_m(I-1)\,S_1/S_2 \tag{1.2}$$

这里， $X(I) = P(I)\,[Z(I)]^2$

S_1 是气溶胶的消光后向散射比， $S_1 = \alpha_a/\beta_a$ ；

S_2 是大气气体分子的消光后向散射比， $S_2 = \alpha_m/\beta_m = 8\pi/3$ 。

$$A[I,I+1] = (S_1+S_2)[\beta_m(I)+\beta_m(I+1)]\Delta Z$$

Sasano 等[3]指出，当采用式（1.2）时，近端的解收敛到真值，远端的假设边界条件的误差对解的影响很小。笔者对激光雷达回波处理中，采用递推公式（1.2），在 3.5~6.0km 高度范围内自动选取最小气溶胶消光系数处作为边界点，且设 $R^* = 1+\beta_a/\beta_m \approx 1.01$ 。

1.2 S_1 对激光雷达方程解的影响及其日变化

图 1 给出了用 S_1 的不同假定值得到的气溶胶消光系数 α_a 垂直廓线。可以看到，S_1 对激光雷达测量的 α_a 影响是明显的。在实际大气中，S_1 的变化是比较大的。气溶胶消光后向散射比 $S_1 = \alpha_a/\beta_a$ 中的气溶胶消光系数 α_a 和后向散射系数 β_a，可以根据 MIE 散射理论由气溶胶的谱分布和它的折射指数计算出来：

$$\alpha_a = \int Q_{ext}(m, r, \lambda)\,\pi r^2 N(r)\,\mathrm{d}r \tag{1.3}$$

$$\beta_a = \int \frac{\lambda^2}{8\pi^2}[M_1(180°) + M_2(180°)]N(r)\mathrm{d}r \tag{1.4}$$

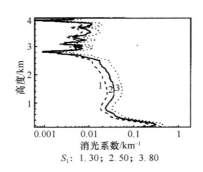

图 1　不同 S_1 计算的 α_a 垂直廓线

　　这里，Q_{ext}，M_1 和 M_2 是折射指数 m（实部为 n_r，虚部为 n_i），粒子半径 r 和波长 λ 的函数，可以由 MIE 理论计算出来。图 2 给出了 Junge 谱下不同折射指数 n_r，n_i 和不同 Junge 指数 ν 时 S_1 的变化。可以看到，在近地面混合层中，S_1 的变化很大。因此，为了减小由激光雷达回波计算的气溶胶消光系数的误差，用实时测量的 S_1 来处理激光雷达回波数据是必要的。

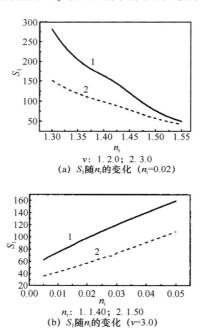

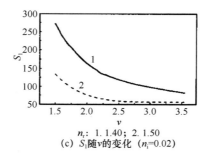

图 2　S_1 随 n_r，n_i，ν 的变化情况

1.3 气溶胶消光后向散射比 S_1 的测量

OPC 测量的粒子谱分布对气溶胶折射指数是敏感的[4-5]。按照气溶胶折射指数的综合法测量方法[6]，利用 OPC，VM，PM_{10} 和 $PM_{2.5}$ 同时测量的数据，可以反演得到实时的气溶胶折射指数实部 n_r 和虚部 n_i。对 OPC 的测量结果进行实测折射指数修正后得到气溶胶的真实谱分布。由气溶胶的谱分布和折射指数通过式（1.3）和（1.4），可以计算得到 S_1。图 3 是用该方法测量的北京夏季和冬季 S_1 日变化的 2 个例子。可以看到，S_1 的日变化是明显的，利用上述多种仪器实时测量 S_1 是可行的[7]。

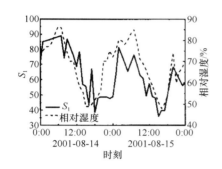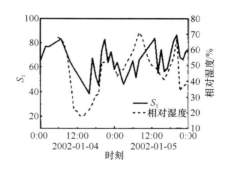

图 3　北京夏季和冬季 S_1 日变化的 2 个例子

2　气溶胶高度分布及近地面气溶胶污染边界层

2.1 气溶胶消光系数 α_a （Z） 的垂直廓线

对微脉冲激光雷达垂直测量的 1h 累积回波数据，扣除背景噪声，经平滑和近地段的几何因子订正，结合实时测量的 S_1，由递推公式（1.2）可以得到气溶胶消光系数 α_a（Z）的垂直廓线。由于激光雷达接收激光回波盲区的影响，90m 高度以下不能得到有效的数据。因此，这里微脉冲激光雷达测量的气溶胶消光系数的垂直廓线起始高度均为 90m。图 4 给出了 2001-08-04 微脉冲激光雷达测量的气溶胶消光系数的垂直廓线。为了用环境测量中常用的 PM_{10} 来分析讨论污染边界层中的气溶胶分布结构，需要建立 α_a 与 ρ（PM_{10}）的相关关系。

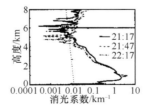

图 4　2001-08-04 北京大兴气溶胶消光系数廓线

2.2 消光系数 α_a 与 ρ （PM_{10}） 的相关关系

实测能见度计算的 α_a 与实测 ρ（PM_{10}）的相关分析表明二者之间有很好的正相关，α_a 与 ρ（PM_{10}）

之间可以用下式表示：

$$\rho(PM_{10}) = 241.2\alpha_a^{1.13} \tag{2.1}$$

α_a 的单位是 km^{-1}，$\rho(PM_{10})$ 的单位是 $\mu g/m^3$，相关系数为 0.83。用式（2.1）由 α_a 计算的 $\rho(PM_{10})$ 结果与实测 $\rho(PM_{10})$ 比较如图 5，可以看到二者有很好的一致性。图 6 给出了 3 条颗粒物 $\rho(PM_{10})$ 的垂直廓线。

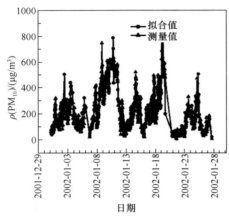

图 5　$\rho(PM_{10})$ 计算值与实测结果

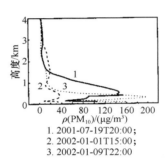

1. 2001-07-19T20:00；
2. 2002-01-01T15:00；
3. 2002-01-09T22:00

图 6　$\rho(PM_{10})$ 垂直廓线

2.3　颗粒物污染边界层

由图 4，图 6 可以看到，在近地面大气中确实存在消光系数较大的气溶胶层，其顶部有明确的边界，上下的消光系数可以相差 1 个数量级以上。测量结果表明，在空气较为干净的情况下，尽管 $\rho(PM_{10})$ 值很小，近地面大气层中也存在 $\rho(PM_{10})$ 最大递减率的高度。图 7 是 2001-07-27T21:00 在北京大兴测量的 $\rho(PM_{10})$ 的垂直廓线。该垂直廓线 $\rho(PM_{10})$ 值都小于 $50\mu g/m^3$，当时地面站测量的 $\rho(PM_{10})$ 为 $40.6\mu g/m^3$，空气质量为 API-Ⅰ级优质。从图 7 可以看到，在 500~1000m 高度同样出现 $\rho(PM_{10})$ 的最大递减率。因此，用 $\rho(PM_{10})$ 的最大递减率作为唯一的标准来确定污染边界层顶是不充分的。另外，从图 4，图 6 还可以看到，在贴地气溶胶层与近地面气溶胶层之间，一般在 150m 以下还有一个相对干净层存在。张仪等[8]用机载激光雷达在北京良乡测量的结果也表明贴近地面处存在相对干净的空气层。因此，这里污染边界层定义如下：2.5km 高度以下（排除云的影响），颗粒物质量浓度[$\rho(PM_{10})$]高于Ⅰ级标准上限值（$50\mu g/m^3$）的高度范围称为污染边界层，$\rho(PM_{10})$ 下降到 $50\mu g/m^3$ 的高度确定为污染边界层顶高 Z_{top}。

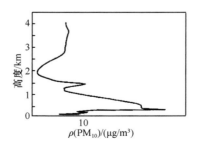

图 7　2001-07-27T21:00 北京大兴Ⅰ级优质空气的 $\rho(PM_{10})$ 的垂直廓线

为了分析污染边界层内气溶胶的实际容量，定义污染边界层单位底面积气柱中的总量为 $T(PM_{10})$，

$$T(PM_{10}) = \int_0^{Z_{top}} 10^{-3} \rho(PM_{10})_z \, dZ \qquad (2.2)$$

积分计算中，地面至 90m 高度区域的 $\rho(PM_{10})$ 用 90m 高度处的激光雷达测量结果与 $\rho(PM_{10})$ 地面颗粒物质量监测仪的实测结果内插值替代。$T(PM_{10})$ 表示该污染边界层中颗粒物的实际总质量，单位为 mg/m^2 或 kg/km^2。

为了分析污染边界层内的特征，定义污染边界层中颗粒物的平均浓度 $\rho(PM_{10})_{av}$

$$\rho(PM_{10})_{av} = T(PM_{10})/Z_{top} \qquad (2.3)$$

$\rho(PM_{10})_{av}$ 的单位是 $\mu g/m^3$。边界层内 90m 高度以上出现 $\rho(PM_{10})$ 最大值的高度记作 Z_{max}，其最大值记作 $\rho(PM_{10})_{max}$。

3　北京气溶胶污染边界层

图8，图9给出了 2001-07-19~08-14 以及 2001-12-27~2002-01-28 MPL 微脉冲激光雷达在北京大兴测量的气溶胶污染边界层结构，它们分别代表北京夏季和冬季的变化特征。从图8，图9可以看到，夏季的气溶胶污染边界层比冬季要厚得多，$\rho(PM_{10})$ 也要大一些，这与夏季近地面层中对流旺盛有关。对图8，图9中微脉冲激光雷达测量的全部数据进行统计，尽管少数时段由于样本数不多而使统计值出现一些起伏，但其统计结果可以大体反映北京夏冬季污染边界层的平均日变化的基本特征，下面的讨论都是在这个意义上进行的。北京夏季和冬季的污染边界层顶的高度平均日变化如图 10 所示，污染边界层中单位面积上的 PM_{10} 总量即 $T(PM_{10})$ 的平均日变化由

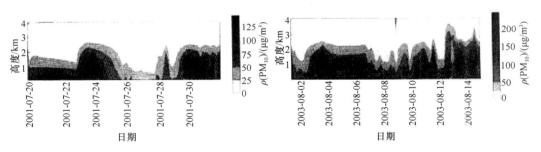

图 8　2001 年夏季北京气溶胶污染边界层结构

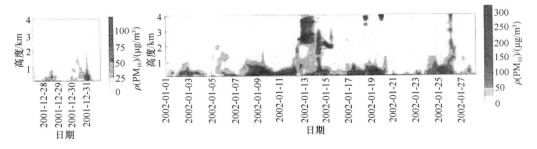

图 9　2001 年冬季北京气溶胶污染边界层结构

图 11 给出。为了分析污染边界层中 PM_{10} 垂直分布的特征，对污染边界层中 90m 以上高度的 PM_{10} 最大值 $\rho(PM_{10})_{max}$ 及它所在的高度 Z_{max}，90m 高度处的 $\rho(PM_{10})_{90}$，地面站测量的 $\rho(PM_{10})_0$ 都进行了相应的平均日变化统计。统计结果见表 1。

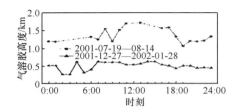

图 10　污染边界层高度平均日变化

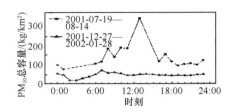

图 11　污染边界层 PM_{10} 总容量平均日变化

由图 8~图 11 和表 1 可以看到，北京夏冬季的污染边界层具有以下特征：①污染边界层夏季厚、冬季薄。夏季平均厚度达 1.36km，冬季平均为 0.51km，前者是后者的 2.6 倍。这是由于夏季对流强、冬季对流弱造成的。另外，夏季白天的对流比晚上明显强，白天污染边界层厚度达 1.51km，晚上为 1.22km，日变化明显。冬季则没有明显的日变化。②夏季每 km^2 污染边界层内的颗粒物平均总容量 $T(PM_{10})$ 高达 140.0kg/km^2。夏季白天对流强，白天 $T(PM_{10})$ 平均值是夜晚平均值的 1.73 倍，昼夜变化较大。夏季中午特别强烈的对流给污染边界层注入大量的颗粒物，使中午 1:00 前后的平均 $T(PM_{10})$ 高达近 350kg/km^2。冬季平均 $T(PM_{10})$ 仅为 46.4kg/km^2，且昼夜变化不大。③污染边界层中颗粒物平均浓度 $\rho(PM_{10})_{av}$ 仍然是夏季高于冬季。但是，这 2 个季节中白天和夜晚的 $\rho(PM_{10})_{av}$ 的变化不同。夏季白天的 $\rho(PM_{10})_{av}$ 高于夜间，冬季正好相反。冬季夜间的 $\rho(PM_{10})_{av}$ 甚至高于夏季夜间的平均值。④尽管夏季污染边界层高度、颗粒物含量和平均浓度都高于冬季，但地面平均 PM_{10} 夏季明显低于冬季，夏季仅 112.6$\mu g/m^3$，冬季地面平均 $\rho(PM_{10})$ 高达 199.8$\mu g/m^3$。⑤一般情况下，污染边界层中平均 $\rho(PM_{10})$ 在贴地层中随高度减小，在 90m 高度处出现低值后随高度逐渐增加而形成一个峰值。夏季污染边界层中 $\rho(PM_{10})$ 的峰值平均出现在 520m 高度处，峰值为 152.6$\mu g/m^3$，高于地面平均值 112.6$\mu g/m^3$，也明显高于 90m 处的 99.5$\mu g/m^3$，峰值结构明显。冬季污染边界层中 $\rho(PM_{10})$ 峰值平均出现在 160m 高度处，峰值 $\rho(PM_{10})$ 为 143.9$\mu g/m^3$，明显低于地面的平均值 199.8$\mu g/m^3$，但与 90m 处的 139.2$\mu g/m^3$ 差异不大，上下浓度较均匀，垂直结构不明显。

表 1　北京夏冬季污染边界层平均特征值

项目	夏季（2001-07-19~08-14）			冬季（2001-12-27~2002-01-28）		
	全天	8:00~18:00	19:00~7:00	全天	8:00~18:00	19:00~7:00
Z_{top}/km	1.36	1.51	1.22	0.51	0.57	0.45
$T(PM_{10})$ / （kg/km^2）	140.0	180.6	103.9	46.4	50.3	43.1
$\rho(PM_{10})_{av}$/ （$\mu g/m^3$）	102.9	119.6	85.2	91.0	88.2	95.8
Z_{max}/km	0.52	0.62	0.49	0.16	0.19	0.13
$\rho(PM_{10})_{max}$/ （$\mu g/m^3$）	152.6	188.0	121.1	143.9	125.8	159.3
$\rho(PM_{10})_{90}$/ （$\mu g/m^3$）	99.5	105.9	93.9	139.2	117.8	157.3
$\rho(PM_{10})_0$/ （$\mu g/m^3$）	112.6	102.4	121.6	199.8	212.6	189.0

4 大兴榆垡气溶胶南北通量高度分布

大兴榆垡处于北京市的南端，在这里监测的南北方向上的气溶胶输送量，可以反映在这一地区北京市与河北省之间的气溶胶输送通量。定义高度 Z 处的气溶胶南北输送通量 flux（Z）为

$$\text{flux}(Z) = \rho(\text{PM}_{10})_Z V(Z) \tag{4.1}$$

这里，$\rho(\text{PM}_{10})_Z$ 的单位是 $\mu g/m^3$；V（Z）为风速的南北向分量，$V>0$ 为南风分量；$V<0$ 为北风分量，风速单位是 m/s；气溶胶输送通量 flux（Z）单位是 $\mu g/(m^2 \cdot s)$。flux（Z）>0 表示由南向北输送的气溶胶通量，flux(Z)<0 表示由北向南输送的气溶胶通量。风的垂直分布由 Airda3000 风廓线仪同时测量得到。Airda3000 风廓线仪工作频率 915~1350MHz，测风高度范围 50~3000m，测风精度风速 ±1m/s、风向± 10°，垂直分辨率 50~200m。这里，高度 300m 以下垂直分辨率取 50m，高度 300m 以上取 100m。ρ（PM_{10}）$_Z$ 由微脉冲激光雷达的测量得到。图 12 给出了 2002-01-15 在北京大兴测量的 ρ（PM_{10}）$_Z$ 的垂直分布以及由式（4.1）计算的南北输送通量的高度分布。图 13 给出了北京大兴 2001-08-01~14 PM_{10} 南北输送通量的高度分布。可以看到，污染边界层中 PM_{10} 南北输送十分活跃，PM_{10} 南北输送通量的高度分布及其时间变化也很复杂。flux（Z）对高度积分，就可以得到该时刻不同高度上南北输送相抵后的纯输送量，即气溶胶南北通量的高度累积量，记为 I_{flux}。I_{flux} 为 "+" 值表示纯输送方向是由南向北；I_{flux} 为 "−" 值表示纯输送方向是由北向南。由地面至 4km 的 I_{flux}（0~4km）为

$$I_{\text{flux}} = \int_0^4 \text{flux}（Z）\text{d}Z \tag{4.2}$$

这里 I_{flux}（0~4km）的单位记作 mg/[（1m × 4km）·s]。图 14 给出了北京榆垡夏季和冬季气溶胶南北输送通量的高度累积量逐日变化。图 15 给出了它们的平均日变化，其中夏季的记录中 2:00~5:00 和 12:00~15:00 无测量数据。气溶胶南北输送通量的高度累积量取决于 PM_{10} 以及风向、风速的高度分布。从图 15 可以看到，夏季 11:00~21:00 的 I_{flux} 为 "+" 值，通量的高度累积量为从南向北输送；如果不考虑 0:00 的 "+" 值，则 22:00 至次日 10:00，I_{flux} 为 "−" 值，通量的高度累积量为从北向南输送。这与北京地区夏季的风向日变化是一致的。图 15 中冬季的通量的高度累积量除 1:00 和 20:00 有小的 "+" 值外，其余时间 I_{flux} 均为 "−" 值。冬季的通量高度累积量总体效果是从北向南输送，2:00~4:00 是其输送的高峰期。对夏季 127h 和冬季 454h 的测量数据 I_{flux} 累计平均，得到的夏季和冬季的时间高度累计通量平均值，即平均单位时间（每秒或每天）内通过宽 1m，高 4km 的东西向垂直剖面的 PM_{10} 的总通量，用 2 种单位表示，列于表 2。可以看到，在这些测量数据平均的意义上，南北输送相抵后，夏季通过上述定义的剖面自南向北每秒输送 31mg 或每昼夜输送 2.67kg 的颗粒物；冬季是自北向南每秒输送 37.5mg 或每昼夜输送 3.23kg 的颗粒物。尽管由于测量数据数量有限，这些结果还是大体描述了北京南部夏冬季颗粒物的输送交换特征。

表 2 夏季和冬季的时间高度累积通量平均值

日期	测量时间/h	时间高度累积通量平均值	
		mg/[（1m × 4km）·s]	kg/[（1m × 4km）·24h]
2001-07-22~08-16	127	+31.0	+2.67
2001-12-31~2002-01-28	454	−37.5	−3.23

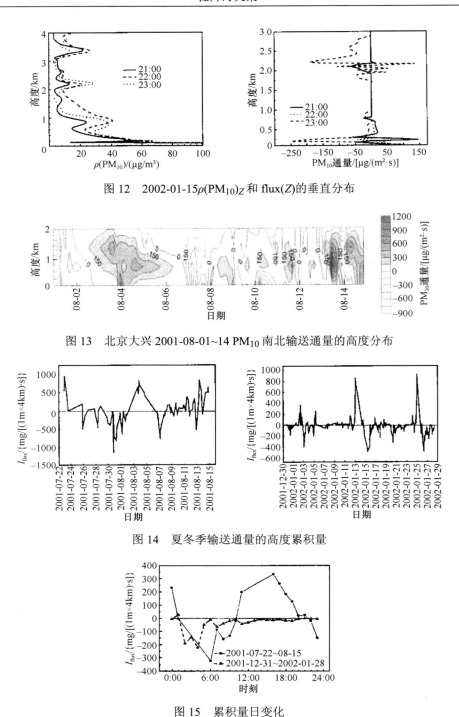

图 12　2002-01-15ρ(PM₁₀)$_Z$ 和 flux(Z)的垂直分布

图 13　北京大兴 2001-08-01~14 PM₁₀ 南北输送通量的高度分布

图 14　夏冬季输送通量的高度累积量

图 15　累积量日变化

5　API-Ⅰ级优质大气和Ⅴ级重度污染个例分析

2002-01-09~11 出现了一次重污染过程，图 16 给出了 1 月 6~14 日的一些 PM₁₀ 垂直廓线以及每天的空气质量分级的级别。从图 16 可以看到这个重污染形成和消失的变化过程，还可以看到，地面的 API 指数不完全能够描述污染边界层的情况，但基本趋势是一致的。为了对比分析，图 17

给出了空气质量为 API-V 级（2002-01-11）和 I 级（2002-01-22）的 PM_{10} 垂直廓线。两者的对比表明，对应于地面 API 指数差异很大的 2 种情况，它们的污染边界层的结构也截然不同。图 18 给出了 1 月 11 日和 22 日 PM_{10} 垂直分布时间变化。图 19 是它们对应的输送通量时间变化。表 3 汇集了这两天污染边界层的高度 Z_{top}，PM_{10} 总量 T（PM_{10}），90m 以上的最大 ρ（PM_{10}），90m 处和地面的 ρ（PM_{10}）等，还给出了南北向输送的高度累积值 I_{flux}。

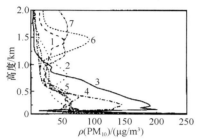

监测时间：1～6日1:00(II级)；2～8日1:00(II级)；
3～9日6:00(III级)；4～10日1:00(V级)；
5～11日10:00(IV级)；6～12日10:00(III级)；
7～14日8:00(II级)

图 16　2002 年 1 月北京大兴污染过程中 PM_{10} 廓线

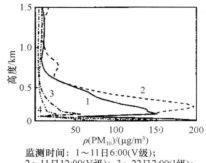

监测时间：1～11日6:00(V级)；
2～11日12:00(V级)；3～22日7:00(I级)；
4～22日12:00(I级)；

图 17　2002 年 1 月北京大兴 V 级重度污染和 I 级大气 PM_{10} 廓线

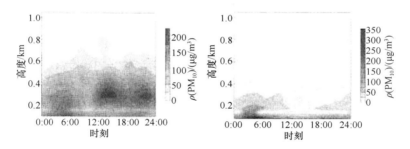

图 18　2002 年 1 月 11 日（API-V 级）、22 日（API-I 级）ρ（PM_{10}）垂直分布

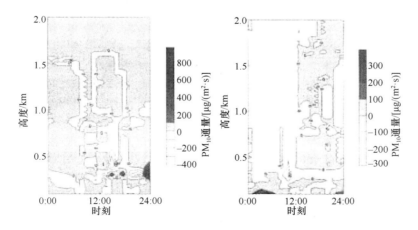

图 19　2002 年 1 月 11 日（API-V 级）、22 日（API-I 级）PM_{10} 输送通量

从表 3 可以看到，API-V 级重度污染与 API-I 级优质个例相比，地面 PM_{10} 前者是后者的 10 倍以上，污染边界层高度及其 PM_{10} 高度积分总量分别是 3.4 倍和 6 倍。从气溶胶的南北向输送的

高度积分总量看，Ⅴ级重度污染日主要是颗粒物大量由南向北输送，Ⅰ级优质大气情况下则主要是颗粒物大量由北向南输送。1月11日Ⅴ级重度污染的形成和1月22日Ⅰ级的出现与颗粒物南北输送特征有关，它们取决于天气形势、近地面层温度场和风场等条件。

表3　Ⅴ级重度污染与Ⅰ级优质个例对比

	2002-01-11	2002-01-22
	API-Ⅴ，重度污染	API-Ⅰ，优质
Z_{top}/m	540	157
T（PM_{10}）/（kg/km^2）	77.5	12.9
ρ（PM_{10}）$_{av}$/（$\mu g/m^3$）	143.5	82.2
Z_{max}/m	181.5	90.0
ρ（PM_{10}）$_{max}$/（$\mu g/m^3$）	167.6	139.5
ρ（PM_{10}）$_{90}$/（$\mu g \cdot m^3$）	146.8	139.5
ρ（PM_{10}）$_0$/（$\mu g \cdot m^3$）	572.3	48.1
S—>NI_{flux}/［$mg/(1m \times 4km)\cdot s$］	+201.0	+20.0
N—>SI_{flux}/［$mg/(1m \times 4km)\cdot s$］	−99.2	−751.4
相抵后 I_{flux}/［$mg/(1m \times 4km)\cdot s$］	+101.8	−731.4
［$kg/(1m \times 4km)\cdot 24$ h］	+8.80	−63.19

6　小　　结

（1）气溶胶消光后向散射比 S_1 对激光雷达方程的消光系数解有较大影响。利用 DLJ92 光电粒子计数器（OPC）、FD12 前向散射式能见度仪、TEOM1400 系列 PM_{10} 和 $PM_{2.5}$ 颗粒物质量监测仪同时测量的数据，可以计算得到实时气溶胶消光后向散射比 S_1。通过这些仪器的同时测量结果提供的相关关系，由微脉冲激光雷达的测量可以得到 PM_{10} 的垂直廓线。

（2）分析结果表明，在一个地区的边沿适当布点，用激光雷达和风廓线仪对 $\rho(PM_{10})z$ 和风的垂直分布进行连续的测量，并配合相关仪器的测量，分析该地区污染边界层的结构和颗粒物的总含量、推测污染边界层的容量、评估该地区内外的 PM_{10} 输送交换，都是可行的。

参 考 文 献

[1] Spinhirne J D. Micro pulse lidar, IEEE trans[J]. Geose Rem Sens, 1993, 3(1): 48-54.

[2] Fernald F G. Analysis of atmospheric lidar observations: some comments [J]. Appl Opt, 1984, 23 (5): 652-653.

[3] Sasano Y, Nakane H. Significance of the extinction/backscatter ratio and the boundary value term in solution for the two-component lidar equation [J]. Appl Opt, 1984, 23: 11-13.

[4] Hu H, Zhao F, Gong Z. Effects of particle refractive index on accuracy of aerosol measurement with optical particle counters[J]. Bulletin of Chinese Science, 1988, 33: 428-432.

[5] Liu Y, Daum P H. The effect of refractive index on size distributions and light scattering coefficients derived from optical particle counters[J]. J Aerosol Sci, 2000, 31(8): 945-957.

[6] 胡欢陵, 阎逢棋, 虞统. 综合法反演气溶胶折射指数及其在北京夏冬季的日变化[J]. 过程工程学报, 2002, 2(增刊): 310-313.

[7] Hu H, Yan F, Yu T. Measurements of aerosol extinction-to-backscatter ratio and its variation at Beijing[A]. SPIE's

3rd International Asia-Pacific Environmental Remote Sensing Symposium 2002[C]. Hangzhou, 2002.

[8] 张仪, 李季, 荀毓龙, 等. 机载激光雷达测量实验报告[R]. 合肥: 中科院安徽光机所, 2002.

Aerosol Pollutant Boundary Layer Measured by Lidar at Beijing

HU Huanling[1], WU Yonghua[1], XIE Chenbo[1], YAN Fengqi[1], WENG Ningquan[1], FAN Aiyuan[1], XU Chidong[1], JI Yufeng[1], YU Tong[2], REN Zhenhai[3]

1. Atmospheric Optics Laboratory, Anhui Institute of Optics and Fine Mechanics, CAS, Hefei 230031, China

2. Beijing Municipal Environmental Monitoring Center, Beijing 100044, China

3. Center for Climate Impact Research, SEPA, Beijing 100012, China

Abstract: Based on the discussion of lidar data processing and according to the data measured in the summer and winter at Beijing during "Beijing Aerosol Pollutant Experiment", the properties of aerosol pollutant boundary layer were analyzed, including its definition, its statistic characteristics, the horizontal transportation flux of aerosol, and clear (Level I of API) and serious (Level V of API) pollutant examples, etc.

Key words: aerosol; pollutant boundary layer; lidar

利用气象台太阳辐射资料分析地区大气尘的污染及估算粒子浓度的研究[①]

吕位秀[1]，刘舒生[2]，王振奎[2]，任阵海[2]，陆树平[3]

1. 中科院大气物理所
2. 中国环境科学研究院
3. 山西太原气科所

摘要：本文利用 1959 年至 1979 年山西观象台的太阳辐射资料和探空资料，计算了太原市晴空无云时的林克混浊因子，气溶胶消光系数，水汽等的消光系数。得到了历年各月份的气溶胶平均消光系数、历年气溶胶平均消光系数、采暖季和非采暖季的气溶胶消光系数的分布特征。并指出历年气溶胶平均消光系数与工业用煤量有很好的相关性。最后，本文作者用相似理论得到了气溶胶消光系数与气溶胶粒子浓度及表面积间的较为定量的关系 $d_t = (e^{c_1 x_1 + c_2 x_2} - 1) d_{tH_2O}$。

1　引　言

我国北方工业城市常常出现典型的煤烟型大气污染，而气溶胶则是大气中第一位的污染物。煤在燃烧过程中向大气排放大量的颗粒物，而且在燃烧过程中排出的 SO_2、No_x 气体也在大气中转化为悬浮微粒子，加重大的颗粒物。利用气象台的太阳辐射和探空资料可以分析地区总体的大气尘的污染，而且可以进行逐年的相对比较。更有意义的是可以推测出建立大气环境监测以前的尘的污染状况。

曾有人利用气溶胶消光系数[1-3]，大气气溶胶光学厚度[4-5]和大气透明度[6]等来估计大气气溶胶对我国环境质量的影响。美国也得出结论[7]：由于燃煤的增加，蒙大拿州、北达科他州、怀俄明州三地区大气中粒子分别增加 9%、20% 和 14%。本文选择太原这样一个以煤炭为主要能源的老工业城市，利用间接方式估算历史上大气气溶胶消光系数的演变，进而得到气溶胶浓度的历史变化趋势。

2　资料来源和处理方法

为了计算气溶胶消光系数，我们选择 1959 年至 1979 年晴天上午 9:30 的地面太阳辐射和 7:00

① 原载于《环境科学研究》，1988 年，第 1 卷，第 4 期，7~13 页。

的探空资料。选取晴空无云天气，这样基本上排除了云层对太阳直接辐射和散射辐射的影响。由于山西省观象台正好位于太原地区的主要污染带上，故用此资料计算出的气溶胶消光系数能反映太原地区的气溶胶污染状况。

在光路上无云的情况下，直接太阳辐射强度决定于大气中尘埃、霾、水汽的变化，这些成分的消光结果称为大气混浊度。林克混浊因子 Z 是表明引起透明度变化的水汽和气溶胶含量的因子。根据水汽 0.72μ，0.81μ，0.94μ，1.1μ，1.38μ，1.87μ，2.7μ，3.2μ 和 6.3μ 9 个吸收带，二氧化碳 1.4μ、1.6μ，2.0μ，2.7μ，4.3μ，4.8μ 及 5.2μ 7 个吸收带，以及 O_3 分子散射等透明资料，可以从理论上计算出无尘埃大气的混浊因子 Z_{df}，从而我们得到太原地区大气气溶胶消光系数：$\Delta\tau = \tau - \tau_{df}$

$$\tau = p(m)(\log I_O - \log I_{obs} - \log S) \tag{2.1}$$

$$I_{df} = p(m)(\log I_O - \log I_{df}) \tag{2.2}$$

$$I_{df} = \int_0^\infty [I_O(\lambda)\tau_R^m(\lambda)\tau_{O_3}^m(\lambda)][\tau_{H_2O}(\lambda, mw, P_{e_{H_2O}}) \cdot \tau_{CO_2}(\lambda, mu, P_{e_{H_2O}})]d\lambda \tag{2.3}$$

式中，$\Delta\tau$ 为气溶胶消光系数；τ 为林克混浊因子，大气总消光系数；τ_{df} 为无尘埃大气混浊因子；I_O 为太阳常数；I_{obs} 为直接太阳辐射观测值；S 为日地平均距离订正值；I_{df} 为无气溶胶大气里到达地面的直接太阳辐射；$I_O(\lambda)$ 为太阳光谱辐照强度；m 为大气质量数；τ_R 为单位大气 Rayleigh 大气透过率；τ_{O_3} 为单位大气 O_3 透过率；τ_{H_2O} 为水汽吸收带的平均透过率；τ_{CO_2} 为 CO_2 吸收带的平均透过率；λ 为波长；w，u 为垂直气柱中 H_2O、CO_2 的含量；P_e 为有效压力。

3　计算结果及讨论

3.1　气溶胶消光系数月变化特征

将 1959 年至 1979 年各月份的气溶胶平均消光系数按月份平均，就可得到历年各月份气溶胶消光系数的平均分布，如图 1 所示。

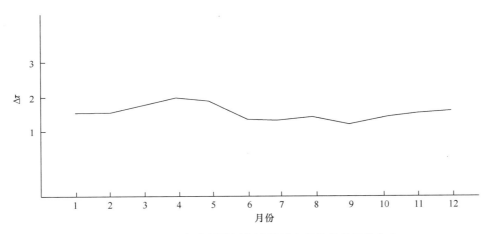

图 1　1959~1979 年太原地区气溶胶消光系数各月平均分布

计算结果表明：太原地区 3~4 月份气溶胶消光系数出现一高值，6~8 月份出现一低值，冬季，气溶胶消光系数会明显增加。为对照起见，我们也计算了南方城市气溶胶消光系数的月平均分布，发现它们也具有几乎相同的变化规律，只是南方城市 3~4 月份的高值及 6~8 月的低值均比太原明显，而冬季气溶胶消光系数的增加不及太原明显。如图 2 所示。究其原因，冬季北方城市的采暖燃煤量增加，向大气排放的粒子显然增加，故这时的气溶胶消光系数增加明显；在 3~4 月，北方地区风速大，湿度低，地表裸露，表土易被风扬起，南方地区气溶胶中液态水含量较大，故此时气溶胶消光系数均较大；而在 6~8 月，南方地区降水量大，对气溶胶粒子的冲刷作用较北方地区明显，故出现以上特征。

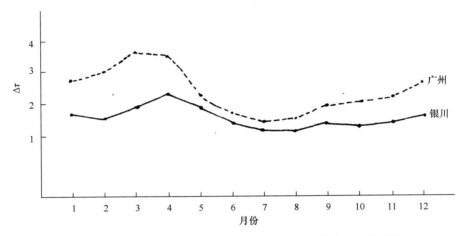

图 2　1959~1979 年广州、银川地区气溶胶消光系数各月平均分布

3.2　气溶胶消光系统年变化特征

计算 1959 年至 1979 年各年气溶胶消光系数的平均值，我们得到了历年来气溶胶消光系数的变化特征。图 3 即给出了消光系数的逐年变化情况。

图 3　1959~1979 年太原气溶胶消光系数年平均分布

从图中可知：1959 年至 1963 年气溶胶消光系数变化较为平稳，1966 年至 1969 年气溶胶消光系数较低，从 1971 年开始，气溶胶消光系数呈明显增加的趋势。1965 年前后，太原地区的气溶胶消光系数最小。由气象台提供的资料表明：这期间太原地区多雨，降水日超过全年天数的 1/3，气溶胶悬浮粒子由于受到雨水的冲刷而沉降下来，故消光系数较小。

我们还计算了各年采暖季、非采暖季的气溶胶消光系数，并逐年比较，如图4所示。发现它们的年变化特征基本上与各年的平均气溶胶消光系数分布特征相同，只是采暖季的消光系数大于非采暖季。因此可知：太原冬季的气溶胶粒子有相当部分来自燃煤。

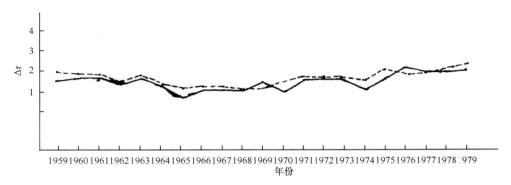

图4   1959~1979年气溶胶消光系数年分布图

实线是非采暖季值，虚线是采暖季值

3.3   气溶胶消光系数与燃煤量关系

我们详细调查了山西省工业用煤和居民用煤量，并将其历年变化趋势与气溶胶消光系数的历年变化趋势比较，结果表明：太原市的工业用煤量起伏趋势同大气气溶胶消光系数的逐年起伏趋势有很好的正相关性，而生活用煤量与气溶胶消光系数的相关性就不明显，如图5所示。工业用煤量增加，气溶胶消光系数即增加，只是1965年由于雨水太多二者才开始负相关。由此可知，太原地区大气气溶胶污染中燃煤的贡献相当明显。近年来，气溶胶污染越来越严重，这是应该特别重视的问题。

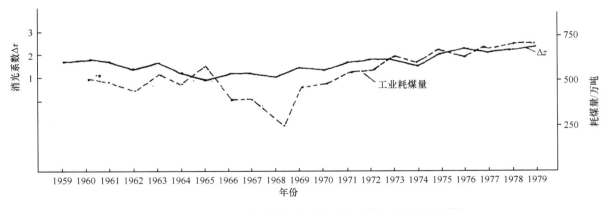

图5   1959~1979年太原地区气溶胶消光系数与燃煤量关系图

4   气溶胶消光系数与粒子浓度及表面积的关系

4.1   定性关系

大气对太阳辐射的总消光系数可表示为

$$y = f(x_1, x_2, d_{H_2O}, d_{CO_2}, d_{O_3}; d_{air}, m, R, I_O) \tag{4.1}$$

式中，y 为总消光系数；x_1 为气溶胶粒子的某种浓度；x_2 为气溶胶粒子的总表面积；d_{H_2O} 为水汽对太阳辐射的消光作用；d_{CO_2} 为 CO_2 对太阳辐射的消光作用；d_{O_3} 为 O_3 对太阳辐射的消光作用；d_{air} 为空气分子对太阳辐射的消光作用；m 为大气光学质量；R 为地轨半径；I_O 为太阳常数。

我们主要研究的是气溶胶消光系数，CO_2，O_3，空气分子的消光系数变化甚小，故可假设为常数；地球轨道变化引起的 $(R/R_0)^2$ 及太阳常数 I_O 的变化亦可忽略不计；对一天或更长的时间来说，大气光学质量的变化主要由水汽和有效压力的变化来体现，有效压力反映了天气的变化，对于我们着重考虑的气溶胶粒子变化（从污染角度考虑）来说，大气光学质量变化可忽略不计。因此有

$$y = f(x_1, x_2, d_{H_2O}) \tag{4.2}$$

水汽对太阳辐射的削弱作用与粒子浓度、表面积无关，故式（4.2）可写成

$$y = f_1(x_1, x_2) \cdot f_2(d_{H_2O}) \tag{4.3}$$

$f_2(d_{H_2O}) = d_{tH_2O}$，水汽的消光系数

令 $Y = y / f_2(d_{H_2O})$，则式（4.3）变为

$$Y = f_1(x_1, x_2) \tag{4.4}$$

$f_1(x_1, x_2)$ 为无量纲量。

一般说来，气溶胶粒子的消光系数是由气溶胶粒子的浓度及总表面积决定，表面积在光学性质中占十分重要的位置，粒子浓度与表面积确定了粒子的粒度分布。对同一气溶胶消光系数来说，粒子浓度与表面积可有不同的配合，故可假设两者对气溶胶消光系数的作用可分开考虑，即二者可分离变量，由此得

$$Y = f_3(x_1) \cdot f_4(x_2) \tag{4.5}$$

4.2 用相似理论推算消光系数与粒子浓度表面积的关系

令
$$\begin{cases} \omega_1 = \dfrac{\partial Y}{\partial x_1} = f_4(x_2) \dfrac{\partial f_3}{\partial x_3} \\ \omega_2 = \dfrac{\partial Y}{\partial x_2} = f_3(x_1) \dfrac{\partial f_4}{\partial x_3} \end{cases} \tag{4.6}$$

为了使由相似理论得到的偏微分方程组有公共解，其充要条件是满足调和条件。由调和条件得

$$\frac{\partial \omega_1}{\partial x_2} + \frac{\partial \omega_1}{\partial Y} \cdot \omega_2 = \frac{2\omega_2}{\partial x_1} + \frac{2\omega_2}{\partial Y} \omega_1 \tag{4.7}$$

化简得

$$\frac{2\omega_2}{\partial x_2} \cdot \frac{\omega_1}{\omega_2} - \frac{\partial \omega_1}{\partial x_1} \cdot \frac{\omega_2}{\omega_1} = 2\left(\frac{\partial \omega_1}{\partial x_2} - \frac{\partial \omega_2}{\partial x_1}\right) \tag{4.8}$$

将式（4.6）代入式（4.8）并简化：

$$\frac{\dfrac{\partial^2 f_4(x_2)}{\partial x_2^2} \cdot f_4(x_2)}{(\dfrac{\partial f_4(x_2)}{\partial x_2})^2} = \frac{\dfrac{\partial^2 f_3(x_1)}{\partial x_1^2} \cdot f_3(x_1)}{(\dfrac{\partial f_3(x_1)}{\partial x_1})^2} \tag{4.9}$$

式（4.9）右边是 x_2 的函数，右边是 x_1 的函数，要使之在任何情况下成立，需有

$$\begin{cases} \dfrac{\dfrac{\partial^2 f_4(x_2)}{\partial x_2^2} \cdot f_4(x_2)}{(\dfrac{\partial f_4(x_2)}{\partial x_2})^2} = m = \text{const} & (4.10) \\[6mm] \dfrac{\dfrac{\partial^2 f_3(x_1)}{\partial x_1^2} \cdot f_3(x_1)}{(\dfrac{\partial f_3(x_1)}{\partial x_1})^2} = m = \text{const} & (4.11) \end{cases}$$

对式（4.10）取极限得

$$m = \lim_{x_2 \to 0} f_4(x_2) \cdot \lim_{x_2 \to 0} \frac{\partial^2 f_4(x_2)}{\partial x_2^2} - (\frac{\partial f_4(x_2)}{\partial x_2})^2$$

当 $x_2 \to 0$ 时，表示无气溶胶粒子，故 $Y=1$，因此 $\lim\limits_{x_2 \to 0} f_4(x_2) = 1$。而且当 $x_2 \to 0$ 时，$\dfrac{\partial^2 f_4(x_2)}{\partial x_2^2}$ 与 $\left(\dfrac{\partial f_4(x_2)}{\partial x_2}\right)^2$ 应是同价无穷小量，故 $\lim\limits_{x_2 \to 0} \dfrac{\partial^2 f_4(x_2)}{\partial x_2^2}/(\dfrac{\partial f_4(x_2)}{\partial x_2})^2 = 1$，由此得 $m=1$，这样有

$$\frac{\partial^2 f_4(x_2)}{\partial x_2^2} \cdot f_4(x_2)/(\frac{\partial f_4(x_2)}{\partial x_2})^2 = 1 \tag{4.12}$$

解方程式（4.12）得

$$f_4(x_2) = \text{B}e^{c_2 x_2} \tag{4.13}$$

考虑到当 $x_2 \to 0$ 时，$f_4(x_2)=1$，这样，式（4.13）为

$$f_4(x_2) = e^{c_2 x_2} \tag{4.14}$$

同理可得

$$f_3(x_1) = e^{c_1 x_1} \tag{4.15}$$

由式（4.5）得

$$Y = e^{c_1 x_1 + c_2 x_2} \tag{4.16}$$

这样，
$$y = Y \cdot f_2(d_{H_2O}) = e^{c_1 x_1 + c_2 x_2} f_2(d_{H_2O}) \tag{4.17}$$

令水汽消光系数 $f_2(d_{H_2O}) = d_{tH_2O}$，气溶胶消光系数为 d_t，则 $y = d_t + d_{tH_2O}$ ，代入式（4.17）得

$$d_t = (e^{c_1 x_1 + c_2 x_2} - 1)d_{tH_2O} \tag{4.18}$$

这里 x_1，x_2 可以是有量纲量，亦可是除以标准状况下的粒子浓度和表面积后的无量纲量。$c_1 x_1$，$c_1 x_2$ 均是无量纲量。

4.3 公式的进一步讨论

式（4.18）给出了气溶胶消光系数与粒子谱分布的较为定量的关系。c_1，c_2 反映了粒子浓度与表面积在气溶胶消光系数中的贡献，间接反映了各地气溶胶粒子的粒度分布特征及其光学性质。c_1，c_2 具有明显的地域性，能很好地反映区域的粒子污染特征。利用各地实测的浓度和表面积及计算得到的 d_t，d_{tH_2O}，线性回归即可得到系数 c_1，c_2。由于我们缺乏太原地区相应的 x_1、x_2 及 d_t、d_{tH_2O}，不能得到 c_1，c_2。通过特殊的观测、计算浓度、表面积、d_t、d_{tH_2O} 即可分析出太原地区的气溶胶污染特征。

另外，我们还将此公式应用于北京、沈阳、太原、兰州、昆明五个城市，期望由各地年平均消光系数及平均浓度、表面积，回归得出全国平均的 c_1，c_2。结果表明相关性不好，这进一步说明 c_1，c_2 的地域性很高，全国各地的气溶胶污染各有特点。

5 结 论

通过上面的分析可以得到以下几条结论：

（1）太原地区气溶胶消光系数的月平均呈现明显的规律性分布。3~4 月份有一高值，6~8 月份有一低值，冬季气溶胶消光系数有明显增加趋势，表明冬季气溶胶污染严重。

（2）1959~1979 年，气溶胶消光系数出现逐年增加趋势。1965 年多雨，消光系数减小，1966~1970 年气溶胶消光系数值较小。

（3）太原气溶胶消光系数与工业燃煤量有明显的正相关性。采暖季的气溶胶消光系数值大于非采暖季。表明冬季太原气溶胶污染主要来源自燃煤。这与韩应健[8]等用因子分析法得到的污染源来源结论相同。

（4）气溶胶消光系数与气溶胶粒子浓度及表面积间有以下关系：

$$d_t = (e^{c_1 x_1 + c_2 x_2} - 1)d_{tH_2O}$$

参 考 文 献

[1] Giichi Y, et al. Hemispherical distribution of turbidity coefficient as estimated from direct solar radiation measurements. J. Meteor. Soc. Japan, 1968, 46(4).

[2] Roach W T. The absorption of solar radiation by water vapor and carbon dioxide in a cloudless atmosphere. J. Appl. Meteor, 1961, 364-373.

[3] 孙景群等. 激光遥测大气尘埃质量浓度的理论分析. 环境科学学报, 1982, 12(1).

[4] 赵柏林等. 我国大气气溶胶光学厚度的特性. 气象学报, 1986, 44(2).

[5] 赵柏林等. 光学遥测大气气溶胶和水汽研究. 中国科学, B 辑, 1983, 10.

[6] 王炳忠等. 我国大气透明状况. 气象学报, 1982, 40(4).

[7] 环科院等. 太原地区大气环境容量研究总报告. 国家"六五"科技攻关项目第 37—3—2 项, 1985.

[8] 韩应健等. 太原市冬季大气气溶胶的源识别. 环境科学研究, 1988, 1(1).

The Research of Analysing the Pollution of Regional Aerosols and Estimating the concentration of Aerosols by Means of Solar Radiation Measured by the weather Station

LV Weixou[1], LIU Shushen[2], WANG Zhenkui[2], REN Zhenhai[2], LU Shuping[3]

1. Institute of Atmospheric Physics, Chinese Academy of Sciences
2. Chinese Research Academy of Environmental Sciences
3. Shanxi Province Meteorological Institute

Abstract: In this paper, the authors use the information of the solar radiation and the moisture cure, which was observed by Shanxi weather station from 1959 to 1979, to calculate the Linke's turbidity factor, the turbidity coefficient of aerosols and water vapor in Tai Yuan. we have got the distributing characteristic of average monthly turbidity coefficient of aerosols, average yearly turbidity coefficient of aerosols, average yearly one in heating or no-heating seasons. In addition, the paper pointed out that there have a closed relationship between the average yearly turbidity coefficient of aerosols and the amount of coal using by industry. In the end, the authors used the similarity theory to form a formula: $d_t = (e^{c_1 x_1 + c_2 x_2} - 1) d_{tH_2O}$, which indicate the relation of turbidity coefficient of aerosols and the concentration and total amount of surface of aerosols.

山西省排放的大气颗粒物向北京地区输送的个例分析[①]

朱凌云[1,4,5]，蔡菊珍[2]，张美根[1]，任阵海[3]

1. 中国科学院大气物理研究所大气边界层物理和大气化学国家重点实验室，北京 100029
2. 浙江省气候中心，杭州 310021
3. 中国环境科学研究院，北京 100012
4. 中国科学院研究生院，北京 100049
5. 山西省气象科学研究所，太原 030002

摘要： 本研究利用一个多尺度空气质量模式系统，模拟了 2002 年 9 月 3～9 日间山西省排放的大气颗粒物向北京地区的输送过程，分析了下垫面非均匀性和气象条件对输送过程的影响以及源于山西污染物对北京地区颗粒物浓度的贡献。分析结果显示：山西省排放的污染物能够被输送到北京地区，存在输送通道，而且不同地区排放的污染物的输送路径是不相同的。山西排放的 PM_{10} 对北京地区近地面 PM_{10} 浓度的影响可达 10～30μg/m^3，500m 高度的影响高达 30～70μg/m^3。

关键词： 大气颗粒物；空气质量；多尺度空气质量模式

1 前 言

许多研究表明[1]，北京地区的大气污染状况不仅与该地区的污染排放量有关，而且与天津、河北、山西等地排放的外来污染物有关。外来污染物对北京地区污染物浓度大小及其分布的影响是非常复杂的，除了与污染物本身的化学特性有关外，污染物输送过程中所经历的局地气象条件有着十分重要的作用，如云和降水过程对臭氧和硫酸盐的形成有重要影响、大气湍流的强弱控制着大气污染物的扩散能力等等。而局地气象条件往往取决于大尺度天气系统和中、小尺度天气过程（如主要由地面非均匀性强迫产生的和由移行大尺度扰动不稳定性强迫产生的中尺度系统）的共同作用。

为了充分反映天气系统和中、小尺度天气过程的共同作用对大气污染物输送和转化过程的影响，本研究采用了区域大气模拟系统（RAMS）[2]来模拟大尺度天气过程和下垫面非均匀性共同作用下的大气边界层结构和大气流场，并结合多尺度空气质量模式系统（CMAQ）[3-5]以分析研究 2002 年 9 月上旬山西省排放的大气颗粒物向北京地区的输送过程及其对北京地区 PM_{10} 浓度的影响。

---

① 内容摘自第九届全国气溶胶会议暨第三届海峡两岸气溶胶技术研讨会，2007 年，336~341 页。

2　模式介绍和模拟结果

2.1　模式介绍

本研究使用的模式系统包括 RAMS 和 CMAQ。这个系统先后应用于东亚地区大气污染物,尤其是二氧化硫、氮氧化物、对流层臭氧、黑碳气溶胶、有机碳气溶胶的输送和转化过程研究[4-5, 6-8]。利用上述模式系统,对山西省和北京部分地区 2002 年 9 月 3～9 日之间的气象场和大气污染物浓度场进行了模拟(模拟区域见图 1)。RAMS 与 CMAQ 的水平分辨率和网格点数相同,其网格距为 8km,网格点数为 80×88。在垂直方向上,RAMS 的模式顶高度约为 15km,共分为 23 层。垂直网格距在近地层较小(第一层厚度为 100m),而后随高度增加而加大(最大值为 1800m)。在垂直方向上,RAMS 和 CMAQ 具有相同的模式高度,但 CMAQ 只有 14 层,其中最下面的 7 层与 RAMS 的相同。

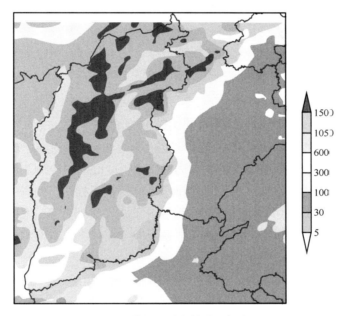

图 1　模拟区域内的地形标高

在模拟过程中,RAMS 的初始场和边界条件取自 NCEP 再分析资料(水平分辨率为 2.5°×2.5°,时间分辨率为 6h)。CMAQ 运行时所需山西省 PM_{10}、$PM_{2.5}$ 和二氧化硫的污染源排放清单是由"山西省大气污染物中距离输送对北京的影响"课题组提供的[①]。由于缺乏包括北京地区在内的其他区域污染源信息,所以在模拟过程中假设山西省以外地区的污染排放为零。此外,还假设了 PM_{10} 和 $PM_{2.5}$ 的初始浓度为零,上风方向的侧边界浓度值也为零。图 2 为模拟区域近地面层(约离地面 100m)的 PM_{10} 的排放率。

---

① 《山西省大气污染物中距离输送对北京的影响》研究报告。

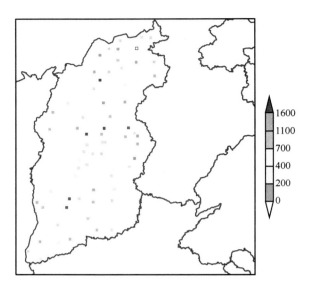

图 2　CMAQ 模拟区域内近地面层的 PM_{10} 排放率[单位：μg/（grid/s）]

CMAQ 的模拟时间是从 2002 年 8 月 31 日 00 时（国际时）开始，9 月 9 日 23 时结束，其中最先 3 天的积分作为模式的预积分，目的是要使得模拟结果尽量脱离初始条件的影响。

2.2　污染传输模拟结果分析

利用 CMAQ 模拟了 2002 年 9 月 3～9 日间山西、河北与北京部分地区大气污染物的浓度分布及其时间变化。从天气图可以看到（图见 http://www.data.kishou.go.jp），9 月 1～2 日间华北一带受低压控制，且该低压系统逐渐向东北方向移动；华南地区受高压控制，而位于贝加尔湖畔的高压逐渐向我国华北地区移动。3～8 日间我国大部分地区受高压控制，同时受日本东北部的高压影响，西北太平洋上的气旋（或 16 号台风）逐渐西进，于 7 日移到台湾的北部海域，而后在浙江等地登陆。模拟期间的天气形势多变，多变的天气系统加上山西、北京间的复杂地形（图 1）使得低层大气流场和大气边界层结构变化多端。

从图 3 可以发现，山西省排放的大气污染物能够被输送到北京地区。9 月 7～8 日间近地面层（约离地面 100m）的 PM_{10} 浓度水平分布清楚地显示了山西省排放的 PM_{10} 向北京地区输送的一个完整过程。需要指出的是，图 3 中显示的时间为国际时。

从图 3a 可以看到，山西省上空的主导风为偏南风，将 PM_{10} 向山西的北部地区输送。在山谷地区（参看图 1），可以发现气流明显的沿着山谷流动，在山西的东北部形成一个 PM_{10} 的输出口。从图 3 还可以看到，在模拟区域的河北省地界存在系统的西南气流，如果这些地区出现污染排放，其排放物将会很容易被输送到北京地区。

在随后的 8 个小时内（图 3b），内蒙古地区和山西北部地区的偏西风加强，将输送到山西北部地区的 PM_{10} 扫向东方，山西 PM_{10} 烟羽的前部逐步进入北京地区，且不断深入。

到了 7 日 22 时（图 3c），内蒙古地区和山西北部地区的偏西风渐弱，并慢慢地转为西北风和北风。与此同时，山西省的中、南部地区的风场也发生了变化，但是总的趋势还是将污染物向山西东北部输送。图 3d 显示山西的 PM_{10} 几乎影响了模拟区域中的所有北京地区。

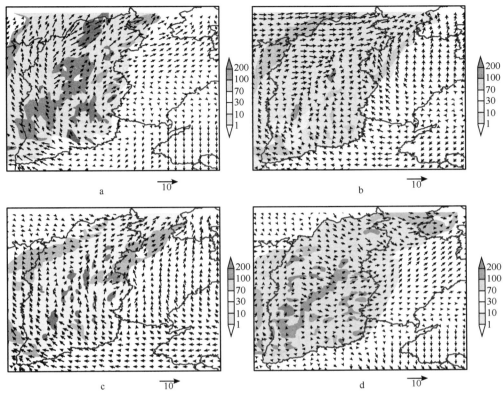

图3　2002 年 9 月 7 日 02 时至 8 日 06 时（国际时）期间 CMAQ 模拟的近地面层 PM_{10} 浓度（单位：$\mu g/m^3$）分布及其相应风场

　　从图 3 可以发现，源于山西的 PM_{10} 对北京地区近地面 PM_{10} 浓度的影响可达 $10\sim30\mu g/m^3$。在计算过程中由于没有考虑山西省以外地区的污染源，所以考虑到污染源的非线性影响，山西排放的污染物对北京地区污染物浓度的贡献大小还有待进一步研究。

　　综上所述：9 月 7 日源于或路过山西省的污染物抵达北京地区：山西排放的污染物可进入河北，而后从西南方向进入北京地区。由于 CMAQ 计算过程中假设河北省没有污染排放，所以山西省排放的大气污染物经河北省中、南部地区进入北京地区的路径并没有合理地反映出来。

　　山西省地形复杂，污染源的地理位置、排放强度和高度也各不相同。可以想象，这些污染物向北京地区输送过程也是不一样的。为了比较模式不同高度污染物的浓度分布及其变化特征，我们在图 4 中给出了与图 3 相同时段 500m 高度 PM_{10} 的浓度分布及其相应风场。图 3 相比，我们可以看到，由于受下垫面的影响较小，500m 高度的风场没有 100m 的复杂，但天气系统和大地形的影响还是相同的，因而污染物的输送路径大致相同。从图 4a～b 仍可以看到污染物沿山谷输送，但有明显的气流过山。由于地形的差异和地表的不同，山西省不同地区的大气边界层结构和局地环流具有很强的时空变化。由天气图可知，9 月 6～7 日天气晴朗，使得白天的垂直交换明显加强（图 3a），从而引起近地面的污染物向上输送，导致 100m 和 500m 高度的 PM_{10} 浓度增加。由模拟结果可知，在 9 月 7 日当地时间 10、14 和 18 这三个时刻中，14 时 PM_{10} 浓度大于 $200\mu g/m^3$ 所覆盖的面积最大。夜间混合层降低，上下交换能力减弱，因而 100m 及其上层的 PM_{10} 最大浓度降低。当污染物被输送到大气边界层上层或自由大气中后，由于大气稀释能力的减弱，所以这些污染物容易地被大气带到其他地方。模拟结果显示，山西排放的 PM_{10} 最大可使得北京地区 PM_{10} 浓度增加 $30\sim70\mu g/m^3$。

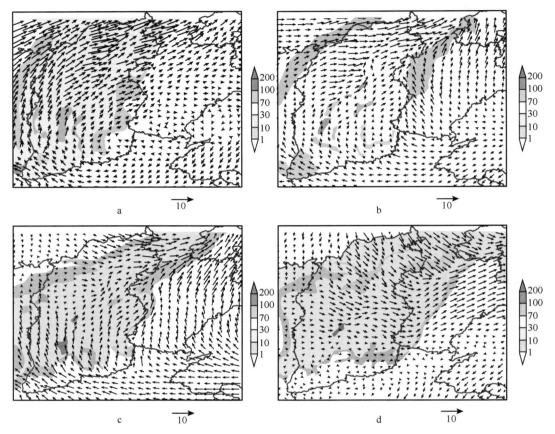

图 4　2002 年 9 月 7 日 02 时至 8 日 06 时（国际时）期间 CMAQ 模拟的约 500 米高度 PM_{10} 浓度（单位：$\mu g/m^3$）分布及其相应风场

3　小　　结

　　本研究借助于欧拉型的 CMAQ 模式系统，定性地分析了 2002 年 9 月上旬山西省排放的大气颗粒物向北京地区的输送过程及其对北京地区颗粒物浓度的影响。模拟结果显示：①山西省排放的大气污染物可以进入北京地区，但不同地区排放的污染物的输送路径是不相同的。如，大同地区排放并抵达北京地区的污染物先向北或东北方向输送，然后向东进入北京地区；朔州地区排放的污染物主要分布在山西省的北部地区，分布特征与地形关联，相对更容易进入北京地区。临汾地区排放的部分污染物越过或绕过山峰进入河北省，而后进入北京地区，也会先向北输送，而后随西风进入北京地区。在此期间运城地区排放的污染物主要向西输送，一些污染物也会抵达北京地区。②9 月上旬北京地区近地面大气中有来自山西省排放的污染物或这些污染物在进入北京地区之前曾经路过山西省。③山西省排放的污染物能够被输送到北京地区，并且存在输送通道。山西排放的 PM_{10} 对北京地区近地面 PM_{10} 浓度的影响可达 $10\sim30\mu g/m^3$，500m 高度的影响高达 $30\sim70\mu g/m^3$。由于在计算过程中没有考虑山西省以外地区的污染源，所以考虑到污染源的非线性影响，山西排放的污染物对北京地区污染物浓度的贡献大小还有待进一步研究。

致谢: 本文模式计算所需污染源排放清单是由"山西省大气污染物中距离输送对北京的影响"课题组提供的,在此特别感谢山西省环保局李金环高工、北京工业大学程水源教授、陈冬升博士、中科院大气所雷霆博士、山西省气象科学研究所张怀德正研级高工及共同工作的所有同仁。

参 考 文 献

[1] 牛仁亮, 任阵海. 大气污染跨区域影响研究——山西大气污染影响北京的案例分析. 北京: 科学出版社, 2006.

[2] Pielke R A, Cotton W R, Walko R L, et al. A comprehensive meteorological modeling system RAMS. Meteorol. Atmos. Phys., 1992. 49: 69-91.

[3] Byun D W, Ching J K S. Science Algorithms of the FPA Models-3 Community Multi-scale Air Quality (CMAQ) Modeling System, NERL, Research Triangle Park, NC, 1999.

[4] 张美根. 多尺度空气质量模式系统及其验证 I 模式系统介绍与气象要素模拟. 大气科学, 2005, 29(5): 805-813.

[5] 张美根. 多尺度空气质量模式系统及其验证 II: 东亚地区对流层臭氧及其前体物模拟. 大气科学, 2005, 29(6): 926-936.

[6] Zhang M, Uno I, Carmichael G R, et al. Large-scale structure of trace gas and aerosol distributions over the western Pacific Ocean during TRACE-P. J. Geophys. Res., 108 (D21), 8820. doi: 10.1029/2002JD002946, 2003.

[7] Zhang M, Uno L, Sugata S, et al. Numerical study of boundary layer ozone transport and photochemical production in east Asia in the wintertime. Geophys. Res. Lett., 2002, 10.1029/2001GL014368.

[8] 盛裴轩, 毛节泰. 东北亚地区污染物输送的等熵轨迹分析——周边国家对中国的影响. 气象学报, 1997, 55(5): 588-601.

Case Study on Transport of Airborne Particulate Matters originated from Shanxi Province to Beijing Area

ZHU Lingyun[1, 4, 5], CAI Juzhen[2], ZHANG Meigen[1], REN Zhenhai[3]

1. State Key Laboratory of Atmospheric Boundary Layer Physics and Atmospheric Chemistry, Institute of Atmospheric Physics, Chinese Academy of Sciences, Beijing 100029, China
2. Zhejiang Climate Center, Hangzhou 310021, China
3. Chinese Research Academy of Environmental Sciences, Beijing 100012, China
4. Graduate School, Chinese Academy of Sciences, Beijing 100049, China
5. Shanxi Province Meteorological Institute, Taiyuan 030002, China

Abstract: Transport processes of airborne particulate matters (PM) originated from Shanxi Province to Beijing area in the period of 3 to 9 September 2002 are investigated by use of the Community Multi-scale Air Quality (CMAQ) modeling system with meteorological fields produced by the Regional Atmospheric Modeling System (RAMS), and the influences of complex terrain and meteorological conditions upon boundary layer structure and PM concentration distributions are discussed. Analysis of model results indicates that the pollutants emitted in Shanxi Province can be transported to Beijing area along certain transport pathways, and the pathways are different for the pollutants from different regions of Shanxi Province. Contributions of the Shanxi sources to the PM_{10} concentrations in Beijing area are up to $10 \sim 30\mu g/m^3$ in the surface layer, and $30 \sim 70\mu g/m^3$ at a height of 500m.

Key words: airborne particulates; air quality; CMAQ

中国氨减排对控制 PM$_{2.5}$ 污染的敏感性研究[①]

许艳玲[1]，薛文博[2]，雷　宇[2]，易爱华[3]，王金南[2]，程水源[1]，任阵海[4]

1. 北京工业大学环境与能源工程学院，北京 100124
2. 环境保护部环境规划院，北京 100012
3. 环境保护部环境工程评估中心，北京 100012
4. 中国环境科学研究院，北京 100012

摘要： 采用 WRF-CMAQ 模型，通过研究不同 NH$_3$ 减排情景下 PM$_{2.5}$ 年均浓度变化情况，定量分析 NH$_3$ 减排对控制 PM$_{2.5}$ 污染的敏感性。模拟结果表明，NH$_3$ 减排对全国城市硫酸盐的影响相对较小，但对控制 PM$_{2.5}$ 及硝酸盐、铵盐的敏感性较强，且随 NH$_3$ 控制力度增加而敏感度上升，PM$_{2.5}$ 及硝酸盐、铵盐年均浓度加速下降。当全国 NH$_3$ 减排比例分别为 20%、40%、60%、80% 和 100% 时，PM$_{2.5}$ 对 NH$_3$ 减排的敏感度分别为 0.14、0.16、0.19、0.24 和 0.30，PM$_{2.5}$ 年均浓度下降比例分别为 2.7%、6.3%、11.3%、19.0% 和 29.8%。NH$_3$ 减排对 PM$_{2.5}$ 浓度影响的空间差异性显著，对于河北、河南、湖北、湖南以及成渝等 PM$_{2.5}$ 污染较重，NH$_3$ 排放量大且相对集中的地区，NH$_3$ 减排对控制 PM$_{2.5}$ 污染的效果更加明显。

关键词： NH$_3$；WRF-CMAQ 模型；PM$_{2.5}$；敏感性

氨（NH$_3$）是参与大气氮循环的重要成分之一，作为大气中的碱性物质，对酸沉降和二次颗粒物的形成起到关键性作用[1-2]。空气中的 NH$_3$ 主要来源于农业施肥、畜禽养殖等，研究表明我国 NH$_3$ 排放量为 1000 万 t 左右[3-5]。NH$_3$ 与 SO$_2$、NO$_x$ 等前体物结合形成硫酸铵[(NH$_4$)$_2$SO$_4$]和硝酸铵（NH$_4$NO$_3$）等二次无机颗粒物[6-7]，其中硫酸盐（PSO$_4$）、硝酸盐（PNO$_3$）及铵盐（PNH$_4$）合计约占 PM$_{2.5}$ 年均浓度的 30%～50%[8-10]。由于 NH$_3$ 排放在 PM$_{2.5}$ 二次粒子形成过程中的重要性，国内外专家和学者开展了大量有关 NH$_3$ 排放对 PM$_{2.5}$ 污染影响的研究。Wu[11]、尹沙沙[12]、刘煜[13]等先后采用空气质量模型模拟分析了典型地区 NH$_3$ 排放变化对 PM$_{2.5}$ 及其组分的贡献；Pavlovic[14]、Wen[15]等结合光化学反应机理，先后研究了 NH$_3$ 排放的时空变化对夏季 PSO$_4$、PNO$_3$ 等无机盐浓度影响。这些研究对深化分析 NH$_3$ 排放对 PM$_{2.5}$ 污染起到了重要作用，但是国内研究大多局限于局部区域，且主要为短周期污染过程，缺乏全国尺度、长周期 NH$_3$ 排放对 PM$_{2.5}$ 污染的影响及 NH$_3$ 减排对控制 PM$_{2.5}$ 污染的敏感性研究。

本研究利用第三代空气质量模型 WRFCMAQ，采用情景分析法系统性模拟了 6 个不同 NH$_3$ 排放情景下空气中 PSO$_4$、PNO$_3$、PNH$_4$、PM$_{2.5}$ 浓度变化规律，揭示了全国各省市以及京津冀、长

① 原载于《中国环境科学》，2017 年，第 37 卷，第 7 期，2482~2491 页。

江三角洲、珠江三角洲、成渝 4 个重点区域不同 NH_3 排放情景与 $PM_{2.5}$ 年均浓度之间的定量响应规律，为我国制定 NH_3 排放控制策略提供科学依据。

1 模型与方法

1.1 模型设置

（1）模拟时段：模拟时段为 2015 年 1 月、4 月、7 月及 10 月共 4 个典型月，结果输出时间间隔为 1h。

（2）模拟区域：CMAQ 模型采用 Lambert 投影坐标系，中心点经度为 103°E，中心纬度为 37°N，两条平行纬度分别为 25°N、40°N。水平模拟范围为 X 方向（-2690～2690km）、Y 方向（-2150～2150km），网格间距 20km，共将全国划分为 270×216 个网格。垂直方向共设置 14 个气压层，层间距自下而上逐渐增大。

（3）气象模拟：CMAQ 模型所需要的气象场由中尺度气象模型 WRF 提供，WRF 模型与 CMAQ 模型采用相同的模拟时段和空间投影坐标系，但模拟范围大于 CMAQ 模拟范围，其水平模拟范围为 X 方向（-3600km～3600km）、Y 方向（-2520km～2520km），网格间距 20km，共将研究区域划分为 360×252 个网格。垂直方向共设置 30 个气压层，层间距自下而上逐渐增大。WRF 模型的初始场与边界场数据采用美国国家环境预报中心（NCEP）提供的 6h 一次、1°分辨率的 FNL 全球分析资料[16]，每日对初始场进行初始化，每次模拟时长为 30h，Spin-up 时间设置为 6h，并利用 NCEP ADP 观测资料[17]进行客观分析与四维同化。

（4）模型参数：CMAQ 模型、WRF 模型参数设置如表 1 和表 2 所示。其中，WRF 模型参数化方案模拟的风速、风向、温度、湿度及降水等气象要素在已有研究中得到验证[18-20]。

表 1 CMAQ模型参数化方案

模型参数	CMAQ
模型版本	5.0.2
网格嵌套方式	单层网格
水平分辨率	20km
垂直分层层数	14
气相化学机制	CB05
气溶胶化学机制	AERO5
光化学速率	In-line
风沙尘	off
边界条件	默认
初始条件	逐日重启

表 2 WRF参数化方案

参数化方案	所选方案名称
微物理过程方案	WSM6
长波辐射方案	New Goddard scheme
短波辐射方案	RRTM

续表

参数化方案	所选方案名称
近地层方案	PleimXiu
陆面过程方案	PleimXiu
边界层方案	ACM2
积云对流方案	Kain-Fritsch

1.2　排放清单

　　CMAQ 模型所需排放清单的化学物种主要包括 SO$_2$、NO$_x$、颗粒物（PM$_{10}$、PM$_{2.5}$ 及其组分）、NH$_3$ 和 VOCs（含多种化学组分）等多种污染物。SO$_2$、NO$_x$、PM$_{10}$、PM$_{2.5}$、BC、OC、NH$_3$、VOCs（含主要组分）等人为源排放数据均采用 2013 年 MEIC 排放清单[3]，生物源 VOCs 排放清单利用 MEGAN 天然源排放清单模型计算[21]。

1.3　模型验证

　　利用 2015 年开展 PM$_{2.5}$ 监测的 338 个城市实际观测数据[22]，验证模型模拟结果的准确性。其中，剔除了新疆、西藏等辖区内 36 个城市监测数据，主要原因包括：新疆沙尘天气较多，而现有 CMAQ 模型对沙尘过程模拟效果较差；西藏污染源排放清单准确性较差，模拟结果的分析价值较小。将剩余 302 个城市的 PM$_{2.5}$ 月均观测数据与 CMAQ 模型模拟的月均模拟结果进行比较，结果表明模拟值与观测值具有较好的相关性，其中观测与模型模拟的年均值相关系数 r 达到 0.82（$n=302$，$P<0.05$），标准化平均偏差 NMB 为 -21.67，标准化平均误差 NME 为 29.49，典型月份验证结果见图 1 及表 3。

　　利用北京工业大学对北京、石家庄、唐山 3 个城市 PSO$_4$、PNO$_3$ 及 PNH$_4$ 的采样数据，验证 PM$_{2.5}$ 化学组分模拟结果的准确性（图 2）。将 1、4、7、10 月 3 个城市采样数据与 CMAQ 模型模拟的月均模拟结果进行比较，结果表明模型 4、10 月模拟的 PSO$_4$、PNO$_3$ 及 PNH$_4$ 比例与监测较为一致，但是 1 月 3 个城市 PSO$_4$、PNO$_3$ 及 PNH$_4$ 模拟结果均略低于模拟结果，7 月北京、石家庄 PSO$_4$、PNO$_3$ 及 PNH$_4$ 模拟结果均略高于模拟结果，原因可能是 CMAQ 空气质量模型缺失部分非

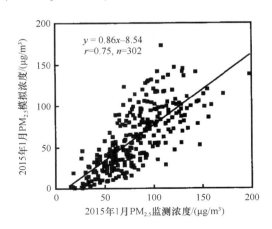

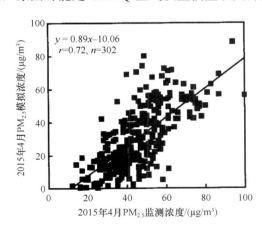

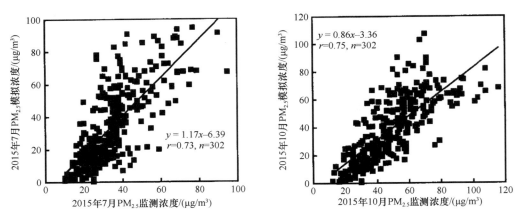

图1 PM$_{2.5}$模拟浓度与监测浓度相关性

表3 PM$_{2.5}$观测数据与模型模拟统计参数

月份	r	NMB	NME
1	0.75	−24.76	33.18
4	0.72	−33.44	37.98
7	0.73	−1.00	36.86
10	0.75	−20.61	30.53

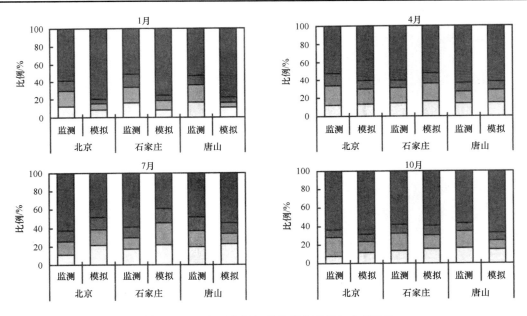

图2 PM$_{2.5}$主要化学组分的模拟结果与监测比较

均相化学反应[18]以及污染源清单自身误差、气象模拟误差等。总体来看，本文选择的 CMAQ 模型及参数化方案可以较好地模拟我国 PM$_{2.5}$污染的时空分布特征及其化学构成。

1.4 情景设计

假设气象条件不变，设置 6 个排放情景。其中，S0 为基准情景，即 2015 年所有污染物全口径排放情景；S1、S2、S3、S4、S5 为 5 个控制情景，NH$_3$ 排放分别削减 20%、40%、60%、80% 和 100%，其他污染物排放量均保持不变。利用空气质量模型分别模拟不同情景下空气中的 PSO$_4$、PNO$_3$、PNH$_4$ 及 PM$_{2.5}$ 浓度，将 S0 情景分别与 S1、S2、S3、S4、S5 情景的环境影响进行比较，得到 NH$_3$ 减排对全国、重点地区（京津冀、长江三角洲、珠江三角洲、成渝）PSO$_4$、PNO$_3$、PNH$_4$ 及 PM$_{2.5}$ 的影响，在此基础上开展敏感性研究。

1.5　NH$_3$减排敏感度评估方法

参考有关敏感度的研究成果[23]，利用颗粒物年均浓度变化率与 NH$_3$ 减排比例评估 PM$_{2.5}$ 及二次无机盐颗粒对 NH$_3$ 减排的敏感性。以 PM$_{2.5}$ 为例，计算方法为：

$$S = \frac{(C_0 - C_x)/C_0}{x} \tag{1.1}$$

式中，S 为 NH$_3$ 削减率 x 时 PM$_{2.5}$ 对 NH$_3$ 的敏感度；C_0 为 S0 情景下 PM$_{2.5}$ 年均浓度，μg/m^3；C_x 为 NH$_3$ 削减率 x 时 PM$_{2.5}$ 年均浓度，μg/m^3；x 为 NH$_3$ 削减率，%。

2　结果与讨论

NH$_3$ 与 SO$_2$、NO$_2$ 结合生成的 PSO$_4$、PNO$_3$ 及 PNH$_4$ 无机盐颗粒是 PM$_{2.5}$ 的重要组成部分，为揭示 NH$_3$ 与 PM$_{2.5}$ 及其关键化学组分之间的关系，分别模拟了不同 NH$_3$ 减排情景对降低 PM$_{2.5}$ 及 PSO$_4$、PNO$_3$、PNH$_4$ 的敏感性。

2.1　基准情景分析

S0 情景模拟结果表明，全国地级及以上城市 PSO$_4$、PNO$_3$、PNH$_4$ 年均浓度占 PM$_{2.5}$ 质量浓度的比例分别为 17%、19% 和 12%，合计约 48%。PM$_{2.5}$ 与 3 种无机盐年均浓度分布高度重叠，且呈现显著的空间差异性，高值区主要集中在胡焕庸线[24]以东地区，特别是人口、工业、农畜业等相对集中的四川东南部以及河北、河南、湖北、湖南、山东等地区。从 4 个重点地区来看，PM$_{2.5}$ 污染最严重的地区为京津冀地区，其次为长江三角洲、成渝和珠江三角洲；成渝地区 PSO$_4$ 年均浓度高于其他 3 个地区，其原因在于 PSO$_4$ 形成主要受前体物 SO$_2$ 影响，而成渝地区主要以高硫煤为燃料导致单位面积 SO$_2$ 排放强度较高；京津冀、长江三角洲、成渝等"富氨"地区[25]，硝酸盐浓度较高，主要由酸性物质与 NH$_3$ 的竞争反应所致，H$_2$SO$_4$ 具有较低的饱和蒸汽压，易于在颗粒相中存在并优先被中和生成 NH$_4$HSO$_4$ 或（NH$_4$）$_2$SO$_4$[14]。HNO$_3$ 的饱和蒸汽压较高，大气中多余的 NH$_3$ 含量是决定 HNO$_3$ 转化为 NH$_4$NO$_3$ 的关键因素之一。

2.2　PM$_{2.5}$对NH$_3$减排的敏感度

图 3、图 4 及表 4 为不同情景下 PM$_{2.5}$ 污染变化及对 NH$_3$ 减排的敏感度。NH$_3$ 减排对全国地级及以上城市 PM$_{2.5}$ 年均浓度影响十分显著，PM$_{2.5}$ 污染程度明显降低。全国 NH$_3$ 减排比例为 20%、40%、60%、80% 和 100% 时，PM$_{2.5}$ 年均浓度下降比例分别为 2.7%、6.3%、11.3%、19.0% 和 29.8%，PM$_{2.5}$ 对 NH$_3$ 减排的敏感度分别为 0.14、0.16、0.19、0.24 和 0.30。因此 NH$_3$ 排放与 PM$_{2.5}$ 年均浓

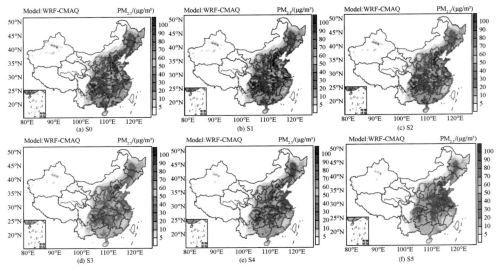

图3 不同情景下PM$_{2.5}$年均浓度分布

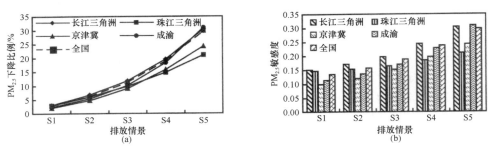

图4 不同情景下PM$_{2.5}$年均浓度变化幅度及对NH$_3$敏感度

表4 不同情景PM$_{2.5}$年均浓度下降比例 （单位：%）

地区	S1	S2	S3	S4	S5	地区	S1	S2	S3	S4	S5
北京	1.5	3.8	7.3	12.9	19.2	湖北	2.8	6.5	11.8	20.3	32.7
天津	1.8	4.4	8.6	15.0	22.2	湖南	3.1	7.0	12.2	20.8	33.0
河北	2.1	5.0	9.3	16.2	24.9	广东	3.6	7.6	12.4	18.8	27.0
山西	3.4	8.3	14.9	22.1	27.0	广西	3.9	8.5	14.4	22.3	32.0
内蒙古	2.4	5.7	9.8	14.7	20.7	海南	3.3	6.8	11.2	17.6	28.0
辽宁	2.5	5.7	10.3	17.0	26.4	重庆	2.3	5.5	10.2	16.6	22.8
吉林	2.1	5.0	9.3	16.2	25.6	四川	2.3	5.5	10.2	18.4	31.6
黑龙江	1.7	4.2	8.1	14.5	23.9	贵州	3.2	7.1	12.3	18.8	24.9
上海	3.7	8.0	12.9	18.3	23.1	云南	2.3	5.3	9.5	15.8	25.3
江苏	2.5	5.8	10.3	17.8	29.6	陕西	3.1	7.4	13.3	21.5	29.7
浙江	4.1	9.0	15.3	23.8	33.3	甘肃	2.4	5.9	10.8	18.1	28.1
安徽	2.8	6.5	11.6	20.2	32.9	青海	1.0	2.5	4.7	8.6	20.7
福建	5.0	10.8	17.4	25.3	33.8	宁夏	2.1	5.1	9.5	16.4	26.3
江西	3.9	8.7	14.9	24.2	35.2	新疆	1.3	3.1	6.0	12.9	23.8
山东	2.6	6.2	11.5	19.6	30.8	全国	2.7	6.3	11.3	19.0	29.8
河南	2.1	5.1	10.1	18.5	35.0						

度呈非线性关系，且随 NH$_3$ 减排比例增加，PM$_{2.5}$ 对 NH$_3$ 排放的敏感性增强，特别是当 NH$_3$ 减排大于 60%时敏感度加速增长。对于河北、河南、湖北、湖南以及成渝等 PM$_{2.5}$ 污染较重，PM$_{2.5}$ 年均浓度超过 50μg/m^3，NH$_3$ 排放量大且相对集中的地区，NH$_3$ 减排对控制 PM$_{2.5}$ 污染的效果更加明显。从重点地区来看，京津冀、珠江三角洲地区 PM$_{2.5}$ 对 NH$_3$ 减排的敏感性低于长江三角洲、成渝地区，特别是当 NH$_3$ 减排比例高于 60%时，PM$_{2.5}$ 年均浓度下降幅度低于长江三角洲、成渝地区 4%～9%。

2.3　二次无机颗粒物对NH$_3$减排的敏感度

图 5～图 7 分别为不同 NH$_3$ 减排情景下 PSO$_4$、PNO$_3$、PNH$_4$ 3 种无机盐年均浓度模拟结果，图 8 为不同情景下无机盐年均浓度变化幅度及敏感度。S1～S5 减排情景与 S0 基准情景的模拟结果对比发现，NH$_3$ 减排对 PSO$_4$、PNO$_3$、PNH$_4$ 年均浓度的影响均呈现非线性关系。

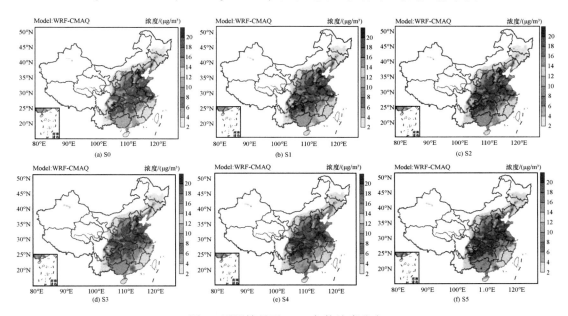

图 5　不同情景下 PSO$_4$ 年均浓度分布

2.3.1　硫酸盐

PSO$_4$ 年均浓度对 NH$_3$ 排放变化并不敏感，原因是以（NH$_4$）$_2$SO$_4$ 颗粒相存在的 PSO$_4$，主要受大气中可捕获 H$_2$SO$_4$ 数量限制，而 NH$_3$ 排放变化并不会引起 SO$_4^{2-}$ 所需 NH$_3$ 数量的显著变化，因此 NH$_3$ 减排仅会导致 PSO$_4$ 年均浓度小幅下降，这与刘晓环[26]、Wu[11]等研究结论相吻合，均表明 NH$_3$ 排放变化对 PSO$_4$ 浓度的影响较小。随着 NH$_3$ 减排比例的上升，PSO$_4$ 年均浓度缓慢下降；当 NH$_3$ 减排比例达到 100%时，全国 PSO$_4$ 年均浓度的下降比例约为 4%，这说明 NH$_3$ 减排对降低 PSO$_4$ 浓度的效果十分有限。从重点地区来看，不同情景下长江三角洲地区 PSO$_4$ 年均浓度变化幅度均高于其他 3 个重点地区，珠江三角洲、成渝地区的 PSO$_4$ 年均浓度受 NH$_3$ 排放影响的变化幅度约为长江三角洲地区的 1/2～1/3；京津冀地区 PSO$_4$ 年均浓度受 NH$_3$ 排放变化的影响最小。与

PSO₄ 年均浓度变化规律不同的是，NH₃ 减排导致空气中 SO₂ 年均浓度略有上升，主要原因是大幅削减 NH₃ 排放将降低 OH 混合比，抑制空气中 SO₂ 被氧化为 H₂SO₄，从而增加了空气中的气态 SO₂ 浓度。其中，长江三角洲地区 SO₂ 年均浓度变化幅度高于其他 3 个地区，NH₃ 减排 100% 时，上升比例约为 3%。

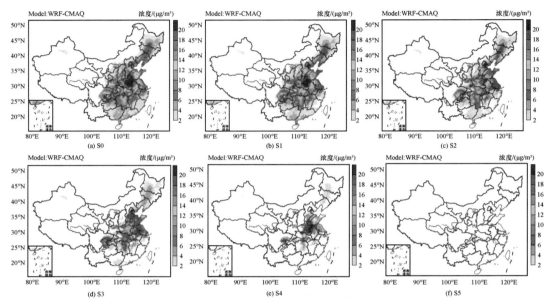

图 6　不同情景下 PNO₃ 年均浓度分布

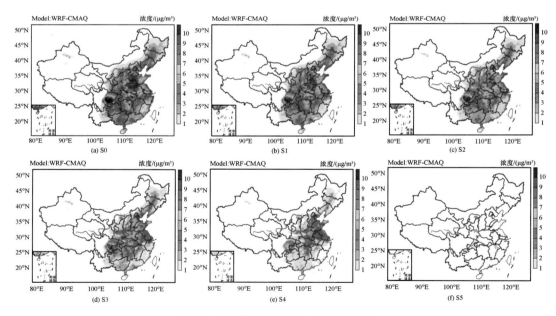

图 7　不同情景下 PNH₄ 年均浓度分布

2.3.2　硝酸盐

相比 PSO₄，PNO₃ 浓度对 NH₃ 排放变化十分敏感，NH₃ 减排将导致 PNO₃ 年均浓度的明显下

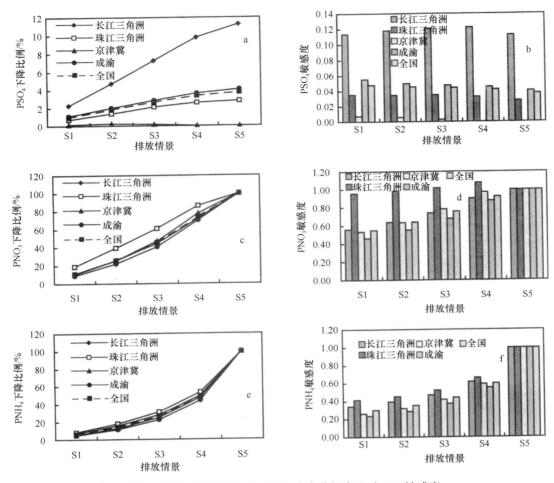

图 8　不同情景下无机盐年均浓度变化幅度及对 NH$_3$ 敏感度

降，且随着 NH$_3$ 控制水平的提高，NH$_3$ 的量由"富余"转为"不足"，向贫氨状况转化的过程会导致 PNO$_3$ 浓度对 NH$_3$ 排放敏感度的上升。当 NH$_3$ 减排比例从 0% 上升到 60% 时，全国 PNO$_3$ 年均浓度下降比例增长至 45.4%；当 NH$_3$ 减排比例大于 60% 时，PNO$_3$ 年均浓度下降速度加快，当 NH$_3$ 减排比例为 100% 时，PNO$_3$ 年均浓度基本降为 0。从重点区域来看，珠江三角洲地区属于"贫氨"区[25]，S1～S4 情景下珠江三角洲 PNO$_3$ 年均浓度下降幅度相比京津冀、长江三角洲、成渝地区高出 8%～17%，PNO$_3$ 对 NH$_3$ 排放变化更加敏感。同时，随着 NH$_3$ 控制水平提高，4 个地区敏感度的差距逐渐减小。此外，NH$_3$ 排放下降将引起空气中 NO$_2$ 年均浓度小幅下降。当 NH$_3$ 减排低于 60% 时，NO$_2$ 年均浓度基本稳定；当 NH$_3$ 减排高于 60% 时，NO$_2$ 年均浓度略有下降。

2.3.3　铵盐

　　模拟结果表明，NH$_3$ 排放对 PNH$_4$ 浓度的影响较大，NH$_3$ 减排将导致全国 PNH$_4$ 年均浓度的显著降低。PNH$_4$ 与 PNO$_3$ 对 NH$_3$ 排放变化的响应规律比较相似，Wang[27]等采用回归分析法对 NH$_4^+$ 与酸性粒子关系的研究结论也表明了 PNO$_3$ 与 PNH$_4$ 浓度具有较高的相关性，但总体来看 PNH$_4$ 对 NH$_3$ 的敏感度低于 PNO$_3$。当 NH$_3$ 减排比例较低时，PNH$_4$ 年均浓度对 NH$_3$ 的敏感度较小，PNH$_4$

年均浓度的下降幅度较平缓；当 NH_3 减排比例高于 60% 时，PNH_4 年均浓度加速下降，敏感度升高；当 NH_3 减排比例为 100% 时，PNH_4 年均浓度基本降为 0。从重点区域来看，京津冀、长江三角洲、珠江三角洲、成渝 4 个地区 PNH_4 年均浓度对 NH_3 排放的敏感性差异不大，其中珠江三角洲略高于其他 3 个地区。

2.4 不确定性分析

不确定性主要来源于排放清单和空气质量模型等。首先，MEIC 排放清单主要采用"自上而下"的方法建立，活动水平、排放因子均存在较大的不确定性[28]。特别是 NH_3 排放主要来自畜牧和农业等面源排放，这些污染源均难以被直接测量，导致 NH_3 排放及其时空分布特征存在较大误差。其次，由于 PSO_4、PNO_3 和 PNH_4 在重污染过程具有爆发式增长效应，但相关化学反应机制还处于研究阶段[29]，因此 CMAQ 模拟结果会对 1 月重污染过程的 $PM_{2.5}$ 浓度有所低估，特别是 $PM_{2.5}$ 中 PSO_4、PNO_3 和 PNH_4 等均明显低估 [18]。

3 结 论

（1）NH_3 减排与 PSO_4、PNO_3、PNH_4 以及 $PM_{2.5}$ 浓度呈显著的非线性关系。$PM_{2.5}$ 和 PNO_3、PNH_4 对 NH_3 减排十分敏感，且随着 NH_3 控制水平增加，$PM_{2.5}$ 和 PNO_3、PNH_4 年均浓度加速下降，敏感度呈上升趋势。NH_3 减排 20%、40%、60%、80% 和 100% 时，全国城市 $PM_{2.5}$ 年均浓度分别下降 2.7%、6.3%、11.3%、19.0% 和 29.8%，硝酸盐年均浓度分别下降 11.0%、25.5%、45.4%、73.7% 和 99.8%，铵盐年均浓度分别下降 6.0%、14.2%、26.4%、48.1% 和 99.7%。但是，PSO_4 对 NH_3 排放变化响应程度很低，全国 PSO_4 年均浓度的下降比例不超过 4.2%。因此，降低 NH_3 排放能有效改善 $PM_{2.5}$ 污染，特别是由富氨向贫氨状态转变后，对 PNO_3、PNH_4 有显著的削减作用。

（2）$PM_{2.5}$ 对 NH_3 减排的敏感性呈空间差异性。对于河北、河南、湖北、湖南以及成渝等 $PM_{2.5}$ 污染较重、$PM_{2.5}$ 年均浓度超过 $50\mu g/m^3$ 的地区，同时又是 NH_3 排放量大且相对集中的地区，NH_3 减排对 $PM_{2.5}$ 污染的改善效果更加明显。从 4 个重点地区来看，京津冀、珠江三角洲地区 $PM_{2.5}$ 对 NH_3 减排的敏感性低于长江三角洲、成渝地区，特别是当 NH_3 减排比例高于 60% 时，$PM_{2.5}$ 年均浓度下降幅度低于长江三角洲、成渝地区 4%～9%。

参 考 文 献

[1] Goebes M D, Strader R, Davidson C. An ammonia emission inventory for fertilizer application in the United States [J]. Atmospheric Environment, 2003, 37(18): 2539-2550.

[2] 周静, 刘松华, 谭译, 等. 苏州市人为源氨排放清单及其分布特征[J]. 环境科学研究, 2016, 29(8): 1137-1144.

[3] Multi-resolution emission inventory for China [Z/OL]. http://www.meicmodel.org/.

[4] Huang X, Song Y, Li M M, et al. A high-resolution ammonia emission inventory in China[J]. Global Biogeochemical Cycles, 2012, doi: 10.1029/2011GB004161.

[5] 董文煊, 邢佳, 王书肖, 等. 1994～2006 年中国人为源大气氨排放时空分布[J]. 环境科学, 2010, 31(7): 1457-1463.

[6] 王玮, 汤大钢, 刘红杰, 等. 中国 $PM_{2.5}$ 污染状况和污染特征的研究[J]. 环境科学研究, 2000, 13, (1): 1-5.

[7] Renner E, Wolke R. Modelling the formation and atmospheric transport of secondary inorganic aerosols with special

attention to regions with high ammonia emissions [J]. Atmospheric Environment, 2010, 44(15): 1904-1912 .

[8] 薛文博, 许艳玲, 唐晓龙, 等. 中国氨排放对 PM$_{2.5}$ 污染的影响[J]. 中国环境科学, 2016, 36(12): 3531-3539.

[9] 余学春, 贺克斌, 马永亮, 等. 北京市 PM$_{2.5}$ 水溶性有机物污染特征[J]. 中国环境科学, 2004, 24(1): 53-57.

[10] 王跃思, 姚利, 王莉莉, 等. 2013 年元月我国中东部地区强霾污染成因分析[J]. 中国科学: 地球科学, 2014, 44(1): 15-26.

[11] Wu S Y, Hub J L, Zhang Y, et al. Modeling atmospheric transport and fate of ammonia in North Carolina—Part Ⅱ: effect of ammonia emissions on fine particulate matter formation [J].Atmospheric Environment, 2008, 42: 3437-3451.

[12] 尹沙沙. 珠江三角洲人为源氨排放清单及其对颗粒物形成贡献的研究[D]. 广州: 华南理工大学, 2011.

[13] 刘煜, 李维亮, 周秀骥. 夏季华北地区二次气溶胶的模拟研究[J]. 中国科学(D 辑: 地球科学), 2005, 35(增刊 I): 156-166.

[14] Pavlovic R T, Nopmongcol U, Kimura Y, et al. Ammonia emissions, concentrations and implications for particulate matter formation in Houston, TX [J]. Atmospheric Environment, 2006, 40: 538-551.

[15] Wen L, Chen J M, Yang L X, et al. Enhanced formation of fine particulate nitrate at a rural site on the North China Plain in summer: the important roles of ammonia and ozone [J]. Atmospheric Environment, 2008, 10 1: 294-302.

[16] National Center for Atmospheric Research. CISL Research Data Archive [EB/OL]. http: //rda.ucar.edu/datasets/ds083.2.

[17] National Center for Atmospheric Research. CISL Research Data Archive [EB/OL]. http: //rda.ucar.edu/datasets/ds461.0.

[18] Zheng B, Zhang Q, Zhang Y, et al. Heterogeneous chemistry: a mechanism missing in current models to explain secondary inorganic aerosol formation during the January 2013 haze episode in North China [J]. Atmospheric Chemistry and Physics, 2015, 15: 2031-2049.

[19] 薛文博, 付飞, 王金南, 等. 中国 PM$_{2.5}$ 跨区域传输特征数值模拟研究[J]. 中国环境科学, 2014, 34(6): 1361-1368.

[20] 薛文博, 付飞, 王金南, 等. 基于全国城市 PM$_{2.5}$ 达标约束的大气环境容量模拟[J]. 中国环境科学, 2014, 34(10): 2490-2496.

[21] Guenther A, Karl T, Harley P, et al. Estimates of global terrestrial isoprene emissions using MEGAN (Model of Emissions of Gases and Aerosols from Nature) [J]. Atmospheric Chemistry and Physics, 2006, 6(11): 3181-3210.

[22] 中华人民共和国环境保护部数据中心. 全国城市空气质量小时报[EB/OL]. http: //datacenter.mep.gov.cn/report/air_daily/airDairyCityHour.jsp.

[23] Koo B, Wilson G M, Morris R E, et al. Comparison of Source Apportionment and Sensitivity Analysis in a Particulate Matter Air Quality Model [J]. Environmental Science & Technology, 2009, 43: 6669-6675.

[24] 戚伟, 刘盛和, 赵美风. "胡焕庸线"的稳定性及其两侧人口集疏模式差异[J]. 地理学报, 2015, 70(4): 551-566.

[25] Wang S X, Xing J, Carey J, et al. Impact Assessment of Ammonia Emissions on Inorganic Aerosols in East China Using Response Surface Modeling Technique [J]. Environmental Science & Technology, 2011, 45: 9293-9300.

[26] 刘晓环. 我国典型地区大气污染特征的数值模拟[D]. 济南: 山东大学, 2010.

[27] Wang S S, Nan J L, Shi C Z, et al. Atmospheric ammonia and its impacts on regional air quality over the megacity of Shanghai, China[J]. Scientific Reports 5, 2015, doi: 10.1038/srep15842.

[28] Hua J L, Wu L, Zheng B, et al. Source contributions and regional transport of primary particulate matter in China [J].Environmental Pollution, 2015, 207: 31-42.

[29] Cheng Y F, Zheng G J, Wei C, et al. Reactive nitrogen chemistry in aerosol water as a source of sulfate during haze events in China [J] Science Advances, 2016, doi: 10.1126/sciadv.1601530.

Sensitivity Analysis of PM$_{2.5}$ Pollution to Ammonia Emission Control in China

XU Yanling[1], XUE Wenbo[2], LEI Yu[2], YI Aihua[3], WANG Jinnan[2], CHENG Shuiyuan[1], REN Zhenhai[4]

1. College of Environmental and Energy Engineering, Beijing University of Technology, Beijing 100124, China
2. Chinese Academy For Environmental Planning, Beijing 100012, China
3. The Appraisal Center for Environment and Engineering, The State Environmental Protection Ministry, Beijing 100012, China
4. Chinese Research Academy of Environmental Sciences, Beijing 100012, China

Abstract: The air quality modelling system WRF-CMAQ was applied to study the sensitivity of annual PM$_{2.5}$ concentration to NH$_3$ emission control with the scenario analysis approach. The results showed reducing NH$_3$ emissions would lead to significant drop of PM$_{2.5}$, nitrate and ammonium concentration, but relatively less impact on sulfate concentration. And annual average concentrations of PM$_{2.5}$, nitrate, ammonium were estimated to decline faster when emission of NH$_3$ are further controlled. The sensitivity of PM$_{2.5}$ to NH$_3$ were 0.14, 0.16, 0.19, 0.24 and 0.30, when NH$_3$ emission is cut by 20%, 40%, 60%, 80% and 100%, respectively, and the concentration of PM$_{2.5}$ would decline by 2.7%, 6.3%, 11.3%, 19.0% and 29.8% thereby. Strong spatial features were observed on the impact of NH$_3$ emissions on PM$_{2.5}$ concentration. Control of NH$_3$ would promote reducing PM$_{2.5}$ pollution in regions with high NH$_3$ emission, such as Hebei, Henan, Hubei and Hunan Province and Chengdu-Chongqing region.

Key words: ammonia emission; WRF-CMAQ; PM$_{2.5}$; sensitivity

基于细模态 AOT 的中国 PM$_{0.5}$ 时空分布特征[①]

尉 鹏，任阵海，王文杰，苏福庆，高庆先

中国环境科学研究院，北京 100012

摘要： 利用 2006～2011 年 PARASOL 卫星细模态 AOT（aerosol optical thickness，气溶胶光学厚度）的观测值，探讨中国 PM$_{0.5}$ 浓度的时空分布特征，并对中国与全球 PM$_{0.5}$ 的空间分布进行对比分析。结果表明：细模态 AOT 高值出现在中国、非洲中部和南美洲，分别为 0.5～1.0、0.4～0.9 和 0.4～0.6，反映出这些地区 PM$_{0.5}$ 污染严重。在中国范围内，细模态 AOT 高值区主要分布在 6 个区域，包括重庆市、四川省成都市及其周边地区，华北平原地区，湖北省和湖南省的两湖平原地区，广西壮族自治区，珠三角地区，陕西渭河平原以及山西汾河河谷地区，各区域细模态 AOT 最大值分别为 1.1、0.9、1.0、1.0、1.1 和 0.8，这些 PM$_{0.5}$ 污染严重地区的分布与 SO$_2$、OC、VOC、NO$_x$ 等的污染源及其排放强度分布特征相一致，并且 PM$_{0.5}$ 浓度呈逐年升高趋势。2006～2011 年，冬、春季细模态 AOT 平均值升高了 18.09%，而夏、秋季平均值升高了 9.00%，表明冬、春季 PM$_{0.5}$ 浓度显著高于夏、秋季。细模态 AOT 的多年月均值变化表明，其较高值出现在 1 月、3 月，分别为 0.37、0.36，最低值（0.18）出现在 8 月。但在局部地区，如华北地区（115°E～125°E、33°N～42°N），细模态 AOT 表现为夏季高于冬季。主要原因是华北地区受夏季副热带高压以及太阳辐射的影响，加强了南方污染物的长距离输送以及大气光化学反应，致使该地区夏季 PM$_{0.5}$ 浓度增高。

关键词： 细模态气溶胶光学厚度；PM$_{0.5}$；时空分布

　　针对大气颗粒物的化学转化机制、化学组分分析[1]、模式模拟[2-3]、污染源分析[4]、区域输送[5-6]、流场分析[7-9]及其对人体健康的影响等在中国已开展了大量研究，但主要针对的是 PM$_{10}$、PM$_{2.5}$ 等粒子[10-11]，而对于粒径＜1μm 的超细粒子研究则较少。黄鹤等[10]的研究表明，天津市 2010 年 9 月 1 日～11 月 30 日雾天 PM$_1$ 所占比例显著高于沙尘天气；刘阳生等[11]对北京冬季公共场所 PM$_1$ 进行了研究。目前，PM$_{2.5}$ 和 PM$_{10}$ 的理化特性以及时空分布已有相关研究，但限于观测条件和技术，对于粒径＜1μm 的粒子浓度难以进行长时间、大范围的观测，更难以分析其空间分布以及时间演变规律 [12-17]。

　　卫星遥感是研究污染物空间分布的有效技术，通过卫星数据反演，可得到污染物（包括 NO$_2$、SO$_2$、HCHO、CO）浓度或其间接表征参数相对准确的空间分布，粒子浓度也可通过气溶胶光学

① 原载于《环境科学研究》，2014 年，第 27 卷，第 9 期，943~950 页。

厚度来间接反映[18-21]。气溶胶光学厚度可通过 MODIS、MLS、TOMS 等传感器进行观测，其中搭载于法国空间研究中心研制的 PARASOL（polarization & anisotropy of reflectances for atmospheric sciences coupled with observations from a lidar）卫星的 POLDER（polarization and directionality of the earth's reflectances）传感器带有 490、670 及 865nm 3 个偏振波段，借助这些信息可获得气溶胶信息[22-24]。对于陆面气溶胶，由于大气顶处的偏振反射率主要来自大气，而粒径>0.5μm 粒子产生的偏振反射率很低，因此，利用该特性反演可以得到粒径<0.35μm 的陆面气溶胶光学厚度[25-27]，可近似代表 $PM_{0.5}$ 的相对分布。

该研究利用 2006～2011 年 PARASOL 卫星遥感观测资料分析中国以及全球 $PM_{0.5}$ 的时空分布特征，并利用大尺度气候背景场的季节变化和中国流场特征以及污染源数据对 $PM_{0.5}$ 的空间分布和时间演变进行分析，以期为进一步对 $PM_{0.5}$ 甚至更细粒子的规划控制提供参考。

1　数据来源与研究区域

所用数据：2006～2011 年 PARASOL 卫星遥感观测数据；污染源数据为 2010 年，来自中国多尺度排放清单模型（multi-resolution emission inventory for China）（http://www.meicmodel.org/）；太阳辐射数据选取 2007 年 1 月 1 日～12 月 31 日北京 1 级站（116.93°E、39.80°N）、济南 2 级站（36.67°N、117.05°E）、乐亭 2 级站（118.95°E、39.43°N）、太原 2 级站（112.55°E、37.78°N）、锡林浩特 3 级站（116.07°E、43.95°N）5 个观测站点的日均辐射总量，分别代表北京市、山东省、河北省、山西省、内蒙古自治区的日均辐射总量；气象观测数据包括华北地区 130 个气象站点的风速、风向、气压等要素。

2　结果与讨论

2.1　全球 $PM_{0.5}$ 的空间分布特征

全球细模态 AOT（aerosol optical thickness，气溶胶光学厚度）反映了粒径<0.35μm 粒子浓度的分布特征，可近似代表 $PM_{0.5}$ 浓度的分布特征。2006～2011 年全球细模态 AOT 的平均值如图 1 所示。对数据依次做月平均、年平均，结果显示，$PM_{0.5}$ 的高浓度区主要集中在中国东部和四川省、印度北部、非洲中部以及巴西亚马孙流域，这些地区的细模态 AOT 在 0.5 以上，而全球其他地区细模态 AOT 大多在 0.3 以下。其中，中国范围内细模态 AOT 在 0.5 以上的区域分布最广，几乎覆盖整个东部以及沿海区域；全球细模态 AOT 最大值也出在中国的四川省、华北地区以及华中地区，表明上述地区 $PM_{0.5}$ 污染水平高。

2.2　中国细模态 AOT 的空间分布特征

中国细模态 AOT 空间分布如图 2 所示。由图 2 可见，中国细模态 AOT 东高西低的空间分布特征显著，新疆维吾尔自治区、青海省、西藏自治区、甘肃省、云南省等西部省区的细模态 AOT 均在 0.2 以下，部分省区甚至低于 0.1；东部地区细模态 AOT 多在 0.5 以上。中国细模态 AOT 高

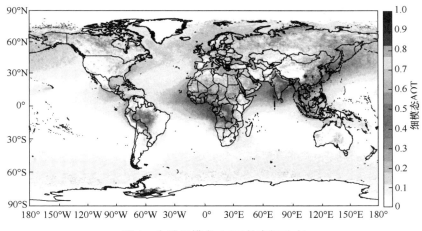

图 1 全球细模态 AOT 的空间分布

值区主要分布在 6 个区域：①重庆市、四川省的成都市及其周边地区，细模态 AOT 在 0.5～1.1 之间，为全国最高值区；②华北平原地区，包括河北省、山东省、河南省、江苏省以及安徽省北部，细模态 AOT 为 0.6～0.9，是污染范围最大的高值区；③湖北省、湖南省的两湖平原地区，细模态 AOT 普遍在 0.8 以上；④广西壮族自治区，细模态 AOT 为 0.6～1.1，受地形影响，自治区内个别区域细模态 AOT 达到 1.0 以上；⑤珠三角地区，细模态 AOT 为 0.9～1.2，高浓度 PM$_{0.5}$ 污染主要集中在山坳内，虽然范围较小，但浓度较高；⑥陕西省、山西省的渭河平原以及汾河河谷地区，细模态 AOT 在 0.6～0.8 之间。此外，江西北部、渤海湾、东海沿海的 PM$_{0.5}$ 污染也较为严重。总之，受到大气背景[9, 28]、排放源和地形等因素的影响，中国范围内 PM$_{0.5}$ 浓度的分布具有不均匀性，高值区主要分布在经济发达地区以及重污染频繁发生[29]的地区。

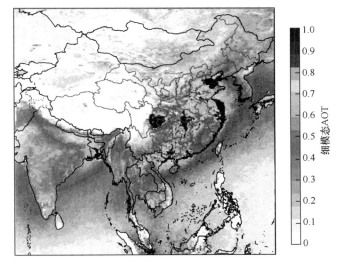

图 2 中国细模态 AOT 的空间分布

2.3 PM$_{0.5}$浓度空间分布与污染源分布的对比

粒径＜0.5μm 的粒子主要来自有机物的燃烧以及二次转换，几乎全部由人为排放物质组成。

因此，PM$_{0.5}$浓度的空间分布受到污染源位置及其排放强度的影响。2010年NO$_x$、OC、VOC以及SO$_2$排放源的排放强度见图3。由图3可见，N0$_x$排放强度高值区主要集中在华北、长三角以及珠三角地区；OC、VOC排放强度较高的地区主要是华北、华中、华南地区；SO$_2$排放分布范围较为广泛，除上述主要污染地区外，四川省、湖南省长株潭城市群、贵州省等地排放强度依然较高。由此可见，由细模态AOT反映的PM$_{0.5}$浓度空间分布与各种污染源及其排放强度的空间分布具有一定的相似性。

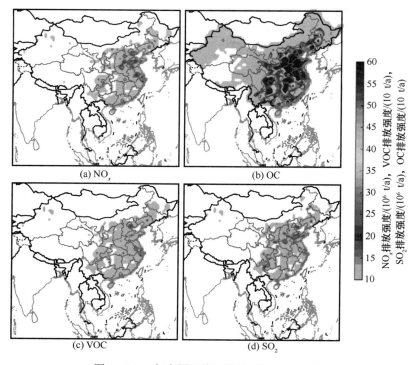

图3　2010年中国污染源排放强度空间分布

2.4　基于细模态AOT的PM$_{0.5}$浓度的时间演变特征

2.4.1　年际变化

2006～2011年，中国范围内逐月细模态AOT的统计结果见图4。由图4可见，2006年细模态AOT平均值较低，除12月接近0.4外，其余各月份均在0.2～0.3之间。2006年以后，每年的细模态AOT略有升高，但增幅较小且发生月份各不相同：2008年在4～5月有所增加；在2007年和2010年均以3月升高趋势较为明显；2009年细模态AOT主要表现为春、秋季升高；2011年10月～2012年2月细模态AOT平均值增幅在0.03～0.08之间，而其他月份变化不大。可见，细模态AOT呈逐年升高趋势，表明PM$_{0.5}$浓度亦逐年升高，这与近年来民用汽车总量以及煤炭消耗量的增加（图5）有关。细模态AOT的季节特征主要为夏、秋季节变化（上升9.00%）较春、冬季（上升18.09%）平稳。

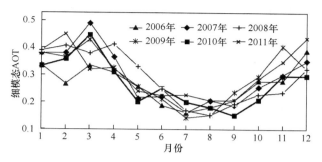

图 4 2006～2011 年中国细模态 AOT 的逐月变化

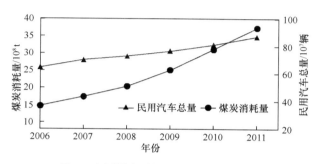

图 5 中国煤炭消耗量及民用汽车总量

2.4.2 月、季分布

2006～2011 年，中国范围内细模态 AOT 月均值变化如图 6 所示。由图 6 可知，11～12 月和 1～4 月，细模态 AOT 月均值在 0.3 以上；5 月、6 月、10 月细模态 AOT 月均值均小于 0.3；7～9 月细模态 AOT 月均值在 0.2 以下。由此可见，细模态 AOT 呈冬、春季高，夏、秋季低的变化特征。细模态 AOT 最高值出现在 1、3 月，分别为 0.37、0.36；最低值出现在 8 月，为 0.18。

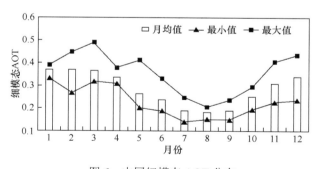

图 6 中国细模态 AOT 分布

2006～2011 年，中国范围内细模态 AOT 季节平均值的空间分布见图 7，同时也反映了 PM$_{0.5}$ 季节演变的地域分布变化。由图 7 可见，虽然细模态 AOT 在冬、春季显著高于夏、秋季，但局部区域内细模态 AOT 变化各异。如冬、春季华北地区细模态 AOT 在 0.6 附近波动，而夏、秋季大部分地区细模态 AOT 在 0.8 以上，出现夏、秋季高于冬、春季节的分布特征。

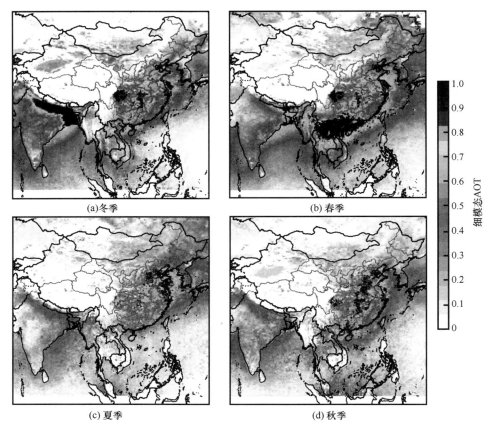

图 7 2006~2011 年中国细模态 AOT 的季节变化

综上可知，虽然在中国范围内，细模态 AOT 季节平均值表现为春、冬季高于夏、秋季，但在华北地区，细模态 AOT 的季节变化特征揭示出夏、秋季节 $PM_{0.5}$ 污染较为严重。究其原因，是由于粒径＜$0.5\mu m$ 的粒子主要来自燃烧以及光化学反应，夏季较强的紫外波段辐射加快了大气中各种光化学反应速率以及二次有机物的生成速率[30-31]，导致空气中超细粒子浓度升高。

2007 年北京、济南、乐亭、太原、锡林浩特 5 个城市的日均辐射总量变化见图 8。由图 8 可见，各城市夏季日均辐射总量显著高于冬季，如北京夏季最高值超过 $25J/m^2$，冬季仅约为 $10J/m^2$。主要原因是紫外波段的辐射约占太阳总辐射的 4%，夏季紫外辐射较高，进而导致北方地区夏季超细粒子浓度较高[30]。

除紫外辐射外，大气背景流场[32-33]的改变也是影响粒子浓度分布的主要因素之一。2011 年 7 月，中国范围内平均海平面气压场分布如图 9 所示。由图 9 可见，中国东部地区主要受到副热带高压外围控制，在副热带高压作用下，边界层形成了大尺度的偏南气流，承载南方颗粒物向北方持续性输送，导致北方地区夏、秋季颗粒物浓度高于冬、春季。总之，紫外辐射变化以及边界层内的大气环境背景是导致超细粒子季节性分布不均的主要原因。

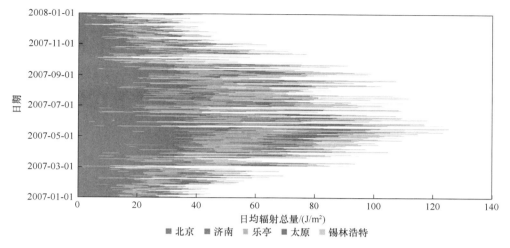

图 8　2007 年 5 个城市的日均辐射总量

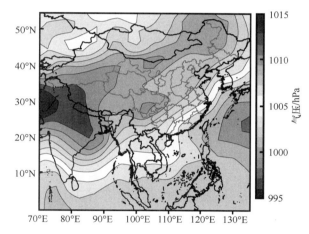

图 9　2011 年 7 月中国范围内平均海平面气压场分布

3　结　论

（1）中国是全球 PM$_{0.5}$ 浓度最高的地区之一，由细模态 AOT 反映的 PM$_{0.5}$ 浓度空间分布不均匀，其高值区主要集中在 6 个区域，包括重庆市和四川省成都市及其周边地区、华北平原地区、湖北省和湖南省的两湖平原地区、广西壮族自治区、珠三角地区、陕西渭河平原和山西汾河河谷地区，上述 6 个地区的细模态 AOT 最大值分别为 1.1、0.9、1.0、1.0、1.1 和 0.8。

（2）PM$_{0.5}$ 浓度除与 SO$_2$、OC、VOC、NO$_x$ 等的污染源及其排放强度分布具有一致性外，同时也与地方性风场的流向以及风速相关。

（3）2006～2011 年，中国 PM$_{0.5}$ 浓度呈缓慢升高趋势，主要发生于冬、春季；其季节变化表现为冬、春季高，夏、秋季较低。细模态 AOT 较高值出现在 1 月、3 月，全国细模态 AOT 年均值约为 0.37，最低值出现在 8 月（为 0.18）。

（4）由细模态 AOT 反映的 PM$_{0.5}$ 浓度季节变化具有区域差异，其中中国东部地区夏、秋季受副热带高压外围控制，导致偏南气流作用下污染物向北方输送，加之北方夏季大气辐射较强，光化学反应速度加快，造成北方夏、秋季 $PM_{0.5}$ 浓度高于冬、春季。

<h1 style="text-align:center">参 考 文 献</h1>

[1] 宋伟民, 赵金镯. 大气超细颗粒物的分布特征及其对健康的影响[J]. 环境与职业医学, 2007, 24(1): 76-79.

[2] CHENG S Y, CHEN D S, LI J B, et al. The assessment of emission source contributions to air quality by using a coupled MM5-ARPSCMAQ modeling system: a case study in the Beijing metropolitan region, China [J]. Environmental Modelling and Software, 2007, 22: 1601-1616.

[3] 徐祥德, 丁国安, 卞林根, 等. 城市环境大气重污染过程周边源影响域[J]. 应用气象学报, 2006, 17(6): 815-828.

[4] ZHANG Q, STREETS D, CARMICHAEL G R, et al. Asian emissions in 2006 for the NASA INTEX-B mission [J].Atmospheric Chemistry and Physics, 2009 , 14 (9) : 5131-5153.

[5] XU X D, XIE L A, DING G A. Beijing air pollution project to benefit 2008 summer Olympic Game [J] . American Meteorological Society Bulletin, 2005, 86(11): 1543-1544.

[6] 任阵海, 苏福庆, 高庆先, 等. 边界层内大气排放物形成重污染背景解析[J]. 大气科学, 2005, 29(1): 57-63.

[7] 任阵海, 苏福庆, 陈朝晖, 等. 夏秋季节天气系统对边界层内大气中 PM_{10} 浓度分布和演变过程的影响[J]. 大气科学, 2008, 32(4): 741-751.

[8] 任阵海, 虞统, 苏福庆, 等. 不同尺度大气系统对污染边界层的影响及其水平流场输送[J]. 环境科学研究, 2004, 17(1): 7-13.

[9] 苏福庆, 高庆先, 张志刚, 等. 北京边界层外来污染物输送通道[J]. 环境科学研究, 2004, 17(1): 26-29.

[10] 黄鹤, 蔡子颖, 韩素芹, 等. 天津市 PM_{10}, $PM_{2.5}$ 和 PM_1 连续在线观测分析[J]. 环境科学研究, 2011, 24(8): 897-903.

[11] 刘阳生, 沈兴兴, 毛小苓, 等. 北京市冬季公共场所室内空气中 TSP、PM_{10}、$PM_{2.5}$ 和 PM_1 污染研究[J]. 环境科学学报, 2004, 24(2): 190-196.

[12] 吴虹, 张彩艳, 王静, 等. 青岛环境空气 PM_{10} 和 $PM_{2.5}$ 污染特征与来源比较[J]. 环境科学研究, 2013, 26(6): 583-587.

[13] 李婷, 刘永红, 朱倩如, 等. 广州市交通干线附近细颗粒污染特征[J]. 环境科学研究, 2013, 26(9): 935-941.

[14] 孙玉伟, 周学华, 袁琪, 等. 济南市秋末冬初大气颗粒物和气体污染物污染水平及来源[J]. 环境科学研究, 2012, 25(3): 245-252.

[15] 陈朝晖, 程水源, 苏福庆, 等. 北京地区一次重污染过程的大尺度天气型分析[J]. 环境科学研究, 2007, 20(2): 99-105.

[16] 张志刚, 矫梅燕, 毕宝贵, 等. 沙尘天气对北京大气重污染影响特征分析[JJ]. 环境科学研究, 2009, 22(3): 309-314.

[17] 魏欣, 毕晓辉, 董海燕, 等. 天津市夏季灰霾与非灰霾天气下颗粒物污染特征与来源解析[J]. 环境科学研究, 2012, 25(11): 1193-1200.

[18] RICHTER A, BURROWS J P, NU H, et al. Increase in tropospheric nitrogen dioxide over China observed from space [J]. Nature, 2005, 437(1), 129-132.

[19] WEI P, REN Z H, SU F Q, et al. Environmental process and convergence belt of atmospheric NO_2 pollutants in North China [J]. Acta Meteorologica Sinica, 2011, 25(6): 797-811.

[20] 尉鹏, 苏福庆, 程水源, 等. 利用卫星观测 HCHO 柱密度对中国非甲烷 VOC 时空分布特征的初步探讨[J]. 环境科学研究, 2010, 23(12): 1475-1480.

[21] 尉鹏, 任阵海, 陈良富, 等. 中国 CO 时空分布的遥感诊断分析[J]. 环境工程技术学报, 2011, 1(3): 197-204.

[22] GOLOUB P, TANRE D, DEUZE J L, et al. Validation of the first algorithm applied for deriving the aerosol properties over the ocean using the POLDER/ADEOS measurements [J]. IEEE Transactions on Geoscience and Remote Sensing, 1999, 37(3): 1586-1596.

[23] DEUZE J L, HERMAN M, GOLOUB P, et al. Characterization of aerosols over ocean from POLDER/ADEOS-1 [J]. Geophysical Research Letters, 1999, 26(10): 1421-1424.

[24] DEUZE J L, GOLOUB P, HERMAN M, et al. Estimate of the aerosol properties over the ocean with POLDER [J]. J Geophysics Res, 2000, 105(D12): 15329-15346.

[25] JEAN-FRANCOIS L, PATRICK C, FRANCOIS D. Retrieval and monitoring of aerosol optical thickness over an urban area by space borne and ground-based remote sensing[J]. Applied Optics, 1999, 38(33): 6918-6926.

[26] GOLOUB P, ARINO O. Verification of the consistency of POLDER Aerosol Index over land with ATSR-2/ERS-2 fire product [J].Geophysical Research Letters, 2000, 27(6): 899-902.

[27] TANRE D, BREON F M, DEUZE J L, et al. Global observation of anthropogenic aerosols from satellite [J]. Geophysical Research Letters, 2001, 28(24): 4555-4558.

[28] 苏福庆, 杨明珍, 钟继红, 等. 华北地区天气型对区域大气污染的影响[J]. 环境科学研究, 2004, 17(1): 16-20.

[29] 苏福庆, 任阵海, 高庆先, 等. 北京及华北平原边界层大气中污染物的汇聚系统-边界层输送汇[J]. 环境科学研究, 2004, 17(1): 22-25.

[30] 徐敬, 丁国安, 颜鹏, 等. 北京地区 PM$_{2.5}$ 的成分特征及来源分析[J]. 应用气象学报, 2007, 18(5): 646-656.

[31] 安俊琳, 王跃思, 李昕, 等. 北京地面紫外辐射与空气污染的关系研究[J]. 环境科学, 2008, 29(4): 1053-1058.

[32] CHEN Z H, CHENG S Y, LI J B, et al. Relationship between atmospheric pollution processes and synoptic pressure patterns in northern China[J]. Atmos Environ, 2008, 42: 6078-6087.

[33] WEI P, CHENG S Y, LI J B, et al. Impact of boundary-layer anticyclonic weather system on regional air quality [J]. Atmos Environ, 2011, 45: 2453-2463.

Temporal and Spatial Distributions of PM$_{0.5}$ in China Based on Fine Mode Aerosol Optical Thickness

WEI Peng, REN Zhenhai, WANG Wenjie, SU Fuqing, GAO Qingxian

Chinese Research Academy of Environmental Sciences, Beijing 100012, China

Abstract: In order to explore the temporal and spatial distributions of PM$_{0.5}$ in China and around the world, the aerosol optical thickness (fine mode) observed by the PARASOL satellite from 2006 ~ 2011 was analyzed. The results showed that the AOT(fine mode) in China, mid-Africa and South America reached 0.5 ~ 1.0, 0.4 ~ 0.9 and 0.4 ~ 0.6, respectively, which indicated high PM$_{0.5}$ concentrations in countries and areas in these parts of the world. Six high PM$_{0.5}$ concentration areas in China were selected according to pollution distribution and aggregation characteristics of SO$_2$, OC, VOC and NO$_x$ in the surface wind field. The selected areas included Chongqing, Chengdu and the surrounding areas in Sichuan Province, the North China Plain, Lianghu Plain in Hunan and Hubei Provinces, Guangxi Province, the Pearl River Delta, Weihe Plain in Shaanxi and Fenhe River Valley in Shanxi Province. The highest AOT(fine mode) values in the six areas were approximately 1.1, 0.9, 1.0, 1.0, 1.1 and 0.8, respectively. Time evolution analysis illustrated that the concentrations of PM$_{0.5}$ increased over the past seven years, especially in winter and spring. Statistical analysis showed that the

AOT(fine mode) in winter and spring increased by 18.09% from 2006~2011 in the research region (71°E ~ 135°E, 16°N ~ 55°N), but it increased by only 9.00% over the same period in summer and autumn. It could be concluded that the $PM_{0.5}$ concentrations in winter and spring were significantly higher than those in summer and autumn. The highest AOT (fine mode) values appeared in January (0.37) and March (0.36), while the lowest one was in August (0.18). However, the results in some local areas such as northern China (115°E ~ 125°E, 33°N ~ 42°N) showed the opposite result: AOT (fine mode) in summer was higher than in winter. The main reason for this phenomenon was the influence of the subtropical anticyclone and solar radiation in summer, which enhanced the long range transport of pollutants from southern China and atmospheric photochemical reactions, resulting in higher winter and spring $PM_{0.5}$ concentrations in northern China.

Key words: AOT (fine mode); $PM_{0.5}$; spatial and temporal distribution

人为排放气溶胶引起的辐射强迫研究[①]

高庆先，任阵海，姜振远

国家环保局气候变化影响研究中心，北京 100012

摘要：利用建立的大气气溶胶辐射强迫模式，对我国历年大气气溶胶（TSP 和硫酸盐气溶胶）引起的直接辐射强迫进行了计算，并给出其全国分布。得到了一些有意义的结果：我国大气气溶胶引起的辐射强迫与我国能源，特别是燃煤的消耗量密切相关，随着消耗量的增加，大气气溶胶（TSP 和硫酸盐气溶胶粒子）引起的辐射强迫也增加；指出在利用辐射模式讨论大气气溶胶引起的直接辐射强迫时，不能忽视扬尘和沙尘的作用；我国由于大气气溶胶引起的直接辐射强迫主要集中在工业比较发达的城市或地区，四川盆地由于其特殊的地理位置和气候条件，在该地区因大气气溶胶产生的辐射强迫始终比较大。

关键词：大气气溶胶；辐射强迫；人为排放

人为排放大气气溶胶的气候效应和环境生态效应是当前环境科学和大气科学界普遍关注的热门课题，已引起各国政府和联合国 IPCC 组织的高度重视。不仅仅是因为气溶胶的强迫作用会改变（或影响）区域乃至全球的气候和环境生态系统，更重要的是为了要实现可持续发展和保护人类所共同拥有的自然生态环境，必须进行减缓向大气排放气溶胶。这就涉及各国的国民经济发展和工农业生产的发展，是摆在各国政策制定者面前的一个严肃课题。

大气气溶胶主要来源是化石燃料的燃烧、生物物质的燃烧和人为不适当活动导致的沙尘、扬尘等途径。对流层气溶胶已直接导致了全球减少 0.5%的太阳辐射，并可能间接导致同样的负强迫。尽管这一辐射强迫主要集中于特定的区域和次大陆地区，但它对半球乃至全球的气候将产生一定的影响[1]。

目前，国际上有关气溶胶对气候和生态环境效应的研究相对较多。Chuang（1997）应用耦合的气候/化学模式，并取云核化过程参数化，以局地气溶胶数密度、人为硫酸盐质量浓度和上升气流速度作为输入，研究人为硫酸盐气溶胶的直接辐射强迫和间接辐射强迫。研究表明气溶胶全球直接辐射强迫约为$-0.4 W/m^2$，最大值出现在人为硫发射最强的亚洲，间接辐射强迫约为$-0.6 \sim -1.6 W/m^2$，主要出现于大陆上空，间接强迫最大值位于北美和大西洋沿岸。

---

① 原载于《环境科学研究》，1998 年，第 11 卷，第 1 期，5~9 页。

气溶胶辐射强迫具有明显的不确定性，其主要原因在于人为硫酸盐气溶胶的大气负荷的变化，起源于硫酸盐气溶胶相对短的滞留时间（约一周），还随大气中的降水过程的湿沉降而变化，表现为明显的空间不均匀性和时间变率大。可以认为气溶胶的强迫作用的不确定性是工业化地区上空气溶胶辐射强迫的最大不确定性（Schwantz，1996）。

实际监测表明，工业发达地区的上空比其他地区上空的大气气溶胶浓度大，Ball 和 Robinson（1982）发现美国东部地面太阳辐射近年来平均降低率约为 7.5%。

IPCC 根据 1990～2100 年间人口和经济增长、土地利用、技术发展、能源开发和利用等情况，已设计了一套未来温室气体和气溶胶前体物的排放构想方案，依据各个构想排放方案，可以预测大气中温室气体和气溶胶的浓度以及它们对自然界的辐射强迫程度。

我国曾有过关于火山爆发和科威特油井燃烧的气候变化专题研讨会，对火山爆发和科威特油井燃烧对气候影响的事实的监测和研究进行了广泛的探讨。

1　模 型 介 绍

虽然对气溶胶粒子的间接强迫作用，目前只能做出定性的估计，但通过建立简单的人为排放大气气溶胶的直接辐射强迫模型，可以对其直接影响作用做深入的了解。

气溶胶的平均总量，即在大气平均垂直气柱中的气溶胶总量 T_a 可由下式定量估计[2]，即

$$T_a = \frac{Q_a \tau_a}{A} \tag{1.1}$$

式中，T_a 为硫酸盐气溶胶的平均总量，g/m^2；Q_a 为源强，$g/(m^3 \cdot s)$；τ_a 为气溶胶粒子在空气中的生命期，s；A 为地球的面积，m^2。

为了寻找 T_a 与大气中太阳辐射量的关系，引入方程：

$$\frac{\delta_a}{T_a} = \frac{\int_0^\infty \sigma_{a(z)} \, \mathrm{d}z}{\int_0^\infty m_{a(z)} \, \mathrm{d}z} \tag{1.2}$$

式中，δ_a 为气溶胶的平均光学厚度；$\sigma_{a(z)}$ 为在高度 z 处的消光系数，m^{-1}；$m_{a(z)}$ 为在高度 z 上的硫酸盐气溶胶质量浓度，g/m^2。

积分式（1.2）可得

$$\frac{\delta_a}{T_a} = \frac{\sigma_{a1}}{m_a} = \alpha_a \tag{1.3}$$

式中，α_a 为气溶胶的消光因子（也称为气溶胶的质量散射系数），m^{-1}。

从式（1.3）可以看出气溶胶的光学厚度是气溶胶的质量散射系数与气溶胶的平均总量之积。

地球表面的太阳辐射强迫与大气上界的入射太阳辐射之间的关系为

$$\frac{I}{I_0} = \mathrm{e}^{-\delta_a} \tag{1.4}$$

即　　　　　　　　　　　　　　　$I = I0\mathrm{e}^{-\delta_a}$

由式（1.4）可以导出气溶胶的光学厚度 α_a，并可得到地表面的太阳辐射强度。

气溶胶的光学厚度是吸收和散射光学厚度之和，即

$$\delta_a = \delta_{\alpha_a} + \delta_{as} \tag{1.5}$$

但是，由于硫酸盐气溶胶对太阳辐射基本不吸收，故取近似为 $\delta_a \approx \delta_{as}$，通常气溶胶的光学厚度小（$\delta_a \leqslant 1$），可以忽略其多次散射，将其视为薄层。此时气溶胶散射通量 P_s 和入射通量 P_i 之比可表示为：

$$\frac{P_s}{P_i} = \tau_e^{-\delta_a \sec\theta} \approx \delta_\alpha \sec\theta \tag{1.6}$$

式中，θ 为太阳的天顶角。

引入向后散射系数 β：

$$\beta(\theta) = \frac{1}{4\pi} \int_0^1 \int_0^{2\pi} P(\mu\varphi\cos\theta)\mathrm{d}\varphi\mathrm{d}\mu \tag{1.7}$$

式中，$P(\mu\varphi\cos\theta)$ 为气溶胶粒子的散射相函数。

大气气溶胶的反射率可表示为

$$R_a = \beta \cdot \frac{F_s}{F_i} = \beta\delta_a \sec\theta \tag{1.8}$$

在计算气溶胶层引起的行星反照率增量 ΔR_p 时，必须对下垫面反照率 R_s，上层大气透过率 T_i 和云量 A_c 进行订正，按照简单的多层反射模式可得气溶胶-地表系统的反照率 R_{as}，即

$$R_{as} = R_a + T_a^2 R_s[1 - R_a R_s + (R_a R_s)^2 + \ldots] \approx R_a + \frac{T_a^2 R_s}{1 + R_a R_s} \tag{1.9}$$

其中，$T_a = 1 - R_a$。

由于气溶胶层而引起的系统反照率的变化为

$$\Delta R_{as} = R_{as} - R_s = R_a + (1 - 2R_a) R_s(1 - R_a R_s) - R_s \approx R_a(1 - R_s)^2 \tag{1.10}$$

考虑到云量的订正，可以得到 ΔR_p，即

$$\Delta R_p = T_i \Delta R_{as}(1 - A_c) \approx T_i^2(1 - A_c) (1 - R_s)^2 \beta\delta_a \sec\theta \tag{1.11}$$

当忽略了 T_i，A_c，R_s，β 和 δ_a 之间的相关性，计算太阳反射辐射通量的增量可近似地表示为

$$\overline{\Delta F_R} = 0.5 S_0 \overline{T_i^2}(1 - \overline{A_c}) (1 - R_s)^2 \beta\delta_a \tag{1.12}$$

式（1.12）中的因子 0.5 是考虑到地球上任一地区均有一半的时间接受到太阳照射。S_0 为太阳常数（文中取 $S_0 = 1367 \text{ W/m}^2$）。β 是 $\beta\cos\theta$ 对 $\cos\theta$ 的平均。

$$\beta = \int_1^0 \beta(\cos\theta)\sin\theta\mathrm{d}\theta \tag{1.13}$$

将上述所讨论的关系推广到整个气溶胶，并考虑气溶胶的吸收作用，则可将式（1.11）改写为

$$\Delta R_p = T_i^2(1 - A_c) \delta_a[\beta W_0(1 - R_s)^2 - 2(1 - W_0) R_s] \tag{1.14}$$

式中，W_0 为气溶胶的单次散射反照率，并在式（1.14）中假定取平均太阳天顶角。

2　资料和参数选取

2.1　气溶胶资料的选取

利用我国辐射观测站的晴天太阳辐射资料，通过辐射传输模式得到了我国 1959～1979 年 TSP 的反演分布，并在此基础上计算了 TSP 引起的辐射强迫；利用 1992 年 7 月～1993 年 6 月的污染源排放资料和同期实际的气象观测资料，通过建立的酸沉降模式[3]得到了 1992 年 7 月～1993 年 6 月我国硫酸盐的时空分布，利用辐射模式计算了硫酸盐气溶胶引起的辐射强迫；根据国家能源发展规划方案，经过详细的调研，在分析研究的基础上，得到了我国未来在 2000 年，2020 年和 2050 年的 SO_2 和 TSP 的排放状况，并已划分到 1° × 1°的基本网格点网上。据此，对硫酸盐气溶胶和 TSP 可能造成对气候的直接辐射强迫效应作了初步的探讨，并绘出了其分布图。

2.2　参数的选取

式（1.12）中云量 A_c 的资料和地表反照率 R_s 的资料均取自我国气象台站 1959～1979 年 20 a 气候整编资料的实际观测资料，并内插到 1° × 1°的经纬网格点上。其他参数取自文献[4]。

3　计算结果及其分析

通过计算得到了新中国成立以来历年大气气溶胶直接引起的辐射强迫。

3.1　50年代，60年代和70年代TSP引起的辐射强迫状况

图 1 为中华人民共和国成立以来我国历年燃煤量的长年变化情况，可以看出：50 年代后期，我国开展了全国范围的大炼钢铁，煤的消耗量出现了高峰（1959 年为 36879 万 t），相应地反演的 TSP 也相对比较高，所引起的辐射强迫值偏大。在新疆塔里木盆地地区出现–5.0W/m² 的闭合圈，在我国大部分地区的辐射强迫在–1.0 W/m² 以上（图 2）。

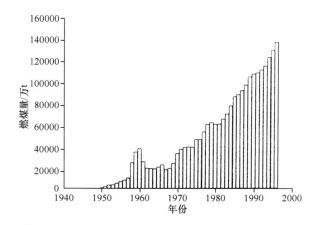

图 1　中华人民共和国成立以来我国历年燃煤量的长年变化情况

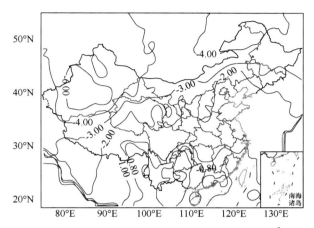

图 2 1959 年 TSP 引起的辐射强迫（单位：W/m^2）

60 年代中期我国煤的消耗量趋于正常（1966 年为 25147 万 t，1969 年为 26595 万 t），反演的 TSP 值较之 1959 年略小，引起的辐射强迫值也比较小。在新疆塔里木盆地地区出现 -5.0 W/m^2 的闭合圈范围缩小（图 3）。

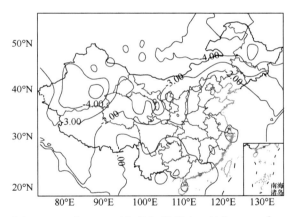

图 3 1969 年 TSP 引起的辐射强迫（单位：W/m^2）

70 年代末期我国开始进行改革开放，工业生产迅猛发展，煤的消耗量急剧上升（1979 年为 63554 万 t，几乎为 1959 年的 2 倍），反演的 TSP 值和由此引起的辐射强迫值明显增大。-5.0 W/m^2 的等值线由新疆大部穿过宁夏和内蒙古西北地区，全国范围由于 TSP 引起的辐射强迫基本上都在 -1.0 W/m^2 以下（图 4）。

需要指出的是：上述计算是利用辐射观测站的晴天太阳辐射资料，通过辐射传输模式反演得到的，在选择资料时，考虑到湿沉降的作用，并已将其剔除。这里包括了由于工业生产排放的大气气溶胶和扬尘的共同作用。

3.2 90年代硫酸盐引起的辐射强迫状况

进入 90 年代，我国国民经济高速发展，燃煤量也迅速提高（1992 年为 11454.92 万 t；1993 年为 115137.55 万 t）。由于大量地燃烧煤，排放到大气的二氧化硫不断增加，导致硫酸盐气溶胶

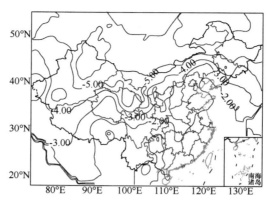

图 4　1979 年 TSP 引起的辐射强迫（单位：W/m²）

浓度升高，硫酸盐气溶胶引起的辐射强迫值增加，最大值出现在工业比较发达的我国沿海地区，图 5～图 8 分别给出了 1992 年 7 月～1993 年 6 月一年各季由于硫酸盐气溶胶引起的辐射强迫全国分布。可以看出，冬、春季节由于燃煤量的增加，硫酸盐气溶胶引起的辐射强迫为全年最高（图 5 和图 6）夏季由于有湿沉降的作用，硫酸盐气溶胶引起的辐射强迫比冬季和春季的明显偏小（图 7），秋季则介于夏季与冬季和春季之间（图 8）。

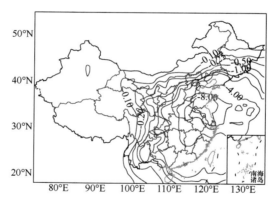

图 5　1993 年 1 月硫酸盐气溶胶粒子引起的辐射强迫（单位：W/m²）

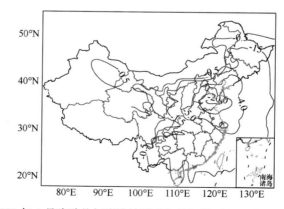

图 6　1993 年 4 月硫酸盐气溶胶粒子引起的辐射强迫（单位：W/m²）

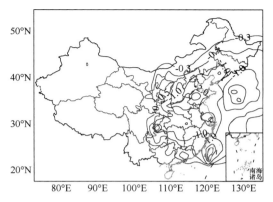

图 7　1992 年 7 月硫酸盐气溶胶粒子引起的辐射强迫（单位：W/m^2）

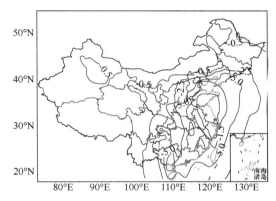

图 8　1992 年 10 月硫酸盐气溶胶粒子引起的辐射强迫（单位：W/m^2）

3.3　2020年净排放二氧化硫和TSP引起的辐射强迫预测研究

图 9 给出了 2020 年硫酸盐气溶胶引起的辐射强迫，可以看出未来硫酸盐气溶胶引起的辐射强迫高值区位于我国未来能源基地的华北中部和两湖地区。四川盆地由于其特殊的地理位置和特殊的地形条件，在其周围地区有一个高值中心。

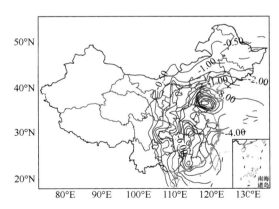

图 9　2020 年硫酸盐气溶胶粒子引起的辐射强迫（单位：W/m^2）

图 10 为未来 2020 年 TSP 引起的辐射强迫，其分布形状基本上与硫酸盐气溶胶引起的辐射强迫一致，其强迫值明显地小于硫酸盐气溶胶引起的辐射强迫。

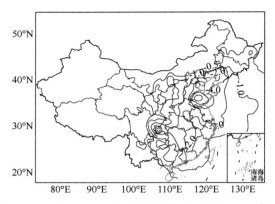

图 10　2020 年 TSP 引起的辐射强迫（单位：W/m²）

3.4　2050年净排放二氧化硫和TSP引起的辐射强迫预测研究

图 11 给出 2050 年硫酸盐气溶胶引起的辐射强迫，可以看出未来硫酸盐气溶胶引起的辐射强迫高值区与 2020 年的基本一致，但强度增大。

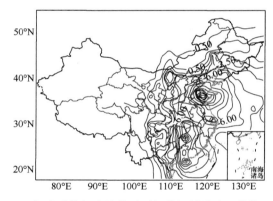

图 11　2050 年硫酸盐气溶胶粒子引起的辐射强迫（单位：W/m²）

图 12 为未来 2050 年 TSP 引起的辐射强迫，其分布形状基本上与硫酸盐气溶胶引起的辐射强迫一致，其强迫值也较 2020 年增加。

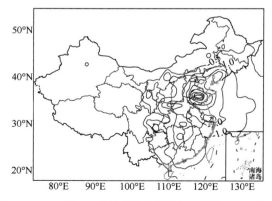

图 12　2050 年 TSP 引起的辐射强迫（单位：W/m²）

4 结 论

通过上述分析，得到以下几点结论：

（1）我国大气气溶胶引起的辐射强迫与我国能源，特别是燃煤的消耗量密切相关。随着消耗量的增加，大气气溶胶（TSP 和硫酸盐气溶胶粒子）引起的辐射强迫也增加。

（2）在利用辐射模式讨论大气气溶胶引起的直接辐射强迫时，不能忽视扬尘和沙尘的作用。

（3）我国由于大气气溶胶引起的直接辐射强迫主要集中在工业比较发达的城市或地区，四川盆地由于其特殊的地理位置和气候条件，在该地区因大气气溶胶产生的辐射强迫始终比较大。

（4）文中给出的 2020 年和 2050 年的辐射强迫是未来规划的情景，并未考虑采取任何减排措施。

参 考 文 献

[1] Houghton J T, et al. Climate change 1995. IPCC.1996. Cambridge.

[2] Charlson R J. 人为硫酸盐气溶胶对气候的直接强迫——一个世纪后看 Arrhenrus 模型. AMBIO: 人类环境杂志, 1997, 26(1): 25.

[3] 姜振远, 等. 我国和东亚地区硫化物的大气输送——流场分型统计输送模式. 环境科学研究, 1997, 10(1): 14.

[4] 章澄昌, 等. 大气溶胶数程. 北京: 气象出版社, 1995.

Research on Radiation Forcing Caused by Man-made Emission of Atmospheric Aerosol

GAO Qingxian, REN Zhenhai, JIANG Zhenyuan

Center for Climate Change Impact Research, NEPA, Beijing 100012

Abstract: The direct radiation forcing(RF) caused by atmospheric aerosol(TSP and sulfate aerosol) over the years was calculated through using the built RF model of atmospheric aerosol, and the geographic distribution was also got. The RF had close relation with the energy consumption in China, especially with her coal consumption. With the increase of coal consumption, the RF also increased. It was pointed out that fine sand and raise dust can not be ignored when discussing the RF by using RF models. The high values of RF in China were mainly located in those industry-developed regions and cities. The RF value in Sichuan Basin was larger all the time due to its special geographic and climate conditions.

Key words: atmospheric aerosol; radiation forcing; man-made emission

兰州西固地区光化学烟雾污染气质模式[①]

李金龙[1]，张其苏[1]，唐孝炎[1]，任阵海[2]，彭贤安[2]，刘希玲[2]，齐立文[2]，

陈长和[3]，黄建国[3]，田炳申[4]，金素文[4]

1. 北京大学技术物理系
2. 中国环境科学院
3. 兰州大学地理系
4. 甘肃省环境保护研究所

摘要：以兰州西固地区为研究对象，建立了描述该地区光化学烟雾污染的大气质量模拟模式——柱子模式。将该模式与实测数据进行了比较，结果表明，该模式基本上能够定量地描述当地所发生的光化学烟雾污染的主要污染物的时空分布及形成过程，可为污染评价、预测及污染治理提供依据。

关键词：光化学烟雾；空气质量模式；数学模拟；空气污染

1 前　言

自光化学污染事件发生之后，包括化学反应的气质模式引起了普遍注意。国外对此已有过不少报道，国内也开始了这方面的工作[1-4]。

我国自 1974 年发现兰州西固地区有光化学烟雾迹象[5]。1981 年至 1983 年，对该地区进行了大气物理及大气化学的综合观测。我们根据观测所得数据，参考 MacCracken 等所提出的 LIRAQ-2 模式[2]，提出了可描述兰州西固地区光化学烟雾污染的柱子模式。

2 模　式

从污染物质的质量守恒方程出发，按照 MacCracken[2]和张其苏等[6]的推导，得到第 i 个物种在 z 方向的平均浓度 $\overline{C_i} = \left[\int_0^H C_i(x,y,z,t)\mathrm{d}z \right] \dfrac{1}{H}$ 所满足的偏微分方程：

$$\frac{\partial}{\partial t}(H\overline{C_i}) + \frac{\partial}{\partial x}(Hu\overline{C_i}) + \frac{\partial}{\partial y}(Hv\overline{C_i}) = \frac{\partial}{\partial x}[K_x \frac{\partial}{\partial x}(H\overline{C_i})] + \frac{\partial}{\partial y}[K_y \frac{\partial}{\partial y}(H\overline{C_i})] + H\overline{Q_i} + H\overline{R_i} + W_h + W_l \quad (2.1)$$

式（1）中每个符号上的"—"表示相应的物理量在 z 方向的平均值；u、v 代表风速在 x、y 方向的分量；H 代表混合层高度；K_x、K_y 代表水平湍流扩散系数；W_h、W_l 分别表示单位时间从单

① 原载于《环境科学学报》，1988 年，第 8 卷，第 2 期，125~130 页。

位上边界面或下边界面进入模拟区的该物种的量；Q_i 为源强；R_i 为化学反应导致的浓度增加率。解此偏微分方程组，便得到各个污染物的垂直平均浓度 $\overline{C}_i$（$i=1,2,\cdots,n$）随位置〔x，y〕及时间（t）的变化。

3　光化学反应模式和 k_1 值

方程（1）中 R_i 值取决于光化学反应情况。我们采用 Whitten 等提出的碳键Ⅰ机理模拟大气中的化学反应。该模式共有 32 个化学反应，参加反应的物种共 19 种，其中碳氢化合物按碳键分为四类，即饱和键（PAR）、活泼双键（OLE）、不活泼双键（ARO，包括芳烃及乙烯）和羰基化合物（CAR）。该模式的正确性已经过烟雾箱实验和野外实验验证[8]。

碳键机理包括四个光化学反应，反应速率由光强决定，其中最重要的是 NO_2 的光解速率常数 k_1，其余三个光化学反应速率都与 k_1 有关。k_1 由太阳的总辐射量、天顶角及云量等因素决定[9]。在 1982 年集中观测期间，我们曾用 NO_2 光解法测定了一批 k_1 值[10]，发现无论用 Jones 等的指数型经验公式或 Zafonte 等的余弦型公式[9]，都与实验值相差甚远。因此，我们重新建立了一个线性关系：

$$k_1=0.036+0.37Q \tag{3.1}$$

式中，Q 为总辐射量[cal/（min·cm^2）]。

将实测数据和上述线性关系的计算值作线性回归，样本数为 85，结果得相关系数为 0.889，信度<0.01。

4　数　值　计　算

式（1.1）没有解析解，计算时把除自变量 t 以外的其他自变量（x，y）离散化，化偏微分方程组为关于 t 的常微分方程组[8]，用小参数法[9]对此常微分方程组求数值解。这样计算，要把模拟区分割为底面积相等、高为 H 的若干个气柱，认为每个气柱内的污染物浓度是混合均匀的，求得每个气柱内各种污染物浓度（$\overline{C}_i$）在不同时间的值，故称之为柱子模式。

5　输　入　数　据

5.1　W_h 与 W_l

W_h 是由于对流、扩散而从模拟区上边界（$z=H$ 处）流入（或流出）的污染物量。由于上边界层处的大气运动情况（如风速、风向和湍流扩散系数等）很难测定，故为简化起见，除臭氧外，对其他物种令 $W_h=0$，对于臭氧，取 $W_h=2[\overline{O_3}]$，其中 α 为比例常数，计算中取 $\alpha=0.5$，$[\overline{O_3}]$ 为模拟区内对应点（x，y）的臭氧垂直平均浓度。

W_l 表示由模拟区下边界 Z_0（$Z=5m$）进入的污染物量，$W_l=q_i-V_{d_i}C_i(Z_0)$。式中，q_i 为面源源强；V_{d_i} 为沉降速率，表示物种与地面作用被吸收或被分解的速率。因无现场数据，采用文献值

（表1）。面源强度 q_i 用实测值。

表1　某些物种的沉降速率

粒种	沉降速率/（m/min）	粒种	沉降速率/（m/min）
NO	0.18[2, 10]	PAN	0.12[11]
NO_2	0.18[9]	HNO_2	1.80[12]
O_3	0.4[2]	H_2O_2	0.60[12]
CAR	0.60[2]		

5.2　污染源

采用污染源调查组提供的资料，当点源的排放口高于混合层顶时，不考虑此点源的排放。当其有效排放高度低于混合层高度时，则认为其排放的污染物全部进入混合层。介于二者之间，则用内插法处理。

5.3　风速、风向、温度、湿度和太阳辐射

均采用地面定时、定点常规气象观测的数据。1982年由于观测资料不全，整个模拟区内用一个平均风速，与实际情况相距甚远。1983年8月测定了风场分布（布点情况见图1），并用反平方内插法算出各网格点上的 x、y 方向的风速分量，再按照风速随高度变化的指数规律计算每个柱内的平均风速。风廓线指数 P 由对实测值作曲线拟合（最小二乘）得到，并按不同稳定度分类，求出 P 的平均值，稳定度分类按 Pasquill 法进行，结果见表2。

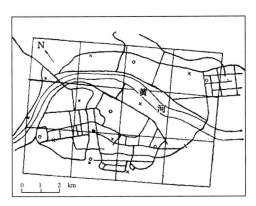

图1　模拟区分格及采样点示意图

×污染物采样点　·综合气象观测点　○风速测量点

表2　不同稳定度下的风廓线指数

稳定度	A	B	C	D
P	0.12	0.21	0.26	0.30

水平湍流扩散系数的垂直平均值 $K_x = K_y = K$ 用 MacCracken 等提供的公式计算[2]，并且认为 K 值只是时间的函数，不随位置改变。

5.4 污染物实测数据

模式计算中的边值与初值用实测数据，计算结果用模拟区中的测量值检验。

边值：在模拟区外 1～30km 内布设三个监测点，以三个点实测值的平均值作边值。

初值：每天 7：00～18：00 每小时测量一次，用 7：00 的实测值作初值。

校验：在模拟区内 1982 年设 6 个监测点，1983 年设 12 个监测点（图 1）。测定方法为：NO、NO$_2$ 用盐酸萘乙二酸比色法；O$_3$ 用硼酸碘化钾法；NMHC、C$_2$～C$_4$ 分类及 PAN 用气相色谱法；甲醛用乙酰丙酮比色法；SO$_2$ 用盐酸对品红比色法；CO 用汞置换法；H$_2$S 用荧光光度法。

化学法测出的是光化学氧化剂，而模式计算出来的是臭氧。由于本地区 NO$_2$ 和 SO$_2$ 浓度较低，故未作校正。

用上述实测值来检验模式计算值，有两点说明：①1983 年 8 月曾测量 NO$_x$、O$_3$、NMHC（非甲烷总烃）的垂直分布（地面至 400m）。由于不同高度处浓度的最大差值与监测误差相近，因此可用地表的监测浓度作为计算所得平均浓度的检验值。②由于监测点并不位于计算格子的中心，故把计算值用二维线性插值法换算成监测点的值，再与实测值比较。

6 计算结果及模式评价

按照西固地区的地形、山脉走向及工厂布局，模式计算时把东西向分成四个格子，南北向分成三个格子，共十二个边长为 2.5km 的方形格子，格子的东西向边与正东夹角 26°（图 1）。

选择各种监测数据较齐全并有代表性的日子共七天进行模拟计算，计算结果见表 3、表 4。

表 3 实测值与计算值的统计分析结果

测定日期	臭氧			非甲烷烃			甲醛			氮氧化物		
	样品数	相关系数	$\frac{C_计}{C_实}$	样品数	相关系数	$\frac{C_计}{C_实}$	样品数	相关系数	$\frac{C_计}{C_实}$	样品数	相关系数	$\frac{C_计}{C_实}$
1983.8.13	113	0.123	0.819	113	−0.058	0.368	86	−0.110	7.334	119	−0.099	5.456
1983.8.18	108	0.390	1.123	124	0.206	1.035	113	0.521	4.152	130	0.279	1.439
1983.8.19	129	0.587	1.201	122	−0.106	0.985	122	0.181	1.784	120	−0.107	1.671
1983.8.20	111	0.306	1.150	128	−0.068	0.923	115	0.433	4.353	108	0.138	1.882
1982.8.14	47	0.374	0.801	53	0.010	0.694	20	0.142	6.582	54	−0.244	3.168
1982.8.16	47	0.268	1.012	62	0.113	0.718	29	0.011	2.629	64	0.070	2.225
1982.8.17	56	0.341	0.833	61	0.196	0.404	20	0.700	5.508	66	0.340	2.530
总计	611	0.453	1.034	663	0.031	0.733	505	0.209	3.242	661	0.018	2.383

表 4 臭氧日最大值对照表 （单位：ppb）

日期	1983.8.13	1983.8.18	1983.8.19	1983.8.20	1982.8.14	1982.8.16	1982.8.17
计算值	51	207	226	148	131	154	164
实测值	77	214	205	182	332	265	218
差值	−26	−7	21	−34	−201	−111	−54

从表 3 可见，对于臭氧，七天中有五天模拟的置信水平大于 95%[13]，故该模式能很好地模拟臭氧。其次是醛类化合物，七天中有四天的置信水平＞95%。从相关系数看，对非甲烷总烃及氮氧化物的模拟结果不太好。可见，该模式基本上可以模拟光化学烟雾最主要的代表物臭氧浓度随时空的变化情况。

从表 4 可见，1983 年计算出的臭氧最大值比 1982 年的更接近监测值。这是由于 1983 年增设了测风站（共 12 个），并用数学处理得到 12 个模拟柱子内各自不同的平均风速，使模式中对污染物随风对流的描述更接近实际。

在模拟的七天中，1983 年 8 月 13 日是阴天，太阳辐射量减少，光化学反应速度明显降低，故臭氧的实测值应该比其他六天低。实测数据恰好如此（表 4）。这是西固地区确实存在光化学烟雾污染的证明之一。而模式计算值也明显地反映出这种变化，再次说明本模式能较好地模拟光化学烟雾。

非甲烷总烃的模拟计算结果比实测值约低 26%，且相关性很差，这是由于烃类污染源主要是石油化工厂和炼油厂的溢漏，其排放量的估算误差较大。另外，模式计算的是参与光化学反应的烃类，而不包括甲烷和某些不活泼烃类，而监测数据则包括这些成分在内，故计算值比实测值小。

从表 3 可见，甲醛的日变化计算值与实测值的变化趋势一致，但比实测值高几倍，其原因是在模式计算中，CAR 代表全部羟基化合物，而实测值仅为甲醛的值，故计算值必然比实测值高。

7　结　　论

本模式可以定量地模拟在极其复杂的大气环境中发生的光化学烟雾污染。通过计算能得到模拟区内不同地理位置的主要污染物在不同时间的浓度。

本模式计算结果为污染物的垂直平均浓度。在浓度随高度变化较大的情况下，可通过简便的数学处理，计算出浓度随高度的分布。

致谢：参加本工作现场观测的还有：中国环境科学院大气所、兰州大学地理系、甘肃省环境保护研究所大气室的工作人员以及兰州化学公司研究院监测站杨林青、张漪心，兰州炼油厂监测站荀邦哲、杨洪渝，甘肃省监测站李超云、敖运安等同志。

参 考 文 献

[1] Reynolds S D et al. Atmos Environ, 1973, 7: 1033.

[2] MacCracken M C et al. J Appl Metero, 1978, 17: 254.

[3] Mc Rae G J et al. Atmos Environ, 1982, 16: 679.

[4] 唐孝炎等. 环境科学学报, 1984, 4: 33.

[5] 甘肃省环境保护研究所大气化学组. 环境化学, 1980, 1: 24.

[6] 张其苏等. 数值计算与计算机应用, 1986, 7(2): 199.

[7] Whitten G E et al. Environ Sci Technol, 1980, 14: 690.

[8] Zafonte L et al. Environ Sci Technol, 1977, 11: 283.

[9] 韩天敏. BIT, 1983, 23: 118.

[10] 白实等. 环境研究, 1983, 3: 17.

[11] Mcmahon T A et al. Atmos Environ, 1979, 13: 571.

[12] Fystein Hov. Atmos Environ, 1983, 17: 536.

[13] 阿姆斯塔特 B L. 可靠性数学. 北京: 科学出版社, 1980 年.

A Mathematical Model of Photochemical Pollution at Xigu District in Lanzhou

LI Jinlong[1], ZHANG Qisu[1], TANG Xiaoyan[1], REN Zhenhai[2],
PENG Xianan[2], LIU Xiling[2], QI Liwen[2], CHEN Changhe[3],
HUANG Jianguo[3], TIAN Bingshen[4], JIN Suwen[4]

1. Peking University
2. Chinese Research Academy of Environmental Sciences
3. Lanzhou University
4. Gansu Provincial Research Institute of Environmental Protection

Abstract: An air quality simulation model—column model for describing photochemical smog pollution at Xigu district in Lanzhou has been developed. Calculated results were compared with the data observed on Aug.12, 14, 17, 1982 and Aug. 13, 18~20, 1983 and it was found that the model can describe the temporal and spatial distributions of main pollutants in this area.

Key words: photochemical smog; air quality model; air pollution; column model

兰州西固工业区夏季臭氧浓度变化的气象条件[①]

陈长和[1]，黄建国[1]，任阵海[2]，彭贤安[2]

1. 兰州大学地理系
2. 中国环境科学研究院，北京

在国家环保局支持下，1981～1983 年夏季，在西固区进行了大气化学和大气物理相结合的综合性试验研究。从三年夏季在西固区集中监测的 32 天资料看，臭氧时均值超过 100ppb 以上的共 17 天，其中超过 200ppb 的严重污染日有 10 天。本文讨论臭氧这种二次污染物严重污染出现的气象条件及其浓度日变化规律。

1　出现高浓度臭氧的气象条件

从臭氧监测资料与天气形势对比分析看到，高空槽后的地面冷空气活动对本地区臭氧浓度有重大影响。试验期间有两次冷锋经过兰州，时间是 1982 年 8 月 15 日和 1983 年 8 月 15 日。在冷锋到达兰州以前，兰州处于高空槽前，边界层内层结较不稳定，风速较大，臭氧浓度在 100ppb 以下。冷锋过境，引起降水，然后兰州处于地面高压区，层结稳定，风速微弱，天气虽然晴朗，但中午前后烟雾很浓，西固区出现 200ppb 以上的臭氧高值。图 1 表示了 1983 年 8 月 15 日冷锋降水前后臭氧浓度和气象因子的变化。

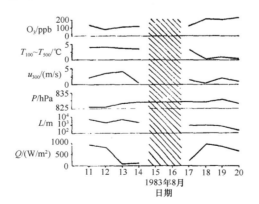

图 1　西固区 O_3 浓度和气象因子逐日变化

O_3 是日最大浓度，$T_{100}\sim T_{300}$ 是早晨 8 时高度 100m 到 500m 间温差，u_{300} 是 12 时 300m 高度的风速，P 是兰州 8 时地面气压，Q 是 12 时 30 分太阳总辐射，L 是 12 时能见距离，阴影区是降水

① 原载于《科学通报》，1985 年，第 24 期，1891～1893 页。

　　图 1 中冷锋过境前后边界层特征，以 12 日和 18 日的探测资料来说明，资料是用 TS-2A 系留探空仪探测得到的。12 日兰州处于槽前，臭氧最高时均值为 80ppb，由图 2 可见，边界层内风速较大，层结为中性而无显著日变化。18 日出现 202ppb 的高臭氧值，边界层特征如图 3。夜间有贴地逆温，凌晨逆温延伸直到高度 600m，逆温持续到上午 10 时；8 时混合层开始发展，但发展缓慢，14 时混合层高度为 600m；该日风速微弱，中午 12 时，混合层内平均风速仅 1m/s，此时臭氧出现高值。可见 12 日和 18 日边界层内大气稀释扩散能力有显著差别，这种差别导致臭氧浓度的不同。这两天的太阳总辐射值都较大，无显著差别。

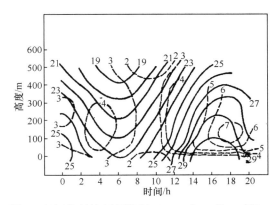

图 2　轻污染日边界层特征（1983 年 8 月 12 日）
虚线是等温线（单位：℃）；实线是等风速线（单位：m/s）

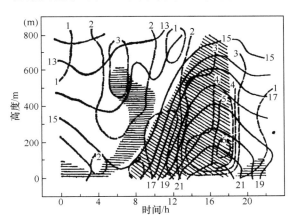

图 3　重污染日边界层特征（1983 年 8 月 18 日）
横线阴影表示逆温层；斜线阴影表示混合层

　　调查和监测资料分析表明，西固区常在雨后放晴时出现臭氧高值，对人眼刺激明显。北京大学技术物理系和甘肃省环保研究所等单位通过模拟实验否定了几种可能的大气化学原因。从上述分析可以看到，雨后放晴臭氧浓度增加，是天气过程影响边界层内气象条件，使大气稀释扩散能力降低所致。对臭氧这样一种二次污染物，气象条件仍然是影响其浓度的重要因子。

2　西固区臭氧浓度日变化

　　西固区形成臭氧的前体物主要来源于工厂，排放源强度并无大的昼夜差别。臭氧浓度日变化主要联系于太阳辐射和气象条件日变化。1983 年 8 月 18、19、20 日三天的臭氧最大时均浓度都超过 200ppb。这三天的污染物浓度和气象要素的平均日变化如图 4 所示。西固区臭氧浓度峰值出现在 12 时，而二氧化氮峰值出现在 9 时，峰值出现时间接近于美国南加利福尼亚地区[1]，虽然该地区的主要污染源是汽车排放，与西固不同。由图 4 可见西固臭氧浓度变化可分为三个阶段：

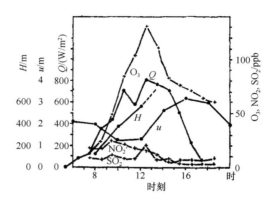

图 4　污染物浓度和气象要素日变化

Q 是太阳辐射，u 是高度 500m 以下平均风速，H 是混合层高度。污染物浓度取五站平均值

（1）上午积累阶段。上午边界层内风速很小，混合层高度较低，有利于臭氧及其前体物的积累。随太阳辐射增强，臭氧生成率增加，前体物二氧化氮随臭氧浓度的增加而在 9 时以后下降。

（2）中午峰值阶段。中午，整个边界层内风速仍处于低值，虽是夏季中午，但混合层高度仅 600m，而太阳总辐射通量达最大值，为臭氧峰值出现提供了有利气象条件。西固电厂是西固区最大的二氧化氮和二氧化硫排放源，在静风条件下，有效源高度约 500m，中午时，烟云正好处于混合层内，烟气迅速向地面扩散，为臭氧的形成提供了前体物。小风条件下强的扩散使污染物在盆地内弥散，在中午时形成水平面积 $10\sim30km^2$ 的烟团。

（3）午后消散阶段。午后风速增加；混合层高度进一步增加；对流云的发展，使部分臭氧被排入混合层以上的大气中[2]，以及太阳辐射减弱导致臭氧发生率减小，这些因素使臭氧浓度迅速减低。

在西固下风方向 $12\sim40km$ 的四个监测点上，试验期间有 17 次测到臭氧浓度大于 120ppb，多数情况下，高浓度值出现在午后，落后于西固区数小时，表明西固区光化学烟雾可以顺风输送数十公里。

致谢：本文所用资料由课题协作组提供。协作组由中国环境科学院、甘肃省环保局、甘肃省环保研究所、北京大学技术物理系、兰州大学地理系、甘肃省监测站、兰化监测站、兰炼监测站共八个单位参加。

参 考 文 献

[1] Wayne, R. P., Chemistry of Atmosphere, Clarendon Press, Oxford, 1985, 206.

[2] Jason, K. S., Third Joint Conference Application of Air Pollution Meteorology, American Meteorological Society, San Antonio, Texas, 12~15, January 1982, 5-9.

北京夏季典型$PM_{2.5}$与O_3相继重污染事件分析[①]

尉鹏[1]，王文杰[1]，苏福庆[1]，任阵海[1]，白建辉[2]，潘本峰[3]，杨建辉[3]，魏复盛[3]

1. 中国环境科学研究院，北京 100012
2. 中国科学院大气物理研究所，北京 100029
3. 中国环境监测总站，北京 100012

摘要： 根据北京市环境保护监测中心发布的 $PM_{2.5}$ 和 O_3 小时质量浓度及气象、卫星遥感数据，分析了 2013 年 7 月 2 日至 10 日北京典型 $PM_{2.5}$ 及 O_3 重污染过程的质量浓度特征及在大气边界层过程各个阶段的质量浓度演变。结果表明，北京夏季 O_3 质量浓度先于 $PM_{2.5}$ 达到峰值，而天气型演变是导致这一现象的主要原因。具体过程为：①重污染初始阶段，高压天气型利于前体物积累，$PM_{2.5}$ 及 O_3 质量浓度升高；②在反气旋中部，由于各种污染物质量浓度较低，对大气紫外波段辐射的吸收较弱，导致该阶段紫外辐射强，因而加快了 O_3 生成的光化学反应，O_3 质量浓度最先达到峰值；③在反气旋后部，随 $PM_{2.5}$ 质量浓度增加，辐射变弱，因此 O_3 质量浓度增加速度下降，而受高压后部影响，区域内 $PM_{2.5}$ 经东南风输送通道进入北京，导致北京 $PM_{2.5}$ 质量浓度相继达到峰值；④在重污染清除阶段，在北方反气旋前部的冷锋清除作用下，$PM_{2.5}$ 及 O_3 质量浓度同时降低至谷值。

关键词： 环境工程学；$PM_{2.5}$；O_3光化学反应；天气型

0 引 言

当前我国以颗粒物为主要污染物的大气环境污染形势非常严峻，影响到人民群众根本利益，事关经济持续健康发展[1]。为此，国务院发布了《大气污染防治计划》，要求到 2017 年北京市 $PM_{2.5}$ 年均质量浓度须控制在 $60\mu g/m^3$ 左右，任务艰巨。根据北京市环境监测中心发布的 37 个站点数据统计，$PM_{2.5}$ 和 O_3 是北京市出现日数最多的首要污染物，而高质量浓度的 $PM_{2.5}$ 和 O_3 会损伤人体呼吸系统，危害人体健康[2]，导致能见度下降并造成交通事故多发，甚至对牲畜、植被造成伤害，严重影响人们生活以及空气质量[3-4]。因此，大量学者针对 $PM_{2.5}$ 和 O_3 在化学成分分析[5-7]、颗粒物数值模拟[8-9]、污染物质量浓度与气象要素关系等方面开展了大量研究工作，加深了人们对 $PM_{2.5}$ 一次、二次组分及 O_3 光化学反应机理的认识。

对污染物跨区输送路径以及时空演变规律的研究对区域大气污染的联防联控，以及预测预警方法的建立具有重要意义。任阵海等[10]结合气象观测资料和诊断分析方法，绘制了中国大气污染物输送的背景图，揭示了中国及环北京周边省市的大气输送基本流场和污染物的输送特征，并指

① 原载于《安全与环境学报》，2015 年，第 15 卷，第 6 期，311~315 页。

出天气型及大气环境背景场能够反映区域颗粒物的质量浓度变化[11]。利用大气环境背景场及大气边界层过程概念，任阵海[12]、尉鹏[13-15]等研究了北京及其周边地区的边界层颗粒物输送汇，指出北京地区中小尺度的大气环流以及颗粒物的输送特征，研究结果与卫星遥感以及实际观测相一致。Chen 等[16]统计了天气型与污染物质量浓度演变的关系，结果表明，我国北方冬季 API(Air Pollution Index) 指数与天气型的演变密切相关，这一结论同样适用于细粒子及夏季降水前的边界层过程。在此基础上，相关研究提出大气边界层过程概念，按照颗粒物形成机制将污染物质量浓度时间变化分为积累、汇聚、清除阶段，分析了各阶段在对应天气形势下的污染特征[17]。近期研究指出，由于颗粒物在边界层过程各个阶段具有特定的形成机制和运动特征，其质量浓度的时间演变、空间分布、输送、汇聚、积累、清除均与大尺度天气形势、空间配置及结构特征变化有关。此外，作为 O_3 前体物之一的 NO_2 质量浓度演变也存在特定的边界层过程[18]。可见，边界层过程较好地解释了区域内污染物质量浓度急剧变化的成因，有助于区域重污染的防控与预测预警。

目前，有关北京市 $PM_{2.5}$ 与 O_3 出现各自污染峰值的时间顺序的研究较少，难以判断大气污染是以 $PM_{2.5}$ 为主还是 O_3 为主，给进一步制定有效减排、控制规划并采取相应治理措施带来了困难。究其原因，是有关 $PM_{2.5}$ 与 O_3 各自的边界层过程及其相互影响关系的研究较少。因此，本文拟利用环境与气象监测数据，结合辐射资料，以 2013 年夏季依次发生 $PM_{2.5}$ 与 O_3 重污染典型事件为例，研究 $PM_{2.5}$ 与 O_3 质量浓度演变的相互影响机制，为尽快实现《北京市 2013—2017 年清洁空气行动计划》的目标提供参考。

1　数　据　来　源

（1）气象数据以海平面气压场数据作为主要分析资料，同时还包括地面风向、风速等数据；

（2）$PM_{2.5}$ 及 O_3 小时质量浓度监测数据来自北京环境监测站每日发布数据；

（3）中国环境监测总站实时发布的北京、廊坊、石家庄、唐山、天津等城市的 $PM_{2.5}$ 及 O_3 平均小时质量浓度；

（4）用于研究 O_3 前体物 NO_2 区域分布的卫星遥感资料；

（5）紫外辐射数据来自北京辐射香河观测站点。

2　结果与讨论

2.1　$PM_{2.5}$ 和 O_3 质量浓度演变

图 1 显示了 2013 年 7 月 2 日至 10 日北京环境监测站发布的 $PM_{2.5}$ 及 O_3 质量浓度的日均值演变。7 月 2 日 2：00，北京 $PM_{2.5}$ 质量浓度为 $9.00\mu g/m^3$，O_3 质量浓度为 $20\mu g/m^3$，处于边界层过程谷值。随后 O_3 质量浓度迅速上升，7 月 2 日、3 日、4 日的日峰值质量浓度逐日升高，分别达到 $139\mu g/m^3$、$162 \mu g/m^3$ 和 $233\mu g/m^3$，5 日峰值质量浓度下降至 $192\mu g/m^3$，而 $PM_{2.5}$ 质量浓度变化较小，浓度积累较慢，7 月 2~4 日大多时间 $PM_{2.5}$ 质量浓度低于 $50\mu g/m^3$，在边界层过程的积累阶段 O_3 质量浓度的上升速度显著高于 $PM_{2.5}$。7 月 6~8 日，$PM_{2.5}$ 质量浓度出现迅速增加现象，日峰值从 $100\mu g/m^3$ 增加至 $256\mu g/m^3$，增加了 156%，达到边界层过程的峰值阶段；而 7 月 6~8 日

O$_3$ 质量浓度保持平稳，没有出现突增现象。7 月 8 日后，PM$_{2.5}$ 与 O$_3$ 质量浓度显著下降，日峰值分别于 9 日 17：00 和 10 日 00：00 降低至 30μg/m^3 和 7μg/m^3，且 O$_3$ 日峰值下降更为显著，PM$_{2.5}$ 与 O$_3$ 质量浓度分别完成本次边界层过程。

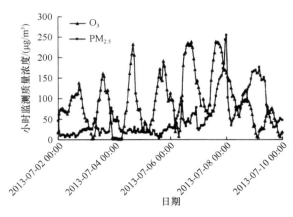

图 1　2013 年 7 月 2～10 日北京 PM$_{2.5}$ 和 O$_3$ 质量浓度监测结果

可见，北京夏季 PM$_{2.5}$ 与 O$_3$ 质量浓度具有明显的过程性，在边界层过程的积累阶段，O$_3$ 质量浓度上升较快，而 PM$_{2.5}$ 质量浓度增加较为平缓；到达边界层过程的峰值阶段时，PM$_{2.5}$ 质量浓度突然增加，O$_3$ 质量浓度变化相对稳定；在边界层过程的下降阶段，PM$_{2.5}$ 与 O$_3$ 同步降低至谷值。因此，观测结果表现为先出现 O$_3$ 重污染以及相继出现的 PM$_{2.5}$ 叠加重污染事件。

2.2　各城市首要污染物变化的过程性

为研究 PM$_{2.5}$ 与 O$_3$ 质量浓度变化特征，选取北京、廊坊、石家庄、唐山、天津 5 个城市的 O$_3$ 与 PM$_{2.5}$ 日平均质量浓度，计算各日 PM$_{2.5}$ 质量浓度与 O$_3$ 质量浓度的差值，用差值的正负结果表示当日污染以 PM$_{2.5}$ 为主或以 O$_3$ 为主。7 月 1～9 日各城市 PM$_{2.5}$ 与 O$_3$ 日均质量浓度的差值演变见图 2。

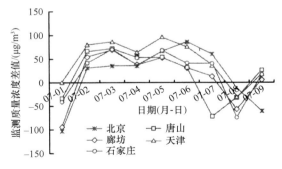

图 2　各城市 PM$_{2.5}$ 与 O$_3$ 质量浓度差值变化

各城市 PM$_{2.5}$ 与 O$_3$ 质量浓度差值具有同步特征，7 月 1 日 PM$_{2.5}$ 与 O$_3$ 质量浓度差值处于谷值，7 月 2 日进入边界层过程的累积阶段，由于 O$_3$ 质量浓度上升速度高于 PM$_{2.5}$，差值显著升高；7 月 5～6 日，O$_3$ 质量浓度平稳而 PM$_{2.5}$ 质量浓度突增，导致大多城市 5 日差值达到最大；在边界层过程下降阶段，O_3清除效果较$PM_{2.5}$显著，因此，差值再次达到谷值。可见，由于O_3与$PM_{2.5}$各自的边界层过程特征，其日均质量浓度的差值具有显著的过程性。

2.3 PM~2.5~和O~3~边界层过程的成因分析

大气边界层过程概念解释了颗粒物日均值质量浓度的演变成因，可正确分析各阶段污染物的来源。而先前研究大多基于颗粒物的物理运动分析，对O_3光化学反应的边界层过程尚缺少研究。本文拟结合天气型、NO_2浓度变化及紫外辐射数据，对O_3的光化学边界层过程进行探讨。

2.3.1 紫外辐射与PM~2.5~、O~3~质量浓度的相互影响分析

2013年7月2日12：00至5日12：00，北京辐射峰值分别为952W/m²、966W/m²、949W/m²和943W/m²，持续达到940 W/m²以上（图3），这导致在边界层过程累积阶段光化学反应速度较快，O_3质量浓度迅速上升，7月2~6日日峰值质量浓度从139μg/m³上升至230μg/m³（图1）。此后，由于$PM_{2.5}$质量浓度的积累上升，7月6日达到100μg/m³，造成辐射衰减，7月7日辐射峰值下降至811W/m²，光化学反应减弱，但此时O_3质量浓度继续上升，日峰值达到239μg/m³，这也是本次边界层过程的峰值。可见，O_3质量浓度的峰值出现在$PM_{2.5}$质量浓度上升导致的辐射衰减之后。$PM_{2.5}$质量浓度在边界层过程峰值阶段出现了突增现象，7月8日峰值质量浓度迅速上升，较7日上升近150%，达到256μg/m³。细粒子的高质量浓度造成了辐射的急剧下降，7月8日14：00辐射峰值仅289 W/m²，光化学反应明显减弱，7月8日O_3峰值质量浓度下降至237μg/m³。进入边界层过程的清除阶段后，辐射较弱，$PM_{2.5}$质量浓度与O_3质量浓度达到谷值。

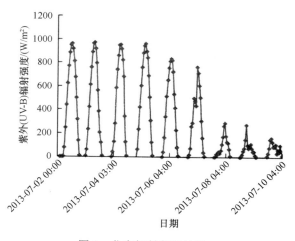

图3 北京辐射监测结果

可见，紫外辐射强度的演变具有显著的过程性，并与$PM_{2.5}$、O_3质量浓度相互作用。其具体表现为，在污染过程初期，$PM_{2.5}$、O_3质量浓度较低，因而紫外辐射高，光化学反应强，O_3质量浓度最先达到峰值；随$PM_{2.5}$质量浓度增加，辐射变弱，导致O_3质量浓度上升缓慢。这是O_3峰值质量浓度先于$PM_{2.5}$发生的主要形成机制之一。

2.3.2　前体物浓度演变分析

O$_3$ 的光化学反应除与辐射强迫密切相关，还受到前体物浓度的影响。图 4 显示了 7 月 2～9 日北京周边（113°E～120°E，35°N～42°N）NO$_2$ 的卫星观测结果。在边界层过程[15]的积累初期，北京及周边地区 NO$_2$ 柱浓度为 0.2×10^{16} 分子/cm^2，可见区域前体物浓度较低。7 月 5 日，前体物浓度积累上升，北京南部大兴地区 NO$_2$ 柱浓度达到 1×10^{16} 分子/cm^2 以上，而天津塘沽、河北省南部达到 1.5×10^{16} 分子/cm^2，前体物的积累促进了生成 O$_3$ 的光化学反应，这是导致 O$_3$ 质量浓度在边界层过程积累阶段持续上升的原因之一。可见，作为 O$_3$ 前体物之一的 NO$_2$ 在整个区域内的积累、输送是导致北京地区 O$_3$ 质量浓度持续数日上升的另一主要原因。

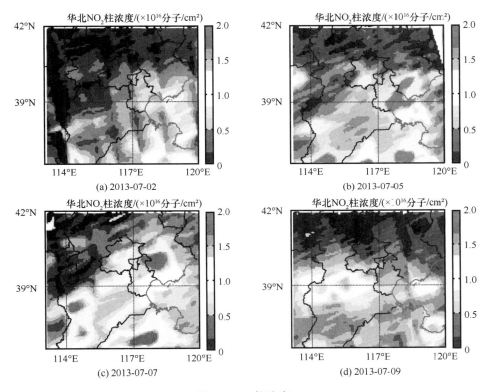

图 4　NO$_2$ 柱浓度

2.3.3　天气型分析

大气边界层过程与天气型演变密切相关，天气型的变化决定了区域大气边界层过程各个阶段的转变时间[15]。图 5 反映了本次 O$_3$ 与 PM$_{2.5}$ 污染过程时段的海平面气压场变化情况。可见，本次边界层过程同时受到大陆高压、副热带高压均压场及低压均压场的控制。7 月 2 日，大陆高压前锋位于山西、河北北部，北京地区清除系统作用下 PM$_{2.5}$、O$_3$ 及前体物 NO$_2$ 浓度均处于谷值；此后，大陆高压控制北京地区，此时 PM$_{2.5}$ 质量浓度在 30μg/m^3 以下，因而辐射较强，加之 NO$_2$ 浓度的积累，导致 O$_3$ 光化学反应逐日增强，O$_3$ 及 NO$_2$、PM$_{2.5}$ 浓度持续上升，但不具有同步性特征；7 月 8 日，副热带高压西进北抬，中心位于太平洋，强度达到 1020hPa，边缘控制北京地区。系统性的输送流场使区域内 O$_3$、PM$_{2.5}$ 及 NO$_2$ 前体物向北京输送，造成各种污染物浓度同步达到峰值；

7月9日5：00，大陆高压再次南下影响华北，北京受其影响，各种污染物浓度迅速降低，达到谷值，此次 $PM_{2.5}$、O_3 重污染过程结束。

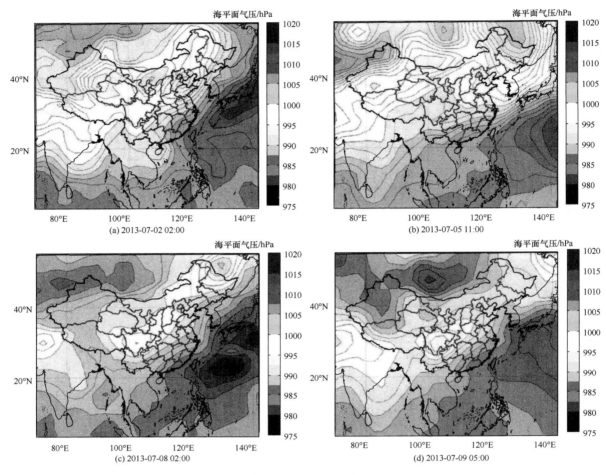

图5　海平面气压场

可见，天气型演变决定了 $PM_{2.5}$ 在本地及区域内积累、输送和汇聚的物理过程，同时还通过影响辐射及前体物浓度变化，促进 O_3 光化学反应，进而造成 O_3 质量浓度的过程性演变。

2.3.4　气象要素分析

2013年7月2~9日北京重污染期间风向、风速及温度的演变曲线见图6。其中，风向要素变化显著，波动范围在 0°~360°，主要反映了重污染期间北京地区南、北风相互转换的日变化特征。7月8~10日，$PM_{2.5}$ 污染显著加重期间，风向在 150° 附近出现频次增加，这与系统性偏南风导致的重污染密切相关[19]。与风向相比，2013年7月2~9日风速变化较小，在 3~5m/s 附近振荡，随 O_3 及 $PM_{2.5}$ 质量浓度变化的波动较小。2013年7月2~9日温度变化稍复杂，在污染过程上升阶段，温度变化较小，而当污染物质量浓度显著下降时，7月8日后温度显著降低，这主要与北部冷空气南下、清除污染物作用相关。可见，各个气象要素的变化与此次重污染过程具有一定的相关关系，但各个要素随污染物质量浓度的变化呈现不同的变化特征。

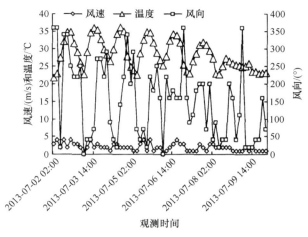

图6　北京气象要素监测结果

3　结　　论

综合利用气象、污染监测数据及卫星遥感观测资料，以2013年7月2～9日北京地区发生的一次典型的夏季重污染事件为例，研究了PM$_{2.5}$与O$_3$重污染发生的主要原因，从污染物累积、输送、汇聚的物理过程及紫外辐射变化的光化学过程分析了PM$_{2.5}$与O$_3$质量浓度演变的相互影响关系。

（1）本次重污染过程的特征是在初始阶段O$_3$质量浓度较高，是首要污染物，在重污染峰值阶段PM$_{2.5}$质量浓度迅速升高，成为首要污染物。

（2）重污染初期，各种污染物质量浓度普遍较低，因而紫外辐射高，光化学反应强，O$_3$质量浓度最先达到峰值，随PM$_{2.5}$质量浓度增加，辐射变弱，导致O$_3$质量浓度上升缓慢，这是O$_3$峰值质量浓度先于PM$_{2.5}$发生的主要形成机制。

（3）天气型的演变不仅决定了PM$_{2.5}$在本地及区域内的积累、输送和汇聚的物理过程，还通过影响辐射及前体物浓度的变化，导致O$_3$质量浓度变化，是影响PM$_{2.5}$及O$_3$质量浓度变化的主要原因。

参 考 文 献

[1] WANG Wei(王威), WANG Zifa(王自发), WU Qichong(吴其重), et al. Variation of PM$_{10}$ flux and scenario analysis before and after the Olympic opening ceremony in Beijing[J]. Climatic and Environmental Research(气候与环境研究), 2010, 15(5): 652-661.

[2] KONG Qinxin(孔琴心), LIU Guangren(刘广仁), LI Guichen(李桂忱).Surface ozone concentration variation and possible influences on human health[J]. Climatic and Environmental Research(气候与环境研究), 1999, 4(1): 61-66.

[3] JENKIN M E. Analysis of sources and partitioning of oxidant in the UK—part 1: the NO$_x$ dependence of annual mean concentration of nitrogen dioxide and ozone[J]. Atmospheric Environment, 2004, 38(30): 5117-5129.

[4] JENKIN M E. Analysis of sources and partitioning of oxidant in the UK—part 2: contributions of nitrogen dioxide emissions and background ozone at a kerbside location in London[J]. Atmospheric Environment, 2004, 38(30): 5131-5138.

[5] SONG Yu(宋宇), TANG Xiaoyan(唐孝炎), FANG Chen(方晨), et al. Source apportionment on fine particles in Beijing[J]. Environmental Science(环境科学), 2002, 11(23): 11-16.

[6] DUAN Yuxiao(段欲晓), XU Xiaofeng(徐晓峰). The pollution characteristics of SO_2 and meteorological conditions analyses in Beijing[J]. Meteorological Science and Technology(气象科技), 2001, 29(4): 11-14.

[7] ZHANG Ning(张宁), ZHANG Xiang(张翔), YUAN Yue(袁悦), et al. Research on pollution characterization of polycyclic aromatic hydrocarbons and the water-soluble inorganic ions in atmospheric aerosols during the firecrackers periods[J]. Journal of Safety and Environment(安全与环境学报), 2010, 10(6): 105-109.

[8] CHENG S Y, LI J B, FENG B, et al. A Gaussian-Box modeling approach for urban air quality management in a northern Chinese city—I. model development[J]. Water, Air and Soil Pollution, 2007, 178 (1): 37-57.

[9] CHENG S Y, CHEN D S, LI J B, et al. The assessment of emission source contributions to air quality by using a coupled MM5-ARPS-CMAQ modeling system: a case study in the Beijing metropolitan region, China[J]. Environmental Modelling and Software, 2007, 22 (11): 1601-1616.

[10] REN Zhenhai(任阵海), GAO Qingxian(高庆先), SU Fuqing(苏福庆), et al. The regional characteristics of the atmospheric environment and the impact of dust-storm in Beijing[J]. Engineering Science(中国工程科学), 2003, 5(2): 49-56.

[11] SU Fuqing(苏福庆), REN Zhenhai(任阵海), GAO Qingxian(高庆先), et al. Convergence system of air contamination in boundary layer above Beijing and North China: transportation convergence in boundary layer[J]. Research of Environmental Sciences(环境科学研究), 2004, 17(1): 26-40.

[12] REN Zhenhai(任阵海), SU Fuqing(苏福庆). Several characteristics of atmospheric environ-mental quality in China at present[J]. Research of Environmental Sciences(环境科学研究), 2004, 17(1): 1-6.

[13] WEI Peng(尉鹏), REN Zhenhai(任阵海), SU Fuqing(苏福庆), et al. Seasonal distribution and cause analysis of NO_2 in China[J]. Research of Environmental Sciences(环境科学研究), 2011, 24(2): 155-162.

[14] WEI Peng(尉鹏), SU Fuqing(苏福庆), CHENG Shuiyuan(程水源), et al. Spatial and temporal distribution of NMVOCs in China as determined by formaldehyde column density measurements from satellite observation[J]. Research of Environmental Sciences(环境科学研究), 2010, 23(12): 1475-1480.

[15] WEI Peng(尉鹏), REN Zhenhai(任阵海), CHEN Liangfu(陈良富), et al. Remote sensing diagnosis analysis of spatial and temporal distribution of carbon monoxide in China[J]. Journal of Environmental Engineering Technology(环境工程技术学报), 2011, 1(3): 197-204.

[16] CHEN Z H, CHENG S Y, LI J B, et al. Relationship between atmospheric pollution processes and synoptic pressure patterns in northern China[J]. Atmospheric Environment, 2008, 42(24): 6078-6087.

[17] WEI P, CHENG S Y, LI J B, et al. Impact of boundary-layer anticyclonic weather system on regional air quality[J]. Atmospheric Environment, 2011, 45(14): 2453-2463.

[18] WEI P, REN Z H, SU F Q, et al. Environmental process and convergence belt of atmospheric NO_2 pollutants in North China[J]. Acta Meteorologica Sinica, 2011, 25(6): 797-811.

[19] AN Junling(安俊岭), LI Jian(李健), ZHANG Wei(张伟), et al. Simulation of transboundary transport fluxes of air pollutants among Beijing, Tianjin, and Hebei Province of China[J]. Acta Scientiae Circumstantiae(环境科学学报), 2012, 32(11): 2684-2692.

Analysis of the Successive Typical $PM_{2.5}$ and O_3 Heavy Pollution Episodes in Summer of Beijing

WEI Peng[1], WANG Wenjie[1], SU Fuqing[1], REN Zhenhai[1], BAI Jianhui[2], PAN Benfeng[3], YANG Jianhui[3], WEI Fusheng[3]

1. Chinese Research Academy of Environmental Sciences, Beijing 100012, China
2. Institute of Atmospheric Physics, Chinese Academy of Sciences, Beijing 100029, China
3. China National Environmental Monitoring Center, Beijing 100012, China

Abstract: The present paper is engaged in an analysis of the successive typical $PM_{2.5}$ and O_3 heavy pollution episodes in summer of Beijing. In this paper, we have made an exploration of the characteristic features of the representative $PM_{2.5}$ and O_3 heavy air pollution accidents and the variation of their concentrations at each stage of the atmospheric environment process based on the study of $PM_{2.5}$ and O_3 concentration data published by Beijing Municipal Environmental Monitoring Center and the national meteorological observation data in combination with the remote-sensing data. The findings and the careful analysis indicate that O_3 concentration reached the peak value prior to $PM_{2.5}$, which should account for the main evolution of the synoptic pattern. At the same time, the chief facts of our analysis tend to demonstrate the following evolutionary tendency of the meteorological features in Beijing Area. ① At the beginning stage of the air pollution, the concentration of $PM_{2.5}$ and O_3 tends to rise due to the accumulation in the center of anticyclone. ② In the middle of anticyclone stage, the absorption of UV radiation turns to be very weak because of the low concentrations of various pollutants. And, as a result, the rising radiation during the center of anticyclone, the UV radiation tends to increase consequently. Therefore, the concentration of O_3 is likely to reach the peak value prior to $PM_{2.5}$ under the control of the central anticyclone. ③ At the rear stage, it would be possible for the concentration of $PM_{2.5}$ to rise for the effect of the wind from the south. And, then, the high concentration of $PM_{2.5}$ may reduce the radiation at the rear of the anticyclone, so that O_3 concentration tends to rise slowly. On the other hand, $PM_{2.5}$ reaches its top concentration due to the transportation caused by the southeast wind, which is likely to take place in the later period of the air pollution accidents affected by the rear of anticyclone. ④ Finally, at the clearing stage of the air pollution, both the concentrations of $PM_{2.5}$ and O_3 tend to drop dramatically due to the clearing function of the cold front of the strong north anticyclone. The results have a certain reference value to the warning and controlling of heavy air pollution event.

Key words: environmental engineering; $PM_{2.5}$; O_3 photochemical reaction; synoptic pattern

北京一次近地面O_3与$PM_{2.5}$复合污染过程分析[①]

李婷婷[1]，尉　鹏[2]，程水源[1]，苏福庆[2]，任阵海[2]，白健辉[3]

1. 北京工业大学区域大气复合污染防治北京市重点实验室，北京 100124
2. 中国环境科学研究院，北京 100012
3. 中国科学院大气物理研究所，北京 100029

摘要：利用 O_3、$PM_{2.5}$ 监测数据、紫外辐射观测数据及气象观测资料，结合 WRF 模式模拟的大气环境背景场，分析了 2014 年 9 月 3~8 日北京一次近地层 O_3 与 $PM_{2.5}$ 复合污染过程。结果表明，O_3 和 $PM_{2.5}$ 出现高质量浓度污染与大陆高压和副热带高压系统的相继持续控制有关，较强的紫外辐射及高压形成的下沉气流是造成边界层复合污染，尤其是 O_3 污染的主要原因。此次复合污染过程中，O_3 于 9 月 4~7 日连续 4 d 超标，$PM_{2.5}$ 于 9 月 5~7 日连续 3 d 超标。造成这一现象的原因为：受大陆高压和副高压的持续影响，北京地区天气晴朗、紫外辐射较强，地面风场较弱，700 hPa 以下持续存在下沉气流，O_3 日均质量浓度逐日上升，于 9 月 5 日先到达峰值，同时 $PM_{2.5}$ 日均质量浓度逐日升高；6 日在副高西部边缘偏南暖湿气流输送及形成的平流逆温作用下，$PM_{2.5}$ 质量浓度突增，削弱了太阳紫外辐射强度，O_3 质量浓度开始下降。此后，在低压槽作用下 $PM_{2.5}$ 质量浓度增到峰值，O_3 质量浓度保持下降趋势。9 月 5~7 日形成了 3 d 的 O_3 与 $PM_{2.5}$ 复合污染事件。

关键词：环境学；O_3 与 $PM_{2.5}$；复合污染；大气环境背景场

0 引　言

随着经济快速发展、机动车保有量增加及能源消耗量增大，大气污染物的排放量大幅增加，我国经济发达的大中城市大气复合污染问题日益严峻[1-2]。传统煤烟型污染的性质正在发生变化，主要表现为大气能见度降低、氧化性增强及区域性污染，O_3 和 $PM_{2.5}$ 形成的二次污染态势更加严峻[3-4]。大量研究结果显示，由以高浓度 O_3 为特征的光化学污染及高浓度细粒子引起的霾污染共同形成的复合型大气污染，严重危害人体及动植物健康，降低空气质量，甚至导致酸雨、气候变化等重大环境问题，是当前全球面临的最突出的大气污染现象[5-7]。因此，以 O_3 和 $PM_{2.5}$ 为关键因子的大气复合型污染，引起了国内外学者的广泛关注[8-10]。

近年来，北京地区近地面 O_3 浓度及大气氧化性呈现逐年上升的趋势[11-13]，加上细粒子的交织复合，北京呈现高浓度 O_3 与高浓度细粒子并存的复合大气污染特征[14]。当前已有一些针对天气型

① 原载于《安全与环境学报》，2017 年，第 17 卷，第 5 期，1979~1985 页。

的臭氧及颗粒物污染影响研究。颜敏等[15]指出，副热带高压和热带气旋外围下沉气流是造成深圳地区夏季臭氧污染的主要天气过程。Chan 等[16]研究表明，中国香港地区在秋冬大陆性气团控制时臭氧浓度较高，夏季海洋性气团控制时臭氧浓度较低。任阵海等[17]研究指出，颗粒物质量浓度的变化与天气型的演变及大气环境背景场密切相关，稳定的大陆高压脊形成的持续下沉气流、低空长时间的逆温层和干洁的暖空气盖是造成区域重污染的典型大气环境背景场。苏福庆等[18]提出，输送汇是形成北京及华北地区重污染的重要形式，包含外来污染物输送汇、地形或热岛环流形成的局地输送汇及静风天气背景下污染物堆积形成的静风汇。陈朝晖等[19]对北京一次 PM₁₀ 重污染过程进行了诊断分析，指出 PM₁₀ 重污染的形成、峰值及消散阶段与天气型演变具有较好的对应关系，分别对应的天气型为大陆高压均压、相继出现的低压均压和高气压梯度的锋区。2011 年，Wei 等[20]在前人研究的基础上，提出了大气边界层过程的概念，并指出细粒子、O₃ 质量浓度演变也存在特定的边界层过程，对边界层过程的不同阶段进行深入分析，可以较好地解释污染物质量浓度急剧变化的成因。尉鹏等[21]对北京地区 2013 年夏季一次臭氧和 PM₂.₅ 相继重污染过程进行分析得出，天气型的演变是形成臭氧和 PM₂.₅ 质量浓度变化的主要原因，既决定了 PM₂.₅ 的累积、输送和汇聚的物理过程，又可以通过影响辐射及臭氧前体物间接影响臭氧的质量浓度。

目前研究较多的是颗粒物的重污染过程，针对细颗粒物和 O₃ 复合污染过程的研究仍较少。本文采用 WRF 模式模拟气象背景场，并结合 O₃、PM₂.₅ 观测数据及气象观测数据等，对 2014 年 9 月 3～8 日一次 O₃ 和 PM₂.₅ 复合污染过程进行分析，以得出引起二者同时污染的原因及污染特征，为北京地区夏秋季节以 O₃ 和 PM₂.₅ 为代表的复合污染的防控提供参考。

1　数　据　来　源

（1）2014 年 9 月 3～8 日的 O₃、PM₂.₅ 观测数据取自中国环境监测站，以天坛站的 O₃、PM₂.₅ 观测资料进行分析。该站位于东城区，是北京市 12 个国控站点之一，也是北京市城区环境评价点之一，能够较好地代表北京市空气质量。

（2）紫外辐射数据取自香河辐射观测站，测定波段为 UVA 和 UVB（280～400nm）。香河辐射观测站位于河北香河县，距北京城区仅 50km 左右，观测值能够较好地代表北京地区的辐射情况。

（3）气象实测资料取自中国气象局每 3h 一次的气象观测数据。模式验证及气象探空数据使用北京观象台（站号：54511）观测值，该站数据频次高，靠近市区，还是北京地区气象观测站中唯一一个参加全球常规气象资料交换的台站。

（4）WRF 模式输入的气象初始场数据来自美国国家环境预报中心的 NCEP 再分析数据，分辨率为 1°×1°，每 6h 一次。

2　O₃ 和 PM₂.₅ 复合污染过程及模型介绍

2.1　O₃ 和 PM₂.₅ 复合污染过程

图 1 显示了 2014 年 9 月 3～8 日一次典型 O₃ 和 PM₂.₅ 复合污染过程的质量浓度演变序列。根

据 GB 3095—2012《环境空气质量标准》，O_3 日最大 8 h 滑动平均质量浓度（以下简称 O_3 质量浓度）的二级标准限值为 160μg/m³，$PM_{2.5}$ 日均质量浓度二级标准限值为 75μg/m³。由图 1 可见，本次污染过程中 O_3 质量浓度连续 4d 超标，$PM_{2.5}$ 质量浓度连续 3d 超标，9 月 5～7 日 O_3 与 $PM_{2.5}$ 形成连续 3d 的复合污染。9 月 3 日 O_3 质量浓度较低，9 月 3～5 日 O_3 质量浓度持续上升，$PM_{2.5}$ 质量浓度也在同步上升，9 月 5 日 O_3 质量浓度增到此次污染过程的峰值 215μg/m³，此后 O_3 质量浓度开始下降；而 9 月 5～7 日 $PM_{2.5}$ 质量浓度继续上升，并于 9 月 7 日达到峰值 142μg/m³；9 月 8 日 O_3 和 $PM_{2.5}$ 质量浓度均大幅度降低，降至此次污染过程的谷值，O_3 和 $PM_{2.5}$ 复合污染得到有效缓解。

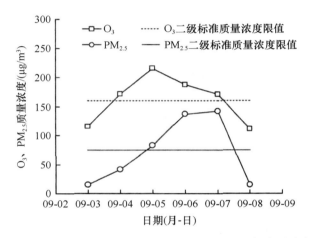

图 1　2014 年 9 月 3～8 日 O_3 最大 8 h 滑动平均及 $PM_{2.5}$ 日均变量浓度演变序列

2.2　模型设置及验证

为全面了解引起 O_3 和 $PM_{2.5}$ 复合污染的大气环境背景场特征，采用 WRF 模式（Weather Research and Forecasting Model）对气象场进行模拟，以弥补气象实测数据时间和空间分辨率的不足。模拟区域采用两层网格嵌套，外层网格覆盖中国地区，分辨率为 27km；内层网格覆盖北京及周边部分省市，分辨率为 9km。投影方式为 Lambert 投影，物理过程采用 Lin et al. 微物理方案、Kain-Fritisch（new Eta）积分方案、Dudhia 云辐射方案及四层土壤方案。

基于气象观测值评估 WRF 对气象要素的模拟效果，采用标准化平均偏差（NMB）、标准化平均误差（NME）及均方根误差（RMSE）作为统计误差分析的评估量，NMB、NME、RMSE 分别反映模拟值与观测值的平均偏离程度、平均绝对误差及偏离程度，3 个统计量越接近 0 表明模拟效果越好。

考虑观测值的可获得性，气象要素选用地面 2m 温度（T_2）和 10 m 风速（WSP_{10}），时间为 9 月 3 日 02：00 到 9 月 8 日 23：00，每 3 h 一个数值，共 48 个数值。表 1 为 3 个统计量指标，可见模式对温度的模拟较为准确，NMB、NME 和 RMSE 均在较小范围内，对风速的模拟存在一定的不确定性，但误差在可接受范围内，与文献报道中评估结果相当[22-24]。图 2 为观测值与模拟值的时间序列。总体来说，WRF 模式对气象要素模拟效果较好，能较好地重现地面 2m 温度和 10m 风速的峰值分布及变化趋势。

表1 地面 2m 温度和 10m 风速模拟值与观测值的统计指标

变量	NMB/%	NME/%	RMSE
T_2	−7.79	8.89	2.33
WSP_{10}	29.02	49.61	1.24

3 结果与讨论

为深入分析此次 O_3 和 $PM_{2.5}$ 复合污染的形成及消散过程,根据污染过程中 O_3 和 $PM_{2.5}$ 日均质量浓度的变化特征,将此次 O_3 及 $PM_{2.5}$ 的复合污染过程分为 3 个阶段进行讨论:第一个阶段是 O_3 和 $PM_{2.5}$ 日均质量浓度同步上升阶段(9 月 3~5 日);第二个阶段是 $PM_{2.5}$ 质量浓度上升而 O_3 质量浓度下降阶段(9 月 6~7 日);第三个阶段是 O_3 和 $PM_{2.5}$ 质量浓度同步快速下降阶段(9 月 8 日)。

3.1 O_3 和 $PM_{2.5}$ 同步上升阶段

9 月 3 日大陆高压前部锋区向南推进,覆盖并影响北京地区,形成清除型大气环境背景场,17:00 北京地面风速达到 5m/s(图 2),有利于各污染物的扩散。9 月 4 日大陆高压继续向南推进,移动到华东沿海并与西太平洋副热带高压合并,北京处于合并后的高压北部弱气压场控制(图 3a),近地面系统风较弱(图 3b)。9 月 5 日副高西部大范围均压场控制北京地区,形成显著的静稳型天气(图 4a),全天风速在 3m/s 以下,近地面系统风进一步减弱(图 4b)。因此,在大陆高压和副热带高压的相继持续控制形成的稳定的大气环境背景场作用下,9 月 4~5 日污染物扩散条件较差。

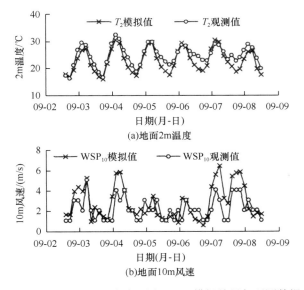

(a)地面2m温度

(b)地面10m风速

图 2 2014 年 9 月 3~8 日气象要素 WRF 模拟结果与观测数据对比

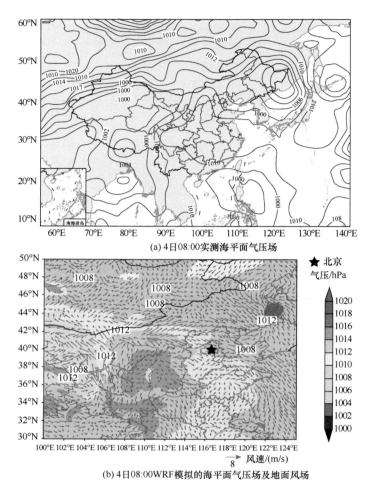

(a) 4日08:00实测海平面气压场

(b) 4日08:00WRF模拟的海平面气压场及地面风场

图 3　2014 年 9 月 4 日 08：00 气象背景场

大气垂直结构对城市大气污染的形成具有重要影响[25]。为了进一步认识大陆高压及副高控制下形成 O_3 和 $PM_{2.5}$ 复合污染的机理，模拟了 2014 年 9 月 4 日 00 时至 5 日 23 时（世界时）北京地区垂直气流剖面图，下文讨论过程中将世界时转换为北京时间（北京时间=世界时+8h）。图 5

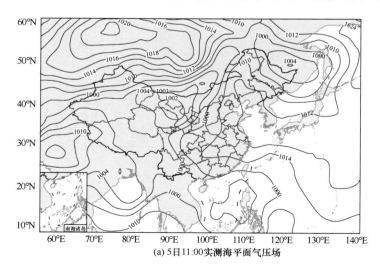

(a) 5日11:00实测海平面气压场

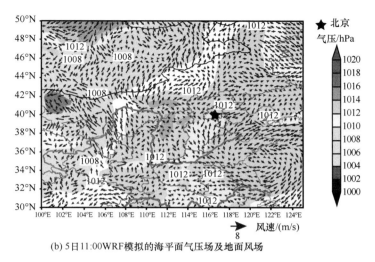

(b) 5日11:00WRF模拟的海平面气压场及地面风场

图4 2014年9月5日11：00气象背景场

显示了垂直气流随时间和高度的演变过程。由图5可见，北京时间4日18时至5日08时及5日13时至6日08时700hPa以下存在明显的下沉气流（正值表示下沉气流，负值表示上升气流），最强下沉气流出现在4日21时左右。低空长时间存在下沉气流不利于污染物的垂直输送和扩散，容易造成颗粒物、臭氧前体物等污染物在边界层内累积和滞留[26]。此外，下沉气流影响下多晴朗少云天气[27]，此次污染过程发生在夏末秋初，晴朗的天气情况下气温较高，紫外辐射较强，观测资料显示9月3~8日以9月5日紫外辐射最强，日均值达到604.8W/m²，是发生光化学反应生成 O_3 的有利条件。

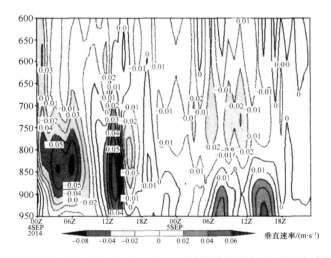

图5 2014年9月4日00：00至5日23：00 WRF模拟的垂直气流时间-高度剖面图（世界时）

在大陆高压及副高的相继持续影响形成的大气环境背景场作用下，O_3 质量浓度逐日累积并到达此次污染过程的峰值，同时 $PM_{2.5}$ 质量浓度不断累积增高。4日 O_3 质量浓度上升到171.25μg/m³，超过 $O_3$8h 平均二级标准质量浓度限值（GB 3095—2012，160μg/m³），5日 O_3 质量浓度上升到峰值215.25μg/m³，日增量达到44μg/m³。4日 $PM_{2.5}$ 日均质量浓度上升至41.54μg/m³，5日 $PM_{2.5}$ 日均质量浓度上升至82.96μg/m³，超过二级标准质量浓度限值（GB 3095—2012，75μg/m³）。

3.2 O₃质量浓度下降而PM₂.₅质量浓度上升阶段

9月6日副热带高压向海上东移，北京处于副高西部边缘地区（图6a），地面西太平洋副高西部边缘常形成区域性偏南气流，北京东南线的天津、济南等地区及西南线的石家庄、保定等地区是我国污染较严重的地区，来自这些地方的污染物容易在偏南气流作用下向北输送，影响北京地区的空气质量[28]。根据WRF模拟的气象背景场（图6b），山东半岛有明显的偏东气流、太行山地区是偏南气流，北京在区域性偏东南暖湿气流输送、积聚影响下污染物质量浓度突增。9月6日较5日PM₂.₅日均质量浓度增量达到54.13μg/m³，增加了65.24%。

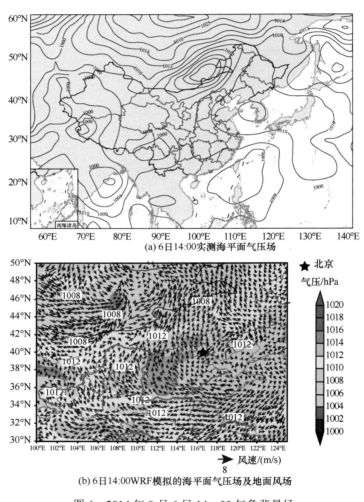

(a) 6日14:00实测海平面气压场

(b) 6日14:00WRF模拟的海平面气压场及地面风场

图6 2014年9月6日14:00气象背景场

由北京观象台2014年9月6日08:00的气象探空数据，得出图7所示的温度露点及相对湿度垂直廓线图。由图7a可知，500m以下相对湿度达到95%左右，500～2000m相对湿度最小值达到80%左右。在边界层潮湿的大气环境下，颗粒物吸附大量水汽，扩散能力减弱，且高湿边界层有利于PM₂.₅中二次粒子的转化形成[28-30]。图7b为温度和露点温度随高度变化图。可知，600m和2000m左右处存在明显的逆温结构，逆温层下大气层结构稳定，污染物的稀释扩散能力减弱，

从而导致 $PM_{2.5}$ 不断累积增多[31]。在 9 月 6 日 O_3 和 $PM_{2.5}$ 同步污染过程中,低空大气潮湿和逆温结构均非常明显,有利于污染物在大气边界层内滞留,$PM_{2.5}$ 日均质量浓度上升到 $137.08\mu g/m^3$,比 $PM_{2.5}$ 日均质量浓度二级标准限值($75\mu g/m^3$)高出 $62.08\mu g/m^3$。

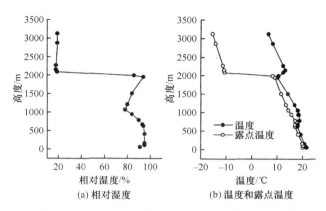

(a) 相对湿度   (b) 温度和露点温度

图 7 北京观象台 2014 年 9 月 6 日 08:00 相对湿度及温度露点垂直廓线图

颗粒物的散射和吸收可贡献城市大气总消光系数的 80%~90%,而细粒子又是颗粒物中的主要消光粒径段,$PM_{2.5}$ 污染对降低紫外辐射强度具有显著作用,在一定程度上影响到驱动光化学反应生成 O_3 的能量源[32-36]。根据观测资料,9 月 6 日的日均紫外辐射强度为 $567.2\ W/m^2$,较 5 日紫外辐射强度减弱了 6.22%。$PM_{2.5}$ 质量浓度的突增导致紫外辐射强度减弱,光化学反应条件变差,因此,O_3 日均质量浓度转上升趋势为下降。9 月 6 日 O_3 日均质量浓度下降到 $187.38\mu g/m^3$,较 9 月 5 日减量为 $27.88\mu g/m^3$。

9 月 7 日副热带高压东退入海,相继出现的东北低压槽控制北京地区(图 8),在低压槽的持续稳定影响下,持续浓雾且伴有小雨,低空潮湿,有利于气态污染物发生均相或非均相等湿驱动反应,通过二次转化生成二次无机气溶胶,导致 $PM_{2.5}$ 质量浓度累积增多[28-30]。而潮湿多云的天气条件及霾污染不利于发生光化学反应,根据观测资料,7 日的日均紫外辐射强度出现明显下降,降至 $274.4\ W/m^2$,较 6 日降低了 51.62%,发生光化学反应生成臭氧的条件较为不利。$PM_{2.5}$ 日均质量浓度较 6 日继续上升,到达峰值 $142.21\mu g/m^3$。O_3 质量浓度较 6 日下降至 $170.75\mu g/m^3$,仍在 O_3 日均质量浓度二级标准限值以上,至此形成了 3 d 的 O_3 和 $PM_{2.5}$ 复合污染事件。

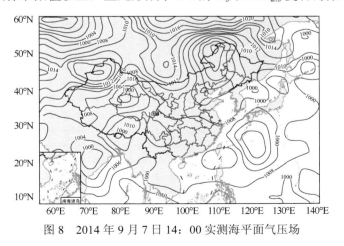

图 8 2014 年 9 月 7 日 14:00 实测海平面气压场

3.3 O₃及PM₂.₅质量浓度同步快速下降阶段

9月8日东北低压槽移出北京，大陆高压前部锋区再次向南推进，覆盖并影响北京地区。图9为WRF模拟的9月8日08：00海平面气压场及地面风场。由图9可知，北京地区处于大陆高压前部锋区控制范围内，气压梯度较大，近地面是强偏北气流，形成清除型大气环境背景场，02：00北京地面风速达到4m/s（图2），且持续时间较长。在清除型天气背景作用下各污染物迅速扩散，O_3前体物NO_2、CO等较7日均大幅下降，O_3及$PM_{2.5}$质量浓度同步快速下降，O_3日均质量浓度降到谷值111.38μg/m³，$PM_{2.5}$日均质量浓度降到谷值14.75μg/m³，此次O_3、$PM_{2.5}$复合污染过程结束。

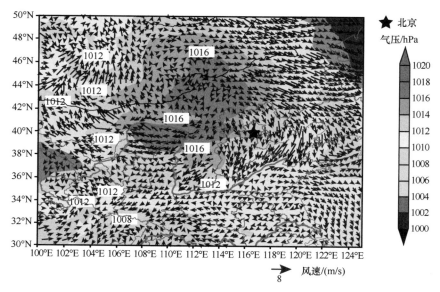

图9　2014年9月8日08：00WRF模拟的海平面气压场及风场

4　结　　论

本文综合利用污染物、紫外辐射、气象观测资料及WRF模式，以2014年9月3～8日一次边界层O_3和$PM_{2.5}$的复合污染过程为例，从污染物的累积、输送和汇聚角度研究了O_3及$PM_{2.5}$复合污染的形成、消散，并分析了两种污染物在质量浓度演变过程中的相互影响，得出以下结论。

（1）在此次复合污染过程中，大陆高压和副高的相继持续影响形成的地面弱风场、下沉气流、强紫外辐射是造成O_3质量浓度累积并到达峰值的主要天气型，也是导致$PM_{2.5}$质量浓度累积增高的重要天气型。

（2）在此次O_3和$PM_{2.5}$的复合污染过程中，O_3先于$PM_{2.5}$到达峰值。O_3和$PM_{2.5}$同时上升，O_3先到达峰值，而后偏东南暖湿气流的输送及低压的累积作用使$PM_{2.5}$质量浓度继续升高并到达峰值。

（3）O_3质量浓度由上升到下降的转折点发生在$PM_{2.5}$质量浓度突增阶段。在副高西部边缘偏南气流输送及高湿、逆温作用下 $PM_{2.5}$ 质量浓度突增，由于霾污染对能见度及紫外辐射具有削弱作用，O_3 质量浓度在此时开始下降。

（4）大陆高压和副高的相继持续控制是导致此次 O_3 污染和 $PM_{2.5}$ 累积升高的主要原因，天气型演变又是形成 O_3、$PM_{2.5}$ 复合污染环境过程的重要原因。因此，关注天气型结构及其演变对于预报 O_3、$PM_{2.5}$ 复合污染、及时做出相应的防控措施具有重要意义。

参 考 文 献

[1] ZHU Tong(朱彤), SHANG Jing(尚静), ZHAO Defeng(赵德峰). The roles of heterogeneous chemical processes in the formation of an air pollution complex and gray haze[J]. Scientia Sinica Chimica(中国科学：化学), 2010, 40(12): 1731-1740.

[2] CHAN C K, YAO X. Air pollution in mega cities in China[J]. Atmospheric Environment, 2008, 42(1): 1-42.

[3] LI J, LU K, LV W, et al. Fast increasing of surface ozone concentrations in Pearl River Delta characterized by a regional air quality monitoring network during 2006-2011[J]. Journal of Environmental Sciences, 2014, 26(1): 23-36.

[4] XU X, LIN W, WANG T, et al. Long-term trend of surface ozone at a regional background station in eastern China 1991-2006: enhanced variability[J]. Atmospheric Chemistry and Physics, 2008, 8 (10): 2595-2607.

[5] FIORE A M, DENTENER F J, Wild O, et al. Multimodel estimates of intercontinental source-receptor relationships for ozone pollution[J]. Journal of Geophysical Research-Atmospheres, 2009, 114: D04301.

[6] TIE X, WU D, BRASSEUR G. Lung cancer mortality and exposure to atmospheric aerosol particles in Guangzhou, China[J]. Atmospheric Environment, 2009, 43(14): 2375-2377.

[7] YANG L, CHENG S, WANG X, et al. Source identification and health impact of $PM_{2.5}$ in a heavily polluted urban atmosphere in China[J]. Atmospheric Environment, 2013, 75: 265-269.

[8] LI Li(李莉). The numerical simulation of comprehensive air pollution characteristics in a typical city-cluster(典型城市群大气复合污染特征的数值模拟研究) [D]. Shanghai: Shanghai University, 2013.

[9] KANG D, MATHUR R, RAO S T. Real-time bias-adjusted O_3 and $PM_{2.5}$ air quality index forecasts and their performance evaluations over the continental United States[J]. Atmospheric Environment, 2010, 44(18): 2203-2212.

[10] KANG C, GOLD D, KOUTRAKIS P. Downwind O_3 and $PM_{2.5}$ speciation during the wildfires in 2002 and 2010[J]. Atmospheric Environment, 2014, 95: 511-519.

[11] DING A J, WANG T, THOURET V, et al. Tropospheric ozone climatology over Beijing: analysis of aircraft data from the MOZAIC program[J]. Atmospheric Chemistry and Physics, 2008, 8(1): 1-13.

[12] TANG G, LI X, WANG Y, et al. Surface ozone trend details and interpretations in Beijing, 2001-2006[J]. Atmospheric Chemistry and Physics, 2009, 9(22): 8813-8823.

[13] ZHANG Q, YUAN B, SHAO M, et al. Variations of ground-level O_3 and its precursors in Beijing in summertime between 2005 and 2011[J]. Atmospheric Chemistry and Physics, 2014, 14(12): 6089-6101.

[14] YANG Junyi(杨俊益), XIN Jinyuan(辛金元), JI Dongsheng (吉东生), et al. Variation analysis background atmospheric pollutants in North China during the summer of 2008 to 2011[J]. Environmental Science(环境科学), 2012, 33(11): 3693-3704.

[15] YAN Min(颜敏), YIN Kuihao(尹魁浩), LIANG Yongxian(梁永贤), et al. Ozone pollution in summer in Shenzhen City[J]. Research of Environmental Sciences(环境科学研究), 2012, 25 (4): 411-418.

[16] CHAN L Y, LIU H Y, LAM K S, et al. Analysis of the seasonal behavior of tropospheric ozone at Hong Kong[J]. Atmospheric Environment, 1998, 32(2): 159-168.

[17] REN Zhenhai(任阵海), SU Fuqing(苏福庆). Several characteristics of atmospheric environmental quality in China at present[J]. Research of Environmental Sciences (环境科学研究), 2004, 17(1): 1-6.

[18] SU Fuqing(苏福庆), REN Zhenhai(任阵海), GAO Qingxian (高庆先), et al. Convergence system of air contamination in boundary layer above Beijing and North China: transportation convergence in boundary layer[J].

Research of Environmental Sciences (环境科学研究), 2004, 17(1): 21-25.

[19] CHEN Zhaohui(陈朝晖), CHENG Shuiyuan(程水源), SU Fuqing(苏福庆), et al. Analysis of large-scale weather pattern during heavy air pollution process in Beijing[J]. Research of Environmental Sciences(环境科学研究), 2007, 20(2): 99-105.

[20] WEI P, CHENG S, LI J, et al. Impact of boundary-layer anticyclonic weather system on regional air quality[J]. Atmospheric Environment, 2011, 45(14): 2453-2463.

[21] WEI Peng(尉鹏), WANG Wenjie(王文杰), SU Fuqing(苏福庆), et al. Analysis of the successive typical PM$_{2.5}$ and O$_3$ heavy pollution episodes in summer of Beijing[J]. Journal of Safety and Environment(安全与环境学报), 2015, 15(6): 311-315.

[22] WANG X, ZHANG Y, HU Y, et al. Process analysis and sensitivity study of regional ozone formation over the Pearl River Delta, China, during the PRIDE-PRD2004 campaign using the Community Multiscale Air Quality modeling system[J]. Atmospheric Chemistry & Physics & Discussions, 2010, 10(9): 4423-4437.

[23] WANG L, JANG C, ZHANG Y, et al. Assessment of air quality benefits from national air pollution control policies in China. Part I: Background, emission scenarios and evaluation of meteorological predictions[J]. Atmospheric Environment, 2010, 44(28): 3442-3448.

[24] MA Xin(马欣), CHEN Dongsheng(陈东升), GAO Qingxian (高庆先), et al. Simulation of the influence of aerosol pollution on summer weather in Beijing-Tianjin-Hebei region using WRF chem[J]. Resources Science(资源科学), 2012, 34(8): 1408-1415.

[25] CHEN Zhaohui(陈朝晖). Research on the problems of regional atmospheric environmental quality(区域大气环境质量问题的研究)[D]. Beijing: Beijing University of Technology, 2008.

[26] FU Yu(傅瑜), WANG Tijian(王体健), HUANG Xiaoxian(黄晓娴), et al. Comparative analysis on four typical haze cases in Nanjing[J]. Acta Scientiae Circumstantiae(环境科学学报), 2015, 35(6): 1620-1628.

[27] CAO Chunyan(曹春燕), JIANG Yin(江崟), SUN Xiangming (孙向明), et al. Climatological features and weather patterns of summer high temperature in Shenzhen[J]. Meteorological Science and Technology(气象科技), 2007, 35(2): 191-197.

[28] TAI A P K, MICKLEY L J, JACOB D J, et al. Meteorological modes of variability for fine particulate matter (PM$_{2.5}$) air quality in the United States: implications for PM$_{2.5}$ sensitivity to climate change[J]. Atmospheric Chemistry and Physics, 2012, 12(6): 3131-3145.

[29] SUN Y, SONG T, TANG G, et al. The vertical distribution of PM$_{2.5}$ and boundary-layer structure during summer haze in Beijing [J]. Atmospheric Environment, 2013, 74: 413-421.

[30] ZHAO Chenxi(赵晨曦), WANG Yunqi(王云琦), WANG Yujie (王玉杰), et al. Temporal and spatial distribution of PM$_{2.5}$ and PM$_{10}$ pollution status and the correlation of particulate matters and meteorological factors during winter and spring in Beijing[J]. Environmental Science(环境科学), 2014, 35(2): 418-427.

[31] ZHANG Yonglin(张永林), WEI Peng(尉鹏), CHENG Shuiyuan(程水源), et al. Analysis of a typical autumn air pollution process in Shijiazhuang during typhoon[J]. Acta Scientiae Circumstantiae(环境科学学报), 2015, 35(7): 2000-2007.

[32] SONG Yu(宋宇), TANG Xiaoyan(唐孝炎), FANG Chen(方晨), et al. Relationship between the visibility degradation and particle pollution in Beijing[J]. Acta Scientiae Circumstantiae(环境科学学报), 2003, 23(4): 468-471.

[33] LIU Xinmin(刘新民), SHAO Min(邵敏). The analysis of sources of ambient light extinction coefficient in summer time of Beijing City[J]. Acta Scientiae Circumstantiae(环境科学学报), 2004, 24(2): 185-189.

[34] WANG Ying(王英), LI Lingjun(李令军), LI Chengcai(李成才). The variation characteristics and influence factors of atmospheric visibility and extinction effect in Beijing[J]. China Environmental Science(中国环境科学), 2015, 35(5): 1310-1318.

[35] CHAN Y C, SIMPSON R W, MCTAINSH G H, et al. Source apportionment of visibility degradation problems in

Brisbane (Australia) using the multiple linear regression techniques[J]. Atmospheric Environment, 1999, 33(19): 3237-3250.

[36] BAIK N J, KIM Y P, MOON K C. Visibility study in Seoul, 1993 [J]. Atmospheric Environment, 1996, 30(13): 2319-2328.

Analysis of a Near Earth Surface O_3 and $PM_{2.5}$ Pollution in Combination with Its Contaminating Process in Beijing

LI Tingting[1], WEI Peng[2], CHENG Shuiyuan[1], SU Fuqing[2], REN Zhenhai[2], BAI Jianhui[3]

1. Key Laboratory of Beijing on Regional Air Pollution Control, Beijing University of Technology, Beijing 100124, China
2. Chinese Research Academy of Environmental Sciences, Beijing 100012, China
3. Institute of Atmospheric Physics, Chinese Academy of Sciences, Beijing 100029, China

Abstract: The present paper has its goal to bring about an analysis of a near earth surface O_3 and $PM_{2.5}$ pollution in combination with its contaminating process in Beijing based on the analysis of the monitoring data of O_3, and $PM_{2.5}$, and the analysis of the solar ultraviolet radiation and meteorological factors. It has also aimed at making a simulated research for a near-surface O_3 and $PM_{2.5}$ combined air pollution process in Beijing from Sept. 3 to 8, 2014, with the atmospheric environment background field study with the WRF model. The results of our research show that the high level O_3 and $PM_{2.5}$ pollution tends to be related with the successive observation and continuous control of the continental high pressure and the subtropical high pressure system. For it is the strong solar ultraviolet radiation combined with the downdraft resulted high pressure that has contributed to the main boundary layer combined pollution, especially, the O_3 pollution. It is just in this O_3 and $PM_{2.5}$ combined pollution process that has promoted the daily average concentration of O_3 beyond its maximum limit for the successive four days from Sept. 4 to Sept. 7, and then exceeded the limit for another three days from Sept. 5 to 7 with the daily average concentration of $PM_{2.5}$ being kept at that level. The reason for such a phenomenon is that by the successive and continuous control of the continental high pressure and the subtropical high system pressure, it keeps continuously fine and sunny days in Beijing, in which situation, the solar ultraviolet radiation remains intense with the ground wind field being weak. Therefore, in such a meteorological situation, it was possible for the atmosphere to keep a persistent downward trend below 700hPa. And, so, the daily average O_3 concentration can go on increasing day by day till the peak value on Sept. 5, with the $PM_{2.5}$ average concentration simultaneously going up day by day. Furthermore, due to the influence of transfer of the warm wet airflow from the south to the western edge of the subtropical high and adverse inversion formed by the southern airflow, $PM_{2.5}$ concentration may take chance to increase suddenly on Sept. 6, which has in turn slackened the intensity of the solar ultraviolet radiation, so as to make the concentration of O_3 declining. After that, the $PM_{2.5}$ concentration may increase to the peak value under the influence of the low-pressure trough and keep the O_3 concentration downwardly declining. Thus, the O_3 and $PM_{2.5}$ mixed pollution incident has thus been maintained from Sept. 5 to 7 for the three consecutive days.

Key words: environmentalology; O_3 and $PM_{2.5}$; combined pollution; atmospheric environment background field

北京夏季典型环境污染过程个例分析[①]

范　清[1]，程水源[1]，苏福庆[2]，刘　震[3]，陈朝晖[1]，高庆先[2]，任阵海[2]

1. 北京工业大学环境与能源工程学院，北京　100022
2. 中国环境科学研究院，北京　100012
3. 北京市水利自动化研究所，北京　100036

摘要： 对北京 ρ（PM_{10}）日均值和华北地区气象资料的综合分析发现，北京夏季 ρ（PM_{10}）的变化过程与环境背景场组合系统明显相关，其典型的背景场演变过程为：①在 ρ（PM_{10}）上升阶段，副热带高压西伸较强，持续数天控制华北地区，具有均压和弱气压场的特征。在其控制下，受地形和周边边界层背景的影响，偏南气流将北京南部的污染物向北京输送和汇聚，ρ（PM_{10}）呈逐日汇聚增长趋势。②冷锋逼近时的均压场和弱气压场是 ρ（PM_{10}）峰值出现的背景。③在冷锋后部的大陆高压前锋造成较强的区域性输送过程，而冷锋附近形成的湿沉降使 ρ（PM_{10}）下降，因此在强区域性输送过程与明显降水终止后常出现 ρ（PM_{10}）谷值。统计分析表明，北京夏季环境污染过程与大尺度环境背景场组合系统及其配置的污染物输送通道演变有明显的同步特征。该类组合系统所配置的背景场及其同步环境污染演变过程的特征具有普遍规律性，可为奥运期间环境污染过程的预测和控制提供参考。

关键词： PM_{10}；环境背景过程；副热带高压；湿沉降

近年来北京夏季环境质量问题已经受到国内外的关注，但是相关的研究和资料较少，有研究[1-3]报道，区域均压场和弱气压场是造成北京环境污染过程形成的主要原因，北京地区的大气环境质量是区域性累积的结果。国家重点基础研究发展计划（973）项目"城市生命体能源代谢与大气污染互动机理研究"对北京地区 2000～2005 年夏季（8～9 月）34 次 ρ（PM_{10}）峰值为 150μg/m^3 及以上的环境污染过程和 9 次 ρ（PM_{10}）峰值为 100～150μg/m^3 大尺度污染过程进行统计发现，副热带高压是北京夏季发生较重污染过程的主要大气环境形势，可称为副热带高压污染型。选取北京 2004 年 8 月 4～13 日的一次典型副热带高压污染型环境过程，提出了北京奥运期间 ρ（PM_{10}）环境过程与大尺度背景场的同步规律。分析了在该背景下的区域要素场。这类区域背景场模型，对北京夏季污染有代表意义，以期为奥运期间环境过程的预测和管理提供参考。

1　PM_{10} 质量浓度演变过程分析

北京地区 2004 年 8 月 4～13 日的 ρ（PM_{10}）日均值逐日变化见图 1。其中 ρ（PM_{10}）日均值

① 原载于《环境科学研究》，2007 年，第 20 卷，第 5 期，12～19 页。

为北京奥林匹克体育馆、车公庄、东四、农展馆、前门、天坛和古城 7 个监测点 ρ（PM$_{10}$）的平均值，数据取自北京市环境监测总站。ρ（PM$_{10}$）日均值与逐日大气背景场见表 1。

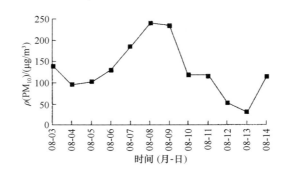

图 1　ρ（PM$_{10}$）日均值逐日变化

表 1　2004 年 8 月 4～13 日 ρ（PM$_{10}$）日均值与逐日大气背景场

项目		时间（月-日）									
		08-04	08-05	08-06	08-07	08-08	08-09	08-10	08-11	08-12	08-13
ρ（PM$_{10}$）/（μg/m^3）		96	102	129	185	240	235	118	117	52	31
ρ（PM$_{10}$）增减量/（μg/m^3）		−43	6	27	56	55	−5	−117	−1	−65	−21
大气环境背景场		蒙古高压	两高合并均压	副高均压	副高均压	冷锋前副高均压	冷锋前副高均压	锋面低压	蒙古高压	蒙古高压	蒙古高压
08：00前24h降水	周边降水情况	有较强降水	无明显降水	无明显降水	无明显降水	无明显降水	无明显降水	有大范围降水	有大范围降水	有大范围降水	有大范围降水
	最大降水站点及降水量	房山站，降水量为4mm	无降水	无降水	无降水	无降水	昌平站，降水量为30mm	门头沟站，降水量为91mm	汤河口站，降水量为29mm	霞云岭站，降水量为82mm	密云站，降水量为28mm
区域风场特征		北风	偏南风辐合	偏南风辐合	偏南风辐合	偏南风辐合	东风	东风	东风	东风	东风

由图 1 和表 1 可知，这次环境污染过程中，ρ（PM$_{10}$）谷值出现在 8 月 4 日，为 96 μg/m^3；8 月 5～7 日为 ρ（PM$_{10}$）上升阶段，并在 8 月 8 日达到峰值 240 μg/m^3；9 日 ρ（PM$_{10}$）稍有下降，为 235 μg/m^3。其间空气质量级别持续 2d 达到三级。该质量浓度若出现在 2008 年奥运会期间，距奥运会大气质量的目标要求有很大差距。8 月 5～8 日 ρ（PM$_{10}$）的增量分别为 6，27，56 和 55 μg/m^3，其中 7 日的增量最大。9～13 日为 ρ（PM$_{10}$）下降阶段，13 日达到谷值 31 μg/m^3。ρ（PM$_{10}$）的减量分别为 5，117，1，65 和 21 μg/m^3，其中 10 日的减量最大。由图 1 可见，此次 ρ（PM$_{10}$）变化为偏态分布过程。笔者将 PM$_{10}$ 的这种演变特征，即 ρ（PM$_{10}$）从谷值上升到峰值再下降到谷值的演变称为一次 PM$_{10}$ 的环境污染过程。

2　环境污染过程背景场特征

2.1　PM$_{10}$质量浓度上升阶段日背景场

8 月 4～7 日逐日 08：00 海平面气压与地面风场见图 2 和图 3。文中图（除图 4 外）均由国家测绘局网站（http://219.238.166.215:8088/Map Product）下载。

由于区域北风和降水影响，8 月 4 日出现 ρ（PM_{10}）谷值（96 μg/m³）。配置的天气型是北京处于蒙古高压前部，受区域北风带控制（见图 2a 和图 3a），属较强输送系统。

8 月 5～7 日为上升阶段，北京位于均压或弱气压场控制中，偏南风输送通道为主要输送系统。5 日北京位于蒙古高压与西太平洋高压叠加后的高压弱气压控制区，高压范围扩大加强。在该种背景场配置下，南风与北风在北京南部辐合，形成 PM_{10} 污染物汇聚带（图 2b 和图 3b）。该风场结构使河北南部的污染物向北京输送并形成汇聚，导致 PM_{10} 累积，因此 5 日 ρ（PM_{10}）上升了 6 μg/m³。

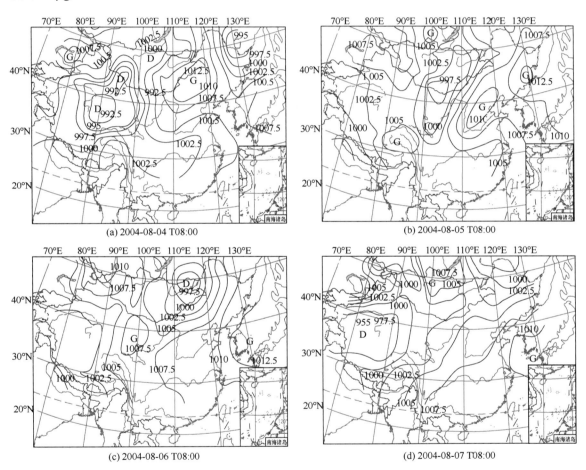

(a) 2004-08-04 T08:00   (b) 2004-08-05 T08:00

(c) 2004-08-06 T08:00   (d) 2004-08-07 T08:00

图 2   2004-08-04～07 逐日 08：00 海平面气压

6～7 日北京位于西北部低气压与副热带高压边缘交界的弱气压场中，盛行偏南风，边界层上层暖平流逆温。6 日汇聚带北移至北京市区（图 2c 和图 3c），导致了 ρ（PM_{10}）持续上升累积和单日增量加大，达到 27 μg/m³。7 日气压梯度减小，市区汇聚带滞留（图 2d 和图 3d），ρ（PM_{10}）增高，增量达到 56 μg/m³。

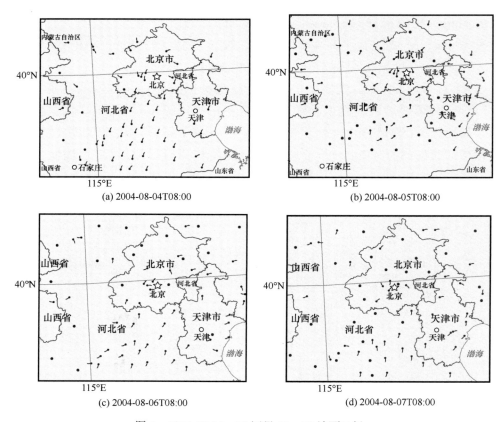

图 3　2004-08-04～07 逐日 08：00 地面风场

　　上升阶段，副热带高压弱气压场配置的垂直温湿结构要素场为，温度和湿度随高度呈上干下湿的喇叭口形状的垂直分布特征。统计[2]分析表明，喇叭口状层结越厚，地面越潮湿，上层越干燥；逆温层上下温差越大时，层下污染物储存能力就越强。这是由于低空潮湿，易于被离子吸附，减少离子扩散能力，有利于形成边界层内的高浓度输送层。8 月 5～6 日 08：00 温度和露点垂直廓线图见图 4。图 4a 表明，边界层背景场有利于污染物储存和容量增大；由图 4b 可知，6 日上干下湿的垂直分布结构比 5 日更加明显，表明 7 日更有利于 ρ（PM_{10}）的增加。这种垂直结构的增强是由于大尺度背景场、副热带高压下沉和平流作用特征形成的。冬夏对比表明，夏季副高型的层结结构强于冬季。

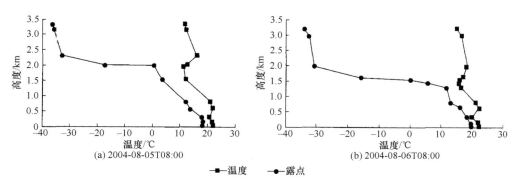

图 4　2004-08-05～06 温度和露点垂直廓线图

2.2 PM₁₀质量浓度峰值日背景场

污染物汇聚和累积持续 4d 后，8 月 8 日北京地区 ρ（PM₁₀）达到峰值 240 μg/m³。8 日 08：00 海平面气压与地面风场见图 5。

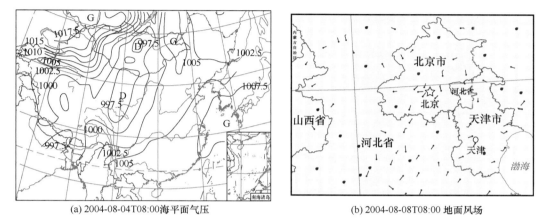

(a) 2004-08-04T08:00 海平面气压   (b) 2004-08-08T08:00 地面风场

图 5　2004-08-08T 08：00 海平面气压与地面风场

北京位于西北部锋面低气压与副热带高压边缘交界的均压场中，能见度低，伴有浓雾和霾。在该背景场下，有明显的边界层上层偏南风暖平流逆温，在温度-时间剖面图上，形成暖空气盖，扩散能力减弱，增大污染物累积。同时，北京位于太行山与燕山山脉的交汇处，向南开口面向华北平原，形成三面环山的山坳半盆地平原区，这种马蹄形盆地在山风与偏南风输送流场作用下，易形成低压汇聚区，造成污染物的累积。8 月 7 日 14：00 京津冀区域尺度气压分布见图 6。由于北京处于太行山及燕山山前低压带中，为边界层局地尺度低气压控制，更有利于周边污染物在该地区的输入和汇聚，使污染物浓度的峰值高于周边地区。因此，峰值日 ρ（PM₁₀）增量显著（达 55 μg/m³）是该次污染过程的主要特征。

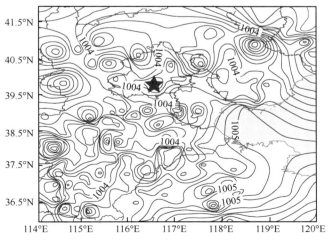

图 6　2004-08-07T14：00 京津冀区域尺度气压分布

2.3　PM$_{10}$质量浓度下降阶段日背景场

对气象背景场及 ρ（PM$_{10}$）日均值变化分析可知，8月9～13日 ρ（PM$_{10}$）日均值持续下降，是因为副热带高压边缘偏南气流与冷空气活动形成的降水及冷锋后蒙古高压前锋形成的区域性偏东风或偏北风场共同作用的结果。8月9～13日逐日08：00海平面气压与地面风场见图7，图8。

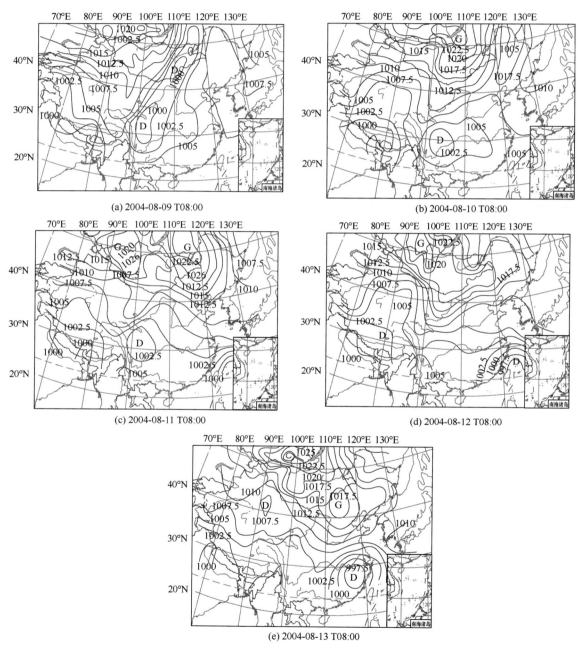

(a) 2004-08-09 T08:00　　　　　　　　　　　　　　(b) 2004-08-10 T08:00

(c) 2004-08-11 T08:00　　　　　　　　　　　　　　(d) 2004-08-12 T08:00

(e) 2004-08-13 T08:00

图7　2004-08-09～13逐日08：00海平面气压场

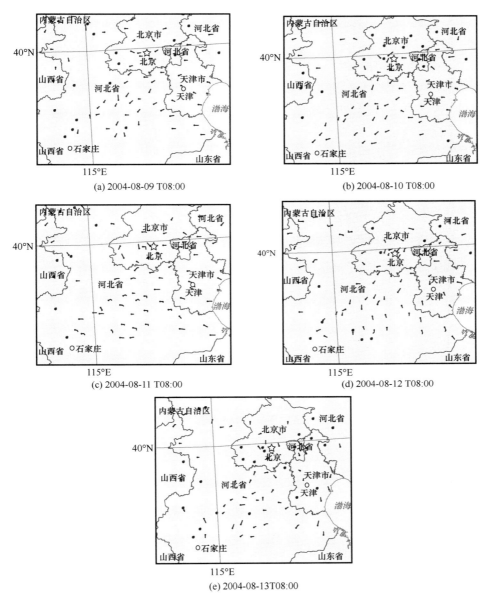

(a) 2004-08-09 T08:00

(b) 2004-08-10 T08:00

(c) 2004-08-11 T08:00

(d) 2004-08-12 T08:00

(e) 2004-08-13T08:00

图 8 2004-08-09～13 逐日 08：00 地面风场

由图 7a 和图 8a 可知，8 月 9 日北京处于锋区与副热带高压边缘均压场控制下，ρ（PM$_{10}$）达到 235μg/m^3。9 日 08：00 前 24h 降水量峰值达到 30mm（昌平气象站），使 ρ（PM$_{10}$）降低了 5μg/m^3。

10 日，锋面低压东移，低压控制北京，主导风向偏东风，见图 7b 和图 8b。8 月 9 日 14：00，20：00 和 10 日 08：00 共有 3 次明显降水，10 日 08：00 前 24 h 降水量峰值达到 91mm（门头沟气象站）。正是由于湿沉降对 PM$_{10}$ 的清洁作用，9～10 日 ρ（PM$_{10}$）由 235 μg/m^3 下降到 118μg/m^3，日减量达 117μg/m^3，使 10 日的空气质量达到二级。

11～13 日，北京处于冷锋过后蒙古高压南部高梯度场中，盛行偏东风（见图 7c～e 和图 8c～e）。10 日 20：00，11 日 08：00 与 14：00 有 3 次降水，11 日前 24h 降水量峰值达到 29mm（汤河口气象站），使 11 日 ρ（PM$_{10}$）继续下降了 1 μg/m^3。12 日 08：00 前 24h 最大降水量达到 82mm

（霞云岭气象站），湿沉降净化作用非常明显，ρ（PM_{10}）日减量达 65 μg/m³。

12 日 14：00 和 20：00 有 2 次明显区域性降水过程，13 日 08：00 前 24h 降水量峰值达到 28mm（密云气象站）。在连续 5d ρ（PM_{10}）持续降低后，8 月 13 日达谷值（31 μg/m³）。

综上所述，与 ρ（PM_{10}）演变过程配置的大尺度背景场组合系统的演变过程为：①西北部的蒙古高压经过北京；②东部较强的副热带高压西伸；③东北到西南走向的锋面低压带和锋区经过北京；④锋后的蒙古高压。在污染过程中，ρ（PM_{10}）上升阶段的 4d 及高浓度持续的 2d 对应副热带高压脊弱气压场对北京的影响。副热带高压边缘形成的偏南气流携带河北或南方的污染物进入北京，形成了偏南风污染物的输送和汇聚，使北京污染物持续增加。可见，副热带高压持续控制形成的大尺度环境背景场是造成该次环境污染过程中 ρ（PM_{10}）上升累积的主要原因。

下降阶段的环境污染过程特征是，副热带高压退缩东移，低压带中的冷锋及锋后蒙古高压相继影响北京，常形成湿沉降现象及区域性偏北风强输送，加大了对北京 PM_{10} 的净化和输出。

通过多次夏季大尺度环境背景场的演变分析可知，ρ（PM_{10}）演变过程和大尺度环境背景场有着明显的同步关系。大尺度环境背景场及组合系统是形成北京地区环境污染过程的主要因素。

3   概　念　模　型

由统计分析可知，在夏季明显的环境污染过程中，配置的大尺度背景场上升和下降阶段演变概念模型如图 9 所示。在 ρ（PM_{10}）上升阶段，北京处于副热带高压脊弱气压场控制；冷锋前副热带高压弱气压区为 ρ（PM_{10}）峰值发生区。在冷锋后部，蒙古高压形成的北风、东风输送区和锋面附近降水区为 ρ（PM_{10}）下降区。北京 ρ（PM_{10}）演变过程与该类背景场演变呈现同步关系。

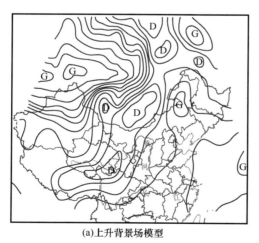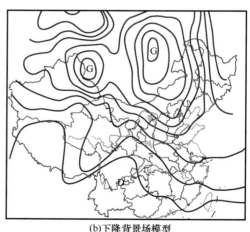

(a)上升背景场模型　　　　　　　　　　(b)下降背景场模型

图 9　夏季 ρ（PM_{10}）上升和下降背景场模型（海平面气压）

4   结　　　论

（1）夏季 ρ（PM_{10}）随时间呈波状正态或偏态分布。

（2）北京夏季 ρ（PM_{10}）演变过程与大尺度大气环境背景场间存在同步演变的相关关系。副热带高压污染型模型为夏季副热带高压向西伸展较强，北京长时间处于副热带高压晴空的控制区，形成污染物的累积；锋面低压入侵北京前，常形成污染物浓度峰值；在副热带高压偏南气流与蒙古高压前的冷锋相互作用形成降水和区域性的较强输送风场条件下，污染物浓度下降。因此，大气环境背景场的配置和作用为 ρ（PM_{10}）演变过程的主要原因。

（3）在 ρ（PM_{10}）上升阶段，北京在副热带高压均压场控制下形成的环境背景场不利于污染物的扩散；同时，副高控制区的偏南风输送通道将污染物向北京输送，使得 PM_{10} 在北京持续累积，所以冷锋前副热带高压均压区通常为 ρ（PM_{10}）峰值发生区。在冷锋后部，蒙古高压形成的北风和东风输送通道，以及夏季锋面低压及副热带高压边缘的水汽输送带来的湿沉降，对污染物起到扩散净化作用，所以冷锋后为 ρ（PM_{10}）下降区。因此，大尺度环境背景场的不同阶段形成的区域要素场对北京环境质量有极其重要的影响。

（4）北京夏季 ρ（PM_{10}）演变过程与同步演变关系的背景场模型，可为奥运期间环境过程的预测提供一定的参考。

参 考 文 献

[1] 程水源, 郝瑞霞, 乔文丽, 等. 二维多箱模型预测大气环境方法的研究[J]. 环境科学, 1998, 19(2): 16-19.

[2] 苏福庆, 高庆先, 张志刚. 等. 北京边界层外来污染物输送通道[J]. 环境科学研究, 2004, 17(1): 26-29.

[3] 陈朝晖, 程水源, 苏福庆, 等. 北京地区一次重污染过程的大尺度天气型分析[J]. 环境科学研究, 2007, 20(2): 99-105.

Example Analysis of Typical Environment Pollution Process in the Summer in Beijing

FAN Qing[1], CHENG Shuiyuan[1], SU Fuqing[2], LIU Zhen[3], CHEN Zhaohui[1], GAO Qingxian[2], REN Zhenhai[2]

1. College of Environmental & Energy Engineering, Beijing University of Technology, Beijing 100022, China
2. Chinese Research Academy of Environmental Sciences, Beijing 100012, China
3. Beijing Research Institute of Hydraulic Automation, Beijing 100036, China

Abstract: Based on the analysis of Beijing daily average data of PM_{10} and meteorological data of North China, obvious correlation between the variation of summer PM_{10} mass concentration in Beijing and the environment background compound system was found. The typical background pressure field evolved as follows: ① The horse latitude high continued controlling North China for several days during rise stage, and the pressure field was homogeneous and weak. Under the control of horse latitude high, influenced by terrain, boundary layer, pollutant transport and convergence by south current, mass concentration of PM_{10} increased day by day. ② Homogeneous and weak pressure field in front of the cold front resulted in the peak value.

③ Behind the cold front, regionally obvious transport process was created by Mongolia high pressure, and the wet sedimentation near the cold front resulted in the decrease of PM_{10} mass concentration. In this way, regional strong transport process and obvious precipitation often gave the birth of the valley value of PM_{10}. According to statistic analysis, the evolvement of pollutant transport pathway and summer environment process in Beijing as well as large-scale environment background had obvious synchronous characteristics. The synchronic characteristic of background field under this kind of compound system and the pollution process was general, which would help lo forecast and control the environment process during the Olympic Games period in Beijing.

Key words: PM_{10}; environment background process; horse latitude high; wet sedimentation

2014年10月中国东部持续重污染天气成因分析[①]

尉　鹏[1]，任阵海[1]，王文杰[1]，苏福庆[1]，高庆先[1]，程水源[2]，张永林[2]

1. 中国环境科学研究院，北京　100012
2. 北京工业大学环境与能源工程学院，北京　100022

摘要：2014年10月5~13日中国东部发生了大范围、长时间的（雾）霾及重污染天气。采用AQI数据分析此次大气重污染过程的时、空演变特征，并应用NCEP（美国国家环境预报中心）再分析资料以及地面、小球探空数据，分析了主要天气型演变、边界层及上空的风场、气象条件特征，以研究此次秋季重污染天气的气象成因和形成过程。结果表明：①华北、东北是此次污染最为严重的地区，其域内各城市持续数日的污染演变可分为AQI显著上升、持续高值、下降3个阶段。②在AQI上升阶段（10月6~8日），受大陆高压控制，东部地区出现较弱地方风场和偏南风输送风场，风速在0~2m/s，相对湿度在22%~86%，3000m逆温显著利于污染物积累。③在持续污染阶段（10月8~11日），海上高压滞留，再加上台风"凤凰"北上阻挡大陆高压影响，使东部地区出现持续4d的偏南风、偏东风弱风场，风速在1~4m/s，相对湿度为57%~96%，造成严重污染。④在AQI下降阶段（10月11~12日），后续大陆高压南下，前部冷锋利于污染物清除，风速达到6m/s，是AQI降低的主要天气背景场。因此，持续出现的稳定天气形势是导致此次中国东部重污染天气的主要气象原因。

关键词：重污染；污染物输送；天气型；气象条件；台风

　　由于污染排放[1-3]以及天气、气候变化等原因[4-6]，近年来中国东部地区常出现大范围、长时间的（雾）霾天气和重污染天气[7-13]，严重影响大气环境质量，危害人体健康[14]。研究[3, 15-16]指出，大气污染不仅受到排放源的影响，同时还与气象条件、气候要素有关。对于国内区域性（雾）霾及重污染天气形成的气象条件已有大量研究，结果表明：①大气污染过程及（雾）霾天气发生时，常常是受到不利气象条件的影响，并伴随一段时间的低风速天气，不利于污染物扩散所致[7, 17]。②相对湿度较高的气象条件不仅严重影响能见度，而且还加速了$PM_{2.5}$的转化，是形成（雾）霾及发生细粒子重污染的另一个主要原因[11-12]。③冬季大陆高压内的下沉气流和低层逆温阻碍了大气的垂直扩散，易导致区域性大气重污染[18-20]。④气压的高低波动对于颗粒物浓度的影响也十分

---

① 原载于《环境科学研究》，2015年，第28卷，第5期，676~683页。

显著[22]，并且具有明显的阶段性特征[23]，与城市大气污染密切相关。综上，（雾）霾天气及大气重污染的形成不仅与风速、风向、相对湿度、温度、气压等气象要素具有一定的关系，同时还受到大尺度天气背景的影响[24-27]。大尺度气旋、反气旋的动力、热力特征，影响着区域污染物的积累、清除以及污染物的输送过程[28-32]，可导致区域（雾）霾及大气重污染的形成。2013 年 1 月，贝加尔湖大尺度高压在中国境内长期滞留，导致区域污染物不断积累，造成了华北地区持续性的严重（雾）霾天气和 PM$_{2.5}$ 重污染事件。

2014 年 10 月 5～13 日，中国东部地区包括华北、华中、华东以及华南部分地区出现了大范围的（雾）霾天气和以 PM$_{2.5}$ 为首要污染物的大气污染过程。但此次重污染事件发生在秋季，不存在 2013 年 1 月的大气背景，但其影响范围广、持续时间长，同样较为罕见。表明其与先前冬季[18, 22-23]污染在形成机制及天气配置均有所不同，而目前对秋季大气环境极端事件的天气背景研究鲜见。因此，笔者利用该时段环境保护部发布的 AQI 数据，研究了此次大气污染过程的时、空演变特征，利用气象数据分析天气背景及形成过程，以期为秋季大范围（雾）霾天气、区域性重污染天气的预测预警和控制管理提供依据。

1 数据来源与研究区域

数据资料：2014 年 10 月 5～13 日环境保护部公布的 AQI（空气质量指数，小时值），按照 AQI 首要污染物以及首要污染物质量浓度，将空气质量分为优、良、轻度污染、中度污染、重度污染和严重污染 6 个等级；NCEP（美国国家环境预报中心）的再分析资料；中国气象局观测的地面和小球探空风速、风向、气压等气候要素。

研究区域为（雾）霾发生的中国东部区域，105°E～135°E、20°N～50°N（图 1），由于区域（雾）霾受大尺度天气形势的影响[17,23]，背景范围常常大于雾霾发生区域，因此，对于天气背景以及大尺度流场的研究将范围扩大为 73°E～150°E、20°N～62°N。监测站选取了中国东部 20 个省会和直辖市城市内的监测站，包括哈尔滨、长春、沈阳、呼和浩特、北京、天津、石家庄、西安、太原、济南、郑州、合肥、南京、上海、杭州、武汉、南昌、长沙、福州、广州等。

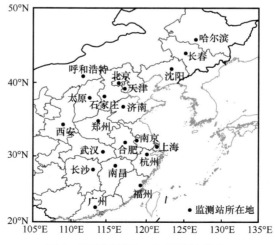

图 1 研究区域及 AQI 监测站分布

2 结果与讨论

2.1 大气污染特征

2.1.1 AQI 的空间统计特征

利用 19 个城市监测站 2014 年 10 月 5～13 日的 AQI 和空气质量污染等级数据进行统计，结果如图 2、图 3 所示。由图 2 可知，空气质量达到重度污染、严重污染级的城市包括北京、天津、石家庄、太原、沈阳、长春、济南、郑州、西安、长沙，上述 10 个城市达到空气质量重度污染及严重污染等级的时间分别占整个污染时段的 5%、44%、6%、29%、36%、22%、5%、6%、38% 和 2%，主要分布在北方地区。哈尔滨空气质量达到中度污染的时间占整个污染时段的 14%。杭州、合肥、武汉、广州的空气质量为轻微污染等级，其发生时间分别占整个污染时段的 5%、9%、

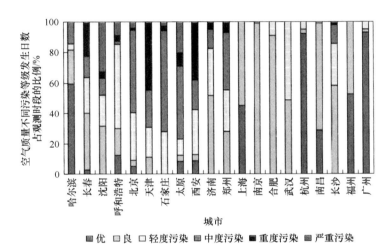

图 2 10 月 5～13 日 19 个城市空气质量污染等级时间统计

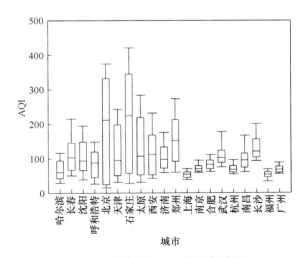

图 3 19 个城市的 AQI 统计箱式图

51%、5%。其他城市均达到 GB 3095—2012《环境空气质量标准》中的二级标准。可见，此次（雾）霾过程中，北方城市大气污染重于南方城市，污染持续时间最长的城市位于华北平原和东北地区。由图 3 可知，石家庄、北京、太原、郑州的 AQI 中位数在 200～300 之间，其他北方城市虽出现高 AQI 污染，但由于持续时间较短，其中位数较低。

2.1.2　AQI 的时间演变特征

为了描述 2014 年秋季大气重污染过程的 AQI 演变特征，选取了 AQI 中位数较高的 8 个城市进行研究，结果如图 4 所示。在 10 月 5～13 日，8 个城市（包括北京、天津、石家庄、太原、沈阳、济南、郑州、西安）的 AQI 均经历了明显升高、达到峰值后再下降的过程。在这 8 个城市中，AQI 最高值（500）发生在石家庄的 10 月 9 日 03：00，与之邻近的北京在 9 日 04：00 也达到峰值（414），这 2 个城市 AQI 变化的主要特征是迅速升高并持续数日保持在 300 以上。沈阳、西安、郑州、济南 4 个城市的 AQI 分别于 10 月 7 日、9 日和 10 日达到峰值，分别为 352、289、386、253，并且持续数日保持在 200 以上。综上，8 个城市的 AQI 整体演变趋势经历了 3 个阶段，分别是 6～7 日迅速升高、8～11 日达到峰值后保持持续高值、12 日后降至谷值。

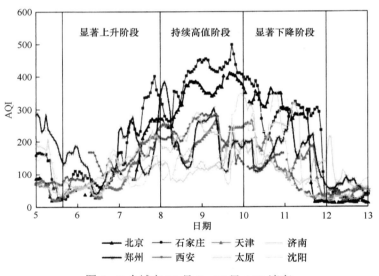

图 4　8 个城市 10 月 5～13 日 AQI 演变

2.2　气象要素演变特征

大气污染与气象要素密切相关。以污染较为严重的北京为代表，其风向、风速、总云量和相对湿度的演变如图 5 所示。由图 5 可知，在 AQI 显著上升阶段（10 月 6～8 日），风向在 0°～350°之间变化，以多风向风为主，同时风速（小于 2m/s）较低，夜间或凌晨出现静风天气（图 5a）。在稳定的天气条件下，相对湿度和云量也显著增加（图 5b），这些条件利于污染物的局地积累，导致了 AQI 显著升高。在 AQI 持续高值阶段（10 月 8～11 日），风向明显改变，集中在 50°～200°之间，以偏东风、偏南风为主，风速（小于 2m/s）依然较低，云量较为稳定，相对湿度缓慢增加，最高达到 98%，接近饱和，利于二次污染物的形成。在 AQI 下降阶段（10 月 11～12 日），风向主要为偏北风，风速从 2m/s 升至 6m/s，相对湿度在 12 日降至 20%，云量变化不大，AQI 迅速降低。总之，大气重污染过程中 AQI 各阶段的风速、风向、云量以及相对湿度变化特征明显，表明其数值受到了气象要素的影响。

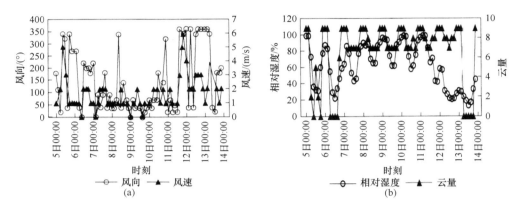

图 5　北京气象要素随时间的变化特征

2.3　秋季大气重污染的天气背景

天气背景影响着气象要素的变化是导致 AQI 改变的重要原因，特殊的天气形势常导致大范围（雾）霾和区域重污染事件的发生[18]。

2.3.1　AQI 显著升高的天气背景

图 6 为 10 月 6 日 08：00 的主要天气背景，包括海平面气压场和地面 10m 风场。由图 6 可知，中国东部受大陆高压控制，中心位于华北平原。在高压控制区内，风力较弱，风速多小于 4m/s，北方以弱地方性流场和偏南风为主，而南方多为较弱的偏北气流。在反气旋控制下，华北地区高空的大气处于稳定状态。北京和石家庄的温度、露点温度随高度的变化如图 7 所示。露点温度差异可以表示相对湿度的大小。由图 7 可知，10 月 6 日在北京和石家庄上空的 3000m 处温度、露点

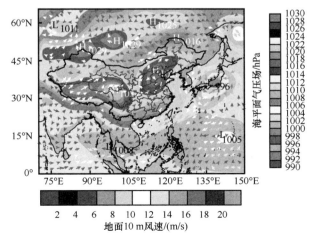

图 6　10 月 6 日 08：00 海平面气压场与地面 10m 风场

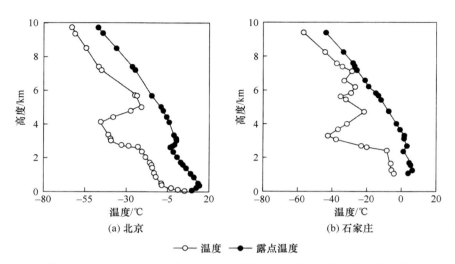

图 7　10 月 6 日 08：00 北京、石家庄的温度、露点温度随高度的变化

温度的差异均显著，这是由于较强的高压下沉气流所致。下沉气流同时造成这 2 个城市 1500～3000m 之间出现逆温层，阻挡污染物垂直扩散。可见，大陆反气旋为此次秋季大气重污染提供了稳定的天气背景，地面形成的较弱风场以及高空出现的下沉逆温层均有利于污染物的本地积累和外来输送。因此，在 10 月 6～7 日，北京、天津、石家庄、太原的 AQI 分别达到 266、155、278、173，其他各城市出现不同程度的 AQI 上升及（雾）霾现象。

2.3.2　造成区域持续重污染的天气背景

由 2.1 节可知，北京、石家庄等城市 8～11 日发生了持续大气重污染以及大范围的（雾）霾天气，是同期出现的特殊天气背景所致。由图 8a 可知，10 月 8 日 08：00，台风"凤凰"北上至菲律宾以东洋面，阻挡了大陆高压的南下出海途径，致使反气旋中心向东移动至日本及附近海面，其外围覆盖中国的东北、华北、华中和华东大部地区。在该天气背景影响下，中国东北、华北近地面出现大范围、持续的东南风，风速 2～6m/s，导致污染物的持续输入，因此，北京、石家庄、西安、郑州等城市 AQI 于 8 日维持高值，9 日达到峰值，分别为 393、436、248、228，多个城市的空气质量达到严重污染等级。由图 8b 可知，受到海上高压东移影响，西伯利亚高压南下推迟，10 月 10 日 20：00 高压后部影响中国东部地区，此时，台风"凤凰"北上至台湾东部海面，其西北方向及西伯利亚大陆高压南部形成强烈的偏东风，局部风速超过 20m/s。在中国东部形成了西南风、偏东风 2 个主要的系统风，形成了持续的污染物输送通道。

中国东部地区在持续偏南风及偏东风作用下，10 月 11 日 20：00 高空 1500m 处出现较强逆温层（图 9），进一步阻挡了污染物的扩散，导致持续重污染事件。10 月 8～11 日，北京、石家庄的 AQI 在 233～500 之间，4d 空气质量均为重污染；太原、郑州、天津、沈阳等城市在这 4d 也持续污染。

2.3.3　重污染有效缓解的天气背景

由图 10 可知，10 月 12 日影响中国东部的主要天气形势发生变化，蒙古高压南下，前部锋区

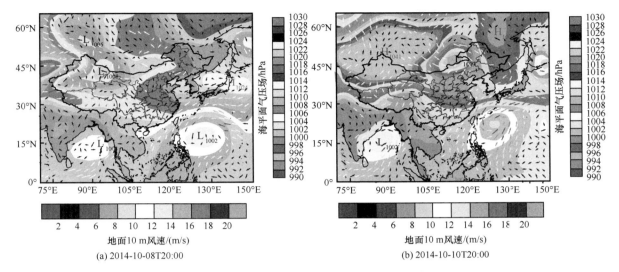

图 8　污染阶段海平面气压场与地面 10m 风场

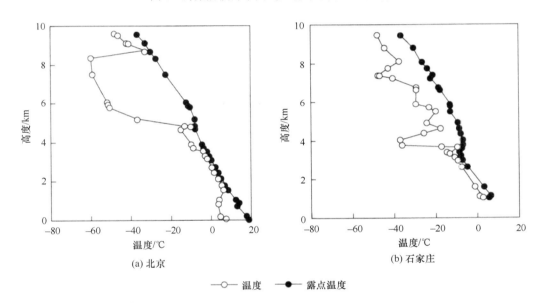

图 9　10 月 11 日 20：00 北京、石家庄的温度、露点温度随高度的变化

几乎控制了全部大陆。在该天气背景下，东北、华北、华中、华东、华南地区一致出现系统性偏北风，风力较强，局部达到 10m/s，有力地清除了污染物。12 日各城市 AQI 显著降低，北京、石家庄、天津、西安等城市分别降为 30、43、49 和 43，最大降幅达 260，空气质量等级变为优，此次持续重污染天气得到了有效缓解。可见，导致 2014 年秋季中国东部长时间的（雾）霾天气以及大气重污染过程较以往冬季污染过程更趋复杂[18, 19, 23]，污染物的积累、输送受到了大陆高压、海上高压以及北上台风的共同作用，在大陆高压南下受阻的背景下，导致中国东部特别是华北、东北地区出现持续的严重污染和大范围的（雾）霾天气。

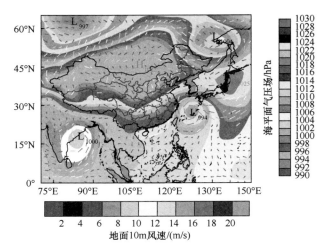

图 10　10 月 12 日 08：00 海平面气压场与地面 10m 风场

3　结　　论

（1）华北、东北是 2014 年秋季中国东部大气污染最为严重的地区，多城市持续数日重污染，根据 AQI 以及对应天气形势的变化，可分为上升、持续高值、重污染缓解 3 个阶段。

（2）在 AQI 上升阶段，受大陆高压控制，华北地面出现较弱地方风场和偏南风输送风场，天气背景稳定，有利于污染物的积累和输送。

（3）在持续污染阶段，海上高压滞留和同时出现的台风"凤凰"北上阻挡大陆高压，海上高压及台风外围偏东风影响东部地区，形成持续 4d 的偏南风、偏东风弱风场，850hPa 逆温层阻挡污染物扩散，是造成严重大气污染的重要原因，也是秋季重污染天气型与冬季天气背景的主要区别。

（4）后续大陆高压南下，前部冷锋清除，是此次大气重污染缓解阶段的主要天气背景。

参 考 文 献

[1] Houweling S, Dentener F, Lelieveld J. The impact of non-methane hydrocarbon compounds on tropospheric photochemistry [J]. Geophysical Research, 1998, 10: 673-696.

[2] Richter A, Burrows J P, Nu H, et al. Increase in tropospheric nitrogen dioxide over China observed from space [J]. Nature, 2005, 437: 129-132.

[3] Zhang Q, Streets D, Carmichael G R, et al. Asian emissions in 2006 for the NASA INTEX-B mission [J]. Atmospheric Chemistry and Physics, 2009, 14(9): 5131-5153.

[4] Horton D E, Skinner C B, Singh D, et al. Occurrence and persistence of future atmospheric stagnation events [J]. Nature Climate Change, 2014, 4(8): 698-703.

[5] Zhao J, Zhang F, Xu L, et al. Spatial and temporal distribution of polycyclic aromatic hydrocarbons (PAHs) in theatmosphere of Xiamen, China [J]. Science of the Total Environment, 2011, 409: 5318-5327.

[6] Tai A P K, Mickley L J, Jacob D J. Impact of 2000-2050 climate change on fine particulate matter ($PM_{2.5}$) air quality inferred from a multi-model analysis of meteorological modes [J]. Atmospheric Chemistry and Physics, 2012, 12(23): 11329-11337.

[7] Tao M, Chen L, Xiong X, et al. Formation process of the widespread extreme haze pollution over northern China in January 2013: implications for regional air quality and climate[J]. Atmospheric Environment, 2014, 98: 417-425.

[8] 李婷, 刘永红, 朱倩如, 等. 广州市交通干线附近细颗粒污染特征[J]. 环境科学研究, 2013, 26(9) : 935-941.

[9] 孙玉伟, 周学华, 袁琪, 等. 济南市秋末冬初大气颗粒物和气体污染物污染水平及来源[J]. 环境科学研究, 2012, 25(3): 245-252.

[10] 孟伟, 高庆先, 张志刚, 等. 北京及周边地区大气污染数值模拟研究[J]. 环境科学研究, 2006, 19(5): 11-18.

[11] 姚青, 蔡子颖, 韩素芹, 等. 天津冬季(雾)霾天气下颗粒物质量浓度分布与光学特性[J]. 环境科学研究, 2014, 27(5): 462-469.

[12] 马志强, 赵秀娟, 孟伟, 等. 雾和霾对北京地区大气能见度影响对比分析[J]. 环境科学研究, 2012, 25(11): 1208-1214.

[13] Cheng S, Chen D, Li J, et al. The assessment of emission-source contributions to air quality by using a coupled MM5-ARPS-CMAQ modeling system: a case study in the Beijing metropolitan region, China [J]. Environmental Modelling and Software, 2007, 22: 1601-1616.

[14] 宋伟民, 赵金镯. 大气超细颗粒物的分布特征及其对健康的影响[J]. 环境与职业医学, 2007, 24(1): 76-79.

[15] 张志刚, 矫梅燕, 毕宝贵, 等. 沙尘天气对北京大气重污染影响特征分析[J]. 环境科学研究, 2009, 22(3): 309-314.

[16] 康娜, 高庆先, 王跃思, 等. 典型时段区域污染过程分析及系统聚类法的应用[J]. 环境科学研究, 2009, 22(10): 1120-1127.

[17] 魏欣, 毕晓辉, 董海燕, 等. 天津市夏季灰霾与非灰霾天气下颗粒物污染特征与来源解析[J]. 环境科学研究, 2012, 25(11): 1193-1200.

[18] 王丛梅, 杨永胜, 李永占, 等. 2013 年 1 月河北省中南部严重污染的气象条件及成因分析[J]. 环境科学研究, 2013, 26(7): 695-702.

[19] 陈朝晖, 程水源, 苏福庆, 等. 北京地区一次重污染过程的大尺度天气型分析[J]. 环境科学研究, 2007, 20(2): 99-105.

[20] 徐祥德, 丁国安, 卞林根, 等. 城市环境大气重污染过程周边源影响域[J]. 应用气象学报, 2006, 17(6): 815-828.

[21] Xu X, Xie L, Ding G. Beijing air pollution project to benefit 2008 summer Olympic Game [J]. American Meteorological Society Bulletin, 2005, 86(11): 1543-1544.

[22] Chen Z, Cheng S, Li J, et al. Relationship between atmospheric pollution processes and synoptic pressure patterns in northern China[J]. Atmospheric Environment, 2008, 42(11): 6078-6087.

[23] Wei P, Cheng S, Li J, et al. Impact of boundary-layer anticyclonic weather system on regional air quality [J]. Atmospheric Environment, 2011, 45: 2453-2463.

[24] 苏福庆, 杨明珍, 钟继红, 等. 华北地区天气型对区域大气污染的影响[J]. 环境科学研究, 2004, 17(1): 16-20.

[25] 任阵海, 苏福庆, 高庆先, 等. 边界层内大气排放物形成重污染背景解析[J]. 大气科学, 2005, 29(1): 57-63.

[26] 任阵海, 苏福庆, 陈朝晖, 等. 夏秋季节天气系统对边界层内大气中 PM_{10} 浓度分布和演变过程的影响[J]. 大气科学, 2008, 32 (4): 741-751.

[27] 任阵海, 虞统, 苏福庆, 等. 不同尺度大气系统对污染边界层的影响及其水平流场输送[J]. 环境科学研究, 2004, 17(1): 7-13.

[28] 苏福庆, 高庆先, 任阵海, 等. 北京边界层外来污染物输送通道[J]. 环境科学研究, 2004, 17(1): 26-29.

[29] 尉鹏, 苏福庆, 程水源, 等. 利用卫星观测 HCHO 柱密度对中国非甲烷 VOC 时空分布特征的初步探讨[J]. 环境科学研究, 2010, 12(23): 1475-1480.

[30] 苏福庆, 任阵海, 高庆先, 等. 北京及华北平原边界层大气中污染物的汇聚系统-边界层输送汇[J]. 环境科学研究, 2004, 17 (1): 22-25.

[31] 徐敬, 丁国安, 颜鹏, 等. 北京地区 $PM_{2.5}$ 的成分特征及来源分析[J]. 应用气象学报, 2007, 18(5): 646-656.

[32] Wei P, Ren Z, Su F, et al. Environmental process and convergence belt of atmospheric NO_2 pollutants in North China[J]. Acta Meteorologica Sinica, 2011, 25(6): 797-811.

Analysis of Meteorological Conditions and Formation Mechanisms of Lasting Heavy Air Pollution in Eastern China in October 2014

WEI Peng[1], REN Zhenhai[1], WANG Wenjie[1], SU Fuqing[1], GAO Qingxian[1],
CHENG Shuiyuan[2], ZHANG Yonglin[2]

1.Chinese Research Academy of Environmental Sciences, Beijing 100012, China
2.College of Environmental & Energy Engineering, Beijing University of Technology, Beijing 100022, China

Abstract: From October 5~13, 2014, eastern China experienced a severe air pollution and haze event, which affected unusually sizeable areas and lasted for a long period. In order to better understand the characteristics of the episode and to study its meteorological reasons and formation processes, this paper performs statistical analyses of temporal-spatial distribution of the air pollution using AQI (Air Quality Index) data. The present study employed NCEP (National Centers for Environmental Prediction) reanalysis and meteorological data from the surface and high-balloon stations to analyze the main system patterns, weather conditions and wind fields in the PBL (planetary boundary layer) and the upper air during the episode. The results showed that: ① the North China Plain and the Northeast China Plain were the most polluted areas in this episode. Lasting pollution in each city was the main characteristic of the episode. The time variation of the heavy air pollution process could be divided into three stages, including AQI ascent, lasting pollution and AQI descent. ② During the AQI ascent stage (October 6~8), the anticyclone in eastern China showed a local and a south weak wind field at the surface and strong temperature inversion at 3000m, which are favorable for pollution accumulation. The weather conditions provided valuable interpretation for dramatic AQI ascent. ③ During the lasting pollution stage (October 8~11), the stagnation of the anticyclone over the sea and typhoon "Yongfong" gave rise to lasting eastern and southern winds in the East China Plain for four days, which were important factors in the lasting pollution episode. ④ The front of the follow-up anticyclone (October 11~12) was favorable for pollution removal, which was the main system pattern for the AQI descent. In conclusion, the lasting stable system pattern was the main meteorological reason for this episode.

Key words: heavy air pollution; pollutant transport; system pattern; meteorological conditions; typhoon

2005～2014 年中三角城市群大气污染特征及变化趋势[①]

李婷婷[1]，尉　鹏[2]，程水源[1]，王文杰[2]，谢品华[3]，陈臻懿[3]，苏福庆[2]，任阵海[2]

1. 北京工业大学环境与能源工程学院，北京 100124
2. 中国环境科学研究院，北京 100012
3. 中国科学院安徽光学精密机械研究所，合肥 230031

摘要： 通过对中三角 2005～2014 年的可吸入颗粒物（PM_{10}）逐日浓度数据进行分析，从空间尺度和时间尺度 2 个角度出发，以武汉、长沙、南昌等 6 个城市为代表研究了中三角城市群近 10 年大气污染特征及变化趋势。结果表明：各城市 10 年中均有 75% 以上天数达到国家空气质量二级标准，武汉、长沙、常德为中三角城市群污染较重的 3 个城市。PM_{10} 浓度最高的月份为 1 月、12 月，7 月最低，10 月有一个小高峰；季节分布上冬季最大，春秋次之，夏季最小；年际变化上，2005～2012 年，总体上有显著的变小趋势，2013 年 PM_{10} 浓度异常升高，各城市较 2012 年均有较大的上升幅度，2014 年 PM_{10} 回落。国内 4 大城市群大气污染程度排序为京津冀＞中三角＞长三角＞珠三角，中三角大气污染问题要比长三角和珠三角突出，应加强对中三角大气污染成因及控制措施的研究。

关键词： 中三角城市群；可吸入颗粒物（PM_{10}）；统计分析；Daniel 趋势分析

中三角位于长江中游，是由湘、鄂、赣 3 省组成的产业与经济发展区域，以武汉、长沙、南昌 3 个城市为核心，涵盖武汉城市圈、长株潭城市群和鄱阳湖城市群等若干个大中城市聚集带[1]。城市聚集地区易引起高浓度污染，本研究对 2005～2014 年空气质量日报进行统计分析发现，中三角城市群长期以 PM_{10} 为首要污染物。2015 年 4 月，《长江中游城市群发展规划》获批，确立中三角区域为中国经济发展新的增长极。随着中三角城市群进入城市化、工业化的快速发展阶段，区域资源和能源的消耗量将大幅增大，可能会引发 PM_{10} 污染、灰霾天气、光化学烟雾等众多环境问题，对生产、生活以及人体健康都会产生极大的危害[2]；因此，中三角地区的大气环境问题受到广泛关注。

近年来，已有学者对中三角部分城市空气质量状况进行研究。裴婷婷等[3]分析了 2007～2011 年武汉市大气污染物的时空分布特征，发现 2007～2011 年武汉市 PM_{10} 呈显著下降趋势，空气质量好转，PM_{10} 浓度在冬季（11 月底到翌年 1 月）高，夏季（7～8 月）低。李彩霞等[4]通过采集

① 原载于《环境工程学报》，2017 年，第 11 卷，第 5 期，2977～2984 页。

2014 年 6 月 1 日～7 月 2 日长沙市黄土岭和马坡岭 2 个采样点的 PM_{10}、$PM_{2.5}$ 样本，研究了长沙市的 PM_{10} 和 $PM_{2.5}$ 的时空分布特征，结果表明，与马坡岭相比黄土岭受颗粒物的污染更为严重，6 月 12～16 日 PM_{10} 和 $PM_{2.5}$ 污染较其他时段严重，在此期间长沙市出现了灰霾天气。彭希珑[5]对南昌市 PM_{10} 的时空分布特征进行分析，得出结论，PM_{10} 日均质量浓度具有夏低冬高的特征，且夏季 PM_{10} 日变化平缓，冬季波动较大，空间差异性主要体现在不同功能区上，污染由重到轻为交通干线＞工业区＞商业区＞居住区＞郊区。罗岳平等[6]以长株潭三市为研究区域，分析了 2013 年长株潭的区域污染特征，结果发现，三市空气质量较 2012 年均有明显下降，湘潭市是这 3 个城市中空气质量最差的城市。

以上结果为研究中三角区域的大气污染提供了重要的数据支撑；然而，以上研究主要为单个城市短时间尺度（1 年以内）、单个城市长时间序列（5 年）以及区域性短时间尺度（1 年），对于区域性、长时间序列的研究较为缺乏，难以全面了解中三角地区的空气质量分布及演变特征。本研究拟利用武汉、长沙、南昌等 6 个城市 2005～2014 年 PM_{10} 质量浓度数据，分析中三角城市群空气质量时间演变以及空间分布特征，分析评价中三角地区整体空气质量状况，为该地区的大气污染防治以及产业规划布局提供数据支持。

1　资料与分析方法

1.1　资料说明

本研究 PM_{10} 质量浓度数据来源分为 2 部分，2005～2013 年 PM_{10} 浓度数据是在首要污染物为 PM_{10} 前提下，由空气污染指数（API）转换而来，API 数据来自中华人民共和国环境保护部数据中心（http://datacenter.mep.gov.cn/）重点城市空气质量日报；2014 年 PM_{10} 来自中国环境监测总站。GDP、产业结构比例整理自各市历年《国民经济和社会发展统计公报》，工业烟粉尘排放量、机动车保有量以及建筑业房屋施工面积来自各省历年统计年鉴。排除首要污染物非 PM_{10} 日以及缺测日，表 1 为 6 个城市的有效样本数及有效样本率。

表 1　有效样本数及有效样本率

城市	有效样本数	有效样本率/%
武汉	3594	98.41
长沙	3401	93.13
南昌	3440	94.19
荆州	3566	97.65
常德	3190	87.35
九江	3435	94.06

1.2　研究方法

1.2.1　箱线图

箱线图是一种可以简洁直观的表示数据分布特征的方法，用于反映一组或多组连续型定量数据分布的中心位置和散布范围。目前已见箱线图用于环境领域的分析研究，使复杂庞大的监测数据得以有规律地呈现出来[7-9]。

本文用箱线图分析 PM_{10} 数据规律，并对比各城市污染状况。箱线图与描述统计□的最大值、上四分位数、中位数、下四分位数、最小值这 5 个统计量密切相关，图 1 为箱线图中 5 个统计量示意。

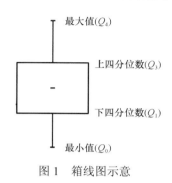

图 1　箱线图示意

1.2.2　Daniel 趋势检验法

利用 Daniel 的 Spearman 秩相关系数法检验 PM_{10} 的年变化趋势是否显著，目前该方法已被广泛应用于大气环境领域[10-11]，Spearman 秩相关系数公式为：

$$\gamma_s = 1 - \frac{6\sum_{i=1}^{n} d_i}{N^2 - N} \qquad (1.1)$$

式中，γ_s 为 Spearman 秩相关系数；N 为时间周期，a；d_i 为变量与变量之差，即 $d_i = X_i - Y_i$，X_i 为周期 1 到周期 N 的浓度值按从小到大排列对应的序号，Y_i 为时间按从小到大排列对应的序号。

对比秩相关系数 γ_s 绝对值与秩相关系数检验的临界值 W_p。$|\gamma_s| > W_p$，则表明变化趋势有显著意义；若 γ_s 为正值，则表明在统计周期内统计量具有上升的变化趋势；如果 γ_s 为负值，则表明在统计周期内统计量变化呈下降的趋势。$|\gamma_s| \leqslant W_p$，则表明变化趋势没有显著意义，统计量呈平稳变化状态。

2　结果与讨论

2.1　空气质量概况

2.1.1　统计分析

图 2 是 6 个城市 PM_{10} 浓度分布，可见各城市中位数均位于四分位距箱体偏下位置，且下触须长度明显短于上触须的长度，说明数据呈偏态分布，大部分数据集中分布在统计数据的较低端。6城市上四分位数分别为 146、128、114、118、126、90 μg/m³，我国《环境空气质量标准》（GB 3095—2012） 中，PM_{10} 日均质量浓度二级标准浓度限值为 150 μg/m³，说明 2005～2014 年的 10 年中 6 个城市至少有 75%的天数达到国家空气质量二级标准。

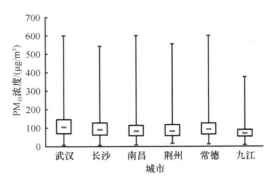

图2　6个城市10年PM₁₀浓度分布

图2可看到各城市四分距箱体所在的区间,张家界、九江的箱体所在区间低于其他城市,可吸入颗粒物污染较轻,空气质量状况较好。武汉、长沙、常德的箱体分布区间略高于其他城市,表明这3个城市可吸入颗粒物污染较其他城市严重,空气质量状况在中三角城市群中排名靠后,应为环境监管部门的重点关注对象。

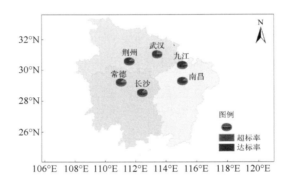

图3　6个城市10年PM₁₀超标率

2.1.2　超标情况对比

6个城市近10年来PM₁₀超标状况见图3和表2,武汉超标率为21.81%,长沙超标率为14.35%,常德超标率为12.79%,荆州超标率为11.81%,南昌超标率为8.95%,九江超标率为2.85%。依据超标率对空气质量状况进行评价,空气质量总体状况从好到差依次为九江、南昌、荆州、常德、长沙、武汉。

表2　GDP及三大产业比重

城市	十年累计GDP/亿元	第一产业比例/%	第二产业比例/%	第三产业比例/%
武汉	55886	3.20	46.80	50.00
长沙	43791	4.70	52.90	42.40
南昌	21980	5.70	55.10	39.20
荆州	8574	26.10	40.50	33.50
常德	14602	18.50	46.40	35.10
九江	10150	9.90	55.60	34.60

产业结构对空气质量产生重要影响，第一、三产业所占比重越大，越有利于改善空气质量，第二产业所占比重越大，越容易造成大气污染[12-13]。3 个省会城市中，武汉是中三角经济发展水平最高的城市，地区生产总值（GDP）处于领先，第二产业比重大，交通拥堵，大规范基础建设等大城市病突出，是中三角污染程度最高的城市，其 PM$_{10}$ 超标率达到了 21.8%。长沙经济发展水平次之，污染程度也仅次于武汉，南昌在省会城市中地区生产总值较低，空气质量也相应较好。常德市为中三角地级市中发展水平最高的城市，污染也较为严重，PM$_{10}$ 超标率超过了省会城市南昌。九江市第二产业所占比重为 6 城市中最大，但是 PM$_{10}$ 达标天数却最多，可能原因为 3 个省会城市产业总量是九江的 2～6 倍，所以比九江更容易产生污染天气，而九江相对于常德、荆州，其所处地理位置、气象条件等对污染物清除效果更好。值得注意的是荆州市 2005 年第二产业比重为 31.6%，2011 年激增至 43%并一直维持在较高的水平，其年均 PM$_{10}$ 浓度也从 2011 年后一直保持增长态势。

2.2 空气质量时间变化特征

2.2.1 月变化特征

统计 6 城市 2005～2014 年各个月份 PM$_{10}$ 均值，得到相应的 PM$_{10}$ 月均值变化曲线及标准偏差变化曲线。PM$_{10}$ 存在明显的月际变化特征（图 5a），且 6 个城市变化趋势较为一致。1～7 月 PM$_{10}$ 浓度呈波动下降趋势，7 月 PM$_{10}$ 浓度为全年最低，7～12 月 PM$_{10}$ 浓度波动上升，1 月、12 月到达 PM$_{10}$ 浓度峰值。10 月份 PM$_{10}$ 浓度出现小高峰可能是受秸秆燃烧影响，6 月秸秆燃烧并没有引起 PM$_{10}$ 浓度上升，这是因为不同季节的气候特征对颗粒物的累积效果不同，所以在资源有限的情况下，建议环境监管部门对 10 月份秸秆燃烧的控制力度要大于 6 月份[14]。

标准偏差较大可以反映有重污染天气发生[15]。图 4b 为 6 城市各月标准偏差变化趋势线，各月标准差变化趋势与月均值变化趋势较为一致，1、3、10～12 月标准差较大，说明 PM$_{10}$ 日均浓度在这几个月波动大，重污染天气多出现在这几个月，其他月份标准差较小，PM$_{10}$ 日均浓度相对比较稳定。

2.2.2 季节变化特征

图 5 展示了研究区域内各城市 PM$_{10}$ 的季节变化特征，各城市表现出了高度的一致性。春季 PM$_{10}$ 浓度均值为 3、4、5 月的平均，依次类推，计算夏、秋季均值，冬季 PM$_{10}$ 浓度均值为 12 月和次年 1、2 月的平均。其中 2005 冬为 2005 年 1、2 月平均，2015 冬为 2014 年 12 月数值。分析图 6 可知，总的来说，历年 PM$_{10}$ 季节变化一致，表现为冬季 PM$_{10}$ 浓度最高，春秋次之，夏季最低，说明大气环境质量以冬季最差，春秋次之，夏季最好。

大气污染季节变化特征由局地天气条件和污染源排放季节差异共同决定，可能原因有以下几方面：①夏季大气混合层高度较高，容纳污染物能力较强，同时，太阳辐射的热力作用增加了湍流混合的强度，有利于大气污染物的稀释扩散。反之，冬季混合层对污染物的稀释扩散能力较夏季低。②冬季早晚容易出现逆温现象[13]，抑制大气污染物的扩散，是冬季污染高于其他季节的又一原因。③降水对污染物具有湿沉降作用，是影响 PM$_{10}$ 季节变化的重要因素。中三角地区属亚热

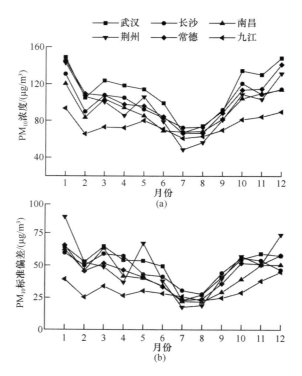

图 4 PM₁₀ 月变化特征（a）和标准偏差月变化特征（b）

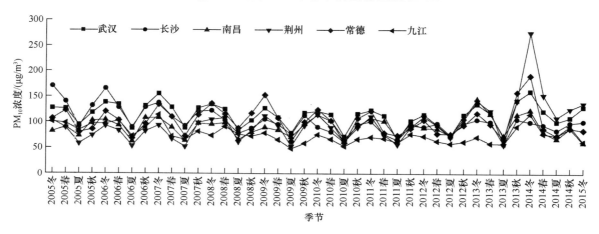

图 5 PM₁₀ 季节变化特征

带季风气候区，全年降水量分布不均，夏季降水多，冬季降水少，春季和秋季相当[16]，与 PM₁₀ 的季节变化特征一致。④中三角植被覆盖率高，夏季植物茂盛，可以有效削减大气中的污染物。⑤采暖以及过节燃放烟花和鞭炮，会导致冬季颗粒物排放量增加。

2.2.3 年际变化特征

图 6 为 6 个城市的年际变化趋势图，GB 3095—2012 规定 PM₁₀ 年均值二级标准浓度限值为 70 μg/m³，可看出，10 年来 PM₁₀ 的年均浓度普遍高于国家二级标准，空气污染值得重视。2013 年 PM₁₀ 浓度波动较大，与 2012 年相比各城市均表现出了较大幅度的上升，2014 年 PM₁₀ 浓度回落。

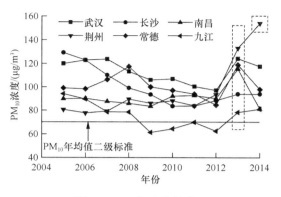

图 6 PM$_{10}$年变化趋势

用 Daniel 的趋势检验的 Spearman 秩相关系数法分析 2005～2012 年 PM$_{10}$的年变化趋势是否显著。表 3 为 6 个城市秩相关系数统计结果。

表 3 Spearman秩相关系数统计结果

项目	武汉	长沙	南昌	荆州	常德	九江
γ_s	−0.881*	−0.976*	0.476	0.714	−0.619	−0.834*
趋势	下降	下降	上升	上升	下降	下降

注：查相关系数显著性检验表可知，在样本数N=8、显著性水平α=0.05条件下，Spearman秩相关系数的临界值W_p=0.643。
* 表示变化趋势显著。

由秩相关分析结果（表 3） 可看出，武汉、长沙、九江 3 城市的秩相关系数|γ_s|＞0.643，且 γ_s＜0，2005～2012 年 4 个城市的 PM$_{10}$浓度呈显著下降趋势，空气质量得到好转。南昌、常德的秩相关系数|γ_s|＜0.643，反映出这 2 个城市空气质量变化平稳。荆州市则表现为显著的上升趋势。总的来说，6 城市表现出了一致性变化趋势，中三角大气污染具有区域性特征，区域联防联控对中三角空气质量改善可起到重要作用。

燃煤、工业污染源排放、机动车尾气和建筑业施工扬尘，是大气中可吸入颗粒物的主要来源[17-19]。为了分析 2005～2012 年各城市空气质量好转的原因，选取能耗及单位产值能耗来进行解释。分析图 7 可知，江西省能源利用效率高于湖北、湖南 2 省，各省单位产值能耗均呈稳步降低趋势，煤炭消费量增长趋势也较为缓慢，2012 年各省煤炭消费总量更是低于 2011 年，说明各省在控制煤炭消费量和提高能源利用效率上都取得一定成绩，这也是 2005～2012 年中三角城市群 PM$_{10}$浓度下降的重要原因。由图 8 可见，2013 年湘鄂赣 3 省煤炭消费量均达到 10 年中的最大值。研究表明，2013 年全国出现大范围灰霾天气，灰霾影响期间城市上空覆盖较强的逆温层、降水量明显减少且风速低于多年平均水平，气象扩散条件非常不利[20-21]。较高的煤炭消费量、不利的气象条件及全国大范围重污染背景下产生的外来源输入，可能是 2013 年湘鄂赣 3 省污染最严重的主要原因。2014 年各省煤炭消费量均大幅降低，且能源利用效率进一步提高，故 2014 年 PM$_{10}$回落。天然气和煤炭的烟尘排放比例为 1：615[12]，可见提高清洁能源比例对提高空气质量意义重大。

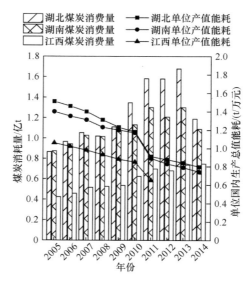

图 7　能耗及单位国内生产总值能耗变化趋势

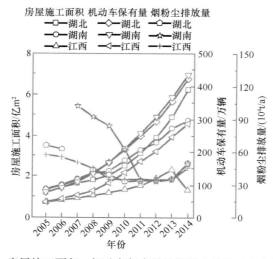

图 8　房屋施工面积、机动车保有量及烟粉尘排放量变化趋势

　　根据湘鄂赣 3 省历年统计年鉴，2005～2013 年建筑业房屋施工面积、机动车保有量逐年增加（图 8）。工业烟粉尘排放量在 2005～2012 年间有逐年下降的变化趋势，所以工业烟粉尘排放强度降低可能是 PM_{10} 浓度下降的又一重要原因。湖北、湖南 2 省在 2013 年工业烟粉尘排放强度转下降趋势为升高，这可能是导致 2013 年 PM_{10} 污染骤然加重的主要原因。江西省 2013 年工业烟粉尘排放量略低于 2012 年，推测建筑业施工扬尘、机动车引起的道路扬尘的增加可能是引起 PM_{10} 浓度高于 2012 年的重要原因。

　　2014 年中三角各城市 PM_{10} 比 2013 年均有所回落，只有荆州市相比 2013 年上升，且 PM_{10} 浓度均值高于其他城市。湖北省环保厅发布的《关于我省 2014 年度空气质量国家考核预警的紧急通报》中也指出，荆州市 PM_{10} 年均值较 2012 年、2013 年上升幅度较大。荆州市环境保护网上显示，2014 年荆州市空气质量指标 PM_{10} 均值为 150 μg/m³，为湖北省最高。主要原因为 2014 年上半年施工扬尘和道路扬尘未得到很好的控制，尤其以城市出口地带的国省道路和长江大堤、引江济汉工程扬尘对污染贡献较大。

荆州市 PM_{10} 在 2005～2014 年这 10 年间表现为上升趋势，原因可能有以下几个方面：①机动车保有量持续大幅增长，黄标车和老旧车辆淘汰不彻底，导致机动车尾气排放呈几何上升趋势；②未有效解决结构性污染问题，主要工业大气污染源分布在城市近郊和上风向地区，如国电长源荆州热电公司、沙隆达、博尔德和集美垃圾焚烧发电有限公司等，不利于城市大气环境质量的提升；③荆州市大气污染防治工作启动时间有限，且许多工程尚未竣工，还没有投入正常的运行使用，所以工作成效在短期内难以显现。

2.3 中三角城市群空气质量与其他城市群对比

国内针对京津冀、长三角、珠三角等城市群进行了大量的大气污染研究，而对中三角城市群的研究相对匮乏。本研究利用环保部数据中心空气质量日报，对 2014 年 4 大城市群空气质量进行对比，京津冀、长三角、中三角分别选取样本数较完整的 11 个城市，基本上可以覆盖整个区域，珠三角选取除香港、澳门以外的其他 9 个城市。表 4 为 2014 年中三角城市群与其他 3 大城市群空气质量对比状况，将 V 级重度和 VI 级严重污染天气统一定义为重污染天气，发现京津冀污染最为严重，重污染天气占总天数的 15.85%，达标天数仅占 44.03%，中三角重污染天气占总天数比例为 6.32%，达标天数占 64.47%，污染程度小于京津冀而大于长三角，珠三角空气质量状况最好，V 级以上重污染天数仅占 0.49%。4 大城市群达标率排序为珠三角＞长三角＞中三角＞京津冀，重污染比率为京津冀＞中三角＞长三角＞珠三角。无论是从达标情况还是重污染情况来看，中三角大气污染问题都要比长三角和珠三角突出，为中三角的长远发展考虑，应加强对中三角大气污染成因及控制措施的研究。

表 4 4 大城市群空气质量对比

城市群	I	II	III	IV	V	VI	达标率/%	V 级以上重污染比率/%
京津冀	222	1540	1098	507	455	179	44.03	15.85
中三角	401	2179	928	241	211	42	64.47	6.32
长三角	339	2307	997	245	111	3	66.11	2.85
珠三角	983	1690	494	91	16	0	81.65	0.49

注：I 为优，II 为良，III 为轻度污染，IV 为中度污染，V 为重度污染，VI 为严重污染。

3 结 论

（1）各城市 PM_{10} 浓度数据均呈偏态分布，PM_{10} 集中分布在浓度值较低的一端，且有 75% 以上的天数达到国家空气质量二级标准。武汉、长沙、常德空气质量状况在中三角城市群中排名靠后，应为环境监管部门的重点关注对象。

（2）PM_{10} 浓度峰值出现在 1 月、12 月，谷值出现在 7 月，10 月秸秆燃烧对 PM_{10} 的影响大于 6 月，重污染天气集中在 PM_{10} 平均浓度较高的月份；季节分布上冬季最大，夏季最小，春秋次之，季节差异由污染物排放量和当地气候条件共同决定；年际变化上，2005～2012 年空气质量呈好转趋势，各城市 2013 年较 2012 年均有较大幅度的上升，主要受 2013 年工业烟粉尘排放增多的影响。大气污染总体上具有区域化特征，应采取区域联防联控措施。

（3）各大城市群大气污染程度为京津冀＞中三角＞长三角＞珠三角，中三角大气污染问题要比长三角和珠三角突出，应加强对中三角大气污染的研究。

参 考 文 献

[1] 聂春林. 中三角区域政府合作研究[D]. 武汉: 华中师范大学, 2012.

[2] 吴蒙, 彭慧萍, 范绍佳, 等. 珠江三角洲区域空气质量的时空变化特征[J]. 环境科学与技术, 2015, 38(2): 77-82.

[3] 裴婷婷, 陈小平, 周志翔. 2007～2011 年武汉市空气污染物时空分布特征[J]. 环境科学导刊, 2014, 33(2): 43-47.

[4] 李彩霞, 朱国强, 李浩, 等. 长沙市 PM_{10}、$PM_{2.5}$ 污染特征及其与气象条件的关系[J]. 安徽农业科学, 2015, 43(12): 173-176.

[5] 彭希珑. 南昌市大气 PM_{10}、$PM_{2.5}$ 的污染特征及来源解析[D]. 南昌: 南昌大学, 2009.

[6] 罗岳平, 陈阳, 李蔚, 等. 长株潭地区秋冬季环境空气质量分析及与气象参数的关联性研究[J]. 上海环境科学, 2015, 34(2): 47-54.

[7] Naddeo V, Zarra T, Belgiorno V. Optimization of sampling frequency for river water quality assessment according to Italian implementation of the EU water framework directive[J]. Environmental Science & Policy, 2007, 10(3): 243-249.

[8] Shrestha S, Kazama F. Assessment of surface water quality using multivariate statistical techniques: A case study of the Fuji river basin, Japan[J]. Environmental Modelling & Software, 2007, 22(4): 464-475.

[9] Wei W, Lyu Z, Cheng S, et al. Characterizing ozone pollution in a petrochemical industrial area in Beijing, China: A case study using a chemical reaction model[J]. Environmental Monitoring and Assessment, 2015, 187 (6): 377.

[10] 穆志斌. 石景山区大气降尘及 PM_{10} 的变化趋势研究[D]. 北京: 北京工业大学, 2014.

[11] 陈日祥. "九五"期间顺德市大气环境质量分析[J]. 中山大学学报(自然科学版), 2005, 44(S2): 269-271.

[12] Zhang J, Ouyang Z, Miao H, et al. Ambient air quality trends and driving factor analysis in Beijing, 1983-2007[J]. Journal of Environmental Sciences, 2011, 23(12): 2019-2028.

[13] Jiang H, Li H, Yang L, et al. Spatial and seasonal variations of the air pollution index and a driving factors analysis in China[J]. Journal of Environmental Quality, 2014, 43(6): 1853-1863.

[14] 朱忠敏, 韩舸, 龚威, 等. 武汉市空气污染物长期变化规律研究[J]. 华中师范大学学报(自然科学版), 2015, 49 (2): 280-286.

[15] 鲁然英. 城市环境空气质量及其评价方法研究[D]. 兰州: 兰州大学, 2006.

[16] 汪高明. 湖北省近 47 年气温和降水气候特征分析[D]. 兰州: 兰州大学, 2009.

[17] 王刚, 韩力慧, 程水源, 等. 典型城市夏季碳组分污染特征与来源解析[J]. 北京工业大学学报, 2015, 41(3): 452-460.

[18] 梁增强, 马民涛, 杜改芳. 2003～2012 年京津石三市大气污染特征及趋势对比[J]. 环境工程, 2014, 32(12): 76-81.

[19] 黄亚林, 丁镭, 张冉, 等. 武汉市城市化过程中的空气质量响应研究[J]. 安全与环境学报, 2015, 15(3): 284-289.

[20] 唐红军, 张凯, 杨永安, 等. 遂宁市 2013 年大气污染特征及成因[J]. 中国环境监测, 2015, 31(5): 27-33.

[21] 韩霄, 张美根. 2013 年 1 月华北平原重霾成因模拟分析[J]. 气候与环境研究, 2014, 19(2): 127-139.

Air Pollution Characteristic and Variation Trend of Central Triangle Urban Agglomeration from 2005 to 2014

LI Tingting[1], WEI Peng[2], CHENG Shuiyuan[1], WANG Wenjie[2], XIE Pinhua[3], CHEN Zhenyi[3], SU Fuqing[2], REN Zhenhai[2]

1. College of Environmental & Energy Engineering, Beijing University of Technology, Beijing 100124, China
2. Chinese Research Academy of Environmental Sciences, Beijing 100012, China
3. Anhui Institute of Optics Fine Mechanics, Chinese Academy of Sciences, Hefei 230031, China

Abstract: To investigate the air pollution characteristics and variation trends of the Central Triangle urban agglomeration, PM_{10} concentrations from 2005 to 2014 for seven typical cities were analyzed. The data were derived from the data set of Wuhan et al. The results showed that at least 75% of the days in each city reached the secondary standard detailed in GB 3095—2012. Wuhan, Changsha, and Changde were the top three polluted cities. The highest levels of PM_{10} occurred in January and February, whereas the lowest levels occurred in July. A small peak in concentrations was detected in October. On a seasonal basis, winter was found to be the most polluted season followed by spring and autumn, and summer was found to be the least polluted season. The PM_{10} concentrations decreased from 2005 to 2012, but sudden increases were apparent in 2013. Afterward, the levels decreased again in 2014. The order of ambient air pollution in terms of degree for the four large city groups was as follows: Beijing-Tianjin-Hebei (more serious) >Central Triangle urban agglomeration>Yangtze River Delta> Pearl River Delta (less serious). Clearly, additional research on air pollution causative factors and control strategies in the Central Triangle urban agglomeration is of great importance.

Key words: Central Triangle urban agglomeration; PM_{10}; statistical analysis; Daniel trend analysis

我国 SO₂ 减排构想与经济分析[①]

杨新兴，高庆先，张文娟，姜振远，任阵海

中国环境科学研究院，北京 100012

摘要： 对我国未来燃煤 SO₂ 排放数量进行了测算，设计了一个 SO₂ 减排方案，并对减排成本进行了经济分析。据测算，2000 年燃煤 SO₂ 排放量将达到 2163 万 t，减排 44 万 t，减排成本为 12.99 亿元；2010 年燃煤 SO₂ 排放量将达到 2613 万 t，减排 1448 万 t，减排成本为 285.10 亿元。

关键词： 二氧化硫；酸雨；煤；减排构想

酸雨危害是当代世界最严重的环境问题之一，酸雨对粮食作物、蔬菜、花卉、森林和草原的危害程度已经相当严重。大气中酸性物质的急剧增加，是形成酸雨的主要原因。但某些地区还出现过碱性雨[1]。酸性物质及潜在的致酸性和致碱性物质包括：①硫化物及硫原子基团：SO_2，SO_3^-，H_2S，$(CH_3)_2S$，$(CH_3)_2S_2$，COS，CS_2，SO_4^{2-}，H_2SO_4，CH_3SH；②氮化物及氮原子基团：NO，N_2O，NO_2，NO_2^-，NO_3^-，HNO_3，NH_4^+，NH_3；③氯化合物及氯原子基团：Cl^-，HCl 等[2]。我国燃煤排放的二氧化硫是形成酸雨的最重要的前体物。1995 年中国的 SO₂ 排放总量达到 2370 万 t，居世界首位[3]，减排二氧化硫，势在必行。

1 我国燃煤SO₂排放量预测

1.1 燃煤SO₂排放量的计算方法

影响燃煤 SO₂ 排放量的主要因素是煤中的含硫量（通常称为煤硫分），其次是燃烧过程的排硫系数。燃煤排放的 SO₂ 数量计算方法如下：

$$A = C \times F \times E \times M_{SO_2} / S$$

式中，A 为燃煤过程向大气排放 SO₂ 的数量；C 为燃煤的数量；F 为燃煤硫分；E 为燃煤排硫系数（文献中取值为 0.8～0.9）[4]；M_{SO_2} 为 SO₂ 分子量；S 为硫原子量。

1.2 燃煤SO₂排放量预测结果

由于能源、交通、环境等因素的限制，我国未来国民经济的发展将可能被迫采取低速增长方案，根据此方案预测，2000 年，2010 年，2030 年和 2050 年我国煤消费量分别是 9.987，12.068，

---

① 原载于《环境科学研究》，1998 年，第 11 卷，第 6 期，13~15 页和 19 页。

13.734，16.422 亿 t（标准煤，下同）[5, 6]。根据上述预测，对未来燃煤排放的 SO₂ 数量进行了测算，其结果见表 1。

表 1 中国燃煤SO₂排放数量的预测结果

年份	全国能源消费总量/亿t	全国煤消费量/亿t	预测排放量/万t
2000	16.640	9.987	2163
2010	25.297	12.068	2613
2030	31.000	13.734	2974
2050	34.400	16.422	3556

2 我国SO₂减排构想方案

《国家环境保护"九五"计划和 2010 年远景目标》要求"到 2000 年全国主要污染物排放总量控制在'八五'末的水平，总体上不得突破"。为了进一步改善大气环境质量，专家们建议从 2000 年起燃煤中的 SO₂ 排放量应当逐步降低到 80 年代初期的水平。根据上述要求和建议，笔者在预测燃煤 SO₂ 排放量的基础上，构想了 2000 年，2010 年，2030 年和 2050 年可允许的燃煤 SO₂ 排放量，并计算了应当减排的 SO₂ 数量（表 2）。

表 2 中国未来燃煤SO₂减排构想方案

年份	预测排放量/万t	构想排放量/万t	减排量/万t
2000	2163	2119	44
2010	2613	1165	1448
2030	2974	1100	1874
2050	3556	1000	2556

3 减排SO₂的潜力分析

燃煤 SO₂ 减排技术主要有节能、脱硫、煤气化和煤气联合循环发电、选用低硫煤、开发利用可以替代煤的新能源等。目前，我国煤的消耗数量巨大，利用效率很低，如果通过技术革新和设备改造，提高利用效率，将可以节约大量的煤，同时 SO₂ 排放量也将相应减少。燃煤脱硫、煤气化和煤气联合循环发电等技术在我国还没有广泛利用，这类减排技术的广泛利用，将会对减排 SO₂ 做出巨大贡献。开发可以替代煤的清洁能源，例如，核电、水电、太阳能、风能、地热能以及生物质能等，特别是发展水电和核电，也将会对减排 SO₂ 做出较大贡献。

3.1 脱硫减排潜力分析

燃煤脱硫技术主要有燃烧前脱硫、燃烧过程中脱硫、燃烧后烟气脱硫以及煤气化等。目前，燃烧前洗煤、民用型煤固硫、煤气化等技术在我国已经商业化，工业型煤固硫、流化床燃烧、烟气脱硫等技术尚在示范阶段，煤气化联合循环发电等技术尚在研究阶段。

3.1.1　烟气脱硫

　　烟气脱硫是减排 SO_2 的一条重要技术途径。80 年代初，美、德、日本等国家就有了成熟的烟气脱硫技术，并大规模地投入商业应用。目前我国已经示范应用烟气脱硫技术的电厂有重庆珞璜电厂、四川白马电厂、山东黄岛电厂和南京下关电厂等，烟气脱硫率可以达到95%[9]。根据对电力工业发展及其煤消费量的预测[5, 6]，测算了电厂燃煤的 SO_2 排放量及其减排潜力，结果见表 3。

表 3　电厂燃煤 SO_2 排放量及其减排潜力数据分析

年份	装机容量/万kW	年发电量/亿kW·h	电厂年煤消费量/亿t	预测排放量/万t	烟气脱硫量*/万t
2000	2196	12118	4.362	1111	1055
2010	3843	21208	6.999	1783	1694
2030	7372	40686	12.409	3161	3003
2050		49616	15.133	3855	3663

　　* 按烟气脱硫率为95%计算。

3.1.2　型煤固硫

　　型煤是经过成型处理后的煤制品，分为民用和工业 2 类。民用型煤主要是煤球和蜂窝煤，工业型煤主要是锅炉、窑炉、蒸汽机车等采用的各种成型煤制品。型煤加工时加入固硫剂，可实现燃煤固硫，固硫率可以达到50%[4]。把全国煤消费量中除去电厂用煤和化工原料用煤以外的煤消费量，计入一般工业和民用型煤加工潜力。到 2050 年，除冶金、化工等行业外，动力煤基本上都应转化为电能[5, 6]。2000 年、2010 年和 2030 年一般工业和民用型煤固硫（以 SO_2 计）的减排潜力数据分析见表 4。

表 4　工业和民用型煤固硫潜力数据分析

年份	全国煤消费量/亿t	电厂煤消费量/亿t	化工原料煤消费量/亿t	型煤加工潜力/亿t	型煤固硫量*/万t
2000	9.987	4.362	0.784	4.841	617
2010	12.068	6.99	0.947	4.122	525
2030	13.734	12.409	1.078	0.247	31
2050	23.000	15.133	1.289	0	0

　　* 按型煤固硫效率为50%计算。

3.2　替代能源减排潜力分析

　　目前的技术水平还不能从太阳能、风能、地热能等获得大规模稳定的工业电力，因此替代能源的主要开发目标应当是水电和核电。我国水能资源理论蕴藏量为 6.76 亿 kW，可开发量为 3.79 亿 kW，年发电量为 22740 亿 kW·h[5]，可以替代 8.19 亿 t 标准煤，相当于减排 2086 万 t SO_2。我国水电开发预测[5, 6]及其替代减排潜力的数据分析见表 5。

表 5 中国未来水电开发及其替代减排SO₂潜力数据分析

年份	装机容量/万kW	年均增加装机容量/万kW	年发电量/亿kW·h	替代煤量/亿t	替代减排SO₂量/万t
2000	7700	410	2766	0.996	254
2010	12200	450	4382	1.446	368
2030	15693	180	5591	1.705	434
2050	19187	180	7600	2.318	591

　　开发核电，替代燃煤，是减少 SO₂ 排放的一项非常重要的措施。目前人们最担心的是核电生产安全问题。这一问题在理论上早已经有了可靠的解决方法。许多国家核电站的运行实践证明，在规定的运行条件下，核电站的生产过程是绝对安全的。人们担心的另外一个问题是核废料的处理问题。核电生产过程产生的放射性废物，用多层封闭技术可以安全地加以处置。这是联合国原子能机构、美国物理学会、美国工程师学会等诸多权威机构在经过严密论证后得到的一致结论。发展核电是未来能源采集的一个重要手段。中国核电发展预测[5, 6]及其替代减排潜力的数据分析见表 6。

表 6 中国核电开发及其替代减排SO₂潜力的数据分析

年份	装机容量/万kW	年均增加装机容量/万kW	年发电量/亿kW·h	替代煤量/亿t	替代减排SO₂量/万t
2000	300	30	179	0.064	16
2010	2510	220	1495	0.493	126
2030	7299	240	4347	1.326	338
2050	12089	240	7200	2.196	559

4　减排技术的经济分析

　　笔者调查了国际上已经采用的各种减排技术及其在国内的应用实例。例如，重庆珞璜电厂从日本引进的湿式石灰石-石膏烟气脱硫装置，1991 年建成投产，脱硫装置投资 1.49 亿元，每吨 SO₂ 的减排成本费为 668 元。贵阳和太原型煤固硫成本费为每吨 62.07 元[9]。相当于每吨 SO₂ 减排成本费为 4 872.82 元。根据每吨 SO₂ 减排成本费和减排数量（见表 2），计算得到 2000 年、2010 年、2030 年、2050 年电厂烟气脱硫和一般工业及民用型煤固硫合计投资金额分别为 12.99、285.10、123.37、170.74 亿元（见表 7）。水电每千瓦装机成本费为 10000 元，核电每千瓦装机成本费为 15000 元[5]。根据每千瓦装机成本费和当年增加装机容量（见表 5，表 6），计算得到 2000 年、2010 年、2030 年、2050 年水电和核电的合计投资金额分别为 455.00、780.00、540.00、540.00 亿元（见表 7）。

表 7 中国未来SO₂减排技术的经济分析

年份		电厂烟气脱硫	型煤固硫	小计	水电	核电	小计	合计	GDP	占GDP比重/%
2000	减排量/万t	20	24	44	254	16	284			
	投资金额/亿元	1.30	11.69	12.99	410.00	45.00	455.00	667.99	41858	1.12
2010	减排量/万t	1000	448	1448	368	126	539			
	投资金额/亿元	66.80	218.30	285.10	450.00	330.00	780.00	1065.10	82341	1.29
2030	减排量/万t	1844	30	1874	434	338	1414			
	投资金额/亿元	123.18	0.19	123.37	180.00	360.00	540.00	663.37	218426	0.30
2050	减排量/万t	2556	0	2556	591	559	1150			
	投资金额/亿元	170.74	0	170.74	180.00	360.00	540.00	710.74	698880	0.10

5 结　　论

根据国民经济低速发展方案，2000 年，2010 年，2030 年和 2050 年我国燃煤排放 SO_2 数量将分别达到 2163，2613，2974，3556 万 t。为了实现《国家环境保护"九五"计划和 2010 年远景目标》规定的污染物排放总量控制目标，2000 年，2010 年，2030 年，2050 年 SO_2 减排数量分别是 44，1448，1874，2556 万 t，电厂烟气脱硫和一般工业及民用型煤固硫合计投资金额分别为 12.99，285.10，123.37，170.74 亿元；燃煤脱硫、型煤固硫及水电和核电替代减排的总投资金额分别是 667.99，1065.10，663.37，710.74 亿元，占当年国内生产总值（GDP）的比重分别为 1.12%，1.29%，0.30%，0.10%。减排方案的预期结果，将有可能把我国 2000 年燃煤 SO_2 排放量控制在 1995 年的水平；2030 年以后控制在 20 世纪 80 年代初期的水平。

参 考 文 献

[1] 任阵海, 王文兴, 陈复, 等. 中国酸雨的分布及控制. 见: 中国工程院编. 中国科学技术前沿(1997). 上海: 上海教育出版社, 1998: 233-262.

[2] Bubennick V David. Acidrain information book(Second edition). New Jersey(USA): Neyes Publication, 1984: 7-8.

[3] 解振华. 中国的酸雨控制对策. 见: 李政道. 中国酸雨控制研讨会论文集. 北京: 中国高等科学技术中心, 1997: 9-16.

[4] 王文兴, 曹如明, 田钟琦, 等. 中国 2000 年大气环境预测与对策研究(国家环保局课题研究报告). 北京: 中国环境科学研究院, 1987: 4-6.

[5] 何建坤, 周大地, 吴钟湖, 等. 中国未来温室气体排放构想. 见: 气候变化国家研究专家组编. 气候变化国家研究最终报告(送审稿). 北京: 国家计委能源研究所, 1996: 1-26.

[6] 朱光亚, 潘家铮, 范维唐, 等. 关于实施可持续发展能源战略的建议. 北京: 中国工程院, 1998: 1-2.

[7] 李猷惠. 中国电力工业节能潜力和对策研究. 见: 中国全面节约战略、规划和对策研究(系列报告之三). 北京: 国家计委能源研究所, 1992: 1-20.

[8] 杨明珍. 燃煤设备产污系数的研究. 见: 国家环境保护局科技发展计划研究报告(92202002). 北京: 北京市环境保护科学研究院, 1992.

[9] 王汉臣. SO_2 污染控制技术现状及成本分析. 见: 国家环境保护局污染控制司编. SO_2 污染控制对策与治理技术. 北京: 国家环境保护局, 1996: 14-21.

[10] 马晓民. 化工系统绿色援助计划"烟道气简易排烟脱硫示范项目"概况. 见: 国家环境保护局污染控制司编. 二氧化硫污染控制对策与治理技术. 北京: 国家环境保护局污染控制司, 1996: 40-44.

A Scenario for Mitigation of Emission of Sulphur Dioxide in China and Its Economic Analysis

YANG Xinxing, GAO Qingxian, ZHANG Wenjuan, JIANG Zhenyuan, REN Zhenhai

Chinese Research Academy of Environmental Sciences, Beijing 100012

Abstract: The emission of sulphur dioxide from coal combustion in China in the future was forecasted, a scenario for mitigation of emission of sulphur dioxide was devised, and the economic analysis of the mitigation cost was accomplished. It was calculated that the emission of sulphur dioxide would be 21.63 million tons by the year 2000 and the amount of the mitigation would be 0.44 million tons with the mitigation cost of 1.299 billion yuan. By 2010 the emission of sulphur dioxide would be 26.13 million tons and the mitigation would be 14.48 million tons with the mitigation cost of 28.51 billion yuan.

Key words: sulphur dioxide; acid rain; coal; mitigation scenario

中国NO$_2$的季节分布及成因分析[①]

尉　鹏[1]，任阵海[2]，苏福庆[2]，程水源[1]，张　鹏[3]，高庆先[2]

1. 北京工业大学环境与能源工程学院，北京　100022
2. 中国环境科学研究院，北京　100012
3. 中国气象局，国家卫星气象中心，北京　100081

摘要： 利用OMI卫星观测的对流层NO$_2$柱浓度和113个重点城市地面ρ（NO$_2$）监测数据，结合753个监测站降水资料以及中国气象局气象信息综合分析处理系统（MICAPS）气压场数据，研究了中国NO$_2$的季节分布特征及其影响因素。结果表明：卫星遥感数据和地面监测数据同步显示了中国NO$_2$浓度冬季峰值、夏季谷值的季节分布特征；月降水量与地面监测的ρ（NO$_2$）呈负相关，相关系数为0.71。气压场平均结果表明，边界层气压场的特征是影响NO$_2$浓度季节分布的另一个主要因素。

关键词： 大气遥感；NO$_2$；季节分布；成因分析

　　NO$_2$是主要的大气污染物之一，也是臭氧、酸雨和光化学烟雾的重要前体物，严重影响着大气环境质量，危害人体健康[1]。随着经济的快速发展，我国NO$_2$排放量逐年升高，污染日益严重。卫星观测结果表明，2005～2006年我国NO$_2$柱浓度比1996～1997年增加了93%。我国NO$_2$污染超过北美、西欧和日本等发达国家和地区，成为全球污染最为严重的地区之一[2-3]。因此，我国的NO$_2$污染问题也成了关注的热点之一。

　　研究[4-8]指出，区域性大气环境污染浓度的变化受天气过程的影响，天气要素如边界层气压场和降水等与区域大气污染有明显相关性[9-11]。边界层反气旋系统对污染物有明显积累作用，而锋区清除系统和降水系统是造成区域污染物浓度下降的主要气象影响要素[12-13]。

　　随着卫星遥感技术的发展，大范围NO$_2$浓度的连续分布可通过SCIAMACHY，OMI和GOME-2等传感器观测。国内外学者应用卫星遥感数据对中国的NO$_2$浓度分布及其来源解析进行了大量研究[14-19]。Richter等[3]应用SCIAMACHY和GOME传感器资料对1996～2004年全球对流层的NO$_2$垂直柱浓度月均值的空间分布进行了研究，指出我国东部地区有显著增长。张兴赢等[17]应用SCIAMACHY资料对1997～2006年我国NO$_2$的时空分布及污染源解析进行了研究，指出人为活动影响了NO$_2$浓度的空间分布。江文华等[18]利用GOME卫星资料研究了北京地区的NO$_2$分布。王跃启等[19]计算了我国自然分区的NO$_2$柱浓度，证明了人类活动影响了对流层NO$_2$柱浓度的分布。

　　上述研究大多是单独应用卫星遥感资料研究我国NO$_2$时间和空间的变化趋势，对NO$_2$季节变

---

① 原载于《环境科学研究》，2011年，第24卷，第2期，155～161页。

化及天气要素对其的影响研究较少。由于卫星遥感观测具有分辨率高、范围大的优点,笔者利用卫星观测以及相应地面监测数据,研究了 2007～2009 年我国区域性 NO_2 季节演变趋势;并应用天气过程理论,结合气象观测资料,分析了降水量以及边界层气压场对我国 NO_2 季节分布的影响。

1 数 据 来 源

卫星遥感数据来自美国国家航空航天局(National Aeronautics and Space Administration,NASA)提供的全球对流层 NO_2 垂直柱浓度遥感产品,时间为 2007～2009 年,OMI 的过境时间一般在当地 13:30 左右。经插值计算,空间分辨率为 0.1°×0.1°。

气象资料为中国气象局气象信息综合分析处理系统(MICAPS)观测数据,时间段选为 2007 年 1 月和 8 月,每 3h 一次,其中降水量包括 753 个监测站的数据。地面监测 NO_2 数据来自中国环境监测总站,每日地面监测值为前一日 12:00 至当日 12:00 的平均值,时间为 2007 年。

2 NO_2 季节演变特征

2.1 地面监测值

图 1 为 2007 年北京、上海、广州、重庆以及武汉五城市地面监测的 ρ(NO_2)变化曲线。由图 1 可知,各城市的 ρ(NO_2)在 1 月,2 月,11 月和 12 月较高,7 月和 8 月较低。1 月各城市 ρ(NO_2)为 0.055～0.083mg/m^3;2 月以后各城市 ρ(NO_2)震荡下降;7 月,武汉、北京和广州降到谷值,ρ(NO_2)分别为 0.033,0.034 和 0.051mg/m^3,重庆和上海在 8 月降至全年谷值,ρ(NO_2)依次为 0.032 和 0.033 mg/m^3。9 月开始各城市 ρ(NO_2)逐月上升,武汉和重庆在 11 月分别达到 0.090 和 0.055mg/m^3,为全年最高值。可见,各城市的 ρ(NO_2)季节变化明显,冬季较重,夏季较轻。

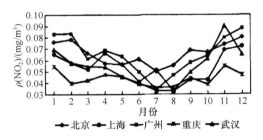

图 1 2007 年五城市地面监测 ρ(NO_2)变化

2.2 卫星观测结果

图 2 为 2007～2009 年 1 月,4 月,7 月和 10 月对流层 NO_2 柱浓度(以月均值表示)分布。由图 2 可知 NO_2 柱浓度的季节变化特征,其中 1 月污染最重,华北地区(32°N～42°N,110°E～122°E)NO_2 柱浓度在 3.0×10^{16}molec/cm^2 以上;4 月较 1 月明显降低,全国大部地区 NO_2 柱浓度在 1.0×10^{16} molec/cm^2 以下;7 月则降至 0.5×10^{16}molec/cm^2 以下;10 月上升,东部地区大多在

$0.5 \times 10^{16} \sim 2.0 \times 10^{16} molec/cm^2$。卫星遥感观测结果表明，我国 NO_2 柱浓度的季节变化明显，但相同月份的 NO_2 柱浓度变化不大。

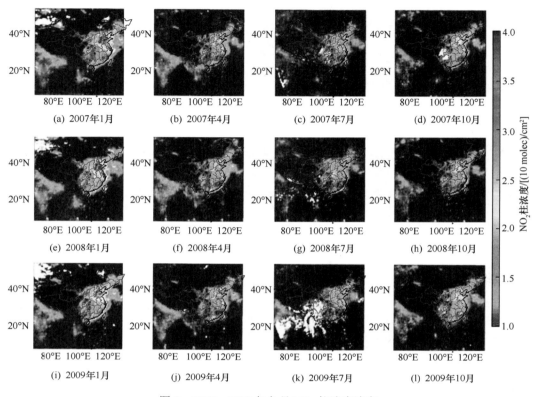

图 2 2007～2009 年各月 NO_2 柱浓度演变

2.3 地面与卫星观测结果综合分析

图 3 为 2007 年各月 NO_2 柱浓度及 113 个重点城市地面监测的 $\rho(NO_2)$ 的变化。由图 3 可知，在全国范围内，NO_2 柱浓度同地面监测的 $\rho(NO_2)$ 变化趋势一致，均在冬季出现峰值，夏季出现谷值。可见，卫星遥感观测的 NO_2 柱浓度随时间的演变趋势与地面监测的 $\rho(NO_2)$ 相一致，其平均值均反映出 NO_2 的季节变化特征。

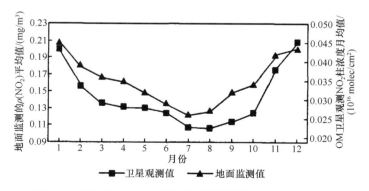

图 3 2007 年各月 NO_2 柱浓度及地面监测 $\rho(NO_2)$ 演变

3　NO₂季节变化影响因素

3.1　降水量

研究[12-20]发现，降水的湿清除作用可明显降低大气中的污染物浓度。图 4 为 2007 年 1 月，4 月，7 月和 10 月的降水量分布。由图 4 可知，1 月北方降水量多在 40mm 以下，东南沿海、云南南部部分地区在 80～90mm；4 月较 1 月降水量有所增加，降水量的 30 和 40mm 线均向北方移动，华中地区降水量增至 70～80mm，广东和广西降水量超过 100mm；7 月，各地降水量均明显增加，华北、华中、华东、华南、四川及贵州东部、陕西及云南南部降水量大多超过 140mm，东北和西北地区降水量分别上升至 80 和 40mm 以上；10 月降水量显著下降，除广东、广西和云南南部外，各地降水量多在 100mm 以下，北方大部地区降至 60mm 以下。可见，月降水量的变化呈现季节特征，1 月和 7 月分别出现降水量的谷值和峰值，对应月份的 ρ（NO₂）变化（图 1）却出现峰值和谷值，因此，降水量的季节演变同 ρ（NO₂）变化趋势相反。

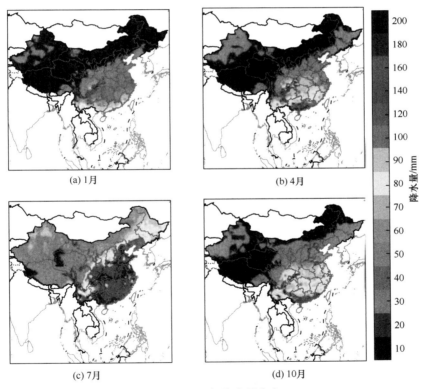

(a) 1月　　　　(b) 4月

(c) 7月　　　　(d) 10月

图 4　2007 年降水量分布

台湾省和海南省数据暂缺

为进一步说明降水量同 ρ（NO₂）的季节变化关系，将 2007 年北京、上海、广州、重庆和武汉五城市的月降水量与 ρ（NO₂）进行统计，结果见图 5。由图 5 可知，各城市降水量和 ρ（NO₂）呈负相关，相关系数为 0.71。由此可知，降水的湿清除作用是 ρ（NO₂）季节分布不均的主要影响因素之一。

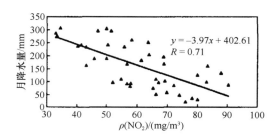

图 5　2007 年五城市的月降水量与同月 ρ（NO$_2$）的相关关系

3.2　边界层气压场

　　除降水因素外，边界层气压场的月际演变是影响我国 NO$_2$ 柱浓度季节变化的另一主要因素。研究[5, 11]表明，春、夏季节特别是 8 月，大陆高压强度减弱，范围变小，持续时间缩短（图 6），

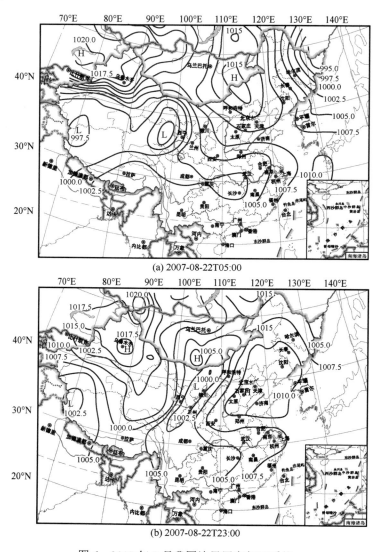

(a) 2007-08-22T05:00

(b) 2007-08-22T23:00

图 6　2007 年 8 月我国边界层高气压系统

区域污染物的积累时间短，因而 NO_2 污染较轻。高压、低压对污染物分别具有持续积累和汇聚作用。秋、冬季节，中国大部地区受大陆高压控制（图7），高压系统强度大，范围广，持续时间长，对污染物的持续积累和汇聚作用时间长。全年中以 12 月和 1 月最为严重，污染范围最大。因此，边界层气压场和降水量的季节变化是造成 NO_2 季节变化的主要影响因素。

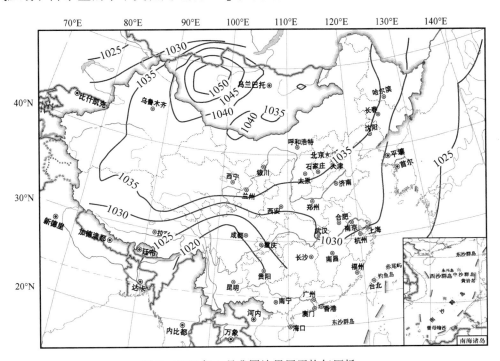

图 7　2007 年 1 月我国边界层平均气压场

4　结　论

（1）中国 NO_2 区域柱浓度和地面监测的 ρ（NO_2）均显示出 NO_2 污染冬季重、夏季轻的季节分布特征。

（2）月降水量和 ρ（NO_2）的季节分布呈明显负相关，相关系数为 0.71。

（3）边界层气压场的季节特征是影响 NO_2 污染季节变化的另一个主要因素。

参 考 文 献

[1] Environmental Protection Agency (EPA). National air quality and emissions trends report 1997[R]. Washington DC: EPA, 1998: 18-20.

[2] Sachin D G, Vander A, Beig G. Satellite derived trends in NO_2 over the major global hotspot regions during the past decade and their inter-comparison[J]. Environ Pollut, 2009, 157(3): 1873-1878.

[3] Richter A, Burrows J P, Nu B H, et al. Increase in tropospheric nitrogen dioxide over China observed from space [J]. Nat, 2005, 437(1): 129-132.

[4] 任阵海, 苏福庆. 大气输送的环境背景场[J]. 大气科学, 1998, 22(9): 454-459.

[5] 苏福庆, 杨明珍, 钟继红, 等. 华北地区天气型对区域大气污染的影响[J]. 环境科学研究, 2004, 17(1): 16-20.

[6] Leighton R M, Spark E. Relationship between synoptic climatology and pollution events in Sydney[J]. International

Journal of Biometeorology, 1997, 41(2): 76-89.

[7] Shahgedanova M, Burt T P, Davies T D. Synoptic climatology of air pollution in Moscow[J]. Theoretical and Applied Climatology, 1998, 61(2): 85-102.

[8] Peter A T, Po-Tak L. Effects of synoptic weather systems upon the air quality in an asian megacity[J]. Water Air Soil Pollut, 2002, 136(9): 105-124.

[9] 任阵海, 虞统, 苏福庆, 等. 不同尺度大气系统对污染边界层的影响及其水平流场输送[J]. 环境科学研究, 2004, 17(1): 7-13.

[10] 苏福庆, 任阵海, 高庆先, 等. 北京及华北平原边界层大气中污染物的汇聚系统: 边界层输送汇[J]. 环境科学研究, 2004, 17(1): 22-25.

[11] 任阵海, 苏福庆, 高庆先, 等. 边界层内大气排放物形成重污染背景解析[J]. 大气科学, 2005, 29(1): 57-63.

[12] 董继元, 王式功, 尚可政. 降水对中国部分城市空气质量的影响分析[J]. 干旱区资源与环境, 2009, 23(12): 43-48.

[13] 范清, 程水源, 苏福庆, 等. 北京夏季典型环境污染过程个例分析[J]. 环境科学研究, 2007, 20(5): 12-19.

[14] ve Lders G J M, Granier C, Portmann R W, et al. Global tropospheric NO_2 column distributions: comparing three-dimensional model calculations with GOME measurements[J]. J Geophysi Res, 2001, 106(12): 12643-12660.

[15] 江文华, 马建中, 颜鹏. 利用 GOME 卫星资料分析北京大气 NO_2 污染变化[J]. 应用气象学报, 2006, 17(1): 67-71.

[16] 李莹. 地基 DOAS 观测反演的 NO_2 柱总量与 SCIAMACHY 卫星 NO_2 数据的比较及 NO_2 时空分布研究[D]. 北京: 北京大学, 2006: 11-34.

[17] 张兴赢, 张鹏, 张艳. 等. 近 10a 中国对流层 NO_2 的变化趋势、时空分布特征及其来源解析[J]. 中国科学: D 辑, 2007, 37(10): 1409-1416.

[18] 江文华, 马建中, 颜鹏, 等. 利用 GOME 卫星资料分析北京大气 NO_2 污染变化[J]. 应用气象学报, 2006, 17(1): 67-72.

[19] 王跃启, 江洪, 张秀英, 等. 基于 OMI 卫星遥感数据的中国对流层 NO_2 时空分布[J]. 环境科学研究, 2009, 22(8): 992-997.

[20] Feng Z W, Huang Y Z, Feng Y W, et al. Chemical composition of precipitation in Beijing Area, Northern China[J]. Water Air Soil Pollut, 2001, 125(1): 345-356.

Seasonal Distribution and Cause Analysis of NO₂ in China

WEI Peng[1], REN Zhenhai[2], SU Fuqing[2], CHENG Shuiyuan[1],
ZHANG Peng[3], GAO Qingxian[2]

1. College of Environmental & Energy Engineering, Beijing University of Technology, Beijing 100022, China
2. Chinese Research Academy of Environmental Sciences, Beijing 100012, China
3. National Satellite Meteorological Center, China Meteorological Bureau, Beijing 100081 , China

Abstract: Using tropospheric NO_2 columns derived from OMI observations, NO_2 measurements at 113 major monitoring sites, 753 meteorological observations of rainfall and sea-level pressure field data from MICAPS, this paper studies seasonal distribution characteristics of NO$_2$ in China and influencing factors. The findings indicate that the satellite remote sensing data and observation data on the ground synchronously reveal the seasonal characteristics of NO$_2$ concentration in China, which reaches peaks m winter and is lowest in summer. Monthly mean rainfall and seasonal distribution of NO$_2$ concentration were inversely correlated, with a correlation coefficient of 0.71. The average air pressure field result showed that the characteristics of planetary boundary layer (PBL) pressure field was another main factor influencing seasonal variability of NO$_2$ concentration.

Key words: atmospheric remote sensing; NO$_2$; seasonal distribution; cause analysis

新中国成立70年来我国大气污染防治历程、成就与经验[①]

王文兴[1,2]，柴发合[1]，任阵海[1]，王新锋[2]，王淑兰[1]，李　红[1]，高　锐[1]，

薛丽坤[2]，彭　良[1,3]，张　鑫[1,2]，张庆竹[2]

1. 中国环境科学研究院，环境基准与风险评估国家重点实验室，北京　100012
2. 山东大学环境研究院，山东　青岛　266237
3. 西南石油大学化学化工学院，四川　成都　610500

摘要：自20世纪70年代以来，我国在经济持续增长、能源消耗不断增加的同时，及时缓解了各类主要的大气环境问题，有效避免了欧美发达国家曾经出现的严重大气污染灾害。然而，目前我国仍然面临着大气污染尤其是二次污染的严峻挑战。为此，非常有必要全面梳理与分析新中国成立70年以来，特别是自20世纪70年代至今，我国大气污染防治的历程、成就与经验。结果表明：我国在各阶段的大气污染防治过程中均取得了较为明显的环境空气质量改善成就与较为丰富的污染防控经验，并在此过程中形成了具有中国特色的大气污染防治理论与管理模式，构建了系统科学的大气污染综合防控体系。今后我国大气污染治理工作应进一步明确各级政府主体责任，强化重点污染源治理，继续调整优化四大结构，统筹兼顾，强化区域联防联控，强化科技能力建设，注重大气环境问题预测，加强环境科学与技术研究，共同推进大气污染防治，打赢蓝天保卫战。

关键词：大气污染；历程；成就；经验；启示

大气污染是指由于人类活动或自然过程引起某些物质进入大气中，当污染物含量达到有害程度以致破坏生态系统和人类正常生存与发展时，对人或物造成危害的现象[1]；其本质是大气污染物通过一系列复杂的物理、化学和生物过程，对人体健康和人类生存环境造成不利影响[2]。随着工业化及城市化的快速发展，大气污染已成为世界各国面临的最大环境挑战之一[3]。大气污染严重危害人体健康，并会对生态环境、气候变化等造成不利影响[4-5]，已引起各国政府的高度重视，我国政府一直高度重视大气污染防治。

自新中国成立以来，我国大气污染防治历经风雨，从蹒跚起步、探索前行直至稳步发展、成绩卓越[6-12]。近年来，一些学者梳理了我国大气污染防治的历程，从不同角度对我国大气污染防

---

① 原载于《环境科学研究》，2019年，第32卷，第10期，1621~1635页。

治经验进行了总结[3,6,13]。然而，如果说我国大气污染治理犹如一列启动后未曾停止过的列车，那么自 2013 年以后，这趟列车则是进入了高速铁路轨道，高速前进[14]。因此，有必要再次梳理我国大气污染防治的发展历程与成就，特别是自党的十八大以来所开展的大气污染防治实践，从中总结优秀经验，以期为我国乃至世界的大气污染防治提供参考。

该研究对我国大气污染防治工作进行了回顾分析，梳理了我国大气污染防治历程、成绩与经验，重点阐述了我国在大气污染防治过程中所取得的环境空气质量改善成就，以及在此过程中形成的具有中国特色的新理论与新的管理模式，并总结其对今后我国大气污染防治工作的启示，研究成果不仅可以为我国下一阶段的大气污染治理提供经验借鉴与决策参考，也可供其他面临大气重污染问题的国家借鉴。该研究目的在于宣传我国大气污染防治成就，促进我国大气污染防治工作再上新台阶，以及为深入开展"不忘初心、牢记使命"主题教育，践行习近平生态文明思想，推动我国大气污染防治事业，改善我国大气环境质量贡献力量。

1　我国大气污染防治历程

我国大气污染防治工作主要开始于 20 世纪 70 年代[3]，我国大气污染的防治历程大体可以分为 4 个阶段，即起步阶段（1972～1990 年）、发展阶段（1991～2000 年）、转型阶段（2001～2010 年）与攻坚阶段（2011 年至今），各阶段的环境保护组织结构、防治对象、工作重点、法律法规、行动计划、污染物排放与空气质量标准等均有明显变化[11]（见表 1）。

表 1　我国不同时期大气污染防治工作的特点

项目	起步阶段（1972～1990年）	发展阶段（1991～2000年）
大事记	1972年我国组团参加联合国人类环境会议，1973年第一次全国环境保护会议召开，筹建中国环境科学研究院	1992年我国参加联合国环境与发展会议，1994年发布《中国21世纪议程》
污染特征	逐渐出现局地大气污染	出现区域性大气污染，酸雨问题突出
环保机构	原国务院环境保护领导小组	原国家环境保护局
防治对象	烟尘、悬浮颗粒物	酸雨、SO_2、悬浮颗粒物
工作重点	排放源监管，工业点源治理，消除烟尘	燃煤锅炉与工业排放治理，重点城市和区域污染防治
法律法规与规划方案	• 《关于保护和改善环境的若干规定》 • 《宪法》（1978年修订） • 《环境保护法（试行）》 • 《大气污染防治法》	• 《大气污染防治法实施细则》 • 《大气污染防治法》（1995年和2000年两次修订） • 《酸雨控制区和二氧化硫污染控制区划分方案》 • 《征收工业燃煤二氧化硫排污费试点方案》 • 《汽车排气污染监督管理办法》 • 《机动车排放污染防治技术政策》
排放与空气质量标准	• GBJ 4—1973《工业"三废"排放试行标准》 • GB 3095—1982《大气环境质量标准》	• GB 13271—1991《锅炉大气污染物排放标准》 • GB 3095—1996《环境空气质量标准》 • GB 13223—1996《火电厂大气污染物排放标准》
项目	转型阶段（2001～2010年）	攻坚阶段（2011年至今）
大事记	我国举办2008年北京奥运会，为保障城市空气质量，试点实施大气污染的区域联防联控	2013年我国东部遭遇连续的灰霾污染、$PM_{2.5}$"爆表"，出台《大气污染防治行动计划》，开展中央环保督查
污染特征	大气污染呈现区域性、复合型的新特征	区域性、复合型大气污染
环保机构	国家环境保护总局	原环境保护部，生态环境部
防治对象	SO_2、NO_x和PM_{10}	霾、$PM_{2.5}$、PM_{10}
工作重点	实行污染物总量控制，实施区域联防联控	多种污染源综合控制，多污染物协同控制，重污染预报预警

续表

项目	起步阶段（1972~1990年）	发展阶段（1991~2000年）
法律法规与规划方案	• 《两控区酸雨和二氧化硫污染防治"十五"计划》 • 《现有燃煤电厂二氧化硫治理"十一五"规划》 • 《二氧化硫总量分配指导意见》 • 《关于推进大气污染联防联控工作改善区域空气质量的指导意见》	• 《大气污染防治行动计划》 • 《大气污染防治法》（2015年和2018年两次修订） • 《重点区域大气污染防治"十二五"规划》 • 《"十二五"主要污染物总量减排目标责任书》 • 《能源发展战略行动计划（2014~2020年）》 • 《"十三五"生态环境保护规划》 • 《打赢蓝天保卫战三年行动计划》
排放与空气质量标准	• GB 13271—2001《锅炉大气污染物排放标准》 • GB 13223—2003《火电厂大气污染物排放标准》	• GB 3095—2012《环境空气质量标准》

1.1　起步阶段（1972~1990年）

　　1972~1990 年是我国大气污染防治的起步阶段。1972 年我国组织代表团参加了联合国人类环境会议，开启了我国环境保护的征程。该阶段我国大气污染防治对象以烟尘和悬浮颗粒物为主，空气污染范围主要限于城市局地（如太原市煤烟型大气污染、兰州市光化学烟雾污染、天津市工业烟气污染），控制重点是工业点源，空气质量管理以属地管理为主，主要任务包括排放源监管、工业点源治理、消烟除尘等。

　　1973 年第一次全国环境保护会议召开，确定了环境保护"32 字方针"，通过了《关于保护和改善环境的若干规定》。随后，国务院成立了原国务院环境保护领导小组（下设环境保护办公室，后升级为原国家环境保护局），为我国重大大气污染问题的调查和决策起到了重要的领导、支撑和推动作用。环境保护立法对我国大气污染防治工作具有里程碑的意义，1978 年第五届全国人民代表大会将"保护环境和自然资源，防治污染和其他公害"写入《宪法》，1979 年颁布了第一部综合性的环境保护基本法——《环境保护法（试行）》，其中包括建立中国环境科学研究院和中国环境监测总站。1987 年《大气污染防治法》出台，为大气污染治理提供了法律保障和执法依据，起到了重要的指导性作用。环境保护标准的发布对大气污染治理有重要的引导和推动作用：1973 年我国发布了第一个国家环境保护标准——GBJ 4—1973《工业"三废"排放试行标准》，规定了工业废气中一些污染物的容许浓度和排放量；1982 年制定了 GB 3095—1982《大气环境质量标准》，划分环境空气功能区，规定了空气污染物 3 个级别标准浓度限值。这些标准使得大气污染防控和监测可操作化。

1.2　发展阶段（1991~2000年）

　　1991~2000 年是我国大气污染防治的发展阶段。1992 年我国派人员参加了联合国环境与发展会议，会议通过了《关于环境与发展的里约热内卢宣言》和《21 世纪议程》，对各国保护环境与生态、谋求社会经济可持续发展提出了更高要求，我国积极履行约定和承诺，相继做出重大决策并采取积极行动。这一阶段的主要防治对象为 SO_2 和悬浮颗粒物，空气污染的范围由城市局地污染向区域性污染发展，出现了大面积的酸雨污染，控制重点为燃煤锅炉与工业排放。

　　此前，我国已经实施了一些以消烟除尘为目的的排放源管控措施，但由于经济发展迅速，大气污染防治执行力度有限，大气污染物特别是 SO_2 的排放量持续增长。这一时期，长江以南的广大地区降水酸度迅速升高，我国酸雨面积超过$300 \times 10^4 km^2$，继欧洲、北美之后形成世界第三大酸雨区。酸雨污染影响作物生长，腐蚀建筑材料，破坏生态系统，造成巨大经济损失。国务院高度重视酸雨污染问题，把环保工作从城乡建设部独立出来，成立原国家环境保护局，将酸雨和SO_2污染控制纳入修订的《大气污染防治法》，并颁布了《征收工业燃煤二氧化硫排污费试点方案》和《酸雨控制区和二氧化硫污染控制区划分方案》，对SO_2实行排污收费和总量控制，开展了大规模的重点城市和区域的污染防治及生态建设和保护工程，对我国大气污染防治具有重要意义。

1994年国务院批准《中国21世纪人口、环境与发展白皮书》，成为我国实施可持续发展战略的行动纲领。我国进一步加强环保立法，颁布了《大气污染防治法实施细则》，并于1995年和2000年对《大气污染防治法》进行两次修订，强调经济与社会的可持续发展，修改了落后工艺和设备、煤炭洗选、立法目的、防治主体、法律责任等问题和条目，法律条文数目显著增加，惩罚力度大幅提高。这一时期，我国开始关注机动车的污染物排放，先后发布了《汽车排气污染监督管理办法》和《机动车排放污染防治技术政策》，对汽车及其发动机产品提出环保要求。1996年修订了GB 3095—1982《环境空气质量标准》，对总悬浮颗粒物等14种环保术语、环境质量分区分级有关内容进行修改，调整补充了污染物项目、取值时间、浓度限值和数据统计有效性等规定，进一步完善了空气质量标准。

1.3　转型阶段（2001～2010年）

2001～2010年是我国大气污染防治的转型阶段。举办2008年北京奥运会对环境空气质量提出更高要求，奥运会期间的空气质量保障与污染物减排、控制取得了显著成效，对我国大气污染防治工作的深入推进具有特殊意义。该阶段的主要防治对象转变为SO_2、NO_x和PM_{10}，大气污染初步呈现出区域性、复合型特征，煤烟尘、酸雨、$PM_{2.5}$和光化学污染同时出现，京津冀、长三角、珠三角等重点地区大气污染问题突出，控制重点为燃煤、工业源、扬尘、机动车尾气污染，开始实施污染物总量控制和区域联防联控。

这一时期，我国工业化、城镇化进程加快，能源消耗尤其是煤炭消耗量快速增加，钢铁、水泥等高污染行业规模不断扩大，汽车保有量迅速增长，对环境空气质量管理带来巨大挑战。我国大气污染形势严峻，已影响到中国的国际形象及重大国际活动的申请和举办，北京奥运会、上海世博会和广州亚运会期间的空气质量保障极其重要。为推动我国大气污染防治工作进入政府的综合决策，原国家环境保护总局进一步升格为原环境保护部，成为国务院组成部门，在京津冀、长三角、珠三角等重点地区试点实施了大气污染联防联控，环境空气中一次污染物的浓度得到初步控制，国际重大赛事期间的空气质量得到基本保障，为之后我国更大范围的大气污染防治提供了宝贵的经验和借鉴。

为进一步控制酸雨和城市空气污染，我国将酸雨和SO_2污染防治纳入国家"十五"计划和"十一五"规划，先后颁布了《"两控区"酸雨和二氧化硫污染防治"十五"计划》和《现有燃煤电厂二氧化硫治理"十一五"规划》；开始实施大气污染物总量控制，2001年修订了GB 13271—1991《锅炉大气污染物排放标准》，并于2002年出台了《二氧化硫总量分配指导意见》，2003年又修订了GB 13223—1996《火电厂大气污染物排放标准》。该阶段，我国启用大气污染防治的区域联防联控机制，2010 年出台《关于推进大气污染联防联控工作改善区域空气质量的指导意见》，规定了大气污染联防联控工作的重点区域、重点污染物、重点行业、重点企业和重点问题等，开展多种污染物协同控制，建立区域空气环境质量评价体系。

1.4　攻坚阶段（2011年至今）

2011 年至今是我国大气污染发展的攻坚阶段。2013 年 1 月，我国东部出现跨区域、大范围的连续多天灰霾天气，ρ（$PM_{2.5}$）一度"爆表"[15-17]，更加复杂的污染物 $PM_{2.5}$ 被提上议程，我国大气污染防治工作开始了长期的攻坚战。该阶段我国大气防治的主要对象为灰霾、$PM_{2.5}$ 和 PM_{10}，VOCs 和臭氧逐渐受到关注[18-23]，控制目标转变为关注排放总量与环境质量改善相协调，控制重点为多种污染源综合控制与多污染物协同减排，全面开展大气污染的联防联控[24-25]。

该阶段初期，我国 SO_2 的排放量已有明显削减，但是其他主要大气污染物排放量很大，仍呈增长趋势或未有明显下降，区域性 $PM_{2.5}$ 污染严重[25-26]，特别是 2013 年初我国整个东部地区出现了长时间、大面积的灰霾污染过程，其影响波及我国东北、华北、华中和四川盆地的大部分地区，受影响人口数超过 6.0×10^8 人[27]，引起了社会和政府的高度重视。随后，我国迅速出台了史上最为严格的《大气污染防治行动计划》，进一步加快产业结构调整、能源清洁利用和机动车污染防治。2018 年国务院机构改革中，原环境保护部调整为生态环境部，对环境保护职责进行整合，从此告别多头管理的不利局面。至今，我国主要大气污染物的排放量与浓度已有明显降低，重点区域、主要城市的环境空气质量明显改善[28]。

这一时期，我国修订了多个大气环境保护法律和标准，对《环境保护法》《大气污染防治法》《防沙治沙法》《节约能源法》进行了修改、完善和补充，为大气污染治理提供了坚实的法律保障；另外，修订了 GB 3095—1996《环境空气质量标准》，新增 CO、臭氧、$PM_{2.5}$ 三项污染物监测项目，将空气污染指数改为空气质量指数。我国针对重点区域和城市制定了大气污染防治专项政策，先后发布《重点区域大气污染防治"十二五"规划》《"十二五"主要污染物总量减排目标责任书》，同时发布了《关于进一步做好重污染天气条件下空气质量监测预警工作的通知》及《关于加强环境空气质量监测能力建设的意见》，进一步落实主体责任。2018 年全国生态环境保护大会通过了《中共中央 国务院关于全面加强生态环境保护坚决打好污染防治攻坚战的意见》，明确打好蓝天保卫战等污染防治攻坚战标志性战役的路线图、任务书、时间表，为我国大气污染防治工作的顺利开展提供了重要保障。

2　我国大气污染防治成就

新中国成立 70 年以来，特别是自 20 世纪 70 年代至今，我国在成立环境保护组织机构、颁布大气污染防治法律法规、制定污染物排放与空气质量标准、研究大气污染来源与成因、发展大气污染治理技术等方面开展了大量的工作、做出巨大的努力，取得了令人瞩目的效果和成就[7,12]，有效避免了发达国家曾经出现的伦敦硫酸烟雾、洛杉矶光化学烟雾、欧洲和北美酸雨等重大环境污染与生态破坏事件，阻止了可导致大范围人类伤亡与动植物死亡的大气污染灾害。目前，我国主要大气污染物的排放量与浓度显著下降，空气质量明显好转[29]，煤烟型大气污染、酸雨污染问题基本解决，局地光化学烟雾得以消除，产生了显著的健康、社会经济和环境生态效益，同时也促进了温室气体的减排和臭氧层消耗物质的淘汰。

2.1 大气污染物排放量的历史演变

大气污染伴随着经济发展、城市化建设、人类活动规模的扩大而产生，当生产活动对环境的影响超出大气的自净能力时，就会形成大气污染。新中国成立 70 年以来，我国经济总体上经历了改革开放前的曲折前进阶段和改革开放后的迅速发展阶段[30]，国内生产总值由 1978 年的 3678×10^8 元迅速增至 2018 年的 90.03×10^{12} 元，经济年均增长速度高达 14.74%。五年计划（规划）的实施大幅推进了我国重工业的发展，截至 2018 年我国钢铁产量已达 11.06×10^6 t。自 2000 年起，我国汽车拥有量迅速增长，2018 年我国汽车生产量高达 2781.90×10^4 辆。然而，我国经济的高速发展仍然带来了环境污染的巨大代价，以粗放型发展为主的经济模式造成资源投入高、能源消耗多、污染物排放量大，大气环境污染问题严重[27]。尽管我国不断加大大气污染防治力度，空气污染在较短时间内有一定的改善[10]，但总体而言，我国主要大气污染物（如 SO_2、NO_x、颗粒物）的排放量自新中国成立以来呈显著增加的趋势，到 2000 年以后才陆续开始下降（图 1）。

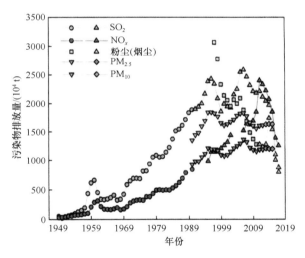

图 1 1949～2017 年我国主要大气污染物排放量的变化趋势

1949～1996 年，我国 SO_2 排放量总体呈上升趋势。1996 年我国进行工业结构调整[11]，工业和居民煤炭消耗量下降且煤炭含硫量降低，SO_2 排放量第一次出现比较明显的下降。2000 年以后，城市化进程加快、经济发展迅速，尤其是一大批燃煤电厂的投入使用，导致 SO_2 排放量再次升高。至 2006 年，我国 SO_2 排放量增至 2588.8×10^4 t，较 2000 年增长了 29.8%。2006 年之后，我国逐步淘汰中小型发电机组并全面推行高效的烟气脱硫技术，SO_2 排放量开始下降。"十二五"期间，受益于严格的 SO_2 减排措施（特别是燃煤电厂的超低排放）与能源结构及能源消耗量的变化，SO_2 排放量持续下降[20]，2017 年我国 SO_2 排放量降低至 875.4×10^4 t，在 SO_2 减排方面取得了显著成效。我国 NO_x 排放量的变化趋势与 SO_2 类似，主要与能源消费变化有关，不过由于机动车保有量迅速增加，1996 年之后 NO_x 的排放量仍逐年升高，直到"十二五"期间，我国推行了严格的脱硫脱硝措施及机动车尾气排放标准的不断提升，NO_x 开始呈现显著下降的态势，到 2017 年，NO_x 排放量

已降至 $1258.83 \times 10^4 t$。

　　颗粒物排放量数据早期非常缺乏，直到 1990 年才有相对连续的统计或估算的数据。从 1990 年起，随着我国经济的快速发展与能源消费的不断增长，$PM_{2.5}$ 和 PM_{10} 的排放量迅速上升。1996～2000 年，我国能源消费和工业生产增速减缓且排放标准进一步提高，颗粒物排放量有所下降。根据中国多尺度排放清单（MEIC）的统计结果，我国 $PM_{2.5}$ 和 PM_{10} 排放量 2000 年之后再次上升，在 2006 年达峰值，分别为 1363×10^4 和 $1833 \times 10^4 t$。"十一五"期间，严格实施各项除尘、抑尘措施，$PM_{2.5}$ 及 PM_{10} 排放量再次下降。2011 年颗粒物排放量有所反弹，但总体平稳，2015 年与 2011 年基本持平。工业粉尘（烟尘）排放量的变化趋势与 SO_2 有相似之处，1997 年出现最高值，工业结构调整之后迅速下降，2005 年再次出现峰值，随后因全面实施高效除尘技术而再次迅速降低，2014 年短暂升高后继续快速降低，到 2017 年已经降至 $796.26 \times 10^4 t$，我国工业粉尘（烟尘）的减排对控制和降低 $PM_{2.5}$ 及 PM_{10} 的排放量做出了重要贡献。综上，自 1997 年起，我国颗粒物的排放量呈下降态势或保持平稳，颗粒物控制取得一定成效，但由于大气颗粒物来源广、涉及面多，目前仍然是大气污染控制的重点对象[33-34]。

2.2　环境空气质量的历史演变

　　我国大气污染物的大量排放，导致环境空气中污染物浓度长期处于较高水平，经常出现较为严重的大气污染过程。1980 年，我国加入了联合国环境规划署成立的全球环境监测系统，之后陆续在重点城市建立环境空气质量监测站，逐渐形成了覆盖全国的空气质量监测网络，长期观察我国大气污染水平和空气质量的变化趋势。该研究选择北京市、上海市、广州市分别作为京津冀地区、长三角地区、珠三角地区 3 个重点区域的代表性城市，分析主要大气污染物质量浓度的变化趋势（图 2）。近年来北京市、上海市、广州市 3 个城市的 SO_2、NO_x（NO_2）和颗粒物（TSP、PM_{10} 和 $PM_{2.5}$）的质量浓度较 20 世纪 80 年代显著降低，空气质量总体好转，但不同城市、不同污染物的质量浓度变化趋势有一定差异。

　　由图 2 可见：北京市各污染物的平均质量浓度在 1998 年之前总体呈上升趋势，在 1998 年之后呈下降趋势[12]；上海市 ρ（SO_2）自 1992 年起有所下降，2000 年随着宝山钢铁股份有限公司三期等重点工程建成投产，ρ（SO_2）再次回升，直到 2005 年之后逐年下降，ρ（NO_x）从 2001 年起持续降低，而颗粒物质量浓度自 1989 年开始呈明显的下降趋势；广州市 ρ（SO_2）在 1989 年达最高值，之后在波动中降低，直到 2004 年开始连续下降，ρ（NO_x）从 1996 年起逐年降低，颗粒物质量浓度自 1994 年开始显著下降。3 个城市大气污染物的变化趋势与城市发展和污染控制密切相关，实施的产业结构调整、工厂搬迁、工业能耗降低、重点污染源整治、清洁能源使用、机动车尾气排放标准及油品标准提升等一系列措施对近 20 年来我国空气质量的好转起了关键作用[37]，确保我国没有发生类似伦敦硫酸烟雾、洛杉矶光化学烟雾等引起大量人类伤亡的严重大气污染事件。

2.3　酸雨的历史变化特征

　　20 世纪 70 年代末，我国贵州省松桃苗族自治县和湖南省长沙市、凤凰县等地区首先发现酸雨，之后又相继在南方多个地区监测到酸雨，我国出现酸雨的区域逐渐发展成为继欧洲、北美之后世界第三大酸雨区[38-39]。我国酸雨污染问题发生较晚，但国家对酸雨危害高度重视，从"七五"

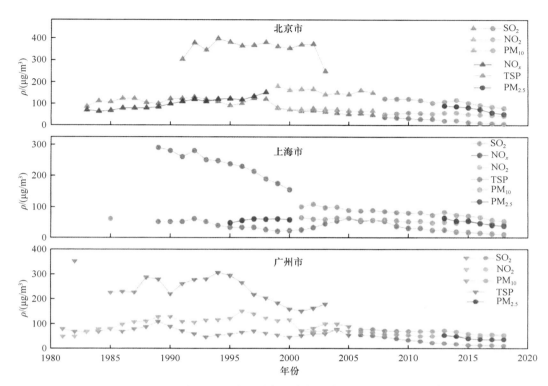

图 2　1981～2018 年我国重点区域主要大气污染物平均浓度的变化趋势

到"九五"科技攻关及"973"计划都给予了大力支持,建成了覆盖全国的酸雨监测网络[40],查明了我国酸雨污染形成的独特原因[41]。回顾过去 40 年我国酸雨的演变历程,大体上经历了恶化、改善、再次恶化、再次改善的变化趋势[11](图 3),未曾出现欧洲和北美地区曾经发生的大面积森林死亡、鱼虾绝迹的现象,避免了生态灾难和严重经济损失。

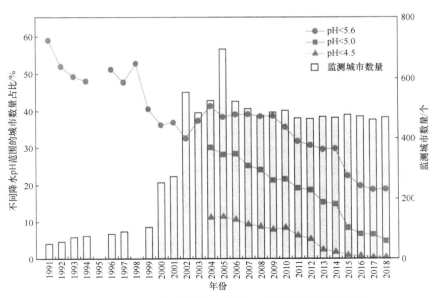

图 3　1991～2018 年全国降水不同 pH 范围的城市数量占比

数据来源于 1991～2016 年的《中国环境状况公报》、2017～2018 年的《中国生态环境状况公报》

从 20 世纪 80 年代中期至 90 年代中期,我国酸雨污染日趋严重,在部分南方省市出现年均降水 pH 小于 4.0 的地区,酸雨出现的频率也逐年上升[42-43]。从酸雨强度(降水酸度、酸雨频率及酸雨区面积)来看,1993～1998 年我国酸雨强度最大,1998 年全国实行"两控区"政策之后酸雨强度有所减弱,2003～2007 年随大气污染物排放量增加酸雨强度又有所增强,2008 年以后 SO_2 排放量显著下降,酸雨污染状况逐年改善,呈降水酸度减弱、酸雨频率下降、酸雨区范围缩小的良好趋势[38],到 2015 年我国酸雨问题基本得到解决。近 10 年来,以贵州省为主体的强酸雨区,以及华北、黄淮、江淮地区的酸雨区明显缩小,出现酸雨的城市比例下降了 28.8%,年均降水 pH 小于 4.5 的重酸雨区逐渐消失,降水中 SO_4^{2-}/NO_3^-(离子当量浓度之比,下同)逐年下降[44]。至 2018 年,我国酸雨面积约 $53×10^4km^2$,主要分布在长江以南、云贵高原以东地区,出现酸雨的城市比例为 37.6%,SO_4^{2-}/NO_3^- 为 2.09,降水中的酸雨类型总体仍为硫酸型[45]。

2.4 协同减排效应

在大气污染防治、温室气体减排、臭氧层消耗物质淘汰的多重压力下,我国越来越重视多种污染源综合控制与多污染物协同减排。大气污染物和温室气体均有一部分产生于含碳燃料燃烧,北京市的"煤改电"工程,宁波市港口清洁能源应用,攀枝花市和湘潭市"十一五"总量减排措施分别削减 SO_2 排放 $2.1×10^4$、$5.9×10^4t$,同时分别减少 CO_2 排放 $113.4×10^4$、$215.2×10^4t$[46-49]。大气污染物的减排、控制措施对降低温室气体排放有显著的协同减排效果[50],2018 年我国单位 GDP 的 CO_2 排放较 2005 年降低 45.8%,提前完成《巴黎协定》约定的目标,为减缓全球气候变化做出了重要贡献。截至 2016 年,我国累计淘汰臭氧层消耗物质约 $25×10^4t$,占发展中国家的 1/2 左右,实现了《蒙特利尔议定书》规定的各阶段履约目标,全球共淘汰约 $100×10^4t$ 臭氧层消耗物质,臭氧层耗损和臭氧层空洞得到有效遏制,取得了明显环境健康效益。

2.5 健康、社会经济及环境生态效益

我国自 20 世纪 70 年代以来开展的大气污染防治工作,不仅有效缓解了大气污染、提高环境空气质量,还产生了良好的健康、社会经济、环境生态效益,改善了人们生活和生产的环境条件,有利于居民身心健康,减少了大气污染带来的经济损失,促进了社会经济的可持续发展和生态环境的良性循环[51]。

据估计,自我国《大气污染防治行动计划》实施以来,我国城市地区由于环境大气 $PM_{2.5}$ 暴露所导致的过早死亡人数每年约减少 $8.9×10^4$ 人,公众呼吸系统和循环系统疾病的发病率显著减低,由于这类疾病导致的住院治疗每年减少约 $12×10^4$ 人次,由于各类疾病产生的门诊/急诊每年减少约 $941×10^4$ 人次;有效改善了公众的身心健康[52-53],也在很大程度上减轻了卫生系统和医疗部门的负担。根据估算结果,《大气污染防治行动计划》的实施每年将为我国带来约 $867×10^8$ 元的健康效益,其中约 94%来自于过早死亡人数的减少,约 6%来自于各类疾病发病率的降低[51]。

据统计,2013～2017 年我国大气污染防治行动拉动我国 GDP 累计增加 $20570×10^8$ 元(5 年合计,下同),非农就业岗位累计增加 $260×10^4$ 个,起到刺激经济发展、促进社会就业等作用,产生了显著的社会经济效益。另外,我国大气污染防治工作的不断推进,还直接带动环保装备制造、建筑安装、综合技术服务、锅炉改造及新能源汽车等相关行业的发展,同时通过产业链关联

间接带动金属冶炼压延加工业、化学工业（不含塑料和橡胶）、非金属矿物制品业、电力、热力的生产和供应业等传统高耗能高污染产业的升级转型[54]。

此外，我国在大气污染防治方面的投入和所取得的成就，避免了重大环境生态灾害的发生，减少了人为活动引发的环境污染与生态破坏。我国酸雨污染的缓解与解决，及时避免我国遭受欧洲和北美地区曾经出现的严重酸雨危害和灾难，我国的建筑、土壤、植被、水体、水生生物等未出现大面积腐蚀、酸化、死亡的现象，为我国环境生态的可持续发展做出了巨大贡献。截至 2018 年，我国大气 $PM_{2.5}$ 污染已得到初步控制，大气能见度明显提升，霾污染天数显著下降，沙尘暴频率大幅降低，削弱了大气颗粒物污染对太阳辐射、大气温度、大气环流及成云降雨的影响。

2.6 环境空气质量现状

根据 2018 年《中国生态环境状况公报》[45]，全国 338 个地级及以上城市（含直辖市、地级市、自治州和盟）中，121 个城市的环境空气质量达到 GB 3095—2012《环境空气质量标准》二级标准，其余 217 个城市环境空气质量超标。338 个地级及以上城市平均优良天数占比为 79.3%，平均超标天数占比为 20.7%。338 个地级及以上城市发生重度污染 1899 天次，严重污染 822 天次，其中，以 $PM_{2.5}$ 为首要污染物的天数占重度及以上污染天数的 60.0%，以 PM_{10} 为首要污染物的占比为 37.2%，以臭氧为首要污染物的占比为 3.6%。

一次气态污染物 ρ（SO_2）年均值和 ρ（CO）日均值第 95 百分位数在达标的基础上进一步下降，ρ（NO_2）年均值继续达标。2018 年 338 个地级及以上城市的 ρ（SO_2）和 ρ（NO_2）平均值分别为 14 和 29 $\mu g/m^3$，ρ（CO）日均值第 95 百分位数为 1.5mg/m³，均明显低于 GB 3095—2012 二级标准限值，几乎所有城市的 ρ（SO_2）年均值和 ρ（CO）日均值第 95 百分位数均达到 GB 3095—2012 二级标准，大部分城市的 ρ（NO_2）年均值达到 GB 3095—2012 二级标准。与 2017 年相比，2018 年京津冀地区、长三角地区和汾渭平原 ρ（SO_2）、ρ（NO_2）年均值和 ρ（CO）日均值第 95 百分位数的降幅分别为 26.7%～36.8%、4.4%～8.5%、7.3%～24.1%。

近年来，我国 338 个地级及以上城市 ρ（$PM_{2.5}$）和 ρ（PM_{10}）年均值的平均值继续下降，但仍然超过 GB3095—2012 二级标准限值。2018 年全国 338 个地级及以上城市的 ρ（$PM_{2.5}$）和 ρ（PM_{10}）年均值的平均值分别为 39 和 71$\mu g/m^3$，略高于 GB 3095—2012 二级标准限值，约有 1/2 的城市达到 GB 3095—2012 二级标准。与 2017 年相比，2018 年京津冀地区、长三角地区和汾谓平原 ρ（$PM_{2.5}$）和 ρ（PM_{10}）的年均值分别下降了 10.2%～11.8% 和 7.0%～10.3%。

二次气态污染物 ρ（臭氧）仍在整体上升[55]，是我国环境空气质量 6 个评价指标中唯一上升的指标。2018 年 338 个地级及以上城市的 ρ（臭氧）日最大 8h 平均值第 90 百分位数为 151$\mu g/m^3$，达到 GB 3095—2012 二级标准，达标城市比例为 65.4%，其中，京津冀地区、长三角地区和汾渭平原的 ρ（臭氧）日最大 8 h 平均值第 90 百分位数分别为 199、167、185$\mu g/m^3$，均超过 GB 3095—2012 二级标准限值，与 2017 年相比无显著下降。

综上，近年来我国城市环境空气环境质量取得明显改善。从 2015～2018 年 338 个城市的主要污染物质量浓度年评价值来看，ρ（SO_2）和 ρ（CO）在达标的基础上进一步大幅降低；ρ（NO_2）略有降低；ρ（$PM_{2.5}$）和 ρ（PM_{10}）虽然呈明显下降趋势，但仍然普遍超标；ρ（臭氧）逐年上升，并且超标城市数量由 2015 年的 54 个增至 117 个，超标天数占比由 4.6% 增至 8.4%。因此，目前我国臭氧污染形势凸显，臭氧成为影响我国空气质量的重要污染物。

3 我国大气污染防治经验

3.1 逐步完善大气污染防治的法律法规

法律法规在大气污染防治中起指导作用。我国《宪法》是现有国家和地方大气污染防治法律法规体系的依据和基础。在这个体系中，法律层次不管是综合法、单行法还是相关法，对环境保护的要求、法律效力是一样的，如果法律规定中有不一致的，应遵循后法低于《宪法》的原则。国务院环境保护行政法规的法律地位仅次于法律，部门行政规章、地方环境法规均不得有违背法律和行政法规的规定。地方性法规和地方政府规定只在制定法规、规章的辖区内有效，我国大气污染防治法规体系的建立与执行程序如图 4 所示。

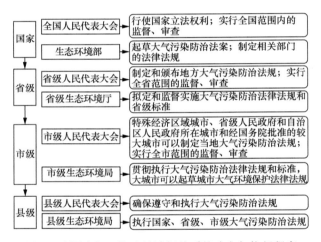

图 4 我国大气污染防治法规体系的建立与执行程序

保护环境是国家的基本国策。我国《宪法》规定：国家保护和改善生活环境和生态环境，防治污染和其他公害。自新中国成立以来，通过颁布《环境保护法》与《大气污染防治法》等相关法律法规约束环境污染行为，并赋予环保部门强制执法权，加大对生态环境污染犯罪的惩治力度。先后修订了《环境保护法》与《大气污染防治法》，针对环境违法的处罚内容进行了系统更新，不仅增加了处罚方式，民事赔偿责任和刑事责任的划分也更加细致，处罚力度也大力加码，有效地提高了工业企业的废气排放达标率，推动了对我国大气污染防治进程。我国大气污染防治法律法规体系如图 5 所示。

以《大气污染防治法》为基础，我国确立了大气污染防治的基本原则[11]，健全了地方政府对大气环境质量负责的监督考核机制，创建了"重点区域大气污染联合防治"的机制，完善了总量控制制度，改革了大气排污许可证制度，建立了机动车船污染防治的监管思路，提出了多种污染物协同控制的新要求，加强了有毒有害物质排放控制，强化了大气污染事故和突发性事件的预防，加强了对违法行为的处罚力度，增加了企业的违法成本，并有针对性地制定了应对气候变化的相关条款，为大气污染管理与防治提供更加详细健全的法律规定[56]。

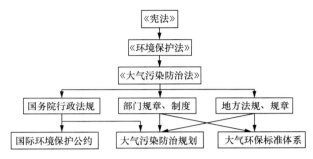

图 5　我国大气污染防治法律法规体系

3.2　不断创新大气环境管理机制

新中国成立以来，我国的环境管理机构经历了多次调整和变革升级，先后经历了从原国务院环境保护领导小组，到原城乡建设环境保护部环境保护局，再到原国家环境保护局（副部级）、原国家环境保护总局（正部级）和原环境保护部，2018 年 4 月 16 日，生态环境部正式揭牌，至今已形成了一个能适应环境规划与管理需要的完整体系。

我国不断调整环境保护部门以适应新需求。自 1974 年国务院成立原环境保护领导小组以来，历经 30 余年的发展、变迁，到目前的生态环境部，我国不仅有专门针对大气污染防治的大气环境司，还加强了区域污染的防治，如京津冀及周边地区大气环境管理局，承担各项空气质量保障工作。

在发展过程中，创新性地建立了适合我国大气环境问题的区域联防联控机制。1998 年，为了解决 SO_2 污染和酸雨问题，国务院批准了关于"两控区"的划分方案，进行分区域管理。经过大气污染治理的实践和探索，国家进一步认识到以行政区划为界限、各地方单独治理的模式已经难以解决现今的大气污染问题，只有在一定区域内开展联合治理才能有效改善空气质量。在总结国内实践经验和借鉴国外有效措施的基础上，我国开始构建大气污染联防联控制度。2010 年，国务院办公厅转发的《关于推进大气污染联防联控工作改善区域空气质量的指导意见》，是该制度第一个国家层面的规范性文件。2014 年修订的《环境保护法》明确规定要建立跨行政区域的联合防治协调机制，这是我国首次在法律层面对区域污染的联合治理做出规定。随后在修订《大气污染防治法》时，大气污染联防联控的工作机制被以法律的形式确定下来，包括定期召开联席会议、划定重点防治区、制定区域联合防治行动计划、重要项目环评会商、信息共享、联合执法等。在大气联防联控制度的实施中，京津冀地区、长三角地区、珠三角地区作为跨区域大气污染的典型地区，形成了各具特点的联防联控模式[57-58]。

《大气污染防治行动计划》强化了中央政府空气质量目标管理，创新建立了中央和省级两级环保督察制度，中央政府检查省级政府，省级政府检查地市政府，通过自上而下的方式动员、调动各种资源，以上级权威强力推进环保监督管理工作，既要检查污染企业，更要检查地方政府，在短期内取得了明显效果。中央政府在逐级分解目标任务之后，通过强化督查的工作机制，建立了可量化的大气污染防治重点任务完成情况指标体系，通过分数权重的设置，突出了考核重点污染源的措施落实情况；量化问责机制将大气污染治理任务与市县政府责任捆绑在一起，问题数量与需要问责的领导层级挂钩，推动了地方政府切实履行大气污染防治责任。

3.3　建立完善的大气环境标准体系

大气环境保护工作的高效有序开展，需要以科学、完善的法律法规体系作为保障与支持。因此，在我国环境保护事业开展过程中，也制定了许多相关的大气环境保护法律法规，以期保护和改善生活环境与生态环境，防治大气污染，保障人体健康，促进社会主义现代化建设的发展。

我国环境空气质量标准的形成、制定、实施及发展与大气污染状况的变化形势、控制目标和国情相适应，并且是与我国环境立法与环境事业同步发展的[11]。1972 年我国参加联合国第一次人类环境会议标志着我国环境保护事业的开始，此后国家开始加强环境立法和环境标准的建设，从 1982 年发布第一个 GB 3095—1982《大气环境质量标准》开始，经过 30 余年的发展和完善，我国已形成了"两级五类"环境保护标准体系[11]，其中我国空气质量标准和相关法律法规发展历程如图 6 所示。

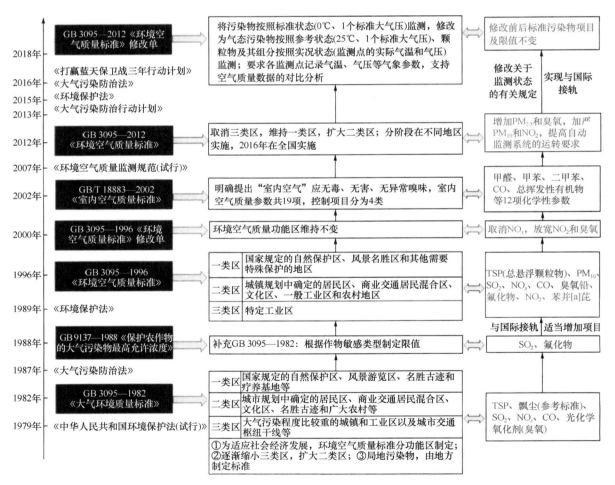

图 6　我国空气质量标准和相关法律法规发展历程

蓝字为标准中原有的评价项目，红字为标准修订版中新增或更改的评价项目

我国环境空气质量标准经过 30 多年的发展演变，由于经济的发展、污染状况的改变和监测技术的进步、公众环保意识的增强等因素，标准的污染物项目、标准形式、浓度阈值等随着国际标

准的升级而不断更新[59]；标准修订的依据和程序更加科学和完善。从"九五"规划首次实施污染物总量控制策略起到"十二五"的 20 年间，空气污染的防治目标已从污染排放量总量控制发展到同时关注排放总量与空气质量，管理的模式也从属地管理开始向区域管理及联防联控过渡，而治理对象从工业企业的"达标排放"扩展到机动车、船舶、面源等污染，减排措施也从倚重末端减排向结构减排及能源清洁化发展。

大气污染物排放标准是根据环境质量标准、污染控制技术和经济条件，对排入环境有害物质和产生危害的各种因素所做的限制性规定，是对大气污染源进行控制的标准，它直接影响到我国大气环境质量目标的实现。科学合理的大气污染物排放标准体系，有助于全面系统地控制大气污染源，从而提高大气环境保护工作效力，改善整体大气环境质量。

1973 年我国发布第一个环境标准 GBJ 4—1973《工业"三废"排放试行标准》，规定了废气中13 类有害物质的排放标准；1996 年发布的 GB 16297—1996《大气污染物综合排放标准》为代表，形成了"以综合型排放标准为主体，行业型排放标准为补充，二者不交叉执行，行业型排放标准优先"的排放标准格局。以 2000 年的《大气污染防治法》修订为契机，"超标违法"新制度被提出，这赋予了污染物排放标准极高的法律地位，成为判断"合法"与"非法"的界限。以 GB 3095—2012《环境空气质量标准》发布为标志，我国环境管理开始由以控制环境污染为目标导向，向以改善环境质量为目标导向转变。按照《国家环境保护标准"十三五"发展规划》，到"十三五"末期，我国将在"十二五"47 项大气固定源标准的基础上制定和制修订形成由约 70 项大气固定源标准构成的覆盖全面、重点突出的大气污染物排放标准体系。

目前，我国各项污染源排放标准不断健全，污染物排放指标增多、排放限值趋于严格[60]，代表着我国经济和技术水平不断强化的结果。通过不断加严的排放标准，我国电厂的超低排放已经达到国际领先水平。统计显示：2005～2012 年，全国燃煤机组脱硫比例由 14%升至 92%；在发电量增长 90%、发电用煤量增长 80%的情况下，SO_2 排放量降低了 40%。

3.4 定期更新五年计划（规划）纲要中对大气污染物的减排要求

在我国五年计划（规划）纲要中，环境保护越来越受到重视。在每个五年计划（规划）中，均会有具体的大气污染物减排目标。

1982 年，环境保护作为一个独立篇章首次被纳入"六五"计划，这标志着我国的环境保护工作被提上了议事日程；"六五"以后，大气污染防治工作在环境保护中的地位越来越突出；"九五"计划中，制定了主要污染物排放总量控制计划；"十五"计划中进一步确定了 6 项主要污染物排放总量控制指标，并将指标分级下达到了各省、自治区、直辖市及计划单列城市；"十一五"计划中，重点布局 SO_2 的减排，相继出台一系列措施，取得了良好的成效，2010～2015 年，SO_2 排放总量下降了 11.03%；"十二五"SO_2 继续减排 8.00%；"十三五"将继续加大减排力度，预期减排 15%。一系列的五年计划（规划）为我国大气污染防治工作提供了切实可行的发展目标。国务院在《"十三五"生态环境保护规划》中继续对京津冀、长三角和珠三角等重点地区提出煤炭消费减量目标，其中要求 2015～2020 年，京津冀及周边地区的北京市、天津市、河北省、山东省、河南省五省（直辖市）煤炭消费总量下降 10%左右，长三角地区的上海市、江苏省、浙江省、安徽省三省一市的煤炭消费总量下降 5%左右，珠三角地区煤炭消费总量下降 10%左右。同时要求大幅削减 SO_2、

NO_x 和颗粒物的排放量，全面启动 VOCs 污染防治，开展大气 NH_3 排放控制试点，实现全国地级及以上城市 ρ（SO_2）、ρ（CO）全部达标，ρ（$PM_{2.5}$）和 ρ（PM_{10}）明显下降，ρ（NO_2）继续下降，ρ（臭氧）保持稳定、力争改善；在重点地区、重点行业推进 VOCs 总量控制，全国排放总量下降 10%以上。

3.5   构建强有力的科技支撑体系

根据国情，我国在不同时期都会针对不同的空气污染物进行科技攻关，通过设立酸雨污染的研究专项，逐渐摸清了我国酸雨地域分布、变化趋势及成因并划定"两控区"，实施严格的 SO_2 控制措施，使我国酸雨污染得到有效遏制，到 2015 年，我国基本消灭了严重酸雨污染。近年来，颗粒物和臭氧污染逐渐突出[55,61-62]，以科技部"大气污染成因与控制技术研究"为代表的各种项目为我国大气污染防治工作提供强有力的科技支撑；同时，为创新科研管理机制，加强大气重污染成因与治理攻关的组织实施，成立了国家大气污染防治攻关中心作为大气重污染成因与治理攻关的组织管理和实施机构，为我国大气重污染应对提供了重要科技支撑。

目前，在我国共布局了超过 5000 个环境空气质量监测站，堪称世界之最，监测预报预警、信息化能力与保障水平也都走到了世界前列。并且，我国已经布局了颗粒物组分的监测，并正在布局光化学监测，为我国中长期精细化污染成因分析提供数据支撑。

我国成功运用新技术将企业的排污行为变得易于管理。重点污染源企业全部安装了在线监控系统，并与环保部门联网，实时向社会公开企业的排污信息，接受全社会的监督。遥测技术的应用能够发现隐蔽性强的偷排企业，完成常规人力无法完成的检查。相比过去单纯的人力监管，应用新技术服务于污染源监管真正实现了事半功倍。

3.6   采用经济手段约束大气污染物排放

税收政策作为国家宏观经济调控的重要手段，具有经济调节的职能，是大气污染防治的主要对策之一。经济手段约束污染物的排放是我国的特色，通过各项税收及罚款政策等措施约束污染物的排放。

经过不断的发展，我国在大气污染防治方面的税收政策体系不断完善，我国 2018 年 1 月 1 日正式实施的《环境保护税法》，标志着税收征管水平不断合理和科学，从源头出发，加强对污染源的控制，通过税收政策调整微观主体的行为，提高能源使用效率，减少污染物排放。同时不断加大大气污染防治税收的执法力度，使得有法可依、有法必依、执法必严、违法必究。同时为加强地方大气污染防治力度，中央财政设立大气污染防治专项资金，用于支持地方开展大气污染防治工作；财政部、生态环境部制定《大气污染防治资金管理办法》，以加强大气污染防治资金管理使用，提高财政资金使用效率。

3.7   提升社会公众对大气环境保护的参与度

治理大气污染是为了保护公众健康。信息公开和公众参与是大气污染治理的必要环节。过去 5 年，我国出台了五部与环境信息公开相关的法律法规，《环境保护法》《大气污染防治法》等法律的修订也细化了信息公开和公众参与的内容、方式和罚则。与公众健康密切相关的信息，如实时空气质量、空气质量预报预警、污染源信息等，均是信息公开的重要内容，这些信息可以通过电视广播等传统媒体进行传播，还通过手机应用等新媒体手段推动信息获取。我国一些城市的重污染预警机制都经过几轮的修改，每一轮修订都充分考虑了社会公众对预警启动条件、应急措施的意见。因信息公开力度的加大，公众参与环保的积极性空前高涨。在环保举报方面，2010 年原环境保护部开放了"12369"环保举报热线，畅通群众举报渠道，方便公众举报环境污染或者生态破坏事项。然而公众反映举报热线这一渠道有时存在问题描述不清楚的情况，因此 2015 年原环境保护部开通了微信举报这一新媒体方式，公众在举报时可以提交污染源的图片和位置，使得举报案件的办理效率也大幅提升。如今，随着公共交通的发展，更多市民出行方式从私家车出行转变为公共交通出行，"同呼吸、共奋斗"逐渐成为全社会的行为准则。

4　对我国未来大气污染防控的启示

我国大气污染防治历经近半个世纪，通过法治建设、科技支撑、综合减排、管理创新、社会共治等 5 个方面的努力和创新，构建了系统科学的大气污染综合防治体系[14]；开展了大量的科学探索和持续的治理实践，取得了各阶段空气质量改善成效，积累了诸多成功经验，为我国下一阶段空气质量持续改善指引了方向：

（1）推行目标管理制度和环保督察制度，确保地方政府履行责任。首先应继续坚持科学发展观和习近平生态文明思想，提高政治站位。应进一步健全大气污染防治目标管理制度，中央政府签订责任书，逐级分解目标和任务，层层落实，推进各地政府主要领导亲自抓大气污染防治工作；深入开展中央和地方两级环保督查制度，在重点地区开展大气污染强化督查，督促地方政府履行责任；细化考核和问责办法，强化责任监督检查体系。立法支撑信息公开和公众参与；以公众感受为出发点，持续完善环境信息公开。

（2）政府部门协调与协作，共同推进大气污染治理。立法支持区域协作机制，建立区域协作机制，制定区域协作方案，自上而下推动形成区域协作机制，财政支持倾斜区域内落后省市。同级政府横向分解目标、任务及责任，创新执法合作，打击环境违法行为。

（3）强化重点污染源治理措施，加大减排力度。强化源头防治、标本兼治、全民共治理念，加快产业结构、能源结构、运输结构和用地结构优化调整，加强清洁能源替代及配套措施。加快淘汰落后产能，严控高能耗、高排放行业产能；严控煤炭消费总量，发展清洁、高效、低污染的燃煤燃气技术，提高工业燃煤锅炉排放标准，加强煤质管理，监督燃煤电厂超低排放。加强源头减排，升级末端治理措施，全面管控 VOCs 污染。完善大气污染物排放标准体系，运用新技术监管污染源，立法提高企业环境违法成本。健全机动车排放控制管理体系，调整车辆和运输结构，降低源头污染；创新监管模式与手段，加大监管投入；加严新车管理，推广新能源汽车，推动在用机动车达标排放，加快燃油品质升级，开展柴油车专项整治。

（4）强化科学技术能力建设，保障科学决策。修订、提高、评估各类大气污染物排放标准，分阶段发布环境空气质量标准和阶段性大气质量目标；推进国家监测网络扩建升级，针对建设全过程的各环节发布技术指南，国家牵头保障资金与人员能力建设，严肃惩处违规行为。推动源清单编制工作，国家层面提供技术指南，城市依规打造本土化方法，编制指南为城市大气污染治理提供指导，试点推动更多城市开展源解析。城市管理单位与科研机构密切合作，建立专业团队和多部门协作机制，保障跨部门协作长效性。

（5）注重大气环境问题预测，未雨绸缪。总结国内外区域性大气环境问题的发生与发展，均是伴随着特定的经济、社会发展阶段产生的。如欧洲、北美与中国都曾经历的煤烟型大气污染（包括伦敦硫酸型烟雾）、光化学氧化剂污染（包括洛杉矶光化学烟雾型）、酸雨危害，以及目前许多国家仍在遭受的大气细颗粒物污染（包括霾）危害。

（6）加强环境科学与技术研究，勇于创新。当今世界已经进入第四次工业革命时代，科学技术飞速发展，我国应该抓住这个历史机遇，在科学技术研发的道路上可以弯道超车，有一些领域可能处在同一个起跑线上。当今我国大气环境领域已拥有世界上最庞大的科技队伍，需要加强环境科学基础和前沿工程技术研究，确保满足我国现在和未来经济社会快速发展大气环境保护的需要。

虽然我国在各阶段大气污染防治工作中都取得了重大成就，但是随着经济社会发展和科学技术的进步，除继续大力控制大气细颗粒和光化学氧化剂污染外，还要关注大气环境可能出现的新问题。我国大气污染防治工作关乎 14 亿人的健康，任重而道远。为了全国人民的健康，各级政府、科技界、企业界、公众应当共同参与到大气污染防治中来，同呼吸共奋斗，全力以赴打赢蓝天保卫战，让人民群众获得或拥有更加强烈的"蓝天幸福感"。

参 考 文 献

[1] 黄顺祥. 大气污染与防治的过去、现在及未来[J]. 科学通报, 2018, 63(10): 895-919.
[2] Bilde M, Barsanti K, Booth M, et al. Saturation vapor pressures and transition enthalpies of low-volatility organic molecules of atmospheric relevance: from dicarboxylic acids to complex mixtures [J]. Chemical Reviews, 2015, 115(10): 4115-4156.
[3] 郝吉明, 李欢欢. 中国大气污染防治进程与展望[J]. 世界环境. 2014, (1): 58-61.
[4] Zhang D S, Aunan K, Seip H M, et al. The assessment of health damage caused by air pollution and its implication for policy making in Taiyuan, Shanxi, China [J]. Energy Policy, 2010, 38 (1): 491-502.
[5] Holland M R. Assessment of the economic costs of damage caused by air-pollution [J]. Water, Air & Soil Pollution, 1995, 85 (4): 2583-2588.
[6] 郝吉明. 穿越风雨任重道远: 大气污染防治 40 年回顾与展望[J]. 环境保护, 2013, (14): 28-31.
[7] Clean Air Asia. Breakthroughs: China's path to clean air 2013-2017 [R/OL]. Beijing: Clean Air Asia, 2018[2019-07-20]. http://www. allaboutair. cn/a/reports/2018/1227/527. html.
[8] Fu G Q, Xu W Y, Rong R F, et al. The distribution and trends of fog and haze in the North China Plain over the past 30 years [J]. Atmospheric Chemistry and Physics, 2014, 14(11): 11949-11958.
[9] 国务院. 国务院关于印发打赢蓝天保卫战三年行动计划的通知[R]. 北京: 国务院, 2018: 1-2.
[10] Anon. Cleaner air for China [J]. Nature Geoscience, 2019, 12(7): 497.
[11] 王文兴, 魏复盛, 丁一汇, 等. 中国大气污染防治历史回顾、挑战与应对策略研究总结报告[R]. 北京: 中国工程院, 2017: 8.
[12] 联合国环境规划署. 北京二十年大气污染治理历程与展望[R]. 内罗毕: 联合国环境规划署, 2019: 6-33.
[13] 解振华. 中国改革开放 40 年生态环境保护的历史变革: 从"三废"治理走向生态文明建设[J]. 中国环境管理, 2019, 11(4): 5-10.
[14] 生态环境部. 中国空气质量改善报告(2013—2018 年)[R]. 北京: 生态环境部, 2019: 1-5.

[15] Zhao P S, Dong F, He D, et al. Characteristics of concentrations and chemical compositions for $PM_{2.5}$ in the region of Beijing, Tianjin and Hebei, China [J]. Atmospheric Chemistry and Physics, 2013, 13(9): 4631-4644.

[16] Yang F, Tan J, Zhao Q, et al. Characteristics of $PM_{2.5}$ speciation in representative megacities and across China [J]. Atmospheric Chemistry and Physics, 2011, 11(11): 5207-5219.

[17] Yan R, Yu S, Zhang Q, et al. A heavy haze episode in Beijing in February of 2014: characteristics, origins and implications [J]. Atmospheric Pollution Research, 2015, 6(5): 867-876.

[18] 蒋美青, 陆克定, 苏蓉, 等. 我国典型城市群 O_3 污染成因和关键 VOCs 活性解析[J]. 科学通报, 2018, 63(12): 1130-1141.

[19] Wang Q, Li S, Dong M, et al. VOCs emission characteristics and priority control analysis based on VOCs emission inventories and ozone formation potentials in Zhoushan [J]. Atmospheric Environment, 2018, 182: 234-241.

[20] Wang M, Shao M, Chen W, et al. Trends of non-methane hydrocarbons (NMHC) emissions in Beijing during 2002-2013 [J]. Atmospheric Chemistry and Physics, 2015, 15(3): 1489-1502.

[21] Tan Z, Lu K, Jiang M, et al. Exploring ozone pollution in Chengdu, southwestern China: a case study from radical chemistry to O_3-VOC-NO_x sensitivity [J]. Science of the Total Environment, 2018, 636: 775-786.

[22] Liu N, Lin W, Ma J, et al. Seasonal variation in surface ozone and its regional characteristics at global atmosphere watch stations in China [J]. Journal of Environmental Science, 2019, 77(3): 294-305.

[23] Li B, Ho S S H, Gong S, et al. Characterization of VOCs and their related atmospheric processes in a central Chinese city during severe ozone pollution periods [J]. Atmospheric Chemistry and Physics, 2019, 19(1): 617-638.

[24] Wang L, Liu Z, Sun Y, et al. Long-range transport and regional sources of $PM_{2.5}$ in Beijing based on long-term observations from 2005 to 2010 [J]. Atmospheric Research, 2015, 157: 37-48.

[25] Hu J, Wu L, Zheng B, et al. Source contributions and regional transport of primary particulate matter in China [J]. Environmental Pollution, 2015, 207: 31-42.

[26] Chen Y, Tian M, Huang R, et al. Characterization of urban amine-containing particles in southwestern China: seasonal variation, source, and processing [J]. Atmospheric Chemistry and Physics, 2019, 19(5): 3245-3255.

[27] 蔡文清. 今年年初雾霾一度覆盖四分之一国土影响 6 亿人[N/OL]. 北京: 北京晚报, 2013-10-29[2019-07-30]. http: //www. people. com. cn/24hour/n/2013/1029/c25408-23365750. html.

[28] Zheng B, Tong D, Li M, et al. Trends in China's anthropogenic emissions since 2010 as the consequence of clean air actions [J]. Atmospheric Chemistry and Physics, 2018, 18(19): 14095-14111.

[29] Lin B, Zhu J. Changes in urban air quality during urbanization in China [J]. Journal of Cleaner Production, 2018, 188: 312-321.

[30] 姚灵丽. 建国以来我国的经济发展状况[J]. 环球市场, 2016, (9): 13.

[31] 王文兴, 王纬, 张婉华, 等, 我国 SO_2 和 NO_x 排放强度地理分布和历史趋势[J]. 中国环境科学, 1996, (3): 161-167.

[32] Li M, Liu H, Geng G, et al. Corrigendum to Anthropogenic emission inventories in China: a review[J]. National Science Review, 2017, 4(6): 834-866.

[33] Huang R, Zhang Y, Bozzetti C, et al. High secondary aerosol contribution to particulate pollution during haze events in China [J]. Nature, 2014, 514(7521): 218-222.

[34] 柴发合. 中国未来三年大气污染治理形势预判与对策分析[J]. 中国环境监察, 2019, (1): 29-31.

[35] Zhang J, Ouyang Z, Miao H, et al. Ambient air quality trends and driving factor analysis in Beijing, 1983-2007[J]. Journal of Environmental Science, 2011, 23(12): 2019-2028.

[36] Zhou K, Youhua Y E, Liu Q, et al. Evaluation of ambient air quality in Guangzhou, China [J]. Journal of Environmental Science (English Edition), 2007, 19(4): 432-437.

[37] Zhang H, Wang S, Hao J, et al. Air pollution and control action in Beijing [J]. Journal Cleaner Production, 2016, 112: 1519-1527.

[38] 张新民, 柴发合, 王淑兰, 等. 中国酸雨研究现状[J]. 环境科学研究, 2010, 23(5): 527-532.

[39] Wang W, Wang T. On the origin and the trend of acid precipitation in China [J]. Water, Air & Soil Pollution, 1985, 85: 2295-2300.

[40] Wan Y, Wang W. Analysis on current situation, formation causes and control countermeasures of acid rain pollution in China[J]. Meteorological and Environmental Research, 2010, 1 (10): 92-95.

[41] Wang W, Wang T. On acid rain formation in China [J]. Atmospheric Environment, 1996, 30(23): 4091-4093.

[42] 王文兴, 丁国安. 中国降水酸度和离子浓度的时空分布[J]. 环境科学研究, 1997, 10(2): 1-7.

[43] 丁国安, 徐晓斌, 王淑凤, 等. 中国气象局酸雨网基本资料数据集及初步分析[J]. 应用气象学报, 2004, (15): 85-94.

[44] 罗璇, 李军, 张鹏, 等. 中国雨水化学组成及其来源的研究进展[J]. 地球与环境, 2013, 41(5): 566-574.

[45] 生态环境部. 2018 年中国生态环境状况公报[R]. 北京: 生态环境部, 2019: 7-16.

[46] 李丽平, 周国梅, 季浩宇. 污染减排的协同效应评价研: 以攀枝花市为例[J]. 中国人口·资源与环境, 2010, 20(5): 91-95.

[47] 李丽平, 姜苹红, 李雨青, 等. 湘潭市"十一五"总量减排措施对温室气体减排协同效应评价研究[J]. 环境与可持续发展, 2012, 37(1): 36-40.

[48] 邢有凯, 北京市"煤改电"工程对大气污染物和温室气体的协同减排效果核算[C]//中国环境科学学会. 中国环境科学学会学术年会论文集. 北京: 中国环境科学学会, 2016: 3186-3191.

[49] 朱利, 秦翠红. 基于清洁能源替代的港口 SO_2 和 CO_2 协同减排研究[J]. 中国水运, 2018, 18(10): 136-137.

[50] Tao M, Chen L, Li R, et al. Spatial oscillation of the particle pollution in eastern China during winter: implications for regional air quality and climate [J]. Atmospheric Environment. 2016, 144: 100-110.

[51] 雷宇, 薛文博, 张衍燊, 等. 国家《大气污染防治行动计划》健康效益评估[J]. 中国环境管理, 2015, 7(5): 50-53.

[52] Lin H, Liu T, Xiao J, et al. Quantifying short-term and long-term health benefits of attaining ambient fine particulate pollution standards in Guangzhou, China [J]. Atmospheric Environment, 2016, 137: 38-44.

[53] Lin H, Liu T, Xiao J, et al. Mortality burden of ambient fine particulate air pollution in six Chinese cities: results from the Pearl River Delta study [J]. Environment International, 2016, 96: 91-97.

[54] 张伟, 王金南, 蒋洪强, 等. 《大气污染防治行动计划》实施对经济与环境的潜在影响[J]. 环境科学研究, 2015, 28(1): 1-7.

[55] Li K, Jacob D J, Liao H, et al. Anthropogenic drivers of 2013—2017 trends in summer surface ozone in China [J]. Proceedings of the National Academy of Sciences of the United States of America, 2019, 116(2): 422-427.

[56] 张国宁, 周扬胜. 我国大气污染防治标准的立法演变和发展研究[J]. 中国政法大学学报, 2016(1): 97-115.

[57] Wu P, Ding Y, Liu Y. Atmospheric circulation and dynamic mechanism for persistent haze events in the Beijing-Tianjin-Hebei Region [J]. Advances in Atmospheric Sciences, 2017, 34(4): 429-440.

[58] Wang H, Zhao L. A joint prevention and control mechanism for air pollution in the Beijing-Tianjin-Hebei Region in China based on long-term and massive data mining of pollutant concentration [J]. Atmospheric Environment, 2018, 174: 25-42.

[59] Hu J, Ying Q, Wang Y, et al. Characterizing multi-pollutant air pollution in China: comparison of three air quality indices [J]. Environment International, 2015, 84: 17-25.

[60] Liu X, Gao X. A new study on air quality standards: air quality measurement and evaluation for Jiangsu Province based on six major air pollutants[J]. Sustainability, 2018, 10(10): 1-16.

[61] Ding A J, Fu C B, Yang X Q, et al. Ozone and fine particle in the western Yangtze River Delta: an overview of 1 yr data at the SORPES station [J]. Atmospheric Chemistry and Physics, 2013, 13 (11): 5813-5830.

[62] Sun J, Liang M, Shi Z, et al. Investigating the $PM_{2.5}$ mass concentration growth processes during 2013—2016 in Beijing and Shanghai [J]. Chemosphere, 2019, 221: 452-463.

Process, Achievements and Experience of Air Pollution Control in China Since the Founding of the People's Republic of China 70 Years Ago

WANG Wenxing[1,2], CHAI Fahe[1], REN Zhenhai[1], WANG Xinfeng[2], WANG Shulan[1], LI Hong[1], GAO Rui[1], XUE Likun[2], PENG Liang[1,3], ZHANG Xin[1,2], ZHANG Qingzhu[2]

1. State Key Laboratory of Environmental Criteria and Risk Assessment, Chinese Research Academy of Environmental Sciences, Beijing 100012, China

2. Environment Research Institute, Shandong University, Qingdao 266237, China

3. College Chemistry and Chemical Engineering, Southwest Petroleum University, Chengdu 610500, China

Abstract: Since 1970s, the major atmospheric environmental problems have been mitigated in time, severe atmospheric pollution disasters have been avoided efficiently, and the air quality has been improved significantly along with China's rapid economic growth and sustained increase in energy consumption. However, at present, China still faces serious challenges of air pollution, especially secondary pollution. Therefore, the process, achievements and experience of China's air pollution prevention and control since the founding of the People's Republic of China, especially since the 1970s, were combed and analysed comprehensively. The achievements of air quality improvement, new theory and new management modes with Chinese characteristics were highlighted and a control system was established in the process of prevention and control of atmospheric pollution and the systematic scientific air pollution prevention. China's future air pollution control work should further clarify the main responsibilities of governments at all levels, strengthen the management of key pollution sources, continue to adjust and optimize the four major structures, make overall plans, strengthen regional joint defense and control, strengthen scientific and technological capacity building, pay attention to the prediction of atmospheric environmental problems, and strengthen research in environmental science and technology. In this way, the prevention and control of atmospheric pollution will be promoted together, so that the three-year plan on defending the blue sky will be completed satisfactorily.

Key words: air pollution; process; achievements; experience; enlightenment

第四篇

沙尘天气和沙尘暴

利用 EP/TOMS 遥感资料研究沙尘天气对空气质量的影响[①]

高庆先[1,2]，任阵海[2]，李占青[3]，普布次仁[4]

1. 国家环保总局环境卫星中心筹备办公室，北京 100029
2. 中国环境科学研究院，北京 100012
3. 美国马里兰大学气象系，Greenbelt，MD
4. 美国国家海洋和大气局（NOAA），MD

摘要： 本文利用 EP/TOMS 卫星遥感资料结合地面气象观测记录，分析了影响我国的典型沙尘暴天气的发生、发展和传输过程，定义了定量描述沙尘天气强度的指标体系，并对沙尘天气的强度及其演变作了详细的分析。

关键词： EP/TOMS；气溶胶指数；沙尘暴

卫星遥感技术在探测沙尘天气中起着至关重要的作用，特别是跟踪沙尘天气的发生，揭示沙尘天气时空分布特征以及沙尘云光学特性等方面。虽然目前还没有业务化从卫星资料定量反演陆地上空气溶胶特性的技术，但这是一个很活跃的研究领域（King et al.，1999）。Husar R. B.等（2000）对 1998 年 4 月 15 日至 19 日期间发生在亚洲东部戈壁沙漠地区的两次强沙尘天气过程进行了天气系统、地面实际监测、卫星遥感、化学成分分析等手段的综合分析，揭示了沙尘天气的许多新特征。

目前广泛被用于研究沙尘天气的卫星资料主要来自 GOES 8，GOES 10，GMS-5、 Sea Wi FS 传感器（Mc Clain et al.，1998；Barnes et al.，1999）、TOMS 卫星（Herman et al.，1997）、TERRA 卫星的 MODIS 传感器（Kaufman et al.，2002）和 NOAA 卫星的 AVHRR 传感器（Murayama et al.，2000）等，此外，一些低轨道卫星（如 LandSat，MeteoSat，OCTS 等）也用于研究有限的沙尘气溶胶问题。所有这些卫星传感仪器在研究陆地上空大气气溶胶时都会遇到地表噪声的干扰，从而影响其对大气气溶胶分辨能力。自 2000 年开始地球观测系统大地卫星（EOS/Terra 和 EOS/PM）上安装有两个用于探测全球气溶胶时空分布和光学特性的传感器，这两个传感器分别是中等分辨率成像分光辐射计（Moderate-resolution Imaging Spectroradiometer，MODIS）和多角度成像分光辐射计（Multi-angle Imaging Spectra Radimeter，MISR），MODIS 资料可以提供更高时空分辨率海洋和陆地上空的气溶胶特征，包括沙尘气溶胶。

地球同步轨道卫星可以提供每小时的资料用于探测沙尘天气的发生、发展和传输过程；TOMS

① 内容摘自自然基金委海外青年学者合作基金项目——《利用 EP/TOMS 遥感资料研究沙尘天气对空气质量的影响》，2003 年，163~169 页。

卫星可以给出逐日沙尘云的空间分布信息；AVHRR 传感器已经用于对海洋气溶胶的研究上，并给出了海洋气溶胶长期监测结果。

本文利用 TOMS 卫星气溶胶指数（Aerosol Index）结合地面气象观测站的实际记录，分析沙尘天气期间 TOMS 日溶胶指数的逐日变化，提出定量描述沙尘暴天气强度的指标，并就全国沙尘气溶胶的时空分布进行了详细的分析，得出有意义的结论。

1 资料、区域和典型站点的选择

图 1 给出我国沙尘初始源区、加强源区（4 个区域）和影响区（2 个区域）的位置和范围，源区包括蒙古国中南部戈壁阿尔泰山周边地区，内蒙古西部和甘肃宁夏北部荒漠化地区，内蒙古中部浑善达克沙地周边地区和新疆塔里木盆地塔克拉玛干沙漠地区。选择沙尘源和影响区有大气污染监测资料的典型站（图中标有站名的点），分析大气污染物浓度在沙尘天气发生期间的变化及其与气溶胶指数的关系，这些城市是源区西宁、兰州、银川和西安；影响区的呼和浩特、北京、天津、大连、太原、石家庄、济南和青岛以及长江中下游的合肥、南京、南通和上海，选择典型气象台站（图中标点的站）分析沙尘天气发生时地面气象记录和卫星反演大气气溶胶指数之间的关系。

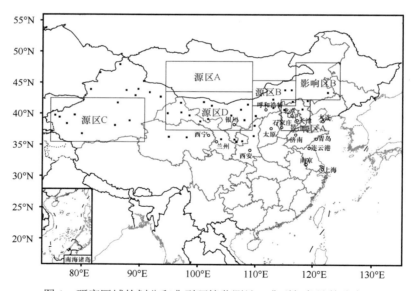

图 1　研究区域的划分和典型环境监测站、典型气象站的分布

大气气溶胶指数（EP/TOMS AI）取自美国国家航空航天局 Godard 飞行中心提供的 1x1.25 经纬度网格点逐日大气气溶胶指数资料；GMS 卫星资料是设在中国环将科学研究院内 GMS 卫星接收站接收的每小时一幅原始资料，利用开发的卫星云图处理系统合成三通道彩色云图可以清楚地反映出沙尘天气发生的初始位置和传输过程；地面气象资料是中国气象局下属各省气象观测台站的观测资料和美国 NCEP 再分析资料；地面污染物监测资料是国家环境保护总局环境监测总站公布的环境质量日报和部分监测站污染监测资料。

2　方　　法

　　为了定量地表示沙尘天气发生时的强度，本论文定义了三个描述沙尘天气强度的量化指标，分别是区域气溶胶积分强度、区域气溶胶平均积分强度和区域面积强度。

　　区域气溶胶指数积分强度（I_{AI}）定义为研究区域内气溶胶指数为正值（AI＞0）各个格点上气溶胶指数的总和，即吸收性气溶胶指数在研究区域内整层大气柱中的总和，该指标表示了沙尘云团气溶胶指数总量，其大小可以定量地表示区域内沙尘云团强度，如图 2 中虚线所围面积内各格点 AI 之和。

$$I_{AI} = \sum_{AI>0} AI \tag{2.1}$$

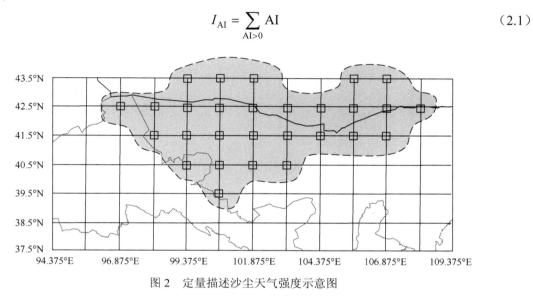

图 2　定量描述沙尘天气强度示意图

　　区域气溶胶指数平均积分强度 I_{meanAI} 定义为研究区域内吸收性气溶胶指数的平均，表示研究区域内沙尘云团气溶胶指数的平均强度，n 为研究区域内气溶胶指数为正的格点数，即图中虚线所围面积内格点数。

$$I_{meanAI} = \frac{\sum_{AI>0} AI}{n} \tag{2.2}$$

　　区域面积强度（A_{AI}）定义为研究区域内吸收性气溶胶占整个研究区域的比例，即气溶胶指数大于零的格点数与整个区域内格点总数之比，取值范围在 0 到 1 之间，当 $A_{AI}=1$ 时表示整个研究区域被沙尘所覆盖，$A_{AI}=0$ 表示没有沙尘影响。N 为整个研究区域内格点数。

$$A_{AI} = \frac{n}{N} \tag{2.3}$$

　　这三个定量指标从不同的角度反映了研究区域沙尘天气强度。在进行同一区域内沙尘天气长期演变时，使用区域气溶胶指数积分强度或区域面积强度比较合适，有一定的可比性；在研究不同区域的问题时，用区域气溶胶指数平均积分强度比较能说明问题。

3 分析与验证

为了验证 EP/TOMS 气溶胶指数能否反映沙尘天气的影响，选择沙尘天气发生最为频繁的 3 月和 4 月，利用地面观测沙尘天气记录结合 TOMS 卫星反演气溶胶指数，分区域对沙尘天气对大气气溶胶的贡献进行了分析。图 3 给出沙尘源区 1998 年 3 月和 4 月逐日区域气溶胶指数积分强度的演变，图中小点则表示该区域在相应日子里出现有沙尘天气记录，包括沙尘暴、扬沙和浮尘，由于没有区域 A 地面记录资料，因此不对区域 A 作分析，从图中可以看出区域气溶胶指数积分强度可以很好地反映出沙尘天气的影响，揭示沙尘天气的发生和演变。

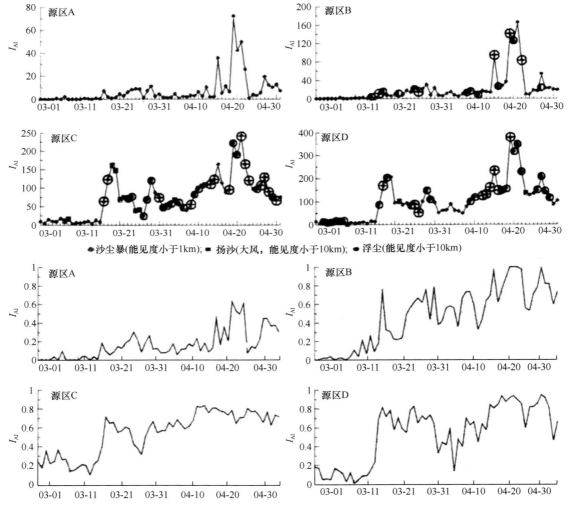

图 3 沙尘源区 1998 年 3 月和 4 月逐日区域 AI 积分强度（横坐标是时间，上图纵坐标是区域 AI 积分强度；下图纵坐标是区域面积强度）

1998 年 3 月至 4 月沙源区 B 发生两次较大的沙尘天气过程，这两次过程在区域气溶胶指数积分强度趋势图上表现非常明显。1998 年 4 月 15 日东北低涡发展深广，受冷锋后部天气系统影响，我国内蒙古满都拉（能见度 0.8 公里）、阿巴嘎旗（0.8）、朱日和（0.6）、乌拉特中旗、四子王旗和化德均有沙尘暴记录，对应在区域气溶胶指数积分强度图在 4 月 15 日出现一个峰值；1998 年 4 月 19 日该区域又有一次强沙尘暴天气过程，二连浩特（0.5）、满都拉（0.4）、阿巴嘎旗（0.7）有沙尘暴记录，此次沙尘天气过程持续的时间比上一个过程要长，影响面积也大，扬沙和浮尘天气一直持续到 4 月 22 日，4 月 22 日阿巴嘎旗又有强沙尘暴的记录，能见度为 0.8 公里。

　　沙源区 C 在 1998 年 3 月和 4 月间有 4 次较大沙尘暴过程，分别是 1998 年 3 月 17～18 日（最低能见度 0.2 公里），4 月 13～14 日（最低能见度 0.9 公里），4 月 21～23 日（最低能见度 0.4 公里）和 4 月 26～28 日（最低能见度 0.3 公里）。在图 3 中分别对应区域气溶胶指数积分强度的 4 个峰值，在这 4 次沙尘暴天气之间还有局地扬沙天气出现，导致该区域沙尘气溶胶不断累积，浓度增加，从 3 月 17 日开始该区域基本上每天都有浮尘记录，这是由于该区域所处特殊地理位置和特殊气候条件所决定的，在区域面积强度图上反映出该区域出现稳定的高值。图 4 给出了 3 月 17～18 日发生沙尘天气时从 TOMS 卫星反演的大气气溶胶指数分布，可以看出在新疆塔克拉玛干盆地上空有一个气溶胶指数高浓度区，对应在地面是一次强大的沙尘暴过程，此次沙尘天气过程属于局地型沙尘天气。

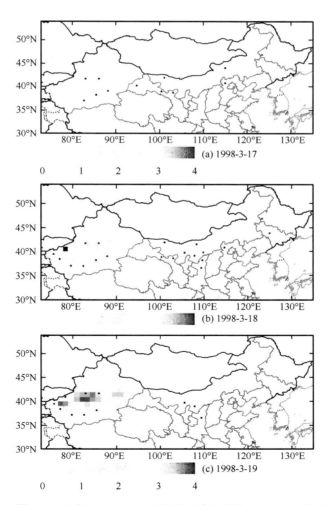

图 4　1998 年 3 月 17～19 日沙尘天气记录与 TOMS AI 分布

　　图 3b 给出四个区域的区域面积强度分布，可以看出区域 C 进入 3 月中旬从第一次沙尘暴天气发生之后（3 月 17 日），由于该地区位于塔里木盆地，四周环山，扩散条件较差，沙尘形成后很难传输出去，在该区域悬浮堆积，导致在随后的一个多月里该区域大部分地区被沙尘气溶胶覆盖，气溶胶指数区域面积强度持续稳定在比较高的水平；区域 D 位于我国境内最主要沙尘源区，地势相对区域 C 比较平坦，发生于该地区的沙尘天气比较容易随天气系统向下游方向传输，从图中可以看出在 1998 年 3～4 月间，该区域有两次大面积沙尘覆盖事件，气溶胶指数区域面积强度有两个时段稳定较高，对应着两次比较大的沙尘天气过程；区域 B 是位于蒙古高原，阴山以北，地势相对平缓，在该地区形成的沙尘天气或是途经该地区的沙尘天气随天气系统向东部移动，影响东北、华北以及韩国和日本等地，从图中可以看出在该地区沙尘天气的面积强度起伏波动，每一个峰值都对应着一次沙尘天气过程，沙尘天气过后很快随天气系统移出该区域，影响下游地区；区域 A 气溶胶指数面积强度也有同样的特点。

　　源区 D 内在 1998 年 3 月和 4 月间有 5 次较大沙尘暴过程，分别是 1998 年 3 月 17～18 日（最低能见度 0.4 公里），3 月 26～31 日（最低能见度 0.7 公里），4 月 12～16 日（最低能见度 0.3 公里），4 月 19～23 日（最低能见度 0.7 公里）和 4 月 27～30 日（最低能见度 0.6 公里）。同样在图中对应着 5 个峰值，由于连续出现沙尘天气，导致该区域大气中总沙尘气溶胶浓度累积，使得区域气溶胶指数积分强度增大，区域面积积分强度维持比较高的水平。

　　比较图中 3 个区域可以发现，各个区域中发生的沙尘天气过程有一定的联系，从这些联系中可以看出其演变和传输过程。比如 1998 年 4 月 13～14 日发生于区域 C 的强沙尘暴，在随着天气系统向东方向移动，于 4 月 15 日开始大面积影响区域 D，导致区域 D 区域气溶胶指数积分强度增加，区域 B 受此次沙尘暴的影响于 4 月 15 日出现大面积沙尘天气，区域气溶胶指数积分强度出现峰值。

　　1998 年 4 月 18～23 日的沙尘天气是一次大范围过程，在四个区域内都有峰值出现，1998 年 4 月 18 日新疆出现了一次历史上罕见的特强大风、沙尘暴天气，许多地区出现能见度仅有 300 米，19 日瞬时风力达 12 级，此次沙尘暴给新疆造成的直接经济损失达 8 亿元，并传输到美国西部华盛顿州。图 5 给出了 TOMS 卫星反演的大气气溶胶指数分布及其演变过程，图中小点表示在地面气象站当天有沙尘天气记录，可以发现空中监测和地面观测基本对应，可以很好地反映出此次强沙尘天气过程。

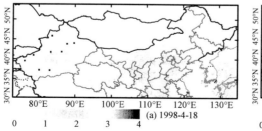
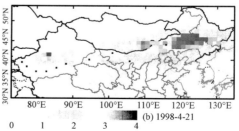

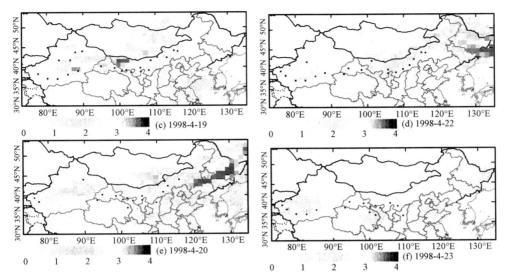

图 5　1998 年 4 月 18～23 日沙尘天气记录与 TOMS 气溶胶指数分布

4　结　　论

通过上述典型沙尘天气的分析得出几点初步的结论：

（1）利用地面观测记录结合卫星遥感资料分析对影响我国的沙尘天气过程进行了详细的分析，揭示出沙尘天气的发生、发展和传输过程。

（2）利用 TOMS 气溶胶指数（AI）可以及时判别和监视大规模沙尘天气，结合气象分析可以对沙尘天气的影响范围和传输路径进行有效的预报。

（3）利用 TOMS 气溶胶指数可以半定量化地描述沙尘暴天气的强度和影响范围，为研究沙尘天气提供新的手段和工具。

（4）沙尘暴天气发生时对应着大气气溶胶指数的高值区，在源区和影响区大气气溶胶指数的变化特点不一样，反映出沙尘物质的累积过程。

参 考 文 献

[1] Ackerman S A, Chung H. Radiative effects of airborne dust on regional energy budgets at the top of the atmosphere. J. Appl. Meterol., 1992, 31: 223-233.

[2] Barkstrom B R, Harrison E F, Smith G, et al. Earth Radiation Budget Experiment (ERBE) archival and April 1985 results. Bull. Am. Meteorol. Soc., 1989, 70: 1254-1262.

[3] Chou M, A solar radiation model for use in climate studies. J. Atmos. Sci., 1992, 49: 762-772.

[4] Chou M, Suarez M J. An efficient thermal infrared radiation parameterization for use in general circulation models, in Technical Report Series on Global Modeling and Data Assimilation, vol. 3, edited by M. J. Suarez, NASA Memo. 104606, 1994.

[5] Christopher S A, Kliche D A, Chou J, et al. First estimates of the radiative forcing of aerosols generated from biomass burning using satellite data. J. Geophys. Res., 1996, 101: 21265-21273.

[6] Dieckmann F J, Smith G L. Investigation of scene identification algorithms for radiation measurements. J. Geophys. Res., 1989, 94: 3395-3412.

[7]　Hansen J E, Lacis A A. Sun and dust versus greenhouse gases: An assessment of their relative roles in global climate change. Nature, 1990, 346: 713-719.

[8]　Herman J R, Bhartia P K, Torres O, et al. Global distribution of UV-absorbing aerosols from Nimbus-7/TOMS data. J. Geophys. Res., 1997, 102: 16911-16922.

[9]　Holben B N, et al. AERONET—A federated instrument network and data archive for aerosol characterization. Remote Sens. Environ., 1998, 66: 1-16.

[10]　Houghton J T, Jenkins G J, Ephraums J J. Climate Change: The IPCC Scientific Assessment, 362, Cambridge Univ. Press, New York, 1990.

[11]　Hsu N C, Herman J R, Bhartia P K, et al. Detection of biomass burning smoke from TOMS measurements. Geophys. Res. Lett., 1996, 23: 745-748.

[12]　Hsu N C, Herman J R, Torres O, et al. Comparisons of the TOMS aerosol index with Sun photometer aerosol optical thickness: Results and applications. J. Geophys. Res., 1999, 104: 6269-6279.

[13]　Liao H, Seinfeld J H. Radiative forcing by mineral dust aerosols: Sensitivity to key variables. J. Geophys. Res., 1998, 103: 31637-31645.

[14]　Penner J E, Charlson R J, Hales J M, et al. Quantifying and minimizing uncertainty of climate forcing by anthropogenic aerosols. Bull. Am. Meteorol. Soc., 1994, 75: 375-400.

[15]　Seftor C J, Hsu N C, Herman J R, et al. Detection of volcanic ash clouds from Nimbus 7/TOMS. J. Geophys. Res., 1997, 102: 16749-16759.

[16]　Smith G L, Green R N, Raschke E, et al. Inversion methods for satellite studies of the earth's radiation budget: Development of algorithms for the ERBE mission. Rev. Geophys., 1986, 24: 407-421.

[17]　Sokolik I N, Toon O B, Bergstrom R W. Modeling the radiative characteristics of airborne mineral aerosols at infrared wavelengths. J. Geophys. Res., 1998, 103: 8813-8826.

[18]　Susskind J, Piraino P, Rokke L, et al. Characteristics of the TOVS Pathfinder Path A data set. Bull. Am. Meteorol. Soc., 1997, 78(7): 1449-1472.

[19]　Tanre D, Legrand M. On the satellite retrieval of Saharan dust optical thickness over land: Two different approaches. J. Geophys.Res., 1991, 96: 5221-5227.

[20]　Tegen I, Lacis A A. Modeling of particle size distribution and its influence on the radiative properties of mineral dust aerosol. J. Geophys. Res., 1996, 101: 19237-19244.

[21]　Tegen I, Lacis A A, Fung I. The influence on climate forcing of mineral aerosols from disturbed soils. Nature, 1996, 380: 419-422.

[22]　Torres O, Bhartia P K, Herman J R, et al. Derivation of aerosol properties from satellite measurements of backscattered ultraviolet radiation, Theoretical basis. J. Geophys. Res., 1998, 103: 17099-17110.

Research the Impact on Air Quality of Dust Storm from EP/TOMS Aerosol Index Data

GAO Qingxian[1,2], REN Zhenhai[1], LI Zhanqing[3], PUBU Ciren[4]

1. Chinese Research Academy of Environmental Science, Beijing, 100012
2. Chinese State Environmental Satellite Center, Beijing, 100029
3. Maryland University of United States, Greenbelt, MD
4. National Oceanic and Atmospheric Administration (NOAA), of United States

Abstract: In this paper the features of typical dust storm influenced China are analyzed using the EP/TOMS aerosol index data and meteorological observational data of dust storm. The quality indexes to express the intension of dust storm are put forward. The influence of dust storm and its intension are studied.

Key words: EP/TOMS; aerosol index; dust storm

利用 EP/TOMS 遥感资料分析我国上空沙尘天气过程[①]

高庆先[1]，任阵海[1]，李占青[2]，普布次仁[3]

1. 中国环境科学研究院，北京 100012
2. 马里兰大学气象系，美国 Greenbelt，MD 20742
3. 国家海洋和大气局（NOAA），美国 Washington D. C. 20230

摘要：利用 EP/TOMS 卫星遥感资料，并结合地面气象观测记录，分析了影响我国典型沙尘暴天气的发生、发展和传输过程。定义了使用 EP/TOMS 气溶胶指数定量描述沙尘天气强度的指标体系，并对 1998 年 3～4 月间发生的沙尘天气的强度及其演变进行了详细的分析。结果表明：利用 EP/TOMS 气溶胶指数并结合气象观测资料，可以对大规模的沙尘天气进行及时判别、监视，并预报影响范围及传输路径；同时，利用 TOMS 气溶胶指数建立起来的指标体系可以半定量化地描述沙尘暴天气的强度和影响范围。

关键词：EP/TOMS；卫星遥感；气溶胶指数；沙尘暴

卫星遥感技术在探测沙尘天气中起着至关重要的作用，特别是在跟踪沙尘天气的发生、揭示沙尘天气时空分布特征以及沙尘云光学特性等方面[1-4]。虽然目前从卫星资料定量反演陆地上空气溶胶特性的技术还没有业务化，但这是一个很活跃的研究领域[5]。Husar 等[6]对 1998 年 4 月 15 日～19 日期间发生在亚洲东部戈壁沙漠地区的 2 次强沙尘天气过程进行了天气系统、地面实际监测、卫星遥感、化学成分分析等手段的综合分析，揭示了沙尘天气的许多新特征。

目前被广泛用于研究沙尘天气的卫星资料主要来自 GOES 8，GOES 10，GMS-5 及 SeaWiFS 等传感器，Earth Probe 卫星的 TOMS 传感器（EP/TOMS），TERRA 卫星的 MODIS 传感器和 NOAA 卫星的 AVHRR 传感器等[7-12]。此外，一些低轨道卫星（如 LandSat，MeteoSat 和 OCTS 等）也用于研究有限的沙尘气溶胶问题。所有这些卫星传感器在研究陆地上空大气气溶胶时都会遇到地表噪声的干扰，从而影响其对大气气溶胶的分辨能力。自 2000 年始，地球观测系统大地卫星（EOS/Terra 和 EOS/PM）上安装 2 个用于探测全球气溶胶时空分布和光学特性的传感器，这 2 个传感器分别是中等分辨率成像分光辐射计（Moderate-resolution Imaging Spectroradiometer，MODIS）和多角度成像分光辐射计（Multi-angle Imaging Spectroradiometer，MISR），MODIS 资料可以提供时空分辨率更高的海洋和陆地上空的气溶胶特征，包括沙尘气溶胶。

---

① 原载于《环境科学研究》，2005 年，第 18 卷，第 4 期，96～101 页。

地球同步轨道卫星提供的每小时资料可以用于探测沙尘天气的发生、发展和传输过程；TOMS 传感器可以给出逐日沙尘云的空间分布信息；AVHRR 传感器已经用于对海洋气溶胶的研究上，并给出了海洋气溶胶长期监测结果。

笔者利用 EP/TOMS 气溶胶指数，结合地面气象观测站的实际记录，分析沙尘天气期间 TOMS 气溶胶指数的逐日变化，提出定量描述沙尘暴天气强度的指标，并就全国沙尘气溶胶的时空分布进行了详细的分析。

1　资料、区域和典型站点的选择

图 1 给出我国沙尘初始源区、加强源区（4 个区域，即源区 A～D。各区域详细地理范围见表 1）和影响区（2 个区域，影响区 A～B）的位置和范围。源区包括蒙古国中南部戈壁阿尔泰山周边地区，我国内蒙古西部和甘肃宁夏北部荒漠化地区，内蒙古中部浑善达克沙地周边地区和新疆塔里木盆地塔克拉玛干沙漠地区。在沙尘源区和影响区选择有大气污染监测资料的典型站（图 1 中标有站名的点），分析大气污染物浓度在沙尘天气发生期间的变化及其与气溶胶指数的关系，这些城市包括源区的西宁、兰州、银川和西安；影响区的呼和浩特、北京、天津、大连、太原、石家庄、济南和青岛以及长江中下游的合肥、南京、南通和上海。选择典型气象台站（图 1 中未标地名的点），分析沙尘天气发生时地面气象记录和卫星反演大气气溶胶指数之间的关系。

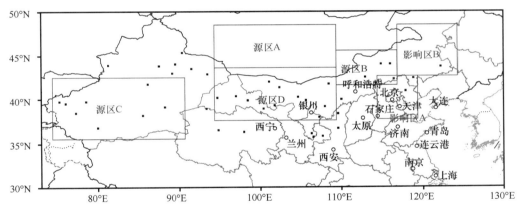

图 1　研究区域的划分和典型环境监测站、典型气象站的分布

表 1　源区地理位置

源区	东经/（°）	北纬/（°）
A	94.375～109.375	43.5～48.5
B	109.375～116.875	41.5～45.5
C	74.375～90.625	35.5～42.5
D	94.375～109.375	37.5～42.5

EP/TOMS 气溶胶指数取自美国国家航空航天局 Godard 飞行中心提供的 1°×1.25° 经纬度网格点逐日大气气溶胶指数资料；地面气象资料取自中国下属各省气象观测台站的观测资料和美国国家环境预报中心（NCEP）的再分析资料；地面污染监测资料取自中国环境监测总站公布的环境质

量日报和部分地方监测站污染监测资料。

2 TOMS气溶胶指数方法

TOMS 气溶胶指数是一个非常有用的识别气溶胶源和传输类型的定性和定量指标。紫外吸收气溶胶具有对吸收气溶胶层的高度非常敏感的特征，尤其是强紫外吸收气溶胶的敏感非常大，并随着吸收的减弱迅速降低[13]；非吸收性气溶胶对气溶胶层高度的依赖可以忽略不计，在反演算法中，假设含碳气溶胶的吸收性层高度为 3km。

TOMS 气溶胶指数是 340nm 和 380nm 通道的光谱辐射通量之比[13-14]，因为低层吸收性气溶胶层对上层紫外吸收的贡献较小，TOMS 气溶胶指数在离地面 1km 的范围内无法从弱吸收气溶胶类型或是云中区别出沙尘气溶胶[15]。

Nimbus-7 TOMS 星下点分辨率为 50km×50km，最低分辨率为 100km×200km，TOMS 气溶胶资料是以气溶胶指数表示的，该指数是由 Nimbus-7 TOMS 340nm 和 380nm 的辐射通量表示，该波段与臭氧吸收没有关系。气溶胶指数（AI）可以表示为：

$$AI = -100 \left[\lg\left(\frac{I_{340}}{I_{380}}\right)_{\text{meas}} - \lg\left(\frac{I_{340}}{I_{380}}\right)_{\text{calc}} \right]$$

式中，I_{meas} 是 TOMS 测量给定波长后向散射辐射通量，I_{calc} 是利用完全雷利（Rayleigh）大气辐射传输模式计算的辐射通量。EP/TOMS 气溶胶指数计算时使用的是 331nm 和 360nm 两个波段。

从本质上讲，气溶胶指数表示了气溶胶吸收雷利散射辐射通量相对于完全雷利大气随波长变化的测量，通常气溶胶指数正值对应的是紫外吸收气溶胶，负值对应的是非吸收性气溶胶。对非洲沙尘期间和生物质燃烧期间地面太阳光度计观测的气溶胶光学厚度资料进行分析，发现 TOMS 气溶胶指数的测量值与气溶胶的光学厚度（AOT）有很好的线性相关关系，这一结果广泛地应用于理论计算工作中[2]。由于在云顶的反照率和波长没有太大关系，利用 2 个紫外通道 TOMS 气溶胶指数的测量值可以很好地区别云或气溶胶覆盖区域，同样这一技术也可以用来探测干旱、半干旱地区上空吸收性气溶胶的分布。TOMS 探测矿物气溶胶的方法不受水汽吸收和地表温度变化的影响，甚至在相对潮湿的荒漠草原地区，夏季各月 TOMS 气溶胶指数和地面太阳光度计观测的气溶胶光学厚度有很高的相关关系[2]。利用理论模式的模拟结果显示，TOMS 气溶胶指数不仅与气溶胶的光学厚度（AOT）有关，而且还和气溶胶单次散射反照率、气溶胶光学特性和气溶胶高度以及仪器的观测角度等有关[13]。

为了定量地表示沙尘天气发生时的强度，笔者定义了 3 个描述沙尘天气强度的量化指标，分别是区域气溶胶指数积分强度、区域气溶胶指数平均积分强度和区域气溶胶指数面积强度。

区域气溶胶指数积分强度（I_{AI}）为研究区域内气溶胶指数为正值（AI>0 时）的各个格点上气溶胶指数的总和，即吸收性气溶胶指数在研究区域内整层大气柱中的总和，有：

$$I_{\text{AI}} = \sum_{\text{AI}>0} \text{AI}$$

I_{AI} 表示了沙尘云团气溶胶指数总量，其大小可以定量地表示区域内沙尘云团强度，如图 2 中虚线所围面积内各格点 AI 之和。

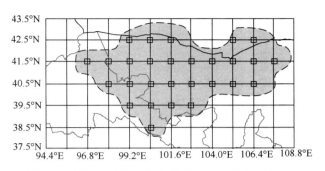

图 2　区域气溶胶指数积分强度（I_{AI}）定义示意图

区域气溶胶指数平均积分强度（I_{meanAI}）为研究区域内吸收性气溶胶指数的平均值，表示研究区域内沙尘云团气溶胶指数的平均强度：

$$I_{\text{meanAI}} = \frac{\sum\limits_{\text{AI}>0} \text{AI}}{n}$$

式中，n 为研究区域内气溶胶指数为正的格点数，即图 2 中虚线所围面积内格点数。

区域气溶胶指数面积强度（A_{AI}）为研究区域内吸收性气溶胶占整个研究区域的比例，即 AI>0 的格点数（n）与整个区域内格点总数（N）之比，$A_{AI}=n/N$。A_{AI} 取值为 0～1，当 $A_{AI}=1$ 时表示整个研究区域被沙尘所覆盖；$A_{AI}=0$ 则表示没有沙尘影响。

这 3 个定量指标从不同的角度反映了研究区域沙尘天气强度。在进行同一区域内沙尘天气长期演变时，使用区域气溶胶指数积分强度（I_{AI}）或区域气溶胶指数面积强度（A_{AI}）比较合适，有一定的可比性；在研究不同区域的问题时，用区域气溶胶指数平均积分强度（I_{meanAI}）比较能说明问题。

3　分析与验证

为了验证 EP/TOMS 气溶胶指数能否反映沙尘天气的影响，选择沙尘天气发生最为频繁的 3 月和 4 月，利用地面观测沙尘天气记录，结合 EP/TOMS 卫星反演气溶胶指数，分区域对沙尘天气对大气气溶胶的贡献进行了分析。图 3a～d 给出沙尘源区 1998 年 3～4 月逐日区域气溶胶指数积分强度（I_{AI}）的演变，图 3 中小点则表示该区域在当日有沙尘天气记录，包括沙尘暴、扬沙和浮尘，由于没有源区 A 的地面记录资料，因此不对其做分析。从图 3a～d 中可知，区域气溶胶指数积分强度（I_{AI}）可以很好地反映出沙尘天气的影响，揭示出沙尘天气的发生和演变。图 3e～h 给出了研究区域气溶胶指数面积强度（A_{AI}）随时间的演变。

1998 年 3～4 月沙尘源区 B 发生 2 次较大的沙尘天气过程，这 2 次大气过程在区域气溶胶指数积分强度（I_{AI}）趋势图上表现非常明显，见图 3b。1998 年 4 月 15 日，东北低涡发展深广，受冷锋后部天气系统影响，我国内蒙古满都拉（最低能见度 0.8 km，下同）、阿巴嘎旗（0.8 km）、朱日和（0.6 km）、乌拉特中旗、四子王旗和化德均有沙尘暴记录，对应图 3b 在 4 月 15 日出现一个峰值；1998 年 4 月 19 日，该区域又有一次强沙尘暴天气过程，二连浩特（0.5 km）、满都拉（0.4 km）、阿巴嘎旗（0.7 km）均有沙尘暴记录，此次沙尘天气过程持续时间比上一个过程要长，影响

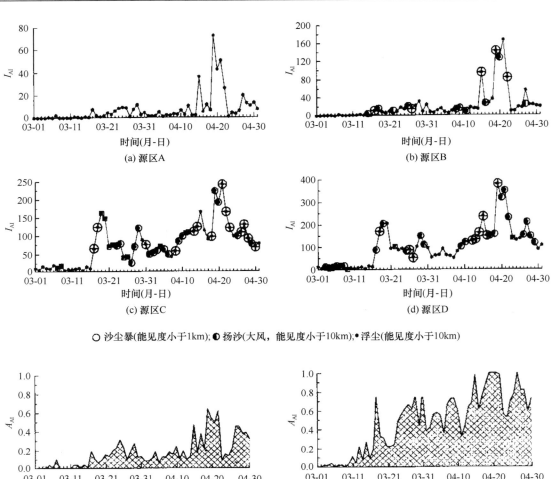

○ 沙尘暴(能见度小于1km)；◑ 扬沙(大风，能见度小于10km)；• 浮尘(能见度小于10km)

图 3　沙尘源区 1998 年 3～4 月逐日 I_{AI} 和 A_{AI}

面积也大，扬沙和浮尘天气一直持续到 4 月 22 日，4 月 22 日阿巴嘎旗又有强沙尘暴的记录，能见度为 0.8 km。

　　沙尘源区 C 在 1998 年 3～4 月间有 4 次较大沙尘暴过程，分别是 1998 年 3 月 17～18 日（0.2 km），4 月 13～14 日（0.9 km），4 月 21～23 日（0.4 km）和 4 月 26～28 日（0.3 km），分别对应图 3c 中的 4 个峰值。在这 4 次沙尘暴天气之间还有局地扬沙天气出现，导致该区域沙尘气溶胶不断累积，浓度增加，从 3 月 17 日开始该区域基本上每天都有浮尘天气记录，这是由于该区域所处特殊地理位置和特殊气候条件所决定的，在区域气溶胶指数面积强度图上反映出该区域出现稳定的高值。图 4 给出了 3 月 17~18 日发生沙尘天气时从 EP/TOMS 卫星反演的大气气溶胶指数分布。从图 4 可以看出，在新疆塔克拉玛干盆地上空有一个气溶胶指数高值区，对应在地面是一次强沙尘暴天气过程，此次沙尘天气过程属于局地型沙尘天气。

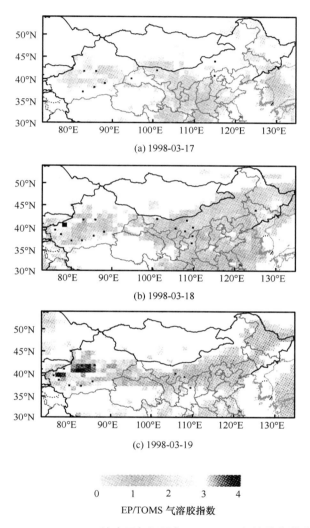

图 4　1998-03-17~19 沙尘天气记录与 EP/TOMS 气溶胶指数分布

由图 3d 可知，源区 D 在 1998 年 3~4 月有 5 次较大沙尘暴过程，分别是 1998 年 3 月 17~18 日（0.4 km），3 月 26~31 日（0.7 km），4 月 12~16 日（0.3 km），4 月 19~23 日（0.7 km）和 4 月 27~30 日（0.6 km），它们对应于图 3d 中 5 个峰值。由于连续出现沙尘天气，导致该区域大气中沙尘气溶胶总浓度累积，使得区域气溶胶指数积分强度增大，区域气溶胶指数面积强度维持比较高的水平。

图 3e~h 给出 4 个源区的区域气溶胶指数面积强度（A_{AI}）随时间演变。源区 B 位于蒙古高原，阴山以北，地势相对平缓，在该地区形成的沙尘天气或是途经该地区的沙尘随天气系统向东部移

动，影响我国东北、华北以及韩国和日本等地。从图 3f 中可知，该地区沙尘天气的区域气溶胶指数面积强度起伏波动，每一个峰值都对应着一次沙尘天气过程，沙尘天气过后很快随天气系统移出该区域，影响下游地区。源区 A 区域气溶胶指数面积强度也有同样的特点（图 3e）。

由图 3g 可知，源区 C 自 3 月中旬发生第一次沙尘暴天气（3 月 17 日）之后，由于该地区位于塔里木盆地，四周环山，扩散条件较差，沙尘形成后很难传输出去，因此在该区域悬浮堆积，导致在随后的一个多月里该区域大部分地区被沙尘气溶胶覆盖，区域气溶胶指数面积强度持续稳定在比较高的水平。

源区 D 位于我国境内最主要沙尘源区，地势相对源区 C 比较平坦，发生于该地区的沙尘天气比较容易随天气系统向下游方向传输。从图 3h 中可知，1998 年 3～4 月，该区域有 2 次大面积沙尘覆盖事件，相应区域面积强度有 2 个时段较高，对应着这 2 次比较大的沙尘天气过程。

1998 年 4 月 18～23 日的沙尘天气是一次大范围过程，在 4 个区域内都有峰值出现，1998 年 4 月 18 日新疆出现了一次历史上罕见的特强大风、沙尘暴天气，许多地区能见度仅有 300 m，19 日瞬时风力达 12 级，此次沙尘暴给新疆造成的直接经济损失达 8 亿元，并传输到美国西部华盛顿州。图 5 给出了 1998 年 4 月 18～23 日 EP/TOMS 卫星反演的大气气溶胶指数分布及其演变过程，图 5 中小点表示在地面气象站当天有沙尘天气记录，可以发现空中监测和地面观测基本对应，很好地反映出此次强沙尘天气过程。

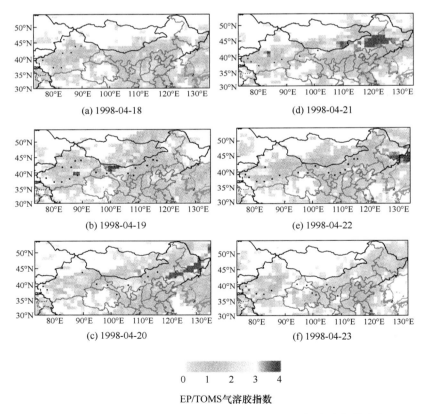

图 5　1998-04-18～23 沙尘天气记录与 EP/TOMS 气溶胶指数分布

4 结 论

（1）将卫星遥感资料与地面观测记录相结合，对影响我国的沙尘天气过程进行了详细地分析，揭示出沙尘天气的发生、发展和传输过程。

（2）利用 TOMS 气溶胶指数可以及时判别和监视大规模沙尘天气，结合气象分析可以对沙尘天气的影响范围和传输路径进行有效的预报。

（3）利用 TOMS 气溶胶指数可以半定量化地描述沙尘暴天气的强度和影响范围，为研究沙尘天气提供新的手段和工具。

（4）沙尘暴天气发生时对应着大气气溶胶指数的高值区，在不同的源区大气气溶胶指数的变化特点不一样，反映出沙尘物质的累积过程。

参 考 文 献

[1] Kaufman Y J, Tanre D, Boucher O. A satellite view of aerosols in the climate system[J]. Nat, 2002, 419: 215-223.

[2] Hsu N C, Herman J R, Bhartia P K, et al. Detection of biomass burning smoke from TOMS measurements [J].Geophys Res Lett, 1996, 23: 745-748.

[3] Seftor C J, Hsu N C, Herman J R, et al. Detection of volcanic ash clouds from Nimbus 7/TOMS[J]. J Geophy Res, 1997, 10: 16749-16759.

[4] Tanre D, Legrand M. On the satellite retrieval of Saharan dust optical thickness over land: two different approaches[J]. J Geophys Res, 1991, 96: 5221-5227.

[5] King M D, Kaufman D, Tanre D, et al. Remote sensing of tropospheric aerosols from space: past, present, and future[J]. Bull Am Meteorol Soc, 1999, 80(11): 2229-2259.

[6] Husar R B, Tratt D M, Schichtel B A, et al. The Asia dust events of April 1998[J]. J Geophys Res, 1998, 106(D16): 17330-18317.

[7] Gordon H R, Wang M. Retrieval of water-leaving radiance and optical thickness over the oceans with SeaWiFS: a preliminary algorithm[J]. Appl Opt, 1994, 33: 443-452.

[8] Higurashi A, Nakajima T. Development of a two channel aerosol retrieval algorithm on global scale using NOAA AVHRR[J]. J Atmos Sci, 1999, 56: 924-941.

[9] Fukusima H, Toratana M. Asian dust aerosol: optical effect on satellite ocean color signal and a scheme of its correction[J]. J Geophys Res, 1997, 102: 17119-17130.

[10] Herman J R, Bhartia P K, Torres O, et al. Global distribution of UV-absorbing aerosols from Nimbus-7/TOMS data [J]. J Geophy Res, 1997, 102: 16911-16922.

[11] Barkstrom B R, Harrison E F, Smith G, et al. Earth radiation budget experiment(ERBE) archival and April 1985 results[J]. Bull Am Meteoro Soc, 1989, 7: 1254-1262.

[12] Fraser R S. Satellite measurement of mass of Sahara dust in the atmosphere[J]. Appl Opt, 1976, 15: 2471-2479.

[13] Torres O, Bhartia P K, Herman J R, et al. Derivation of aerosol properties from satellite measurements of backscattered ultraviolet radiation, theoretical basis[J]. J Geophys Res, 1998, 103: 17099-17110.

[14] Herman J R, Celarier E. Earth's surface reflectivity climatology at 340-380 nm from TOMS data[J]. J Geophy Res, 1997, 102: 28003-28012.

[15] Hsu N C, Herman J R, Bhartia P K, et al. Detection of biomass burning smoke from TOMS measurements[J]. Geophys Res Let, 1996, 23: 745-748.

Analysis of Dust Storms over China Using EP/TOMS Remote Sensing Data

GAO Qingxian[1], REN Zhenhai[1], LI Zhanqing[2], PUBU Ciren[3]

1. Chinese Research Academy of Environmental Sciences, Beijing 100012, China

2. Maryland University, Greenbelt, MD 20742, USA

3. National Oceanic and Atmospheric Administration(NOAA)of United States, Washington D. C. 20230, USA

Abstract: The formation, development and transportation features of typical dust storms influencing China were analyzed using EP/TOMS remote sensing data and meteorological observational data of the dust storms. The indicator system applying EP/TOMS aerosol index to quantitatively describe the intensity of dust storm was put forward. The intensity and evolution of dust storms that happened during March to April, 1998, were analyzed in detail. The results show that the EP/TOMS aerosol index data in combination with the meteorological observational data can be used to timely recognize and monitor large dust storms, and to forecast their influencing scopes and transportation paths. Also the intensity and influencing scale of dust storms can be semi-quantified utilizing the indicator system based on EP/TOMS aerosol index, which provides a new approach to study the sand storms.

Key words: EP/TOMS; satellite remote sensing; aerosol index; dust storm

宁夏的沙尘暴天气及防沙治沙的对策建议[①]

高庆先，任阵海

中国环境科学研究院，国家环境保护总局气候变化影响研究中心，北京 100012

摘要：通过对宁夏地区气象台站沙尘天气历史记录的分析，给出了宁夏地区沙尘天气的空间分布规律和时间演变情况，并结合对宁夏荒漠化地区的实地考察内容，初步提出宁夏防沙治沙对策建议。

关键词：沙尘暴；防沙治沙；对策建议；扬沙；浮尘

宁夏大部分地区属于干旱、半干旱地区，西、北、东三面受腾格里沙漠、乌兰布和沙漠、毛乌素沙地包围。荒漠化土地面积 $328.67 \times 10^4 hm^2$，占全区总土地面积的 65%，其中，风蚀沙化面积 $152 \times 10^4 hm^2$，水蚀面积 $178 \times 10^4 hm^2$，盐渍化面积 $8.67 \times 10^4 hm^2$，是我国沙漠化比较严重的地区之一，也是我国沙尘天气发生频率较高的地区之一；是我国防沙治沙的重点地区之一。通过对引黄灌区、南部山区、盐池沙化严重地区和石嘴山市的实地考察，对宁夏的生态环境演变、荒漠化发展趋势和水土资源利用情况等问题有了新的认识。

1 宁夏地区沙尘天气的空间分布

宁夏严重沙化的土地集中分布在北部的盐池、灵武、陶乐以及中部的中卫、中宁、同心县等地，盐池县沙化土地截至 1983 年达到 $45.75 \times 10^4 hm^2$，是我国沙尘暴天气多发区之一。据盐池县气象台站的资料统计，1954 年至 2000 年间，盐池共发生沙尘暴 942 次，扬沙 3985 次，浮尘 1829 次，平均每年发生沙尘暴 20 次、扬沙 85 次和浮尘 39 次，也就是说一年当中盐池地区出现 144 次沙尘天气，是除塔里木盆地南缘以外我国沙尘天气发生频次最高的地区之一，是影响我国西北和华北地区沙尘天气非常重要的一个源地。中宁一年有 77 次沙尘天气，银川 75 次，固原 48 次。从宁夏 4 个气象台站各种沙尘天气发生的频次比例（表 1），可以看出盐池和中宁以扬沙的发生频次最高，其次是浮尘。固原地区的浮尘占总沙尘天气的 61.3%，其次为扬沙天气。自治区首府银川的扬沙和浮尘天气的发生频次基本一致，为 45%～46%。从沙尘暴的发生分布来看，宁夏中东部荒漠、沙漠地区沙尘暴的发生频次较高。宁夏地区的沙尘天气以盐池地区为高发中心，其次是中西部和北部，南部相对较少。这种空间分布格局与宁夏北部受西、北、东三面腾格里沙漠、乌兰布和沙漠和毛乌素沙地包围密切相关，也与宁夏地区人类活动对自然的破坏与干扰有关。

---

① 原载于《中国工程科学》，2002 年，第 4 卷，第 2 期，16~21 页。

表1　宁夏部分气象台站沙尘天气比例及平均发生频次

地区	沙尘暴/%	扬沙/%	浮尘/%	平均发生频次
银川	8.4	45.3	46.3	75
固原	5.8	32.9	61.3	48
中宁	5.7	63.4	30.4	77
盐池	13.9	58.9	27.0	144

2　宁夏地区沙尘天气的历史演变

从宁夏部分台站自1954年至2000年沙尘暴发生频次的历史演变趋势（图1），可以看出历史上沙尘暴的发生有一定的起伏波动，有高峰期和平静期，高峰期与平静期相差很大。50年代末期宁夏全区为沙尘暴的高发期。比如盐池地区1958年4月是历史上沙尘暴的高峰期，一个月内发生沙尘暴17次，同期中宁发生沙尘暴6次，固原3次。银川地区1958年2月发生沙尘暴18次。宁夏沙尘暴的第二个高峰期是在20世纪80年代初期，1984年4月盐池一个月内发生沙尘暴15次，同期银川、固原和中宁分别发生4次、2次和4次。60年代中后期为沙尘暴天气相对平静期。

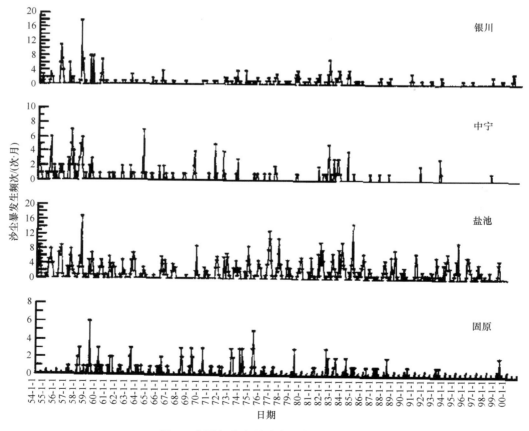

图1　宁夏部分台站沙尘暴的历史演变

　　宁夏地区中北部扬沙发生的频次较高，特别是盐池地区，平均每个月发生 7 次扬沙天气，中宁也有 4 次扬沙天气。由此可见，恢复宁夏中部地区地表生态对改善该地区大气环境质量是非常重要的。从宁夏地区浮尘天气的历史演变来看，浮尘天气由于受到本地和上游的沙尘暴和扬沙天气的影响，没有一定的变化规律，盐池是浮尘的多发区。图 2、图 3 分别给出宁夏地区扬沙和浮尘的长期演变趋势。从沙尘天气的长期演变情况来看，整体上讲宁夏地区的沙尘天气存在减少的趋势。但目前盐池县的沙尘天气（包括沙尘暴、扬沙和浮尘）开始了一个新的高峰期。沙尘天气发生的频次除了与荒漠化扩展有密切的联系外，气候条件也是一个至关重要的影响因素。

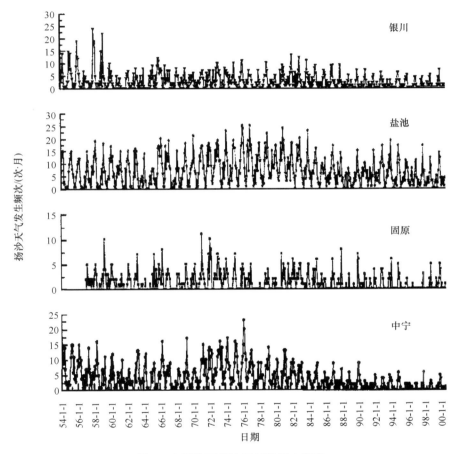

图 2　宁夏地区扬沙天气的历史演变

　　降水稀少是宁夏地区出现干旱的根本原因，银川平均年降雨量为 194mm，中宁为 213mm，盐池为 291mm。从银川、中宁和盐池三个地区降水量的历史演变趋势（图 4），可以看出大气降水也是起伏变化的，有丰水期和枯水期。比较图 1、图 2、图 3 和图 4 可以发现，降水量的多少与沙尘天气的发生频次有显著的负相关，特别是前一年冬季和当年春季的降水偏少，春季沙尘天气出现的频次就高。盐池地区的降水进入 80 年代后虽然有逐渐增加的趋势，但相对比 60 年代后期和 70 年代后期丰水期的大气降水少了许多，目前年平均降水量只有 300mm 左右。宁夏降水量的空间分布极不均匀，是干旱缺水比较严重的地区。

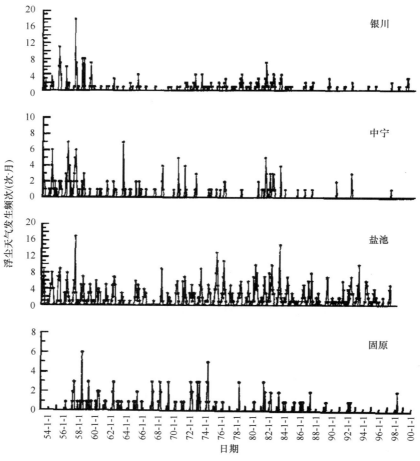

图3 宁夏地区浮尘天气的历史演变

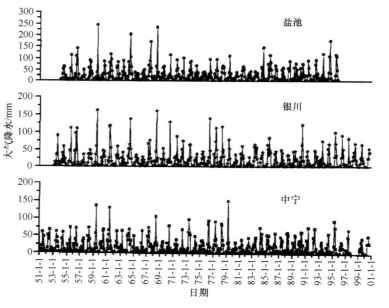

图4 宁夏部分台站大气降水的历史演变

3　关于宁夏防沙、治沙的对策建议

宁夏是我国沙尘暴天气现象发生频次较高的地区之一，特别是盐池地区。从最近对宁夏地区的实地考察，发现虽然宁夏局部地区土壤沙化有所控制和改善，但是从总体上讲，该地区土地荒漠化、沙化的形势依然十分严重，土壤沙化还在扩展、蔓延，沙化地区还正在不断加剧，形势十分严峻。

事实上在年平均降水量 200～300mm 的宁夏中北部地区只要采取的保护和治理措施得当，规划合理，恢复盐池地区荒漠的草地和植被，减少沙尘暴天气的影响是有可能和有希望的。宁夏柳杨堡防沙治沙试验示范基地的情况证明了这一观点。

通过对考察所见和收集的资料进行分析与思考，就防治土壤荒漠化和防沙治沙对策提出如下建议。

3.1　防治荒漠化和沙化的关键在于治人

虽然气候变化在荒漠化扩展和沙尘天气频发的过程中起着很重要的作用。但是，人类活动对于土地过分的索取与破坏是导致荒漠化和土壤沙化面积扩大和沙尘暴频发的关键因素之一。因此，防治土壤荒漠化和沙化的关键在于治人。只有解决了这些地区人民群众的基本生活问题，提高人民群众的生活质量，改变传统的生产模式和生活方式，才能有较好的保护和治理基础。将分散在山区的农民，集中安排到生产条件相对较好的平原或盆地地区，引导他们改变传统的生活方式，并通过改变粗放式的生产方式为集约化的、精耕细作的生产方式，改广种薄收为多样化种植。通过建立必要的基本农田，提高粮食作物的产量，以解决农民的基本生活问题，然后发展庭院经济，种植苜蓿、柠条、沙柳等适生、旱生和沙生的草灌木和经济果木林，同时大力发展围栏养殖等措施，提高农民的经济收入，实现真正意义上的退耕还林、还草、还山，而且所种植的草、灌木等还有固沙防风的作用。

宁夏开展的"调庄"措施，其目的就是希望将住在山区的农民搬迁到平原地区，为他们盖好住房，分好耕地，以期解决人民生活困难，实现退耕还林、退耕还草。但是，由于农民固有的"故土难离"的思想问题没有很好地解决，生产方式简单、粗放，又不能吸引"调庄"下来的农民。在平原地区新开垦土地，为他们建造好住房分配了充足的耕地的情况下，农民仍然返回山区，过着习惯了的传统生活。这样不但没有实现退耕还林、还草，保护生态环境，反而扩大了人为破坏天然草地的面积，加速了荒漠化的速度。由此可见，改变山区人民的传统观念、生产规模和生活方式是实现真正退耕还林、还草，保护生态环境和防治土壤荒漠化和沙化的关键。

因此，防治荒漠化和沙化的关键在于治人，治人的关键在于治观念。

3.2　坚定不移地实行"封育"措施

在解决好治人，改善了当地农民的生活问题之后，就要坚定不移地对已退耕出来的土地实施"封育"措施。对退耕还林、还草的土地进行飞播、补播，实施封育、养护措施，这是一项事半功倍的保护生态环境最经济、最有效的途径之一。

盐池县柳杨堡试验示范基地是"九五"期间防沙治沙的重点项目，其实际经验充分说明只要坚持进行封育措施，再加上适当的人工补救措施，在年降水量为 300mm 左右的盐池地区是可以在比较短的时间内恢复已破坏了的植被。柳杨堡试验示范基地封育、划管、补播、改良草场 2133hm^2，通过短短 3 年的封育，自然植被恢复得相当好，植被覆盖度达到 70%，植被物种相当丰富，已经形成了良好的结构，起沙现象大大减少。在参观彭阳县小流域综合治理时，看到在一座山头上有一个椭圆形的环岛，环岛的中央没有被开垦破坏（或人为破坏较小），其他地方都被开垦为小流域综合治理的梯田。在环岛上面的原始植被覆盖度非常高，品种极其丰富，有将近 1cm 厚的坚硬的壳，上有苔藓、地衣等。由此可见，该地区自然植被的原始状况是相当不错的，也是可以自然恢复的。一些未被开垦利用的山地，植被覆盖率很高，可见恢复当地特有的植被群落是有可能的。

“封育”是最有效、最经济的恢复自然植被、防治沙化的措施。

3.3　加大发展草业和畜牧业的力度

根据宁夏的特殊地理条件和气候资源情况，宁夏地区发展草业和牧业是现代农业的发展方向。在保护生态环境的前提下，合理配置农牧业结构，制定和实行草田轮作的耕作制度，既可以发展生产，提高人民生活水平，又可以保护生态环境。

3.4　以防为主，加大投入，提升生态保护

在解决好“治人”和“封育”的问题之后，要改变过去重建设轻保护的做法，提倡以防为主，防、治、建相结合。可以根据当地经济发展的实际情况，首先加大生态保护方面的投入，对于天然的草地、林地和山地要投入一定的经费，采取保护措施，对未破坏和已封育的地区加强保护。在保护措施得到彻底贯彻的同时，一定的生态环境建设是很必要的，但要经过科学的论证与规划，不能盲目上马，否则，不但达不到原设计的建设目的，反而成了对生态的新破坏。

在宁夏参观考察过程中，发现几乎所有的山都被开垦成为农田，这样浩大的建设工程，其目的是希望能够提高农作物的生产量，改善人民群众的生活水平。然而，由于没有合理的布局和科学的论证，或自然条件本身不具备这样大的开垦能力，形成广种薄收，粮食产量不但没有增加，反而造成了大面积的水土流失。而且，每年春季大风来临时，这些被开垦的土地正处于干燥、土质疏松、无植被覆盖的情况下，形成大范围的沙尘源地，其影响不小于沙化土地。

3.5　建立科学合理的防风固沙体系，制定相应的环境法规

对于一些重点和关键的地区，有必要建立一些防风固沙体系和相应的管理体系。该体系的建立，要考虑草、灌、乔的结合，经济效益与环境效益相结合，宜草则草、宜林则林、宜荒则荒。特别是草本植物和灌木，在干旱、半干旱地区应得到充分的认识，同时制定相应的环境法规，以确保这一体系能够正常运转。由于历史的原因，盐池县形成了大面积的沙化土地，又由于人们大面积开垦土地，这些都是形成沙尘暴的初始源地。每年春季大风期间，大量的沙尘从此吹起，形成大规模的沙尘暴，影响我国华北、西北大范围地区。因此，要解决沙尘暴天气的影响，必须还历史所欠的账，建立一些防风固沙体系。但防风固沙体系的建设不仅要慎重选择草种、灌木和乔木类型，而且要考虑草、灌、乔的合理组合与搭配，要选择适生的树种和草种，特别是要选择当地天然林地和草原的品种，同时也要考虑水资源的合理使用和管理措施能否跟得上等，特别是要

解决好防风固沙体系的浇灌问题。

4　结　　论

　　宁夏严重沙化的土地集中分布在北部的盐池、灵武、陶乐以及中部的中卫、中宁、同心县等地。盐池是除塔里木盆地南缘以外我国沙尘天气发生频次最高的地区之一，是影响我国西北和华北地区沙尘天气非常重要的一个源地。宁夏地区的沙尘天气的空间分布是以盐池地区为高发生中心，其次是中西部和北部，南部相对较少。这种空间分布格局与宁夏北部受西、北、东三面腾格里沙漠、乌兰布和沙漠和毛乌素沙地包围密切相关，也与宁夏地区人类活动对自然的破坏和干扰有关。

　　宁夏历史上沙尘暴的发生有一定的起伏波动，有高峰期和平静期，高峰期与平静期相差很大，20 世纪 50 年代末期宁夏全区为沙尘暴的高发期。宁夏沙尘暴的第二个高峰期是在 80 年代初期。60 年代中后期为沙尘暴天气相对平静期。

　　从沙尘天气的长期演变情况来看，整体上讲宁夏地区的沙尘天气存在减少的趋势。但目前盐池县的沙尘天气（包括沙尘暴、扬沙和浮尘）开始了一个新的高峰期。沙尘天气发生的频次除了与荒漠化扩展有密切的联系外，天气气候条件也是一个至关重要的影响因素。

　　最后提出几点防沙治沙的对策建议，即：防治荒漠化和沙化的关键在于治人，治人的关键在于治观念；坚定不移地实行"封育"措施，"封育"是最有效、最经济的恢复自然植被、防治沙化的措施；建议加大发展草业和畜牧业的力度；以防为主，加大投入，将生态保护提高到一个新的高度；建立科学、合理的防风固沙体系，制定相应的环境法规。

　　致谢： 感谢石玉林院士和石元春院士的指导。

The Dust Storm Phenomena in Ningxia and the Countermeasures

GAO Qingxia, REN Zhenhai

Chinese Research Academy of Environmental Sciences, Center for Climate Impact Research, SEPA, Beijing 100012, China

Abstract: Based on the historical observation data from meteorological stations of Ningxia region, the spatial distribution and trend of dust storm phenomena (including dust storm, blowing sand and floating sand) are analyzed. Countermeasures for preventing and controlling sandstorm as well as desertification are put forward.

Key words: dust storm; preventing and controlling dust storm and desertification; countermeasures and suggestion; blowing sand; floating sand

中国的沙尘暴及其研究进展[①]

赵燕华，张文娟，高庆先，杨新兴，薛玉兰，王文兴，苏福庆，任阵海

中国环境科学研究院，国家环保总局气候变化影响研究中心，北京 100012

摘要：本文描述我国北方地区沙尘暴的历史演变及其最新研究成果，包括影响我国北方地区的沙尘暴源地，沙尘暴的成因，沙尘暴的传输路径，减缓和控制沙尘暴危害的技术对策。给出了我国沙尘暴多发地区，近50年里沙尘暴发生的统计数据。根据深海岩石芯和冰盖沉积物的测定，早在白垩纪，即约700万年以前，地球上就有沙尘暴发生。我国史书中常把沙尘暴记做"雨土""雨尘土""土霾""黄霾""沙霾"等，对沙尘暴天气的描述常有："天雨尘土""飞沙如雨""云气赤黄""黄雾四塞，埃氛蔽天""黄雾雨土如雾"等。到了近代，由于人类经济开发活动的加剧，大量破坏地表植被，造成地表土壤裸露；另外加之地球气候变暖，气温升高，降水减少，地表土质干燥疏松，为沙尘暴的形成提供了丰富的物质基础。地球上频频发生的沙尘暴，已经不仅仅是一种普通的自然现象，而已经成为一种威胁人类正常生存活动的灾害。

关键词：沙尘暴；植被破坏；气候变暖；人类活动

1 引 言

在地质史上，沙尘暴的发生是一种普通的自然现象。根据深海岩石芯和冰盖沉积物的测定，早在白垩纪，即约7000万年以前，地球上就有沙尘暴出现。我国古代学者很早就注意到沙尘暴天气现象，并做了很多记载。中国古代史书对沙尘暴天气现象多有描述。史书中常把沙尘暴天气记做"雨土""雨尘土""土霾""黄霾""沙霾"等，对沙尘暴天气的描述常有"天雨尘土""飞沙如雨""云气赤黄""黄雾四塞，埃氛蔽天""黄雾雨土如雾"等。张华著《博物志》中称："夏桀之时，为长夜宫于深谷之中，……天乃大风扬沙，一夕填此空谷。"根据我国古代历史文献记载：

公元前205年（甘肃），"夏四月，大西风，折木发屋，扬沙昼晦。"

公元前86年（甘肃），"夏四月，壬寅晨，大风从西北起，云气赤黄四塞，天雨终日，夜雨著地为黄土。"

公元249年，"春正月壬辰朔，西北大风发屋，折木，昏尘蔽天。"

公元300年，"十一月戊午朔，西北大风，折木，飞沙走石，六日始息。"

公元351年（甘肃），"二月大风，黄雾下尘，摧树木，倒房屋，伤亡人畜甚多。"

公元354年，"天有光，如车盖，声若雷霆，震动城邑。明日大风，拔木，黑气昼暗。"

---

① 内容摘自第九届全国大气环境学术会议，2002年，79~86页。

　　近代学者也发表过不少关于沙尘天气问题的论文。但是，我国对沙尘暴现象的系统研究工作，仅从 20 世纪 70 年代才开始进行，1993 年首次召开全国沙尘暴天气学术研讨会。

　　近几年来，中国环境科学研究院，国家环保总局，气候变化研究中心，中日环境保护合作中心以及中国科学院大气物理研究所，中国科学院生态环境中心，中国气象科学研究院等研究单位，都曾经对沙尘暴问题进行过研究。

　　我国学者马溶之先生早在 1934 年，就开始注意对北京的降尘天气的研究。张淑媛在 1958 年分析过北京沙尘天气的特征。20 世纪 70 年代后期，又有几位学者发表了若干篇关于沙尘天气的研究论文。到了 20 世纪 80 年代，沙尘天气研究取得了一些新的进展，对沙尘物质的输送高度和层次结构特征，进行了深入的解析。

　　我国学者夏训诚、张德二等人，对北方地区沙尘暴的起因、传输机理和传输路径问题，曾经进行过深入的研究。徐国昌等人对 1977 年 4 月 22 日发生在甘肃河西走廊的特强沙尘暴的起因和输送规律进行了深入的解析。曲绍厚等人通过对卫星云图和沙尘输送路径的地表土质分析，认为沙尘暴携带的沙尘物质，多半来自沙漠和戈壁，而不是来自黄土高原。陈广庭等人认为，除了外地输入的沙尘物质外，北京沙尘天气发生主要是地面扬尘造成的。根据陈立奇报告，中国沙漠地区发生的沙尘暴，每年向北太平洋输送的沙尘物质约 800 万吨。而撒哈拉大沙漠每年输送到大西洋的沙尘物质约 13 亿吨。

　　由于大气环境影响问题没有国界，国外一些学者对中国的沙尘暴问题也十分感兴趣。国外学者常把来自中国大陆西北地区的沙尘称为亚洲尘（Asian Dust）。

　　德国人 F. F. Richthofen（1868—1892），苏联的 B.A.奥勃鲁契夫以及 G. B. Cressey，P. Teilhand de Chardin，高山四郎（1920 年），小泉四郎，富田达和增渊坚吉等人先后都曾对中国的黄土沙尘进行过一些研究。

　　日本人高山四郎（1920 年）曾经用显微镜观察了在天津和旅顺收集到的沙尘，并分析了沙尘粒子的粒径和矿物成分。小泉四郎（1934 年）在中国东北、天津、山东、河北以及朝鲜半岛和日本本土，采集沙尘，进行分析后发表了粒子粒径谱分布和化学成分报告。

　　小泉四郎在中国东北、天津、山东、河北以及朝鲜半岛、日本本土采集沙尘样品，分析后发表了沙尘粒径谱和化学成分的报告。

　　村山信彦等人以 1983 年 3 月 31 日至 4 月 4 日发生的 KOSA 云的移动过程为依据，建立了一个二维传输模式，认为粒径大于 150 微米沙尘粒子不能进入高空，小于 40 微米者则可以上升到 4000 米高度，而且可以在源地下风向数百公里的地区沉降地面；20 微米者则可以被输送 3000 公里；12 微米者输送 7000 公里；7 微米者输送 10000 公里。

　　1991 年日本名古屋大学出版了关于大气沙尘研究的学术专著"黄沙"。

　　2001 年 3 月，中国科学院寒区旱区环境与工程研究所与植物研究所 20 多位科学工作者，组织了一次"探索沙尘暴"的科学考察活动。他们分别深入甘肃、宁夏、内蒙古、河北等地区，对沙尘暴的发生源地进行了考察。他们根据科学考察结果得出的结论是，近 50 年来沙尘暴发生的频度呈波动式的下降趋势，其中六七十年代略呈上升趋势，八九十年代呈现明显下降，90 年代后期又开始上升。而未来几年中国北方地区沙尘暴的发生仍将呈现增加的趋势。他们认为减缓沙尘暴灾害发生频度与强度的关键问题，在于必须搞好地面的生态环境保护与建设，特别是地表植被的恢复与建设。

国家环保总局气候影响研究中心高庆先博士等人，于2001年8月至9月，考察了内蒙古和甘肃等地区的自然环境状况。地方政府提供的数据资料表明，在一些地区，草地向沙漠化发展的趋势仍在继续，其主要特征表现为：植物种类减少，植物群落向低等类型演替，植被覆盖度下降。例如，阿拉善草地开发利用已经有近千年的历史。在过去漫长的历史时期里，由于人口稀少，草地面积较大，水草丰富，牧民曾经持续放牧近千年。但是，近百年来，特别是近三四十年来，草地沙漠化速度加快，目前沙漠化的面积已经达到5000万亩，占全盟可利用草地面积的34%。

根据国家环保总局气候变化影响研究中心的统计分析，在过去50年里，除青海、内蒙古和新疆局部地区外，我国北方大部分地区的沙尘天气一般都在减少，特别是20世纪90年代的沙尘天气明显少于五六十年代。减少的主要原因是大风天气在减少，致使地面启动风沙的动力减小，起沙的机会减少了。

2 沙尘暴的成因

地表的地貌特征是形成沙尘暴天气出现的自然条件。地表裸露的疏松、干燥的沙尘、土壤颗粒，是形成沙尘暴的物质基础。恶劣的气象条件，频频出现的大风是形成沙尘暴的动力因素。在强冷气流的冲击下，地表上空经常会出现上升气旋，将地表裸露的干燥、疏松沙尘物质粒子卷到空中，并被气流远距离输送，在气流沿途形成沙尘暴天气。

按照沙尘物质粒子的性质和特征的不同，沙尘暴可以被分为沙暴（sand storm）和尘暴（dust storm）。大风将地表粒径在1毫米左右的粗沙粒子输送到近地层空间的天气过程，称为沙暴，沙尘粒径较大，大部分粒子分布在3～5米以下的近地层空间。尘暴则是数百微米以下的沙尘物质粒子被大风卷入空中的天气变化过程。按照发生的强度和危害程度，沙尘暴天气又可以分为一般沙尘暴、强沙尘暴、特强沙尘暴。强沙尘暴，则是指更大的风力将大面积地区的细沙吹向高空的天气过程，空气水平能见度小于200米，风力大于20米/秒。特强沙尘暴，空气水平能见度小于20米，通常风速大于25米/秒，风力在10级以上。

在漫长的地质历史上，随地球气候的变迁，沙尘暴的出现呈周期性的变化。在温暖潮湿的时期，地表多被生长茂密植被覆盖，即使起沙的动力因素存在，也不容易形成沙尘暴。在寒冷干燥的时期里，则容易发生沙尘暴。但是，到了近代，由于人类活动的加剧，大量破坏地表植被，地表土壤裸露，加之气温升高，降水减少，造成地表土质疏松，促成局部地区沙尘暴发生次数增加。频频发生的沙尘暴，不再仅仅是一种普通的自然现象，而是一种威胁人类生存活动的人为灾害。

3 沙尘暴源地

在地球上，最大的沙尘暴发源地有四个：蒙古国的南部戈壁荒漠地区，非洲的撒哈拉大沙漠，中东沙漠地区以及北美地区。

中国科学院寒区旱区环境与工程研究所与植物研究所的专家们根据自己的考察结果（2001年）认为，我国北方地区有四个主要沙尘暴源区：①河西走廊；②阿拉善高原区；③塔克拉玛干沙漠周边地区；④蒙陕宁长城沿线旱作农业区。

任阵海院士、全浩、高庆先博士等人的研究结果（2001年）表明，影响北京地区的境内沙尘暴发源地主要在内蒙古的苏尼特盆地、浑善达克沙地、巴丹吉林沙漠，新疆的塔克拉玛干沙漠和库尔班通古特沙漠。境外源地主要在蒙古国南部的戈壁荒漠区以及哈萨克斯坦国东部的沙漠地区。任阵海院士和苏福庆教授认为，我国东部广大的盐碱地带，地表裸露，土质疏松，也是形成扬沙、起尘的重要条件和因素。

蒙古国南部的戈壁地区，面积约占国土面积的三分之一，是地球上四个最大的沙尘暴源区之一。该地区在西伯利亚强冷气流的冲击下，经常出现上升气旋，将地表裸露的大量干燥、疏松的沙尘物质粒子卷到空中，并随气流南下，导致沿途沙尘暴天气的出现。根据国家环保总局的专家们报告，2001年我国北方地区观测到的32次沙尘暴天气，其中有18次是来源于蒙古国的南部戈壁地区。

蒙古国南戈壁省气候环境研究中心主任卓里格先生介绍，南戈壁省达兰扎达嘎德是蒙古国境内一年中发生沙尘暴天气次数最多的地方。这里气候干旱，植被稀少、低矮。一簇一簇稀疏的万年蒿，松散的沙砾，细小的石子，一望无际。有的地方，甚至几十公里竟然寸草不生。南戈壁省面积只有16.5万平方公里，人口4.5万。在五六十年代，34米/秒以上的大风，平均每五六年发生一次。到了90年代，平均每一两年就发生一次。这里的特殊地貌和气象条件，是发生沙尘暴的最重要的因素。在沙尘暴发生的时候，常常是飞沙走石，黄沙满天，能见度不过一臂之遥。

我国内蒙古地区的苏尼特盆地、浑善达克沙地、巴丹吉林沙漠，新疆的塔克拉玛干沙漠和库尔班通古特沙漠，都具有发生沙尘暴天气的气象条件和地貌特征，因此，上述地区都是形成影响我国的沙尘暴发源地。

4 沙尘暴的传输路径

考察和研究结果已经证明，影响沙尘暴输送路径的主要因素有两个：一个是强风气流的出现，二是地表干燥、裸露、疏松的沙尘物质的存在。根据沙尘暴的结构和传输特点，将沙尘暴的传输分为四种类型，即①高空传输过境型，②高空传输沉降型，③高空传输与地面扬沙混合型，以及④地面扬尘型。其中各自发生的比率分别为7%，40%，40%和13%。

夏训诚、杨根生等认为，我国北方地区沙尘暴的传输路径一般可分为四条，即西路、西北路、北路和东路。西路输送路径是指来自巴尔喀什湖的冷空气，经过天山和帕米尔高原，进入南疆地区，然后从塔里木盆地东口移出，在安西、玉门生成沙尘暴，向东传输到河西、宁夏及陕西北部。西北输送路径是指冰洋冷气团南下经过西伯利亚、蒙古国，进入我国新疆及内蒙古北部地区，在河西形成沙尘暴，向东传输到鄂尔多斯地区。北路输送路径是指极地冷气团，经过贝加尔湖南下，到达毛乌素沙地，形成沙尘暴，然后向东传输。东路输送路径指贝加尔湖以东的西伯利亚冷高压气流南下，侵入内蒙古东部地区，翻越大兴安岭，到达科尔沁沙地，形成东路沙尘暴。

国家环保总局"沙尘暴与黄沙对北京地区大气颗粒物影响研究"课题组任阵海院士、全浩博士、高庆先博士等人的研究结果表明，影响北京地区的沙尘物质输送路径主要有三条：一条是北路输送，主要来自浑善达克沙地，沿途经过朱日和、四子王旗、化德、张北县、张家口、宣化，然后进入北京；另一条是西路输送，主要来自新疆的哈密、芒崖，沿途经过河西走廊、银川、大同，然后进入北京；第三条输送路径，源自中蒙边境地区的阿拉善，马特拉，沿途经过贺兰山区、毛乌素沙地、呼和浩特、张家口，然后进入北京。

研究结果表明，东北亚地区沙尘暴传输的主导路径是，自蒙古国的南部戈壁荒漠地区和哈萨克斯坦沙漠地区起沙，途经中国西北部，北部，然后南下东移，输送到亚洲东部以及北太平洋，甚至到达北极圈内，最后大部分沉降到海底。在西伯利亚强冷气流的冲击下，蒙古国的戈壁荒漠地区和哈萨克斯坦境内的沙漠地区的大量沙尘物质，被卷入高空，随气流南下；由于我国内蒙古和新疆沙漠地区的沙尘物质的继续卷入，形成了威胁中国北方地区的沙尘暴。

5　中国北方地区的典型沙尘暴事件

近 50 年气象台站的观测结果表明，我国长江以北大部分地区都出现过扬沙或者沙尘暴天气，特别是西北地区最为显著。沙尘暴的多发地区主要集中在塔里木盆地周围，敦煌-河西走廊-宁夏平原-陕西北部一带，内蒙古阿拉善高原、河套平原和鄂尔多斯高原。

观测资料还表明，除青海、内蒙古和新疆局部地区沙尘天气出现的次数呈现增加趋势以外，我国北方大部分地区出现沙尘天气的次数在减少，特别是 20 世纪 90 年代，明显少于五六十年代，减少的主要原因是出现大风天气的日数减少了，启动地表沙尘物质的动力因素和机会在减少（图1 和表1）。

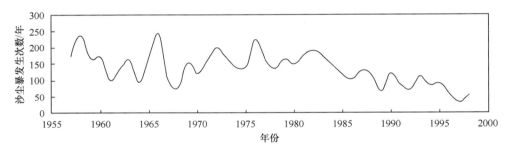

图 1　中国历年沙尘暴发生次数的演变（1957～1998 年）

1995 年 5 月 16 日，强沙尘暴袭击中国内蒙古阿拉善地区。上午 10 时，沙尘暴在额济纳旗拐子湖附近形成，然后即由西北向东南方向，经阿右旗、阿左旗，在阿盟境内持续时间达 10 多个小时。强沙尘暴所到之处，空气能见度为零，风力达 8～11 级。沙尘暴过后，草场灌木的嫩芽被强风一扫而光，牧草被连根拔起卷走，丢失牲畜 10 万多头。阿左旗的腰坝滩、查哈尔滩、李井滩，阿右旗陈家井，额济纳旗沿河一带地区的几个大型饲料基地的 3 万多亩小麦和玉米全部绝收，4 万多亩损失惨重。

1998 年 4 月 15 日，中国内蒙古阿拉善盟地区再次遭遇强沙尘暴，风力达 9～10 级（23～27 米/秒）。空气能见度降到 5 米。尘墙高度达 300～400 米。此次强沙尘暴先后袭击了甘肃、宁夏、陕西等地，然后又波及华北、华东以及长江中下游地区。沙尘暴路经的地方，曾经天空中三天三夜黄沙弥漫。

2000 年 3 月 21 日 13 时 30 分，甘肃省武威市出现沙尘暴，空气中的总悬浮颗粒物（TSP）最大浓度为 13.84 毫克/米^3，超过国家二级标准的 45.1 倍。

表 1　中国历年沙尘暴记录（1954～1998 年）

年份	北京	大同	榆林	敦煌	银川	巴音毛道	朱日和	盐池	鄂托克旗	格尔木	和田	二连浩特	合计
1954	6		7	21	4		3	23			24		
1955	7	6	21	30	9		2	30	7	6	34	1	
1956	8	9	11	9	34		4	35	10	27	33	4	
1957	2	2	19	8	5	10	0	24	15	25	54	11	175
1958	0	4	33	11	31	20	6	35	34	26	30	8	238
1959	0	2	21	14	18	14	3	23	19	15	32	5	166
1960	6	0	17	16	12	17	2	24	14	16	46	1	171
1961	0	0	11	6	1	6	0	17	8	9	31	11	100
1962	1	0	25	12	4	16	3	11	3	5	41	16	137
1963	2	1	20	10	4	19	3	27	8	9	42	16	161
1964	1	2	4	13	1	15	2	6	4	9	33	5	95
1965	12	2	10	28	4	26	11	9	7	16	37	6	168
1966	20	8	14	24	6	27	39	19	13	13	41	19	243
1967	4	1	9	9	2	15	7	12	2	8	18	8	95
1968	4	6	3	9	1	17	3	1	3	2	20	6	75
1969	2	8	14	20	1	20	5	13	15	11	28	14	151
1970	0	2	5	28	4	8	7	8	8	8	34	9	121
1971	4	5	9	28	4	8	5	24	8	16	33	13	157
1972	1	13	19	22	7	27	10	23	16	17	29	15	199
1973	0	7	20	14	9	9	7	18	24	23	27	7	165
1974	1	4	10	13	8	10	10	23	5	18	34	2	138
1975	2	8	8	16	6	14	11	18	10	14	23	9	139
1976	0	11	32	5	7	10	14	50	25	27	31	12	224
1977	1	6	14	13	8	14	10	31	14	23	24	6	164
1978	1	6	9	13	3	13	9	12	11	18	30	10	135
1979	1	0	7	18	14	14	9	21	8	21	39	11	163
1980	3	2	8	17	4	15	4	21	6	13	40	14	147
1981	0	1	11	9	10	10	13	37	9	27	39	9	175
1982	1	4	10	15	19	16	0	33	28	26	33	5	190
1983	3	0	9	23	12	16	4	35	22	15	26	5	170
1984	0	1	6	10	10	9	10	35	9	16	21	17	144
1985	0	2	10	9	3	11	4	27	10	12	24	6	118
1986	1	0	0	16	0	12	17	5	4	14	31	2	102
1987	0	1	3	11	4	15	5	23	24	13	26	3	128
1988	1	6	4	4	4	14	10	21	16	7	27	4	118
1989	0	0	0	3	0	9	4	4	3	12	18	11	64
1990	1	0	4	6	5	18	16	19	8	10	15	17	119
1991	1	0	1	11	1	10	5	8	13	11	20	2	83
1992	1	0	2	8	2	7	4	18	2	3	17	7	71
1993	0	2	0	2	3	14	17	26	9	10	18	10	111
1994	0	0	0	11	0	8	12	21	9	7	13	2	83
1995	2	0	1	5	1	9	13	24	15	5	11	4	90
1996	0	0	0	6	1	12	1	13	5	7	11	3	59
1997	0	0	0	4	0	1	0	2	1	3	19	1	31
1998	0	0	2	0	2	8	3	10	9	2	16	2	54
合计	100	132	443	580	288	563	327	919	493	595	1273	349	6062

2000 年 4 月 6 日，12 时，北京地区出现沙尘暴，空气中的可吸入颗粒物（PM_{10}）全市平均浓度为 1.499 毫克/米 ^{3}，相当于国家二级标准的 10 倍。其中最大值为 3.094 毫克/米 ^{3}，超过国家二级标准的 19 倍。

2001 年春季我国北方地区出现过 18 次沙尘天气过程，其中强沙尘暴 3 次，一般沙尘暴 10 次，扬沙天气 5 次。沙尘天数共 41 天。

2002 年春季，我国北方地区发生的沙尘暴的强度和次数，为近几十年来所罕见。2002 年 3 月 22 日，特大沙尘暴路过北京上空，地面能见度降到 100 米以下。23 日到达日本国上空。这次沙尘暴天气过程具有多源地、多路径传输的特征。

6 减缓和控制沙尘暴发生的技术对策

为了控制和减缓沙尘暴对北京地区的危害和影响，国家环保总局提出了四项措施：一是在京津周边地区大力植树造林，建立生态保护屏障；二是在内蒙古浑善达克地区，实施退耕还林还草，恢复草地，形成防风林带；三是建立毛乌素沙地的生态保护屏障，扩建人工林，保护绿洲；四是建立中蒙、中哈联合防治沙尘暴计划，控制和减缓蒙古国和哈萨克斯坦国境内沙尘暴源地对我国的影响。

蒙古国南戈壁省省长苏米亚先生已经表示希望与中国进行技术合作，开展防沙治沙工作，改善戈壁荒漠地区的生态环境，控制和减缓蒙古国境内沙尘暴的发生，同时减少蒙古国沙尘暴源地对中国北方地区的影响。

7 我国沙尘暴研究的现状与发展趋势

我国早期的沙尘暴的研究，主要依靠地面观测，气象资料分析，地面沙尘样品分析方法进行，故不能解决沙尘高空分布和远距离输送问题。利用气球和飞机航测，也可以观测空气中的沙尘粒子的浓度和分布情况。目前的沙尘暴研究工作中，采用了卫星观测技术，观测沙尘暴发生、发展和远距离输送的全过程，对确定沙尘暴发生源地及其输送路径，具有非常重要的意义。

目前沙尘暴课题研究的内容主要涉及沙尘暴的发生源地，沙尘传输路径，沙尘沉降地区及影响范围，沙尘粒子的物理和化学性质；海上观测及海底沉降，高空探测技术以及沙尘暴对大气环境和气候变化的影响等问题。

最新的研究动向表明，沙尘暴研究内容已经涉及沙尘暴对太阳辐射、气温、降水及海洋沉积物的影响等问题。激光雷达遥测仪（LIDAR），已经被用来遥测沙尘物质在高空的浓度大小和分布状况。美国，日本和中国安徽激光所，都曾经采用激光雷达测定过沙尘暴天气空气中的沙尘浓度和分布状况。

参 考 文 献

[1] 任阵海，高庆先，杨新兴，等. 北京大气环境的区域特征与沙尘影响. 北京，中国工程院第六次院士大会，学术报告文集，2002.

[2] 任阵海, 全浩, 高庆先, 杨新兴, 等. 沙尘暴与黄沙对北京地区大气颗粒物的影响研究. 北京, 国家环境保护总局专项研究课题研究报告, 2001.

[3] 曾西平, 周建芬, 高庆先. 复杂地形条件下输送流场的研究. 陈复主编, 环境科学与技术, 北京, 中国环境科学出版社, 1997.

[4] 高庆先, 李令军, 张运刚, 等. 我国春季沙尘暴研究. 中国环境科学, 2000, 20(6): 495-500.

[5] 李令军, 高庆先, 任阵海. 北京沙尘暴源地解析. 环境科学研究, 2001, 14(2): 1-3.

[6] 夏训诚, 杨根生, 等. 中国西北地区沙尘暴灾害及防治. 北京, 中国环境科学出版社, 1996.

[7] 朱震达, 等. 中国沙漠概论. 北京, 科学出版社, 1980.

[8] 朱震达, 等. 中国的沙漠化及其治理. 北京, 科学出版社, 1989.

[9] 曲绍厚, 李玉英, 周明, 等. 北京地区一次尘暴过程的来源. 环境科学学报, 1984, 4(1): 80-85.

[10] 陈广庭, 贺大良, 宁锦熙, 等. 北京风沙若干问题的讨论. 中国沙漠, 1988, 9(3): 22-26.

[11] 张淑媛. 北京风尘的研究. 中国第四纪委员会第二届学术会议论文集, 1964.

[12] 周明煜, 曲绍厚, 宋锡铭, 等. 北京地区尘暴过程的气溶胶特征. 科学通报, 1981, 4(1): 609-611.

[13] 刘东生, 等. 黄土与环境. 北京, 科学出版社, 1985.

[14] 陈广庭, 贺大良, 宋锦熙, 等. 北京风沙若干问题的讨论. 中国沙漠, 1988, 9(3): 17-26.

[15] 全浩. 关于中国西北地区沙暴及黄沙气溶胶高空运输路线的探讨. 环境科学, 1993, 14(5): 60-64.

[16] 赵性存. 大气沙尘的测定和分析研究. 中国沙漠, 1980, 12(1).

[17] 陈立奇. 中国沙漠尘土向北太平洋的长距离输送. 海洋学报, 1985, 7(5): 554-559.

[18] 方宗义, 朱福康, 江吉喜, 等. 中国沙尘暴研究. 北京, 气象出版社, 1997.

[19] R. A.拜格诺. 风沙和荒漠沙丘物理学. 北京, 科学出版社, 1958.

[20] 全浩. 中国的黄沙及其对环境的影响. 全浩等编, 环境管理与技术. 北京, 中国环境科学出版社, 1994.

[21] 耿宽宏. 起沙风与流沙. 地理学报, 1960, 25(1).

[22] 郭亚萍, 袁星, 何菲. 沙尘暴的成因与防治措施初探. 干旱环境监测, 2000, 14(3): 167-171.

[23] Rahn K A, Borys R D. 1977. The Asian source of Artic Haze Bands. Nature, 268(562): 713-715.

[24] Kenneth Pye, 1987. Aerlian dust and dust deposits. Academic Press INC (London) Ltd.

[25] B. A.奥勃鲁契夫. 黄土的成因, 沙与黄土问题. 北京, 科学出版社, 1958.

[26] Cressey G B. 1932. The distribution and source of Chinese loess. Bull Geo. Soc. Amer.: 43(1).

[27] 徐国昌, 陈敏连, 吴国雄. 甘肃特大沙尘暴分析. 气象学报, 1979, 37(4): 26-35.

[28] 高山四郎. 大正10年4月13日-17日の黄砂に就きて海と空, 1920, (1): 4-8.

[29] 小泉四郎. 黄砂の研究. (第2报). 国民卫生, 1934, 10(12): 99-118.

[30] 村山信彦, 根元修, 小林隆久, 等. 输送されゐ黄砂ェァロゾルの粒径について. 日本气象学会秋季讲演予稿集, 1984.

[31] 程道远. 大气沙尘来源及与尘暴. 世界沙漠研究, 1994, (1): 15.

中国北方沙尘气溶胶时空分布特征
及其对地表辐射的影响[①]

高庆先[1]，任阵海[1]，李占青[2]，普布次人[3]

1. 国家环境保护总局气候影响研究中心，北京 100012
2. 美国马里兰大学气象系，Greenbelt，MD
3. 美国国家海洋和大气局（NOAA），MD

摘要：该文通过对 1978 年以来的 TOMS 气溶胶指数分析，揭示出我国北方地区沙尘气溶胶的时空分布特征和长期演变规律，并结合地面辐射资料分析了沙尘气溶胶对太阳辐射的影响。研究表明，我国北方地区 3、4 月份大气气溶胶指数有两类高值区，一是沙尘源区，另一是影响区。影响我国沙尘天气的境外初始源区大气气溶胶指数的峰值集中在 0.2 附近，北路源区绝大部分气溶胶指数区域面积强度集中在 0.3～0.4 之间，西北源区和南疆盆地区的峰值集中在 0.4 附近，整个北方地区气溶胶指数的区域面积强度的峰值集中在 0.3 附近。沙尘暴天气发生和影响期间，随气溶胶指数出现峰值地面太阳总辐射和入射辐射相应出现低谷，源区两者之间有比较好的负相关关系，而影响区的相关性相对较小，说明在影响区大气气溶胶来源相对复杂。

关键词：EP/TOMS；沙尘气溶胶；时空分布

气溶胶通过两条途径影响气候系统，一是通过吸收和反射太阳与地球辐射影响气候系统，这种影响称之为气溶胶的直接效应；另一是作为云滴中的云凝结核（CNC）改变云的光学特性和生命周期，这种影响成为气溶胶的间接辐射效应。从量上来说，最普通的气溶胶是由大风吹起干燥土壤表面的土壤沙尘颗粒。土壤沙尘气溶胶（也称矿物沙尘）是气溶胶辐射强迫贡献最大的一类气溶胶。由于人类活动的作用，包括农业生产、砍伐森林和过度放牧，土壤沙尘气溶胶还可能增加，因而沙尘气溶胶及其气候效应研究成为当前相关学科的热点领域。

卫星遥感技术在探测沙尘天气中起着至关重要的作用，特别是跟踪沙尘天气的发生，揭示沙尘天气时空分布特征以及沙尘云光学特性等方面。目前，广泛被用于研究沙尘天气的卫星资料主要来自 GOES 8，GOES 10，GMS-5、SeaWiFS 传感器、TOMS 卫星[1~3]、TERRA 卫星的 MODIS 传感器[4]和 NOAA 卫星的 AVHRR 传感器[5]等，此外，一些低轨道卫星（如 LandSat，MeteoSat，OCTS 等）也用于研究有限的沙尘气溶胶问题。所有这些卫星传感仪器在研究陆地上空大气气溶

---

① 原载于《资源科学》，2004 年，第 26 卷，第 5 期，2~10 页。

胶时都会遇到地表噪声的干扰，从而影响其对大气气溶胶分辨能力。自 2000 年开始地球观测系统大地卫星（EOS/Terra 和 EOS/PM）上安装有两个用于探测全球气溶胶时空分布和光学特性的传感器，这两个传感器分别是中等分辨率成像分光辐射计（Moderate-resolution Imaging Spectroradiometer，MODIS）和多角度成像分光辐射计（Multi-angle Imaging Spectraradiometer，MISR），MODIS 资料可以提供更高时空分辨率海洋和陆地上空的气溶胶特征，包括沙尘气溶胶。

从 1978 年 11 月开始至今一共有 4 种不同的臭氧总量制图光谱仪（TOMS）可以提供 20 多年逐日全球大气气溶胶指数卫星反演资料，其间中干卫星故障有 18 个月资料空白（1994 年 12 月至 1996 年 7 月），由于传感器波段调整，目前使用的 TOMS 资料（1996 年 8 月 17 日至今）在 1997 年 12 月曾进行过轨道高度调整，出现短暂的资料空白。因此，在研究 TOMS AI 长期演变时分为两个时段，即 EP/TOMS 和以前的 TOMS 资料。本文使用由美国国家航空航天局（NASA）提供的时间分辨率为每日一次的、空间分辨率为纬度为 1°、经度为 1.25°（相当于 50km×50km）的全球网格点大气气溶胶指数资料，用 1978 年以来的 TOMS 气溶胶指数研究了我国北方沙尘气溶胶的时空分布特征，并结合地面辐射资料分析了沙尘气溶胶对太阳辐射的影响。

1 TOMS传感器测量气溶胶的方法

TOMS 气溶胶指数（TOMS AI）是一个非常有用的识别气溶胶源和传输类型的定性和定量指标，紫外吸收气溶胶特征对吸收气溶胶层的高度非常敏感，这种敏感对强紫外吸收气溶胶是非常大的，随着吸收的减弱也迅速降低[6]；非吸收性气溶胶对气溶胶层高度的依赖可以忽略不计，在反演算法中，含碳的气溶胶的吸收性气溶胶层的高度假设为 3km。Ginoux 等[7]利用化学传输模式计算了矿物沙尘气溶胶层高度月平均气候值。TOMS 利用后向紫外散射辐射通量和纯雷利散射的偏差可以探测沙尘、生物质燃烧和烟灰等吸收性气溶胶。

TOMS AI 是利用 340nm 和 380nm 通道的光谱的辐射通量之比来定义的[8]，因为低层吸收性气溶胶层对上层紫外吸收的贡献较小，TOMS AI 在离地面 1km 的范围内无法从弱吸收气溶胶类型或是云中区别出沙尘气溶胶[9]。

Nimbus-7 TOMS（1978 年 11 月至 1993 年 5 月），该仪器星下点分辨率为 50km×50km，最低分辨率为 100km×200km，TOMS 气溶胶资料是以气溶胶指数（AI）表示的，该指数是由 Nimbus-7 TOMS 340nm 和 380nm 的辐射通量表示，该波段与臭氧吸收没有关系。气溶胶指数可以表示为：

$$AI = -100\left[\lg\left(\frac{I_{340}}{I_{380}}\right)_{meas} - \lg\left(\frac{I_{340}}{I_{380}}\right)_{calc}\right] \tag{1.1}$$

式中，I_{meas} 是 TOMS 测量给定波长后向散射辐射通量；I_{calc} 是利用完全雷利（Rayleigh）大气辐射传输模式计算的辐射通量。对于 EP/TOMS 气溶胶指数计算时使用的是 331nm 和 360nm 两个波段。

从本质上讲，气溶胶指数（AI）表示了气溶胶吸收雷利散射辐射通量相对于完全雷利大气随波长变化的测量，通常气溶胶指数正值对应的是紫外吸收气溶胶，负值对应的是非吸收性气溶胶[10]。利用非洲沙尘期间和生物质燃烧期间地面太阳光度计仪器的观测的气溶胶光学厚度资料，分析发现 TOMS AI 的测量值与气溶胶的光学厚度（AOT）有很好的线性相关关系，这一结果广泛地应用于理论计算工作中。由于在云顶的反照率和波长没有太大关系，利用两个紫外通道 TOMS AI

的测量值可以很好地区别开云或气溶胶覆盖区域，同样这一技术也可以用来探测干旱、半干旱地区上空吸收性气溶胶的分布。TOMS 探测矿物气溶胶的方法不受水汽吸收和地表温度变化的影响，甚至在相对潮湿的荒漠草原地区夏季各月，TOMS AI 和地面太阳光度计观测的气溶胶光学厚度有很高的相关关系。利用理论模式的模拟结果显示 TOMS AI 不仅与气溶胶的光学厚度（AOT）有关，而且还和气溶胶单次散射反照率、气溶胶光学特性和气溶胶高度以及仪器的观测角度等有关。对紫外辐射有较强吸收的气溶胶（如沙尘和生物质燃烧）的大气气溶胶指数一般大于零，大气气溶胶指数小于零一般对应非吸收性气溶胶，根据大气气溶胶的这一特点本文只考虑吸收性气溶胶为正（AI＞0）的情况。

2　沙尘气溶胶指数的时空分布

2.1　大气气溶胶指数的长期演变趋势

图 1a 给出的是我国北方干旱、半干旱地区（35.5°N～49.5°N；73.375°E～139.375°E）1978 年至今 TOMS AI 积分强度长期演变趋势，气溶胶指数峰值一般出现在沙尘发生频繁的春季，此外，气溶胶指数还有比较明显的年际变化，反映出沙尘天气在不同年份的变化。大气气溶胶指数历史演变从传感器波段调整前和调整后划分为两个阶段，第一时段为 1978 年至 1993 年，第二时段为 1996 年以后的 EP/TOMS，可以看出 Nimbus-7 TOMS 气溶胶指数比 EP/TOMS 气溶胶指数略高，两者之间存在一定的线性关系[①]，一般而言，AI $_{(EP/TOMS)}$ =0.77×AI $_{(Nimbus-7)}$。从两个时段傅里叶展开频率图（图 1b）可以看出，两个时段的傅里叶展开的周期强度有两个明显的峰值，第一个峰值反映出气溶胶指数的年变化周期，两时段第二个峰值的频率基本一致，第一时段（Nimbus-7 TOMS AI）的峰值频率为 0.00269，第二时段（EP/TOMS AI）的峰值频率为 0.00293，这一结果表明，虽然卫星传感器波段进行过调整，卫星反演大气气溶胶指数仍具有很好的可比性和连续性。

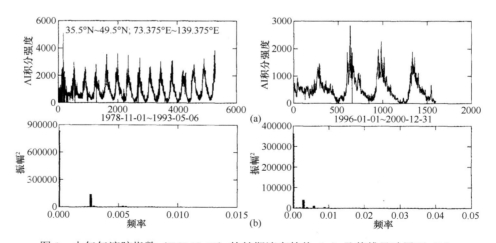

图 1　大气气溶胶指数（TOMS AI）的长期演变趋势（a）及其傅里叶展开（b）

---

① Torres O. 2002.12 personal communication in NASA Goddard Space Flight Center，Greenbelt，Maryland，USA

　　图2是沙源区和影响区1997年1月1日至2002年12月31日大气气溶胶指数演变趋势，资料除在1997年12月4～12日由于卫星高度调整有短时间资料空白外，由于是同一个传感器发回的资料，并进行了高度调整校验，资料具有很好的连续性和可比性。从图可以看出各个区域大气气溶胶指数积分强度年际变化和当年沙尘天气发生频次有密切的关系，每年大气气溶胶峰值基本上都出现在沙尘天气发生比较频繁的春季（3～5月），在最近6年中，1998年和2001年影响我国的沙尘天气是比较强大，特别是2001年，这一结果与地面实际监测和分析一致[10]。区域气溶胶积分强度在影响区分布趋势基本上一致，但沙尘初始源区（图2a）的区域面积强度明显比沙尘加强源区小（图2b，图2c），南疆塔克拉玛干盆地局地影响导致该区域面积强度相始终较高（图2D）。华北地区是沙尘天气的主要影响区，其强度分布与源区略有不同，但强大沙尘天气的影响是一致的，区域面积强度相对比较高，这主要是由于沙尘的传输和累积所造成（图2e）。

2.2　大气气溶胶指数的空间分布特征

　　图3给1997年至2002年春季（3～5月）EP/TOMS大气气溶胶指数多年平均的空间分布，可以看出3月和4月大气气溶胶指数分布形式大体一致，有两类高值区，一类是沙尘源区，位于塔克拉玛干大沙漠、内蒙古西部地区、河套地区和河西走廊，主要是在加强源地，沙尘天气初始源地的大气气溶胶指数并不高；能够长时间悬浮在大气中的沙尘气溶胶主要是位于沙尘源区的下游；另一类是沙尘影响区，位于华北、东北地区。5月份大气气溶胶指数高值中心位于塔里木盆

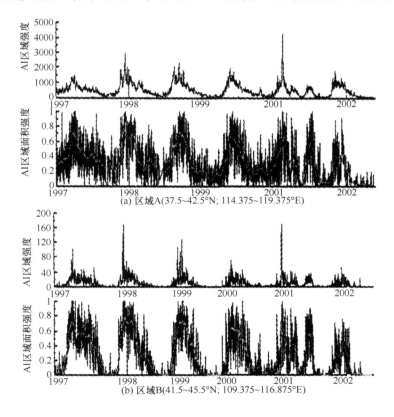

(a) 区域A(37.5～42.5°N; 114.375～119.375°E)

(b) 区域B(41.5～45.5°N; 109.375～116.875°E)

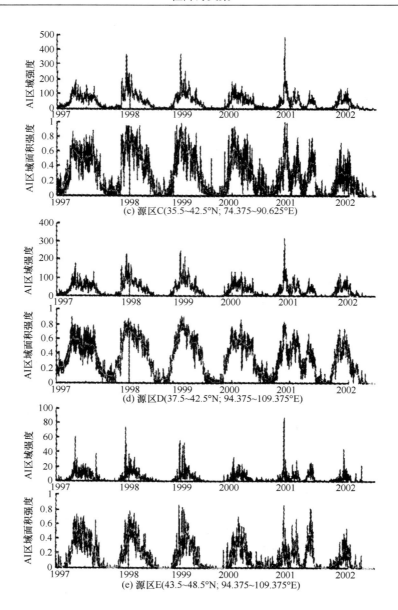

图 2　分区域 EP/TOMS 气溶胶指数长期演变

地上空，由于该地区周边高山环绕，沙尘大气形成后不容易扩散，可以长期悬浮，形成气溶胶指数高值区。这一结论与春季我国地面沙尘天气时空分布结果一致。

　　图 4 是 1997 年至 2002 年逐年 4 月份大气气溶胶指数空间分布，在这 6 年中塔里木盆地上空始终是一个高值区，1998 年和 2001 年尤为明显，1998 年和 2001 年 4 月华北和东北地区的大气气溶胶指数明显也比其他年份高，从地面天气记录统计结果分析发现这两年 4 月份上述地区沙尘天气发生频次明显比其他年份高。气溶胶指数高值区同样出现在影响区上空。

　　图 5 给出 4 个源区气溶胶指数区域面积强度分布，在不同的区域气溶胶指数区域面积强度分布不一样，说明沙尘天气对不同区域的影响不同。影响我国沙尘天气的境外初始源区（A 区）的

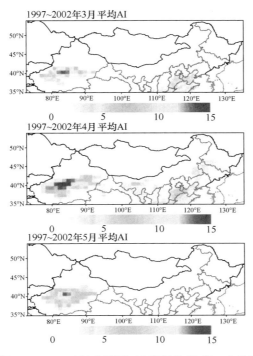

图3　1997~2002年春季AI空间分布（3~5月）

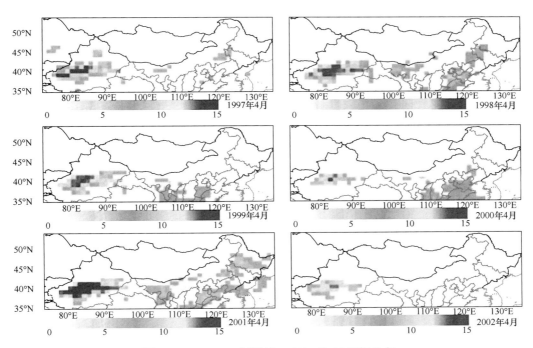

图4　1997~2002年逐年EP/TOMS AI空间分布

峰值集中在0.2附近；北路源区（B区）绝大部分气溶胶指数区域面积强度集中在0.3~0.4之间；西北源区（D区）和南疆盆地区（C区）峰值集中在0.4附近，气溶胶指数区域面积强度上述分布特点反映出不同区域地表沙尘物质对大气气溶胶指数的贡献不同；我国整个北方地区气溶胶指数区域面积强度峰值集中在0.3附近。

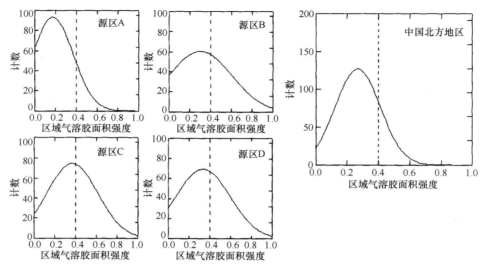

图 5　1997~2002 年分区域气溶胶面积强度分布

2.3　大气气溶胶指数的季节变化特征

为了说明大气气溶胶指数季节变化特征,我们选择沙尘天气发生比较多的 2001 年为对象对各个区域大气气溶胶指数年变化曲线进行分析。图 6 是 2001 年各个区域气溶胶指数年变化曲线,从

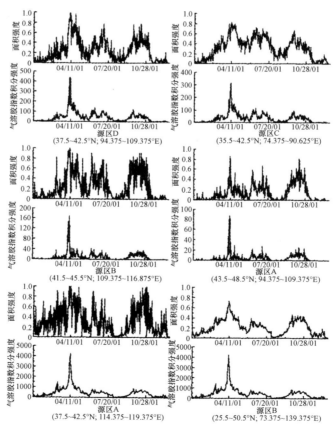

图 6　2001 年各个区域气溶胶指数积分强度和面积强度的变化

图中可以看出区域气溶胶指数积分强度有 3 个峰值期，第一个峰值最强，对应着是沙尘天气频繁发生的春季，从区域面积强度图发现在影响区（Source Region A）高面积强度持续的时间远比源区（Source Region A）要长；加强源区（Source Region B、Source Region D）面积强度高值持续的时间介于沙尘源区和影响区之间。大气气溶胶的这一分布特点说明沙尘天气在沙尘源区形成以后，由于受到天气系统的作用而抬升到高空，在随天气系统移动过程中，大颗粒物不断沉降，细小沙尘颗粒物在大气中可以长时间悬浮，在影响区虽然没有新沙尘物质补充，由于细小颗粒物的不断累积，致使出现气溶胶指数高值覆盖比较大面积现象。另外 2 个小峰值分别在春夏之交和秋收季节，这可能和生物质燃烧释放的气溶胶有关，有待进一步研究。

3　沙尘天气对地表辐射的影响

沙尘天气发生时，大气中气溶胶浓度迅速增加，对入射太阳辐射产生强烈的散射和反射作用，导致到达地面的太阳辐射减少。图 7a 给出了我国沙尘源区额济纳旗地区 2001 年春季（3～5 月）地面总辐射、入射辐射和气溶胶指数（AI）逐日的变化曲线。从图中可以看出，在沙尘天气发生时气溶胶指数出现峰值，而地面接收到的太阳总辐射和入射太阳辐射出现低谷，两者之间有比较好的相关关系。图 7b 分别给出了北京和额济纳地区春季沙尘季节大气中吸收性气溶胶指数与地面入射太阳辐射和总辐射的关系。发现在沙尘天气发生时位于沙尘源区额济纳地区地面接收入射太阳辐射与气溶胶指数有很好的关系，随着气溶胶指数增大地面接收到的太阳辐射以指数形式迅速减小，相关系数达到 0.41；位于沙尘影响区的北京相关没有额济纳好，说明北京地区在沙尘气天气期间大气气溶胶来源比较复杂，除了吸收性沙尘气溶胶对地面接收的入射辐射有影响外，其他污染气溶胶的影响也不容忽视，地面接收的总辐射随着气溶胶指数增加也在减少，但是没有直接辐射那么明显，相关系数均比较小，主要是因为气溶胶对总辐射的影响途径比较多，也比较复杂。

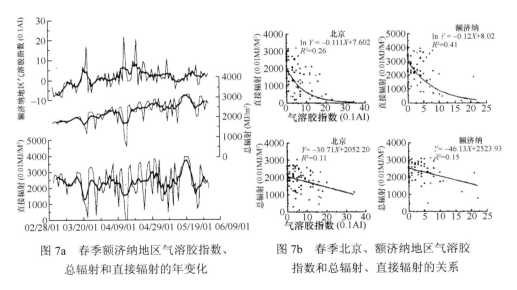

图 7a　春季额济纳地区气溶胶指数、　　　　图 7b　春季北京、额济纳地区气溶胶
　　总辐射和直接辐射的年变化　　　　　　　　指数和总辐射、直接辐射的关系

沙尘天气发生时由于大气中悬浮着大量的气溶胶颗粒物，对太阳辐射产生反射、散射作用，减弱到达地面的太阳入射辐射，增加大气的散射辐射，由于入射太阳辐射减小使得地面反射辐射

也下降，总辐射下降。图 8 给出沙尘天气发生和影响期间额济纳地区大气总辐射和反射辐射、入射太阳辐射和散射辐射之间的关系，可以看出入射太阳辐射和地面散射辐射之间有明显的反相关关系，相关系数达到 0.64（图 8），说明在沙尘天气发生和影响期间由于大气中气溶胶成分相对比较单一，主要是悬浮着在大气中的大量沙尘气溶胶，该气溶胶的存在增大了对入射太阳辐射的散射作用，增大散射辐射强度，同时由于大气气溶胶的散射作用导致地面接收到的入射太阳辐射减弱，两者之间存在明显反相关关系。图 8 中的小图给出全年大气散射辐射和入射太阳辐射之间的关系，可以看出在其他季节大气中气溶胶来源和成分比较复杂，气溶胶对太阳辐射的影响相对于春季沙尘季节复杂得多。虽然直接辐射和散射辐射仍然可以看出负相关关系，但是已很不明显，说明其他气溶胶，包括硫酸盐、硝酸盐等污染气溶胶对太阳辐射的作用比成分相对单一的沙尘气溶胶复杂。图 8 给出的就是在沙尘天气发生和影响期间，内蒙古西部地区额济纳旗总辐射和反射辐射之间的相关关系，相关系数达到 0.91，全年的相关系数高达 0.94，这一结果说明由于在沙尘气溶胶影响下入射太阳辐射的减少，地面接收到的反射辐射也随之在减少，从而导致地面接收的太阳总辐射下降，地面接收的太阳总辐射和反射辐射之间有很好的正相关关系。

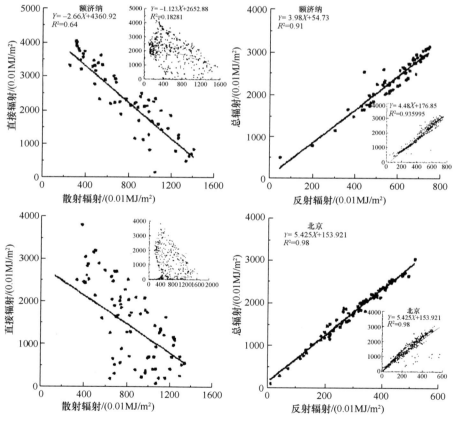

图 8　北京、额济纳旗沙尘天气发生时地面辐射各分量之间的关系

4　结　　论

（1）3 月和 4 月大气气溶胶指数的分布形式基本一致，有两类高值区，一类是沙尘源区，位

于塔克拉玛干大沙漠、内蒙古西部地区、河套地区和河西走廊，主要是在加强源地，沙尘天气的初始源地的大气气溶胶指数并不高；另一类是影响区，位于华北、东北地区。5月份大气气溶胶指数的高值中心位于塔里木盆地，该地区由于周边高山环绕，沙尘天气形成后不容易扩散，长期悬浮在大气中，形成该地区长期有一个气溶胶指数的高值区。

（2）沙尘天气在不同区域的影响不同，气溶胶指数的区域面积强度分布是不一样的。影响我国沙尘天气的境外初始源区大气气溶胶指数的峰值集中在0.2附近；北路源区绝大部分气溶胶指数区域面积强度集中在0.3～0.4之间；西北源区和南疆盆地区的峰值集中在0.4附近。我国整个北方地区气溶胶指数的区域面积强度的峰值集中在0.3附近。

（3）在沙尘天气发生的时候，气溶胶指数出现峰值，而地面接收到的太阳总辐射和入射太阳辐射出现低谷，两者之间有比较好的负相关关系，在大规模沙尘暴天气的影响期间，源区地面接收的入射太阳辐射与气溶胶指数的相关系数达到0.41，影响区的相关相对较小，说明在影响区大气气溶胶来源相对复杂。

（4）沙尘暴天气发生和影响期间，入射太阳辐射和地面散射辐射之间有明显的反相关关系，相关系数达到0.64。在沙尘暴天气发生和影响期间源区总辐射和反射辐射之间的相关关系，相关系数达到0.91，全年的相关系数高达0.94。

参 考 文 献

[1] Herman J R, Bhartia P K, Torres O, et al. Global distribution of UV-absorbing aerosols from Nimbus-7/TOMS data[J]. J. Ceophys. Res., 1997, 102: 16911-16922.

[2] Hsu N C, Herman J R, Torres O, et al. Comparisons of the TOMS aerosol index with Sun photometer aerosol optical thickness: Results and applications[J]. J. Geophys. Res., 1999, 104: 6269-6279.

[3] Seftor C J, Hsu N C, Herman J R, et al. Detection of volcanic ash clouds from Nimbus 7/TOMS[J]. J. Geophys. Res., 1997, 102: 16749-16759.

[4] Kaufman Y J, Tanre D, Boucher O. A satellite view of aerosols in the climate system [J]. Nature, 2002, 41: 215-223.

[5] 范一大, 史培军. 基于 NOAA/AVHRR 数据的区域沙尘暴强度监测[J].自然灾害学报, 2001, 10(4): 46-51.

[6] Torres O, Bhartia P K, Herman J R, et al. Derivation of aerosol properties from satellite measurements of backscattered ultraviolet radiation, Theoretical basis [J]. J. Geophys. Res., 1998, 103: 17099-17110.

[7] Ginoux P, Chin M, Tegen I, et al. Sources and global distributions of dust aerosols simulated with the GOCART model [J]. J. Geophys. Res., 2001, 106: 20255-20273.

[8] Hansen J E, Lacis A A. Sun and dust versus greenhouse gases: An assessment of their relative roles in global climate change [J].Nature, 1990, 346: 713-719.

[9] Hsu N C, Herman J R, Bhartia P K, et al. Detection of biomass burning smoke from TOMS measurements [J]. Geophys. Res. Lett., 1996, 23: 745-748.

[10] Seftor C J, Hsu N C, Herman J R, et al. Detection of volcanic ash clouds from Nimbus 7/TOMS[J]. J. Geophys. Res., 1997, 102: 16749-16759.

Spatial and Temporal Distribution of Dust Aerosol and Its Impacts on Radiation Based on Analysis of EP/TOMS Satellite Data

GAO Qingxian[1], REN Zhenhai[1], LI Zhanqing[2], PUBU Ciren[3]

1. Chinese Research Academy of Environmental Science, Beijing 100012, China
2. Maryland University of United States, Greenbelt, MD
3. National Oceanic and Atmospheric Administration (NOAA), the United States

Abstract: Based on the analysis of TOMS historical aerosol index data, the spatial and temporal distribution and its trends are studied carefully. The influence on solar radiation of dust aerosol is analyzed using the meteorological observation of radiation and TOMS aerosol index. The results show that the distribution character of aerosol index of March and April are almost the same, there are two type high value areas, one is dust sources region which is located in the desertification areas, the other is located in the effected areas, including north and Northeast of China. The high value center of aerosol index concentration of May is located in Talimu basin, because the dust partials can be suspended in air for long time due to the particular terrain.The impacts of dust events are different in different regions, so the area intensity of aerosol index is various in China. The aerosol index in most northern source regions ranged from 0.3 to 0.4, the aerosol index in northwest region and south-Xinjiang basin is about 0.4, but the aerosol index in initial dust source of Mongolia is only 0.2. The study released that the total solar radiation and direct radiation during dust events decrease rapidly, and the surface diffusion radiation has obvious negative relation with incidence solar radiation during the dust storm occurrence.

Key words: EP/TOMS; dust aerosol; spatial and temporal distribution

北京大气环境的区域特征与沙尘影响[①]

任阵海，高庆先，苏福庆，王耀庭，张志刚，杨新兴

国家环保总局气候变化影响研究中心，北京 100012

摘要： 讨论了北京大气环境的区域性特征。利用网络点集确定出大气输送通道，提出了汇聚带概念，同时分析了北京地区大气污染特征，使用激光技术探测了大气气溶胶的垂直分布。研究表明北京大气环境质量与周边地区的污染源有密切的关系，认为只有进行同步治理才能有效地改善首都大气环境的质量。通过卫星监测技术和对气象流场进行分析，对我国沙尘暴现象进行了研究。指出境外沙尘源和境内沙尘源，并以 2002 年 3 月 20 日北京一次特强沙尘暴为例，对原始沙尘源的分布进行了解析，分析指出原始沙尘源包括春季长江以北广大的裸露土地，显示出沙尘暴起始过程是以点源群出现，然后合并为沙尘带，最后出现大面积沙尘污染。并简述了我国现代环境理念。

关键词： 沙尘暴；输送通道；环境污染；中国

0 前 言

近年来我国环境的区域性特征已逐渐被认识。由于对重大污染源采取了广泛的治理措施，局地性的重污染形势有所减缓，但区域性的污染形势突现出来，无论是水流域环境、大气环境乃至固废环境、生态环境等。

北京作为首都又将举办奥运会，其大气环境质量同周边地区大气环境的相互影响是需要着重关注的问题。

1 大气环境的区域特征

取 2000 年 6 月 5 日以来近一年的全国主要城市大气污染指数（API）做日均分析（图 1）。

由图 1 可见，首要污染物 PM_{10}（大气中直径 $\leqslant 10\mu m$ 的粒子）的大气污染指数分布，高值区位于东北、西北及整个华北地区，PM_{10} 呈现出两个重污染区，一个位于河北、山东、山西、内蒙古包括京津地区。另一个在西安、兰州等地。而首要污染物 SO_2 也有两个中心，但并未形成大范围污染。此外，在长江以南出现一个较小污染区，四川盆地也有一小污染区。对多年我国大气污染状况的分析，目前我国主要的大气污染物已由 SO_2 和总悬浮颗粒物 TSP 的污染转为 PM_{10} 污染。

① 原载于《中国工程科学》，2003 年，第 5 卷，第 2 期，49~56 页。

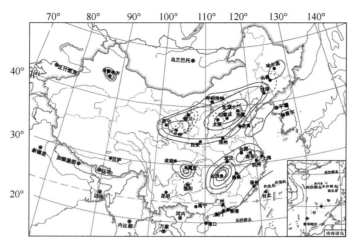

图1　全国主要城市大气污染指数日均分布图

实线为首要污染物 PM_{10}，虚线为首要污染物 SO_2

其中可吸入颗粒物的污染对人体健康危害极大。区域大气环境经常以连续多天的较严重的污染过程表现出来，利用过程的概念分析环境问题较为方便，各类环境过程中也包含环境质量好的过程情况。环境过程是由天气形势、区域大气边界层特征、地区间大气输送相互影响以及大气污染物排放量等因子形成。如 2001 年 2 月 18～23 日是一个大气环境过程，全国同时出现三个较强的大污染区域，分别位于华北地区、西北地区和长江中下游地区（图2）。

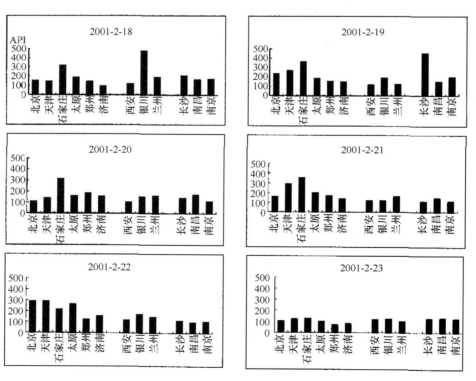

图2　三个较强的大气污染区域

API 0～50 为一级污染，51～100 为二级污染，101～200 为三级污染，201～300 为四级污染，≥301 为五级污染

为了研究大气环境的多年特征，我们提出网络点集时间序列方法，使用气象数据和大气污染资料建立了多个高度层上的输送场[1]。

图 3 显示出华北地区不同月份和高度上的大气污染汇聚带和输送通道（图中未标出高度的是指在地面）。该地区大气边界层汇聚带具有常驻的特征，是太行山、燕山大地形与大气条件相互作用形成的，此外，输送通道的结构还显示着北京地区大气环境受到华北地区排放污染物源强的影响。1989 年，在进行"八五"科技攻关项目"我国酸性物质的大气输送研究"时使用飞机对华北地区低空大气环境进行了监测，河北省低空航测污染物空间分布特征证实了上述汇聚带的存在[2, 3]。

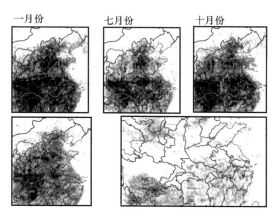

一月份　　　　七月份　　　　十月份

图 3　不同季节和高度大气污染汇聚带

北京的地形背景是处于太行山、燕山山坳的半盆地之中，大气自然环境同时受着山系地形、山坳半盆地及西风带天气的影响，由此可以初步确定北京地区特有的大气环境特点。文献[2]中给出的一项研究成果表明了沉降到北京地区地表面的大气酸性物质大部分来自本地的排放源,56.9%的硫沉降来自北京。21.4%来自河北省，15%来自天津，此外还来自山西、山东、河南、江苏、内蒙古等地少量的排放物。而北京地区排放的大气酸性物质输送沉降到河北省占该省沉降量的9%，沉降到天津6%，内蒙古2%，吉林1%等。结论表明周边省市大气酸性物质沉降在北京地面上的大于北京沉降到外省市的量。这种北京与外省市大气污染的相互交换显示着北京的大气环境质量具有明显的区域性质和与周边城市的大气环境质量有密切的关系。

但是，北京地区的大气污染除了具有区域性特征外又具有自身局地性特征。通过大量的分析，发现可以通过能见度的有效可视距离及分布范围作为判断大气污染程度的一种指标（图 4）。

图 4 中显示污染较重的地区都分布在靠山的山坳底部。由于城市热岛效应和西部、北部山坡的联合影响，在城市南部形成小的汇聚带，此汇聚带是大气环境污染最重的地区。通过同步激光大气垂直探测消光系数可以判断污染物浓度垂直分布主要集中在 $500 \sim 600m$ 高度以下，全天皆如是。浓度最大值出现在 $120m$ 左右，同北京气象与环境专用铁塔监测结果相符。此外可分析看到 $120m$ 以下为北京地区近地层输送通道，而 $120m$ 以上与高空较远距离的大气污染输送有关[4]。

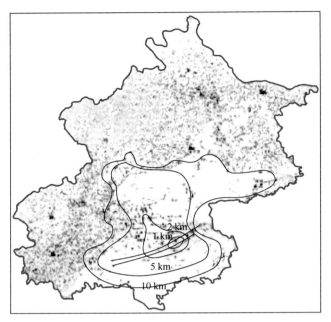

图 4　用能见度判断大气污染

2　北京地区的沙尘影响

通过对近年发生的 38 例沙尘过程的卫星图像配合天气流场分析,研究了沙尘过程对我国大气环境质量及其对气候变化的影响[5~7]。

首先分析出沙尘的初始源地,可分为境外源和境内源。

境外源主要位于哈萨克斯坦国、俄罗斯国和蒙古国中南部与东部荒漠化严重的地区。图 5 给出了蒙古国沙尘暴多年平均发生频次的空间分布,可以看出蒙古国的沙尘暴高发区集中在中南部和东部地区。

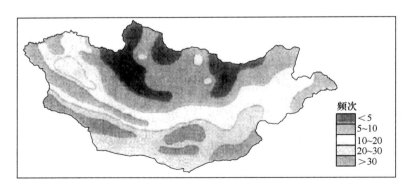

频次
<5
5~10
10~20
20~30
>30

图 5　蒙古国沙尘暴频次空间分布图

境内初始源地位于我国内蒙古中、西部地区及河西走廊和农牧交错带大面积的开垦地及荒漠化地区等。

影响我国的沙尘天气可分为北路、西路和西北路。

北路的境内初始源地位于内蒙古中部二连浩特、锡林浩特、那仁宝力格和东、西乌珠穆沁旗、满都拉、朱日和、四子王旗等地；西北路的境内初始源地位于内蒙古西部的额济纳旗、乌拉特中、后旗、鄂托克旗、盐池、民勤、拐子湖等地；西路的初始源区位于新疆塔里木盆地的塔克拉玛干沙漠边缘和北疆的哈密地区。

西路出现的沙尘天气由于其所处的特殊地理位置和环境，对北京大气颗粒物浓度的影响较小，但是，当遇到强大的天气系统时有可能远距离输送影响北京。

影响北京地区的沙尘天气输送路径如下：

（1）北路：源区（蒙古国东南部）→内蒙古乌兰察布→锡林郭勒西部的二连浩特、阿巴嘎旗→浑善达克沙地西部→朱日和→四子王旗→张家口→北京。

（2）西北路：源区（蒙古国中、南部）→内蒙古阿拉善的中蒙边境→乌拉特中、后旗→河西走廊→从贺兰山南、北两侧分别经毛乌素沙地和乌兰布和沙漠→呼和浩特→张家口→北京。

（3）西路：源区（新疆塔里木盆地塔克拉玛干沙漠边缘）→敦煌→酒泉→张掖→民勤→盐池→鄂托克旗→大同→北京。如图3中"4月份600m"那张图。

2002年3月19、20、21日的沙尘暴为多年罕见的特强沙尘暴天气。强风形成的特强沙尘暴使我国绝大部分地区受到沙尘暴的袭击，首都也遭受到严重的危害。图6给出了北京（a）和韩国汉城（b）沙尘天气与正常天气时的对比照片。

(a) 北京 (2002年4月18日；2002年3月20日)

(b) 汉城 (2002年3月23日；2002年3月21日)

图6　沙尘天气与正常天气的比较

根据卫星云图动态资料和流场分析，看出此次沙尘过程是由多次极强冷空气陆续侵袭形成。图7给出了2002年3月20日沙尘暴的部分卫星云图。

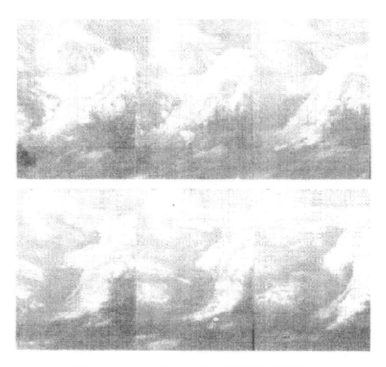

图 7 2002 年 3 月 20 日沙尘暴过程卫星图片

从左到右，从上到下分别为 20 日 15 时、17 时、20 时及 21 日 00 时、03 时、07 时

让我们换一个视角来讨论沙尘危害的问题，考虑到当前还没有能力用人工手段影响大气自然运动特性，又不能预见长远时期沙尘危害的动态，因而弄清沙尘的起尘过程和仔细探查原始起尘点是首要问题，是重要的研究任务。

根据监测显示，沙尘过程首先是从很多点源起来，然后汇成带状传输形式，最后扩散合成大面积的浮尘污染。如果由点源群起尘的说法与实际情况相一致，就需要更详细探查原始的起尘点源，在点上因地制宜，着力改善其陆面生态状况，减少地表沙尘释放，这种措施较易于减缓沙尘危害，至于已形成空中带状传输和大面积浮尘情景已不易控制。

图 8 表示 3 月 19～21 日强沙尘暴的原始起尘点。等值线为主要城市 21 日的 PM_{10} 污染状况。图中显示了沙尘暴的宏观起尘过程，从蒙古国的原始起尘源，随着冷锋向南、向东旋转移动，被

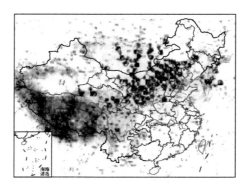

图 8 2002 年 3 月份强沙尘暴初始起尘点

冷锋扫过的上游沙漠及周边地区都出现沙尘暴和强沙尘暴。由于锋区很强且范围大，几乎在长江以北包括黄河流域全部及内蒙古等春季裸露土壤地区都出现起尘。可以看出，在冷锋扫过之后，由于沙尘暴的影响，我国华北、东北及长江以北等地区出现大面积的沙尘天气污染。

北京多年遭受沙尘影响，通过对长期观测沙尘次数的统计分析，可以看出呈现波状起伏状态，有一定的年际变化规律。总体趋势是下降的，但近几年有上升的趋势（图9）。

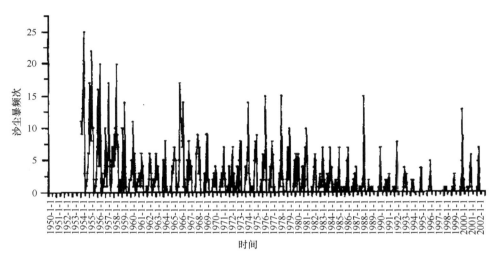

图9 北京1954～2002年沙尘日数序列图

值得注意的是1999年和2000年曾有5次沙尘是在北京近周边形成而不是通过远距离输送而来。

3 大气汇聚带

大气中存在各类不同性质的气团，气团之间形成汇聚带。以华北区域为例，移动速度各异的气团侵入华北区域后，更大范围的天气形势可使某些气团甚至全部气团滞留数日[8]，大气边界层结构亦发生变化，使地区大气排放的污染物滞留其中。由于气团与太行山地形相互作用经常在河北省出现常驻性的小低压区，其具有汇聚地区大气污染物特性，这些气团之间可形成汇聚带，由地面风场分析得到河北省与北京地区于1月9～12日形成的汇聚带，它汇聚气团携带的区域性大气污染物，伴同汇聚带侵入北京半盆地形，再受着不利于垂直扩散的大气边界层的垂直方向阻滞，首都出现重污染日（图10）。因此首都大气环境质量的改善应同步关注周边范围的大气环境的改善与控制。

为大气环境所重视的大气汇聚带是造成地区较重污染的一类环境过程，它主要限于在大气边界层内的大气污染物的汇聚过程。此外，我国大气科学家于20世纪70年代以来就研究北京地区的大气辐合线与露点峰，它在深厚的不稳定大气条件下可能诱发强雷暴，也证实北京地形性的辐合汇聚过程有常驻特点。

影响沙尘天气的冷锋也是一种深厚的汇聚带。在其侵入北京时往往出现先污染后沙尘现象。

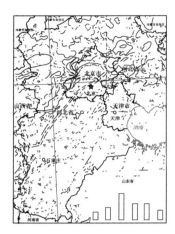

图 10　气团和地形作用所形成的汇聚带

统计分析给出了先污染后沙尘的形势，例如，2001 年 11 月 3～5 日、2002 年 4 月 6～8 日，也有在一天内出现先污染后沙尘的形式，如 2001 年 1 月 1 日、2001 年 3 月 2 日、2001 年 12 月 29 日～2002 年 1 月 1 日、2002 年 1 月 6 日、2002 年 3 月 13 日、2002 年 4 月 14 日等等。图 11 给出了 2001 年 1 月 1 日沙尘天气发生之前北京地区水平能见度随时间的演变，图 12 为激光雷达探测的污染气团、扬沙及沙尘云结构，显示出典型的先污染后沙尘过程。

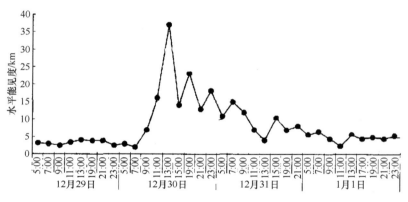

图 11　激光雷达探测的水平能见度
（由邱金桓、王庚辰为此图提供资料）

图 12 给出一个激光垂直探测的先污染后沙尘的事例，2002 年 1 月 19 日北京垂直污染，20 日沙尘暴袭来。图 12a 为大兴探测的较重污染的边界层日变化，图 12b 消光系数显示高空浮尘侵入，低空为地面扬沙。

4　结　束　语

我国现代环境理念是以人为本，社会可持续发展，不断提高生活质量。环境问题在发展中产生，也能够在发展中解决，北京申奥成功是彻底整治华北区域性大气污染难题的极好机遇。当前的环境问题已突现为区域范围的特征。

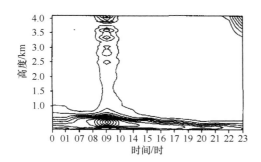

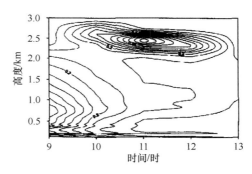

图 12a　2002 年 1 月 19 日大兴污染边界层日变化图　　图 12b　2002 年 1 月 20 日昌平沙尘天气消光

系数等值线日变化图

（由胡欢陵、吴永华提供激光雷达探测数据）

参 考 文 献

[1] 任阵海, 苏福庆. 大气输送的环境背景场[J]. 大气科学, 1998, 22(9): 454-458.

[2] 任阵海, 黄美元, 董保群, 等. 我国酸性物质的大气输送研究[R]. 北京: 国家环保总局研究报告, 1995, 240-263.

[3] 汤大纲, 王玮, 曲金枝, 等. 华北地区大气污染物的航测研究[R]. 北京: 国家环保总局研究报告, 1995, 207-239.

[4] 胡欢陵, 吴永华. 外来污染物对北京大气环境质量影响[R]. 北京: 国家环保总局研究报告, 2001, 182-197.

[5] 高庆先, 任阵海. 宁夏的沙尘暴天气及防沙治沙的对策建议[J]. 中国工程科学, 2002, 4(2): 16-21.

[6] 李令军, 高庆先. 2000 年北京沙尘暴源地解析[J]. 中国环境科学, 2001, 14(2): 1-6.

[7] 高庆先, 李令军, 张运刚. 我国春季沙尘暴研究[J]. 中国环境科学, 2000, 20(6): 495-500.

[8] 1998 年 9 月 29 日至 10 月 7 日北京地区严重污染过程分析[R]. 北京: 国家环保总局研究报告, 1999, 243-267.

[9] 高庆先, 苏福庆. 侵入北京地区的沙尘天气形成先污染后沙尘的过程分析[R]. 北京: 国家环保总局研究报告, 2001, 128-143.

The Regional Characteristics of the Atmospheric Environment and the Impact of Dust-Storm in Beijing

REN Zhenhai, GAO Qingxian, SU Fuqing, WANG Yaoting,
ZHANG Zhigang, YANG Xinxing

Center for Climate Impact Research, SEPA, Beijing 100012, China

Abstract: The regional characteristics of the atmospheric environment and the impact in Beijing were discussed in details. Applying point set for the network, the transport passageways of the atmosphere were determined, and the concept of converging zone was put forward, and the characteristics of atmospheric pollution were analyzed. Applying the laser techniques, the vertical distribution of the aerosol was detected. It was shown that the environmental quality of the atmosphere in Beijing was relative to the pollution sources in the neighborhood around Beijing area. And it was confirmed that only by the simultaneous treatment of the pollution source in both Beijing and its neighborhood areas, can the environmental quality of the atmosphere in Beijing be improved.

By both the satellite detection techniques and the analysis of the wind stream fields of the atmosphere, the phenomena of dust-storm in China were researched, and the inner source and outer source of the dust-storm in China were determined. The especially strong dust-storm on March 22, 2002, was taken as an example, by which the distribution of the original sources of the dust-storm was resolved, and the lots of the bare lands in Spring in the north of the Yangtze River were involved. The initial process of the dust-storm appeared as a group of point sources, which were then combined into a sand-dust band. Finally, the dust-storm pollution of the large areas would appear. The modern theory and concept for the environment in China were described chiefly.

Key words: dust-storm; transport passageway; environment pollution; China

北京地区沙尘天气及其影响[①]

高庆先[1]，苏福庆[1]，任阵海[1]，张志刚[2]，王耀庭[2]

1. 国家环境保护总局气候变化影响研究中心，北京 100012
2. 南京气象学院，南京 210044

摘要： 通过对北京地区 1954～2001 年气象台站的天气现象的观测资料以及最近几年 20 多个台站资料的分析。结果表明，北京一年中的沙尘暴主要集中在每年的春季（3～6 月份），其中 4 月份的沙尘暴发生次数为全年最高，约占所有沙尘暴的 50%；北京沙尘暴、扬沙和浮尘天气现象发生的频次有减少的趋势；北京地区沙尘天气的发生有一定的周期性变化规律；北京地区主要是以扬沙天气为主，占总沙尘天气的 74.15%，其次是浮尘天气（18.09%）和沙尘暴（7.76%）；北京地区的沙尘天气在空间分布上不均匀；北京地区沙尘天气现象与天气气候背景、周边和本地地表生态系统、本地建筑工地以及裸露地等有密切的关系；沙尘天气对北京重污染的贡献较大。

关键词： 沙尘暴；大气环境质量；外来沙尘源；北京

北京地区遭受沙尘暴天气的袭击，得到了科学家和政府管理部门的关注，已唤醒了公众的环境保护意识[1-3]。作者通过对北京及其周边地区 1954～2001 年气象台站天气现象观测记录资料的详细分析，同时结合所收集的大气环境监测点的资料，对北京地区的沙尘天气的历史演变、外来源对北京的贡献率及其对大气环境质量的影响作了分析探讨。

1 北京地区沙尘天气的历史演变

沙尘天气包括气象观测规范中定义的沙尘暴、扬沙和浮尘 3 种[4]。

沙尘暴是指大风扬起地面的尘沙，使空气浑浊，水平能见度小于 1km 的天气现象；扬沙是指由于大风将地面沙尘吹起，使空气相当浑浊，水平能见度在 1～10km 之内的一种天气现象；浮尘指尘土、细沙均匀地浮游在空中，使水平能见度小于 10km 的一种天气现象。

浮尘多为远处沙尘经上层气流传播而来或为沙尘暴、扬沙出现后尚未下沉的细粒浮游空中而成。浮尘常使远处景物呈现黄褐色或灰黄色，天气呈苍白色或微黄色。

统计分析了北京 1954～2000 年各月沙尘暴记录。结果表明，北京一年中的沙尘暴主要集中在每年的春季（3～6 月份），其中 4 月份的沙尘暴发生次数为全年最大，约占所有沙尘暴的 50%。5 月以后沙尘暴发生次数逐渐下降，8～12 月不再有沙尘暴现象发生。北京地区的扬沙和浮尘天气

---

① 原载于《中国环境科学》，2002 年，第 22 卷，第 5 期，468~471 页。

的季节分布特征与沙尘暴天气基本一致，每年春季为高发季节，但冬季因受大风或上游沙尘暴天气的影响，扬沙和浮尘天气时有发生。

为了从历史的角度对北京地区的沙尘天气有一个全面的了解，收集了 1954～2000 年北京观象台的天气现象记录，分别对沙尘暴、扬沙和浮尘作了详细的分析。北京沙尘暴、扬沙和浮尘天气现象发生的频次从长期变化趋势看有减少的趋势。从历史角度看，北京也曾出现过沙尘暴现象，最近的沙尘暴发生在 1995 年 3 月，4 月各 1 次。1965 年冬季（11～12 月）和 1966 年上半年（1～5 月）为沙尘暴的活跃期，总共发生 22 次沙尘暴，其中 1966 年 1 月就发生过 5 次沙尘暴。其次是 20 世纪 50 年代中期。进入 20 世纪 70 年代，北京地区发生沙尘暴的次数明显减少，没有沙尘暴记录，为沙尘暴的平静期；扬沙发生频次是在起伏波动中逐渐减少，变化周期不固定，活跃期在 20 世纪 50 年代中期和 70 年代中期，最近几年也处于低峰期；浮尘的长年变化比较复杂，主要是由于北京出现浮尘天气受上游沙尘暴天气的影响非常明显。总的趋势是在起伏波动中逐渐减少，进入 20 世纪 90 年代以来，北京地区的浮尘天气呈现增加的趋势。

对沙尘暴、扬沙和浮尘这 3 种天气现象综合分析（图 1），结果发现，北京地区沙尘天气的发生有一定的周期性变化规律，最高的峰值出现在 1954 年，其次是 1966，1976，1998 年。自 1997年开始出现由波谷转向波峰的趋势，46 年 3 种沙尘天气的统计分析结果表明，北京地区主要是以扬沙天气为主，占总沙尘天气的 74.15%，其次是浮尘天气（18.09%）和沙尘暴（7.76%）。

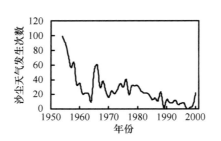

图 1　北京沙尘天气长期演变趋势

2　外来沙尘源对北京沙尘天气的贡献率

北京地处我国沙尘暴多发区的下风向，受上游地区沙尘暴天气的影响较大。外来尘对北京沙尘天气的贡献率是人们关注的问题。从 1999～2000 年北京观象台逐日的观测记录，对北京的沙尘天气进行了详细的跟踪分析。

将北京观象台有沙尘天气记录及北京周边地区无沙尘天气记录定义为北京本地沙尘天气。

1999～2000 年北京观象台站没有沙尘暴的记录，自 1996 年以来，北京没有发生过沙尘暴。扬沙在两年中总共发生了 18 次（d），其中北京本地起沙 5 次，占总数的 27.8%，远距离沙尘暴天气和周边地区扬沙的影响总共有 13 次，占总数的 72.2%。其中 2000 年 4 月 6～9 日是一个典型的远距离沙尘暴影响，持续时间达 4d，初始沙尘源地在蒙古国与我国内蒙古接壤处，影响系统为蒙古气旋和冷空气。浮尘两年内共发生 9 次，其中 1999 年 1 次，2000 年 8 次，为近 10 年来最多的一年。

综合考虑，北京 1999～2000 年共发生沙尘天气 27 次（22d），其中 2000 年有 17d，是进入 20

世纪 90 年代以来最高的一年，但其平均发生频次远小于 1954～1989 年的平均发生频次。

北京地区分布有 20 多个气象台站，对外公布的是位于南郊的北京观象台的资料。中国气象局公布了 2001 年 3 月 2 日～5 月 16 日期间我国北方地区发生的 18 次沙尘天气过程，可以看出主要的影响系统是蒙古气旋和冷空气。在这 18 次沙尘天气过程中有强沙尘暴 3 次，沙尘暴 11 次，扬沙 4 次。沙尘天气总日数达 41d。第一次沙尘暴于 2000 年 12 月 31 日在内蒙古西部与中蒙边境接壤处发生，并随系统南移影响我国北方大部分地区，2001 年 1 月 1 日北京出现了扬沙和浮尘天气，当日沙尘过境时在北京监测的可吸入颗粒物（PM_{10}）的浓度达 1084.4μg/m³，总悬浮颗粒物（TSP）浓度达到 1000μg/m³。分别是国家 II 级空气质量标准的 7.2 倍和 3.3 倍。

2001 年 1～5 月北京观象台共有沙尘天气记录 19 次（13d），其中扬沙 6 次（4d），浮尘 13 次。北京地区 2001 年的沙尘强度比 2000 年稍弱。从北京 20 多个气象台站的记录分析，北京延庆地区发生 24 次（6 次扬沙）、北京市观象台 19 次、密云 16 次。平谷、大兴、顺义等地沙尘记录少于 5 次。表 1 给出北京 18 个有沙尘记录的台站沙尘天气的发生频次。

表 1 北京 2001 年 1～5 月 18 个气象台站的沙尘记录

气象台	沙尘次数	气象台	沙尘次数
延庆	24	八达岭	6
海淀	5	观象台	19
顺义	4	朝阳	4
大兴	2	丰台	7
佛爷顶	4	古北口	4
密云	16	平谷	1
石景山	3	上甸子	1
汤河口	4	西斋堂	10
通县	3	昌平	7

从表 1 可以看出，北京地区的沙尘天气在空间分布上不均匀，总的分布是由西北向东南方向递减，影响北京地区沙尘天气的主要路径之一来自北京西北方向。有几个沙尘天气发生频次的高值中心（延庆、密云、西斋堂和北京观象台），这些高值中心的出现除了受到远距离沙尘天气（沙尘暴和扬沙）的影响外，局地扬沙的贡献不容忽视。如 2001 年 1 月 1 日～5 月 20 日间北京市观象台有 19 次沙尘记录，而同期其近周边县区的沙尘记录远远小于该记录（昌平 6 次，海淀 4 次，丰台 7 次，通县 3 次，顺义 4 次，石景山 3 次）。说明北京市的沙尘天气除了受境外沙尘天气的影响外，本地沙源的作用也很大。当境外沙尘天气过境时，由于大风的影响，并且有局地沙源的补充，从而形成北京市中心出现的沙尘天气比周边地区多的现象。同样，密云地区的局地沙源对当地沙尘天气的贡献率也不小。

通过上述分析，可以将影响北京地区的沙尘过程分为周边及远距离输送的影响和局地扬沙的影响两类。远距离影响主要是指起源于蒙古国和内蒙古中西部以及河套西部的沙尘暴，随天气系统东移影响北京，主要是北京北部和西北部地区。如 2001 年 4 月 5～10 日由西北方向传输过来影响北京西北地区的两次强沙尘暴。2001 年 4 月 17～19 日发生的影响北京北部地区的扬沙。

3　北京沙尘天气对大气环境质量的影响

北京地区沙尘天气与天气气候背景、周边和本地地表生态系统、本地建筑工地以及裸露地等有密切的关系。天气气候背景的变化对沙尘暴的发生起着至关重要的作用,生态系统的退化将扩大沙尘源地,本地建筑工地与裸露地的增多,将造成更多的局地扬沙。

当发生沙尘天气时大气中的颗粒物浓度急剧增加,空气浑浊,能见度降低,给人们的生活带来不便,影响了大气环境质量。1999 年 4 月 4 日的沙尘天气影响北京时,北京定陵和市区多个污染监测站监测的 TSP 平均浓度分别达到 1.282mg/m^3 和 1.573mg/m^3,分别是国家 II 级大气环境质量标准（0.3mg/m^3）的 4.27 倍和 5.24 倍。2000 年 4 月 8 日的沙尘天气期间定陵和市区 TSP 的浓度分别为 1.182mg/m^3 和 1.345mg/m^3。

通过对 1999 年和 2000 年的重污染日与沙尘天气的关系分析,可以了解到北京地区沙尘天气对北京重污染的贡献率。2 年内总共有重污染日（超过 4 级的污染日）43d,期间有 18d 是受沙尘天气的影响,还有 25d 属于非沙尘天气的影响,占总重污染日的 58.13%。由此可见,沙尘天气对北京重污染的贡献较大,达到 41.87%。从 2000 年 6 月 5 日～2001 年 6 月 5 日期间的首要污染物为可吸入颗粒物（PM$_{10}$）,其中超过 II 级标准的污染日为 183d,占总数的 59.23%,而在此期间总共发生沙尘天气 12d。北京超 II 级污染日除了受到沙尘天气的影响外,还受到本地污染物的排放、汽车尾气的排放和其他污染物二次转化等过程,特别是北京本地建筑工地、裸露地扬沙的影响。

4　结　　论

（1）北京地区一年中的沙尘天气主要集中在每年的春季,其中 4 月份的沙尘暴发生次数为全年最高,约占所有沙尘暴的 50%。

（2）北京沙尘天气现象发生的频次总体上有减少的趋势。1965 年冬季和 1966 年上半年为沙尘暴的活跃期。20 世纪 70 年代为沙尘暴的平静期;扬沙发生频次是在起伏波动中逐渐减少,变化周期不固定,活跃期在 20 世纪 50 年代中期和 70 年代中期;浮尘的长年变化比较复杂,主要是由于北京出现浮尘天气受上风向沙尘暴天气的影响非常明显。进入 20 世纪 90 年代以来,北京地区的浮尘天气呈现增加的趋势。

（3）北京地区主要是以扬沙天气为主,占总沙尘天气的 74.15%,其次是浮尘天气（18.09%）和沙尘暴（7.76%）。

（4）1999 ～2000 年北京扬沙本地起沙有 5 次,占总数的 27.8%,远距离沙尘暴和周边地区扬沙的影响总共有 13 次,占总数的 72.2%。

（5）北京地区的沙尘天气在空间分布上不均匀,总的分布是由西北向东南方向递减,影响北京地区沙尘天气的主要路径之一是从西北方向来的。沙尘天气发生频次的高值中心的出现除了受到远距离沙尘天气（沙尘暴和扬沙）的影响外,局地扬沙的贡献不容忽视。

参 考 文 献

[1] 叶笃正, 丑纪范. 关于我国华北沙尘天气的成因与治理对策[J]. 地理学报, 2000, 55(5): 513-521.

[2] 夏训诚, 杨根生. 中国西北地区沙尘暴灾害及防治[M]. 北京: 中国环境科学出版社, 1996.

[3] 方宗义, 朱福康, 江吉喜, 等. 中国沙尘暴研究[M]. 北京: 气象出版社, 1997.

[4] 朱炳海, 王鹏飞, 束家鑫. 气象学词典[M]. 上海: 上海辞书出版社, 1985.

[5] 周自江. 近45年中国扬沙和沙尘暴天气[J]. 第四纪研究, 2001, 21 (1): 9-17.

[6] 方宗义, 张运刚, 郑新江, 等. 用气象卫星遥感监测沙尘暴的方法和初步结果[J]. 第四纪研究, 2001, 21(1): 48-57.

The Dust Weather of Beijing and Its Impact

GAO Qingxian[1], SU Fuqing[1], REN Zhenhai[1], ZHANG Zhigang[2], WANG Yaoting[2]

1. Center for Climate Impact Research, State Environmental Protection Administration, Beijing 100012, China

2. Nanjing Institute of Meteorology, Nanjing 210044

Abstract: The meteorological observation data of Beijing from 1954 to 2001 and the data of more than 20 climatic stations located in Beijing in late few years were analyzed. The result shows that the high frequency of dust storm is in the spring (March to June) with the highest in April accounting a bout 50% of all the storm. There is a decreasing trend of frequency of dust storm, blowing sand and floating ash. The frequency of dust weather has the rule of peicodical change. The blowing sand is the dominating phenomena (74.15%), the next is the floating ash(18.09%) and the dust storm(7.76%). The spacial distribution of dust weather is not even and the dust weather phenomena has consanguineous relationship with the background of weather climate, the ecosystem of Beijing and its surroundings as well as the structural place and bare-soil in Beijing. The dust weather has significant impact on the heavy pollution of Beijing.

Key words: dust storm; atmospheric environment quality; outside dust source; Beijing

沙尘暴传输机理及源地环境特征[①]

王耀庭[1]，赵燕华[2]，杨新兴[2]，张志刚[1]，薛玉兰[2]，高庆先[2]，任阵海[2]

1. 南京气象学院环境科学系，南京 210044
2. 国家环保总局气候变化影响研究中心，北京 100012

摘要：对沙尘暴的发生、传输机理及沙尘暴源地的环境特征进行了研究。结果表明，沙尘暴的发生与地理环境、地表土质、气候条件和地表植被状况等自然因素密切相关。裸露于地表的沙尘是形成沙尘暴的物质基础，降水稀少、空气干燥是沙尘暴发生的重要气候因素。地面上升的热气旋和大气的环流运动是地表沙尘暴发生和传输的动力。沙尘粒子的传输方式有蠕动、跃迁和悬浮 3 种。沙尘的传输距离和方向与大气环流的变化情况直接相关。沙尘暴源地一般位于大陆腹地，地域宽阔、平坦。地表土质多为沙砾、沙质土壤，地表土层裸露，土质干燥、疏松。沙尘暴源地的植被稀疏，气候的共同特征是全年降水稀少，空气干燥，冬季和春季大风天气频频出现。近年来人为的破坏活动也加剧了沙漠化的进程。

关键词：环境科学；沙尘暴；传输机理；沙漠化

0 引　　言

沙尘暴是指大量地表沙尘被风卷入空中，水平能见度低于 1000m 的沙尘天气现象。气象学上将沙尘天气分为浮尘、扬沙和沙尘暴。按沙尘粒子的特性，沙尘暴又分为沙暴和尘暴。沙暴（sand storm）是指大风将地表的粒径为 1mm 左右的粗沙粒子输送到 3～5m 近地层空间的天气变化过程。尘暴（dust storm）是指地表几百微米以下的细沙粒子被大风卷入空中的天气变化过程。按强度和危害程度，沙尘暴天气可分为一般沙尘暴、强沙尘暴和特强沙尘暴。强沙尘暴是指风速大于 20m/s 的强大风力将地表大面积裸露的沙尘吹向高空的天气过程，一般水平能见度小于 200m。特强沙尘暴是指风速大于 25m/s 的特强风力将地表大面积地区的沙尘吹向高空的天气过程，空气水平能见度小于 20m。

中国古代就有对沙尘天气现象的记载，史书上将沙尘天气记做"雨土"、"雨尘土"、"土霾"、"黄霾"和"沙霾"等。系统地研究沙尘暴天气的工作是从 20 世纪 70 年代开始的，相关的研究包括我国北方地区沙尘暴的起因及传输路径等[1-10]。

国外学者也进行过一些研究[11-13]。如日本的高山四郎和小泉四郎对沙尘粒径和成分进行了研

① 原载于《安全与环境学报》，2002 年，第 2 卷，第 6 期，18~22 页。

究[14, 15]。村山信彦等人[16]建立了一个沙尘粒子的二维传输模式，给出了沙尘粒子的粒径与传输高度的关系。

沙尘暴研究的内容涉及沙尘暴的发生源地，沙尘传输路径，沙尘沉降地区及范围，沙尘粒子的物理和化学性质等问题。目前，沙尘暴研究已涉及太阳辐射、气温、降水、大气污染以及人类活动等问题。国家环保总局气候变化影响研究中心通过对沙尘暴源地的考察和卫星观测技术，研究了我国沙尘暴发生、发展和远距离传输过程。本文对该项研究工作进行介绍，给出了沙尘暴的传输机理及沙尘暴发源地的环境状况特征及人为活动对沙尘暴的影响。

1 沙尘暴的传输机理

1.1 沙尘暴的发生

沙尘暴的发生和传输，与地理环境、地表土质状况、气候条件和地表植被等自然因素密切相关。裸露地表干燥疏松的沙尘是形成沙尘暴的物质基础，地表上升气旋和大气环流运动是地表沙尘暴发生和传输的动力。降水稀少、空气干燥，是沙尘暴发生的重要气候因素。沙尘的传输方式包括蠕动、跃迁和悬浮，它是由沙尘粒子大小和地面风速及湍流结构状况决定的，沙尘在空间传输的距离和方向，与大气环流的变化情况有密切关系。而人类对自然环境的破坏加速了土地的沙漠化进程，为沙尘暴提供了物质基础。

沙尘源、强风及气流复合（上旋气流）是沙尘暴发生的 3 个条件。在沙尘源、上旋气流和强劲的大气环流的条件下可能形成沙尘暴，且做长距离输送。此类沙尘暴为输送型沙尘暴。如果没有强劲的大气环流，则只能形成局地生消的沙尘暴。

据深海岩石芯和冰盖沉积物的测定，在约 7000 万年以前的白垩纪，地球上就有沙尘暴出现。近代人类活动的加剧破坏了大量地表植被，加之气温升高，降水减少，造成地表土质疏松，是造成沙尘暴发生频率增大的一个原因[17]。

表 1 给出了 1991～2000 年，我国西北地区年均发生 10 次以上沙尘暴的地区。图 1 给出了在 1991～2000 年，我国西北地区沙尘暴的年际变化趋势，从图中可以看出，平均发生沙尘暴的次数呈现波动式变化。

表 1 中国沙尘暴多发区及其各年度发生次数（1991～2000 年）[18]

序号	省份	观测站	1991 年	1992 年	1993 年	1994 年	1995 年	1996 年	1997 年	1998 年	1999 年	2000 年	合计次数	年均次数
1	青海	刚察	28	41	22	26	31	29	14	21	24	12	248	24.8
2	新疆	和田	20	17	18	13	11	11	19	16	13	7	145	14.5
3	宁夏	盐池	8	18	26	21	24	13	2	10	4	19	145	14.5
4	甘肃	民勤	13	24	12	14	15	11	6	10	10	18	133	13.3
5	新疆	莎车	2	6	6	14	24	6	11	11	9	4	93	9.3
6	内蒙古	朱日和	5	4	17	12	13	3	0	3	12	18	87	8.7
7	内蒙古	巴音毛道	10	7	14	8	9	12	1	8	8	8	85	8.5
8	内蒙古	鄂托克旗	13	2	9	9	15	9	1	9	4	16	83	8.3
9	青海	冷湖	2	1	6	9	11	8	2	15	9	19	82	8.2
10	新疆	若羌	6	11	11	17	6	7	1	3	5	2	69	6.9

序号	省份	观测站	1991 年	1992 年	1993 年	1994 年	1995 年	1996 年	1997 年	1998 年	1999 年	2000 年	合计次数	年均次数
11	甘肃	格尔木	11	3	10	7	5	7	3	2	6	6	60	6.0
12	甘肃	敦煌	11	8	2	11	5	6	4	0	6	3	56	5.6
13	内蒙古	二连浩特	2	7	10	2	4	3	1	2	1	5	37	3.7
14	甘肃	酒泉	2	6	3	1	1	6	2	3	2	8	34	3.4
15	内蒙古	吉兰太	5	1	4	3	2	1	1	4	0	6	27	2.7
16	宁夏	银川	1	2	4	0	1	1	1	2	2	7	21	2.1
17	内蒙古	呼和浩特	0	2	2	1	0	4	0	1	1	8	19	1.9
18	陕西	榆林	1	2	0	0	1	0	2	0	0	4	10	1.0
	合计		140	162	176	168	178	133	71	120	116	170	—	—

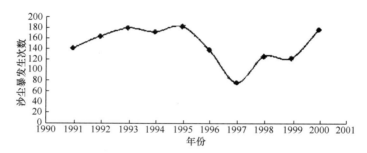

图 1　1999～2000 年沙尘暴多发区沙尘暴年际变化趋势

1.2　沙尘粒子传输动力

沙尘传输的动力条件是风。能够使沙尘颗粒脱离静止状态进入运动过程的最低风速，称为起动风速或临界风速。超过临界风速的风叫起沙风。沙尘的起动风速，与沙尘的粒径、地表状况及沙质的含水率有关。

表 2 和表 3 分别给出了不同地表状况和沙尘粒径的起动风速。从中可以看出，不同地表状况和不同的沙尘粒径下沙尘的起动风速是不同的。

表 2　在不同地表状况下沙尘的起动风速[6]

地表类型	戈壁	沙砾	龟裂地	光板地	沙壤地	沙丘砂	黏土地	沙丘地
起动风速/（m/s）	18.3	10.7	7.2	15.9	9.9	3.6	17.6	3.8

表 3　不同粒径沙尘粒子的起动风速[6]

沙尘粒径/mm	0.1～0.25	0.25～0.5	0.5～1.0	1.0～1.25	1.25～2.5	2.5～5.0
起动风速/（m/s）	18.3	10.7	7.2	15.9	9.9	3.6

此外，地表沙尘的含水率对沙尘粒子的起动风速也有较大影响，湿润的沙质土层的黏滞性大，沙尘粒子的起动风速大。我国沙漠、半沙漠和戈壁地区的地表沙尘物质的粒径多为 0.1～0.25mm，在气候干燥、地表裸露的情况下，地面风速达 5m/s 即可起沙。

1.3 沙尘粒子的空间分布

沙尘在空间的分布状况与沙尘粒径大小及风速的垂直分量密切相关。地面以上 100m 内，垂直风速为 7m/s 时，大于 20μm 的沙尘主要分布在近地面几米的高度范围内，小于 20μm 的沙尘分布在 100m 高度范围内，且几乎是均匀分布的。悬浮沙尘的平均粒径具有随高度以指数形式的递减规律。空间中沙尘数量与沙尘粒径大小、密度和风速有关。风速越大，空气中的沙尘数量越多，大粒径粒子的数量也越多。空气中沙尘的数量，还与距离沙尘源地的距离及地表状态有关。距离沙尘源地较近的地区，沙尘数量较多，较远地区，沙尘数量显著减少。此外，地表的植被及土质特点也影响空气中沙尘的数量。沙质地表上空的沙尘数量比植被覆盖率高的地区沙尘物质数量多。

1.4 沙尘粒子的传输方式

沙尘粒子的起动和传输形式主要是蠕动、跃迁、悬浮[6]及远距离输送[19]。沙尘粒子在空间的传输形式和强度与大气环流及地面风速和湍流结构相关。悬浮的沙尘粒子在大气环流的驱动下，可在空间做长距离传输。

（1）沙尘蠕动。地表沙尘物质粒子在风力驱动下，离开地面，在地表附近滚动或滑动称为蠕动。在风力作用下，粒径在 0.5mm 以上的沙尘粒子常以蠕动方式运动[6]。

（2）沙尘粒子跃迁。地表沙尘在风力上扬作用下，脱离地表进入空间，并从气流中获取更大的动能，继续运动。由于重力作用，沙尘粒子会迅速下落。而空气密度小于沙尘密度，因此，沙尘在运动中落到地面时有相当大的动量，不但沙尘本身可被弹射到空中继续运动，而且它们对地表的冲击作用也能使冲击点的粒子飞跃起来做跳跃式运动。沙尘在近地面所做的这种连锁式的跳跃运动称为沙尘粒子的跃迁。一般粒径在 0.1～0.5mm 的沙尘粒子，在风力作用下做跃迁式运动。

（3）沙尘粒子悬浮。沙尘在一定时间内可以悬浮在空间称为沙尘粒子的悬浮运动。沙尘悬浮运动的条件是风速的垂直分量必须大于等于沙尘的沉降速度。小于 0.1mm 的沙尘才能在气流的带动下以悬浮运动的方式做长距离传输。

（4）沙尘粒子垂直输送。沙尘粒子在一定的时间 t 内被输送的平均高程与湍流交换系数及粒子沉降速度有关[6]，可以表示为 $h=(2\varepsilon t)^{1/2}$，$t=\dfrac{2\varepsilon}{u_f}$ 式中，h 为被输送的平均高程；ε 为湍流交换系数；u_f 为粒子的沉降速率。粒子的沉降速率越低，大气湍流交换系数越大，粒子在垂直方向上的输送距离也越大。

强沙尘暴发生时风速可达 30m/s，地面粗沙粒子可被垂直输送的高度为几厘米，细沙粒子为 2m，粉沙粒子为 1500m。

（5）沙尘粒子水平输送。根据斯托克斯法则[6]，沙尘粒子被水平输送的最大距离可用下式表示。

$$L = \overline{u}t = \frac{\overline{u^2}\varepsilon}{k^2 D^4}$$

式中，L 为悬浮沙尘粒子被输送的距离；$\overline{u}$ 为平均风速；t 为粒子的输送时间；ε 为湍流交换系数；D 为粒子直径；k 为常数且 $k = \dfrac{g}{18\mu}\rho_p$，其中 ρ_p 为沙尘物质密度；g 为重力加速度；μ 为空气动力学黏度。由以上的关系式可以算出在中性大气中，中等风暴发生时，20μm 的沙尘被输送的距离小于等于 30km，小于 10μm 的沙尘则可被输送到几千公里以外。在特强风暴条件下，即当 $\varepsilon = 10^6 \text{cm}^2/\text{s}$ 时，粒径为 20～30μm 的沙尘颗粒，可被输送 3000km。

（6）沙尘粒子长距离输送。沙尘被输送的距离与大气环流运动的规模和强度密切相关，特别是强冷气流的发展过程。西伯利亚南下的强冷气流常把蒙古国沙漠和戈壁地区的沙尘卷入高空，向中国北方地区输送。大部分沙尘被输送到华北和华东地区，沉积到地面，少量的经朝鲜半岛及日本列岛到达北太平洋上空，甚至进入北极圈，最后沉降在格陵兰的冰雪中，或沉入北太平洋。研究表明，来自蒙古国和中国内蒙古地区的沙尘暴，每年向北太平洋输送约 600～1200 万 t 沙尘。撒哈拉沙漠每年向大西洋输送约 6000～20000 万 t 沙尘。

（7）我国北方地区沙尘暴的传输路径。我国西北和华北地区的沙尘暴的传输路径主要有北路、西路和西北路 3 条[19]。其中，北路沙尘暴起源于蒙古国东南部地区，途经内蒙古的二连浩特、那仁宝力格地区，穿过浑善达克沙地，经朱日和四子王旗，进入华北地区；西北路沙尘暴起源于蒙古国中部和南部地区，经过内蒙古的额济纳旗及阿拉善盟北部地区，向乌拉特中、后旗和包头地区传输，然后进入华北地区；西路沙尘暴起源于新疆塔里木盆地的塔克拉玛干沙漠边缘地区，经敦煌、酒泉、张掖及民勤、盐池等地进入华北地区。

2 沙尘暴源地及其环境特征

2.1 沙尘暴源地

沙尘暴源地是指沙尘暴天气频频发生、并向其下风向地区输送沙尘的一个地理区域。根据沙尘进入沙尘暴输送过程的先后，沙尘暴源地可分为初始源地和加强源地。初始源地是指在一个沙尘天气过程里，最初起沙扬尘的地理区域。加强源地是指初始源地下风向能够使沙尘暴强度加大的地区。沙尘暴源地主要分布在沙漠、半沙漠以及严重退化的干燥草原地区。目前，全球最主要的沙尘暴源地有 4 个，即中亚沙漠地区、澳大利亚中部沙漠地区、美国中西部沙漠地区和非洲中部的撒哈拉沙漠地区。根据 1977 年国际沙漠会议资料[17]，全球荒漠化土地的面积约为 45608000km²，占全球陆地面积的 35%。我国境内的沙尘暴源地主要分布在新疆、内蒙古、甘肃、宁夏和青海等地区。其中，沙漠面积约为 66.21km²，戈壁面积约为 56.95km²。在我国的沙漠化地区，全年风速一般为 3.3～5.5m/s。春季平均风速为 4.0～6.0m/s。具有超过临界起沙风速的天数为 200～310d。因此，影响我国北方地区的沙尘暴源地分为 2 部分，一部分是境外源地，在蒙古国南部和哈萨克斯坦沙漠化地区；另一部分是境内源地，在我国北方的沙漠、半沙漠以及戈壁地区。我国东部沿海地区有 5 亿多亩的盐碱滩涂，在一定气候条件下，也是不可忽略的起尘扬沙地。

2.2 沙尘暴源地的环境特征

（1）沙尘暴源地的地理环境特征。沙尘暴源地一般位于大陆腹地，地域宽阔平坦。例如，中国西北部的沙漠和半沙漠地区，位于亚洲大陆腹地，地域宽阔平坦，四周为群山和高原围绕，在东、南、西 3 面，依次有小兴安岭、大兴安岭、燕山、太行山、吕梁山、秦岭、六盘山、青藏高原、帕米尔高原、天山及阿尔泰山，使北上的东亚南方季风受阻。海洋上空的暖湿水汽难以进入腹地，使腹地内空气极度干燥，降水稀少。北面与蒙古国接壤的漫长边界为开阔平坦的戈壁和草原，是西伯利亚干燥寒冷季风南下的必经之地。

（2）沙尘暴源地的地表土质特征。沙尘暴源地的地表土壤质地大多属于沙性土壤，土质干燥、疏松，腐殖质及含水量都很低。例如，我国塔里木、准噶尔和柴达木等盆地的戈壁滩及宁夏、甘肃西部的干旱地区，土壤质地呈沙性，属于棕漠土和灰棕漠土。内蒙古的东部和南部，地表土层质地为砂壤或轻壤土，土层松散，腐殖质及含水量都很少，属于棕钙土。

（3）沙尘暴源地的植被特征。沙尘暴源地大多植被根据其特征和分布地区，可以分为沙漠植被和退化草原植被。例如，我国西北地区的沙漠植被主要有 3 类，一类是灌木、小灌木、半灌木、小乔木、半乔木。这类植被具有发达的根系，细小厚实的叶子，茎秆多呈灰白色；一类是肉质植物，如仙人掌、百合等；还有一类是短命植物和类短命植物，如 *Bromus techtorum，Pon bulbosa* 等。退化草原植被是在退化的草原地区，演变呈现退化的趋势植被，其主要特征是植物群落类型由高级向低级演替，植被类型由复杂变得简单，植物群落的植株高度降低，层次减少，植被覆盖密度减少，植物的干物质累积量减少，生物质产量降低以动物可食性生物量降低。在我国内蒙古地区，原有的典型草原植被是大针茅草、克氏针茅草和羊草等，退化后的植被则以冷蒿为主。草甸草原植被是贝加尔和羊草等，退化后的植被以寸草苔为主。退化草原的植被类型是小针茅草、短针茅草。我国草原退化现象非常严重，退化的草地面积已经占到原有草地总面积的 56.6%。而且由于人类活动的影响，我国草原退化的程度还在加大。

（4）沙尘暴源地的气候特征。沙尘暴源地气候的共同特征是全年空气干燥，降水稀少，冬季和春季大风天气频频出现。表 4 给出了我国西北部分地区的降水量。由于白天太阳辐射强，地面气温上升快，最高可达到 60～70℃。强大的上升气流，成为起沙扬尘的动力。我国西北沙漠化地区，风力都很强，最大风速可达到 40m/s[2]。全年风速在 3.33～5.5m/s。内蒙古乌兰察布的朱日和年平均风速可达到 5.7m，每年超过临界风速的天数在 200～310d，且主要集中在春季。

表 4　我国西北部分地区年降水量

地区	最高降水量/（mm/a）	最低降水量/（mm/a）	平均降水量/（mm/a）
吐鲁番盆地	23.8	0.5	7.1
准噶尔盆地	28.5	5.2	11.7
柴达木盆地	44.5	3.2	17.6
塔里木盆地	42.0	3.9	18.4

3　人类活动对沙尘暴的影响

3.1　人类活动对自然环境的破坏

过度放牧、滥伐森林、滥垦草地、滥挖中药材、滥采滥用水资源等，都是不科学的经济开发活动。在我国西北地区，这些活动已经导致大面积草原植被消失，沙漠化土地越来越多。

人类过度放牧是草原退化的一个重要原因。目前，我国许多草场的实际载畜量都已经超过了理论载畜数量且超载率在 50%～120%以上。在内蒙古地区，过度放牧使草场退化，植被消失，草地变成沙漠。

滥垦是指人们把草原开垦为农田，但是由于水源不足，耕作方式不当，被开垦的农田变为沙漠化土地。因此，将野草常年覆盖的荒地开垦为耕地，良好的天然地表植被遭到破坏，是造成土地荒漠化的一个主要原因。据内蒙古、新疆等 10 个省（区）的不完全统计，在过去 20 年里，开垦草地 6.8km^2，其中大部分是水草比较丰美的放牧草场和割草场。这些被开垦土地，由于不适宜农作物生长，产量很低，最后沦为荒漠。

滥采、滥挖掘植物根茎做中药材，是破坏地表植被导致土地荒漠化的一种人为破坏活动。最近 5 年，甘肃省由于挖掘甘草根，每年破坏草场 6700hm^2。内蒙古在 1993～1996 年，因为搂发菜，破坏草地 12.7 万 km^2。

在草原和沙漠化地区，由于交通不便，牧民购买煤炭和燃油困难，需要靠樵柴和畜粪为燃料。樵柴会对地表植被产生破坏。例如新疆和田地区，最近 5 年由于烧柴，破坏了 3800hm^2 胡杨林和红柳树林。

我国以 60%～70%的水资源的开发利用率作为标准。而国外一般为 60%。表 5 给出了 1995 年和 2000 年我国一些地区的水资源开发利用率。从中可以看出，我国超采水资源的现象十分严重。滥采水资源，造成地表和地下水资源日渐枯竭，使大面积的天然植被干枯死亡。例如，塔里木河上游由于农业过度用水，使下游水量减少甚至断流，造成英苏至库尔干间 100 多 km 的大片胡杨林干枯死亡。这些都为地表起沙提供了有利条件。

其他人为因素，如在草原地区进行矿产开发和工业区建设、修建道路、扩大城镇、机动车任意行驶及决策的多次失误，都在一定程度上加速了沙漠化进程。

表 5　中国河西地区水资源开发利用率

年份	河西地区	疏勒河	黑河	石羊河
1995年	90%	60.7%	80%	151%
2000年	93.7%	59.9%	89.2%	173%

3.2　人为活动对沙尘暴的影响

我国原有沙漠、戈壁及沙化土地 165 万 km^2，占国土总面积的 17%。其中地质史时期形成的占 77.6%，人为活动形成的占 22.4%。近代沙化土地扩展的主要因素是人类的活动。20 世纪 50 年代，我国沙漠化土地扩展速度为1560km²/a，70～80年代为2100km²/a。90年代初期为2460km²/a。表6给出了内蒙古部分地区荒漠化程度的比较。

表6 内蒙古部分地区的荒漠化土地

序号	地区	荒漠化/%	严重荒漠化/%
1	阿拉善	85.5	78.3
2	巴彦淖尔	60.0	23.5
3	鄂尔多斯	63.6	33.6
4	乌兰察布	56.1	26.1
5	锡林郭勒	63.9	5.5
6	呼和浩特	8.2	3.2
7	包头	61.3	6.6
8	乌海	46.9	6.8
合计		69.1	39.0

4 结 论

（1）沙尘暴的发生和传输主要与地理环境、气候条件、地表植被状况等自然因素有关。沙尘的传输方式主要有蠕动、跃迁和悬浮。沙尘粒子的传输方式与沙尘的大小、地面风速的大小、湍流结构状况、沙尘粒子在空间传输的距离和方向及大气环流的变化情况有密切关系。

（2）沙尘暴源地一般位于大陆腹地，地域宽阔、平坦。沙尘暴源地的地表土质多为沙砾、沙质土壤，地表土层裸露，土质干燥、疏松。植被稀疏，主要类型有灌木、半灌木、小乔木、半乔木、肉质植物及短命植物和类短命植物。我国草原退化现象非常严重，退化的草地面积已经占到原有草地总面积的56.6%。这部分地区也在逐渐成为沙尘暴源地。尘暴源地气候的共同特征是全年降水稀少，空气干燥，冬季和春季大风天气频频出现。

（3）人类在开发经济活动过程中，过度地、片面地追求经济利益，无视对自然环境的破坏，致使地球上的森林和草原植被惨遭破坏，加速了土地的沙漠化进程。频频发生的沙尘暴，已经不再仅仅是一种普通的自然现象，而是人类活动造成的一种严重灾害。

参 考 文 献

[1] Liu Dongsheng(刘东生). Loess and Environment(黄土与环境)[M]. Beijing: Science Press, 1985.

[2] Zhu Zhenda(朱震达). The Desertification and Sandiness of the Land in China(中国土地沙质荒漠化沙)[M]. Beijing: Science Press, 1994.

[3] Qu Shaohou(曲绍厚), Li Yuying(李玉英), Zhou Mingyu(周明煜), et al. The source of a sand-dust storm progress in Beijing area [J]. Environmental Science Journal(环境科学学报), 1984, 4(1): 80-85.

[4] Chen Guangting(陈广庭), He Daliang(贺大良), Ning Jinxi(宁锦熙), et al. The discussion on some problems of wind sand in Beijing [J]. Chinese Desert. (中国沙漠), 1988, 9(3): 22-26.

[5] Zhang Shuyuan(张淑媛). The research on wind dust in Beijing [A]. In: The Forth Period Committee: A Collection of Academic thesis of Second Academic Conference(第二届学术会议论文集)[C]. Beijing: 1964.

[6] Xia Xuncheng(夏训诚)and Yang Gensheng(杨根生). The Hazard and Prevention of the Sand-dust Storm in North China(中国西北地区沙尘暴灾害及防治)[M]. Beijing: Chinese Environmental Science Press, 1996.

[7] Xu Guochang(徐国昌), Chen Minlian(陈敏连), Wu Guoxiong(吴国雄). The analysis of a especially large sand dust storm in Gansu province [J]. Meteorology Journal(气象学报), 1979, 37(4): 26-35.

[8] Ren Zhenhai(任阵海), Quan Hao(全浩), Gao Qingxian(高庆先), et al. The Impact of Both Sand-dust Storm and Yellow Sand on the Air Particulate in Beijing [R]. A Research Report for The State Environmental Protection Bureau (国家环境保护总局专项研究课题研究报告), Beijing, 2001.

[9] Cheng Daoyuan(程道远). The source of dust and sand-dust storm in the atmosphere [J]. World Desert Research(世界沙漠研究), 1994, 1: 15-16.

[10] Quan Hao(全浩). The inquire into the transport track of both the sand-dust storm and yellow sand aerosol in north-west China [J]. Environmental Science(环境科学), 1993, 14(5): 60-64.

[11]Oborutikov B A. The Cause of Forming of Loess, the Problems of Sand and Loess(黄土的成因, 沙与黄土问题)[M]. Yang Yuhua(杨郁华), trans. Beijing: Science Press, 1958.

[12] Cressey G B. The distribution and source of Chinese loess [J].Soil Science, American Soil Science Society Journal, 1932, 43(1): 93-98.

[13] P Teilhand de Chardin. The East Asia geology and original mankind(东亚地质及人类原始) [R]. The Institute of Geology and Biology Report No. 7, 1941.

[14] Takayama Shilo(高山四郎). Yellow Sand over Ocean on April 13-17, Taishiowu 10th Year [J]. Japanese Meteorology Journal, 1920, (1): 4-8.

[15] Koitsmi Shilo (小泉四郎). Yellow sand research (Second Report) [J]. National Sanitation, 1934, 10(12): 99-118.

[16] Mulayama Shinhiko(村山信彦), Nanmodo Shio(根元修), Shiohayashi Takaku(小林隆久), et al. Autumn Lecture Collected Drafts, Japanese Meteorology Society [M]. 1984.

[17] Zhu Zhenda(朱震达). The Desertification and Its Control in China(中国的沙漠化及其治理) [M]. Beijing: Science Press, 1989.

[18] Bygno R A. Physics of Wind Sand and Desert Dune(风沙和荒漠沙丘物理学) [M]. Qian Ning (钱宁), trans. Beijing: Science Press, 1959.

[19] Gao Qingxian(高庆先), Ren Zhenhai(任阵海). Sand Dust Storm—The Retaliation of the Nature to the Mankind(沙尘暴——自然对人类的报复) [M]. Beijing: Chemistry Industry Stress, 2002.

Study on Transport Mechanism of Sand-Dust Storm and The Environmental Features of Its Source Ground

WANG Yaoting[1], ZHAO Yanhua[2], YANG Xinxing[2], ZHANG Zhigang[1], XUE Yulan[2], GAO Qingxian[2], REN Zhenhai[2]

1. Department of Environment Science, Nanjing Meteorological Institute, Nanjing 210044, China
2. Center for Climate Impact Research, Chinese Research Academy of Environmental Sciences, Beijing 100012, China

Abstract: In the present paper, the origin, transport and the geographical environment of sand-dust storm are investigated deeply. The results show that the origin of the sand-dust storm depends mostly on the natural factors such as soil feature on the ground, climate condition and vegetation states on the ground. The dry and loose sand-dust particles on the recovered land are the base material forming sand-dust storm. Rare rainfall and dry air are the climate factors by which the sand-dust storm could formed. The hot cyclone is a starting force of sand-dust. The atmospheric circulation is the transporting force of the sand-dust storm. There are three transport patterns of the sand-dust particles on the ground. They are wriggling, transition, and suspension. The distance and the direction of sand-dust transport depend on the atmospheric circulation. There are the source grounds of sand-dust storm mostly in the hinterland in China. There are some characters in the area of the source grounds of sand-dust storm such as wide and plain lands, grit and sand composted soils, uncovered, dry and loose soils on the ground. There is not nearly vegetation in the source grounds of sand-dust storm. The climate of the source grounds of sand-dust storm is dry, and the rainfall is rare. There is strong wind in winter and spring. The human activities make the desert areas become larger than before and the sand-dust storm become more and more serious.

Key words: environmental sciences and technology; sand-dust storm; transport mechanism; desertification

北京沙尘天气与源地气象条件的关系[①]

张志刚[1]，赵燕华[2]，陈万隆[1]，薛玉兰[2]，高庆先[2]，杨新兴[2]，苏福庆[3]，任阵海[2]

1. 南京气象学院环境科学系，南京 210044
2. 中国环境科学研究院，国家环保总局气候变化影响研究中心，北京 100012
3. 北京市气象局，北京 100089

摘要： 本文介绍了影响北京地区沙尘天气的沙尘源地、沙尘暴发生的条件和传输路径。分析了沙尘暴源地的气候要素特征及其对北京地区沙尘天气的影响，说明了北京沙尘天气发生和加剧的原因。影响北京地区沙尘天气的境外源地主要位于哈萨克斯坦、俄罗斯以及蒙古国境内，境内源地主要位于内蒙古和新疆，以及甘肃和青海的部分地区。沙尘天气发生必须具备三个条件：沙源、大风、气流辐合（垂直对流）。有沙源不一定起沙，但无沙源一定不起沙。沙尘暴源地的气候特征主要表现为冬季寒冷，夏季炎热，全年降水稀少。影响北京的沙尘传输路径，最主要的有两条，即西路传输和北路传输。北京沙尘天气与沙尘暴源地的春季降水比较结果表明，北京地区沙尘暴和浮尘天气发生次数与沙尘源区春季大气降水量有比较显著的负相关关系。北京扬沙天气的发生与沙源区冬春季降水量相关关系不显著，说明北京扬沙天气起因与源区降水没有明显的关系，北京扬沙天气主要受本地的自然条件和人为活动的影响。

关键词： 环境工程学；沙尘天气；沙尘暴源地；降水；沙漠；北京

0 引 言

在我国北方地区，几乎每年都有沙尘暴发生。沙尘天气不仅给工农业生产活动带来不利影响，给人们的生活造成不便，而且导致空气环境质量恶化，严重危害人体健康。在过去几年里，沙尘暴问题已经引起政府部门和社会公众的密切关注，环境保护和气象部门的专家们对沙尘暴的发生、发展和传输的机理，以及人类活动对沙尘暴的影响问题，已经进行过比较深入的研究，取得了不少重要的成果。

任阵海、苏福庆、高庆先等研究了我国北方地区沙尘暴发生机理、沙尘暴源地、输送路径、输送类型等问题[1-3]。郭亚萍等报道了中国沙尘暴的成因及防治措施[4]。杨东贞等研究了中国沙尘暴的发生源地及输送沉降问题[5]。夏训诚等研究了中国西北地区沙尘暴灾害及防治[6]。全浩等探讨了中国黄沙的高空传输路线[7, 8]。程道远等报道了大气沙尘的来源[9]，陈广庭等研究证明[10]，北京

① 原载于《安全与环境学报》，2003 年，第 3 卷，第 1 期，20~24 页。

沙尘天气发生，除了外地输入的沙尘物质外，主要是地面扬尘造成的。陈立奇研究报道了中国沙漠地区发生的沙尘暴[11]，每年向北太平洋输送的沙尘物质约 $8×10^9$kg。曲绍厚等通过对卫星云图和沙尘输送路径地表的土质分析[12]，证明沙尘暴携带的沙尘物质，多半来自沙漠和戈壁，而不是来自黄土高原。赵性存等分析了中国大气沙尘的特征[13]。周明煜等研究了北京地区尘暴过程的气溶胶特征[14]。徐国昌等分析报道了甘肃特大沙尘暴的起因和输送规律[15]。耿宽宏在 1960 年对起沙风速问题进行了研究[16]。马溶之早在 1934 年，就开始注意对北京降尘天气的研究。

由于大气环境影响问题没有国界，国外一些学者对中国的沙尘暴问题也十分感兴趣。国外学者常把来自中国西北地区的沙尘称为亚洲尘（Asian Dust）。苏联的 B.A.奥勃鲁契夫研究了中国的沙与黄土问题[17]。日本的高山四郎（1920 年）曾经用显微镜观察了在天津和旅顺收集到的沙尘[18]，分析了沙尘粒子的粒径和矿物成分。小泉四郎（1934 年）在中国东北、天津、山东、河北以及朝鲜半岛和日本本土采集沙尘，分析了沙尘粒子径谱分布和化学成分[19]。

北京处于中国西北部沙尘暴源地的下风向地区，沙尘暴的发生和传输，不仅会给北京地区的经济活动带来严重不利影响，还会给北京市民的社会活动带来诸多不便，甚至危害北京市民的身体健康。因此找出影响北京沙尘天气的源地，分析源地气候特征及其与北京沙尘天气的关系，对控制和改善北京地区的大气环境质量，具有十分重要的意义。

本文将通过对西北地区气象资料的分析和研究，说明影响北京的沙尘暴发源地、传输路径，并通过对源地的气温、降水等气候要素的分析，进一步揭示北京沙尘天气发生、加剧的原因。

1 影响北京的沙尘暴源地

沙尘暴天气的发生必须具备三个条件：沙源、大风、气流辐合（垂直对流）。有沙源不一定起沙，但无沙源一定不起沙。通过对历史天气图资料和卫星遥感资料的分析证明，影响我国北方地区的沙尘暴发源地主要位于蒙古国、俄罗斯、哈萨克斯坦境内，以及我国的新疆、内蒙古、青海、甘肃等地区。根据起沙的地理位置的不同，我们将影响我国的沙尘源地划分为境外源地和境内源地。上述地区发生的沙尘暴常常影响我国北方的大部分地区，它们也是导致北京沙尘天气发生，影响北京空气环境质量的重要因素。

蒙古国南部的戈壁地区，面积约占该国国土面积的三分之一，是地球上最大的四个沙尘暴源地之一。在西伯利亚强冷气流的冲击下，该地区经常出现上升气旋，将地表裸露的大量干燥、疏松的沙尘卷到空中，并随气流南下，导致沿途沙尘暴天气的出现。2001 年我国北方地区观测到的 32 次沙尘暴天气，其中有 18 次是来源于蒙古国的南部戈壁地区。

我国北方地区沙尘暴的境内源地，主要分布在新疆的塔克拉玛干沙漠、古尔班通古沙漠、库姆塔格沙漠，甘肃的敦煌附近，河西走廊，内蒙古的巴丹吉林沙漠、腾格里、乌兰布和沙漠、毛乌素沙漠、浑善达克沙地，青海的柴达木盆地。

2 沙尘暴的传输

根据生消时间和输送距离，可以把沙尘暴分为局地生消型和远地输送型两类。

我国境内的局地生消型源地主要位于新疆塔里木盆地、青海柴达木盆地以及西藏的部分地区。该类型沙尘暴受局地大气环流和地理环境的影响，沙尘不易向外地输送，局地起沙局地消亡，影响范围较小，日变化比较明显；但一旦遇到强的天气系统过境，也可以形成远距离输送。

我国境内的远距离输送型源地位于内蒙古的额济纳和阿拉善地区，以及浑善达克沙漠西部边缘地区。西部沙源主要影响河套以西地区，浑善达克沙漠边缘地区则主要影响北京地区以及华北广大地区。输送型沙尘的输送距离和影响范围主要由大气环流状况决定。

我国东部地区沙尘天气主要受蒙古低涡的影响。一般蒙古低涡形成后，首先卷起当地的沙尘，并逐渐东移南下，在移动过程中，低涡尾部的辐合上升气流将沿途沙尘一并卷入低涡中，向下游输送。北京正处于下风向地区，深厚低涡往往能带来沙尘天气。影响北京的沙尘暴传输路径，最主要的有两条，他们分别是西路传输和北路传输。气象资料的统计分析结果表明，在影响北京地区的沙尘暴天气过程里，北路沙尘暴与西路沙尘暴之比约为 2∶1。图 1 给出影响北京沙尘天气的最主要的两条传输路径示意图。

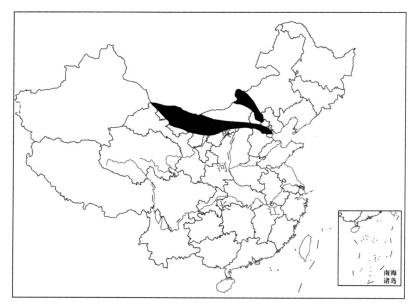

图 1　影响北京地区的沙尘暴移动路径示意图

3　沙尘暴源地的气候特征

地表干燥裸露疏松的沙土是形成沙尘暴的物质基础。我国的新疆、内蒙古、甘肃、青海等地区，有广阔的沙漠、半沙漠和裸露的黄土地带。这些地区地处亚洲大陆腹地，气候干燥，降水稀少，年降水量通常只有 100～200 mm。塔里木盆地、吐鲁番盆地、柴达木盆地则不超过 25mm；贺兰山以东，年降水量为 200～400mm；贺兰山以西年降水量在 200mm 以下；在塔克拉玛干沙漠的中部和东部，柴达木盆地西部以及巴丹吉林沙漠中，年降水量在 50mm 以下，降雨主要集中在夏季 6～8 月，春季降水量则更为稀少。由于降水稀少，地表土层干燥、疏松，很容易被大风吹起，形成沙尘天气；因此，这些地区就成为产生沙尘暴的主要起沙源地。

北京处于地球上的暖温带北部边缘，多年平均降水量为 557mm。北部地区邻接农牧交错带，即我国北方农耕区与天然草地牧区接壤的过渡地带，年降水量在 250～500 mm，属于半干旱地区。北京地区西靠太行山，北依燕山。由于特殊的地理位置和复杂的气候条件，北京地区几乎每年都要遭受沙尘暴的侵袭。此外，由于人类活动的影响，自然生态环境的破坏，局部地区沙尘天气的发生有加剧的趋势。

3.1 沙尘暴源地气温变化

通过对我国最主要的几个沙尘源地（浑善达克沙地和巴丹吉林沙漠附近）的二十几个气象站的气温资料分析，发现我国西北地区的干旱、半干旱地区近 40 年来 1 月份平均气温有明显的增加趋势；夏季 7 月份平均气温略有增加，但不明显；全年平均气温呈增加趋势。由于 1 月份增温明显，故做详细分析。内蒙古中部和西部的气温变化过程如图 2 和图 3 所示。可以看出，源区 40 年来 1 月份平均气温呈现波动式的增加，增温幅度达到每 10 年 0.3～1.02℃。剧烈增温说明在主要的沙源区，40 年来冬季的平均温度一直在升高，有变暖的趋势。这一变化趋势对于生态环境建设十分不利，特别是对病虫害防治极为不利，使得本来已经十分脆弱的沙源区生态环境更加脆弱。冬季增温将会增加土壤水分蒸发，到春季解冻后，土壤表层水分含量少，从而使同等风力条件下，植被或土壤的抗风蚀能力减弱，相对加速了以土壤风蚀为标志的风沙活动，极易形成沙尘天气。

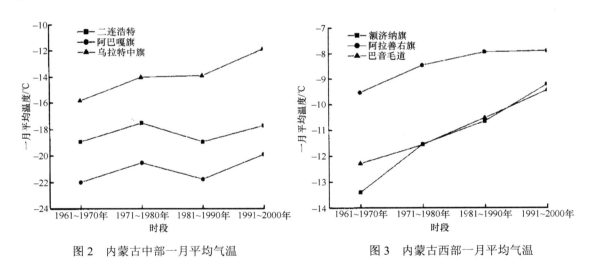

图 2　内蒙古中部一月平均气温　　　　　图 3　内蒙古西部一月平均气温

从图 2 和 3 中可以看出，沙尘源区历年平均气温是增加的，同全国其他地区相比，增温幅度更为明显。因此，沙尘源区是我国冬季变暖非常明显的地区。

3.2 沙尘暴源地降水变化

通过对影响北京沙尘天气的沙尘源地 20 个气象站的降水资料（1961～2000 年）的分析，可以看出，源地的年降水量和春季降水量都呈下降趋势，春季降水量减幅大于年降水量减幅（图 4～图 6）。降水量减少，气温增加，导致影响北京沙尘天气的源地呈现温暖和干旱的气候特征。由于气候干燥，蒸发量大，土壤表层水分含量少，为起沙创造了条件。降水减少，特别是春季降水减少，对沙尘天气的发生和发展有很大的影响。

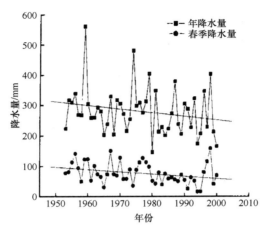

图 4 锡林浩特历年降水量

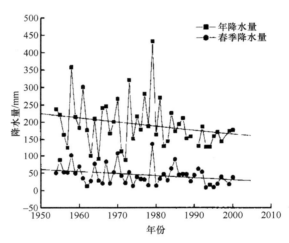

图 5 乌拉特中旗历年降水量

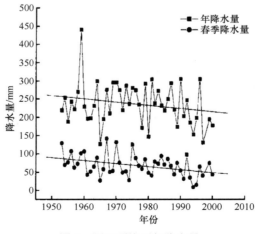

图 6 阿巴嘎旗历年降水量

4 沙尘暴源地降水与北京沙尘天气的关系

4.1 源地春季降水与北京沙尘暴的关系

通过对北京沙尘源区 20 个站春冬季降水和北京沙尘暴关系对比发现：二连浩特、阿巴嘎旗、满都拉、额济纳旗等地的降水和北京沙尘暴发生次数有显著的负相关关系（图 7～图 9）。在沙尘源区二连浩特等地，降水特别是春季降水偏少的年份，由于返青季节缺水，地表植被覆盖度减少，裸露土地面积增加，致使春季大风季节发生沙尘暴的频次增加。在大气降水比较多的年份，由于地表植被覆盖度相对较大，发生沙尘暴的概率就比较小。其他站与北京也有一定的负相关，但不特别明显。在二连浩特、朱日和、化德一带的冬春降水和北京沙尘暴的关系，与其他站相比较，负相关最为明显。这说明：由于春季返青季节天气干旱少雨，使得草场得不到充足的水分，草场

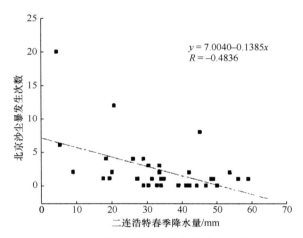

图 7 二连浩特春季降水与北京沙尘暴关系

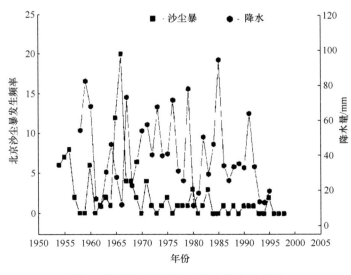

图 8 满都拉春季降水与北京沙尘暴关系

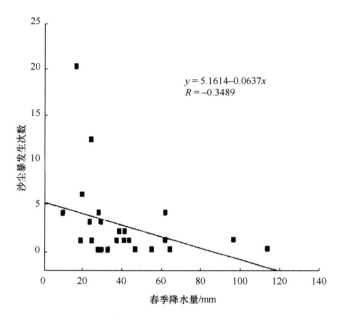

图 9　阿拉善右旗春季降水与北京沙尘暴关系

植被长得不好，有大量的裸露地。再加上过牧现象十分严重，形成广阔的沙尘源地。这一地区正是影响北京的沙尘暴源地。以二连浩特为例，1966 年北京的沙尘暴是峰值，这一年二连浩特的降水量比前两年锐减。1973 年降水较高，为小波峰，北京没有发生沙尘暴；而 1980 年降水偏少的年份，是波谷，因此，北京地区的沙尘暴出现一小波峰。大部分时段总的趋势是降水量增加，北京沙尘暴发生次数减少；降水量减少，北京沙尘暴发生次数增加。当然，在这种变化趋势中也还有一些波动，有个别年份不完全符合这一趋势，如 1960 年以前，1990 年到 1993 年等。北京地区沙尘暴发生次数与沙尘源区春季大气降水量有比较显著的负相关关系，说明沙尘暴在很大程度上是一种与大气条件密切相关的自然现象。在局部地区，由于人类活动的影响，沙尘源地的地域面积正在扩大，因此每年沙尘暴发生的次数和强度也在增加。

4.2　源地春季降水与北京扬沙的关系

沙源地冬春季降水和北京扬沙天气的关系不明显，负相关不显著。说明北京的扬沙起因与源区降水没有明显的关系，北京扬沙天气的发生主要是本地条件引起的。

4.3　源地春季降水与北京浮尘的关系

通过对沙源地 20 个气象站春季降水和北京浮尘天气关系比较，发现内蒙古西部阿拉善右旗、甘肃民勤、宁夏银川、中宁一带和北京浮尘天气有一定的负相关（图 10）。说明远距离沙尘暴天气对北京大气环境质量的影响非常明显。以阿拉善右旗为例，1960 年降水量是个小波峰，浮尘为波谷（仅发生 1 次浮尘）。1973 年浮尘发生了 14 次，为第二峰值，而降水量仅有几毫米。大部分时段总的趋势是：春季降水增加，北京浮尘次数减少；春季降水减少，北京浮尘发生次数增加。说明北京浮尘天气受上风区天气影响很明显。总体上风沙源区春季降水与北京浮尘天气是负相关的。也有一些年份不符合这一趋势，如 1984 年至 1989 年等。90 年代浮尘发生次数减少，趋势不明显。

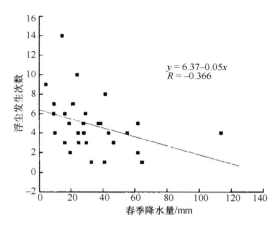

图 10　阿拉善右旗春季降水与北京浮尘关系图

5　结　　论

　　地球上的沙尘暴，本来是一种自然现象；但是，近 50 年来，由于人类活动的影响，在局部地区，沙尘暴的发生次数和强度，呈现增加的趋势。沙尘暴的发生必须具备三个条件：沙源、大风、气流辐合（垂直对流）。有沙源不一定起沙，但无沙源则一定不起沙。影响我国北方地区沙尘天气的境外源地主要位于哈萨克斯坦、俄罗斯以及蒙古国境内；境内源地主要位于内蒙古中西部沙漠、半沙漠和戈壁地区，新疆的沙漠、半沙漠地区，以及甘肃和青海等地区。向北京地区传输的沙尘暴路径，最主要的有两条，即西路传输和北路传输。北路输送：内蒙古乌兰察布和锡林郭勒→阿巴嘎旗→浑善达克沙地→张家口→北京。西路输送：新疆哈密→内蒙古阿拉善→河西走廊→贺兰山南、北两侧→毛乌素沙地和乌兰布和沙漠→呼和浩特市→张家口→北京。沙尘暴源地的气候特征主要表现为冬季寒冷，夏季炎热，降水稀少。北京沙尘暴和浮尘天气发生次数与北路源地春季降水呈现比较明显的负相关。北京扬沙天气与源地春季降水的关系不明显，表明北京扬沙天气主要受北京本地区的自然环境和人类活动的影响。

参 考 文 献

[1]　Gao Qingxian(高庆先), Ren Zhenhai(任阵海). Sand-dust Storm: Retaliate of the Nature to Humankind(沙尘暴——自然对人类的报复)[M]. Beijing: Chemistry Industry Press, 2002.

[2]　Gao Qingxian(高庆先), Li Lingjun(李令军), Zhang Yungang (张运刚). Spring sand-dust storm research in China[J]. Chinese Environment Science Research(中国环境科学), 2000, 20(6): 495-500.

[3]　Gao Qingxian(高庆先), Su Fuqing(苏福庆), Ren Zhenhai(任阵海), et al. Sand-dust weather in Beijing region and its influence [J].Chinese Environment Science Research(中国环境科学), 2002, 22(5): 468-471.

[4]　Guo Yaping(郭亚萍), Yuan Xing(袁星), He Fei(何菲).Preliminary discussion about cause and prevention measure of sand-dust storm[J].Arid Environment Monitor(干旱环境监测), 2000, 14(3): 167-171.

[5]　Yang Dongzhen(杨东贞), Yu Xiaolan(于晓岚), Yan Peng(颜鹏), et al. Discussion about source ground and transport and deposition of sand-dust storm[A].Chinese Sand-dust Storm Research(中国沙尘暴研究)[C].Beijing: Meteorological Press. 1997.

[6]　Xia Xuncheng(夏训诚), Yang Gensheng(杨根生).Disaster from Sand-dust Storm and Its Prevention in the

West-north China (中国西北地区沙尘暴灾害及防治)[M].Beijing: Chinese Environmental Science Press, 1996.

[7]   Quan Hao. Yellow Sand and Its Influence on Environment in China[A].In: Quan Hao. Management and Technology.[C].Beijing: Chinese Environmental Science Press.1994: 49-160.

[8]   Quan Hao(全浩).Discussion about transport course in the sky of sand-dust storm and yellow sand aerosol in the west-north China [J].Environmental Science(环境科学), 1993, 14(5): 60-64.

[9]   Cheng Daoyuan(程道远).Source of Sand and Dust in the Atmosphere and Sand-dust Storm[J].World Desert Research(世界沙漠研究), 1994, (1): 15-19.

[10] Chen Guangting(陈广庭), He Daliang(贺大良), Song Jinxi(宋锦熙), et al. Discussion about component and source of deposition dust in Beijing[J].Chinese Desert(中国沙漠), 1989, 9(3): 22-26.

[11] Chen Liqi(陈立奇).Long Distance Transport of Sand and Dust in the Desert in China to the North Peace Ocean.Ocean Science Journal(海洋学报), 1985, 7(5): 554-559.

[12] Qu Shaohou(曲绍厚), Li Yuying(李玉英), Zhou Ming(周明), et al. Source of a sand-dust storm into Beijing region[J].Environmental Science Journal(环境科学学报), 1984, 4(1): 80-85.

[13] Zhou Mingyu(周明煜), Qu Shaohou(曲绍厚), Song Ximing (宋锡铭), et al. Aerosol characteristic in sand-dust storm process in Beijing region[J].Science Bulletin(科学通报), 1981, 4 (1): 609-611.

[14] Zhao Xingcun(赵性存).Determination and Analysis Research of Sand and Dust in the Atmosphere[J].Chinese Desert(中国沙漠), 1980, 12(1): 35-40.

[15] Xu Guochang(徐国昌), Chen Minlian(陈敏连), Wu Guoxiong(吴国雄). Especially large sand-dust storm analysis in Gansu[J].Meteorological Journal(气象学报), 1979, 37(4): 26-35.

[16] Geng Hongkuan(耿宽宏).Wind to raise sand and flowing sand[J]. Geography Journal(地理学报), 1960, 25(1): 35-39.

[17] Oborutikov B A.The cause of Forming of Loess, the. Problems of Sand and Loess[黄土的成因, 沙与黄土问题][M].Yang Yuhua, trans. Beijing: Science Press, 1958.

[18] Takayama Shilo(高山四郎).Yellow sand over ocean on April13-17, Taishiowu 10th year[J].Japanese Meteorology Journal(日本气象学杂志), 1920, (1): 4-8.

[19] Koitsmi Shilo(小泉四郎).Yellow sand research(second report)[J].National Sanitation(国民卫生), 1934, 10(12): 99-118.

The Relation Between Sand-Dust Weather in Beijing and Meteorological Conditions of Dust Source Areas

ZHANG Zhigang[1], ZHAO Yanhua[2], CHEN Wanlong[1], XUE Yulan[2], GAO Qingxian[2], YANG Xinxing[2], SU Fuqing[3], REN Zhenhai[2]

1. Environmental Science Department, Nanjing Meteorological College, Nanjing 210044, China
2. Chinese Research Academy of Environmental Sciences, Beijing 100012, China
3. Beijing City Meteorological Bureau, Beijing 10086, China

Abstract: The present paper aims at introducing its investigation and analysis of the sandstorm disaster in Beijing and its relation with the sand-storm source areas. According to our research, the sandstorm source areas influencing Beijing's weather are not confined within China's own territories, they are chiefly coming from its three neighboring countries: Mongolia, Russia and Kazakhstan. At home, such areas are mainly the two autonomous regions in the north and northwest of China: Inner Mongolia and Xinjiang. Based on our investigation, the characteristic features of the climate in these areas are full of sand-dust due to the vast desert landscape. Our analysis has found the following three reasons in these home and international areas that contribute to the formation of the sand-dust weather in Beijing. The three reasons or conditions are respectively sand source, strong wind and violent vertical air current in the different periods of seasons in a year. Of course, it does not mean that the sand-storms are inevitable simply due to the existence of the sand dust surface ground in these original areas. Further analysis of ours shows that the climate in the source areas is characterized by the extreme coldness in winter and great heat in summer with scarce rainfall all the year around. Such a dominant reason has been further worsened by the two chief cold-and hot-air transmitting routes that contribute to causing the sandstorm weather in Beijing, one route is from the northwest, the other is from the north. It is also concluded through our investigation that the amounts of sand-dust storm and weather suffering from sandstorm in Beijing are in inversely proportional relation to the average rainfall in Spring in the source areas. However, it is not closely related to the rainfall in Spring in the source areas. Rather, it can be attributed to the dry natural conditions and the consequences of human activities in Beijing area itself.

Key words: environmental engineering; sand-dust weather; sand-dust storm source ground; rainfall; desert; Beijing

典型沙尘暴天气对大气环境的影响及其思考[①]

高庆先，任阵海

中国环境科学研究院，国家环境保护总局气候变化研究中心，北京，100012

摘要： 通过对影响我国的典型沙尘天气期间大气污染监测资料、地面气象观测记录和同期卫星遥感资料的综合资料分析，探讨了沙尘频发期间沙尘气溶胶对我国北方地区大气环境质量的影响，分析了沙尘气溶胶的理化特征和时空分布特点，揭示出沙尘气溶胶对大气环境影响的区域性特征，指出不同沙尘源区何不同传输路径上的沙尘气溶胶对北京大气环境的影响是不一样的。最后，就沙尘暴的定义从气象学和环境学方面进行了分析探讨。

关键词： 沙尘暴；大气环境；区域环境

随着社会经济的快速发展和工业化水平的提高，人类活动对环境产生的影响越来越大，尤其是在城市，那里集中了大量的工厂企业、车辆多、人口密集，大气环境质量逐渐开始恶化。我国目前规定大气环境质量必须监测的污染物有二氧化硫、二氧化氮、可吸入悬浮颗粒物（飘尘）和总悬浮颗粒物，这是根据全国城市污染情况及现有技术水平而确定的。随着技术手段的不断提高今后监测的污染物种类还会增加。

总悬浮颗粒物（TSP）是指能长时间悬浮于空气中，大小由 0.05 至 100 微米不等的颗粒物组成的大气颗粒物的总称，其中粒径小于 10 微米以下的又称为可吸入颗粒物或飘尘，记为 PM_{10}。总悬浮颗粒物的来源主要有天然和人为源，包括海洋海盐粒子、沙尘粒子、车辆废气排放转换的颗粒物、工业活动排放的污染物、建筑工地扬尘以及其他大气中的气相化学反应生成物等。PM_{10}能直达并沉积于肺部，而引发不良的健康反应，对人体健康的影响包括导致呼吸不适及呼吸系统症状（例如气促、咳嗽、喘气等）、加重已有的呼吸系统疾病及损害肺部组织，最易受总悬浮颗粒物影响的人士包括慢性肺部及心脏病、感冒或哮喘病患者，老年人及儿童。因此，可吸入悬浮颗粒物（飘尘）更引起人们的重视。

国家环境保护总局在网上公布的 2002 年全国空气质量状况报告，对全国主要城市空气质量进行了全面的回顾和评价，在全国 471 个城市中，有 209 个城市环境空气质量达到国家二级标准，占统计城市的 44.37%，比 2001 年的 33.43%增加 11 个百分点，比 1998 年的 27.64%增加了 16.7 个百分点；2002 年地级以上城市达到二级标准的占 32.8%，比 2001 年的 33.4%，略有下降。2002 年城市空气中二氧化硫平均浓度比 2001 年降低 9.6%，比 1998 年降低了 17.5%；2002 年总悬浮颗粒物浓度比 2001 年和 1998 年分别下降了 6.6%和 10.5%。

城市空气质量恶化的趋势得到遏制，但空气污染程度仍然严重，尤其是人口超过百万的特大

---

① 原载于《中国—欧盟荒漠化综合治理研讨会论文集》，2003 年，210~221 页。

城市污染较为严重。颗粒物是影响城市空气质量的首要污染物，53.5%的城市颗粒物浓度未达到国家二级标准[①]。

1　空气污染指数（API）的长期演变与区域特征

API 是空气污染指数，即是 Air Pollution Index 的英文缩写，是间接表征空气污染程度的一种方法。其特点是综合、简便、直观，适于表达城市短时间内空气质量状况及污染程度。图1给出了目前已经开展空气质量日报和预报的重点城市的分布。为了研究沙尘天气对全国大气环境质量的影响，结合影响我国沙尘天气潜在沙尘源地地表状况的分析，选择沙尘源地和传输路径上的几个主要城市 2001 年 2 月 13 日至 2002 年 12 月 31 日近两年间空气质量日报，分区域研究其长期演变趋势，探讨沙尘天气对全国沙尘天气的影响。第一个区域是沙尘天气传输的西北路径，包括呼和浩特、北京、天津和大连；第二个地区在华北地区，包括太原、石家庄、济南、烟台和青岛；第三个区域选在西北地区，该地区也是沙尘天气的高发地区，包括西宁、兰州、银川和西安，第四个区域选在我国长江中下游地区和东南沿海地区，包括合肥、南京、上海和厦门。通过对上述四个地区发生沙尘天气时大气环境质量的状况的分析，可以了解沙尘天气对全国大气环境质量的影响。

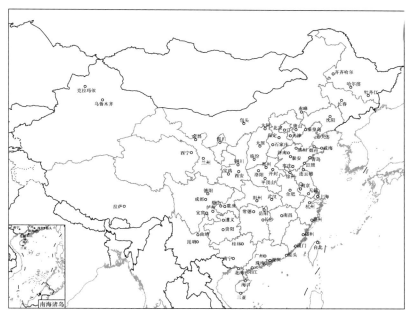

图1　已经开展空气质量日报和预报的重点城市分布

图2是分区 API 近两年的演变趋势，从图可以看出全国大气污染指数有明显的年变化规律，每年春季是 API 的高峰期，北方地区部分城市采暖季节也会出现重污染天气，这种重污染天气与

---

① 《中华人民共和国空气环境质量标准》给出了总悬浮颗粒物和可吸入颗粒物的定义和标准，即总悬浮颗粒物（TSP）是指能悬浮在空气中，空气动力学当量直径≤100μm的颗粒物；可吸入颗粒物（PM_{10}）是指悬浮在空气中，空气动力学当量直径≤10μm的颗粒物。
大气环境质量划分为三级，总悬浮颗粒物的年平均标准分别为：一级 0.08mg/m³，二级 0.20mg/m³，三级 0.30mg/m³，日平均标准分别为：一级 0.12mg/m³，二级 0.30mg/m³，三级 0.50mg/m³；可吸入颗粒物的年平均标准分别为：一级 0.04mg/m³，二级 0.10mg/m³，三级 0.15mg/m³，日平均标准分别为：一级 0.05mg/m³，二级 0.15mg/m³，三级 0.25mg/m³。

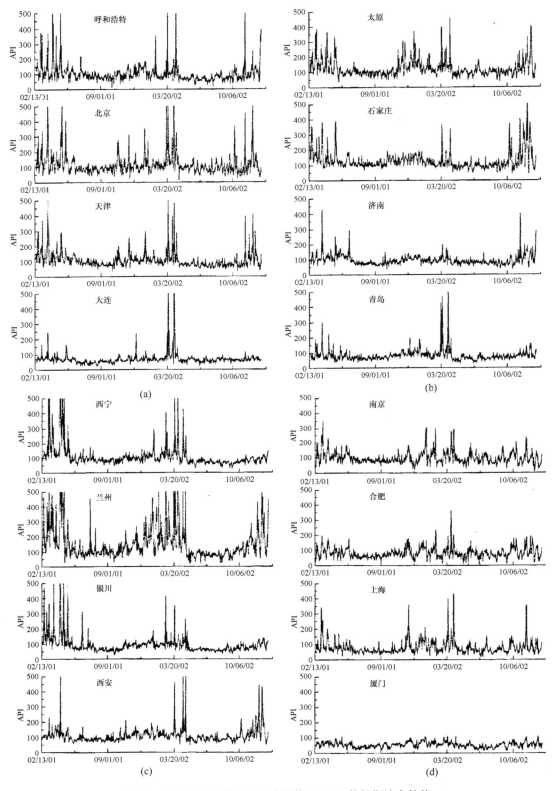

图 2 我国部分城市大气污染指数（API）的长期演变趋势

局地污染排放和特殊的地理环境有关。重污染和中度污染事件（API＞200）主要出现在每年的春季（3～5 月），特别是在我国西北沙源区和影响区，在我国北方地区由于冬季取暖期间燃煤的大量使用，常出现严重的空气污染事件。

表 1 给出的是我国部分地区出现 3 级以上污染天气的统计数据，从表中的数据可以分析出沙尘天气对于沙源区和影响区部分城市重污染的贡献较大。呼和浩特、北京、天津、大连、烟台、青岛在影响区，春季发生重污染现象的比例较大，特别是大气环境质量相对较好的大连、青岛、烟台三城市出现重污染的日子都是在发生大规模沙尘天气期间。如 2002 年 3 月 21～22 日和 2002年 4 月 7～9 日；西宁和银川是沙源区和影响区的城市，因此，春季发生沙尘重污染的比例很高，分别达到 90%和 68%。污染日较多的是兰州（110 天）、太原（45 天）、石家庄（45 天）、北京（42天）和西宁（31 天），这些城市都是北方内陆城市，冬季燃煤取暖是造成污染日数增加的主要因素之一。图 2a 是沙尘天气西北传输路径上主要城市（呼和浩特、北京、天津和大连）空气污染指数的长期变化，从中可以看出沙尘天气对传输路径上的城市空气质量影响具有明显的区域特征，并且在时间上有滞后现象。

表 1　部分城市 API＞200 污染日的季节分布

城市	API＞200日数	春季发生日数	春季发生日数所占比例/%	备注 API＞500 重污染日
呼和浩特	21	14	67	2001年4月7日，5月1日；2002年3月20日，4月14日，11月11日
北京	42	27	66	2001年3月22日，5月5日；2002年3月16日，3月21日，4月7日，4月8日
天津	28	16	57	2001年3月22日；2002年3月21日
大连	8	7	88	2002年3月21日，3月22日，4月7日，4月8日
太原	45	17	38	200
石家庄	45	13	29	
济南	7	3	43	
烟台	4	4	100	2002年3月21日
青岛	8	8	100	2002年4月8日
西宁	31	28	90	2001年3月3日，3月5～6日，4月7～9日，4月14～15日，4月20日；2002年3月20日，3月30日
兰州	110	46	46	2001年3月5日，4月7～10日，4月13～15日，4月20日；2002年1月30日，2月20-21日，3月17日，3月20日，3月22日，3月28～30日，4月14日，4月22日
银川	19	68	68	2001年4月8日，4月18日，4月20日，4月30日
西安	18	6	33	2001年4月9日；2002年4月15日，4月23日
南京	19	9	47	
合肥	4	4	100	
上海	13	7	54	
厦门	0	0	—	

我国西北地区 2001 年 3 月整个月几乎都有沙尘天气发生（图 2a，图 2c）。下面分析 2001 年3 月的几次典型沙尘天气过程，这几次沙尘天气过程在源区和影响区均出现了严重的空气污染事件。3 月 1 日受蒙古气旋及东移冷锋云系影响，在内蒙古中部发生局地沙尘天气；3 月 2 日至 3日受蒙古国沙尘暴天气影响，我国华北大部分地区发生大面积的沙尘天气；3 月 3 日受东北低涡影响，华北大部分地区发生扬沙天气；3 月 5 至 7 日受贝加尔湖西部冷高压和华北低压的影响，

北方大部分地区出现大面积的沙尘天气。西宁在 3 月 5 日和 7 日分别出现重污染天气，大气可吸入颗粒物浓度分别达到 0.632mg/m³、0.670mg/m³ 和 0.508mg/m³，分别为国家空气质量二级标准的 4.2 倍、4.5 倍和 3.4 倍。同时，兰州 3 月 5 日大气可吸入颗粒物浓度达到 1.123mg/m³，为国家空气质量二级标准的 7.5 倍。银川 3 月 5 日浓度为 0.47mg/m³。

2001 年 3 月 21 日强沙尘暴天气过程起始于蒙古国阿尔拜海赖一带，受蒙古低压系统影响，自起始源地向东南移动，在内蒙古境内浑善达克沙地西部地区得到加强，影响我国北方大部分地区，向南影响到长江中下游地区。呼和浩特受此次沙尘天气的影响在 3 月 20 和 21 日出现重污染事件，大气可吸入颗粒物的浓度分别达到 1.354mg/m³ 和 0.409mg/m³；北京和天津分别在 3 月 22 日出现 5 级的重污染天气，北京大气可吸入颗粒物浓度在 22、23 和 24 日分别出现 0.616mg/m³、0.505mg/m³ 和 0.466mg/m³；天津大气可吸入颗粒物浓度在 22、23 和 24 日分别出现 0.815mg/m³、0.392mg/m³ 和 0.481mg/m³；大连位于海滨城市空气质量相对较好，但是由于此次强沙尘天气的影响，大气中可吸入颗粒物浓度在 3 月 22 日达到 0.382mg/m³，为 3 月份最高，是国家空气质量二级标准的 2.5 倍。

北京 2002 年出现过 19 天大气可吸入颗粒物浓度超过 3 级，其中有 11 天出现在春季（3～4 月），4 次 5 级以上的重污染日均是由于受到沙尘天气的影响；呼和浩特的 5 级重污染天气也主要是受到沙尘天气的影响；天津 2002 年出现的重污染天气是受 2002 年 3 月 19～22 日强大沙尘天气的影响所致。

通过对空气污染指数长期演变趋势可以看出沙尘天气对全国大气环境质量的影响具有区域性的特点。2002 年 3 月 19 日至 23 日全国大部分地区都受到强沙尘天气过程的影响，沙尘天气的影响可以影响到长江中下游地区，包括南京，上海。华北地区的太原和石家庄 2002 年 3 月 21 日大气可吸入颗粒物浓度分别达到 0.497mg/m³ 和 0.474mg/m³，烟台 21 日出现 5 级重污染天气，浓度达到 0.804mg/m³，在长江中下游地区在 3 月 22 日出现这些地区的重污染天气，南京、合肥、上海大气颗粒物浓度分别达到 0.276mg/m³、0.333mg/m³ 和 0.501mg/m³。有些地区虽然没有沙尘天气现象记录，但是由于受上游沙尘天气远距离传输的影响，可以出现大气环境质量较低的重污染事件。

2 传输路径上污染特征和颗粒物粒径分布特征

以北京为参考点影响我国沙尘天气的传输路径主要有三条，北路、西北路和西路，各个路径由于地表状况和植被覆盖等不同，沙尘天气发生时各个地区对沙尘天气的贡献也不一样。

沙尘天气北路和西北传输路径上，由于沿途地表裸露，存在大面积裸露沙地、荒漠化土地和大量的干涸河庆，此外，由于春季恰逢春耕季节，在我国北方农牧交错带存在大量裸露的土壤，形成大面积沙尘加强源地。

影响我国沙尘天气北路传输路径的加强源地位于内蒙古中部浑善达克沙地以西的荒漠化地区和退化草场；影响我国沙尘天气西北传输路径的加强源区主要是位于额济纳旗至乌拉特中旗广大的荒漠化地区。正常天气下上述地区总悬浮颗粒物浓度一般都在国家二级标准以下，但是，当沙尘天气发生时不仅在沙尘源区大气颗粒物浓度陡增，而且在沙尘天气的影响区由于有沙尘物质的不断补充，沙尘天气得到加强。图 3 给出的是 2001 年 3 月、4 月在我国西北地区发生强沙尘天气时北路和西北路沿途几个城市大气总悬浮颗粒物浓度，可以看出 2001 年 3 月 2 日，在额济纳旗附近沙尘粒子的浓度并不很高，但是随着沙尘天气向东部地区移动，各地区观测到的大气颗粒物浓度值呈现出高低起伏的变化趋势，说明沙尘天气在境内得到加强。加强源位于阿拉善、银川以及集宁一带；2001 年 3 月 19 日的沙尘天气过程的大气颗粒物浓度呈现出逐渐下降的趋势，说明此次沙尘天气主要来自于境外源的影响，在境内基本上没有得到加强；2001 年 3 月 23 日的沙尘天气起始于境外，进入我国后使得额济纳旗的大气颗粒物浓度达到 2308μg/m³，在传输过程中有境内加强源补充而得到增加。

北路沙尘天气同样也存在境外源和境内源的影响，2001 年 3 月 21 日的沙尘天气过程主要是来自于境内源地，在化德和宣化一带得到加强；2001 年 4 月 29 日则是典型的浮尘天气，是境外源影响，在境内并没有得到加强，大气颗粒物浓度在传输过程中逐渐下降；2001 年 4 月 30 日的沙尘天气过程则是起始于境外，在境内得到加强，此次沙尘过程二连浩特 TSP 的浓度高达 1865μg/m³。

对沙尘天气发生时从沙源区和影响区采集的空气样品进行分析测定的结果表明，从源区被大风输送到空中的沙尘颗粒物在大气传输过程中，由于沉降作用，只有细小的颗粒才能传输到远距离的地方。图 4 给出发生沙尘暴时在源区和传输路径上采集样品沙尘粒径分布的变化[2]，可以看出，在沙尘源区空气动力学粒径出现双峰，第一个峰在 80μm 左右，第二个峰在 120μm 以上。当出现大风形成流沙时，颗粒物主要以粒径为 100～700μm 的细沙为主，小于 100μm 的颗粒物很少（图 4a）；在沙尘源区周边地区的兰州沙尘粒子的空气动力学粒径为单峰（图 4b），其沙尘粒径范围为 0.01～200μm，峰值出现在 60μm 左右，其中 0.01～10μm 的颗粒物浓度很少；影响区北京出现了双峰分布，北京大气颗粒物分布特征是以 2.5～10μm 的颗粒物为主，主要的峰值粒径在 5μm 左右，此外，北京地区发生沙尘天气时还有一个峰值，沙尘颗粒的空气动力学粒径小于 1μm，这主要是远距离沙尘输送的结果（图 4c），位于日本的北九州所监测到沙尘粒子的空气动力学粒径呈现出单峰分布，颗粒物以 2.5～10μm 为主，但峰值较细，在 3.7μm 左右，这主要是沙尘远距离传输的结果。沙尘天气发生时从沙尘起始源地、加强源地和影响区大气中沙尘粒子的空气动力学粒径不一样。源区及其周边地区以粗颗粒为主，影响区和下游地区以细颗粒为主，对于那些有局地沙尘源的地区，在发生大规模沙尘天气时局地沙源的补充会使沙尘粒子的分布出现双峰型分布。

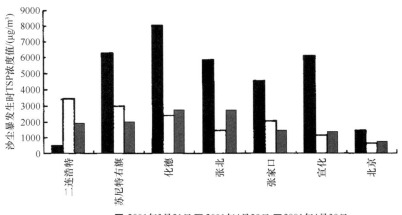

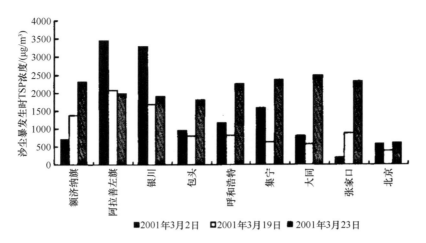

图 3　强沙尘天气总悬浮颗粒物浓度

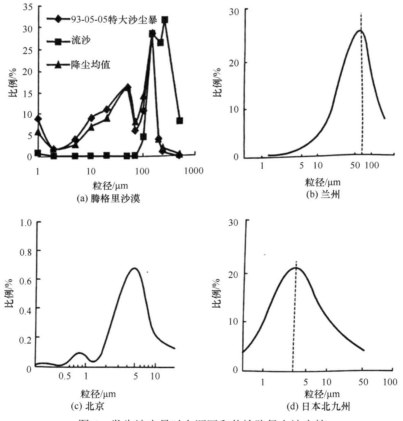

图 4　发生沙尘暴时在源区和传输路径上沙尘粒

图 5 给出了论文所选择的 AERONET 观测网 4 个监测站的位置分布图，所选择的台站位于沙尘天气影响传输路径上。我们选择 2001 年两次大的沙尘暴天气过程，对沿途沙尘气溶胶粒径分布进行分析。图 6 给出了北京（116.381°E，39.977°N）、济州岛（126.167°E，33.283°N）、日本 Shirahama（135.357°E，33.639°N）和 Noto（137.137°E，37.334°N）四个监测站点的沙尘气溶胶粒径分布图。

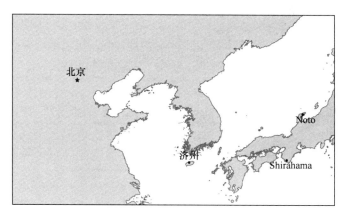

图 5　AERONET 监测站位置

　　由于受到 2001 年 4 月 7~12 日强沙尘暴天气的影响，2001 年 4 月 8 日北京受锋前高压边缘西南气流控制，风速为 6m/s，出现能见度为 2km 的浮尘。从沙尘气溶胶的粒径分布可以看出，北京沙尘气溶胶在 0.15~7μm 之间出现 3 个高值区，第一个高值区粒径范围是 2.5~7μm 间，峰值出现在 3.8μm 左右；第二高值区在 0.9~1.7μm 之间，峰值粒径为 1.4μm 左右；还有一个峰值对应细小颗粒物，粒径范围为 0.15~0.3μm 之间，峰值粒径为 0.18μm。2001 年 4 月 9 日在韩国济州岛观测到的沙尘气溶胶大致呈现均匀双峰分布，第一个峰与北京的基本一致，粒径为 0.18μm 左右，但数值远远小于北京；第二个峰值为 1.8μm。日本 Shirahama 和 Noto 两地沙尘气溶胶的粒径也呈现双峰分布，但数值要高于韩国济州岛，表明除了有远距离沙尘气溶胶输送的影响外，局地影响也存在。两地的峰值范围基本上一致，一个在 0.5~1μm 之间，另一个为 1~3μm 之间（图 6a）。

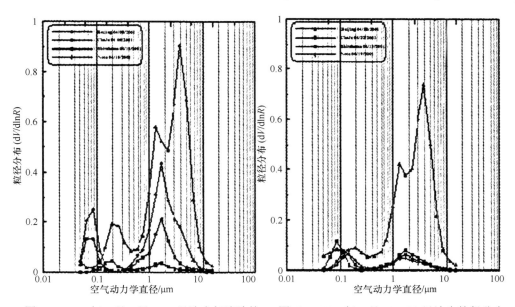

图 6a　2001 年 4 月 8 日~10 日沙尘气溶胶粒　　图 6b　2001 年 4 月 17~21 日沙尘粒径分布

　　图 6b 是另一次沙尘天气过程的粒径分布情况。2001 年 4 月 17 日至 21 日受蒙古高原发展深广的蒙古气旋的影响，在内蒙古中西部地区发生沙尘暴天气，北京出现远距离输送的浮尘和局地扬沙共存天气；北京 2001 年 4 月 18 日受冷锋后部西北气流控制，风速为 4m/s，能见度为 6km，

出现局地扬沙和浮尘，沙尘气溶胶粒径主要集中在 1～7μm 之间，峰值粒径为 4μm 左右。韩国济州岛沙尘气溶胶粒径分布为双峰形式，第一个峰值为 0.8～0.9μm，第二个峰值在 1.8μm 左右，日本 Shirahama 和 Noto 的粒径分布也为双峰形式，分布形式大体一致，第一峰值粒径范围为 0.1～0.7μm，第二峰值粒径在 1.8μm 左右。

　　通过上面的分析可以看出，北京在受到远距离沙尘天气影响出现浮尘时，沙尘气溶胶在 0.15～0.3μm 的粒径范围内有一个峰值，反映细小沙尘气溶胶从远距离输送；另外一个峰值则是局地扬尘产生的粗颗粒的影响。在韩国济州岛沙尘天气影响期间细颗粒（粒径小于 1μm）所占的比例相对较高。

3　典型沙尘天气大气污染监测分析

　　图 7 是选择的两个典型沙尘天气过程的时空演变，一个是 2002 年 3 月 18～28 日期间，另外一个是 2002 年 4 月 5～20 日期间。由图可以看出，2002 年 3 月 18～28 日期间受深广的蒙古低压控制，我国大陆发生一次强大的沙尘暴天气过程，2002 年 3 与 18 日大陆冷高压控制我国大部分地区，高压前部的东北低涡中心位于东北地区，冷锋锋面横扫我国华北地区。3 月 19 日受到发展深广的蒙古低压和后部冷高压之间等压线密集带天气系统的影响，西宁、兰州、银川和呼和浩特及其周边地区出现大范围沙尘天气，2002 年 3 月 20 日锋面扫过华北地区，3 月 21 日该沙尘天气向东南方向传输，并影响到石家庄、北京、天津、大连、青岛等地。2002 年 3 月 20 日北京出现大范围的沙尘天气，14 时在北京怀柔地区出现能见度为 0 公里，风速为 8m/s 的记录；海淀有 10m/s，能见度为 0 的天气记录。图 7a 给出的是这一次天气过程地面监测大气颗粒物浓度的时空变化情况，图中和坐标表示的是时间（3 月 18～28 日），纵坐标是由西北向东南方向各个受影响的城市名，图中等值线可以明显看出此次沙尘天气过程影响的区域很广，而且大气颗粒物浓度的高值区向右方向偏，表明沙尘天气自西向东的传输过程。从图中还可以看出在 2002 年 3 月 22～24 日期间，在我国西北地区的兰州及其周边地区又有局地沙尘天气发生，此次沙尘天气过程与前一个过程相比强度低，影响范围小。

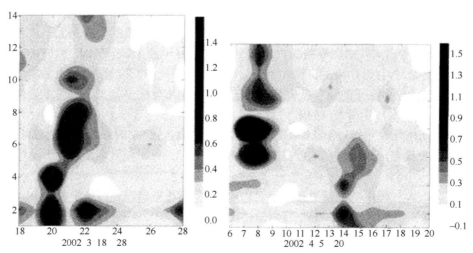

图 7a　典型沙尘天气大气颗粒物浓度时空分布　图 7b　典型沙尘天气大气颗粒物浓度时空分布
　　　　（2002 年 3 月 18~28 日）　　　　　　　　　　（2002 年 4 月 5~20 日）

在 2002 年 4 月 5 日至 20 日期间有两次明显的大范围沙尘天气过程（图 9b），一次是 4 月 6～9 日，受大陆冷高压和东北低涡之间等压线密集区天气系统的影响，发生一次北路传输型的沙尘天气过程，此次沙尘天气在高低压之间西北偏北气流的影响下，向南传输，其影响范围达到长江中下游的南京、上海及其周边地区。大连由于受前一次和这次沙尘天气的影响，大气中沙尘颗粒物不断累积，出现连续两天 5 级的重污染天气。北京地区 4 月 6～8 日出现大面积的沙尘天气记录，最高风速达到 12m/s，最低能见度出现 0 公里（汤河口 4 月 6 日）；第二个大范围沙尘天气属于西北路径传输型的沙尘天气过程，2002 年 4 月 14～15 日期间发生在西北地区的强沙尘暴，受大陆冷高压前部大风的影响，在我国西北西宁和兰州一带出现沙尘天气，并在随系统移动的过程中影响我国北方大部分地区，通过远距离传输影响北京、天津。2002 年 4 月 13～15 日期间受上游沙尘天气的影响出现浮尘天气，并在大风的影响下出现局地扬沙天气，最大出现 10m/s 的风速，最小能见度为 3 公里（4 月 14 日）。

通过上述分析，可以得出这样的结论，在受到沙尘天气影响时，由于重力沉降作用的影响大气中可吸入颗粒物的高浓度值并不出现在沙尘源区，而是出现在沙尘天气的影响区。大气中颗粒物浓度分布随时间呈现先增后减的分布，开始时浓度较低，在影响区的某一位置浓度达到最高，随后开始下降。可吸入颗粒物高浓度区出现的时间和位置除了与天气系统的移动路径有关外，还与系统途径的下垫面地表状况有密切的关系。

4　几点结论和思考

通过上述分析得出几点初步的结论，并就沙尘暴天气的概念提出几点思考：

（1）沙尘暴天气是一种灾害性的天气现象，长期以来是气象部门的一项日常业务工作，随着人民生活水平的提高和环境保护的意识不断提高，人们开始关注与之密切的大气环境质量，环境保护部门也从工作的需要出发关注沙尘天气，两个部门同时关注沙尘天气，有很好的结合点。

（2）目前普遍使用的沙尘暴天气的概念是源于气象学，主要的指标是大气水平能见度和风速，没有考虑大气中颗粒物的浓度，事实上，在发生沙尘暴天气时，大气中的颗粒物浓度明显增加，并且有明显的区域性特征。在沙尘暴天气影响区域，虽然水平能见度或风速没有达到沙尘暴定义的强度，但是，大气中颗粒物浓度明显增加，且是由上游输送而来，这显然是一次沙尘暴天气过程的影响。

（3）如何将气象要素（能见度、风速等）和环境监测指标（总的悬浮颗粒物浓度、PM_{10}、$PM_{2.5}$）结合提出一种更科学的沙尘暴天气概念，是广大科研和管理工作者面临的一项重要任务。

（4）全国大气污染指数有明显的年变化规律，空气质量出现重污染事件（API＞200）主要出现在每年的春季（3～5 月），特别是在我国西北沙源区和影响区，沙尘天气对于沙源区和影响区部分城市重污染的贡献较大。

（5）沙尘天气对传输路径上所经过的城市空气质量的影响具有明显的区域特征，并且有时间的滞后现象。

（6）在受到沙尘天气影响时，由于重力沉降的影响，大气中可吸入颗粒物的高浓度值不出现在沙尘天气的源区，而是出现在影响区，出现时间和位置除了受天气系统的和移动路径影响外，还与下垫面地表状况有密切的关系。

（7）沙尘起始源地、加强源地、途经地大气中沙尘粒子的空气学动力粒径是不一样的。源区及其周边地区以粗颗粒为主，途经地和下游地区以细颗粒为主。北京在受到远距离沙尘天气影响出现浮尘天气时，沙尘气溶胶在 0.15～0.3μm 的粒径范围内有一个峰值，另外还有一个峰值是局地扬尘产生的粗颗粒产生的。

参 考 文 献

[1] 北京市大气污染控制对策研究(国家科技项目), 项目总体组报告, 2002.

[2] 沙尘暴与黄沙对北京地区大气颗粒物影响研究, 国家环境保护总局沙尘暴项目组, 2001.

[3] 王明星. 大气化学(第二版). 北京: 气象出版社, 1999.

[4] 王明星等. 北京 1 月大气气溶胶的化学成分及其谱分布. 大气科学, 1984, 10: 46-54.

[5] 王明星. 北京冬春季节大气气溶胶来源的研究. 科学探索, 1983, 3: 13-20.

[6] 唐孝炎. 大气环境化学. 北京: 高等教育出版社, 1990.

[7] 汪安璞等. 北京地区大气飘尘的化学特征. 环境化学学报, 1981, 1(3): 220.

[8] Bench G, Grant P G, Ueda D, et al. The Use of STIM and PESA to Respectively Measure Profiles of Aerosol Mass and Hydrogen Content Across Mylar Rotating Drug Impactor Samples. Aerosol Science & Technology, 2002, 36: 642-651.

[9] Perry K D, Cahill T A, Schnell R C, et al. Long-range transport of anthropogenic aerosols to the national Oceanic and Atmospheric Administration baseline station at Mauna Loa Observatory, Hawaii, J. Geophys. Res., 1999, 104: 18521-18533.

[10] Dubovik O, King M D. A flexible inversion algorithm for retrieval of aerosol optical properties from Sun and sky radiance measurements, J. Geophys. Res., 2000, 105: 20673-20696.

[11] Dubovik O, Smirnov A, Holben B N, et al. Accuracy assessment of aerosol optical properties retrieval from AERONET sun and sky radiance measurements, J. Geophys. Res., 2000, 105: 9791-9806.

沙尘天气对北京大气重污染影响特征分析[①]

张志刚[1]，矫梅燕[1]，毕宝贵[1]，赵琳娜[1]，高庆先[2]，郭敬华[3]，任阵海[2]

1. 国家气象中心，北京　100081
2. 中国环境科学研究院，北京　100012
3. 北京师范大学大气环境研究中心，北京　100875

摘要：利用北京市具有代表性的大气污染物监测站资料，统计出 2000～2005 年各月重污染的天数，并对 4 和 5 级的重污染特征进行分析。结果表明，北京市大气重污染主要源于颗粒物。分析了北京沙尘型重污染年、季节变化特征和表现形式等，利用 2000～2005 年北京及周边地区环境监测、卫星遥感以及气象等数据，对沙尘天气影响北京城区大气中 $\rho(PM_{10})$ 进行分析发现，ρ（沙尘粒子）约占 $\rho(PM_{10})$ 的 1%～13%；沙尘天气的影响区域逐渐加重的顺序为前门<古城<车公庄<农展馆<东四<天坛<奥体中心<定陵；沙尘天气下 $\rho(PM_{10})$ 具有双峰型特征，细粒子（$PM_{2.5}$）质量浓度的增加对人体健康影响极为不利。

关键词：沙尘天气；重污染；沙尘粒子；影响

　　近几年来，我国的大气污染日益严重，大气可吸入颗粒物（PM_{10}）已成为北京、兰州等大都市的首要空气污染物；同时，近年来沙尘天气频繁发生，已对北京大气环境质量（特别是 PM_{10}）有明显的影响，国内学者在这方面开展了大量研究[1-16]。高庆先等[3]研究了北京沙尘天气的历史演变，并初步分析了沙尘天气对北京大气颗粒物的影响。李令军等[4-5]研究了影响北京地区沙尘天气的源地和传输路径，根据起沙情况分为初始源地和加强源地，根据初始源地和传输方向将传输路径分为西路、北路和西北路。任阵海等[6]利用网络点集确定出大气输送通道，提出了汇聚带概念，分析了北京地区大气污染特征；并以 2002 年 3 月 20 日北京一次特强沙尘暴为例，对原始沙尘源的分布进行了解析，并分析了其对北京空气质量的影响。王英等[7]认为，北京的沙尘天气与气象条件密切相关，指出了北京典型沙尘污染过程特征。王玮等[8-9]研究了北京沙尘暴期间的大气气溶胶污染特征、理化特征和组分来源。任晞等[10]利用北京及周边地区气象台站资料、卫星遥感资料以及环境监测资料，采用月积分浓度和年积分浓度方法，评估了 2000～2002 年沙尘天气对北京空气质量的影响。笔者采用与任晞等[10]类似的方法，利用 2000～2005 年北京城区 7 个环境监测站和昌平定陵环境监测站 6h 平均的 $\rho(PM_{10})$ 监测数据，研究沙尘天气对北京空气质量的影响，分析其对北京的重污染特征；同时分析沙尘天气的重点影响地区以及北京发生沙尘天气的主要天气形势。以期为进一步认识北京沙尘天气及其所带来的重污染危害，为减缓沙尘天气对北京空气质量

① 原载于《环境科学研究》，2009 年，第 22 卷，第 3 期，309~314 页。

的影响提供技术支持。

1 资料与研究方法

以 2000～2005 年北京城区车公庄、前门、东四、天坛、农展馆、奥体中心、古城以及郊区昌平定陵 8 个环境监测站 6h 平均的 ρ（PM_{10}）监测数据，同期北京与周边区域的常规及加密气象台站监测数据和气象卫星遥感图像为数据来源。

根据沙尘暴的粒径监测可知，从沙尘源区输送到北京的沙尘粒径约在 10μm 以下[12]，故沙尘天气会导致北京的 ρ（PM_{10}）增高。因此，沙尘季节监测的 PM_{10} 不仅包含沙尘粒子，也包含北京本地污染源排放粒子，以及北京周边地区污染源排放的并经大气中远距离的污染输送和扩散过程传输到北京的污染粒子。

如何从北京的 ρ（PM_{10}）中区别 ρ（沙尘粒子）和 ρ（排污粒子）是笔者研究的关键。常见的区分方法包括 3 类：第 1 类是移动的沙尘系统完全覆盖北京地区而后移出，在该时段沙尘系统的风场把北京地区的排污粒子持续地输送到区外，北京大气中充满着高浓度的沙尘粒子，环境监测数据也显示主要是沙尘粒子。第 2 类是沙尘系统覆盖北京的部分地区而后移出，在这类情况下从环境监测数据中区分排污粒子和沙尘粒子是很关键的。根据任晰等[10]的研究，假设在沙尘频繁发生的季节，取月内没有沙尘影响日的 ρ（PM_{10}）平均值代表月内 ρ（排污粒子）的平均值，从该月全部日数的 ρ（PM_{10}）平均值减去月内没有沙尘影响的 ρ（PM_{10}）平均值即得到该月 ρ（沙尘粒子）的平均值。第 3 类是北京本地起沙而不受外来沙尘影响。根据文献[5]在西北地区的城市起尘观测，沙尘的空气动力学粒径主要属于 TSP 范围，其中 PM_{10} 相对较少。北京大气监测的数据中也包含本地出现沙尘天气时的 PM_{10}，该时段的 ρ（沙尘粒子）可用第 2 类方法计算。

大气中的 SO_2，NO_x 在太阳辐射和大气中有关污染物质催化作用下转化成 PM_{10} 粒子，尽管也包含在北京大气环境监测数据中，但转化的浓度很小，在计算沙尘粒子浓度时可忽略不计。

2 结果与讨论

2.1 沙尘型重污染特征

重污染一般用空气污染指数大于 4 级表示。以 2000～2005 年 PM_{10}，SO_2，NO_2 和 O_3 等有代表性的污染物数据统计出各月重污染的天数。其中，PM_{10} 重污染次数最多，仅 5 级重污染日就达到 45d，按 4 和 5 级统计，则 PM_{10} 重污染日达到 90d（表 1）；SO_2 和 NO_2 没有 4 或 5 级的污染；O_3 没有出现 5 级污染，但在夏季出现了 2 次 4 级污染。可见，与其他 3 项气态污染物相比，PM_{10} 是北京市大气重污染的首要污染物，且集中在每年的 3，4 月风沙季节和秋、冬季节。

沙尘型重污染主要是指上风向地区发生沙尘暴产生的沙尘随西北气流输入北京，造成空气污染指数超过 4 级的严重污染，这时往往会有局地扬沙相伴。2000 年为 PM_{10} 污染的高峰年，重污染日达到 11d，采暖期（2000 年 11 月 15 日～2001 年 3 月 15 日）和非采暖期（2000 年 3 月 16 日～11 月 14 日）发生天数基本一致，沙尘型重污染占全年重污染的 45.5%；2001～2002 年是 PM_{10} 重污染发生的高发期，每年分别有 9，10d 的重污染日，沙尘型重污染日占全年重污染日超过

表1   2000～2005年PM₁₀ 4,5级重污染及沙尘天气类型5级重污染天数统计

年份	5级重污染						4级重污染						沙尘天气型5级重污染	
	全年天数/d	采暖期		非采暖期			全年天数/d	采暖期		非采暖期			天数/d	占全年比例ᵃ/%
		天数/d	占全年比例ᵃ/%	天数/d	占全年比例ᵃ/%			天数/d	占全年比例ᵇ/%	天数/d	占全年比例ᵇ/%			
2000	11	6	54.5	5	45.5		16	7	43.7	9	56.3		5	45.5
2001	9	1	11.1	8	88.9		15	7	46.7	8	53.3		6	66.7
2002	10	2	20	8	80		8	2	25	6	75		6	60
2003	1	0	0	1	100		4	1	25	3	75		0	0
2004	8	3	37.5	5	62.5		9	4	44.4	5	55.6		2	20
2005	6	0	0	6	100		3	1	33.3	2	66.7		3	50

a. 占全年5级重污染天数比例；b. 占全年4级重污染天数比例。

50%；2003～2005年稳定天气形势下的重污染天数呈减少趋势，其中，2003年没有沙尘型重污染，2004和2005年沙尘型重污染天数有所增加。对比文献[5]发现，北京地区沙尘型重污染的年际变化特征与气象观测的沙尘日数年际变化特征一致，所以，影响沙尘天气的最主要因素是气候的变化，当然沙尘源区的改变和政府对沙尘源区治理措施的变化也对沙尘型重污染有一定的影响[3]。

北京市沙尘型重污染年变化比较大，2000～2002年总的趋势是沙尘重污染在全年重污染中的比重有较大幅度的增加。沙尘重污染日的季节分布特征明显，绝大多数集中于3，4月[3]。北京春季盛行偏北气流，风速大，加之地面解冻，西部、北部又有植被覆盖很差的黄土高原及沙漠地带，这是形成北京市春季重污染的气候及污染源条件。对2000～2005年22次沙尘天气类型的5级重污染过程分析发现，沙尘型重污染具有如下特征：

（1）季节性强，以3，4月出现的频率最高；天气影响特征明显，常伴有大风，与天气过程直接相联系。

（2）具有连续性，常出现连续2～3d的重污染日；在沙尘重污染日ρ（PM₁₀）很高，远超过重度污染的标准[空气污染指数>300，ρ（PM₁₀）>0.420mg/m³]，而SO₂，NO₂和O₃等浓度则可维持相对较低水平。

（3）表现形式多样。大多数沙尘型重污染伴有大风天气，但也有在较稳定的天气条件下发生的，这往往与沙尘的远距离输送有关。后者是在西北部上风向地区已发生沙尘暴时，由于北京处于锋面逆温的控制之下而发生，此时沙尘污染表现为静风条件下的弥漫性污染。

2.2   2000～2005年沙尘天气对北京城区颗粒物浓度的影响

对北京及周边区域的常规及加密气象台站数据和卫星遥感图像进行分析，得到了影响北京地区2种类型的沙尘污染。笔者仅将北京城区7个环境监测站数据平均得到北京城区ρ（PM₁₀）平均值，而任晰等[10]的统计数据则包括城、郊区。

2000年沙尘天气主要分布在3，4月，有8d全市受到沙尘影响，有4d局部受到沙尘影响。不计沙尘天气的影响，ρ（PM₁₀）年均值为0.150mg/m³；计沙尘天气影响时，ρ（PM₁₀）年均值为0.165mg/m³，相比提高了0.015mg/m³，ρ（沙尘粒子）占城区ρ（PM₁₀）年均值的9.1%。而文献[10]中的ρ（沙尘粒子）占全市ρ（PM₁₀）年均值的11.5%，可见沙尘天气对北京城区的影响和全北京

市的影响不同,对全北京市的影响高于对城区的影响。

北京 1999～2001 年连续 3 年呈高温、少雨、干旱的气候特征,且多大风天气,致使北京及其周边地区干旱极其严重,地下水位不断下降,地表植被逐渐萎缩,最终导致 2001 年北京地区沙尘天气偏多。2001 年全年沙尘天气主要分布在 2 月底到 5 月中旬,有 16d 全市受到沙尘影响,有 11d 局部受到沙尘影响。不计沙尘天气的影响,2001 年 ρ（PM_{10}）年均值为 0.144mg/m^3；计沙尘天气影响,ρ（PM_{10}）年均值为 0.165mg/m^3,相比提高了 0.021mg/m^3。ρ（沙尘粒子）占 ρ（PM_{10}）年均值的 12.7%,而任晰等[10]的研究结果则为 15.3%。

2002 年,沙尘天气主要集中在 3 月中旬到 4 月中旬,全年有 13d 北京全市受到沙尘影响,有 4d 局部受到沙尘影响。3 月 20 日全市出现了近年来强度最强、影响最大的一次沙尘天气,海淀站 14：00 观测数据表明为沙尘暴,期间城区的最低能见度只有 200m,ρ（PM_{10}）最大小时值超过 6mg/m^3。不计沙尘影响,ρ（PM_{10}）年均值为 0.145mg/m^3；计沙尘天气影响,ρ（PM_{10}）年均值为 0.166mg/m^3,相比提高 0.021mg/m^3。ρ（沙尘粒子）占 ρ（PM_{10}）年均值的 12.6%,而任晰等[10]的结果为 15%。

2002～2003 年冬季,2003 年春、秋季的降水都偏多,使得北京地区墒情良好,土地湿润,地表几乎没有形成干土层或浮土层。冬、春季的强冷空气活动明显偏少,大风天数也比常年明显偏少,故全年没有出现明显的沙尘天气过程,沙尘天气天数创历史最低水平,成为近年来空气质量最好的一年。不计沙尘天气的影响,ρ（PM_{10}）年均值为 0.140mg/m^3；计沙尘天气影响,ρ（PM_{10}）年均值为 0.141mg/m^3。ρ（沙尘粒子）仅占 ρ（PM_{10}）年均值的 0.7%。

由于 2003～2004 年的冬季,2004 年春、秋季的降水都偏多,使得北京及其上游墒情良好,土地湿润,加之冬、春季强冷空气活动少,大风天数也比常年偏少,故 2004 年北京出现沙尘天气的天数较少。沙尘天气主要发生在 3 和 12 月,全年有 3d 全市受到沙尘天气的影响,有 4d 局部受到沙尘天气影响。不计沙尘天气的影响,ρ（PM_{10}）年均值为 0.141mg/m^3；计沙尘天气影响,ρ（PM_{10}）年均值为 0.149mg/m^3,相比提高了 0.008mg/m^3。ρ（沙尘粒子）占 ρ（PM_{10}）年均值的 5.4%。

2005 年,沙尘天气主要发生在 4 月,5 月,有 3d 全市受到沙尘天气的影响,有 1d 局部受到影响。不计沙尘天气的影响,ρ（PM_{10}）年均值为 0.136mg/m^3；计沙尘天气影响,ρ（PM_{10}）年均值为 0.142mg/m^3,相比提高了 0.006mg/m^3,ρ（沙尘粒子）占 ρ（PM_{10}）年均值的 4.2%。

综上可知,2000～2002 年沙尘天气对北京城区 ρ（PM_{10}）年均值的影响比较大,ρ（沙尘粒子）占 ρ（PM_{10}）年均值的 9.1%～12.7%。2003 年北京地区几乎没有发生沙尘天气,因而 ρ（PM_{10}）年均值比 2002 年下降了 15.1%,成为近年来空气质量最好的一年。2004 和 2005 年沙尘天气对 ρ（PM_{10}）年均值的影响相对于 2003 年有所增加,ρ（沙尘粒子）占 ρ（PM_{10}）年均值的 4%～5%,但仍没有达到 2000～2002 年的水平。与任晰等[10]的 2000～2002 年的研究结果相比,沙尘天气对北京全市 ρ（PM_{10}）的影响高于城区。

2.3 沙尘天气影响北京的区域差异

利用 2002～2005 年北京市 8 个监测站的 PM_{10} 监测数据,将每个站的 ρ（PM_{10}）日均值按有沙尘日和无沙尘日进行平均。在没有沙尘影响的情况下,城区及近郊区 8 个站的 ρ（PM_{10}）差异较大,特别是东四和古城站的 ρ（PM_{10}）不仅比其他 6 个站显著偏高,而且日变化也不同,显然这2个站受局地污染源的影响较大。定陵站作为北京市的环境背景站，ρ（PM$_{10}$）比城区及近郊区的其他站低 50～100μg/m³，且变化相对平稳。有沙尘影响时，8 个站的 ρ（PM$_{10}$）差异依然较大，其中东四和古城站的仍然比其他 6 个站显著偏高，原因主要是这 2 个站的 ρ（PM$_{10}$）本底比较高。因此，不能用沙尘影响时各监测站 ρ（PM$_{10}$）的高低来表示沙尘影响的程度。根据全浩等[12]研究的方法，用沙尘贡献率来表示受沙尘影响的程度（见图 1），沙尘贡献率=[有沙尘日 ρ（PM$_{10}$）平均值–无沙尘日 ρ（PM$_{10}$）平均值]/无沙尘日 ρ（PM$_{10}$）平均值。由图 1 可知，定陵站沙尘贡献率为 73.8%，明显高于其他站；奥体中心站沙尘贡献率为 64.7%，位居第二；前门站沙尘贡献率为 48.5%，受沙尘影响最小；古城站沙尘贡献率为 49.5%，受沙尘影响较小。8 个站按沙尘天气的影响逐渐加重的顺序依次为前门<古城<车公庄<农展馆<东四<天坛<奥体中心<定陵。

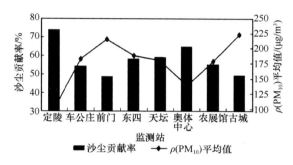

图 1　8 个监测站无沙尘日的 ρ（PM$_{10}$）和沙尘贡献率

2.4　沙尘天气粒子浓度变化特征

对 2002～2005 年影响北京的强沙尘天气过程研究发现，8 个监测站每次沙尘过程 ρ（PM$_{10}$）变化都有双峰型特征，这些过程基本是外来沙尘影响型。北京沙尘天气的开始主要以外来沙尘输送为主，形成第 1 次 ρ（PM$_{10}$）峰值；随后受冷锋后部的大风影响，引起了本地扬尘，形成第 2 次 ρ（PM$_{10}$）峰值。在沙尘来临之前，ρ（PM$_{10}$）往往有小幅度下降，随后迅速上升，其中 6h 平均的最大值达 1.512mg/m³（2002-04-07T21：00～08T02：00，车公庄），是北京 2002 年 ρ（PM$_{10}$）年均值（0.166mg/m³）的 9.2 倍。强沙尘过程发生时，几乎所有监测站 ρ（PM$_{10}$）变化具有明显的一致性，即同时达到最大值和最小值。相反，对于强度小、局地性的沙尘过程，各站的 ρ（PM$_{10}$）并不完全同步，其值相差也比较大，表明沙尘影响北京的时间和范围不同。从时间来看，ρ（PM$_{10}$）的峰值主要出现在 15：00～20：00 和 21：00～02：00 2 个时段（图 2），表明北京沙尘多发生在午后到夜里，这和地面气象观测记录基本一致。

表 2 列出了 2002 年 3 月沙尘暴期间及其前后的 ρ（PM$_{10}$）日均值及各日 ρ（PM$_{2.5}$）占 ρ（PM$_{10}$）的比例。笔者所用为当日 08：00～20：00 的观测数据，而文献[10]中数据观测时间为前日 14：00～当日的 14：00，因此相同日期的数据有所差别。3 月 25 日沙尘暴过后，ρ（PM$_{2.5}$）占 ρ（PM$_{10}$）高达 34.2%，是其前 2 天（23，24 日）的 1～2 倍多，而 25 日各污染物 Ni，Cu，Zn，Pb 等的浓度也高于前 2 天 2 倍以上。细颗粒物量是污染物积聚多少的重要因素之一。沙尘暴带来大量的矿物气溶胶细颗粒物，部分沉降过后再扬尘，部分或仍游移弥漫于城市大气中，提供了积聚（经由吸附、表面络合、自由基光化学反应等复相反应）污染物的极好场所。气象条件是影响二者相互作用的另一重要因素[9]。污染物浓度与相对湿度呈明显正相关（R 为 0.66～0.98），而与风速呈负

相关（R 为$-0.87 \sim -0.64$）。沙尘暴过后污染物浓度的增加表明沙尘暴具有明显的二次污染特征，特别是细粒子（$PM_{2.5}$）浓度的增加对人体健康影响极为不利。

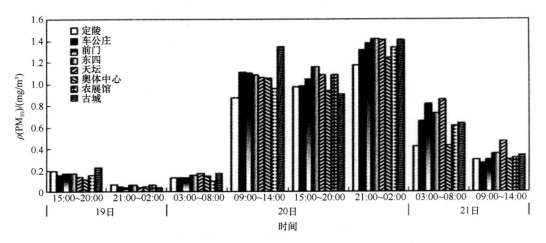

图 2　2002 年 3 月 19～21 日强沙尘暴过程 8 个站 ρ（PM_{10}）变化特征

表 2　2002 年 3 月沙尘暴期间及其前后的颗粒物污染情况

日期	ρ（PM_{10}）/（$\mu g/m^3$）	ρ（$PM_{2.5}$）/（$\mu g/m^3$）	（ρ（$PM_{2.5}$）/ρ（PM_{10}））/%
19	305.5	119.0	39.0
20	4559.0	1393.0	30.6
21	759.4	213.4	28.1
22	465.7	137.5	29.5
23	900.9	121.2	13.5
24	635.7	127.1	20.0
25	655.2	224.3	34.2
27	565.0	151.8	26.9

3　结　　论

（1）北京市的重污染主要源于颗粒物的重污染，且集中在 3，4 月的风沙季节和秋、冬季节。

（2）影响沙尘天气的最主要的因素是天气气候的变化，沙尘源区的改变和减缓措施的变化也对沙尘型重污染有一定影响。沙尘重污染日的季节分布特征明显。

（3）2000～2002 年沙尘天气对北京城区 ρ（PM_{10}）年均值的影响比较大，ρ（沙尘粒子）约占年均值的 9.1%～12.7%。2003 年北京地区仅有 2d 局部发生沙尘天气，2004 和 2005 年 ρ（沙尘粒子）占 ρ（PM_{10}）年均值的 4%～5%。沙尘天气对全北京市 ρ（PM_{10}）的影响高于城区。

（4）8 个监测站按受沙尘天气的影响逐渐加重的顺序依次为前门<古城<车公庄<农展馆<东四<天坛<奥体中心<定陵。

（5）发生强沙尘天气过程时，8 个监测站 ρ（PM_{10}）日变化都具有双峰型特征。强沙尘暴天气具有明显的二次污染特征，特别是细粒子（$PM_{2.5}$）浓度的增加对人体健康影响极为不利。

参 考 文 献

[1] 叶笃正, 丑纪范. 关于我国华北沙尘天气的成因与治理对策[J]. 地理学报, 2000, 55(5): 514-521.

[2] 胡欢陵, 吴永华. 外来污染物对北京大气环境质量的影响[R]. 合肥: 中国科学院安徽光学精密机械研究所, 2001: 182-197.

[3] 高庆先, 苏福庆. 任阵海, 等. 北京地区沙尘天气及其影响[J]. 中国环境科学, 2002, 16(5): 85-88.

[4] 李令军, 高庆先. 2000 年北京沙尘源地解析[J]. 环境科学研究, 2001, 14(2): 1-3.

[5] 张志刚, 高庆先, 矫梅燕, 等. 影响北京地区沙尘天气的源地和传输路径分析[J]. 环境科学研究, 2007, 20(4): 21-27.

[6] 任阵海, 高庆先, 苏福庆, 等. 北京大气环境的区域特征与沙尘影响[J]. 中国工程科学, 2003, 5(2): 49-54.

[7] 王英, 李令军. 北京沙尘天气污染分析[J]. 中央民族大学学报: 自然科学版, 2005, 14(3): 269-273.

[8] 王玮, 岳欣, 刘红杰, 等. 北京市春季沙尘暴天气大气气溶胶污染特征研究[J]. 环境科学学报, 2002, 22(4): 494-498.

[9] 孙业乐, 庄国顺, 袁惠, 等. 2002 年北京特大沙尘暴的理化特性及其组分来源分析[J]. 科学通报, 2004, 49(4): 340-346.

[10] 任晰, 胡非, 胡欢陵, 等. 2000—2002 年沙尘现象对北京大气中 PM_{10} 质量浓度的影响评估[J]. 环境科学研究, 2004, 17(1): 51-55.

[11] 张志刚, 高庆先, 韩雪琴, 等. 中国华北区域城市间污染物输送研究[J]. 环境科学研究, 2004, 17(1): 14-20.

[12] 全浩, 高庆先. 沙尘暴对北京颗粒物浓度的影响[R]. 北京: 国家环境保护总局科技标准司, 2001: 56-58.

[13] 赵越, 潘钧, 张红远, 等. 北京地区大气中可吸入颗粒物的污染现状分析[J]. 环境科学研究, 2004, 17(1): 67-69.

[14] 刘从容. 沙尘天气对环境空 PM_{10} 影响分析[J]. 环境保护科学, 2005, 31(1): 44-46.

[15] 方修琦, 李令军, 谢云. 沙尘天气过境前后北京大气污染物质量浓度的变化[J]. 北京师范大学学报: 自然科学版, 2003, 39(3): 407.

[16] 陈广庭. 北京强沙尘暴史和周围生态环境变化[J]. 中国沙漠, 2002, 22(3): 210-213.

Analysis of the Heavy Polluting Effects of Sand Dust Weather in Beijing

ZHANG Zhigang[1], JIAO Meiyan[1], BI Baogui[1], ZHAO Linna[1], GAO Qingxian[2], GUO Jinghua[3], REN Zhenhai[2]

1. National Meteorological Center, Beijing 100081, China
2. Chinese Research Academy of Environmental Science, Beijing 100012, China
3. The Center for Atmospheric Environmental Study, Beijing Normal University, Beijing 100875, China

Abstract: Based on representative atmospheric contaminant monitoring data for Beijing, heavy pollution days on a monthly basis during 2000～2005 were calculated, and the 4 and 5-level heavy pollution characteristics were analyzed. The results showed that Beijing's heavy pollution was mainly from particulates. Additionally, the yearly changes and other characteristics of sand dust heavy pollution were analyzed. Based on meteorological data, meteorological satellite data and environmental monitoring data of Beijing and its surrounding area, Beijing's atmospheric PM_{10} mass concentration as influenced by sand dust weather was evaluated. This paper found that the sand dust particulate concentration was about $1\% \sim 13\%$ of atmospheric PM_{10} mass concentration in $2000 \sim 2005$, and pointed out that the sequence of districts influenced by sand dust weather was Qianmen < Gucheng < Chegongzhuang < Nongzhanguan < Dongsi < Tiantan < Aotizhongxin < Dingling; the change characteristic of the sand dust particulate concentration had a two peak value structure, and fine particulate ($PM_{2.5}$) had a worse effect on people's health.

Key words: sand dust weather; heavy pollution; sand dust particulate; effect

影响北京地区沙尘天气的源地
和传输路径分析①

张志刚[1]，高庆先[2]，矫梅燕[1]，毕宝贵[1]，延昊[1]，任阵海[2]

1. 国家气象中心，北京 100081
2. 中国环境科学研究院，北京 100012

摘要：利用 1980～2005 年的地面气象观测资料和沙尘天气过程的卫星遥感资料，逐次分析了影响北京地区沙尘天气过程的演变规律。借助地理信息系统，确定影响北京地区沙尘暴过程的源地和移动路径。结果表明：北京地区沙尘暴主要发生在春季和初夏，4 月最多；从历年统计资料看，北京地区沙尘次数总体呈逐渐减少趋势，但 20 世纪 90 年代后期，浮尘日数有所增加。根据沙尘源地的起沙情况，将沙尘源地划分为初始源地和加强源地。境外初始沙尘源地位于蒙古国中部和东南部地区，境内位于中国与蒙古国边界；境内加强源地位于我国内蒙古中西部的沙漠、戈壁和沙化草原地区，以及甘肃河西走廊和农牧交错带大面积的开垦地。影响北京地区沙尘天气的传输路径主要包括北路、西路和西北路，其中以西北路和偏北路为主。

关键词：北京；沙尘天气；沙尘源地；传输路径

沙尘暴不仅严重影响经济活动，而且危害到居民的身体健康。北京位于中国西北部沙尘暴源地的下风向，发现影响该地区沙尘天气的源地和传输路径，对控制和改善北京地区的大气环境质量具有十分重要的意义[1]。

近年来，北京地区发生过多次沙尘天气过程。2001 年春季发生了 10 次沙尘天气过程，集中出现在 3 月 1～22 日；2002 年 3～4 月发生了 10 次由大风引发的沙尘天气[2]；2003 年全年没有明显的沙尘天气过程，沙尘天气日数创历史最低水平[3]；2004 年沙尘日数为 6d，其中扬沙为 4d，浮尘为 2d；2005 年沙尘日数为 2d，其中扬沙 1d，浮尘 1d；2006 年春季受到 14 次外来沙尘侵扰，最严重的一次发生在 4 月 17 日，整个地区呈土黄色，空气中充斥着沙尘。经北京市气象局测算，北京地区降尘平均值为 20g/m²，总量将超过 30×10⁴t，以 1500×10⁴ 人口计算，人均约 20kg。因此，北京地区沙尘天气的源地和传输路径不仅为环保关注的焦点，也是防灾减灾和提高预报精度的重要内容[4]。刘晓春等[5]研究了影响北京地区的沙尘暴，李令军等[6]研究了 2000 年北京地区沙尘暴源地，高庆先等[7]分析了 2002 年北京地区春季沙尘暴的成因和源地。但上述

① 原载于《环境科学研究》，2007 年，第 20 卷，第 4 期，21~27 页。

研究多局限于地面资料或个例，缺乏地面资料与卫星资料相结合的系统研究。笔者根据 1980～2005 年地面气象观测数据和 7 年的气象卫星监测结果，对影响北京地区的沙尘源地与路径进行总结、分类，并分别说明。

1　资料来源和方法

由中国气象局地面基本站提供的 1980～2005 年的气象观测资料，1998～2002 年的静止卫星遥感资料，2003～2006 年的极轨卫星遥感资料以及北京观象台提供的 1954～2005 年沙尘日数资料。地面气象观测资料中，1980～1998 年为每天 4 个时次（02：00，08：00，14：00，20：00），1999～2005 年为每天 8 个时次。

沙尘暴多发区往往自然条件恶劣，测站稀少，因此常规观测手段无法满足监测需求。气象卫星依靠其自身的优势和特点，在沙尘暴监测中扮演着重要角色。其主要特点是：①范围广。1 幅极轨卫星图像可以监测上千万平方千米的地域范围，1 幅静止卫星图像可以覆盖全国及周边国家和地区。②时效快。卫星接收完毕后，30min 内即可得到处理后的实时监测图像。③精度高。遥感图像最高分辨率可以达到 250m，定位精度达 50m。④连续性强。可以 24h 连续观测，可以监测到沙尘暴的起源、移动和扩散过程[2]。

静止气象卫星可以获取每小时的对地观测图像，包括可见光（0.55～1.05m）、红外（10.5～12.5m）和水汽（6.2～7.6m）等三通道的数据。星下点分辨率可见光为 1.25km，红外及水汽为 5km。虽然这三通道并非专为监测沙尘暴而设计，但却均对沙尘暴有一定的反映。由于沙尘暴特征并不显著，计算机自动判别较困难，但三通道合成的彩色图可以清楚地供人工判识沙尘暴[7]。极轨气象卫星的光谱通道大体可分为 2 类：①位于可见光波段的，可接受来自目标物的反射辐射，测算下垫面的反射率；②位于红外窗区波段的，可接受来自目标物的热辐射，可进一步推算目标物表面的亮度温度。由于沙尘暴顶部与地表和云层在反照率与表层温度上均存在差异，因而可以利用气象卫星监测沙尘暴。地面气象观测与静止气象卫星、极轨气象卫星相结合，可有效地对沙尘天气进行监测。

2　50年来北京地区沙尘天气概况和统计特点

以北京观象台（54511站）为代表，分析 1954～2005 年北京地区风沙天气的特点。结果表明：北京地区沙尘暴主要集中发生在春季（3～5 月），其中 4 月的次数最多，约占全年的 50%；5 月以后沙尘暴次数逐渐减少；8～12 月无沙尘暴。北京地区的扬沙和浮尘的季节特征与沙尘暴基本一致，即春季为高发季节，但因冬季受大风或上游沙尘天气的影响，扬沙和浮尘时有发生。北京地区的沙尘天气主要以扬沙为主；占沙尘天气总数的 73.5%。

由图 1 可知，北京地区沙尘暴、扬沙和浮尘发生频次逐渐减少。1965 年冬季（11～12 月）和 1966 年上半年（1～5 月）为沙尘暴活跃期，总共发生 22 次，其中 1966 年 1 月发生过 5 次；其次是 20 世纪 50 年代中期；70 年代北京地区沙尘暴次数明显减少，近几年没有沙尘暴记录，为沙尘暴的平静期。扬沙发生频次虽有起伏，但整体逐渐减少，变化周期不固定：活跃期为 20 世纪 50

年代中期和 70 年代中期，90 年代后期呈增加趋势，近 2 年又有所减少；扬沙日数在 2000～2002 年分别达到 14，12 和 13d，与 80 年代中期水平相同。浮尘变化较复杂，这是由于受上游沙尘暴的影响非常明显所致，但总体呈减少趋势：20 世纪 90 年代后期，浮尘呈增加趋势，特别是 2000～2002 年更加明显；2001 年北京地区的浮尘日数达到 13d，是 50 年以来的第 3 高峰，达到 20 世纪 70 年代中期的水平[8]。据观测记录，北京地区常出现"有沙无风"或"有风无沙"的天气现象，说明北京局地及邻近周边地区对北京地区沙尘天气的威胁日趋减少，浮尘将是日后影响北京地区的主要沙尘活动形式。沙尘暴和扬沙在 1954～1970 年发生日数之和占到沙尘暴和扬沙总统计日数的 59.1%，表明五六十年代的沙尘暴和扬沙非常活跃，其原因是 1951～1970 年有明显的气旋活动经过北京地区[9]，而 1978～1997 年无明显的气旋活动经过北京地区，这也是 80 年代后北京地区沙尘日数相对较少的主要原因。

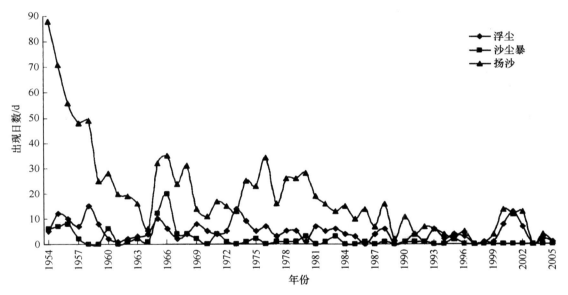

图 1　北京地区沙尘天气发生日数

3　影响北京地区的沙尘源地和传输路径

　　风沙动力学试验证明：在风力作用下，沙砾以地表滚动方式移动；粗沙呈跳跃方式移动，跃起高度可达几十厘米；细沙可被吹扬起 2m；粒径小于 40μm 的粉沙则可被带入 4000m 以上的高空，空中输送距离可达数百千米；粒径为 12μm 的黏粒随风输送距离可达 3000km，小于 12μm 的可达 7000～10000km[10].

　　目前，对北京地区的沙尘来源的研究多为定性描述。但近 2 年来，一些学者对北京地区沙尘来源开始进行定量性研究和化学成分分析，初步揭示出沙尘来源的基本情况[10]。而笔者使用长达 26 年（1980～2005 年）的历史数据，从宏观上研究了北京地区的沙尘源地和传输路径。

　　沙尘源地主要是指沙尘暴现象发生频繁，并且对北京地区的空气质量有明显影响的地区。根据起沙情况，将沙尘源地划分为初始源地和加强源地。初始源地指在某一次沙尘天气过程中，最初起沙（尘）并形成沙尘暴的位置（地点）；加强源地则是指沙尘天气在随天气系统移动的过程中，在途经容易起沙（尘）的下垫面（如各类荒漠化的土地地表）时，不断有沙（尘）吹（扬）起补充，使沙尘天气得到加强的地区。初始源地和加强源地并无严格的界限，有些地区在某一次沙尘天气过程中是加强源地，而在另一次天气过程中也可能是初始源地。

世界沙尘天气发生频繁的地区主要有非洲撒哈拉沙漠地区、澳大利亚中部地区、美国中西部地区和中亚（包括哈萨克斯坦、蒙古国）及中国西北地区。针对我国的沙尘天气，把沙尘源地又分为境内源地和境外源地。

综合分析 1980～2005 年逐日地面气象观测资料及 1998 年和 2000～2005 年沙尘天气过程的卫星遥感资料，笔者确定了影响北京地区大气颗粒物浓度沙尘天气的主要源地。根据初始源地和传输方向，传输路径分为西路、北路和西北路 3 条。

（1）北路：源区（蒙古国东南部）→内蒙古乌兰察布→锡林郭勒西部的二连浩特市、阿巴嘎旗→浑善达克沙地西部→朱日和→四子王旗→张家口→北京。

（2）西北路：源区（蒙古国中、南部）→内蒙古阿拉善的中蒙边境→额济纳旗→河西走廊→从贺兰山南、北两侧分别经毛乌素沙地和乌兰布和沙漠→呼和浩特→张家口→北京。

（3）西路：源区（南疆塔里木盆地塔克拉玛干沙漠边缘）→敦煌→酒泉→张掖→民勤→盐池→鄂托克旗→大同→北京。

对比笔者与郑新江等[11]提出的 3 条路径发现：二者相同之处为北路均起源于蒙古国南部，西北路和北路均经河北北部进入北京地区；不同之处在于笔者认为朱日和是西北路与北路的分界线，经朱日和一带或者以东地区为北路，以西地区为西北路；26 年的监测数据表明，西北路基本上过内蒙古的阿拉善盟，而西路是从南疆盆地经过长距离传输影响北京地区；此外，笔者在描述 3 条路径时均从初始源地开始，所经地点描述更细致。

境外初始沙尘源地位于蒙古国中南部和东南部地区，境内初始源地位于中蒙边界接壤处。境内加强源地位于我国内蒙古中西部的沙漠、戈壁和沙化草原地区，河西走廊和农牧交错带大面积的开垦地。北路的加强源地或境内初始源地位于内蒙古中部二连浩特、锡林浩特、那仁宝力格、东乌珠穆沁旗、西乌珠穆沁旗、满都拉、朱日和和四子王旗等地；西北路的加强源地或境内初始源地位于内蒙古西部的额济纳旗、乌拉特中旗、乌拉特后旗、鄂托克旗、盐池、民勤和拐子湖等地；西路的初始源地位于新疆塔里木盆地的塔克拉玛干沙漠边缘和北疆的哈密地区。西路出现的沙尘天气由于其所处的特殊的地理位置和环境，对北京地区大气颗粒物浓度的影响较小。但是，当遇到强大的天气系统时则有可能远距离输送影响北京地区。

由表 1 可知，1980～2005 年，由外来源传输过来的沙尘天气过程共有 62 次，其中北路出现 17 次，占总数的 27.4%；西北路出现 25 次，占总数的 40.3%；西北路和北路径共同出现 15 次，占总数的 24.2%；西北路和西路径共同出现 4 次，占总数的 6.5%；而西路仅出现 1 次，占总数的 1.6%。因此，影响北京地区沙尘天气的传输路径以西北路和北路为主，西北路相对较多一些（图 2）。该结论和 Qian 等[9]研究的气旋活动轨迹较一致，即沙尘天气过程中有明显的气旋活动由沙尘源地沿北路和西北路经过北京地区。

表 1　1980～2005 年影响北京地区的沙尘路径统计

年份	北路	西路	西北路	北路和西北路	西路和西北路	合计
1980	1	1	3	2		7
1981	2			1		3
1982			1		1	2
1983			1			1
1984	1				1	2
1985			2	1	1	4
1986			2			2
1987			1			1
1988			3	1		4
1989						
1990				2	1	3
1991			1			1
1992			3			3
1993				2		2
1994				1		1
1995						
1996				1		1
1997						
1998			3			3
1999						
2000	4			1		5
2001	4		2	3		9
2002	4		1			5
2003						
2004			1			1
2005	1		1			2
合计	17	1	25	15	4	62

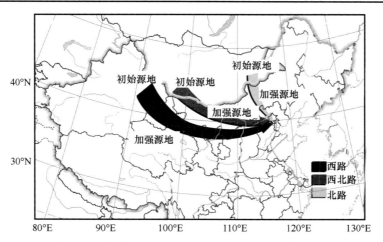

图 2　影响北京地区的主要沙尘源地及传输路径示意图

4　个例分析

4.1　2001年3月21日天气过程

受贝加尔湖南部蒙古低涡影响，21 日 02：00 蒙古国阿尔拜海赖发生沙尘暴，为此次沙尘天气的初始源地。08：00，向东南移到沙音山德，巴义山图为强沙尘暴。14：00，受大气稳定度日变化及气旋发展的影响，形成大规模风沙天气，锡林浩特、阿巴嘎旗、多伦、朱日和发生沙尘暴，呼和浩特、张家口、北京、东胜、鄂托克旗、榆林、延安和济南等地出现大范围扬沙，此时气旋中心已移到辽宁彰武附近，发展为强大的东北气旋，沿气旋后部自东北向西南形成一条带状风沙天气。20：00，随冷锋东南移动到鲁新，承德发生沙尘暴，天津、保定、太原、榆社、惠民和北京发生扬沙。22 日 02：00，随冷锋向东南偏东方向移至丹东，丹东、大连、青岛、济南发生扬沙，韩国首尔、釜山和日本福冈、群山和屋久岛发生浮尘。此次沙尘暴影响北京地区的传输路径有 2 条：①源区（蒙古国阿尔拜海赖）→沙音山德、巴义山图→锡林浩特、阿巴嘎旗→多伦→张家口→北京，为北路；②源区（内蒙古西部中蒙边界）→额济纳→乌拉特后旗→东胜→呼和浩特→大同→北京，为西北路（图3）。

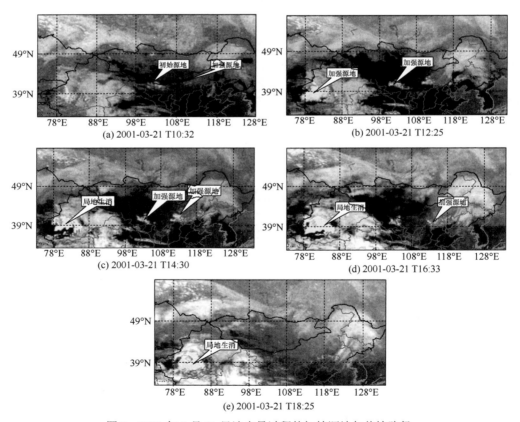

图 3　2001 年 3 月 21 日沙尘暴过程的初始源地与传输路径

4.2 2006年4月16～17日天气过程

　　受冷空气和蒙古气旋的共同影响，16 日 08：00 蒙古国中南部 3 个监测站出现扬沙，1 个监测站出现沙尘暴，为此次沙尘过程的初始源地。11：00（图 4a），沙尘区向东南方向移动，强度和范围不断扩大，我国内蒙古中西部有 5 个监测站出现扬沙，海力素出现了强沙尘暴。卫星云图（图4）上，内蒙古中西部上空是大范围的沙尘区。14：00，受大气稳定度日变化及气旋发展的影响，形成大规模风沙天气，内蒙古中西部有 10 个监测站出现扬沙，四子王旗、达尔罕茂明安联合旗出现沙尘暴，海力素、朱日和出现强沙尘暴。15：00 的卫星云图上，内蒙古中西部上空大范围的沙

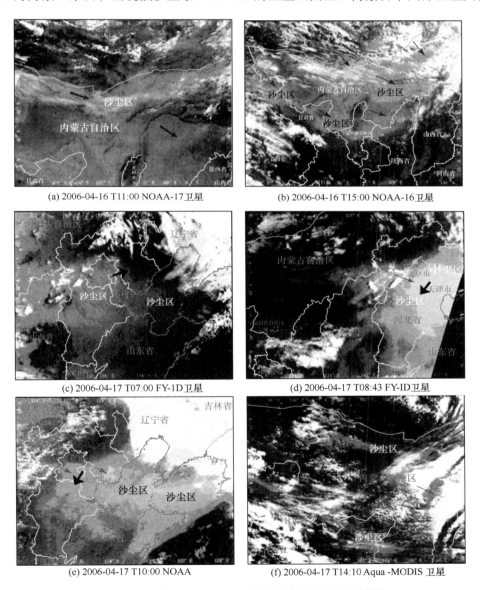

(a) 2006-04-16 T11:00 NOAA-17卫星　　　　(b) 2006-04-16 T15:00 NOAA-16卫星

(c) 2006-04-17 T07:00 FY-1D卫星　　　　(d) 2006-04-17 T08:43 FY-ID卫星

(e) 2006-04-17 T10:00 NOAA　　　　(f) 2006-04-17 T14:10 Aqua -MODIS 卫星

图 4　2006 年 4 月 16～17 日影响北京地区的沙尘过程

红色箭头所指的区域为沙尘区

尘区范围更加大，强度更大。20：00，随着蒙古气旋向偏东方向移动，张北、大同、右玉等地出现了扬沙。17日08：00，北京、廊坊和怀来等地出现了浮尘。此后渤海湾、东北等地先后出现了浮尘。北京地区的浮尘持续到17日20：00，为2006年浮尘持续时间最长的一次过程。据北京市气象局测算，该次全市降尘总量超过 30×10^4 t，为近几年最大值。此次影响北京地区的传输路径为西北路径：源区（蒙古国中南部）→海力素→乌拉特中旗→四子王旗→大同→张家口→北京。

5 结 论

（1）北京地区沙尘天气多发生在春季（3～5）月，其中4月的沙尘次数最多，约占全年的50%。且以扬沙为主，占沙尘天气总数的73.5%。

（2）北京地区沙尘暴、扬沙和浮尘发生频次呈减少趋势，但近几年有所增加。1954～1970年沙尘暴和扬沙发生日数之和占沙尘暴和扬沙总日数的59.1%。

（3）根据起沙情况，将沙尘源地划分为初始源地和加强源地。影响北京地区的境外初始沙尘源地位于蒙古国中南部和东南部地区，境内初始源地位于中蒙边界接壤处。境内加强源地位于内蒙古中西部地区的沙漠、戈壁和沙化草原地区，甘肃河西走廊和农牧交错带大面积的开垦地。

（4）根据初始源地和传输方向传输路径分为西路、北路和西北路 3 条。其中北路占总数的27.4%，西北路占总数的40.3%，西北路和北路共同出现总数的24.2%，西北路和西路共同出现占总数的 6.5%，而西路占总数的 1.6%。因此，影响北京地区沙尘天气的传输路径以西北路和北路为主，西北路相对较多一些。

参 考 文 献

[1] 张志刚, 陈万隆. 影响北京沙尘源地的气候特征与北京沙尘天气分析[J]. 环境科学研究, 2003, 16(2): 4-8.
[2] 方祥, 郑新江, 陆均天. 2002 年春季北京沙尘天气成因及源地分析[J]. 国土资源遥感, 2002(4): 17-21.
[3] 矫梅燕, 牛若芸, 赵琳娜. 沙尘天气影响因子的对比分析[J]. 中国沙漠, 2004, 21(6): 696-700.
[4] 邱新法, 曾燕, 缪启龙. 我国沙尘暴的时空分布规律及其源地和移动路径[J]. 地理学报, 2001, 56(3): 316-322.
[5] 刘晓春, 曾燕, 邱新法. 影响北京地区的沙尘暴[J]. 南京气象学院学报, 2002, 25(1): 118-123.
[6] 李令军, 高庆先. 2000 年北京沙尘源地解析[J]. 环境科学研究, 2001, 14(2): 1-3.
[7] 高庆先, 任阵海, 张运刚. 利用静止卫星资料跟踪沙尘天气的发生、发展及其传输[J]. 资源科学, 2004, 26(5): 24-29.
[8] 张晓玲, 李青春, 谢璞. 近年来北京沙尘天气特征及成因分析[J]. 中国沙漠, 2005, 25(3): 417-421.
[9] Qian W, Xu T, Quan L. Regional characteristics of dust storms in China[J]. Atmos Environ, 2004, 38: 4895-4907.
[10] 杨维西. 北京沙尘天气的沙尘来源及其治理[J]. 林业经济, 2002, (7): 19-22.
[11] 郑新江, 杨义文, 李云. 北京地区沙尘天气的某些特征分析[J]. 气候与环境研究, 2004, 19(1): 14-23.

Analysis on Source Locations and Transportation Paths of Sand-Dusts Affecting Beijing

ZHANG Zhigang[1], GAO Qingxian[2], JIAO Meiyan[1], BI Baogui[1], YAN Hao[1], REN Zhenhai[2]

1. National Meteorological Center of China Meteorological Administration, Beijing 100081, China
2. Chinese Research Academy of Environmental Sciences, Beijing 100012, China

Abstract: Based on the satellite RS data of sand-dust weather processes and the meteorological observational data from 1980 to 2005, the temporal variation of sand-dusts invading Beijing was analyzed. The source locations and transportation paths of sand-dusts were determined in assistance with GIS. The results show that sand-dusts in Beijing occurred frequently in the spring and early summer, especially in April. Based on historic statistical data, the annual number of times of sand-dusts in Beijing is in the trend of decreasing in general, but it increased in late 1990s. According to their source locations, the sand-dusts are classified into two types, i.e. the initial-source and enhancive-source locations. The external initial-source locations are in the middle and southeast of Mongolia. The internal initial-source locations are in the area near the boundary between China and Mongolia. The internal enhancive-source locations are in the desert, gobi and sandy grasslands of middle and west Inner Mongolia, and in the vast reclaimed lands of Hexi Corridor and agro-pastoral ecotones of Gansu. There are three transportation paths: north paths, west paths and northwest paths. Most of the external source sand-dusts move along the north and northwest paths.

Key words: Beijing; sand-dusts; source locations; transportation paths

第五篇

酸　雨

我国酸性物质的大气输送研究[①]

前　言

一、专题研究实施概况

我国是发展大国，近时期来经济发展较快。由于历史原因，我国的生产领域还有不少落后技术，致使我国属于大气排污量较高的国家。在西南，华南，华中和东部省份已形成严重的酸雨污染，其中东部与西南省份已成为世界第三的东亚重酸雨区部分。从八十年代以来东亚地区的中、朝、韩等国 SO_2 排放量一直增长，重酸雨区有进一步发展的趋势。

根据国家规划，我国未来的能源供应仍以煤能源为主。预测 2000 年的经济发展；需原煤 14 亿吨，2020 年需原煤 18 亿吨，而 2050 年约需 25 亿吨。因此，我国未来酸沉降污染情景可能相当严重。当前已经出现国际争端。

本专题重点研究酸性物质的大气输送，迁移规律，研究建立具有我国特色的输送模式，研究我国酸沉降量的分布和季节变化和东部跨国界酸性物质相互输送通量，作为有效控制酸雨的对策和协调国际争端的基础。

按照合同约定，本专题研究的区域是我国东部七省酸沉降污染地域。但是在研究实践的过程中，认识到这是一个需研究各类尺度的输送规律，而在垂直空间应分别研究边界层内和边界层以上的大气输送系统，因而研究的水平空间已不限于东部七个省，实质上必需涉及全国的空间范围，为了掌握大气输送规律，因为出现年际变化，实质上又转化成为研究时间序列的空间输送场的演变问题，这样由"东部七省酸沉降的输送规律"转变成为此前从没有进行过的最艰巨的科研攻关。不仅如此，研究的技术难关还有：

建立适合我国国情的酸雨和酸沉降模式，模式计算是研究区域酸性污染物沉降和输送的有效工具，它不仅有助于了解酸沉降的分布和跨边界输送态势和通量，而且可以预测未来的变化趋势并为经济可持续发展战略中控制污染源的排放提供科学依据。因而建立具有我国特色的自己的输送模式就有着重要的作用和意义。在西欧和北美开展了许多模式计算，讨论了地区之间的输送。近年来对东亚地区的硫污染物输送也有一些初步研究，但从模式本身，源排放资料和一些参数的选用上看还很不成熟，且仅计算了一些典型天气条件下和短时间内的输送问题。因此十分有必要建立我国有自己特点的硫污染物长距离输送模式，较详细地研究和计算我国和东亚地区硫污染物浓度和沉降量的时空分布，输送路径和输送通量，国内各省和东亚各国之间跨边界输送量等。这是历史赋予我们的神圣使命。研究提出四个输送模式，并进行了模式检验。

为了上述目的，必须掌握典型地区空中污染气体、粒子和云雨的化学特性。组织技术力量研制和装备了飞机装载的大气化学和气溶胶探测系统，获得精确的探测量的时空分布，并给出以前

---

① 内容摘自"八五"国家科技攻关项目——《我国酸性物质的大气输送研究》报告，1995 年。

航测所不能比拟的信息量，使我国酸雨研究和大气化学探测在国际上可占一席之地。航测路线方案主要有两类：一是从东北延边沿海岸直接航测到汕头，在大气污染层中对我国经济最繁荣的城市所排放的大气污染物从此向南又从南向北都观测到了，资料珍贵。二是在南方的湘、赣重酸雨和北方半干旱的华北区设计了重点城市从地面到空中同步观测和城市、县镇、农村同步剖面观测，并多参数化，获得重点排放酸性物的地区性酸污染的特征规律。在国外亦未见到这类航测研究。

由于我国地形，气候条件比之于欧美地区极为复杂，致使我国大气输送过程表现出异常的地区性差别。为了建立反映我国实际情况的大气输送沉降规律的模式，必须选择有代表性的区域，就是既具有国土经济开发又具有典型地形和气候条件的区域，组织进行边界层输送参数的实际探测。为了达到区域性质的参数探测，子专题研究提出利用探空站网探测边界层参数的方法。同时分析 300，600，900 米的全国测风资料进行边界层参数计算，获得我国反映大区域性特征的大气边界层和输送沉降参数的演变规律。而且还分析区域的大气输送和酸沉降特征。共分以下五个区域：①以晋、冀、鲁、豫、包括京、津、唐、青为代表城市的华北地区；②湘、鄂、赣重酸雨区；③长江三角洲与杭州湾经济高速发展，人口密集地区；④云、贵复杂地形区；⑤四川盆地区。

为了提供酸沉降控制和环境管理的使用，综合以上成果，研究建立起计算机动态管理系统。该软件系统采用国际流行的 Windows 系统，运用了面向对象的技术方法，无编码数据库技术、可视化技术，多媒体技术，三维动画技术，空气污染物远距离输送数学模拟技术，远程通信等计算机领域高新技术，为管理人员提供了一个集成化环境及发挥综合创造能力的平台，该酸沉降控制微计算机系统，适合我国国情，适于管理人员使用，为科学化、现代化、大气环境管理奠定了基础。

二、专题的考核目标

（1）提出我国实用的干、泽酸性物输送场主要类型，计算模型。

（2）提出五个典型地区（京、津、唐、青区；两湖低压输送区；杭嘉湖沿海区；四川盆地区；云、贵、桂辐合输送区）输送边界层参数及地区输送场。

（3）给出我国必要地区空中酸性物质的空间分布及其变化。

（4）定量算出我国东部各省区之间及我国大陆与日本、朝鲜之间的酸性物质（主要是硫）的输出量和接受量。

（5）对可能的分区削减方案，定量算出大气酸性物质输送通量的分布。

（6）根据国家有关经济社会发展规划，在微机上演示出我国东部酸沉降污染状况的预测，完成动态管理系统。

（7）提供 02 专题所需的输送通量计算结果。

（8）提供 05 专题使用的简化输送通量计算模式。

本专题科研群体，团结协作，艰苦奋斗，群策群力，完成了合同约定的任务。

三、关于大气环境决策支持系统问题

从国家环保局大气环境管理的业务应用出发，迫切需要经济建设影响大气环境的相互调控的决策支持系统，以之作为环境管理的业务应用工具，从本专题的实际研究过程，无论空间范围，时间序列，所涉及的各个研究问题的深度都是空前的，已为建立决策支持系统提供了有利的科研和丰富的资料基础，在攻关项目的支持下应向建立决策支持系统方向滚动。

为了上述目的，首先从大气环境资源背景场入手，我们早已论证大气环境质量属于资源性质、大气环境资源及其分布从其背景场中导出，在区域间存在合理的分配问题，它是经济发展与环境保护的宏观调控的主要因子，任何生产过程不能掠夺和损害这类资源，达到持续发展。完全反驳了最近西方提出所谓大气环境是全球公用商品的谬论，

我国经济的高速发展，需要开发中部、西部和西南地区的丰富资源，这个地区多是著名的复杂地形。迄今，国内外还没有复杂地形条件下大气输送的有效理论和实用方法。这些地区的资源开发已经展开，环境保护的形势迫人。本专题组织力量成功地发展了变网格距三维非静力一体化输送流场的计算模式，该模式的理论框架在国际上尚未见到。

最后附以我国未来建设规划中能源的战略布局及其引起的未来酸沉降的情景研究。这些研究构成了建立大气环境决策支持系统的基础框架。

综上所述，本专题的研究内容完全超出合同约定的范围，原设定的子专题研究内容很多部分已交融在报告的各章的内容中。

中国酸雨的分布及其控制[①]

  酸雨危害是当代世界重大环境问题之一。我国继欧洲、北美之后出现了大面积酸雨。近 8 年来,酸雨面积扩大了约 100 万平方千米,全国降水 H^+ 浓度平均升高 2～8 倍,出现了降水 PH 值小于 4 的地区,这是目前世界上已知的降水最酸的地区。根据在西南、华南、华中和东部省份严重酸雨区的调查研究,苏、浙、皖、闽、赣、湘、鄂以及川、黔、粤、桂等省农业和蔬菜由于受酸沉降危害,受害面积达 1.9 亿亩,经济损失 42.6 亿元/年,森林木材经济损失约 18.02 亿元/年,森林生态效益经济损失约为 162.30 亿元/年。目前我国酸性物质的干沉降和湿沉降已经造成了很大的经济损失,并且发现一些地区的酸雨还在发展。我国粮食人均产量低,全国森林覆盖率小,又受到酸沉降污染的危害。为了控制酸沉降污染,维持生态环境的良好状态,促进国家经济建设的可持续发展,由多种学科的科学家开展酸沉降的综合研究,开发多种实用的治理技术,提出控制酸沉降污染的适合国情的管理对策,其主要成果都已为政府部门采纳。

  本文阐述了我国酸沉降研究最新成果,定量地求得我国大气致酸污染物的排放量和地理分布,监测得到定量的全国降水酸度时空分布及年、季、月均值等值线图以及区分酸性物质干沉降量和湿沉降量的分区分布,研究获得我国东半部区域间的输送通量和沉降量。查清酸性物质的干、湿沉降对农业、森林的危害途径和造成的经济损失,建立起生态系统对酸沉降临界负荷的动态模型和方法,绘出中国酸雨区生态系统对酸沉降治理临界负荷图,筛选一批适合于酸沉降地区发展的抗酸农、林植物品种,提出生态系统对酸沉降相对敏感性分级方法和指标体系,明确了生态恢复的配套工程技术和措施。研究了我国大气输送的气候性规律及参数,建立了适合我国地区特点的高架源和低源排放对硫沉降量的贡献率的动态模式。深入研究了我国和周边国家酸沉降污染相互影响并给出定量成果,发现东北亚地区酸沉降污染主要是本地源造成的。根据我国现有的实用脱硫技术和重点城市的治理配套技术的研究成果,提出了有效的可推广的治理技术的各种方案。

  为了控制酸沉降危害,国务院已于 1998 年 1 月 12 日批准实施"两控区"(即酸雨控制区和二氧化硫控制区)立法。同时对全国制定了控制酸沉降对策,开发了多种清洁煤技术,已因地制宜普遍推广。

[①] 内容摘自中国高等科学技术中心——《中国酸雨及其控制》。

我国酸性物质的大气输送、沉降及省际间的相互影响

摘　要

　　我国是发展中大国，近时期来经济发展较快。由于历史原因，我国的生产领域还有不少落后技术。致使我国属于大气排污量较高的国家，在西南、华南、华中和东部省份已形成不同的严重程度的酸雨污染，其中东部与西南省份已成为世界第三的东亚重酸两区部分。从八十年代以来东北亚地区的中、朝、韩等国 SO_2 排放量一直增长，重酸雨区有进一步发展的趋势。

　　根据国情，我国未来的能源供应仍以煤能源为主，预测 2000 年的经济发展，需原煤 14 亿吨，2020 年需原煤 18 亿吨，而 2050 年约需 25 亿吨，因此，如不采取重大措施我国未来酸沉降污染情景可能相当严重。

　　酸性物质的大气输送沉降污染属于气候范畴问题，研究了近十年的大气排污层及在其上的大气层的输送规律以及相关参数，发现我国排放的大气酸性物质主要沉降污染在我国大陆。只在东北地区与朝韩日等国出现相互间输送污染问题。

　　酸性物质的大气污染或为湿沉降即酸雨，或为干沉降即硫酸盐和二氧化硫沉降污染，从环境控制问题出发，可以把排放源分成高架源即主要为电厂与低架和地面源即包括近 70 万台锅炉、窑炉和其他近地面排放源两类，考虑两类源的控制技术与投资的差别，分别建立模型，模型经过实际监测检验修正给出污染分布、再计算省际间相互影响。

　　所得结果为环境管理与经济开发并配合工程技术与投资研究部分共同为国家提供酸沉降污染控制的科学基础。

第六篇

大 气 探 测

M-2000 多普勒声雷达观测与资料分析[①]

彭贤安，阎继仁，吴志跃，任阵海，范锡安

中国环境科学研究院

摘要： 本文介绍了 M-2000 多普勒声雷达的工作原理；进行了边界层内风场变化，720 米以下每隔 30 米各高度平均风向频率、各高度层风向逐时变化、风向随稳定度变化、风向随高度日变化；湖陆风现象以及气温随时间的变化等规律的研究得到了晴天逆温随高度变化的经验公式。

1　M-2000多普勒声雷达综述

从多普勒声雷达天线发送一特定频率的声能脉冲，其讯号由于热力和机械湍流作用而产生散射，天线又收到返回的讯号。当散射体是静止的，则返回脉冲与发射脉冲是相同频率；当散射体是移动的，无论是朝向或离开天线，返回讯号则有不同的频率偏移。若是远离天线，返回讯号频率偏低；若是朝向天线，则偏高。这样的一种现象叫作多普勒效应。

根据声雷达的原理，观测高度从地面算起 60 米至 1000 米能够取到比较好的资料。

按照多普勒原理，回波频率产生偏移，其频移 f_d 与散射源到接收天线上的径向风速 V_r 的关系是：

$$f_d = -\frac{2f}{c} - V_r = \frac{2V_r}{\lambda}$$

式中，f_d 为发射频率；c 为声波传播速度；λ 为声波波长；V_r 为径向风速。

从公式可以看出，只要测得频移就可以推算出径向风速。风速是一个三维空间矢量，为此多普勒声雷达需要安装三个天线。其中一个天线垂直朝上，用来测量垂直风速分量；另外两个天线分别在东西和南北两个正交面上斜指，用以测量水平风速的两个正交分量。斜指天线的仰角为 60 度。

设 V_{rE} 为东西方向天线测得的径向速度；V_{rN} 为南北方向天线测得的径向速度；V_E 为风速的东西分量；V_N 为风速的南北分量。它们的关系为

$$V_E = V_{rE} \cos 60°$$
$$V_N = V_{rN} \cos 60°$$

M-2000 多普勒声雷达声脉冲工作频率为 1500 赫兹，功率为 100 瓦、脉冲持续期为 180 毫秒。三个天线顺序工作于单点方式，循环周期为 6～9 秒。

---

① 原载于《中国环境监测》，1987 年，第 3 卷，第 2 期，13~16 页。

2 观测站的选择

这次观测是配合滇池磷资源开发，开展高原地区氟化物污染研究进行的。综合观测站设在滇池和昆阳磷肥厂之间——大河尾，周围比较开阔，观测资料具有代表性的场所。

大河尾的偏西方向有两座大山，这样大河尾受到山谷气流的影响。由于昆阳磷肥厂有高烟囱排放，大河尾处于主导风向的下游，我们通过不同距离的取样可以验证数值模式的正确性和研究氟化物排放物的扩散规律。

3 风资料的分析

3.1 风速资料分析

按照帕斯廓尔稳定度分类，取得 44 次中性风速资料如表 1 所示。

表 1　中性稳定度条件下风速随高度变化

高度/m	720	690	660	630	600	570	540	510	480	450	420	390	360	330	300	270	240	210	180	150	120	90	60	10
平均风速/(m/s)	6.4	6.2	6.0	6.1	6.1	6.3	6.3	6.0	6.0	5.9	6.0	6.0	5.9	5.8	5.8	5.6	5.5	5.4	5.3	5.2	5.0	4.4	2.9	3.1

把表 1 风速资料绘在对数纸上，求得在中性条件下，大河尾观测站粗糙度长 $Z_0=20$ 厘米。

根据帕斯廓尔稳定度分类法，我们用回归法求出了风速廓线幂指数值，如表 2 所示。

表 2　几种稳定度的风廓线指数值（P）

类别	1	2	6	7
指数	0.27	0.33	0.35	0.49

将 161 次各高度层水平和垂直风速取平均，得到各相应高度层的水平和垂直平均风速列于表 3。

表 3　平均水平和垂直风速　　　　　　　　　　　　（单位：m/s）

项目	高度/m																							
	720	690	660	630	600	570	540	510	480	450	420	390	360	330	300	270	240	210	180	150	120	90	60	10
u	6.9	6.7	6.4	6.3	6.2	6.0	5.9	5.7	5.0	5.4	5.4	5.2	5.1	5.0	4.9	4.8	4.7	4.6	4.4	4.3	4.1	3.7	2.6	2.5
W	−0.1	−0.11	−0.09	−0.09	−0.06	−0.08	−0.07	−0.06	−0.07	−0.06	−0.05	−0.05	−0.05	−0.04	−0.05	−0.04	−0.04	−0.04	−0.03	−0.02	−0.01	0	−0.03	0.09

从表 3 可以看出，平均水平风速从下层向上层逐渐增加，整个观测高度是以下沉气流为主，只有在 10 米高度由于地表热释放有弱的上升气流。为了便于估算高层风速值，我们假定风速随高度变化呈幂指数规律，即

$$\frac{u}{u_1} = A\left(\frac{Z}{Z_1}\right)^P$$

式中，Z_1 为 10 米高度；u_1 为 Z_1 高度平均风速（m/s）；Z 为任意计算高度（m）；u 为 Z 高度平均风速（m/s）；A 和 P 均为系数。

经过回归运算后可求得

$$\frac{u}{u_1} = 0.703(\frac{Z}{Z_1})^{0.306}$$

计算回归时相关系数为 0.975。

3.2 风向资料分析

M-2000 多普勒声雷达观测风向是以度为单位。

3.2.1 各高度平均风向频率变化

将 153 小时取得的平均风向按 17 个方位做统计分析，其中静风占一个，其他 16 个方位都以 22.5 度为间隔方位，如 22 表示风向方位在 11.3 至 33.8 度之间，45 表示风向方位在 33.8 至 56.3 度之间，依此类推。

我们将 720 米以下各高度层各风向出现的次数与频率列表（略），可见：450 米以上直至 720 米高度风向集中在大于 213.3 度而小于 281.3 度；而最集中在 247 度（即 236.3 至 258.3 度之间），也就是说风向是西南偏西风。90 米至 450 米之间风向在 213.3 至 236.3 度之间，即西南风。60 至 90 米风向变化在 191.3 至 213.3 度，即西南偏南。10 米高度风向变化范围就大一些了。从此可以看出大河尾的风向随高度变化是顺时针变化规律。同时发现：超过 10% 频率，10 米至 720 米高度风向变化在南风和西风之间；高层风向不易变化，下层风向容易受到地表面粗糙的影响。

3.2.2 各高度层风向逐时变化

以 1984 年 11 月 24 日天气为例，将逐时变化的风向范围列表即可发现：235 至 258 度风向在晚间比较厚，如 01 时该风向的延伸高度从 360 到 720 米，厚度达 360 米；而在白天由于偏东湖风加强，214 至 236 度的风向占优势，厚度也逐渐加厚，如 16 时从 240 米高度延伸到 630 米，达 390 米之厚度。在大河尾偏西方向有两座高山海拔均为 2400 米其相对高度都在 300～400 米，这两座山形成山谷，大河尾的风向受这个山谷的影响，300 米以下风向变化显得复杂。

从湖陆风的资料分析得出，它们的转折时间分别是 10 时和 19 时左右，湖陆风的影响高度为 120 米。

3.2.3 风向随稳定度变化规律

将 1984 年 11 月 20 日～12 月 3 日 153 次正点记录做了风向归类分析，从计算机分析结果看，大气越稳定，整层风向变化越小。如分析 450 米至 720 米之间集中在某方位角的平均频率可见：在 6 和 7 类稳定度情况，集中在某方位的频率分别达 47% 和 60%，而在不稳定情况风向频率就不明显集中了。

3.2.4 风向随高度日变化规律

我们分析了 1984 年 11 月 24～25 日整日风向随高度变化规律。整日主导风向变化范围为 90 度，即从 157 到 247 度，风向变化范围是下层比上层大，如 720 米的高度集中在 236 至 258 度方位角范围占 60%，而 10 米高度集中在 169 至 191 度方位角范围占 36%。主导风向的转折高度日平均在 480 米、180 米和 60 米。

从以上的风向研究可以得知大河尾的地面对低层风的影响高度达到 480 米，而在这个高度以上，不再受地面摩擦、山谷风和湖陆风的影响，成为稳定的系统风。

4 气温资料分析

1984 年 11 月 16 日至 12 月 3 日在大河尾用 M-2000 多普勒声雷达取得了 18 天大气温度层结资料。在这 18 天中有 15 天逆温资料，占 83%；出现两层逆温的 12 天，占 67%；出现两层以上的有两天，占 1%。一般 18 时前后出现逆温，逐渐增厚，21 时至 23 时比较平稳，并在第一层逆温之上又出现较弱的第二层逆温，第一层高度为 300 至 400 米。在此以后，23 时至 04 时逆温继续抬高加厚，04 时前后逆温可达 700 米，04 时以后，逆温逐渐变薄变弱，日出之后，逆温逐渐消失，转为热对流。值得指出的是第一层逆温较强，第二和第三层逆温都比较弱。

我们为了估算逆温层高度，采用多项式逼近逆温高度随时间变化。

将晴朗天气逆温随时间变化的资料列成表 4。为了方便起见，我们把 18 时至次日 06 时依次标号为 x。采用三次多项式拟合。

表 4 晴天第一层逆温顶高度数据

时间	18	19	20	21	22	23	24	01	02	03	04	05	06
标号 x	1	2	3	4	5	6	7	8	9	10	11	12	13
高度 H/m	110	210	360	390	350	360	450	520	620	720	740	720	580

即 $H(x) = a_0 + a_1 x + a_2 x^2 + a_3 x^3$

其中，a_i（i=1，2，3）为待定系数。

我们得到：

$H(x) = 32.5 + 85.4x - 0.41x^2 - 0.23x^3$

甚高频多普勒多气球跟踪系统①

向　明，任阵海，邹孝恒，雷孝恩

中国科学院大气物理研究所，北京 100029

摘要：一个多路径传输误差小、造价低、重量轻的甚高频多普勒多气球跟踪系统已研制完成。本文对其原理、设计和性能作了概述。该系统在珠江三角洲观测实验中取得了 40km 双气球平飘轨迹和 30km 内水平扩散参数，为中距离低空大气污染物输送、扩散的拉氏轨迹和大气污染模式研究提供了一个新的探测手段。

关键词：多气球跟踪；甚高频多普勒效应；中距离扩散探测。

1　引　言

当前，大气污染已从局地变成大范围的环境问题，如何探测中距离低空大气污染物输送和扩散过程，是研究区域环境的重要问题之一。用光学经纬仪跟踪气球以测定大气流场的距离小于 10km；六氟化硫示踪剂能测中长距离大气污染物浓度，但不能确定其轨迹，而且费用较高；无线电经纬仪和雷达跟踪气球，测角精度可达 0.05°，但仰角不能小于 3° 和 6°，跟踪多个目标也有困难；在精密跟踪系统中，如 3×10^9m 误差仅 2m 的 Goddard 测距系统[1]和精度达 1×10^{-5}rad 的 Azuas 测角系统[2]都是用多个频率或多组天线解决 2π 模糊为代价以获得高精度，不仅设备复杂昂贵、低空跟踪同样受多路径传输效应的影响[3]；用球载转发器接收罗兰 C 导航台 100kHz 低频信号再转发给地面站进行定位，覆盖半径可达 2000km，精度为 15～200m[4]；新近的多普勒测风雷达[5]则是无球测风，探测范围大而快；有体积仅 0.1m³ 的小型干涉仪终端[6]，与卫星载发射机配合用于大地测量，精度达 mm 至 cm 水平。

调查表明，许多跟踪设备既昂贵笨重，也不适合低空多目标跟踪，因此认为中距离（10～50km）低空（500m 以下）多气球（显示大气扩散特征）跟踪问题，可将侦察电波辐射源位置的甚高频多普勒测角定位技术移用于大气探测是一个可行方案，其低空性能好、造价低、重量轻、便于野外使用，系统误差约为 1°[7,8]。

---

① 原载于《大气科学》，1993 年，第 17 卷，第 3 期，349~358 页。

2　基本原理及设计

2.1　原理

假设在自由空间，即无任何反射波，而且信标机相距甚远，即平面波已形成，如图 1 的信标机 T 发射频率为 f_t，根据多普勒效应，在静止点 S 天线和以 S 为圆心，角速度为 $2\pi f_\Omega$ 旋转的 M 天线所收到的瞬时频率分别为

$$f_s(t) = f_t(1+\frac{v_r}{C}) \tag{2.1}$$

$$f_m(t) = f_t(1+\frac{v_r}{C}+\frac{v_m}{C}) \tag{2.2}$$

$$v_m = v\cos\beta = \pi Df_\Omega \cos[90° - (\psi - \theta)] \tag{2.3}$$

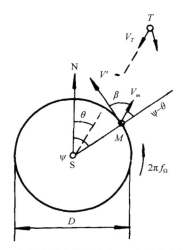

图 1　多普勒效应测信标机 T 方位角原理图

$f\lambda = C$ 为电波传播速度，v_r 和 v_m 分别是信标机和旋转天线在波传播方向的速度分量，D 为天线孔径，θ 是以正北为零度按顺时针方向的信标机方位角，$\psi = 2\pi f_\Omega t$。

可使用双信道消去 v_r，f_t 和非测角调制的影响。两信号与本振频率 f_{Lm}，f_{Ls} 分别混频和放大后，再取其混频之差 $f_{m-s}(t)$ 及其电压 $e_{m-s}(t)$，经过限幅放大和鉴频器解调，得出不含 v_r 和 f_t 的只按旋转天线多普勒瞬时频偏 $f_d(t)$ 变化的输出电压 $e_d(t)$，由 $e_d(t)$ 测出方位角 θ。

$$\begin{aligned} f_{m-s}(t) &= [f_m(t) - f_{Lm}] - [f_s(t) - f_{Ls}] \\ &= (f_{Ls} - f_{Lm}) + (\pi Df_\Omega / \lambda)\sin(2\pi f_\Omega t - \theta) \end{aligned}$$

$$e_{m-s}(t) = A_{m-s}\cos[2\pi(f_{Ls} - f_{Lm})t + (\pi D/\lambda)\sin(2\pi f_\Omega t - \theta)] \tag{2.4}$$

$$f_d(t) = (\pi Df_\Omega / \lambda)\sin(2\pi f_\Omega t - \theta) \tag{2.5}$$

$$e_d(t) = A_d\sin(2\pi f_\Omega t - \theta) \tag{2.6}$$

采用单信道，可用标准调频接收机从 $e_m(t)$ 中提取多普勒信号。高速旋转天线一般满足

$$v_m \gg v_r \tag{2.7}$$

由式（2.2）、式（2.3）和式（2.7）得

$$f_m(t) = f_t(1 + \frac{v_m}{C}) \tag{2.8}$$

$$e_m(t) = A_m \cos[2\pi f_t t + (\pi D / \lambda)\sin(2\pi f_\Omega t - \theta)] \tag{2.9}$$

$$e_d(t) = A_d \sin(2\pi f_\Omega t - \theta) \tag{2.10}$$

调频信号 e_m（t）是贝塞尔函数，其频谱带宽 B_m 可由 Carson 定则算出，

$$B_m = 2(1 + f_d(t)_{max} / f_\Omega)f_\Omega = 2(1 + \pi D / \lambda)f_\Omega \tag{2.11}$$

设 S_t，S_L 分别为信标机和接收机本振的频率稳定度，则中频放大器的带宽应满足（2.12）式的要求。显然，单信道所需频带。

$$B_{IF} = 2[(1 + \pi D / \lambda)f_\Omega + S_t f_t + S_L f_L] \tag{2.12}$$

普通鉴频器的解调门限是+12dB，因此信标机的发射功率应满足中频放大器输出端信噪功率比

$$\left(\frac{S}{N}\right)_{OIF} \geqslant +12\text{dB} \tag{2.13}$$

用中心频率为 f_Ω 的窄带通滤波器使 $e_d(t)$ 的信噪比显著改善后送入数字相位计作为被测信号，旋转频率 f_Ω 信号源经移相器后的 e_r（t）作为相位测量的参考相位，调节移相器补偿设备相位移以实现正北校准，则相位计显示值 φ 便是信标机方位角 θ。测出方位角所需时间的理论值为 $1/f_\Omega$，即旋转一周的时间约 10ms。

噪声引起相位计显示值的最大相位抖动为

$$\varphi_n = \arcsin(n / s) \tag{2.14}$$

n，s 分别为窄带通滤波器输出端的噪声幅度有效值和信号幅度。因此测量精度受控于 φ_n。

实际上，用若干根天线在圆周上等距排列，由电子开关顺序接通来模拟天线旋转。

2.2 最大探测距离

跟踪系统的信噪功率比 S/N 可用通信方程来表示[9]

$$\frac{S}{N} = P_t G_t \left(\frac{C}{4\pi df}\right)^2 L_\theta L_p G_r \frac{1}{KTB} \tag{2.15}$$

计算结果如表 1，当信标机发射功率为 100mW 时，满足（2.13）式的最大探测距离 d 为 50km。

甚高频电波按直线传播，考虑到地球曲率和气象要素影响后，这时最大探测距离为[4]

$$d_{max} = 4.0\left(\sqrt{K - G} + \sqrt{H - G}\right)(\text{km}) \tag{2.16}$$

G 是地平面海拔高度（m），K 和 H 分别是发射和接收天线海拔高度（m）。设球载信标机天线和地面接收天线高度分别为 100m 及 10m，则 d_{max} 为 53km。

2.3 轨迹方程

如图 2 所示，假设基线长度 L（跟踪站 A 和 B 间的距离），基线方位角 α，信标机起始点方位

角 θ_{A0}、θ_{B0} 和起始点相位角 φ_{A0}，φ_{B0} 均为已知，由图2可得出信标机 T_i 的轨迹方程为

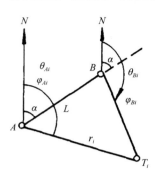

图2 信标机 T_i 的轨迹坐标

表1 跟踪系统信噪比分析

信标机发射功率 P_t（100mW）	+20dBmW	每赫噪声功率 KT （$K=1.38\times10^{-23}$J/K，$T=293$K）	−174dBmW/Hz
信标机天线增益 G_t	+2dB	电子开关及传输损失 L_S	+3dB
空间传播损失 $\left(\dfrac{C}{4\pi df}\right)^2$ （$f=150\times10^0$Hz $d=50\times10^3$m $C=3\times10^3$m/s）	−110dB	长电缆传输损失 L_C（SYV-50-7-1电缆20m） 接收机噪声系数 N_F	+3dB +6dB
指向和极化损失 $L_\theta L_p$（估计）	−6dB	中频带宽噪声功率（用 $B=150\times10^3$Hz档）	+52dB
接收天线增益 G_r（半波天线）	+2dB	中频输出噪声功率 N（合计）	−110dB
天线输出信号功率 S（合计）	−92dB	中频输出信噪比 S/N［满足式（2.13）式要求］	+18dB

$$r_i = L\frac{\sin(180°+\alpha-\varphi_{Bi})}{\sin(\varphi_{Bi}-\varphi_{Ai})} \qquad (2.17)$$

跟踪多个气球，可不调节正北校准移相器，这时相位计读数记为 φ'_{Ai},φ'_{Bi}，则正北校准可由下式计算来完成。

$$\varphi_{Ai} = \varphi'_{Ai} + (\theta_{A0}-\varphi_{A0}) \qquad (2.18)$$

$$\varphi_{Bi} = \varphi'_{Bi} + (\theta_{B0}-\varphi'_{B0}) \qquad (2.19)$$

L，α，θ_{A0}，θ'_{B0} 可从五万分之一地图上直接量得。为保证定位精度较好，两跟踪站到信标机的交汇角应在 30°～150° 之间。

若要测量高度，可用球载气压传感器，借助于信标机将气压信号发回地面，算出高度。

2.4 多普勒测角定位系统的一些特点

采用大孔径圆天线阵（$D/\lambda>1$），可使多路径传输误差明显减小[8]，特别在低空，这是最主要的特点。测角时圆天线阵上有 n 根天线，但每根只贡献 $1/n$，所以局部波阵面畸变对全局影响较小。多普勒效应只与波传播方向有关，而与极化和仰角无关，因此极化误差小。圆天线阵实际上没有转动部分，结构简单。此外，可采用标准调频接收机和数字相位计，多目标跟踪和数字显示方位

角都容易实现自动化。球载信标机是一个轻便发射机，因此费用低廉。若需单站多目标实时定位，可采用球载转发器，组成测角测距系统，但转发器造价较高。

3 甚高频多普勒多气球跟踪系统

3.1 跟踪系统

跟踪系统框图如图 3 所示。球载信标机是一个重 100g 的甚高频发射机，它由定时器、晶体振荡器（25～50MHz）、四倍频器、功率放大器和全向天线所组成。信标机每发射 27s 休止 3s 以便识别。电源由 7 节高容量二号电池提供，重 280g，可工作约 4 小时。信标机由平移气球[10]携带升空。

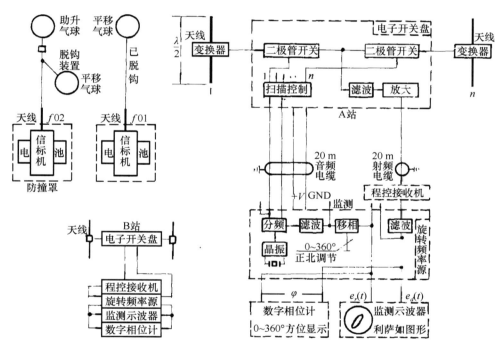

图 3 甚高频多普勒多气球跟踪系统框图

圆天线阵是由间距相等的八个半波天线按环状排列而成。组成半波天线的两根各长 λ/4 的鞭状天线螺装在变换器上下两端，使对称输入变换成非对称输出，经横杆内电缆与开关盘上高频插座对接。开关盘内有二极管开关电路和扫描控制电路，使八路天线信号顺序接通以模拟天线旋转。开关的导通与漏讯比大于 64dB。信号经前置滤波和放大后，用 20m 高频电缆送给室内的接收机。旋转频率源和电源则经多芯音频电缆送往室外的圆天线阵。

旋转频率源的组成如图 3 所示。频率稳定可减小相位漂移，滤除谐波分量以保证相位测量精度，移相用于正北校准。

室外设备圆天线阵如图 4a 所示。室内设备旋转频率源、配套仪器数字程控接收机、数字相位计和监测示波器，如图 4b 所示。程控接收机的功能是将要搜索的若干个频率（最多 99

个）及其调制模式预先存储，用程序实现自动巡回检测，其频率范围为 VHF～UHF，步进频率为 100Hz～25kHz，选择性为 ±1.4～±75kHz，灵敏度为 0.3～2μV。利用示波器上对相位敏感的利萨如图形，根据发射休止时间，识别信号确实来自信标机并测出信噪比作为数据可信度标志。

 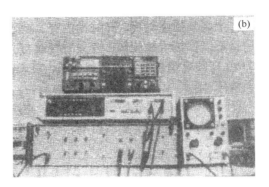

图 4（a） 跟踪系统的圆天线阵   图 4（b） 跟踪系统的仪器设备

3.2　性能测试

地物反射电波，地面导电率不均匀都可使波阵面畸变而造成所谓场地误差，并成为误差的主要来源，较理想的场地是：距离圆天线阵约 100λ 内，地面平坦开阔并且没有接近或大于 $\lambda/4$ 的反射体；远处影响较小，但反射体仰角应小于 $3°～6°$。

由于条件限制，测试场地设在北京市立水桥中国环境科学研究院内六层平顶上，10m 远处有公共电视天线，150m 远处有十层高楼，北 22km 是燕山山脉。信标机固定在远处，圆天线阵装在有刻度的转盘上转动，其方位角为 θ，相位计显示值为 φ，测量结果如表 2 及图 5 所示，实测表明，距离为 150～30000m 内，0°～360° 的均方根误差为 4°～5.4°。误差分布与频率、距离和方位角有关，因为这些因素变化可引起反射波程差改变。若场地较好，误差应有所改善。当信噪比很高时，如图 5b 所示，每约 45° 误差由小到大呈现周期性变化，这与 8 根天线间距 45° 相对应。若增加天线杆数和孔径，此取样误差应能减小。

表 2　性能测试（信标机发射功率 150mW）

图号	频率	信标机高度	信标机距离	0°～360°（$\varphi-\theta$）均方根误差
5a	160MHz	1.5m（室内）	3m（室内）	6.3°
5b	135MHz	10m	150m	4.4°
5c	132MHz	10m	150m	4.0°（×），4.1°（○）
5d	132MHz	400m	21000m	5.1°
5e	132MHz	400m	30000m	5.4°
5f	97.087MHz		调频广播电台	5.1°

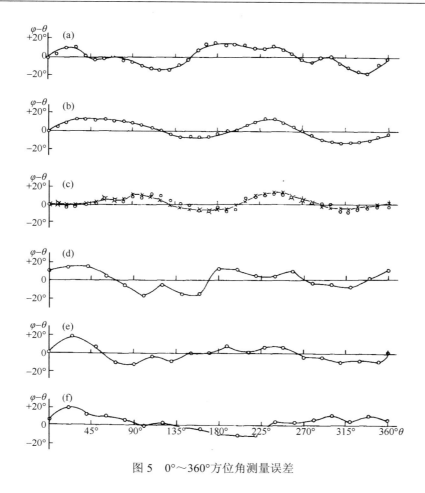

图5 0°～360°方位角测量误差

4 中尺度大气流场轨迹探测

1990 年 7 月在珠江三角洲应用研制的两套跟踪设备探测了中尺度流场轨迹。平移气球释放点设在番禺县围海造田而成的珠江农场，距离灵山镇和鱼窝头镇跟踪站分别为 16.7km 和 17.3km，两跟踪站相距 6.8km。放球分单球释放和双球同时释放，气球平飘高度为 400～500m。放球点设有双经纬仪观测气球运行中的风向、风速以便比较。观测期间共放球 16 个，其中得到完整记录的球数为 13 个。

4.1 水平轨迹探测结果

应用式（2.17）～式（2.19），对观测资料用计算机进行处理，得到气球运行中在地面投影的一系列位置坐标，即水平轨迹。已获得 9 条平移气球轨迹，其中部分轨迹如图 6a 所示。

1990 年 7 月 23 日 11 时 37 分，同时释放两个平移气球，两跟踪站同时分别跟踪 103min 和 169min。其轨迹如图 6b 所示（其中交汇角太小的数据未用）。双经纬仪跟踪了一个气球 16min，测得平均风向为 125°，平均风速为 7m/s。用经纬仪测得的平均风速和跟踪系统的跟踪时间，可估算出气球运行距离，此距离与跟踪系统实测距离作了比较，结果如表 3，由表可见与经纬仪观测结果具有较好的一致性。

<table>
<tr><td>(a) 平移气球轨迹</td><td>(b) 双平移气球轨迹</td></tr>
</table>

图 6　气球移动轨迹

表 3　跟踪系统与双经纬仪观测的比较

信标机频率	计算的轨迹点时间	跟踪系统实测距离	双经纬仪测风估算的距离	跟踪系统实测轨迹平均方位	经纬仪测轨迹平均方位
126MHz	96min	49km	40km	320°	325°
135MHz	69min	35km	29km	322°	325°

4.2　中距离水平扩散参数

平移气球轨迹反映了污染物输送路径,同一时段多条轨迹线的包络则反映污染物的扩散特征,应用轨迹包络线可求得扩散参数。

9 条平移气球轨迹都是白天观测的,经纬仪测得气球飘移过程中风速在 6～10m/s 之间变化,属中性稳定层结。将 9 条轨迹运行轴线重叠在同一条线上,并把它们的轨迹绘在同一张纸上,便可绘出轨迹的包络线,再沿其轴线逐段量出不同下风向距离上包络线宽度 L_i,烟云宽度与扩散参数 σ_y 有以下关系

$$\sigma_{yi} = \frac{L_i}{4.3} (i = 1, 2, 3 \cdots n) \tag{4.1}$$

将 σ_y 随距离变化绘在双对数坐标纸上,如图 7a 所示,其回归方程为

$$\sigma_y = 0.1887x^{1.007} \tag{4.2}$$

1990 年 7 月 23 日观测到一对平移气球轨迹,逐段读出不同下风距离上两轨迹间的宽度 D_i,应用以下关系可得两球间的相对扩散参数[11]:

$$\sigma_{yi} = \frac{D_i}{\sqrt{2}} \qquad (4.3)$$

其回归方程为

$$\sigma_y = 0.1377x^{0.953} \qquad (4.4)$$

σ_y 随下风距离 x 变化如图 7b 所示，其值比上述用包络线计算的要小。

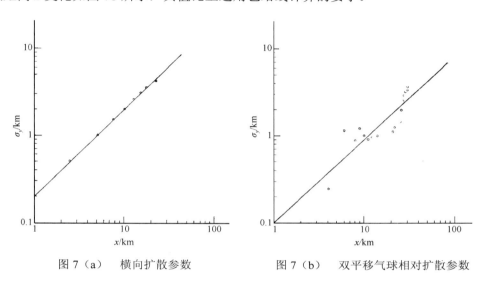

图 7（a） 横向扩散参数　　　　　图 7（b） 双平移气球相对扩散参数

文献[12]综合了国外大量中距离扩散烟云宽度随距离的变化，根据其回归线算得几个距离上的扩散参数与本实验结果的比较列于表 4，可见测量方法虽然不同，但两者相差不大。

表 4　实测扩散资料与国外资料的比较

σ_y 值	下风距离			
	5km	10km	20km	30km
实测扩散资料	1000m	2100m	4100m	6100m
实测相对扩散资料	455m	890m	1700m	2500m
国外资料	651m	1160m	1860m	3020m

5　结　　语

（1）本系统的圆天线阵可明显削弱多路径传输效应的影响，适合低空中距离多气球跟踪，系统的造价低，重量轻、便于野外观测。

（2）目前本系统测量精度为 5.4°，基本上满足了一般观测的要求。若适当加大天线阵孔径、增加半波天线数目和补偿电路，将能进一步降低系统误差。

（3）本系统取得了 40km 中距离双平移气球轨迹资料，其近距离段与双经纬仪观测结果具有较好的一致性，为中距离大气污染物输送过程提供了一个重要的探测手段。

（4）取得了 30km 内中距离水平扩散参数，为珠江三角洲火电能源建设的大气环境质量与规划模型提供了重要的计算参数。

致谢：本工作得到中国环境科学研究院、北京大学地球物理系、广州市环境监测站、番禺县环保办公室等部门的热情支持；张越、张春林、吴志跃、郭炳清、王永生、景荣林、王建华等参加了野外观测，特此致谢。

参 考 文 献

[1] Kronmiller G C, Baghdady E J. 1966. The Goddard Range and Range Rate Tracking System: Concept. Design and Performance. Space Science Reviews, 5: 265-307.

[2] Ehling E H. 1967. Range Instrumentation. Prentice Hall, 291-348.

[3] Johnson P N, Fink J L. 1982. Multiple Aircraft Tracking System for Coordinated Research Mission. Bull. Amer. Meteor., 63: 487-491.

[4] Laurila S H. 1976. Electronic Surveying and Navigation. John Wiley & Sons, 165-171: 422-435.

[5] Doviak R J, Zrinc D S. 1984. Doppler Radar and Weather Observation, Academic.

[6] Counselman III C C, Shapiro I I. 1979. Miniature Interferometer Terminals for Earth Surveying. Bull. Geod., 53: 139-163.

[7] 平良子. 1986. 无线电测向综述. 电信技术研究, 5: 22-33.

[8] Ernst B F. 1980. VHF and UHF Doppler Direction Finder for Position Finding in Built Up Area. News from Rohde and Schwarz, 4(91): 28-30.

[9] Lindsy W C. 1973. Telecommunication System Engineering. Prentice Hall, 8-14.

[10] 赵柏林, 张霭琛. 1987. 大气探测原理. 气象出版社, 205-257.

[11] Slade D H. 1968. Meteorology and Atomic Energy. AMS, 300.

[12] 帕斯奎尔 F, 史密斯 F B. 1989. 大气扩散. 科学出版社.

VHF Doppler Multiple Balloons Tracking System

XIANG Ming, REN Zhenhai, ZHOU Xiaohen, LEI Xiaoen

Institute of Atmospheric Physics, Chinese Academy of Sciences, Beijing 100029

Abstract: Using the principle of VHF Doppler effect, the Multiple Balloons Tracking System (MBTS) cooperated with balloon-borne transmitter has been developed. Multipath transmission error is largely reduced by a circularly disposed antenna array. The principle of design, operation and performance of the system are described. Trajectories of 40 kilometers coverage of dual constant level balloons and horizontal diffusion coefficient of 30km coverage are obtained in the field observation program at the Zhujiang (Pearl River) Delta in July 1990. Due to the good performance of tracking multiple targets at low level, low cost and lightweight, the system would be a new tool for meso-range atmospheric pollution and diffusion monitoring.

Key words: multiple balloons tracking; VHF Doppler effect; mesoscale diffusion probing

基于卫星遥感的中国 NO$_2$ 月际演变及污染源分析[①]

尉　鹏[1]，王文杰[1]，吴　昊[1,2]，吴春生[1,3]，王宗爽[1]，高庆先[1]，苏福庆[1]，任阵海[1]

1. 中国环境科学研究院，北京　100012
2. 北京师范大学，北京　100875
3. 湖南科技大学，湖南　湘潭　411201

摘要： 利用 OMI（ozone monitoring instrument）数据，研究了 2004～2012 年中国地区，以及北京、兰州、上海、重庆、广州等城市的 NO$_2$ 柱密度月均值演变，发现近 8 年特别是"十二五"后中国 NO$_2$ 柱密度月均值仍呈增加趋势。各城市 NO$_2$ 柱密度月际演变具有明显的周期性特征，分析表明，海平面气压场的月均值变化与污染源排放量和 NO$_2$ 存在时间具有一致性，是导致区域及城市 NO$_2$ 柱密度显著增高的主要原因之一。基于各城市的 NO$_2$ 污染源数据，对比分析了北京、上海、重庆、天津 NO$_2$ 排放源的行业差异，指出根据天气背景结合 NO$_2$ 排放源特征是 NO$_2$ 污染控制的有效途径。

关键词： NO$_2$；大气遥感；天气型

　　二氧化氮（NO$_2$）是大气中重要的污染物，来源于燃料的高温燃烧、城市汽车尾气和闪电、NH$_3$ 的氧化等自然过程。NO$_2$ 是大气中臭氧的主要前体物之一，也是导致光化学烟雾、酸雨的主要气体，此外，霾、PM$_{2.5}$ 的形成与 NO$_2$ 密切相关，NO$_2$ 是与空气质量和人体健康相关的重要气体[1]。研究指出，近年来随着中国经济的高速发展，NO$_2$ 排放强度与空气中的 NO$_2$ 浓度均显著增加，中国已经成为全球 NO$_2$ 污染最为严重的地区之一[2-3]，环境保护部在"十二五"规划中明确提出了 NO$_2$ 的减排任务。因此，对于 NO$_2$ 浓度以及污染源分布、化学反应机制等的研究成为当前大气环境科学关注的热点。

　　卫星遥感是大气环境监测的重要手段，通过多光谱、高广谱、微波、激光、偏振等技术能够对大气中的多种污染物进行长时间、大范围、高分辨率的观测。利用 GOME[4]、SCIAMACHY、OMI 等传感器可以观测 NO$_2$ 的时间演变以及空间分布，并在反演精度、覆盖程度以及探测效率等方面有所提升[5-6]。研究人员利用以上传感器进行了中国 NO$_2$ 浓度的时空分布[7]、与地面监测结果的一致性[8-9]等研究工作，利用伴随模型对污染源进行订正以及地面浓度反演[10-11]。

　　大量研究表明，中国 NO$_2$ 污染具有明显的季节变化特征，冬季最重，春秋次之，夏季最轻[12-13]。

① 原载于《环境工程技术学报》，2013 年，第 3 卷，第 4 期，331~336 页。

对于造成这种演变的原因，目前主要有以下几种解释：①污染源强度季节特性导致 NO$_2$ 浓度变化[14]；②NO$_2$ 浓度演变符合正弦曲线[15]；③季风变化影响 NO$_2$ 浓度输送；④太阳辐射影响光化学反应速率导致 NO$_2$ 存在时间改变。以上研究主要基于 NO$_2$ 的化学性质以及排放源角度分析其浓度演变的成因，而造成城市 NO$_2$ 浓度变化的天气原因鲜见系统研究。先前研究指出，大气环境背景场[16]影响着污染物在边界层以及对流层中的积累[17]、输送[18]、汇聚[19]和清除[20]，从而导致空气中污染物浓度的时间演变。笔者利用气象数据以及 OMI （ozone monitoring instrument）卫星观测数据，结合中国各月大气背景场，讨论 2004 年 10 月～2012 年 6 月的 NO$_2$ 柱密度月际变化，分析中国城市 NO$_2$ 月际变化的主要成因。

1 数 据 来 源

卫星观测数据选取 OMI 二级产品。数据通过采用 IDL（interactive data language）语言编程进行提取并计算。选取北京、上海、广州、兰州、重庆 5 个城市进行统计计算。各城市中心经纬度以各自城市 0.5°×0.5° 范围内所有格点数值平均作为该城市的柱密度值。NO$_2$ 污染源数据由清华大学提供。气象数据采用中国气象局提供的观测数据，数据范围覆盖中国地区，选取格点海平面气压、单站风速和风向气象要素，观测频率为每日 8 次，时间间隔 3h。

2 结果与讨论

2.1 中国NO$_2$柱密度月际变化

图 1 为 2004 年 10 月～2012 年 6 月中国 NO$_2$ 柱密度月均值演变。图 1 显示，2004～2012 年中国及附近区域（71°E～135°E，16°N～55°N）NO$_2$ 柱密度月均值呈逐年上升趋势，2005 年 1 月 NO$_2$ 柱密度为 $1.77×10^{16}$molec/cm^2，2011 年 12 月 NO$_2$ 柱密度上升至 $2.67×10^{16}$molec/cm^2，较 2004 年峰值增加了 54%，NO$_2$ 柱密度的总体趋势体现了中国地区 NO$_2$ 排放量的逐年增加。其中，2009 年峰值较低，NO$_2$ 柱密度为 $1.92×10^{16}$ molec/cm^2，比 2008 年同期（$2.26×10^{16}$ molec/cm^2）降低了 15%，这与奥运期间各省市联合减排有关。"十二五"后，NO$_2$ 柱密度继续呈上升趋势。

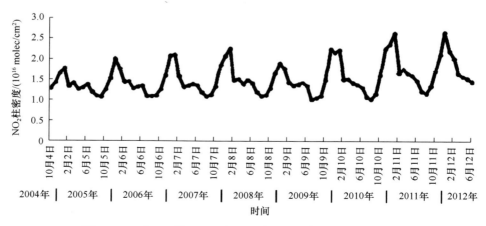

图 1　2004 年 10 月～2012 年 6 月中国 NO$_2$ 柱密度月均值演变

NO₂ 柱密度月均值同时显示了明显的季节性演变特征，各年 12 月、1 月、7 月、8 月多出现谷值。这种月际演变与污染源、氮氧化物化学性质的月际差异以及气压场出现频次在各月分布特征密切相关[9, 12]。

2.2　中国主要城市 NO₂ 柱密度月际变化

各城市污染源结构与强度、地理位置以及气候差异，造成了每个城市及其周边地区的 NO₂ 柱密度的峰值、谷值以及其出现月份具有各自的特征。图 2 显示了北京、兰州、上海、重庆、广州5 个城市 2004 年 10 月～2012 年 6 月 NO₂ 柱密度月均值的月际变化。其中，北京、上海 NO₂ 柱密度较高，广州次之，兰州最低。NO₂ 柱密度反映了该城市及周边地区污染源的区域分布。图 3 显示了 5 个城市 NO₂ 柱密度的比例。由图 3 可见，同等面积内兰州、重庆地区的 NO₂ 污染较低，上海、北京污染较重，表明上海、北京等城市 NO₂ 污染源的强度较高、范围较大。

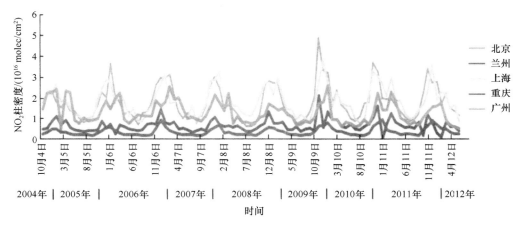

图 2　主要城市 NO₂ 柱密度月均值演变

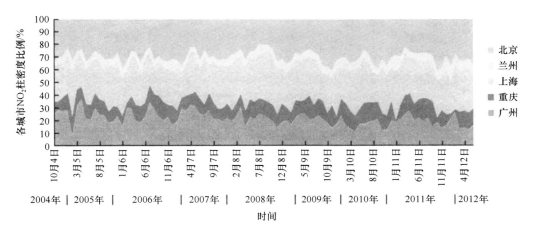

图 3　主要城市 NO₂ 柱密度比例变化

由图 2、图 3 可见，各城市的 NO₂ 柱密度表现出明显的季节变化特征，同时具有随时间演变的同步性，大多在秋冬季节上升，春夏季节下降。天气背景的周期性变化影响着区域内 NO₂ 的物理化学性质以及运动规律，进而导致各城市 NO₂ 柱密度月际变化的同步性演变。

2.3　NO$_2$月际演变的空间分布特征

图 4 为 2011 年 1、4、7、10 月中国 NO$_2$ 柱密度分布。由图 4 可知，中国 NO$_2$ 柱密度的时空分布呈现明显的汇聚带季节性演变特征。研究表明，汇聚带是大气中污染物在空间分布的重要特征[19]。空间分布以华北太行山前汇聚区域 NO$_2$ 柱密度为最高，污染范围最大，其次是两湖平原汇聚区，此外还包括四川盆地汇聚区域，黄河河谷汇聚区，汾河河谷汇聚区等。可见，中国 NO$_2$ 柱密度空间分布不均，主要集中在东部地区和四川盆地的汇聚带区域，时间演变表现为区域以及各城市 NO$_2$ 柱密度的季节变化。

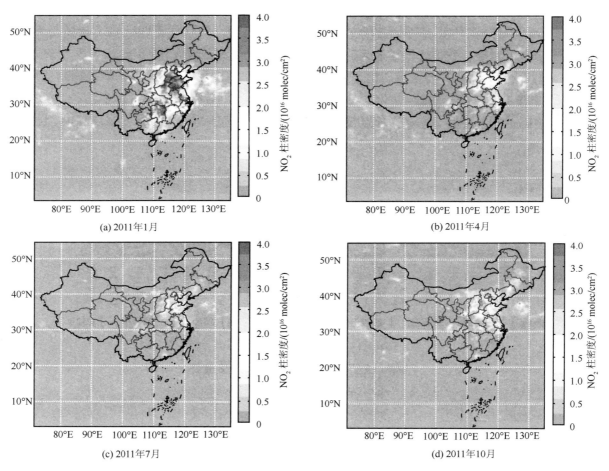

(a) 2011年1月　　　　　　　　　　　　　　　　(b) 2011年4月

(c) 2011年7月　　　　　　　　　　　　　　　　(d) 2011年10月

图 4　2011 年中国 NO$_2$ 柱密度

3　成　因　分　析

3.1　天气系统对NO$_2$月际演变的影响

研究表明，大尺度天气背景场导致污染物的积累、输送和汇聚，进而导致区域内污染物浓度的时间演变。其中，在反气旋控制下，特别是移动缓慢的反气旋控制下，区域内污染物持续在局地积累[21]，常导致污染物浓度升高。北方冬季多出现缓慢移动的反气旋，常维持 3～5d，而春秋次之，夏季以副热带高压控制为主。这种天气背景场的季节特征变化会影响区域污染物浓度的季节分布。

图 5 显示了 2011 年 1、4、7、10 月（代表冬、春、夏、秋四季）的月平均海平面气压场。由图 5 可知，2011 年冬季的平均气压场为中心位于贝加尔湖西南侧的大陆高压，向南影响中国大部地区。冬季的平均高压场表现为环境过程中相同时间段内，污染物的局地积累时间较长，清除系统较少，导致了冬季 NO$_2$ 浓度处于高值。春季的平均气压场为自贝加尔湖伸向渤海、黄海、东海海面的相对高压带。春季气压场虽然表现为高压，但高压在中国的停留时间缩短，导致污染物的积累时间较冬季明显减少，清除系统相对增加，因此，春季 NO$_2$ 浓度较冬季有所减弱。夏季的平均气压场为大面积的相对低压区域，区域内的降水显著增加，而天气背景场的积累作用以及污染源排放同时减少，导致 NO$_2$ 浓度在夏季处于谷值。秋季大陆高压逐步控制中国，污染物继续在高压系统内积累，浓度上升。可见，海平面气压场的季节性变化导致了污染物积累时间和 NO$_2$ 浓度存在季节性演变，加之与排放源变化的同步性，共同导致了中国 NO$_2$ 浓度呈现冬季最重、春秋次之，夏季最轻的季节性演变特征。

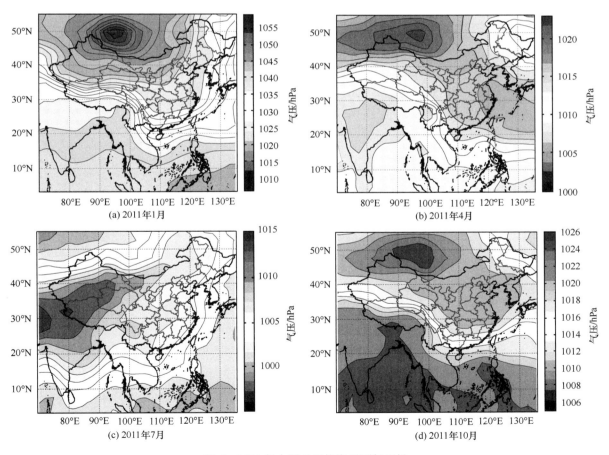

图 5　2011 年中国月平均海平面气压场

3.2 NO₂减排控制分析

3.2.1 主要城市的 NO₂ 污染源结构

NO₂浓度的季节性演变成因分析表明，高压控制下，局地污染源的排放是导致 NO₂ 浓度升高的主要原因。因此，进一步了解主要城市排放源结构便可有效对 NO₂ 进行减排，改善城市以及区域内空气质量。

图 6 显示 2010 年中国主要城市的污染源结构（数据由清华大学提供）。污染源分为农业、工业、能源、居住和交通 5 类。图 6 表明，从污染源分类角度，对城市 NO₂ 贡献最高的是工业和能源，交通次之，居住源最少，农业源几乎没有贡献。对于各城市，排放源的结构存在较大差异。北京 NO₂ 排放源以工业和交通为主，分别达到 11.7 万 t/a 和 13.1 万 t/a；上海主要排放源为能源和工业，分别为 21.2 万 t/a 和 20.4 万 t/a；重庆和天津的工业排放是 NO₂ 污染的主要排放源，但天津的能源排放较高，而重庆的交通源较高。总之，各城市的排放源存在明显差异，根据天气背景场结论结合 NO₂ 排放源的地方性特征进行减排是控制 NO₂ 的有效途径。

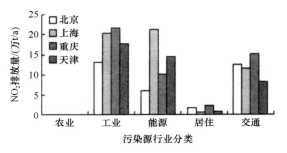

图 6　2010 年中国主要城市 NO₂ 排放量

3.2.2 各天气形势下的 NO₂ 减排策略

与均压场天气形势相比，高压场对 NO₂ 具有明显的积累作用，排放至空气中的污染物难以扩散，因此，在持续出现高压均压场频次较多的时间段内，应特别重视氮氧化物减排；而对于清除天气形势为主的时间段内，NO₂ 迅速被清除，难以在本地积累和边界层内的输送。另一方面，在中国中纬度地区，局地重污染多伴有持续数日的高压均压场，而均压场内污染物的积累速度与排放源成正比[21]，因此，在持续高压均压场频繁出现减排期间应降低重点城市的排放源，降低其积累速度，预防区域重污染现象。

4　结　　论

（1）利用 OMI 数据研究了 2004～2012 年北京、兰州、上海、重庆、广州等城市以及中国地区的 NO₂ 柱密度月均值演变，发现近 8 年来中国 NO₂ 月均值的柱密度呈增加趋势，"十二五"之后，广州、北京、重庆的 NO₂ 柱密度月均值呈明显降低趋势，而上海、兰州的 NO₂ 柱密度较为稳定。

（2）利用卫星遥感资料结合海平面气压场观测数据，分析了 2004 年 10 月～2012 年 6 月 NO_2 柱密度月际变化，结果显示，其具有明显的月际演变周期性特征，海平面气压场的月际变化影响了污染物积累时间和 NO_2 的季节性演变，是导致 NO_2 柱密度月均值季节性变化的主要原因之一。

（3）根据北京、上海、重庆、天津的污染源数据，对比了各城市 NO_2 排放源的行业差异，指出根据天气背景结合 NO_2 排放源特征是 NO_2 减排的有效途径。

参 考 文 献

[1] Environmental Protection Agency (EPA), Office of Air Quality Planning and Standards, Research Triangle Park, et al. Air quality and emissions trends report 1997 [R]. Washington DC: US EPA, 1998.

[2] Sachin D G, Vander A, Beig G. Satellite derived trends in NO_2 over the major global hotspot regions during the past decade and their inter-comparison [J]. Environmental Pollution, 2009, 157(3): 1873-1878.

[3] Richter A, Burrows J P, Nu B H, et al. Increase in tropospheric nitrogen dioxide over China observed from space [J]. Nature, 2005, 437 (9): 129-132.

[4] Velders G J M, Granier C, Portmann R W, et al. Global tropospheric NO_2 column distributions: comparing three dimensional model calculations with GOME measurements [J].Journal of Geophysical Research, 2001, 106(12): 12643-12660.

[5] Chen L F, Han D, Tao J H, et al. Overview of tropospheric NO_2 vertical column density retrieval from space measurement[J]. Journal of Remote Sensing, 2009, 13(3): 343-354.

[6] 韩冬, 陈良富, 苏林, 等. 大气 Ring 效应差分截面的计算[J]. 光谱学与光谱分析, 2010, 30(8): 2137-2140.

[7] Beirle S, Platt U, Wenig M, et al. Weekly cycle of NO_2 by GOME measurements: a signature of anthropogenic sources [J].Atmospheric Chemistry and Physics, 2003, 3(6): 2225-2232.

[8] 尉鹏, 任阵海, 苏福庆, 等. 中国 NO_2 的季节分布及成因分析[J]. 环境科学研究, 2011, 24(2): 155-162.

[9] 李莹. 地基 DOAS 观测反演的 NO_2 柱总量与 SCIAMACHY 卫星 NO_2 数据的比较及 NO_2 时空分布研究[D]. 北京: 北京大学, 2006: 11-34.

[10] Napelenok S L, Pinder R W, Gilliland A B, et al. A method for evaluating spatially-resolved NO_x emissions using Kalman filter inversion, direct sensitivities, and space-based NO_2 observations [J]. Atmospheric Chemistry and Physics, 2008, 8 (18): 5603-5614.

[11] Muller J F, Stavrakou T. Inversion of CO and NO_x emissions using the adjoint of the IMAGES model [J]. Atmospheric Chemistry and Physics, 2005, 5(5): 1157-1186.

[12] 张兴赢, 张鹏, 张艳, 等. 近 10a 中国对流层 NO_2 的变化趋势、时空分布特征及其来源解析[J]. 中国科学: D 辑, 2007, 37(10): 1409-1416.

[13] 江文华, 马建中, 颜鹏. 利用 GOME 卫星资料分析北京大气 NO_2 污染变化[J]. 应用气象学报, 2006, 17(1): 67-71.

[14] 张彦军, 牛铮, 王力, 等. 基于 OMI 卫星数据的城市对流层 NO_2 变化趋势研究[J]. 地理与地理信息科学, 2008, 24(3): 96-99.

[15] 王跃启, 江洪, 张秀英, 等. 基于 OMI 卫星遥感数据的中国对流层 NO_2 时空分布[J]. 环境科学研究, 2009, 22(8): 992-997.

[16] 任阵海, 苏福庆, 高庆先, 等. 边界层内大气排放物形成重污染背景解析[J]. 大气科学, 2005, 29(1): 57-63.

[17] 苏福庆, 杨明珍, 钟继红, 等. 华北地区天气型对区域大气污染的影响[J]. 环境科学研究, 2004, 17(1): 16-20.

[18] 任阵海, 虞统, 苏福庆, 等. 不同尺度大气系统对污染边界层的影响及其水平流场输送[J]. 环境科学研究, 2004, 17(1): 7-13.

[19] 苏福庆, 任阵海, 高庆先, 等. 北京及华北平原边界层大气中污染物的汇聚系统——边界层输送汇[J]. 环境科学研究, 2004, 17(1): 22-25.

[20] 范清, 程水源, 苏福庆, 等. 北京夏季典型环境污染过程个例分析[J]. 环境科学研究, 2007, 20(5): 12-19.

[21] Wei P, Cheng S Y, Li J B. Impact of boundary-layer anticyclonic weather system on regional air quality [J] Atmospheric Environment, 2011, 45: 2453-2463.

Analysis of Monthly Variability and Polluting Sources of NO_2 in China Based on Satellite Remote Sensing

WEI Peng[1], WANG Wenjie[1], WU Hao[1,2], WU Chunsheng[1,3], WANG Zongshuang[1], GAO Qingxian[1], SU Fuqing[1], REN Zhenhai[1]

1. Chinese Research Academy of Environmental Sciences, Beijing 100012, China
2. Beijing Normal University, Beijing 100875, China
3. Hunan University of Science and Technology, Xiangtan 411201, China

Abstract: The NO_2 column density derived from ozone monitoring instrument (OMI) observations was used to study the trend and monthly variability of China as a whole and Beijing, Lanzhou, Shanghai, Chongqing and Guangzhou cities. The findings indicated that increasing trend of NO_2 column density was obvious in recent eight years especially after the 12th Five-year Plan period. There existed obvious periodic characteristics for each city's NO_2 column density and the monthly variability of temporal mean sea level pressure was one of the main reasons of obvious increasing of regional and urban NO_2 column density. Based on the polluting sources of NO_2 in Beijing, Shanghai, Chongqing and Tianjin, the sector difference of the sources in each city was analyzed, and it was pointed out that one effective way to control the NO_2 pollution is to combine the weather pattern and the characteristics of NO_2 emission sources.

Key words: NO_2; atmospheric remote sensing; weather pattern

利用静止卫星资料跟踪沙尘天气的发生、发展及其传输[①]

高庆先[1]，任阵海[1]，张运刚[2]，李占青[3]，普布次人[4]

1. 国家环境保护总局气候影响研究中心，北京 100012
2. 国家卫星气象中心，北京 100081
3. 美国马里兰大学气象系，Greenbelt， MD
4. 美国国家海洋和大气局（NOAA），MD

摘要： 利用静止气象卫星（GMS-5）高分辨数字资料（展宽数字资料，S-VISSR）和低分辨模拟云图（WEFAX），结合沙尘暴在云图上的主要特征为，建立两种方法利用 GMS 资料显示沙尘暴的发生、发展和传输过程。并利用 EP/TOMS 卫星遥感资料结合地面气象观测记录，分析了 2000 年 4 月 24～26 日和 2001 年 3 月 21～22 日影响我国的大部分地区的典型沙尘暴天气过程。揭示了沙尘天气对大气环境质量的影响。沙尘天气发生时北京出现 5 级重污染天气，大气可吸入颗粒物浓度从 2001 年 3 月 19 日的 0.253mg/m^3 猛增到 3 月 22 日的 0.616mg/m^3，增加了将近 2.5 倍。从沙尘天气传输路径上若干城市 2001 年 3 月 15 日至 25 日大气可吸入颗粒物浓度的逐日变化，在长江中下游地区的几个城市大气颗粒物浓度的峰值出现在 3 月 23 日，这说明此次沙尘天气的影响范围很广。

关键词： 静止气象卫星（GMS-5）；EP/TOMS；气溶胶指数；沙尘暴；可吸入颗粒物

气象卫星监测沙尘暴具有范围广、时效快、精度高、连续性强和经济等特点。在沙尘天气研究中得到广泛应用。卫星遥感技术在探测沙尘天气中起着至关重要的作用，特别是跟踪沙尘天气的发生，揭示沙尘天气时空分布特征以及沙尘云光学特性等方面。虽然目前还没有业务化从卫星资料定量反演陆地上空气溶胶特性的技术，但这是一个很活跃的研究领域。

郑新江等[1]对沙尘天气云图特征的研究结果表明：1993 年 5 月 5 日发生在我国西北地区的特强沙尘暴天气过程中，在 NOAA 卫星可见光云图上沙尘区是在云团与锋面云带之间的灰白色调区域；在红外卫星云图上沙尘云团和地表温度有明显的差异。Yang[2]对 1988 年 4 月份出现在北京地区上空沙尘天气卫星云图特征分析也表明沙尘暴区在可见光卫星云图上呈现浅灰色。江吉喜[3]运用 GMS-4 数字展宽红外资料分析了 1993 年 5 月 5 日发生在甘肃和宁夏等地区的特强沙尘暴，指出通过卫星云图资料可以分析出特强沙尘暴过程中强冷锋前部的中尺度对流系统（MCS）及其伴

———————
① 原载于《资源科学》，2004 年，第 26 卷，第 5 期，24～29 页。

随的飑线的卫星云图特征。随着卫星传感器光谱通道不断增加，分析技术不断进步，卫星遥感技术在研究沙尘天气中起着越来越重要的作用。方宗义等[4]根据卫星遥感技术的特点对 2000 年 4 月 6 日～7 日影响华北大部分地区的沙尘天气进行了分析，详细探讨了利用卫星遥感资料监测沙尘暴的原理和方法，郑新江等[5]利用卫星云图资料对 2000 年春季沙尘天气进行了监测与评估。高庆先等[6]利用静止气象卫星资料对 2001 年春季影响北京的沙尘天气作了分析。目前广泛被用于研究沙尘天气的卫星资料主要来自 GOES 8，GOES 10，GMS-5、SeaWiFS 传感器、TOMS 卫星[7-9]、TERRA 卫星的 MODIS 传感器[10]和 NOAA 卫星的 AVHRR 传感器[11]等，此外，一些低轨道卫星（如 LandSat，MeteoSat，OCTS 等）也用于研究有限的沙尘气溶胶问题。所有这些卫星传感仪器在研究陆地上空大气气溶胶时都会遇到地表噪声的干扰，从而影响其对大气气溶胶分辨能力。自 2000 年开始地球观测系统大地卫星（EOS/Terra 和 EOS/PM）上安装有两个用于探测全球气溶胶时空分布和光学特性的传感器，这两个传感器分别是中等分辨率成像分光辐射计（Moderate-resolution Imaging Spectroradiometer，MODIS）和多角度成像分光辐射计（Multi-angle Imaging Spectra Radimeter，MISR），MODIS 资料可以提供更高时空分辨率海洋和陆地上空的气溶胶特征，包括沙尘气溶胶。

1　方法与资料

本文所用的资料来自美国国家航空航天局（NASA）公布的 TOMS 卫星逐日气溶胶指数、接收到的日本静止卫星（GMS5）卫星资料，地面污染监测资料来自设在中国环境科学研究院监测到的大气颗粒物浓度以及中国环境监测总站公布的重点城市空气质量资料，沙尘天气现象观测资料来自分布于全国的地面气象站。

1977 年以来，日本发射了 GMS 系列静止气象卫星定位于东经 140 度赤道上空，轨道高度为 35800km，每半小时 1 次以模拟传真形式向地面发回可见光和红外光云图。目前在轨的是 1995 年发射的第五号静止气象卫星（GMS-5），GMS-5 比以前的 GMS 卫星系列增加了 1 个新水汽通道。

GMS-5 发给用户的资料有两种：高分辨数字资料（展宽数字资料，S-VISSR）和低分辨模拟云图（WEFAX）。S-VISSR 的传输特性如表 1 所示，它与我国自行研制的气象卫星系列（FY-2A）的 S-VISSR 接近，除了载波频率不同（GMS-5 为 1687.1MHz，FY-2A 为 1687.5MHz）之外，其他几乎相同，两者的数据格式也兼容。因此 GMS-5 的 S-VISSR 资料接收站只要改变一下前级接收系统部分的下变频器频率就可以接收 FY-2 卫星的 S-VISSR 资料，GMS 卫星的 WEFAX 和 FY-2 的 WEFAX 传输特性包括载波频率都完全相同。

GMS-5 气象卫星云图共有 4 个通道组成（表 1）。

表 1　GMS-5 气象卫星云图 4 个通道情况

通道	波长/μm	分辨率/km	量化等级	主要用途
可见光VIS	0.55～0.90	1.25	6	白天云图、地表特征、风和气溶胶
红外IR1	10.5～11.5	5.00	8	昼夜红外云图、海面温度
红外IR2	11.5～12.5	5.00	8	云顶温度、云的分布
（分裂窗）				
水汽WV	6.5～7.0	5.00	8	昼夜水汽分布和风

GMS-5 的 4 个通道并不是为监测沙尘暴而专门设计的，但这 4 个通道对沙尘暴都有一定的反映，沙尘暴在云图上的主要特征为：

（1）在可见光通道上，沙尘暴比地面的反照率高，类似云的反照率情况。

（2）在红外和分裂窗通道上，沙尘暴比地面亮度温度要低，但比同样高度云的亮度温度要高。

（3）红外通道亮度温度值大于分裂窗通道亮度温度值，差值约为 1 个～4 个灰度等级。

（4）在水汽通道上沙尘暴表现为干区。

必须注意的是：沙尘暴特征并不是非常显著，这使得用计算机自动判别比较困难，但三通道合成的彩色图可以清楚地人工判识沙尘暴。本研究主要使用下面 2 种方法进行合成。

第一种方法是为专门突出沙尘暴而设计的，利用沙尘暴在红外通道亮度温度值大于分裂窗通道亮度温度值的特点，把红外通道与分裂窗通道亮度温度值的差值作为一个通道与红外通道和水汽通道进行三通道合成，这样的合成云图中沙尘暴的颜色变成黄色，而其他地方是接近黑白云图的颜色；另一种方法是使用尽可能自然的颜色进行三通道（红外通道、可见光和水汽通道）合成，合成之后，云为白色，地面为绿色，海洋为蓝色，而沙尘暴为黄色或接近黄色。

2 结果与讨论

图 1 给出利用第二种方法进行三通道合成的发生在 2000 年 4 月 24 日～26 日间影响我国北方大部分地区沙尘天气的卫星云图演变过程，此次沙尘天气的初始源地位于蒙古国的南部地区，属于境外沙尘源地。在随蒙古气旋系统向我国华北方向移动的过程中，在我国境内沙源地（内蒙古额济纳旗、乌拉特中、后旗）不断有新的沙尘物质补充，使沙尘天气强度得到加强，形成影响范围广大的沙尘天气；天气系统在东移发展的过程中，蒙古国东南部又有一次沙尘天气过程生成，并在我国内蒙古中部二连浩特和浑善达克沙地西北边缘得到加强。

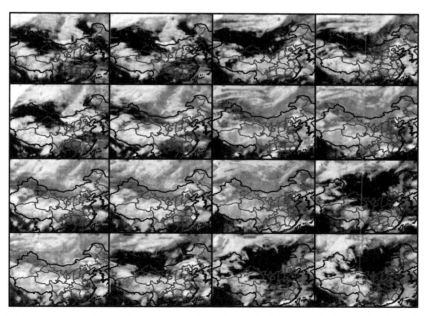

图 1　2000 年 4 月 24 日～26 日影响我国北方大部分地区沙尘天气卫星云图演变

此次沙尘天气影响北京的传输路径分为两条，一条从源地（蒙古国东南部）→二连浩特→浑善达克沙地西部边缘→四子王旗→朱日和→张家口→北京；另一条为源自蒙古国中南部→额济纳旗→乌拉特后旗→乌拉特前旗→毛乌素沙地北部→榆林→大同→北京，此次沙尘天气的影响范围非常大，达到长江下游的江苏北部地区。

此次沙尘暴天气对北京的影响也很大，北京气象台站 25 日出现扬沙和浮尘记录，环境监测站所监测到的大气颗粒物浓度出现连续几天重度污染，污染指数超过 500；4 月 24～26 日北京可吸入颗粒物浓度分别为 0.242mg/m³，0.700mg/m³ 和 0.296mg/m³，沙尘天气期间由于大风影响北京二氧化硫浓度有所下降，从 0.047mg/m³ 下降到 0.019mg/m³ 和 0.013mg/m³。从分级采样分析来看，2000 年 4 月 25 日在北京北四环中国环境监测总站楼顶监测的北京在出现扬沙和浮尘时各分级大气颗粒物浓度分别是：PM_{10} 为 566.8μg/m³，$PM_{7.5}$ 为 505.4μg/m³，PM_5 为 75.6μg/m³，$PM_{2.5}$ 为 6.2μg/m³，分别为正常天气[①]下可吸入颗粒物浓度的 15.4 倍，19.6 倍，12.1 倍和 2.4 倍。

图 2 是 2001 年 3 月 21 日发生在蒙古国境内的强沙尘暴天气的卫星云图发生、发展和传输过程，右边的图是 2001 年 3 月 21 日～22 日逐日 TOMS 大气气溶胶指数的空间分布，图中的红点表示当天地面气象台站有沙尘天气记录。此次沙尘天气的初始源地位于蒙古国中部地区，受贝加尔湖南部蒙古低涡影响 3 月 21 日 02 时蒙古国阿尔拜海赖地区发生沙尘暴，08 时沙尘天气向东南移到沙音山德一带，巴义山图出现强沙尘暴，14 时蒙古气旋中心已移到东北彰武附近，发展为强大的东北气旋，沿气旋后部自东北向西南形成一条带状风沙天气，出现大规模的沙尘天气。我国内蒙古的锡林浩特、阿巴嘎旗、多伦、朱日和等地发生沙尘暴天气，呼和浩特、张家口、北京、东胜、鄂托克旗、榆林、延安、济南等地出现大范围扬沙天气，20 时随冷锋东南移动到阜新，蒙古国达兰地区仍然是沙尘暴天气，承德地区也发生沙尘暴和扬沙天气，天津、保定、太原、榆社、惠民、北京等地区发生扬沙天气；22 日 02 时随冷锋向东南偏东方向移至丹东，丹东、大连、青岛、济南发生扬沙天气，韩国汉城、釜山和日本福冈、群山、屋久岛出现浮尘天气。

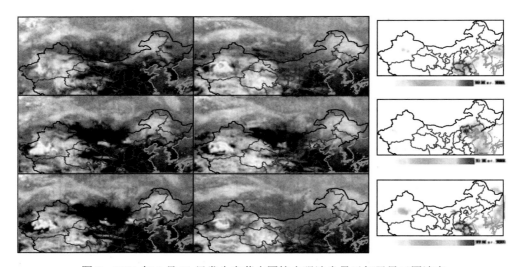

图 2　2001 年 3 月 21 日发生在蒙古国境内强沙尘暴天气卫星云图演变

① 本研究选 2000 年 2 月 16 日为正常天气，各级颗粒物浓度分别是：PM_{10} 为 36.7μg/m³，$PM_{7.5}$ 为 25.8μg/m³，PM_5 为 6.2μg/m³，$PM_{2.5}$ 为 2.6μg/m³。

2001 年 3 月 21 日～22 日沙尘天气过程影响北京的路径有两条，一条是：源区（蒙古国阿尔拜海赖）→沙音山德、巴义山图→锡林浩特、阿巴嘎旗→多伦→张家口→北京，属于北路沙尘过程；另外一条是：源区（内蒙古西部中蒙边界）→额济纳旗→乌拉特后旗→东胜→呼和浩特→大同→北京，属于西北路径。

在沙尘天气的影响区中选择呼和浩特、北京、天津、大连、秦皇岛、连云港、合肥和南京，结合地面污染物监测资料分析沙尘天气对区域大气环境质量的影响。2001 年 3 月 22 日沙尘天气横扫北京，导致北京出现 5 级重污染天气，大气可吸入颗粒物浓度从 3 月 19 日的 $0.253mg/m^3$ 猛增到 3 月 22 日的 $0.616mg/m^3$，增加了将近 2.5 倍；天津的增加幅度更大，从 $0.178mg/m^3$ 增到 $0.815mg/m^3$，增加了 4.6 倍；大连也在 3 月 22 日出现重污染事件，大气中可吸入颗粒物增加到 $0.382mg/m^3$。此次沙尘天气过程对我国大范围大气环境质量都有影响，向南影响到长江中下游地区，连云港、合肥、南京 23 日大气中可吸入颗粒物的浓度分别是 $0.467mg/m^3$、$0.309mg/m^3$ 和 $0.371mg/m^3$。图 3a 给出了沙尘天气传输路径上若干城市 2001 年 3 月 15 日至 25 日大气可吸入颗粒物浓度的逐日变化，可以看出在 3 月 22 日沙尘传输路径上的四个城市大气颗粒物浓度均出现峰值，在长江中下游地区的几个城市大气颗粒物浓度的峰值出现在 3 月 23 日，这说明此次沙尘天气的影响范围很广。图 3b 给出北京在此期间二氧化硫和 PM_{10} 浓度的逐日变化，可以看出在沙尘天气发生期间，北京市二氧化硫浓度明显下降，和 PM_{10} 出现负相关，在沙尘天气过境的 3 月 22 日，

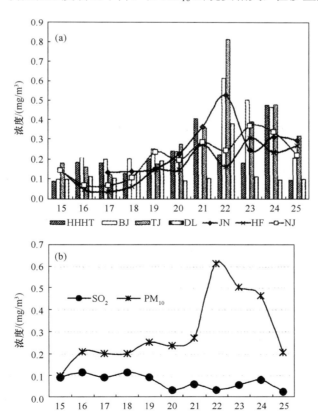

图 3　2001 年 3 月 15 日～25 日部分城市可吸入颗粒物浓度的逐日变化

HHHT：呼和浩特；BJ：北京；TJ：天津；DL：大连；JN：济南；HF：合肥；NJ：南京

PM_{10} 的浓度增加了将近 2.5 倍，同期二氧化硫却减少了 39%，从 $0.093mg/m^3$ 减少到 $0.036mg/m^3$；这种现象在天津也同样存在，在沙尘天气过境时天津 PM_{10} 浓度增加了近 4.6 倍，同时二氧化硫的浓度却减少了约 67%；呼和浩特二氧化硫的浓度在沙尘天气期间比平时也减少了 65%；青岛减少 64%；济南减少约 47%；连云港减少 47%；南京、合肥在 3 月 23 日受沙尘天气影响，PM_{10} 浓度分别比平时（3 月 19 日）增加 2 倍和 2.5 倍，同期二氧化硫浓度却分别比平时减少 88% 和 67%。

参 考 文 献

[1] 郑新江, 刘诚, 崔小平, 等. 沙暴天气的云图特征分析[J]. 气象, 1995, 21(2): 27-31.

[2] Yang D. A case study on sand storm[J]. Acta Meteorological Sinica, 1991, 5(2): 150-155.

[3] 江吉喜. 一次特大沙尘暴成因的卫星云图分析[J]. 应用气象学报, 1995, 6(2): 177-184.

[4] 方宗义, 张运刚. 用气象卫星遥感监测沙尘暴的方法和初步结果[J]. 第四纪研究, 2001, 21(1): 48-55.

[5] 郑新江, 陆文杰. 气象卫星多通道信息监测沙尘暴的研究[J]. 遥感学报, 2001, 5(4): 300-305.

[6] 高庆先, 李另军, 张运刚, 等. 我国春季沙尘暴研究[J]. 中国环境科学, 2000, 20(6) : 495-500.

[7] Herman J R, Bhartia P K, Torres O. Global distribution of UV-absorbing aerosols from Nimbus-7/TOMS data[J]. J. Geophys . Res., 1997, 102: 16911-16922.

[8] Hsu N C, Herman J R, Torres O. Comparisons of the TOMS aerosol index with Sun photometer aerosol optical thickness: results and applications[J].J. Geophys. Res., 1999, 104: 6269-6279.

[9] Seftor C J, Hsu N C, Herman J R. Detection of volcanic ash clouds from Nimbus 7/TOMS[J].J. Geophys. Res., 1997, 102: 16749-16759.

[10] Kaufman Y J, Tanre D, Boucher O. A satellite view of aerosols in the climate system[J].Nature, 2002, 41: 215-223.

[11] 范一大, 史培军, 基于 NOAA/AVHRR 数据的区域沙尘暴强度监测[J].自然灾害学报, 2001, 10(4) : 46-51.

Dust Event and Its Formation, Development and Transportation Based on Satellite Data

GAO Qingxian[1], REN Zhenhai[1], ZHANG Yungang[2], LI Zhanqing[3], PUBU Ciren[4]

1. Chinese Research Academy of Environmental Science, Beijing 100012, China
2. National Satellite Meteorological Center, Beijing 100081, China
3. Maryland University of United States, Greenbelt, MD
4. National Oceanic and Atmospheric Administration(NOAA), the United States

Abstract: Based on the Geostationary Meteorological Satellite(GMS-5) data and combing the dust storm major characters in nephogram, two display methods of dust storm using geostationary meteorological satellite data were used in this paper. The formation, development and transportation of two cases of dust storm influenced north region of China have been open out, at same time, the weather record from meteorological station distributed all over China and EP/TOMS aerosol index, which are released by National Oceanic and Atmospheric Administration (NOAA) of American have been used. The air pollution data comes from the samples analysis and Chinese environment monitoring station. Two typical dust storm events (24th to 26th March, 2000 and 21st to 25th March, 2001) have been studied carefully compare with the atmospheric pollution monitoring data.

The results show that during the dust storm, the air quality decrease rapidly and it causes heavy pollution. The concentration of particles (PM_{10}) in air may increase from 0.253mg/m^3 (19th March) of the beginning of dust storm to 0.616mg/m^3 (22nd March) of the peak periods of dust storm in Beijing, almost 2.5 times of its initial periods. The increase of particle in air of Tianjin is 4.6 times of its initial periods, from 0.178mg/m^3 to 0.815mg/m^3. Due to the dust storm, the heavy pollution occurred in Dalian at 22nd March.

The affected region of dust storm from 15th to 25th March, 2001 is vast, it can influenced Yangzhi river region, in that areas the peak of particles occur in 23rd March. The initial sources of 21st to 22nd March, 2001 are located in Mongolia and there are two major transport pathway to influenced north of China, one of them belongs to northern pathway, initial in Mongolia and went through Xilinhot, Duolun, Zhangjiakou and affected Beijing, another is northwest pathway, initial in west region of Inner Mongolia and went through Ejina, Wulatehouqi, Dongsheng, Huhehot, Datong and affected Beijing.

Key words: Geostationary Meteorological Satellite (GMS-5); EP/TOMS; aerosol index; dust storm

中国 CO 时空分布的遥感诊断分析[①]

尉　鹏[1]，任阵海[2]，陈良富[3]，陶金花[3]，王文杰[2]，程水源[1]，高庆先[2]，

王瑞斌[4]，解淑艳[4]，谭　杰[5]

1. 北京工业大学环境与能源工程学院，北京　100022
2. 中国环境科学研究院，北京　100012
3. 中国科学院遥感应用研究所，遥感科学国家重点实验室，北京　100101
4. 中国环境监测总站，北京　100012
5. 中国煤炭加工利用协会，北京　100013

摘要：利用 2010 年 9 月 AIRS（Atmospheric InfraRed Sounder）传感器的 CO 柱密度数据及地面 CO 小时浓度监测资料进行对比分析，结果表明，二者具有时间同步特征，相关系数为 0.63（显著性水平 95%），AIRS 观测数据反映了地面 CO 的污染。通过 2004～2010 年 CO 柱密度数据，研究了中国 CO 的时空分布特征，平均 CO 柱密度由重至轻依次为华北、长三角、华中、珠三角、东北、四川及新疆地区，各区域在 3 月和 4 月达到 CO 污染峰值，且 7 年的 CO 柱密度较稳定。CO 的空间分布具有显著汇聚带的特征，结合气象资料发现，反气旋系统中部及后部覆盖的均压场是形成显著汇聚带系统的主要背景场。

关键词：大气遥感；CO；汇聚带；天气型

一氧化碳（CO）是主要的大气污染物之一，产生于燃料的不完全燃烧及大气中挥发性有机物（volatile organic compounds，VOCs）的氧化等[1]。CO 本身具有毒性，危害人体健康。此外，CO 与对流层主要氧化剂 OH 自由基反应，影响大气的氧化能力，OH 自由基可氧化多种痕量气体，因此，CO 浓度的升高会减少 OH 自由基浓度[1]，间接增加其他气体（如 CH_4，卤代烃等温室气体及 SO_2 等污染气体）的浓度。同时，CO 还是边界层 O_3 的主要前体物之一[2-3]，因此 CO 是与大气环境质量密切相关的重要气体。

目前，中国尚缺乏全面的 CO 地面监测。随着卫星遥感技术的迅速发展，中国 CO 柱密度在空间和时间上连续分布，可通过搭载于美国 Aqua，Aura，Terra 及欧洲太空局的 ENVISAT 卫星的大气红外探空器（Atmospheric Infrared Sounder，AIRS）、对流层放射光谱仪（Tropospheric Emission Spectrometer，TES）、对流层污染探测仪（Measurement of Pollution in the Troposphere，MOPITT）、大气制图扫描成像吸收光谱仪（Scanning Imaging Absorption Spectrometer for Atmospheric

① 原载于《环境工程技术学报》，2011 年，第 1 卷，第 3 期，197～204 页。

Cartography，SCIAMACHY）传感器进行观测。国内外学者应用卫星遥感数据对全球及中国的 CO 浓度分布、来源解析进行了大量研究[4-9]。Streets 等利用卫星遥感数据订正了亚洲 CO 调查污染源的排放量[10]。此外，卫星遥感结合模式计算及多传感器等方法[11-13]也用于 CO 排放源的确定。国内，赵春生等利用 2000～2004 年 TERRA/MOPPIT 卫星数据对比分析了瓦里关的地基数据，初步研究了中国 CO 季节及空间的分布[14]。此后，白文广等对 MOPITT 和 SCIAMACHY 传感器资料进行了验证，并分析了 2002～2009 年中国 CO 的时空分布规律及其成因[15]。

笔者在以上研究基础上，结合 AIRS 的 CO 柱密度、边界层混合体积比数据及北京地区 CO 地面监测资料，研究了中国各区域 CO 柱密度的空间分布及季节变化特征。利用 2004～2010 年 AIRS 传感器观测资料[16-18]，指出了中国 CO 分布的汇聚特征，并结合气象观测资料，分析了中国 CO 汇聚带形成的主要背景场。

1 数 据 来 源

AIRS 是美国国家航空航天局（National Aeronautics and Space Administration，NASA）Aqua 卫星上搭载的高光谱红外空间探测器。在 3.7～15.4μm 波长内拥有 2378 个光谱通道，其标称光谱分辨率达到 $\lambda/\Delta\lambda=1200$。AIRS 对水汽、温度及 CO 柱密度的测量有较好的准确性和稳定性，年偏移量小于 10km，温度测量精度高于 250mK，星下点的空间分辨率是 13.5km。CO 柱密度的反演算法已有较为成熟的相关研究[19-20]。应用的卫星遥感数据来自 AIRS 遥感器提供的 CO 二级和三级数据，时间选取 2004 年 1 月～2010 年 12 月。对 AIRS 二级产品中，CO 柱密度数据每 6min 生成一个数据文件，存为 30×45 矩阵，在 71°E～135°E，16°N～55°N 范围内用均差牛顿插值法进行插值，生成 128×78 数据集。

气象资料为中国气象局气象信息综合分析处理系统 MICAPS（Meteorological Information Combine Analysis and Process System）的观测数据。数据覆盖中国地区，选取格点海平面气压、单站风速和风向气象要素，观测频率为每 3h 一次。

2 结果讨论与分析

2.1 CO柱密度与地面监测浓度对比分析

图 1 为 2010 年 9 月北京地面监测 CO 浓度日平均值与 AIRS 传感器观测的 CO 柱密度演变图。结果表明，AIRS 观测 CO 柱密度与地面监测 CO 浓度的演变趋势大体一致。分别于 9 月 1 日逐日上升至峰值，随后波动，于 8 日再次升至峰值，转而浓度降低，11 日前后降至谷值，20 日再次上升至峰值，21 日左右由谷值逐渐上升。可见，2 条曲线的演变趋于一致，具有同步特征。由图 2 可得，地面与卫星观测 2 组数据的相关系数为 0.63，具有较好相关性。经方差分析，检验值 P 为 $1.3\times10^{-19}<0.05$，在显著性水平 0.05 下，2 组数据无显著性差异，AIRS 观测的 CO 柱密度结果反映了地面 CO 浓度的变化趋势。

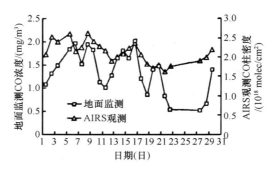

图 1　2010 年 9 月北京 CO 柱密度及地面监测
CO 浓度日均值演变

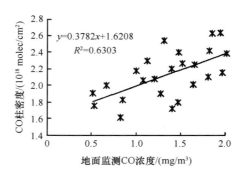

图 2　北京 CO 监测浓度与柱密度关系

2.2　CO 空间分布特征分析

图 3 为 AIRS 观测的 2004 年 1 月～2010 年 12 月中国 CO 柱密度平均值的空间分布。由图 3 可知，中国 CO 空间分布的区域差异明显。东部地区（16°N～55°N，110°E～135°E）CO 柱密度大多在 $2.0×10^{18}$ molec/cm^2 以上，而西部除四川盆地、新疆准噶尔盆地外 CO 柱密度低于 $2.0×10^{18}$ molec/cm^2，其中青海省、西藏自治区大部，四川省西部在 $1.2×10^{18}$ molec/cm^2 以下，可见东部地区 CO 污染较为严重，CO 柱密度是西部地区的 2～3 倍，主要集中在华北、华中、长三角、珠三角、东北地区。

表 1 列出了 2004～2010 年中国 CO 污染相对较重地区的柱密度平均值。结果表明，华北（32°N～42°N，110°E～122°E），长三角（28°N～32°N，119°E～122°E），华中（27°N～32°N，111°E～117°E），珠三角（22°N～24°N，111°E～117°E），东北（40°N～55°N，120°E～135°E），四川（27°N～35°N，103°E～110°E）及新疆（35°N～50°N，72°E～95°E）地区的 CO 平均柱密度分别为 $2.49×10^{18}$，$2.46×10^{18}$，$2.44×10^{18}$，$2.31×10^{18}$，$2.25×10^{18}$，$2.06×10^{18}$ 和 $1.67×10^{18}$ molec/cm^2。

2.3　CO 柱密度的时间与季节演变特征

图 4 显示了中国 2004～2010 年 CO 各月平均柱密度。由图 4 可知，中国各月 CO 柱密度存在明显季节变化。CO 柱密度 1～4 月逐月升高，4 月达到峰值，除西藏、青海大部及四川西部外，中国大部地区 CO 柱密度高于 $2.5×10^{18}$ molec/cm^2；随后迅速降低，至 8 月中国大部地区降至 $2.0×10^{18}$ molec/cm^2 以下，新疆、青海、西藏、甘肃、内蒙古大部、四川西部 CO 柱密度低于 $1.6×10^{18}$ molec/cm^2；

9～12 月 CO 柱密度略有升高，平均值低于 2.0×10^{18} molec/cm^2。

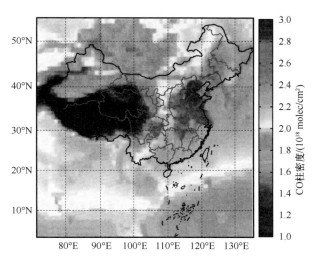

图 3　AIRS 观测中国 2004～2010 年 CO 平均柱密度

表 1　2004～2010 年中国各区域CO柱密度平均值 （单位：10^{18} molec/cm^2）

区域	华北	长三角	华中	珠三角	东北	四川	新疆
CO柱密度	2.49	2.46	2.44	2.31	2.25	2.06	1.67

图 4　AIRS 观测中国 2004～2010 年 CO 各月平均柱密度

由 2.2 节得出，中国 CO 柱密度较高区域主要有东部的华北、长三角、华中、珠三角、东北地区，西部主要集中在四川、新疆地区。图 5 为 2004～2010 年中国各区域 1～12 月的 CO 平均柱密度的时间分布，由图 5 可见全国平均值，长三角、东北、新疆地区数值均在 4 月达到各自峰值，华北、珠三角、四川则在 3 月出现峰值，除新疆和全国平均值外，各区域 CO 柱密度峰值多高于 2.5×10^{18} molec/cm^2，皆出现在 3 月和 4 月。各区域的 CO 谷值月份分布较分散，其中长三角、珠三角和华中均出现在 7 月，四川和新疆出现在 10 月，华北和东北分别出现在 11 月和 12 月，全国平均值出现在 8 月，谷值多低于 2.0×10^{18} molec/cm^2。可见，CO 柱密度具有显著季节变化特征，各地区峰值主要集中在 3 月和 4 月，谷值出现月份各地区不同。

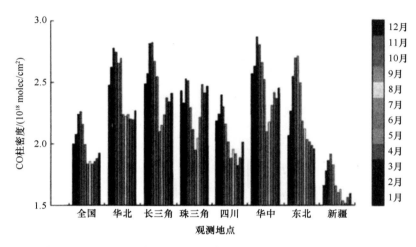

图 5　2004～2010 年 AIRS 观测中国各区域 CO 逐月平均柱密度

图 6 反映了 2004～2010 年中国及各区域的 CO 柱密度逐月演变。由图 6 可知，各区域 CO 柱密度变化幅度峰谷波动值较为稳定，无明显异常现象。中国 CO 柱密度平均值在 2.0×10^{18} molec/cm^2 附近波动，振幅约为 0.3×10^{18} molec/cm^2。各月 CO 柱密度形成的年变化，连续 7 年时间序列变化特征大体一致，具有稳定特征，2006 年及 2010 年峰值略低，2007 年后峰谷值略有下降趋势。

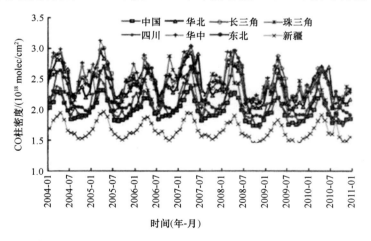

图 6　2004～2010 年 AIRS 观测中国各区域 CO 柱密度演变

CO 主要来自含碳物质的不完全燃烧，2000～2008 年中国能源生产总量从 128978 万 t（以标准煤计）升高至 260000 万 t，而 2004～2008 年中国 CO 柱密度变化较小。由表 2 可知，在我国能源生产和消费中原煤占 75% 左右，主要用于电力、钢铁行业。我国近年来火电锅炉燃烧效率有了很大改进，发电标准煤耗由 2000 年的 363g/（kW·h），降至 2009 年的 320g/（kW·h），居世界第一位（数据由中国电力科学研究院提供，http://www.epri.sgcc.com.cn/），煤炭得到充分燃烧，只有极少量 CO 排放到大气中；钢铁行业也通过回收利用，减少 CO 排放。同时，近年来中国原油占能源生产总量的比重逐年降低，天然气、水电、核电等新型能源的比重有所增加，因此，燃烧技术的改进、新型能源的利用是中国近年 CO 浓度较为平稳的影响因素。

表 2　中国能源生产总量及构成

年份	能源生产总量/万t	增长率/%	占能源生产总量的比例/%			
			原煤	原油	天然气	水电、核电、风电
2000	128978	2.42	72.0	18.1	2.8	7.2
2001	137445	6.56	71.8	17.0	2.9	8.2
2002	143810	4.63	72.3	16.6	3.0	8.1
2003	163842	13.93	75.1	14.8	2.8	7.3
2004	187341	14.34	76.0	13.4	2.9	7.7
2005	205876	9.89	76.5	12.6	3.2	7.7
2006	221056	7.37	76.7	11.9	3.5	7.9
2007	235415	6.50	76.6	11.3	3.9	8.2
2008	260000	10.44	76.7	10.4	3.9	9.0

2.4　CO空间分布的汇聚带特征及其主要背景场

研究表明汇聚带是造成区域重污染的重要形式，是区域大气污染控制的关键[16-18]。由图 3 可知，华北太行山东麓、山西汾河河谷、陕西渭河平原、东北辽河平原、河南南阳盆地、湖南两湖平原 CO 柱密度分别在 3.0×10^{18}，2.5×10^{18}，2.4×10^{18}，2.6×10^{18}，2.8×10^{18} 和 2.4×10^{18} molec/cm² 以上，均显著高于周边地区。西部的准格尔盆地、四川盆地东部山前地区、南疆等地区的 CO 柱密度相对较高。可见，中国 CO 柱密度平均值相对较高的区域大多沿山前、河谷呈带状分布，具有明显的汇聚特征[17]。该结果与相关文献指出的太行山前汇聚带系统造成区域重污染的结论一致[17,20-21]。

区域污染的过程性受大尺度天气系统影响[16]，汇聚带系统的出现有其特定的天气背景。图 7 显示了 2007 年 2 月 17～19 日 08：00 中国 CO 柱密度分布与对应时间天气型的演变关系。由图 7 可知，2 月 17 日中国东部地区在大陆反气旋系统的锋区控制下，清除系统及区域偏北风利于 CO 扩散和输送，因此，中国大部地区 CO 柱密度小于 2.5×10^{18} molec/cm²，华中、华东 CO 柱密度小于 2.0×10^{18} molec/cm²，全国 CO 污染较轻，未出现显著汇聚带系统。18 日反气旋系统控制中国大部地区，排放到空气中的 CO 在反气旋控制区域内累积，太行山前有汇聚带出现。累积至 19 日，中国大部地区受反气旋后部影响，CO 在局地继续累积，区域污染物不断向汇聚区域输送，在华北、华中、四川盆地等地区形成显著的汇聚带系统。可见，在反气旋系统内，CO 在特定区域内的小尺度积累是形成显著汇聚带的，大范围持续的反气旋系统是显著汇聚带系统形成的主要背景场。

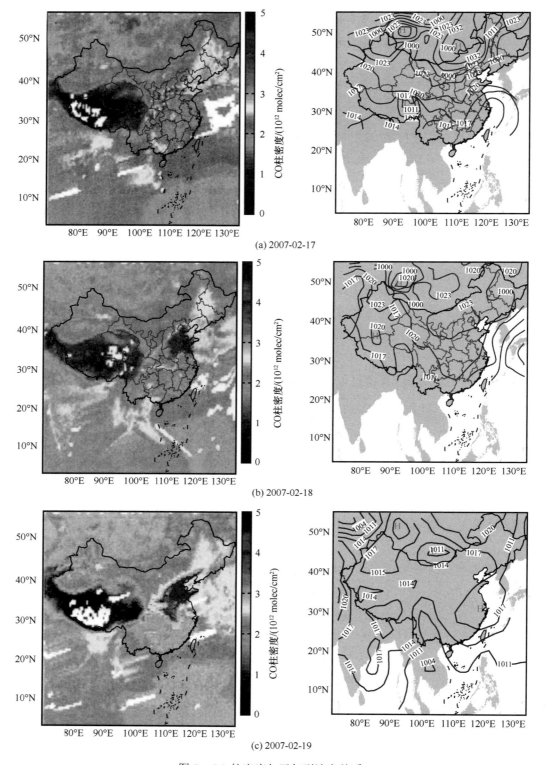

(a) 2007-02-17

(b) 2007-02-18

(c) 2007-02-19

图 7　CO 柱密度与天气型演变关系

3 结　　论

（1）利用 AQUA 卫星搭载的 AIRS 传感器观测 CO 柱密度与北京地区地面监测 CO 浓度资料，具有时间同步特征，相关系数为 0.63（显著性水平 95%），AIRS 观测数据反映了地面 CO 的污染。

（2）2004～2010 年，中国 CO 污染主要集中在华北、长三角、华中、珠三角、东北、四川和新疆地区，CO 柱密度平均值分别为 2.49×10^{18}, 2.46×10^{18}, 2.44×10^{18}, 2.31×10^{18}, 2.25×10^{18}, 2.06×10^{18} 和 1.67×10^{18} molec/cm^2，各区域均在 3 月和 4 月达到 CO 污染峰值。

（3）由于能源结构调整、技术进步，中国在能源消费翻一番的条件下，CO 浓度基本平稳且略有下降。

（4）CO 空间分布具有显著汇聚的特征，持续反气旋系统覆盖的均压场下形成的汇聚带系统是 CO 污染控制和规划管理的关键地区。

参 考 文 献

[1] Logan J A, Prather M J, Wofsy S C, et al. Tropospheric chemistry: a global perspective[J]. J Geophysical Res, 1981, 86(C8): 7210-7254.

[2] Crawford J, Davis D, Chen G, et al. An assessment of ozone photochemistry in the extratropical western North Pacific: impact of continental outflow during the late winter/early spring [J]. J Geophysical Res, 1997, 102(D23): 28469-28487.

[3] Browell E V, Fenn M A, Butler C F, et al. Large-scale ozone and aerosol distributions, air mass characteristics, and ozone fluxes over the western Pacific Ocean in late winter/early spring[J]. J Geophysical Res, 2003, 108(D20): 8805-8831.

[4] Palmer P I, Jacob D J, Jones D, et al. Inverting for emissions of carbon monoxide from Asia using aircraft observations over the western Pacific [J] J Geophysical Res, 2003, 108(D21): 8828-8840.

[5] Aumann H H, Chahine M T, Gautier C, et al. AIRS/AMSU/HSB on the Aqua mission: design, science objectives, data products, and processing systems [J]. IEEE Transactions on Geoscience and Remote Sensing, 2003, 41(2): 253-264.

[6] Goldberg M D, Qu Y, Mcmillin L M, et al. AIRS near-real-time products and algorithms in support of operational numerical weather prediction [J]. IEEE Transactions on Geoscience and Remote Sensing, 2003, 41(2): 379-389.

[7] Liang Q, Jaeglé L, Jaffe D A, et al. Long-range transport of Asian pollution to the northeast Pacific: seasonal variations and transport pathways of carbon monoxide [J]. J Geophysical Res, 2004, 109(D23): D23S07.

[8] Heald C L, Jacob D J, Jones D, et al. Comparative inverse analysis of satellite (MOPITT) and aircraft (TRACE-P) observations to estimate Asian sources of carbon monoxide [J]. J Geophysical Res, 2004, 109(D23): D23306.

[9] Massie S T, Gille J C, Edwards D P, et al. Satellite observations of aerosol and CO over Mexico City [C]//13th International Symposium on Transport and Air Pollution (TAP-2004). Atmospheric Environment 13th International Symposium on Transport and Air Pollution (TAP-2004). Boulder: 2006, 40(31): 6019-6031.

[10] Streets D G, Zhang Q, Wang L, et al. Revisiting China's CO emissions after the Transport and Chemical Evolution over the Pacific (TRACE-P) mission: synthesis of inventories, atmospheric modeling, and observations [J]. J Geophysical Res, 2006, 111(D14): 14306-14322.

[11] Bowman K W, Logan J A, Heald C L, et al. Inversion analysis of carbon monoxide emissions using data from the TES and MOPITT satellite instruments [J]. Atmospheric Chemistry and Physics Discussions, 2007, 7(6): 17625-17662.

[12] Turquety S, Clerbaux C, Law K, et al. CO emission and export from Asia: an analysis combining complementary satellite measurements (MOPITT, SCIAMACHY and ACE-FTS) with global modeling [J]. Atmospheric Chemistry and Physics Discussions, 2008, 8(1): 1709-1755.

[13] Kopacz M, Jacob D J, Fisher J A, et al. Global estimates of CO sources with high resolution by adjoint inversion of multiple satellite datasets (MOPITT, AIRS, SCIAMACHY, TES) [J]. Atmospheric Chemistry and Physics, 2010, 10(3): 855-876.

[14] 赵春生, 方圆圆, 汤洁, 等. MOPITT 观测的 CO 分布规律及与瓦里关地面观测结果的比较[J]. 应用气象学报, 2007, 18(1): 3641.

[15] 白文广, 张鹏, 张兴赢, 等. 用卫星资料分析中国区域CO柱总量时空分布特征[J]. 应用气象学报, 2010, 21(4): 473-483.

[16] 任阵海, 虞统, 苏福庆, 等. 不同尺度大气系统对污染边界层的影响及其水平流场输送[J]. 环境科学研究, 2004, 17(1): 7-13.

[17] 苏福庆, 任阵海, 高庆先, 等. 北京及华北平原边界层大气中污染物的汇聚系统: 边界层输送汇[J]. 环境科学研究, 2004, 17(1): 22-25.

[18] 任阵海, 苏福庆, 高庆先, 等. 边界层内大气排放物形成重污染背景解析[J]. 大气科学, 2005, 29(1): 57-63.

[19] Olsen E T, Fishbein E, Granger S, et al. AIRS/AMSU/HSB version 5 data release user guide [R]. Pasadena, CA: NASA-JPL Tech Rep, 2007.

[20] Chahine M T, Aumann H, Goldberg M, et al. Algorithm Theoretical Basis Document: AIRS-team retrieval for core products and geophysical parameters [R]. [S. I.]: AIRS, 2001.

[21] Ren Z H, Gao Q X, Su F Q, et al. The regional characteristics of the atmospheric environment and the impact of dust-storm in Beijing [J]. Engineering Science, 2003, 5(2): 49-56.

Remote Sensing Diagnosis Analysis of Spatial and Temporal Distribution of Carbon Monoxide in China

WEI Peng[1], REN Zhenhai[2], CHEN Liangfu[3], TAO Jinhua[3], WANG Wenjie[2], CHENG Shuiyuan[1], GAO Qingxian[2], WANG Ruibin[4], XIE Shuyan[4], TAN Jie[5]

1. College of Environmental & Energy Engineering, Beijing University of Technology, Beijing 100022, China
2. Chinese Research Academy of Environmental Sciences, Beijing 100012, China
3. State Key Laboratory of Remote Sensing Science, Institute of Remote Sensing Application, CAS, Beijing 100101, China
4. China National Environmental Monitoring Center, Beijing, 100012, China
5. China Coal Processing & Utilization Association, Beijing 100013, China

Abstract: A contrastive analysis of the CO column density data derived from Atmospheric InfraRed Sounder (AIRS) observations and the CO hourly concentration monitoring data in September 2010 was analyzed. The results showed that the two series of data were synchronous in time, with relative coefficient of 0.63 ($\alpha=0.05$), and thus the data from AIRS could reflect the surface CO pollution. The spatial and temporal distribution of CO in China during 2004-2010 was investigated by using the remote sensing data. It was found that the average CO column density order from heavy to light was North China, Yangtze River Delta, Central China, Pearl River Delta, Northeast China, Sichuan and Xinjiang. The peeks were reached in March or April and the column density was stable during the seven years. The CO column density distribution had the characteristic of distinct converging belt. Combined with the weather data, the results revealed that the uniform pressure fields covered in the center and rear of anticyclones were the main background fields to form distinct converging belts.

Key words: atmospheric remote sensing; CO; convergence belt; weather pattern

环境小卫星在大气环境领域应用潜力分析[①]

高庆先[1,2]，任阵海[2]

1. 国家环保总局环境卫星中心筹备办公室，北京 100029
2. 中国环境科学研究院，北京 100012

摘要：本文分析了卫星在大气环境领域的应用现状，通过对环境小卫星与目前国内其他卫星系列和国外各类卫星系列的比较，讨论了现有卫星在大气环境领域的应用，并对小卫星星座在大气环境领域的应用前景进行了展望。

关键词：大气环境；卫星应用；环境卫星

我国自然灾害发生频繁、损失严重，环境污染、生态破坏形势严峻，环境问题已对我国国民经济和社会发展造成了严重影响。面对日益严峻的灾害和环境形势，我们的环境监测与研究手段还停留在常规地面站监测阶段，无论从时效上还是从了解掌握的具体程度上都不能满足国家减灾与环境保护事业发展的需求。近年来国内外大量实践表明，遥感技术是环境与灾害监测预报的强有力手段，卫星遥感技术可以从面上对环境问题进行监测和分析，利用卫星遥感技术监测大范围的灾害与环境变化不仅省时、省力，而且具有其他手段不可替代的优越性。环境与灾害监测预报小卫星星座的建立将帮助我们迅速、准确、较低成本地获取灾害和环境信息，及时、全面掌握我国自然灾害、生态和环境污染的发生、发展与演变过程，为防灾、抗灾、救灾和遏止生态破坏与环境污染提供科学的决策依据，为提高我国的减灾和环境保护能力提供有力的保障，也是对现有卫星系统的补充。

1　环境小卫星系统介绍

环境与灾害监测预报小卫星星座由两颗光学小卫星（HJ-1A 和 HJ-1B）和一颗合成孔径雷达小卫星（HJ-1C）构成，光学有效载荷为两台宽覆盖多光谱可见光相机、一台超光谱成像仪和一台红外相机，HJ-1C 有效载荷为合成孔径雷达。

星座轨道为太阳同步轨道，光学小卫星轨道高度 650km，降交点地方时为 10：30，在同一轨道面内相位呈 180 度分布；合成孔径雷达小卫星轨道高度 500km，降交点地方时为 6：00。宽覆盖多光谱可见光相机成像 48 小时全球覆盖一次，红外相机成像 96 小时全球覆盖一次。宽覆盖多光谱可见光相机观测重访周期为 48 小时，红外相机重访周期为 96 小时，超光谱成像仪重访周期为 96 小时；合成孔径雷达重访周期约为 96 小时。

---

① 内容摘自《第一届环境遥感应用技术国际研讨会论文集》，11~19 页。

1.1 宽覆盖多光谱可见光相机（HJ-1A和HJ-1B上均有）

宽覆盖多光谱可见光相机的地面像元分辨率（星下点单谱段）为 30m，谱段设置为 0.43～0.52μm，0.52～0.60μm，0.63～0.69μm 和 0.76～0.90μm，幅宽大于 700km，量化比特数为 8bit；波段 1～3 的相机系统的调制传输函数（MTF）大于 0.2，谱段 4 大于 0.14，配准精度（波段间中心像元）小于 0.3 像元，地面绝对定标精度 10%，相对定标精度≤5%。

1.2 超光谱成像仪（HJ-1A上配置）

超光谱成像仪工作谱段为 0.45～0.95μm，平均光谱分辨率 5nm，地面像元分辨率为 100m，幅宽 50km，谱段数为 110～128 个，量化值为 12bit，系统 MTF 大于 0.2，辐射绝对定标精度小于 10%，相对定标≤5%。

1.3 红外相机（HJ-1B上配置）

红外相机地面像元分辨率（星下点）分别为近、中红外 150m；热红外 300m，谱段设置分别为 0.75～1.10μm，1.55～1.75μm，3.50～3.90μm，10.5～12.5μm，幅宽 720km，配准精度小于 0.3 像元，量化值为 10bit，相机系统 MTF 分别为 B1≥0.28、B2≥0.27、B3≥0.26、B4≥0.25。

1.4 S-波段合成孔径雷达

极化方式为垂直发射-垂直接收（VV），谱段为 S 波段，分辨率/幅宽分别为 20m 和 100km（4 视），辐射分辨率 3dB，BAQ 量化值 3bit，每圈最长工作时间为 10 分钟。

2 现有卫星在大气环境中的应用分析

目前文献报道有关利用卫星遥感技术对大气环境的监测主要内容包括：对臭氧层的监测、大气气溶胶含量的监测、温室气体监测、大气热污染源监测等。还有一些文献报道了二氧化硫、氮氧化物等污染物质的监测工作。火山爆发、森林或草场火灾、工业废气等产生的烟尘也属于大气环境监测范围，除了可直接在遥感图像上确定它们的位置和范围，还可以根据它们的运动、发展规律进行预测、预报。此外，温室气体的卫星遥感监测技术是目前研究全球气候变化最有效的工具之一，在世界许多国家开展的研究比较多，目前已经有全球二氧化碳、甲烷等温室气体排放量和时空分布结果。随着我国小卫星星座的建立，特别是高光谱成像仪和 S 波段合成孔径雷达的投入使用，必将拓展卫星遥感技术在大气环境监测中的应用。

每一个卫星在发射升空之前，一般都要对所携带传感器的波段设置进行地面场地实验，在发射升空后还要进行各类有针对性的实验，以完善传感器的应用，建立相关的算法和计算模型。这些有针对性的实验通常是结合项目，就所关心的某一个特定的问题进行的短期地面空中同步观测实验。比如美国地球观测系统（EOS）是由一系列的卫星系统、科学研究小组、数据支持系统组成，该系统长期对地表、生物圈、地球、大气和海洋进行全球监测。该系统能提高人们对地球这一复杂系统的认识。EOS 系统针对不同的问题进行了一系列的场地试验，其中与大气环境有直接关系的主要有：

（1）1995 年 6 月 2 日至 16 日在美国阿拉斯加进行的北极地区大气柱辐射测量场地试验，目标是探测和区分云、冰和雪，测定在可见光波段和近红外波段选定波长的云散射反照率。

（2）烟/硫酸盐、云和辐射试验（SCAR）是为了更好地了解生物质燃烧的影响、城市和工业气溶胶对大气，以及对气候的影响而进行的一系列的场地试验。在每一个 SCAR 试验期间，场地观测和遥感测量是同步进行的，目的是描述大气气溶胶物理化学成分、各类痕量气体和云、地球表面、辐射场和火灾等的特性。SCAR 系列试验的目标是减少大气气溶胶对气候影响（包括直接的和间接的）的不确定性。1995 年 8～9 月在巴西进行热带生物质燃烧试验；1993 年美国东海岸亚特兰大地区进行的场地试验（SCAR-A），其目的是测量城市和工业排放的硫酸盐污染的特性；1994 年美国加利福尼亚和北太平洋进行的场地试验目标是测量烟雾气溶胶和自然排放的痕量气体和美国西北太平洋地区火灾的特性和辐射效应。

（3）Terra-Aqua 2002 实验目的是评估 MODIS 和 AIRS 第一级数据及（L1B）和科学产品，其中包括地气系统辐射、大气廓线（温度和湿度）、云顶高度、云量和云类型、云颗粒相。实验期间 NASA 利用 ER-2 飞行器携带遥感设备，在 Terra 卫星和 Aqua 卫星的下方，向下扫描地球大气和地表以使 ER-2 收集到的遥感资料可以直接与卫星 MODIS 和 AIRS 传感器的科学产品进行比较。

（4）气溶胶特性试验（ACE）的目的是增加人们对气溶胶颗粒物是如何影响地球气候系统，是为了了解大气气溶胶理化特征而开展的系列场地试验。ACE-Asia 是由全球国际大气化学计划组织的第四次试验，于 2001 年在亚洲太平洋地区（包括中国沿海、日本和韩国）展开的，ACE-Asia 研究区域包含了许多种大气气溶胶的排放源，包括人为活动排放的工业污染源和沙尘天气产生的沙尘源。1995 年 11 月 15 日至 12 月 14 日开始南半球矿物气溶胶特性试验（ACE-1）是一系列定量描述大气气溶胶物理和化学过程，以及大气气溶胶的辐射强迫和对气候系统的影响场地试验的第一次，其目的是为全球气候模式提供必要的气溶胶资料以减少气溶胶对气候强迫的不确定性。ACE-2 于 1997 年 7 月 25 日开始了为期 6 周的第二次试验，将试验的研究区域延伸到北大西洋海域，研究大气气溶胶的辐射效应，欧洲人为排放气溶胶和非洲沙尘暴天气排放气溶胶的控制过程，该实验特别关注人为活动对背景气溶胶的扰动。

（5）对流层大气气溶胶辐射强迫观测实验（TARFOX）的目标是测量对流层气溶胶对晴天大气区域辐射收支的影响，同时测量相应气溶胶的化学物理特性和光学特性，在全球污染最为严重的地区（美国东部海岸）开展封闭柱状大气辐射研究。

在上述的几个场地实验中，主要是针对大气气溶胶的辐射效应和气候效应，还没有针对大气污染要素的场地试验，特别是针对环境保护部门常规检测污染物的场地实验。

关于大气基本要素的卫星遥感监测开展得比较多，特别是在气象卫星系列，有大量的工作经验可参考，比如国家气象卫星中心、美国的 NOAA 等研究机构。卫星遥感反演的大气基本要素包括云、大气顶温度、湿度、大气风等，这些大气要素是研究大气环境很重要的基本要素。

大气污染的主要污染要素是二氧化硫、氮氧化物、大气颗粒物（包括大气可吸入颗粒物）、对流层臭氧、有机污染物等，这些污染物质由于在大气中的含量较低且变化复杂，物理化学性质不稳定，理化特征复杂，因此，利用卫星遥感技术监测大气污染要素难度较大。在进行大气环境卫星监测的时候，空间分辨率高的卫星其时间分辨率相对较低，而时间分辨率高的卫星其空间分辨率对所研究的大气环境问题是个限制，绝大多数的大气环境污染事件是区域性的、短时间尺度的污染问题，比如沙尘天气从发生、发展、传输到消亡，一般也就是 2～3 天，最多一周，工业污染事故的发生，其时间尺度更短，空间范围更小，因此，利用卫星监测大气环境，必须结合其他监测分析手段，包括地面布点监测、采样和化学分析等传统的手段。

目前国际上文献报道比较成功的卫星应用主要在整层大气颗粒物，整层大气臭氧等方面，有了一定的成功经验和产品。如美国 NASA 利用 TOMS 卫星资料建立了反演整层大气气溶胶指数（AI）和大气光学厚度（AOT）的算法，此外 TOMS 还可以进行对流层臭氧、大气二氧化硫、沙尘暴天气形成的沙尘气溶胶进行监测，给出区域对流层臭氧、沙尘气溶胶指数的空间分布。美国 TERRA 卫星上携带的对流层污染测量（MOPITT）传感器可以实现对研究区域上空某一高度一氧化碳（CO）的浓度分布和由于生物质燃烧释放的 CO 的分布；美国 TERRA 和 AQUA 卫星上携带的 MODIS 传感器，OrbView-2 卫星上的 SeaWiFS 传感器可以实现对严重污染事件的监测，特别是烟雾、霾、火灾、沙尘等引起的重污染现象，还可以实现对火山喷发等自然现象的监测。TERRA 卫星上的 MISR 传感器可以实现对大气雾和霾、大气颗粒物的监测；CERES 传感器在印度洋海洋实验（INDOEX）期间对大气气溶胶的辐射影响效应进行了监测；ASTER 可以实现对火灾、烟雾、火山喷发、大型火电站的监测。Land Sat-5 的 TM 和 Land Sat-7 的 ETM+可以实现生物燃烧（包括森林火灾）及其形成烟雾的动态监测；突发事故（如 911 世贸大楼遭袭击）形成烟雾的监测；火山喷发烟羽的监测。TRMM 卫星的可见光和红外扫描仪（VIRS）传感器也可以实现对火灾形成的烟雾进行监测，GEOS 卫星也可以实现对森林火灾的动态监测。

EO-1（Earth Observation 1）卫星携带三台传感器，其中 Hyperion 是一台高光谱成像仪，波段范围为 0.4～2.5μm，光谱分辨率 10nm，总共有 220 个波段，其中可见光和近红外 60 个波段，短波红外 160 个波段，地面分辨率 30 米，重访时间 16 天，卫星轨道高度 705km。目前 Hyperion 的应用领域主要有：农业、城市、地理、森林、海岸带/水文和龙卷风灾害等。已有的高光谱传感器在大气环境监测方面的应用还不多。

到目前为止国际上还没有比较成熟、完善的卫星监测大气环境的技术，特别是针对环境保护部门关注的各类污染要素。合成孔径雷达（SAR）在大气环境中的应用未见有报道。因此，开展高光谱成像仪和合成孔径雷达在大气环境监测方面的应用研究十分必要。

突发性大气污染事故主要包括：工厂企业事故导致向大气排放大量的污染物，形成大规模、大范围的污染灾害事故；人为或自然源导致的森林、草场火灾，农民燃烧秸秆后形成的大气污染事件；火山喷发、沙尘暴发生等自然灾害。

利用卫星遥感对突发性的大气污染事故进行监测是一项艰巨的任务。因为，大气污染事故往往发生在一瞬间，持续的时间和影响的面积有限，而卫星对某一地点的宣访周期比较长，高分辨率的卫星重访时间更长。卫星的这一特点使得利用卫星遥感技术监测大气污染事故方面的研究进行的比较少。由于大气污染事故发生之后，其影响会持续一定的时间，特别是森林火灾和大规模的火山爆发等。可以利用卫星遥感技术对某些大气污染事故进行监测和分析，对突发的污染事故产生的影响范围和方向进行监测，对采取相应减缓和减少灾害损失提供科学的技术支持。

大气污染的排放源分为自然的和人为的，自然排放源包括火山喷发、自然森林火灾、草原火灾、沙尘暴天气发生等非人为因素所致所排放的大气污染物；人为源是指由于人类活动导致向大气中排放大量的污染物质，包括生产使用化石燃料形成的大气污染物、人为破坏导致的火灾释放的以及农民燃烧秸秆等农业过程排放的大气污染物。

目前全球变化是人类面临的一个重要的科学问题，已经引起世界各国政府和科学家的广泛关注。很多的卫星遥感计划或卫星传感器的设计都是为解决全球变化而设立的。卫星在全球变化研究中起到的作用越来越明显。小卫星星座在波段设计上与世界其他卫星传感器有很好的一致性，相对高轨道卫星（如气象卫星）而言有较高的空间分辨率，和其他低轨道卫星相比有较高的重访时间，因此，可以用于研究大气污染物对全球变化的影响。

3 环境小卫星星座与国内外现有卫星波段设置的比较

图 1 给出的是小卫星可见光和红外相机的光谱设置与分辨率和国内现有其他卫星的分布情况，可以看出小卫星星座的宽覆盖多光谱可见光近红外相机谱段设置范围与其他卫星基本一致，但波段设置比资源卫星和海洋卫星少；空间分辨率以资源卫星为最高，为 20m，小卫星的空间分辨率为 30m，海洋卫星和气象卫星的空间分辨率相对较低，星下点为 1100m。红外相机的第 3 波段在国内卫星中是唯一的，海洋卫星中没有短波红外波段和中红外波段。

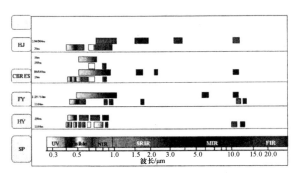

图 1 环境小卫星 CCD 相机与国内其他卫星的比较

图 2 是小卫星 CCD 相继波段设置与国外常见的波段设置比较。可以看出美国 TERRA 卫星携带的 MODIS 传感器基本覆盖了环境小卫星的波段范围，但空间分辨率除了两个波段（0.62～0.67μm，0.841～0.876μm）为 250m，6 个波段（0.459～0.479μm，0.545～0.565μm，1.23～1.25μm，1.628～1.652μm，2.105～2.155μm）为 500m 外，其余波段的空间分辨率为 1000m。与美国 LANDSAT 卫星 EMT+传感器相比，环境卫星多个中红外波段（3.50～3.90ìm）。空间分辨率都是 30m。

环境小卫星星座的另一特色是带有超光谱成像仪，波段范围在 0.45～0.95ìm 之间，光谱分辨率为 5nm，最大波段数为 128，空间分辨率为 100m。图 3 是小卫星超光谱成像仪与美国地球观测（EO-1）卫星系列中超光谱成像仪参数的对比，可以看出 EO-1 卫星中的 Hyperion 超光谱成像仪的波段范围很宽，从可见光（60 个波段）到短波红外（160 个波段），空间分辨率 30m，EO-1 卫星系统中的超光谱成像仪（Hyperspectral Atmospheric Correction，AC）的波段范围在近红外和短波红外（0.89～0160ìm），光谱分辨率为 5nm。EO-1 系统中还有两个飞行器携带的超光谱成像仪（AVIRS 和 TRWIS Ⅲ），其波段范围与 Hyperion 一样，所不同的是空间分辨率和光谱分辨率。

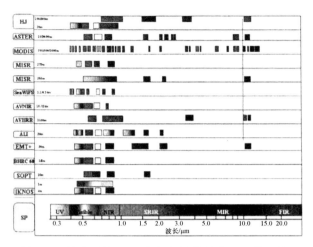

图 2　环境小卫星 CCD 相机与国外其他卫星的比较

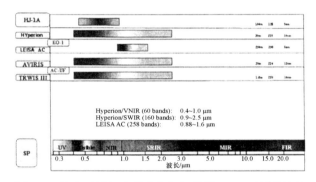

图 3　环境小卫星超光谱成像仪与美国 EO-1 卫星的比较

通过上面的分析，可以看出在对 TERRA 卫星 MODIS 传感器和 LANDSAT 的 EMT+传感器，以及 EO-1 卫星系统 Hyperion 超光谱成像仪的应用研究进行详细的分析与调研，可以了解环境小卫星星座可能在环境方面的应用。

4　环境小卫星在大气环境中的应用潜力分析

现有的卫星的应用领域很多，包括农业、大气、生物圈、水圈、冰圈、人类活动、陆地表面、海洋、地球等，每一个领域都有许多产品，比如大气领域就包括气溶胶、空气质量、大气化学、大气现象、大气压力、大气辐射、大气温度、大气水汽、大气风、云、降水和辐射收支等。

现有文献收集到的超光谱成像仪的应用研究包括：GIS 产品、辅助产品和图像产品三类，其中 GIS 产品包括田间各类现象的监测、土壤监测、作物生长分析、农田制图分析、技术管理等方面；辅助产品包括天气状况和要素，区域作物健康，田间资料站，灌溉状况和农田管理软件等；图像产品包括超光谱图像，种子鉴别，作物状况，作物健康和作物情况变化等。图 4 是 Hyperion 超光谱成像仪和 Landsat ETM+在森林分布和分类方面的比较，可以看出超光谱成像仪可以对森林分布和分类方面分析得更全面和详细。

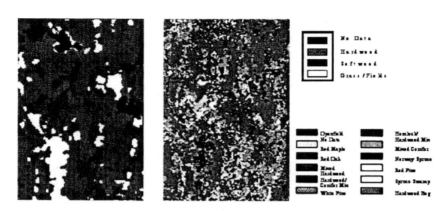

图4　超光谱成像仪和 Landsat 卫星传感器在森林分类方面的应用比较

MODIS 资料是美国国家航空和宇宙航行局（NASA）TERRA 卫星上的一个光学传感器，其36 个波段的资料在大气等方面得到了广泛的应用，MODIS 产品分为 5 级，分别是：

（1）0 级产品（L0）：仪器计数原始数据。

（2）1 级产品（L1）：原始的、校准后和地理定标后的辐射率。

（3）2 级产品（L2）：分景（像素）科学产品。

（4）3 级产品（L3）：全球（格点化）科学产品。

（5）4 级产品（L4）：模式输出或反演参数。

现有的 44 个产品中有大气产品 11 个，分别是：

（1）MOD04 气溶胶产品（Aerosol Product），139 景/天，分辨率为 10km，包括陆地和海洋上空的光学厚度、海洋上空气溶胶粒径分布（参数）。

（2）MOD05 总的可降水（Total Precipitable Water），144 景/天，分辨率为 1 和 5km。

（3）MOD06 云辐射和云微物理特性产品（Cloud Product）分辨率为 1 和 5km，包括云顶气压，温度和有效辐射、云的光学厚度，热力学相函数和有效半径、薄卷云在可将光波段的反射系数。

（4）MOD07 大气廓线（Atmospheric Profiles），288 景/天，分辨率为 5km，包括大气湿度和温度梯度。

（5）MOD08 格点化大气产品（Gridded Atmospheric Product）。

（6）MOD09 经过大气校正的地表辐射（Atmospherically-corrected Surface Reflectance）。

（7）MOD14 热量异常，火灾和生物质燃烧（Thermal Anomalies，Fires & Biomass Burning）。

（8）MOD35 云覆盖（Cloud Mask），288 景/天，分辨率为 1 和 5km。

（9）MOD36 总的吸收辐射（Total Absorption Coefficient）。

（10）MOD37 海洋气溶胶特性（Ocean Aerosol Properties）。

（11）MOD43 16 天的平均反照率（Albedo 16-day）。

图 5 给出的是 MODIS3 级产品全球月平均云光学厚度分布图，可以看出在北美大陆、欧洲大陆和东亚地区云的光学厚度较高，有明显的区域性特征。

图 5　MODIS 3 级产品：月平均（2001 年 4 月）云光学厚度（King，et al.）

　　图 6 给出了利用 TERRA 卫星 MODIS 资料对沙尘暴天气的监测结果，在彩色合成图中可以明显地看出在中国山东半岛向韩国方向有一条明显的污染云带，经过对大气光学厚度的反演发现在中国华北地区由于受沙尘暴天气的影响大气光学厚度明显高于其他非沙尘影响区域，在韩国大部分地区由于大气污染也产生高的光学厚度分布。图 7 是 TOMS 卫星反演的 2002 年 3 月 19 日发生在非洲东北部的强沙尘暴天气大气气溶胶指数的分布。TOMS 卫星由于其有较高的时间分辨率（每日一幅全球气溶胶指数分布图），可以实现对大规模沙尘暴天气的发生、发展和传输进行动态监测，结合数值模式的模拟输出可以预测沙尘天气。

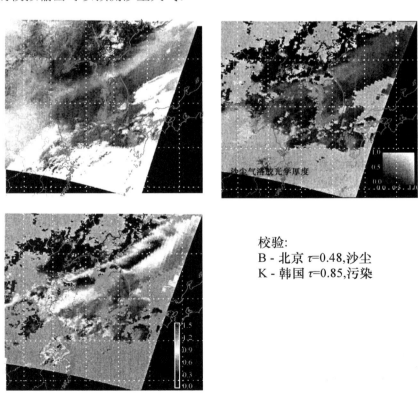

校验：
B - 北京 τ=0.48,沙尘
K - 韩国 τ=0.85,污染

图 6　2001 年 3 月 20 日发生在东亚地区沙尘暴天气和霾的 MODIS 反演

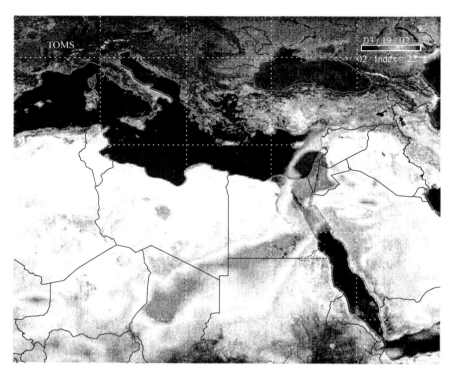

图 7　2002 年 3 月 19 日 TOMS 反演的发生在非洲东北部的强沙尘暴天气

　　图 8 是 Orb View-2 卫星 Sea WiFS 传感器监测到 2002 年 3 月 12 日发生在中国东部沿海地区大气霾污染现象，图 9 为 TERRA 卫星 MOPITT 传感器监测到的 2003 年 1 月 27 日至 2 月 2 日东亚及北太平洋上空的污染。卫星还可以对火电厂排放污染进行监测，如图 10 是 TERRA 卫星 ASTER 传感器可以实现对火电站的监测情况，除了上述集中大气环境污染指标外，卫星还可以实现对森林火灾、生物质燃烧等现象的监测。

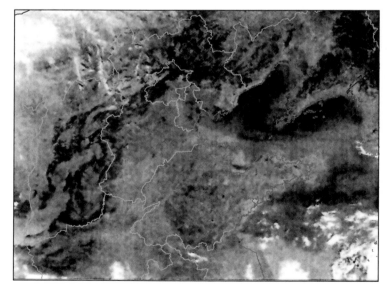

图 8　Orb View-2 卫星 SeaWiFS 传感器监测到中国东部沿海地区大气霾污染现象（2002 年 3 月 12 日）

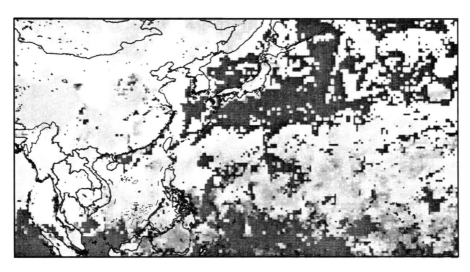

图 9　TERRA 卫星 MOPITT 传感器监测到的 2003 年 1 月 27 日至 2 月 2 日东亚及北太平洋上空的污染

图 10　TERRA 卫星 ASTER 传感器可以实现对火电站的监测

5　结　　论

　　通过上面的分析可以看出，环境小卫星星座虽然光谱波段有限，但是由于它有较高的重访周期，较高的空间分辨率，可以解决一些大气环境污染问题。

参 考 文 献

[1] Ackerman S A, Chung H. Radiative effects of airborne dust on regional energy budgets at the top of the atmosphere. J. Appl. Meterol., 31: 223-233, 1992.

[2] Barkstrom B R, Harrison E F, Smith G, et al. Earth Radiation Budget Experiment (ERBE) archival and April 1985 results. Bull. Am. Meteorol. Soc., 70: 1254-1262, 1989.

[3] http: //visibleearth.nasa.gov/Atmosphere/.

[4] http: //www.eoc.nasda.go.jp/guide/satellite.

[5] Christopher S A, Kliche D A, Chou J, et al. First estimates of the radiative forcing of aerosols generated from biomass burning using satellite data. J. Geophys. Res., 101, 21: 265-21, 273, 1996.

[6] Dieckmann F J, Smith G L. Investigation of scene identification algorithms for radiation measurements. J. Geophys. Res., 94: 3395-3412, 1989.

[7] Hansen J E, Lacis A A. Sun and dust versus greenhouse gases: An assessment of their relative roles in global climate change. Nature, 346, 713-719, 1990.

[8] Herman J R, Bhartia P K, Torres O, et al. Global distribution of UV -absorbing aerosols from Nimbus-7/TOMS data. J. Geophys. Res., 102: 16911-16922, 1997.

[9] Holben B N, et al. AERONET——A federated instrument network and data archive for aerosol characterization. Remote Sens. Environ., 66, 1-16, 1998.

[10] Houghton J T, Jenkins G J, Ephraums J J. Climate Change: The IPCC Scientific Assessment. 362 pp., Cambridge Univ. Press, New York, 1990.

[11] Hsu N C, Herman J R, Bhartia P K, et al. Detection of biomass burning smoke from TOMS measurements. Geophys. Res. Lett., 23: 745-748, 1996.

[12] Hsu N C, Herman J R, Torres O, et al. Comparisons of the TOMS aerosol index with sun photometer aerosol optical thickness: Results and applications. J. Geophys. Res., 104: 6269-6279, 1999.

[13] Liao H, Seinfeld J H. Radiative forcing by mineral dust aerosols: Sensitivity to key variables. J. Geophys. Res., 103, 31, 637-31: 645, 1998.

[14] Penner J E, Charlson R J, Hales J M, et al. Quantifying and minimizing uncertainty of climate forcing by anthropogenic aerosols. Bull. Am. Meteorol. Soc., 75: 375-400, 1994.

[15] Seftor C J, Hsu N C, Herman J R, et al. Detection of volcanic ash clouds from Nimbus 7/TOMS. J. Geophys. Res., 102: 16749-16759, 1997.

[16] Smith G L, Green R N, Raschke E, et al. Inversion methods for satellite studies of the earth's radiation budget: Development of algorithms for the ERBE mission. Rev. Geophys., 24: 407-421, 1986.

[17] Sokolik I N, Toon O B, Bergstrom R W. Modeling the radiative characteristics of airborne mineral aerosols at infrared wavelengths. J. Geophys. Res., 103: 8813-8826, 1998.

[18] Susskind J, Piraino P, Rokke L, et al. Characteristics of the TOVS Pathfinder Path A data set. Bull. Am. Meteorol. Soc., 78(7): 1449-1472, 1997.

[19] Tanre D, Legrand M. On the satellite retrieval of Saharan dust optical thickness over land: Two different approaches. J. Geophys.Res., 96: 5221-5227, 1991.

[20] Tegen I, Lacis A A. Modeling of particle size distribution and its influence on the radiative properties of mineral dust aerosol. J. Geophys. Res., 101: 19237-19244, 1996.

[21] Tegen I, Lacis A A, Fung I. The influence on climate forcing of mineral aerosols from disturbed soils. Nature, 380: 419-422, 1996.

[22] Torres O, Bhartia P K, Herman J R, et al. Derivation of aerosol properties from satellite measurements of backscattered ultraviolet radiation, Theoretical basis. J. Geophys. Res., 103: 17099-17110, 1998.

[23] Kaufman Y J, Tanre D, Boucher O. A satellite view of aerosols in the climate system. Nature, 41: 215-223,2002.

[24] http: //www.gsfc.nasa.gov/.

[25] http: //www.larc.nasa.gov/larc.html.

Potential Application Analysis of Environmental Satellite in Atmosphere Environment

GAO Qingxian[1,2], REN Zhenhai[1]

1. Chinese Research Academy of Environmental Science, Beijing, 100012
2. Chinese State Environmental Satellite Center, Beijing, 100029

Abstract: The application situation of satellite in atmospheric environment is analyzed in this paper. Compare the application in atmosphere of environmental satellites with other satellite series in China or in other countries, the real situation of satellite application in atmosphere are reviewed and the foreground of environmental satellite are prospected.

Key words: atmospheric environment; application of satellite; environmental satellite

基于 WRF 模型与气溶胶光学厚度的 PM$_{2.5}$ 近地面浓度卫星反演[①]

薛文博[1]，武卫玲[1]，许艳玲[1]，易爱华[2]，任阵海[3]，王金南[1]

1. 环境保护部环境规划院，北京 100012
2. 环境保护部环境工程评估中心，北京 100012
3. 中国环境科学研究院，北京 100012

摘要：为了反演高分辨率的 PM$_{2.5}$ 近地面浓度，利用 WRF（中尺度气象模型）模拟的大气相对湿度、风速、边界层高度等气象因子对 AOD（气溶胶光学厚度）分别进行订正，以逐步提高 AOD 与近地面 ρ（PM$_{2.5}$）间的相关性；分析不同反演模型的统计学特征，优选反演模型，并利用最优模型反演中国中东部地区 2014 年年均 ρ（PM$_{2.5}$）的空间分布特征。结果表明：AOD 经相对湿度订正后，其与近地面 ρ（PM$_{2.5}$）的相关性显著提高，相关系数达到 0.77；同时引入相对湿度、风速 2 个气象因子，AOD 与近地面 ρ（PM$_{2.5}$）的相关系数升至 0.79（n=145，P<0.01）；同时引入相对湿度、风速和边界层高度 3 个气象因子，AOD 与近地面 ρ（PM$_{2.5}$）的相关系数进一步升至 0.80（n=145，P<0.01）。模型反演表明，研究区域内 ρ（PM$_{2.5}$）年均值大于 35μg/m^3 的面积高达 334.49×10^{4}km^2，占研究区域面积的 83.2%，并且高污染地区与人口密度高度重合。分析表明，北京、天津、河北、山东及河南等典型重污染省、直辖市分别有 96.30%、100%、78.16%、98.86%、100%面积的 ρ（PM$_{2.5}$）超标，分别约有 99.97%、100%、96.41%、98.88%、100% 人口生活在空气质量超标地区。

关键词：卫星反演；WRF（中尺度气象模型）；AOD（气溶胶光学厚度）；PM$_{2.5}$

利用卫星遥感的 AOD（气溶胶光学厚度）数据反演近地面 ρ（PM$_{2.5}$）能够有效弥补地面观测手段的不足，是目前 PM$_{2.5}$ 研究领域的热点之一[1-12].GUO 等[13]通过分析中国东部地区 11 个观测站监测 ρ（PM$_{2.5}$）与卫星遥感反演 AOD 之间的相关性，探讨了卫星遥感估算近地面 ρ（PM$_{2.5}$）的可行性及可能影响因素；Donkelaar 等[14]基于卫星遥感 AOD 数据估计了全球 ρ（PM$_{2.5}$）分布；王毅等[15]利用 MODIS 资料实现了对中国东南部地区及近海海域多通道大气 AOD 的反演；施成艳等[16]利用 MODIS 1B 数据反演了上海地区大气 AOD，并将反演值与城市空气污染指数进行了对比，证实了 AOD 可以反映地面大气污染状况.2013 年 1 月中国开始对 74 个重点城市开展 ρ（PM$_{2.5}$）

---
① 原载于《环境科学研究》，2016 年，第 29 卷，第 12 期，1751~1758 页。

监测，这为利用卫星遥感技术反演近地面 ρ（PM$_{2.5}$）提供了更有利的技术支撑。基于 2013 年 74 个城市的监测数据，薛文博等[17]利用 CMAQ（第三代空气质量模型）模拟的 PM$_{2.5}$ 垂直分层特征和 WRF（中尺度气象模型）模拟的高分辨率相对湿度数据，分别对 AOD 进行垂直与湿度订正，建立了全国 2013 年 1 月 PM$_{2.5}$ 重污染过程的 ρ（PM$_{2.5}$）-AOD 线性拟合模型，相关系数为 0.77；MA 等[18]基于 2013 年近地面 ρ（PM$_{2.5}$）监测数据、气象、土地利用参数，建立了 ρ（PM$_{2.5}$）-AOD 的高级统计模型，其相关系数达到 0.89。2014 年我国开展 ρ（PM$_{2.5}$）监测的城市增至 161 个，随着地面监测样本的增加，近地面 ρ（PM$_{2.5}$）反演结果的准确性将得到有效提高，但目前我国尚缺乏基于 2014 年最新监测数据进行近地面 ρ（PM$_{2.5}$）反演模型的研究。

该研究尝试采用 WRF 模拟的大气相对湿度、风速、边界层高度等气象因子改进 AOD 与近地面 ρ（PM$_{2.5}$）之间的相关性，建立 AOD、相对湿度、风速、边界层高度与近地面 ρ（PM$_{2.5}$）的多元线性拟合模型，分析不同反演模型的统计学特征，筛选最优反演模型反演中国中东部地区 2014 年 ρ（PM$_{2.5}$）空间分布特征。

1 研究方法与数据来源

1.1 研究方法

在前期研究中，薛文博等[17]利用 WRF 模拟的高分辨率相对湿度数据对 AOD 进行订正后，相关系数显著提高，但是利用 CMAQ 模拟的 PM$_{2.5}$ 垂直分层特征对 AOD 进行垂直订正之后，相关系数改进并不明显。因此，该研究进一步尝试引入 WRF 模型模拟的相对湿度、风速、边界层高度等气象因子，以改进 AOD 和近地面 ρ（PM$_{2.5}$）的相关性。研究技术路线：①直接拟合。对 AOD 不进行任何订正，直接建立 AOD 与近地面 ρ（PM$_{2.5}$）的关联方程。②多元线性拟合。首先，利用 WRF 模拟的高分辨率相对湿度数据对 AOD 进行订正，建立订正后的 AOD 与近地面 ρ（PM$_{2.5}$）的关联方程；其次，在相对湿度订正的基础上引入风速因子，建立近地面 ρ（PM$_{2.5}$）反演模型；最后，引入边界层高度数据，建立近地面 ρ（PM$_{2.5}$）反演模型。③反演模型优选。对比分析 3 个多元线性拟合模型的统计学特征，选取最优反演模型，反演 2014 年中国中东部地区 10km 分辨率近地面 ρ（PM$_{2.5}$）年均值空间分布特征。

1.2 模型设置

由于 AOD 受到相对湿度、风速、边界层高度等多种气象要素的影响[18-28]，故利用 WRF 模拟的全国 36km 分辨率相对湿度、风速、边界层高度数据，用于拟合 AOD-近地面 ρ（PM$_{2.5}$）反演方程。WRF 模型设置：①模拟时段。2014 年全年，模拟时间间隔为 1h。②模拟范围。WRF 模型采用 Lambert 投影坐标系，中心经度为 103°E，中心纬度为 37°N，两条平行标准纬度为 25°N 和 40°N。水平模拟范围，X 方向为 –3582～3582km，Y 方向为 –502～2502km，网格间距为 36 km，将研究区域划分为 200×140 个网格，垂直方向共设置 28 个气压层，层间距自下而上逐渐增大。③参数设置。WRF 模型的初始输入数据采用美国国家环境预报中心（NCEP）提供的 6h 一次、1°分辨率的 FNL 全球分析资料[15]，并利用 NCEPADP（Automated Data Processing）气象观测资料同化，WRF

模型的参数设置见文献[17]。

1.3 AOD数据

由于沙漠地区 AOD 遥感数据的不确定性大，加之西部地区开展 ρ（$PM_{2.5}$）监测的城市少，可能导致西部地区近地面 ρ（$PM_{2.5}$）反演结果存在较大误差。因此研究范围选定为中国中东部地区，研究区域面积约 $402 \times 10^4 km^2$，具体研究区域见图 1。在上述研究范围内 2014 年共有 145 个城市开展 ρ（$PM_{2.5}$）监测。

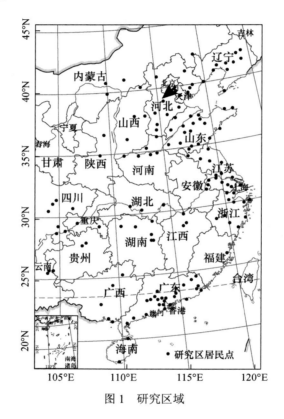

图 1　研究区域

AOD 数据选用 MODIS 遥感影像，对 2014 年 MOD04 和 MYD04 数据进行预处理，获取 550nm 的暗像元算法产品，对其进行投影转换、拼接、融合，得到研究范围内的 AOD 数据，并提取 145 个城市 AOD 年均值，结果如图 2 所示。

2　建立$PM_{2.5}$反演模型

2.1　直接拟合

采用最小二乘法对 145 个城市 AOD 年均值与近地面 ρ（$PM_{2.5}$）进行线性拟合，建立线性拟合模型，见式（2.1）。145 个城市近地面 ρ（$PM_{2.5}$）的观测值与反演值的相关性分析如图 3a 所示。AOD 与近地面 ρ（$PM_{2.5}$）之间的相关系数为 0.47，线性相关性较明显，但由于 AOD 受到相对湿

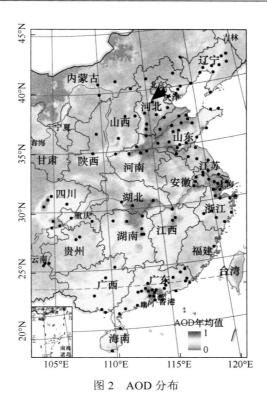

图 2　AOD 分布

度等气象因子的影响，导致其不能很好地表征近地面 ρ（PM$_{2.5}$）的高低，因此应引入相对湿度等气象因子，以提高反演模型的相关性。

$$y = 55.13x + 29.88 \tag{2.1}$$

式中，y 为 2014 年近地面 ρ（PM$_{2.5}$）年均值，$\mu g/m^3$；x 为 AOD 年均值。

2.2　多元线性拟合

2.2.1　湿度因子

大气颗粒物中硫酸盐、硝酸盐等粒子具有较强的吸湿性，粒子吸湿后其消光能力也有所增强，故采用相对湿度对 AOD 进行订正可以大幅降低其对 AOD 的影响[29]。利用 WRF 模型模拟的 36km 分辨率相对湿度对原始 AOD 进行订正。

$$\text{AOD}_{\text{rh}} = \text{AOD} / f(\text{rh}) \tag{2.2}$$

式中，AOD$_{\text{rh}}$ 为经过相对湿度订正的 AOD，f（rh）为颗粒物散射吸湿增长因子。

相对湿度对 AOD 的影响通过式（2.3）[30]计算：

$$f(\text{rh}) = (1 - \text{rh}/100)^{-1} \tag{2.3}$$

式中，rh 为 WRF 模型模拟的相对湿度，%，其模拟结果见图 4a。

对 145 个城市的 AOD$_{\text{rh}}$ 与近地面 ρ（PM$_{2.5}$）进行线性拟合，建立二者线性拟合模型：

$$y = 157.69x' + 25.52 \tag{2.4}$$

式中，x' 为 AOD$_{\text{rh}}$。

　　145 个城市的观测值与反演值的相关性分析如图 3b 所示, 相关系数由直接拟合时的 0.47 升至 0.77, 相关性显著增强。

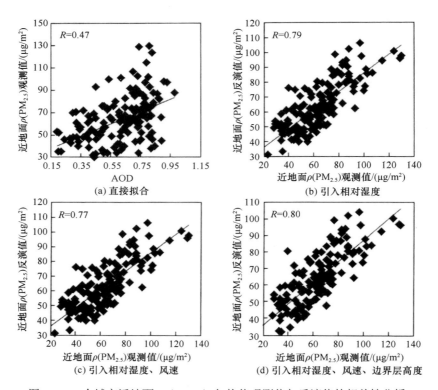

图 3　145 个城市近地面 ρ（$PM_{2.5}$）年均值观测值与反演值的相关性分析

2.2.2　相对湿度-风速因子

　　除相对湿度外, 风速也是影响近地面 ρ（$PM_{2.5}$）的重要气象因子。对 145 个城市的 AOD_{rh}、风速与近地面 ρ（$PM_{2.5}$）进行多元线性回归, 建立多元线性拟合模型:

$$y = 145.84\,AOD_{rh} - 3.84v + 45.17 \tag{2.5}$$

式中, v 为风速, m/s。WRF 模拟的风速分布见图 4b。

　　145 个城市近地面 ρ（$PM_{2.5}$）观测值与反演值的相关性分析如图 3c 所示, 其相关系数升至 0.79, 高于直接拟合、仅引入相对湿度因子拟合方程的相关系数。式（2.5）表明, 近地面 ρ（$PM_{2.5}$）与风速呈负相关, 原因在于风速越大, 越有利于 $PM_{2.5}$ 扩散。

2.2.3　相对湿度-风速-边界层高度因子

　　考虑到 ρ（$PM_{2.5}$）受到边界层高度的影响, 进一步在多元线性回归模型中引入边界层高度参数。建立 145 个城市的 AOD_{rh}、风速、边界层高度与近地面 ρ（$PM_{2.5}$）的多元线性回归模型, 见式（2.6）。

$$y = 146.58\,AOD_{rh} - 3.88v - 0.05h + 68.57 \tag{2.6}$$

式中, h 为边界层高度, m。WRF 对 h 的模拟结果见图 4c。

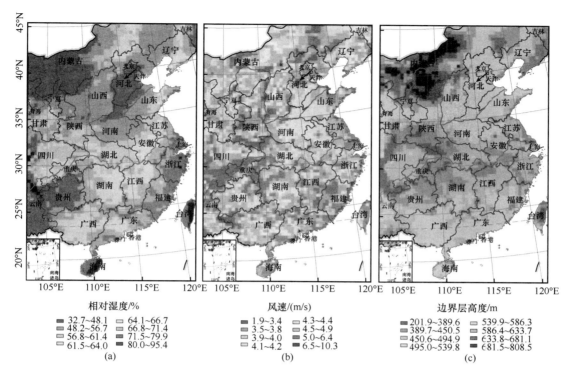

相对湿度/%
- 32.7~48.1
- 48.2~56.7
- 56.8~61.4
- 61.5~64.0
- 64.1~66.7
- 66.8~71.4
- 71.5~79.9
- 80.0~95.4

(a)

风速/(m/s)
- 1.9~3.4
- 3.5~3.8
- 3.9~4.0
- 4.1~4.2
- 4.3~4.4
- 4.5~4.9
- 5.0~6.4
- 6.5~10.3

(b)

边界层高度/m
- 201.9~389.6
- 389.7~450.5
- 450.6~494.9
- 495.0~539.8
- 539.9~586.3
- 586.4~633.7
- 633.8~681.1
- 681.5~808.5

(c)

图 4　中国中东部地区 36km 分辨率气象因子分布

145 个城市近地面 ρ（PM₂.₅）的观测值与反演值的相关性分析如图 3d 所示，其相关系数达到 0.80，均高于直接拟合、引入相对湿度因子、引入相对湿度-风速因子的相关系数。风速越大，边界层高度越高，越有利于 PM₂.₅扩散，因此近地面 ρ（PM₂.₅）与风速、边界层高度两个参数均呈负相关。

2.3　反演模型优选

分别采用 3 个线性拟合模型反演 145 个样本城市的近地面 ρ（PM₂.₅），将反演值与观测值进行统计分析，从相关系数、一致性指数及标准平均误差各项统计指标来看，3 个拟合模型的准确性从高到低依次是引入相对湿度、风速、边界层高度因子，引入相对湿度、风速因子，引入相对湿度因子，可以看出近地面 ρ（PM₂.₅）反演式（2.6）明显优于式（2.4）式（2.5），因此选取式（2.6）反演 2014 年全国 10km 分辨率近地面 ρ（PM₂.₅）。不同拟合模型统计学参数见表 1。相关系数、一致性指数、标准平均误差计算见文献[31]。

表 1　AOD和近地面ρ（PM₂.₅）反演模型

方法	反演模型	相关系数	一致性指数	标准平均误差/%	显著水平
引入相对湿度	$y=157.69AOD_{rh}+25.52$	0.77	0.86	17.42	$P<0.01$
引入相对湿度、风速	$y=145.84AOD_{rh}-3.84v+45.17$	0.79	0.87	16.86	$P<0.01$
引入相对湿度、风速、边界层高度	$y=146.58AOD_{rh}-3.88v-0.05h+68.57$	0.80	0.88	16.33	$P<0.01$

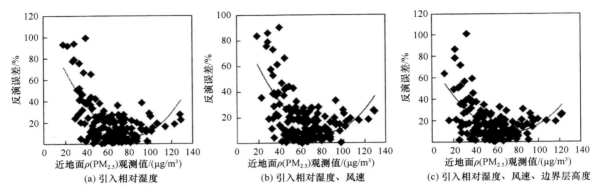

图5 线性拟合模型的反演误差分析

对反演结果进行误差分析发现，3 个反演模型在近地面 ρ（$PM_{2.5}$）高值区及低值区反演误差均较大，尤其在低值区反演结果的准确性显著降低，这是当前利用卫星遥感技术估算近地面 ρ（$PM_{2.5}$）面临的难题。因此，应尝试分别对近地面 ρ（$PM_{2.5}$）高值区、低值区以及中值区域分段建立拟合方程，以提高 $PM_{2.5}$ 反演结果的准确性。

3 近地面ρ（$PM_{2.5}$）反演

2014 年中国中东部地区 10km 分辨率近地面 ρ（$PM_{2.5}$）反演结果见图 6。2014 年我国 $PM_{2.5}$

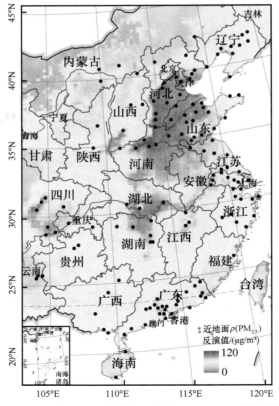

图6 2014 年 10km 分辨率近地面 ρ（$PM_{2.5}$）反演结果

污染最严重地区主要集中在华北平原、两湖平原和成渝盆地等人口密集地区，ρ（PM$_{2.5}$）年均值为 40μg/m^3，最大值为 103μg/m^3，位于河南省郑州市。统计结果表明，2014 年中国中东部地区 ρ（PM$_{2.5}$）年均值小于 35μg/m^3 的面积为 67.51×10^{4}km^2，主要集中在东南部等沿海地区，占研究范围面积的 16.8%；ρ（PM$_{2.5}$）年均值介于 35～50μg/m^3 之间的面积为 186.18×10^{4}km^2，占研究区域面积的比例为 46.3%；ρ（PM$_{2.5}$）年均值在 50～75μg/m^3 之间的面积为 122.22×10^{4}km^2，占研究范围面积的 30.4%；ρ（PM$_{2.5}$）年均值大于 75μg/m^3 的面积占研究区域的 6.5%，并且主要集中在华北平原人口密集地区。

　　将 10km 分辨率近地面 ρ（PM$_{2.5}$）与 2010 年全国 1km 分辨率人口密度数据（图 7）进行叠加分析，结果如表 2 所示。北京、天津、河北、山东及河南 5 个典型重污染省、直辖市内分别有 96.30%、100%、78.16%、98.86%、100% 的面积超过 GB 3095—2012《环境空气质量标准》二级标准限值，约有 99.97%、100%、96.41%、98.88%、100% 人口暴露于在空气质量超标地区，长期高浓度 PM$_{2.5}$ 暴露可能对公众健康造成严重危害。

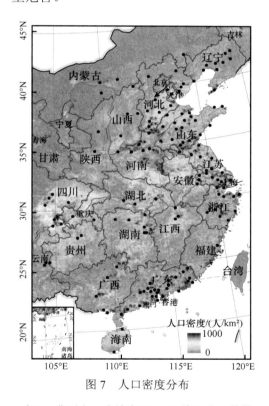

图 7　人口密度分布

表 2　典型省、直辖市 PM$_{2.5}$ 污染及人口暴露

省、直辖市	超标面积比例/%	超标地区人口比例/%
北京	96.30	99.97
天津	100.00	100.00
河北	78.16	96.41
山东	98.86	98.88
河南	100.00	100.00
合计	91.92	98.78

4　结　　论

（1）引入 WRF 模拟的相对湿度、风速、边界层高度等气象因子后，逐步改进了 AOD 和近地面 ρ（$PM_{2.5}$）之间的相关性，其相关系数由直接拟合的 0.47 分别升至 0.77、0.79、0.80，证实了相对湿度、风速、边界层高度 3 个气象因子对提高近地面 ρ（$PM_{2.5}$）反演结果的有效性，但风速、边界层高度对提高反演准确性的效果并不显著。

（2）2014 年中东部地区 ρ（$PM_{2.5}$）反演结果表明，研究区域内 ρ（$PM_{2.5}$）年均值大于 $35\mu g/m^3$ 的面积高达 $334.49 \times 10^4 km^2$，占研究区域面积的 83.2%，并且高污染地区与人口密度高度重合。分析表明，北京、天津、河北、山东及河南典型重污染省、直辖市分别有 96.30%、100%、78.16%、98.86%、100%面积的 ρ（$PM_{2.5}$）超标，核算下来，分别有 99.97%、100%、96.41%、98.88%、100%人口生活在空气质量超标地区。

（3）对 3 个模型反演结果的误差分析发现，近地面 ρ（$PM_{2.5}$）反演存在"对高值区低估、对低值区高估"的现象。在进一步研究中，可以考虑对高值区、低值区以及中值区域分段建立拟合方程，以提高近地面 ρ（$PM_{2.5}$）反演结果的准确性。

参 考 文 献

[1] 马宗伟. 基于卫星遥感的我国 $PM_{2.5}$ 时空分布研究[D]. 南京: 南京大学, 2015: 23-60.

[2] 彭威. 基于遥感估算珠江三角洲地区大气颗粒物质量浓度[D]. 南京: 南京大学, 2014.

[3] 李同文, 孙越乔, 杨晨雪, 等. 融合卫星遥感与地面测站的区域 $PM_{2.5}$ 反演[J]. 测绘地理信息, 2015, 40(3): 6-9.

[4] 辛金元, 孔令彬, 李沛. 华北区域 $PM_{2.5}/PM_{10}$ 时空分布卫星反演及其健康效应研究探索[C]//中国气象学会. 第 32 届中国气象学会年会 S13 气候环境变化与人体健康. 北京: 中国气象学会, 2015.

[5] 王浩洋. 遥感反演安徽地区气溶胶光学厚度及其时空特征分析[D]. 合肥: 安徽大学, 2015: 15-40.

[6] 刘显通, 李菲, 谭浩波, 等. 基于卫星遥感资料监测地面细颗粒物的敏感性分析[J]. 中国环境科学, 2014, 34(7): 1649-1659.

[7] 贾松林, 苏林, 陶金花, 等. 卫星遥感监测近地表细颗粒物多元回归方法研究[J]. 中国环境科学, 2014, 34(3): 565-573.

[8] 王耀庭, 王桥, 王艳姣, 等. 大气气溶胶性质及其卫星遥感反演[J]. 环境科学研究, 2005, 18(6): 27-33.

[9] 谢志英, 刘浩, 唐新明. 北京市 MODIS 气溶胶光学厚度与 PM_{10} 质量浓度的相关性分析[J]. 环境科学学报, 2015, 35(10): 3292-3299.

[10] Wang Z, Chen L, Tao J, et al. Satellite-based estimation of regional particulate matter (PM) in Beijing using vertical-and-RH correcting method [J]. Remote Sensing of Environment, 2010, 114(1): 50-63,

[11] Tao J, Zhang M, Chen L, et al. Method to estimate concentration of surface-level particulate matter from satellite-based aerosol optical thickness [J]. Science China Earth Sciences, 2013, 56(8): 1422-1433.

[12] 张伟, 王金南, 蒋洪强, 等. 《大气污染防治行动计划》实施对经济与环境的潜在影响[J]. 环境科学研究, 2015, 28(1): 1-7.

[13] Guo J, Zhang X, Che H, et al. Correlation between PM concentrations and aerosol optical depth in eastern China [J]. Atmospheric Environment, 2009, 43(37): 5876-5886.

[14] Donkelaar A V, Martin R V, Brauer M, et al. Global estimates of ambient fine particulate matter concentrations from satellite-based aerosol optical depth: development and application[J]. Environmental Health Perspectives, 2010, 118(6): 847-855.

[15] 王毅, 石汉青, 何明元, 等. 中国东南部地区及近海的气溶胶光学厚度分布特征[J]. 环境科学研究, 2010, 23(5): 634-641.

[16] 施成艳, 江洪, 江子山, 等. 上海地区大气气溶胶光学厚度的遥感监测[J]. 环境科学研究, 2010, 23(6): 680-684.

[17] 薛文博, 武卫玲, 付飞, 等. 中国 2013 年 1 月 PM$_{2.5}$ 重污染过程卫星反演研究[J]. 环境科学, 2015, 36(3): 794-800.

[18] Ma Z, Hu X, Sayer A M, et al. Satellite-based spatiotemporal trends in PM$_{2.5}$ concentrations: China, 2004—2013 [J]. Environmental Health Perspective, 2016, 124: 184-192.

[19] National Center for Atmospheric Research. CISL research data archive [EB/OL]. Washington DC: National Center for Atmospheric Research, 2016. [2016-01-08]. http: //rda.ucar.edu/datasets/ds083.2.

[20] 薛文博, 付飞, 王金南, 等. 中国 PM$_{2.5}$ 跨区域传输特征数值模拟研究[J]. 中国环境科学, 2014, 34(6): 1361-1368.

[21] Xue W, Wang J, Niu H, et al. Assessment of air quality improvement effect under the national total emission control program during the Twelfth National Five-Year Plan in China [J].Atmospheric Environment, 2013, 68: 74-81.

[22] 姚青, 蔡子颖, 韩素芹, 等. 天津冬季雾霾天气下颗粒物质量浓度分布与光学特性[J]. 环境科学研究, 2014, 27(5): 462-469.

[23] 郑子龙, 张凯, 陈义珍, 等. 北京一次混合型重污染过程大气颗粒物元素组分分析[J]. 环境科学研究, 2014, 27(11): 1219-1226.

[24] 尚可, 杨晓亮, 张叶, 等. 河北省边界层气象要素与 PM$_{2.5}$ 关系的统计特征[J]. 环境科学研究, 2016, 29(3): 323-333.

[25] 何建军, 吴琳, 毛洪钧, 等. 气象条件对河北廊坊城市空气质量的影响[J]. 环境科学研究, 2016, 29(6): 791-799.

[26] 张礁石, 陆亦怀, 桂华侨, 等. APEC 会议前后北京地区 PM$_{2.5}$ 污染特征及气象影响因素[J]. 环境科学研究, 2016, 29(5): 646-653.

[27] 丁净, 韩素芹, 张裕芬, 等. 天津市冬季颗粒物化学组成及其消光特征[J]. 环境科学研究, 2015, 28(9): 1353-1361.

[28] 王宇骏, 黄祖照, 张金谱, 等. 广州城区近地面层大气污染物垂直分布特征[J]. 环境科学研究, 2016, 29(6): 800-809.

[29] William C M, Derek E D, Sonia M K. Light scattering characteristics of aerosol as a function of relative humidity: Part Ⅰ.a comparison of measured scattering and aerosol concentrations using the theoretical models [J]. Journal of the Air & Waste Management Association, 2000, 50(5): 686-700.

[30] 张立盛, 石广玉. 相对湿度对气溶胶辐射特性和辐射强迫的影响[J]. 气象学报, 2002, (2): 230-237.

[31] 李志成. 基于随机响应面法的 CMAQ 空气质量模拟系统不确定性传递方法实现与评价[D]. 广州: 华南理工大学, 2011: 41-60.

Satellite Retrieval of Near-Surface PM$_{2.5}$ Based on WRF Model and Aerosol Optical Depth

XUE Wenbo[1], WU Weiling[1], XU Yanling[1], YI Aihua[2], REN Zhenhai[3], WANG Jinnan[1]

1. Chinese Academy for Environmental Planning, Beijing 100012, China
2. Appraisal Center for Environment and Engineering, Ministry of Environmental Protection, Beijing 100012, China
3. Chinese Research Academy of Environmental Sciences, Beijing 100012, China

Abstract: By simulating relative humidity, wind speed and boundary layer height with mesoscale meteorological model WRF to revise aerosol optical depth (AOD), the correlation coefficient between AOD and ρ(PM$_{2.5}$) was improved gradually. Using the statistical characteristics of different retrieval models and the optimal linear fitting model, the annual ρ(PM$_{2.5}$) was retrieved in central and eastern China in 2014. After multiple linear regression analysis with humidity correction, correlation coefficient between AOD and ρ(PM$_{2.5}$) was improved to 0.77, and 0.79 (n=145, P<0.01) by introducing wind speed. The correlation coefficient was further improved to 0.80 (n=145, P<0.01) by introducing wind speed and boundary layer height, respectively. The results showed that 83.2% of the study area, with an area of 334.49×10^4km^2, exceeded the secondary standard in *Ambient Air Quality Standard* (GB 3095—2012) with annual ρ(PM$_{2.5}$)>35μg/m^3, and there was a high coincidence between pollution level and population distribution. In typical areas, such as Beijing, Tianjin, Hebei, Shandong and Henan provinces, the ratio was 96.30%, 100%, 78.16%, 98.86% and 100%, corresponding to 99.97%, 100%, 96.41%, 98.88% and 100% of population exposure, respectively.

Key words: satellite retrieval; WRF; AOD; PM$_{2.5}$

第七篇

飞 机 航 测

沈阳市大气气溶胶航测资料的分析研究①

引　言

大气气溶胶是一种很重要的大气成分，它的时空分布与气象条件关系密切。城乡之间的差异也很明显。很好地反映了"城市热岛"这一效应。

沈阳位于工业集群之中，它的热量来源是以燃煤为主的。其周围有重工业基地的中小型城市。抚顺位于沈阳东 70～80 公里处。它有露天煤矿、炼油厂和钢厂等各种重工业。本溪位于沈阳东南向 200 公里处。它是产钢基地。鞍山位于沈阳的南方 120 公里处。有发电厂、钢厂和化工厂。在沈阳的北面有铁岭、虎石台、新城子等小型城市，它有铁矿、加压液化厂及沈北煤矿。为了研究沈阳市各种工业源和居民源排放的颗粒物对其四周各城市的影响以及四周各重工业地所排放的颗粒物对沈阳市的影响，我们采用了航测法，在飞机上取样分析。共设立了九条航线和六个垂直拔柱点，可供分析天气状况对气溶胶的垂直分布的影响和气溶胶水平、垂直输送迳量、气溶胶的垂直扩散参数以及粒子谱的分布。

---

① 内容摘自沈阳地区主要污染物的大气环境容量研究分报告之《沈阳市大气中气溶胶航测资料的分析研究》和《沈阳地区大气污染航测研究附图》，1985 年。

太原地区大气环境综合观测研究[①]

前　　言

　　山西省煤炭资源具有储量丰富、品种齐全、质量好、埋藏浅、地质构造简单、煤层较稳定等优势，是我国重要的煤炭能源基地之一。开发山西省煤炭能源将直接关系到我国"四化"建设的规模和速度。

　　山西省地形复杂多变，受断层作用影响及流水切割，形成高原岭谷交错，显著的大陆性气候及城镇相对集中和工业布局不够合理等因素，造成了主要城市环境污染比较突出。为了使能源和重化工基地建设与环境保护二者协同发展、相互促进，在国家科委、城乡建设部、环境保护部的支持下，于一九八二年二月份和八月份对太原地区及晋中盆地进行二次大气污染物航空观测。观测系采用英国 TE 公司生产的大气分析仪器和日本 dic 株式会社生产的多道粒子计数器，以飞机为载运工具对二氧化硫、气溶胶、二氧化氮、臭氧等污染物进行观测。

　　一九八二年二月十二日至二十四日对太原市北至上兰村，南到清徐县，东至杨家峪、西到阎家沟面积约为四百五十平方公里以五条平面航线进行重点飞行。对主要工业区、居民区还进行了二个纵剖面飞行，汾河东设 A 剖面，汾河西设 B 剖面；为了进一步观察污染物远距离水平输送情况在距太原市中心的十五公里、二十五公里的南部设二个纵剖面飞行；此外，又在不同的地区作垂直拔柱飞行测定。八月份观测范围较大，北起阳曲县南到平遥县大约为二千二百平方公里。其飞行航线，除太原市平面飞行的五条航线与二月份相同外，在太原市北部设东关口——泥屯，镇城——东清善，南部的清徐县——东阳，晋祠—榆次的剖面飞行观测，对晋中盆地做分段二百米高度飞行。飞行航线见图1。

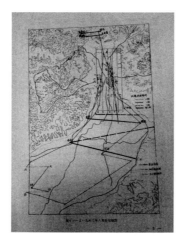

图 1　飞行航线

① 内容摘自太原地区大气环境综合观测研究报告之二——《太原地区大气污染航测研究》，1984 年。

第八篇

数 值 模 拟

北京及周边地区大气污染数值模拟研究①

孟　伟[1]，高庆先[2]，张志刚[3]，缪启龙[1]，雷　霆[4]，李金环[5]，康　娜[1]，任阵海[2]

1. 南京信息工程大学应用气象系，江苏 南京 210044
2. 中国环境科学研究院，北京 100012
3. 国家气象中心，北京 100081
4. 中国科学院大气物理研究所，北京 100029
5. 山西省环境信息中心，山西 太原 030012

摘要：北京周边地区污染源对北京市区大气环境的影响不可忽视。利用区域大气污染模式，系统模拟分析 2002-08-17T09：00～2002-08-29T08：00 污染传输过程；选择典型污染时段，结合气象资料进行比较分析，计算各时段周边地区和北京自身大气污染物对北京大气环境污染的贡献和贡献率；进一步证实了在大气条件有利于污染物输送的背景下，周边地区污染源的中远距离输送对北京大气环境质量的影响不可忽略。研究表明：有特殊天气背景时，即研究区域在西南风气流场的控制之下，周边地区污染源对北京的贡献比北京自身的大；没有特殊天气时，北京自身的贡献大于周边地区对其的贡献。

关键词：周边地区；污染输送；大气环境；贡献

2008 年北京将举办奥运会，要实现"绿色奥运"的口号，首要解决北京的大气污染问题[1]。1998 年以来，北京大气环境质量已有明显改善，但问题仍然比较严重。2004 年北京市区可吸入颗粒物年日均值为 149μg/m³，超过国家二级标准约 50%，超过欧美国家标准约 2 倍[2]。近年来，北京市能见度下降的问题引起社会关注[3]，恢复"蓝天"的研究工作得到公众和政府的重视[4]。

城市大气污染是一个区域性环境问题。北京周边地形的"山谷风"和"海陆风"等局地环流作用，以及城市热岛效应均可影响北京与周边地区污染扩散过程[5]。北京的大气环境质量主要取决于北京及周边地区的大气边界层的环境质量[6]，在治理北京大气污染的同时，必须考虑区域间的影响，必须对北京周边地区污染源进行适当治理。要控制周边地区污染源影响，关键在于认识区域性污染扩散输送过程中周边地区污染源的影响范围及影响途径。因此，认识和追踪周边地区污染源及其影响范围，对控制城市大气污染具有重要科学指导意义与实际应用价值，也是北京可持续发展过程中亟待解决的问题之一。

文献[7-8]通过分析北京及周边地区 TOMS 与 MODIS 卫星遥感气溶胶区域性特征发现，北京重污染过程与南部周边城市群落污染源影响相关显著，北京周边向南开口的"马蹄"形地形可以

① 原载于《环境科学研究》，2006 年，第 19 卷，第 3 期，11~18 页。

导致周边地区污染物中远距离输送产生"滞留"，形成北京及其南部近似南北向带状影响区域。朱江等[7]在讨论利用数值预报模式进行大气污染最优控制设计时，提出了以控制污染源排放量为手段的大气污染最优控制思路。

笔者在区域大气污染模式系统基础上，通过情景假设，结合天气学，就北京周边地区可吸入颗粒物（PM_{10}，$PM_{2.5}$）可能对北京大气产生的影响进行了数值模拟，并进行定性分析和定量计算。

1 资料与方法

1.1 研究区域和资料来源

图 1 为研究区域（108.916°E～119.185°E，34.175°N～42.735°N），包括北京、山西、天津、河北、山东部分地区、河南部分地区和内蒙古部分地区。笔者主要关注山西污染源对北京的影响。山西污染源数据来自山西省环境保护局详细调研的结果[9]，其他省市的污染源数据来自有关课题研究结果或统计年鉴[10-13]。

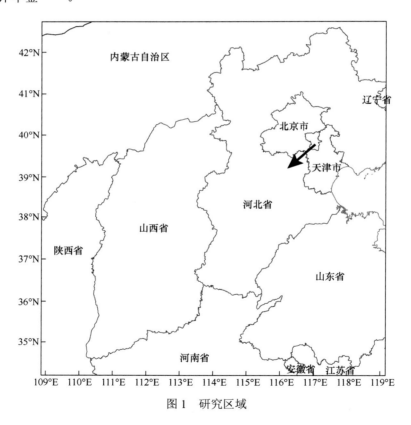

图 1 研究区域

选取典型时间段，通过设置不同的情景，利用区域大气污染模式系统进行模拟研究。气象资料来源于 NECP 的再分析资料（final 版），通过 ARPS 模式计算得到细网格（4km×4km）的气象场结果。表 1 为研究区域各行政区内每个格点的污染源平均排放强度。

表1　各行政区每个格点污染源平均排放强度[10-14]　　　　　　　[单位: g/（s·grad）]

地区	面源		大点源		点源	
	粗粒子	细粒子	粗粒子	细粒子	粗粒子	细粒子
北京	842.44	508.42	1208.19	877.03	240.29	193.82
河北	595.06	476.05	470.79	376.63	369.75	295.80
山西	5307.95	1514.9	898.22	2037.73	3690.051	118.83
天津	2725.24	2180.19	—	—	1082.35	865.88
其他ª	876.61	701.29	—	—	3213.83	2571.06

a. 包括山东北部、河南北部、陕西西部和内蒙古的中南部。

1.2　模式系统

使用的模式系统由高级区域预报系统——ARPS（advanced regional prediction system）[14]和第3代空气质量模式系统——Models-3（third-generation air quality modeling system）[15]集合的综合模式系统。ARPS 主要进行中尺度到对流精细尺度系统的预报，应用了一般地形跟随坐标系统，以及非静力、完全可压的大气控制方程，对湍流交换、大气辐射、积云降水、云微物理过程及陆面过程等多种物理过程均有不同复杂程度的参数化方案，可为污染模式提供研究区域内复杂地形上的大气流场。Models-3 可用于多尺度、多污染物的空气质量预报、评估和决策研究。该模式系统结构严谨、体系完整，但也十分灵活，可根据需要选择适合的模型加入其模式体系，而且与应用软件的结合良好，是一种进行大气空气质量预测的良好选择。

1.3　情景设计

为研究北京周边地区污染源对北京大气质量的影响，设置基础情景（BS），其他研究均以该情景为基础进行对比分析。基础情景的设置考虑了研究区域内所有污染源的排放，包括北京、山西、天津、河北、山东部分地区、河南部分地区和内蒙古部分地区，并设置了 3 种情景，即单独考虑只有北京、山西和河北污染源排放时，周边污染物对北京大气质量的影响。

1.4　量化贡献率

一个地区大气污染物对其他区域的贡献率可利用下式计算：

$$C_j = Q_{S(i,j)} / Q_{B(i)} \times 100\% \tag{1.1}$$

式中，C_j 为区域 j 的污染源对关心点颗粒物（PM_{10}，$PM_{2.5}$）地面质量浓度的贡献率，%；$Q_{S(i,j)}$ 为区域 j 污染源对关心点 i 颗粒物（PM_{10}，$PM_{2.5}$）地面质量浓度的贡献，$\mu g/m^3$；$Q_{B(i)}$ 为关心点 i 周围所有污染源引起的 i 点颗粒物（PM_{10}，$PM_{2.5}$）的地面总质量浓度。或采用下式计算：

$$C_j = \left(Q_{B(i)} - Q_{S(i,k)} \right) / Q_{B(i)} \times 100\% \tag{1.2}$$

式中，$Q_{S(i,k)}$ 为除区域 j 外的所有有关区域（k）的污染源对关心点 i 颗粒物（PM_{10}，$PM_{2.5}$）的地面质量浓度贡献，$\mu g/m^3$。在考虑存在化学转化的情况下，采用式（1.2）的结果应该更为理想。

2 结果与讨论

2.1 典型时段区域大气环流背景场

典型时段为 2002-08-17 T 09：00～2002-08-29 T 08：00，该时段的区域大气环流背景可以从高空形势和地面形势两个方面分析。

2.1.1 高空形势

2002 年 8 月 18～19 日，东亚中高纬度为两槽一脊型，华北地区处于高压前部，高空风为偏东风或偏北风；20 日以后，环流形势开始调整，由经向型转为纬向型，副热带高压加强西伸北上，控制了黄淮、江淮、江南、华南以及四川盆地东部，588gpm 线北界在 35°N 以北，此时，华北地区处于高空短波槽前和副热带高压西北侧，高空风以偏西风和西南风为主；22 日以后副热带高压南退，华北地区处于高空槽后，以西北风为主；24 日 20：00，河套地区有短波槽东移，华北地区处于高空槽前，以西南风为主；26 日 08：00，高空槽移至河北东部，山西、河北等地为西北风；27 日 08：00，从中西伯利亚有一股冷空气东移南下，27 日 20：00 华北地区处于槽前，以西南风为主；29 日 08：00 冷空气经过华北，整个华北地区转为西北风。图 2 为 2002-08-18T20：00 和 2002-08-25T08：00 的高空天气形势。

2.1.2 地面形势

2002 年 8 月 18～19 日，华北地区处在东北高压的南部，地面以弱的偏东风为主；20 日地面冷锋移到中蒙边界，华北地区处于冷锋前部，以西南风为主；锋面移动非常缓慢，22 日经过华北，此时，华北地区地面风转为偏北风；24 日又一股冷空气移至中蒙边界，在华北北部和东北南

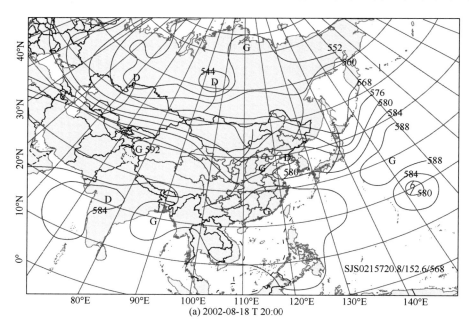

(a) 2002-08-18 T 20:00

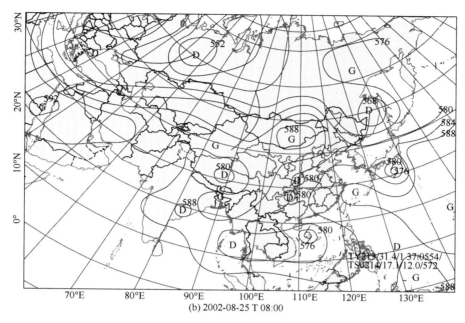

(b) 2002-08-25 T 08:00

图2　2002-08-18 T 20：00 和 2002-08-25 T 08：00 的高空天气形势

部之间有一弱高压发展，华北地区处于冷锋前部和高压后部，地面以西南风或偏南风为主；26 日冷锋移过华北，风向转为偏北风；27 日 08：00 蒙古国至新疆有一冷锋发展东移，此时华北处于冷锋前的西南风控制，该冷锋移动缓慢，入海高压有所加强，直至 29 日冷锋经过北京，华北地区才转为偏北风。图3 为 2002-08-18 T 14：00 和 2002-08-28 T08：00 的地面天气形势。

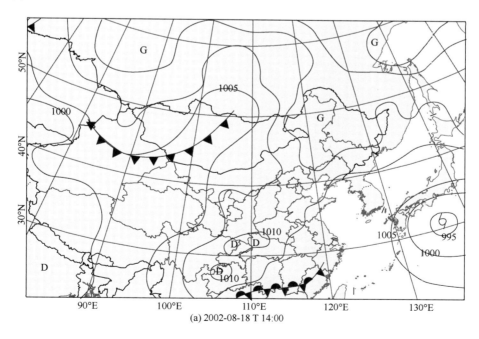

(a) 2002-08-18 T 14:00

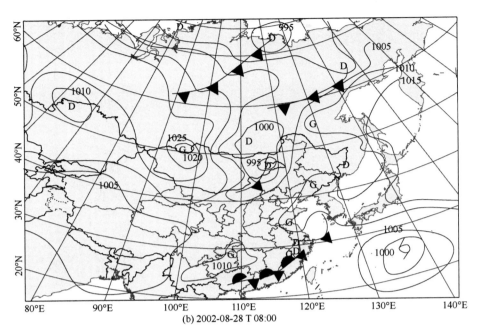

(b) 2002-08-28 T 08:00

图3　2002-08-18T14：00 和 2002-08-28T08：00 的地面天气形势

2.2　基础情景模拟结果

利用区域大气污染模式系统对 2002-08-17 T 09：00～2002-08-29 T 08：00 的基础情景进行模拟，图4 为典型时段北京 ρ（PM_{10}）和 ρ（$PM_{2.5}$）的时间变化。由图4可知，ρ（PM_{10}）随时间呈高低起伏演变，模拟期间的平均值为 63.10μg/m³，出现 4 次峰值；该时段 ρ（$PM_{2.5}$）的均值为 37.43μg/m³，在 ρ（PM_{10}）出峰的时段，ρ（$PM_{2.5}$）也相应地出现峰值，而且二者出峰次数相近。

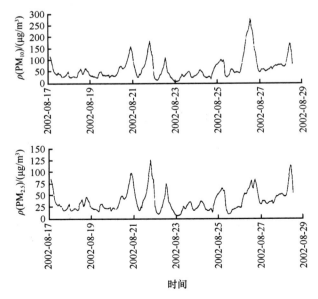

图4　典型时段北京 ρ（PM_{10}）和 ρ（$PM_{2.5}$）的变化

模拟期间 $\rho(\mathrm{PM}_{10})$ 均值约为 $\rho(\mathrm{PM}_{2.5})$ 的 2 倍，且每小时的 $\rho(\mathrm{PM}_{2.5})/\rho(\mathrm{PM}_{10})$ 为 50%~65%。与天气背景结果对比发现，在出峰时段内都有特殊的天气系统控制华北地区，使得周边地区排放的污染物有利于向北京输送。

第 1 个污染过程为 20 日 17：00~21 日 14：00，该时段地面风场由弱偏东风转向以西南风为主，锋面移动缓慢，污染物扩散条件差；第 2 个污染过程紧接着前一个过程，在西南风控制下锋面移动缓慢，22 日华北地面受西北风控制，可以看出大气质量改善明显；第 3 个过程发生在 26 日上午至 27 日下午，此时北京地区受西南风控制，冷锋移动缓慢；第 4 个过程发生在 28 日凌晨到 29 日早上。表 2 给出了 4 个典型西南风过程基础情景下北京 $\rho(\mathrm{PM}_{2.5})$ 和 $\rho(\mathrm{PM}_{10})$ 随时间的变化。

表 2   出现峰值时段的 $\rho(\mathrm{PM}_{2.5})$ 和 $\rho(\mathrm{PM}_{10})$ 的均值　　　　　　（单位：$\mu\mathrm{g/m}^3$）

出现峰值时段	$\rho(\mathrm{PM}_{10})$	$\rho(\mathrm{PM}_{2.5})$
2002-08-20T17：00~08-21T14：00	88.65	57.95
2002-08-21T21：00~08-23T05：00	77.03	50.31
2002-08-26T07：00~08-27T16：00	121.31	46.06
2002-08-28T05：00~08-29T08：00	88.62	56.23

通过比较模拟值与实测值，以检验模拟效果（见图 5）。由图 5 可知，模拟值（模拟时段内小时值计算得到的日均质量浓度）与实测的日均值有较好的相关性，时间变化趋势非常相似，特别是中间一段时间的模拟效果较好。这可以验证模式的模拟效果较好，但由于各污染源提供的值偏低或者是没有考虑实际的背景值，造成模拟值比实测值偏低。

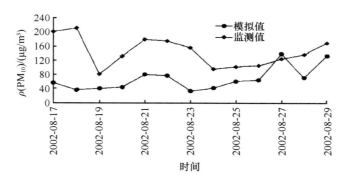

图 5　$\rho(\mathrm{PM}_{10})$ 模拟值与实测值的比较

2.3　区域污染源对北京的影响及贡献

由于工业生产、交通运输等过程排放大量的大气污染物，特别是北京近几年来城市建设产生大量的扬尘，北京自身的大气环境及其对区域污染影响不可忽略；山西、河北作为能源生产和消耗大省，所产生的大气污染物在特殊的地理环境条件和一定的大气环流背景影响下，可以通过中远距离输送影响其他地区，特别是在受西南气流的控制时，山西和河北等地的大气污染物可以给北京的大气环境造成较大的影响。

表 3 为华北 10 个城市（即北京与周边 9 个城市）ρ（PM_{10}）同步变化趋势统计结果。由表 3 可知，北京与周边 9 个城市有极好的区域同步特征，北京污染物增减与周边城市同步天数为 55.1%～72.1%，与太原同步天数为 63.6%，与石家庄的同步天数为 67.9%，与天津同步天数为 72.1%，北京与周边省、直辖市的环境过程有很高的同步性表明区域大气污染的特征。

表 3　北京与周边 9 个城市 ρ（PM_{10}）同步变化统计

项目		大同	呼和浩特	济南	石家庄	太原	唐山	天津	西安	郑州
同步变化/d	同增	175	403	363	446	412	185	479	365	346
	同减	162	358	320	397	370	169	416	303	338
非同步变化/d	北京增其他城市减	94	244	284	201	228	84	168	282	301
	北京减其他城市增	94	237	273	198	220	85	179	292	257
合计/d		525	1 242	1 240	1 242	1 230	523	1 242	1 242	1 242
同步变化所占比例/%		64.2	61.3	55.1	67.9	63.6	67.6	72.1	53.8	55.1

为研究周边地区污染对北京的大气环境质量的贡献，单独考虑了只有北京、山西、河北污染物排放时北京大气质量的变化，并计算周边地区污染源对北京污染的贡献和贡献率。

图 6，图 7 分别给出 3 种情景下周边地区污染源对北京 ρ（PM_{10}）和 ρ（$PM_{2.5}$）的贡献，在模拟期间共有 4 次污染较大的过程影响北京。从表 4 可知：

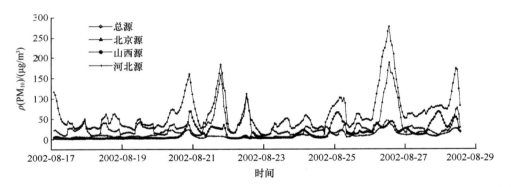

图 6　周边地区污染源对北京 ρ（PM_{10}）的贡献

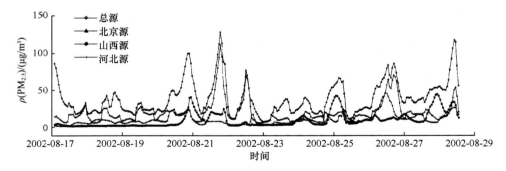

图 7　周边地区污染源对北京 ρ（$PM_{2.5}$）的贡献

表4　不同情景下污染源在出现峰值时段的平均贡献值和贡献率

项目		模拟期间		出现峰值时段							
				2002-08-20T17：00～ 08-21T14：00		2002-08-21T21：00～ 08-23T05：00		2002-08-26T07：00～ 08-27T16：00		2002-08-28T05：00～ 08-29T08：00	
		$\rho(PM_{10})$	$\rho(PM_{2.5})$	$\rho(PM_{10})$	$\rho(PM_{2.5})$	$\rho(PM_{10})$	$\rho(PM_{2.5})$	$\rho(PM_{10})$	$\rho(PM_{2.5})$	$\rho(PM_{10})$	$\rho(PM_{2.5})$
山西源	贡献值/（μg/m³）	14.12	7.79	21.26	12.69	12.23	8.07	22.98	7.58	36.77	22.19
	贡献率/%	19.72	18.34	20.59	19.27	14.08	14.11	23.35	19.39	43.05	40.68
北京源	贡献值/（μg/m³）	29.85	17.37	25.42	16.18	56.65	38.06	68.80	29.46	22.08	14.33
	贡献率/%	49.33	48.75	31.03	29.82	77.37	76.14	53.55	60.61	23.35	22.85
河北源	贡献值/（μg/m³）	9.14	5.38	16.10	11.15	4.10	3.05	16.75	4.97	14.67	9.30
	贡献率/%	16.11	16.20	20.50	21.26	6.87	7.59	13.45	10.98	17.33	17.62

　　情景1，即只考虑山西污染源排放时，其在模拟期间对北京 $\rho(PM_{10})$ 和 $\rho(PM_{2.5})$ 的全时段平均贡献分别为 14.12 和 7.79μg/m³.由于受到西南气流的影响，山西排放出的污染物可能大面积影响北京。在这次较严重的污染过程中，对北京大气质量的时段平均贡献最大可达 36.77μg/m³[ρ（PM_{10}）]和 22.19μg/m³[ρ（$PM_{2.5}$）]，贡献率最大超过 40%，出现在 8 月 28～29 日。

　　情景2，即只考虑北京污染源排放时，其对 ρ（PM_{10}）和 ρ（$PM_{2.5}$）平均贡献分别为 29.85 和 17.37μg/m³，最大可达 68.80 和 38.06μg/m³，贡献率最大超过 77%，发生在 8 月 21～23 日。

　　情景3，即只考虑河北污染源排放时，其对 ρ（PM_{10}）和 ρ（$PM_{2.5}$）平均贡献分别为 9.14 和 5.38μg/m³，最大可达 16.75 和 11.15μg/m³，贡献率最大超过 21%，出现在 8 月 20～21 日。

　　从模拟结果可知，对北京大气颗粒物贡献最大的是北京自身，其次是山西，再次是河北。结果证实：周边地区污染源对北京大气中可吸入颗粒物的贡献不可以忽略；在特定的天气背景下，周边地区污染源对北京的贡献较大，在没有特殊大气环流背景时，北京自身的影响大，其周边地区的贡献相对北京较小。

3　结　　论

　　（1）区域污染对北京有较大的影响，北京周边地区污染源对北京大气中可吸入颗粒物的贡献不可忽略。在特定的天气背景下，周边地区排放的污染物对北京的贡献较大；在没有特殊大气环流时，周边地区污染源对北京的贡献相较小。

　　（2）在有西南风输送的过程中，山西污染源的贡献明显增加，主要是由于西南风将山西的大气污染物中远距离输送到北京。

　　（3）经模式分析可知，模拟时段内山西污染源对 ρ（PM_{10}）和 ρ（$PM_{2.5}$）北京的平均贡献分别为 14.12 和 7.79μg/m³，在特殊的西南风天气条件下，其对北京大气质量的时段平均贡献最大，可达 36.77 和 22.19μg/m³；北京污染源对 ρ（PM_{10}）和 ρ（$PM_{2.5}$）的平均贡献分别为 29.85 和 17.37μg/m³，其时段平均最大贡献为 68.80 和 38.06μg/m³；河北污染源对 ρ（PM_{10}）和 ρ（$PM_{2.5}$）的平均贡献分别为 9.14 和 5.38μg/m³，时段平均最大贡献为 16.75 和 11.15μg/m³。

　　（4）对北京大气中颗粒物贡献最大的是北京自身，其次是山西，再次是河北。

　　（5）比较 ρ（PM_{10}）的模拟值与实测值可知，二者时间变化趋势相似，可以验证模拟效果较好，但模拟值较实测值低，可能是由于源数据偏小或者没有考虑背景值造成的。

参 考 文 献

[1] 李金娟，肖正辉，杨书申，等. 北京和部分奥运城市可吸入颗粒物污染特征分析[J]. 环境科学动态，2004，(3): 26-28.

[2] 北京市环境保护局，2004 年北京市环境状况公报 [EB/OL]. [2005-06-01]. http://www.bjepb.gov.cn/news/ 2005-6/200565195034. htm.

[3] Bergin M H, Cass C R, Xu J, et al. Aerosol radiative, physical, and chemical properties in Beijing during June 1999 [J]. J Gepphys Res, 2001, 106(D16): 17969-17980.

[4] 李成才，毛节泰，刘启汉，等. 利用 MODIS 光学厚度遥感产品研究北京及周边地区的大气污染[J].大气科学，2003, 27(5): 869-880.

[5] 徐祥德，周丽，周秀骥，等. 城市环境大气重污染过程周边源影响域[J].中国科学(D 辑), 2004, 34(10): 958-966.

[6] 任阵海，虞统，苏福庆，等. 不同尺度大气系统对污染边界层的影响及其水平流畅输送[J]. 环境科学研究，2004, 17(1): 7-13.

[7] 朱江，曾庆存. 控制大气污染的一个数学框架[J]. 中国科学(D 辑), 2002, 32(10): 864-870.

[8] Oke T R. The energetic basis of the urban heat island [J]. Quart J Roy Meteor Soc, 1982, 108: 1-24.

[9] 李金环，张宝会，张志明，等.山西省大气污染源排放及分析报告[R].太原：山西省环境信息中心, 2005.

[10] 河北省统计局. 河北统计年鉴 2002[Z].石家庄：河北统计出版社, 2002.

[11] 天津市统计局，天津统计年鉴 2002[Z]. 北京：中国统计出版社, 2002 .

[12] 北京市统计局. 北京统计年鉴 2002[Z]. 北京：中国统计出版社, 2002.

[13] 中国环境年鉴编辑部. 中国环境年鉴(1999—2002)[Z]. 北京：中国环境年鉴社, 2002.

[14] Xue Ming, Kelvin K Droegemeier, Wong Vince, et al. Advanced regional prediction system, user's guide, version 4.0 [Z]. Oklahoma: University Oklahoma, CAPS, 1995.

[15] Byun DW, Ching J K S. Science algorithms of the EPA models-3 community multi-scale air quality (CMAQ) modeling system [Z].Research Triangle Park, NC; National Expose Research Laboratory, 1999.

The Numerical Study of Atmospheric Pollution in Beijing and Its Surrounding Regions

MENG Wei[1], GAO Qingxian[2], ZHANG Zhigang[3], MIAO Qilong[1], LEI Ting[4], LI Jinhuan[5], KANG Na[1], REN Zhenhai[2]

1. Department of Applied Meteorology, Nanjing University of Information Science & Technology, Nanjing 210044, China
2. Chinese Research Academy of Environmental Sciences, Beijing 100012, China
3. National Meteorological Center, Beijing 100081, China
4. Institute of Atmospheric Physics, Chinese Academy of Sciences, Beijing 100029, China
5. Shanxi Environmental Information Center, Taiyuan 030012, China

Abstract: The influence of surrounding emission sources on Beijing's air quality is considerable to the improvement of its atmospheric environment. The regional air pollution modeling system was used to simulate the pollution transportation of regional scale from 09: 00 am August 17, 2002 to 08: 00 am August 29, 2002. Several typical pollution events were studied, and combined with the local meteorological data, the contributions of atmospheric pollutant in Beijing and its surrounding regions in each event were simulated. The result shows that in special atmospheric background, the air pollution impact on Beijing transported from mid-long distance of surrounding regions can not be neglected. The contribution of surrounding regions is more than that of Beijing in special weather conditions, i.e. when the research regions are controlled under southwestern air flow field, and the contribution of Beijing is more than that of surrounding region without the special weathers.

Key words: surrounding regions; pollution transportation; atmospheric environment; contribution

二维盆地流场及其污染物分布的模拟[①]

杨礼荣，任阵海，彭贤安

中国环境科学研究院大气所，北京 100012

摘要：利用数值积分方法求解二维盆地地形大气热力-动力学方程组及扩散方程，模拟了在盛行风和静风时，盆地内有无热岛条件下整个区域的流场及其盆地内存在面源时的浓度分布。结果表明，白天山脉作为热源，而晚间成为冷源；存在明显的山坡风环流，但盆地内环流要比盆地外弱；静风、有热岛时，盆地内污染物浓度大于没有热岛时；有盛行风时，盆地内污染物会被带至盆地外的平原地带，迎风坡是受污染最严重的地带。

关键词：热岛；环流；坡风

1 引 言

在复杂地形中，由于地形的坡度不同，它们受到的日照时间、强度和热量收支情况不一样，使得气温水平分布不均匀，山区下垫面大气增温与冷却不一致会形成各种尺度的局地环流，诸如山谷风环流等。

近年来，许多研究者对城市热岛[1, 2]、海陆风环流[3]等进行了研究。对复杂下垫面大气边界层的物理特征如山坡风环流及其与海陆风环流的相互影响也有很多研究[4-6]，但这些研究大多是考虑单一山脉的影响，对两座山脉或盆地的研究还很少见。我国是多丘陵山区的国家，许多具有污染性的工矿企业及其居民生活区就处在山谷、三面环山或封闭的山洼之中，如承德盆地、太原盆地等。我们利用理论上简化的形式，参考承德盆地地形，建立二维模型，研究理想的两座梯形山脉区域流场情况及盆地内存在地面源时污染物浓度分布状况，探讨山坡风环流及其大气污染机制，为盆地或山谷地区资源开发和合理规划提供理论依据。

鉴于盆地特殊地形，并根据实测温度场，考虑在局地和系统影响下流场的不同，分别模拟静风和有盛行风两种条件下的结果，并进行比较。

2 数 值 模 型

2.1 控制方程组

假定空气干燥、不可压，x 轴与地转风同向，z 轴垂直于地面向上，y 方向各量均匀，即 $\frac{\partial}{\partial y}=0$，

---

① 原载于《环境科学学报》，1991 年，第 11 卷，第 3 期，299~308 页。

从而二维不可压、非定常、非线性条件下大气边界层的热力–动力学方程及扩散方程为

$$
\begin{cases}
\dfrac{\partial u}{\partial t} + u\dfrac{\partial u}{\partial x} + w\dfrac{\partial u}{\partial z} = f(v - v_g) - C_p\theta\dfrac{\partial \pi}{\partial x} + \dfrac{\partial}{\partial z}\left(K_{Hu}\dfrac{\partial u}{\partial x}\right) + \dfrac{\partial}{\partial z}\left(K_{VM}\dfrac{\partial u}{\partial z}\right) \\[2mm]
\dfrac{\partial v}{\partial t} + u\dfrac{\partial v}{\partial x} + w\dfrac{\partial v}{\partial z} = -f(u - u_g) + \dfrac{\partial}{\partial x}\left(K_{Hv}\dfrac{\partial v}{\partial x}\right) + \dfrac{\partial}{\partial z}\left(K_{VM}\dfrac{\partial v}{\partial z}\right) \\[2mm]
\dfrac{\partial \theta}{\partial t} + u\dfrac{\partial \theta}{\partial x} + w\dfrac{\partial \theta}{\partial z} = \dfrac{\partial}{\partial x}\left(K_{H\theta}\dfrac{\partial \theta}{\partial x}\right) + \dfrac{\partial}{\partial z}\left(K_{V\theta}\dfrac{\partial \theta}{\partial z}\right) \\[2mm]
\dfrac{\partial \pi}{\partial z} = -\dfrac{g}{C_p\theta} \\[2mm]
\dfrac{\partial u}{\partial x} + \dfrac{\partial w}{\partial z} = 0 \\[2mm]
\dfrac{\partial C}{\partial t} + u\dfrac{\partial C}{\partial x} + w\dfrac{\partial C}{\partial z} = \dfrac{\partial}{\partial x}\left(K_{Hc}\dfrac{\partial C}{\partial x}\right) + \dfrac{\partial}{\partial z}\left(K_{Vc}\dfrac{\partial C}{\partial z}\right) + S_c
\end{cases}
$$

式中，u，v，w 分别为 x，y，z 方向上的风速分量；C 为污染物浓度；C_p 为定压比热，取为 1004.6m^2/（℃·s^2）；S_c 为污染源排放率；u_g，v_g 是地转风分量；$\pi = (p/p_0)^k$，$\theta = T/\pi$，T 是温度，θ 为位温，p 是压力，p_0 取地面气压，$k=0.2857$；g 为重力加速度；f 是 Coriolis 参数，为 $8.34\times10^{-5}\text{s}^{-1}$；$K_{Hu}$、$K_{Hv}$、$K_{H\theta}$、$K_{VM}$、$K_{V\theta}$ 分别代表动量和热量的水平、垂直方向的湍流交换系数；K_{Hc}、K_{Vc} 则是水平和垂直方向扩散系数。为方便起见，我们取 $K_{Hu}=K_{Hv}=K_{H\theta}=K_{Hc}=10\text{m}^2/\text{s}$，$K_{VM}=K_{V\theta}=K_{Vc}=50\text{m}^2/\text{s}$，$v_g=0$。

在本模式中，下边界如图 1 所示。原点在左侧地面处，地形呈对称分布，山脉剖面呈梯形，山高 400m，坡度为 0.05（模式中山脉位置及其高度设计为可变）。

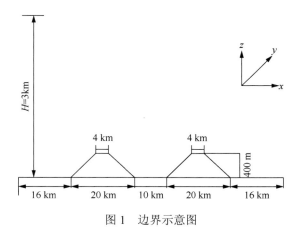

图 1　边界示意图

2.2　初始条件

静风时，初始风速为 0，大气处于静止平稳状态，有盛行风时，初始风速值为控制方程组中不考虑温度、气压变化，运行至动力场平稳时的值。位温变化 $\varGamma = \dfrac{\partial \theta}{\partial z} = 0.004\text{K/m}$。

2.3　边界条件

演算分盆地内有无热岛存在两种情形。下边界为 $z=h(x)$，$h(x)$ 是下边界随 x 变化相对于平原的高度（包括山顶和山坡）。

$$u\Big|_{z=k(x)} = v\Big|_{z=k(x)} = w\Big|_{z=k(x)} = 0$$

$$\theta\Big|_{z=k(x)} = 1.4 + 5.0\sin(15t+6) + 1.7\sin(30t+310) + h(x)\cdot\Gamma$$

模式顶（$z=H$）$u\Big|_{z=H} = u_g$, $v\Big|_{z=K} = v_g$, $w\Big|_{z=H} = 0$, $\theta\Big|_{z=H} =$ 常值, $\dfrac{\partial c}{\partial z}\Big|_{z=K} = 0$, $\pi\Big|_{z=H} =$ 常数。其他边值条件为

（1）静风时，$u_g=0$。

左边界（$x=0$）和右边界（$x=L$）为"开放"边界，即

$$\frac{\partial \phi}{\partial x}\Big|_{x=0,L} = 0, \phi = u, v, 0, C$$

（2）有盛行风时，$u_g=5\text{m/s}$。

上游入流边界（$x=0$）取水平均一的一维方程组的解：

$$\begin{cases} \dfrac{\partial u}{\partial t} = f(v-v_g) + \dfrac{\partial}{\partial z}\left(K_{VM}\dfrac{\partial u}{\partial z}\right) \\[3mm] \dfrac{\partial v}{\partial t} = -f(u-u_g) + \dfrac{\partial}{\partial z}\left(K_{VM}\dfrac{\partial v}{\partial z}\right) \\[3mm] \dfrac{\partial \theta}{\partial t} = \dfrac{\partial}{\partial z}\left(K_{V\theta}\dfrac{\partial \theta}{\partial z}\right) \\[3mm] w = 0 \\[3mm] C = 0 \end{cases}$$

下游边界（$x=L$）与静风时的右边界相同。根据 1986 年冬季对承德市区的大气实测结果，热岛强度变化见图 2。

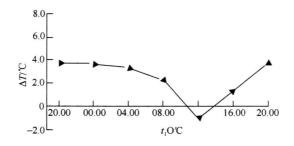

图 2　热岛强度随时间的变化

我们采用如下的温度变化作为盆地中心热岛强度（相对于乡村平原）：

$$\Delta\theta = \begin{cases} 3 - \dfrac{1}{2}(t-6) & 06:00 \sim 13:00 \\[2mm] \dfrac{1}{2}(t-14) & 13:00 \sim 20:00（t为北京时间） \\[2mm] 3 & 20:00 \sim 06:00 \end{cases}$$

冷热岛强度由盆地中心向两侧山脉线性递减。

当盆地内存在面源时：

$$K_{Hc}\frac{\partial C}{\partial z} = Q_g$$

Q_s 是地面面源排放率，取为 $0.001g/（m^2 \cdot s）$。

2.4 方程组解法

对方程组利用交替隐格式法，前半步在 x 方向用隐格式，后半步在 z 方向月隐格式，时间用前差，空间用中心差，平流项采用上游差分，然后分别用追赶法求解。

下面以位温为例，列出整理后的差分方程。

$$-B_3\theta_{[i-1,j]}^{n+\frac{1}{2}} + (1-B_2)\theta_{[i,j]}^{n+\frac{1}{2}} - B_1\theta_{[i+1,j]}^{n+\frac{1}{2}} - A(\theta_{[ii,j]}^{n+\frac{1}{2}} - \theta_{[ii-1,j]}^{n+\frac{1}{2}})$$

$$= F\theta_{[i,j-1]}^{n} + (E+1)\theta_{[i,j]}^{n} + D\theta_{[i,j+1]}^{n} - C(\theta_{[i,jj]}^{n} - \theta_{[i,jj-1]}^{n})$$

$$-F\theta_{[i,j-1]}^{n+1} + (1-E)\theta_{[i,j]}^{n+1} + D\theta_{[i,j+1]}^{n+1} - C(\theta_{[i,jj]}^{n+1} - \theta_{[i,jj-1]}^{n+1})$$

$$= B_3\theta_{[i-1,j]}^{n+\frac{1}{2}} + (1+B_2)\theta_{[i,j]}^{n+\frac{1}{2}} + B_1\theta_{[i+1,j]}^{n+\frac{1}{2}} - A(\theta_{[i-1,j]}^{n+\frac{1}{2}} - \theta_{[ii-1,j]}^{n+\frac{1}{2}})$$

其中，

$$A = (-u_{[i,j]}^{n} + (K_{x[i+1,j]}^{n} - K_{x[i-1,j]}^{n})/(x_{i+1} - x_{i-1})\frac{\Delta t}{2}/(x_{ii} - x_{ii-1})$$

$$B_1 = K_{x[i,j]}^{n} \cdot \Delta t/((x_{i+1} - x_i)(x_{i+1} - x_{i-1}))$$

$$B_2 = -K_{x[i,j]}^{n} \cdot \Delta t/((x_{i+1} - x_i)(x_i - x_{i-1}))$$

$$B_3 = K_{x[i,j]}^{n} \cdot \Delta t/((x_{i+1} - x_{i-1})(x_i - x_{i-1}))$$

$$C = (-w_{[i-j]}^{n} + (K_{z[i,j+1]}^{n} - K_{z[i,j-1]}^{n})/(z_{j+1} - z_{j-1}))\frac{\Delta t}{2}/(z_{jj} - z_{jj-1})$$

$$D = K_{z[i,j]}^{n}\Delta t/((z_{j+1} - z_j)(z_{j+1} - z_{j-1}))$$

$$E = -K_{z[i,j]}^{n}\Delta t/((z_{j+1} - z_j)(z_j - z_{j-1}))$$

$$F = K_{x[i,j]}^{n}\Delta t/((z_{j+1} - z_{j-1})(z_j - z_{j-1}))$$

若 $u^n_{[i,j]} - (K^n_{x[i+1,j]} - K^n_{x[i-1,j]})/(x_{i+1}-x_{i-1}) > 0$，则 $ii=i$，否则 $ii=i+1$；若 $-w^n_{[i,j]} + (K^n_{z[i,j+1]} - K^n_{z[i,j-1]})/(z_{j+1}-z_{j-1}) > 0$，则 $jj=j+1$，否则 $jj=j$。

其中，右上角标识表示积分时间（步数），右下角标识表示空间位置（i，j 分别代表 x 和 z 方向网格数），Δt 是时间步长。K_x、K_z 相当于水平和垂直方向的湍流交换系数或扩散系数。

利用追赶法，分两步求解方程。首先计算上游入流边界处各气象要素，然后求解位温守恒方程，得位温，求解压力函数 π，再从动量守恒方程求解 u 和 v 及浓度 C，最后由连续方程求解 w。

在静风条件下，运行模型至相邻两天同一时间的量相差 ε，认为此时大气处于平稳状态。运行到第 3 天即第 3 个 24h 符合要求。有盛行风时，则从早 8:00 开始算起。

3 计 算 结 果

下面介绍并比较静风 $u_g=0$ 和盛行风 $u_g=5\text{m/s}$ 及有无热岛存在的运算结果。

3.1 $u_g=0$ 无热岛情形

位温场 白天混合层厚度达 400m 左右（包括相对于山坡或山顶的混合层厚度）。盆地内外没有大的差别。白天山脉作为热源，向外散发热量，盆地内温度略高于盆地外。

风速场 白天山坡增温高于周围大气，产生上坡风环流，晚间山坡冷却，形成下坡风环流。白天山脉外侧上坡风在山顶达最大，13:00 达 6.4m/s，而山脉内侧为 4.2m/s。15:00 从侧边界吹向山脉的平原风中心风速为 4.6m/s，其高度 250m，平原风厚度在 1000m 左右，上层反向气流速度为 3.5m/s，而盆地内侧上空反向气流为 3.3m/s。可以看到，上坡风环流首先从山坡开始，逐渐发展到从平原吹向山坡的气流而形成。

从 15:00 到 18:00，高层风速基本不变，18:00，盆地外是由侧边界吹向山脉的气流，1600m 风速最强为 3.0m/s，但接近下边界，已出现吹离山坡的风，可认为上坡风转为下坡风的时间在 18:00 左右，但上层反向气流的转变要延迟约 2h。

20:00，下坡风达最大，盆地外大于盆地内，分别为 1.0m/s 和 0.75m/s。在白天，上层反向气流小于上坡风，在晚间则相反。从 20:00 到 02:00，吹向两侧边界的山风逐渐建立，同时下坡风及其反向气流则逐渐减弱，和山风厚度增加相对应，盆地外上层反向气流的中心向外侧上空移动，而盆地内的反向气流中心几乎不变，这会使盆地内污染物难于输送出去。

02:00，下坡风厚度为 400m，随山脉和周围空气不断交换热量，到 08:00，坡风环流很微弱，此时可认为是下坡风转为上坡风的时间。

浓度场 从浓度和风速分布看出，由于白天盆地内上空的下沉辐散气流，一部分污染物沿山坡上移，而另一部分，也是主要的，沿山脉走向输送。晚间下坡风辐合气流使盆地中心轴线浓度明显高于周围大气，盆地上空浓度高于白天，见图 3。

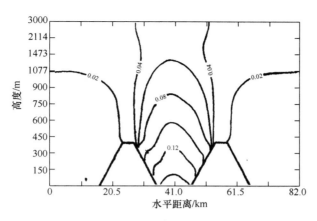

图 3 浓度场（单位：g/m³）（u_g=0 无热岛 02:00）

3.2 u_g=0有热岛情形

3.2.1 位温场

和无热岛时相似，从 08:00 开始，盆地外逐渐生成两个冷环，随地面增温而上移。山顶以上暖舌向盆地一侧移动。盆地内外有显著差别，13:00 的位温场见图 4。盆地以外混合层高度及其变化和无热岛时相同，盆地中心混合层厚度则可达 1600m 左右。因 12:00 到 14:00 存在冷岛，所以其混合层厚度随时间亦减小，强度减弱，到 15:00 已消失，而无热岛情形下还存在。晚间盆地上空有一厚度 200m 左右的微弱不稳定层。图 5 给出了 02:00 的位温场。

3.2.2 风速场

15:00 盆地内外上坡风高值区分别为 1.1m/s 和 4.4m/s，小于同一时间无热岛的情况。上层反向气流也有类似情形，这是由于白天热岛的存在使得山坡与周围空气的温差减小，使坡风减小。晚间稳定大气中，热岛的存在使上升气流增大，这与山坡温度和地面一样，日变化的单个山脉对海陆风环流的影响模拟中，所得到的陆风发展强烈的结果是一致的[4]，从而导致下坡风比无热岛时大，见图 6。盆地上空反向气流也有类似情形。晚间盆地中心辐合上升气流随稳定度增强而增大，上升气流可达 600m。

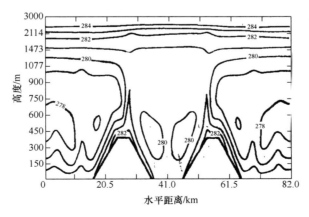

图 4 位温场（单位：K）（u_g=0 有热岛 13:00）

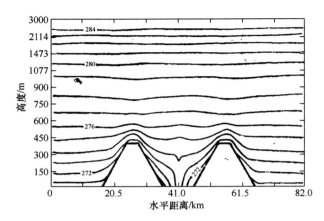

图 5　位温场（单位：K）（u_g=0 有热岛 02:00）

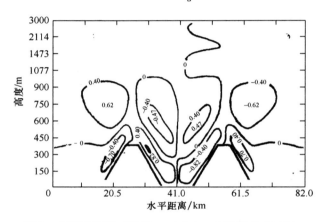

图 6　水平速度场（单位：m/s）（u_g=0 有热岛 02:00）

3.2.3　浓度场

有热岛时盆地中心有大小不同的上升气流，和无热岛时有明显区别。在白天，污染物垂直输送要比沿上坡风传输强，呈"火焰"形，见图7。从08:00到11:00，地面辐合上升气流在1200m形成一个浓度高值区，一直维持到13:00，从13:00到15:00，该高值区浓度值开始下降，同

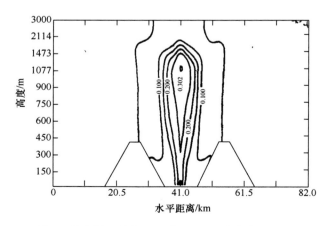

图 7　浓度场（单位：g/m³）（u_g=0 有热岛 11:00）

时高层污染物向外输送。盆地上空污染物浓度比无热岛时大,晚间受逆温层阻挡,除在 600m 以下是上升气流,600m 以上是下沉气流,上层下坡风的反向气流把污染物重新返回到盆地中央,这个机制和无热岛时相同,但这里更强烈。

3.3 u_g=5m/s 无热岛情形

3.3.1   位温场

从位温场看出,白天盆地内及其下游地区上空会出现温度层结的多层结构,这和静风时单一层结完全不同。由于存在盛行风,随地面和山坡增温,暖中心向下游方向倾斜。从温度差 ΔT 图看出(图 8),0℃等值线跨越两座山脉,高度随下风向而增大。由此看出,上游平原地带空气进入山区后,越过作为热源的山脉,向下风方有暖平流,引起温度场的变化。另外,在山坡上方有两个冷区,$\Delta T < 0$,与静风条件下的冷环对应,其形成原因是在山坡上空的辐合上升气流与位温场相互作用而使温度降低。

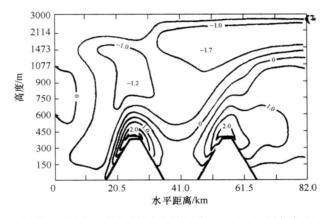

图 8   温度差(单位:℃)(减去入流温度,u_g=5m/s 无热岛 15:00)

3.3.2   风速场

受温度场调整的影响,在两个山顶上空偏下风方存在风速高值区,下游山顶处的风速高值区高度低于上游山顶风速高值区的高度,这和"开放"的边界条件有关。虽有盛行风,但白天还存在上坡风,尤以背风坡明显,从而在风速垂直剖面图上表现为垂直涡旋,且随山坡温度上升,涡旋逐渐增大,而在迎风坡山脚,晚间存在小涡旋。由此可见盛行风不能完全掩盖盆地的局地特征。由于山坡坡度较小,所以我们认为涡旋区的形成不是物理边界所致,如尾流、背风波、涡街等,而完全是由热力作用引起。

3.3.3   浓度场

晚间污染物随盛行风向下游方向飘移,越过山脉下泄到下游平原,见图 9。白天污染物的下游输送通道位于较高层,见图 10。晚间浓度不管是盆地内还是盆地外受逆温作用,都大于白天的浓度。且迎风坡是重污染区。

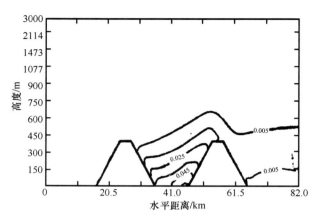

图 9　浓度场（单位：g/m^3）（u_g=5m/s 无热岛 02:00）

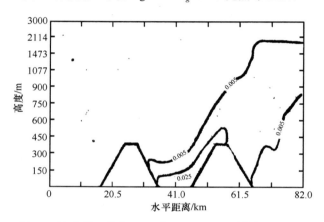

图 10　浓度场（单位：g/m^3）（u_g=5m/s 无热岛 15:00）

3.4　u_g=5m/s有热岛情形

3.4.1　位温场

白天上空有暖舌出现，但其高度要低于同一时间无热岛情形。在温差图上和无热岛不同的是，这里山坡上空的两个冷区范围要小一些，且受冷岛影响，位温场变得更不均匀。晚间除显示盆地中心是暖中心外别无区别，位温场的等值线均匀分布。

3.4.2　风速场

和无热岛基本无区别。由于热岛的存在，在盆地中心偏下游方向有微弱的逆向气流，形成小涡旋。随下边界增温，背风坡同样形成越来越大的涡旋，且从山坡向平原移动，波及范围越来越广，到 13:00，下游贴地面反向气流厚度可达 400m，其水平尺度达 20km，这些现象和无热岛类似，和静风时上坡风逐渐从山坡开始发展到平原上空相对应。但对盆地内的涡旋来说，其大小和持续时间都要小些。而晚间盛行风对热岛影响不明显，其暖中心并不发生明显倾斜，由于下坡风加上热岛效应，使得盆地内迎风坡山脚出现弱反向气流。

3.4.3 浓度场

和无热岛时不同的是，晚间这里浓度较大。另一点，在盛行风条件下，浓度均小于静风情形。

综上所述，如果从能量的平衡看，和平原地区热岛效应[1]相比，盆地固有山坡的存在，向大气提供了多得多的位能，且所提供的能量转变为动能的效率更高[5]。

4 结 语

通过对二维流场和浓度场的模拟，可看到静风和盛行风条件下结果的差别：

（1）晚间静风，山坡冷却，在盆地中心形成辐合气流，加上逆温存在，使无热岛时不利于污染物的扩散和输送，但有热岛时，加速了气流的汇合，使污染更为严重，且在盆地上空有一暖空气覆盖，大气厚度约 200m，处于微弱不稳定。

（2）静风条件下，13:00 盆地内外侧上坡风环流最强，而从平原吹向山坡的气流在 15:00 达最大。随稳定度增大，从山坡吹向平原的山风厚度增加，上坡风和下坡风之间的转换时间分别在 08:00 和 18:00 左右。

（3）白天山脉成为热源。有盛行风时，在盆地及平原上空出现温度场的多层结构，盆地热岛效应存在但不很明显，且在背风坡存在涡旋，背风坡的坡风比迎风坡相对明显，所以盛行风不能完全覆盖由于温度场变化而呈现的局地特征。

（4）受盛行风影响，盆地内排放的污染物会被带至盆地外，下泄到下游平原。晚间污染物会下泄到盆地附近，白天则可输送更远。

本模式的主要优点是灵活性，可被用来考虑不同排放速率、排放源的各种分布在不同气象条件、不同物理边界下流场特征和污染物浓度分布。

参 考 文 献

[1] Ivanyi Z, et al. Atmospheric Environment, 1982, 16(8): 1835.
[2] Atwater M A. Boundary-Layer Mete, 1972, 3: 229.
[3] Pielke R. Mon Weather Rev, 1974, 102: 115.
[4] Ookouchi Y, et al. J Mete Soc Japan, 1978, 56(5): 368.
[5] Asai T, et al. J Mete Soc Japan, 1978, 56(6): 559.
[6] 桑建国等. 大气科学, 1985, 9(3): 226.

A Numerical Simulation of Two-Dimensional Flow Field and Pollutant Concentration Distribution in a Basin Terrain

YANG Lirong, REN Zhenhai, PENG Xianan

Chinese Research Academy of Environment Sciences, Beijing 100012

Abstract: The two-dimensional atmospheric thermodynamics-dynamics equations and diffusion equations were solved by the numerical integration method in a basin terrain. The flow field and the concentration distribution were modeled with area source and heat island in the initial condition of calm wind (case I) or prevailing wind (case II). The results showed that the mountains can be considered as thermal sources during the day and as cold sources at night. In the case I, circulation occurs between mountain slop and flat terrain which is stronger out of basin than within the basin, In the case II, the pollutants within the basin are brought out of it. The effects of heat island and the downslope wind on the windward side are not obvious when there is prevailing wind, but the upslope wind on the lee side is obvious. The windward side is a region polluted seriously where pollutants could drop to the downstream villages. It is especially clear that the existence of heat island within basin region can accelerate the downslope wind at night and decrease the upslope wind during the day.

Key words: heat island; circulation; slope wind

气态 SO₂ 转化及其数值模型研究[①]

杨礼荣，任阵海，林子瑜，段　宁

中国环境科学研究院，北京 100012

摘要： 本文基于对室外烟雾箱实验，探讨了 SO₂ 的转化机制及影响 SO₂ 转化的因素，由此并借助于烟团模型，建立了 SO₂ 转化和硫酸盐气溶胶细粒子生成的数值模型，用于估算从排放源排入大气的 SO₂ 浓度及其转化成硫酸盐细粒子的浓度以及它们的空间分布，与实测结果相比，两者有较好的一致性。同时指出，由于大气中细粒子（粒径小于 1μm）可通过人体呼吸进入并沉积在肺泡中而对健康有不利影响，从而说明研究大气中细粒子污染的迫切性。

关键词： SO₂ 转化；硫酸盐气溶胶；数值模型

1　引　　言

　　二氧化硫排入大气后，从源到汇在大气中将经历输送、扩散、转化和迁移等一系列理化过程。大气固体颗粒物中的某些成分（如过渡金属、炭黑、Pb₃O₄、Al 等）以及空气中水分等都是促使二氧化硫转化的重要因素。由于大气成分的多样性和复杂化，加之其中包括了均相和非均相化学反应，使转化过程也变得复杂。根据 Eatough 等[1]观测，二氧化硫烟羽通过一个雾带（fog bank）会使转化速率大大加快，平均高达 30%/h，这说明大气中水分也对 SO₂ 转化起明显的加速作用。

　　研究 SO₂ 转化且使其参数化是在进行大气环境污染研究中所必须考虑的，SO₂ 转化带来的硫酸盐气溶胶二次污染对允许排放量的控制是不可忽视的。珠江三角洲地区航测和地面布点气溶胶观测均表明，该地区细粒子（小于 1μm）气溶胶污染十分严重，每年雨季出现的酸性降水均与该地区的二氧化硫转化密切相关。所以弄清 SO₂ 转化的化学机理，并对实际大气中由转化而来的气溶胶粒子浓度进行估算，将对区域性大气污染控制直至减少人体健康危害找到理论依据和对策。Carmichael 等[2]采用一系列化学方程，曾作过详细全面的 SO₂ 化学转化及输送模型的研究工作。本文则利用烟雾箱实验的结论，考虑影响 SO₂ 转化的主要因素，建立 SO₂ 转化及其生成硫酸盐细粒子的数值模型，从而提供一种计算因 SO₂ 转化而生成硫酸盐细粒子浓度的简化方法。

2　SO₂的转化机制和实验结论

　　为探明珠江三角洲地区的细粒子气溶胶污染和产生酸性降水的原因，为大气环境质量模型提

---

① 原载于《大气科学》，1993 年，第 17 卷，第 3 期，328～337 页。

供转化速率参数，我们分别于 1987~1988 年在广州市进行一系列现场烟雾箱实验，研究 SO_2 在实际大气条件下的转化速率及影响转化速率的因素。

1989 年 12 月我们在广州市的不同功能区布点测定了大气气溶胶的粒子谱分布，观测结果表明，一天中无论哪个时段，在大气气溶胶中爱根核粒子占大多数，其含量在 90%以上，同时航测表明该地区细粒子（1μm 以下）气溶胶污染严重。有鉴于此，我们在后面的模型计算时，考虑 0.001~1μm 的细粒子。这些细粒子的来源，除了部分来自排放源直接排放外，大部分来自气态污染物转化产生的二次气溶胶。下面我们通过室外烟雾箱的现场实验研究来阐述。

2.1　实验方法及装置

实验装置采用 Teflon 薄膜制成体积 $2m^3$ 的烟雾箱。在实验前先通入一定浓度（若干个 ppm）的臭氧处理，以纯化聚四氟乙烯薄膜表面，然后用 1~1.5ppm SO_2 进行 24 小时的表面处理，用净化空气稀释冲洗，并调至接近环境大气 SO_2 浓度（几十个 ppb 至几百个 ppb 范围内），在此条件下测定 SO_2 在薄膜壁上的衰减速率。实验装置见图 1。图中空气净化塔是在测定太阳光强和进行 SO_2 壁衰减实验时净化空气用。气溶胶过滤器是在进行比较除去大气颗粒物对 SO_2 转化速率影响时使用。用 KB-120 无油泵将环境空气充入烟雾箱内，当进行不同初始浓度对转化速率影响时，用 SO_2 渗透管放入箱内调整其 SO_2 的起始浓度。在太阳光照射下测定不同时间箱内 SO_2，NO_x，NO_2，NO，O_3，非甲烷总烃（NHMC）、凝结核气溶胶浓度和粒子谱的变化，同时测定太阳光强和相对湿度。SO_2 和 NO_x 测定用法国 ENV 公司的 AF20M 型紫外荧光 SO_2 分析仪和 AC-30 型化学发光双道 $NO-NO_2-NO_x$ 分析仪，O_3 测定用美国 TE 公司 49 型紫外吸收式 O_3 分析仪，CNC 浓度测定用美国 TSI 公司 3020 型凝结核气溶胶分析仪（可测粒径 0.001~1μm）。NHMC 用氢火焰气相色谱法测定，粒子谱分布测定用美国 TSI 公司 3030 型静电气溶胶分析仪（简称 EAA）和日本 PM-730 型多道粒子分析仪。每轮实验反应结束后，用有机滤膜采样将反应后的颗粒物收集在滤膜上，用美国 DIONEX 2120I 型离子色谱分析硫酸根等阴离子含量。扣除环境空气中硫酸根背景浓度是采用实验开始前采集环境空气颗粒物分析硫酸盐的含量的方法。

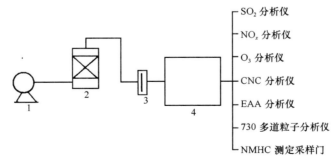

图 1　室外烟雾箱实验装置
1. KB-120 无油泵；2. 空气净化塔；3. 气溶胶过滤器；4. Teflon 薄膜烟雾箱

所有实验均采用广州市环境空气，有些实验加入少量 SO_2，调整其起始浓度。太阳光照射时间一直持续至 CNC 浓度和 O_3 浓度出现最大值之后，约 5~6 小时。

2.2 实验结果

从室外烟雾箱的实验，我们除了得到箱内 SO$_2$ 浓度随时间的变化，还获得 NO$_x$，NO，N$_2$O，O$_3$，CNC（凝结核）的浓度随时间的变化。在图 2 中，我们给出相对湿度较大具有一定代表性的 1988 年 3 月 12 日的实验结果。从图 2 看出，SO$_2$ 浓度在太阳光照射后随时间一直下降，根据其下降速度可计算 SO$_2$ 转化速率。随着 SO$_2$ 的转化，将不断产生硫酸盐凝结核气溶胶，使箱内 CNC 浓度逐渐升高，很快达最大值。由于凝结核粒子之间的碰并和在箱壁上的附着，CNC 在到达最大浓度值后随即开始下降。另外，从图中看出，在有碳氢化合物存在下，太阳光照射开始的一段时间，箱内 NO 转化成 NO$_2$，此时 NO$_x$ 浓度下降很慢，随着 NO 大量变成 NO$_2$ 后，NO$_2$ 浓度下降变得缓慢，与此同时，NO$_x$ 浓度几乎呈线性降低，根据 NO$_x$ 浓度的下降速度，可计算氮氧化物的转化速率。

在光照反应开始后取前 3 小时箱内 SO$_2$ 浓度衰减速率，得到其最大转化速率，以 $\left(-\dfrac{\mathrm{d}[SO_2]}{\mathrm{d}t}\right)_{\max}$ 表示，用 $\left(-\dfrac{\mathrm{d}[SO_2]}{\mathrm{d}t}\right)_{\max}$ 与 SO$_2$ 起始浓度之比 $\left(-\dfrac{\mathrm{d}[SO_2]}{[SO_2]\mathrm{d}t}\right)_{\max}$ 表示单位初始浓度 SO$_2$ 的转化速率。SO$_2$ 转化的速率常数 R 是在假定 SO$_2$ 衰减反应为准一级反应，根据公式 $-\ln[SO_2]=Rt$ 作图由线性斜率获得。

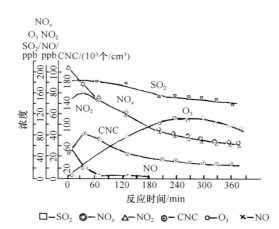

图 2 箱内 SO$_2$，NO$_x$，NO$_2$，NO，O$_3$ 和 CNC 浓度随光照时间变化(1988 年 3 月 12 日)

2.2.1 影响 SO$_2$ 转化速率的因素

实验结果表明，影响 SO$_2$ 转化速率的因素有 SO$_2$ 起始浓度、相对湿度、太阳光强和环境空气中颗粒物等，其中前三种因素是影响 SO$_2$ 转化速率的重要因素。从图 3 中看出，SO$_2$ 浓度的衰减速率随 SO$_2$ 的起始浓度增加而增加，在本实验浓度范围内呈线性关系，此结果与研究太原火电厂烟羽中 SO$_2$ 转化速率[3]相符，在烟羽中 SO$_2$ 浓度高，转化速率大。

为了研究太阳光强对 SO$_2$ 转化速率的影响，我们在相对湿度近似相同的情况下进行了不同太阳光强的一组实验，每次实验用平行的另一个小箱测定 SO$_2$ 的光解常数 K_1 值，用 $K_1[NO_2]$ 表示太

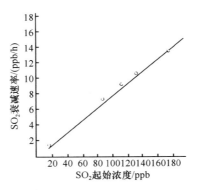

图 3　SO₂ 起始浓度对其衰减速率的影响

阳光强，图 4 给出了太阳光强对 SO₂ 转化速率的影响，从图看出，太阳光强越强，SO₂ 转化速率越快。这是因为太阳光强有利于光化学氧化剂的产生，能促使 SO₂ 的均相氧化反应。

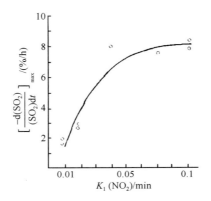

图 4　太阳光强对 SO₂ 转化速率的影响

　　湿度对 SO₂ 转化起着重要作用。图 5 给出了相对湿度对 SO₂ 转化速率的影响，从图中看出，SO₂ 转化速率随环境空气湿度增加而增大，并呈线性相关。大气湿度增加，有利于空气中 SO₂ 在液滴表面上的吸收，产生多相化学反应，此结果与 Wilson 等[4]的研究工作相一致。珠江三角洲地区气候潮湿，太阳光照强，有利于 SO₂ 转化，这对于三角洲地区在雨季出现酸沉降起着重要作用，也是该地区细粒子气溶胶污染的一个重要来源。

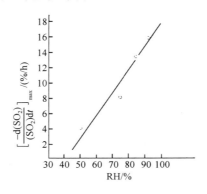

图 5　相对湿度（RH）对 SO₂ 转化速率的影响

空气中颗粒物含有大量炭黑和一些过渡金属元素，对 SO$_2$ 产生强烈吸附和催化作用。实验结果表明，存在颗粒物的 SO$_2$ 转化速率大于除去颗粒物时转化速率。此结果与太原火电厂烟羽含有大量颗粒物的 SO$_2$ 转化速率比较高的结果相一致[3, 5]。

2.2.2　SO$_2$ 转化成硫酸盐气溶胶及其粒子谱分布

从烟雾箱实验可观测到，在太阳光的照射下，箱内 SO$_2$ 浓度随时间递减而凝结核（粒径小于1μm）气溶胶不断增加，硫酸根浓度也同时增加，见图 6，且 SO$_2$ 衰减速率与 CNC 最大浓度值之间呈线性相关，SO$_2$ 衰减速率越大，转化产生的 CNC 最大浓度值也越大（图 7）。根据以上实验结果可以看出，大气中 SO$_2$ 在一定条件下向生成硫酸或硫酸盐气溶胶的方向转化。同时，由图 2 可知，氮氧化物随时间其浓度降低，也发生转化，但从烟雾箱内反应后用滤膜采集下来的颗粒物，用离子色谱分析其成分，主要是 SO$_4^{2-}$（SO$_4^{2-}$ 与 NO$_3^-$ 之比约为 8:1）。可见细粒子气溶胶的成分以 SO$_4^{2-}$ 为主。

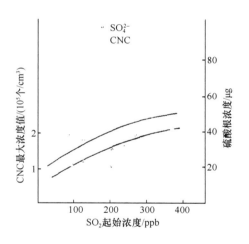

图 6　SO$_4^{2-}$ 浓度、CNC 最大浓度与 SO$_2$ 起始浓度的关系

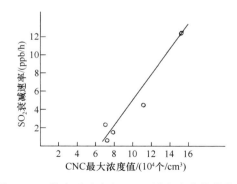

图 7　SO$_2$ 的衰减速率与 CNC 最大浓度值的关系

通过观测箱内 SO$_2$ 转化形成不同大小粒子气溶胶的粒子谱分布，发现在转化的初期过程，由气态污染物转化生成大量凝结核气溶胶，使 CNC 浓度迅速上升，很快达到最高值。随着反应的进行，SO$_2$ 浓度逐渐下降，转化速率降低，凝结核粒子生成速率下降，箱内粒子碰并凝聚起主要作

用，CNC 浓度随反应时间的增加而逐渐降低。实验发现转化初期过程 CNC 粒子最大生成速率随 SO_2 的浓度、转化速率增加而相应增加。

由于烟雾箱内 SO_2 转化和产生的粒子碰并凝聚，使粒径大于 0.3μm 的气溶胶粒子数浓度随反应时间逐渐升高，0.3μm 的粒子约占 0.3~10μm 粒子总数的 50%。根据 0.3~10μm 粒子总数浓度随时间的增加速率，可计算出其增长速率为 16%/h，此值与凝结核粒子的增长速率相比，大于 0.3μm 粒径粒子增长速率比凝结核粒子增长速率要慢。可见，由气态 SO_2 转化生成的凝结核粒子速度快，而凝结核粒子碰并凝聚速率要小。

上述结果表明，从气态 SO_2 转化成粒子气溶胶的过程，首先由气态物质转变成凝结核粒子，其增长速率快，随后通过碰并，凝结成大小不同粒径的粒子，其粒子谱分布随反应时间逐渐变宽，这种由转化产生的二次气溶胶粒子大部分属于细粒子，其成分以 SO_4^{2-} 为主，此结论与珠江三角洲地区的大气气溶胶粒子谱分布的航测和地面布点实测结论相一致。另外，在本实验条件下，测得珠江三角洲地区 SO_2 转化速率常数在 4.1%/h ~12.7%/h 之间。

3　SO_2 转化的数值模型

上面分析了不同条件下太阳光强、相对湿度、SO_2 初始浓度等因素对 SO_2 转化速率的影响，若综合地考虑这几个因素在内的所有可能对 SO_2 转化产生影响的因素作用，那么可通过多元逐步线性回归，拟合大气中 SO_2 气相转化表达式。

取 SO_2 平均转化速率 R'（ppb/h），相对湿度 RH（%），光强 I（kW/m^2），光强对数 ln I，SO_2 浓度[SO_2]（ppb），对烟雾箱实验数据（共 18 个样本）进行回归分析，得到回归方程如下：

$$R' = 0.175\,\mathrm{RH} + 2.03\ln I + 0.0704[SO_2] - 2.35 \tag{3.1}$$

相关系数是 0.95。

由于影响 SO_2 转化的主要因子是 SO_2 起始浓度、光强、相对湿度，由前面知道，在反应初期，SO_2 浓度随时间递减而凝结核气溶胶数不断增加，因此我们可以认为硫酸盐气溶胶粒子（粒径小于 1μm）生成速率亦主要与上述三个因素有关，采用上面同样方法，可得气溶胶生成率的回归方程

$$R_s = 0.161\,\mathrm{RH} + 1.865\ln I + 0.0403[SO_2] - 2.477 \tag{3.2}$$

R_s 的单位是%/h，其他符号意义同前。这里相关系数是 0.92。该式对 0.3~1.0μm 粒子较符合。我们在图 2 中看到光照开始近 1 个小时内 CNC 浓度迅速上升（不完全是由 SO_2 转化而来，其中还包括 NO_x、空气中已有的凝结核等），而后逐渐减少，但同时观测到粒径 0.3~1.0μm 的粒子随时间增加，所以实际估算硫酸盐粒子浓度时，SO_2 进入空气后 1 小时内气溶胶生成率取实测统计值。

为了定量化计算实际大气中 SO_2 转化浓度及气溶胶粒子生成浓度的空间分布，我们建立了考虑层结反射和穿透作用的烟团模型，并借助于该模型，对珠江三角洲地区现有的和在建的火电站所产生的 SO_2 及其转化成硫酸盐气溶胶细粒子的浓度分布给出计算结果，并预测未来规划建设的火电站对当地环境质量的影响。

根据在第 j 个时刻 $S(x_s, y_s)$ 点的污染源在某接收点 $R(x, y, z)$ 处所造成的浓度是所有 i 个烟团的浓度贡献之和，考虑中心位于 (x_{ij}, y_{ij}, z_{ij}) 的烟团对 R 点的浓度贡献，则有

$$c_i(x,y,z,t) = \frac{Q_s}{(2\pi)^{3/2}\sigma_x\sigma_y\sigma_z}\exp\left[-\frac{(x-x_{ij})^2}{2\sigma_x^2}\right]$$

$$\exp\left[-\frac{(y-y_{ij})^2}{2\sigma_y^2}\right]\cdot\exp\left[-\frac{(v_d\times j\Delta t)^2}{2\sigma_z^2}\right]\cdot c_z$$

式中，v_d 为污染物沉降速率，取 0.5cm/s，c_z 为垂直扩散项。

考虑到烟团对混合层的穿透作用及混合层对烟团的反射作用，垂直扩散项 c_z 分为以下两种情况讨论：

（1）当混合层高度 z_i=0 时（即无混合层），有

$$c_z = \exp\left[-\frac{(z-z_{ij})^2}{2\sigma_z^2}\right] + \exp\left[-\frac{(z+z_{ij})^2}{2\sigma_z^2}\right]$$

计算地面浓度时，z=0，则有

$$c_z = \exp\left[-\frac{z_{ij}^2}{\sigma_z^2}\right]$$

（2）当混合层高度 z_i 不为 0 时，c_z 则按所定义的烟气穿透率 $p=1.5-\dfrac{z_i-h_s}{\Delta h}$ 大小来分几种情况计算 c_z，其中 h_s 为排放源几何高度，Δh 为烟气抬升高度。

当 p=0 时，认为污染物全在混合层内，污染物在混合层与地面间多次反射，按封闭型扩散式计算，

$$c_z = \sum_{n=-N}^{N}\exp\left[\frac{(z_{ij}-2nz_i)^2}{2\sigma_z^2}\right]$$

N 为反射次数。

当 $p\geq1$ 时，认为污染物完全穿透混合层，并在混合层以上的稳定层中扩散，由混合层的阻挡面不能到达地面，这时令 c_z=0。

当 $0<p<1$ 时，即部分穿透情形，这时有部分污染物抬升到混合层以上，而（1–p）部分被封闭在混合层以内，c_z 按下式计算，

$$c_z = c_{z1} + c_{z2}$$

根据当地大气层结多为中性偏稳定结构，我们设计成让穿透到混合层以上的烟团在 z_{ij} 高度（$z_{ij}=h_s+\Delta h$）向下扩散，则有

$$c_{z1} = p\cdot\exp\left[-\frac{z_{ij}^2}{\sigma_z^2}\right]$$

而（1–p）部分的烟团在 z_i 处按封闭型扩散，

$$c_{z2} = (1-p)\cdot\sum_{-N}^{N}\exp\left[\frac{(z_{ij}-2nz_i)^2}{2\sigma_z^2}\right]$$

由此可算得某一点某一时刻 SO$_2$ 未转化的浓度。

根据 SO_2 转化率的分析，我们建立如下方程：

$$\frac{\mathrm{d}[SO_2]}{\mathrm{d}t} = -R' \tag{3.3}$$

将式（3.1）代入式（3.3），由常微分方程的理论可获得上述方程的解析解。

对气溶胶而言，

$$\frac{\mathrm{d}c_{\mathrm{spm}}}{\mathrm{d}t} = R_s \cdot c_{\mathrm{spm}} \tag{3.4}$$

将式（3.2）代入式（3.4）即可获得硫酸盐细粒子气溶胶浓度。至此，就建立起包括烟团模型在内的能够计算 SO_2 浓度和由 SO_2 转化来的硫酸盐气溶胶粒子浓度，以及它们的时空分布的 SO_2 转化数值模型。通过该模型，我们计算了珠江三角洲地区火电站排放所形成的大气 SO_2 浓度和由其转化而来的硫酸盐气溶胶细粒子（1μm 以下）数浓度。

我们利用冬夏两季的实测风场、光强、相对湿度以及现有的火力发电站排放源，分别计算冬夏季的现状浓度日平均值，并根据珠江三角洲地区未来发展，计算加入规划源后，该地区的大气环境状况，分别计算了 SO_2 转化前和转化后的浓度及硫酸盐细粒子浓度分布。从冬季和夏季计算结果看，SO_2 浓度和由此转化来的细粒子浓度，冬季大于夏季。但从飞机航测结果显示气溶胶粒子数夏季高于冬季，这可能与飞机在烟流中观测有关，且夏季光照强、湿度大。而对于地面来说，夏季对流混合起主要作用，使 SO_2 及其转化来的气溶胶浓度低于冬季。在这里，我们给出模型计算所得的现状条件下冬季 SO_2 浓度分布和 SO_2 转化生成硫酸盐细粒子气溶胶的浓度分布，分别见图8~图10，总的结果是 SO_2 转化后其浓度明显低于不考虑转化的 SO_2 浓度。在所给出的例子中，SO_2 污染浓度最高值分别为 0.1654mg/m³（转化前）和 0.0994mg/m³（转化后）；气溶胶粒子浓度的高值区与未转化时的 SO_2 浓度高值区相对应，其量级在 10^4 个/cm³，和珠江三角洲航测结果相比，由航测获得的地面上空 200m 处细粒子浓度量级最高是 10^5 个/cm³，即计算值小于实测值，这是因为我们仅计算火电站排放源 1μm 以下硫酸盐粒子的生成，且计算是在地面处，而航测获得的细粒子包含了所有成分的气溶胶，并且上空 200~300m 正是在火电站烟囱排放的烟羽中心所及的高程之内；另一方面，实际大气中存在许多粒子源，有生活源、交通源以及沿海海上来的凝结核粒子源；从气态污染物向细粒子转化机制来说，除了在较高湿度下 SO_2 多相转化生成硫酸盐气溶胶以及 SO_2 通过均相光化学反应转化外，还有就是高温气体排放物因冷凝而生成细粒子气溶胶。

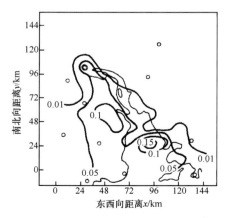

图8　SO_2 未转化情形（单位：mg/m³）

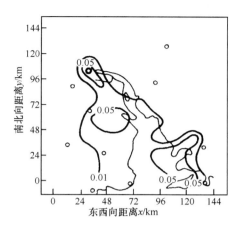

图 9 SO₂ 已转化情形（单位：mg/m³）

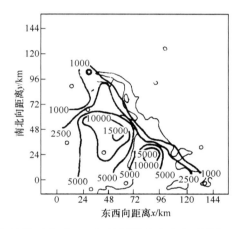

图 10 气溶胶（小于 1μm）粒子数浓度分布（单位：个/cm³）

从上述所知，由于 SO₂ 在一定条件下发生转化，所以火电站或其他源排放的 SO₂，随时间和距离的增大，烟气中 SO₂ 浓度愈来愈小（这里也有大气湍流扩散的稀释作用），而气溶胶粒子浓度会逐渐上升（虽然干湿沉降、平流输送等使其有一定程度的降低），这就是为什么许多地方实测 SO₂ 浓度值并不高，但病发率却上升的原因之一。由于大气中小于 1μm 的细粒子可通过呼吸穿透滞留在肺泡内，因此对人体健康具有危害，而从大气光学角度，大气中粒径小于 0.2μm 的粒子对能见度的影响很小，往往给人以良好环境的错觉，而忽视其对人体健康的危害，所以在以后的环境影响研究中，必须重视对气溶胶粒子浓度的监测和计算。

4 结　　语

通过烟雾箱的 SO₂ 转化实验表明，在本实验条件下，珠江三角洲地区 SO₂ 转化速率常数为 4.1%/h ~12.7%/h；SO₂ 起始浓度、相对湿度和太阳光强是影响 SO₂ 转化速率的主要因素；SO₂ 转化形成硫酸盐气溶胶的过程，开始生成凝结核粒子的增长速率快，随后碰并，凝聚成不同粒径的粒子，其粒子谱分布随反应过程逐渐变宽，转化产生的二次气溶胶主要是细粒子；其成分以 SO₄²⁻ 为主，而转化初期凝结核气溶胶（粒径小于 1μm）粒子最大生成速率与 SO_2 浓度及其转化速率有关，据此，我们通过建立区域性、中尺度范围的大气环境质量的烟团模型，设计了计算气态 SO_2 转化及其所生成硫酸盐气溶胶细粒子的浓度时空分布数值模型，在被用于珠江三角洲地区的火电站大气环境规划之中，模型计算值和实测结果大致吻合，从而检验了该模型的适用性。

借助于室外烟雾箱实验，揭示了气态 SO_2 转化和大气中硫酸盐气溶胶粒子生成的密切相关性，而 SO_2 转化的数值模拟，则为估算从源排入大气的 SO_2 浓度和它转化生成的硫酸盐细粒子气溶胶浓度，乃至其他颗粒物浓度及其时空分布提供了一种简便实用的方法。

参 考 文 献

[1] Eatough D. J. et al. Rapid conversion of SO_2 to sulfate in a fog bank. Environmental Science and Technology, 1984, 18(11): 855-859.

[2] Carmichael G. R. et al. An Eulerian transport/transformation/removal model for SO_2 and sulfate-I. model development. Atmospheric Environment, 1984, 18(5): 937-951.

[3] 林子瑜等. 航测火电厂烟羽中二氧化硫的转化率. 中国环境科学, 1986, 6(5): 18-20.

[4] Wilson W. E. et al. A study of sulfur dioxide in photochemical smog I. effect of SO_2 and water vapor concentration in the 1-butene/NO_x/SO_2 system. Journal of Air Pollution Control Association, 1970, 20: 385-390.

[5] Chun K. C. et al. Capacity of ferric oxide particles to oxidize sulfur dioxide in air. Environmental Science and Technology, 1973, 7(6): 532-538.

A Study of Transformation for Gaseous SO$_2$ and Its Numerical Simulation

YANG Lirong, REN Zhenhai, LIN Ziyu, DUAN Ning

Chinese Research Academy of Environmental Sciences, Beijing 100012

Abstract: Based on outdoor smog chamber experiments, the transformation mechanism for SO_2 and sulfate and the factors which have influence on SO_2 transformation are described. A numerical model has been established which incorporates the puff model and the equations for SO_2 transformation and sulfate aerosol formed, and it is used to estimate regional distribution of sulfur dioxide and sulfate concentrations. The simulation results have shown consistent with the measurements from field monitoring. Because sulfate aerosol (particles diameters with smaller than 1μm) could be deposited in the pulmonary alveoli by man's breath and present a greater health hazard than SO_2, it is urgent to study smaller particles pollution.

Key words: sulfur dioxide transformation; sulfate aerosol; numerical simulation

水平气压梯度力差分格式误差的定量分析[①]

曾西平[1]，任阵海[2]

1. 南京气象学院，南京 210044
2. 中国环境科学研究院，北京 100012

摘要：通过分析发现地形坐标系中气压梯度力差分格式的计算误差应分为两类，其中，第二类误差在水平坐标面倾斜时出现。这种误差可理解为将水平坐标面上的气压（或位势高度）插回到等高面（或等压面）上的插值误差。构造气压梯度力差分格式的目的正是为了减小这种第二类误差，而不是其他误差。误差分析表明静力扣除法和 Corby 格式的第二类误差都很小，比一般方法的误差小约一个量级。

　　分析还表明第二类误差产生的主要原因是由于气压随高度非线性变化。依据这一分析思路，本文改进了 $s(z)$ 坐标系中的静力扣除法。改进后的方法比改进前的误差小约一个量级。

关键词：水平气压梯度力；差分格式；计算误差

1 引　　言

　　自 Phillips[1]提出 σ 坐标以来，大多数模式都采用 σ 坐标或类似的坐标变换，以使地形表面变成一个坐标面，然而，坐标变换之后的气压梯度力项变成了两项之差。当地形坡度很大时，两项的数值比气压梯度力大几十倍甚至百倍，即使某项包含有较小的相对误差，气压梯度力的计算误差仍很大。许多学者为减小气压梯度力的计算误差作了大量的研究。目前，水平气压梯度力的差分格式基本上可分为三类：第一类是静力扣除法[2, 3]；第二类是 Corby 等格式及其变形[4, 5]；第三类是钱永甫[6]提出的坐标变换中的差分变换方法。

　　如何比较这些差分格式是一件困难的事，这是因为差分格式从三个层次上影响模式的模拟结果：第一是水平气压梯度力差分格式本身有误差；第二是该差分格式与静力学方程（或垂直运动方程）差分格式间的一致程度；第三是水平气压梯度力差分格式以及静力学方程（或垂直运动方程）差分格式与整体动力学框架的匹配程度。许多学者常用数值模式来比较不同的差分格式[7]，可是数值模式的结果依赖于以上三种因素；Janjic 提出了"静力连续"的概念[8]，以此衡量气压梯度力差分格式与静力学方程差分格式间的一致性，Mesinger[9]依据这一概念对 Corby 等格式作了完善的分析；目前有关水平气压梯度力差分格式本身误差的分析尚不多见，本文试图分析气压梯度力计算误差产生的原因，并定量分析几种常用差分格式的计算误差，最后，将提出一种计算误差

① 原载于《大气科学》，1995 年，第 19 卷，第 6 期，722~732 页。

较小的差分格式。

为使讨论具有一般性，作者将主要分析高度坐标系中气压梯度力的差分格式，有关气压坐标系中的气压梯度力的分析见附录。

2 水平气压梯度力计算误差的成因分析

2.1 气压梯度力计算误差的分类

在直角坐标系中，z 轴与水平坐标面垂直，并且 z 表示几何高度。定义：$s = s(x, y, z, t)$ 为新的垂直坐标。当水平坐标 x，y 以及时间 t 固定时，s 是 z 的严格单调函数。不失代表性，我们讨论气压梯度力在 x 方向的分量 F，为方便起见，省略 F 中的负号（下同），那么 F 在 z 坐标系中的形式为

$$F = \frac{1}{\rho}\left(\frac{\partial p}{\partial x}\right)_z \tag{2.1}$$

式中，p，ρ 分别表示气压与空气密度。在 s 坐标系中 F 的表达式为

$$F = \frac{1}{\rho}\left\{\left(\frac{\partial p}{\partial x}\right)_s - \left(\frac{\partial p}{\partial z}\right)_x\left(\frac{\partial z}{\partial x}\right)_s\right\} \tag{2.2}$$

在 x-z 剖面上网格点的分布如图 1。根据式（2.1）、式（2.2），图中 A 点处的气压梯度力可用 A、B、C、D、E、F 六点的气压值表示出来，例如式（2.1）、式（2.2）的偏心差分格式为

$$F^{(1)} = \frac{1}{\rho_A}\left(\frac{p_B - p_A}{\Delta x}\right) \tag{2.3}$$

$$F^{(2)} = \frac{1}{\rho_A}\left(\frac{p_C - p_A}{\Delta x} - \frac{p_D - p_A}{z_D - z_A}\frac{z_C - z_A}{\Delta x}\right) \tag{2.4}$$

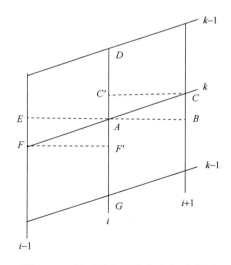

图 1 x-z 剖面图上网格点分布示意图

图中实线表示等 s 线；虚线表示等高线

式中，Δx 为水平网格距，$F^{(1)}$，$F^{(2)}$ 分别表示两种不同坐标系中气压梯度力的差分格式。

式（2.2）中的第二项实质上是将第一项修正成等高面上的水平梯度，因此每一种式（2.2）的差分格式［如式（2.4）］都对应于一种将气压从等 s 面上插回到等高面上的插值方案[8]。现在的问题是如何确定这一插值误差。$F^{(1)}$ 是利用等高面上的气压值来确定的，它的误差是由于它用有限差分代替微分引起的，不含有上述的插值误差。这类截断误差本文称之为第一类计算误差。$F^{(2)}$ 中也包含有这类计算误差，这是因为当水平坐标面不倾斜（即 $z_C=z_A$）时，式（2.4）转化为式（2.3）。然而，当坐标面倾斜（即 $z_C \neq z_A$）时，$F^{(2)}$ 中不仅包含有类似于 $F^{(1)}$ 中的第一类计算误差，还包含有除此之外的计算误差，这种误差是由于式（2.2）右端第二项被有限差分代替之后引起的，本文称之为第二类计算误差。显然，第二类误差可理解为将等 s 面上的气压插回到等高面上引起的插值误差。当水平坐标面平坦时，$F^{(2)}$ 中第二类计算误差为零。

将 $F^{(2)}$ 中的计算误差分成二类是必要的。事实上，以前许多成功的气压梯度力差分格式都是明显地减小了第二类计算误差，而不是第一类误差。为突出下文所分析的第二类误差确能反映水平气压梯度力差分格式本身的计算误差，本文将不涉及静力学方程（或垂直运动方程）的差分格式，并假定 s 坐标系中网格点上的气压值是已知的（或无计算误差的）。

为了分析第二类误差的具体成因，以及探索减小该误差的途径，本文将讨论第二类误差为零的差分格式。

2.2 无第二类计算误差的差分格式

为了构造第二类计算误差为零的差分格式，可将式（2.3）变形，得

$$F = \frac{1}{\rho_A}\left(\frac{p_C - p_A}{\Delta x} - \frac{p_C - p_B}{z_C - z_B}\frac{z_C - z_B}{\Delta x} \right)$$

由于 $z_A=z_B$，因此，上式可写为

$$F = \frac{1}{\rho_A}\left(\frac{p_C - p_A}{\Delta x} - \frac{p_C - p_B}{z_C - z_B}\frac{z_C - z_A}{\Delta x} \right) \tag{2.5}$$

比较式（2.2）、式（2.5），则不难确定（$\partial p/\partial z$）$_A$ 的差分格式为

$$\left(\frac{\partial p}{\partial z} \right)_A = \frac{p_C - p_B}{z_C - z_B} \tag{2.6}$$

显然，式（2.5）中第二类计算误差为零。值得注意的是式（2.5）中（$\partial p/\partial z$）$_A$ 的差分格式［即式（2.6）］并没有用 x_i 处的气压表示，而是用 x_{i+1} 处的气压表示的，这一点与一般的差分格式不一致，但与钱永甫的研究[6]却是一致的。钱永甫从差微差一致性的角度出发，提出了坐标变换中差分变换方法，其方法的本质就是将 x_i 处的垂直气压梯度力加上某一修正项（其和实际上接近于 x_{i+1} 处的垂直气压梯度力）作为 x_i 处的垂直气压梯度力。

前面讨论的式（2.5）实际上完全等价于式（2.3），其第一类误差为一阶精度，第二类误差为零。为了构造第二类计算误差为零，并且第一类计算误差为二阶精度的差分格式，可由

$$F^{(1)} = \frac{1}{\rho_A}\left(\frac{p_B - p_E}{\Delta x} \right)$$

通过类似的变换可得到其表达式

$$F = \frac{1}{\rho_A}\left[\frac{p_C - p_F}{2\Delta x} - \frac{1}{2}\left(\frac{p_C - p_B}{z_C - z_B}\frac{z_C - z_A}{\Delta x} + \frac{p_E - p_F}{z_E - z_F}\frac{z_A - z_F}{\Delta x} \right) \right] \tag{2.7}$$

由于 p_B，p_E 不是 s 坐标系中网格点上的值，因此，式（2.5）、式（2.7）的难点是如何利用气压与高度的关系来确定 p_B，p_E。显然不同的内插方法引起的第二类计算误差是不相同的。

2.3　气压梯度力计算误差产生的原因

在常用的方法中，$(\partial p/\partial z)_A$ 的差分格式往往与式（2.5）、式（2.7）所要求的不一致，这样会导致第二类计算误差，即第二类误差出现在式（2.2）右端后一项中。因此，第二类误差实际上等于 $(\partial p/\partial z)_A$ 差分格式的误差与水平坐标面坡度 $(\partial z/\partial x)_s$ 之积。当 $(\partial p/\partial z)_A$ 差分误差相同时，坐标面坡度越大，第二类误差越大。

我们以式（2.4）为例来分析第二类误差产生的原因。比较式（2.4）、式（2.5），可发现式（2.4）右端第二项的相对误差为

$$r = \left| \left(\frac{p_C - p_B}{z_C - z_B} - \frac{p_D - p_A}{z_D - z_A} \right) \Big/ \left(\frac{p_C - p_B}{z_C - z_B} \right) \right| \tag{2.8}$$

由于气压垂直梯度远大于水平梯度，因此我们讨论水平气压梯度为零的情况。在此种情况下，上式可变为

$$r = \left| 1 - \left(\frac{p_D - p_A}{z_D - z_A} \right) \Big/ \left(\frac{p_{C'} - p_A}{z_{C'} - z_A} \right) \right| \tag{2.9}$$

式（2.9）表明当气压随高度线性变化时，$r=0$，这说明第二类计算误差主要来自气压随高度的非线性变化。实际大气中气压近似按指数规律递减，即 $p(z) \approx p_0\exp(-z/H)$（$H$ 为标高），那么由式（2.9）可得

$$r \approx \left| 1 - \frac{\exp\left(-\dfrac{\Delta z}{H} \right) - 1}{\Delta z}\frac{\Delta z'}{\exp\left(-\dfrac{\Delta z'}{H} \right) - 1} \right| \tag{2.10}$$

当 $|\Delta z|/H \ll 1$，$|\Delta z'|/H \ll 1$ 时，

$$r \approx \frac{|\Delta z - \Delta z'|}{2H} \tag{2.11}$$

式中，$\Delta z' = z_C - z_A$ 为水平坐标面的坡度，$\Delta z = z_D - z_A$ 为垂直网格距。当 $|\Delta z'| \ll |\Delta z|$ 时，式（2.4）的相对误差见图 2，从图中可以看到式（2.4）的相对误差与 $|\Delta z|$ 成正比。式（2.10）、式（2.11）还表明式（2.4）中垂直气压梯度力 $(\partial p/\partial z)_A$ 的计算误差还与 $\Delta z'$ 有关。

式（2.10）讨论的是水平气压梯度力为零时式（2.4）的第二类计算误差；当水平气压梯度力不为零时，式（2.4）中不仅包含有类似于式（2.10）的第二类计算误差，还包含有另一部分误差。这一部分误差是由于用 x_i 处的气压计算 $(\partial p/\partial z)_A$，而不是用 x_{i+1} 处气压计算引起的。这一误差同式（2.10）中那一部分误差相比，是非常小的。

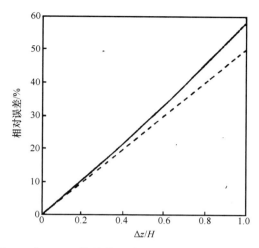

图2 式（2.4）的计算误差与垂直网格距 Δz 的关系
实线为式（2.10）的计算值；虚线表示式（2.11）算出的近似值

3 第二类计算误差减小的一种途径

附录对 Corby 格式的分析表明，气压梯度力中的气压以对数形式出现可减小第二类误差，因此将气体状态方程 $p=\rho RT$（R 为干空气的气体常数）代入式（2.2），得

$$F = RT\left\{\left(\frac{\partial \ln p}{\partial x}\right)_s - \left(\frac{\partial \ln p}{\partial z}\right)_x\left(\frac{\partial z}{\partial x}\right)_s\right\}$$

由上式可写出类似于式（2.4）的偏心差分格式

$$F^{(2)} = RT_A\left(\frac{\ln p_C - \ln p_A}{\Delta x} - \frac{\ln p_D - \ln p_A}{z_D - z_A}\frac{z_C - z_A}{\Delta x}\right) \tag{3.1}$$

为分析上式的计算误差，可先推导类似于式（2.5）的无第二类误差的差分格式，即

$$F = RT_A\left(\frac{\ln p_C - \ln P_A}{\Delta x} - \frac{\ln p_C - \ln p_B}{z_C - z_B}\frac{z_C - z_A}{\Delta x}\right)$$

比较上式与式（3.1），可知式（3.1）中第二项的相对误差为

$$r = \left|1 - \left(\frac{\ln p_D - \ln p_A}{z_D - z_A}\right)/\left(\frac{\ln p_C - \ln p_B}{z_C - z_B}\right)\right| \tag{3.2}$$

假定大气水平均匀，且温度随高度线性递减，即

$$T(z) = T_0 - \gamma z \tag{3.3}$$

γ 为温度直减率。将上式及其相应的压高公式代入式（3.2），可得

$$r \approx \frac{|\gamma(\Delta z - \Delta z')|}{2T_A} \tag{3.4}$$

式（3.4）表明当大气为等温大气时第二类计算误差为零，当 $\gamma=6℃/km$，$T_A=300K$ 时，式（2.4）的第二类计算误差是式（3.1）误差的 6 倍。式（3.1）的误差之所以小是因为 $\ln p$ 与 z 的非线性程

度小于 p 与 z 的程度。

式（3.4）、式（A9）表明式（3.1）的误差远大于 Corby 格式的误差。当大气满足静力平衡时，在 $s(z)$ 坐标系中可构造出类似的 Corby 格式的差分格式；但当大气不满足静力平衡时，则不能构造出误差如此之小的类似格式。

4 第二类计算误差减小的另一种途径

4.1 静力扣除法的误差分析

实际大气的变量 $Q(x, y, z, t)$ 可表示为参考大气的相应变量 $\overline{Q}(x, y, z, t)$ 与变量偏差 $Q'(x, y, z, t)$ 之和，即 $Q = \overline{Q} + Q'$。变量 Q 可代表温度 T、气压 p 和空气密度 ρ，并且参考大气的变量 $\overline{Q}$ 为已知函数。引入参考大气后、与式（2.4）相对应的偏心差分格式可写为

$$F^{(2)} = \frac{1}{\rho_A}\left(\frac{p'_C - p'_A}{\Delta x} - \frac{p'_D - p'_A}{z_D - z_A}\frac{z_C - z_A}{\Delta x} + \frac{\overline{p}_B - \overline{p}_A}{\Delta x}\right) \tag{4.1}$$

为了比较式（2.4）和式（4.1）计算误差的相对大小，式（4.1）右端第二项的计算误差可用

$$r = \left|\left(\frac{p'_C - p'_B}{z_C - z_B} - \frac{p'_D - p'_A}{z_D - z_A}\right)\bigg/\left(\frac{p_C - p_B}{z_C - z_B}\right)\right| \tag{4.2}$$

表示。上式的分母与式（2.8）的相同，这样上式可与式（2.8）直接比较大小。

我们讨论实际大气、参考大气皆为等温大气，且水平均匀的情况。当 $|\Delta z/H| \ll 1$，$|\Delta z'/H| \ll 1$，$|T'/T| \ll 1$ 时，上式可简化为

$$r \simeq \left|\frac{\Delta z - \Delta z'}{2H}\left(-2\frac{T'_A}{\overline{T}_A} + \frac{p'_A}{p_A}\right)\right| \tag{4.3}$$

参考大气的温度 $\overline{T}$ 与气压 $\overline{p}$ 的选择往往能满足 $|T'_A|/\overline{T}_A \sim 10^{-1}$、$|p'_A|/\overline{p}_A \sim 10^{-1}$，因此，式（2.11）、式（4.3）的对比表明参考大气的引入能使气压梯度力的第二类计算误差减小约一个量级。引入参考大气之后的计算误差之所以远小于未引入参考大气的误差是由于偏差气压 p' 与 z 的非线性程度远小于气压 p 与 z 的非线性程度。

当 $p' = 0$ 时式（4.3）中的 r 是式（A4）中的两倍，这说明 $s(z)$ 坐标系中的静力扣除法式（4.1）的计算误差比 $\sigma(p)$ 坐标系中的静力扣除法［式（A3）］的误差大。由于第二类计算误差与水平坐标面的坡度成正比，而低层的水平坐标面又比高层的坐标面陡峭，因此，减小低层水平气压梯度力的计算误差是十分必要的。由于边界层内非绝热因子的作用，温度的日变化和空间变化都很大，试图选择适当的参考大气使式（4.3）在各处等于零是不可能的，因此，静力扣除法有待改进。

4.2 静力扣除法的改进

式（4.1）的计算误差来自于 p' 与 z 的非线性，这里我们对 p' 作进一步的分析。实际大气和参考大气的理想气体状态方程为 $p = \rho R T$、$\overline{p} = \overline{\rho} R \overline{T}$。两式相减得

$$p' = \rho'RT + \overline{\rho}\,RT'$$

上式表明偏差气压 p' 由两项组成。将这两项重新组合

$$p' = (\rho'RT + \mu\overline{\rho}RT') + (1 - \mu)\overline{\rho}RT' = p'' + (1 - \mu)\overline{\rho}RT' \tag{4.4}$$

式中组合系数 μ 为待定的常数。显然，p' 与 p'' 的非线性程度不一样，它们的差别与 μ 有关。为方便起见，不妨假定参考大气是水平均匀的，因此

$$F = \frac{1}{\rho}\left\{\left(\frac{\partial p''}{\partial x}\right)_z + (1 - \mu)\overline{\rho}R\left(\frac{\partial T'}{\partial x}\right)_z\right\}$$

$$= \frac{1}{\rho}\left\{\left(\frac{\partial p''}{\partial x}\right)_s - \left(\frac{\partial p''}{\partial z}\right)_x\left(\frac{\partial z}{\partial x}\right)_s\right\} + \frac{(1 - \mu)\overline{\rho}R}{\rho}\left\{\left(\frac{\partial T'}{\partial x}\right)_s - \left(\frac{\partial T'}{\partial z}\right)_x\left(\frac{\partial z}{\partial x}\right)_s\right\} \tag{4.5}$$

依据上式，与（4）式相对应的偏心差分格式可写为

$$F^{(2)} = \frac{1}{\rho_A}\left(\frac{p''_C - p''_A}{\Delta x} - \frac{p''_D - p''_A}{z_D - z_A}\frac{z_C - z_A}{\Delta x}\right)$$

$$+ \frac{(1 - \mu)\overline{\rho}_A R}{\rho_A}\left(\frac{T'_C - T'_A}{\Delta x} - \frac{T'_D - T'_A}{z_D - z_A}\frac{z_C - z_A}{\Delta x}\right) \tag{4.6}$$

若认为温度随高度线性变化，则上式中第二项的相对计算误差［类似于式（4.2）］可简化为

$$r \approx \left|\frac{\Delta z - \Delta z'}{2}\frac{d^2 p''}{dz^2}\left(\frac{dp}{dz}\right)^{-1}\right| \tag{4.7}$$

当实际大气和参考大气皆为等温大气时，上式简化为

$$r \approx \left|\frac{\Delta z - \Delta z'}{2H}\left[(\mu - 3)\frac{T'_A}{\overline{T}_A} + \frac{p'_A}{p_A}\right]\right| \tag{4.8}$$

上式表明当 $\mu=1$ 时，式（4.8）等价于式（4.3）；当 $\mu=2$ 时，式（4.8）接近于式（A4）（当 $p'=0$）。因此不同的 μ 值式（4.8）的计算误差不同。值得一提的是，一旦静力学方程（或垂直运动方程）的差分格式选定，μ 的改变并不影响静力学方程的差分格式。

为分析 μ 对第二类计算误差的影响，我们考虑一实际大气，其温度随高度的变化为

$$T(z) = \begin{cases} T_1 - \gamma(z - z_1) & z > z_1, \\ T_1 - \gamma_1(z - z_1) & z \leqslant z_1, \end{cases}$$

这里取 $z_1=1.5\text{km}$，且此高度处 $T_1=280\text{K}$，$p_1=850\text{hPa}$。$\gamma=6.5℃/\text{km}$，γ_1 是可变的。假若参考大气的温度为 $T(z) = \overline{T}_1 - \gamma(z - z_1)$，且在高度 z_1 处气压为 $\overline{p}$。当 $\overline{T}_1=T_1$，$\overline{p}_1=p_1$，那么式（4.6）在高度 z_1 下的计算误差可由式（4.7）算出。为简便起见，计算误差 r 由式（4.7）的差分格式直接求出，在计算的过程中采用双精度，计算结果见图3。图3用 $2rH/|\Delta z - \Delta z'|$ 来表示误差大小（这里 $H=8\text{km}$），这是因为该量与式（4.3）中 $|p'_A/p_A - 2T'_A/\overline{T}_A|$ 相对应。图3a，3b表明 μ 介于 1.6 至 1.8 之间时，计算误差最小；图3c表明 $\mu=1.7$ 时第二类计算误差比一般的静力扣除法式（4.1）（$\mu=1$）的误差小约一个量级。

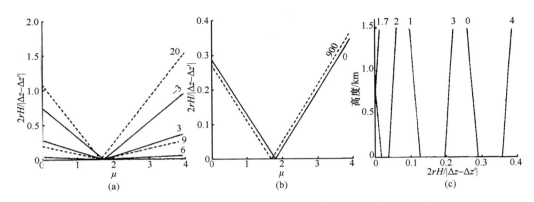

图 3　计算误差同 μ、实际大气的温度直减率 γ_1 和高度 z 的关系

（a）z=600m，线上数值为 γ（℃/km）；（b）γ=3℃/km，线上数值为 z（m）；（c）γ_1=3℃/km，线上数值为 μ

假若参考大气的 $\overline{T}_1 \neq T_1$，$\overline{p}_1 \neq p_1$，那么水平气压梯度力的计算误差则不同于图 3 中的计算。图 4a、4b 分别表示了 $\overline{T}_1$=270K，$\overline{p}_1$=850hPa 和 $\overline{T}_1$=280K，$\overline{p}_1$=830hPa 的计算误差。图 4 表明当 $\overline{T}_1$ $\neq T_1$，$\overline{p}_1 \neq p_1$ 时，不同的实际大气温度直减率 γ_1，与最小计算误差相对应的 μ 值也不相同，但当 $\mu \approx 1.7$ 时，计算误差较稳定，它不随 γ_1 改变而有明显的改变。此时，这一误差主要是由于 $\overline{T}_1$，$\overline{p}_1$ 与 T_1，p_1 之间的差别引起的。

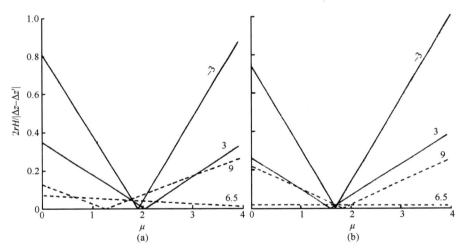

图 4　高度 z=600m 处计算误差同 μ、实际大气温度直减率 γ_1 的关系

（a）$\overline{T}_1$=270K，$\overline{p}_1$=850hPa；（b）$\overline{T}_1$=280K，$\overline{p}_1$=830hPa

4.3　参考大气的一种选取方案

参考大气取成多元大气，其温度直减率固定（如取成 6.5℃/km），地面气温 $\overline{T}_0$，气压 $\overline{p}_0$ 随空间而变。选取 $\overline{T}_0$（x, y），$\overline{p}_0$（x, y）使得在某一高度 z_1（如 1.5~2.5km）处参考大气的温度，气压等于实际大气的温度、气压。取 μ=1.7，根据上节的分析，此时水平气压梯度力的计算误差非常小。

由于大气状态在不断地变化，为减小这一变化引起的误差，可令模式每积分一段时间，重新设置参考大气一次。这种参考大气的更换在模式中是易于实现的。

5 结果与讨论

（1）根据地形坐标系中水平气压梯度力差分格式计算误差的成因分析，认为应将其计算误差予以分类，其中第二类计算误差表现为垂直气压梯度$(\partial p/\partial z)_A$的差分误差与水平坐标面坡度之积。本质上，第二类误差可理解为将等s面上的气压插回到等高面上引起的插值误差。构造气压梯度力差分格式的目的正是为了减小这类误差。本文分析表明，以往许多成功的差分格式都是第二类计算误差较小，这说明这种分类是必要的，也是恰当的。

（2）分析表明第二类计算误差产生的主要原因是由于气压随高度非线性变化，减小这类误差的途径：一是将水平气压梯度力中的p换成$\ln p$；二是引入参考大气，使偏差气压与高度的非线性程度降低。

通过比较不同差分格式间第二类计算误差的大小，发现静力扣除法的误差可以比一般差分格式的误差小约一个量级。在$\sigma(p)$坐标系中Corby格式的误差比静力扣除法还小。

（3）本文对$s(z)$坐标系中的静力扣除法予以改进。通过将偏差气压中的两项进行重新组合[式（4.4）]，发现当组合系数μ在1.6~1.8之间时静力扣除法[式（4.6）]的误差比改进前的误差[式（4.1）]小约一个量级。式（4.6）的第一类误差是一阶的。要构造第一类误差为二阶精度的差分格式，可由相应的水平差分格式作类似于式（2.7）的推导即得。

本文提出一种与改进后的静力扣除法相对应的参考大气选择方案，这一方案有待今后进一步检验。

参 考 文 献

[1] Phillips N A. Coordinate system having some special advantages for numerical forecasting. J. Meteor., 1957, 14: 184-185.

[2] Gary J M. Estimate of truncation error in transformed coordinate, primitive equation atmospheric models. J. Atmos. Sci., 1973, 30: 223-233.

[3] Zeng Q, et al. A global grid point general circulation model. J. Meteor. Soc. Jap., 1987, Special Volume: 421-430.

[4] Corby G A, Gilchrist A, Newson R L. A general circulation model of the atmosphere suitable for long period integrations. Quart. J. Roy. Met. Soc., 1972, 98: 809-832.

[5] Danard M, Zhang Q, Kozlowski J. On computing the horizontal pressure gradient force in sigma coordinates. Mon. Wea. Rev., 1993, 121:3173-3183.

[6] 钱永甫等. p-σ混合坐标系初始方程模式的若干改进及其在直角网格中的试验结果. 高原气象, 1982, 1:28-45.

[7] Nakamura H. Dynamical effects of mountains on the general circulation of the atmosphere I: Development of finite difference schemes suitable for incorporating mountains. J. Meteor. Soc. Japan., 1978, 56: 317-339.

[8] Janjic Z I. Pressure gradient force and advection scheme used for forecasting with steep and small scale topograph. Contrib. Atmos. Phys., 1977, 50: 186-199.

[9] Mesinger F. On the convergence and error problems of the calculation of the pressure gradient force in sigma coordinate models. Geophys. Astrophys. Fluid Dyn., 1982, 19: 105-117.

Quantitative Analysis of the Discretization Errors of the Horizontal Pressure Gradient Force over Sloping Terrain

ZENG Xiping[1], REN Zhenhai[2]

1. Nan jing Institute of Meteorology, Nanjing 210044
2. Chinese Research Academy of Environmental Sciences, Beijing 100012

Abstract: The analysis has demonstrated that the discretization errors of the horizontal pressure gradient force in terrain-following coordinate models should be divided into two kinds, one of which, the second kind Error-Ⅱ, appears while the horizontal coordinate surface is inclined. Error-Ⅱ can be regarded as the error for extrapolating pressure (or geopotential) from horizontal coordinate surfaces back to the constant height (or pressure) surface. It is the error that we construct special schemes to reduce.

Analytical expressions are derived for Error-Ⅱ and show that the errors induced by the scheme of Corby et al. and by the method of subtracting out of a reference atmosphere are about one order of magnitude smaller than that by general schemes. It is pointed out that Error-Ⅱ is caused mainly by the nonlinearity between the pressure and height. At last, we improved the scheme with subtracting out of a reference atmosphere in $s(z)$ coordinate models. Error-Ⅱ for the improved scheme is only one-tenth of that for the original.

Key words: horizontal pressure gradient force; finite-difference scheme; discretization error

附录：$\sigma(p)$坐标系中水平气压梯度力差分格式的误差分析

1   静力扣除法的误差分析

水平气压梯度力在 x 方向的分量 F 在 p 坐标系中形式为

$$F = \left(\frac{\partial \varphi}{\partial x}\right)_p \tag{A1}$$

式中，φ 为重力位势。若用 p_s 表示地面气压，并且 $\sigma=p/p_s$，那么 F 在 σ 坐标系中形式为

$$F = \left(\frac{\partial \varphi}{\partial x}\right)_\sigma - \left(\frac{\partial \varphi}{\partial p}\right)_x \left(\frac{\partial p}{\partial x}\right)_\sigma \tag{A2}$$

将实际大气的变量 $Q(x, y, p, t)$ 表示为 $Q(x, y, p, t) = \overline{Q}(x, y, p, t) + Q'(x, y, p, t)$，其中 $\overline{Q}$ 为参考大气的变量，Q' 为变量偏差。若网格点的示意图如图 1，但图中的等 s 线表示等 σ 面，虚线表示等压面，那么类似于式（4.1）的偏心差分格式为

$$F = \frac{\varphi'_C - \varphi'_A}{\Delta x} - \frac{\varphi'_D - \varphi'_A}{p_D - p_A}\frac{p_C - p_A}{\Delta x} + \frac{\overline{\varphi}_B - \overline{\varphi}_A}{\Delta x} \tag{A3}$$

类似于式（4.2）的推导，可得上式第二项的计算误差为

$$r = \left| \left(\frac{\varphi'_C - \varphi'_B}{p_C - p_B} - \frac{\varphi'_D - \varphi'_A}{p_D - p_A}\right) \middle/ \left(\frac{\varphi_C - \varphi_B}{p_C - p_B}\right) \right|$$

假定实际大气和参考大气皆为等温大气，并且用 H 和 $\overline{H}$ 分别表示其标高，$\Delta z' = (\varphi_C - \varphi_A)/g$ 和 $\Delta z = (\varphi_D - \varphi_A)/g$。当 $|\Delta z'|/H \ll 1$，$|\Delta z|/H \ll 1$ 和 $|T'|/T \ll 1$ 时，上式可简化为

$$r \simeq \left| \frac{(\Delta z - \Delta z')}{2H}\frac{T'}{T} \right| \tag{A4}$$

比较式（4.3）与式（A4）时应注意两式中 T' 定义上的差别。

2　Corby 格式的误差分析

水平气压梯度力 F 在 σ 坐标系中也可写为

$$F = \left\{ \left(\frac{\partial \varphi}{\partial x}\right)_\sigma - \left(\frac{\partial \varphi}{\partial \ln p}\right)_x \left(\frac{\partial \ln p}{\partial x}\right)_\sigma \right\} \tag{A5}$$

Corby 等格式可表示为[2]

$$F = \frac{1}{2\Delta x}\left[(\varphi_C - \varphi_F) + R\frac{T_C + T_A}{2}(\ln p_{S_{i+1}} - \ln p_{S_i}) + R\frac{T_F + T_A}{2}(\ln p_{S_i} - \ln p_{S_{i-1}})\right] \tag{A6}$$

分析上式的误差，必须先导出无第二类误差的式（A5）差分格式。类似于式（2.7），可由式（A5）得

$$F = \frac{1}{2\Delta x}\left[(\varphi_C - \varphi_F) - \frac{\varphi_C - \varphi_B}{\ln p_C - \ln p_B}(\ln p_C - \ln p_A) + \frac{\varphi_E - \varphi_F}{\ln p_E - \ln p_F}(\ln p_A - \ln p_F)\right] \tag{A7}$$

比较式（A6）、式（A7）可以发现 Corby 格式中中间项的计算误差为

$$r = \left| 1 + R\frac{T_C + T_A}{2}\frac{\ln p_C - \ln p_S}{\varphi_C - \varphi_B} \right| \tag{A8}$$

当实际大气水平均匀，且温度是 $\ln p$ 的线性函数时，$r=0$；当实际大气水平均匀，但温度随高度线性变化[即式（3.3）]时，则

$$r \simeq \left(\frac{\gamma \Delta z'}{2T_A}\right)^2 \tag{A9}$$

式中，γ 为大气的温度直减率。式（A4）、式（A9）表明 Corby 格式的计算误差往往比静力扣除法小。

二维多箱模型预测大气环境方法的研究[①]

程水源[1]，郝瑞霞[1]，乔文丽[1]，汤大纲[2]，杜　渐[2]，任阵海[2]

1. 河北科技大学环境工程系，石家庄 050018
2. 中国环境科学研究院，北京 100012

摘要： 采用二维多箱模型对石家庄市区的大气污染物 SO_2 进行了计算，分别计算 4 个风向的各子箱污染物浓度，然后按其风向频率加权取和得到平均浓度。把计算结果与地面监测值和 1994-01 中国环境科学研究院的高空航测值进行了比较分析后发现，多箱模型预测大气环境比单箱模型和其他预测方法产生的误差要小。从而证明用多箱模型预测市区和经济开发区的大气环境是最佳方法之一。

关键词： 多箱模型；大气环境预测；气象特征；高空航测

目前，在进行区域大气环境预测时，常用单箱模型预测的方法。该方法较简单，物理意义直观，并能得到定量预测结果。但单箱模型没有考虑到气体污染物在铅垂方向的扩散系数及风场随高度的变化，也没有考虑到整个预测区域大气污染物的不均匀性和特征。事实上，一个市区和经济开发区，一般由几个不同的功能区组成，如工业区、居民区、商业与居民混合区等。因此，采用单箱模型预测区域大气环境中的污染物浓度往往会带来较大误差。多箱模型可以弥补单箱模型的缺陷，使预测方法更加完善。

1　多箱模型的应用

多箱模型是在单箱模型的基础上进行改进的一种模型。它在纵向和高度方向上把单箱分成若干部分，构成一个二维箱式模式。根据石家庄市区的特征，分别在长度方向和高度方向上将 L 和 h 分成 3 个相等部分共组成 3×3 个子箱（图 1），在 NE-SW 方向上把单箱长度 L 分成 3 个相等部分（图 2）。在高度方向上，风速可作为高度的函数分段计算，每个子箱的污染源源强则根据石家庄市环保监测中心在污染源调查时统计出的冬季 SO_2 排放量。为计算方便，忽略纵向弥散作用和竖向的对流作用。每一个子箱都视为一个混合均匀的体系，就可对每个子箱写出质量平衡方程。首先在 NE 风向对上述各子箱进行平衡方程的建立和求解。

1.1　NE风向下的质量平衡方程

首先对 1 号箱体做物料平衡方程：

---

① 原载于《环境科学》，1998 年，第 19 卷，第 2 期，16~19 页。

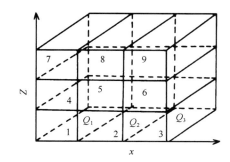

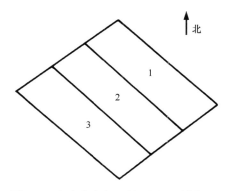

图 1   二维多箱模型示意图

1~9 为各子箱体；Q_1，Q_2，Q_3 分别为 3 个区域统计出的面源源强

图 2   石家庄市大气环境预测区域划分图

1. 工业和商业混合区 2. 商业和居民混合区 3. 居民区

$$U_1 \Delta h_{c_{01}} - U_1 \Delta h_{c_1} + Q_1 \Delta L - E_{2,1} \Delta L (c_1 - c_2) / \Delta h = 0 \qquad (1.1)$$

若令 $a_i = U_i \Delta h$；$e_i = E_{i,\,i+1} \Delta L / \Delta h$

则式（1.1）可写成：

$$(a_1 + e_1)c_1 - e_1 c_2 = Q \Delta L + a_1 c_{01} \qquad (1.2)$$

式中，$\Delta h = \dfrac{D}{3}$，D 为市区大气混合层高度，取 $630\mathrm{m}$[1]；$E_{i,\,i+1}$ 为铅垂方向上第 i 和 $i+1$ 相邻 2 层间的湍流扩散系数（取 $0.1\mathrm{m}^2/\mathrm{s}$）[2]；$U_i$ 为高度方向上第 i 层的平均风速（m/s）（按 GB/T 13201—91 中有关规定计算）；c_{0i} 是高度方向上第 i 层流入箱体中的 SO_2 污染物浓度（取在清洁点处由石家庄市环保监测中心监测结果和中国环境科学研究院航测结果）。Q_i 为第 i 个区域所统计出的源强 [mg/（s·m²）]；$\Delta L = L/3$ 为每个子箱的长度（m）。

对于箱体 4 和 7 可以写出类似的方程，它们组成一个线性方程组，可写成矩阵形式：

$$\begin{bmatrix} a_1 + e & -e & 0 \\ -e & a_2 + 2e & -e \\ 0 & -e & a_3 + e \end{bmatrix} \begin{bmatrix} c_1 \\ c_4 \\ c_7 \end{bmatrix} \begin{bmatrix} a_1 c_{01} + \Delta L Q_1 \\ a_2 c_{02} \\ a_3 c_{03} \end{bmatrix} \qquad (1.3)$$

$$或 \qquad A\vec{c_1} = \vec{D_1} \quad 则 \vec{c_1} = A^{-1}\vec{D_1} \qquad (1.4)$$

由于第一列 3 个子箱的输出就是第二列 3 个子箱的输入，如果 ΔL 和 Δh 是常数，对第二列来说，A 的值和式（1.3）的值相等，只是 $\vec{D}$ 有所变化。

$$\vec{D_2} = \begin{bmatrix} Q_2 \Delta L + a_1 c_1 \\ a_2 c_4 \\ a_3 c_7 \end{bmatrix} \qquad (1.5)$$

则

$$\vec{c_2} = A^{-1}\vec{D_2} \qquad (1.6)$$

其中，
$$\bar{c}_2 = \begin{vmatrix} c_2 \\ c_5 \\ c_8 \end{vmatrix}$$

同理：
$$\bar{c}_3 = A^{-1}\bar{D}_3 \qquad (1.7)$$

其中，
$$\bar{c}_3 = \begin{bmatrix} c_3 \\ c_6 \\ c_9 \end{bmatrix}; \bar{D}_3 = \begin{bmatrix} a_1 c_2 + \Delta L Q_3 \\ a_2 c_5 \\ a_3 c_8 \end{bmatrix}$$

　　从以上各式求解的结果看，由于在一个主导风向下，污染物顺风向下扩散，污染物浓度呈递增规律，因而使得下风向 2 个子箱的计算浓度比实际浓度偏大，产生一定误差。为了弥补以上计算所产生的误差，在上述箱体中分别采用 4 个风向（NE、SW、SE、NW）做质量平衡方程。

1.2　SE方位的质量平衡方程

对于子箱 1 有：
$$\Delta L \Delta h U_{1c01} - \Delta L \Delta h U_{1c1} + B \Delta L Q_1 - E_{1,2} \Delta L B (c_1 - c_4) / \Delta h - E' B \Delta h (c_1 - c_2) / \Delta L = 0 \qquad (1.8)$$

B 为市区宽度（m）；若令 $a_i' = \Delta L \Delta h U_1$；$e' = E B \Delta L / \Delta h$；$m = E' B \Delta h / \Delta L$，对于子箱 1~9 可得到：
$$\bar{c}' = A'^{-1}\bar{D}' \qquad (1.9)$$

$$A' = \begin{bmatrix}
(\alpha'1+e'+m) & -m & 0 & -e' & 0 & 0 & 0 & 0 & 0 \\
-m & (\alpha'1+e'+2m) & -m & 0 & -e' & 0 & 0 & 0 & 0 \\
0 & -m & (\alpha'1+e'+m) & 0 & 0 & -e' & 0 & 0 & 0 \\
-e' & 0 & 0 & (\alpha'2+2e'+m) & -m & 0 & -e' & 0 & 0 \\
0 & -e' & 0 & -m & (\alpha'2+2e'+m) & -m & 0 & -e' & 0 \\
0 & 0 & -e' & 0 & -m & (\alpha'2+2e'+m) & 0 & 0 & -e \\
0 & 0 & 0 & -e' & 0 & 0 & (\alpha'3+e'+m) & -m & 0 \\
0 & 0 & 0 & 0 & -e' & 0 & -m & (\alpha'3+e'+2m) & -m \\
0 & 0 & 0 & 0 & 0 & -e' & 0 & -m & (\alpha'3+e'+m)
\end{bmatrix}$$

$$\vec{c}' = \begin{bmatrix} c_1 \\ c_2 \\ c_3 \\ c_4 \\ c_5 \\ c_6 \\ c_7 \\ c_8 \\ c_9 \end{bmatrix} \qquad \vec{D}' = \begin{bmatrix} a'_{1c01} + B\Delta L Q_1 \\ a'_{1c01} + B\Delta L Q_2 \\ a'_{1c01} + B\Delta L Q_3 \\ a'_{2c02} \\ a'_{2c02} \\ a'_{2c02} \\ a'_{3c03} \\ a'_{3c03} \\ a'_{3c03} \end{bmatrix}$$

同理可得到 SW 和 NW 风向（方位）的平衡方程。

为使计算结果更符合实际，本文统计出石家庄市 1 月份 16 个方位的风向频率，并得到上述 4 个计算风向的邻近风向之和（表 1），然后对每个风向下平衡方程计算结果按风向频率加权取和，则：

$$\overline{C_i} = \sum_{i=1}^{4} q_i c_i \qquad (1.10)$$

式中，c_i 为某一个计算风向下建立的平衡方程所计算的某子箱的 SO_2 浓度（mg/m³）；$\overline{c_i}$ 为对 4 个方位计算结果按风向频率加权取和后的平均浓度（mg/m³）；q_i 为某计算风向下的频率（%）。

表 1　石家庄市 1 月份风向频率表

计算方向	NE	SE	SW	NW
包含	NNE、NE、E	ESE、SE、S	SSW、SW、W	WNW、NW、N
邻近风向	ENE、1/4C[①]	SSE、1/4C	WSW、1/4C	NNW、1/4C
频率%	29.06	28.33	10.63	32.03

① C 为静风频率。

2　计算结果及误差分析

2.1　计算与实测结果

本研究利用石家庄市环保监测中心统计出的冬季 SO_2 在 3 个不同区域的源强分别按上述各式计算各子箱中 SO_2 的平均浓度。

1、2、3 三个子箱的 SO_2 现状监测浓度分别采用石家庄市环保监测中心于 1994-01 常规监测结果，4 至 9 子箱的监测浓度采用中国环境科学研究院 1994-01-08-26 在石家庄市区上空用飞机航测的结果。表 2 给出了各子箱中实测结果与计算浓度的差值。

表 2　各子箱计算浓度与实测浓度之差×10⁻²　　　　（单位：mg/m³）

箱体	1	2	3	4	5	6	7	8	9
$\overline{c}_{\text{计}} - \overline{c}_{\text{测}}$	6.31	10.4	−3.06	−7.08	−8.40	−14.9	−4.81	−3.13	5.98

2.2　误差分析

用相对误差和 t 检验法来判断二维多箱模型产生的误差

$$相对误差：\Phi = \frac{|\overline{c}_{\text{测}} - \overline{c}_{\text{计}}|}{\overline{c}_{\text{测}}} \times 100\% \tag{2.1}$$

式（2.1）中 Φ 为相对误差（%），$\overline{c}_{\text{测}}$ 为各子箱实测浓度的平均值（mg/m³）；$\overline{c}_{\text{计}}$ 为各子箱计算浓度的平均值（mg/m³）。应用式（1.9）得 $\Phi = 15.14\%$。

t 检验（双因素对比试验结果的 t 检验法）：

$$t = \frac{\overline{d}}{S/\overline{n}} \tag{2.2}$$

其中，

$$\overline{d} = \frac{1}{n}\sum_{i=1}^{n} d_i = \frac{1}{n}\sum_{i=1}^{n}(\overline{c}_{i\text{测}} - \overline{c}_{i\text{计}})$$

$$S = \frac{\sum_{i=1}^{n}(d_i - \overline{d})^2}{n-1}$$

n 为箱体个数（取 9），d_i 为某箱体 SO_2 的实测浓度与计算浓度之差。

应用式（2.2）得到：

$\overline{d} = 0.034$；$S = 0.076$；则 $t = 1.34$。

据 $t_{0.05}$ 检验表，当 $f = 9-1 = 8$，查 t 分布表得临界值 $t_{0.05,\ 8} = 2.31$。和计算的 t 比较 $t < t_{0.05,\ 8}$，说明该方法所得结果和监测值没有显著性差异。

3　讨　论

采用二维多箱模型对石家庄市冬季（1 月份）SO_2 污染物的浓度进行了计算，据 t 检验结果，二维多箱模型所计算的结果与实测值之间不存在显著性差异。所产生的相对误差仅为 15.14%。验证了在城市及经济开发区应用本方法预测大气环境的可行性和实用性。

从表 2 可知，计算值与实测值略有差别，主要原因是该模型没有考虑到贴地逆温的影响，从石家庄市冬季每天清晨探空的资料分析结果看，其贴地逆温频率高达 82.0%[5]。逆温严重阻碍着污染物在大气中的扩散稀释，造成比较高的污染浓度，贴地逆温对其影响尤为突出，导致计算值小于实测值。另外，箱体模型没有考虑到地面吸附、植物净化和降水的清洗作用。这些因素会使计算值大于实测值。

二维多箱模型与单箱模型相比，计算结果准确（在本研究中单箱模型计算结果所产生的相对误差为 30.12%），是在单箱模型基础上的改进。它考虑到污染源的不均匀性和市区分为不同功能区这一特点。因此，该方法可很好地用于城市及经济开发区的大气环境预测，同时对于环境规划和污染防治具有重要的意义。

参 考 文 献

[1] 程声通等. 环境系统分析. 北京: 高等教育出版社, 1990: 108-110.

[2] 赵柏林等. 大气科学(中国大百科全书). 北京: 中国大百科全书出版社, 1987: 108-109.

[3] 程水源. 对几种大气环境预测方法的评估. 环境科学, 1991, 12(3): 85.

[4] 程水源等. 关于大气环境预测的新探讨. 环境科学丛刊, 1991, 12(2): 34-38.

[5] Cheng Shuiyuan et al. Study on the methods for determing atmospheric mixed layer height in large area. China Environmental Science, 1994, 5(4): 362-368.

[6] 邓勃. 数理统计方法在分析测试中的应用. 北京: 化学工业出版社, 1984: 78-80, 289.

A Study on Predicting Atmospheric Environment by Two Dimension Multi-Box Model

CHENG Shuiyuan[1], HAO Ruixia[1], QIAO Wenli[1], TANG Dagang[2], DU Jian[2], REN Zhenhai[2]

1. Dept. of Environ. Eng., Hebei Sci. and Tech. Univ., Shijiazhuang 050018

2. Chinese Research Academy of Environ. Sci., Beijing 100012

Abstract: In this paper, atmospheric SO_2 concentration in Shijiazhuang City has been calculated by using two dimension multi-box model. The concentrations of every box in four wind directions has been also calculated, and then average concentration in every box has been obtained by weighting method on wind direction frequencies. Comparing calculating values with monitoring concentrations on the ground and high altitude plane monitoring values by Chinese Research Academy of *Environ. Sci.* in January 1994, it was found that the predicting result by multi-box model brings smaller error than that by single-box model. Author recognizes that the method of predicting atmospheric environmental concentration in cities and economic development districts by multi-box model is one of the best methods.

Key words: multi-box model; atmospheric environment prediction; meteorological feature; high altitude plane monitoring

三维多箱模型预测大气环境方法的研究[①]

程水源[1]，郝瑞霞[1]，乔文丽[1]，汤大纲[2]，杜　渐[2]，任阵海[2]

1. 河北科技大学环境工程系，石家庄 050018
2. 中国环境科学研究院，北京 100012

摘要：本文采用三维多箱模型对石家庄市区特征污染物 SO_2 的浓度进行了计算，把计算结果与地面监测值和1994年1月份中国环境科学研究院的高空航测值进行比较分析后发现，用多箱模型预测大气环境比单箱模型产生的误差要小。从而证明用三维多箱模型预测城市和经济开发区大气环境污染物浓度是最佳的方法之一。

关键词：三维多箱模型；大气环境预测；气象特征；高空航测

1　引　　言

预测城市和经济开发区的大气环境污染趋势是环境保护和经济发展的需要。它对于区域的环境管理、污染防治都有指导作用。同时，对于区域环境规划和区域经济发展战略的决策也有重要的意义。因此，国内外有不少环境科学工作者在进行大气环境预测方法的研究。

目前，人们在区域大气环境预测时，常用单箱模型估算其污染程度。该方法较简单，物理意义直观，并能得到定量的预测结果。但单箱模型没有考虑到气体污染在铅垂方向的扩散系数及风场随高度的变化，也没有考虑到整个预测区域大气污染物的分布不均匀性。事实上，一个市区或经济开发区一般都有几个不同的功能区组成，如工业区、居民区、商业与居民混合区等。因此，采用单箱模型预测区域大气环境中的污染物浓度经常会带来较大的误差。多箱模型可以弥补单箱模型的缺陷和不足，可使大气环境预测方法更加完善，也会使预测结果更接近实际。

2　三维多箱模型的应用

三维多箱模型是在单箱模型的基础上进行改进的一种模型，它在纵向、横向和高度方向上把单箱分成若干个部分，构成一个三维多箱箱体。

根据石家庄市区的特征，在 NE-SW 方向上的单箱长度（L）上分成三个相等部分；在宽度（B）方向上分成两个相等部分；在高度（h）方向上分成三个相等部分，共组成（$3 \times 2 \times 3$）18 个子箱，在整个市区分成六个小区，即第一区为混合区；第二区是工业区；第三、五区为居民和商业混合区；第四、六区为居民区。

---

① 原载于《环境科学进展》，1998 年，第 6 卷，第 3 期，62~66 页。

在高度方向上，风速可作为高度的函数分段计算，底层每个子箱的污染源源强按石家庄市环境监测站在污染源调查时统计出冬季的 SO_2 排放量。为了计算方便，可以忽略纵向的弥散作用和竖向的推流作用。可把每个子箱都视为一个混合均匀的体系，就可以对每个子箱写出质量平衡方程。

由风向频率资料，石家庄市冬季（1 月份）的主导风向为 NE，本文取 NE 风向进行计算。依据质量平衡原理，首先列出 1、2、7、8、9、10 号子箱的平衡方程。1 号子箱的方程为

$$\frac{B}{2}\Delta h U_1 C_{01} - \frac{B}{2}\Delta h U_1 C_1 + \frac{B}{2}\Delta h Q_1 - \left[\Delta L \Delta h E(C_1 - C_2)/\frac{B}{2}\right] - \left(\frac{B}{2}\Delta L E_{ij+1}(C_1 - C_2)/\Delta h\right) = 0 \quad (2.1)$$

式中，$\Delta h = \dfrac{D}{3}$；D 为石家庄市区大气混合层高度（m）（取 630m）[1]；$E_{i,\,i+1}$ 为铅垂方向上第 i 和 $i+1$ 两个相邻层间的湍流扩散系数（m^2/s）（取 0.1）[2]；U_i 为高度方向上第 i 层的平均风速（m/s），其中，当 $h_i < 200m$ 时，$U_i = U_{10}(\dfrac{h}{10})^p$；当 $h_i > 200m$ 时，$U_i = U_{10}20^p$；U_{10} 为地面 10m 处平均风速；P 为风速高度指数（见 GB 13291—91）；h_i 为距地面的高度（m）。C_{oi} 为高度方向上第 i 层由外部流入箱体中的 SO_2 污染物浓度（mg/m^3）（取石家庄市环保监测站和中国环境科学研究院在清洁点处地面或高空中实测到的 SO_2 平均浓度）。Q_i 为不同区域所统计出的面源源强 ［$mg/（s\cdot m^2）$］；ΔL 为每个子箱的长度（m）；$B/2$ 为每个子箱的宽度（m）。E 为横向扩散系数（m^2/s）（取 $100m^2/s$）[2]。

令　　　　　　　　$$\alpha = U_i \Delta h; \quad e_i = E_{i,i+1}\Delta L / \Delta h; \quad m = \Delta L \Delta h E / \frac{B}{2}$$

则式（2.1）可写成

$$C_1(\alpha + e + \frac{2m}{B}) - \frac{2m}{B}C_2 - eC_7 = \alpha C_{01} + \Delta C_{01} + \Delta L Q_1 \quad (2.2)$$

对于 1、2、7、8、9、10 号子箱可写出类似的方程，它们组成一个线性方程组，可用矩阵写成

$$
\begin{bmatrix}
(a_1 + e + \frac{2m}{B}) & -\frac{2m}{B} & -e & 0 & 0 & 0 \\
-\frac{2m}{B} & (a_1 + e + \frac{2m}{B}) & 0 & -e & 0 & 0 \\
-e & 0 & (a_2 + 2e + \frac{2m}{B}) & -\frac{2m}{B} & -e & 0 \\
0 & -e & -\frac{2m}{B} & (a_2 + 2e + \frac{2m}{B}) & 0 & -e \\
0 & 0 & -e & 0 & (a_3 + e + \frac{2m}{B}) & -\frac{2m}{B} \\
0 & 0 & 0 & -e & -\frac{2m}{B} & (a_1 + e + \frac{2m}{B})
\end{bmatrix}
\begin{bmatrix}
C_1 \\ C_2 \\ C_7 \\ C_8 \\ C_9 \\ C_{10}
\end{bmatrix}
=
\begin{bmatrix}
a_1 C_{01} + \Delta L Q_1 \\
a_1 C_{01} + \Delta L Q_2 \\
a_2 C_{02} \\
a_2 C_{02} \\
a_3 C_{03} \\
a_3 C_{03}
\end{bmatrix}
\quad (2.3)
$$

也可写成 $A\vec{C} = D_1$ 或 $\vec{C} = A^{-1}D_1$ 　　　　　　　　　　　　　（2.4）

由于第一列 6 个子箱的输出就是第二列 6 个子箱的输入，ΔL、Δh 和 $B/2$ 都是常数，则对第

二列 6 个子箱的平衡方程来说，A 值和式（2.3）相等，只是 D 有所变化。

则
$$\overrightarrow{C_2} = A^{-1}D_2 \tag{2.5}$$

其中，
$$\overrightarrow{C_2} = \begin{bmatrix} C_3 \\ C_5 \\ C_{11} \\ C_{12} \\ C_{13} \\ C_{14} \end{bmatrix} \tag{2.6}$$

$$D_2 = \begin{bmatrix} a_1C_2 + \Delta LQ_3 \\ a_1C_1 + \Delta LQ_5 \\ a_2C_7 \\ a_2C_8 \\ a_2C_9 \\ a_2C_{10} \end{bmatrix} \tag{2.7}$$

同理可得到第三列子箱的矩阵方程：

$$\overrightarrow{C_3} = A^{-1}D_3 \tag{2.8}$$

其中，

$$\overrightarrow{C_3} = \begin{bmatrix} C_4 \\ C_6 \\ C_{15} \\ C_{16} \\ C_{17} \\ C_{18} \end{bmatrix} \tag{2.9}$$

$$D_3 = \begin{bmatrix} a_1C_3 + \Delta LQ_4 \\ a_1C_5 + \Delta LQ_6 \\ a_2C_{11} \\ a_2C_{12} \\ a_3C_{13} \\ a_3C_{14} \end{bmatrix} \tag{2.10}$$

采用上述各式可求解每个子箱箱体中的 SO_2 平均浓度。

3 计算结果及误差分析

3.1 计算值与实测结果

本研究采用石家庄市环境保护监测站调查统计的冬季 SO_2 在 6 个不同区域源强，分别按上述式（2.1）至式（2.10）计算出各子箱箱体中 SO_2 的平均浓度。

地面（第 1～6 个子箱）现状监测值采用石家庄市环境保护监测站 1994 年冬季（1 月份）对 SO_2 的监测结果。第 7～18 个箱采用中国环境科学研究院 1994 年 1 月 8 日至 26 日在石家庄市区上空用飞机航测的结果。表 1 给出了各箱体中实测结果与计算浓度的差值。

表 1　各子箱体实测值与计算值之差　　　　　（单位：10^{-2}mg/m^3）

箱体编号	1	3	4	5	7	9
$C_测 - C_计$	6.09	13.02	5.77	−18.0	7.37	2.65
箱体编号	11	12	13	14	16	18
$C_测 - C_计$	9.03	8.25	1.31	2.28	14.90	6.00

3.2 误差分析

为了检验三维多箱模型在环境预测中的准确程度，本文采用相对误差和 t 检验法来判断其产生的误差。

$$相对误差\ \Phi = \frac{|C_测 - C_计|}{C_测} \times 100\% \tag{3.1}$$

其中，Φ 为相对误差（%）；$C_测$ 为各子箱实测浓度的平均值（mg/m^3）；$C_计$ 为各子箱计算浓度的平均值（mg/m^3）。

应用式（2.10）得 $\Phi = 22.17\%$。

t 检验（双因素对比试验结果的 t 检验法）：

$$t = \frac{d}{S/\overline{n}} \tag{3.2}$$

$$d = \frac{1}{n}\sum_{i=1}^{n}d_i = \frac{1}{n}\sum_{i=1}^{n}(C_{i测} - C_{i计})$$

其中，
$$S = \frac{\sum_{i=1}^{n}(d_i - d)^2}{n-1}$$

n 为所取箱体个数（取 12，有 6 个箱体无监测值）；d_i 为某个箱体 SO_2 的实测值与计算值之差。

应用上式得到 $d = 0.049$，$S = 0.085$，则 $t = 1.91$

据 $t_{0.05}$ 检验表，当 $f = 12-1 = 11$ 时，查 t 分布表得临界值 $t_{0.05, 11} = 2.20$，和计算的 t 比较，$t < t_{0.05, 11}$，则说明该计算方法所得到的结果和实测值之间没有产生显著性差异。

4　结论与讨论

本文采用三维多箱模型对石家庄市区冬季（1 月份）SO_2 污染物的平均浓度进行了计算，据 t 检验结果可知，三维多箱模型所计算的结果与实测值之间不存在显著性差异，所产生的相对误差为 22.17%。这就验证了在城市及经济开发区应用本方法预测大气环境的可行性和实用性。

从表 1 的数据可知，计算值与实测值基本吻合。但一些箱体实测值大于计算值，也有计算值小于监测值。造成上述原因的因素是复杂的，其原因之一是箱式模型在计算时没有考虑到贴地逆温的影响。从石家庄市每天清晨探空资料分析结果来看，贴地逆温频率高达 82.9%[3]，逆温这个稳定的盖子严重阻碍着污染物在大气中的扩散稀释，造成比较高的污染物浓度，贴地逆温对其影响尤为突出。这就导致计算值小于实测值。另外箱式模型没有考虑到地面吸附、植物净化和降水的清洗作用，这些因素是导致计算值大于实测值的主要原因。

三维多箱模型与单箱模型相比，计算结果准确（单箱模型计算结果所产生的相对误差为 30.12%）。它是在单箱模型基础上的改进，考虑到了污染源的不均匀性，抓住了市区可分为不同功能区这一特点，同时也考虑了在铅垂方向上风场随高度的变化，可得到不同功能区的污染物浓度。因此，三维多箱模型可很好地应用于城市及经济开发区的大气环境预测，并对环境规划和大气污染防治有着重要意义[4-6]。

参 考 文 献

[1] 程声通, 等. 环境系统分析. 北京: 高等教育出版社, 1990: 104-107.
[2] 赵柏林, 等. 大气科学(中国大百科全书). 北京: 中国大百科全书出版社, 1987: 108-109.
[3] 程水源. 对几种大气环境预测方法的评估. 环境科学, 1991, 12(3): 85.
[4] 程水源, 等. 关于大气环境预测方法的新探讨. 环境科学丛刊, 1991, 12(2): 34-38.
[5] Cheng Shuiyuan et al. Study on the new methods for determining atmospheric mixed layer height in large area, China Enviromental Science, 1994, 5(4): 362-368.
[6] 邓勃. 数理统计方法在分析测试中的应用. 北京: 化学工业出版社, 1984: 78-80, 289.

The Study of Predicting Atmospheric Environment by Three Dimension Multi-Box Model

CHENG Shuiyuan[1], HAO Ruixia[1], QIAO Wenli[1], TANG Dagang[2], DU Jian[2], REN Zhenhai[2]

1. Environment Engineering Department, HeBei Science and Technology University, Shijiazhuang, 050018
2. China Environment Science Institute, Beijing 100012

Abstract: In this paper, atmospheric SO_2 concentration in Shijiazhuang city has been calculated by using three dimension multi-box, model, and then average concentration in every box has been obtained. After comparing calculating values with monitoring concentrations on the ground and high altitude plane monitoring values by China Environment Science Institute in January, 1994, we can find that the predicting result by the multi-box model brings smaller error than that by single-box model, Therefore, we can conclude that the method of predicting atmospheric environmental concentration in cities and economic development districts by the multi-box model is one of the best methods.

Key words: multi-box model; atmospheric environment prediction; meteorological feature; high altitude plane monitoring

我国和东亚地区硫化物的大气输送研究
——流场分型统计输送模式[①]

姜振远，高庆先，刘舒生，任阵海

国家环保局气候变化研究中心，北京 100012

摘要：提出了一种流场分型欧拉酸沉降输送模式，计算了 1993 年 4 月东亚地区硫氧化物平均浓度的时空分布以及我国各省区和东亚主要国家的硫沉降量。通过与实测资料对比，模式有较好的可信度，是一个计算硫氧化物长期平均浓度和硫沉降的简便、实用的酸沉降输送模式。

关键词：流场分型；酸沉降；输送模式

由于我国和东亚在地区经济的高速发展，大量排放硫氧化物等酸性污染物，致使该地区继北美和欧洲之后成为当今世界上三大酸雨区之一。酸雨区的扩大和发展，严重地制约着该地区经济的进一步发展。如何控制和减轻酸雨的危害是当前我国及东亚各国最关心的环保问题。酸性污染物可以在大气中长期滞留，并在一定气象条件下输送很远的距离，不仅影响排放源周围地区，还可能污染其他国家和地区。因此，研究酸性污染物的跨界和跨国输送是酸雨研究的重要方面。

研究酸性污染物跨界输送的有效方法之一是模式计算。MATAHEW /ADPIC[1]，RADM[2]，STEM[3]，ADOM[4]等是当世界最主要的酸沉降输送模式；欧拉统计模式[5]、欧拉时变模式[6]是我国在"七五"和"八五"酸雨攻关课题研究中建立起来的主要酸沉降输送模式。

为了计算我国和东亚地区硫化物的沉降量和输送量，我们提出了一个流场分型三维欧拉酸沉降输送模式（CRAES）。计算时，首先对流场进行科学分型，通过对物理过程和化学过程的参数化，然后，利用球坐标扩散方程建立数学模式，计算中国、朝鲜、韩国、日本等国家硫化物月、季、年的平均浓度分布和硫沉降的强度分布，以及我国各省份之间、我国和东亚各国之间硫的相互输送量等问题。并主要介绍模式的结构、流场分型、参数的选取，模式的差分方案和计算方法等问题，同时还进行了模式的计算结果与观测值的相关分析等。

流场分型模式克服了用平均流场计算污染物平均浓度时，因风矢量的相互抵消使得污染物的输送受到较大影响的不足，也克服了用逐日流场逐日计算污染物的浓度，然后再取平均浓度而带来的大量消耗机时的问题。本模式是一种简便、实用的酸沉降输送模式，通过实际应用得到了很好的验证，表明流场分型模式的计算结果是可信的。

---

① 《环境科学研究》，1997 年，第 10 卷，第 1 期，14~21 页。

1 模 式

1.1 模式结构

由于考虑的是污染物的长期平均浓度，模式方程选用定常状态的球坐标扩散方程。

$$
\frac{\partial}{R\cos\varphi\partial\theta}(u\cdot\Delta H\cdot C_i) + \frac{\partial}{R\cos\varphi\partial\varphi}(v\cdot\cos\varphi\cdot\Delta H\cdot C_i) + \frac{\partial}{\partial\sigma}(W\,C_i)
$$

$$
= \frac{\partial}{(R\cos\varphi)^2\partial\theta}(K_{\mathrm{H}}\cdot\Delta H\cdot\frac{\partial C}{\partial\theta}) + \frac{\partial}{R\cos\varphi\partial\varphi}(K_{\mathrm{H}}\cdot\Delta H\cdot\cos\varphi\cdot\frac{\partial C_i}{\partial\varphi}) \tag{1.1}
$$

$$
+ \frac{\partial}{\partial\sigma}(\frac{K_{\mathrm{V}}}{\Delta H}\frac{\partial C_i}{\partial\sigma}) + S\Delta H + C_{\mathrm{R}}\Delta H - D_{\mathrm{D}}\Delta H - D_{\mathrm{W}}\Delta H
$$

式中，C_i 为第 i 种污染物浓度；R 为地球半径；θ 和 φ 为地球经度和纬度；K_{H} 为水平扩散系数；K_{V} 为垂直扩散系数；C_{R} 为化学转化项；S 为排放源强；D_{D} 为干沉降项；D_{W} 为湿沉降项；u，v 为水平风速；σ 为地形追随坐标；W 为地形追随坐标的等效垂直速度。

$$
\sigma = \frac{z - h(\theta,\,\varphi)}{H(\theta,\,\varphi)\, -\, h(\theta,\,\varphi)} = \frac{z - h(\theta,\,\varphi)}{\Delta H} \tag{1.2}
$$

等效垂直速度 W 与真实垂直速度 ω 有如下关系：

$$
W = \omega - \frac{u}{R\cos\varphi}(\frac{\partial h}{\partial\theta} + \sigma\frac{\partial\Delta H}{\partial\theta})
$$

$$
- \frac{v}{R}(\frac{\partial h}{\partial\varphi} + \sigma\frac{\partial\Delta H}{\partial\varphi}) \tag{1.3}
$$

1.2 边界条件

左边界
$$
u\cdot\Delta H\cdot C_i - \frac{K_{\mathrm{H}}\Delta H\partial C_i}{R\cos\varphi\partial\theta} = F_x \tag{1.4}
$$

右边界
$$
u\cdot\Delta H\cdot C_i - \frac{K_{\mathrm{H}}\Delta H\partial C_i}{R\cos\varphi\partial\theta} = G_x \tag{1.5}
$$

上边界
$$
v\cdot\Delta H\cdot C_i - \frac{K_{\mathrm{H}}\Delta H\partial C_i}{R\cos\varphi\partial\varphi} = F_y \tag{1.6}
$$

下边界
$$
v\cdot\Delta H\cdot C_i - \frac{K_{\mathrm{H}}\Delta H\partial C_i}{R\cos\varphi\partial\varphi} = G_y \tag{1.7}
$$

顶边界
$$
W\cdot C_i - \frac{K_{\mathrm{V}}\partial C_i}{\Delta H\partial\sigma} = G_z \tag{1.8}
$$

底边界
$$
\frac{K_{\mathrm{V}}\partial C_i}{\Delta H\partial\sigma} = V_{\mathrm{D}}C_i \tag{1.9}
$$

式中，F_x，G_x，F_y，G_y，G_z 为相应各边界上的输送通量；V_{D} 为污染物的干沉降速度。

1.3 差分格式

采用差分方法对式（1.1）进行计算求解，差分格式采用交错网格，平流项使用迎风差分格式，扩散项使用中心差分格式。因式（1.1）是定常状态方程，只需迭代计算到浓度平衡状态即可结束。

2 计算范围和输入的资料

2.1 计算范围

水平方向：$70° \sim 146°E$，$17° \sim 55°N$。

垂直方向：地面至 100hPa 等压面高度。

2.2 分辨率

水平方向的网格距为 $1° \times 1°$，垂直方向则从 $\sigma = 0$ 到 $\sigma = 1$ 不等距地分为 11 层。σ 取值下层较密，越往上间距越大，σ 的垂直分层列于表 1。

表 1 σ 的垂直分层

分层	1	2	3	4	5	6	7	8	9	10	11
σ	0.0	0.02	0.04	0.06	0.1	0.2	0.3	0.4	0.6	0.8	1.0

取 100hPa 等压面的高度作为参考面的高度。一般而言，100hPa 参考面的高度约为 16000m。

2.3 输入的资料

2.3.1 气象资料

这部分资料由南京气象学院提供。包括国内和周边国家 208 个台站的探空资料，875 个台站的降水资料以及国内 197 个台站的低空风探测资料。低空风资料有地面，300，600，900，1500，2000，3000m 各高度风的全部探测数据，这是研究大气排污层非常珍贵的资料。

2.3.2 污染源资料

国内污染源资料取自中国环境科学研究院污染源调查组的调查结果和中国统计年鉴[7]提供的全国 30 个省份的二氧化硫年排放量以及全国重点电厂二氧化硫排放的有关数据。周边国家污染源资料取自 Akimoto 等[8]所列的有关国家和地区的 SO_2 排放数据。

3 流 场 分 布

3.1 分型原则

文献[6]中介绍并提供了对我国 1986~1993 年的天气图进行逐日逐月的分析和统计结果，提出按照低空气流的输送方式可以将天气形势划分成 7 类。分类的原则是，在所考虑的区域内，若有 2/3 的范围内主导流线不偏离 30°可定为同一类，在这 7 类流场的基础上，再以低空气流（地面与 850hPa）是否一致划分为 3 种型。类与型组合后便可得到 21 种形式流场出现。这 21 种类型流场是我国低空大气输送的全部特征组合，主要有输出型、输入型、输出和输入型、境内输出型等。

3.2 用分型流场计算污染物的长期平均浓度

将计算时段的流场分型，并统计出各型流场发生的频率，再按式（1.1）计算各型流场下的污染物浓度。这样，该计算时段污染物的平均浓度即可由下式求出。

$$C = \sum_{L=1}^{N} C_L f_L \tag{3.1}$$

式中，C 为污染物的平均浓度；C_L 为 L 型流场下的计算浓度；f_L 为 L 型流场发生的频率；N 为计算时段输送流场的型数。

4 参 数 选 取

计算硫化物在大气中的长期平均浓度时，一般尽可能简化其复杂的物理、化学过程，对二氧化硫的转化速率，硫化物的沉降速度和湿沉降系数等大都是以参数化的形式给出。本文对模式方程中出现的这些因子的参数化分别取为：

4.1 SO₂转化速率

大气中 SO_2 转化成 SO_4^{2-} 主要通过气相反应和液相反应这 2 个过程来完成。SO_2 的气相反应与光照、湿度关系密切，液相反应主要发生在云内。Van Alast 和 Diederen[9]的研究结果表明，SO_2 的气相转化速率为 0.1%/h～3%/h，国内雷孝恩等人[10]的研究结果为 0.7%/h～1.5%/h；SO_2 的液相转化比气相快得多，Bamber[11]的研究结果为 5%/h～20%/h，平均值 12%/h。因为计算范围很大，本文选用文献[12]中的经验公式：

$$K_{rd} = a + 2b \ln(\varphi/10) \tag{4.1}$$

式中，φ 为地球纬度；a，b 为与季节有关的经验常数；取值范围见表 2。

表 2 SO₂转化率经验公式常数 a，b 的取值

季节	a	b
冬	2.50	−0.61
夏	6.30	−1.40
春、秋	4.40	−1.00

我们取 SO_2 的液相转化率为 12%/h。在计算网络中所占的比例（出量）按文献[5]中的方法确定。

$$CC = \begin{cases} \dfrac{RH - RH_C}{1 - RH_C} & 当 RH > RH_C \\ 0 & 当 RH \leqslant RH_C \end{cases} \quad (4.2)$$

式中，RH 为网格中的相对湿度，%；RH_C 为临界相对湿度，其取值随高度而变化，表 3 给出了 RH_C 数值。

表 3　临界相对湿度 RH_C 数值

σ	0	0.02	0.04	0.06	0.10	0.20	0.30	0.40	0.60	0.80	1.00
RH_C	95	85	78	73	65	50	50	50	40	40	40

这样，在不同云量下 SO_2 的转化率可按下式确定：

$$K_r = CC K_{rq} + (1 - CC) \cdot K_{rd} \quad (4.3)$$

式中，K_{rq} 为网格内 SO_2 的液相转化率。

4.2　沉降速度

综合了国内外的大量实验结果，我们认为 SO_2 的干沉降速度取为 0.005m/s，SO_4^{2-} 的干沉降速度取为 0.001m/s 比较合适。

4.3　湿沉降率

文献[13,14]给出的 SO_2 和 SO_4^{2-} 的湿沉降率计算公式是对我国南方地区进行实际观测、回归拟合的结果。其具体表达形式分别由式（4.4）和式（4.5）给定。

$$K_{WSO_2} = (4.3 + 0.78 \ln S) \\ + (0.14 - 0.019) \quad (4.4)$$

$$K_{WSO_4^{2-}} = 0.33 R^{0.83} \quad (4.5)$$

文献[12]中指出，湿沉降率与季节变化有关，夏季较大，冬季偏小。SO_2 和 SO_4^{2-} 的湿沉降率可由下式确定。

$$K_W = a R^b$$

式中，a，b 为与季节有关的经验常数；R 为雨强，mm/h。

表 4 是 SO_2 和 SO_4^{2-} 湿沉降率经验常数 a，b 的取值。

表 4　SO_2 和 SO_4^{2-} 湿沉降率经验常数 a，b 的取值

常数	SO_2			SO_4^{2-}		
	冬	夏	春、秋	冬	夏	春、秋
a	0.009	0.140	0.036	0.021	0.390	0.091
b	0.700	0.120	0.530	0.700	0.060	0.270

本文计算时按表 4 取值。

4.4 混合层高度

图 1 是文献[6]给出的我国大陆及沿海地区年平均混合层高度分布图，通过对图 1 的分析，在我们的计算范围内，按如下方法确定混合层的高度。

$$h_L = \begin{cases} 1200\,\text{m} & \theta \leqslant 105° \\ 1100\,\text{m} & \theta > 105° \quad \varphi \geqslant 40° \\ 1000\,\text{m} & \theta > 105° \quad 30 \leqslant \varphi < 40° \\ 800\,\text{m} & \theta > 105° \quad \varphi < 30° \\ 500\,\text{m} & \text{海洋} \end{cases} \qquad (4.6)$$

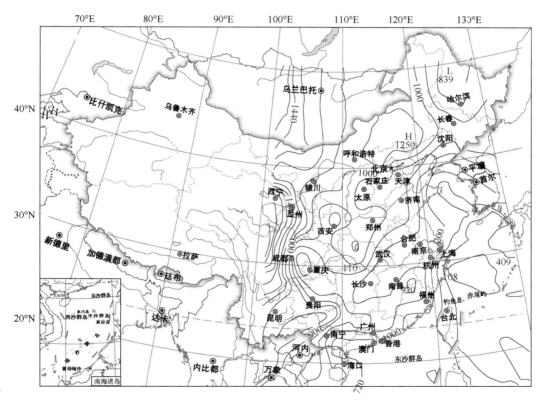

图 1　我国大陆及沿海地区年平均混合层高度分布图

4.5 扩散系数

扩散系数取值见文献[5]。

水平扩散系数取为：$K_H = 45\,\text{m}^2/\text{s}$

垂直扩散系数取为：$K_V = \begin{cases} 15\,\text{m}^2/\text{s} & h_L < z \\ 13\,\text{m}^2/\text{s} & h_L > z \end{cases}$

式中，z 为计算高度。

5 计算结果和相关分析

5.1 计算结果

利用流场分型模式计算了我国和东亚地区 SO_2 和 SO_4^{2-} 浓度的时空分布，以及硫沉降地面强度分布。结果表明 SO_2 和 SO_4^{2-} 的浓度冬季最高，夏季最低，春季居中；硫沉降量则是夏季最高，冬季最低。SO_2 和 SO_4^{2-} 主要分布在大气低层（1500m）以下，随高度增加浓度衰减很快，地面高浓度区主要出现在大的排放源周围。高层由于受偏西气流的影响，浓度中心逐渐向东偏移。图 2 和图 3 是计算的 1993 年 4 月 SO_2 和 SO_4^{2-} 的地面浓度分布，图 4 和图 5 分别为 4000m 高空 SO_4^{2-} 和 SO_2 的浓度分布，图 6 是硫沉降地面强度分布，表 5 和表 6 给出了 1993 年 4 月我国各省份和东亚各国的硫沉降量的计算值。

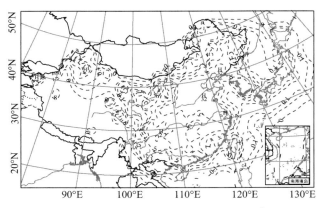

图 2　SO_2 的地面浓度分布（单位：$\mu g/m^3$）

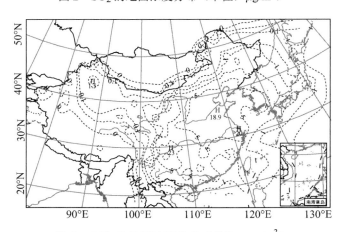

图 3　SO_4^{2-} 的地面浓度分布（单位：$\mu g/m^3$）

5.2 SO₂浓度计算值与监测值的比较

模式的计算结果应与实测值进行相关分析，相关系数越大，计算结果的可信度就越高。图 7 是 1993 年 4 月 SO₂ 的计算浓度与全国 80 个测点的监测结果相关图，其相关的系数为 0.79，由此可见模式的计算结果是可靠的。

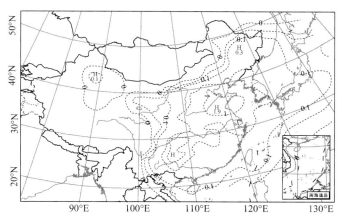

图 4　4000m 高度 SO_4^{2-} 的浓度分布（单位：$\mu g/m^3$）

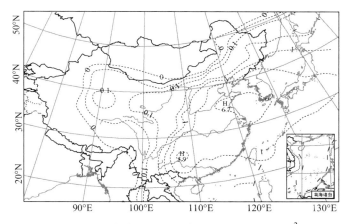

图 5　4000m 高度 SO_2 的浓度分布（单位：$\mu g/m^3$）

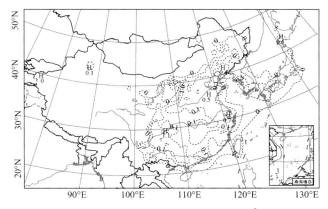

图 6　硫沉降地面强度分布［单位：$g/(m^2 \cdot 月)$］

表 5　我国各省份 1993 年 4 月硫沉降量　　　　　　　（单位：t）

省名	河北	山西	内蒙古	辽宁	吉林	黑龙江	江苏	浙江	安徽	福建	江西
沉降量	22244.3	15974.3	14313.0	19337.7	6793.4	8538.8	18115.8	16437.0	16516.8	7576.4	14086.7
省名	山东	河南	湖北	湖南	广东	广西	海南	四川	贵州	云南	陕西
沉降量	35196.0	20493.3	18583.4	27823.6	17006.3	25157.5	577.5	44186.6	33496.3	12949.7	15971.4
省名	甘肃	青海	宁夏	新疆	西藏	北京	天津	上海	香港	台湾	
沉降量	6291.6	1090.8	2175.7	3100.1	138.8	3624.5	2854.4	7191.9	1064.6	4 716.1	

表 6　我国和东亚地区 1993 年 4 月硫沉降量　　　　　　　（单位：t）

地区	中国	朝鲜	韩国	日本	海洋
沉降量	438908.2	5676.5	12055.1	18769.6	101455.6

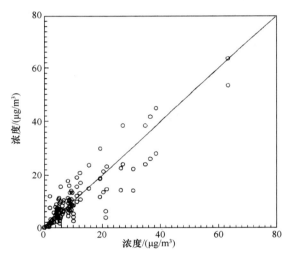

图 7　1993 年 4 月 SO$_2$ 的计算浓度 80 个测点的监测结果相关图

6　输送流场的不同处理对计算结果的影响

输送流场是影响污染物浓度分布的最重要因素，用不同方法处理输送流场可导致污染物的不同分布结果。图 8 是用月均流场计算的 SO$_4^{2-}$ 浓度分布，图 9 是逐日流场计算的 SO$_4^{2-}$ 浓度分布。比较图 8，图 9 和图 3，可见 3 种图的浓度分布形式是不一样的。不仅如此，各网格的浓度值也不一样，如重庆市所在网格，SO$_4^{2-}$ 的浓度分别是 30.7，23，20.5 μg/m^3，月均流场计算的浓度值最大，逐日流场的计算浓度值最小。3 种方法处理输送流场计算的硫沉降也不一样，近距离月均流场计算的沉降量大，远距离逐日流场计算的沉降量大，分型流场计算的结果在上述二者之间。

7　结　论

流场分型模式是计算硫化物长期平均浓度和硫沉降的一个非常实用模式，既节约了大量的计算时间，又克服了某些模式使用平均流场计算硫化物浓度时出现偏大的弊病。通过 SO_2 计算浓度值与监测浓度值的相关分析，表明流场分型模式的计算结果是可信的。

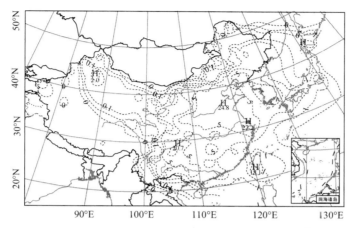

图 8　用月均流场计算的 SO_4^{2-} 浓度分布（单位：$\mu g/m^3$）

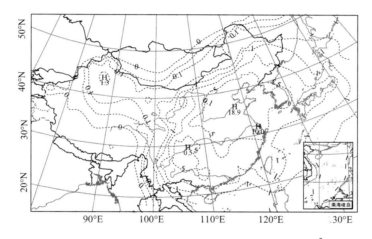

图 9　用逐日流场计算的 SO_4^{2-} 浓度分布（单位：$\mu g/m^3$）

参 考 文 献

[1] Dickrson M M. Summary of MATAHEW/ADPIC model evaluation study, UCRL90319, Lawrence Livempre National Laboratory, 1985.

[2] Chang J S, et al. A three dimensional eulerian acid deposition model: physical concepts and model formulation. J Geo Phys Res, 1987, 92(D12): 14681.

[3] Carmichael G R, et al. A second generation model regional scale transport/chemistry/deposition. Atmos Envir, 1986, 20: 173.

[4] Venkatram A, Karamchandani P. Source-receptor relationship, a look at acid deposition modeling. Envir Sci Techol, 1986, 20: 1084.

[5] 毛节泰. 广东，广西地区酸沉降统计模式研究. 环境科学学报, 1992, 12(1): 28.

[6] 我国酸性物质的大气输送研究, "八五"国家科技攻关项目研究报告. 北京: 中国环境科学研究院, 1995.

[7] 中国统计年鉴编写组. 中国统计年鉴. 北京: 统计出版社, 1994.

[8] Hajim, Akimoto. Distribution of SO_2, NO_x, CO_2 emissions from fuel combustion and industrial activities in Asia

with 1° × 1°resolution.Atmos Evir, 1994, 28: 213.

[9] Van Alast, Diederen. Removal and transformation processes in the atmosphere with respect to SO_2 and NO_x// Interregional Air Pollution Modeling, NATO/CCMS. Plenum press, 1985.

[10] 桑建国. 大气扩散的数值计算. 北京: 气象出版社, 1992.

[11] 徐玲, 秦渝. 云下气体清除过程的参数化. 环境化学, 1992, 11(1): 1.

[12] 彭红, 秦渝. 气溶胶湿清除过程的参数化. 大气科学, 1992, 16(5): 622.

[13] 雷孝恩, 等. 大气环境参数——大气污染诊断和预测模式. 北京: 中国科学院大气所, 1996.

[14] Bamber D J, et al. Air sampling flights round the british isles at low altitudes: SO_2 oxidation and removal rates. Atmos Envir, 1984, 18: 1769.

Research on Sulfide Atmosphere Transport in China and East-Asia Areas-Statistical Transport Model of Stream Fields Classification

JIANG Zhenyuan, GAO Qingxian, LIU Shusheng, REN Zhenhai

Research Center for Impact Climate Change, NEPA, Beijing 100012

Abstract: A stream field classification Euler acid deposition transport model is designed and the time and special distribution of mean sulfide concentration of East-Asia areas as well as the amount of sulfide deposition over every province in China and main East-Asia countries is calculated. Compared with observation, it is found that model is very well and is a simple and useful acid deposition transport model for calculating long range mean concentration and the amount of sulfide deposition.

Key words: stream fields classification; acid deposition; transport model

第九篇

气候变化

气候变化国家评估报告[①]

前　言

气候变化是当今国际社会普遍关注的全球性问题。20 世纪 80 年代，国际社会认识到气候变化问题的严重性并采取了相应的对策。1988 年 11 月，联合国环境规划署与世界气象组织联合成立了"政府间气候变化专门委员会（IPCC）"；之后的 12 年间，IPCC 对气候变化的科学规律、社会经济影响以及适应与减缓对策推出了三次科学评估报告，目前正在组织编制第四次科学评估报告。这些气候变化科学评估报告为国际社会应对气候变化以及为《联合国气候变化框架公约》的谈判提供了重要的科学咨询意见，已对国际政治、外交、环境及社会经济发展等产生了重大影响。

全球气候变化不仅影响人类生存环境，而且也将影响世界经济发展和社会进步。《联合国气候变化框架公约》及《京都议定书》的生效实施，将深刻地影响各国的经济和社会发展，甚至影响到未来发展道路的选择。为了科学地制定和实施应对气候变化的国家战略，世界各主要发达国家都编制、出版了气候变化国家报告。

中国是一个易受气候变化影响的发展中国家。中国政府对气候变化问题高度重视，并积极采取了一系列的应对措施。中国政府组建了国务院领导下的国家气候变化对策协调小组；并积极参加了历次 IPCC 科学评估报告的编写和评审活动以及有关气候变化的国际谈判，先后签署并批准了《联合国气候变化框架公约》及《京都议定书》。

中国在气候变化领域的国家级科学研究已逾 15 年，有丰硕的研究成果并具有一支较强的科技队伍，具备了编制中国的气候变化国家报告的条件。客观上，中国也需要编制一部权威的气候变化评估报告，为制定和实施应对气候变化的国家战略和对策、支持国家在气候变化领域的国际活动、指导气候变化的科学研究和技术创新、促进经济和社会的可持续发展提供科技支撑。为此，2002 年 12 月，科技部、中国气象局和中国科学院经研究决定组织中国科学家编制、出版《气候变化国家评估报告》。

编制本报告主要有如下三个核心目的：

一是为制定国民经济和社会的长期发展战略提供科学决策依据。目前中国正处于经济社会发展的关键阶段，面临着经济发展与资源短缺及区域环境恶化的突出矛盾。气候变化及其带来的社会经济负面影响与政治和外交冲突，将会使中国长期的经济和社会发展面临更加错综复杂的局面。各级政府部门和社会公众需要更好地了解气候变化的科学规律，气候变化对社会经济、生态环境、国家安全和人体健康的影响，需要研究、选择和确定正确的适应和减缓战略，并将适应和减缓气候变化的战略思路纳入到国家的中长期发展战略中。

二是为中国参与气候变化领域的国际行动提供科技支撑。中国是一个发展中大国，本着对全

---

① 内容摘自《气候变化国家评估报告》，2007 年。

球事务负责任的态度，一直积极参与气候变化领域的国际活动，并承担着与自己的国情和国力相适的国际义务。中国今后将遵循《联合国气候变化框架公约》"共同但有区别的责任"等原则，继续积极参与国际社会应对气候变化的努力，做出自己应有的贡献。目前 IPCC 正在编制第四次科学评估报告；《联合国气候变化框架公约》缔约方会议已经开始讨论在《京都议定书》之后国际社会应该采取的进一步减缓气候变化的行动。本报告将积极为中国政府参与这些国际行动提供科技支撑，也将支持这些国际行动。

三是总结中国的气候变化科学研究成果并为未来的科学研究指出方向。20 世纪 80 年代以来，科技部在气候变化领域相继安排了一系列重大的基础研究和科技攻关项目，从不同角度对气候变化问题进行了研究和评估。自 1990 年出版《中国科学技术蓝皮书第 5 号—气候》以来，中国科学家在气候科学研究特别是气候变化及其影响研究方面取得了许多新的成果。通过编制本报告，将对中国在气候变化领域的科学研究成果进行一次综合和全面的总结，从中提炼出重要的科学结论；在此基础上，提出需要继续努力开展科学研究的方向和需要解决的重大科学问题。

《气候变化国家评估报告》包括气候变化的科学基础、气候变化的影响与适应对策以及气候变化的社会经济评价。报告依托国家"十五"科技攻关项目"全球环境变化对策与支撑技术研究"的新成果，对中国气候近百年来变化的实际状况和影响进行了评估，对 21 世纪的气候变化未来趋势做出预估，并提出应对气候变化的政策措施。本报告集中反映了中国科技界在气候变化领域取得的重要新成果。第一部分"气候变化的历史和未来趋势"，由中国气象局和中国科学院具体负责组织编写。这一部分主要描述中国气候变化的基本事实与可能原因，并对 21 世纪全球与中国的气候变化趋势做出预估，为气候变化影响研究提供气候演变事实及未来气候变化情景，为政府制定适应与减缓对策提供科学依据，同时分析了气候变化的科学不确定性，并提出有待解决的主要科学问题。第二部分"气候变化的影响与适应"，由科学技术部和国家环保总局具体负责组织编写。这一部分主要评估了气候变化对中国敏感领域如农业、水资源、森林与其他自然生态系统、海岸带环境与近海生态系统、人体健康以及重大工程的影响，分析了气候变化对中国不同区域的影响，并提出适应对策。第三部分"减缓气候变化的社会经济评价"，由国家发展和改革委员会和外交部具体负责组织编写。这一部分依据《联合国气候变化框架公约》中规定的一系列基本原则，在分析工业、交通、建筑以及能源部门减缓碳排放技术潜力和农林部门增加碳吸收汇的潜力的基础上，对中国未来减缓碳排放的宏观效果及社会经济影响进行了综合评价，并对全球应对气候变化的公平性原则及国际合作行动进行了分析，最后简要阐述了中国减缓气候变化的战略思路与实施对策。

（任先生领导组织国内相关研究机构开展气候变化影响与适应研究，并参加《气候变化国家评估报告》编写。）

第二次国家气候变化评估报告[①]

前　言

自 18 世纪中叶工业革命以来，全球气候正经历一次以变暖为主要特征的显著变化，进入 21 世纪，全球变暖的趋势还在加剧。全球气候持续变暖深刻影响着人类赖以生存的自然环境和经济社会的可持续发展，是当今国际社会共同面临的重大挑战。自 1972 年国际社会开始关注气候变化以来，人类为保护全球环境、应对气候变化共同努力，不断加深认知、不断凝聚共识、不断应对挑战。

妥善应对气候变化，事关国内国际两个大局。我国正处于经济快速发展阶段，人口众多、经济发展水平低、气候条件复杂、生态环境脆弱，是受气候变化影响最严重的国家之一，同时我国的自身发展也面临着转变经济发展方式、优化产业和能源结构、保护生态环境、实现可持续发展的需求。

我国高度重视气候变化问题，是最早制定实施《应对气候变化国家方案》的发展中国家，是近年来节能减排力度最大的国家，是新能源和可再生能源增长速度最快的国家，也是世界上人工造林面积最大的国家。中国应对气候变化已取得巨大成就。未来中国还将继续把积极应对气候变化作为经济社会发展的一项重大战略。2009 年 11 月 25 日，国务院决定，到 2020 年，我国单位 GDP 二氧化碳排放比 2005 年下降 40%~45%作为约束性指标纳入国民经济和社会发展中长期规划，并制定相应的国内统计、监测、考核办法；非化石能源占一次能源消费的比重达到 15%左右；森林面积比 2005 年增加 4000 万 hm^2，森林蓄积量比 2005 年增加 13 亿 m^3。这是我国对国际社会的庄严承诺，也是对全球应对气候变化的重大贡献。实现这一目标，难度相当大，需要付出更加艰苦卓绝的努力。

为了给我国科学决策和妥善部署应对气候变化各项工作提供科学依据，2002 年 12 月由科学技术部、中国气象局和中国科学院牵头组织编写第一次《气候变化国家评估报告》，并于 2006 年 12 月 26 日正式发布。为满足新形势下我国应对气候变化内政外交的需求，再次由科学技术部、中国气象局、中国科学院联合牵头组织，国内其他相关部门共同参与的《第二次气候变化国家评估报告》编制组织工作于 2008 年 12 月启动。编写专家组系统总结我国学者取得的气候变化科学研究成果并为未来的科学研究指出方向，旨在为制定国民经济和社会的长期发展战略提供科学决策依据；为我国参与气候变化领域的国际行动提供科技支撑。此次国家评估报告在第一次评估报告的基础上进行拓展和延伸，主要涉及中国的气候变化，气候变化的影响与适应，减缓气候变化的社会经济影响评价，全球气候变化有关评估方法的分析，以及中国应对气候变化的政策措施、采取的行动及成效等五部分内容。《第二次气候变化国家评估报告》的编写以满足国家应对气候变

---

① 内容摘自《第二次国家气候变化评估报告》，2011 年。

化内政外交需求为目标，突出了中国特色；编写工作对我国气候变化研究的关键问题进行了系统梳理，全面、准确、客观、平衡地反映我国科学界在气候变化领域最新、最重要的研究进展和成果，展示了我国在应对气候变化方面的成效。编写中还客观描述了气候变化问题的科学和不确定性，注意将评估结论建立在坚实的科学研究基础之上，充分考虑目前对气候变化问题认识的局限性和科学不确定性。本次评估报告的组织工作参考了第一次评估报告的组织经验，充分利用了多部门联合协作机制，还进行了多次专家评审和部门评审，体现了国家评估报告的全面性、综合性和权威性。

（任先生领导组织国内相关研究机构开展气候变化影响与适应研究，并参加《第二次气候变化国家评估报告》编写。）

云的辐射强迫效应研究[①]

高庆先，任阵海，姜振远

国家环保局气候变化影响中心，北京 100012

摘要：利用 ISCCP 资料和我国实际的辐射观测资料，着重讨论了云对短波辐射的吸收、云放射的长波辐射及云的净辐射，在此基础上分析了云的辐射强迫引起的加热率和降温率，给出其全国分布图。

关键词：辐射强迫；云；辐射特征

地球上一切活动的能源都来自太阳，太阳辐射是决定地气系统热量平衡的重要因子之一。随着工业化生产的不断进行，由于人类活动而导致大气温室气体（GHGs）、气溶胶等的浓度不断增高，对全球气候产生了恶化的作用，已引起各国政府及科学家的高度重视，成为气象学和环境科学研究的重点领域。

在一般情况下，地气系统是处于热量平衡状态下的，即地气系统所接收到净的太阳入射辐射应等于地气系统射出的红外（长波）辐射。任何能扰动这种平衡，并因此可能改变气候的因子都称为辐射强迫因子，它所产生的对气候系统的强迫则称为辐射强迫。地气系统中辐射强迫因子很多。湿地和冻土的破坏、森林的乱砍滥伐、草原的盲目开垦、海洋及海岸带的污染以及由于工业生产而排放出大量的污染物等，都会对地气系统的热量平衡产生扰动，从而引起气候变化。比如草原和森林的破坏，一方面由于改变了地表反照率引起地表反射辐射的变化；另一方面由于草原和森林是温室气体的吸收汇，破坏了草原和森林，相应地增加了温室气体，温室气体对辐射的强迫导致气候变暖，从而影响人类的生存条件。大气气溶胶为主要的大气辐射强迫因子之一，其间接强迫作用是通过对云的影响体现出来的，因此，有必要对我国云的辐射强迫状况进行深入的探讨。

气象卫星测量的是地球大气反射的太阳短波辐射和射出长波辐射。由于云和地表反照率的差异，由短波的测量可以检测出云的存在。同样，由于云体温度与地表温度的差异，由长波辐射亦可检测出云的存在。云的出现在很大程度上会改变地球大气的辐射收支状况，因而云的分布状况对研究辐射的气候效应是必不可少的。

国际卫星云气候学计划（ISCCP）是基于业务气象卫星（包括极轨卫星和静止卫星）上可见和红外通道的观测资料提取云的分布，从 1983 年开始原计划至 1988 年止，后延长至 1990 年。ISCCP 有 2 个方面的作用，一是为业务工作需要提供全球云覆盖和辐射资料，另一作用是为研究工作验证各种模式得到的气候状况，改进提取云状的算法，改进气候模式中云和辐射的参数化，研究云

---

① 原载于《环境科学研究》，1998 年，第 8 卷，第 1 期，1~4 页。

在大气辐射收支和水分循环中的作用等。

1　云的辐射强迫

气溶胶间接强迫效应是通过化学或物理过程改变辐射强迫来实现的，即通过气溶胶对云的辐射性质的影响实现的。气溶胶作为云凝结核（CNN），它的浓度、尺度及可溶性将明显地改变云滴的浓度和尺度分布，尤其是当人为源气溶胶质粒（比如工业化生产排放的大量硫酸盐气溶胶、粉尘等）大量增加时，将导致 CNN 迅速增加，其结果致使云量增多，云的反射率增强，而云的变化对辐射的影响是非常敏感和明显的。因此，研究云的辐射效应是目前大气科学和环境科学的前沿领域[1-3]。

云在地球大气能量平衡中的作用主要有 2 个方面：一是增加地气系统的反照率，其效果是使地球大气接收到的太阳辐射能减少，从而起到冷却地球大气的作用；二是减少向外的长波辐射，结果导致地球大气增热（或减少冷却）。

这里引入灵敏度的概念[4]，即

$$\delta = \frac{\partial N}{\partial A_c} = \frac{\partial Q_a}{\partial A_c} - \frac{\partial F}{\partial A_c} \tag{1.1}$$

式中，A_c 为云量；Q_a 为地球大气吸收的短波辐射；F 为射出长波辐射；N 为地球大气的净辐射。

式（1.1）中的 N 和 Q_a 分别由式（1.2）和式（1.3）表示。

$$N = Q_0(Q - \alpha) - F \tag{1.2}$$

$$Q_a = Q_0(1 - \alpha) = Q_0\{1 - [A_c\alpha_c + (1 - A_c)\ \alpha_s]\} \tag{1.3}$$

式中，Q_0 为入射的太阳辐射；α 为地气系统的反照率；α_c，α_s 分别为云与地表反照率，可以看作与云量无关，则有式（1.4）。

$$\frac{\partial \alpha}{\partial A_c} = \alpha_c - \alpha_s \tag{1.4}$$

则灵敏度可表示为

$$\delta = \frac{\partial N}{\partial A_c} = \left(\frac{\Delta N}{\Delta \alpha}\right)\left(\frac{\Delta \alpha}{\Delta A_c}\right) = \left(\frac{\Delta N}{\Delta \alpha}\right)(\alpha_c - \alpha_s) = -Q_0 - \frac{\Delta F}{\Delta \alpha}(\alpha_c - \alpha_s) \tag{1.5}$$

可以看出，当 $\frac{\Delta N}{\Delta \alpha} > 0$ 时，意味着温室效应大于反照率效应；当 $\frac{\Delta N}{\Delta \alpha} < 0$ 时，表示反照率效应大于温室效应。F 和 α 可由气象卫星的可见和红外通道测得，便可讨论云的气候灵敏度情况。

利用地球辐射平衡实验（ERBE）及同期国际云计划（ISCCP）的卫星控测资料（2.5°× 2.5°，1983~1988 年）对我国地气系统云的强迫做了全面的分析，定义：

1）云对长波辐射的强迫 $C_f(L)$ [5]

$$C_f(L) = F_c - F \tag{1.6}$$

式中，F_c，F 为晴天和云天情况下向外辐射出的长波辐射（OLR）。

2）云对短波辐射的强迫 $C_f(S)$

$$C_f(S) = Q_0(1-\alpha_p) - Q_0(1-\alpha_{pc}) = -Q_0\Delta\alpha_p \tag{1.7}$$

式中，Q_0 为大气上界的入射辐射（天文辐射）；α_p，α_{pc} 为云天和晴天条件下的行星反射率。

3）总的强迫 $C_f(T)$

$$C_f(T) = C_f(L) + C_f(S) \tag{1.8}$$

可以看出，影响云辐射强迫的主要因子是云量的变化，云量的增减改变了行星反照率，影响着大气向外的长波辐射，从而导致气候发生变化。根据以上定义，分别计算了我国范围内的云对长波、短波的强迫及总的强迫。

冬季（1月，图1），我国短波辐射强迫的高值中心位于长江中下游及华南大部和青藏高原东南部，中心强度达–60W/m^2，从 1 月总云量分布图（图略）可以看出，这些地区由于水汽含量充沛，云量较多，吸收太阳辐射较强；低值中心（中心强度为–5W/m^2）带位于我国塔里木盆地和周边地区以及内蒙古高原西北部和我国东北大部，这一地区空气相对干洁，水汽含量较少，在云的分布图上为低值带（<25%）。

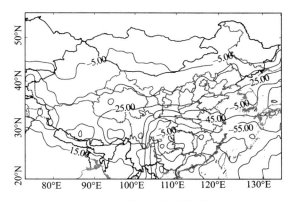

图 1　1 月云吸收短波辐射的全国分布

春季（4月），云对短波辐射强迫的分布形式与1月基本相似，只是在范围上略有收缩，强度上略有增加（图略）。

夏季（7月，图2）云对短波辐射强迫整体上为一个不对称的鞍形场，由于夏季西南季风的影响，主高值区（中心强度大于–140W/m^2）由孟加拉湾和我国青藏高原东南、滇西南向我国东北方向延伸，并与 7 月总云量高值带相对应（图略）；次高值带（中心强度大于–100W/m^2）由日本海向我国山东半岛及江苏、安徽北部向西南方向伸展。主低值区位于干燥少云的塔里木盆地一带，另一低值区位于海上，与副高位置相对应，中心强度为–40W/m^2。

秋季（10月）云对短波辐射强迫的分布形式比较简单，高值中心位于我国四川盆地及其以南地区，中心强度为–100W/m^2；低值中心位于塔里木盆地，强度小于–20W/m^2，这种分布形式与秋季总云量的分布形式相吻合（图略）。

图 3 给出年平均云对短波辐射的强迫图，它从整体上反映了我国云对太阳辐射的吸收，其高值中心位于四川盆地及其周边山区，中心强度可达–100W/m^2；低值区位于内蒙古高原东北部及西

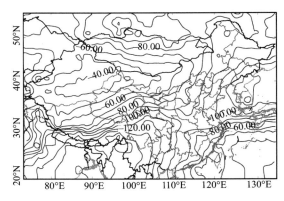

图2　7月云吸收短波辐射的全国分布

北沙漠地区以及塔里木盆地。这种分布模式与我国年平均低云量的分布是一致的，体现了云对短波辐射强迫与云量之间有很好的对应关系。

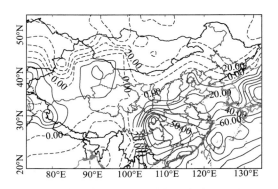

图3　年平均云吸收短波辐射的全国分布

　　图4给出云对长波辐射的年平均强迫，可见，高值区位于我国大陆中部，包括西藏东部，四川大部，甘肃南部，陕西大部分地区，强度在120W/m²以上，相对低值则出现在我国三北地区的北部。

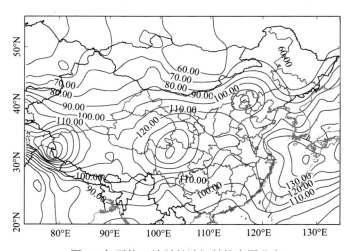

图4　年平均云放射长波辐射的全国分布

2 云的强迫引起的温度变化

辐射变化引起的温度变化可由式（2.1）表示。

$$\frac{\Delta T}{\Delta t} = \frac{g}{C_p} \frac{\Delta F}{\Delta P} \qquad (2.1)$$

式中，g 为重力加速度；C_p 为大气的定压比热；ΔP 为上下层的气压差；ΔF 为辐射变化量。

根据式（2.1）计算了我国由于云吸收太阳短波辐射导致的对大气加热率和由于大气放射长波辐射而引起的大气降温率。

图5和图6分别给出1月和7月由于云吸收太阳短波辐射导致的大气加热率，比较两图可以看出，夏季（7月）由于水汽比较丰富，云量相对较多，云吸收的太阳辐射量相对大，引起的对大气加热比冬季大。冬夏两季的分布形势大体一致，由西北向东南地区逐渐增加。高纬度地区由于水汽含量较少，云量较少，其对大气的加热较小；青藏高原由于其地势高峻，空气稀薄，云量也较少，云吸收短波辐射少，其对大气的加热较同纬度的平原地区要小。

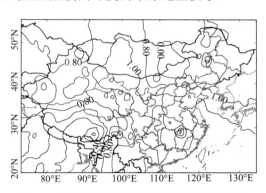

图 5   1 月云吸收短波辐射导致的大气加热率

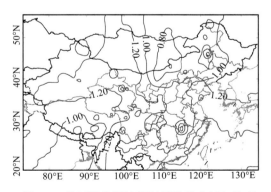

图 6   7 月云吸收短波辐射导致的大气加热率

图 7 和图 8 分别给出 1 月和 7 月由于云放射长波辐射导致的大气降温率。1 月（图 7）的大气降温率分布较有规律，东部地区纬向分布比较明显。青藏高原地区由于其特殊的地理位置和气候条件，大气降温率相对较小。7 月（图 8）的分布比较混乱，长江中下游正处于伏旱季，天空晴朗，大气降温率相对较小，形成一闭合小中心，中心强度小于–1.0 ℃。

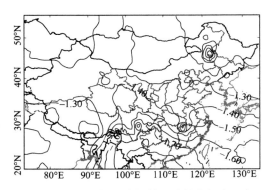

图7　1月云放射长波辐射导致的大气降温率

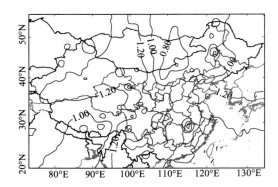

图8　7月云放射长波辐射导致的大气降温率

3　结　　论

通过上面分析，可以得到以下结论：

利用地球辐射实验（ERBE）及同期国际云计划（ISCCP）的卫星控测资料对我国地气系统云的强迫作了全面的分析，分析了云对短波辐射强迫各季及年平均的地理分布情况，得到云对短波辐射强迫与低云量有良好的关系。

冬季（1月），我国短波辐射强迫的高值中心位于长江中下游及华南大部和青藏高原东南部，中心强度达$-60W/m^2$；低值中心（中心强度为$-5W/m^2$）带位于我国塔里木盆地和周边地区以及内蒙古高原西北部和我国东北大部。春季（4月），云对短波辐射强迫的分布形式与1月基本相似，只是在范围上略有收缩，强度上略有增加（图略）。

夏季（7月）云对短波辐射强迫整体上为一个不对称的鞍形场，由于夏季西南季风的影响，主高值区由孟加拉湾和我国青藏高原东南、滇西南向我国东北方向延伸，次高值带由日本海向我国山东半岛及江苏、安徽北部向西南方向伸展；主低值区位于干燥少云的塔里木盆地一带，另一低值区位于海上，与副高位置相对应，中心强度为$-40W/m^2$。秋季（10月）云对短波辐射强迫的分布形式比较简单，高值中心位于我国四川盆地及其以南地区；低值中心位于塔里木盆地。

年平均云对短波辐射的强迫图，它从整体上反映了我国云对太阳辐射的吸收，其高值中心位于四川盆地及其周边山区，低值区位于内蒙古高原东北部及西北沙漠地区以及塔里木盆地，这种分布模式与我国年平均低云量的分布是一致的，体现了云对短波辐射强迫与云量之间有很好的对应关系。

夏季（7月）由于水汽比较丰富，云量相对较多，云吸收的太阳辐射量相对大，引起的对大气加热比冬季大。冬夏两季的分布形势大体一致，由西北向东南地区逐渐增加。高纬度地区由于水汽含量较少，云量较少，其对大气的加热较小；青藏高原由于其地势高峻，空气稀薄，云量也较少，云吸收短波辐射少，其对大气的加热较同纬度的平原地区要小。1月的大气降温率分布较有规律，东部地区纬向分布比较明显。青藏高原地区由于其特殊的地理位置和气候条件，大气降温率相对较小。7月的分布比较混乱，长江中下游正处于伏旱季，天空晴朗，大气降温率相对较小，形成一闭合中心，中心强度小于$-1.0℃$。

参 考 文 献

[1] Charlson, et al. A simple aerosol radioactive transfer model. Tellus, 1991, 43A-B: 152-163.

[2] Largner, Rodbe. 3-D chemical-dynamical model. J Atomos Chem, 1991, 13: 225.

[3] Kiehl, Briegleb. Sulphate aerosol and greenhouse gases. Science, 1993, 260: 311.

[4] 章澄昌，周文贤. 大气气溶胶教程. 北京：气象出版社, 1995: 299.

[5] Marchuk G, et al. Earth radiation budget: key aspects, Moscow: Nauka Publishera, 1990.

Research on Radiation Forcing of Cloud

GAO Qingxian, REN Zhenhai, JIANG Zhenyuan

Center for Climate Change Impact Research, NEPA, Beijing 100012

Abstract: Based on the data from ISCCP and actual radiation data in China, the short-wave absorption radiation of cloud, the long-wave emission radiation of cloud and the net radiation of cloud were discussed. The heat rate and cool rate of radiation forcing due to cloud were calculated and the distribution map in China was given.

Key words: radiation forcing; cloud; radiative features

中国城市固体废弃物甲烷排放研究[①]

高庆先[1]，杜吴鹏[2]，卢士庆[3]，张志刚[4]，张恩深[5]，吴建国[1]，任阵海[1]

1. 中国环境科学研究院，北京 100012
2. 中国科学院大气物理研究所，北京 100029
3. 内蒙古气象局，内蒙古 呼和浩特 010055
4. 国家气象中心，北京 100081
5. 沈阳市环境卫生工程设计研究院，辽宁 沈阳 110013

摘要： 甲烷（CH_4）所引起的温室效应仅次于 CO_2，固体废弃物填埋处理所产生的 CH_4 作为总的人为温室气体排放源的一部分，估算其排放量对于计算大气中整个温室气体增加所引起的气候效应具有重要的作用和意义。在以往研究的基础上，通过对典型城市生活垃圾的采样分析，确定了最近几年中国城市固体废弃物（MSW）中可降解有机碳（DOC）的含量，并根据 IPCC 计算 CH_4 排放量的方法以及全国不同区域废弃物管理程度状况，估算得到 CH_4 排放量在全国范围内从东部到西部逐渐减少，且在 1994~2004 年排放量逐年增加。

关键词： 气候变化；城市固体废弃物；甲烷（CH_4）；排放

0 引 言

甲烷（CH_4）是一种重要的温室气体，虽然在大气中的含量远低于 CO_2，但其全球增温潜势（GWP）是 CO_2 的 21 倍。废弃物填埋处理时，甲烷菌使其中的有机物质发生厌氧分解，从而产生 CH_4。因此，城市废弃物填埋处理所排放的 CH_4 是温室气体的主要排放源之一[1]。

全世界每年有 2200 万～3600 万 t CH_4 来自固体废弃物填埋场[2]。虽然在各种人为 CH_4 排放源中，固体废弃物处理的排放仅列第 3 位，但相对于来自稻田和反刍的 CH_4 而言，控制填埋场 CH_4 排放是减缓总排放量增长最可行有效的措施。例如，英国填埋场 CH_4 排放量估计每年有 220 万 t，约占其 CH_4 总排放量的 20%；在美国，填埋固体废弃物每年排放 $CH_4$11.6Mt，占其总排放量的 37%；1995 年日本填埋场的 CH_4 产量对总量的贡献率达到 21.8%～34.4%[3-4]。研究和计算固体废弃物 CH_4 的排放，对估算总的温室气体排放以及对研究全球气候变化具有愈来愈显著的作用。

从 1992 年以来，在有关国际组织资金和技术支持下，中国政府先后组织了中国科学院大气物理研究所、国家发展和改革委员会能源研究所、清华大学环境工程系和中国农业科学院农业环境与可持续发展研究所等单位的有关专家，开展了多项涉及估算 CH_4 排放量的研究[5]。例如：由中

---

① 原载于《气候变化研究进展》，2006 年，第 2 卷，第 6 期，269~272 页。

国科技部和亚洲开发银行共同完成的《中国的全球气候变化国家对策研究》[6]；由国家环保总局和世界银行共同完成的《中国温室气体控制的问题与对策》[7]；全球环境基金〔GEF〕项目的分报告之一《1990 年中国温室气体控制源与汇估算》[8]；以及《中华人民共和国气候变化初始国家信息通报》[9]和"UNDP/GEF 中国初始国家信息通报"项目 5——《中国城市废弃物温室气体排放清单编制》[10]等。

目前，国外研究者开发的固体废弃物填埋场 CH_4 模型大致可以分为动力学模型和统计模型两种类型[4]。其中，统计模型包括 IPCC 模型、化学计量式模型；动力学模型包括 Gardner 动力学模型和 Marticorena 动力学模型[4]。为了客观评价废弃物填埋场产生的 CH_4 对温室效应的实际贡献，并对其加以有效利用，研究开发适合特定地区固体废弃物特性和填埋场实际情况的 CH_4 动力学模型是未来比较重要的发展方向之一。

通过对 IPCC 提供的 CH_4 排放量计算方法的分析，结合中国实际，本文采用 IPCC 缺省计算方法计算了 2004 年中国各省区以及总的 CH_4 净排放量，并分析了 CH_4 净排放量的空间分布和时间演变特征。

1 计 算 方 法

固体废弃物填埋处理所产生的 CH_4 排放量的计算方法有很多，包括理论气体产量方法，缺省方法和一阶衰减动力学方法等，这些方法差异相当大，不仅它们的假设不同，而且它们的复杂程度和它们需要的数据量也不同。《IPCC 1996 国家温室气体清单修订指南》（以下简称《IPCC 1996 指南》）是联合国有关组织推荐使用的方法，本文结合中国的实际情况，利用《IPCC 1996 指南》提供的缺省方法计算并分析了 CH_4 的排放量。

1.1 IPCC 1996指南

《IPCC 1996 指南》介绍了两种估算甲烷排放的计算方法，即缺省法（方法 1）和一阶动力衰减法（方法 2）。

1.1.1 缺省法

缺省法利用质量平衡方程，包括估计有机碳降解过程，并且用这种估计去计算废弃物产生的 CH_4 量。他们把世界分为 4 个不同的经济发展区，用不同的可降解有机碳（DOC）参数评价每一个经济区产生的固体废弃物量，然后计算某一国家固体废弃物处理场中产生的 CH_4 情况。这种方法只需很少的数据便可以完成计算，并且当每个国家可用的数据增加或修订后，这种方法也可进一步修改和完善。

1.1.2 一阶动力衰减法

一阶动力衰减法提出随时间变化的 CH_4 排放估算，该估算很好地反映了固体废弃物随时间的降解过程，但《IPCC 1996 指南》没有提供采用一阶衰减估算方法所需的一些主要参数的缺省值或推荐值，目前还没有足够的资料给出可靠的缺省值或推荐值，因此降低了不同排放区域的可比性。

考虑中国的实际情况，结合《IPCC 2000 国家温室气体清单优良做法指南和不确定性管理》[1]，选用 IPCC 推荐的方法 1 作为本文的计算方法。需要注意的是，对于 IPCC 提供的参数缺省值，本文结合实际，根据对中国城市固体废弃物排放、处置等情况的调查结果，利用统计和实际测试分析资料得出了更加符合中国实际的参数。文中所用资料来源于《中国城市建设统计年报》、国家统计局发布的《年度统计公报》以及《中国城市生活垃圾温室气体排放研究》课题组的调查报告和研究成果等。

1.2　参数的选择

根据文献资料[11]，在固体废弃物处理场处理的城市固体废弃物的比例约为 95%，CH_4 排放因子由各区域废弃物管理程度状况和《IPCC 1996 指南》中有关各类填埋场 CH_4 修正因子的缺省值（表 1）计算得出。各区域废弃物管理程度状况是通过对代表废弃物填埋场现场调研以及发放调查统计表得到的[10]。同时，根据有关文献[10, 12]，并考虑中国实际情况，2000 年中国城市固体废弃物可降解有机碳占总重量的百分率为 6.55%，略大于 1994 年的 6.2%[10]，由于有机物含量在最近几年略有减少并趋于稳定[13]，本文在计算 2004 年甲烷排放量时，所用到的可降解有机碳百分率为 6.5%。另外，产生的 CH_4 在通过覆盖物向大气中逸散时，部分会被土壤或其他覆盖废弃物的材料氧化，从而使得实际的 CH_4 排放量减少，经过覆盖层氧化后的 CH_4 排放量称为净排放量。本文使用 0.1 作为氧化因子计算 CH_4 的净排放量[1]。目前我国还没有开展比较有规模的 CH_4 回收利用，因此，CH_4 回收利用量参数可选《IPCC 1996 指南》中的缺省值（即 0）。

表 1　固体废弃物处理场分类和CH_4修正因子（MCF）

场所的类型	MCF的缺省值
管理的处理场	1.0
非管理的深处理场（>5m）	0.8
非管理的浅处理场（<5m）	0.4
没有分类的固体废弃物处理场	0.6

资料来源：《IPCC 1996 指南》参考手册。

《IPCC 1996 指南》中有的参数给出的是一个范围，我们分别选取其上限和下限计算 CH_4 净排放的最大值和最小值。在最小排放量计算方法中，可降解有机碳（DOC）比例为 0.5；CH_4 在填埋气体中比例为 0.4。在最大排放量计算方法中，可降解有机碳比例为 0.6；CH_4 在填埋气体中比例为 0.6。

IPCC 推荐净排放量参数则使用了《IPCC 1996 指南》中的部分缺省值，即：可降解有机碳比例为 0.77；CH_4 在填埋气体中比例为 0.5。

可以看出，在 IPCC 推荐净排放量计算中可降解有机碳比例明显偏高。

2　城市固体废弃物甲烷排放特征

2.1　空间分布特征

将 2004 年中国各省、自治区、直辖市的城市固体废弃物产生量代入到 CH_4 净排放计算方法中，可以得到 2004 年中国各省、自治区、直辖市 CH_4 净排放量的最小、最大和 IPCC 推荐值的空间分布（结果参见图 1）。

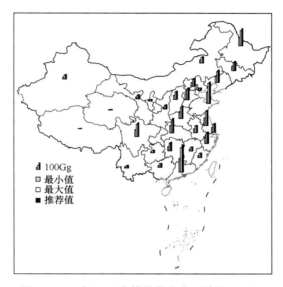

图 1　2004 年 CH_4 净排放量分布（单位：Gg）

从图 1 中可看出，经济发达、人口较多的省区 CH_4 净排放量相对较高，呈现东部地区最大，中部地区次之，西部地区最小的地域分布特征。特别是广东、山东的净排放量明显较高，而西藏、青海、海南的净排放量则显著低于其他地区。

表 2 是中国各地域 CH_4 的净排放量值，从区域分布来看，2004 年华东地区排放的 CH_4 最多，其次是华北和东北地区，西北和西南地区由于城市相对较少，城市规模比较小，经济发展相对落后，城市固体废弃物产量较少，CH_4 排放的值也较低。

表 2　2004 年中国不同地区MSW处理场CH_4净排放量

地区	CH_4净排放量/Gg		
	最小值	最大值	IPCC推荐值
华北	282.77	509.01	544.35
东北	275.06	495.12	529.50
华东	538.24	968.89	1036.17
华中	254.44	458.01	489.82
华南	241.15	434.08	464.22
西南	152.00	273.64	292.64
西北	128.72	231.73	247.82
合计	1872.38	3370.48	3604.52

2.2 时间演变特征

在已计算 2004 年 CH₄ 净排放量的基础上，利用 1994~2003 年中国城市固体废弃物产生量数据以及本文使用的方法，计算了 1994~2003 年的 CH₄ 净排放量。图 2 是 1994~2004 年净排放量的变化趋势。

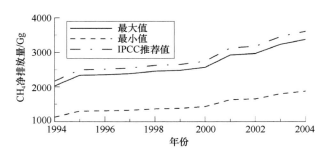

图 2　1994~2004 年中国 MSW 处理场 CH₄ 净排放量变化

图 2 中 IPCC 推荐值略大于最大排放量。从图中还可以看到，1994~2004 年城市固体废弃物填埋处理的 CH₄ 净排放量呈逐年上升趋势，全国 2004 年的净排放量约为 1994 年的 1.7 倍；1995~2000 年增加比较缓慢，近几年，这种上升速度明显加快，这与我国近几年城市固体废弃物产生量的增加趋势相一致。

3　结　　论

通过以上研究，可得出如下几点结论：

（1）通过选用 IPCC 推荐的计算方法，选取符合我国实际的固体废弃物可降解有机碳含量，并根据全国不同区域固体废弃物管理程度状况，计算了城市固体废弃物填埋处理的 CH₄ 排放量。进一步分析得到，CH₄ 的排放呈现从东部到西部逐渐减少的地域分布特征。

（2）计算了 2004 年 CH₄ 净排放量的最小、最大和 IPCC 推荐值分别为：1872.38Gg、3370.48Gg 和 3604.52Gg；IPCC 推荐值略大于最大排放量。

（3）通过计算与分析 1994~2004 年的 CH₄ 净排放量发现，CH₄ 排放量呈逐年增加的演变趋势，1995~2000 年增加缓慢，近几年增长较快，2004 年排放量是 1994 年的近 1.7 倍。

参 考 文 献

[1] IPCC. Good Practice Guidance and Uncertainty Management in National Greenhouse Gas Inventories [M]. Hayama, Kanagawa, Japan: IGES, 2000.

[2] Bogner J E, Spokas K A, Burton E A. Kinetics of methane oxidation in a landfill cover soil: temporal variations, a whole-landfill oxidation experiment, and modeling of net CH₄ emissions [J]. Environ. Sci.Technol., 1997, 31: 2504-2514.

[3] 松藤康司, 立藤绫子. 根据填埋构造的不同来研究温室气体的产生和控制[J]. 废弃物学会杂志(日本), 1997, 8(6): 438-446.

[4] 王伟, 韩飞, 袁光钰. 垃圾填埋场气体产量的预测[J]. 中国沼气, 2001, 19(2): 20-24.

[5] 张仁健, 王明星, 李晶. 中国甲烷排放现状[J]. 气候与环境研究, 1999, 4(2): 194-202.

[6] 科技部, 亚洲开发银行. 中国的全球气候变化国家对策研究[R]. 北京: 中国环境科学研究院, 1994.

[7] 联合研究组. 中国温室气体排放控制的问题与对策总报告[M]. 北京: 中国环境科学出版社, 1996.

[8] 中国气候变化国别研究组. 中国气候变化国别研究[M]. 北京: 清华大学出版社, 2000.

[9] 国家气候变化对策协调小组办公室. 中华人民共和国气候变化初始国家信息通报[M]. 北京: 中国计划出版社, 2004.

[10] 中国环境科学研究院. 中国城市生活垃圾温室气体排放研究[R]. 北京: 中国环境科学研究院, 2003.

[11] 杜吴鹏, 高庆先, 张恩琛, 等. 中国城市生活垃圾处理及趋势分析[J]. 环境科学研究, 2006, 19(6): 115-120.

[12] 高庆先, 杜吴鹏, 卢士庆, 等. 中国城市生活垃圾可降解有机碳的测定与研究[R]. 北京: 中国环境科学研究院, 2003.

[13] 杜吴鹏, 高庆先, 张恩琛, 等. 中国城市生活垃圾排放现状及成分分析[J]. 环境科学研究, 2006, 19(5): 85-90.

中国典型城市固体废物可降解有机碳含量的测定与研究[①]

高庆先[1]，杜吴鹏[2]，卢士庆[3]，张志刚[4]，张恩琛[5]，吴建国[1]，任阵海[1]

1. 中国环境科学研究院，北京 100012
2. 中国科学院大气物理研究所，北京 100029
3. 内蒙古自治区气象局，内蒙古 呼和浩特 010055
4. 国家气象中心，北京 100081
5. 沈阳市环境卫生工程设计研究院，辽宁 沈阳 110013

摘要： 城市固体废物填埋处理产生的甲烷是一种重要的温室气体，城市固体废物中可降解有机碳（DOC）含量是计算其甲烷排放量的重要因子之一。1996 年 IPCC 指南给出了不同可降解有机碳的公式和不同类型固体废物可降解有机碳缺省值。该缺省值主要来自发达国家的文献，不能完全适合中国的实际情况。选择武汉和沈阳作为我国南方和北方城市的代表，分别在其老城区、新建城区、综合市场、食品超市、垃圾填埋场等区域进行固体废物采样，经过化学分析得到代表城市干基和湿基固体废物的含水率、含碳量和可降解有机碳含量，并对其成分特征进行分析，得到中国城市固体废物可降解有机碳含量推荐值。

关键词： 城市固体废物；可降解有机碳；温室气体

城市固体废物填埋处理是世界各国对城市固体废物的主要处置方式之一[1]。目前中国城市固体废物处理方式基本上采用填埋处置[2, 3]。城市固体废物在填埋场填埋处理后，厌氧条件下可以产生甲烷[4, 5]。甲烷是一种主要的大气污染物和温室气体，是仅次于 CO_2 的具有较强温室效应的气体[6]，其 100 年的全球增温潜势（GWP）为 CO_2 的 21 倍[7]。甲烷是 1992 年联合国环境与发展大会通过的《气候变化框架公约》（UNFCCC）[8]中确定的 6 种温室气体之一，公约要求发达国家（即公约附件 1 中的国家）要承担限期减排温室气体的责任。同时甲烷也是一种可利用的新能源，有着很好的应用前景。

甲烷是城市固体废物中可降解有机碳在填埋场进行物理与化学反应的产物，即城市固体废物厌氧降解的最终产物，其产生量随着城市固体废物的成分、填埋处理程度、填埋场所在地区水文地质和气候条件、填埋方式等因素的变化而变化[4, 5, 9]。城市固体废物中可降解有机碳含量是计算

---

① 原载于《环境科学研究》，2007 年，第 20 卷，第 3 期，10~15 页。

城市固体废物中温室气体排放量的重要参数之一。联合国政府间气候变化协调委员会（IPCC）出版的温室气体清单指南[10, 11]给出了计算固体废物处理温室气体排放方法，该方法同时列出不同类型固体废物的可降解有机碳的缺省值，并给出基于4类固体废物流计算可降解有机碳的公式。IPCC指南同时指出鼓励有条件的国家使用符合本国实际情况的数据。

由于 IPCC 推荐方法中的参数主要来自发达国家的文献，不能完全适合中国的实际情况[11]。考虑到目前国内在城市固体废物中可降解有机碳测定方面的研究不多，也没有相应的规范与要求，笔者选择沈阳和武汉作为我国北方和南方的代表城市，分别在不同的典型区域进行固体废物采样，并经过化学分析得到计算我国固体废物中可降解有机碳含量的推荐值。

1 计算方法与采样分析

1.1 IPCC计算方法

可降解有机碳（DOC）是指固体废物中容易受到生物化学分解的有机碳。DOC 的值取决于固体废物中的有机成分，可以通过固体废物流中各类成分的平均质量权重计算。IPCC 指南中推荐的计算固体废物可降解有机碳含量的公式为：

$$DOC = 0.4A + 0.17B + 0.15C + 0.30D$$

式中，A 为固体废物中纸类和织物的质量分数，Gg/Gg；B 为固体废物中花园和公园废物以及其他非食品易腐有机物的质量分数，Gg/Gg；C 为固体废物中食物的质量分数，Gg/Gg；D 为固体废物中木料和草料的质量分数，Gg/Gg。

IPCC 指南中提供了计算固体废物可降解有机碳含量主要固体废物流 DOC 质量分数（表1）。IPCC 指南中固体废物的分类与中国城市固体废物的分类情况不同，中国城市固体废物成分可分为厨余、纸类、橡塑类、织物、竹木、金属、玻璃、砖石、其他共9种[12]。笔者结合中国实际情况确定出 5 种主要含可降解有机碳的城市固体废物：厨余、纸类、织物、竹木、灰渣，通过对城市固体废物采样分析确定中国城市固体废物可降解有机碳的计算参数。

表 1   IPCC指南中主要城市固体废物流的DOC缺省值　　　　　　（单位：Gg/Gg）

固体废物流	参数	数值
w（纸类和织物）	A	40
w（公园和花园废物及其他非食物易腐有机物）	B	17
w（食物）	C	15
w（木料和草料）	D	30

1.2   样品收集和分析方法

分别在我国北方和南方选择 2 个城市，即沈阳和武汉，样品的采集严格依据《城市生活垃圾采样的物理分析方法》（CJ/T 3039—95）的要求进行。每种样品分别采自 6 种不同城市固体废物产源地，采样点涵盖了商业区、居民生活区、事业区和企业区等主要城市固体废物产源地。表 2 给出了沈阳和武汉固体废物采样点的背景情况。

表2　沈阳和武汉采样点资料

城市固体废物采样源点	沈阳	武汉	注释
集工厂、居住区、生活服务区为一体的各项设备发展完善的地区	二〇四地区	鄂城墩地区	二〇四地区居民生活区为双气楼区和平房区混杂区
近年来开发的生活区	文萃路地区	知音地区	双气区
老居民生活区	千德小区	花桥社区	双气和单气混合区
食品类为主的大型综合超市	大东超市	中百仓储	
现代化的大型综合商店	沈阳商业城	武广购物中心	
城市固体废物的填埋处理场	赵家沟城市固体废物场	金口城市固体废物场	赵家沟：日平均接纳1000t的固体废物综合处理场 金口：日平均接纳2000t的大型卫生填埋场

沈阳的采样时间为 2002 年 8 月 5~10 日，制样时间为 2002 年 8 月 5~15 日；武汉采样时间为 2003 年 1 月 11~22 日，制样时间为 2003 年 1 月 11~28 日。

1.3　样品采集方法

沈阳除了赵家沟固体废物填埋场外的其他固体废物采样点，均为相应的固体废物收集设施（垃圾箱、垃圾桶），每个设施按 5 种成分（厨余、纸类、织物、竹木和灰渣）分别采集 20kg 以上，这些固体废物均含有有机碳成分；在混合城市固体废物采样点——赵家沟固体废物填埋场采集当日收运的垃圾车卸下的固体废物，采用立体对角线法在 3 个等距点分别采集含可降解有机碳的 5 种成分 20kg 以上。

武汉在金口固体废物填埋场采集混合城市固体废物样，即采集当日收运的固体废物车卸下的城市固体废物，采用立体对角线法在 3 个等距点采集，分出厨余、纸类、织物、竹木和灰渣等 5 种成分，各成分分别采集 20kg 以上。其他采样点则是相应的固体废物收集设施，如垃圾箱、垃圾桶和固体废物站等，每个采样点采集城市固体废物，分厨余、纸类、织物、竹木和灰渣 5 种成分各 20kg 以上。

1.4　样品制备及含水率测定

沈阳与武汉均采用相同的样品制备和含水率计算方法。

1.4.1　样品制备

将以上样品破碎至粒径小于 15mm 的细块，将试样置于干燥的搪瓷盘内，放入干燥箱中，在（105±5）℃下烘干 4~8h，取出放到干燥器中冷却 0.5h 后称重，重复烘 1~2h，冷却 0.5h 后再称重，直至恒重，使 2 次称重之差不超过试样质量的 4‰。最后将烘干后样品按四分法取样称量 1kg 放在干燥器中保存，以备可降解有机碳分析测试之用。

主要设备：电热鼓风恒温干燥箱、天平、干燥器。

1.4.2　含水率的计算

$$C_水 = (M_湿 + M_干) / M_湿$$

式中，$C_水$为城市固体废物中各组分的含水率，%；$M_湿$为城市固体废物中各组分的湿基质量，g；$M_干$为城市固体废物中各组分的干基质量，g。

样品的含碳量采用重铬酸钾容量法中的外加热法测定[13]。考虑到灼烧法测定城市固体废物中含碳量时，在灼烧过程中，气流会将部分灰分及 N，P 等元素带走，造成测定结果偏高，而采用重铬酸钾容量法中的外加热法则可避免发生上述问题。

2 结果与分析

城市固体废物的降解速度除了与固体废物的处理设施和方式有密切关系外，与填埋场的自然地理条件和固体废物的含水率也有着直接的关系，通过对城市固体废物进行采样分析，探讨城市固体废物含水率、含碳量和可降解有机碳的特征。

2.1 固体废物含水率

表 3，表 4 分别为沈阳和武汉不同采样点 5 种类型城市固体废物的含水率。由表 3，表 4 可以看出，2 个城市固体废物中厨余含水率最高，武汉地处气候湿润的长江流域，厨余含水率高达84.3%，沈阳位于我国气候相对比较干燥的东北地区，厨余含水率为 72.3%。武汉城市固体废物中竹木的含水率明显高于沈阳；沈阳城市固体废物中纸类和织物的含水率高于武汉；2 个城市固体废物中灰渣的含水率基本相同。

表 3 沈阳不同采样点 5 种类型固体废物含水率 (单位：%)

类型	赵家沟城市固体废物场	文萃路地区	二〇四地区	千德小区	大东超市	商业城	平均值
纸类	46.4	44.1	13.2	40.2	26.2	34.2	34.1
竹木	44.1	20.0	36.4	23.8	41.3	20.1	31.0
织物	52.7	55.7	26.8	81.5	38.2	16.2	45.2
厨余	72.5	71.3	60.7	83.8	86.0	59.6	72.3
灰渣	25.3						
平均值	48.2	47.8	34.3	57.3	47.9	32.5	44.7

表 4 武汉不同采样点 5 种类型城市固体废物含水率 (单位：%)

类型	金口城市固体废物场	知音地区	鄂城墩地区	花桥社区	中百仓储	武广购物中心	平均值
纸类	24.0	40.7	33.5	32.5	28.3	32.3	31.9
竹木	18.6	32.8	28.3	40.4	56.5	42.3	36.5
织物	19.7	35.8	18.5	37.7	38.8	27.9	29.7
厨余	81.3	82.7	71.7	86.7	92.1	91.2	84.3
灰渣	25.5						
平均值	33.8	48.0	38.0	49.3	53.9	48.4	45.2

在每个城市不同采样点，由于采样点的功能和城市固体废物来源不同，其含水率也不完全一样。沈阳含水率最高的是老居民区，该地区有 1000 多户居民，是双气和单气楼房混杂区，商业城

固体废物的含水率最小。由表3可以看出，大东超市厨余含水率高达86.0%，其次是老居民区（千德小区），而现代化的大型综合商店（商业城）和集工厂、居住区、生活服务区为一体的各项设备发展完善的地区（二〇四地区）厨余含水率均较低（分别为59.6%和60.7%）；织物含水率在不同地区差别很大，老居民区可达81.5%，在大型综合商店仅有16.2%，这一差别主要是由于2个地区的固体废物来源明显不同；竹木含水率的变化幅度为20.0%~44.1%。

武汉平均含水率最高的是以食品为主的大型综合超市（中百仓储），含水率为53.9%，金口城市固体废物场固体废物含水率最小，为33.8%。由表4可以看出，武汉厨余含水率最高，大型综合商店和大型综合超市的厨余含水率超过90%；金口城市固体废物场竹木和织物的含水率小于20%。

比较表3，表4可以看出，2个城市固体废物处理场的固体废物平均含水率差别较大，这一差别主要是由于2个城市的气候特点所致，8月沈阳为雨季，固体废物处理场含水率较大，武汉的采样时间为秋季（11月）。2个城市新开发区和混合居民区城市固体废物的含水率差异不大，但是在老城区的差异较为明显。武汉大型超市和综合商店固体废物的含水率略高于沈阳，这可能与2个城市居民生活习惯和生活水平有关。

2.2　固体废物含碳量

固体废物的含碳量是决定固体废物处置场所温室气体排放的关键因子之一。从固体废物含碳量［以w（碳）表示］分析结果可以看出，沈阳干基固体废物中竹木含碳量最高（51.59%），其次是织物（50.15%），纸类含碳量为43.43%，厨余相对较小（37.48%），灰渣的含碳量最小，仅为3.32%；湿基固体废物中的含碳量比干基固体废物含碳量小，其中也是以竹木含碳量最高，灰渣含碳量最小。图1为沈阳不同类型干基和湿基固体废物的含碳量。干基城市固体废物厨余含碳量的变化幅度较大，以现代化的大型综合商店（沈阳商业城）最高，为51.45%，老居民区（千德

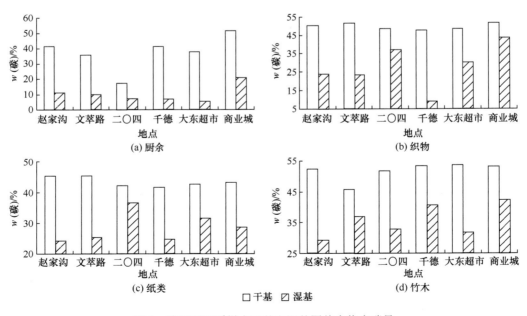

图1　沈阳不同采样点干基和湿基固体废物含碳量

小区）的含碳量为 41.62%，干基固体废物含碳量最小的是集工厂、居住区、生活服务区为一体的各项设备发展完善的地区，仅为 17.32%；而织物、纸类和竹木的含碳量在不同采样点的变化幅度很小。湿基固体废物中商业城厨余含碳量为 20.75%，湿基固体废物中厨余含碳量最小的是以食品类为主的大型综合超市（大东超市），只有 5.29%；湿基固体废物中织物含碳量最大的是商业城（43.52%），最小的是老居民区，仅有 8.82%。

武汉干基和湿基固体废物织物含碳量最高，平均分别为 45.11%（干基）和 32.71%（湿基）；干基固体废物和湿基固体废物厨余含碳量相差很大，干基含碳量为 27.35%，而湿基含碳量仅为 4.27%；干基和湿基固体废物纸类和竹木的含碳量相差不超过 40%。图 2 为武汉不同类型干基和湿基固体废物含碳量的情况。武汉老居民区（花桥小区）干基厨余城市固体废物含碳量最高，为 35.03%，其次是食品类为主的大型综合超市（中百仓储）和近年来开发的生活区（知音地区），均为 30%左右；干基纸类城市固体废物在不同地区差别较大，金口城市固体废物场和老居民区均超过 43%，而在食品类为主的大型综合超市（中百仓储）只有 17.77%；这种差别主要是由于城市固体废物产生源不同所引起。金口城市固体废物场湿基纸类城市固体废物碳含量最高，为 32.15%，食品类为主的大型综合超市（中百仓储）只有 12.96%。

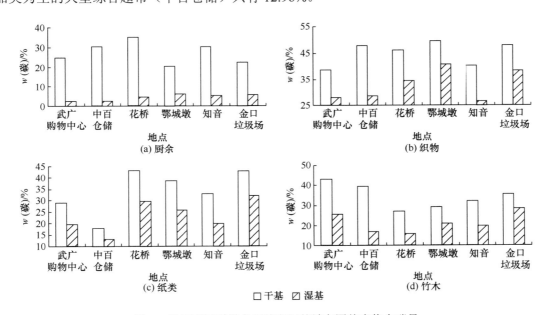

图 2　武汉不同采样点干基和湿基城市固体废物含碳量

2.3　固体废物可降解有机碳

将中国城市固体废物含可降解有机碳的成分定为 5 类（固体废物中灰渣含量较少，且灰渣中可降解有机碳含量相对较小，故没做讨论），这与 IPCC 指南中将含可降解有机碳的物质类别归纳为 4 项相比，更能准确地计算可降解有机碳的含量。

通过上述分析，给出 2 个城市干基和湿基固体废物可降解有机碳含量（均以质量分数计），并在此基础上给出中国计算可降解有机碳含量的推荐值（表 5，表 6）。从表 5，表 6 可以看出，我国干基固体废物有机碳含量明显高于湿基固体废物。我国城市固体废物中纸类和织物中可降解有机碳含量（湿基，新鲜城市生活固体废物）分别是 25.94%和 30.20%，均小于 IPCC 指南推荐的 40%，这主要是因为我国城市固体废物中的纸类和织物相对较多，且其含水率相对较高所致；推荐值中的厨余固体废物可降解有机碳含量为 7.23%（湿基，新鲜城市生活固体废物），而 IPCC 指南中为 15%，这主要是因为中国厨余城市固体废物中菜帮、菜叶、残羹剩饭等含水率大所致；推荐值中竹木可降解有机碳含量为 28.29%（湿基，新鲜生活城市固体废物），与 IPCC 指南推荐值 30%相当。

表 5　中国湿基城市固体废物中可降解有机碳含量推荐值　　　　　　（单位：%）

成分	沈阳	武汉	推荐值
w（纸类）	28.53	23.34	25.94
w（竹木）	35.51	21.07	28.29
w（织物）	27.68	32.71	30.20
w（厨余）	10.19	4.27	7.23
w（灰渣）	2.48	4.93	3.71

表 6　中国干基城市固体废物中可降解有机碳含量推荐值　　　　　　（单位：%）

成分	沈阳	武汉	推荐值
w（纸类）	43.43	34.13	38.78
w（竹木）	51.59	34.26	42.93
w（织物）	50.15	45.11	47.63
w（厨余）	37.48	27.35	32.41
w（灰渣）	3.32	6.73	5.03

比较 2 个城市的可降解有机碳含量可以发现，沈阳湿基固体废物中纸类、竹木和厨余固体废物可降解有机碳含量高于武汉，而织物和灰渣固体废物可降解有机碳含量低于武汉；沈阳干基固体废物中除了灰渣固体废物可降解有机碳含量低于武汉外，其他 4 类固体废物可降解有机碳含量均高于武汉，这主要是由于 2 个城市地理、气候因素以及生活习惯和水平的差别所致。

参 考 文 献

[1] 张记市, 孙可伟, 苏存荣. 城市生活垃圾处理前沿动态[J]. 中国资源综合利用, 2004, (9): 18-21.

[2] Xu Wenlong. Current status and development trend of municipal solid waste treatment technology in China[C]. Thermal treatment and resource utilization of wastes-proceedings of the first international conference [A]. Beijing: Institute of Engineering Thermophysics, Chinese Academy of Sciences, 2005.

[3] 张宪生, 沈吉敏, 厉伟, 等. 城市生活垃圾处理处置现状分析[J]. 安全与环境学报, 2003, 3(4): 60-64.

[4] 周北海, 王琪, 松藤康司, 等. 我国填埋场改造及发展方向的探讨[J]. 环境科学研究, 2000, 13(3): 12-14.

[5] 余国泰. 城市固废(生活垃圾)中甲烷排放量[J]. 环境科学进展, 1997, 5(2): 67-74.

[6] Houghton J T, Jenkins G J, Ephraums J J. Climate change 1992: the supplementary report to the IPCC scientific assessment [M].Cambridge: Cambridge University Press, 1992.

[7] 王明星. 大气化学[M]. 北京: 气象出版社, 1999.

[8] UN. United Nations framework convention on climate change [R].Bonn: UNFCCC Secretariat, 1992.

[9] 高庆先, 杨新兴, 任阵海. 中国城市垃圾温室气体(CH₄)排放研究[A]. 煤炭信息研究院, 美国 ERG 公司. 第三

届国际甲烷与氧化亚氮减排技术大会[A]. 北京: 煤炭信息研究院, 2003.

[10] Penman J, Kruger D, Galbally I, et al. IPCC good practice guidance and uncertainty management in national greenhouse gas inventories [R]. Geneva: Intergovernmental Panel on Climate Change, 2000.

[11] Houghton J T, Meira Filho L G, Lim B, et al. Revised 1996 IPCC guidelines for national greenhouse gas inventories: reference manual(Volume 3)[R]. Paris: IPCC/OECD/IEA, 1997.

[12] 建设部标准定额研究所. 中华人民共和国工程建设标准: 城市生活垃圾处理工程项目建设标准与技术规范宣传教材[M]. 北京: 中国计划出版社, 2002 .

[13] 中国科学院南京土壤研究所. 土壤理化分析[M]. 上海: 上海科学技术出版社, 1980.

The Measurement and Research of Degradable Organic Carbon of Municipal Solid Waste in China

GAO Qingxian[1], DU Wupeng[2], LU Shiqing[3], ZHANG Zhigang[4], ZHANG Enchen[5], WU Jianguo[1], REN Zhenhai[1]

1. Chinese Research Academy of Environmental Sciences, Beijing 100012, China
2. Institute of Atmospheric Physics, Chinese Academy of Sciences, Beijing 100029, China
3. Inner Mongolia Meteorology Bureau, Huhhot 010055, China
4. National Meteorological Center, Beijing 100081, China
5. Shenyang Environment Engineering Design & Research Institute, Shenyang 110013, China

Abstract: Methane generated from municipal solid waste treatment facility is one of major greenhouse gases (GHGs), and the degradable organic carbon (DOC)is a very important parameter for calculating methane emission from landfills. IPCC 1996 Revised Guidance has given the formulae for calculating methane emission and DOC default values of various waste streams. These default values are mainly gotten from literatures of developed countries, and can't completely suit Chinese actual situation. Two typical cities respectively in north and south of China (Shenyang and Wuhan) were chosen as sampling places, and the municipal solid wastes generated from different areas, such as mixing areas, old town, newly developed areas, synthesis market, food supermarket and landfill site, etc. were collected and sampled. After chemical analysis, the water content, carbon content and degradable organic carbon of dry waste and fresh waste in typical cities were analyzed; the characters of municipal solid waste and its contents were revealed. The DOC default values for calculating methane emission from municipal solid waste treatment in China were gotten and the results show important significance and value for estimating methane emission form municipal solid waste treatment in China.

Key words: municipal solid waste (MSW); degradable organic carbon (DOC); greenhouse gas (GHG)

Preliminary Analysis of Climatic Variation during the Last 39 Years in China[①]

CHEN Longxun[1](陈隆勋), SHAO Yongning[1](邵永宁), DONG Min[1](董　敏),

REN Zhenhai[2](任阵海), TIAN Guangsheng[2] (田广生)

1. Academy of Meteorological Science, State Meteorological Administration, Beijing
2. Academy of Environment Science, National Environment and Protection Agency, Beijing

Abstract: The preliminary analysis of climatic variation in China during the last 39 years has been made in this paper. The results show that although the global climate is getting warmer, some parts of China are cooling. The warming only occurs in Northeast, North and the west part of Northwest China while the areas between about 35°N and Nanling Mountain, east of the Tibetan Plateau in China are getting cooler. The cooling centers are located in Sichuan, the south part of Shaanxi and the north part of Yunnan respectively. According to the theory of greenhouse effect, there are much precipitation at low and high latitudes and less precipitation in middle latitude. However, the precipitation in the most parts of China has been decreased, especially in North and Northwest China.

1　INTRODUCTION

In recent years, a lot of meteorologists have investigated the problem about the global warming of climate and its influence on the environment and ecological equilibrium. Generally, it is suggested that the increases of CO_2, N_2O, CH_4 and CFC_s in atmosphere should be a significant contributor to the long-term warming trend that has been observed in global mean surface air temperature. From the curve of the global temperature given by Hansen (1988), it is found that the mean surface air temperature of the globe has increased by 0.8℃ in the last 100 years. What about the climatic variation in China? Zhang Xiangong et al. (1982) analyzed the temperature change in China and divided it into three grades. Zhao Hanguang et al. (1989) investigated the features of temperature change in winter. Chen Longxun, Gao Suhua and Zhao Zongci et al. (1990) discussed the climatic variation in China and its influence on the cropping system. These researches show that during the present century, China had a maximum of temperature in 1940s, then became cooler and was getting warmer in 1980s. The temperature in 1980s is lower than that in 1940s. In this paper, we have analyzed the climatic variation during the last 39 years (1951~1989) in China with the data of temperature and precipitation for 160 Chinese stations.

---

① 原载于 *Advances in Atmospheric Sciences*，1991 年，第 8 卷，第 3 期，279~288 页。

2 SURFACE AIR TEMPERATURE CHANGE IN CHINA

The values of 10-year mean, 39-year mean and the temperature differences between 1980s and 1950s in most administrative areas of China have been calculated. It should be noted that Northeast (Heilongjiang, Jilin and Liaoning), North (Nei Mongol, Hebei, Shanxi and Shandong), Northwest (Ningxia, Qinghai and Xinjiang) China and Guangdong are obviously getting warmer and have maximums of temperature in 1980s. Except Guangdong, the 10-year mean temperature in these regions has been rising gradually. From 1950s to 1980s,Northeast, North and Northwest China have the mean warming rates of 0.69℃, 0.71℃ and 0.35℃ respectively, larger than that of the globe (0.8℃/100-year, 0.24℃/30-year). Thus, the warming occurred in the Chinese area north of 35°N, not including Shaanxi and Gansu, during the last 39 years.

However, the other areas in China are getting cooler and there are three types of cooling. ①In Sichuan and Guizhou, the temperature has been decreasing from 1950s to 1980s, and the cooling rates are 0.48℃ and 0.15℃ respectively. ②The temperature had a highest value in 1950s and then decreased. It increased in 1980s, but the value in 1980s is lower than that in 1950s. This feature can be seen in Shaanxi, Gansu, Guangxi, Hainan, Yunnan and Xizang. ③In Jiangsu, Henan, Anhui, Zhejiang, Jiangxi, Hubei, Hunan and Fujian, the maximum of temperature occurred in 1960s. Then, the temperature has decreased by 0.14, 0.03, 0.09, 0.10, 0.16, 0.20, and 0.23℃ respectively and the averaged cooling rate is 0.15℃.

Fig.1 shows the distributions of the yearly mean temperature differences between 1980s and 1950s (Fig1a), 1980s and 39-year mean (Fig.1b) in China. It is found that the warming areas are located in Northeast and North China, Nei Mongol, Xinjiang, the western and central parts of Xizang, the south part of Yunnan and the reaches of Ganjiang River, which have warming centers of Huma(+1.14℃), Shenyang(+1.11℃), Zhangjiakou(+1.55℃), Jinan (+1.31℃), Lanzhou and Xining(+0.68℃), Tacheng(+1.75℃)and Jinghong(+0.87℃). Although Shenyang, Zhangjiakou, Jinan, Lanzhou and Xining are influenced greatly by the urban heat island effect, Tonghua, Chaoyang, Chengde and Duolun which are medium-sized cities have also increased by 0.68℃, 10.68℃, 0.5℃ and 0.78℃ respectively. In addition, there exist a lot of cooling regions in the other area of China. The cooling centers are Neijiang (−0.74℃), Guiyang(−0.48℃), Dali(−0.63℃), Xiamen(−0.75℃), Quzhou(−0.36℃) and Dunhuang

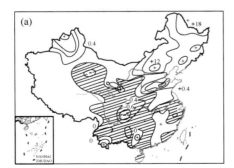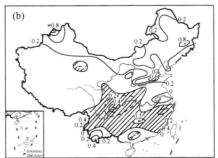

Fig. 1　The distributions of yearly mean temperature (℃) differences between (a) 1980s and 1950s (with a interval of 0.4℃), (b) 1980s and 39-year mean (with a interval of 0.2℃) in China. The cooling regions are shaded

(−0.36℃) which are mainly located in Southwest China and the south part of Shaanxi. The feature in Fig. 1b is just similar to that in Fig. 1a, but with a few differences. The cooling region in the south part of Shaanxi in Fig. 1b is smaller than that in Fig. 1a. The reaches of Ganjiang River is negative in Fig. 1b and positive in Fig. 1a.

　　To investigate the interannual change of temperature, we divided the whole country into seven divisions and achieved the curves of yearly mean and 10-year running mean temperature anomalies which are shown in Fig.2(Division 1: Heilongjiang, Jilin and the east part of Nei Mongol; Division 2: Xinjiang; Division 3: Shaanxi, Gansu, Ningxia and Qinghai; Division 4: Hebei, Shandong, Shanxi, Henan and the west part of Nei Mongol; Division 5:Jiangsu, Zhejiang, Jiangxi, Anhui and Hubei; Division 6: Sichuan, Yunnan, Guizhou and Xizang; Division 7: Guangdong, Guangxi, Hainan and Fujian). We refer to Divisions No.1~7 as Northeast, the west and the east parts of Northwest, North, the middle and lower reaches of the Yangtze River, Southwest and South China respectively. In Fig.2, we

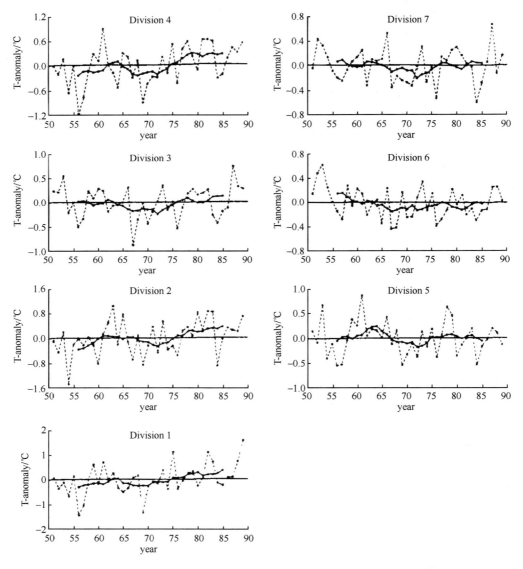

Fig. 2　The curves of yearly mean (solid) and 10-year running mean (dashed) temperature(℃) anomalies in China

can find that Divisions 1~2 and Division 4 are obviously getting warmer in spite of having a cooling period of 1965~1970. During the past 39-year, the temperature in Divisions 1~2 reached the highest values in 1989. For Division 4, 1961 was the warmest year and 1989 took the second place. In fact, many cities in Division 4, such as Beijing, Tianjin, Zhangjiakou and Jinan, had maximums of temperature in 1989. It is also found that the cooling has occurred in Division 6. Fig.3 gives 10-year running mean curves of yearly temperature anomalies in some provinces of China. There are slight fluctuations in Fig.3a, but the general trend is warming. The temperature rose in 1950s, reached their peaks in the middle 1960s (for Xinjiang, the peak appeared in the early 1960s) and then decreased until 1970 or so. After that, it increased again and reached the maximums (except Guangdong). It is evident in Fig.3b that the cooling has appeared in Sichuan, Guizhou, Shaanxi, Hubei, Zhejiang, Jiangsu, Fujian and Xizang. The temperature in Sichuan, Guizhou and Shaanxi decreased after 1951, rose slightly in middle 1970s and then lowered again. Hubei, Zhejiang, Jiangsu and Fujian had the maximums of temperature in 1964 and became cooler in the early 1970s. After a short warming, these regions were cooling again. In Xizang,

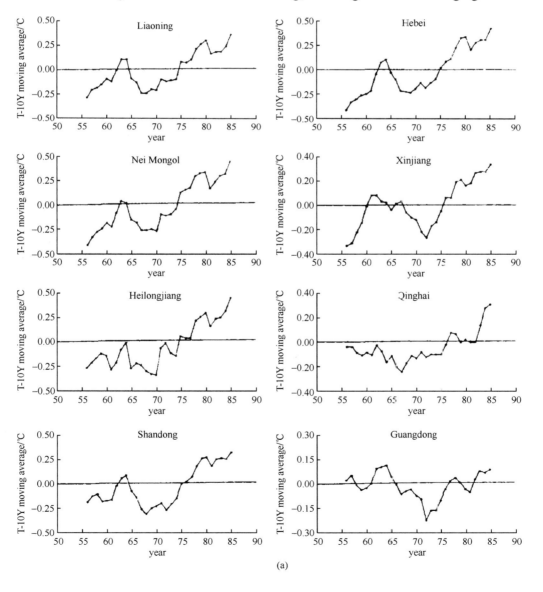

(a)

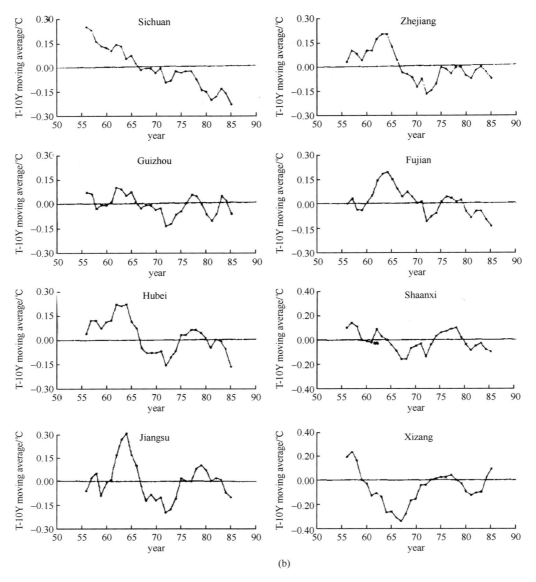

Fig. 3　10-year running mean curves of yearly temperature (℃) anomalies in some provinces of China

the cooling period is found during 1950s~1960s and 1976~middle 1980s, and the warming period occurred in the early 1970s and the late 1980s. But, the temperature in 1980s did not reach the high level as in 1950s.

Table 1 gives 10-year mean values of yearly (Table 1a) and seasonal (Table 1b, summer;Table 1c, winter) temperature in seven Divisions of China. The months used in making the seasonal mean are December to February (winter) and June to August (summer). For summer (Table 1b), Divisions 1~5 are getting warmer, namely, the temperature in 1980s is higher than that in 1950s. Division 5 had a maximum of temperature in 1970s, and warming over 1.33℃ and 1.26℃ has separately occurred in Divisions 1~2 during the past 30 years. On the contrary, Divisions 6~7 are getting cooler. Although there was a period of warmth in 1970s, the temperature in 1980s was lower than that in 1950s. In Division 6, the coolest period is found in 1960s. For winter (Table 1c), the warming and the cooling occurred in

Divisions 1~2, 6~7 and Divisions 3~5 respectively. In Division 4, the temperature had a maximum in 1960s and a minimum in 1970s. The coolest period took place in 1960s in Division 6. And Division 7 had the lowest value in 1960s and the highest value in 1980s. Fig.4 shows the distributions of winter

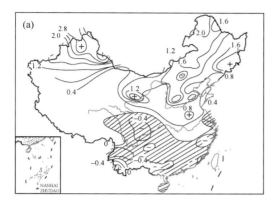 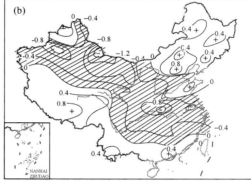

Fig. 4   The distributions of (a) winter and (b) summer mean temperature (℃) differences between 1980s and 1950s in China. The cooling regions are shaded and the interval of contours is 0.4℃

Table 1   10-Year Means of Yearly and Seasonal Temperature (℃) in China

a	1951~1960	1961~1970	1971~1980	1981~1989	39YM	80s~50s
Division 1	4.28	4.42	4.65	5.01	4.58	0.73
Division 2	5.63	5.72	5.90	6.17	5.85	0.54
Division 3	9.76	9.55	9.68	9.70	9.67	−0.06
Division 4	11.86	12.03	12.16	12.40	12.11	0.54
Division 5	16.21	16.32	16.24	16.18	16.24	−0.03
Division 6	13.42	13.15	13.22	13.24	13.26	−0.18
Division 7	21.47	21.40	21.42	21.44	21.43	−0.03
b	1951~1960	1961~1970	1971~1980	1981~1989	39YM	80s~50s
Division 1	20.68	20.72	20.67	20.38	20.73	0.20
Division 2	18.02	18.05	19.11	19.13	19.08	0.11
Division 3	22.37	22.10	21.95	21.74	22.05	−0.63
Division 4	24.65	24.92	24.51	24.56	24.66	−0.09
Division 5	27.11	27.18	26.36	26.69	26.95	−0.42
Division 6	20.43	20.22	20.30	20.52	20.36	0.09
Division 7	27.83	27.68	27.71	28.01	27.80	0.18
c	1951~1960	1961~1970	1971~1980	1981~1989	39YM	80s~50s
Division 1	−14.12	−14.27	−13.45	−12.79	−13.68	1.33
Division 2	−9.53	−9.70	−9.16	−8.27	−9.19	1.26
Division 3	−4.17	−4.45	−3.91	−3.60	−4.04	0.57
Division 4	−2.17	−2.07	−1.49	−1.20	−1.74	0.97
Division 5	4.84	4.74	5.08	4.88	4.89	0.04
Division 6	5.27	4.92	5.11	5.06	5.09	−0.11
Division 7	13.93	13.65	13.95	13.66	13.80	−0.27

Division 1: Northeast; Division 2: West Part of Northwest; Division 3: East part of Northwest; Division 4: North; Division 5: Middle and lower reaches of the Yangtze River; Division 6: Southwest: Division 7: South. a: Yearly; b: Summer; c: Winter

(Fig.4a) and summer (Fig.4b) mean temperature (℃) differences between 1980s and 1950s in China. In Fig.4a, the warming / cooling generally has occurred in the northern/southern part of China. The boundary line is basically located in the south sides of Anhui, Hubei, Shaanxi, Gansu and Qinghai. But, Xizang and the south part of Yunnan are also warming areas. The warming centers are located in Huma, Changzhi, Shenyang, Tonghua, Lanzhou, Hami, Tacheng and Jinghong. The temperature increased by 3℃ in the warming center of Xinjiang. There are the cooling centers of Quzhou (−1.03℃), Yibin (−0.78℃), Baise (−0.74℃) and Xiamen (−1.03℃). From Fig.4b, it can be found that Northeast China, the east part of Nei Mongol, the west part of Xinjiang, South China and Xizang are getting warmer while the decrease of temperature has occurred in the other areas. The cooling centers are mainly situated in the south part of Shaanxi, Sichuan, Hami and Dunhuang. Therefore, the temperature in Sichuan, Hunan, Zhejiang, the most parts of Jiangsu and the area near Xiamen has been lowered for both winter and summer.

From the distributions of spring and autumn temperature differences between 1980s and 1950s in China (not shown), it is found that the boundary between the cooling and the warming areas lies in the south sides of Zhejiang, Jiangxi and Hunan, and turns northward along the 120°E to the south side of Nei Mongol and then westward to Tianshan Mountains of Xinjiang for spring. The areas in the south and north sides of the boundary line are cooling and warming respectively. There are the warming centers at Nenjiang (+1.84℃), Jinan (+1.81℃) and Tacheng (+1.99℃) and the cooling centers at Neijiang (−1.61℃) and Xiamen (−0.79℃). For autumn, Jiangsu, Anhui, the north part of Hubei, Sichuan, the south part of Shaanxi, the west part of Nei Mongol, the Hexi Corridor and the east and south parts of Xinjiang are getting warmer while the other areas are becoming cooler.

As mentioned above, the yearly temperature change in China during the past 39 years is that the warming has occurred in Northeast, the east part of Northwest and North China whereas the cooling has appeared in the other areas. As for the change of seasonal mean temperature, Hanzhong Basin, Sichuan, Hunan and the north part of Jiangsu are getting cooler and Northeast and the northwest of Xinjiang are becoming warmer in four seasons. The east part of Northeast, middle reaches of the Yangtze River (from Yichang to Nanjing) and South China are warming in winter and cooling in summer. This is not completely in accordance with the warming trend of the globe.

3 PRECIPITATION CHANGE IN CHINA

Generally speaking, in the 20th century, China is experiencing the transition period from the wet in the 18th and 19th centuries to the dry. The heavy precipitation period occurred in 1910s and 1950s. The precipitation has decreased since 1960s, although there was a little increase in 1970s. Table 2 lists the 10-year mean of yearly precipitation amount in the last 80 years in Beijing, Shanhai and Guangzhou, respectively. The precipitation in Beijing has been decreasing since 1950s and reached the lowest value in 1980s. In Shanghai, the wettest period occurred in 1940s and 1950s, then, the precipitation reduced and had a minimum in 1960s. Although the precipitation has increased after 1960s, the value in 1980s was still lower than that in 1940s. In Guangzhou, the maximum of the precipitation is found in 1920s and the precipitation amount in 1950s took the second place. After that, drying has occurred. The 10-year means of yearly precipitation amount (mm) during the past 39 years in the most areas of China are also calculated. Since 1950s, the precipitation in the most parts of China has been decreasing, especially in

Hebei, Shandong, Liaoning, Jiangsu, Hunan and Hainan. And Hubei, Guangdong, Shaanxi, Qinghai and Gansu are getting wetter. Fig.5 shows the distributions of yearly precipitation differences between 1980s and 1950s (Fig.5a), 1980s and 39-year mean (Fig.5b) in China. In Fig.5a, the north part of Hubei, the east part of Sichuan, the west part of Shaanxi, Gansu, Qinghai, the south part of Xinjiang, Fujian and the coastal areas of Guangdong are getting wetter while the other areas are becoming drier. The distribution in Fig.5b is similar to that in Fig.5a. But in Fig.5b, the drying areas in Northeast China and the north part of Xinjiang are smaller than those in Fig.5a. In addition, Anhui, the south part of Jiangsu and Zhejiang are wetting areas, just opposite to that in Fig.5a. So, we can conclude from Fig.1 and Fig.5 that there are mainly two types of climatic variations of warming and drying, cooling and wetting during the past 30 years in China. The numerical simulated experiments (Chen Longxun, Gao Suhua and Zhao Zongci et al., 1990) show that due to the increase of CO_2 in the atmosphere, climate is getting warmer and wetter at the high and low latitudes, and is becoming warmer and drier in middle latitudes. It is evident that the result of the numerical simulated experiments is in accordance with the observations only in the middle latitude areas of China.

Table 2 10-Year Means of Yearly Precipitation Amount (mm) in Beijing, Shanghai and Guangzhou

	1910~1919	1920~1929	1930~1939	1940~1949	1950~1959	1960~1969	1970~1979	1980~1989	80YM
Beijing	642	604	583	567	820	618	605	549	624
Shanghai	1225	1093	1195	1248	1239	1048	1084	1197	1166
Guangzhou	1596	1853	1461	1737	1773	1617	1610	1604	1656

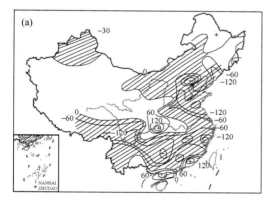 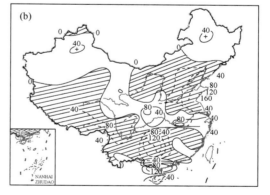

Fig. 5 The distributions of yearly precipitation (mm) differences between (a) 1980s and 1950s (the interval of contours is 60mm and that in north part of Xinjiang is 30mm), (b) 1980s and 39-year mean (the interval of contours is 40mm) in China. The drying regions are shaded

Fig.6 shows the curves of yearly anomalies of precipitation (solid) and their 10-year running means (dashed) in seven Divisions of China. Except Division 3, the most parts of China are getting drier. In Division 1, the minimum of the precipitation occurred in 1970s and the precipitation amount in 1980s was lower by 36mm than that in 1950s. Since 1950s, Division 4 has been drying and had a minimum in 1980s. In Division 5, the precipitation reached the lowest value in 1960s and then increased slightly. The precipitation amount in 1980s was lower as compared with that in 1950s. The drying trend has taken place in Division 6 since 1960s. The decrease of precipitation can be seen in Division 7 too.

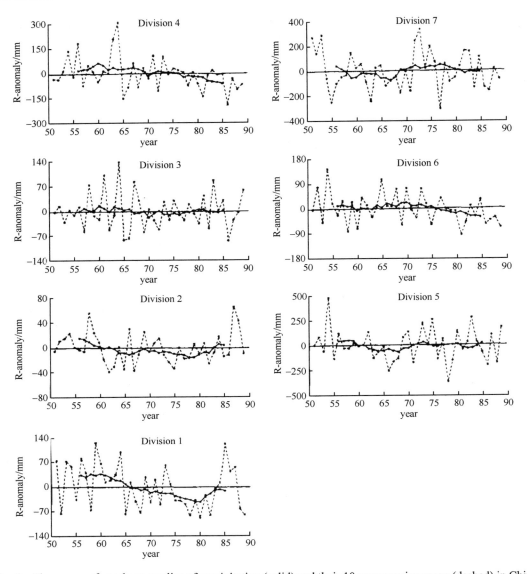

Fig. 6　The curves of yearly anomalies of precipitation (solid) and their 10-year running mean (dashed) in China

Fig.7 gives the 10-year running mean curves of yearly precipitation anomalies in some provinces of China. In Fig.7a, it is found that Hainan, Xizang and Sichuan have been drying since 1951. Hubei and Guangdong had minimums of precipitation in middle 1970s and late 1960s, respectively, then became wetter and reached the highest values of precipitation in 1980s. In Zhejiang and Xinjiang, the features of change are the same as those in Hubei and Guangdong, but with less precipitation in 1980s. The maximum of precipitation can be found in 1970s in Guizhou. In Fig.7b, Liaoning, Shaanxi, Shandong, Hebei, Jiangsu and Henan are typical of drying areas. The lowest values of precipitation in Nei Mongol and Heilongjiang occurred in the early and middle 1970s respectively. After that, the precipitation increased. But, the precipitation amount in 1980s was lower in comparison with that in 1950s.

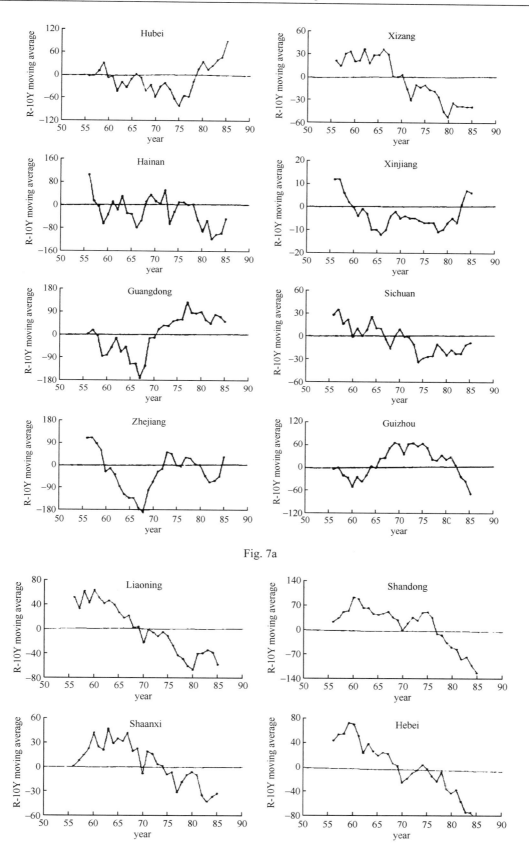

Fig. 7a

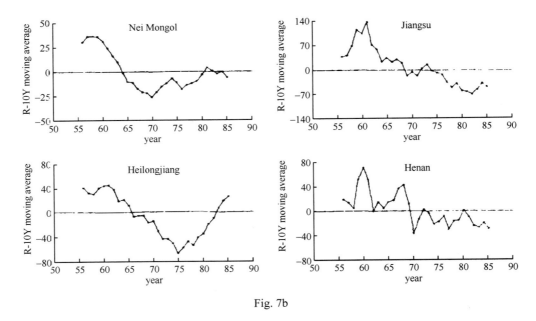

Fig. 7b

Fig. 7　10-year running mean curves of yearly precipitation (mm) anomalies in some provinces of China

4　CONCLUSION

(1) There exist obvious regional variations of temperature and precipitation during the last 39 years in China. Northeast, the west part of Northwest and North China are getting warmer and drier. The east part of Northwest China is getting cooler and wetter. The cooling and the drying have occurred in the middle and lower reaches of Yangtze River, Southwest and South China (except the coastal area of Southeast).

(2) The warming in winter has played an important role in Northeast, Northwest and North China. Except Xizang, Southwest China is getting cooler in both winter and summer. The middle and lower reaches of the Yangtze River are getting warmer in winter and cooler in summer, just opposite to South China.

(3) It is worth noticing that the temperature in Southwest China, especially in Sichuan and the most parts of Yunnan, has been decreasing continuously since 1951. The difference between the minimum in 1980s and the maximum in the 20th century is about 1.3℃.

This work is supported by National Environment and Protect Agency under Program 891205.

REFERENCES

[1]　Chen L, Gao S, Zhao Z, et al. 1990. Change of Climate and its influence on the cropping system in China. Acta Meteorologica Sinica, 4: 464-474.

[2]　Hansen J, Lebedeff S. 1988. Global surface air temperature: Update through 1987. Geophysical Research Letters, 15: 323-326.

[3]　Zhang X, Li X. 1982. Some features of temperature change in China in the 20th century. Acta Meteorologica Sinica, 40: 198-208(in Chinese).

[4]　Zhao H, Zhang S. 1989. Analysis on anomalous warming in winter and the feature of circulation in China. Meteorological Monthly, 5: 16-20(in Chinese).

山谷地带城市冷热岛及其影响初探[①]

杨礼荣，陈义珍，任阵海

中国环境科学研究院大气所，北京 100012

摘要：本文利用华北某城市现场实测资料，对实测到的谷地上空"冷岛"的形成机制进行了研究，借助于二维数值模拟，分析了城市冷热岛对山谷地带坡风环流和污染物浓度分布的影响。结果表明：城市热岛在晚间出现则可以加速坡风环流，加之逆温层存在，不利于污染物输送；白天冷岛的出现，加强坡风环流，有利于污染物的扩散和输送。

关键词：冷热岛；坡风环流；山谷地带

从 60 年代开始，国内外对城市热岛的形成产生及其影响的研究做了大量工作[1-3]，热岛效应作为一种局地气候特征已得到广泛和深入的研究。近十几年来，对复杂下垫面大气边界层的物理特征，存在的各种局地环流如山坡风环流、海陆风环流有诸多的研究，但是大多是考虑单一山脉对海陆环流的影响[4-6]和单个山坡对流场和浓度场的影响[7]，对于山谷地带如处于盆地之中的城市、工矿企业的大气物理特性虽实测分析多，但理论数值研究少。本文根据华北某地简化的地形，建立二维数值模型，研究两座梯形山脉及其周围地区流场及浓度场，对实测资料和模拟结果予以对比分析。

热岛现象，往往出现在城市或大片建筑物上空，即某一地区的温度大于周围地区温度，其强度用 $\triangle T_{u\text{-}r}$ 即城郊温差表示，但在某些特殊的下垫面条件下，往往在某一区域内出现一个冷中心，即"冷岛"，其功能我们也可把它称作"广义热岛效应"或叫作"负热岛效应"，亦可统称为"热岛效应"。比如沙漠中的绿洲湖泊地带存在的"冷岛"，是由于沙漠中绿洲或湖泊的热量蒸腾和周围地面不一样所引起的[8-9]。对于谷地"冷岛"的报道还未见过，本文试图从实测和数值模拟，分析其出现的机制和对污染物浓度分布的影响，作为对谷地"冷岛"的初步探讨。

1 谷地城市冷岛形成机制及浓度分布

从华北某市常年气象资料得知，该市冬季微风天气居多，少有较大风天气。我们于 1986 年冬季对该市进行了大规模观测，从获取的各个时间地面温度分布的资料看出，晚间市中心是一个暖中心，和山脚温差 $\triangle T_{u\text{-}r}$ 可达 4℃，但白天，中午前后市中心形成一个冷区，最强时，低于山脚温度可达 2℃，即出现所谓的"冷岛"，见图 1。冬季热岛强度随时间变化的统计结果可见图 2。从浓度分布可看出，晚间市中心有一个超标高值区，而白天高值区则向山脚和出山口移动，且相对夜晚浓度减小。从各点浓度的时间变化可看出，08:00 左右因是坡风转换时间，气流处于平稳状

① 原载于《环境科学研究》，1992 年，第 5 卷，第 1 期，17~22 页。

态，又是居民采暖结束之时，造成污染物堆积，浓度出现峰值。第二个峰值出现在晚上 20:00 左右，正是采暖高峰期，加之谷地逆温层的抑制作用，浓度达一天中之最大。而两个浓度低谷分别在 04:00 和 12:00 左右出现，这可归之于 00:00 以后居民采暖结束，大气本身的扩散作用以及晴朗夜晚风向漫流（大气中波的作用），横向扩散参数加大，使得浓度逐渐降低。而中午前后则由于热力对流混合，成为一个相对其他时间的干净区间。图 3 给出了离市中心不同距离处 SO_2 浓度的时间变化。离市区越远，浓度越小。由以上分析看出，谷地城市中心出现"冷岛"，对于这种现象我们认为应该从山谷地带所固有的下垫面特征着手来分析其形成原因。由于同一水平面加热程度的不均匀性，山坡白天受热快，热空气上升，谷地中心形成吹向山坡的气流，而其上空为反向补偿气流，从而形成坡风环流，而在谷地中心则形成强烈的下沉辐散，中心地带下垫面附近的热量被带往山坡，如此循环下去，造成热量的散失，从而形成一种特殊的小气候特征，其气温低于周围山脚气温，出现"冷岛"。市区冷岛的出现是很有利于污染物的扩散和输送的，特别利于沿山坡输送。同时亦说明，白天虽然城区建筑物及其密集性，地面条件决定了其热容量大，温度有比郊区高的可能性，但上坡风环流的作用抵消了城郊正温差，甚至出现负温

图 1　11 月 21 日 12:00 地面温度分布

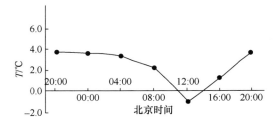

图 2　冬季热岛强度随时间变化曲线

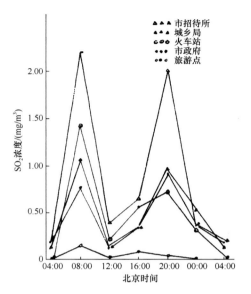

图 3 SO₂ 浓度随时间变化曲线

差即"冷岛"。而晚间出现的下坡风环流对城区存在的热岛没有很大影响。相反，热岛会加速下坡风环流，从而也会使污染物在城区上空堆积。

2 数值模拟方法及其结果

我们采用非定常、非线性不可压二维热力学和动力学方程组及扩散方程，模拟的下边界是以两座剖面是梯形的山脉为基础，研究两座山之间及其周围区域流场和浓度场的分布。控制方程组如下：

$$
\begin{cases}
\dfrac{\mathrm{d}u}{\mathrm{d}t} = f(v - v_g) - C_p\theta\dfrac{\partial\pi}{\partial x} + \dfrac{\partial}{\partial x}(K_H\dfrac{\partial u}{\partial x}) + \dfrac{\partial}{\partial z}(K_v\dfrac{\partial u}{\partial z}) \\[2mm]
\dfrac{\mathrm{d}v}{\mathrm{d}t} = -f(u - u_g) + \dfrac{\partial}{\partial x}(K_H\dfrac{\partial v}{\partial x}) + \dfrac{\partial}{\partial z}(K_v\dfrac{\partial v}{\partial z}) \\[2mm]
\dfrac{\mathrm{d}\theta}{\mathrm{d}t} = \dfrac{\partial}{\partial x}(K_H\dfrac{\partial\theta}{\partial x}) + \dfrac{\partial}{\partial z}(K_v\dfrac{\partial\theta}{\partial z}) \\[2mm]
\dfrac{\partial\pi}{\partial z} = \dfrac{-g}{C_p\theta} \\[2mm]
\dfrac{\partial u}{\partial x} + \dfrac{\partial w}{\partial z} = 0 \\[2mm]
\dfrac{\mathrm{d}C}{\mathrm{d}t} = \dfrac{\partial}{\partial x}(K_H\dfrac{\partial C}{\partial x}) + \dfrac{\partial}{\partial z}(K_v\dfrac{\partial C}{\partial z}) + S_C
\end{cases}
$$

式中，$\dfrac{\mathrm{d}}{\mathrm{d}t} = \dfrac{\partial}{\partial t} + u\dfrac{\partial}{\partial x} + w\dfrac{\partial}{\partial z}$，$K_H = 50\,\mathrm{m^2/s}$，$K_v = 10\,\mathrm{m^2/s}$。

计算水平区域为 82km，盆地底宽为 10km，模式顶高 3km，山高 400m。考虑到市区冷热岛，我们根据前面的实测统计结果，给出盆地中心热岛强度变化。

$$\Delta\theta(t) = \begin{cases} 3 - \dfrac{1}{2}(t-6) & 06:00 \sim 13:00 \\[2mm] \dfrac{1}{2}(t-14) & 13:00 \sim 20:00 \\[2mm] 3 & 20:00 \sim 06:00 \end{cases}$$

其强度由中心向两侧山脚递减。为便于比较，我们给出存在冷热岛时初始条件分别是静风和盛行风的计算结果。

初始条件：

静风，风速为 0，大气处于静止平稳状态，位温变化为 $\gamma = \dfrac{\partial\theta}{\partial z} = 0.004\text{K/m}$，有盛行风时初始值为控制方程组中不考虑温度气压变化的动力初始化值，运行至动力场平稳。

边界条件：

（1）$u_g = 0$ 时，风温场的最后分布完全由温度变化所致，左边界（$x=0$）和右边界（$x=L$）取 $\dfrac{\partial\phi}{\partial x}\big|_{y=0,L} = 0, \phi = u, v, \theta, C$。

（2）$u_g = 5\text{m/s}$ 时，上游入流边界取水平均一的一维方程组的解：

$$\begin{cases} \dfrac{\partial u}{\partial t} = f_v + \dfrac{\partial}{\partial z}\left(K_v \dfrac{\partial u}{\partial z}\right) \\[2mm] \dfrac{\partial v}{\partial t} = f(u_g - u) + \dfrac{\partial}{\partial z}\left(K_v \dfrac{\partial v}{\partial z}\right) \\[2mm] \dfrac{\partial\theta}{\partial t} = \dfrac{\partial}{\partial z}\left(K_v \dfrac{\partial\theta}{\partial z}\right) \\[2mm] w = 0 \\[2mm] C = 0 \end{cases}$$

下游边界同右边界（$x=L$）。

下边界，$z=h(x)$，$h(x)$ 是下边界随 x 而变的相对于地面的高度，包括山顶、山坡，$u=v=w=0$，位温日变化假设为

$$\theta(t)\big|_{z=h(x)} = 1.4 + 5.0\sin(15t+6) + 1.7\sin(30t+310) + h(x)\gamma + \Delta\theta(t)$$

考虑谷地城市存在地面源，$K_v \dfrac{\partial C}{\partial z} = Q_s$，$Q_s$ 为面源排放率，取为 $0.001\text{g/m}^2\cdot\text{s}$，其他下边界或无面源存在时取为 $\dfrac{\partial C}{\partial z}\big| z = h(z) = 0$。

模式顶边界：$u=u_g$，$v=v_r=0$，$w=0$，$\theta=$常值，$\dfrac{\partial C}{\partial z}\big| z=H = 0$，$\pi | z=H =$常值。

对方程组利用交替隐格式方法计算，前半步 x 方向用隐格式，后半步 z 方向采用隐格式，时间用前差，空间用中心差，平流顶采用上游差分，利用追赶法求解。下面给出计算结果。

当 $u_g=0$ 时，即静风状态。

从水平速度场看出，晚间热岛的存在，使得下坡风最大风速区向山脚移动，从而谷地中心辐合上升气流大于无热岛的情形，反映在浓度分布上，有热岛的晚间谷地上空浓度要大于无热岛情形，污染物具有明显的向上输送，同一高度，浓度可相差 2 倍。由于处于微风状态，扩散起主要作用，加之逆温覆盖，污染物在谷地上空堆积，浓度较大，见图 4（其浓度单位是在假设条件下获得的，只作为分析说明冷热岛的效应，而不是完全模拟实际状况。图 5，图 6 的单位类同。）。在山脉高度以下，无热岛晚间相对于有热岛时浓度等值线要平坦得多。白天有热岛时段，浓度也远大于无热岛情形，且谷地城市上空同山脉相近高度的位置存在一个高浓度区，谷地中心有比无热岛时更强的辐散下沉气流，使得污染物沿山坡上移。无热岛时，山脉内侧斜坡上空浓度大于谷地城市上空，而有热岛时则相反，从而浓度等值线在谷地上空有热岛时呈上凸，无热岛时则呈下凹。

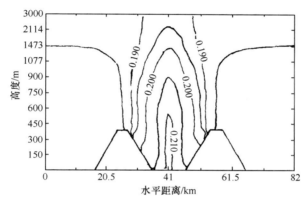

图 4　浓度场（单位：g/m^3，$u_g=0$，有热岛，02:00）

在斜坡顶上空，浓度等值线比较密集，浓度水平梯度大，这说明白天山坡的上升气流很强，水平输送微弱。

当 $u_g=5m/s$ 时，即有盛行风。

白天盛行风条件下，还可在山谷上空看到两个冷中心，下游一侧的冷环横跨右边山脉，和静风相比，冷区向上扩展，从温度差（减去入流温度）等值线图可看到，山脉作为热源，其热量向下游输送。0℃等值线随下风向距离向上扩展。

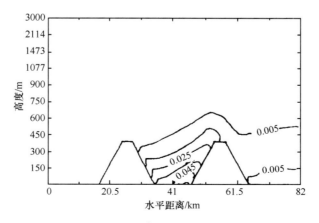

图 5　浓度场（单位：g/m^3，$u_g=5m/s$，无热岛，02:00）

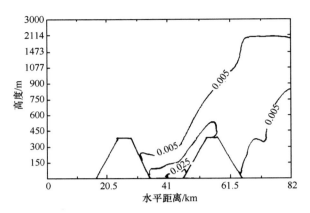

图 6　浓度场（单位：g/m³，u_g＝5m/s，无热岛，15:00）

晚间大气处于稳定状态，位温等值线比较规则，但在下游山脉山顶上空等值线则密集。有热岛时浓度则比无热岛时大。

盛行风和静风条件下，前者浓度要比后者低数倍，显然在盆地微风条件下，很容易形成严重污染，而当地气象条件的常年分析结果表明，冬季城市静风微风天气占大多数，所以在这样的谷地中，城市工厂规划和建设时必须考虑到这一点，其污染严重的原因是污染物难于输送出去，只能从沿山脉走向的出山口输出。

我们给出无热岛时 02:00 和 15:00 浓度分布图（有无热岛分布曲线基本相同），可以看到晚间逆温层的抑制作用以及白天对流混合情况（图 5、图 6）。

3　结　束　语

山谷盆地白天由于辐射加热，山坡和平原之间形成坡风环流，在某些情形下，如山坡和周围空气温差加大，上坡风加强，导致谷地中气流下沉辐散，近地面的热量沿山脚向山坡输送，使得盆地中心上空温度相对周围空气温度低，从而形成一个冷中心，也即冷岛，同时冷岛的出现反过来又使得坡风环流加强，这对于污染物的输送和扩散是极为有利的。对处于谷地中比较密集的城市来说，存在热岛效应，而坡风环流的作用往往使得热岛的出现不很明显。谷地冷岛与沙漠地带绿洲冷岛的形成有本质区别，后者是由于绿洲内植物的蒸腾作用消耗热量，使得绿洲增温慢于周围沙漠地带[9]。

从实测结果看，冷岛一般出现在大气对流不稳定的晴天中午前后，强度可达 1℃，在 11:00 左右出现，13:00 前后达最大，15:00 消失。而晚间城市建筑物结构热容量大，冬季大片取暖出现热岛，而下坡风环流使污染物向谷地中心堆积，气流辐合上升，但逆温层的存在，又抑制污染物的扩散输送，形成严重污染，静风热岛晚间谷地上空浓度最大，有风时污染明显减轻。

污染物浓度随时间变化和空间分布，两者的数值模拟结果和实测值相似，本文的模式计算和实测结果有一致性，借助于该模式可说明谷地冷岛对周围流场及浓度分布的影响。由于谷地冷岛的研究处于初步阶段，还有待更多资料的验证和分析。

参 考 文 献

[1] Bornstein R D. The two-dimensional URBMET urban boundary layer model. J. App. Mete, 1995, 14: 1459-1477.

[2] Ivanyi Z, Mersich I. Simulation of the urban air pollution based on a numerical UBL model. Atmos, Envir., 1982, 6(8): 1839-1849.

[3] Atwater M A. Thermal effects of urbanization and industrialization: a numerical study. Boundary-layer Mete., 1972, 3: 229-245.

[4] Yu T W, Wagner N K. Numerical study of the nocturnal urban boundary layer. Boundary-layer Mete., 1975, 9: 143-162.

[5] Asai T, Mitsumoto S. Effects of an inclined land surface on the land and sea breeze circulation: a numerical experiment. J. Mete. Soc. Japan, 1978, 56(6): 559-570.

[6] Ookouchi Y, Uryu M, Sawada R. A numerical study on the effects of a mountain on the land and sea breezes. J. Mete. Soc. Japan, 1978, 56(5): 368-386.

[7] 桑建国、吴刚, 等. 大气科学, 1985, 9(3): 226-233.

[8] 苏从先、胡隐樵, 等. 绿洲冷岛的行星边界结构, 气象学报, 1987, 45(3).

[9] 苏从先、胡隐樵, 等. 大气科学, 1987, 11(4): 390-396.

Preliminary Study of the Urban Cold-Heat Island and Its Effects in the Valley Region

YANG Lirong et al.

Chinese Research Academy of Environmental Sciences, Beijing 100012

Abstract: The formative mechanism of the cold island has been studied by treatment and analysis of the data obtained from field observation. On the basis of a two-dimensional numerical study of the slope wind circulation over a basin terrain, it has been analysed that the urban cold-heat island has an effect on the slope wind circulation and the distribution of pollutant concentrations in the valley region. The results show that at night the slope wind circulation will increase when there exists heat island, and there is a disadvantageous effect on the transport of the pollutants due to the increased slope wind circulation: and there is a beneficial effect on the diffusion and transport of the pollutants when there exists cold island at daytime.

Key words: cold-heat island; slope wind circulation; valley region

近四十年我国气候变化的初步分析[①]

陈隆勋[1]，邵永宁[1]，张清芬[1]，任阵海[2]，田广生[2]

1. 中国气象局气象科学研究院
2. 国家环保局环境科学院

摘要： 本文对近四十年来我国的气候变化作了一个初步分析。结果表明，众所周知的全球增暖在我国只反映在东北、华北和西北西部地区；大约 35°N 以南，南岭以北，青藏高原以东地区是变冷区，变冷中心在四川、陕南和滇北；在全球温室效应下，高低纬变湿和中纬变干，而我国则大部分地区变干，华北和西北变干更明显。我国气候变化特点和全球增暖趋势有许多不一致，这一点值得引起我国气候学家的注意。

1 引 言

近年来，不少学者提出全球增暖以及它们可能对环境和生态变化的影响。这种气候变化已成为全球人类瞩目的重大问题。一般认为，它是人类工业革命以来大量温室气体（如 CO_2，N_2O，CH_4 和 CFC_s）向大气排放的结果。目前，描述全球温度变化最好的代表曲线是 Hansen（1988）[1] 给出的。根据该曲线，全球平均地面气温约增加 0.8℃。

全球在变暖，我国气候变化实况如何？张先恭等（1982）[2]对我国温度等级进行研究，赵汉光等（1989）[3]研究我国冬季温度变化，和陈隆勋等（1990）[4]研究我国温度和温室效应对农作物耕作制度的影响，都指出了我国气温变化的特点。20 世纪以来，我国以 30 和 40 年代最暖，随后迅速变冷，80 年代温度回升，但未达到 30~40 年代最暖期的温度水平。这种增暖主要表现为冬季温度增高。此外，一些报道指出我国有些地区，例如四川省自 1949 年后一直在变冷[②]。本文利用国家气象中心中央台长期科的国内 160 站自 1951 年 1 月到 1989 年 12 月的地面气温月平均和降水月总量资料以及 300 多个站的自 1951 年 1 月 1 日到 1983 年底的月降水量资料，分析了我国近四十年来的气候变化特点。

2 中国气温变化分析

张先恭等（1982）[2]指出，我国气温 20 世纪来以 1940~1944 年最高，气温等级为 2.51（3 级为正常，2 级偏暖，4 级偏冷），1955~1959 年最冷，等级为 3.25，随后增暖。冬季，1955~1959

---

① 原载于《应用气象学报》，1991 年，第 2 卷，第 2 期，164~174 页。
② 罗汉民. 近半个世纪四川盆地气候变化的基本趋势（四川省气科所油印本）. 1990.

年最暖（2.30 级）。夏季，1945~1949 年最暖（2.49 级）。1949 年后，除 1960~1964 年外均偏冷。

我们计算了 160 站和各省份每十年年平均气温值，由表 1 所示。由表可见，东北三省（黑龙江、吉林和辽宁）、华北地区（内蒙古、河北、山西和山东）、西北地区（宁夏、青海和新疆）和广东省以 80 年代气温最高，是 1949 年后我国最明显的变暖省份。除广东省外，这些省份每十年平均气温逐步升高。30 年间，东北三省平均升高 0.69℃、华北升高 0.71℃（北京为 0.88℃）以及西北平均升高 0.35℃，均大大超过全球增温率（0.8℃/100 年，30 年升温为 0.24℃）。这表明，除陕西、甘肃外，我国 35°N 以北地区三十九年来逐步在增暖，尤其是东北和西北西部。

表 1　各省份每十年年平均气温值

	1951~1960 年	1961~1970 年	1971~1980 年	1981~1989 年	1951~1989 年	80 年代-50 年代
黑龙江	1.89	1.93	2.18	2.67	2.16	0.78
内蒙古	2.85	3.07	3.37	3.67	3.23	0.82
吉林	4.77	4.90	5.11	5.42	5.04	0.65
辽宁	8.62	8.76	8.93	9.26	8.88	0.64
北京	11.55	11.64	11.34	12.43	11.72	0.88
天津	12.28	12.26	12.30	12.64	12.36	0.36
河北	10.36	10.67	10.85	11.20	10.76	0.84
山东	12.75	12.76	12.90	13.24	12.90	0.49
河南	14.30	14.47	14.46	14.44	14.42	0.14
江苏	14.31	14.45	14.36	14.30	14.36	−0.01
安徽	15.62	15.76	15.69	15.67	15.68	0.05
上海	15.67	15.68	15.65	15.90	15.72	0.23
浙江	16.89	16.90	16.85	16.80	16.86	−0.09
江西	17.94	18.19	18.03	18.00	18.05	0.06
湖北	16.27	16.27	16.25	16.07	16.22	−0.20
湖南	17.18	17.35	17.20	17.12	17.22	−0.06
福建	19.21	19.28	19.24	19.05	19.20	−0.16
广东	21.63	21.59	21.57	21.68	21.61	0.05
海南	23.95	23.63	23.81	23.94	23.83	−0.01
广西	21.10	21.09	21.06	21.08	21.09	−0.02
贵州	15.36	15.30	15.29	15.20	15.29	−0.16
四川	15.34	15.12	15.07	14.86	15.10	−0.48
云南	15.27	14.95	14.95	15.26	15.10	−0.01
西藏	7.70	7.24	7.58	7.65	7.54	−0.05
陕西	12.22	12.08	12.21	12.03	12.14	−0.19
甘肃	8.19	7.83	7.98	8.05	8.01	−0.14
山西	10.05	10.20	10.45	10.70	10.24	0.65
宁夏	8.87	8.73	8.86	9.01	8.86	0.14
青海	1.52	1.36	1.52	1.83	1.55	0.31
新疆	9.14	9.50	9.53	9.73	9.47	0.59

注：数值下的"—"号为中华人民共和国成立后最高的十年。第 2~5 列为每十年年平均气温值（摄氏度），第 6 列为 39 年年平均气温值，第 7 列为 80 年代减 50 年代平均值。

除广东外的 35°N 以南的其他省份及甘肃、陕西两省却是变冷的。变冷类型有三种：第一种，

50 年代最暖，以后不断变冷直到 80 年代。四川和贵州属此类型。三十年来，四川变冷 0.48℃，贵州变冷 0.16℃。其中四川内江变冷达 0.74℃，为最大。成都变冷也达 0.65℃。第二种，以 50 年代最暖，以后逐渐变冷，80 年代温度回升，但没超过 50 年代平均值。陕西、甘肃、广西、海南、云南和西藏属此类型。其中，云南和西藏（确切地说是西藏东部，因只有藏东的测站资料）前后变化不大，但云南北部在变冷，南部变暖。第三种，以 60 年代最暖，以后逐步降温直到 80 年代。江苏、河南、安徽、浙江、江西、湖北、湖南和福建等省均属此类型。它们在 20 年内分别降温 0.15，0.03，0.09，0.10，0.19，0.20，0.23 和 0.23℃，平均为 0.15℃。

图 1a 是中国 160 站 80 年代减 50 年代气温差值分布。除东北、华北、内蒙古、新疆、西藏中西部、云南南部和赣江流域为增暖区外，其他地区为变冷区。变暖区中，有以下变暖中心：呼玛（+1.14℃）、沈阳（+1.11℃）、张家口（+1.55℃）、济南（+1.31℃）、兰州和西宁（+0.68℃）、塔城（+1.75℃）和景洪（+0.87℃）。沈阳、张家口、济南、兰州和西宁的变暖中心受城市热岛效应影响较大，而沈阳东侧的通化和西侧的朝阳是中等城市，也升温+0.65℃。张家口东侧承德和北侧多伦分别升温+0.5℃和 0.78℃。离兰州西侧不远的临夏却降温-0.24℃。图 1a 中变冷中心有：内江（-0.74℃）、贵阳（-0.48℃）、大理（-0.63℃）、厦门（-0.75℃）、衢州（-0.36℃）和敦煌（-0.36℃），大多位于西南和陕南的汉中地区。图 1b 是中国 160 站 80 年代平均气温减 39 年平均（1951~1989 年）气温的差值分布，与图 1a 的分布非常相似，只在局部略有差别。图 1b 中陕南地区的负值区比图 1a 中的小。图 1b 中赣江流域为负值区，而图 1a 中为正值区。

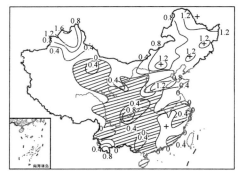

图 1a　80 年代减 50 年代年平均气温差值分布
（单位：℃）

斜线区为变冷区，等值线间隔为 0.4℃

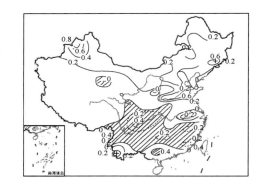

图 1b　80 年代年平均气温减 39 年

1951~1989 年平均气温差值分布（单位：℃）虚线为负值，
等值间隔为 0.2℃

为了了解气温年际变化，我们把全国分为 7 个区，做出了各区逐年和十年滑动平均气温变化曲线。其中，第 1 区包含东北三省及内蒙古东部，第 2 区为新疆，第 3 区为陕西、甘肃、宁夏和青海，第 4 区为河北、山东、山西和河南及内蒙古西部，第 5 区为江苏、浙江、江西、安徽和湖北，第 6 区为四川、云南、贵州和西藏，第 7 区为广东、广西、海南和福建。我们分别称 1~7 区为：东北，西北西部，西北东部，华北，长江中下游，西南和华南地区。图 2 是该 7 区逐年和十年滑动平均温度变化曲线，区号旁为该区 39 年平均值，纵坐标为对该多年平均值的距平。我们看到，东北、西北北部和华北地区明显增温，但这几个区在 1965~1970 年间明显地变冷，尤其是 1969 年。东北和西北西部，1989 年是 39 年中最暖的年份。华北，则以 1961 年最暖，1989 年次之。实际上许多城市如北京、天津、张家口和济南均以 1989 年最暖。而西南区，变冷趋势十分明显。我们还做了各省的十年滑动平均距平曲线，限于篇幅，图 3 只给出了辽宁、河北、内蒙古、新疆、四川、浙江、湖北和福建的曲线。图中，辽宁、河北、内蒙古和新疆总的趋势是变暖的，尽管有些波动。其特点是 50 年代开始增暖，60 年代中期有一峰值（新疆则在 60 年代初），随后变冷至 70 年代前后，气温再逐步上升达到最大值。而四川、浙江、湖北和福建却在变冷。四川从 50 年代开始气温一直在下降，变冷趋势十分明显。浙江、湖北和福建从 50 年代开始增温至 60 年代中期达到最大值，随后变冷至 70 年代初，气温略有回升后又继续下降。湖北和福建在 80 年代中期达最小值。浙江的气温最低值虽然在 70 年代初期，但 80 年代气温明显低于 50 年代。

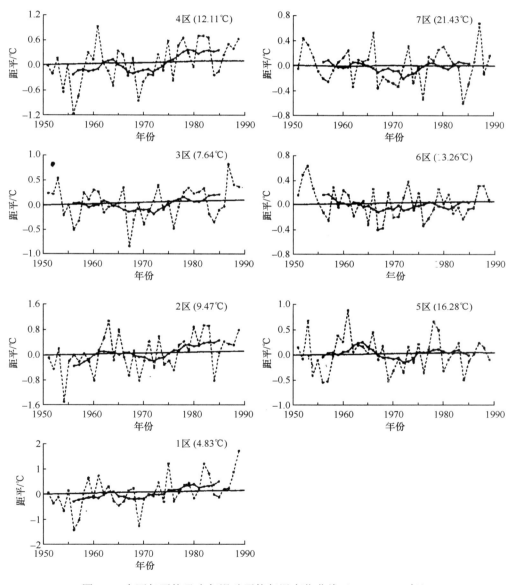

图 2　7 个区年平均及十年滑动平均气温变化曲线（1951~1989 年）

虚线为逐年变化，实线为十年滑动平均

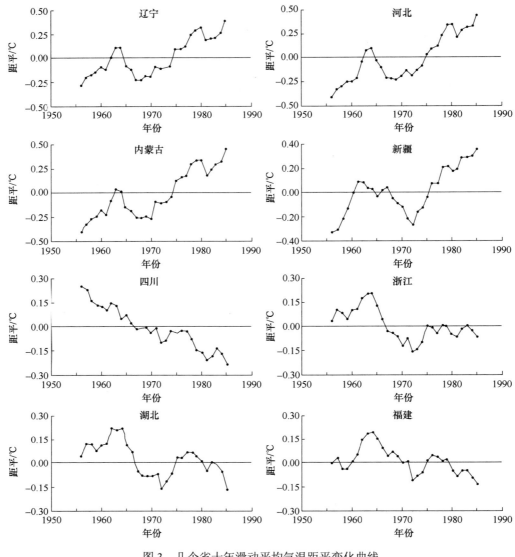

图 3 几个省十年滑动平均气温距平变化曲线

我们对冬季（12~2 月）和夏季（6~8 月）气温作了与年平均气温类似的分析，限于篇幅，表 2 只给出 7 个区的年、夏季和冬季的每十年平均气温值。从表中可见，东北和西北西部冬夏均变暖，冬季变暖在 1.26℃以上。西北东部冬季变暖但夏季变冷。华北冬季变暖；夏季以 60 年代最暖，70 年代最冷，80 年代温度回升，但回升幅度小，故 80 年代比 50 年代冷。长江中下游冬季 80 年代比 50 年代暖，70 年代最暖；夏季则自 60 年代开始一直变冷。西南地区冬季以 60 年代最冷，70 年代温度回升，80 年代又下降；夏季则以 60 年代最冷，80 年代温度回升。所以西南地区自 60 年代起冬变冷夏略变暖。华南地区冬季以 70 年代最暖，80 年代变冷；夏季以 60 年代最冷，80 年代最暖，也表现为冬变冷，夏变暖。图 4a，b 分别是中国 160 站冬季和夏季气温 80 年代减 50 年代的差值分布。冬季，基本上北方变暖、南方变冷，交界线大致自东向西沿安徽、湖北、陕西、甘肃和青海南界。此外，西藏和云南南部也是冬季变暖区。变暖中心有：呼玛、长治、沈阳—通化、兰州、哈密、塔城和云南景洪。新疆变暖中心升温达 3℃。变冷中心在衢州（−1.03℃）、宜宾（-0.78℃）、百色（-0.74℃）以及厦门（-1.03℃）。夏季，东北、内蒙古东部、新疆西部、华南和西藏为变暖区。变冷中心主要在陕西南部、四川以及哈密—敦煌。显然，四川、湖南、浙江、江苏大部分地区和厦门附近冬夏均是变冷区。

表2　中国各地区每十年气温变化　（单位：℃）

年	1951~1960年	1961~1970年	1971~1980年	1981~1989年	1951~1989年	80年代-50年代
东北	4.28	4.42	4.65	5.01	4.58	0.73
西北西部	5.63	5.72	5.90	6.17	5.85	0.54
西北东部	9.76	9.55	9.68	9.70	9.67	-0.06
华北	11.86	12.03	12.16	12.40	12.11	0.54
长江中下游	16.21	16.32	16.24	16.18	16.24	-0.03
西南	13.42	13.15	13.22	13.24	13.26	-0.18
华南	21.47	21.40	21.42	21.44	21.43	-0.03
夏季	1951~1960年	1961~1970年	1971~1980年	1981~1989年	1951~1989年	80年代-50年代
东北	20.68	20.72	20.67	20.88	20.73	0.20
西北西部	19.02	10.05	19.11	19.13	19.08	0.11
西北东部	22.37	22.10	21.95	21.74	22.05	-0.63
华北	24.65	24.92	24.51	24.56	24.66	-0.09
长江中下游	27.11	27.13	26.86	26.69	26.95	-0.42
西南	20.43	20.22	20.30	20.52	20.36	0.09
华南	27.83	27.68	27.71	28.01	27.80	0.18
冬季	1951~1960年	1961~1970年	1971~1980年	1981~1989年	1951~1989年	80年代-50年代
东北	-14.12	-14.27	-13.45	-12.79	-13.68	1.33
西北西部	-9.53	-9.70	-9.16	-8.27	-9.19	1.26
西北东部	-4.17	-4.45	-3.91	-3.60	-4.04	0.57
华北	-2.17	-2.07	-1.49	-1.20	-1.74	0.97
长江中下游	4.84	4.74	5.08	4.88	4.89	0.04
西南	5.27	4.92	5.11	5.06	5.09	-0.21
华南	13.93	13.65	13.95	13.66	13.80	-0.27

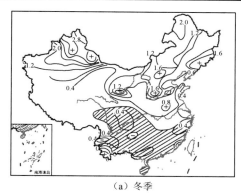
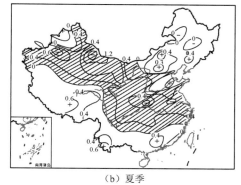

（a）冬季　　　　　　　　　　（b）夏季

图4　80年代减50年代季节平均气温差值分布（单位：℃）

斜线区为变冷区，等值线间隔为0.4℃

气温的春秋变化十分不一致。就80年代与50年代的差值分布（图略）而言，春季的差值零线大致是沿浙江、江西、湖南南界，并沿 110°E 经线，到内蒙古南界和新疆天山一线。零线以北为变暖区，以南为变冷区。变暖中心有嫩江（+1.84℃），济南（+1.81℃）和塔城（+1.99℃）；变冷中心有厦门（−0.79℃），四川的内江（−1.61℃）。秋季，大致是江苏、安徽、湖北北部、四川、陕西南部和云南北部为变冷区，四川变冷最多（宜宾−0.66℃）。变冷区还有内蒙古西部、河西走廊和新疆东部、南部。而我国的其他地区为变暖区。

综上所述，近 40 年来我国气温变化十分复杂。东北、西北西部和华北正在变暖，而其他地区则在变冷。就季节而言，汉中盆地、四川、湖南和江苏北部四季均变冷，东北和新疆西北四季变暖，西北东部、长江中游（自宜昌到南京）和华南则冬变暖、夏变冷。这种气温变化和全球增暖趋势并不完全一致。

3　近40年中国降水变化的分析

一般认为，20 世纪我国降水的总趋势大致是从 18、19 世纪较为湿润的时期转为干燥的过渡时期。从全国大范围降水来看，20 世纪的 10 年代和 50 年代是两个明显的多雨期。60 年代进入旱期，70 年代降水虽有增加，但 80 年代又趋于更为干旱。表 3 是北京、上海、广州三个记录较完整的站每十年年降水量。北京自 50 年代以来降水连续下降，80 年代达到 20 世纪最少。上海以 40~50 年代最湿，随后降水减少，60 年代达到最小值，60 年代后又增加，80 年代的降水量远未达到 40 年代的水平。广州则以 20 年代降水最多，50 年代次之，60 年代减少后又逐渐增加，但 80 年代又减少。表 4 是各省近 40 年来每十年平均降水年总量数值。自 50 年代开始，全国大部分地区降水在减少，只有湖北、广东、陕西、青海和甘肃增加。减少最多的是河北、山东、辽宁、江苏、湖南和海南。图 5a 和 b 分别是中国 160 站 80 年代减 50 年代和 80 年代减 39 年平均（1951~1989 年）降水差值分布图。图 5a 中，除湖北北部、四川东部、陕西西部、甘肃、青海、新疆南部、福建和广东沿海为降水增加区外，我国其他地区为降水减少区。图 5b 中正负区分布与图 5a 基本一致，与图 5a 相比，图 5b 中东北、新疆北部降水减少区较小，安徽、江苏南部和浙江则为正值区。结合图 1，可见近 30 年来我国基本上是变暖变干和变冷变湿。从温室效应的数值试验来看[4]，因 CO_2 增加，高纬将变为暖湿，中纬变暖干。以上分析表明，我国中纬地区变暖干，与数值试验结果一致，而东北和长江以南的观测事实则与数值试验结果不符。

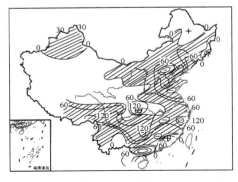 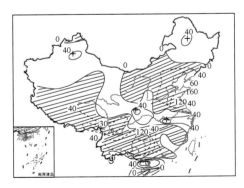

图 5a　80 年代减 50 年代降水差值分布图　　　　　图 5b　80 年代减 39 年平均降水差值分布图

斜线区为负值区，等值线间隔为 60mm，新疆北部等值线间隔为 30mm　　　　　斜线区为负值，等值线间隔为 40mm

表 3　北京, 上海和广州每十年年降水总量　　　（单位：mm）

	1910~1919 年	1920~1929 年	1930~1939 年	1940~1949 年	1950~1959 年	1960~1969 年	1970~1979 年	1980~1989 年	80 年平均
北京	642	604	583	567	820	618	605	549	624
上海	1225	1093	1195	1248	1239	1048	1084	1197	1166
广州	1596	1853	1461	1737	1773	1617	1610	1604	1656

表 4　1949 年以来每十年年降水总量　　　（单位：mm）

	1951~1960 年	1961~1970 年	1971~1980 年	1981~1989 年	1951~1989 年	80 年代-50 年代
黑龙江	555	507	456	545	515	−10
内蒙古	377	340	338	348	351	−29
吉林	690	657	647	678	668	−12
辽宁	747	717	674	654	699	−93
河北	550	535	493	440	506	−110
山东	699	725	718	560	678	−139
河南	803	799	774	769	786	−34
江苏	992	976	943	903	955	−89
安徽	1234	1081	1180	1204	1174	−30
浙江	1645	1420	1540	1572	1544	−73
江西	1624	1551	1564	1564	1576	−60
湖北	1123	1139	1079	1192	1131	69
湖南	1386	1384	1326	1296	1349	−90
福建	1516	1395	1468	1457	1459	−59
广东	1713	1607	1775	1771	1715	58
海南	1776	1603	1675	1632	1672	−144
广西	1474	1467	1520	1442	1477	−32
贵州	1123	1154	1175	1052	1128	−71
四川	1116	1096	1055	1085	1088	−31
云南	960	1008	981	941	973	−19
西藏	478	487	436	413	455	−65
陕西	651	666	619	689	655	38
甘肃	314	341	317	319	323	5
山西	522	551	516	491	521	−31
宁夏	216	216	208	194	209	−22
青海	384	380	390	398	388	14
新疆	129	105	109	125	117	−4

　　图 6 是中国 7 个地区的逐年和十年滑动平均降水变化曲线。区号旁为该区 39 年平均降水年总量，纵坐标为对该平均值的距平。除了西北东部外，80 年代明显比 50 年代降水少。其中，东北以 70 年代最少，80 年代略有回升，仍比 50 年代平均少 36mm。华北一直在减少，80 年代达到最低值。长江中下游以 60 年代最少，以后略有回升，但 80 年代仍比 50 年代平均少 36mm。西南自 60 年代起缓慢变旱。华北从总的看，降水也在减少。各省份 1951~1989 年每十年滑动平均降水曲线（图略）表明，海南、西藏和四川降水一直在下降。湖北和广东自 50 年代开始变旱，分别在

70年代中期和60年代后期达到最低值，随后降水增加，在80年代最大，是典型的降水增加的省份。浙江和新疆与这两个省的变化特征相似，但80年代比50年代降水少。贵州70年代降水最多，以后逐渐下降。辽宁、陕西、山东、河北、江苏、河南降水一直在减少，是典型的降水减少的省份。内蒙古和黑龙江从50年代降水减少，分别在70年代初期和中期达最小，随后降水增加，但80年代比50年代降水仍少。

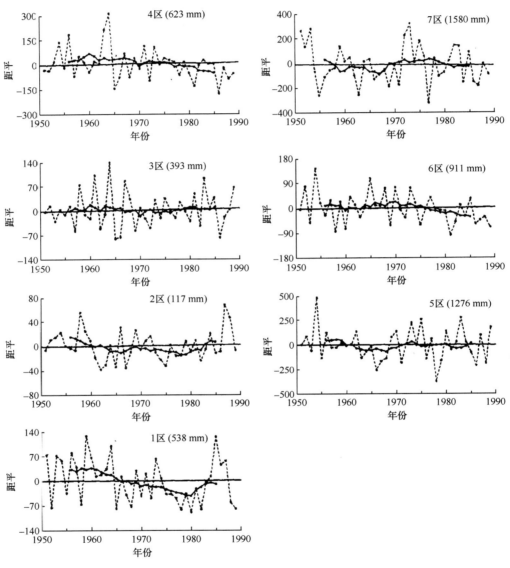

图6　7个区年降水量和十年滑动平均降水量变化曲线
虚线为逐年变化，实线为十年滑动平均

4　结　　论

从以上分析，我们可以得到以下结论：

（1）近40年以来，我国气温和降水变化具有明显的地区性。东北地区、西北西部和华北地区变暖，35°N 以南、南岭以北、青藏高原东坡以东地区变冷。大部分地区降水减少。自 1951 年以来，东北地区，西北地区和华北地区变暖变旱；西北东部地区变冷和略变湿；长江中下游地区略为变冷和变旱；西南地区明显变冷（尤以四川盆地为甚）和略变旱；华南略变冷（东南沿海在变暖）和变旱。

（2）东北、西北和华北变暖区主要是冬季变暖，而夏季有些地区是变冷的；西南（除西藏外）则冬夏均变冷；长江中下游冬季略变暖而夏季变冷；华南冬季变冷，夏季变暖。

（3）值得注意的是，西南，特别是四川和云南北部自 1951 年以来持续变冷，80 年代的最低值与 20 世纪最暖时期温度差值达 1.3℃以上。

因此，我国气候变化十分复杂。许多地区气候变化与全球增暖不同步，与温室效应的数值试验结果也不一致，需要进行深入的研究。

致谢：本文在国家环境保护局环境保护科技项目 891205 号资助下完成，特此致谢！

参 考 文 献

[1] Hansen, J., S. Lebedeff. Global surface air temperature: Update through 1987. Geophysical Research Letters, 1988, 15: 323-326.

[2] 张先恭，李小泉. 本世纪我国气温变化的某些特征. 气象学报, 1982, 4: 198-208.

[3] 赵汉光，张树森. 我国异常冬暖的时空变化及其环流特征的分析. 气象, 1989, 5: 16-20.

[4] Chen Longxun, Gao Suhua, Zhao Zongci, Ren Zhenhai, Tian Guangsheng. Change of climate and its influence on the cropping system in China. Acta Meteorologica Sinica, 1990, 4: 464-474.

Preliminary Analysis of Climatic Change During the Last 39 Years in China

CHEN Longxun[1], SHAO Yongning[1], ZHANG Qingfen[1], REN Zhenhai[2], TIAN Guangsheng[2]

1. Academy of Meteorological Science, SMA
2. Academy of Environment Science, National Environment and Protection Agency, Beijing

Abstract: The preliminary analysis of climatic change in China during the last 39 years has been made in this paper. The results show that although the global climate is getting warmer, some parts of China are cooling. The warming only occurs in northeast, north and west part of northwest China while the areas between about 35°N and Nanling mountain, east of Tibetan Plateau in China are getting cooler. The cooling centers are located in Sichuan, the south part of Shaanxi and the north part of Yunnan, respectively. Under the greenhouse effect, the precipitation becomes more in low and high latitudes and less in middle latitude. But, the precipitation in the most parts of China becomes less, especially in north and northwest China.

气候变化及其对环境影响研究[①]

杨新兴[1]，高庆先[1]，张文娟[1]，李令军[3]，王明星[2]，任阵海[1]

1. 国家环保局气候变化影响研究中心 北京 100012
2. 中国科学院大气物理研究所 北京 10029
3. 北京师范大学资源与环境科学系 北京 100875

摘要：本文介绍地球气候的历史变迁，20 世纪气候变暖的物候特征，气候变暖的观测与研究概况，以及气候变暖对人类生存环境的影响。多数人认为 20 世纪地球气候变暖；气候变暖主要是人为排放"温室气体"所致。另外一些人则持有异议。还有人认为，人类活动以及火山爆发等自然灾害都不足以改变地球气候变化的总趋势。目前多数科学家认为，地球气温将继续升高，全球的气候继续变暖；但也有人认为在下一个千年里，地球气候将逐渐变冷。气候变化对人类和动植物生存环境将会产生重大影响，主要包括对农业、林业、生态、能源系统，以及对人类活动的影响。

关键词：气候变暖；地球气温；环境影响

1 引　　言

从地球形成以来的 46 亿年间里，地球气候始终都在不停地变化着。地球气候最冷的时期，也就是年平均气温最低的时期，称为冰河期（glacier age）；地球气候的最暖时期，也就是年平均气温最高的时期，称为间冰期，或者叫作温暖期（warming age）。地球冰河期平均气温约比现代低 7~9℃，间冰期的平均气温约比现代高 8~12℃。冰河期迭次出现的时段，又被称为地球的冰河时代。处于冰河时代的地球气候，并不是持续不变的寒冷，也就是说，即使在冰河时代里，地球的平均气温仍然有一定的起伏或者波动。

多数科学家认为，20 世纪初开始，地球平均气温不断升高，全球气候变暖。但是对气候变暖原因的认识，却有很大的不同。在过去几十年里，有相当一部分人把全球气候变暖的原因归之于"温室气体"引起的地球"温室效应"。但是目前与此有关的诸多问题的答案却不能令人满意，例如，①进入下一个世纪，全球平均气温究竟上升多少？②全球气候变量，特别是降水量，将如何改变？是增加，还是减少？③气候变率会发生突变吗？④气候变化的区域分布如何？⑤极端的气候变化事件会发生吗？⑥大气气溶胶数量的增加，究竟能在多大程度上抵消气温的上升？⑦气候系统自然变化与人类活动干扰之间的关系如何？⑧大气中的二氧化碳增加肯定会影响气候变化吗？影响的程度如何？另外一些科学家则认为，人类活动以及火山爆发等自然灾害都不足以改变

---

① 原载于《第八届全国大气环境学术会议论文集》，2000 年，660~665 页。

地球气候变化的总趋势，甚至认为在下一个千年里，地球气候将逐渐变冷。

地球气候的剧烈变化，对地球上人类的生存活动会产生巨大影响。在大约 300 万年以前，即旧石器时代前 100 万年，由于冰河期的来临，人类开始穿上衣服，住进山洞，并开始制造原始的生活和劳动工具。在漫长的历史长河里，人类经历了冰河期和间冰期迭次变化的气候变迁过程。人类进入 20 世纪以后，地球气候开始变暖，冰川融化，雪线上升。近 100 年以来，海平面上升了 14 厘米，致使一些国家的沿海地区被淹没。今后，地球气候变化，对人类生存环境的影响，仍将是一个必须关注的研究课题。

2 地球气候的历史变迁

研究结果证明，在最近 12 亿年里，地球上出现过 6 次冰河时代，每次冰河时代平均持续数千万年以上，彼此相距 2 亿~3 亿年。距今最近的一个冰河时代在第四纪，约开始于 300 万年以前。根据冰河时代持续的时期（千万年以上）判断，这个冰河时代尚未结束。从目前全球存贮的永久性冰层数量判断，地球的气候也没有脱离冰河时代。目前地球陆地约有 10.6% 的面积被冰层覆盖。根据理论上的推断，在两个冰河时代之间的温暖时期里，地球上应该几乎没有永久性冰层覆盖。在第四纪的近百万年以来，至少已经出现过 4 次冰河期。它们分别是武木、里斯、民德和群智冰河期。在此之前，还曾出现过多瑙河冰河期以及其他冰河期。武木冰河期约开始于 12 万年前。每个冰河期持续约 10 万~15 万年。在每个冰河期里，平均气温同样也有高低起伏或波动，约 2 万年出现一次极冷期，每次极冷期持续约 1 万年。最近一次极冷期大约出现在 18000 年前后，全球陆地约 24% 的面积被冰层覆盖，平均冰厚 2 千米，还有 20% 的陆地为冰缘，即永久性冻土。因此，估计约有一半的陆地受到大陆冰盖的直接影响。同样，海洋也有一半面积受到流冰和冰山的威胁。由于大量液态水变为陆地上的冰层，因此那时海平面可能比现在低 100 米以上。大约在 16500 年前，地球气温又开始波动式地回升。地质学上通常把地球气温开始回升至今的一段时期称为冰河后期。冰河后期又分为三个暖期，即温暖期（9500~16500 年前）、大温暖期（5500~9500 年前）及晚温暖期（5500 年前至今天）。大温暖期（5500~9500 年前）是冰河后期里最温暖的时期，平均气温也还在不断地波动，其最高峰平均气温比现在高 2~3℃；最低平均气温比现在高 0.5~1.0℃。在大温暖期里，即约距今 5500~7000 年前，气候温和适中，称为"气候最佳时期"（climate optimum），全球平均气温比现在高 2℃。大约从 5500 年前（晚温暖期）开始，气候又逐渐变冷，在此期间里，至少发生过 6 次气候波动，气温波动的峰值和谷值一次比一次低，最后一次极冷期约开始于 400 年前，这就是著名的"小冰河时期"（Little Glacier Age）。公元 1000~1200 年之间，全球气温偏高，被称为"小气候最佳时期"（Little Climate Optimum）。当时中纬度平均气温比现在高 1℃以上；海平面比现在高 0.5 米。但是到了 16 世纪，气候又开始变冷。海上流冰、大陆冰川及雪线均发生较大变化。在小气候最佳时期里，冰岛附近很少受西北部格陵兰流冰的影响。1520 年流冰期仅为 6 周，1600 年上升到 26 周，到了 20 世纪初才逐渐减少到 8 周。同一时期，加拿大的北极地区巴芬岛雪线下降 200~400 米；中欧地区的雪线下降 200 米，造成山崩和洪水。各地区冰川线普遍向前推进，冰岛和挪威的冰川平均推进 2 公里。实际上，小冰河期气候变冷的时间，比流冰增加、冰川前进及雪线下降现象的出现要早一些，一般认为这些现象的出现比气温变化滞后 10 年或者几十年。因此，尽管这些现象出现在 1600~1900 年，但是在气候学上的小冰河期，仍然应该定为 1550~1850 年。这方面的物候证据很多，例如在小气候最佳期之后，英国广泛种植葡萄，但后来连续出现寒冬，影响葡萄正常生长。1430 年的严冬，最低气温达到–25℃，葡萄种植业被迫停止。直到 20 世纪初，气温回升，生长季节比 18 世纪延长 2~3 周，于是英格兰南部又开始了葡萄种植业。又如，在小气候最佳期里，中国的太湖、鄱阳湖、洞庭湖以及汉水、淮河等的水几乎不结冰，据文字记载，14 世纪仅有 2 次结冰，15 世纪 5 次，16 世纪 10 次，17 世纪 14 次，然而到了 20 世纪则只有 3 次。北美、欧洲以及中国的树木年轮分析结果也证明，15、17、19 世纪地球平均气温偏低。根据估计，从小气候最佳期到小冰河期，全球平均气温下降了 1.5~2.0℃。

现代的地球气候处于冰河期和下一次间冰期之间；更准确地说，即处于第四纪的一个冰河期的末期，因此尚未进入温暖期。根据冰期形成的天文学理论和地球轨道参数变化的结果估计，在今后 10 万年以内可能不会有新的冰河期出现，但其后的 20 万~30 万年以及 60 万~70 万年间里可能还会有冰河期出现。

3　20世纪的气候变暖

3.1　气候变暖的物候证据

气候学上的季节变化，通常是由各地的实际气温确定的，规定以每候（5 天）平均气温在 10℃以下时为冬季；在 10~22℃之间时为春季或者秋季；在 22℃以上时为夏季。德国慕尼黑大学的科学家在英国、爱尔兰、西班牙和斯堪的纳维亚半岛共设立了 7 个实验站。经过数十年的观测和研究，他们发现这些地区的树木发芽和花期开始（日平均气温在 10℃以上）的时间，均比前一年提前 1/5 天，30 年间提前了 6 天。他们还发现，秋季到来的时间也一年比一年晚。1998 年秋季开始的时间比 1959 年推迟了 4.8 天。由于春季提前开始和秋季的推迟，无霜期时间增长，使得植物的生长期较之 60 年代初期延长了将近 11 天。由于春季提前，夏季也来得早；而秋天的推迟，意味着夏季的延长。至于冬季，不但时间比过去缩短，而且各地的平均气温也逐年增高，因此，严寒的时日减少，出现了明显的暖冬现象。春早、夏长、秋迟、冬暖的现象虽然发现在欧洲，但是它却反映了全球气候变暖的趋势。1990 年以来，我国每年的冬季也都呈现暖冬现象。冬暖春来早已经成我国目前气候变化的一个显著特点。

世界气象组织发表的公报指出，1997 年全球平均气温比基准时间（1961~1990 年）的平均值高出 0.43℃，1998 年比基准时间平均值高出 0.58℃，比 19 世纪末高出 0.7℃。根据英国《自然》（*NATURE*）（1999）杂志报道，在过去 30 年里，全球各地春季到来的时间每一年都有所提前，1999 年春天开始的时间比 30 年前提前 6 天；而夏季则有变长的趋势。

3.2　气候变化的科学观测与研究成果

在最近 500~600 年里，地球气候变化有两个特点，即小冰河期的出现以及 20 世纪的气候变暖。近百年来，已经有了大量的观测数据和资料，因此研究 20 世纪的地球气温变化，不必再用代用资料。米切尔（Mitchell，1961）最早建立了一个比较可靠的半球和全球的气温序列。他根据 100 个观测站的数据和资料，按照纬度带计算平均值，然后按照各个纬度带面积加权计算半球和全球的平均值。北半球纬度带取 0~80°；南半球取 0~60°。以 1880~1884 年平均值为基准，自 1870~1874 年，到 1955~1959 年，每 5 年平均一次，并对基准值求偏差。研究结果发现，自 19 世纪末到 20 世纪 40 年代，北半球平均气温上升了 0.6℃，南半球平均气温上升了 0.4℃，全球平均气温上升了 0.5℃。

后来，世界上有 30 多位学者，都曾经试图建立半球和全球平均气温序列。其中比较可靠又具有一定特色的气温序列有 3 个，它们分别是苏联的维尼可夫（Винников）、英国的琼斯（Jones）、美国的汉森（Hansen）等建立的 3 个温度序列。维尼科夫（Винников）、琼斯（Jones）、汉森（Hansen）等，尽管采用的研究方法不完全相同，但是他们对温度序列的分析结果，都得到相同的结论：地球气候正在变暖。

安其尔（Angel）等（1987）的观测研究结果，也支持地球气候变暖的结论。他们在全球建立了一个观测网，设 63 个测站，其中有 38 个在北半球，25 个在北半球，覆盖了从地球南极到北极的大部分地域。63 个测站均为无线电探空站，可以获得对流层和平流层的温度资料，只是序列太短，从 1958 年至今仅 40 多年。这个观测网得到的全球平均气温，与琼斯（Jones）等根据 200 个测站得到的结果的相关系数为 0.9；与汉森（Hansen）等的序列也很一致。

4　气候变暖的原因

在过去几十年里，有相当一部分人把全球气候变暖的原因归之于"温室气体"引起的地球"温室效应"。"温室效应"是否是地球气候变暖的主要原因？实际上，即使人们十分热衷的二氧化碳对气候的影响问题，至今也还没有看到有足够的证据，能够说服人们相信关于这一问题结论是唯一的，是确定的。气候变暖的原因是一个很复杂的科学问题，继续研究是必要的，但作出问题的结论似乎尚需时日。目前全球气候变化的研究结果，仅仅是建立在一系列假定条件基础上的对未来所谓温室气体浓度变化的一种"推测方案"。通常做法是，依据假定的未来世界人口增长、经济发展以及社会变化的情景，建立未来的温室气体排放的"构想方案"。然后根据某种"构想方案"，利用一些简单的温室气体浓度变化模式，推算未来的温室气体浓度变化。在这里，存在两个严重的问题值得讨论：①关于未来"构想方案"问题。人们对二氧化碳过去和现在的源与汇，基本上有了定量的认识，未来排放的"构想方案"也有一定的根据，例如，IPCC（Intergovernmental Panel of Climate Change）推荐的 6 种方案，据说都是可能实现的。问题在于这些方案之间的差别太大了。你能相信哪一个是正确的？至于温室气体，问题就更严重了。科学家们对当前的温室气体的认识尚且无定论，至于它们未来的排放构想那就更不会有什么实际意义了。②关于温室气体浓度变化模式的局限性。全球碳循环的模式，仅仅能够大致描述过去有记录以来的大气二氧化碳的浓度变化，至于在人类活动干扰下的碳储库对二氧化碳浓度变化的响应速率问题，尚且不能正确模拟。对于其他温室气体，由于对它们现在的源与汇尚不能准确定量描述，因而建立相应的模式也就没有科学的依据了。至于用它们去模拟未来变化的情况，当然也就更没有意义。

目前，根据不同的"构想方案"，采用某种数值模式对温室气体浓度变化所引起的气候变暖问题的预测结果完全不同。更为严重的是，采用不同的数值模式计算出来的温度和降水的分布差别甚大。除此之外，目前的气候模式的一个缺陷在于都还没有正确解决反馈问题。例如，当地表温度上升后，地面蒸发量增大，如果高空气温略有下降，云量就会增加；云量的增加，将形成对地面温度的负反馈。其次，目前的气候模式对于引起较长期（10 年以上）气候变化的影响因子，例如，太阳辐射变化、地球轨道变化、地球地壳的变化以及地球表面状况（水圈、生物圈、冰雪圈等）的变化等，尚未包括在内，或者未能准确描述。另外，模式对于气溶胶的辐射效应以及气溶胶本身的物理和化学性质的描述也远远不够。因此，严格说来，目前对于人类活动引起的全球气候变化的数值模拟结果，仅仅能够说明是对某种气候模式的一种测试结果，而绝不能认为是对未来气候变化的一种科学预测。影响未来气候变化的因子很多，人类活动造成的大气温室气体的增加，仅仅是诸多因子中的一个，而且现在还不能断言，它是最重要的因子。

根据目前的科学发展水平，只能认为影响地球表面气温变化的主要因素是地球大气层的厚度，以及大气层内的物质成分的质量和数量的变化状况。采用经典物理学的方法能够准确地证明，如果没有大气层的存在，全球地表的平均气温，将会比现在实际观测到的全球平均气温降低 33℃。作为一种正确而自然的推理，大气层内物质密度的增加，将会导致全球平均气温的升高。

总之，关于地球气候变暖的原因，目前还没有定论。还需要科学家们进行艰苦的努力，继续不断地进行深入广泛地研究和探索。

5　气候变暖对环境的影响

气候变暖对环境的影响，主要包括对农业、林业以及生态系统的影响，对人类以及动植物生存活动的影响，对能源系统的影响，对社会各个经济部门的影响。气候变暖对环境造成的负面影响，目前已经有过很多的表述，但是对气候变暖带来的正面影响的评估资料却很少。

（1）对农业的影响。地球气候变暖，冻土带将向两极地区偏移，北半球的农业种植带也将北移，无霜期将延长，农作物复种指数将会增加，农作物的产量和质量将发生改变。在热带和亚热带地区，由于气温很高、降水量多，气温上升 1~2℃，对农业可能不会有明显的影响。但是，对于气温较低、降水较少的冷温带地区，气温的上升对农业的影响总效果将是比较显著的。对于气温适中、降水偏少的暖温带地区，气温上升，降水量增加，则对农业是有益的。但是，如果气温上升，降水量不增加甚至减少，那么将会给农业带来灾难性的后果。气温升高对于不同地区农作物产量的直接影响主要表现在：温带地区有较轻微的损失；热带地区的损失较大，但这种损失将被二氧化碳浓度升高带来的产量增加所补偿。在高浓度二氧化碳条件下，农作物的产量将提高 30%。因此，从全球总的效应来看，气候变暖将不会对农业产生显著的危害。

（2）对林业的影响。森林生态系统储存了地面以上碳总量的 80%，储存了土壤中碳量的 40%。地球平均气温，只要增加 1℃，便足以改变森林植被原有物种的生长和更新能力，改变森林植被物种的固有组成和结构；森林植被物种结构类型的 8%~30% 将会发生改变。这将意味着现有森林植被物种生长速度减慢。森林动态模式的模拟结果表明，全球的木材行业将因气候变暖增加的生物物质产量中获取更多的利益。

（3）对生态系统的影响。由于气候变暖，气温升高，地球生态环境发生改变，物种之间生存竞争能力改变，生物物种的结构和组成也将发生巨大变化。一些不能在新的环境里生存的物种将消失，能够适应新的环境的物种将生存下来，还可能有一些新的物种出现。特别值得注意的是，气候变暖之后，一般是冬季气温上升幅度较大，植被害虫的越冬率，繁殖率都会增加，因而害虫的群体将会增大，对植被造成更大的危害。

根据计算光合作用效率和生物质净生产力的生物物理模型的模拟预测，生态系统的净生产力将随着气候变暖而增高；热带和温带生态系统将向高纬度延伸，这将意味着把北半球的森林植被地带推进到冻土地带。因此可以预料，在更暖、更潮湿、二氧化碳浓度更高的自然环境里，地球上将会出现一个植被更加繁茂的绿色世界。

（4）对能源系统的影响。气候变暖对于能源行业的影响，过去的研究重点在于因制冷电耗数量的增加，导致能源需求量的增加问题。最新的研究结果表明，由于气候变暖，寒冷地区取暖所消耗的能源将会减少。考虑到取暖和制冷降温两个方面对能源需求数量的变化，新的预测认为气候变暖对能源需求的影响应该不会很大，至少要比过去人们所预测的结果要小一些。

（5）对海平面的影响。海平面高度的变化原因是复杂的。第四纪最近一次冰盖融化引起的地壳运动，即所谓均衡反应，引起的海洋密度与环流变化均对海平面有影响。巴尼特（Barnett）在对上述诸因素进行修正之后，发现 100 年以来，海平面上升了 14 厘米；海平面上升的一个原因是海水的热膨胀，另一个原因是冰川融化。此外实验观测证明，全球小冰川的物质平衡的结果为负值，并且发现最大亏损（即冰川融化）发生在阿拉斯加，以及青藏高原西南部和南美洲的安第斯山南部。气候变暖将导致雪线上升，冰盖融化，海洋水面上升。某些海岸带和沿海地区的较低的陆地，将会被水淹没。虽然由于气候变暖引起的海平面上升，仍将是一个严重的问题，但是新的模式预测海平面将至多上升 0.5 米，而不是以前所预测的上升 1 米。如果经济损失与海平面上升幅度的平方成正比，那么过去对经济损失的估计，也将相应降低到原来所估计的损失量的 1/4。

（6）对人类活社会经济活动的影响。气候变暖将直接影响到建筑、交通运输、水力发电、旅游和娱乐等行业。气候变暖对人类活动的负面影响，主要表现在由于气候变暖，使易于滑雪的季节变短，适合于滑雪的区域面积减小。但是实际上，人们的多数户外活动是在较温暖的季节里进行的。因此，气候变暖给人类活动带来的正面影响将会大于它的负面影响。过去的研究结果认为，气候变暖将会使世界各地普遍遭受损失，而新的研究结果表明，气候变暖造成的影响将随地理位置的改变而有所不同，处于高纬度地区的国家，如北美、欧洲以及独联体各国将从中受益最多，而地处热带、亚热带地区的国家，如非洲、南美以及亚洲许多国家，将蒙受巨大损失。气候变暖产生的正面和负面影响的净效应，目前并不十分明确。过去的研究认为，如果在 21 世纪末气温平均升高 2℃，全球的经济损失估计为 GDP 的 1%~2%（Nodhaus，1994）；而最新的研究结果预测表明，全球经济损失将仅占 GDP 的 0.1%，而且还将获益 0.1%GDP。显然，新的预测结果，比过去的预测结果，已经小了一个数量级。

参 考 文 献

[1] Lamb H H. Climate History and the Future. Methuen and Co. Ltd. London.1977.
[2] Houghton J T. The Global Climate. Cambridge University Press, 1984, 255: 24.

我国在气候变化国际谈判中的政策分析[①]

李令军[1]，张文娟[2]，杨新兴[2]，高庆先[2]，任阵海[2]

1. 北京师范大学资源与环境科学系 北京 100875
2. 国家环境保护局气候变化影响研究中心 北京 100012

摘要：本义介绍和分析了在履行《京都议定书》的国际谈判中，世界主要国家的态度和立场。欧盟国家取积极支持态度；日本取比较温和的支持立场；美国采取拖延和讨高价的强硬态度，发展中国家认为，发达国家过多消耗了地球上的大量物质资源，排放了过多的污染物，给全人类制造了灾难，应该积极主动地承担减排的责任和义务；发展中国家大都面临发展经济，解决人民的衣食温饱的迫切问题，不可能也不应该动用十分有限的资金，去解决主要由发达国家造成的世界环境污染问题。中国经济在达到中等发达国家水平之前，不可能承担减排温室气体的义务；即使达到中等发达国家水平之后，也还必须仔细研究和考虑在承担减排义务之后，可能给中国的经济和社会所带来的负面影响和损失。

关键词：气候变化；国际谈判；京都议定书；减排义务；经济安全

1 引 言

围绕气候变化的国际谈判，自 1990 年正式启动以来,已成为一场异常艰苦而漫长的谈判历程。1992 年在里约联合国环境与发展大会上通过的《联合国气候变化框架公约》（UNFCCC）为气候变化问题的解决奠定了重要的法律基础，但公约提出"将 2000 年排放总量控制在 1990 年水平"的减排目标缺乏法律约束力。1997 年 12 月在日本东京召开的第三次缔约方会议通过的《京都议定书》，首次为附件 I 国家规定了具有法律约束力的具体减排目标，即到 2008~2012 年，附件 I 国家整体在 1990 年基础上平均减排温室气体 5.2%，并引入了联合履约（JI）、排放贸易（ET）和清洁发展机制（CDM）三种灵活机制。尽管议定书还存在许多有待明确和细化的具体问题仍在谈判之中，但《京都议定书》作为一个重要的里程碑，必然对国际气候谈判，乃至整个世界政治经济格局产生重大而深远的影响。究竟《京都议定书》对我国未来的社会经济发展有哪些影响，这是一个非常值得研究的课题，而且带有很大的不确定性。为了在国际环境外交斗争中，维护我国和各个发展中国家的基本利益和要求，有必要首先对各个国家在议定书上的态度，以及我国在未来温室气体减排方面的工作做一初步分析，并在此基础上，结合有关国际准则，在其后续工作中作进一步的研究。

[①] 原载于《第八届全国大气环境学术会议论文集》，2000 年，672~677 页。

2 各国在气候变化国际谈判上的态度

《京都议定书》是人类为解决地球气候变化问题迈出的第一步。但《京都议定书》能否批准生效，至今仍是一个很大的悬念。根据规定，《京都议定书》要批准生效，则至少需要 55 个国家批准，并且其 1990 年排放量之和达到全球总排放的 55%。《京都议定书》的前途，决定于国际气候谈判中几大利益集团的态度，以及他们之间在利益方面的错综复杂的互动关系。

2.1 欧盟的积极态度

首先，欧盟（EU）是国际气候谈判的最初发动者．一直是全球减排最主要的推动力量，并希望担当谈判领导者的角色。这种态度和表现，与欧洲国家普遍具有较强的环保意识有关。从实现最终稳定全球气候系统的长远环境目标的角度看，欧盟希望历经多年艰辛谈判才达成的《京都议定书》能够获得批准生效，而不是半途而废。当然，欧盟积极推动国际气候谈判，也有利用其自身在减排成本方面的优势，抬升自己在国际市场竞争方面意图；竞争对手主要针对美国。这可以被认为是欧盟发动国际气候谈判的初衷之一，也是他们至今没有放弃的一个重要目标。欧洲结成今天的政治和经济联盟，在很大程度上，主要是为了与美国在世界经济中的霸主地位进行抗衡。早在京都会议之前欧盟就提出，到 2010 年在 1990 年基础上减排 15% 的目标。2000 年 4 月 28 日，欧共体又采纳了一项旨在提高欧盟成员国能源效率的行动计划，这一计划明确指出，其目的在于为完成《京都议定书》减排义务创造一个全球的、具有连续性的能源战略。根据行动计划，通过提高能源效率措施，应使欧盟完成在未来 10 年能源密度在 BAU 基础上平均每年下降 1% 的目标。由此降低能源消费所带来的 CO_2 减排量，将达到《京都议定书》规定欧盟减排总量的 40% 左右。从减排的实际行动来看，从 1990 年至 1996 年，欧盟温室气体总排放量约下降了 1%，其中欧盟内第一排放大国，分担着欧盟总减排量目标 75% 的德国下降了 10%，第二排放大国英国下降了 5.8%，位居第三、四位的意大利和法国的排放有轻微上升，分别为 1.6% 和 1.1%。上述种种迹象表明欧盟批准议定书的态度是相当积极的。

2.2 美国的强硬立场

美国作为世界最大的温室气体排放国，1990 年排放占全球总排放量的约 1/4，占附件 I 国家排放量之和的近 40%。毫无疑问，美国在决定《京都议定书》前途的博弈中起着关键作用。尽管克林顿政府比里根和布什政府，在对待气候变化问题上，有稍许积极的表示，但与欧盟相比，在减排温室气体上美国明显缺乏政治意愿。它一方面担心减排会对美国经济造成冲击，损害美国企业在国际市场的竞争力，另一方面害怕与履约相关的国际监督、执行、核查机制，对美国的权威形成制约和挑战。从实际行动来看，《京都议定书》规定美国的减排目标是在 1990 年基础上减排 7%，而 1990~1996 年间，美国温室气体的总排放量不仅没有下降，反而上升了 8.7%。美国的强硬立场是其推行全球战略，维护美国在国际政治经济格局中霸主地位的一种反映，同时也与美国国内政治斗争的激烈和复杂程度，有很大关系。美国国内复杂的政治制度和决策程序，使政府在决定重大问题上不可避免地受到来自国会、产业界和公众舆论等多方面的强大压力。早在京都会议之前，美国参议院就以 95：0 的票数，通过了 Byrd-Hagel 议案，称美国不会接受任何有关气候变化的国际协议，除非协议要求所有参与者都承担相应的义务（comparable sacrifices）。这一议案的主要观点已为政府所接受。为此，克林顿总统宣称，在明确履行义务的政策灵活性、履行义务的成本和发展中国家"有意义的参与"（meaningful participation）之前，不会提交参议院讨论是否批准《京都议定书》的问题。关于履行减排义务的经济成本，美国国内有许多争论，学术界的研究结果往往大相径庭。1998 年 7 月，美国政府推出由总统经济顾问委员会（President's Council Economic Advisers，CEA）准备的一份研究报告，其经济分析结果表明，在最好的政策环境下，美国完成《京都议定书》规定的减排目标的成本及对能源价格的影响不会太大，即\$100 亿，大约相当于使 GDP 平均下降 0.5%，汽油价格每加仑上涨\$0.05，不会对贸易逆差有负面影响，也不会在总体上造成严重的失业问题。另一些经济学家的分析则认为，美国的减排成本极高，《京都议定书》规定的减排目标对美国来说是根本不可行的，如 Wharton 经济预测协会（Wharton Economics Forecasting Associates，WEFA）预测，要将 CO_2 排放量恢复到 1990 年水平，需征收 200\$/吨的碳税，每年 GDP 约减少\$2280 亿，下降 2.5%以上，汽油价格每加仑上涨\$0.45，贸易赤字急剧攀升，失去 100 万个报酬优厚的就业机会，等等。无论怎样，为了维护自身利益，美国的基本立场是，任何气候变化国际协议都必须以市场的、灵活的、全球性的原则为依据。大多数人认为，美国至今还没有任何打算批准议定书的迹象，至少不可能率先批准；美国把发展中国家的参与减排作为自己履行减排义务的先决条件，这种明知不可为而为之的"要高价"策略，不过是为自己拒绝参与减排寻找借口而已。一旦《京都议定书》破产，美国就可能反过来指责发展中国家是破坏议定书的主要责任方。

2.3　日本仍在犹豫

　　日本是 JUSSCANNZ 及伞形国家集团（包括部分经济转轨国家）的主要的成员之一。作为 1997 年京都会议的东道主，在调和各方意见分歧方面发挥了很大作用，表现了相对灵活的积极态度。《京都议定书》是唯一一个以日本城市名称命名的国际协定，这是日本政府感觉到对议定书前途负有特殊责任的一个重要原因。日本 1996 年较 1990 年排放量上升了 9.3%。日本作为以节能著称的发达国家，对自身减排难度的估计是在欧盟和美国之间，2010 年温室气体排放的 BAU（business as usual）相对 1990 年约上升 20%，而欧盟和美国的估计分别约为 15%和 30%。京都会议之后，日本政府制定了合理利用能源的法律修正案，以强化国内减排政策，同时对完成议定书规定的 6% 减排义务的途径做出了规划：即 2.5%减排通过与能源相关的政策措施实现，3.7%减排依靠吸收汇，但 HFC、PPC 和 SF6 排放增长会使温室气体排放上升 2%，因此，剩余的 1.8%减排义务要通过灵活机制来完成。强调灵活机制的作用，主张对灵活机制的应用不加任何限制，是美、日、加、澳、新等国组成 JUSSCANNZ 及伞形国家集团的主要利益结合点。此外，针对发展中国家要求增加官方发展援助（ODA）的呼声，日本政府主张使用 ODA 投资 CDM 项目。同时为了避免一旦完不成减排义务而受到严厉惩罚，日本在遵约机制谈判中极力反对诸如违约罚款等强制性手段，主张采用比较温和的、促进性的措施。总的来看，日本虽然有担心和犹豫，但还是存在一定的政治意愿，希望谈判能顺利推进，议定书能在适当的时候发挥效力。

2.4　发展中国家的立场

　　《京都议定书》的批准生效，至少需要 55 个国家，在 38 个附件Ⅰ国家之外，至少还需要 17

个非附件 I 国家的批准，但这显然不会构成议定书批准生效的障碍。根据《京都议定书》，非附件 I 国家的义务仅限于提交国家信息通报，制定减缓和适应气候变化的计划，加强能力建设等非核心义务，而尚未承担具体的限排或减排义务。

发展中国家认为，发达国家过多消耗了地球上的大量物质资源，排放了过多的污染物，给全人类制造了灾难，应该积极主动地承担减排的责任和义务；同时还认为发展中国家大都面临发展经济，解决人民的衣食温饱的迫切问题，不可能也不应该动用十分有限的资金，去解决主要由发达国家造成的世界环境污染问题。它们认为，发展中国家，只能而且应该按照《京都议定书》的规定，仅限于提交国家信息通报，制定减缓和适应气候变化的计划，加强能力建设等。促进《京都议定书》批准生效，使发达国家确实在全球减排行动中担负率先减排的责任，并履行其在资金援助和技术转移方面的义务，是符合发展中国家一贯立场的。

关于美国提出的发展中国家，尤其是中国、印度、巴西等发展中大国"有意义的参与"问题。这一概念本身的含义并不明确。除明确承诺限排或减排义务外，自愿承诺、参与 CDM 项目，甚至国内采取某些有减排效果的政策措施等，似乎都有可能解释为"有意义的参与"。在美国等发达国家的劝说和鼓动下，阿根廷等少数发展中国家已经提出了自愿承诺目标，并被视为发展中国家参与全球减排的重要途径之一。显然，主要发展中国家大国在承诺义务之前，会根据自身发展的需要，正在并将继续为气候变化问题做出自己的贡献，但在有关《京都议定书》前途问题上，不可能为了争取美国的批准而让步。

3 我国未来温室气体排放量预测及减排潜力分析

我国自改革开放以来，随着经济的快速发展和人口的不断增长，能源消费量急剧上升，二氧化碳等温室气体排放量也有了较大的增加，据初步估算，1990 年我国人为活动产生的六种温室气体排放量约为 2874880Gg 的 CO_2（各种温室气体升温潜能值为 IPCC 第二次评估报告推荐的、在 100 年时间尺度下的数值）。以碳计为 7.84 亿吨，约为同期美国排放量的 47.9%。

我国从 1980 年到 1990 年的 10 年间，GDP 年递增率为 9.98%，能源消费年递增率为 5.06%，能源消费弹性系数为 0.56。单位 GDP 的能源消费强度，以 1980 年不变价格计算，从 1.35kgce/元，下降到 0.96kgce/元，年节能率平均为 3.6%。从 1990 年到 2010 年初的能源消费弹性系数，将有较大降低，年节能率亦相应提高。其后，随着 GDP 增长速度的放缓，虽然能源消费弹性系数进一步下降，但年节能效率会相应降低。

随着经济的持续发展和人民生活水平的日益提高，我国在气候公约履约进程中面临的形势将会更加严峻，这主要表现在：一方面随着京都议定书的生效及其履行，美国的温室气体排放增长趋势将会得到一定程度的抑制，而我国的能源需求量则仍将有一个较大幅度的增长，以煤为主的能源结构所产生的二氧化碳排放量不可避免地也将会有一定的增加，预计在 2020 年左右，我国的二氧化碳排放总量就有可能超过美国，成为世界上第一排放大国。另一方面，随着我国二氧化碳排放总量的增加，以及我国人口增长速度的逐步下降，预计将在 2025 年左右，我国的人均二氧化碳排放量将超过全球平均排放水平，虽然这个水平离发达国家的平均值还相差较远，但这将在一定程度上使我国在履约活动中逐步丧失人均排放的优势。

4　承担限排或减排义务后可能面临的国家安全挑战

从长远来看，中国以某种方式参与全球减排行动，甚至承担某种形式的限排或减排义务在所难免．一旦我国以某种形式承担了具有法律效力的限排或减排义务，并直接参与全球排放市场后，我国还将面临经济安全、能源安全、遵约的法律责任问题等一系列关系国家安全的严峻挑战。

首先，最大的政治风险是在不具备条件的情况下，过早承担超过自身能力的限排或减排义务，我国不仅因此遭受巨大的经济损失，还将失去发展的机遇和空间，严重影响发展战略目标的实现。但我国参与和承诺的底线究竟在哪儿，目前仍缺乏深入系统的研究，诸多不确定性因素给国家决策和外交斗争带来很大难度。其次，无论通过 CDM 还是 ET，中国一旦参与全球排放市场，将不可避免地面临其他竞争对手，如苏联和东欧国家，以及其他发展中大国等。减排成本决定着竞争力的强弱。中国能否在激烈的竞争中将潜在收益变为现实，低成本减排机会能否维持下去，如何使国际资本流入服务于中国可持续发展目标，并防止其起破坏作用，如污染转移、对汇率的冲击等，都直接关系到中国的经济安全和发展前途。此外，实施限排或减排政策之一是能源结构调整和燃料替代，中国不得不较少地使用煤炭，而更多地依赖进口石油和天然气。动荡的国际石油市场将对中国的能源供应产生直接的不利影响。中国必须建立一个清洁、高效、可持续的能源体系，在满足环境目标的同时保障能源安全。最后，遵约问题是所有缔约国必须面对的严肃问题，尤其是明确承担具有法律约束力的限排或减排义务之后，主权国家将面临许多严峻的挑战。例如，与公约和议定书相关的监督、执行、核查程序可能与维护国家主权发生冲突。国际非政府组织的地位日益上升，可能构成对政府权威的制约。一旦完不成减排目标，国家必须承担相应的不遵约法律后果，不仅可能遭受经济上的惩罚，还会造成国际形象的损害等。

5　我国在气候变化谈判方面的对策及下一阶段工作建议

5.1　我国在全球变暖问题上的基本立场

为了维护我国的国家利益，在全球气候变暖问题的国际谈判中，我国政府应该坚持的基本原则和立场是：①中国是一个发展中国家，目前的首要任务是发展经济，提高人民的生活质量和水平；由于能源消费数量的继续上升，污染物排放量的增加是很难避免的。②中国在经济建设和环境保护方面，将坚持走可持续发展的道路。中国在经济和社会发展规划中，已考虑到气候变化因素，中国将积极参加全球变暖问题的国际活动。③中国的经济在达到中等发达国家的水平之前，不可能承担减排温室气体的义务；即使在达到中等发达国家水平之后，也必须仔细研究和考虑承担减排义务之后，将可能给中国的经济和社会所造成的负面影响和损失。在此之前，中国政府将根据自己的可持续发展战略，努力减缓温室气体的排放增长率。但由于温室气体排放贸易是一个新问题，它已经远远超出一般的环境经济管理范围，它将涉及各国未来的生存权和发展权等问题，而且也必将对今后的世界经济秩序产生深远影响。即使现阶段讨论的仅仅是由附件 B 所示缔约方参与的议定书第 17 条下有限的排放贸易，但由于其制度是开放的，一旦形成全球化，有可能逐渐导致一个类似于世贸组织的"国际排放贸易组织"的建立。对此我们必须予以足够的重视。

5.2 我国下一阶段气候变化谈判工作的建议

我们认为对排放贸易议题的谈判,应紧扣议定书第 17 条和第 3 条,并着眼于我国的长远利益。从目前的谈判形势看,应继续保持与印度的协调性,坚持谨慎态度,适当响应欧盟有关补充性提议,继续反对 JUSCANZ 国家任何将议定书下的排放贸易扩大化的企图。

首先,应根据《气候变化框架公约》以及《京都议定书》的有关精神,坚持发达国家缔约方应"制定国家政策和采取相应的措施,通过限制其人为的温室气体排放以及保护和增强其温室气体库和汇,减缓气候变化。这些政策和措施将表明发达国家是带头依循本公约的目标,改变人为排放的长期趋势,目的在于个别或共同使二氧化碳和其他温室气体的人为排放到 20 世纪末恢复到 1990 年的水平"。因此,对于温室气体的减排来说,发达国家国内采取的措施是第一位的。正是基于这种认识,当前最重要的是具体落实附件一发达国家缔约方国内的减排措施。如果国内的减排活动尚难以落实,便匆忙寻求海外减排,岂不本末倒置,逃避责任,转移义务。其次,应坚持技术进步及其有效扩散和转让是温室气体减排的基本点。一定意义上讲,技术落后是发展中国家削减成本低的根本原因,只有不断推进经济发展和技术进步.才能提高发展中国家参与对付全球气候变化的能力。《气候变化框架公约》规定了发达国家以优惠条件向发展中国家转让先进的环境无害技术的义务,但至今见效甚微。我们认为,发达国家尽快向发展中国家转让先进的减排技术是全球温室气体减排的基本点,与建立温室气体国际贸易系统比较起来,既容易,见效又快。第三,严防对议定书第 17 条下排放贸易的目的、性质与范围的突破。即必须坚持目前《京都议定书》第 17 条下的排放贸易仅仅只是在附件 B 缔约方之间。就有关议定书第 3 条规定的分配数量的部分"转让与获得",坚持"温室气体排放贸易只能作为国内实现减排承诺活动的补充"这一原则。这种"转让与获得"的实质是从"获得的缔约方"和"转让的缔约方"的各自分配数量中"增加"和"扣除",反对在 17 条下引入市场机制和授权法律实体参与。第四,作为谈判下限,我们认为在适当时候应提出我方对议定书 17 条下排放贸易框架初步设计,使分配数量的任何部分的转让与获得可以通过附件 B 缔约方之间双边或多边协议来有效地进行。因为从最近的机制接触组主席案文中已经可以看出,美国等已对中方提出的"双边或多边协议"以及欧盟等提出的"交易所"作了反应,认为"只要能促进议定书下的排放贸易,双边或多边协议,以及交易所,对于缔约方和法律实体也是可接受的选择"。

中国干旱地区未来大气降水变化趋势分析[①]

高庆先[1]，徐　影[2]，任阵海[1]

1. 国家环境保护总局气候变化影响研究中心，北京　100012
2. 中国气象局国家气候中心，北京　100081

摘要： 对我国的历史气候资料进行了分析，特别对我国华北地区的大气降水的时空分布进行了详细分析，在联合国政府间气候变化协调委员会（IPCC）推荐的若干个全球气候变化模式中选择了 5 个比较公认的模式，对我国未来（2030 年）大气降水的变化趋势进行了初步分析，并总结了 5 个模型预测结果，对未来我国北方地区大气降水是否能缓解北方干旱给出了初步的判断。

关键词： 大气降水；气候变化；气候模式；水资源

1　引　　言

从 18 世纪末到现在，大气中主要温室气体的浓度都有显著增加。二氧化碳的体积分数从工业化前的 280×10^{-6} 增加到现在的 360×10^{-6}，增加了 25% 以上。这主要是由人类活动引起的，特别是矿物燃料的燃烧，也包括森林砍伐、生物量燃烧和非能源生产过程（如水泥生产）等。1994 年全球平均大气中甲烷的体积分数是 1720×10^{-6}，比工业革命前增加了 145%。60%~80% 的 CH_4 是由人类活动引起的。大气中氧化亚氮的体积分数约为 312×10^{-9}，而工业化前仅约 275×10^{-9}。增加的部分很有可能是由人类活动引起的。当前科学界和政治家关注的焦点是由人为活动引起的气候变化以及相关影响的问题，特别是对温度和降水的影响。

全球和中国的平均温度和降水序列是我们了解气候变化的基础资料，对于理解十年尺度到世纪尺度气候变化的许多问题，包括对未来气候变化的预测，至关重要。

气候的自然变化既可以由气候系统外部强迫因子作用引起，也可以产生于气候系统内部分量如海洋、冰雪和陆地植被的变化与反馈作用。外部强迫因子主要是太阳活动或太阳辐射的变化。仪器记录资料和古气候代用资料的诊断分析，可以帮助了解过去不同时期里自然气候变化的物理原因和机制。

我国是一个水资源短缺的国家，大气降水量的变化对我国的农业生产、国民经济和生态环境有着重要的影响，特别是对我国西部干旱、半干旱地区。目前，我国实施的西部大开发战略对水利资源的需求量加大，如何合理地分配和利用好水利资源，对实现西部开发战略的实施意义重大。华北地区是我国水资源严重匮乏地区之一，南水北调工程的规划与实施就是解决该地区水资源缺

---

① 原载于《中国工程科学》，2002 年，第 4 卷，第 6 期，36~43 页。

乏的工程手段之一。在进行南水北调工程论证与设计时，不能忽视未来气候变化对我国，特别是对北方地区大气降水的影响问题。目前，国内关于我国大气降水的历史演变趋势已经进行了比较系统与详细的分析工作。关于未来气候变化对大气降水的影响，国际上已有一些比较成熟的数值模式，对未来全球大气降水和温度的变化趋势预测有一定的可信度。

本研究首先对我国的历史气候资料进行了分析，特别是对我国华北地区的大气降水的时空分布进行了详细分析，然后在联合国政府间气候变化协调委员会（IPCC）准荐的若干个全球气候变化模式中选择了 5 个比较公认的模式，对我国未来（2030 年）大气降水的变化趋势进行了初步分析。最后总结了 5 个模型预测结果，对未来我国北方地区大气降水是否能缓解北方干旱给出了初步判断。

2 我国大气降水的历史演变分析

图 1 为我国 1961 年至 1990 年气象台站气象记录的年降水总量分布。这一时段的气象资料基本反映了我国的标准气候变化背景情况。可以看出，在我国西部开发区的大部分地区，年降水总量小于 200mm。四川、广西的降水量在 1500mm 以上，华南地区的降水量在 1600mm 以上，整个华北地区年降水量在 700mm 以下。我国降水分布在空间上十分不均，华南有些地区年降水总量在 1800mm 以上，西北大面积地区的年降水总量在 100mm 以下。我国大气降水南北分布极不均匀，南方地区降水大，每年由于洪水灾害带来不小的经济损失，而北方地区，特别是西部地区降水稀少，干旱造成的大面积损失，直接影响当地人畜的生存环境和农业生产。我国南方降水丰富，北方降水匮乏，分布极其不均的现实，为南水北调工程的实施提供了基础。

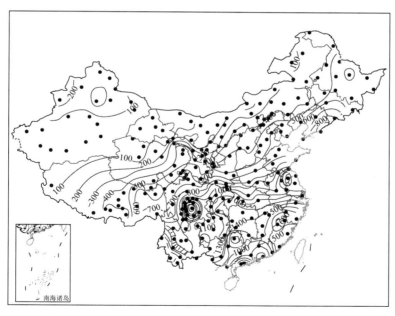

图 1 1961~1990 年平均年降水总量分布图（单位：mm）

我国大气降水的季节分布上也很不均，降水主要集中在夏季（6~8 月），秋冬季降水稀少。西北地区夏季降水占年降水量的 50% 以上，特别是新疆塔里木盆地夏季降水占全年降水总量的 70%

以上。华北地区夏季降水也占年降水总量的 40% 以上。北疆地区冬季降水占全年降水总量的 20%。西北地区降水量集中在夏季，对水资源相对缺乏，地表覆盖相对较低的地区，可以造成灾害性的洪水现象，而春季降水稀少，不仅容易产生沙尘天气，而且很不利于农作物的生长和种植。

　　图 2、图 3 分别为冬季和夏季我国的降水分布。从图 1 至图 3 我国大气降水分布来看，大气降水的时空分布不均不仅是造成我国水资源分布不均的直接原因，也是给我国的国民经济带来损失和人民生命安全造成威胁的重要原因之一。1998 年长江流域的大洪水引起的直接经济损失就高达 1666 亿元，1997 年北方地区的干旱和黄河断流同样也造成了巨大的经济损失，2001 年冬季新疆地区和内蒙古地区的异常降雪给当地人民群众的生活造成的灾害也是十分严重的，已经成为我国的一大主要天气灾害。从降水年总量分布和季节变化的分析可见，大气降水稀少是我国北方水资源短缺的一个很重要的原因。图 4 是我国华北地区（30°N~55°N，100°E~125°E）和西北地区（30°N~50°N，73°E~100°E）年降水总量分布图。可以看出华北地区大气降水的总体分布趋势是由东南向西北逐渐减少，内蒙古及河套地区大气降水在 200mm 以下，北京地区的年降水量也只有 500mm 至 600mm。整个华北地区的年降水量在 700 以下。夏季我国华北地区的降水在 300mm 以下，冬季最大也只有 40mm。我国西北地区是干旱地区，特别是盆地地区，年降水总量在 100mm 以下。由此可见我国华北和西北地区水资源缺乏的最直接原因是大气降水稀少。

　　通过对 1951 年至 1990 年地面气象记录资料的分析计算，发现我国长江中下游地区的年降水量和夏季降水量有明显的增加趋势，增加最显著的地区包括江淮流域和东南沿海。北方黄河流域则表现出微弱的减少趋势，其中山东和辽宁夏季降水量减少明显，陕甘宁地区年降水量也呈现微弱的减少趋势。高纬度的新疆、东北北部、华北北部和内蒙古降水量表现出增加或变化不明显的趋势。我国降水分布十分不均，江淮流域水资源丰富，但降水增加，导致洪水泛滥，北方地区水资源短缺，但大部分地区降水减少，使干旱、半干旱地区越来越干旱。南水北调战略将是缓解北方缺水的重要工程。

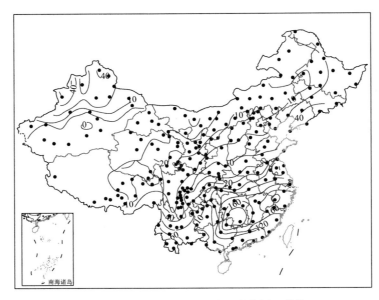

图 2　1961~1990 年平均冬季降水总量分布图（单位：mm）

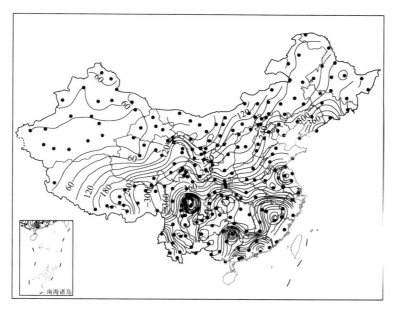

图 3   1961~1990 年平均夏季降水总量分布图（单位：mm）

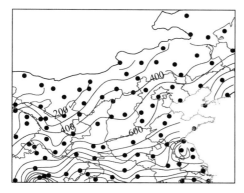 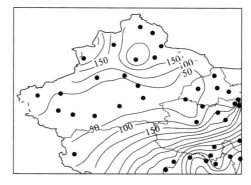

图 4   1961~1990 年华北和西北地区年降水总量分布图（单位：mm）

由于人类的不适当活动，引起全球气候变化，导致未来大气温度和降水出现异常，给全球人类生存环境带来影响，这个问题已引起全世界科学家和政府决策部门的高度重视。联合国气候变化框架公约的签署表明了世界各国政府和人民对由于人类不适当的活动对全球气候会产生异常变化达成共识。目前世界各国的科学家在有关气候变化的研究方面取得了很大成就。数值模式的模拟是了解未来气候变化的主要工具。在世界各国大气科学家和其他专业科学家的共同努力下，目前的数值模式模拟的不确定性已大大降低，可以给出比较好的和比较科学的未来气候变化的模拟结果。但是，不同的数值模式由于利用的资料和设计的不同，考虑的物理过程也不完全一致，模式之间的预测结果存在一定的差别。我们利用目前全球较为公认的 5 个气候模式预测结果，分析未来（2030 年）我国降水的分布，特别是北方地区的降水。

3   选用5个模式的简单介绍

过去 100 多年全球变暖了 0.5℃ 左右。但判断气候变化的原因既要考虑全球平均温度变化，还需要考虑气候变化的时空特征。用气候模式模拟温室效应对全球气候的影响，表明全球年平均气温的增暖多在 1.0℃以上，明显高于仪器观测记录。同时，模拟的气候变化空间结构显示出北半球比南半球变暖快，陆地表面气温变暖较洋面快。近几年一些研究表明，当同时考虑温室气体与人为气溶胶时，模拟的气候时间变化和空间结构与观测记录之间似乎更加接近了。

利用气候模式进行人类活动对气候变化影响信号的检测，首先需要进一步完善全球气候模式系统（包括全球大气环流模式，全球海洋环流模式，中国区域气候模式，陆地-生物圈模式，海冰模式，大气化学模式等）。在此基础上，加入由于人类活动增加的温室气体、气溶胶以及自然因子如火山活动、太阳辐射和 ENSO 等，模拟出最近 100 年的气候变化，逐个判别各种因子对全球和中国区域气候变化的影响程度。通过同观测资料进行对比，可以判断人类活动引起的强迫作用的大小。

本文选择的 5 个模型分别为德国的 ECHAM4、英国的 HADCM2、美国的 GFDL-R15、加拿大的 CGCM2 和澳大利亚的 CSIRO，并将其模拟的结果利用 Kriging 插值方法插值到 1°×1°经纬网格点，然后对插值的预测结果进行分析，探讨我国 2030 年降水的变化趋势。每一个模式都有 12 个月的降水输出，分别选择了只有温室气体增加时的情况、温室气体和硫化物气溶胶共同增加时的情况进行了模拟。模型的输出是相对于 1961~1990 年 30 年平均的距平值（mm）。

加拿大气候模式与分析中心开发的全球耦合模式 CGCM2 的海洋模型是基于 GFDL MOM1.1 模型，分辨率为 1.8°×1.8°经纬度，垂直方向有 29 层。CGCM2 模型利用实测的资料分别对大气和海洋模型进行水热通量的调整，分别运行 100 年和 4000 年，然后是一个利用耦合模型对通量调整场进行 14 年的修正的适应过程。

CSIRO-MK2 是澳大利亚科学与工业研究所研制的全球海气耦合气候模式，最近广泛用于一系列的气候变化模拟，该模拟均从 1880 年开始运行，以避免"冷开始问题"。本研究所使用的模式在海洋模式中包括了 Gent-McWilliams 混合方案。模式使用了通量修正方法。

德国马普研究所开发研制的 ECHAM4 模型是新一代 ECHAM 模型。模式的初始海表温度和海冰资料取自 COLA/CAC AMIP SST 和海冰数据库资料，平均的地形高度取自美国海军高分辨率的地形资料，格点的植被覆盖状况是由 Wilson and Henderson-Sellers 1985 年提供的资料。海表的反照率是太阳天顶角的函数，地表反照率取自 Geleyn 和 Preuss 1983 年提供的卫星反演的地表反照率资料。模式包括了日变化和地形波的作用，模式的积分时间步长为 24min（辐射过程的时间积分步长为 2h）。

HADCM2 是英国 Hadly 气候预测与研究中心开发的全球海气耦合模式，模式综合考虑了各种温室气体的强迫作用，将其他温室气体转化为等效二氧化碳浓度。HADCM2GG 模式综合模拟了自工业革命开始（1860 年）温室气体对气候的强迫作用。人为排放的硫酸盐气溶胶的直接强迫作用也考虑在模式中。

美国普林斯顿大学地球物理流体动力实验室的模式（GFDL）是海气耦合模式，模式考虑了云与太阳辐射季节变化的关系，大气模式在垂直方向分为 9 层。模式的分辨率为 7.5°×4.5°经纬度。海洋模型是基于 Byan 和 Lewis 1979 年开发的 3.7°×4.5°经纬度的海洋模型。为了减小模式的误差，进行了季节的和全球的水热量通量调整，但是没有进行年际间的调整，模式还包括海冰动力模型。

5个模式都是海洋大气耦合模式，其中，大气模式最多的分为19层，最少的也有9层，海洋模式最多分为29层，最少也有12层，分别利用了100多年的历史资料对模式进行了检验，并对未来57年至100年的情景进行了模拟（表1）。这5个模式作为IPCC第三次评估报告的气候变化模式评估工具，在IPCC第三次评估报告中发挥了很好的作用。报告中对未来的气候变化情景分析也是基于这5个气候变化模式的预测结果，有一定的可行度和代表性。

表1　5个模型的基本景况介绍

	ECHAM4	HADCM2	GFDL-R15	CC-CM2	CSIRO
模型分辨率/（°）	2.8125×2.8125	3.75×2.75	7.5×4.5	3.75×3.75	5.625×3.214
全球格点数	128×64	96×73	48×40	96×48	64×56
大气模式	19层	19层	9层	10层	9层
海洋模型	17层	20层	12层	29层	21层
温室气体强迫	1860~1989年（历史资料）	1860~1989年（历史资料）	1958~2057年 IS92a	1850~2100年（1%/年）	1880~1990年（历史资料）
试验长度	1990~2099年（1%/年）	1990~2099年（1%/年，0.5%/年）			1990~2099年 IS92a

4　未来我国华北地区（30°N~55°N，100°E~125°E）大气降水趋势分析

ECHAM4模式考虑了大气与海洋的动力和热力交换过程。模式在只考虑大气二氧化碳加倍的情景下的预测结果显示我国未来（2030年）大气降水在华北地区的总体趋势是由东北向西南方向增加。北京西北部和河北北部以及内蒙古东部降水将减少，减少幅度较小，在0.2mm左右。向西南方向大气降水逐渐增加，在河套及其以西地区大气降水可以增加2mm以上，在陕南地区增加更多，但不超过5mm。在考虑了硫酸盐气溶胶辐射强迫作用以后的模拟结果显示，总体趋势仍然是由东北向西南逐渐增加，但是强度发生了明显的变化。华北北部及河套地区由于硫酸盐辐射强迫的作用，未来大气降水将出现减少的趋势，减少幅度在0.2mm至0.7mm之间。北纬35°以南地区大气降水将呈现增加的趋势。德国ECHAM4模型的模拟结果显示未来我国华北东北部大气降水将减少，该地区将出现干旱少雨的情景，而华北南部大气降水在未来将增加。但是，从模拟的结果来看，无论是增加还是减少，其增减幅度都很有限。

HADCM2模式在只考虑温室气体加倍的情景下的模式预测结果显示未来华北大部分地区将干旱少雨，特别是在黄河下游地区，降水减少幅度在2.5mm以上。华北北部和内蒙古地区大气降水将出现增加的趋势，增加的最高中心位于河北与内蒙古接壤地区。在考虑了硫酸盐气溶胶的强迫作用之后，该模式的预测结果总的形势与上述模拟结果相似，华北大部地区将干旱少雨，但降水减少的幅度明显增加，中心强度超过了4.0mm。内蒙古的东部与河北省接壤地区未来大气降水将增加，最大的增加幅度也超过了4.0mm以上。该模式的两个模拟结果显示了硫酸盐气溶胶的辐射强迫作用有使未来出现干旱少雨的可能。

GFDL-R15模型是大气海洋耦合模式，模式也考虑了大气与海洋的动力和热力交换过程，是世界普遍公认的全球气候变化模式。该模式对温室气体加倍情景的模拟结果显示未来我国华北地区和内蒙古中部将出现干旱少雨的情况，降水量减少的中心位于北京周边地区，强度在0.5mm以

上。河套以南地区大气降水将增加。最大的增加幅度在 0.6mm 以上。当考虑了硫酸盐气溶胶的辐射强迫作用之后，我国华北地区未来大气降水的总体趋势与二氧化碳加倍情景的模式预测结果截然相反，该模拟的预测结果显示未来我国华北大部和内蒙古地区大气降水将出现增加的趋势，增加的高值中心在内蒙古中部，强度在 4mm 以上。陕西的东南地区和河南大部地区以及安徽等地大气降水将出现增加的趋势，但是增加的幅度较小，在 1.5mm 左右。造成这样截然不同结果的原因主要是 GFDL 模型用作检验模式运行的历史资料相对较短，从 1958 年开始。其他模式用于检验模式的历史资料多数从 1860 年开始。此外，模式分辨率较低也是造成插值产生误差的一个原因。

CGCM2 模式在只考虑温室气体加倍的情景下的模拟结果显示，未来我国华北和内蒙古大部地区将出现降水减少的趋势，减少最多的地区在黄河下游山西与河南省交界处，最大强度减少 1.5mm 左右。陕甘宁地区大气降水将出现增加的趋势。当考虑了硫酸盐气溶胶辐射强迫作用之后，该模式的模拟结果呈现出鞍形场的分布，内蒙古中西部和河套地区和陕西东南与河南大部分地区大气降水将减少；华北大部和陕西西南地区及甘肃南部一带大气降水将略有增加，但除内蒙古和河套地区减少幅度在 1.0mm 以上外，其他地区的增加与减少幅度均很小，在 0.5mm 左右。

CSIRO 模式对二氧化碳加倍情景的模拟结果显示未来我国除了苏鲁地区降水略有减少外，其他地区的降水将出现增加的趋势，增加最大的地区位于我国内蒙古中部一带，增加幅度在 2.5mm 以上。但是在考虑了硫酸盐气溶胶辐射强迫作用之后的模拟结果显示，降水减少的区域扩大到了华北平原的南部地区，降水增加的区域在缩小，强度在减少，最大的增加中心在 1.3mm 左右。

通过上述分析，我们可以看出 5 个模式在两种假设情景下的模拟结果虽然不完全一致，除了 CSIRO 模型两种情景、ECHAM4 二氧化碳加倍、GFDL-R15 考虑硫酸盐作用的情景外，其他模式在各种假设情景下模拟预测的总体趋势是未来我国华北大部地区将出现干旱少雨的情况。

5 个模式预测结果的平均情况是在只考虑温室气体加倍的情景下，未来华北大部，淮河以北地区大气降水将减少，华北北部、内蒙古以及陕甘宁地区大气降水将略有增加，未来我国大气降水的预测图见封面。这一预测结果对未来我国华北地区水资源的合理利用与调配提出了一个严肃的课题。然而，从各个模式的模拟结果来看，无论是增加，还是减少，其增、减幅度都是很小的，未来的大气降水变化不会对目前我国华北地区的水资源短缺有太大的影响（图 5）。

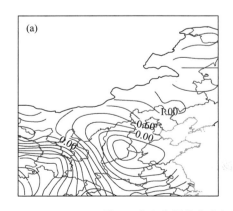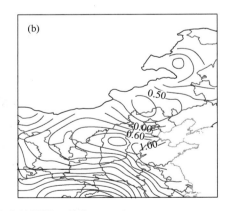

图 5 未来我国华北大气降水的预测（单位：mm）

（a）只考虑温室气体加倍；（b）考虑温室气体与硫酸盐气溶胶强迫

5 未来我国西北地区（30°N~55°N，73°E~100°E）大气降水趋势分析

我国西北地区是世界上最干旱的地区之一，年降水总量在沙漠地区小于100mm。水资源匮乏将是制约我国西部大开发战略顺利实施的主要因素之一。对未来我国西北地区的大气降水变化趋势进行分析，合理规划和调配水资源将有助于指导西部开发战略的实施。

CGCM2模式在考虑二氧化碳加倍的情景下的预测结果显示未来（2030年）我国西北除塔里木盆地和甘肃北部，内蒙古西北部将干旱少雨外，其余地区降水将增加，特别是青海和西藏地区，降水明显增加。考虑了硫酸盐作用之后的模拟结果与二氧化碳加倍情景的预测大体相似，盆地将干旱少雨，但盆地的西部边缘降水将略微增加。

ECHAM4模式的预测结果显示在二氧化碳加倍的情景下，未来我国西部地区大气降水将增加，最高值出现在青藏高原和沿天山山脉地区，可达1.8mm以上。在同时考虑二氧化碳和硫酸盐气溶胶作用的情况下的模式预测结果与前者结构基本一致，未来我国西北地区大气降水将有增加的趋势，但最大的增加区域在沙漠的南缘，强度可达2.8mm以上。

CSIRO全球气候变化模式在二氧化碳加倍的背景情况下，预测未来我国西北大部分地区降水将出现增加的趋势，特别是南疆天山山脉以北地区，强度在1.5mm以上。在青海和西藏西部部分地区出现降水减少的趋势，但这一趋势非常弱。在考虑二氧化碳和硫酸盐共同作用的情况下，未来降水的分布趋势与前者基本上是一致的，只是增减的幅度比较大了一些。增减幅度在天山山脉以北可以超过1.8mm以上。

GFDL-R15模式模拟二氧化碳加倍时我国西北地区降水将略有增加，增加较为明显的地区是青藏高原。考虑二氧化碳和硫酸盐气溶胶辐射强迫作用之后的降水分布形式没有太大的变化，只是幅度和强度略有减少。

HADCM2模型对未来（2030年）大气降水的模拟结果显示我国西北地区沿天山山脉及其以南沙漠地区未来将出现干旱少雨的情况，其他地区的大气降水将略有增加，但增加的幅度比较缓慢。当考虑了二氧化碳和硫酸盐气溶胶辐射强迫作用后，该模式的模拟结果显示未来西北大部分地区将出现干旱少雨，特别是南疆的西北地区，减少幅度可达10mm以上。

在只考虑温室气体加倍的情景下5个模式预测结果的平均显示，未来我国西北地区沿天山山脉大气降水量将略有减少，减少强度非常有限，其他地区的大气降水将增加。考虑了硫酸盐气溶胶辐射强迫作用之后，大气降水量在天山山脉及其以北将由西北向东南逐渐减少，其他地区降水量将略有增加（图6）。

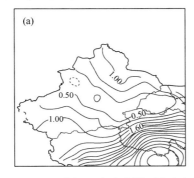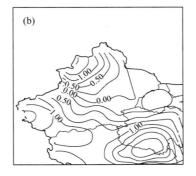

图6　未来我国西北大气降水的预测（单位：mm）

（a）只考虑温室气体加倍；（b）考虑温室气体与硫酸盐气溶胶强迫

6 结 论

将我国北方地区划分为 8 个区域，即南疆、北疆、内蒙古东部、内蒙古西部、华北、东北、陕甘宁地区和青海地区。将 5 个模式在两种情景（只考虑温室气体加倍和考虑温室气体与硫酸盐气溶胶共同作用）下对 2030 年降水的预测趋势分析并对其预测结果进行了归纳。5 个模式的预报结果虽然存在较大的不确定性，但是除了美国流体动力学实验室的 GFDL 模式外，其他模式在不同情景下的模拟结果大体上是一致的，特别是对我国华北、西北地区。综合分析可以得出：我国华北大部地区未来（2030年）降水总的趋势将减少，最大的减少量有 4mm 左右，未来我国华北地区将仍然是干旱、少雨，属于水资源严重缺乏的地区。南疆、陕甘宁和青海地区的降水将略有增加，但增加的幅度非常有限，最大增加 3mm 左右。北疆部分地区降水量将减少。内蒙古和东北的大部分地区未来的预测结果是降水将增加，但增加强度有限。从上述 5 个全球气候模式的模拟结果来看，未来我国西部地区及华北地区仍然是干旱、半干旱地区，大气降水资源十分有限，想依靠大气降水来缓解我国北方地区水资源短缺问题是不现实的。必须通过其他途径解决我国西北和华北的水资源问题，包括合理地分配与利用水资源，采用各种类型的节水技术，提高当地人民群众的节水意识，实施南水北调工程等。

参 考 文 献

[1] 任国玉, 吴洪, 陈正洪. 我国降水变化趋势的空间特征[J]. 应用气象学报, 2000, 11(3): 322-330.

[2] 王绍武, 赵宗慈. 未来 50 年中国气候变化趋势的初步研究[J], 应用气象学报, 1991, 6(3): 164-173.

[3] 徐国昌, 姚辉, 李珊. 我国干旱半干旱地区现代降水量和历史干旱频率的变化[J]. 气象学报, 1992, 50(3): 378-382.

[4] 任阵海, 高庆先, 姜振海, 等. 影响气候变化的大气环境质量问题研究[R]. 中国环境科学研究院, 1997.

[5] 张素琴, 任振球, 李松勤. 全球温度变化对我国降水的影响[J]. 应用气象学报, 1994, 5(3): 333-339.

Trend Analysis of Precipitation of Arid Areas in China

GAO Qingxian[1], XU Ying[2], REN Zhenhai[1]

1. Center for Climate Impact Research, SEPA, Beijing 100012, China
2. National Climate Center of China Meteorological Bureau, Beijing 100081, China

Abstract: In this paper, the historical precipitation data has been analyzed, the temporal spatial distribution of atmospheric precipitation of north and west of China have been studied in detail. Choosing 5 global climate change models recommended by IPCC, the atmospheric precipitation of China in 2030 has been analyzed under different scenario. Finally, the future trend of atmospheric precipitation in north and west of China is revealed and the preliminary judgment of the probability of mitigating the drought in north of China has been given.

Key words: atmospheric precipitation; climate change; climate model; water resources

Change of Climate and Its Influence on the Cropping System in China[①]

CHEN Longxun[1] (陈隆勋), GAO Suhua[1] (高素华), ZHAO Zongci[1] (赵宗慈),

REN Zhenhai[2] (任阵海), TIAN Guangsheng[2] (田广生)

1. Academy of Meteorological Science, State Meteorological Administration, Beijing
2. Academy of Environment Science, National Environment and Protection Agency, Beijing

Abstract: The global change of climate and its influence on the cropping system in China have been investigated in this paper. It is found that the temperature was increased during the last decade and the precipitation decreased in northern China and increased in southern China during the last 30 years. The sea level has been rising by about 21~26cm in the coastal areas south of 30°N in China during the last 100 years.

The most of results as simulated by the general circulation models (GCMs) show that the temperature increase would amount to about 2~4℃ in the most parts of China and precipitation and soil moisture might be decreased in northern China and increased in southern China due to doubling of carbon dioxide (CO_2).

The effects of doubled CO_2 on growth period and climatic yield capability in China have been estimated roughly. It is shown that the regions of the growth period in China would be moved northward about five degrees latitude and the climatic yield capability might be increased by about 10% in the most parts of China.

1 INTRODUCTION

Since the 1970s, the global warming of climate has been pointed out by many meteorologists. Most of them believe that the greenhouse effect is the main mechanism of warming. The warming has also been concerned by Chinese meteorologists. They may have asked, "Does the warming occur in China?""Does the greenhouse effect influence the cropping system in China greatly?" In this paper, we have tentatively discussed these problems with the observational data in China, and shown the results of numerical experiments and computation of yield change due to warming.

2 FEATURES OF CLTMATIC CHANGE DURING THE LAST 100 YEARS IN CHINA

According to the historical records since 1400, Chinese scientists have pointed out that there are

---

① 原载于 *Acta Meteorologica Sinica*, 1990 年，第 4 卷，第 4 期，464~474 页。

three cold periods (1470~1520, 1620~1750 and 1840~1890) and two warm periods (1550~1600 and 1770~1830) in the last 500 years. The amplitude of temperature between cold and warm periods is about 0.5~1.0℃. The time interval is about 100 years and the maintenance of each period is roughly 50 years.

In the last 100 years, it was a warm period before the middle 1940s and was a cooling period between the middle 1940s and 1970s. The minimum temperature occurred in the late 1950s. Fig.1 shows the five-year running mean curves of annual mean surface temperature during the last 100 years in Shenyang, Beijing, Shanghai and Guangzhou, respectively.

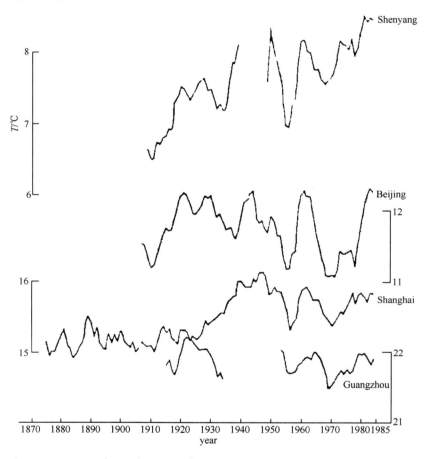

Fig. 1　5-year running mean curves of annual mean surface temperature for Shenyang. Beijing, Shanghai and Guangzhou

Fig.1 indicates some oscillations. A warm period was found during the early 1940s and a cooling period occurred rapidly after the middle 1940s. For a latest oscillation, it is warming since the 1970s, but the maximum temperature of this oscillation is not higher than that of the normal oscillations. Therefore, we can not say the change of temperature is already influenced by the greenhouse effect.

For more details, we have prepared a monthly data set of temperature (T) and precipitation (P) covering 180 stations in China over the period from Jan. 1951 to June 1988. The anomalies of the regional yearly mean temperatures in whole China and different regions were computed and shown in Fig.2. Similar to Fig.2, Fig.3 and 4 show the yearly winter (Dec.~Feb.) and summer (June~Aug.) anomalies of temperature (T) in the same regions, respectively. For yearly anomaly, Fig.2 indicates that there are three warm periods (before 1953, 1958~1967 and after 1972) for the curve of whole China. The features of T change in different regions are very similar to those of whole China. The last warming began after 1972. Up to 1988, the amplitudes for the whole country, north China and the Changjiang River Valley were not higher than that of the normal oscillation. However, it is higher than before in the northwest and south China. For winter anomaly of T (Fig. 3), the temperature rose after 1982-in whole China especially in the south part of China. For summer (Fig. 4), the warming began after 1981, but it

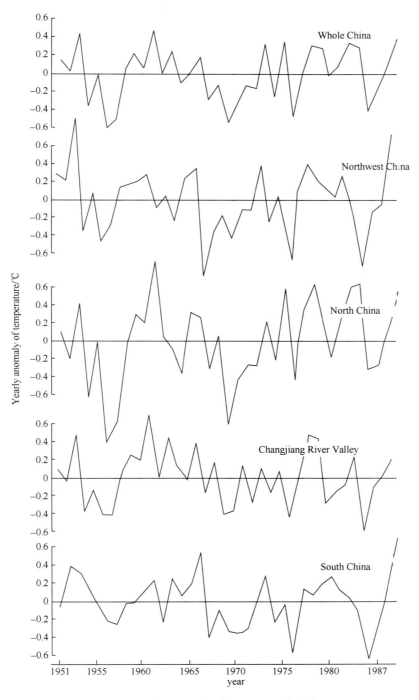

Fig. 2   Yearly anomaly of temperature in China

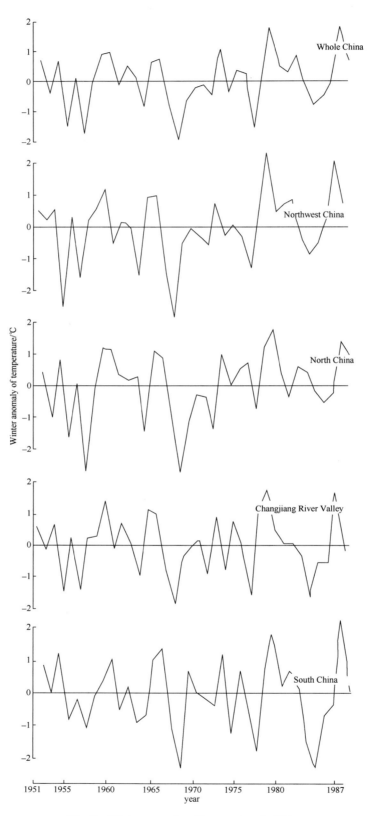

Fig. 3　Winter anomaly of temperature in China

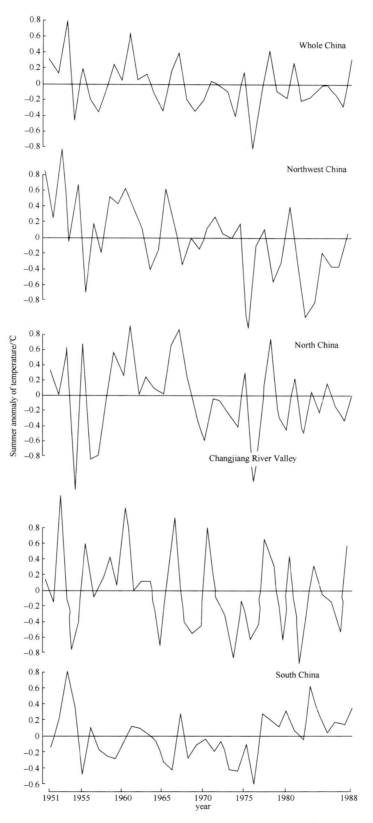

Fig. 4　Summer anomaly of temperature in China

did not increase too much. From the above facts, we can conclude that the warming appeared during the last 10 years, but the temperature was not higher than that of the amplitude of the normal oscillation yet. Therefore, we can not conclude that the greenhouse effect has already influenced the temperature in China greatly.

The precipitation will change much according to the theory of greenhouse effect. Fig. 5 shows the five-year running mean curves of annual precipitation in Shenyang, Beijing, Shanghai and Guangzhou since 1730. There appeared five periods of light precipitation (1728~1777, 493mm; 1812~1839, 548mm; 1854~1870, 501mm; 1895~1945, 528mm and 1960~1979, 612mm) and four periods of heavy precipitation (1778~1811, 868mm; 1840~1853, 690mm; 1871~1894, 753mm and 1946~1959, 711mm) in Beijing. The precipitation in Beijing markedly oscillated and decreased much after the 1950s. In fact, a drought period has appeared in the north China since 1950. This fact might be the evidence supporting the theory of greenhouse effect. The precipitations in Shenyang, Shanghai and Guangzhou also markedly fluctuated, but increased since the 1970s. For more details, we also prepared the curves of yearly anomaly of precipitation in whole China and the different regions (Fig. 6). The period of light precipitation since 1970 has been noticed, especially in the north and northwest China. We still can not decide whether the decrease of precipitation since 1950 is due to the greenhouse effect.

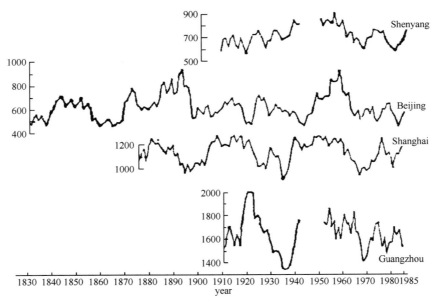

Fig. 5   5-year running mean curves of annual precipitation for Shenyang, Beijing, Shanghai and Guangzhou

The rising of sea level is an important result of the greenhouse effect. In China, the sea level rose in the coastal areas south of 30°N, i.e., the Changjiang River Valley and decreased slightly in the coastal areas north of 30°N. The mean rising of the sea level in south of 30°N is about 21~26cm and the decrease in north of 30°N is approximately 10cm during the last 100 years.

The above mentioned features of climate indicate that the climate in China has been warming slightly since 1970 and changing to dry in the northern China since 1950 and to wet in the southern China since 1963. Besides, the sea level of the Chinese coast areas south of 30°N has been rising in the recent 100 years. Either for warming or for dry/wet, the amplitude is still lower than that of the normal oscillation.

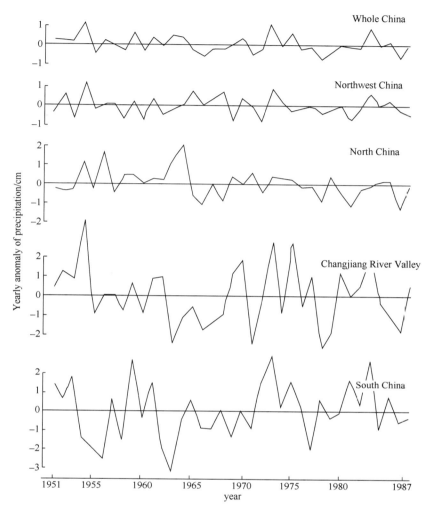

Fig. 6　Yearly anomaly of precipitation in China

3　CLIMATIC CHANGE IN CHINA DUE TO THE GREENHOUSE EFFECT

Up to now, the best method for studying the climatic change due to greenhouse effect is the numerical simulated experiments.

The global simulations of the Geophysical Fluid Dynamics Laboratory (GFDL) (Manabe and Wetherald, 1987), the Goddard Institute for Space Studies (GISS) (Hansen et al., 1984), the National Center for Atmospheric Research (NCAR) (Washington and Meehl, 1984). Oregon State University (OSU) (Schlesinger and Zhao, 1989) and the United Kingdom Meteorological Office (UKMO) (Wilson and Mitchell, 1986) general circulation models (GCMs) have been investigated for doubled CO_2 ($2 \times CO_2$) and control ($1 \times CO_2$) experiments. Our work is to analyse their results of temperature. precipitation and soil moisture in summer and winter in the parts of China for $2 \times CO_2$ and $1 \times CO_2$.

Similar to Zhao and Kellogg (1988) and Zhao (1989), Fig.7 summarizes the results induced by doubled CO_2 as simulated by the GFDL, GISS, NCAR, OSU and UKMO models for temperature, precipitation and soil moisture in winter (left) and summer (right) in China.

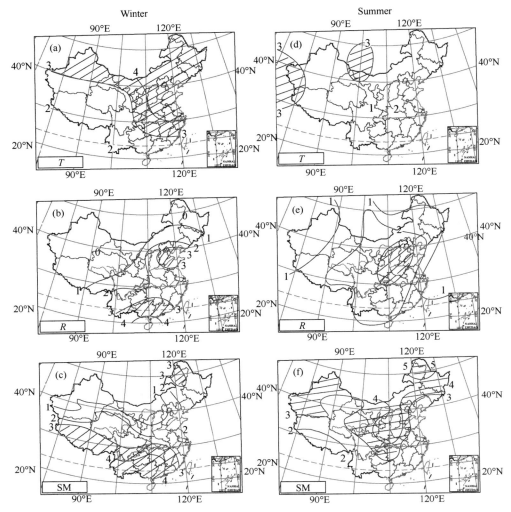

Fig. 7   Summarized map as simulated by five models (GFDL, GISS, NCAR, OSU and UKMO) for $2 \times CO_2$ and $1 \times CO_2$
in winter (left) and summer (right) for temperature (a), (d), precipitation (b), (e) and soil moisture (c), (f)

Hatched areas in (a) and (d) express that three or more of the models agree on a warming by about 4℃ or more; and those in (b), (c), (e) and (f)
express that three or more of the models agree on the decrease of precipitation and soil moisture. The labeled numbers show how many models
agree on this characteristic

It is interesting to notice from Fig.s 7c and 7f that the soil moisture will be decreased in the
southern and southwestern China in winter and in the northern and central China in summer. An obvious
warming of about 4℃ in winter and 2~3℃ in summer was simulated in the most parts of China. It is
found in Fig. 7b that the wet areas in the western, northwestern and northeastern China and dry areas in
the most parts of the northern and southern China in winter appear as simulated by the most of models.
The most models show that climate is getting wetter in the northeastern and northwestern China and
drier in the northern and central China in summer due to doubling of CO_2 (see Fig. 7e).

Table 1 shows the tendency of temperature, precipitation and soil moisture in the different parts of
China for $2 \times CO_2$ minus $1 \times CO_2$ as simulated by the most of five models.

Table 1   Tendency of Temperature (*T*), Precipitation (*P*) and Soil Moisture (SM) for 2×CO₂ minus 1×CO₂ in China

	Winter			Summer			
	T	P	SM	T	P	SM	
Northeast	+	+	+	+	+	−	Warm/Wet
Northwest	+	+	+	+	+	−	Slightly warm/Dry?
				?			
North	+	−	+	+	−	−	Warm/Dry
Central	+	−	+	+	−	−	Warm/Dry
	?	?					
East	+	?	?	+	+	?	Warm/Wet
Southwest	+	?	−	+	+	+	Warm/Wet?
				?	?		
South	+	−	−	+	+	+	Warm/?
				?	?		

According to Table 1, the green house effect might be useful for agriculture in the northeastern China and would decrease the output of grains in the northwestern, central and northern China. If the warming caused by increasing CO_2 as simulated by experiments is true, the climate in the Huanghe River Valley might be as warm as that in the Changjiang River Valley.

The results of five models show that the warming in China induced by doubled CO_2 is consistent. The OSU AGCM coupled to a mixed-layer ocean model (Schlesinger and Zhao, 1989) is used in Chinese cropping experiments. The annual mean temperature for $2\times CO_2$ in China as simulated by the OSU AGCM/mixed-layer ocean model is shown in Fig.8. A warming of about 3℃ for the annual mean temperature in the most parts of China is noted.

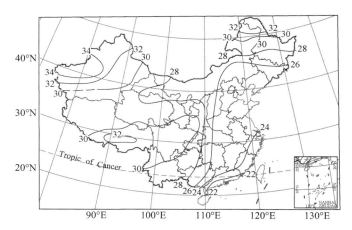

Fig. 8   Annual mean temperature for $2\times CO_2$ in China as simulated by the OSU AGCM/mixed layer ocean model (unit:℃)

4   INFLUENCE OF THE GREENHOUSE EFFECT ON THE CROPPING SYSTEM IN CHINA

The reasonable agroclimatic regionalization is very useful for using agroclimatic resources, increasing the output of grains and improving the ecological equilibrium. For discussing the influence of climatic change on the cropping system, the work of agroclimatic regionalization in China should be described. Fig. 9 shows the map of agroclimatic regionalization of China (AMS, 1981). The planting regions in China were divided into three types. Type I dominates the single cropping system, Type II the twice cropping system, and Type III the triple cropping system.

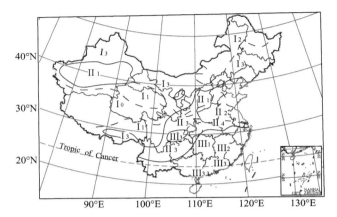

Fig. 9　The map of agroclimatic regionalization in China

The agroclimatic region of the eastern Asian monsoon occupies 46.21% of the whole country and has 80% of arable land in China. The total value of agro product accounts for almost 90% in China. So eastern part is very important for China. We need to increase the output of grain in the regions of Huang-Huai-Hai and the hilly land in subtropics.

Northwest China is an arid or semi-arid region. The development of agriculture and industry in the region mostly depends on the water resources. Due to the rapid increase of population in Northwest China, the water resources are decreased year by year. Therefore, people need carefully planning the development of industry and need controlling the growth of population.

As mentioned above, the precipitation in North China has been decreasing year by year since 1950. At present, the water resources are very lack in the region. We need develop a "water-saving" cropping system.

As mentioned earlier, the greenhouse effect would cause warming and dry/wet in China. It is interesting to investigate the relation between the greenhouse effect, climatic change and cropping system. As we know, it is a complex problem. Here, we try to estimate roughly the changes of cropping system due to the changes of temperature. The warming would cause the changes of accumulated temperature (AT, $T >$ 0℃ or 10℃) and the growth period and total thermal condition. We have analysed the value of AT for $T >$ 0℃ or 10℃ if the yearly mean temperature (YMT) rises by 1℃, 2℃ and 3℃ using the data of 120 stations in the main region of agriculture from 1951 to 1986 (see Table 2). On the average, increase of AT of 5% to 6% will be achieved if YMT rises by 1℃ in the region from 35°N to 25°N.

Table 2　Change of AT for $T > 10$℃ when YMT Rises (℃)

Rising of YMT	Beijing 39°48′N	Luoyang 34°40′N	Hangzhou 30°14′N	Guilin 25°25′N	Zhanjiang 21°13′N
1℃	166	257	218	354	506
2℃	332	514	436	709	1012
3℃	499	777	654	1063	1518

On the average, line of AT 4000℃ is the southern boundary of single cropping system. Region with AT ranging from 4800° to 5500℃ is good for growing wheat-rice double cropping system, AT 5500~5800℃ for rice-rice double cropping system, and AT 5800℃ for triple cropping system. If we only consider the rise of YMT, the accumulated temperature would be larger than 4000℃ in the eastern main agricultural region except the northeast China and Inner Mongolia. That is to say, the most part of this region is able to grow twice per year, i.e., it becomes a region of double cropping system if YMT rises by 3℃, as simulated by the OSU AGCM/mixed-layer ocean model for $2\times CO_2$ (see Fig. 8). Besides, the northern boundary of triple cropping system might move northward about five latitudes from the Changjiang River Valley to the Huanghe River Valley if CO_2 is doubled (i.e. YMT rises by 3℃). Fig. 10 shows the change of cropping system in this case.

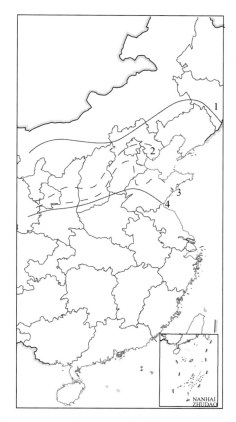

Fig. 10   Change of cropping system in China when YMT rises by 3℃

The warming could also extend the growth period. The meaning of the growth period has been given in Appendix. Table 3 shows the change of growth period (days) when YMT rises by 1℃, 2℃ and 3℃.

Table 3   Change of Growth Period (Days) when YMP Rises by 1℃, 2℃ and 3℃

Increase of YMT	Datong 40°06′N	Linyi 35°04′N	Hangzhou 30°14′N	Kunming 25°01′N	Zhanjiang 21°13′N
+0℃	153	210	233	258	347
+1℃	+10	+11	+10	+28	+22
+2℃	+20	+22	+20	+56	+44
+3℃	+30	+33	+30	+84	+66

Considering the changes of AT and growth period due to the rise of YMT, we can compute the yield increases (Table 4). It is shown in Table 4 that when YMT rises by 3℃, the 10%~20% yield increases will be produced. This is a result only considering the thermal effect of increased CO_2. In fact, the increase of CO_2 would make the climate dry or wet. This is an important fact for yield. Now, we are computing the yield considering both the thermal and the dry/wet conditions. It will be finished very soon.

Table 4　Change of Yield (%) in Some Areas when YMT Rises

Rising of YMT	Datong	Linyi	Hangzhou	Kunming	Lian County
+1℃	7	5	4	5	3
+2℃	15	11	9	10	7
+3℃	21	16	13	14	10

If we only take into consideration the thermal effect of doubled CO_2 on the cropping system in China, the increasing rate of the climatic yield capability is shown in Fig. 11. The method of the estimating climatic yield capability is given in Appendix. It is shown in Fig. 11 that normally, the climatic yield capability might be increased by about 10% because of the doubled CO_2. An increase of about 15%~20% would be found in the central and southern China.

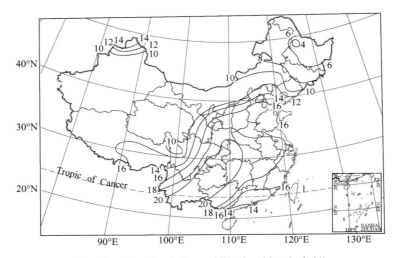

Fig. 11　Climatic yield capability in China (unit:%)

5　CONCLUSION AND DISCUSSION

As mentioned above, an apparent tendency of the temperature increase and precipitation decrease in China during the last 100 years is not found. But it is noticed that the temperature in China is increased during the last ten years and the precipitation is decreased in the northern part of China and increased in the southern part of China during the last 30 years. The sea level in the coastal areas south of 30°N in China has been rising during the last 100 years.

The changes of temperature, precipitation and soil moisture in China as simulated by several GCMs for doubled CO_2 are analysed. It is shown from all results of GCMs that the temperature would be increased by about 2~4℃ in the most parts of China. The precipitation and soil moisture might be decreased in the northern part of China and increased in the southern part of China, which is in agreement with the most results of the GCMs.

It is a difficult problem to estimate the influence of greenhouse effect on the cropping system. The changes of growth period and climate yield capability in China induced by doubled CO_2 have been estimated roughly. It is noted that the regions of the growth period in China might be moved northward about five latitudes and the climatic yield capability would be increased by about 10% in the most parts of China, especially in the central and southern parts of China.

It is not enough only to estimate thermal effect of the doubled CO_2 on the cropping system. It is a very difficult and complex problem about the relation between greenhouse effect, climatic change and cropping system. Here, we just begin to investigate this field. We hope that more research will be done and some useful results would be got in future.

APPENDIX

1) Change of the Growth Period

The growth period is the days during which the temperatures reach or exceed 10℃. The accumulated temperatures (≥10℃) have been calculated for each station. For example, the accumulated temperature (≥10℃) in Beijing is 4163℃ and the growth period is 199 days. If the annual mean temperatures rise by 1℃, 2℃ and 3℃, the accumulated temperatures increase by 166℃, 332℃ and 499℃ and the growth periods increase by 8 days, 16 days and 24 days, respectively.

2) Estimation of the Climatic Yield Capability

The Thornthwaite-Memoriao mode (Shao and He, 1988) was used in this paper for estimating the climatic yield capability. The formula is

$$TSPr=3000[1-\exp(-0.000635(r-20))]$$

where $TSPr$ is the dry material yield of plant (unit: $gm^{-2}\ yr^{-1}$), and it is estimated by the real evapotranspiration. r is the annual mean evapotranspiration, which is estimated by

$$r = \frac{1.05N}{\sqrt{1+\left(\dfrac{1.05N}{L}\right)^2}}$$

where N is the annual mean precipitation, L is a function of temperature, and

$$L=300+25T+0.05T^3$$

where T is the annual mean air temperature.

This work is supported by National Environment and Protect Agency 891205. Some data of temperature and precipitation in China are given by the Long-range Division, National Meteorological Center, State Meteorological Administration. The data of the annual mean temperature and agricultural climatic data are from Climatic Data Division, National Meteorological Center and Agricultural Meteorological Center, Academy of Meteorological Science.

REFERENCES

[1] Academy of Meteorological Science(SMA). 1981. Climatic Resources and Planting System Regionalization in China. Agricultural Press.

[2] Hansen J, et al. 1984. Climate sensitivity: Analysis of feedback mechanisms. Climate Processes and Climate Sensitivity, Geophys. Monogr., No. 29, J.E. Hansen and T. Takahashi, Eds., Amer. Geophys. Union, 130-163.

[3] Manabe S, Wetherald R. 1987. Large-scale changes of soil wetness induced by an increase in atmospheric carbon dioxide. J. Atmos. Sci., 44: 1211-1236

[4] Schlesinger M E, Zhao Z. 1989. Seasonal climatic changes induced by doubled CO_2 as simulated by the OSU atmospheric GCM/mixed-layer ocean model. J. Climate, 2: 459-495.

[5] Shao H, He Q. 1988. Estimating climatic yield capability of plant using LIETH method. The Collected Papers of Chinese Forestry-Meteorology, China Meteorological Press: 190-198.

[6] Washington W M, Meehl G A. 1984. Seasonal cycle experiment on the climate sensitivity due to a doubling of CO_2 with an atmospheric general circulation model coupled to a simple mixed-layer ocean model. J. Geophys. Res., 89: 9475-9503.

[7] Wilson C A, Mitchell J F B. 1986. A $2 \times CO_2$ sensitivity experiment with a global climate model coupled to a simple ocean. DCTN 48, U.K. Meteorological Office, Bracknell.

[8] Zhao Z. 1989. Climatic changes in China induced by doubled CO_2 as simulated by five GCMs. Meteorological Monthly, 15: 3,10-14(in Chinese).

[9] Zhao Z, Kellogg W W. 1988. Sensitivity of soil moisture to doubling of carbon dioxide in climate model experiments: Part II, The Asian monsoon region. J. Climate, 1: 367-378.

六盘山林区土地利用变化对土壤有机碳贮量的影响[①]

吴建国[1]，徐德应[2]，张小全[2]，高庆先[1]，任阵海[1]，杨新兴[1]

1. 国家环保总局气候变化影响研究中心，北京 100012
2. 中国林业科学研究院森林环境与保护研究所，北京 100091

摘要：通过对比不同土地利用方式土壤有机碳含量和密度及其在土壤剖面上分布的差异，研究了六盘山林区典型土地利用方式变化对土壤有机碳贮量的影响。结果显示：在 0~110cm 土层，农田与牧草地的土壤有机碳含量比天然林分别低 54%和 27%、土壤有机碳密度比天然林分别低 35%和 14%；人工林的土壤有机碳含量比农田和牧草地分别高 78%和 29%、土壤有机碳密度农田和牧草地分别高 35%和 1%。总体上，天然林和人工林的土壤有机碳含量与密度随土层加深而递减幅度较大，农田与牧草地的土壤有机碳含量与密度随土层加深而变化相对平缓。这些差异主要由土地利用变化引起的有机碳输入与输出及根系分布、残体形成和土壤性质等差异造成的。研究结果表明了天然林破坏形成牧草地或农田会使土壤有机碳贮量减少，而在农田或牧草地上造林能使其增加，改变土地利用方式也使土壤有机碳含量和密度在土壤剖面上的分布发生变化。

关键词：土地利用变化；土壤有机碳；含量与密度

土地利用变化对土壤有机碳贮量的影响是当前气候变化研究中的一个热点（Watson et al.，2000）。国外对森林与农田（Johnson et al.，1992；Davidson and Ackerman，1993）、森林与牧草地（Scott et al.，1999）、原始林与次生林（Hughes et al.，1999）等土地利用方式之间的互变对土壤有机碳的贮量的影响都有不同程度的研究，并总结了一些规律（Post and Kwon，2000）。在我国，土地利用变化影响土壤有机碳的问题虽然也引起了关注（李凌浩，1998；李忠佩和王效举，1998），但具体的研究报道还极少（徐得应，1994）。而我国是土地利用变化较大的国家，目前西部地区正在实施退耕还林还草和天然林保护工程，这些活动又将会使这些地区的土地利用方式有极大的变化。因此，当前开展此类问题的研究很必要、也很为迫切。

本文选择我国土地利用变化剧烈的宁夏六盘山林区为研究地点．通过对比分析典型灌木林、次生乔灌林和由这些类型转变的农田、牧草地，及由农田或牧草地转变的人工林等不同土地利用方式下的土壤有机碳含量与密度及其在剖面上分布的差异，对该地区土地利用变化对土壤有机碳

---

① 原载于《第三届亚洲气候变化 CTI 国际研讨会论文汇编》，2002 年，54~59 页。

贮量的影响进行初步研究。希望为今后准确评价我国土地利用变化对土壤有机碳库的影响提供科学依据。

1　研究地点概况

研究地点位于宁夏固原赵千户林场，属于六盘山自然保护区与农业、牧业活动区交错带（东经 106°09′~106°30′、北纬 35°15′~35°41′）。地处暖温带半湿润区向半干旱区过渡的边缘地带。地形属于石质山地，海拔 1800~2100m，土壤以灰褐土为主。地带性植被为亚高山草甸和落叶阔叶林，植被区系具有明显的过渡特征。年平均气温为 5.8℃，年降水量为 400~676mm。本区天然植被的破坏始于春秋战国时期，经几千年人类活动，目前已经形成了落叶阔叶次生林、杂灌林、人工林、农田和牧草地等多种土地利用方式镶嵌的格局（《宁夏森林》编辑委员会，1990），现在又是退耕还林和天然林保护的示范区。

2　研 究 方 法

2.1　选择样地

为了减少样地之间地形及小气候的差异，在平缓的中上坡地段，选择最邻近、同坡向和土壤类型的 13a、18a 和 25a 华北落叶松人工林各 8 块，每块 200m²；辽东栎与山杨天然次生林各 2 块，每块 400m²；虎榛子与荀子为主的杂灌林 8 块，每块 100m²；牧草地和农田各 8 块，每块 100m²。天然林是原始林反复破坏经保护后形成的次生林，牧草地和农田是天然林破坏后形成的，人工林又是在农田或草地中营造的。

2.2　土壤有机碳测定

土样在秋末采集。在每块样地内采用 S 形方法布设 25 个点。除去凋落物层后，挖土壤剖面，观察其特征，用 100cm³ 环刀测容重，按 0~10、10~20、20~30、30~40、40~50、50~70、70~90、90~110cm 分层采集土样。土样分层采后分层充分混合，用四分法取足样品，自然风干过 2mm 土壤筛，以 $K_2Cr_2O_7$（外源热氧化法）测有机碳含量，单位为 g/kg。土壤有机碳密度根据土壤容重计算，单位为 kg/m³。

3　结 果 分 析

3.1　土地利用变化对土壤有机碳含量的影响

3.1.1　不同土地利用方式下土壤有机碳含量

土壤有机碳含量是单位质量土壤中的有机碳质量。土地利用变化影响有机碳的输入和输出，而输入和输出又决定了有机碳含量（Jackson et al.，2000）。表 1 显示，在 0~110cm 土层，农田的土壤有机碳含量比牧草地、灌木林、山杨林、辽东栎林中分别低 27%、53%、51%、37% 以上；农田比天然林平均低54%，牧草地比天然林平均低27%。土壤有机碳含量降低的原因可能是减少了有机质输入、耕作土壤中温度高而分解速度加快及破坏了土壤有机碳稳定性并加大了渗透量等（Bouwman and Leemans，1995）。13a、18a 和 25a 落叶松林中的土壤有机碳含量比农田分别高40%、111%、82%以上；人工林平均比农田高78%，比牧草地高29%（$p=0.05$）（表 1）。这是因为造林后，增加了有机碳输入，提高了土壤有机碳稳定性并改变了影响有机碳分解的环境条件。

表 1　不同土地利用方式下 0~110cm 土层土壤有机碳含量

土地利用方式	加权平均/（g/kg）	标准方差	变异系数/%	样本数
农田	6.89a	0.95	13.77	8
牧草地	9.52b	3.53	37.11	8
灌木林	14.56c	8.29	56.91	8
山杨林	14.18c	7.97	56.19	2
辽东栎林	10.90c	8.27	75.82	2
13a落叶松林	9.67b	5.57	57.61	8
18a落叶松林	14.52c	6.50	44.77	8
25a落叶松林	12.56c	8.46	67.34	8

*列中相同字母表示差异不显著（$p=0.05$）。样本数为样地数，表3与此表表示相同。

3.1.2　土壤有机碳含量随土层深度的变化

土地利用变化引起植被变化，而植被改变又影响土壤有机碳在土壤剖面的分布（Jackson et al.，2000）。表 2 显示，农田与牧草地的土壤有机碳含量随土层加深而变化幅度较小，而天然林和人工林随土层加深而递减幅度较大。这是因为农田作物和草本植物根系分布相对浅且根系输入的有机碳量比树木少，而树木根系在表层分布量比农田和草地多并且在土壤剖面分布复杂，另外林地的土壤有机碳分解速度比农田和草地慢（Jobbagy and Jackson，2000）。表 2 显示，农田、牧草地与天然林的土壤有机碳含量的差异主要在 0~50cm 土层，这个土层中农田比天然林中低 30%~80%、牧草地比天然林低 18%~50%。人工林与农田、牧草地的差异主要在 0~40cm 土层，这个土层中人工林比农田高 75%~350%，比牧草地高 6%~177%。

表 2　不同土地利用方式在不同土层深度有机碳含量差异比较

土壤深度/cm	AA	BB	CC	DD	EE	FF	GG	HH
0~0	32.98a，A	30.04a，A	33.25a，A	10.67b，A	7.50c，A	22.13d，A	23.30d，A	29.51a，A
10~20	24.89a，B	23.45a，B	10.71b，B	18.93c，B	4.86d，B	16.34a，B	22.97a，A	21.25a，B
20~30	20.63a，C	19.93a，C	12.34b，C	12.07a，A	7.32c，C	12.81b，B	26.25d，A	20.00a，B
30~40	11.29a，D	18.03b，C	14.69c，C	7.89d，C	7.72d，A	8.35d，C	10.06d，B	19.73b，B
40~50	12.76a，D	17.06a，C	10.08c，B	9.01c，C	7.80d，A	9.25c，C	12.70a，A	8.05d，C
50~70	13.13a，D	9.06b，D	10.48b，B	8.85b，C	7.58c，A	8.82b，C	12.50a，A	7.63c，C
70~90	9.02a，E	7.91b，E	4.90c，D	7.76b，A	6.75d，A	6.52d，D	12.00e，B	7.62b，C
90~110	6.67a，E	6.76a，E	4.04b，D	6.48a，C	5.94a，B	3.43b，D	7.72a，C	4.56b，D

*表中行内相同小写字母表示不同土地利用方式在同一土层土壤有机碳含量差异不显著，列中相同大写字母表示同一土地利用方式下不同土层土壤有机碳含量差异不显著（$p=0.05$）。表4与此表相同。

3.2 土地利用变化对土壤有机碳密度的影响

3.2.1 不同土地利用下土壤有机碳的平均密度

土壤有机碳密度指单位体积土壤中有机碳质量，它由土壤有机碳含量和土壤容重计算而来，大小差异决定于土壤有机碳含量与容重变化幅度差异。表 3 显示，农田的土壤有机碳密度比灌木林、山杨林和辽东栎林分别低 31%、32%、42% 以上，比天然林平均低 35%；牧草地比天然林平均低 14%。13a、18a 和 25a 落叶松林比农田分别高 6%、73%、25%；人工林比农田平均高 35%、比牧草地平均高 1%。这表明天然林变成农田或牧草地后，使土壤有机碳密度降低。而农田中造林可使土壤有机碳密度增加；在草地中造林后土壤有机碳密度增加不显著。这主要因为造林之后土壤有机碳含量虽然增加，但是土壤容重却较大幅度降低。

表 3　不同土地利用方式下 0~110cm 土层深度土壤有机碳密度

土地利用方式	加权平均/（kg/m³）	标准方差	变异系数/%	样本数
农田	9.35a	1.48	14.97	8
13a落叶松林	9.90b	4.47	47.82	8
18a落叶松林	16.24c	6.80	41.89	8
25a落叶松林	11.69d	6.89	58.99	8
牧草地	12.60d	3.80	30.20	8
灌木林	13.49d	5.73	42.45	8
山杨林	13.79d	6.19	44.93	2
辽东栎林	16.14c	10.09	62.48	2

3.2.2 土壤有机碳密度随土层深度的变化

由于不同土层土壤有机碳含量及容重的差异，使土壤有机碳密度在土壤剖面上的分布也不同。总体上，农田与牧草地土壤有机碳密度随土层递增而变化较小，差异主要在 0~50cm 土层；天然林和人工林土壤有机碳密度随土层递增而明显递减，尤其在 0~40cm 土层（表 4）。因为在土壤剖面分配上的差异，农田与天然林土壤有机碳密度差异主要在 0~50cm 的土层，在这个土层农田比天然林低 20%~79%；在不同土层，牧草地和天然林的土壤有机碳密度差异不同，0~10cm 土层，

表 4　不同土地利用方式在不同土层有机碳密度比较

土壤深度/cm	AA	BB	CC	DD	EE	FF	GG	HH
0~10	25.98a, A	25.84a, A	44.22b, A	12.16c, A	9.00d, A	19.77c, A	25.63a, A	25.74a, A
10~20	21.55a, B	20.81a, B	15.00b, B	22.71a, B	6.07c, B	15.22b, B	25.73a, A	19.79d, B
20~30	18.60a, C	19.12a, B	17.77a, B	16.42a, C	9.88b, A	11.51b, C	29.14c, B	17.98a, C
30~40	10.16a, D	14.85b, C	21.31c, C	10.25a, D	10.19a, C	7.92d, D	11.06a, C	18.71c, C
40~50	12.89a, D	16.96b, D	15.93b, B	13.42a, A	9.20c, A	9.14c, E	14.73b, D	7.95d, D
50~70	12.75a, D	10.12b, E	16.77c, B	11.95a, D	10.92b, C	8.56d, D	14.50c, D	7.40d, D
70~90	9.70a, E	8.17b, F	7.98b, E	10.32a, E	11.54c, C	7.29b, D	13.80b, D	8.51a, D
90~110	7.48a, E	7.16a, F	7.03a, E	9.13b, F	10.16c, C	3.87d, F	8.65b, E	5.114d, E

牧草地比天然林低62%，10~20cm土层，牧草地比天然林高19%；在20~50cm，牧草地比天然林低11%~34%。农田、牧草地和人工林的土壤有机碳密度差异主要在0~30cm土层，这个土层中人工林比农田高16%~322%。在0~10cm土层，人工林比牧草地高95%，在10~20cm土层，人工林比牧草地低11%，在20~30cm土层，人工林比牧草地高19%（表4）。这些差异也主要由土壤有机碳含量和容重的差异造成的。

4 讨 论

土地利用变化对土壤有机碳的影响是个长期的过程。直接研究方法是在同一土地利用方式下不同时间重复采样分析，这种方法需要较长时间和严格的控制条件，不易于操作。间接的方法包括相邻样地比较（paired sites）和空间代替时间（chronosequence）（Schiffman and Johnson，1990），这些方法需要时间短，易于操作。Polglase等（2000）总结的41个研究结果中，54%的研究者应用相邻样地比较的方法、25%的研究者用空间代替时间的方法、只有21%的研究者用重复测定的方法。本文采取了相邻样地比较的方法。

许多研究者研究结果表明，森林变成农田或草地后土壤有机碳含量是降低的趋势。如Detwiler（1986）得出热带森林转化为农田土壤有机碳含量降低40%、转化为草地降低20%；Motavalli（2000）得出热带次生林破坏开垦为农田后土壤有机碳含量降低44%，这些结果与本文基本一致。而Lugo等（1986）发现森林砍伐开垦10年后土壤有机碳含量降低46%，在1980年后降低70%；Knops等（2000）得出森林砍伐后耕作使土壤有机碳含量降低89%，这些结果比我们高。这可能因为我们以几种天然林类型是0~110cm土层的平均值做比较，而且土地经营方式与他们的也有一定差异。Johnson和Curtis（2001）总结了73个研究结果，发现绝大多数的结果是森林收获后对土壤有机碳含量没有影响、部分结果是导致土壤有机碳含量不同程度的降低、也有一些是不同程度的增加。另外全树皆伐（whole tree harvesting）会导致土壤表层有机碳含量下降，而用锯只伐地上部分（sawlog harvesting）却使土壤表层有机碳含量增加，而且针叶树比阔叶树增加幅度大。但是收获后时间、收获类型及树种对较深土层的土壤有机碳含量却影响不大。在我们研究中，天然林变成农田往往是破坏性的，树干、大根等都被移走了，这种方式类似于一种全树皆伐。造林之后对土壤有机碳含量的影响问题也有许多研究，如Lugo等（1986）与Jenkinson（1990）得出造林后土壤有机碳含量增加了100%以上、Schiffman和Johnson（1990）得出农田放弃后土壤有机碳含量增加了35%，这与本文结果基本一致。但Wilde（1964）发现造林50年后在15cm土层中土壤有机碳含量增加300%~400%，这比我们的结果高，这主要因为我们比较了人工林在0~110cm土层的土壤有机碳含量平均值，在0~40cm土层我们结果显示人工林比农田高75%~350%。但是Scott等（1999）发现草地中造林之后对土壤有机碳含量的影响趋势显示为：在0~10cm，在人工林中比草地少17%~40%；在0~30cm，人工林比草地少40%~50%。Polglase等（2000）总结了41个研究造林后对土壤有机碳影响的研究结果，发现大部分结果为土壤有机碳含量没有显著变化，一些结果是不同程度的增加，另一些却是不同程度的降低。另外在10cm或30cm土层，造林10年之内土壤有机碳含量通常下降或变化很小，在10cm或30cm以下土层，土壤有机碳含量增加。但是在造林10年以后，土壤有机碳含量一致表现为增加。我们研究人工林都已经超过10年，而且差异主要在 0~30cm 土层。

在本研究中，土地利用变化影响土壤有机碳密度和含量趋势基本一致，但是土壤有机碳含量比密度的改变幅度大。这主要是因为有机碳密度的改变取决于有机碳含量和土壤容重两方面，土壤容重又受到许多因素的影响。一般认为土壤有机碳含量降低，土壤容重可能增加（Fedora et al.，1993），尤其在耕作土壤中（Davidson and Ackerman，1993），而且造林以后土壤容重一般会降低（Jenkinson et al.，1992）。我们发现在农田和草地中土壤容重增加幅度比土壤有机碳含量变化幅度大，总体上使土壤有机碳密度变化并不大。

土壤有机碳含量和密度随着土壤深度的变化主要与植被的根系分布格局密切相关。土壤密度随土层递增而变化的幅度决定于土壤有机碳含量和容重随土层深度增加而变化的趋势。我们的结果中，农田、牧草地、人工林和天然林的土壤有机碳含量及密度随土层加深而变化的趋势与差异性情况与 Jobbagy 和 Jackson（2000）总结的土壤有机碳主粮在土壤剖面上的分布规律基本符合。

参 考 文 献

[1] Bouwman A F, Leemans R. 1995. The role of forest soils in the global carbon cycle//McFee W W, Kelly J M. Carbon forms and function in forest soils. Soil Science Society of America, Inc, Madison, and Wisconsin USA. 503-525.

[2] Davidson E A, Ackerman I L. 1993. Change in soil carbon inventories following cultivation of previous untilled soils. Biogeochemistry, 20: 161-193.

[3] Detwiler R P. 1986. Land use change and the global carbon cycle: the role of tropical soils. Biogeochemistry, 2: 67-93.

[4] Hughes R, Kauffman F J B, Jaramillo V J. 1999. Biomass, carbon, and nutrient dynamics of secondary forests in a humid tropical region of Mexico. Ecology, 80(6): 1892-1907.

[5] Jackson R B, Schenk H J, Jobbagy E G. et al. 2000. Belowground consequences of vegetation change and their treatment in models. Ecological Applications, 10(2): 470-483.

[6] Jenkinson D S, Harkness D D, Vance E D. et al. 1992. Calculating net primary production and annual input of organic matter to soil from the amount and radiocarbon content of soil organic matter. Soil Biology and Biochemistry, 24: 295-308.

[7] Johnson D W, Curtis P S. 2001. Effects of forest management on soil C and N storage: Meta analysis. Forest Ecology and Management, 140: 227-238.

[8] Jobbagy E G, Jackson R B. 2000. The vertical distribution soil organic carbon and its relation to climate and vegetation. Ecological Applications, 10(2): 423-436.

[9] Lugo A E, Sanchez A J, Brown S. 1986. Land use and organic carbon content of some subtropical soils. Plant and Soil, 96: 185-196.

[10] Li L H. (李凌浩). 1998.Effects of change of soil carbon stocks in grassland ecosystem by land use change. Acta Phytoecologica Sinica(植物生态学报), 22(4): 300-302.(in Chinese)

[11] Li Z P(李忠佩), Wang X J. (王效举). 1998. Modeling of dynamics of soil organic carbon by land use change in hill land with red soil. Chinese Journal of Applied Ecology(应用生态学报), 9(4): 365-370.(in Chinese)

[12] Motavalli P, Discekici P H, Kuhn J. 2000. The impact of land clearing and agricultural practices on soil organic C fractions and CO_2 efflux in the Northern Guam aquifer. Agriculture, Ecosystems and Environment, 79: 17-27.

[13] Editorial Board of the forest in Ningxia HuiZu Autonomy Region(宁夏森林编辑委员会)1990. The forest in Ningxia HuiZu Autonomy Region(宁夏森林). Beijing: China Forestry press.30-69.(in Chinese)

[14] Post W M, Kwon K C. 2000. Soil carbon sequestration and land use change: processes and potential. Global Change Biology, 6: 317-327.

[15] Polglase P J, Paul K I, Khanna P K, et al, 2000. Change in soil carbon following afforestation or reforestation: review

of experimental evidence and development of a conceptual framework. National carbon accounting system technical report No.20. Commonwealth of Australia, Canberra. Printed in Australia for the Australian greenhouse office.1-119.

[16] Scott N A, Tate K R, Ford-Robertson J.1999. Soil carbon storage in plantation forests and pastures: land use change implications. Tellus, 51(B), 326-335.

[17] Schimel D S, Coleman D C, Horton K A. 1985. Soil organic matter dynamics in paired rangeland and cropland sequences in North Dakota. Geoderma, 36: 201-214.

[18] Solomond D, Lehmann J, Zech W. 2000. Land use effects on soil organic matter properties of chromic luvisols in semiarid northern Tanzania: carbon, nitrogen, lignin and carbohydrates. Agriculture, Ecosystems and Environment, 78: 203-213.

[19] Schiffman P M, Johnson W C. 1990. Phytomass and detritus storage during forest regrowth in the southeastern United States Piedmont. Canadian Journal of Forest Research, 19: 69-78.

[20] Watson R T, Noble, Bolin B.2000. Land Use, Land Use Change, and Forestry: a Special Report of the IPCC. Cambridge, United Kingdom: Cambridge University Press, 189-217.

[21] Wilde, S A. 1964. Changes in soil productivity induced by pine plantations. Soil Science, 97: 276-278.

[22] Xu D Y(徐得应). 1994. Change of forest soil carbon by forest management. Research on World Forestry(世界林业研究), 5: 26-32.(in Chinese).

Influence of land-use change on the soil carbon storage in the Liupanshan forest zone

WU Jianguo[1], XU Deying[2], ZHANG Xiaoquan[2], GAO Qingxian[1],
REN Zhenhai[1], YANG Xinxing[1]

1. Center of climate impact Research of the State Environment Protection Agency, Beijing 100012
2. Research institute of Forest environment and ecology of Chinese academy of forestry science, Beijing 100091

Abstract: The effects of typical land-use change on soil organic carbon(SOC)storage in the Liupanshan forest zone were assessed through comparison between different land use for their concentration and the inventory of SOC and its distribution in soil profile. It is found that the mean concentration of SOC in 0~110cm soil depth is 54% and 27% lower under cropland and rangeland respectively than under the nature secondary forest (dominated by *Querces liaotungensisis Koiz* or *populus davidiana dode* or brushwood), which is 78% and 29% higher under the plantation of larch than cropland and rangeland respectively. The inventory of SOC in 0~110cm soil depth is 35% and 14% lower under cropland and rangeland respectively than under the nature secondary forest, which is 35% and 1% higher under the plantation than cropland and rangeland respectively. Generally, there is more greatly decreasing with increasing soil depth for the concentration and inventory of SOC under the nature secondary forest or plantation than under cropland or rangeland. The above-mentioned facts are results from the changes of input or out of SOC, distribution of root, production of residues or soil physical and chemical characteristics concerning SOC. To sum up, it shows that the SOC storage will decrease after converting nature secondary forest into cropland or rangeland, while which will increase following afforestation in cropland or rangeland and the distribution of the concentration or inventory of SOC in soil profile will chang with changing of land use.

Key words: land use change; soil organic carbon; concentration and inventory of soil organic carbon

土壤有机质矿化与温室气体释放初探①

单正军[1]，蔡道基[1]，任阵海[2]

1. 国家环保局南京环境科学研究所，南京 210042
2. 中国环境科学院，北京 100012

摘要： 通过土壤有机质的矿化作用，模拟估算温室气体在中国土壤中的释放量。结果表明，CO_2 从土壤中的释放量为 37.5 亿 t/a，CH_4 从稻田中的释放量为 0.20 亿 t/a，N_2O 从稻田中的释放量为 3.45 万 t/a。对土壤中温室气体释放估算提供了一种简便方法。由于掌握资料不足，准确估算需进一步研究。

关键词： 土壤有机质；矿化；温室气体；释放

在自然界中，植物的光合作用与土壤中生物残体的矿化作用是影响碳素循环的两个主要因素，自从人类进入文明社会以后，由于煤炭和石油的开采，森林的砍伐和农田种植，对这一循环过程产生了巨大的影响，大气的组成也产生了一定的变化，CO_2、CH_4、N_2O 等温室气体有不断增加趋势，从而影响着全球环境。碳素循环和氮素循环是一个十分复杂的过程，本文拟从土壤中有机质的积累和矿化的角度，应用土壤科学中积累的资料，估测：①全国土壤中每年释放出来的 CO_2 数量；②稻田土壤中释放出来的 CH_4 数量；③稻田土壤中释放出来的 N_2O 数量。并对进一步开展此项研究提出讨论意见。

1 CO_2、CH_4、N_2O 温室气体释放量估算

1.1 土壤中 CO_2 释放量估算

土壤中的有机物质，来源于每年进入土壤的动植物残体，这些残体经过土壤微生物一定程度的分解后，形成所谓的土壤腐殖体，即通常所称的土壤有机质；土壤中有机物质的另一部分来自于当年进入土壤的动植物残体。前者可通过土壤分析求得，后者则需要通过定位观察求得。我国幅员辽阔，在不同的气候带，不同的生物群落，进入土壤的动植物残体都有较大差异，目前尚无系统数据；而土壤有机质的含量，全国已进行较全面的调查[1]，这是计算土壤有机质矿化产生 CO_2 的一个基础数据。土壤有机质是土壤肥力的基础，在土壤微生物的作用下，土壤有机质不断地矿化，释放出供植物所需的氮素营养，同时也释放出 CO_2，因此土壤的矿化速率是本文计算土壤 CO_2 释放量时另一重要数据。根据土壤有机质的含量以及有机质的矿化速率、利用下列公式可计算 CO_2 释放量。

---

① 原载于《环境科学学报》，1996 年，第 16 卷，第 2 期，150~154 页。

$$I_{CO_2} = S \cdot h \cdot d \cdot C_{OM} \cdot B \cdot A \cdot \frac{W_{CO_2}}{W_C} \tag{1.1}$$

式中，S 为土地面积，m^2；h 为土壤深度，m；d 为土壤容重，g/cm^3；C_{OM} 为土壤有机质含量，%；B 为有机碳占有机质的百分数（常数 0.580）；A 为土壤有机质矿化率，%；W_{CO_2}、W_C 为 CO_2 及 C 的分子量。

因土壤中的有机质多数分布在地表 15cm 左右的土层中，对土壤有机质矿化起较大影响的也是这一层次内的土壤有机质，因此在计算土壤有机质矿化时，只计算这一层次的土壤有机质的贡献。中国土壤的容量常在 $1.2~1.6g/cm^3$[2]，可取 $1.5g/cm^3$ 进行计算。

中国的土壤类型繁多，土壤有机质含量变化很大，根据中国土壤有机质分布图提供的资料[1]，在各土类中土壤有机质含量低至小于 0.5%，高至大于 10%。表 1 按照土壤有机质含量的高低，划分为 11 等级，根据这一资料，我们求出了各个等级中土壤有机质的储量与全国 960 万 km^2 土地中有机质的总储量（表 1）。

表 1　中国土壤有机质贮量

有机质含量/%	面积/10^4km	有机质总量/亿t	有机碳总量/亿t
0.3（<0.5）	124.90	8.43	4.89
0.75（0.5~1.0）	105.79	17.85	10.35
1.25（1.0~1.5）	221.57	62.31	36.14
1.50（1.0~2.0）	28.42	9.59	5.56
1.75（1.5~2.0）	131.14	51.64	29.95
2.5（2.0~3.0）	85.82	48.27	28.00
2.75（1.5~4.0）	25.25	15.62	9.06
3.5（3.0~4.0）	11.71	9.22	5.34
5.5（4.0~7.0）	98.05	121.30	70.36
8.5（7.0~10.0）	113.28	216.64	125.66
10.0（>10.0）	11.42	25.69	14.90
水面（2）	2.59	1.17	0.67
总量	959.77	340.93	

土壤有机质的矿化速率，随各地的气候与土壤条件的不同而异，有关这一方面的研究，目前尚缺乏系统资料，根据现有的一些报道，土壤有机质的年矿化率在 2%~5% 之间[2, 3]，本文拟用 3% 的矿化率作为土壤释放 CO_2 的参数，根据上述参数，代入式（1.1）即可计算出中国土壤年释放 CO_2 的量：

$$T_{CO_2} = 有机碳总储量 \times A \times \frac{W_{CO_2}}{W_C}$$

$$= 340.94 \times 10^8 \times 3\% \times 44/12$$

$$= 37.50（亿 t）$$

这里应指出的是，计算得到的土壤中 CO_2 释放量是土壤有机质矿化所产生，而未考虑由于各种途径进入土壤的碳源。它并不是土壤中的 CO_2 净释放量。

1.2 稻田中CH₄释放量的估算

CH₄是有机物质在嫌气细菌分解时的产物，它可来自稻田土壤，沼泽地、水域及某些动物体内的消化作用。水稻是我国的主要作物，面积为 0.337 亿 hm²，占全世界水稻种植面积的 25%左右。因此在温室气体释放的研究中，我国稻田中 CH₄的释放状况，引起了世界科学家的关注。本文同样拟用估算方法计算稻田土壤中 CH₄ 释放的数量。

对于水稻土产生 CH₄的碳素来源，一部分来自土壤有机质的矿化，另一部分来自加入土壤的有机肥：如通过各种形式回田的稻草及作物根系与残茬，水稻生长期间根系分泌的物质以及水草和藻类的光合产物，由于加入土壤有机肥的矿化率比土壤中原有的土壤有机质矿化率要大得多，因此在作估测时，将两部分分开计算。

稻田土壤有机质及外加入有机肥释放 CH₄量可用以下公式计算：

$$T'_{CH_4} = S \cdot h \cdot d \cdot C_{OM} \cdot B \cdot A_\alpha \cdot R \cdot \frac{W_{CH_4}}{W_C} \qquad (1.2)$$

$$T''_{CH_4} = S \cdot M \cdot B \cdot A_\beta \cdot R \cdot \frac{W_{CH_4}}{W_C} \qquad (1.3)$$

式中，A_α，A_β 为土壤有机质及加入有机肥的矿化率；R 为形成 CH₄-C 占矿化碳的百分比；M 为加入土壤有机肥量，kg/hm²；S、h、d、C_{OM}、B、W_{CH_4}、W_C 为与式（1.1）中意义相同。

1.2.1 稻田土壤有机质释放 CH₄量的估算

我国的稻田主要分布在长江以南地区，但北至黑龙江也有种植。我国稻田土壤中有机质相对较低，一般为 1%~3%，多数在 2%左右[2]，因此在估算时，水稻土中有机质的含量拟用 2%计算。在一般情况下，稻田土壤只有在种植水稻时才处于渍水状态，但在种植水稻的 3~5 个月中，均是高温季节，有利于土壤有机质的矿化，据报道，即使种植一季水稻，土壤有机质的矿化率达到 2%~4%，我们拟取 3%作为稻田土壤有机质的矿化率，对于水稻整个生长期，CH₄-C 占总矿化碳 30%[7]。因此根据式（1.2），可计算出中国水稻土由于有机质矿化产生的 CH₄ 量：

$$0.337 \times 10^8 \times 0.15 \times 1.5 \times 2\% \times 0.580 \times 3\% \times 30\% \times 16/12 = 0.108（亿t）$$

1.2.2 进入稻田有机肥释放 CH₄量的估算

由于通过各种形式回田的稻草与水稻的根系及残茬是进入水稻土作为有机肥的主要来源，因此仅以此计算有机肥产生 CH₄量。这部分有机物质通常是按作物秸秆的 1/3 或者地上生物量的 1/6 计算[4]，则相当于 2.25t/hm² 数量的有机肥进入农田。这些稻草的含碳量约为 46%。有机肥与土壤有机质不同，它容易被微生物分解，据有关报道，稻草在水田中的矿化率约为 70%[5]，其中 CH₄-C 占总矿化碳 30%。根据这些基本数据，由式（1.3）可求出稻田来自有机肥释放的 CH₄ 量：

$$T_{CH_4} = 0.337 \times 10^8 \times 2250 \times 46\% \times 70\% \times 30\% \times 16/12 = 0.096（亿t）$$

通过上述这两项计算可以看出，全国稻田中来自土壤有机质的 CH₄ 释放量为 0.108 亿 t，来自有机肥的 CH₄ 释放量为 0.096 亿 t，两者几乎相等，其释放总量为 0.20 亿 t。

1.3　稻田土壤中N₂O气体释放量估算

土壤中释放的 N₂O 气体，主要来自于氮素的反硝化作用，与 CH₄ 相似，N₂O 的产生主要是在还原的条件下形成，稻田是产生 N₂O 的主要发源地之一。稻田中的氮素主要来自于有机质的矿化及施入氮肥两部分组成，作物秸秆及根系进入土壤的有机肥，虽然含有一定量氮，但由于 C/N 较高，这部分氮难以被当季水稻利用[5,6]，对 N₂O 产生影响较小。土壤有机质及氮肥生成的 N₂O 可用下式计算：

$$T'_{N_2O} = S \cdot h \cdot d \cdot C_{ON} \cdot A \cdot R \cdot \frac{W_{N_2O}}{2W_N} \tag{1.4}$$

$$T''_{N_2O} = S \cdot M_N \cdot R \cdot \frac{W_{N_2O}}{2W_N} \tag{1.5}$$

式中，C_{ON} 为土壤含氮量，%；M_N 为施入土壤中的氮肥量，kg/hm²；R 为形成 N₂O-N 占有效氮的百分比；S，h，d，A 与式（1.1）相同。

1.3.1　土壤有机质中 N₂O 释放量估算

水稻土的有机质含量为 2%左右，土壤有机质的 C/N 一般为 12∶1 左右，则土壤有机氮含量为 0.097%。然而土壤中的有机氮不能直接参与反硝化过程，它只有经过矿化成无机态氮后才有可能在适宜的环境条件下进入反硝化过程，土壤有机氮的矿化率仍以土壤有机质的矿化率 3%计算。氮素在水田中易引起反硝化作用（生成 N₂，N₂O 及 NO）造成氮素的损失占有效氮的 10%~30%[7,8]，而其中的 N₂O 仅占反硝化损失的极少一部分。据研究，水稻田中生成 N₂O-N 仅仅占土壤有效氮的0.3%~0.5%，取其平均值 0.4%作为氮素中 N₂O 的释放率。根据式（1.4）可求出来自土壤氮素的N₂O 释放量：

$$T_{N_2O} = 0.337 \times 10^8 \times 0.15 \times 1.5 \times 0.097\% \times 3\% \times 0.4\% \times 44/28 = 1.38(万\,t)$$

1.3.2　氮素反硝化作用释放的 N₂O 量估算

我国年产氮肥 1367.7 万 t（纯氮）[9]。其中有 430.1 万 t 使用在水稻田上[10]，平均施用量为127.5kg/hm²，施入稻田的氮肥，通过反硝化作用释放出 N₂O 的数量仍以 0.4%计算，则由式（1.5）求得全国稻田施用氮肥释放出的 N₂O 量

$$T_{N_2O} = S \cdot M_N \cdot R \cdot \frac{W_{N_2O}}{2W_N} \tag{1.6}$$

$$T_{N_2O} = 0.337 \times 10^8 \times 127.5 \times 0.4\% \times 44/28 = 2.07(万\,t)$$

由以上计算可以看出，全国水田中通过反硝化作用，从土壤有机氮和施入氮肥释放出的 N₂O量分别为 1.38 万 t 与 2.07 万 t，总量为 3.45 万 t。

2　结　果　讨　论

随着温室气体研究的深入开展，测定温室气体释放量的方法也不断在改进，目前最常用的方

法有定位直接测定法[11,12]与数学模拟估算法[13]，两者各有利弊。归纳起来，定位直接测定法，利用先进的仪器设备，测定的准确性较好，但由于自然条件十分复杂，选择少数定位点的代表性不足和采样时样品的个体差异很大，往往会引入很大误差。

间接模拟估算法看来比较粗放，但它利用多学科积累的科学成果，通过大量面上的数据分析，来弥补因自然条件的复杂性与标本的个体差异性所带来的误差。有关温室效应气体研究，在国内尚属开始阶段，从以上对我国稻田 CH_4 释放量的估算结果，与现有国内的几个定点直接测定结果相比非常接近[11, 12]。本文仅在工作之余，利用手头掌握的少量资料，对土壤温室气体释放量模拟估算的初探，为了提高模拟估算的精确性，建议今后须开展以下几方面问题的研究：

（1）提高土壤有机碳和有机氮贮量的估测精度，是模拟估算温室气体释放量的基础，此项工作可利用我国土壤普查成果，进行系统的分析统计求得。

（2）土壤有机质矿化率的测定工作，在我国只有少量研究报道，为了提高此项参数的估算精度，建议在我国的不同气候带，结合现有的环境监测和农业试验站的工作，选择一些有代表性的地区，按照研究温室气体的要求，对各地的土壤有机质矿化度进行系统的监测。

（3）通过各种模拟试验，深入研究水田中 CH_4 与 N_2O 的形成条件，产生各种气体比例，及控制温室气体发生的措施。

（4）了准确估算自然环境中 CH_4 与 N_2O 的释放量，除了要深入研究水田中的释放特点外，还应研究其他释放源的情况，以对温室气体的发生进行综合估价。

参 考 文 献

[1] 中国科学院南京土壤研究所编. 中国土壤图集. 北京: 地图出版社, 1980: 54.

[2] 熊毅, 李庆逵. 中国土壤. 北京: 科学出版社, 1990.

[3] 王文山, 王维敏等. 土壤通报, 1989, 20(5): 221.

[4] Watanabe I, Roger P A.土壤学进展, 1988, 16(2): 24.

[5] 黄东迈, 高家骅, 朱培立. 土壤学报, 1981, 18(2): 107.

[6] 施书连, 文启孝, 廖海秋. 土壤学报, 1980, 17(3): 240.

[7] 朱兆良. 土壤学报, 1984, 21(1): 29.

[8] 蔡贵信, 朱兆良. 土壤学报, 1983, 20: 272.

[9] 郭金如, 李光锐, 陈培森. 土壤肥料, 1989, 4: 28.

[10] 中国农业科学院作物区划编写组. 中国农作物种植区论文集. 北京: 科学出版社, 1987: 1.

[11] 戴爱国, 王明星等. 大气科学, 1991, 15(1): 102.

[12] 吴海宝. 浙江农业大学学报, 1988, 14(4): 395.

[13] Detwiler R P, Charles A R. Science, 1988, 239: 43.

A Preliminary Assessment of CO_2, CH_4 and N_2O Emission from Soils in China

SHAN Zhengjun[1], CAI Daoji[1], REN Zhenhai[2]

1. Nanjing Institute of Environmental Science, NEPA, 210042
2. Chinese Academy of Environmental Sciences, Beijing 100012

Abstract: Greenhouse gases emission from soils in China was assessed based on the mineralization rate of soil organic matter. It was estimated that 3.75 billion tones of CO_2 from soils and 20 million tones of methane and 34500 tones of N_2O from paddy soils in China were emitted into atmosphere every year. The assessment provides a simple method for assessing greenhouse gases emission from soils. Because of the limitation of data available further studies should be taken for more reliable estimation.

Key words: soil organic matter; mineralization; greenhouse; emission

第十篇

其　他

中国雾霾控制策略专辑[①]

序

    21 世纪第二个十年是我国全面建成小康社会的关键时期，多年以来我国经济快速发展，在某种程度上是大量消耗资源条件下取得的，由此造成大量的污染物和废气量排放，严重地污染了大气环境，使我国大气环境质量恶化成为全球关注的热点。有鉴于此，国家实施"大气污染防治十条措施"，要求进行污染物总量减排。为此我国政府和企业做出了巨大的努力，取得初步的阶段成果，但效果并不如意。究其原因是由于排放总量等于浓度与废气量的乘积，我国目前只通过制定严格的排放标准，即控制了污染物浓度，而作为影响污染物排放总量的另一个关键因素——废气量控制并未列入议事日程。在大量消耗能耗条件下，一旦废气量增加超过标准的加严效果，空气质量良好就难以保障。因此，废气量减排对控制我国污染物排放总量具有不可替代作用，因而具有重要的现实和长远意义。本次刊出的废气量减排和污染物可持续深度控制技术文章，具有重要应用价值。

任阵海

中国工程院院士

中国环境科学研究院研究员

---

① 原载于《环境工程技术学报》，2015 年，第 5 卷，第 3 期。

内伶仃岛及其附近海面低层大气的平均结构[①]

吴祖常[1]，董保群[1]，任阵海[2]，彭贤安[2]

1. 南京气象学院
2. 中国环境科学研究院

摘要：本文综合分析了内伶仃岛低空温、风探测资料和海岛及其附近海面大气边界层的平均结构，讨论了海陆环流，并把实测风速廓线与理论计算结果进行了比较。

1 引 言

陆面大气边界层，国内外均进行过较多的研究。对于海面（包括岛屿）大气边界层，近年来已陆续开展了一些研究[1]，但是由于探测资料缺乏，研究还很不够。本文利用海岛的低空温、风探测资料，对岛屿及其附近海面大气边界层平均场结构进行分析研究。

2 地理环境和天气背景

内伶仃岛位于珠江口外的海面上，地理位置为东经 113°48′，北纬 22°24′，东距深圳市的蛇口 13 公里，西距珠海市 22 公里，全岛面积约 5.5 平方公里。1988 年 7 月 2 日至 21 日，我们在岛上进行低空温度探测、经纬仪小球测风和常规地面观测。测站设在岛东端离海岸约 400 米的平缓坡地处，海拔约 8 米。19 天内共释放测温探空仪 70 个（其中夜间 43 个）、测风球 122 个（夜间 46 个）。当时正值盛夏，偏南季风盛行，岛区常为副热带高压控制，天气以晴为主，但在观测期内还是经历了两晴两雨的天气演变过程：3 至 10 日为晴天，11 至 12 日是东风波低压移过造成的阴雨天气，13 至 18 日为晴天少云，19 和 20 日受强台风影响（19 日夜间强台风在岛的东北面登陆，岛屿距台风中心约 90 公里）有大雨和暴风，21 日天气转晴。总的说来，观测资料包括了不同天气过程的信息，颇具代表性。

3 海陆风分析

我们把对流层中下层的总体风场称为背景风场，观测期间背景风通常是偏南风。内伶仃岛是个小岛，四面环海，东、北、西三面 13~30 公里以外是陆面，主体海面在岛屿南面。当岛屿所在地区盛行中尺度海风时，气流掠过海岛吹向大陆，风向偏南，海风之上的反环流则为偏北风，气流越过岛屿上空吹向海面。若该地区盛行陆风则为偏北风，陆风之上的反环流为偏南风。

---

① 原载于《热带气象》，1991 年，第 7 卷，第 2 期，162~169 页。

　　我们的观测资料表明，岛区低层大气的风向从下向上经常出现明显转折，拔高 100 米风向偏转可超过 45°或 90°，有时达 115°。在 122 次测风记录中有 72 次的风向从地面到 2 公里高度内明显转折 2~4 次，19 天观测期内有 18 天都测得风向从下向上有明显转折，这是岛区海陆风盛行所致。表 1 给出 14 时和 18 时（北京时。下同）的 36 次实测风向、风速铅直分布的统计结果。其中偏南风指风向为 SE、S、SW 的风，偏北风指风向为 NE、N、NW 的风。由表 1 可见，100~700 米气层，偏南风频率大而偏北风频率很小，且风速较大，显然是背景风与海风同方向所致。1000~1500 米气层，偏南风频率变小而偏北风频率增大且风速变小，表明有海风反环流（偏北风）存在，这种偏北风与背景风叠加使总风速变小。

表 1　14 时和 18 时的风向频率与风速分布

高度/百米	1	2	3	4	5	6	7	8	9	10	11	12	13	14	15	16	17	18	19	20
偏南风频率/%	77.7	75.0	75.0	72.2	75.0	75.0	69.4	66.6	63.8	63.8	63.8	58.3	58.3	58.3	63.8	69.4	69.4	69.4	60.4	69.4
偏北风频率/%	5.5	5.5	5.5	5.5	5.5	5.5	5.5	5.5	16.7	16.7	16.7	16.7	16.7	16.7	13.9	13.9	13.9	13.9	13.9	13.9
风速/（米/秒）	4.7	5.6	5.8	5.4	5.2	5.3	5.1	5.1	4.6	4.7	4.7	4.6	4.9	4.7	4.9	5.1	5.1	5.2	5.2	5.2

　　下面分析几个观测个例。由 7 日的天气图看出，背景风为 SW 风，岛上 7 时和 9 时的探测表明，整个低空大气层均为 SW 风，风速 2~4 米/秒，无海陆风存在，如图 1a 所示。而 14 时、18 时、20 时的观测表明有海陆环流存在。以 18 时的风速风向分布为例（见图 1b），1000 米以下偏南风（主体风向为 S 风），风速较大为 4~6 米/秒，这是偏南海风与背景风大致同方向的结果，1100~1700 米气层吹 ENE 风且风速较小，仅 2~3 米/秒，显然是由于海风反环流（偏北风）与背景风不同方向所致。1800 米以上，因无海陆环流而盛行 SW 风。14 时和 20 时的风分布与 18 时的大体相同，直到 22 时才测得明显不同上述情况的风分布。再看 17 日 14 时的风向风速分布（图 1c），背景风为 SE 风，风速较小（如 700 百帕等压面上的风速仅 4 米/秒）。250~1200 米气层吹 SSE 风（风向角在 155°~173°之间），风速较大为 3~5 米/秒，这是背景风与海风方向大体相同叠加的结果。

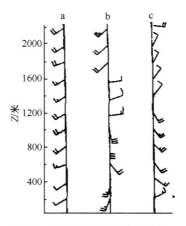

图 1　风向风速铅直分布个例
a. 7 日 9 时；b. 7 日 18 时；c. 17 日 14 时

1300~2000 米气层吹 NNE 风（风向角为 30°左右），风速较小仅 2 米/秒，显然是海风反环流（偏北风）与背景风的风向不同所致。

夜间的陆风比白天的海风弱且不够显著，可通过由下向上的风向明显转折与风速分布相配合来分析陆风的存在。我们在 17 个晴夜的测风资料中发现有 11 个夜间的午夜至清晨的风廓线出现 2~4 次风向明显转折，可见岛区夏季常有陆风及其反环流出现。如 7 月 5 日（图略），背景风为 SE 风，5 时的实测风廓线在 900 米以下吹 E 风（风向角 90°~100°），这是陆风（偏北风）与背景风叠加所致。1000~1600 米气层吹 S 风（风向角 182°左右），风速比其上、下气层大 2 米/秒左右，这是陆风反环流（偏南风）与背景风风向大体相同而叠加的结果。

由于放球时间间隔较大且释放球数不够多，对海陆风每天生消时间及其控制高度，只能给出如下粗略看法。海风常在 14~20 时较明显，22 时以后可能消失，其出现的高度在 900 或 1000 米以下的整层内，中心在 400~600 米之间。海风之上的反环流的高度在 1000~1700 米之间，有时可达 2000 米以上。午夜到清晨出现的陆风厚度约为 800~900 米，其之上的反环流控制的高度大致在 1000~1600 米之间。这些结果与锦西、厦门的海陆风接近[2-3]，只是本文的海陆风厚度大一些。

4 气温的铅直分布

19 天的观测表明，岛区低层气温铅直分布具有如下特点：底层温度廓线日变化很明显，整个低空常出现多层逆温。温度廓线可归纳成 3 种典型模式，记为晴天 I 型、II 型和阴天型。

晴天 I 型的代表性廓线如图 2 所示，这是盛行海陆风时的情况。这类廓线的特点是，有两层不接地逆温（或等温），各高度的温度日变化均较大，接地几十米气层的温度廓线日变化十分强烈。根据海陆风理论，由于海陆加热降冷状况差异而形成海陆环流，在海风（陆风）反环流上部常形成逆温层，晴天 I 型温度廓线的上层不接地逆温便是这种逆温层。温度廓线中的下面一层不接地逆温的成因，留在后面讨论。由于晴天辐射作用强烈，因而造成各高度温度日变化较大。接地几十米气层受岛屿陆面的强烈影响，夜间长波辐射作用形成接地逆温，白天短波辐射作用形成接地不稳定气层。

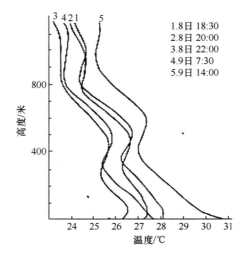

图 2 晴天 I 型温度廓线

晴天 II 型温度廓线如图 3 所示，这是无明显海陆风时的温度分布。其与晴天 I 型廓线所不同的是没有第二层不接地逆温。由于不存在海陆环流，所以也不存在这类环流上部的逆温层。

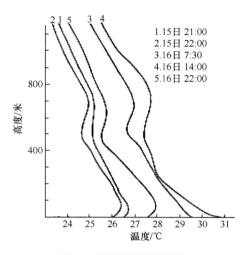

图 3　晴天 II 型温度廓线

图 4 为东风波低压过境期间的温度廓线，记为阴天型。其特点是，只有一层不接地逆温，各高度的气温日变化幅度均较小，接地薄层的温度廓线日变化较明显。因为阴雨天不能发育出明显的海陆风，因而没有晴天 I 型廓线那种第二层不接地逆温。阴雨天辐射作用减弱，气温日变化幅度就比晴天时的小。由于岛区阴雨天常是阵性的，所以贴地几十米气层在夜间亦可能出现较弱的逆温而白天有时出现不稳定状况。图 5 是岛区受台风影响期间的温度分布，这是特殊类型，这时温度的典型分布受到破坏，图 5 的第 3、4、5 条廓线既无不接地逆温也没有夜间接地逆温。

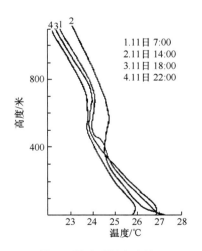

图 4　阴天型温度廓线

观测期间的天气以晴为主，多数实测温度廓线日变化类似于图 2 或图 3（19 天中有 10 天类似于图 2，7 天类似图 3）。按中国科学院大气所的划分稳定度标准[4]，用温度梯度来划分低层大气稳定度类，统计得表 2 和表 3。结果表明岛区低空不同稳定度气层的配置是很有规律的，对于夜间由下向上是稳定—中性—稳定—中性，白天由下向上是不稳定—中性—稳定—中性。这与图 2、

图 3 的分布趋势吻合，可见图 2、图 3 是较有代表性的。

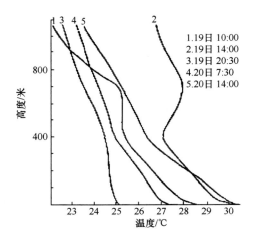

图 5　台风影响期间温度廓线

表 2　夜间低空大气不同层次的稳定度

高度范围/米	廓线数	稳定度类	出现该类稳定度的频率/%
0~64	41	E、F	95
65~500	41	D	100
501~700	41	E	85
701~1000	41	D	95

表 3　白天低空大气不同层次的稳定度

高度范围/米	廓线数	稳定度类	出现该类稳定度的频率/%
0~75	14	A、B、C	100
	9	D	89
76~500	23	D	100
501~700	23	E、F	82
701~1000	23	D	90

　　综上所述，岛区低空温度廓线的演变特点是，接地逆温早生早逝变化小，上层气温分布趋势的日变化不剧烈。资料表明，晴天通常在 18 时 30 分就形成接地逆温，入夜后其厚度和强度虽有所增加，但变化甚小，厚度大体从开始时的 40~50 米变到最厚时的 60~70 米，从未测得超过 120 米的，强度则在整个夜间几乎都维持在 1℃/百米左右，41 次接地逆温记录只有一次强度达 2.6℃/百米。日出后，接地逆温很快消失（7 时的观测从未测得有接地逆温）。接地薄气层之上的中性气层，其温度逆减率常在 0.6~0.7℃/百米左右，不管白天还是夜间，其变化甚小。中性层之上的稳定气层常为等温层或弱逆温层，后者的强度在 0.2~0.8℃/百米之间，日变化不大。它们之上的中性气层逆减率通常为 0.5~0.6℃/百米，日变化较小。此外，在海陆风盛行时，在更高处是等温层或弱逆温层，厚度与强度的变化都不大，厚度约 200 米的逆温强度为 0.3~0.9℃/百米，仅有一次达 1.5℃/百米（7 月 5 日）。

　　由于岛屿很小，且实测资料表明受地面强烈影响，因而气温廓线日变化剧烈的仅是接地几十米厚的气层，所以可认为这薄层是岛屿陆面大气边界层，我们称为内边界层。这层之上是掠过海岛的受海面强烈影响的气层，它的低层的气象要素场可代表岛屿附近海面大气边界层的近地面层以上的情况，我们称其为海面边界层。据温度铅直分布的不连续是常用的确定边界层顶高的一个粗略方法。对于陆面边界层，当存在接地混合层时，则此混合层之上常为稳定层（等温或逆温层），从混合层向稳定层的转变区即为边界层顶[①]。类似地，我们把岛区上空从中性气层向稳定层（第一层不接地逆温）的转变区作为海面边界层顶，据图2、3、4类型的温度廓线，我们粗略确定岛区海面边界层顶大体分别在400~800米之间。

5　实测风速铅直分布

剔除天气变化剧烈时的风廓线，其余119条实测风速廓线可归纳成4种典型模式，记为白天Ⅰ型、Ⅱ型和夜间Ⅰ型、Ⅱ型。

白天Ⅰ型如图6所示，含38条廓线，是海风盛行时的情况。贴地几十米气层内的风速随高度很快增加，这符合陆面边界层的近地面层风速廓线特点。这层之上至四五百米的气层吹偏南风，风速很大且随高度变化小，这是海风与背景风的方向大体一致而叠加的结果。再向上的五六百米厚度内常吹偏北风（ENE、NE、WNW 等），风速较小，这显然是海风反环流（偏北风）与背景风的方向不同而叠加所致。

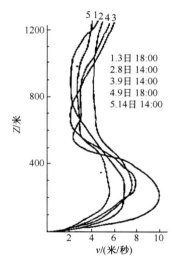

图6　白天Ⅰ型风速廓线

白天Ⅱ型如图7所示，含36条廓线，是无明显海风时的情况。贴地几十米气层与图6的白天Ⅰ型一样是风速随高度很快增加，这层以上的四五百米厚度内常吹偏南风，风速随高度而增加到极大值，再向上的二三百米厚度内亦常吹偏南风，风速随高度而减小。因为无海陆环流存在，风向无明显转折，风速在大气边界层中下部随高度增加，而在边界层上部随高度稍有减小，到自由大气层则随高度变化不大，这与边界层爱克曼理论相吻合。

---

① 王彦昌、赵鸣编. 边界层气象学. 南京大学讲义，1985.

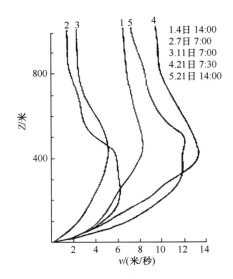

图 7 白天 II 型风速廓线

夜间 I 型如图 8 所示，含 25 条廓线，有海风存在，通常是前半夜的情况。贴地几十米具有陆面边界层的近地面层风速廓线特点，风速随高度很快增大，风向不变（为偏南风）。这层之上的 300~500 米厚度通常亦吹偏南风，风速往往很大，这是海风与背景风叠加所致。这之上的四五百米或更厚的气层则不常吹偏南风，风速较小，约在 900~1300 米间出现风速极小值，这是由于海风反环流（偏北风）与背景风的风向常常不一致而叠加所致。

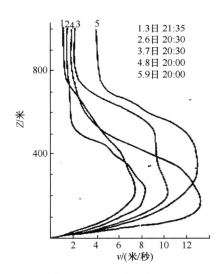

图 8 夜间 I 型风速廓线

夜间 II 型如图 9 所示，含 20 条廓线。这时无海风存在，无明显海陆环流，各高度风向大体均为偏南风，风速随高度很快增加，在 300~700 米间的某高度达极大值，在这以后，风速随高度稍有减小，直到边界层以上的自由大气则风速随高度变化不大而维持较大的值。这符合边界层理论关于风速分布的典型形式。

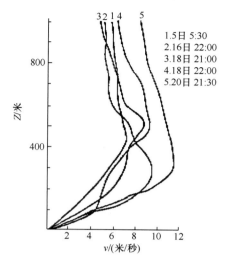

图9　夜间Ⅱ型风速廓线

由于陆风比海风弱，且陆风环流不很明显，所以不单独区分陆风存在时的风廓线类型。

6　近海海面大气边界层风速分布规律

海面大气边界层通常为中性、近中性层结，赵鸣[5]曾用数值模式研究过其风速分布，鉴于数值计算相对复杂，一般更希望使用方便的诊断公式。Zilitinkevich[6]曾给出过陆面边界层风速分布的对数——多项式律，我们用实测资料来检验这个规律，分析其是否可应用于近海海面大气边界层。所用资料是无明显海陆风存在、海面大气边界层为中性（不考虑贴地几十米）的实测风廓线。中性时的对数——多项式风速分布律按文献[6]为

$$u(z)=\frac{u_*}{k}\left[\ln\frac{z}{z_0}+f_u(\xi)\right], v(z)=\frac{-u_*}{k}f_v(\xi)\text{Sign}\,f \qquad (6.1)$$

其中卡门常数 $k=0.4$，f 为地转参数，z_0 为下垫面（海面）粗糙度，按文献[5]取

$$z_0=0.00144\frac{u_*^2}{g} \qquad (6.2)$$

g 为重力加速度，u_* 为摩擦速度，按 GRANT[7] 有

$$u_*=C_g\cdot G \qquad (6.3)$$

G 为地转风，用边界层顶的风速或由 850 百帕天气图上的气压分布确定。C_g 为地转拖曳系数，它与海面状况及 G 等有关，据文献[7]，用 JASIN 资料得北大西洋海面的 $C_g=0.026$，用 KONTUR 的资料得北海等地的海面 $C_g=0.028$，用理论公式得 $C_g=0.025$，并指出 C_g 与 G 仅弱相关，本文取中值 $C_g=0.026$。这样即可由（3）式方便地估算 u_*。式（6.1）中的两个函数分别为

$$f_u(\xi)=b_0\xi+b_0^*\xi^2, f_v(\xi)=a_0\xi+a_0^*\xi^2 \qquad (6.4)$$

据文献[6]取 $a_0=10$，$a_0^*=-5.5$，$b_0=4$，$b_0^*=-4.5$，$\xi=\frac{z}{h}$，h 为边界层顶高度，本文由温度廓线确定（参看第三部分）。于是由地转风用式（6.3）、式（6.2）确定 u_*、z_0，再结合 h 便能由式（6.1）

计算不同高度的风速 u、v 分量，从而确定总风速和风向角。

　　无海陆风时计算的风速廓线与白天 II 型、夜间 II 型风速分布趋势相同，都是在边界层中下部，风速随高度而增加，在边界层上部则风速随高度而减小。表 4 给出 13 日 18 时 30 分和 21 日 14 时的两个实例用公式（1）计算的风速值与实测值的比较。结果表明计算与实测的风速分布趋势吻合，都是在 400~500 米间达极大值。在边界层内的风向偏转角，13 日与 21 日这两个实例的计算值分别为 14.9° 和 15.5°，而实测的偏转角分别是 13.9° 和 20.5°，说明计算值与实测值相差较小。另外，从图 10 给出的 5 个实例的计算值与实测风速值的比较也可以看出，计算值与实测结果是吻合的。

表 4　计算值与实测值的比较

高度/米	100	200	300	400	500	600	700	800
13 日计算风速/（米/秒）	4.5	4.9	5.0	5.1	4.9	4.6		
13 日实测风速/（米/秒）	4.0	4.4	5.6	5.8	4.4	4.3		
21 日计算风速/（米/秒）	9.3	10.1	10.5	10.7	10.9	10.7	10.3	9.8
21 日实测风速/（米/秒）	7.2	10.3	11.2	11.8	12.0	11.0	10.4	9.4

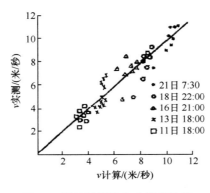

图 10　风速计算值与实测值比较

7　总结和讨论

　　（1）岛区夏季常盛行海风，风向偏南，出现时间常在晴天的午后至前半夜，控制高度大致在 1000 米以下，海风反环流在 1000~1700 米之间。晴天在午夜至清晨可发育出陆风，风向偏北，但其比海风弱且不够明显。

　　（2）岛区低空气温铅直分布可归纳成晴天 I、II 型和阴天型。晴天 I 型与海风存在相应，有两层不接地逆温。晴天 II 型和阴天型是无明显海陆风时的温度分布，只有一层不接地逆温。

　　接地 60~70 米是受岛面强烈影响的内边界层，温度廓线日变化十分强烈，这层之上的几百米是受海面强烈影响的气层，温度廓线日变化较小。再向上则是较薄的一层弱逆温或等温层。其成因有待进一步探讨。

　　（3）岛区低空风速分布可大体归纳成白天 I、II 型和夜间 I、II 型。其中 I 型廓线与海风存在相应。而 II 型则是无明显海陆环流时的风速分布。

（4）Zilitinkevich 陆面风速分布对数——多项式律计算结果与无明显海陆环流时的实测结果大体吻合、可采用这个规律来粗略估算岛区附近海面边界层风速分布。

（5）由于探测次数较少。放球时间间隔较大，经纬仪测风有一定误差、主要依靠单点资料。因而对所得看法和结论有待进一步检验和验证。

参 考 文 献

[1] Robert J W, Sethu R, Mean and turbulent structure of a baroclinic marine Boundary Layer during the 28 January 1986 cold-air outbreak, Boundary-Layer Meteorology, 1989, 48(3): 227-254.

[2] 王未生等. 大气物理学. 北京: 气象出版社, 1987: 235-237.

[3] 金文其. 厦门的海陆风. 气象, 1988, 14: 51-53.

[4] 童志权. 大气环境影响评价. 北京: 中国环境科学出版社, 1988: 257.

[5] 赵鸣. 水面粗糙度可变时的定常中性大气边界层数值模式. 大气科学, 1987, 11(3): 247-256.

[6] Zilitinkevich S S. Velocity profiles, the resistance Law and the dissipation rate of mean flow Kinetic energy in a neutrally and stably Stratified Planetary Boundary layer. Boundary-Layer Meteorology, 1989, 46: 367-387.

[7] Grant A L M. Aircraft estimates of the geostrophic dray coefficient and the Rossby similarity functions A and B over the sea. Boundary-Layer MeteoroLogy, 1987, 39: 219-231.

Mean Structure of the Low Level Atmosphere over Neilingding Islet and the Neighbouring Sea

WU Zuchang[1], DONG Baoqun[1], REN Zhenhai[2], PENG Xianan[2]

1. Nanjing Institute of Meteorology
2. Chinese Research Academy of Environmental Sciences

Abstract: This paper analyses comprehensively the sounding data of vertical temperature and wind over Neilingding islet and studies the mean structure of the boundary layer over the islet and the neighbouring sea. The sea-land circulation for the meso-scale is discussed and the calculated profiles are compared with the observed data.

室内颗粒物的稳态置换流净化机制[①]

林官明[1]，任阵海[2]，宋建立[3]

1. 北京大学环境科学与工程学院，环境模拟与污染控制国家重点联合实验室，北京 100871
2. 中国环境科学研究院，北京 100012
3. 石家庄奥祥医药工程有限公司，河北 石家庄 050031

摘要：对室内颗粒物输运扩散进行了机理上的探讨。用时间空间尺度分析方法，把颗粒物通量分解为宏观平均运动 δ 尺度的平移滑移，湍流运动的 η 微尺度的湍流扩散，以及分子运动 λ 尺度的布朗运动 4 部分，得到颗粒物通量的系综平均表达式及模式计算表达式，并以此分析总结出提高室内颗粒物净化效率的方法，即低流速及低湍流度梯度。采用数值计算比较了稳态置换流与常规点状上进风上排风形成流场的区别，通过现场实测比较了不同方式安装稳态置换流装置的 2 个房间的颗粒物数浓度随时间变化，提出并应用剂量加权净化效率对净化效果进行了比较。结果表明，稳态置换流的维持弱正压、线状斜对边进排气口布局、低流速及低湍流度等做法能有效提高净化效率并降低能耗。

关键词：稳态置换流；室内颗粒物；通量；净化效率

大多数人将近 90%的时间是在室内[1]，从人体污染物暴露的剂量上看，室内污染对人体健康的影响更为严重，因此，考察室内污染物的源与汇及迁移转化显得尤为重要。

室内空气质量与污染物来源直接相关。室外污染物通过门窗，墙的间隙以及通风系统进风口等进入室内，而室内源则在室内直接进入空气。目前，细粒子（$PM_{2.5}$）成为危害健康的主要大气污染物[2-3]。自然通风条件下，室内细粒子的浓度与室外 $PM_{2.5}$ 浓度直接正相关[4]。室内建筑或设施，人员的活动或生产也会产生 $PM_{2.5}$。比如，吸烟、烹饪、供暖过程等都可导致室内颗粒物浓度在短时间内提高几倍甚至几十倍[5]。人员活动、打扫、洗澡等活动也会引起颗粒物的再悬浮[6]。对于粒径 2~10μm 的颗粒物，约有 57%~80%的份额来自室内活动[7]。

当前室外 $PM_{2.5}$ 浓度居高不下[16-20]，室内也产生相应 $PM_{2.5}$ 污染[21]，如何利用通风系统保障室内空气的清洁，尤其是如何有效地清除室内空气中的 $PM_{2.5}$，是人们日益关注的问题。稳态置换流式通风系统是一套高效的室内颗粒物净化装置[8]。本研究通过理论、数值模拟以及现场试验三种方法定性和定量地分析了室内颗粒物净化机制，且提出了考虑暴露剂量的净化效率概念。

---

① 原载于《中国环境科学》，2018 年，第 38 卷，第 1 期，97~102 页。

1　研　究　方　法

1.1　室内颗粒物污染的特点

由于空间上的特殊性，室内颗粒物与空气的相互作用截然不同于室外。室内空间相对密封狭小，颗粒物只在有限的空间内（1~10m）迁移扩散，多与固壁接触，被吸附或沉降在地板、墙体、顶板、家具及人体等表面。

颗粒物与空气相对速度低，自然通风条件下，室内气流的平均速度经常低于常规测速仪器的测量下限（0.1m/s）。

热对流作用对颗粒物运动影响显著。室内空气往往有显著的温度梯度，实测表明，自然通风情况下天花板与地板的温差也有 2℃[9]。即使不在供暖季，天花板附近的温度也比地板附近的温度高，加上室内人员、办公电器等热源的影响，室内热对流导致的气体运动是主要的气流运动形式。

地表及壁面吸附的颗粒物再悬浮影响大。室内颗粒物的再悬浮来自地板、家具、墙体及顶板。因为约束在室内，再悬浮会导致重复污染。实验结果表明，人的活动引起的再悬浮导致 PM_{10} 的浓度平均升高 2.5 倍，峰值浓度升高 4.5 倍[10]。

颗粒物去除因素少。去除因素只有清扫清洁，或者有通风装置的吸附过滤。

1.2　颗粒物通量分析

对于室内空气净化的流动，比较理想的方式是形成均匀单一方向的层流，比如在某面墙上均匀设置进风孔，在对面的墙上也设置均匀的排风孔，含污染物的空气在均匀压力场的作用下稳定地被新风置换。这种布局在生活及从事生产的室内空间是不现实的。

室内空间的流动极其复杂[11]。由于速度较低的固壁边界上都存在转捩行为，室内物体周围普遍存在分离现象，使得气流的脉动速度往往高于平动速度。这种情况下，假设室内空间某点的颗粒物的行为满足 Markov 过程是合理的，即在目前运动状态的条件下，它未来的运动状态不依赖于以往的演变过程。如果所定义的通量矢量在数值上一致较大（比如为正），则排出室外的通量就大。显然，漩涡的存在不利于颗粒物更快地迁移到排风口，较强的湍流扩散及分子扩散增加了颗粒物向各个方向运动的可能性，从而削弱了净化装置所期望的指向正向的运动。

大气湍流的 Kolmogorov 湍流微尺度定义为 $\eta=(v^3/\varepsilon)^{1/4}$，其中 v 为黏性系数，ε 为湍流耗散率。空气的湍流微尺度大概在 $\eta=1mm$[12]。边界层的黏性次层的厚度定义为 v/u_f，其中 u_f 为摩擦速度。以大气流动中常见的摩擦速度 0.1m/s 量级估计，黏性次层的几何尺度在 0.1mm。考虑到热线风速仪使用的热丝直径在 3~5μm，空气流体微元的几何尺寸应在空气分子自由程 λ 量级到热丝直径量级之间，即 0.1~3μm。相应地，对于表征空气中某颗粒物的物理量，可划分为 3 个几何特征区间：小于 1μm 的，以分子运动特征量论述，称为 λ 尺度；1mm 量级的，以湍流脉动特征量论述，称为 η 尺度；1m 量级的，以平均运动特征量论述，称为 δ 尺度。

颗粒物在空间中的通量 J_i 定义为

$$J_i = \frac{1}{ST} \iint_{T \ S} cu_{pi}\mathrm{d}s\mathrm{d}t\,(i=1,2,3) \tag{1.1}$$

式中，c 为颗粒物的浓度；u_{pi} 为颗粒物运动速度；S 为颗粒物通过的面积；T 为平均时间。这里采用张量表示法，定义的通量具有方向性。

颗粒物与气流之间存在滑移，即

$$u_{pi}=u_{ai}+V_i \tag{1.2}$$

式中，u_{ai} 与 V_i 分别为气流速度和滑移速度。对 u_{ai} 与 V_i 进行三个空间尺度的分解，

$$c=\bar{c}+c'+c'' \tag{1.3}$$

$$u_{pi}=\bar{u}_{ai}+u'_{ai}+u''_a+\bar{V}_i+V'_i+V''_i \tag{1.4}$$

式中，$\bar{c}$, $\bar{u}_{pi}$, $\bar{V}_i$ 表示在平均运动尺度即 δ 尺度的物理量；c', u'_{ai} 和 V'_i 表示在湍流脉动尺度即 η 尺度的物理量；c'', u''_a 和 V''_i 表示在分子运动尺度即 λ 尺度的物理量。

假设 A：在 λ 尺度范围，η 尺度的物理量为常量，同样，在 η 尺度，δ 尺度的物理量为常量。这样，有以下对通量的系综平均过程

$$J_i=\overline{\bar{c}(\bar{u}_{ai}+\bar{V}_i)}+\overline{\bar{c}(u'_{ai}+u''_a+V'_i)}+\overline{\bar{c}V''_i}+\overline{c'(\bar{u}_{ai}+\bar{V}_i)}+\overline{c'(u'_{ai}+V'_i)}+\overline{c'(u''_a+V''_i)}+\overline{c''(\bar{u}_{ai}+\bar{V}_i)}$$
$$+\overline{c''(u'_{ai}+V'_i)}+\overline{c''(u''_{ai}+V''_i)} \tag{1.5}$$

在假设 A 下，

$$\overline{\bar{c}(u'_{ai}+u''_a+V'_i)}=\overline{\bar{c}V''_i}=\overline{c'(\bar{u}_{ai}+\bar{V}_i)}=\overline{c'(u''_a+V''_i)}=\overline{c''(\bar{u}_{ai}+\bar{V}_i)}=\overline{c''(u'_{ai}+V'_i)}=0 \tag{1.6}$$

重写式（1.5），得

$$J_i=\overline{\bar{c}(\bar{u}_{ai}+\bar{V}_i)}+\overline{c'(u'_{ai}+V'_i)}+\overline{c''(u''_{ai}+V''_i)} \tag{1.7}$$

式（1.7）的物理含义是颗粒物的通量被分为平均运动、湍流脉动以及分子运动几部分。

注意，u''_{ai} 为 λ 尺度的空气分子运动速度，其平均值（标态下 500m/s）比宏观气流速度（1m/s 量级）要高两个量级。颗粒物与空气分子之间的滑移速度 V''_i 可以用 Langevin 方程表示。

$$m\frac{\mathrm{d}u''_{pi}}{\mathrm{d}t}=F_0-6\pi\mu r(u''_{pi}-u''_{ai})=F_0-6\pi\mu rV''_i \tag{1.8}$$

式中，m 为颗粒物质量；F_0 为空气分子的随机碰撞导致的力；$V''_i=u''_{pi}-u''_{ai}$ 为颗粒物与空气分子之间的相对速度；r 为颗粒物的半径；μ 为空气的黏性系数，这里用到斯托克斯阻力公式。

式（1.8）两侧均乘以 u''_{pi}，并在 Δt 时间内进行积分，积分时间比分子碰撞特征时间足够大（相当于进入到湍流脉动特征的 η 尺度空间），足以让随机碰撞力均值为零，有

$$m[\overline{u''^2_p(\Delta t)}-\overline{u''^2_p(0)}]=-6\pi\mu r\overline{V''_iu''_{pi}}\Delta t=-6\pi\mu r\overline{V''_i\Delta x''} \tag{1.9}$$

假设 B：$V''_i\sim N(\overline{V}_{it},\sigma^2_t)$，$\Delta x''\sim N(\overline{\Delta x_t},\sigma^2_{\Delta x})$，即相对速度及位移量分别服从正态分布，且相互独立。$\overline{V}_{it}$ 为 η 尺度滑移速度，$\overline{\Delta x_t}$ 为 η 尺度的位移，下标 t 表示 η 尺度。

有 $\overline{V''_i\Delta x''}=\overline{V}_{it}\overline{\Delta x_t}$，且

$$\overline{V}_{it}=-\frac{2\rho_pr^2}{9\mu}\cdot\frac{\overline{u''^2_{pi}(t)}-\overline{u''^2_{pi}(0)}}{\Delta x_t}=-\tau_p\frac{\mathrm{d}\overline{u''^2_{pi}}}{\mathrm{d}x_t} \tag{1.10}$$

式中，$\tau_p = 2\rho_p r^2 / 9\mu$ 称为弛豫时间。对 $1\mu m$ 左右粒径，密度为 $1.5 \times 10^3 kg/m^3$ 的颗粒物，τ_p 在 $10^{-6}s$ 量级。接着对式（1.10）进行系综平均，在 δ 尺度下 $\overline{\mathrm{d}u_p''^2}/\mathrm{d}x_t = \overline{\mathrm{d}u_{pi}'^2}/\mathrm{d}x_i$。这样，有

$$\overline{V}_i = -\tau_p \frac{\overline{\mathrm{d}u_{pi}'^2}}{\mathrm{d}x_i} \tag{1.11}$$

式（1.11）中为下标未使用爱因斯坦求和表示法，该式与用类比的方法获得的公式相同[13]。与颗粒物的速度 $\overline{u}_{pi}$ 相比，滑移速度 $\overline{V}_i$ 非常小，只有当颗粒物足够大的情形下才变得重要。

在 δ 尺度，再次用斯托克斯阻力公式

$$\frac{\mathrm{d}u_{pi}'}{\mathrm{d}t} = -\frac{1}{\tau_p}(\overline{u}_{pi} - \overline{u}_{ai} + u_{pi}' - u_{ai}') \tag{1.12}$$

或

$$u_{pi}'(\Delta t) - u_{pi}'(0) = -\frac{1}{\tau_p}(\overline{u}_{pi} - \overline{u}_{ai} + u_{pi}' - u_{ai}')\Delta t \tag{1.13}$$

方程两侧乘以 c'，且进行系综平均

$$\overline{c'u_{pi}'(\Delta t)} = -\frac{1}{\tau_p}\overline{c'(u_{pi}' - u_{ai}')}\Delta t \tag{1.14}$$

作为近似此处取 $\Delta t = \tau_L$，即流体的拉格朗日时间积分尺度，相当于体现在系综平均过程中。

$$\overline{c'u_{pi}'} = \overline{c'u_{ai}'} + \overline{c'V_i'} = -\frac{\tau_L}{\tau_p}\overline{c'V_i'} \tag{1.15}$$

这样，

$$\overline{c'V_i'} = -\frac{\tau_p}{\tau_L + \tau_p}\overline{c'u_{ai}'} \tag{1.16}$$

同理，得到

$$\overline{c''V''} = \frac{\tau_p}{\tau_L + \tau_p}\overline{c''u_{ai}''} \tag{1.17}$$

$\overline{c'u_{ai}'}$ 可用 K-ε 模式进行计算，$\overline{c''u_a''}$ 可用分子扩散理论进行计算

$$\overline{c'u_{ai}'} = -K_i \frac{\partial \overline{c}}{\partial x_i} \tag{1.18}$$

$$\overline{c''u_{ai}''} = -D_B \frac{\partial \overline{c}}{\partial x_i} \tag{1.19}$$

K_i 为湍流扩散系数，且该式不求和，D_B 为布朗扩散系数。

重写式（1.7），得到通量表达式[14]：

$$J_i = \overline{c}(\overline{u}_{pi} - \tau_p \frac{\overline{\mathrm{d}u_{pi}'^2}}{\mathrm{d}x_i}) - \frac{\tau_L}{\tau_L + \tau_p}(K_z + D_B)\frac{\partial \overline{c}}{\partial x_i} \tag{1.20}$$

式中，等号右端第 1 项为平流输送项，显然，沿目标方向颗粒物平均速度越大，则通量越大；第

2 项为滑移平均速度项，颗粒物脉动速度方差沿目标方向的梯度越小则通量越大，提示颗粒物最好以脉动速度渐弱的方式靠近汇；第 3 项为湍流扩散项，由于一般颗粒物浓度在指向汇的方向上增加，梯度为正，则湍流扩散系数越小，或者湍流越弱，则通量越大；最后一项为布朗运动扩散项，与湍流扩散项相同，布朗运动越弱或通量越大。

1.3　稳态置换流净化机制

1.3.1　进排风口的选择方法

设想一个 L（长）× W（宽）× H（高）的长方体房间，不失一般性，设 $L \geqslant W > H$。通风净化装置只能安装在墙体、地板和天花板上。考虑到不影响人员在地板上的活动，颗粒物本身有重力沉降，合理的排风口一般位于墙体下部，进风口则位于墙体上部或顶板。有些传统的通风装置把进排风口统统设计在天花板，其缺点是显而易见的：易形成短路，靠近地板的空间换气不足，死区占比高，颗粒物运动过程中存在方向的改变，这意味着驱动室内流动的能量的损耗。稳态置换流采用最大过风空间策略，即对边线状布置进排风口，以尽可能减少室内空间的死区。

若只设一排下排风口，定义房间中空间点离开该边的最远距离为 d_{max}，显然，选择长边的 d_{max} 数值上比选择短边的数值要大。因此，同样条件下，比如流速相同，排风口选择长边能够使颗粒物更快地到达排风口。

设置 2 个长边排风口是有缺陷的。设想同时在两个长边设置了下排风口，根据对称性，进风口在顶板正中，那么就存在一个理想的对称面。位于对称面的某颗粒物向两侧长边运动的可能性是随机的，或者说该对称面气流理想上是静止的。因此，多排风口会使得房间内气流流动具有更大的不确定性，应当尽可能避免。

不失一般性，假设在某侧长边上的排风口均匀布置，那么根据对称性，进风口的合理位置就是对面的长边。因为放在同侧显然不利于新风对房间空间的清扫，放在邻侧同样会顾此失彼。这样，我们得到简化的稳态置换流净化通风模型：上进风口位于某侧长边，下排风口位于对面长边。

设置进风装置的房间一般是正压，即房间内压力较室外大气压高，而只采用排风装置的房间则是负压，即房间内压力较大气压低。一般家庭的厨房通风即采用的是负压方式，根据质量守恒定律，室外大气会通过门窗进入室内。如果室外空气质量较差，颗粒物浓度较高，那么负压下会不断吸入脏空气而不利于保持房间的清洁。没有颗粒物源的房间净化的想象图是这样的：污染团在受约束的空间缓慢移动并扩散，最终迁移出去。

1.3.2　净化效率

综合考虑室内空气净化效果时，有 4 个变量需要考虑：房间体积大小 Ω，新风通风量 I，室内源强度 Q 以及室内颗粒物浓度 c。净化效率为

$$\eta = \frac{E_0 - E}{E_0} \cdot \frac{\Omega}{TI} = \left(1 - \frac{\int\limits_{\Omega T}\int \bar{c}\,\mathrm{d}t\,\mathrm{d}\Omega}{\int\limits_{T}(c_0\Omega + Qt)\mathrm{d}t} \right) \cdot \frac{\Omega}{TI} \tag{1.21}$$

式中，E_0 为没有净化装置也没有通风的室内颗粒物暴露量；E 为有净化装置或有通风的室内颗粒

物暴露量；c_0 为室内初始浓度；T 为净化装置运行后达到净化标准浓度的时间。

式（1.21）的物理解释是时间 T 内，房间体积与总新风量的剂量暴露加权比值。时间越长，则暴露剂量越大，相应的净化效率就越低。不考虑剂量加权时，净化效率 $\eta_0 = \Omega/(TI)$，其倒数 TI/Ω 即常规通风设计中的换气次数[15]。

室内空气净化不适宜采用高流速的方式，除了舒适性考虑之外，一方面是因为能耗与速度的三次方成正比，另一方面较高的速度意味着湍流的加强，不利于通量的提高。

2 计算与实验

2.1 二维流场

采用稳态置换流装置布局，考虑一个二维的简化流场，对应于现场一个长 7.0m，宽 6.6m，高 3.0m 的房间。现场测量平均流场结果如图 1，模式计算如图 2，图 3。

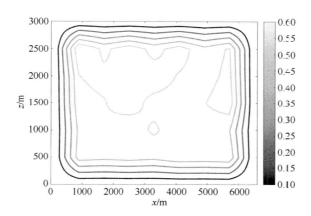

图 1 现场测量的平均速度场

图 2 稳态置换流流场示意（进风量 1200m^3/h）

图 3　上进风上排风流场示意

气流自左上角辐流方式进入室内，自右下角被过滤并回风，通风量为 1200m³/h。使用 DISA 热线风速仪测量得到的平均风速在 0.5cm/s 以下，低于一般的风速测量仪器的测量下限。流动的数值计算采用 Fluent 软件 k-ε 模式，未考虑门窗的影响，其结果可以与现场实测结果对照参考。对 k-ε 模式用于室内流场计算，Miao[11]进行了较详细的综述，认为该模式可以较好地进行模拟。

比较图 2 和图 3 可发现，相同进风量的情况下，稳态置换流降低了漩涡区面积，活动区气流速度显著降低，整体气流单向性好。

2.2　现场实测

为考察不同流场状态净化效率的不同，在北京某幼儿园 2 个活动室（图 4）使用 Y09-310 型激光尘埃粒子计数器进行了浓度随时间变化的测量。图 5 为 2 个房间中心位置的实测颗粒物数浓度（只统计 1~3μm 的粒子数）随时间的变化，可以看出，系统运行几分钟后浓度随时间的变化近似指数分布，拟合后代入式（1.21）进行计算，得净化效率。在无颗粒物源的情形下，右侧房间的净化效率比左侧的要高。不采用剂量加权的净化效率 η_0 明显比 η 偏大，如右侧房间的 η_0 为 41.7%，而相应的 η 为 25.7%。其原因在于，右侧房间有两个进风口，共同作用下在进风口之间存在混合区，加大了湍流扩散，削弱了气流的单方向性。

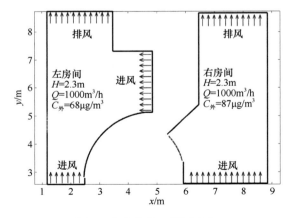

图 4　北京某幼儿园活动室

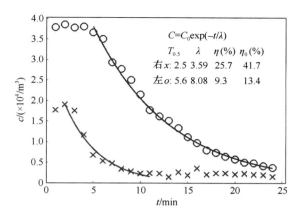

$$C = C_0 \exp(-t/\lambda)$$

	$T_{0.5}$	λ	$\eta(\%)$	$\eta_0(\%)$
右 x:	2.5	3.59	25.7	41.7
左 o:	5.6	8.08	9.3	13.4

图 5　实测数浓度随时间变化

$T_{0.5}$ 为数浓度达起始浓度半值的时间；λ 为指数拟合参数

3　结　　论

（1）用时间空间尺度分析方法得到颗粒物通量稳态置换流通过以下原则提高净化效率：弱正压原则。从源头控制，用于阻滞室外污染空气进入；最短路径原则。充分考虑重力沉降，满足最大扫过室内空间的同时，尽可能缩短气流在室内经过的路径；稳定低速原则。尽可能降低气流阻滞带来的能量消耗；弱化湍流扩散原则。尽可能减少形成涡旋的条件，让污染物没有充分扩散就抵达排风口。

（2）从实测数据看，净化装置运行情况下，颗粒物数浓度随时间指数衰减。将不同通风净化装置产生的死区纳入考虑，采用暴露剂量加权的净化效率做净化指标更合理。

参 考 文 献

[1] Klepeis N E, Nelson W C, Ott W R, et al. The national human activity pattern survey (NHAPS): a resource for assessing exposure to environmental pollutants [J]. Journal of Exposure Analysis and Environmental Epidemiology, 2001, 11(3): 231-252.

[2] Dockery D W, Pope C A, Xu X P. An association between air pollution and mortality in six U.S. cities [J]. New England Journal of Medicine, 1993, 329(24): 1753-1759.

[3] Chen Y Y, Ebenstein A, Greenstone M, et al. Evidence on the impact of sustained exposure to air pollution on life expectancy from China's Huai River policy [J]. PNAS, 2013, 110(32): 12936-12941.

[4] 程鸿. 北京室内外细颗粒物污染及人群暴露特征 [D]. 北京: 北京大学, 2010.

[5] He C R, Morawska L D, Hitchins J, et al. Contribution from indoor sources to particle number and mass concentrations in residential houses [J]. Atmospheric Environment, 2004, 38(21): 3405-3415.

[6] Tucker W G. An overview of PM$_{2.5}$ sources and control strategies [J]. Fuel Processing Technology, 2000, 65: 379-392.

[7] Abt E, Suh H H, Catalano P. Relative contribution of outdoor and indoor particle sources to indoor concentrations [J]. Environmental Science & Technology, 2000, 34(17): 3579-3587.

[8] 周玉岩, 高艳霞, 冯丽. 辐流洁净室的建立与洁净度检测方法的研究 [J]. 中国医院建筑与装备, 2015, 16(9): 98-101.

[9] Ghiaus C M, Ghiaus A G. Evaluation of the indoor temperature field using a given air velocity distribution [J]. Building and Environment, 1999, 34(6): 671-679.

[10] Qian J, Ferro A R, Fowler K R. Estimating the resuspension rate and residence time of indoor particles [J]. Journal of the Air & Waste Management Association, 2008, 58(4): 502-516.

[11] Miao W. Modeling airflow and contaminant transport in enclosed environments with advanced models. [D]. Purdue University, 2011.

[12] Wu X, Nie Q, Fang Q. Measurement of the mean kinetic dissipation rate in the atmospheric near-surface layer [J]. Chinese Journal of Theoretical and Applied Mechanics, 2007, 39(6): 721-726.

[13] Caporaloni M, Tampieri F, Trombetti F, et al. Transfer of particles in nonisotropic air turbulence [J]. Journal of the Atmospheric Sciences, 1975, 32: 565-568.

[14] Zhao B, Zhang Y, Li X, et al. Comparison of indoor aerosol particle concentration and deposition in different ventilated rooms by numerical method [J]. Building and Environment, 2004, 39(1): 1-8.

[15] GB 50073—2013 洁净厂房设计规范 [S].

[16] 赵普生, 徐晓峰, 孟伟, 等. 京津冀区域霾天气特征 [J]. 中国环境科学, 2012, 32(1): 31-36.

[17] 周甜, 闫才青, 李小滢, 等. 华北平原城乡夏季 $PM_{2.5}$ 组成特征及来源研究[J]. 中国环境科学, 2017, 37(9): 3227-3236.

[18] 崔妍, 赵春雨, 周晓宇, 等. 东北地区近50年来霾天气气候特征[J]. 中国环境科学, 2016, 36(6): 1630-1637.

[19] 谭成好, 赵天良, 崔春光, 等. 近50年华中地区霾污染的特征[J]. 中国环境科学, 2015, 35(8): 2272-2280.

[20] 周威, 康岚, 郝丽萍. 1980~2012年四川盆地及典型城市的霾日变化特征分析[J]. 中国环境科学, 2017, 37(10): 3675-3683.

[21] 石晶金, 袁东, 赵卓慧. 我国住宅室内 $PM_{2.5}$ 来源及浓度的影响因素研究进展[J]. 环境与健康杂志, 2019, 32(9): 825-829.

The Mechanism of Low-Speed Steady Substitution Flow to Clean the Indoor Particulate Matter

LIN Guanming[1], REN Zhenhai[2], SONG Jianli[3]

1. State Joint Key Laboratory of Environmental Simulation and Pollution Control, College of Environmental Science and Engineering, Peking University, Beijing 100871, China
2. Chinese Research Academy of Environmental Sciences, Beijing 100012, China
3. Shijiazhuang Aoxiang Pharmaceutical Engineering Co., Ltd., Shijiazhuang 050031, China

Abstract: The mechanism of the indoor particulate matter's transportation and diffusion was discussed. Using the spatial and temporal scale analysis, the particulate matter's flux can be artificially separated into four parts: the advection and slippage in the slowly varying macro mean motion δ-scale, the turbulent diffusion in the rapidly varying micro turbulence motion η-scale and the Brown diffusion in the dramatically varying molecular motion λ-scale. Correspondingly, the flux equations in the ensemble average format and model computing format were concluded. Following the equations, the methods to increase the purification efficiency were lowering the indoor air speed and its turbulence intensity gradient. The flow fields was numerically simulated in a typical room with the low-speed steady substitution flow system installed and in a normal room with both air inlet and outlet on the roof. The particulate matter's number concentration was measured in two rooms with different air inlet and outlet positions. The results showed that the ways to improve the purification efficiency and to decrease the energy cost were: ①keeping a weak positive pressure; ②setting the ceiling corner line air inlet and baseboard corner line air outlet layout; ③lowering the air speed and turbulence gradient.

Key words: steady substitution flow; indoor particulate matter; flux; purification efficiency

现代物流绿色运输模式的节能减排潜力分析[①]

谷　秀[1]，赵志勇[2]，任阵海[1]，李捍东[1]

1. 环境基准与风险评估国家重点实验室，中国环境科学研究院，北京 100012
2. 北京巨柱智伟能源环保科技有限公司，北京 100012

摘要：介绍了现代物流绿色运输模式节能减排的机理及国内外研究与应用情况。以北京市三家店铁路货场改造为例，分析了现代物流绿色运输模式在北京市节能减排的效果。结果表明，以该模式运营后，三家店铁路货场可节约能源 20555t/a（以标煤计，下同），减少 $PM_{2.5}$ 排放 90.9t/a；如按 1500 万 t/a 进京货物计算，北京市可节约能源 883864t/a，减少 $PM_{2.5}$ 排放 3908.7t/a。在 2012 年物流业相关统计的基础上，结合该模式在北京运营的效果，分析了现代物流绿色运输模式对我国物流业节能减排的潜力，如对现有铁路闲置的 2546 个货运站进行固定资产盘活改造，可节约能源 5000 万 t/a，减少 $PM_{2.5}$ 排放约 20 万 t/a，同时激活沿途经济发展，节能减排潜力巨大。

关键词：绿色运输；现代物流；节能减排；潜力分析

以雾霾为代表的环境污染问题的加剧，引发了社会的高度关注。2014 年 3 月 5 日，国务院总理李克强在《政府工作报告》中指出："我们要像对贫困宣战一样，坚决向污染宣战。"2014 年 2 月，持续 7 天、波及 15 个省份，影响国土面积 181 万 km^2 的重污染天气，使人们再次意识到环境污染形势的严峻性。随着能源危机的出现，先污染后治理的环境问题正逐步被关注[1-3]。物流业所依赖的交通运输业是仅次于制造业的第二大油品消耗行业，是导致大气污染不断加剧的重要领域，因此是实现低碳发展路径的重点行业[4]。

物流运输领域一直都是环境发展研究的重点，国外主要的能源和气候变化研究机构十分重视对交通领域节能减排的研究[5]。《运输、环境和可持续发展》报告主要分析了美国和西欧等发达国家交通运输对环境的影响等[6-9]，对交通领域能源模式的研究是寻求实现可持续交通理念和低碳经济的重要模式[10]。20 世纪 80 年代欧洲一些国家尝试采用新的联盟型或合作式的物流新体系，从而减少无序物流对环境的影响[11]。20 世纪 90 年代，欧盟发布了一系列政策，旨在减少物流运输对环境造成的不利影响；日本政府成立了"综合物流施策推进会议"，实施综合性、一体化的物流推进计划[12]。

近年来，我国城市物流业获得了迅速的发展，由此带来对城市环境的影响不容忽视[13]。石宝林[14]对物流运输发展模式及区域交通发展模式进行了深入的研究。科技进步是实现物流运输可持续发展的内在动力[15]，应鼓励物流企业采用新技术，降低能耗，减少污染[16-17]的物流方式。随着

① 原载于《环境工程技术学报》，2014 年，第 4 卷，第 6 期，474~480 页。

科技的进步和物流业的发展，绿色运输得到发展，逐步形成了高效的综合运输体系，大幅降低了对物流运输的能耗和对空气质量的影响[18]。2014年1月2日,北京市环境保护局公布的北京市2013年 $PM_{2.5}$ 的平均浓度为 89.5 $\mu g/m^3$,超标 1.5 倍。在轻度污染以上的超标天数中,首要污染物 $PM_{2.5}$ 的超标天数占 77.8%[19]。因此可见,控制和治理 $PM_{2.5}$ 成为大气防治的主要着力点。

笔者利用现有资源,设计一种绿色运输物流模式,综合考虑不同车型的耗能量和 $PM_{2.5}$ 的排放量,通过具体案例应用,得出不同的物流运输模式发生的能耗和排放量,通过对比反映绿色运输模式节能减排的效果和潜力。基于该研究结果,设计出一种适用于我国国情和实际情况,促进行业发展向国际接轨的物流运输模式,以期为物流业的节能减排工作提供参考依据。

1 研 究 方 法

1.1 模式介绍

绿色运输指通过发展清洁能源汽车等环境友好型交通工具的方式,降低交通过程的大量能耗,减少交通造成的大气污染和噪声污染;通过合理的网点及配送中心布局而实现合理运输,实现集约化,提高运输效率;采用节能运输工具和清洁燃料,减少运输燃油污染;通过设计合理的存货策略,适当加大商品运输批量,进而提高运输效率等[20]。笔者提出了一种绿色运输物流模式（图 1）,旨在通过铁路干线和区域配送的对接联运,改变运输模式和配送车辆的动力来源,避免货物迂回运输,减少货运总里程和车辆空驶率;降低在长途和配送方面产生的污染物排放,大幅降低能源消耗,从而减少污染物的排放。

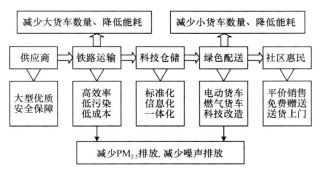

图 1　绿色运输物流模式

该绿色运输物流模式在选择仓储中心时充分利用现有铁路货场资源,整合现有企业货物和消费者市场;利用铁路长途运输配合新能源货车的区域配送和销售,充分体现绿色环保、节能减排的设计理念,在提高效率的同时实现现代物流企业发展,符合可持续发展的需要。

从图 1 可以看出,全国各地的优质供应商通过铁路干线运输到相应的货运站做短暂的科技仓储,经由绿色环保货运车辆送往社区或指定地点直销,整个过程对商品不再另加价格,保证平价销售,惠及民生。该模式干线运输采用我国改良后的电力机车代替传统物流运输大货车,大幅降低能源消耗和污染物的排放。配送环节采用国家鼓励的新能源环保车辆代替传统物流配送小货车,污染排放接近为零。通过绿色运输配送方式的组合实现交通资源的整合优化,从而有效实现节能减排。

截至 2013 年 9 月，北京市拥有 538 万辆机动车，还有每天 20 余万辆汽车从北京过境，夜间数万辆重型货车进城将货物卸在各集贸市场[21]。消耗汽油 400 多万 t/a、柴油 200 多万 t/a，燃烧产生的大量废物全部低空排放[22]。据统计，城市路面上有 60%的车辆用于运送货物[23]。5%的重型货车贡献了 50%的尾气排放[19]。

2013 年成立中国铁路总公司后，在全铁路系统进行了货运组织改革，北京市规划建设物流基地、物流中心、配送中心三层次物流节点，力争形成物流节点布局为"三环、五带、多中心"的模式，为北京铁路局货运融入现代物流带来了难得的契机。

基于以上环境，北京铁路局某货运中心与北京某环保有限公司，就共同开发北京市大宗民生物资现代物流绿色运输模式达成战略合作意向。作为基础平台的三家店货场已经动工，将作为现代物流绿色运输模式的示范项目进行运营。

1.2　计算方法

利用中国分年度机动车基础数据，结合文献获得的各型运输车辆的 $PM_{2.5}$ 排放因子和二次转化因子，建立 $PM_{2.5}$ 排放量清单。能源消耗量是利用各型运输车辆的百公里油耗或者电耗等转化为标煤消耗量。能源消耗量和 $PM_{2.5}$ 排放量采用下式计算。

$PM_{2.5}$ 排放量

$$Q = Q_1 + Q_2 \tag{1.1}$$

$$Q_1 = \sum_{i=1}^{n} K_i N_i H_i \tag{1.2}$$

$$Q_2 = \sum_{j=1}^{m} K_j Q_j \tag{1.3}$$

式中，Q_1 为 $PM_{2.5}$ 一次排放量，t；Q_2 为 $PM_{2.5}$ 二次转化量，t；K_i 为 $PM_{2.5}$ 一次排放系数，g/km；N_i 为 i 种运输车辆（大货车、火车、小货车、电动车、燃气车）使用数量，辆；H_i 为 i 种运输车辆行驶里程，km；K_j 为 j 污染物（包括 THC、CO、NO_x、SO_2）转化为 $PM_{2.5}$ 排放量的二次转化系数，g/km；Q_j 为 j 污染物的一次排放量，计算方法同 Q_1。

能源消耗量

$$E = \sum_{i=1}^{n} F_i N_i G_i H_i \tag{1.4}$$

式中，E 为能源消耗总量（以标煤计），t；F_i 为 i 种运输车型标煤折算系数；G_i 为 i 种运输车辆百公里能源消耗量。

1.3　数据来源

1.3.1　运输车辆类型

不同类型的机动车在燃料类型、排放控制技术、车辆用途等方面大不相同，导致能源消耗水平和 $PM_{2.5}$ 排放量存在巨大差异，为了准确计算不同运输车辆类型的能源消耗量和污染物排放量，须对其进行合理分类。传统运输模式主要以柴油为动力，为了利于计算，长途运输进京大货车（以

10t 计）全部按照柴油动力为折算标准；市内小货车（以 1t 计）按柴油为燃料动力来计算。绿色运输物流模式采用电力火车进行长途运输，该类型火车全部按照电力来计算，市内的配送货车使用国家大力推广的电动货车和燃气货车（作为电动货车不足时的补充）2 种新能源货车进行配送（表 1）。

表 1　运输车辆类型

运输模式	车辆类型	燃料类型	说明
传统运输	长途（进京大货车）	柴油	进京货车按10t计算（货运市场超载现象严重）
	短途（市内小货车）	柴油	1t, 与进京货车按1:10配置运量，送货1次/d
绿色运输	长途（电力火车）	电力	3000t/列（50车皮/列，60t/车皮）；全部为电力（在车站内部调车有时使用内燃机车的，不计算在内）
	短途（电动货车）	电力	载重0.8t, 后期可做改进
	短途（燃气货车）	天然气	3t与1.5t, 作为电动货车补充

1.3.2　运输车辆使用量及行驶里程

运输车辆使用量来源于长期的经验统计和实地调研，铁路三家店货场的运输量按 35 万 t/a 计算，结合表 1，传统运输模式和绿色运输模式的年均使用车辆（次）见表 2。平均行驶里程是计算各类运输车辆能源消耗量和 PM$_{2.5}$ 排放量的重要参数，现有铁路线和公路线里程基本相仿，在广泛调研后确定运输车辆的行驶里程：长途运输的距离为 1500km/a，市内配送车辆的运输距离为 80km/a；2 种模式的运输距离取值相同，并与实际物流运输距离相符（表 2）。

表 2　三家店货场不同类型车辆使用量和行驶里程

运输模式	车辆类型	使用量/（辆/a）	行驶里程/（km/a）
传统运输	大货车	35000	1500
	小货车	35000	800
绿色运输	电力火车	117	1500
	电动货车	14000	80
	燃气货车	105000	80

注：电力火车使用量单位为列。电动货车为200辆，送货2次/d（为400辆/d）；燃气货车为3t与1.5t各150辆，各送货1次/d，年使用量均为52500辆。

2　结果与讨论

2.1　示范点节能减排分析

2.1.1　排放量对比

以铁路三家店货场为例，传统运输模式与绿色运输模式的 PM$_{2.5}$ 排放量见表 3。

表 3　三家店货场示范点 $PM_{2.5}$ 排放量

运输模式	车辆类型	$PM_{2.5}$ 排放量/（t/a）
传统运输	大货车	78.8
	小货车	14.0
绿色运输	电力火车	0
	电动货车	0
	3t 燃气货车	1.1
	1.5t 燃气货车	0.8

注：运输量以35万t/a计。电力火车使用量单位为列。$PM_{2.5}$ 计算包括一次排放和二次转化，不包括交通扬尘。

从表 3 可以看出，通过使用新能源运输代替传统燃油的动力来源每年可减少 $PM_{2.5}$ 排放 90.9t，减排效果显著。

2.1.2　节能量对比

铁路三家店货场采用传统运输模式与绿色运输模式由于采用不同的运输车辆，其消耗的能源量也不同（表 4）。从表 4 可以看出，运用绿色运输模式，每年可减少能源消耗 20555t（以标煤计），节能效果显著。

表 4　三家店货场能源消耗对比

运输模式	车辆类型	能源消耗	折算值/（t/a，以标煤计）
传统运输	大货车	13888t/a（以标煤计）	19507
	小货车	2856t/a（以标煤计）	4161
绿色运输	电力火车	537.6万kW·h/a	660
	电动货车	22.4万kW·h/a	275
	3t 燃气货车	756000m³/a	1188
	1.5t 燃气货车	630000m³/a	990

注：运输量以35万t/a计。

2.1.3　节能减排分析

（1）该项目模式在三家店货场运行后，在运输量为 35 万 t/a 时，可减排上百 t/a 的 $PM_{2.5}$，减少能源消耗 20555t/a（以标煤计）；减少进京货车 35000 辆/a，由于绿色运输模式的配送采用每日定时定点的方式，所以可有效减少路面上配送小货车的数量，对目前北京市交通拥堵有缓解作用。

（2）进京货车量的减少，降低了晚间大货车噪声的超标排放，有效降低扬尘污染；绿色运输的定时定点配送（夜间配送），降低白天道路上机动车辆的噪声污染，改善了首都人民生活水平。由表 3 和表 4 可以看出，$PM_{2.5}$ 的排放量减少和能源消耗量降低显著，对缓解北京市严重的大气污染问题具有重要的意义。

（3）通过铁路货场的升级改造，仓储和接卸、发运能力可大幅增加。目前，正在升级改造的三家店货场计划实现运输量为 35 万 t/a，未来将形成运输量达 700 万 t/a 的大宗民生商品供应基地。这既实现了国有资产保值增值，又为北京市民生高端物流提供了基础平台。

2.2 物流业节能减排潜力分析

2.2.1 物流业发展迅速

随着我国经济的快速增长，社会物流总额实现高速增长。2012 年，物流业发展取得新进展，物流专业化、社会化进程在结构调整中明显加快，全年社会物流总额达 145.7 万亿元，比上年增长 13%，与 GDP 的比率升至 18%，略高于上年 17.8% 的水平[24]。随着铁路运力的释放，海铁、公铁、空铁等多式联运具备发展条件。物流装备市场改造升级，物流信息化水平较快提高。物流基础设施条件的逐步改善将为我国现代物流业的发展提供更好的硬件支持。2012 年铁路运营里程已达 12 万 km，规划的"四纵四横"高速铁路网正在稳步推进，将大幅提高物流效率，作为衔接城市内外货物交流的枢纽，将为发展多式联运搭建良好的公共信息平台[25]。物流业的蓬勃发展为物流企业的发展和新型模式的开发提供了前进的推力和现实基础。

政策的支持为现代物流业发展提供了强劲的动力。我国现代物流业的发展已经引起政府的高度重视，2009 年，十大振兴规划中唯一针对服务业的《物流产业调整和振兴规划》进一步明确了我国物流业发展的方向，其中有关土地、税收等政策支持的细则也将陆续出台。为现代物流业的发展提供了指导和发展方向。

2.2.2 铁路提供了绿色运输平台

截至 2013 年，全路 18 个铁路局共有 6325 个货运站，除去不办理货运的 2546 个，现有 3779 个办理货运的站场。物流企业租用铁路货场、仓库或自筹资金在邻近货场、专用线、物流密集的适宜点建立新型货场提供城市日用品、快速消费品仓储、装卸、配送等业务，迈出了积极的一步[26]。物流化是铁路货运发展的大趋势，货运企业运用现代物流的服务理念来规划设计新货运站[27-28]。依托大型货运站建设现代物流中心的多种运营模式：一体化模式、共同配送模式、异地代理模式等[29]。货运站是铁路现代物流中心最重要的依托场所，其运能运力是物流中心业务得以顺利开展的关键。铁路部门专门开发了一系列可以满足不同需求的货运产品[30]，其为铁路货运站拓展为现代物流绿色运输模式的仓储中心提供了强大的能力保障。铁路运输作为综合交通运输体系的骨干，拥有发展现代物流绿色运输服务的诸多优势，不仅符合运输物流一体化的国际发展趋势，同时也为该模式的示范推广提供了有力的平台。

2.2.3 减少运输环节能源消耗

研究[31]表明，中国和印度等发展中国家已经成为交通运输需求快速增长的国家。数据[32]显示，全球温室气体排放的近 30% 来自交通运输业。据专家预测，我国物流业占能源消耗的 7%~8%，全国从事运营货车总数约 1100 万辆。交通运输部《2012 年交通运输行业节能减排工作总结》数据[33]显示，2012 年，交通运输行业节能 420 万 t 标煤，二氧化碳减排 917 万 t。

通过运输环节的有机衔接，发挥综合运输的条件，改变运输动力来源，从而降低能源消耗。中国铁路总公司现阶段估算可改造 2546 个货运站，运用该模式的绿色运营模式经营，至少可提供 89110 万 t/a 的货物供应，与传统运输模式相比，可节约能耗达到 5000 多万 t/a。随着交通运输业的大力发展，基础设施建设投入力度加大，各种运输方式（客、货运）的规模增加，降低能源消耗，提高节能减排能力，是促进我国交通运输业持续发展的客观需要和必然选择。

2.2.4　降低运输车辆的 $PM_{2.5}$ 排放

多式联运的方式也是世界各国优先发展的运输方式，而在我国现阶段进展缓慢，将是今后行业发展的重点。"零排放"新能源车的发展和推广将会在现代物流业发挥更大的作用。物流业应用推广新能源车也被写进了 2013 年 10 月国家出台的新一轮补贴新政。环境保护部发布的《2013 年中国机动车污染防治年报》统计数据显示：机动车污染物排放中，全国货车排放的氮氧化物和 PM（颗粒物）明显高于客车，其中重型货车是主要贡献者；如果按燃料分类，全国柴油车排放的氮氧化物接近汽车排放总量的 70%，PM（颗粒物）超过 90%。

运用铁路干线运输和新能源货车配送的绿色运输模式，利用现有铁路闲置货场进行改造，盘活固定资产，可实现 $PM_{2.5}$ 排放减少 20 多万 t/a，对物流模式的推广和开发具有巨大的发展前景。物流业作为能源消耗和污染物排放大户，在发展现代物流的同时，如何实现节能减排，发展绿色运输，不仅是物流业应该承担的社会责任，也是推动行业转型，打造中国现代物流的重要使命。现代物流绿色运输模式的成功设计将对我国落实节能减排工作具有重要意义。

2.3　不确定性分析

不确定性主要来源：①物流运输里程主要来源于实地调研和相关文献，在估算平均行驶里程时，可能存在一定误差，因此会导致计算结果产生不确定性。②排放因子的选择，$PM_{2.5}$ 一次排放和二次转化均用到排放因子，由于缺乏中国机动车排放因子的实测数据，文中排放因子的选取主要来源于国外相关研究成果，由此计算的排放量可能存在一定的高估；由于目前开展运输车辆监管力度等的研究较为困难，所以对其排放量还需进一步地分析探讨。③对配送小货车的准确数量存在不确定性，所以按照重量进行了车辆分拣配送，实践中货运车辆超载率较大，因此在使用车辆的数量上存在误差。

3　结　　论

（1）以北京三家店铁路货场改造为例，通过社会企业和铁路公司的合作经营，运用现代物流绿色运输模式可实现节约能源 20555t/a（以标煤计），减少 $PM_{2.5}$ 排放 90.9t/a。按北京市 1500 万 t/a 进京货物计算，以该模式运营后，可实现节约能源 883864t/a（以标煤计），减少 $PM_{2.5}$ 排放 3908.7t/a。可有效降低能耗和污染物排放，不仅利于可持续发展的推进和节能减排的实践，并且对于发展现代物流业进行了有益的探索和实践。

（2）按照现代物流绿色运输模式进行经营，全国现有闲置货场占到将近 1/2，在 2012 年物流业相关统计的基础上，结合所研究案例及该模式在北京例证的效果，对现有铁路闲置的 2546 个货运站进行固定资产盘活改造，可实现节约能源约 5000 万 t/a（以标煤计），减少 $PM_{2.5}$ 排放约 20 万 t/a，同时激活沿途经济发展，节能减排潜力巨大。

参 考 文 献

[1] Xenias D, Whitmarsh L. Dimensions and determinants of expert and public attitudes to sustainable transport policies and technologies[J].Transportation Research Part A: Policy and Practice, 2013, 48: 75-85.

[2] Johnson B, Elmore A, Cawlfield J. Application of a mass balance-based stochastic transport model[J].Practice Periodical of Hazardous Toxic and Radioactive Waste Management, 2010, 14(3): 170-177.

[3] Gregorc C, Krivec D. Networking of public passenger transport modes, a step towards sustainable mobility in Ljubljana urban region[J]. Procedia-Social and Behavioral Sciences, 2012, 48: 3009-3017.

[4] Chapman L. Transportation and climate change: a review[J]. Journal of Transport Geography, 2007, 15(5): 354-367.

[5] Christopher F. Worldwatch report 178: low-carbon energy: a roadmap[M].Washington DC: Worldwatch Institute, 2008.

[6] 邓楠. 可持续发展: 人类关怀未来[M]. 哈尔滨: 黑龙江教育出版社, 1998.

[7] Gudmundsson H, Sorensen C. Some use-little influence? On the roles of indicators in European sustainable transport policy [J].Ecological Indicators, 2013, 35: 43-51.

[8] Russo F, Comi A. Measures for sustainable freight transportation at urban scale: expected goals and tested results in Europe[J]. Journal of Urban Planning and Development, 2011, 137(2): 142-152.

[9] Dziekan K. Evaluation of measures aimed at sustainable urban mobility in European cities-case study CIVITAS MIMOSA[J]. Procedia-Social and Behavioral Sciences, 2012, 48: 3078-3092.

[10] Waterson B, Rajbhandari B, Hounsell N. Simulating the impacts of strong bus priority measures [J].Journal of Transportation Engineering, 2003, 129(6): 642-647.

[11] 高本河, 魏际刚. 绿色物流在国外的发展及我国的差距[J]. 中国物流与采购, 2003(12): 32-33.

[12] 于傑. 日本物流政策的启示[J]. 运输经理世界, 2007(7): 78-80.

[13] 袁治平, 孙丰文, 付荣华. 我国城市绿色交通物流系统的构建及解析[J]. 生态经济, 2007(1): 35-38.

[14] 石宝林. 我国交通发展模式转型研究[D]. 西安: 长安大学, 2010.

[15] John D, Wright S, Masson B, et al. Recent developments in flexible transport services [J]. Research in Transportation Economics, 2010, 29: 243-248.

[16] Heaslip K, Womack K, Muhs J. Automated electric transportation: a way to meet america's critical issues [J]. Leadership and Manage in Engineering, 2011, 11(1): 23-28.

[17] Simpkin R, Ambrosio C, Simonsson J, et al. Energy efficient vehicles for road transport[J]. Procedia-Social and Behavioral Sciences, 2012, 48: 3613-3621.

[18] 李扬. 基于可持续发展理论的我国公路交通发展模式研究[D]. 大连: 大连海事大学, 2013.

[19] 新浪网. 北京环保局发布: 北京去年 $PM_{2.5}$ 是国标的 2.5 倍[EB/OL]. (2014-01-02)[2014-05-04].http://news.sina.com.cn/c/2014-01-02/154229142932.shtml.

[20] 余晓红, 孙佳佳. 解读绿色物流[J]. 全国商情: 经济理论研究, 2007(10): 50-51.

[21] 新华网. 北京数万重卡深夜进城, 排污量相当于百万轿车[EB/OL]. (2013-10-27)[2014-04-28]. http://news.xinhuanet.com/energy/2013-10/27/c_125604685.htm.

[22] 新民网. 北京首次发布 $PM_{2.5}$ 年均浓度 平均每周 1 次重污染[EB/OL]. (2014-01-03)[2014-04-27]. http://news.xinmin.cn/shehui/2014/01/03/23139955.html.

[23] 傅方方. 城市地下物流系统风险评价及发展前景研究[D]. 大连: 大连海事大学, 2010.

[24] 孙敏南. 浅析物流企业的现状与发展[J]. 铁路采购与物流, 2014(1): 43-45.

[25] 尹浩亮, 陶丹. 我国物流业发展现状、变革动力及发展趋势分析[J]. 产业与科技论坛, 2013, 12(2): 20-21.

[26] 肖翔, 孙晓琳, 张帆. 加快我国铁路物流向现代物流转型[J]. 物流科技, 2013(4): 105-107.

[27] 陈治亚, 李振田. 基于现代物流理念的铁路货运站布局[J]. 铁道科学与工程学报, 2005, 2(2): 66-69.

[28] Yevdokimov Y. Measuring economic benefits of intermodal transportation [J]. Transportation Law Journal, 2000, 27: 439-452.

[29] 何兴国, 朱健梅. 基于铁路货运站的物流中心运营模式的探讨[J]. 铁道经济研究, 2004(1): 42-44.

[30] 王晓东. 铁路大型货运站向物流中心拓展的探讨[J]. 中国储运, 2010(4): 81-82.

[31] Dargay J, Gately D. Income's effect on car and vehicle ownership, worldwide: 1960—2015[J]. Transportation Research Part A: Policy and Practice, 1999, 33(2): 101-138.

[32] 柴凤伟, 隋秀勇. 物流: 向污染宣战[N]. 现代物流报, 2014-03-14(3).

[33] 交通部. 2012 年交通运输行业节能减排工作总结[EB/OL]. (2013-01-18)[2014-04-27]. http://www.moc.gov.cn/2006/jiaotongjj/07jiaotjnw/wenjiangg/201301/t20130118 _ 1356586. html.

Analysis of Energy Conservation and Emission Reduction Potential for Green Transportation Mode of Modern Logistics

GU Xiu[1], ZHAO Zhiyong[2], REN Zhenhai[1], LI Handong[1]

1. State Key Laboratory of Environmental Criteria and Risk Assessment, Chinese Research Academy of Environmental Sciences, Beijing 100012, China

2. Beijing Giant Column Zhiwei Energy&Environmental Protection Technology Co., Ltd, Beijing 100012, China

Abstract: The mechanism of energy conservation and emissions reduction of green transportation mode of the modern logistics as well as the research and application situations at home and abroad was introduced.With a case study of Beijing Sanjiadian Railway Freight Yard reconstruction, energy conservation and emissions reduction effects of green transportation mode of the modern logistics in Beijing were analyzed.The results showed that after this mode was put into use, Sanjiadian Railway Freight Yard could save 20555 tons of coal equivalent and reduce 90.9 tons of $PM_{2.5}$ emission per year.Assuming an annual import of 15 million goods to Beijing, a saving of 883864 tons of coal equivalent and a reduction of 3908.7 tons of $PM_{2.5}$ emission per year could be obtained.On the basis of related statistics of the logistics industry in 2012, combined with the case study results and the effects of previous options in Beijing, the energy conservation and emission reduction potential of green transportation mode of modern logistics in China was projected. By revitalizing and reforming the fixed assets for existing idle 2546 railway freight stations, this mode can save about 50 million tons of standard equivalent and reduce about 200000 tons of $PM_{2.5}$ emission per year, while activating the economic development along the railways.In consequence, it can have great potential of energy conservation and emission reduction.

Key words: green transportation; modern logistics; energy conservation and emission reduction; potential analysis

浅淡我国的生存环境问题[①]

任阵海

中国环境科学院，北京 100012

摘要：从 3 个方面讨论我国的生存条件、发展基础和生活环境的现状，讨论了自然资源的可持续利用和环境资源和保护问题，并介绍了国家环保总局为遏制生态退化而实施的环境工程计划。

关键词：生存条件；生活环境；可持续发展

1 引　　言

在国家环保总局入门的大厅中竖立着一件木雕，刻着"春二月，毋敢伐大山林及雍堤水。不夏月，毋敢夜草为灰，取生荔，毋……毒鱼鳖，置阱罔，到七月而纵之。"这是发掘秦墓竹简上书写的《田律》。有学者研究[1]认为它是世界上最早的环境法律之一，还提出中国春秋战国时期的孔子、管子、荀子等的著作都明确指出了自然资源的保护和持续利用的光辉思想，如《管子·地数》中"为人君而不能谨守其山林菹泽草莱，不可以为天下王。"

近半个世纪以来，全球经济迅速发展，生活水平，特别是工业化发达国家的生活水平有很大提高。但是从当前的现实需求和未来扩大发展的角度考虑，人们紧迫地感到世界提供人们的生存空间日益狭小，即出现了生存的条件、发展的基础和生活的环境质量等问题。在人口稀少、生产力不发达时期，人们对自然资源和环境质量的需求很小，可谓"取之不尽，用之不竭"。当前，生产力高度发达，人口空前膨胀，人们对自然资源，特别是对环境质量的需要已发展到供不应求的状态。生存和发展主要依赖于各类自然资源的开发、保护并要求能可持续利用。生活的环境质量问题在不考虑社会经济发展情况下，主要在于保证人体健康和适宜的活动空间，它依赖于水、空气、土壤、生态等的环境质量以及避免异常气候变化和具有良好功能的居住条件等。

按照以上的看法，对我国的生存环境问题做如下简要分析。

2 经济建设对自然资源的影响

2.1 对自然资源利用的效率低

近 10 年来，我国经济开始出现高速增长，平均年增长率为 8%~9%，最高增长率曾达 13.3%。

① 原载于《气候与环境研究》，1999 年，第 4 卷，第 1 期，1~4 页。

但发展的现状是过度消耗资源，资源利用效率低。我国生产亿美元的 GNP 的能耗是美国的 5.5倍，日本的 13 倍，德国的 7.7 倍，英国的 4.6 倍，法国的 10 倍，意大利的 9.7 倍。GDP 增长的物耗情况为：能耗为 1.9，钢耗为 3.4，铁耗为 3.1，有色金属耗为 3.7，水泥耗为 6.4。物耗很大但人均占有矿产资源却很少。我国人均占有 45 种矿产资源为全球的 1/3.7，美国的 1/10，苏联的 1/7。

2.2　生产过程中排放废物量大

以 1996 年工业排放量为例[2]：

烟尘 758 亿 t，粉尘 562 万 t，二氧化硫 1397 万 t。

废水 205.9 亿 t，其中 COD 704 万 t，重金属 1541t，砷 11320t，氰化物 2457t，酚 4710t，油类 60947t，悬浮颗粒物 780t。

固体废物 6.6 亿 t，但历年存量 64.9 亿 t，占地 5ha。

1997 年工业排放量数据：

二氧化硫 1852 万 t，废水 227 亿 t，固体废物 6.6 亿 t。

2.3　不合理的经济开发活动使自然生态系统恶化

由于人口快速增加的压力，导致人们注重近期效益行为。

湿地：全国有二百多块完整湿地。仅东北三江平原湿地就因为开垦 4.67 万 ha 农田而失去约250 种药材，150 种候鸟，35 种兽类，鱼类以及多种天然纤维等生物资源。

冻土：冻土面积占国土面积的 22%。由于建设活动使青藏高原冻土面积减少约 10%，存在潜在沙漠化问题。

荒漠化：荒漠化土地面积已占国土面积的 27.3%，每年损失可利用土地 1500~2100km²，而潜在发生荒漠化的范围约占国土面积的 35%[3]。

草原：草原占国土面积的 41%，草原退化面积高达可利用草场的 1/3 以上。

湖泊：全国共 2350 个湖泊，已干涸 543 个。

水土流失：已发生流失面积 179.4km²，占国土面积的 18.6%，黄土高原面积 46 万 km²，其中水土流失面积达 45 万 km²，长江流域的水土流失面积占全国水土流失面积的 36%。

海岸带：近海陆面排污入海约 80 亿~90 亿 t。

造成我国生态系统的退化、恶化的宏观特征是：拉萨以西和 40°N 以北的青藏高原，东到河套以北乃至东北 45°N 以北地区，其生态系统退化主要由气候因素所致。在此地带的东南从西藏的东缘向北过四川西部，河套地区至东北长白山北界这一地带生态系统恶化原因主要在于不合理的经济开发活动。再从这一地带以东以南直到近海地区的生态系统退化原因则是污染的影响[4]。

对生态资源的开发必须严格依照可持续利用的原则。无数的实际经验证明，只对某一个经济部门有利的开发活动将对其他部门造成不可挽回的损失。

3 经济建设对环境质量的影响

环境质量也属于资源的范畴,这已有多方面论述。生产过程排放废物量大造成地区性的环境质量恶化。以 1996 年的状况为例:

(1)空气污染:总悬浮颗粒物对北方城市污染较重,超标率大于 30%的城市占 85%以上,降尘有所下降,汽车尾气污染趋势加重。

(2)水体污染:78%的城市河段不适宜作饮用水源,50%的城市地下水受到污染。水系污染以辽河、海河、淮河最重,珠江水系和浙闽水系的水质较好。湖泊污染则以巢湖、滇池、南四湖、太湖污染最重。水库以石门水库污染较重,门柚水库、新安江水库水质较好。海域污染则主要发生在近岸海域,主要污染物是无机氮、无机磷和石油类。

(3)酸雨污染:降水酸度 pH 小于 5.6 的降水面积从 1985 年的 175 万 km^2 扩大到 1993 年的 280 万 km^2。据估算,我国酸雨主要区域使农业、林业、建筑材料的年损失达 234 亿元(按 1993 年价格计算)。

(4)乡镇企业:乡镇企业 1995 年的产值占全国工业总产值的 42.5%,其排放的烟尘、粉尘和废水中的化学需氧量占全国排放量的 50%以上。二氧化硫、固体废物占全国排放量的 30%以上,并在迅速上升。

(5)沿海开发区:开发区所占用的农村地区的经济、生态、居住、生活方式、环境质量将发生根本变化,亦会出现环境质量问题。

4 环境质量、气候条件的变化对人体健康的影响

(1)环境质量是影响居民健康和造成居民死亡的四个重大因素之一。以 1996 年为例,全国人口总死亡率 656 人/10 万人,其中城市人口死亡率 604 人/10 万人,农村人口死亡率 639 人/10 万人,恶性肿瘤死亡率城市 131 人/10 万人,农村 105 人/10 万人,呼吸系统疾病死亡率 92 人/10 万人,农村 161 人/10 万人。全国暴露于污染事故中人数约 51 万人,污染物质为化学性、生物性与生活污水。

(2)大气气溶胶影响:大气气溶胶小于 1μm 的粒子富集大气中有毒物质且被吸入肺泡中严重危害健康,这已成为全球问题。

(3)地方病:有学者把地方病看作第一环境病。据调查从东北黑龙江省中部向西南经河南、湖北,湖南、四川到云南这一条带上为主要地方病带。地方病主要有克山病、大骨节病、缺碘、缺钾、克丁病、癌症、血吸虫、血丝虫以及氟病、放射性病等。

(4)儿童肺功能调查:在广州、武汉、重庆、兰州等不同气候条件的城市里,对大气污染区和清洁对照区进行儿童肺功能与多发疾病调查发现,相同身高生活在污染区的儿童比生活在清洁对照区的儿童肺功能低 8%~10%以上。就感冒、咳嗽、咳痰、支气管炎疾病,污染区比清洁区约高 15 个百分点。兰州癌症发病率由 70 年代第 7 位上升为 80 年代的第 2 位。广州的汽车尾气污染使鼻炎、咽炎、血液指标、肺功能、免疫功能等都有明显的病变,市区远多于郊外。

（5）室内污染：污染主要源于燃煤、生物燃料、室内吸烟、烹调的菜油和豆油烟雾、室内装修引起的甲醛及氡微粒，以及室内空气中的各类病原体等。云南宣威同一地区出现肺癌死亡高发地点 174.21 人/10 万人和低发地点 1.12 人/10 万人，学者研究认为，原因是高发地点使用烟煤做家庭燃料，而低发地点使用无烟煤做家庭燃料。

（6）气候变化对死亡率的影响：有学者研究了上海、广州的死亡率对温度的统计相关，发现夏季气温高于 34℃，死亡率增加，而冬季出现当地最低温度时，则滞后数日才有死亡率增加的现象。

5 我国环境保护对策

我国面临着发展经济与保护环境相对立而又相促进的挑战。传统的生产方式对环境造成巨大压力，但经济增长又给环境的保护与重建提供了物质基础，问题是如何使矛盾双方相互促进并向高阶段良性发展。1992 年中国政府制定的《中国环境与发展十大对策》的第一条就是"实行持续发展战略"。1996 年中国政府提出"到 2000 年，力争使环境污染和生态破坏加剧的趋势得到基本控制，部分城市和地区的环境质量有所改善。到 2010 年，基本改变生态环境恶化的状况，城乡环境有比较明显的改善。"为达到此目标，国家环保总局将实施两项重大举措，其一是"全国主要污染物排放总量控制计划"，主要内容是对烟尘、粉尘、二氧化硫、石油类、重金属、化学需氧量和工业固体废物等 12 种主要污染物到 2000 年的排放量能控制在国家批准的水平内。其二是"中国跨世纪绿色工程规划（第一期）"，已确定 1591 个工程项目，需要投资 1888 亿元，到下世纪头 10 年将进行第二期和第三期，不断滚动发展，同时已着手建立若干可持续发展的示范区。此外对温室气体排放的控制问题也正在制定对策。

我国经济建设早已执行三同时政策，但从当前我国环境状况和灾害多发性问题出发，建议经济建设和区域开发应执行四同时，即再增加保护和重建生态环境系统，保护生物多样性。

参 考 文 献

[1] 张坤民. 可持续发展论. 北京: 中国环境科学出版社, 1997.

[2] 国家环境保护局. 1996 年中国环境状况公报. 1997.

[3] Chi L. Land Evaluation and Expert System for Combating Desertification. China Forestry Publishing House. 1997.

[4] 任阵海等. 我国环境生态系统演变趋势. 环境科学进展, 1997, 5(2): 27-31.

Elementary Discussion on Issues of Living Environment in China

REN Zhenhai

Chinese Research Academy of Environmental Sciences, Beijing 100012

Abstract: Issues of the living conditions, base of development and current situation of living environment in China are discussed from three aspects. Sustainable use of natural resources and conservation of environment are also discussed. Engineering plan for preventing the deterioration of ecosystem being implemented by SEPA is introduced.

Key words: living condition; living environment; sustainable development

我国环境生态系统演变趋势[①]

任阵海，刘舒生，高庆先，姜振远，余国泰，杨新兴

国家环保局气候变化影响中心

摘要：本文在对气候变化与环境生态系统现状进行了广泛调查的基础上，结合国内学者的研究，对近五年我国环境生态系统的演变趋势做了系统的回顾，并提出了保护我国生态系统的对策。

关键词：生态系统；冻土；海岸带；森林

1 引 言

在目前，我国环境科学工作者面临着环境恶化、资源耗竭和气候变化等方面的问题。环境决策部门在综合了国内外经验后，提出了"可持续发展"的原理，并阐明经济、社会的发展必须在环境生态系统的负荷范围内进行开拓的观点。在实际工作中要特别慎重考虑环境生态脆弱地区的开发问题，同时还必须关注留给子孙后代完整而能持续利用的环境生态系统等问题。近年来研究发现，大气排放的污染物，特别是温室气体，能够导致全球气候变化，同时还能破坏我国的环境生态系统。

1949 年后，在很长一段时间内，我国在高速发展经济的过程中，很少意识到对一个部门经济发展有利的生产过程，可能会对其他部门产生意想不到的损害，忽视了经济发展与环境保护相协调的问题。

由于人口问题的压力及只注重近期经济效益的行为，出现了乱砍滥伐，盲目垦殖，毫无节制地捕捞与养殖等现象，把自然生态系统作为污染物容纳和降解的自然载体，导致有些地区在发展经济过程中伴随产生的环境污染问题可能会转嫁、输送到另一地区，造成跨界的污染。在数十年的经济发展过程中，使我国环境生态系统的初级净生产力出现了严重的损失，并已经由量变逐渐演化到质变的边缘。考虑到气候变化的不利因素，可以认为我国的环境生态系统正处于大范围，甚至全面退化过程即将爆发的前夕。这就好像在我国环境生态系统中埋藏着一枚随时可能爆发的炸弹。因此，应该引起我们的高度重视。

在我国范围内，造成环境生态系统的退化的原因是多方面的。在不同的地区主导因素还有差异，有的是由于气候变化带来的；而在一些工业较发达的地区，更主要的是人为的因素所造成；还有些地区则是受到污染、人类过度的不适当活动以及气候变化的综合影响所致。

国外研究机构已着力组织进行全球性环境决策研究，并取得了一定的成绩，其研究结果主要是为"气候框架公约"缔约国提出建议，以约束缔约国的行为。IPCC 已把上述内容列为向联合国

[①] 原载于《环境科学进展》，1997 年，第 5 卷，第 2 期，27~31 页。

提交第三次报告的内容，其中部分内容则由国家环保局承担。

2 我国生态系统的现状

2.1 湿地

我国的湿地生态系统初级净生产力价值极高，构成了生物多样性优越的生存环境，是受到国际重视的全球最重要的环境生态系统。我国的湿地生态系统共有 205 处，包括 22 个类型。主要是沼泽、湖泊、滩涂和盐泽等。长白山、三江平原、若尔盖、北疆山地都属区域性湿地，因而生存有极其珍贵而丰富的自然生物资源，也是调节局地气候以减免自然灾害的重要因素。我国湖泊类型的湿地较多，主要分布在长江中下游、我国东南和西南地区。西北的青海湖、博斯腾湖也属于湿地类。

从 50 年代开始的较长时间内，由于片面强调以粮为纲，不了解沼泽湿地环境生物多样性的特殊重要价值，大量地进行围湖造田，围垦造田，破坏了湿地的生态系统。到 1990 年仅三江平原东北部就开垦农田 70 多万亩，其西半部均已开垦为农田。原来生存于湿地的 1000 种植物（包括 250 种名贵药材，150 多种候鸟，35 种以上的兽类，多种名贵鱼类以及天然纤维资源等等）遭受到无法弥补的损失。这些有相当广阔面积的沼泽、湿地还具有蓄水、减灾和调节环境无法替代的功能。值得注意的事实是，被垦殖的农田并不完全适宜粮食生产，甚至出现了严重的土地风蚀现象。若尔盖湿地辟为牧场，失去了其对地区有利的湿地效应。湖泊湿地的大面积垦占，对鱼种的保存极为不利，已带来严重的后果。江汉湖群湿地的鱼种由 50 年代初 100 多种已下降为 70 余种。洞庭湖也从 114 种下降到 80 种，其中很多是由于遭受污染而变形的，鄱阳湖著名的鲤鱼产卵场已缩小一半多。洪湖原有 90 多个鱼种，洄游鱼类占 70%，现仅存 54 种。过度捕捞，密集放养也破坏湖泊水质和生态结构，使鱼产量急剧下降。湖泊湿地恶化的另一重要原因是人类的排污、工业排污、矿尾流失、生活排污和农田的施肥（药）等。

湿地存在的环境生态特性，在于周围存在大面积的植被覆盖。因为湿地沼泽的蒸腾量夏季是水面的三倍，比森林的蒸腾量大 70%。若把其周围的植被垦为农田，便失去了蓄水保护湿地的作用，使湿地面积急剧缩小。目前我国湿地的自然萎缩面积达 26%~40%。气候变化也是导致湿地萎缩的重要原因之一。青藏高原和蒙古高原地区大量的湖泊湿地，除少数有水源补给外，普遍发生湿地水位下降，水质变咸，甚至干涸消失的现象。湿地作为我国可持续发展必需的后备自然生态种质基地，其重要作用日益显著。

2.2 海岸带

海岸带环境生态系统包括岸上和近海，当前我国海岸带地区支持着国民生产总值的 60%。一半以上具有巨大经济技术发展基础的大中城市也集中在这一地带内，同时也是易受气候变化影响的环境脆弱带。近海资源是我国即将重点开发的最后的一类资源，这个地带的环境生态问题应当受到高度关注。然而这个带区遭受着人类过度活动、各类污染排放、气候变化和生态退化等的综合影响。截至 1995 年，陆源污染物径流入海继续以年 5% 速度增加，当年排污约 80 亿~90 亿吨。

几个海域无机氮的超标情况为：东海 94%，渤海 65%，南海 58%，黄海 41%，其中东海一次测值超过国家一类海水水质标准达 28 倍。渤海一带底泥的重金属含量超标 2000 倍。大连湾，胶州湾，长江口，舟山渔场，珠江口等已成为油污染的重灾区。由于无机氮的超标，导致赤潮发生频繁，1990 年达 33 次之多，而且范围不断扩大，赤潮物种随着陆源污染物不同而不断更替。气候变化情景也会促使赤潮发生。赤潮现象造成了海洋生态系统的退化。过度捕捞已使优质的经济鱼种严重衰退。海洋生物死亡是近海污染的另一重要污染源。监测数据表明海面大气铅锌含量较高，海岸的大气排污对海洋的沉降污染影响是不可忽视的。根据我研究中心建立的大气酸性物质输送沉降模型的计算结果表明：仅 1993 年 4 月对各海域的硫沉降量分别为：渤海 4635.9 吨，黄海 18454.4 吨，东海 1526.3 吨。根据国家经济发展规划方案，我们还得到了 2020 年、2050 年我国各海区沿岸 SO_2 的排放量（附表略）。

2.3　冻土

从我国的东北到青藏高原广大区域是多年冻土生态环境带，占国土面积 22.3%。我国的冻土类型可分为低纬度高原、高山冻土（如青藏高原、天山、祁连山等）和北极稳定冻土和南方融区之间的不稳定冻土（如东北冻土），我国冻土生态环境，对人为活动和气候变化都是敏感而脆弱的。

在气候变化影响下，青藏高原冻土层已融化减薄了 7~20m，并影响到高山冻土的下界，使其升高了 10~200m。在修筑青藏公路时，由于缺乏对冻土生态环境采取有利的保护措施，致使高原冻土面积减少了 10%；1987 年大兴安岭森林大火使冻土融化深度增大 7~40cm，要想恢复到原来状态，在自然条件下则需 25~50 年。然而由于东北地区属于气候变化的增暖区，恢复原来的状态则需更长的时间。植被的过度砍伐造成冻土融化，使冻土隔水层效应消失，不能维持冻土带的沼泽、湿地，不利于植被生长，从而演变成为黑土滩、荒漠。

冻土带的退化造成青藏公路 1125km^2 的 49.5%受融层遭到破坏，202 座桥涵中破坏了 45.8%，要想全线修整预计需要投资 30 亿元。大兴安岭林区铁路破坏了 40%~60%；青海、甘肃、吉林的冻土带干渠也毁坏了近 60%；一些大城市（如哈尔滨、牡丹江）的五层以下住宅楼已有 10%~27%产生裂缝。

据测量冻土区应是 CH_4、CO_2 的汇，一旦当冻土层退化，则有利于其中有机物腐化产生 CH_4、CO_2，而变成为温室气体的源。

2.4　沙漠化

我国的沙漠化每年损失可利用土地 1500~2100km^2，还正威胁 40000km^2 农田和 48000km^2 草场。沙化土地每年损失的有机质、氮、磷等可达 4500 万吨左右，折合成肥料价值高达 200 亿元。而全国已被沙漠化危害的 6000 万亩农田，每年损失达 10 亿元以上。沙漠化的肆虐还会造成驱使城镇搬迁，侵埋交通设备等问题。河西走廊的解放水库风沙年入库达 $29 \times 10^4 m^3$，20 年后将丧失蓄水能力；龙羊峡水库年入风沙 0.31 亿 m^3，折合库容建设投资每年损失 4700 万元；黄河年输沙 16 亿吨，其中 12 亿吨来自沙漠化地区（特别是其中的 10 亿吨粗沙，则完全来自沙漠化地区）。

沙尘暴不仅可造成直接灾害，其微粒所携带的微量元素还可在大气中扩散，构成严重的大气环境质量问题。历史上沙漠化的发展趋势有进也有退。1949 年后，由于人口迅速增加，在我国北方地区出现过三次垦荒高潮，西北地区本身水资源就不足，而且水资源利用也不当，上游截流劫夺等因素是导致西北地区沙漠化的重要因素之一。矿藏开采量忽略了生态保护措施，破坏了大面积地貌，过度放牧导致草原退化，增加了沙漠化面积。气候变化是导致干旱、湖泊水位下降、冰川退缩、雪线上升、河流径流减弱等，是扩大沙漠化不可忽视的重要原因之一。

2.5 湖泊与冻土

我国有湖泊 2350 个，近期已干涸消失 543 个（如西藏 29 个湖泊现已消失了 19 个）。地处我国北部、西北部的湖泊消失的原因主要是受气候变化因素的影响，而其他主要为人类活动造成。

2.6 高山冰川

高山冰川对气候变化是非常敏感的。目前冰川出现退缩的已达 66%（如西藏积雪覆盖面积已减少 11.1%）。这些冰川积雪的融水径流，是我国西北的主要水资源，占我国河川径流的 35%~50%。

2.7 森林

气候变化对我国森林影响也是非常明显的，会引起树种带的变迁。东北珍贵的寒温带针叶林将缩小生长区。大兴安岭东部森林的过量砍伐，已使东北平原复杂而独特的生态系统失去了其生态屏障。目前在上述地区以南（即我国中、北部地区）所发生的沙漠化、草原退化、湿地锐减等环境生态退化现象，其主要是人为的过度活动而造成的。其次才是气候变化的影响所致。

2.8 草原

我国的草原占地面积很广，占国土面积的 41%，是我国非常重要的经济乞态系统。草原类型也较多。草甸草原与典型草原分布在松嫩平原和内蒙古大部。荒漠草原和高寒草原分布在内蒙古西部、黄土高原和广大的西北地区以及中西部高山区。由于过度放牧、垦荒、水资源利用不当等原因，我国的草原普遍出现了风蚀现象，逐渐演为沙漠化。目前的产草量比 50 年代的下降了 30%~50%。1995 年每 8.1 亩可养一头羊，到 1982 年养一头羊则需 16.4 亩的草原。60~80 年代由于饲草不足，死亡牲畜高达 200 万头以上。已退化的草场面积已达 7 千多万亩，若以每亩产草量减少 50 公斤，每年经济损失可达 5 亿元以上。

从气候变化未来的情景估测，恢复繁茂的草原是可能的和有利的，不利之处是可能会引起草种的变化。

3 我国生态系统的演变趋势及保护对策

我国在全面推进现代化建设的过程中，把环境保护作为一项基本国策，把实现可持续发展作为一项重大战略。江主席在十四届五中全会上郑重宣布"必须把实现可持续发展作为一个重大战略"，我们认为实现"可持续发展"是环境保护国策的精髓。

从我国实际情况出发，环境科学研究一方面配合狠抓排污的监督与执法，由"浓度标准"转入到"总量控制"和工程技术的研究与和推广上；另一方面，就是如何开拓全局性的"实现可持续发展"的环境管理途径，特别对于未来可能爆发的、潜藏的环境问题。从我中心的工作内容看来，当前研究如何避免环境生态系统爆发全面退化的问题是最为紧迫的任务之一。大量事实已经证明，环境生态系统爆发全面退化几乎是不可逆的过程，被破坏了的生态系统是难以恢复的。环保的立法与执法是环境管理的重要手段之一，但也应该看到随着我国经济迅猛的发展以及由计划经济向市场经济转变过程中，制定好的环保法律法规在新的形势下往往暴露出其不完善的地方（如围湖造田虽受了控制，但湖周的工业、公益事业的迅速崛起，又出现侵湖造地的实际问题）。贯彻可持续发展方针所面临的大量环境管理问题都属于超前的管理问题，必须要有理论联系实际的环境科研作为基础，才能使环境管理系统在科学研究的基础上，更具有可操作性。

研究表明即使全球现在都立刻停止排放温室气体，由于温室气体的后延效应，全球气温在很长时期内仍将继续上升。

如何减缓环境生态系统的全面退化，如何防止经济发展中必需的生态资源的耗竭，寻求恢复我国环境生态系统的途径等，这些不仅是我国环境管理的紧迫问题，也是当今几个国际研究计划中的热点。由于人类不适当的经济活动引起的全球气候变化，在今后相当长的时期内还不可能完全得以控制，其变化周期及幅度有可能超地质时代的变化。这需要认真研究可能导致这种变化的环境问题，并因地制宜地研究采取相应的预防措施或限制措施，以减缓环境生态系统的退化。在制订环境生态恢复行动计划中，除了制订一些临时性的预防和限制措施，以保证获取直接的经济效益外，还需要建立综合性的管理应用模型，为管理决策者提供决策依据。

考虑到我国环境生态管理的近期问题与可持续发展的环境对策，我们应着手建立为决策管理者的环境—气候—生态系统的综合模型，以揭示环境生态系统的内在规律，为环保部门制定具有科学依据的环境决策提供技术支持。借鉴国内外研究成果，导出我国不同地区目前和即将显露的环境系统衰退的主要因素，并可相应地提出各种产业结构、作业方式等的调整方案，从中选出一些环保适应对策。再引入社会、经济因素，进一步导出减缓环境恶化趋势的综合管理对策方案。

The Change Trend of Environmental Ecological System

REN Zhenhai, LIU Shusheng, GAO Qingxian, JIANG Zhengyuan, YU Guotai, YANG Xinxing

Center for Climate Impact Research, NEPA, China

Abstract: Based on the vast investigation of the facts on climate change and environmental e-cological system over China. Combing with the native researches, we make a look back of the changes of environmental ecological system, and offer a policy to protect the environmental ecological system of China.

Key words: climate change; environmental ecological system

基于在线监测的 2015 年中国火电排放清单[①]

崔建升[1]，屈加豹[1, 2]，伯　鑫[2]，常象宇[3]，封　雪[4]，莫　华[2]，李时蓓[2]，

赵　瑜[5]，朱法华[6]，任阵海[7]

1. 河北科技大学环境科学与工程学院，河北 石家庄 050000
2. 环境保护部环境工程评估中心，北京 100012
3. 西安交通大学管理学院，陕西 西安 710049
4. 中国环境监测总站，北京 100012
5. 南京大学环境学院，江苏 南京 210023
6. 国电环境保护研究院，江苏 南京 210031
7. 中国环境科学研究院，北京 100012

摘要： 伴随着超低排放技术在中国火电行业的广泛应用，中国火电行业排放水平已发生了显著变化。故现有火电排放清单排放因子和排放量等无法反映当前火电污染物排放提标情况。基于全国火电在线监测（CEMS）、环境统计和排污许可等数据，提出一种自下而上逐企业建立中国火电行业排放清单的方法。与传统方法相比较，该方法的特点是更加全面地考虑了火电行业超低技术，实际排放浓度与活动水平等综合因素。作为实例，本文基于所提出的火电行业排放清单的方法计算了新的 2015 年中国火电行业排放清单（HPEC）。结果表明 2015 年全国火电厂 SO_2、NO_x 和烟尘平均排放浓度范围分别为 7.88~208.57、40.33~238.2 和 5.86~53.93mg/m³。北京、上海火电排放基本达到《煤电节能减排升级与改造行动计划（2014~2020 年）》制定的超低改造目标；绝大部分的省份 SO_2、NO_x 在线监测均值小于排污许可执行标准均值。中国燃煤机组的 SO_2、NO_x、烟尘排放因子平均值分别为 0.67、0.76、0.16g/kg（以入炉煤计）。全国火电 CO、VOCs、NO_x、SO_2、PM_{10}、$PM_{2.5}$ 总排放量分别为 403.87、10.73、122.94、146.68、28.72 和 22.80 万 t/a，平均排放绩效值分别为 1.06、0.03、0.32、0.39、0.08、0.06g/（kW·h）。

关键词： 排放清单；火电；超低排放；排污许可；在线监测

2000~2015 年我国火电行业中间煤耗占我国煤炭消耗总量的 47.5%~56.1%，2015 年火电行业耗煤达 20.34 亿 t[1]，因此火电厂是大气污染物治理过程重点考虑的行业之一。2014 年中国火电行业开始在全国范围内进行超低改造工作[2-3]，并于 2017 年 6 月底基本完成全国火电企业排污许可证核发工作[4-5]，预计 2020 年底，完成 5.8 亿 kW 机组超低排放改造任务[6]。火电行业技术的快速迭代导致过去已有研究的排放因子不再适用于火电排放现状，已有火电清单无法反映火电行业最新的大气排

---

① 原载于《中国环境科学》，2018 年，第 38 卷，第 6 期，2062~2074 页。

放特征,并且在超低排放阶段中,末端治理的效率难以确定。国内外区域尺度清单主要有 TRACE-P,INTEX-B,REAS1.1,REAS2.0,MEIC,MIX 等[8-13],有关电力部门的编制基准年大多在 2012 年之前,研究者利用不同的估算方法、活动数据、排放因子,在不同尺度对火电行业排放进行了估算[13-22]。上述火电排放研究的排放因子、活动水平、排放量等均存在一定差异[23-34]。例如,INTEX-B(2006)中,对中国火电行业清单编制使用自上而下的编制方法,NO_x 排放因子均值为 7.1g/kg[9];自下而上的 2006 年全国火电行业排放清单[16],NO_x 排放因子范围为 4.05~11.46g/kg。近年来,我国大部分火电行业配有在线监测装备,在线监测数据(CEMS)也为排放清单的编制提供了新的思路,伯鑫、戴佩虹等利用在线监测等数据编制了京津冀、广东等地区的火电排放清单[14, 35-36]。

本研究根据 2015 年全国火电 CEMS 数据、环境统计数据等,综合考虑火电行业超低技术、实际排放浓度、活动水平等因素,构建了基于在线监测数据浓度的排放因子库,初步自下而上建立了中国火电排放清单(HPEC),清单包括 6 种污染物(CO、$VOCs$、NO_x、SO_2、PM_{10}、$PM_{2.5}$),分析了火电行业整体排放浓度水平、污染物排放量,对比了各省排污许可浓度与实际浓度情况,为全国火电大气污染物减排、大气污染源解析、大气污染成因分析、大气污染预报预警、空气质量达标规划等工作提供支撑。

1 材料与方法

1.1 研究区域与对象

研究基准年为 2015 年,区域包括中国 30 个省、自治区及直辖市(香港、澳门、台湾、西藏数据暂缺),在线监测数据(CEMS)来自环境保护部环境监察局(包括 1124 家火电企业,共 2731 个排放口);环统数据来源于中国环境监测总站(火电企业 1923 家);排污许可数据来源于环境保护部环境工程评估中心(火电企业 1890 家,排口 3734 个)。

本研究纳入分析的机组覆盖装机总量约 9.384 亿 kW,发电 3.813 万亿 kW·h,供热 31 亿 GJ,燃煤 18.6 亿 t,燃油 34.7 万 t,天然气 290.5 亿 m^3,煤气 605 亿 m^3,煤矸石 2472 万 t,生物质等其他燃料折合 987.4 万 t 标准煤,分别占 2015 年火电行业装机容量、发电量、供热量的 92%、91%、85%。将各类燃料折标煤后,分省进行统计,如图 1 所示,煤炭依然是我国发电燃料的主体来源,

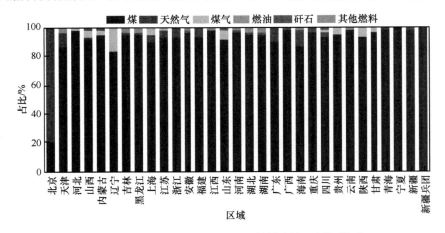

图 1 2015 年各省份火电行业不同燃料占比(折标煤后)

占比达 93.28%。北京市火电行业天然气占比已达 80%，天津、海南、上海、福建、江苏、浙江等区域火电行业天然气消耗比例明显高于其他区域，随"煤改气"等政策的推进，我国天然气机组比例存在上升空间，烟尘、SO_2 等污染物排放有望进一步降低。

1.2 估算方法

首先基于 CEMS 数据，计算出各个安装在线监测设备的企业常规污染物年均排放浓度。根据各个企业的燃煤低位发热值数据，计算获得各 CEMS 企业单位燃煤理论干烟气量；结合理论烟气量及排放浓度信息，获得各个 CEMS 企业的排放因子；最后依据排放因子法，自下而上计算得到每个 CEMS 企业污染物的排放量。对于没有安装 CEMS 的企业，根据该企业所在省份平均浓度来计算。除燃煤外的其他燃料类型的电厂，由于数据样本不足，不分区域统计。具体公式[14, 37]如下：

$$Em = \sum_n \sum_i AC_{n,i} \times EF_{n,i} \tag{1.1}$$

$$C_{AVG,n,i} = \frac{\sum_j \sum_h C_{j,h}}{\sum_j Oph_j} \tag{1.2}$$

$$EF_{n,i} = C_{AVG\,n,i} \times V_{n,i} \tag{1.3}$$

$$V = 1.04 \times \frac{Q_L}{4186.8} + 0.77 + 1.0161 \times (\alpha - 1) \times V_0 \tag{1.4}$$

$$V_0 = \begin{cases} 0.215 \times \dfrac{Q_L}{1000} + 0.278 \text{（烟煤）} \\ \dfrac{Q_L}{4140} + 0.606 \text{（无烟煤）} \end{cases} \tag{1.5}$$

式中，Em 为排放量，t/a；EF 为排放因子，g/kg 燃料；AC 为环境统计燃料消耗量，t/a；n 区分不同省份；i 区分不同电厂；C_{AVG} 为排放浓度统计均值，mg/m^3；C 为在线监排口污染物浓度小时均值；j 为排口编号；h 代表第 h 个运行小时；Oph 为纳入分析的监测小时数；V 为理论烟气量，m^3/kg（其他燃料的烟气量估算由《第一次全国污染源普查工业污染源产排污系数手册》获得）；Q_L 为燃煤低位发热值，kJ/kg；α 为过量空气系数，取 1.4；V_0 为理论空气量。

表 1　火电行业不同燃料CO与VOCs的排放因子

污染物	燃煤/（g/kg）	天然气/（g/m³）	煤气/（g/m³）	煤矸石/（g/kg）	燃油/（g/kg）	其他燃料/（g/kg）
CO	2	1.3	1.3	2	0.6	6.22
VOCs	0.04	0.02	0.05	0.04	2.88	1.13

参考《国家监控企业污染源自动监测数据有效性审核办法》[38]，本研究在线监测数据为通过有效性审核的数据，对缺失及失控数据的修约处理按照 HJ/75—2007《固定污染源烟气排放连续监测技术规范》[39]执行。本研究对 $PM_{2.5}$、CO、VOCs 排放的估算选择使用排放因子法，排放因子选自《城市大气污染物排放清单编制技术手册 2017》[40]等。

2 结果与讨论

2.1 基于CEMS的火电排放浓度分析

本研究基于全国每个在线监测火电排口数据，计算得到各省份平均排放浓度（表2），其中云南省火电在线监测数据质量较差，本研究后续计算以邻近省份（贵州省）数据代替。全国各省份火电 SO_2、NO_x、烟尘平均排放浓度范围为 7.88~208.57mg/m³、40.33~238.2mg/m³、5.86~53.93mg/m³，不同地区之间有 1~20 倍的差异。三类常规污染物排放浓度的空间分布如图 2 所示，具有较为明

表 2　基于在线监测分析的各省份火电企业污染物年均排放浓度　　　（单位：mg/m³）

省（区、市）	烟尘	SO_2	NO_x
北京	5.86	7.88	40.33
天津	11.55	40.25	73.91
河北	12.13	44.93	65.02
山西	17	88.62	105.39
内蒙古	28.51	109.92	108.01
辽宁	34.22	111.13	145.65
吉林	31.88	114.01	173.51
黑龙江	45.56	129.44	203.12
上海	6.37	35.3	58.84
江苏	13.88	53.8	71.53
浙江	10.75	51.24	68.2
广东	12.85	48.4	64.21
安徽	18.51	64.01	92.65
福建	14.75	52.08	65.94
江西	28.49	134.92	113.7
山东	18.06	84.76	106.05
河南	17.98	85.62	94.75
湖北	16.12	77.21	119.18
湖南	53.93	116.77	116.76
广西	49.08	192.86	103.67
海南	14.15	113.55	83.04
重庆	50.84	208.57	108.34
四川	17.12	178.51	111.35
贵州	28.88	199.56	129.85
云南	—	—	—
陕西	28.65	110.18	118.52
甘肃	33.01	93.3	112.31
青海	33.43	64.73	238.2
宁夏	19.88	104.63	107.82
新疆	26.89	65.64	97.33
新疆兵团	26.35	110.94	111.01

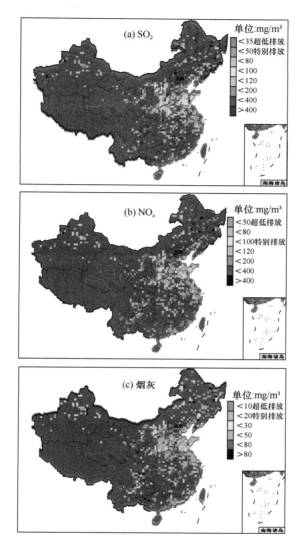

图2 2015年我国火电行业常规污染物排放浓度（单位：mg/m³）的空间分布

显的地区差异，经济较为发达的3大区域（京津冀、长江三角洲、珠江三角洲），排放浓度均值明显低于其他地区，高值区主要集中在东北地区以及西南地区。

如表2所示，北京、上海的火电烟气SO₂平均排放浓度基本达到超低排放35mg/m³限值要求；天津市、河北省、广东省、浙江省、福建省、江苏省的排放均值在40.25~53.8mg/m³，基本达到 GB 13223—2011《火电厂大气污染物排放标准》[41]的特别排放限值要求（50mg/m³）；平均排放浓度最高的是西南地区（高硫煤质地区），GB 13223—2011明确要求广西、重庆、四川、贵州4省份现有与新建火电燃煤锅炉分别执行400mg/m³和200mg/m³。

NOₓ排放。仅北京市电厂烟气NOₓ排放均值达到超低排放50mg/m³限值要求，为40.33mg/m³；上海市、广东省、河北省等11省份NOₓ排放浓度均值基本达到特别排放限值要求，平均浓度为58.84~97.33mg/m³；平均排放浓度高的省份为辽宁省、吉林省、黑龙江省、青海省，平均浓度在145~238mg/m³，根据环境统计数据，东三省燃煤低位发热值省均值在14802~15417kJ/kg，NOₓ平均排放浓度高的原因可能与地区煤质热值较低有关。3大区域明显优于邻近地区。

全国火电行业烟尘排放，整体表现较好，北京市、上海市的排放均值达到超低排放限值要求（10mg/m³），天津市等 14 省份排放浓度均值在 10~20mg/m³，达到 20mg/m³ 的限值要求，另有 7 省份烟尘排放浓度均值在 20~30mg/m³，共计 23 省份排放均值达到 GB 13223—2011[38]烟尘排放限值要求（30mg/m³）。其余 8 个地区的烟尘排放平均浓度在 31.88~54mg/m³，湖南省最高，为 53.93mg/m³。东北地区、湖南-江西地区出现明显的集中高值区。

2.2 基于排污许可的排放限值分析

本研究统计分析了各省份排污许可火电企业烟气排口烟尘、SO₂、NOₓ 等污染物执行排放浓度限值分布情况，对比 2015 年各省份火电企业烟气在线监测浓度均值与相应的排污许可执行限值均值如图 3 所示。

由于技术、煤质等原因，全国范围内不同地区执行的标准不尽相同。 SO₂ 排放限值执行较多的为 200mg/m³、100mg/m³、50mg/m³、35mg/m³，分别占火电 SO₂ 排口的 37.2%、16.2%、16.7%、22.4%；NOₓ 排放限值，执行较多的为 200mg/m³、120mg/m³、50mg/m³，分别占火电 NOₓ 排口的 30.2%、45%、17.9%；烟尘排放限值，执行较多的为 30mg/m³、20mg/m³、10mg/m³，分别占火电烟尘排口的 46.7%、23%、27.1%。超低排放限值方面（烟尘 10mg/m³、SO₂ 35mg/m³、NOₓ 50mg/m³），独立火电企业中烟尘、SO₂、NOₓ 许可浓度限值均满足超低排放要求的烟气排口占独立火电烟气总排口数的 18.81%。

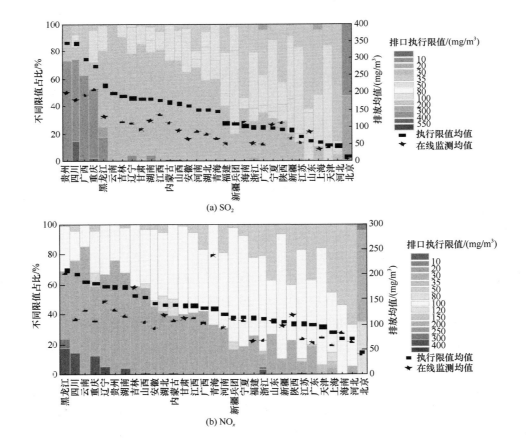

(a) SO₂

(b) NOₓ

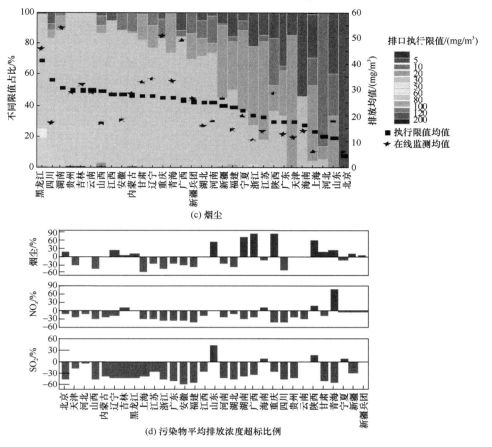

图3 各省份火电企业排口排放浓度限值（排污许可）分布及在线监测排放浓度均值对比

　　2015 年在线监测数据分析结果与执行标准分布情况有显著的一致性，GB 13223—2011[41]标准在实际监管中得到较好的落实，三大地区的火电大气污染物排放执行标准较其他地区更为严格，该部分地区火电企业排放控制已处于全国领先水平，西部、东北地区的 SO_2、NO_x 排污许可浓度限值较宽松；《煤电节能减排升级与改造行动计划（2014—2020 年）》[2]要求稳步推进东部地区 11 省份（北京市、上海市、天津市、河北省、广东省、浙江省、福建省、江苏省、山东省、辽宁省、海南省）现役机组超低排放改造，从 2015 年 CEMS 数据分析结果来看，北京、上海火电排放基本达到超低排放要求；东部地区 11 省份中，辽宁省、海南省排放浓度表现有待加强。

　　各省火电企业排口排放浓度限值（排污许可）分布及在线监测排放浓度均值对比（图 3d），各省 SO_2、NO_x 排放的在线监测均值达标表现要优于烟尘排放，其中 SO_2 在线监测浓度均值大于排污许可执行标准均值的省份有山东省等 5 省份；NO_x 在线监测浓度均值大于排污许可执行标准均值的省份有青海省等 4 省份；烟尘在线监测浓度均值大于排污许可执行标准均值的省份有广西壮族自治区等 13 个省份。总而言之，以排污许可限值作为监管要求，我国火电企业实现达标排放的压力不大。

2.3　燃煤发电机组的排放因子分析

　　全国燃煤发电机组 SO_2 排放因子为 0.06~4.83g/kg，平均值为 0.67g/kg，中位数为 0.59g/kg；

NO$_x$ 排放因子为 0.11~7.5g/kg，平均值为 0.76g/kg，中位数为 0.67g/kg；烟尘的排放因子为 0.01~2.42g/kg，平均值为 0.16g/kg，中位数为 0.13g/kg。从排放因子的 5%~95%分位数来看，SO$_2$、NO$_x$、烟尘的排放因子差距分别为 6.5 倍、4.5 倍以及 6.4 倍。如图 4d 所示，排放因子更多地集中在 P5~P95 之间，这可能是由于 2015 年我国火电排放标准对燃煤电厂的排放起到了强有力的限制作用，将排放因子压缩在扁平的区间内，表明当前我国燃煤发电排放控制起到了一定的成效，但是仍有部分电厂未达标排放，或执行着较宽松的标准。

各省份的排放因子有明显的地域差异，同时，同一省份不同企业排放因子也存在着较大的差别。不同地区的排放因子如图 4 所示，表 3 给出了各省份的排放因子均值及其 95%置信区间。SO$_2$ 平均排放因子较大的省是广西壮族自治区、四川省、重庆市、贵州省（1.15~1.57g/kg），单个企业排放因子最大值出现在黑龙江省，为 4.83g/kg；NO$_x$ 排放因子平均值较大的省是黑龙江省、吉林省、辽宁省、青海省（0.95~1.87g/kg），单个企业排放因子最大值出现在河南省，为 7.5g/kg；烟尘排放因子平均值较大的省是黑龙江省、湖南省、重庆市、广西壮族自治区（0.31~0.44g/kg），单个企业排放因子最大值出现在重庆市，为 2.42g/kg。

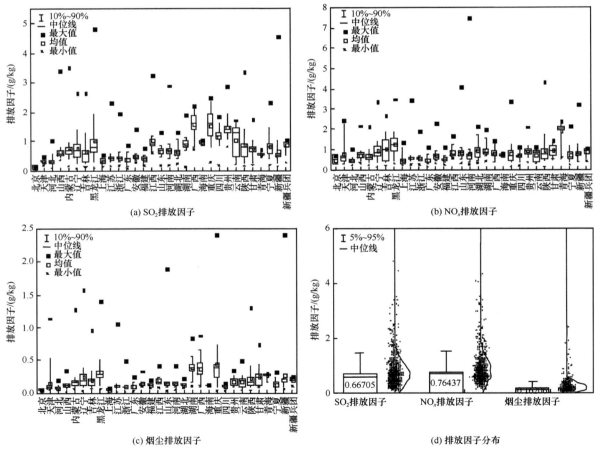

图 4　基于在线监测分析得出的燃煤电厂排放因子分布

表3 "煤电"污染物的年均排放因子 （单位：g/kg）

地区	SO₂		NOₓ		烟尘	
	均值	95%置信区间	均值	95%置信区间	均值	95%置信区间
北京	0.12	−0.63~0.87	0.51	−2.16~3.18	0.05	0~0.1
天津	0.33	0.28~0.38	0.77	0.43~1.11	0.16	0.01~0.31
河北	0.33	0.29~0.37	0.47	0.44~0.5	0.08	0.08~0.09
山西	0.64	0.58~0.71	0.73	0.68~0.77	0.12	0.11~0.12
内蒙古	0.73	0.65~0.82	0.69	0.63~0.75	0.18	0.15~0.22
辽宁	0.76	0.64~0.88	0.95	0.81~1.1	0.24	0.18~0.31
吉林	0.66	0.48~0.85	1.03	0.81~1.25	0.20	0.15~0.26
黑龙江	1.00	0.8~1.2	1.28	1.13~1.42	0.31	0.26~0.37
上海	0.31	0.24~0.38	0.46	0.28~0.64	0.05	0.05~0.06
江苏	0.45	0.42~0.48	0.59	0.54~0.64	0.11	0.1~0.13
浙江	0.45	0.42~0.49	0.57	0.54~0.6	0.09	0.08~0.1
广东	0.39	0.34~0.43	0.49	0.44~0.54	0.10	0.09~0.11
安徽	0.47	0.43~0.51	0.69	0.6~0.79	0.14	0.13~0.15
福建	0.40	0.35~0.45	0.52	0.46~0.59	0.12	0.1~0.13
江西	1.02	0.75~1.3	0.84	0.71~0.96	0.19	0.16~0.23
山东	0.67	0.65~0.69	0.85	0.81~0.89	0.15	0.13~0.17
河南	0.69	0.62~0.75	0.81	0.63~1	0.14	0.13~0.15
湖北	0.67	0.58~0.75	0.93	0.77~1.09	0.13	0.12~0.14
湖南	0.90	0.77~1.02	0.94	0.8~1.08	0.38	0.32~0.45
广西	1.57	1.34~1.8	0.83	0.66~1	0.37	0.26~0.47
海南	0.95	0.87~1.02	0.69	0.61~0.78	0.12	0.11~0.12
重庆	1.53	1.28~1.78	0.83	0.53~1.12	0.44	0.22~0.66
四川	1.15	1.03~1.27	0.68	0.61~0.75	0.10	0.09~0.11
贵州	1.45	1.29~1.62	0.91	0.78~1.04	0.18	0.16~0.21
云南	1.03	0.77~1.3	0.72	0.58~0.86	0.18	0.12~0.23
陕西	0.86	0.65~1.07	0.96	0.72~1.21	0.21	0.15~0.28
甘肃	0.73	0.6~0.86	0.91	0.8~1.03	0.24	0.18~0.3
青海	0.56	0.49~0.63	1.87	1.32~2.42	0.26	0.22~0.31
宁夏	0.82	0.64~0.99	0.73	0.57~0.88	0.14	0.11~0.16
新疆	0.63	0.43~0.83	0.83	0.69~0.97	0.27	0.16~0.38
新疆兵团	0.85	0.76~0.94	0.85	0.78~0.92	0.20	0.19~0.22
总计	0.67	0.65~0.69	0.76	0.74~0.79	0.16	0.15~0.17

本研究所得出的燃煤电厂 SO₂、NOₓ、PM₁₀、PM₂.₅ 排放因子与已有研究做了对比分析（图5）。图5a 为燃煤电厂 SO₂ 排放因子对比，Liu 等[24]研究发现，2005 年后，我国 SO₂ 排放因子急剧下降，2010 年 SO₂ 排放因子均值为 4.89g/kg，而本研究得到 2015 年 SO₂ 排放因子均值为 0.67g/kg；戴佩虹[35]利用在线监测与物料衡算两种方法对 2011 年广东省的排放因子进行相关研究，发现利用物料衡算的方式得出排放因子为 0.76~3.16g/kg，而利用 CEMS 得出的结果为 0.43~1.71g/kg，在线监测所得结果更低，本研究对 2015 年全国火电分析得出 SO₂ 排放因子结果在 0.06~4.83g/kg 之间，P5~P95 为 0.22~1.44g/kg。2011 年后，火电行业排放提标[41]，"倒逼"企业进行烟气治理技术

…

升级，湿法脱硫的大面积普及，促使我国火电行业的 SO_2 排放控制水平有了长足的进步，对我国火电行业烟气 SO_2 治理有明显的改善。

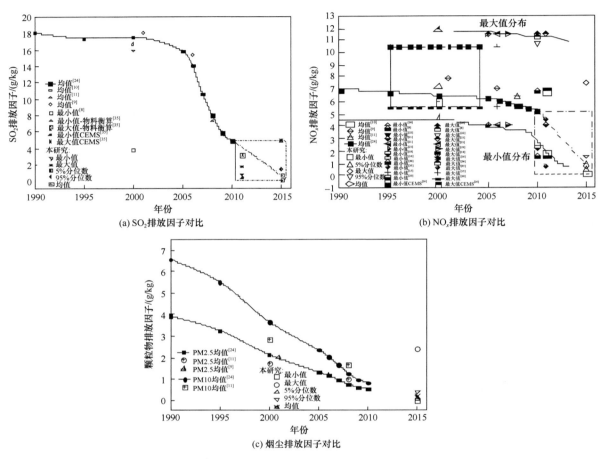

(a) SO_2 排放因子对比

(b) NO_x 排放因子对比

(c) 烟尘排放因子对比

图 5　已有文献公开的燃煤电厂排放因子与本研究的对比

近几年，我国对 NO_x 排放控制趋严，火电企业普遍进行了机组的低氮改造，NO_x 排放因子出现"断崖式"下降（图 5b）。NO_x 的排放估算主要以排放因子法为主，研究者多以排放因子库的形式给出，Zhao 等[37]给出我国 2010 年燃煤电厂的排放因子在 1.5~11.2g/kg 之间，戴佩虹[35]通过 CEMS 数据发现 2011 年广东省的燃煤电厂 NO_x 排放因子在 0.77~4.57g/kg 之间，本研究得出 2015 年全国燃煤发电 NO_x 排放因子 P5~P95 值为 0.33~1.5g/kg。

对颗粒物的排放因子研究多以 PM_{10} 或 $PM_{2.5}$ 为主，在线监测对颗粒物粒径没有区分，相关对比结果如图 5c 所示。当前火电企业的排放因子均值较 2010 年水平又有了明显的下降，GB 13223—2011[41]给出的烟尘排放标准为 30mg/m³，相较于 GB 13223—2003 给出的第三时段 50~200mg/m³的标准有了大幅度的提升，且部分机组开始执行 20mg/m³ 的特别排放限值以及 10mg/m³ 的超低排放限值，这些对烟尘排放的控制都起到了显著效果。

中国燃煤发电 SO_2、NO_x、烟尘排放因子平均值分别为 0.67g/kg、0.76g/kg、0.16g/kg，本研究因子水平低于已有研究者的结果，本研究的排放因子是基于全国在线监测数据得出，考虑了火电生产技术、污染物治理技术等进步，较好地反映了当前中国火电排放情况，下一步可结合空气质量模型开展中国火电对大气污染贡献分析。

2.4 非燃煤发电机组的排放因子

根据全国火电在线监测数据，对不同燃料类型的火电排放因子进行了分析，由于样本不足，未采取分省统计形式，结果如表 4 所示。

表 4　不同燃料机组污染物的平均排放因子

机组类型	理论烟气量/（m³/单位燃料）	烟尘		SO₂		NOₓ	
		均值	95%置信区间	均值	95%置信区间	均值	95%置信区间
燃气锅炉机组/（g/m³）	24.55	0.1	0.08~0.12	0.05	0.01~0.08	1.46	1.31~1.62
燃气轮机组/（g/m³）	24.55	0	0~0.01	0.03	0.01~0.04	1.43	1.29~1.57
煤矸石机组/（g/kg）	4.806	1.02	0.08~1.96	1.94	1.5~2.38	1.5	0.81~2.18
煤气机组/（g/m³）	5.894	0.14	0.09~0.19	0.62	0.24~1	1.67	1.29~2.04
生物质机组/（g/kg）	6.24	0.24	0.15~0.33	0.78	0.58~0.97	1.33	1.02~1.65
其他燃料机组/（g/kg）	7.722	0.1	0.03~0.17	0.94	0.64~1.25	2.21	0.91~3.51

2.5 2015年中国火电排放绩效值及排放量

根据 HPEC 清单结果显示（表 5），全国火电 CO、VOCs、NOₓ、SO₂、PM₁₀、PM₂.₅ 平均排放绩效值分别为 1.06g/（kW·h）、0.03g/（kW·h）、0.32g/（kW·h）、0.39g/（kW·h）、0.08g/（kW·h）、0.06g/（kW·h），不同区域的排放绩效有一定的差异。CO 排放绩效值范围为 0.03~1.09g/（kW·h）；VOCs 排放绩效值范围为 0.01~0.08g/（kW·h）；SO₂ 排放绩效值范围为 0.08~0.82g/（kW·h）；NOₓ 排放绩效值范围为 0.16~0.97g/（kW·h）；PM₁₀ 排放绩效值范围为 0.01~0.23g/（kW·h）；PM₂.₅ 排放绩效值范围为 0.01~0.13g/（kW·h）。排放绩效值下降的幅度较排放因子下降的幅度更为明显，这是由于火电行业减排措施的贡献，同时这也与我国火电的节能降耗改造有关[24]。

表 5　各省份火电大气污染物排放量

省份	污染物排放量/（万t/a）					
	CO	VOCs	SO₂	NOₓ	PM₁₀	PM₂.₅
北京	1.48（0.38）	0.03（0.01）	0.31（0.08）	0.61（0.16）	0.04（0.01）	0.04（0.01）
天津	5.43（0.94）	0.17（0.03）	1.05（0.18）	2.62（0.46）	0.37（0.06）	0.27（0.05）
河北	19.95（1.03）	0.44（0.02）	3.12（0.16）	4.82（0.25）	0.78（0.04）	0.71（0.04）
山西	25.63（1.18）	0.6（0.03）	7.99（0.37）	9.61（0.44）	1.49（0.07）	1.28（0.06）
内蒙古	41.47（1.34）	0.87（0.03）	12.65（0.41）	13.13（0.43）	2.79（0.09）	2.29（0.07）
辽宁	18.88（1.49）	0.42（0.03）	5.64（0.44）	9.16（0.72）	1.57（0.12）	1.18（0.09）
吉林	9.92（1.81）	0.44（0.08）	2.71（0.49）	4.55（0.83）	0.77（0.14）	0.56（0.1）
黑龙江	12.09（1.64）	0.43（0.06）	4.14（0.56）	7.17（0.97）	1.34（0.18）	0.88（0.12）
上海	5.33（0.87）	0.12（0.02）	1.03（0.17）	1.61（0.26）	0.18（0.03）	0.16（0.03）
江苏	35.59（0.91）	0.96（0.02）	7.34（0.19）	10.85（0.28）	1.84（0.05）	1.58（0.04）
浙江	19.95（0.95）	0.58（0.03）	4.73（0.23）	5.88（0.28）	0.96（0.05）	0.8（0.04）
广东	22.63（0.84）	0.49（0.02）	4.26（0.16）	6.13（0.23）	1.13（0.04）	1（0.04）

续表

省份	污染物排放量/（万 t/a）					
	CO	VOCs	SO₂	NOₓ	PM₁₀	PM₂.₅
安徽	18.65（1.02）	0.67（0.04）	4.32（0.24）	5.49（0.3）	1.26（0.07）	1.07（0.06）
福建	9.13（0.9）	0.24（0.02）	1.71（0.17）	2.4（0.24）	0.53（0.05）	0.47（0.05）
江西	6.58（0.93）	0.2（0.03）	3.3（0.47）	3.03（0.43）	0.56（0.08）	0.45（0.06）
山东	44.77（1.13）	1.28（0.03）	15.08（0.38）	17.57（0.44）	3.61（0.09）	2.92（0.07）
河南	23.71（1）	0.65（0.03）	8.24（0.35）	8.71（0.37）	1.69（0.07）	1.4（0.06）
湖北	8.79（0.95）	0.37（0.04）	2.67（0.29）	3.53（0.38）	0.53（0.06）	0.45（0.05）
湖南	6.02（1.02）	0.25（0.04）	2.81（0.48）	2.89（0.49）	1.04（0.18）	0.58（0.1）
广西	3.59（0.98）	0.13（0.04）	2.52（0.69）	1.44（0.39）	0.59（0.16）	0.37（0.1）
海南	1.83（0.92）	0.07（0.04）	0.8（0.4）	0.79（0.4）	0.1（0.05）	0.09（0.05）
重庆	3.75（0.95）	0.08（0.02）	3.23（0.82）	1.57（0.4）	0.9（0.23）	0.5（0.13）
四川	3.49（1.08）	0.07（0.02）	2.16（0.67）	1.21（0.38）	0.2（0.06）	0.17（0.05）
贵州	9.37（1）	0.19（0.02）	6.29（0.67）	4.33（0.46）	0.86（0.09）	0.68（0.07）
云南	2.81（1.3）	0.11（0.05）	1.18（0.55）	0.88（0.41）	0.23（0.11）	0.17（0.08）
陕西	12.24（1）	0.26（0.02）	3.75（0.31）	5.11（0.42）	0.88（0.07）	0.73（0.06）
甘肃	6.06（1.1）	0.12（0.02）	2.23（0.4）	2.56（0.46）	0.65（0.12）	0.46（0.08）
青海	0.82（1.27）	0.02（0.03）	0.22（0.34）	0.63（0.96）	0.09（0.14）	0.07（0.11）
宁夏	9.74（1.02）	0.2（0.02）	3.21（0.34）	2.98（0.31）	0.49（0.05）	0.43（0.05）
新疆	8.48（1.06）	0.18（0.02）	2.11（0.26）	3.13（0.39）	0.75（0.09）	0.6（0.08）
新疆兵团	5.68（0.92）	0.11（0.02）	2.12（0.35）	2.29（0.37）	0.54（0.09）	0.44（0.07）
总计	403.87（1.06）	10.73（0.03）	122.94（0.32）	146.68（0.39）	28.72（0.08）	22.8（0.06）

注：括号内为排放绩效值[g/（kW·h）]。

2015 年，全国火电 CO、VOCs、NOₓ、SO₂、PM₁₀、PM₂.₅ 排放量分别为 403.87 万 t/a、10.73 万 t/a、122.94 万 t/a、146.68 万 t/a、28.72 万 t/a 和 22.80 万 t/a。排放量的空间分布如图 6 所示，CO 的排放量主要集中在京津冀、长三角、珠三角 3 大区域以及相关邻近地区，表明该地区的火电生产活动水平较高，东北、西北地区活动水平则相对较低，其他污染物排放量空间分布与在线监测排放浓度的分布存在一定的差异，即 3 大区域及邻近省份的排放浓度水平较低，但排放量相对较高，这些地区应当是下一阶段我国火电行业排放控制工作的重点区域。

2.6 不确定性分析

本研究使用的活动水平数据质量较好，活动水平的不确定性较低。结果的不确定性主要来源于两个方面，一是采用在线监测数据对全国火电排放浓度进行分析，数据样本存在一定的不确定性，对于部分数据样本较少的省份，结果可能存在较大的偏差；二是对于燃煤机组的排放因子估算使用燃煤低位发热值计算理论干烟气量，与实际工况存在一定差异。

3 结 论

（1）全国各省火电 SO₂、NOₓ、烟尘平均排放浓度范围为 7.88~208.57mg/m³、40.33~238.2mg/m³、

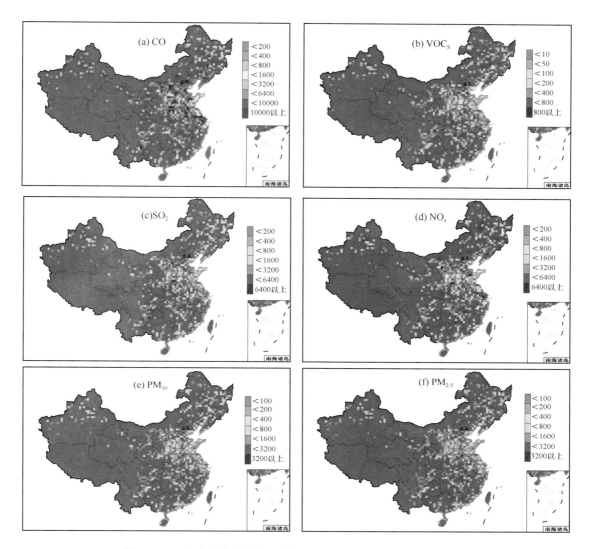

图 6　2015 年中国火电大气污染物排放量（单位：t/a）空间分布

$5.86mg/m^3$~$53.93mg/m^3$。北京、上海火电排放基本达到超低排放要求；辽宁省、海南省排放浓度明显高于其余 9 省市，超低改造有待加强。

（2）三类常规污染物排放浓度的空间分布具有较为明显的地区差异，经济较为发达的三大区域，排放浓度均值明显低于其他地区，高值区主要集中在东北地区以及西南地区；全国火电 CO、VOCs、SO_2、NO_x、PM_{10}、$PM_{2.5}$ 排放量分别为 403.87 万 t/a、10.73 万 t/a、122.94 万 t/a、146.68 万 t/a、28.72 万 t/a 和 22.80 万 t/a。污染物排放量空间分布与在线监测排放浓度的分布不同，排放主要集中在活动水平相对较高的三大区域及邻近地区，虽然这些地区排放浓度控制水平已全国领先，排放控制工作仍需要关注。

参 考 文 献

[1]　中华人民共和国国家统计局. 国家数据 [EB/OL]. [2017-06-16]. http://data.stats.gov.cn/easyquery.htm? cn=C01.

[2] 中华人民共和国环境保护部, 国家发展和改革委员会, 国家能源局. 煤电节能减排升级与改造行动计划(2014-2020年)[EB/OL]. [2014-09-12]. http://www.zhb.gov.cn/gkml/hbb/gwy/201409/W020140925407622627853.pdf.

[3] 中华人民共和国环境保护部, 国家发展和改革委员会, 国家能源局. 全面实施燃煤电厂超低排放和节能改造工作方案[EB/OL]. [2015-12-11]. http://www.zhb.gov.cn/gkml/hbb/bwj/201512/t20151215_319170.htm?_sm_au_=iVVR2PCFSksVLj6H.

[4] 中华人民共和国国务院办公厅. 控制污染物排放许可制实施方案[EB/OL]. [2016-11-21]. http://www.gov.cn/zhengce/content/2016-11/21/content_5135510.htm.

[5] 中华人民共和国环境保护部. 关于开展火电、造纸行业和京津冀试点城市高架源排污许可证管理工作的通知[EB/OL]. [2016-12-27]. http://www.zhb.gov.cn/gkml/hbb/bwj/201701/t20170105_394016.htm.

[6] 中华人民共和国国务院. "十三五"节能减排综合工作方案[EB/OL]. [2017-01-05]. http://www.gov.cn/zhengce/content/2017-01/05/content_5156789.htm.

[7] 刘菲. 基于卫星遥感的中国典型人为源氮氧化物排放研究[D]. 北京: 清华大学, 2015.

[8] Streets D G, Bond T C, Carmichael G R, et al. An inventory of gaseous and primary aerosol emissions in Asia in the year 2000 [J]. Journal of Geophysical Research Atmospheres, 2003, 108(21): 1-23.

[9] Zhang Q, Streets D G, Carmichael G R, et al. Asian emissions in 2006 for the NASA INTEX-B mission [J]. Atmospheric Chemistry & Physics Discussions, 2009, 9(14): 5131-5153.

[10] Ohara T, Akimoto H, Kurokawa J, et al. An Asian emission inventory of anthropogenic emission sources for the period 1980~2020 [J]. Atmospheric Chemistry & Physics, 2007, 7(16): 6843-6902.

[11] Kurokawa J, Ohara T, Morikawa T, et al. Emissions of air pollutants and greenhouse gases over Asian regions during 2000~2008: Regional emission inventory in Asia(REAS)version 2 [J]. Atmospheric Chemistry & Physics, 2013, 13(21): 11019-11058.

[12] 清华大学. 中国多尺度排放清单模型(MEIC)[EB/OL]. [2017-02-07]. http://meicmodel.org/index.html.

[13] Li M, Zhang Q, Kurokawa J, et al. MIX: a mosaic Asian anthropogenic emission inventory under the international collaboration framework of the MICS-Asia and HTAP [J]. Atmospheric Chemistry & Physics, 2017, 17(23): 34813-34869.

[14] 孙洋洋. 燃煤电厂多污染物排放清单及不确定性研究 [D]. 杭州: 浙江大学, 2015.

[15] Zheng J, Zhang L, Che W, et al. A highly resolved temporal and spatial air pollutant emission inventory for the Pearl River Delta region, China and its uncertainty assessment [J]. Atmospheric Environment, 2009, 43(32): 5112-5122.

[16] Zhao Y, Wang S, Duan L, et al. Primary air pollutant emissions of coal-fired power plants in China: current status and future prediction [J]. Atmospheric Environment, 2008, 42(36): 8442-8452.

[17] Zhao Y, Zhang J, Nielsen C P. The effects of recent control policies on trends in emissions of anthropogenic atmospheric pollutants and CO_2 in China [J]. Atmospheric Chemistry & Physics Discussions, 2012, 12(9): 24985-25036.

[18] Zhao B, Wang S X, Liu H, et al. NO_x emissions in China: historical trends and future perspectives [J]. Atmospheric Chemistry & Physics, 2013, 13(19): 9869-9897.

[19] Zhang Q A, Streets D G, He K B, et al. Major components of China's anthropogenic primary particulate emissions [J]. Environmental Research Letters, 2007, 2(4): 1-7.

[20] Zhang Q, Streets D G, He K, et al. NO_x emission trends for China, 1995~2004. The view from the ground and the view from space [J]. Journal of Geophysical Research Atmospheres, 2007, 112(D22)D22306.

[21] Wang S W, Zhang Q, Streets D G, et al. Growth in NO_x emissions from power plants in China: bottom-up estimates and satellite observations [J]. Atmospheric Chemistry & Physics, 2012, 12(1): 45-91.

[22] Tian H, Liu K, Hao J, et al. Nitrogen oxides emissions from thermal power plants in china: current status and future predictions. [J]. Environmental Science & Technology, 2013, 47(19): 11350.

[23] Lu Z, Streets D G, Zhang Q, et al. Sulfur dioxide emissions in China and sulfur trends in East Asia since 2000 [J]. Atmospheric Chemistry & Physics Discussions, 2010, 10(4): 6311-6331.

[24] Liu F, Zhang Q, Tong D, et al. High-resolution inventory of technologies, activities, and emissions of coal-fired power plants in China from 1990 to 2010 [J]. Atmospheric Chemistry & Physics, 2015, 15(13): 18787-18837.

[25] Lei Y, Zhang Q, He K B, et al. Primary anthropogenic aerosol emission trends for China, 1990-2005 [J]. Atmospheric Chemistry & Physics, 2011, 11(3): 17153-17212.

[26] Chen L, Sun Y, Wu X, et al. Unit-based emission inventory and uncertainty assessment of coal-fired power plants [J]. Atmospheric Environment, 2014, 99: 527-535.

[27] Wang S, Zhang Q, Martin R V, et al. Satellite measurements oversee China's sulfur dioxide emission reductions from coal-fired power plants [J]. Environmental Research Letters, 2015, 10(11): 114015.

[28] 陈必新. 京津冀地区火电行业排放特征及其对空气质量的影响研究[D]. 杭州: 浙江大学, 2016.

[29] 张英杰, 孔少飞, 汤莉莉, 等. 基于在线监测的江苏省大型固定燃煤源排放清单及其时空分布特征[J]. 环境科学, 2015, 36(8): 2775-2783.

[30] 田贺忠, 郝吉明, 陆永琪, 等. 中国氮氧化物排放清单及分布特征[J]. 中国环境科学, 2001, 21(6): 493-497.

[31] 杨柳林, 曾武涛, 张永波, 等. 珠江三角洲大气排放源清单与时空分配模型建立[J]. 中国环境科学, 2015, 35(12): 3521-3534.

[32] 张楚莹, 王书肖, 邢佳, 等. 中国能源相关的氮氧化物排放现状与发展趋势分析[J]. 环境科学学报, 2008, 28(12): 2470-2479.

[33] 翟一然, 王勤耕, 宋媛媛. 长江三角洲地区能源消费大气污染物排放特征[J]. 中国环境科学, 2012, 32(9): 1574-1582.

[34] 丁青青, 魏伟, 沈群, 等. 长三角地区火电行业主要大气污染物排放估算[J]. 环境科学, 2015, 36(7): 2389-2394.

[35] 戴佩虹. 基于 CEMS 数据的火电厂 SO_2 和 NO_x 排放因子建立与不确定性分析[D]. 广州: 华南理工大学, 2016.

[36] 伯鑫, 王刚, 温柔, 等. 京津冀地区火电企业的大气污染影响[J]. 中国环境科学, 2015, 35(2): 364-373.

[37] Zhao Y, Wang S, Nielsen C P, et al. Establishment of a database of emission factors for atmospheric pollutants from Chinese coal-fired power plants[J]. Atmospheric Environment, 2010, 44(12): 1515-1523.

[38] 环境保护部. 国家重点监控企业污染源自动监测数据有效性审核教程[M]. 北京: 中国环境科学出版社, 2010.

[39] HJ/75—2007 固定污染源烟气排放连续监测技术规范[S].

[40] 贺克斌. 城市大气污染物排放清单编制技术手册 2017[R]. 北京: 清华大学环境学院, 2017.

[41] GB 13223—2011 火电厂大气污染物排放标准[S].

High resolution power emission inventory for China based on CEMS in 2015

CUI Jiansheng[1], QU Jiabao[1,2], BO Xin[1,2], CHANG Xiangyu[3], FENG Xue[4], MO Hua[2], LI Shibei[2], ZHAO Yu[5], ZHU Fahua[6], REN Zhenhai[7]

1. School of Science and Technology of Environmental, Hebei University of Science and Technology, Shijiazhuang 050000, China

2. The Appraisal Center for Environment and Engineering, Ministry of Environmental Protection, Beijing 100012, China;

3. School of Management, Xi'an Jiaotong University, Xi'an 710049, China

4. China National Environmental Monitoring Center, Beijing 100012, China

5. School of the Environment, Nanjing University, Nanjing 210023, China

6. State Power Environmental Protection Research Institute, Nanjing 210031. China

7. Chinese Research Academy of Environmental Sciences, Beijing 100012, China

Abstract: Ultra-low-emission technology has been extensively applicated in China's thermal power industry. Accompanied with it, the emission level of China's thermal power industry has undergone significant changes. Therefore, inventory emission factors and emissions in China's thermal power industry is unable to reflect the current situation of thermal power pollutant emissions. In this paper, a bottom-up method was proposed to establish China's thermal power industry emissions, which was based on the data of continuous emission monitoring systems (CEMS) for thermal power, environmental statistics and the data of pollutant emission permits. Compared with traditional way, the proposed new method was characterized by a more comprehensive consideration of the ultra-low-tech thermal power industry, the actual concentration of emissions and activity levels and other comprehensive factors. It is a concrete example. And according to the proposed the bottom-up method, this paper calculated high resolution power emission inventory for China based on CEMS in 2015(HPEC). The results showed that in 2015, the average emission concentration values of SO_2, NO_x and particulate matter in different provinces are 7.88~208.57, 40.33~238.20 and 5.86~53.93mg/m^3, respectively. Beijing and Shanghai had reached ultra-low emission requirements as a whole. In most provinces, the average concentrations values of SO_2 and NO_x online monitoring less than the average implementation of emission permits standards. The average emission factors of SO_2, NO_x and particulate matter(PM) for China's thermal power plants were 0.67, 0.76, 0.16g/kg of coal for coal-fired power plants, respectively. The emission performance values of CO, VOCs, SO_2, NO_x, PM_{10}, $PM_{2.5}$ were 1.06, 0.03, 0.32, 0.39, 0.08, 0.06g/(kW·h), respectively. The emissions of that in 2015 were 4038.7, 107.3, 1229.4, 1466.8, 287.2, 228.0kt/a, respectively.

Key words: emission inventory; power plants; ultra-low emission; pollutant emission permits; continuous emission monitoring systems

编 后 记

在任院士 90 寿诞之际，《任阵海文集》如期完稿。任院士是我极为敬佩、敬仰和敬重的老先生，对我如严师如慈父。在文稿整理编写的过程中，我和编写组的同志们无数次被老先生的经历、学问和品格深深打动，在先生身上我们真切地感受到了真正的中国科学家精神，他就是生活在我们身边的共和国英雄。文集共分十篇，从大气环境容量、大气输送、大气颗粒物、臭氧、沙尘天气及沙尘暴等方面，汇总了先生在不同时期取得的部分研究成果，特别是，《文集》收集和整理了他的求学和工作经历、合影照片、重要报告等宝贵资料，从一个侧面记录和展现了先生的科学人生和幸福家庭。

习近平总书记说，两院院士是国家的财富、人民的骄傲、民族的光荣。古语有云："家有一老，如有一宝。"先生是中国环境科学研究院的"宝贝"，是中国环境保护事业的财富和骄傲。先生是我国生态环境保护事业的开拓者，是可亲可敬的共和国第一代环保卫士，对祖国一腔赤诚，对事业无限执着，为大气科学研究工作兢兢业业七十载，为我国生态环境保护事业发展做出了卓越贡献。

中国工程院院士制度诞生于 1994 年，先生在 1995 年就当选中国工程院院士，是新中国最早一批最杰出的工程技术人才。在我读书求学期间，刘东生先生便经常提起任先生，平时也经常在各种场合听闻任先生的大名。而真正跟先生熟悉起来，并向他学习求教是 2008 年我调入中国环境科学研究院工作以后。此后十几年里，我与先生逐渐熟识，在工作中、生活上都得到了他越来越多的指导和帮助。特别是从 2011 年起在环境基准与风险评估国家重点实验室的筹备建设和运行过程中，得到先生极大的支撑和助力，先生也一直担任学术委员会顾问，为实验室发展殚精竭虑、建言献策。同时，也帮助指导硕士生、博士生和博士后学术研究和论文写作。印象中，先生总是戴着一副黑色边框眼镜，穿着那几件简单的衣服，有时不修边幅，不管是对学生还是对同事们总是那么和蔼慈祥、低调谦虚，讲起话来声音洪亮、中气十足。每天总是很早就来上班，手上拿着几本书，到办公室第一件事就是先去开水房打两壶开水，在一杯热茶中开始忙碌的一天。

《文集》收录了先生不少第一次公开的合影照片和学术资料。尽管先生科研成果丰硕，办公室学术材料摆了满墙，但是照片却没有几张。因为先生不太保存照片，很多珍贵的照片都在岁月中遗失，尽管在《文集》整理过程中，联系先生的亲友找回少部分照片，但也只是其中很少的一部分。梳理先生科研成果的过程也并不容易，先生为人低调谦虚，《文集》中所有材料都要亲自逐一过目，十分认真，不忍让先生过于操劳，所以《文集》只选取了他的部分成果。给先生过目书稿时，他总说"急国家之所急，这是科学家该做的事，不用写了""这些都是大家的成果，不用放了""不要突出我自己、不要宣传自己"，《文集》就在先生的"删删删"和我们的"添添添"中完成。先生总觉得我们整理了太多，我们却觉得全书呈现的不足先生成就的十之一二，先生就是这样一个谦和无私的人。《文集》特别总结了一些重要的文章和报告，很多资料从未公开，这次先生都贡献了出来，都是非常宝贵的材料，是后来者全面了解大气环境科学领域的重要学术读本。

《文集》也简单整理了先生的学习和工作经历，梳理过程也历经坎坷。先生一些具体的科学问题和模型经常放在脑子里，与我们讨论时滔滔不绝。但是，要总结自己的经历和经验，他有时候会像小孩，不好意思，甚至不想启口。很多封存多年的辉煌经历和成绩先生都不愿意多说，经常把成绩归功于他人和团队，说自己只是做了一些力所能及的工作，没有突出的成绩，这些都让我们十分敬佩。先生 1932 年出生于河北大名县，早年在中共老地下党带领下，参加革命工作，是个小八路。1951 年以优异的成绩考入北京大学物理系学习，是新中国第一代天之骄子，1955 年毕业后在中国科学院地球物理研究所、大气物理研究所从事科学研究。此后，一直响应国家号召，参与我国战略植物防寒工程研究，为我国引种天然橡胶提供气象服务。从事过云雾物理催化研究，并于 1959 年赴苏联留学，在苏联地球物理观象总台学习，从事气象研究工作。1967 年先生带队隐姓埋名，远赴西北参加我国"两弹一星"基地的气象保障任务和污染物扩散观测工作，预研污染物扩散输送规律，为制定防护应急对策提供科学依据，为我国"两弹一星"做出突出贡献。1973年，先生与王遵级先生一道，高瞻远瞩地在大气物理研究所设计建造了 325 米高的大气污染监测气象观测塔，为我国研究城市大气污染和大气边界层物理提供高质量的观测资料，在北京市乃至全国大气环境研究中发挥了重要作用。该塔至今仍为国内高度最高并装配探测技术设备的塔，也是北京市北四环内最高的标志性建筑，一直在城市大气环境、蓝天行动计划和大气污染防治攻坚战中发挥着重要作用。

1980 年，新建的中国环科院急需专业研究人才，从院外调入先生、王文兴院士和唐孝炎院士充实科研队伍，他们都先后成为中国工程院院士。1981 年开始，先生担任中国环科院大气环境研究所所长，作为首批建设者和领导人，先后在太原（1982 年）、沈阳（1983 年）、兰州（1983 年）、昆明（1984 年）、秦皇岛（1985 年）、承德（1985 年）、澳门（1986 年）、广州（1988 年）、东莞（1990 年）等城市，开展城市大气污染控制方面的深入研究。1996 年，他组建了国家环境保护局气候变化影响研究中心，主持气候变化对我国环境影响研究，并向联合国提交国家报告。1998 年，建设成立我国最早的光化学烟雾箱和大气风洞实验室，中国环科院成为我国最早开展光化学污染研究科研机构之一。先生创造性地解决建立适宜模型、发展探测技术、获取综合参数等关键问题，在国内最早组织了大气颗粒物沉降速度测量和 SO_2 转化率实验，填补了学科空白，提出了大气环境容量理论，解决了环境规划、污染控制的难点。先生首次揭示了中国与周边国家和地区以及国内各省份之间跨界大气输送宏观规律，给出了相互输送和影响矩阵；创立了大气环境资源背景场，提出了污染汇聚带、大气输送通道等概念，丰富发展了大气环境科学理论。这些科研成果为开展区域大气污染模型构建、规划制定、控制对策以及总量控制等研究奠定了基础。

先生是大气环境科学研究领域造诣精深、成就卓著的学者。他淡泊名利、潜心治学，在大气物理和大气环境科学的研究中做出了卓越贡献。他获得国家科学技术进步奖 3 次，省部级奖多项，发表或合作发表学术论文 100 余篇，出版学术专著 7 部。2011 年 12 月，在第 18 届中国大气环境科学与技术大会上，先生获颁终身成就奖。

翻开《文集》，我们在研读先生成果的同时，也看到了文稿背后他把个人奉献给中国环保事业的赤子之心。先生用一生的时间，深刻诠释了老一辈科研人热爱祖国、敢为人先、追求真理、淡泊名利、团结协作、奖掖后学的科学家精神。他是我们身边的英雄，也是我等后辈学习的榜样。

胸怀祖国、服务人民的爱国精神。先生先后主持完成了国家"六五"至"九五"科技攻关项目、中国工程院咨询研究项目等多项重大科研项目课题。他坚持国家利益和人民利益至上，着力攻克事关国家生态保护、民生改善的基础前沿难题和核心关键技术。他提出的大气环境容量、大气污染物的输送、大气环境区域性污染、边界层污染等理论，丰富和发展了我国的大气环境科学的基础理论，对于我国的环境保护事业发展，都具有特别重要的意义。

在我国大气环境科学的创建与发展过程中，先生最早利用辐射监测资料反演大气颗粒物时空分布特征，建立了大气环境容量理论，为控制大气污染物的排放和污染做出了重要的贡献，相关研究得到了国内外专家学者们的高度赞赏和评价。先生倡议并创建了国家环境保护局气候变化影响研究中心，旨在为我国履行《联合国气候变化框架公约》提供技术支撑，主持开展了全球气候变化及其环境影响的研究工作，曾作为中国气候变化谈判代表，积极参加气候变化国际谈判工作，并对中国政府应对气候变化工作提供技术支持，相关工作和成果得到国家领寻和外交部同志的热情赞扬和高度评价。

中国酸沉降及其生态环境影响研究是国家"七五""八五"科技攻关课题，旨在阐明大气酸化和沉降过程的机制和规律，提出适合我国的酸沉降控制规划和对策，是我国控制酸雨危害的基础性研究，对世界，特别是亚洲国家和地区的科学工作者研究全球和区域大气酸化特征具有重大科学价值。先生成功提出了变网格距三维非静力一体化的输送流场的模式，首次揭示了中国与跨国大气输送宏观规律，量化了国界输送及影响，丰富和发展了大气污染物的输送理论和实验实践，为我国政府制定酸雨和酸性物质的控制对策提供了科学基础，为协调和解决酸性物质的国际争端提供了技术支持。该研究获得国家科学技术进步奖一等奖。

勇攀高峰、敢为人先的创新精神。先生是我国大气环境科学的主要开拓者和奠基人之一，他敢于提出新理论，探寻新路径，特别在解决受制于人的重大瓶颈问题上敢于担当，持续不断地在独创性、独有性上下功夫。

先生负责组织了我国首次中尺度区域性大气环境综合立体观测，设计建立包括地面监测网多要素同步监测、超低空航测、远红外探测、声雷达布阵等多种先进手段的综合观测系统，并在太原、承德、兰州等多个重要城市和地区开展系统的综合观测，其研究成果被应用于我国酸沉降及生态环境影响的研究工作中。他还组织发展大气探测实验技术、研发了多普勒声雷达，并进行了批量生产，研发了等容气球及其甚高频多普勒多目标跟踪系统。组织开展了大气颗粒物沉降速度测量和 SO_2 转化率实验，实现了从 0 到 1 的突破。

特别让我感动的是，先生 90 岁高龄仍然在不断地学习新知识，大力推广新技术，他认真钻研专业，亲自进行实地考察，多次跟我讨论大气污染治理、水污染防治等方面的新技术和新方法，始终保持对科研的热情、对创新的坚持，这种旺盛的科研生命力，一直鞭策我不能懈怠，在任何时候都要勤耕不辍、任何时候都要求实创新。

追求真理、严谨治学的求实精神。先生把热爱科学、探求真理作为毕生追求，坚持解放思想、独立思辨、理性质疑。"学为人师，行为世范"，先生对科研界学术造假、学术不端等现象深恶痛绝，在指导学生科研工作时，对每一个数据、每一张图表追根溯源、精益求精，他率先垂范，以身作则，通过言传身教将科学品格和科学精神传递给每一个学生。他一直要求大家严格要求自己，发表经得起同行、专家和历史检验的好成果好文章。

先生爱书成痴，他的办公室里几面墙上都是大书架，满满的都是书，每天看书学习是他必须要做的事情，也是坚持了一辈子的事情。我国著名的天气动力和数值预报专家李泽椿院士讲过先生一件趣事：李院士新出版了一套图集，先生特意到他办公室，恰巧李院士不在，先生看到图集后非常喜欢，就拿走了一套，临走还留下话"就说是任阵海拿走了"，事后李院士打趣先生：你这是"偷书"啊！先生就是这样一个视科研为生命、爱书成痴、耿直坦率的人。

淡泊名利、潜心研究的奉献精神。先生静心笃志、心无旁骛、力戒浮躁，甘坐科研"冷板凳"，甘为人梯。肯下"数十年磨一剑"的苦功夫，始终不渝。在先生的字典里，没有工作日和节假日的明确区分，因为对他来说实验和工作就是生命，正是由于有像先生一样不骄不躁、矢志科研的科学家们，才使得我国在大气环境科学研究领域成绩斐然，有站在世界舞台上与同行对话的底气。七十年来，先生从不追逐科研热点，耐心地在自身领域深耕细研，是我辈的楷模与榜样。他多次教导我等后辈，要谨慎陷入拜热点主义的"泥淖"，纵使侥幸一时名利双收，也终难长久。

先生就是我们身边的英雄，1966年，他带队参加试验基地湍流污染和大地电位探测任务，基地工作条件非常艰苦，因为历史原因，还无辜遭受迫害。但服从祖国的需要，到最艰苦的地方去，隐姓埋名，做出的成绩不能讲、有了成果不能发表也丝毫不抱怨。这段往事先生很少提起，他不计得失、淡泊名利，困境中不抱怨、不灰心。在他身上是中国科学家精神的真实诠释，是生活在我们身边的国家英雄。

集智攻关、团结协作的协同精神。做科研，不仅要有信念、有方法，还要集智攻关、团结协作。20世纪末至21世纪初期，沙尘暴成为全球瞩目的环境问题之一。先生组织和领导气候变化影响研究中心的专家们，开展了针对我国北方地区沙尘暴和沙尘天气的探索研究工作，对我国北方沙尘天气的发生、变化规律进行了系统研究，提出了初始源地和加强源地的概念，并将沙尘暴划分为境内沙尘和境外沙尘，在对大量历史资料分析的基础上，利用卫星遥感手段，将沙尘暴归纳为传输型和局地生消型。这些研究成果为制定科学的防沙治沙对策提供了决策支撑，并向时任国务院主要领导的同志进行汇报，得到高度评价。此外，先生还组织中国环科院、北京工业大学、山西省生态环境厅等多家科研单位，联合开展山西省大气污染物排放和输送及其对北京地区大气环境的影响研究，提出了区域防控的概念，研究成果为北京地区和山西省联合治理大气污染，解决北京地区和山西省的大气环境污染问题，提供了重要理论依据和技术支持。先生常说，科学研究不是"一个人的战斗"，善于用人，各扬所长，携手并进，才能实现"1+1>2"的效果。

甘为人梯、奖掖后学的育人精神。先生善于发现培养青年科技人才，敢于放手、支持他们在重大科研任务中"挑大梁"，为青年科技人才施展才干提供更多机会和更大舞台。与先生相识数十年，先生于我而言亦师亦友。我经常去先生办公室或家里拜访先生，与先生聊聊工作，分享彼此的见解，每次我们都能聊很久。先生经常耐心地给我修改论文，帮我梳理思路，在关键问题上"点拨我"。先生经常说做科学研究不但要"知其然，还要知其所以然"，他打过一个形象的比喻：一个好的成果就像是你端了一盘色香味俱全的饺子给大家，不能只告诉大家我的饺子怎么好，你要让大家知道你的饺子是什么馅儿、是怎么来的，究竟好在哪里。这样朴素的道理形象生动，让我印象深刻，也指导了我做科研、想问题、做事情。

先生潜心研究几十年，遍栽桃李树，广育栋梁才。既做科技创新的开拓者，也是奖掖后学的领路人。在他八十多岁高龄时，依然坚持在育人一线，甘做致力提携后学的"铺路石"，为我国生态环境保护事业兴旺、人才辈出筑就坚实道路。

任阵海院士指导学生毕业答辩

2021 年是先生从事生态环境保护事业 70 周年，生态环境部以《传承和弘扬科学家精神 支撑深入打好污染防治攻坚战》为题，致敬感恩这位"90 后"为我国生态环境保护事业做出的巨大贡献。中国环境科学研究院举办"十四五"科技支撑碧水蓝天保卫战学术研讨会，学习、传承、弘扬先生等老一辈生态环保科技工作者的科学家精神。2021 年也是中国环科院环境基准与风险评估国家重点实验室成立十周年。能遇到这样一位德才兼备的老先生并得到他的倾心倾力相助是人生中多么有幸的一件事情。

任阵海院士指导实验室工作

"十四五"科技支撑碧水蓝天保卫战学术研讨会

先生将毕生精力献给祖国的大气环境科学事业，他始终从全局出发，高屋建瓴、高瞻远瞩地推动中国大气环境科学发展的广阔胸怀和国际视野，值得我等后辈毕生去学习。他胸怀祖国、敢为人先，勇担科技领军人物的历史责任；追求真理、潜心研究，深刻践行"把论文写在祖国大地上"的号召；团结协作、奖掖后学，甘做致力于提携后学的"铺路石"和领路人。他无私地传道、授业、解惑，是老中青专家学者们的益友；矢志创新、唯学是务，是一位成就卓著的学者。任先生的为人为学都是我们学习的楷模和榜样。

先生令我高山仰止，想要全面、准确、生动地勾勒出先生丰富的人生内涵、坚持不懈的奋斗历程和辉煌业绩，并不是一件容易的事。老先生一生低调，留存下来的照片和采访资料非常有限，他的学生高庆先、助手冯丽华、爱人刘医生、女儿女婿、马瑾、李会仙、赵晓丽和汪霞等人为完成这本《文集》做了很多的工作。希望《文集》能帮助我们走近先生，更多地感悟先生的精神与品格。初心薪火相传，我们要以先生为榜样，学习他坚韧、执着、追求真理的科学态度，敏锐、富有洞察力的战略眼光，以及服务国家、造福人民的家国情怀，激励自己的同时也教育后辈，勇担"十四五"高质量环境保护支撑高质量发展的历史使命。最后，衷心祝愿先生健康长寿，继续在深入打好污染防治攻坚战的新征程上贡献更多的智慧和力量！

吴丰昌

中国工程院院士

中国环境科学研究院环境基准与风险评估国家重点实验室主任

2022 年 3 月

致　　谢

　　《任阵海文集》的编辑、出版工作，是在生态环境部和中国环境科学研究院各位领导同志的殷切关怀和大力支持下完成的。在《文集》的编辑过程中，得到了科学出版社朱丽和郭允允同志的悉心指导和帮助。《文集》编辑出版，历经数年，数易其稿，特别是增补了最近两年以来任先生及合作者发表的最新论文和科研成果。

　　编辑组从浩如烟海的科技期刊、论文集和相关书籍中，查询、搜集任先生发表的各种论文和文章。最初，我们从国家图书馆期刊数据库中搜索、下载了任先生及合作者的全部论文和文章。但是，国家图书馆期刊数据库缺少最近两年发表的最新论文资料。为此，我们再次查阅了最近两年以来，国内外发行的环境类主要科技期刊，从中梳理了任先生及合作者的论文和文章。此外，我们还从大量的会议论文集和其他文集中，搜集了任先生及合作者的论文和文章。同时，我们还从作者手中，获取了一部分经过任先生审阅的将要发表的最新文稿，经过仔细校对之后，收入《文集》。根据论文的内容、性质和类别，我们将全部文稿分为十大部分：（一）大气环境容量；（二）大气输送；（三）大气颗粒物及臭氧；（四）沙尘天气和沙尘暴；（五）酸雨；（六）大气探测；（七）飞机航测；（八）数值模拟；（九）气候变化；（十）其他。

　　为了《文集》的编辑出版，编辑组全体同志付出了辛勤的劳动和汗水。如果没有大家的齐心协力、密切合作，《文集》很难完成。编辑组的每一位同志都有自己的功劳和奉献。在此，我们谨向所有支持和关心《文集》编辑出版的领导同志，以及为《文集》编辑出版提供过帮助和支持的同志们和朋友们，表示深切的谢意。

　　祝愿任先生健康长寿，继续为我国的环境科学和环境保护事业做出新的贡献。

《任阵海文集》编辑组

2021 年 11 月于北京北苑

中国环境科学研究院

附录 1

《任阵海文集》编辑组成员

杨新兴，研究员，研究方向：大气环境，yangxinxing@gmail.com

柴发合，研究员，研究方向：大气环境，chaifh@gmail.com

段　宁（女），研究员，研究方向：大气物理，duanning358@gmail.com

孟　凡，研究员，研究方向：大气物理，mengfan@163.com

苏布达（女），研究员，研究方向：大气环境，subuda1967@163.com

苏福庆，研究员，研究方向：气候与环境，010-6840 0623

高庆先，研究员，研究方向：气候与环境，gaoqx@craes.org.cn

冯丽华（女），工程师，研究方向：数据处理，fenglihua99@gmail.com

尉　鹏，博士，研究方向：气候与环境，weipeng_1981@hotmail.com

李时蓓（女），研究员，研究方向：大气物理，shibeilee@gmail.com

李　红（女），博士，研究方向：大气环境，010-84933433

马占云（女），博士后，研究方向：气候变化，mazy@craes.org.cn

杨亚枝（女），助理馆员，研究方向：文献学，yangyazhi@gmail.com

薛玉兰（女），工程师，研究方向：数据处理，xueyulan929@sina.com

陈义珍，研究员，研究方向：大气环境，chenyz@craes.org.cn

于砚民，副研究员，研究方向：水环境，yuym@craes.org.cn

师华定，研究员，研究方向：气候变化与环境影响，shihd@craes.org.cn

付加锋，高级工程师，研究方向：气候变化与环境影响，fujf@craes.org.cn

杜吴鹏，博士，研究方向：大气环境，duwupeng@sina.com

李　崇，硕士，研究方向：大气环境，chong0710@yahoo.com.cn

宋丽丽（女），硕士，研究方向：气候变化，song115@live.cn

张艳艳（女），硕士，研究方向：应用气象，yanyanzhang0322@126.com

曾令建，硕士，研究方向：应用气象，zlj0306@163.com

李文杰，硕士，研究方向：地理资源，liwjgis@126.com

李　艳（女），硕士，研究方向：农业气象，sdliyan1986@126.com

附录 2

任阵海指导学生名单

序号	姓名	性别	现工作（学习）单位	毕业院校
1	段宁	女	中国环境科学研究院	南京大学
2	高庆先	男	中国环境科学研究院	中国科学院大气物理研究所
3	李令军	男	北京市生态环境监测中心	北京师范大学
4	张志刚	男	中国气象局	南京信息工程大学
5	王耀庭	男	北京市气象局	南京信息工程大学
6	卢士庆	男	内蒙古自治区气象局	南京信息工程大学
7	孙杰	男	湖北省气象局	南京信息工程大学
8	马锋敏	女	江西省气象局	南京信息工程大学
9	周建玮	女	南京信息工程大学	南京信息工程大学
10	任永建	男	湖北省气象局	中国气象科学研究院
11	康娜	女	南京信息工程大学	中国科学院大气物理研究所
12	薛敏	女	中国气象科学研究院	中国科学院大气物理研究所
13	杜吴鹏	男	北京市气象局	中国科学院大气物理研究所
14	孟伟	男	北京市气象局	南京信息工程大学
15	向亮	男	河北省气象局	南京信息工程大学
16	陈东升	男	北京工业大学	北京工业大学
17	赵秀勇	男	国电环境保护研究院	北京工业大学
18	吕佳佳	女	黑龙江省气象局	中国环境科学研究院
19	丁抗抗	女	辽宁省气象局	辽宁大学
20	马占云	女	中国环境科学研究院	中国环境科学研究院
21	张艳艳	女	廊坊市气象局	南京信息工程大学
22	宋丽丽	女	丹东市气象局	南京信息工程大学
23	曾令建	男	慈溪市气象局	南京信息工程大学
24	李崇	女	沈阳市气象局	南京信息工程大学

续表

序号	姓名	性别	现工作（学习）单位	毕业院校
25	严茹莎	女	上海市环境科学研究院	南京信息工程大学
26	刘婷	女	南京信息工程大学	南京信息工程大学
27	陈跃浩	男	天津市气象局	南京信息工程大学
28	谢彬	男	江西大江传媒网络股份有限公司	江西农业大学
29	李文杰	男	教育部资产管理中心	中国科学院地理科学与资源研究所
30	许艳玲	女	生态环境部环境规划院	北京工业大学
31	周兆媛	女	美丽国土（北京）生态环境工程技术研究院有限公司	中国科学院地理科学与资源研究所
32	范青	女	北京市生态环境保护科学研究院	北京工业大学
33	李德钰	男	甘肃省建筑科学研究院有限公司	甘肃农业大学
34	刘俊蓉	女	泉州聚龙外国语学校	甘肃农业大学
35	李文涛	男	甘肃连城国家级自然保护区管理局	甘肃农业大学
36	高文康	男	中国科学院大气物理研究所	甘肃农业大学
37	黄炳博	男	南京信息工程大学（博士在读）	南京信息工程大学
38	唐甲洁	女	兰州大学（博士在读）	南京信息工程大学
39	尉鹏	男	北京工业大学	北京工业大学
40	梁海超	男	北京市西城区委办公室	中国地质大学
41	郑辉辉	男	中科三清科技有限公司	内蒙古科技大学
42	黄威	男	中国科学院地球环境研究所	西安建筑科技大学
43	曾藏	男	安徽中环环保股份有限公司	合肥学院
44	李海玲	女	河北地质大学	兰州大学
45	任佳雪	女	中国环境科学研究院天津分院	首都师范大学
46	瞿思佳	女	重庆师范学院	重庆交通大学
47	胡静	女	上海浦东乐芬环保公益促进中心	首都师范大学
48	刘双双	女	北京市燕山前进中学	首都师范大学
49	任艳艳	女	中海油天津市滨海新区环境创新研究院	首都师范大学
50	姜昱聪	女	北京市地质工程设计研究院	首都师范大学
51	包哲	男	华北电力大学	华北电力大学
52	白鹤鸣	男	南通大学	南京信息工程大学

续表

序号	姓名	性别	现工作（学习）单位	毕业院校
53	张 融	女	北京航空航天大学	北京工业大学
54	周锡饮	男	北京师范大学	北京林业大学
55	关攀博	男	中国船舶重工有限公司 第七一四研究所	华北电力大学
56	王源意	男	武汉大学	华北电力大学
57	刘 韵	女	中信建投证券股份有限公司	人民大学
58	夏 宾	男	中国卫星网络集团有限公司	人民大学
59	衡 涛	女	重庆市公安局两江新区分局金山 派出所	西南大学
60	武美香	女	太原市第六十六中学	西南大学
61	耿丽敏	女	邯郸市永年区第一中学	东北师范大学
62	吕宗璞	男	宝航环境修复有限公司	河北科技大学
63	齐 蒙	女	河北省财政厅信息中心	河北大学
64	许 霜	女	中国人民银行衡阳市支行	河北大学
65	刘 倩	女	中国环境科学研究院大气环境研究所	河北大学
66	姜婵婵	女	河南省地球物理空间信息研究院	内蒙古师范大学
67	孟凡浩	男	内蒙古师范大学	内蒙古师范大学
68	孔珊珊	女	阿里巴巴（北京）软件服务有限公司	河北大学
69	王 蒙	女	河北工业职业技术大学	河北大学
70	代佳庆	男	山东科技大学	山东科技大学
71	王 芳	女	矿冶科技集团有限公司	北京工业大学
72	张永林	男	交通运输部规划研究院	北京工业大学
73	周皓男	男	中国科学院生态环境研究中心	中国科学院生态环境研究中心